Schwister / Leven

Ingenieurwissen Verfahrenstechnik

Karl Schwister
Volker Leven

Ingenieurwissen Verfahrenstechnik

Von der Theorie zur Anwendung

5., aktualisierte Auflage

HANSER

Über die Autoren:
Dr. Karl Schwister ist Professor für Chemie und Bioverfahrenstechnik an der Hochschule Düsseldorf.
Dipl.-Ing. Volker Leven ist an der Fachhochschule Düsseldorf im Fachbereich Maschinenbau und Verfahrenstechnik, Lehr- und Forschungsgebiet Chemie und Bioverfahrenstechnik, tätig.

Dieses Buch ist in den Auflagen 1 bis 4 unter dem Titel „Verfahrenstechnik für Ingenieure – Ein Lehr- und Übungsbuch" erschienen.

FSC www.fsc.org MIX Papier aus verantwortungsvollen Quellen FSC® C083411

Print-ISBN: 978-3-446-48161-9
E-Book-ISBN: 978-3-446-48162-6

Die allgemein verwendeten Personenbezeichnungen gelten gleichermaßen für alle Geschlechter.

Bibliografische Information der Deutschen Nationalbibliothek:
Die Deutsche Nationalbibliothek verzeichnet diese Publikation in der Deutschen Nationalbibliografie; detaillierte bibliografische Daten sind im Internet unter http://dnb.d-nb.de abrufbar.

Vilshofener Straße 10 | 81679 München | info@hanser.de
www.hanser-fachbuch.de
Lektorat: Dipl.-Ing. Natalia Silakova-Herzberg
Herstellung: Frauke Schafft
Coverkonzept: Marc Müller-Bremer, www.rebranding.de, München
Covergestaltung: Max Kostopoulos
Titelmotiv: shutterstock.com/Halit Omer
Satz: Eberl & Koesel Studio, Kempten
Druck: CPI Books GmbH, Leck
Printed in Germany

Vorwort

Das Lehr- und Übungsbuch *Ingenieurwissen Verfahrenstechnik* bietet eine kompakte, verständliche und an den Bedürfnissen der Praxis ausgerichtete Gesamtdarstellung über den vielfältigen und weit verzweigten Bereich der Verfahrenstechnik. Es gibt eine erste Einführung in die notwendigen Grundlagen wie Thermodynamik, Kinetik, Katalyse, Strömungstechnik sowie Statistik und behandelt natürlich die Grundverfahren der Mechanischen und Thermischen Verfahrenstechnik sowie die Chemische Reaktionstechnik. Neben den zahlreichen Übungsaufgaben und Exkursen wird auch dem Fachfremden ein Einstieg in diese wichtige Ingenieurdisziplin ermöglicht.

Die Abgrenzung der vier Teilbereiche erfolgt nach traditionellem Verständnis. Danach basieren die Grundoperationen der *Mechanischen Verfahrenstechnik* im Wesentlichen auf den Grundgesetzen der Mechanik. Hinzu kommen die in der *Thermischen Verfahrenstechnik* zusammengefassten Gesetzmäßigkeiten des Stoff- und Wärmetransports. Das komplexe Gebiet der *Chemischen Reaktionstechnik* beschäftigt sich mit chemischen Umsetzungen, für deren quantitative Beschreibung sowohl die Thermodynamik als auch die Kinetik benötigt wird. Bei der Anwendung der dargelegten Theorien und Berechnungsmethoden stoßen Studenten und Absolventen häufig auf Probleme, die den Einstieg in Lehrveranstaltungen, Seminare oder Praktika erschweren.

Die Zielsetzung des vorliegenden Lehr- und Übungsbuches besteht darin, den Studenten der Fach- und Vertiefungsrichtungen Verfahrenstechnik, Biotechnologie, Lebensmitteltechnologie, Pharma- und Kosmetikindustrie, Kunststoffindustrie, Metallverarbeitung, Bergbau und Hüttenwesen sowie einer Reihe von Industrie- und Umweltbereichen das nötige Grundwissen einerseits, aber auch eine Aufgabensammlung von Berechnungsbeispielen und Stoffdaten andererseits, zur schnellen und erfolgreichen Einarbeitung an die Hand zu geben.

Ausführliche Übungsbeispiele mit Lösungen sowie Stoffdaten, Glossar und Formeln sind auf *plus.hanser-fachbuch.de* abrufbar. Weitere Informationen für den Download der Daten finden Sie auf S. 668.

Besonders bedanken möchten wir uns bei Frau Antje Kim Fraedrich für die Konzeption und Erstellung der Aufgabensammlung. Herrn Klaus Vogelsang und Frau Janine Mater möchten wir für das Korrekturlesen danken.

Wie immer sind allein wir für die in diesem Buch enthaltenen Fehler verantwortlich.

Volker Leven und Karl Schwister

Inhalt

VTG
Verfahrens-
technische
Grundlagen

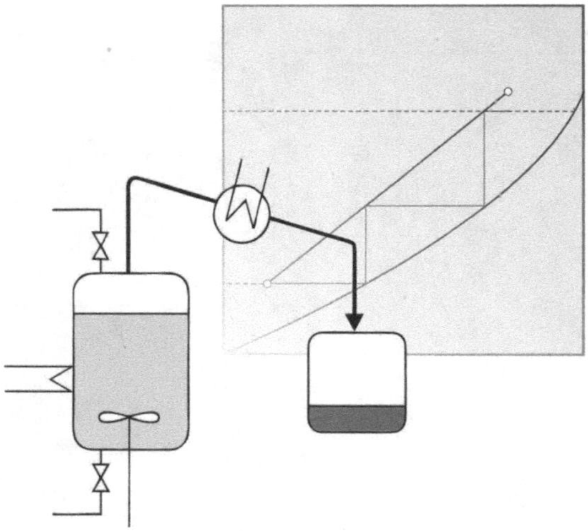

In diesem Teil des Buches werden neben grundlegenden naturwissenschaftlichen Gesetzmäßigkeiten die verfahrenstechnischen Grundlagen besprochen. Es geht um Definitionen von Begriffen, um das Vergrößern von Laborverfahren in den Produktionsmaßstab (Scale-up) und um chemische Stoffumwandlungsprozesse in verschiedenen Reaktionsapparaten. Daneben werden Transportvorgänge von Fluiden, Wärme und Stoffen in ihren physikalischen Grundprinzipien dargestellt. Bei diesen drei Erscheinungsformen handelt es sich um Ausgleichsvorgänge auf submikroskopischer Ebene, bei denen Volumenelemente sich gegeneinander verschieben oder aneinander reiben können. Der Widerstand einer Strömung, einer Wärmeübertragung oder des Stofftransports ist in allen Fällen mit der inneren und äußeren Reibung zu begründen. Bei der Übertragung der Wärme werden Teilchen mit hoher thermischer Bewegung Energie an benachbarte Teilchen abgeben. Strömungsimpulse entstehen, wenn schnelle auf langsame Teilchen treffen. Der Stofftransport entsteht, wenn Teilchen aufgrund ihrer kinetischen Bewegungsenergie in andere Bereiche vordringen. Alle Vorgänge, die auf eine submikroskopische Bewegung von Teilchen zurückzuführen sind, lassen sich mit mathematischen Gleichungen beschreiben.

1 Physikalische Größen und Einheitensysteme

1.1 Größen und Größenarten

Ein wesentliches Ziel der naturwissenschaftlichen und technischen Forschung ist die Beschreibung der in der Natur ablaufenden Vorgänge bzw. der technischen Prozesse durch mathematische Gleichungen. Diese werden entweder durch Experimente oder durch theoretische Überlegungen erhalten. Diese Gleichungen stellen einen funktionalen Zusammenhang zwischen den für den betrachteten Prozess maßgeblichen erfassbaren Eigenschaften oder Erscheinungen des Systems her, die auch allgemein Einflussgrößen genannt werden. Solche Größen sind z. B. Länge, Masse, Zeit, Stromstärke, Konzentration, Arbeit oder Energie. Jede dieser **Größen** G lässt sich aufspalten in ein Produkt aus dem **Zahlenwert** $\{G\}$ und der dazugehörigen **Einheit** $[G]$:

$$G = \{G\} \cdot [G] \tag{1.1}$$

Die Einheit ist eine willkürlich wählbare, aber vereinbarte Größe der gleichen Art wie die betrachtete Größe. Die physikalische Größe der Zeit $t = 60\,\text{s}$ besteht beispielsweise aus dem Zahlenwert $\{t\} = 60$ und der Einheit $[t] = \text{s}$. Statt der Einheit „Sekunde" kann auch eine andere Zeiteinheit verwendet werden, z. B. „Minute" oder „Stunde".

Eine Gleichung zwischen verschiedenen Einflussgrößen (Größengleichung) beinhaltet immer die Arten (Einheiten) dieser Größe und deren Zahlenwerte. Größengleichungen sind daher im Unterschied zu den reinen Zahlenwertgleichungen (z. B.: $4 \cdot 2 = 8$) auch Einheitengleichungen. Eine Größengleichung ist demzufolge auch nur dann erfüllt, wenn Zahlenwert und Einheit auf beiden Seiten übereinstimmen.

Gleichartige Größen werden unter dem Begriff **Größenarten** zusammengefasst. So stellen die Größen Arbeit und Wärme etwas grundsätzlich Anderes dar, gehören jedoch beide der gemeinsamen Größenart Energie an. Der überwiegende Teil der physikalischen und chemischen Größenarten ist durch Naturgesetze miteinander verknüpft.

Einige müssen jedoch unabhängig voneinander festgelegt werden. Sie werden als Grundgrößenarten oder **Basisgrößen** bezeichnet. Aus diesen Basisgrößen werden die abgeleiteten Größen definiert.

Bisher existierte eine Vielzahl von Einheitensystemen, z. B. das physikalische und das technische Einheitensystem u. v. a.; daneben kommen noch die britischen und US-Einheitensysteme. Die 26. Generalkonferenz für Maß und Gewicht (CGPM) hat am 16. November 2018 eine Neudefinition der SI-Basiseinheiten beschlossen. Für die Definition der sieben Basisgrößen Länge, Masse, Zeit, Temperatur, Stromstärke, Stoffmenge und Lichtstärke werden nach dem Internationalen Einheitensystem SI (Système International d' unités) nur noch Konstanten verwendet. Die Festlegung für die Einheiten Sekunde (s), Meter (m) und Candela (cd) sind nicht geändert worden. Ihre Definition ist jedoch konsistent zu den neuen Definitionen von Kilogramm (kg), Ampere (A), Kelvin (K) und Mol (mol). Die Basisgrößen, Basiseinheiten und Einheitenzeichen sind in Tabelle 1.1 gezeigt.

Tabelle 1.1 SI-Basisgrößen und Basiseinheiten

Basisgröße	Basiseinheit Name	Einheitenzeichen
Länge	Meter	m
Masse	Kilogramm	kg
Zeit	Sekunde	s
Stromstärke	Ampere	A
Temperatur	Kelvin	K
Stoffmenge	Mol	mol
Lichtstärke	Candela	cd

Die Basiseinheiten des Internationalen Einheitensystems sind gegenwärtig wie folgt definiert:

Der **Meter** (m) ist die Einheit der Länge und ist definiert als die Strecke, die Licht im Vakuum während 1/299 792 458 Sekunden durchläuft. $1\,\text{m} = (c/299\,792\,458)\,\text{s}$

Das **Kilogramm** (kg) ist die Einheit der Masse und wird über die *Planck*-Konstante $h = 6{,}626\,070\,15 \cdot 10^{-34}\,\text{J s}$ definiert. Dabei gilt $\text{J} \cdot \text{s} = \text{kg}\,\text{m}^2\,\text{s}^{-1}$ und die Sekunde s sowie das Meter m werden durch $\Delta\nu$ (Frequenz des Hyperfeinstrukturübergangs des Grundzustands von Atomen des Nuklids $^{133}\text{Cs} = 299\,792\,458\,\text{m}\,\text{s}^{-1}$) und c (Lichtgeschwindigkeit im Vakuum $= 299\,792\,458\,\text{m}\,\text{s}^{-1}$) definiert.

Eine **Sekunde** (s) ist die Einheit der Zeit und definiert als Zeitdauer von 9 192 631 770 Schwingungsperioden der Strahlung des 133-Cäsiumisotops. $1\,\text{s} = 9\,192\,631\,770/\Delta\nu$.

Das **Ampere** (A) ist die Einheit der Stromstärke und wird durch die Elementarladung $e = 1{,}602\,176\,634 \cdot 10^{-19}$ C definiert. Es gilt für das Coulomb C = A s, wobei die Sekunde s durch $\Delta\nu$ definiert wird.

Das **Kelvin** (K) ist die Einheit der thermodynamischen Temperatur. Das Kelvin wird durch die Boltzmann-Konstante $k_B = 1{,}380\,649 \cdot 10^{-23}\,\mathrm{J\,K^{-1}}$ definiert. Unter Verwendung der Beziehung $\mathrm{J\,K^{-1} = kg\,m^2\,s^{-2}\,K^{-1}}$ werden die Einheiten kg, m und s durch die Konstanten h, $\Delta\nu$ und c definiert.

Die **Candela** (cd) ist die Einheit der Lichtstärke. Sie ist definiert als monochromatische Strahlungsquelle mit einer Frequenz von $540 \cdot 10^{12}$ Hz. $1\,\mathrm{cd} = (K_{cd}/683)\,\mathrm{kg\,m^2\,s^{-3}\,sr^{-1}}$) mit K_{cd} dem photometrischen Strahlungsäquivalent einer monochromatischen Strahlung der Frequenz $540 \cdot 10^{12}\,\mathrm{Hz} = 683\,\mathrm{lm\,W^{-1}}$.

Das **Mol** (mol) ist die Einheit der Stoffmenge und wird durch die Avogadro-Konstante $N_A = 6{,}022\,140\,7 \cdot 10^{23}\,\mathrm{mol^{-1}}$ definiert. Die Stoffmenge eines Systems kann aus verschiedenen gleichartigen Teilchen, wie z. B. Atomen, Molekülen, Ionen, bestehen.

Dezimale Vielfache und Teile von Einheiten werden durch Voransetzen von Präfixen ausgedrückt (vgl. Tabelle 1.2).

Die Vielzahl möglicher Größen lassen sich alle auf die sieben Basisgrößen zurückführen. Eine Grundgröße kann nicht weiter auf andere Größen reduziert werden. Daher gibt es für eine **Basisgröße** keine Definition, sondern nur eine Messvorschrift, mit der ihre Einheit festgelegt wird.

Exkurs 1.1 Vom Urmeter bis zur Neudefinition der Längeneinheit Meter

Die **Längeneinheit Meter** ist seit Ende des 18. Jahrhunderts in Gebrauch. Der Ursprung ist ein Beschluss der französischen Nationalversammlung, ein einheitliches Längenmaß zu schaffen. Das Königreich Bayern trat 1870, noch vor der Reichsgründung, der Internationalen Meterkonvention bei und erhielt als einer der damals 27 beteiligten Staaten eine offizielle Kopie des Prototyps von 1889 aus einer Platin-Iridium-Legierung. Während des 3. Reiches musste Bayern ein Exemplar an die Physikalisch-Technische Reichsanstalt Berlin abgeben.

Der **Meterprototyp** wurde erst 1960 abgelöst, als die Generalkonferenz für Maß und Gewicht das Meter als das 1 650 763,73-Fache der Wellenlänge der von Atomen des Nuklids Krypton-86 im Vakuum ausgesandten Strahlung definierte. Damit wurde eine etwas höhere Genauigkeit definiert.

Da die früheren Definitionen des Urmeters auf der Basis des internationalen Prototyps bzw. einer bestimmten Wellenlänge im Vergleich zur mit Atomuhren gemessenen SI-Basiseinheit Sekunde relativ ungenau waren, entschloss man sich, das Meter neu zu definieren. Seit 2018 ist die SI-Basiseinheit Meter wie folgt festgelegt:

Der **Meter** (m) ist die Einheit der Länge und ist definiert als die Strecke, die Licht im Vakuum während 1/299 792 458 Sekunden durchläuft. $1\,\mathrm{m} = (c/299\,792\,458)\,\mathrm{s}$

Tabelle 1.2 Präfixe für dezimale Vielfache und Teile von Einheiten (DIN 1301, Auszug)

Präfixe	Kurzzeichen	Bedeutung der Präfixe
Exa	E	10^{18}-Faches der Einheit
Peta	P	10^{15}-Faches der Einheit
Tera	T	10^{12}-Faches der Einheit
Giga	G	10^{9}-Faches der Einheit
Mega	M	10^{6}-Faches der Einheit
Kilo	k	10^{3}-Faches der Einheit
Hekto	h	10^{2}-Faches der Einheit
Deka	da	10^{1}-Faches der Einheit
Dezi	d	10^{-1}-Faches der Einheit
Zenti	c	10^{-2}-Faches der Einheit
Milli	m	10^{-3}-Faches der Einheit
Mikro	µ	10^{-6}-Faches der Einheit
Nano	n	10^{-9}-Faches der Einheit
Piko	p	10^{-12}-Faches der Einheit
Femto	f	10^{-15}-Faches der Einheit
Atto	a	10^{-18}-Faches der Einheit

Alle anderen Größen sind **abgeleitete Größen** und können entsprechend ihrer Definition als solche dargestellt werden. Als Beispiel einer abgeleiteten Größe soll die Kraft betrachtet werden. Für sie gilt das physikalische Gesetz:

$$\begin{array}{ccccc} \text{Kraft} & = & \text{Masse} & \cdot & \text{Beschleunigung} \\ F & = & m & \cdot & a \end{array}$$

Mit der Masse $m = 1\,\text{kg}$ als Basisgröße und der Beschleunigung $a = 1\,\text{m/s}^2$ als bereits abgeleitete Größenart ergibt sich:

$$F = m \cdot a = 1\ \text{kg} \cdot 1\ \text{m/s}^2 = 1\ \text{kg} \cdot \text{m/s}^2 = 1\ \text{N}$$

Die abgeleitete Einheit $\text{kg} \cdot \text{m} \cdot \text{s}^{-2}$ hat die neue Bezeichnung Newton erhalten. 1 N ist daher die Kraft F, die der Masse $m = 1\,\text{kg}$ die Beschleunigung $a = 1\,\text{m/s}^2$ erteilt.

Tabelle 1.3 Einige abgeleitete Größenarten und Einheiten des Internationalen Einheitensystems

Größenart	Einheit	physikal. Gleichung	Einheitengleichung
Kraft	N (Newton)	$F = m \cdot a$	$\mathrm{N} = \mathrm{kg} \cdot \mathrm{m/s^2}$
Druck	Pa (Pascal)	$p = F/\mathrm{A}$	$\mathrm{Pa} = \mathrm{kg}/\left(\mathrm{m} \cdot \mathrm{s^2}\right)$
Energie	J (Joule)	$W = F \cdot \mathrm{s}$	$\mathrm{J} = \mathrm{kg} \cdot \mathrm{m^2/s^2}$
Leistung	W (Watt)	$P = W/t$	$\mathrm{W} = \mathrm{kg} \cdot \mathrm{m^2/s^3}$
Frequenz	Hz (Herz)	$f = 1/\mathrm{t}$	$\mathrm{Hz} = 1/\mathrm{s}$

Viele der häufig verwendeten Einheiten sind keine SI-Einheiten. Sie sind jedoch Vielfache von SI-Einheiten, wie z. B. die Einheit Liter ($1\,\mathrm{l} = 10^{-3}\,\mathrm{m^3}$). In der folgenden Tabelle 1.4 sind einige gebräuchliche Umrechnungsfaktoren für übliche Einheiten zusammengestellt.

Tabelle 1.4 Umrechnungsfaktoren häufig verwendeter Einheiten

Basisgröße	Basiseinheit Name	Einheitenzeichen
Zeit (*t*)	Minute (min)	1 min = 60 s
	Stunde (h)	1 h = 3600 s
	Tag (d)	1 d = 86 400 s
	Jahr (a)	1 a = 31 536 000 s
Länge (*l*)	Ångström (Å)	$1\,\text{Å} = 10^{-10}\,\mathrm{m}$
Volumen (*V*)	Liter (l)	$1\,\mathrm{l} = 10^{-3}\,\mathrm{m^3}$
Druck (*p*)	Bar (bar)	1 bar = 100 000 Pa
Energie (*E*)	Elektronvolt (eV)	$1\,\mathrm{eV} = 1{,}602 \cdot 10^{-19}\,\mathrm{J}$

1.2 Größen- und Zahlenwertgleichungen

Größengleichungen sind im Unterschied zu den früher häufig verwendeten Zahlenwertgleichungen unabhängig von den verwendeten Einheiten und enthalten daher auch keine Umrechnungsfaktoren. Es ist daher zweckmäßig, Definitionen und Gesetze stets als Größengleichungen anzugeben.

Größengleichungen sind Gleichungen zwischen physikalischen Größen. Sie enthalten nur die Symbole der physikalischen Größen und Zahlenwerte, die aus mathematischen Operationen entstanden sind. Andere Zahlenwerte oder Zeichen, die aus der Umrechnung unterschiedlicher Einheiten stammen, enthalten sie nicht.

In Größengleichungen ist die physikalische Größe vollständig angegeben, also als Produkt aus Zahlenwert und Einheit. Folgendes Beispiel soll diesen Sachverhalt verdeutlichen:

$$\begin{array}{cccc} \text{Kraft} & = \text{Masse} & \cdot & \text{Beschleunigung} \\ F & = m & \cdot & g \end{array}$$

Bei einer Masse von $m = 90\,\text{kg}$ sind der Zahlenwert $\{m\} = 90$ und die Einheit $[m] = \text{kg}$ in die Größengleichung einzusetzen. Mit der Fallbeschleunigung von $g = 9{,}81\,\text{m/s}^2$ ist ebenso zu verfahren. Im Internationalen Einheitensystem ergibt sich:

$$F = m \cdot g = 90\,\text{kg} \cdot 9{,}81\,\text{m/s}^2 = 882{,}9\,\text{kg} \cdot \text{m/s}^2$$

Mit $1\,\text{kg} \cdot \text{m/s}^2 = 1\,\text{N}$ ist die Kraft $F = 882{,}9\,\text{N}$.

Im Technischen Einheitensystem wäre

$$m = \frac{F}{g} = \frac{90\,\text{kp}}{9{,}81\,\text{m/s}^2} = 9{,}17 \frac{\text{kp} \cdot \text{s}^2}{\text{m}}$$

Wird die Kraft $F = 882{,}9\,\text{N}$ in die Krafteinheit des Technischen Einheitensystems umgerechnet, so ergibt sich mit $1\,\text{kp} = 9{,}81\,\text{N}$:

$$F = 882{,}9\,\text{N} = 882{,}9\,\text{N} \cdot (1/9{,}81) \cdot \text{kp/N} = 90\,\text{kp}$$

Mathematische Beziehungen zwischen reinen Zahlen werden **Zahlenwertgleichungen** genannt. Sie werden nur in Sonderfällen verwendet, z. B. bei der Umrechnung verschiedener Temperatureinheiten. Die gebräuchlichste Einheit ist Grad Celsius. In den USA ist auch die Einheit degree Fahrenheit in Gebrauch. Die meistverwendete Einheit für wissenschaftliche Zwecke ist das Kelvin.

Die Zahlenwerte der unterschiedlichen Einheiten sind durch Zahlenwertgleichungen verknüpft. Die Umrechnung einer Temperaturangabe von Fahrenheit in Celsius ist in dem folgenden Beispiel gezeigt:

$$\{\vartheta_\text{C}\} = 0{,}5556 \cdot (\{\vartheta_\text{F}\} - 32) \tag{1.2}$$

Nach Formel 1.2 lässt sich der Zahlenwert der Celsius-Temperatur errechnen. Für die Temperatur nach der Fahrenheit-Skala ist der reine Zahlenwert einzusetzen. Für 140 °F ergibt sich beispielsweise:

$$\{\vartheta_\text{C}\} = 0{,}5556 \cdot (140 - 32) = 60$$

Weitere Temperaturumrechnungsformeln sind in Tabelle 1.5 zusammengestellt.

Tabelle 1.5 Temperaturumrechnungsformeln häufig verwendete Einheiten wie Grad Celsius (°C), Grad Fahrenheit (°F), Kelvin (K), Grad Rankine (°Ra) und Grad Réaumur (°Re)

Umrechnungsformeln	
$\{\vartheta_C\} = 0,5556 \cdot (\{\vartheta_F\} - 32)$ $\{\vartheta_F\} = (1,80 \cdot \{\vartheta_C\}) + 32$	Grad Celsius ↔ Grad Fahrenheit
$\{\vartheta_C\} = \{T\} - 273,15$ $\{T\} = \{\vartheta_C\} + 273,15$	Grad Celsius ↔ Kelvin
$\{\vartheta_C\} = 0,5556 \cdot (\{\vartheta_{Ra}\} - 491,67)$ $\{\vartheta_{Ra}\} = (1,80 \cdot \{\vartheta_C\}) + 491,67$	Grad Celsius ↔ Grad Rankine
$\{\vartheta_C\} = 1,25 \cdot \{\vartheta_{Re}\}$ $\{\vartheta_{Re}\} = 0,80 \cdot \{\vartheta_C\}$	Grad Celsius ↔ Grad Réaumur

Neben diesen wichtigsten Temperaturskalen gibt es noch eine Reihe veralteter Skalen, wie die nach *Delisle*, *Newton* oder *Rømer*.

1.3 Zustandsgrößen und Prozessgrößen

Eine **Zustandsgröße (Zustandsvariable)** ist eine physikalische Größe oder ein Parameter in einer Zustandsgleichung, die nur vom aktuellen Zustand eines betrachteten Systems abhängt. Der Weg, auf dem dieser Zustand erreicht wurde, ist daher nicht von Interesse. Eine Zustandsgröße beschreibt nur eine Eigenschaft des Systems in diesem Zustand. Temperatur, Druck, Masse, Dichte, Energie und Entropie sind Beispiele von Zustandsgrößen.

In der Thermodynamik wird ein System eindeutig beschrieben, beispielsweise durch Angabe der Zustandsgrößen Druck p, Temperatur T, Volumen V, Stoffmenge n bzw. Masse m, Enthalpie H und Entropie S. Diese Zustandsgrößen bleiben konstant, wenn sich das System im thermodynamischen Gleichgewicht befindet.

Physikalische Größen, die den Zustand eines thermodynamischen Systems beschreiben, werden thermodynamische Zustandsgrößen genannt. Es wird unterschieden:

Thermische Zustandsgrößen: Temperatur T, Volumen V und Druck p.

Kalorische Zustandsgrößen: Innere Energie U, Enthalpie H, Entropie S und weitere.

Spezifische Zustandsgrößen: Physikalische Größen, die in der Regel auf die Masse eines Stoffes oder Körpers oder auf Raumdimensionen eines Systems (Volumen, Flächeninhalt, Länge) bezogen sind. Nach DIN-Norm ist der Begriff spezifisch jedoch nur für den Massenbezug reserviert. Spezifische Größen werden mit Kleinbuchstaben bezeichnet (Ausnahmen: Masse *m* und Stoffmenge *n*). Beispiel: Spezifisches Volumen $v = V/m$.

Molare Zustandsgrößen: Auf die Stoffmenge *n* (Substanzmenge, Molmenge) bezogene Zustandsgrößen, auch stoffmengenbezogene Zustandsgrößen genannt. Sie werden durch den Index m gekennzeichnet. Beispiel: Molares Volumen $V_m = V/n$.

Extensive Zustandsgrößen: Physikalische Größen, die zur Teilchenzahl proportional sind. Der Wert einer solchen Zustandsgröße ändert sich mit der Größe des betrachteten Systems. Beispiele sind Masse *m*, Stoffmenge *n*, Volumen *V*, Enthalpie *H* und Entropie *S*. Das Pendant der extensiven Größe ist die intensive Größe.

Intensive Zustandsgrößen: Physikalische Größen, die sich bei unterschiedlicher Größe des betrachteten Systems nicht ändern. Es werden **systemeigeneintensive Größen** wie beispielsweise Temperatur *T* und Druck *p* und **stoffeigene intensive Größen** wie alle spezifischen und molaren Größen unterschieden.

Es ist natürlich auch möglich, extensive in intensive Größen umzuwandeln, indem diese auf eine bestimmte Masse (spezifische Größe) oder auf eine bestimmte Stoffmenge (molare Größe) bezogen werden. Das Volumen ist daher eine extensive Größe, während das molare Volumen im Unterschied hierzu eine intensive Größe darstellt.

Exkurs 1.2 Beispiele von wegunabhängigen Zustandsgrößen

Das Volumen einer definierten Gasmenge Luft wird durch Änderung des Druckes und der Temperatur von einem bestimmten Anfangswert V_A zu einem bestimmten Endwert V_E gebracht. Experimentell lässt sich feststellen, dass die Reihenfolge, in der die Druck- und Temperaturänderung vorgenommen wurde, keinen Einfluss auf die Volumenänderung ΔV hat. Die Änderung des Volumens ist immer gleich groß und unabhängig vom Weg.

Ein Bergsteiger hat auf einem Berggipfel eine bestimme, von der Höhe des Berges abhängige potenzielle Energie. Es ist gleichgültig, auf welchen Weg der Bergsteiger den Gipfel erreicht hat. Die Arbeit hingegen, die der Bergsteiger aufzuwenden hat, um auf den Gipfel zu gelangen (Energie), hängt natürlich vom zurückgelegten Weg ab.

Im Unterschied zu Zustandsgrößen beschreiben **Prozessgrößen** einen Prozessschritt zwischen zwei Zuständen. Sie stellen keine Eigenschaften des Systems dar, sondern beschreiben einen Austauschprozess zwischen zwei Systemen oder zwischen einem System mit seiner Umgebung. Prozessgrößen sind **wegabhängig**, also abhängig davon, wie der Prozess geführt wird.

1.4 Zustandsfunktionen

Zustandsgleichungen stellen einen funktionalen Zusammenhang zwischen thermodynamischen Zustandsgrößen her, mit deren Hilfe sich der Zustand eines thermodynamischen Systems beschreiben lässt. Eine der Zustandsgrößen wird als **Zustandsfunktion** gewählt und die anderen von ihr abhängigen Zustandsgrößen als **Zustandsvariablen**. Mit Zustandsgleichungen lassen sich Eigenschaften von Gasen, Flüssigkeiten, Fluidgemischen und Feststoffen beschreiben.

Die bekanntesten Zustandsgleichungen dienen der Beschreibung von Gasen und Flüssigkeiten. Die wichtigste und zugleich auch einfachste Zustandsgleichung dieser Art ist die **allgemeine Gasgleichung**.

$$p \cdot V = n \cdot R \cdot T \tag{1.3}$$

p Druck, V Volumen, n Stoffmenge, R allgemeine Gaskonstante, T Temperatur

Es konnte experimentell gezeigt werden, dass diese Formel 1.3 auf viele Gase näherungsweise bei geringen Drücken und hohen Temperaturen anwendbar ist. Bei kleinen spezifischen Volumina und hohen Drücken treten zu große Abweichungen von der durch die thermische Zustandsgleichung des idealen Gases gegebene Gesetzmäßigkeit auf. Diese können dann nicht mehr vernachlässigt werden.

Eine Möglichkeit zur Berücksichtigung der Abweichungen besteht darin, die thermische Zustandsgleichung des idealen Gases durch einen Realgasfaktor Z zu korrigieren:

$$p \cdot V = Z \cdot n \cdot R \cdot T \tag{1.4}$$

p Druck, V Volumen, Z Realgasfaktor, n Stoffmenge, R allgemeine Gaskonstante, T Temperatur

Für ideale Gase ist $Z = 1$, für reale Gase werden **Virialkoeffizienten** (Kräfte zwischen den Molekülen) angehängt, die experimentell, in manchen Fällen auch rechnerisch, zu ermitteln sind:

$$Z = \frac{p \cdot V}{n \cdot R \cdot T} = 1 + \frac{B(T)}{V_\mathrm{m}} + \frac{C(T)}{V_\mathrm{m}^2} + \frac{D(T)}{V_\mathrm{m}^3} \tag{1.5}$$

Der Realgasfaktor ist vom physikalischen Zustand abhängig. $B(T)$, $C(T)$, $D(T)$ usw. sind die Virialkoeffizienten. In Bild 1.1 ist die Abhängigkeit des Realgasfaktors Z für trockene Luft vom Druck p und der Temperatur T gezeigt.

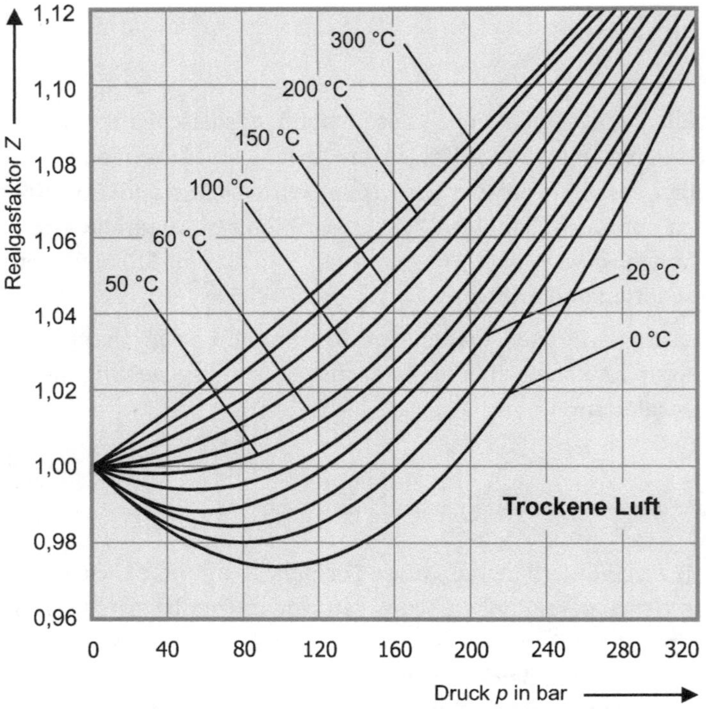

Bild 1.1 Realgasfaktor *Z* für trockene Luft

Der holländische Physiker *van der Waals* entwickelte eine historisch interessante Gleichung, welche die Kräfte zwischen den Molekülen als Ursache für die Abweichung berücksichtigte. Die Zustandsgleichung enthält außer den bekannten Größen zwei Parameter a und b, die man experimentell für ein gegebenes Gas bestimmen muss. Parameter a ist ein Maß für die Stärke des anziehenden Teils des **intermolekularen Potenzials**, und b ist ein Maß für das **Mindestvolumen**, das die Moleküle in Anspruch nehmen können.

Zustandsgleichungen realer Gase werden am besten als empirische Gleichungen angesehen, deren Funktionsform gewählt wurde, um experimentell gefundene *p-V-T*-Daten wiederzugeben.

$$p = \frac{n \cdot R \cdot T}{V - n \cdot b} - \frac{n^2 \cdot a}{V^2} \tag{1.6}$$

p Druck, n Stoffmenge, R allgemeine Gaskonstante, T Temperatur, V Volumen, a Stoffkonstante, b Stoffkonstante

Die *Van-der-Waals*-Zustandsgleichung basiert zwar auf nicht sehr genauen Korrekturkonstanten, ist aber die am häufigsten verwendete Gleichung. Eine weitere nützliche Zustandsgleichung ist die *Redlich-Kwong*-Zustandsgleichung:

$$p = \frac{n \cdot R \cdot T}{V - n \cdot b} - \frac{n^2 \cdot a}{\sqrt{T}} \cdot \frac{1}{V \cdot (V + n \cdot b)} \tag{1.7}$$

p Druck, *n* Stoffmenge, *R* allgemeine Gaskonstante, *T* Temperatur, *V* Volumen, *a* Stoffkonstante, *b* Stoffkonstante

Obwohl in beiden Gleichungen dieselben Symbole für die Korrekturkonstanten *a* und *b* verwendet werden, haben sie für ein gegebenes Gas unterschiedliche Werte.

1.5 Gehalts- und Konzentrationsangaben

Eine Mischphase ist eine Phase, die aus mehreren Stoffen, den Komponenten, besteht. Sie kann gasförmig, flüssig oder fest sein. Gasförmige Mischphasen werden auch **Gasgemische** genannt, flüssige Mischungen auch **Lösungen** und feste Mischphasen auch **Mischkristalle** oder feste Lösungen. Gemenge sind im Unterschied zu Gemischen keine Mischphasen, sondern heterogene Mehrphasensysteme.

Ein **ideales Gemisch** liegt vor, wenn sich bei isothermer (T = konst.) und isobarer (p = konst.) Reaktionsführung bei der Gemischbildung das Volumen, die innere Energie, die Enthalpie und die Wärmekapazität als Summe der jeweiligen Einzelstoffe ergeben. Viele Fluide (Gase und Flüssigkeiten) lassen sich so betrachten. Bei **realen Gemischen** stellen sich dagegen Mischungseffekte ein, d. h., das Volumen der Mischung ist nicht unbedingt gleich der Summe der Volumina der beiden Reinstoffe vor der Mischung. Mischt man beispielsweise 1,0 Liter Wasser mit 1,0 Liter Ethanol, so ist das Volumen des Gemisches mit ca. 1,9 Liter kleiner als die Summe der Einzelvolumina **(negatives Exzessvolumen, Volumenkontraktion)**. Auch der umgekehrte Effekt ist bekannt und wird als **positives Exzessvolumen (Volumendilatation)** bezeichnet.

Hat ein Gemisch an allen Stellen die gleichen Eigenschaften, so wird es **homogen** genannt, es bildet eine Phase. Ist die Mischbarkeit jedoch begrenzt, so bilden sich mehrere Phasen wie z. B. Öl/Wasser- oder Wasser/Luft-Systeme **(heterogene Gemische)**. Bei Flüssigkeiten ist von einer Lösung die Rede, wenn druck- und temperaturabhängig in Wasser nur wenig Öl oder in Öl nur wenig Wasser löslich ist.

Zur Beschreibung einer homogenen Mischphase lässt sich für jeden einzelnen Stoff i eine der folgenden Größen verwenden: die Masse m_i, das Volumen V_i oder die Stoffmenge n_i. V_i ist das Volumen, das der Stoff i allein bei gegebener Temperatur und Druck und vorliegendem Aggregatzustand einnehmen würde.

Im Internationalen Einheitensystem ist die **Stoffmenge** eine Basisgröße, deren Basiseinheit das Mol ist (vgl. Abschnitt 1.1). Die Stoffmenge von 1 mol eines Stoffes besteht aus ebenso vielen Einzelteilchen (Atome, Moleküle oder Ionen), wie Atome in $12 \cdot 10^{-3}$ kg des Kohlenstoffnuklids ^{12}C enthalten sind. Bei der Verwendung der Basisgröße Stoffmenge müssen daher die einzelnen Teilchen des Systems genau spezifiziert sein. Es darf nicht heißen 1 mol Sauerstoff, sondern es muss zum Ausdruck gebracht werden, ob es sich um Sauerstoffatome (O), Sauerstoffmoleküle (O_2) oder Ozon (O_3) handelt. Es muss daher geschrieben werden: 1 mol O ≙ 16 g, 1 mol O_2 ≙ 32 g bzw. 1 mol O_3 ≙ 48 g.

Eine Mischphase wird durch die Materiemenge (Masse, Stoffmenge oder Molvolumen) jeder Komponente beschrieben. Von Interesse ist im Allgemeinen nur der intensive, d. h. von der Größe des Systems unabhängige Zustand. Bei den Einzelmengen wird auf eine extensive Zustandsgröße bezogen, d. h. eine zur Materiemenge proportionalen Größe, wie Masse, Stoffmenge oder Molvolumen (vgl. Abschnitt 1.3). Die Einzelmengen bestimmen die Zusammensetzung der Mischphase. Zusätzlich werden zwei voneinander unabhängige intensive Zustandsgrößen benötigt, z. B. Druck und Temperatur.

Um die Menge des gelösten Stoffes im Lösungsmittel zu charakterisieren, gibt es verschiedene Möglichkeiten:

- Angabe des Massenanteils w
- Angabe des Stoffmengenanteils x
- Angabe des Volumenanteils φ
- Angabe der Massenkonzentration *ß*
- Angabe der Stoffmengenkonzentration c
- Angabe der Volumenkonzentration σ

Soll die Anteilsgröße angegeben werden, so werden stets Quotienten gleicher Größen wie Masse, Volumen oder Stoffmenge verwendet. Bei der Angabe einer Konzentration wird die Menge des gelösten Stoffes als Masse, Volumen oder Stoffmenge auf das Volumen der Flüssigkeit bezogen. Konzentrationsangaben gelten immer nur für eine gegebene Temperatur.

1.5.1 Massenanteil

Der Massenanteil (Formelzeichen w) einer Komponente an einem Stoffgemisch ist die anteilige Masse dieser Komponente an der Gesamtmasse des Stoffgemisches. Berechnet wird der Massenanteil der Komponente i als Quotient aus der Masse der Komponente m_j und der Summe aller Massen des Stoffgemisches aus k Komponenten.

$$w_i = \frac{m_i}{\sum\limits_{j=1}^{k} m_j} \tag{1.8}$$

Der Massenanteil einer Komponente des Gemisches liegt zwischen 0 und 1:

$$0 \leq w_i \leq 1 \tag{1.9}$$

Die Massenanteile aller k Bestandteile eines Stoffgemisches addieren sich zu 1.

$$\sum_{i=1}^{k} w_i = 1 \tag{1.10}$$

Multipliziert man den Massenanteil mit 100 %, so kann man ihn auch als prozentuale Größe angeben, also Gewichtsprozent (Gew.-%) bzw. Massenprozent. Dies sollte nach DIN 1310 jedoch vermieden werden.

1.5.2 Stoffmengenanteil

Der Stoffmengenanteil (Formelzeichen x) einer Komponente an einem Stoffgemisch ist die relative Anzahl der Teilchen (Atome, Moleküle, Ionen) dieser Komponente an der Gesamtteilchenzahl des Stoffgemisches. Im Unterschied dazu beschreibt das **Stoffmengenverhältnis** die relative Anzahl an Teilchen der Komponenten zueinander.

Berechnet wird der Stoffmengenanteil der Komponente i als Quotient aus der Stoffmenge der Komponente n_i und der Summe aller Stoffmengen des Stoffgemisches aus k Komponenten.

$$x_i = \frac{n_j}{\sum_{j=1}^{k} n_j} \tag{1.11}$$

Der Stoffmengenanteil einer Komponente des Gemisches liegt zwischen 0 und 1:

$$0 \leq x_i \leq 1 \tag{1.12}$$

Die Stoffmengenanteile aller k Bestandteile eines Stoffgemisches addieren sich zu 1.

$$\sum_{i=1}^{k} x_i = 1 \tag{1.13}$$

Multipliziert man den Stoffmengenanteil mit 100 %, so kann man ihn als prozentuale Größe angeben, also Stoffmengenprozent oder Molprozent (Mol-%).

1.5.3 Volumenanteil

Der Volumenanteil (Formelzeichen φ) einer Komponente an einem Stoffgemisch ist das anteilige Volumen dieser Komponente an der Summe der Volumina aller Komponenten des Stoffgemisches. Berechnet wird der Volumenanteil der Komponente i als Quotient aus dem Volumen der Komponente V_i und der Summe aller Volumina des Stoffgemisches aus k Komponenten.

$$\varphi_i = \frac{V_i}{\sum\limits_{j=1}^{k} V_j} \tag{1.14}$$

Der Volumenanteil einer Komponente des Gemisches liegt zwischen 0 und 1:

$$0 \leq \varphi_i \leq 1 \tag{1.15}$$

Die Volumenanteile aller k Bestandteile eines Stoffgemisches addieren sich zu 1.

$$\sum_{i=1}^{k} \varphi_i = 1 \tag{1.16}$$

Multipliziert man den Volumenanteil mit 100 %, so kann man ihn auch als prozentuale Größe angeben, also Volumenprozent (Vol.-%). Bei der Zusammensetzung von Gasen oder bei der Festlegung von Explosionsgrenzen ist diese Angabe üblich.

1.5.4 Massenkonzentration

Die Massenkonzentration (Formelzeichen β) ist eine Gehaltsangabe, bei der die Masse m_i eines Stoffes i auf das Volumen V eines Stoffgemisches oder einer Lösung bezogen angegeben wird.

$$\beta_i = \frac{m_i}{V} \tag{1.17}$$

Die SI-Einheit lautet $[\beta] = \text{kg/m}^3$. Bei Arbeiten im Labor wird meistens die Einheit g/l verwendet.

1.5.5 Stoffmengenkonzentration

Die Stoffmengenkonzentration (Formelzeichen c) ist eine Gehaltsangabe, bei der die Stoffmenge n_i eines Stoffes i, bezogen auf das Volumen V eines Stoffgemisches oder einer Lösung, angegeben wird.

$$c_i = \frac{n_i}{V} \tag{1.18}$$

Die SI-Einheit lautet $[c] = \text{mol/m}^3$. Bei Arbeiten im Laboratorium wird meistens die Einheit mol/l verwendet.

1.5.6 Volumenkonzentration

Die Volumenkonzentration (Formelzeichen σ) ist eine Gehaltsangabe für Mischphasen, insbesondere von Lösungen, bei der das Volumen V_i eines Stoffes i, bezogen auf das Gesamtvolumen V eines Stoffgemisches oder einer Lösung, angegeben wird.

$$\sigma_i = \frac{V_i}{V} \tag{1.19}$$

Die SI-Einheit lautet $[\sigma] = \text{m}^3/\text{m}^3$. Bei Arbeiten im Laboratorium wird meistens die Einheit l/l verwendet. Die Volumenkonzentration unterscheidet sich von der Gehaltsangabe Volumenanteil, da bei der Volumenkonzentration eine mögliche Volumenkontraktion mit berücksichtigt ist.

1.5.7 Molalität

Die Molalität (Formelzeichen b) ist der Quotient aus der Stoffmenge n_i des gelösten Stoffes i und der Masse $m_{\text{Lsgm.}}$ des Lösungsmittels.

$$b = \frac{n_i}{m_{\text{Lsgm.}}} \tag{1.20}$$

Die SI-Einheit lautet $[b] = \text{mol/kg}$.

1.5.8 Aktivität

Aufgrund interionischer Wechselwirkungen in konzentrierten Lösungen ist die **wirksame Konzentration** oder Aktivität der Lösung kleiner als die tatsächliche Konzentration. Die Abweichungen sind umso größer, je höher die Konzentrationen der Stoffe sind.

$$a = f \cdot \frac{c}{c^\circ} \tag{1.21}$$

a Aktivität, f Aktivitätskoeffizient, c Stoffmengenkonzentration, c° Standard-Stoffmengenkonzentration (1 mol/l)

1.6 Umrechnungen und Mischungsrechnung

Im Laboratorium werden mitunter Lösungen hergestellt, indem zwei Lösungen unterschiedlichen Massenanteils zu einer neuen Lösung vermischt werden. Manchmal wird auch eine Lösung hergestellt, indem eine höherkonzentrierte Lösung mit Lösungsmittel (z. B. Wasser) verdünnt wird. Die Mengen bzw. die Massenanteile werden mit der **Mischungsgleichung** berechnet:

$$m_1 w_1 + m_2 w_2 + \ldots = (m_1 + m_2 + \ldots)\ w_{\text{Mischung}} \qquad (1.22)$$

m_1 Masse der Lösung 1, m_2 Masse der Lösung 2, w_1 Massenanteil der Lösung 1, w_2 Massenanteil der Lösung 2, w_{Mischung} Massenanteil der entstandenen Mischung

Benutzt man zum Verdünnen einer Lösung reines Lösungsmittel, so beträgt der Massenanteil des reinen Lösungsmittels $w_2 = 0$.

Beispiel 1.1

Es sollen 2,5 kg Schwefelsäure mit $w(H_2SO_4) = 15\,\%$ aus einer konzentrierten Schwefelsäure ($w = 95\,\%$) mit Wasser hergestellt werden. Welche Masse an konz. Schwefelsäure und welche Masse an Wasser sind abzuwiegen?

1. Zunächst wird die Mischungsgleichung aufgestellt und werden die Daten der Aufgabe definiert:
   $m_1 \cdot w_1 + m_2 \cdot w_2 = (m_1 + m_2) \cdot w_{\text{Mischung}}$
   m_1 = Schwefelsäure, $w(H_2SO_4) = 95\,\%$
   m_2 = Wasser
   Beide Massen ergeben zusammen nach dem Mischen 2500 g Lösung ($m_1 + m_2 = 2500$ g)
   $m_2 = 2500\text{ g} - m_1$
   $w_1 = 95\,\%$
   $w_2 = 0\,\%$
   $w_{\text{Mischung}} = 15\,\%$
2. Die Daten werden in die Mischungsgleichung eingesetzt:
   $m_1 \cdot 95\,\% + (2500\text{ g} - m_1) \cdot 0\,\% = 2500\text{ g} \cdot 15\,\%$
   Für m_1 ergibt sich nach Umstellung der Gleichung:
   $m_1 = 395$ g Schwefelsäure mit $w = 95\,\%$.
3. Die Menge an Wasser kann aus der Gesamtmenge herzustellender Schwefelsäure berechnet werden. Masse der 95 %-Schwefelsäure und Masse Wasser ergeben zusammen 2500 g.
   $m_2 = 2500\text{ g} - m_1 = 2500\text{ g} - 395\text{ g} = 2105$ g Wasser
4. Es werden 2105 g Wasser vorgelegt und langsam darin 395 g Schwefelsäure mit $w = 95\,\%$ eingerührt. Man erhält 2,5 kg Schwefelsäure mit einer Konzentration von 15 %.

In der Praxis muss schnell gerechnet werden. Formt man die Mischungsgleichung (Formel 1.22) für zwei Komponenten um, dann erhält man:

$$m_1 w_1 + m_2 w_2 = (m_1 + m_2)\ w_{\text{Mischung}}$$

$$m_1\, w_1 - m_1\, w_{\text{Mischung}} = m_2\, w_{\text{Mischung}} - m_2\, w_2$$

$$m_1 \left(w_1 - w_{\text{Mischung}}\right) = m_2 \left(w_{\text{Mischung}} - w_2\right)$$

$$\frac{m_1}{m_2} = \frac{w_{\text{Mischung}} - w_2}{w_1 - w_{\text{Mischung}}} \qquad (1.23)$$

Die Differenzen ($w_{\text{Mischung}} - w_2$) zu ($w_1 - w_{\text{Mischung}}$) verhalten sich wie die Massen der beiden Komponenten. Dieses Verhältnis lässt sich in Form eines Kreuzes, dem **Mischungskreuz** (Andreaskreuz), darstellen und damit das Massenverhältnis berechnen:

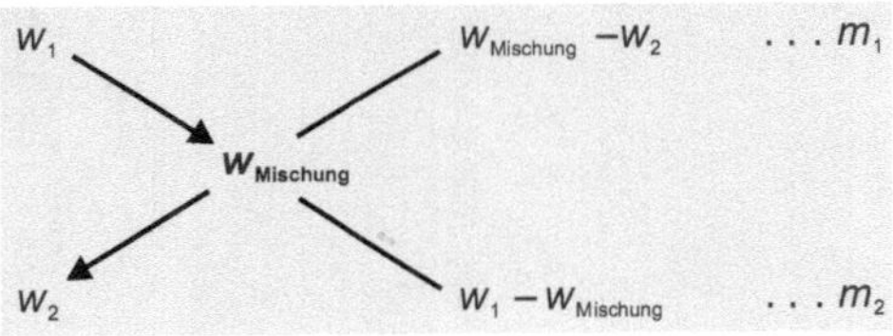

Zur schnellen Umrechnung von Stoff- und Gehaltsgrößen können die Gleichungen in Bild 1.2 genutzt werden.

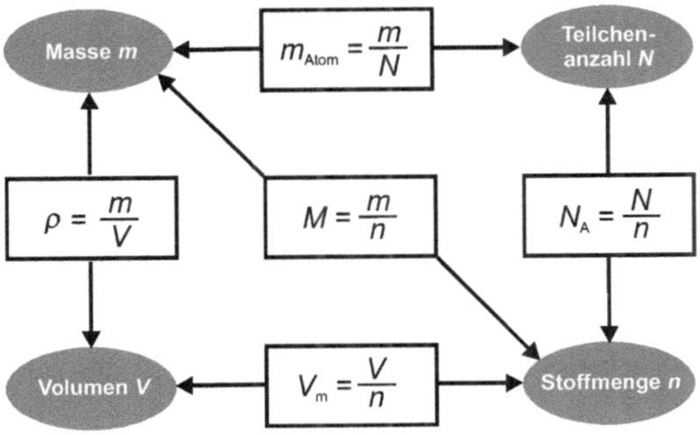

Bild 1.2
Umrechnungsformeln von Masse m in Teilchenanzahl N, Volumen V und Stoffmenge n mit der Dichte ρ und der molaren Masse M

Beispiel 1.2

Welche Masse an Natriumchloridlösung mit einem Massenanteil von $w(\text{NaCl}) = 18\ \%$ muss zu 500 g einer Lösung mit einem Massenanteil von $w(\text{NaCl}) = 8\ \%$ gegeben werden, damit eine Mischung mit $w(\text{NaCl}) = 10\ \%$ entsteht?

1. Zunächst werden die Daten der Aufgabe definiert:
   $w_1 = 18\ \%$, $w_2 = 8\ \%$ und $w_{\text{Mischung}} = 10\ \%$
   und entsprechend dem Mischungskreuz eingesetzt.

2. Aus der Differenzbildung ergibt sich:
   $w_{\text{Mischung}} - w_2 = 10\,\% - 8\,\% = 2\,\%$ $\Rightarrow m_1 = 2$
   $w_1 - w_{\text{Mischung}} = 18\,\% - 10\,\% = 8\,\%$ $\Rightarrow m_2 = 8$
   Die beiden Kochsalzlösungen sind daher im Verhältnis 2 zu 8 bzw. 1 zu 4 miteinander zu mischen.
3. Da 500 g einer 8 %-NaCl-Lösung mit einer 18 %-NaCl-Lösung gemischt werden sollen, erfolgt der nächste Rechenschritt als Dreisatz:
   4 Teile entsprechen 500 g NaCl ($w = 8\,\%$)
   1 Teil entspricht x g NaCl ($w = 18\,\%$)
   x = 1/4 · 500 g = 125 g NaCl ($w = 18\,\%$)
4. Es werden 125 g der 18 %-Kochsalzlösung benötigt, um mit 500 g der 8 %-Kochsalzlösung eine Mischkonzentration von 10 %-NaCl zu erhalten.

Massenanteil in Stoffmengenanteil

$$w_i = \frac{x_i \cdot M_i}{\sum\limits_{i=1}^{k} x_i \cdot M_i} \tag{1.24}$$

$$x_i = \frac{w_i}{M_i \cdot \sum\limits_{i=1}^{k} \frac{w_i}{M_i}} \tag{1.25}$$

w_i Massenanteil der Komponente i in %, x_i Stoffmengenanteil der Komponente i in %, M_i molare Masse der Komponente i in g/mol

Massenanteil in Stoffmengenkonzentration

$$w_i = \frac{c_i \cdot M_i}{\rho \cdot 10} \tag{1.26}$$

$$c_i = \frac{\rho \cdot w_i \cdot M_0}{M_i} \tag{1.27}$$

w_i Massenanteil der Komponente i in %, c_i Stoffmengenkonzentration der Komponente i in mol/l, ρ Dichte des Lösung in g/ml, M_i molare Masse der Komponente i in g/mol

Massenanteil in Volumenanteil

$$w_i = \frac{\sigma_i \cdot \rho_i}{\rho} \tag{1.28}$$

$$\sigma_i = \frac{w_i \cdot \rho}{\rho_i} \tag{1.29}$$

w_i Massenanteil der Komponente i in %, σ_i Volumenanteil der Komponente i in %, ρ_i Dichte des reinen Stoffes in g/ml, ρ Dichte der Lösung in g/ml

Massenanteil in Massenkonzentration

$$w_i = \frac{\beta_i}{\rho \cdot 10} \tag{1.30}$$

$$\beta_i = 10 \cdot \rho \cdot w_i \tag{1.31}$$

w_i Massenanteil der Komponente i in %, β_i Massenkonzentration in g/l, ρ Dichte des Lösung in g/ml

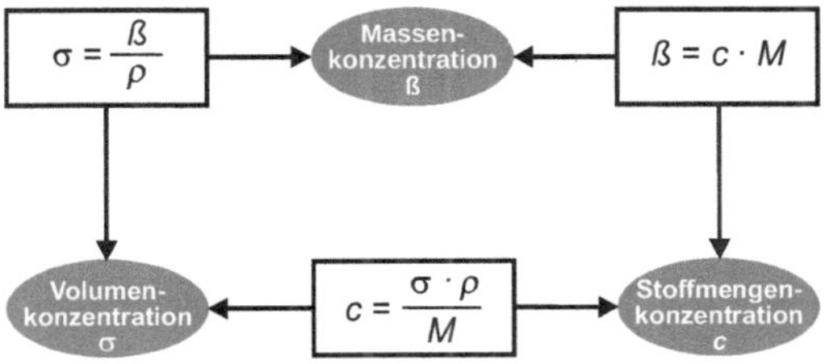

Bild 1.3 Umrechnungsformeln von der Massenkonzentration β in die Stoffmengenkonzentration c und in die Volumenkonzentration σ mit der Dichte ρ und der molaren Masse M

2 Statistische Grundlagen

2.1 Fehlerarten

Unter einem Fehler verstand man lange Zeit die Abweichung von einem festgelegten Zustand oder Verfahren in einem bezüglich seiner Funktionen determinierten System. Mittlerweile wurde jedoch diese Definition verändert. Das Deutsche Institut für Normung (DIN) definiert **Fehler** als einen „Merkmalswert, der die vorgegebenen Forderungen nicht erfüllt" und als „Nichterfüllung einer Anforderung". Die Anforderung wird dabei definiert als „Erfordernis oder Erwartung, die festgelegt, üblicherweise vorausgesetzt oder verpflichtend ist".

Grundsätzlich ist jede Messung einer physikalischen Größe mit Fehlern behaftet, wobei man nach DIN 1 319 nicht mehr von Fehlern, sondern von **Abweichungen der Messwerte** und von Unsicherheiten bei den Messergebnissen sprechen sollte. Die Empfehlung unterstreicht, dass mit dem Wort Fehler im Zusammenhang mit Messergebnissen nicht ein falsches Ergebnis gemeint ist, sondern die **Streuung der Messwerte** um den „wahren" Wert der Messgröße, der in der Regel unbekannt ist.

In den üblichen Konventionen wird ein Messergebnis für eine Größe x wie folgt angegeben:

$$x = x_\mathrm{W} \pm \Delta x \tag{2.1}$$

Dabei ist x_w der „wahrscheinlichste" oder „beste" Schätzwert für das Messergebnis und Δx die Messunsicherheit. Die Angabe bedeutet, dass das Messergebnis mit einer gewissen Sicherheit im Intervall $x_\mathrm{W} - \Delta x \leq x \leq x_\mathrm{W} + \Delta x$ liegt. Δx wird bei dieser Schreibweise auch als **absolute Messunsicherheit** bezeichnet.

Es sind drei Arten verschiedener Abweichungen von Messwerten (Fehlern) zu unterscheiden, die in den folgenden Abschnitten näher beschrieben werden:

- grobe Abweichung von Messwerten
- systematische Abweichung von Messwerten
- zufällige Abweichung von Messwerten

2.1.1 Grobe Abweichung von Messwerten

Grobe Abweichungen sind vermeidbare Abweichungen und sollten durch sorgfältiges Arbeiten, kritisches Überprüfen und Kontrollieren der Ergebnisse vermieden werden. Mögliche Ursachen sind:

- Unachtsamkeit
- ungeeignetes Messverfahren
- falsche Bedienung der Messgeräte
- Messbedingungen sind ungeeignet
- Fehler bei der Protokollierung und Auswertung der Messwerte

Treffen eine oder mehrere Ursachen zu, sind die Messungen oder Auswertungen falsch und müssen wiederholt werden. Grobe Abweichungen von Messwerten werden durch keine Fehlertheorie erfasst.

2.1.2 Systematische Abweichung von Messwerten

Bei einer systematischen Abweichung von Messwerten wird das Messergebnis unter gleichen Messbedingungen stets in gleichem Sinne beeinflusst. Bei der Wiederholung der Messung unter gleichen Bedingungen sind die Abweichungen gleich und können somit weder erkannt noch verhindert werden. Beispiele für systematische Abweichungsquellen sind:

- Verwendung falscher Messgeräte
- Alterung der Messgeräte
- ungültige physikalische Gesetze
- Einfluss äußerer Parameter (z. B. Druck, Temperatur, Störfelder)

Systematische Abweichungen lassen sich ganz oder teilweise ausschalten durch Veränderung der Messbedingungen oder Kalibrierung der Messgeräte. Eine Berücksichtigung der systematischen Fehler in der Fehlerrechnung oder der zahlenmäßigen Angabe im Ergebnis (vgl. Formel 2.1) findet jedoch nicht statt.

2.1.3 Zufällige Abweichung von Messwerten

Selbst bei vollständiger Eliminierung aller systematischen Abweichungen erhält man bei wiederholter Messung der gleichen physikalischen Größe selten übereinstimmende Messergebnisse. Die Messwerte werden immer um den „wahren" Wert streuen. Diese Abweichung wird als zufällig bezeichnet und lässt sich mit den Gesetzen der Statistik beschreiben. Einige Beispiele für mögliche Ursachen:

- Messgröße hat einen Zufallscharakter (z. B. radioaktiver Zerfall)
- zufällige und nicht vorhersehbare Einflüsse
- Ableseabweichungen (Parallaxenfehler)
- Schätzungen und Interpolationen auf Mess-Skalen
- unterschiedliche Reaktionszeiten des Experimentators (Stoppuhr)

Zufällige Abweichungen von Messwerten sind nicht vermeidbar. Sie lassen sich jedoch durch Wiederholungsmessungen verringern.

2.2 Darstellung von Messreihen

Bei einer Befragung von 150 Hörern einer Verfahrenstechnik-Vorlesung wurden folgende Daten ermittelt:

1. Familienstand
2. Studienrichtung
3. Interesse an der Vorlesung
4. Anzahl der Geschwister
5. Anzahl der Hochschulsemester
6. Körpergröße
7. Entfernung von der Uni zur Wohnung

Die Gesamtheit aller Hörer der Vorlesung nennt man **Beobachtungsmenge**, den einzelnen Hörer **Beobachtungseinheit**. Die in dem Beispiel erfragten Eigenschaften oder Sachverhalte heißen **Beobachtungsmerkmale**. Bei der Beobachtung werden folgende Merkmalstypen unterschieden:

- qualitative Merkmale (vgl. 1 und 2)
- Rangmerkmale (vgl. 3)
- quantitativ diskrete Merkmale (vgl. 4 und 5)
- quantitativ stetige Merkmale (vgl. 6 und 7)

Im Folgenden werden wir uns hauptsächlich mit quantitativen Merkmalen befassen, da in den Naturwissenschaften und der Technik Daten in erster Linie durch Messen oder Zählen gewonnen werden. Es ist daher zunächst davon auszugehen, dass zu jeder Beobachtungseinheit ein quantitatives Merkmal gehört oder dass die verschiedenen Merkmale getrennt voneinander untersucht werden sollen.

Beispiel 2.1: Häufigkeitsverteilungen einer Stichprobe

30 Studenten in einem Vorkurs Mathematik erhielten in der Reihenfolge ihrer Matrikelnummer folgende Noten für die Abschlussklausur: 3, 2, 5, 3, 4, 3, 5, 4, 3, 2, 3, 4, 2, 3, 3, 2, 3, 4, 5, 1, 3, 2, 1, 4, 4, 3, 2, 1, 4, 3.

In Tabelle 2.1 sind der Zahlenwerte dieser zunächst völlig ungeordneten Liste als Strichliste oder Häufigkeitstabelle dargestellt. Die Anzahl der einzelnen Striche ergibt die absoluten Häufigkeiten der jeweiligen Noten.

Tabelle 2.1 Strichliste einer Häufigkeitstabelle

Note	Strichliste	absolute Häufigkeit	relative Häufigkeit	Anteil in %
1	III	3	0,100	10,0
2	~~IIII~~ I	6	0,200	20,0
3	~~IIII~~ ~~IIII~~ I	11	0,367	36,7
4	~~IIII~~ II	7	0,233	23,3
5	III	3	0,100	10,0
6	–	–	–	–
		$n = 30$	$\Sigma = 1{,}000$	$\Sigma = 100$

Eine grafische Darstellung kann die Übersichtlichkeit noch weiter erhöhen. Es kommen Stabdiagramme, Häufigkeitspolygone oder Histogramme infrage. Ein **Histogramm** besteht aus Rechtecken, deren Grundseiten die verschiedenen Noten als Mittelpunkt besitzen. Die Größen der Balken bilden die absoluten Häufigkeiten der entsprechenden Noten ab, da bei der Bewertung einer Arbeit die Gesamtnote im Allgemeinen aus mehreren Einzelbewertungen ermittelt wird. Liegt dieser Durchschnitt zum Beispiel zwischen 1,5 und 2,5, so erhält der Student die Note 2. Es findet somit bereits hier eine **Klasseneinteilung** statt, d. h., mehrere Werte werden zu einer Klasse zusammengefasst.

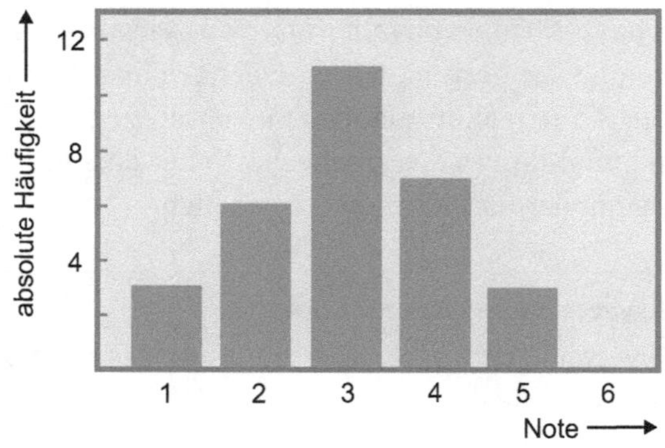

Bild 2.1
Histogramm-Darstellung

Dividiert man die absoluten Häufigkeiten durch die Anzahl der Studenten (Messwerte), so erhält man die relativen Häufigkeiten (vgl. 4. Spalte in Tabelle 2.1), deren Gesamtsumme den Wert 1,000 ergibt. Die Multiplikation der relativen Häufigkeit mit 100 ergibt die prozentualen Anteile (vgl. 5. Spalte in Tabelle 2.1). Die grafischen Darstellungen der absoluten Häufigkeiten haben den Nachteil, dass die entsprechenden Höhen der Balken mit der Anzahl der Beobachtungswerte steigen. Im Unterschied zu den absoluten Häufigkeiten können die relativen Häufigkeiten nie größer als eins werden und bieten sich somit bei immer demselben Maßstab zur grafischen Auswertung an.

Gegeben seien n Beobachtungswerte (Zahlen) $x_1, x_2, \ldots, x_n$, dann wird das n-Tupel $x = x_1, x_2, \ldots, x_n$ eine Stichprobe vom Umfang n genannt. Die einzelnen Zahlen x_i nennt man Stichprobenwerte. Die in der Stichprobe vorkommenden verschiedenen Werte heißen Merkmalswerte; sie werden mit $x_1^*, x_2^*, \ldots x_N^*$ bezeichnet. Die Anzahl des Auftretens von x_k^* in einer Stichprobe wird **absolute Häufigkeit** von x_k^* genannt und wird mit $h_k = h\left(x_k^*\right)$ bezeichnet. Den Quotienten $r_k = h_k/n$ nennt man **relative Häufigkeit** von x_k^* in der Stichprobe für $k = 1, 2, \ldots N$.

Für die absoluten und relativen Häufigkeiten gelten folgende Eigenschaften:

$$\sum_{k=1}^{N} h_k = n$$

$$0 \leq r_k \leq 1 \text{ für alle } k$$

$$\sum_{k=1}^{N} r_k = 1$$

Die Summe der absoluten Häufigkeiten der Merkmalswerte, die nicht größer als x_i^* sind, werden **absolute Summenhäufigkeit** des Merkmalswertes x_i^* genannt und mit H_i bezeichnet. Es gilt daher

$$H_i = \sum_{k=1}^{i} h_k \tag{2.2}$$

Die absoluten Summenhäufigkeiten aus Beispiel 2.2 sind in der 3. Spalte der Tabelle 2.2 dargestellt. Mit den relativen Häufigkeiten r_i erhält man als **relative Summenhäufigkeit**

$$R_i = \sum_{k=1}^{i} r_k \tag{2.3}$$

den relativen Anteil der Merkmalswerte, die nicht größer als x_i^* sind. In Tabelle 2.2 sind die relativen Summenhäufigkeiten für das Beispiel 2.2 in der letzten Spalte berechnet. In Bild 2.2 (unten) sind über den Merkmalswerten die relativen Summenhäufigkeiten (Punkte) eingezeichnet. Daraus ergibt sich die sog. **empirische Verteilungsfunktion** $\boldsymbol{F}$ als eine Treppenfunktion, deren Treppenstufen in den eingezeichneten Punkten enden. An der Stelle x_i^* ist der Funktionswert $F\left(x_i^*\right)$ gleich der relativen Summenhäufigkeit R_i. Die Verteilungsfunktion besitzt nur an den Stellen x_i^* Sprünge der jeweiligen Höhen r_i. Die Sprunghöhen der Treppenfunktion entsprechen den Längen der Stäbe in Bild 2.2 (oben) des Stabdiagramms für die relativen Häufigkeiten.

Beispiel 2.2: Quantitativ-diskretes Merkmal

Ein Mikadospiel besteht aus 41 Stäben mit einer Länge von ca. 180 mm und einer Dicke von ca. 3 mm. Die Enden der Stäbe sind zugespitzt. Die Stäbe sollten absolut gerade und gleich dick sein. Genauere Untersuchungen haben jedoch gezeigt, dass dies nur bedingt der Fall ist. Es hat sich folgende Messreihe zur Länge der Mikadostäbchen ergeben (Angaben in mm):

182, 178, 180, 180, 181, 181, 180, 182, 182, 183, 181, 181, 180, 183, 181, 182, 181, 180, 182, 183, 179, 182, 180, 182, 180, 181, 180, 183, 181, 180, 182, 180, 179, 180, 179, 184, 181, 180, 182, 181, 181.

Tabelle 2.2 Absolute und relative Häufigkeit unterschiedlicher Mikadostäbchen in Bezug auf ihre Länge

Länge der Stäbe x_i^*	Absolute Häufigkeit h_i	Absolute Summenhäufigkeit H_i	Relative Häufigkeit r_i	Relative Summenhäufigkeit R_i
178 mm	1	1	0,024	0,024
179 mm	3	4	0,073	0,098
180 mm	12	16	0,293	0,390
181 mm	11	27	0,268	0,659
182 mm	9	36	0,220	0,878
183 mm	4	40	0,098	0,976
184 mm	1	41	0,024	1,000

In Bild 2.2 ist die empirische Verteilungsfunktion gezeigt, deren Sprungstellen die Werte der Messreihe sind. Die jeweiligen Sprunghöhen stellen die relativen Häufigkeiten der Messwerte aus der obigen Messreihe dar.

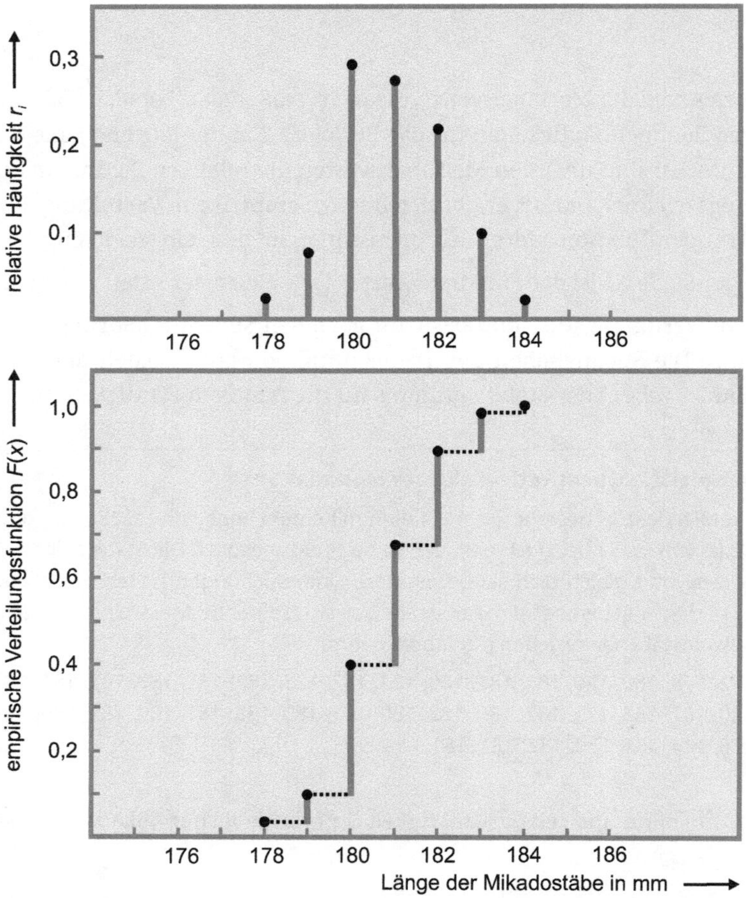

Bild 2.2 Stabdiagramm der relativen Häufigkeit und empirischen Verteilungsfunktion

---

Beispiel 2.3: Quantitativ-stetiges Merkmal

Es wurde von 150 Raschig-Ringen der Durchmesser bestimmt. Alle Zahlenwerte der Messreihe $x_1, \ldots, x_n$ lagen in dem vorgegebenen Intervall (15,10...15,60 mm). Die Werte wurden in Klassen mit einer Klassenbreite von 0,05 mm eingeteilt. Die Ergebnisse sind in Tabelle 2.3 dargestellt.

Tabelle 2.3 Absolute und relative Klassenhäufigkeit der Messreihe, bestehend aus 150 Raschig-Ringen

Größe des Intervalls in mm	absolute Klassenhäufigkeit	relative Klassenhäufigkeit
15,11...15,15	1	0,007
15,16...15,20	3	0,020
15,21...15,24	9	0,060
15,26...15,30	17	0,113
15,31...15,34	30	0,200
15,36...15,40	32	0,213
15,41...15,44	27	0,180
15,46...15,50	18	0,120
15,51...15,54	9	0,060
15,56...15,60	4	0,027

In Bild 2.3 ist das dazugehörige Histogramm in der oberen Hälfte gezeigt. Bei der Darstellung der doppelten Klassenbreite (vgl. Bild 2.3, untere Hälfte) ist darauf zu achten, dass der Maßstab (Ordinate) entsprechend geändert wurde. Die relativen Klassenhäufigkeiten sind dann: 0,027, 0,173, 0,413, 0,300 und 0,087.

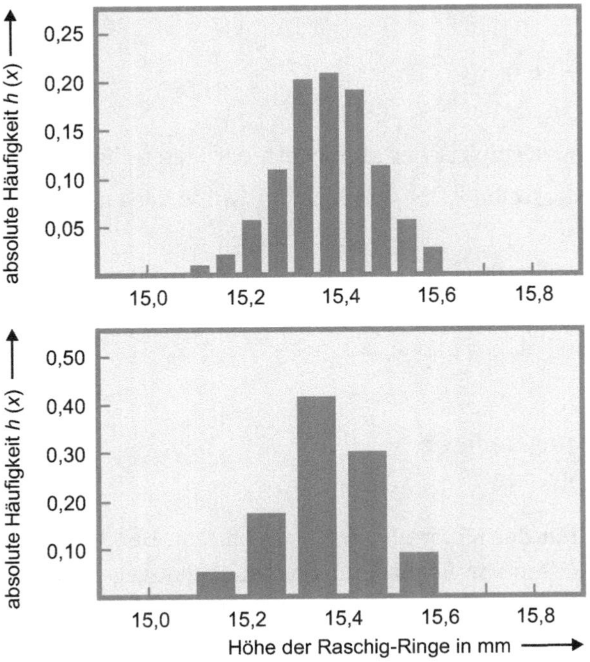

Bild 2.3 Histogramme der Durchmesserverteilung von Raschig-Ringen bei unterschiedlicher Klassenbreite

2.3 Erfassung der Messwertabweichung

Wird eine **Messgröße** x nur einmal gemessen, so lässt sich aufgrund statistischer Überlegungen keine Aussage über die Abweichung von Messwerten machen. In einem solchen Fall ist man auf die Angabe der geschätzten größtmöglichen Ungenauigkeit angewiesen. Sie ergibt sich aus der Ablesegenauigkeit auf der verwendeten Skala, aus der Genauigkeitsklasse oder aus anderen Informationen.

Beim Ablesen einer Skala vergleicht man die Lage eines Messpunktes oder eines Zeigers mit den Teilstrichen der Skala. Handelt es sich um eine fein unterteilte Skala (Millimeterunterteilung eines Lineals), so nimmt man den nächstgelegenen Teilstrich als **Bestwert** und schätzt die **Unsicherheit** mit ± (halbe Intervallbreite) ab. Bei gröber geteilten Skalen kann man die Lage des Zeigers zwischen zwei Teilstrichen interpolieren und als Dezimalstelle angeben. Die Unsicherheit wird dann zu ± (1 Zehntelbruchteil) angenommen. Bei Digitalanzeigen beträgt die Unsicherheit ± 1 in der letzten Stelle der Anzeige. Bei Messungen, bei denen Unsicherheiten schwieriger zu schätzen sind, lässt sich durch Wiederholung der Messungen die Messunsicherheit bestimmen.

Häufig ist man an einer knappen Beschreibung einer Messreihe interessiert, beispielsweise durch Angabe einer typischen Eigenschaft der Häufigkeitsverteilung. Diese soll Auskunft darüber geben, wo sich die **Mitte** der beobachteten Messwerte befindet und wie groß der **Bereich** ist, über den sich die Werte erstrecken. Die Statistik unterscheidet daher zwischen der Lage und den Streuungsmaßzahlen.

Betrachtet man eine Messreihe $x_1, \ldots, x_n$, so wird

$$\overline{x} = \frac{1}{n}(x_1 + \cdots + x_n)\,\frac{1}{n} = \sum_{k=1}^{n} x_i \qquad (2.4)$$

arithmetisches Mittel (oder empirischer Mittelwert) der Messreihe genannt.

Werden die Zahlen der Messreihe $x_1, \ldots, x_n$ jedoch der Größe nach geordnet, so lautet die entstandene Messreihe:

$$x_1, \ldots, x_n \qquad (2.5)$$

mit $x_1 \leq x_i \leq x_n$.

Die Zahl

$$\tilde{x} = \begin{matrix} x_{(n+1)/2} & \text{falls } n \text{ ungerade} \\ x_{(n/2)} & \text{falls } n \text{ gerade} \end{matrix} \qquad (2.6)$$

wird **(empirischer)Median** der Messreihe $x_1, \ldots, x_n$ genannt. Der Median stellt eine Grenze zwischen zwei Hälften von Beobachtungen dar. Er hat gegenüber dem arithmetischen Mittelwert den Vorteil, unempfindlicher gegenüber Ausreißern zu sein (vgl. Beispiel 2.4).

2.3.1 Normalverteilung nach *Gauss*

Führt man bei einer bestehenden Messanordnung unter konstanten Messbedingungen sehr viele (im Idealfall unendlich viele) Messungen n der gleichen Größe x durch, dann liegen die Messwerte in einem bestimmten Bereich. Der am häufigsten vorkommende Messwert liegt ungefähr in der Mitte dieses Bereiches, vorausgesetzt, es treten nur zufällige Fehler auf. Dabei sind große Abweichungen von der Mitte des Bereiches relativ selten. Trägt man die Häufigkeit $h(x)$, mit der ein Messwert auftritt, über den Messwerten auf, so ergibt sich im Idealfall ($n \to \infty$) eine Verteilung, die *Gauss*sche Normalverteilung genannt wird (vgl. Bild 2.4).

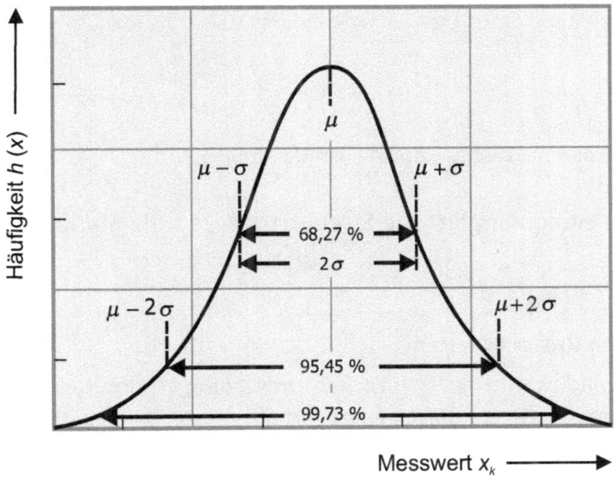

Bild 2.4
*Gauss*sche Normalverteilung

Die *Gauss*sche Normalverteilung wird durch folgende Funktion $h(x)$ dargestellt:

$$h(x) = \frac{1}{\sigma \cdot \sqrt{2 \cdot \pi}} \cdot \exp\left\{-\frac{(x-\mu)^2}{2 \cdot \sigma^2}\right\} \tag{2.7}$$

Die Normalverteilung in Bild 2.4 nimmt für $x = \mu$ ihren maximalen Wert an, d. h., μ stellt den wahrscheinlichsten Wert der Messreihe dar und wird daher **Erwartungswert** genannt. Die Wendepunkte der Verteilungsfunktion $h(x)$ sind bei den Werten $x = \mu \pm \sigma$ zu finden. Charakteristisch für den Verlauf dieser Kurve ist die Breite 2σ zwischen beiden Wendepunkten der Kurve.

Die halbe Breite von 2σ wird **Standardabweichung** $\boldsymbol{\sigma}$ genannt. Die Größe σ^2 ist die **Varianz**. Die Standardabweichung ist ein statistisches Maß für die Breite der Verteilung. Sie gibt die mittlere zufällige Abweichung der einzelnen Messwerte vom wahrscheinlichsten Wert μ der Messreihe an.

Für die *Gauss*sche Normalverteilung ergibt sich, dass 68,27 % der Messwerte im Intervall $\mu \pm \sigma$ liegen. Messwerte sind daher mit einer Wahrscheinlichkeit von 68,27 % in diesem Intervall anzutreffen. Bei vielen physikalischen Messungen ist dies völlig ausreichend. Wenn man Aussagen mit einer höheren statistischen Sicherheit machen möchte, muss man die doppelte (2σ) oder dreifache Standardabweichung (3σ) zulassen. Die **statistische Sicherheit** beträgt dann ca. 95,45 % bzw. 99,73 %.

2.3.2 Standardabweichung

Bei einer endlichen Anzahl von n Messungen lässt sich aus den zufälligen Schwankungen der Messwerte x_i ein bestmöglicher Schätzwert s (Streuung) für die Standardabweichung σ ermitteln:

$$s = \pm\sqrt{\frac{\sum_{i=1}^{n}\left(x_i - \overline{x}\right)^2}{n-1}} \tag{2.8}$$

s Streuung, x_i Messwert, x Mittelwert der Messreihe, n Anzahl der Messungen

Für die Anzahl der Messungen $n \to \infty$ konvergiert die Streuung s gegen die Standardabweichung σ.

Beispiel 2.4: Schätzung von Unsicherheiten

Es ist die Reaktionsgeschwindigkeit einer chemischen Umsetzung zu ermitteln. Die Messgröße, die bestimmt wurde, ist die Zeit eines Farbumschlags. Infolge der Reaktionszeit beim Starten und Stoppen der Uhr kommt es zu zufälligen Messabweichungen. Es wurden insgesamt 11 Messungen durchgeführt:

t in s: 5,6 5,3 5,5 5,3 5,6 5,2 5,4 5,8 5,4 5,7 5,2

Zur Ermittlung des besten Schätzwertes bieten sich verschiedene Möglichkeiten an. Zur Berechnung des Medians wird die Messreihe der Größe nach geordnet. Es ergibt sich folgende geordnete Messreihe:

t in s: 5,2 5,2 5,3 5,3 5,4 **5,4** 5,5 5,6 5,6 5,7 5,8

Der **Median** beispielsweise ergibt sich somit zu 5,4 Sekunden. Dabei handelt es sich um den Wert, bei dem genau die Hälfte der Messwerte unterhalb bzw. oberhalb liegen. Bei dieser Messreihe (keine Ausreißer) ist die Ermittlung des arithmetischen Mittelwertes jedoch die bessere Wahl.

$$\overline{x} = \frac{1}{n} \cdot \sum_{i=1}^{n} x_i = 5,46\ \mathrm{s}$$

Auch bei der **Abschätzung der Messunsicherheit** sind verschiedene Wege möglich. Einerseits liegt der wahre Wert mit hoher Wahrscheinlichkeit zwischen dem niedrigsten Wert (5,2 s) und dem höchsten Wert (5,8 s). Daraus würde sich eine Messunsicherheit von $5,8 - 5,2 = 0,6$ und $0,6/2 = 0,3$, d. h. $\Delta x = \pm\ 0{,}3\ \mathrm{s}$, ergeben.

Die bessere **Beschreibung der Messunsicherheit** ergibt sich jedoch aus der Mittelwertbildung x mit:

$$\Delta x = \sqrt{\frac{1}{n} \cdot \sum_{i=1}^{n} (x_1 - \overline{x})^2} = 0,193 \text{ s} \quad \Rightarrow \quad x = 0,19 \text{ s}$$

Es muss jedoch berücksichtigt werden, dass die Abweichungen positiv und negativ sein können. Man verwendet daher die Quadratwurzel aus der mittleren quadratischen Abweichung (root mean square deviation), die auch mittlerer quadratischer Messfehler bzw. **Streuung *s*** genannt wird. Bei korrekter statistischer Vorgehensweise muss jedoch berücksichtigt werden, dass die gleichen Daten auch den arithmetischen Mittelwert bestimmen und somit die Anzahl der Freiheitsgrade um 1 reduziert ist.

$$s = \pm\sqrt{\frac{1}{n-1} \cdot \sum_{i=1}^{n} (x_i - \overline{x})^2} = 0,202 \text{ s} \quad \Rightarrow \quad s = 0,20 \text{ s}$$

Innerhalb des Bereiches $\mu - s$ und $\mu + s$ liegt mit einer 68,3 %igen Sicherheit der nächste Messwert der gesuchten Größe. Dies bedeutet aber auch, dass 32 % der Messungen außerhalb liegen können. Die Abweichung ist somit gegeben durch:

$$s_{\overline{x}} = \pm\frac{s}{\sqrt{n}} = \pm\frac{0,20 \text{ s}}{\sqrt{11}} \quad \Rightarrow \quad s_{\overline{x}} = \pm 0,061 \text{ s}$$

Das Ergebnis dieses Beispiels lautet also:

x(Schätzwert) = (5,46 ± 0,06) Sekunden

Man beachte, dass Messwiederholungen die Messabweichung des Einzelereignisses s nicht verändern, die Genauigkeit von μ wird aber mit n verbessert. Legt man auf eine Aussage mit höherer statistischer Sicherheit Wert, so muss man als Messunsicherheit die doppelte oder dreifache Standardabweichung verwenden. Dann beträgt die statistische Sicherheit 95,45 % bzw. 99,73 %.

2.3.3 Vertrauensbereich

Neben der Genauigkeit der Messmethode, die als Standardabweichung zum Ausdruck kommt, ist für die Bestimmung des zufälligen Fehlers einer Größe die Zuverlässigkeit des Mittelwertes x von besonderem Interesse. Es ist das Ergebnis einer hinreichend großen Anzahl von Messungen und sein mittlerer quadratischer Fehler zu ermitteln, der als Vertrauensbereich bezeichnet wird. Er wird nach folgender Gleichung berechnet:

$$\overline{s} = \pm t \cdot \frac{s}{\sqrt{n}} = \pm t\sqrt{\frac{1}{n \cdot (n-1)} \sum_{i=1}^{n} (x_i - \overline{x})^2} \tag{2.9}$$

Der Vertrauensbereich gibt das Intervall an, in dem der „wahre" Wert mit einer bestimmten statistischen Sicherheit zu erwarten ist.

Bestimmt man die empirischen Parameter einer Stichprobe x und s, dann erhält man aufgrund des geringeren Umfangs einer Stichprobe eine kleinere statistische Sicherheit bzw. das Intervall muss vergrößert werden, um eine höhere statistische Sicherheit zu erhalten. Um welchen Faktor das Intervall in Abhängigkeit von einer vorgegebenen statistischen Sicherheit und dem Umfang der Stichprobe vergrößert werden muss, gibt der **Studentsche Faktor** (t-Faktor) an (vgl. Tabelle 2.4).

Wird als Grundgesamtheit eine sehr große Zahl von Messwerten gewählt, so hat der t-Faktor entsprechend der gewählten Sicherheit die Werte 1, 2 oder 3 (vgl. Tabelle 2.4). Für eine Stichprobe ist der t-Faktor außer von der gewählten statistischen Sicherheit auch von der Anzahl n der Messwerte abhängig.

Tabelle 2.4 Studentsche Faktoren für verschiedene Freiheitsgrade n und gebräuchliche Wahrscheinlichkeiten P

Anzahl n der Einzelwerte	P = 68,27 % t-Faktor	P = 95,45 % t-Faktor	P = 99,73 % t-Faktor	P = 99,80 % t-Faktor
2	1,84	12,71	63,66	318,31
3	1,32	4,30	9,93	22,33
4	1,20	3,18	5,84	10,22
5	1,15	2,78	4,60	7,17
6	1,11	2,57	4,03	5,89
7	1,09	2,45	3,71	5,21
8	1,08	2,37	3,50	4,79
9	1,07	2,31	3,36	4,50
10	1,06	2,26	3,25	4,30
15	1,04	2,15	2,98	3,73
20	1,03	2,09	2,86	3,55
30	1,02	2,05	2,76	3,39
50	1,01	2,01	2,68	3,26
100	1,00	1,98	2,63	3,17

Bei physikalischen Experimenten gilt im Allgemeinen ein Vertrauensbereich von 68,27 % als völlig ausreichend, während in technischen Bereichen der Vertrauensbereich von P = 95 % bevorzugt wird. Bei biologischen Fragestellungen kommt oft eine höhere statistische Sicherheit (P = 99 % oder P = 99,8 %) zur Anwendung.

2.4 Fehlerfortpflanzung

In vielen Fällen ist die zu bestimmende Größe nicht direkt messbar, sondern muss mithilfe von experimentell zugänglichen Größen indirekt bestimmt werden. Ist G die zu bestimmende Größe und sind x, y, z die unmittelbar gemessenen Größen, so sind alle mit einem Fehler (Δx, Δy, Δz) behaftet.

$$G = f\,(x, y, z)$$

Zunächst ist die Frage zu klären, ob und wie die Fehler der unmittelbar gemessenen Größen x, y und z den Fehler der Größe G beeinflussen. Die Messfehler der direkt gemessenen Größen pflanzen sich in das Ergebnis G fort. Bei der Bestimmung von ΔG sind verschiedene Methoden möglich.

2.4.1 Methode der oberen und unteren Grenze

Als erstes Anwendungsbeispiel soll aus einem bereits bestimmten Radius eines Kreises mit folgenden Daten $r = (12 \pm 0{,}5)$ m die Kreisfläche $A \pm \Delta A$ berechnet werden.

$$A = \pi \cdot r^2 = 3{,}14 \cdot (12\text{ m})^2 = 452{,}2\text{ m}^2$$

Bei dieser Methode setzt man die Maximalwerte (12,5 m) und Minimalwerte (11,5 m) von r ein. Daraus wird für die Fläche A jeweils die obere und untere Grenze berechnet.

$$\Delta A = \frac{1}{2} \cdot \left[3{,}14 \cdot (12{,}5\text{ m})^2 - 3{,}14 \cdot (11{,}5\text{ m})^2\right] = \frac{1}{2} \cdot \left[490{,}6\text{ m}^2 - 415{,}3\text{ m}^2\right]$$

$$= 37{,}7\text{ m}^2 \Longrightarrow A = (452{,}2 \pm 37{,}7)\ \text{m}^2\ (\pm 8{,}34\,\%)$$

Die Differenz dieser Werte ergibt die Breite des Fehlerintervalls, und der gesuchte Fehler ist die Hälfte der Differenz.

In dem zweiten Beispiel soll die Grundfläche eines Rechtecks berechnet werden. Die Länge a und Breite b sind mit einem Fehler Δa und Δb behaftet. Es wird die maximale Fläche A_{max} und die minimale Fläche A_{min} berechnet. Die entsprechenden Flächen ergeben sich zu:

$$A_{\text{max}} = (a + \Delta a) \cdot (b + \Delta b)$$

$$A_{\text{min}} = (a - \Delta a) \cdot (b - \Delta b)$$

Die Differenz aus A_{max} und A_{min} wird durch 2 geteilt und ergibt damit den Fehler.

Häufig lässt sich das gesuchte Ergebnis nur durch komplexe Gleichungssysteme darstellen. Auch in solchen Fällen müssen für die gesuchte Größe G eine obere Grenze G_{max} und eine untere Grenze G_{min} ermittelt werden. Zur deren Bestimmung werden die Extremwerte der abhängigen Messgrößen in die Formel für G eingesetzt. Es ist dann zu entscheiden, wie sich ein solches Vorzeichen auf das Verhalten von G (Zu- oder Abnahme) auswirkt. Wie in den beiden Beispielen berechnet man aus beiden Grenzen die Differenz und teilt sie durch zwei. Der so erhaltene Fehler ist der größtmögliche Fehler.

$$\Delta G = 1/2 \cdot (G_{\text{max}} - G_{\text{min}})$$

Beispiel 2.5: Fehlerabschätzung

Schätzen Sie die Zeit ab, die Sie für den täglichen Weg zur Hochschule benötigen. Er setzt sich zusammen aus Zeiten für den Fußweg zur U-Bahn $t_1 = (6 \pm 1)$ min, Wartezeit auf dem Bahnsteig $t_2 = (4 \pm 3)$ min und Fahrt mit der U-Bahn $t_3 = (12 \pm 2)$ min. Das ergibt variable Zeiten von:

$$\Delta t = \Delta t_1 + \Delta t_2 + \Delta t_3 = (1 + 3 + 2)\ \text{min} = 6\ \text{min}$$

Der Wert für die Fahrzeit, Gehzeit und Wartezeit beträgt 22 min und muss dabei gar nicht berechnet werden. Die Methode der oberen und unteren Grenze liefert den gleichen Fehler mit größerem Rechenaufwand.

2.4.2 *Gauss*sche Fehlerfortpflanzung

Sind die Messgrößen x, y, z, usw. unabhängig voneinander und mit zufälligen Messabweichungen Δx, Δy, Δz usw. behaftet, so ergibt sich eine Messunsicherheit ΔG aus der **quadratischen Addition** (*Gauss*sches Fehlerfortpflanzungsgesetz):

$$\Delta G = \sqrt{\left(\frac{\partial G}{\partial x} \cdot \Delta x\right)^2 + \left(\frac{\partial G}{\partial y} \cdot \Delta y\right)^2 + \left(\frac{\partial G}{\partial z} \cdot \Delta z\right)^2} \tag{2.10}$$

Δx, Δy, Δz Vertrauensbereich des Mittelwertes der einzelnen Messgrößen, $\partial G/\partial x$, $\partial G/\partial y$, $\partial G/\partial z$ partielle Ableitung der Funktion $G = f(x, y, z$ usw.) nach den Messgrößen x, y, z usw.

In den meisten Fällen lässt sich die Bildung des partiellen Differentialquotienten ersparen, weil sich Formel 2.10 für bestimmte Arten von Funktionen vereinfachen lässt. Betrachtet man beispielsweise folgende Funktion:

$$G = x^a \cdot y^b \cdot z^c$$

und bildet die partiellen Ableitungen

$$\frac{\partial G}{\partial x} = a \cdot x^{a-1} \cdot y^b \cdot z^c = a \cdot \frac{G}{x}$$

$$\frac{\partial G}{\partial y} = b \cdot x^a \cdot y^{b-1} \cdot z^c = b \cdot \frac{G}{y}$$

$$\frac{\partial G}{\partial z} = c \cdot x^a \cdot y^b \cdot z^{c-1} = c \cdot \frac{G}{z}$$

so ergibt sich eine Gesamt-Messunsicherheit

$$\Delta G_{\text{ges}} = \sqrt{\left(a \cdot \frac{G}{x} \cdot \Delta x\right)^2 + \left(b \cdot \frac{G}{y} \cdot \Delta y\right)^2 + \left(c \cdot \frac{G}{z} \cdot \Delta z\right)^2} \tag{2.11}$$

Für den relativen Fehler erhält man:

$$\frac{\Delta G_{\text{ges}}}{G} = \sqrt{\left(a \cdot \frac{\Delta x}{x}\right)^2 + \left(b \cdot \frac{\Delta y}{y}\right)^2 + \left(c \cdot \frac{\Delta z}{z}\right)^2} \tag{2.12}$$

Die *Gauss*sche Fehlerfortpflanzung ist ein rein statistisches Gesetz und somit auch zur Berechnung statistisch ermittelter Fehler geeignet. Die Anwendung ist immer dann sinnvoll, wenn die einzelnen Messgrößen etwa gleich große Beiträge zur gesamten Messunsicherheit liefern. In Formel 2.10 ist auch berücksichtigt, dass sich einzelne Fehler von Messgrößen teilweise kompensieren.

2.4.3 Lineare Fehlerfortpflanzung

Unter der Voraussetzung $\Delta x << x$, $\Delta y << y$ und $\Delta z << z$ usw. lässt sich der Gesamtfehler ΔG_{max} (maximaler Fehler) wie folgt berechnen:

$$\Delta G_{\text{max}} = \left|\frac{\partial G}{\partial x}\right| \cdot \Delta x + \left|\frac{\partial G}{\partial y}\right| \cdot \Delta y + \left|\frac{\partial G}{\partial z}\right| \cdot \Delta z + \cdots \tag{2.13}$$

ΔG_{max} maximaler Fehler, Δx, Δy, Δz, usw. Vertrauensbereich des Mittelwertes oder geschätzter Fehler oder Fehlergrenze des Messgerätes

Formel 2.13 entsteht aus $G(x+\Delta x, y+\Delta y, z+\Delta z$ usw.) durch eine *Taylor*-Entwicklung, die nach dem ersten Glied abgebrochen wurde. Die Betragsstriche der partiellen Ableitungen nach den gemessenen Größen x, y, z usw. bewirken, dass alle Summanden positiv werden. Es kommt daher nicht zu einer Kompensation von Einzelfehlern, sondern man erhält stets den größtmöglichen als maximalen Fehler der Größe G.

Exkurs 2.1 Praktische Regeln

Setzt sich ein Endergebnis als Summe oder Differenz von fehlerhaften Messgrößen zusammen, so gilt: Der **absolute Fehler einer Summe oder Differenz** ist die Summe der absoluten Fehler der Messwerte.

Der **relative Fehler eines Produktes oder Quotienten** ist die Summe der relativen Fehler der Messwerte. Geht dabei eine Größe in ein Produkt oder einen Quotienten quadratisch ein, dann wird der relative Fehler doppelt gerechnet

2.5 Grafische Auswertung von Messdaten

Die Veranschaulichung, Bestimmung oder Überprüfung der funktionalen Abhängigkeit zwischen Messgrößen erfolgt zweckmäßigerweise durch grafische Darstellungen. Auch im Praktikum, wo die theoretischen Beziehungen häufig bekannt sind, erfolgt die experimentelle Überprüfung von Beziehungen oder die indirekte Bestimmung von Größen aus grafischen Darstellungen.

Beispiel 2.6: Temperaturabhängigkeit der Penicillinhydrolyse

Die Temperaturabhängigkeit der säurekatalysierten Hydrolyse von Penicillin wird untersucht. Die experimentell bestimmte Abhängigkeit der Geschwindigkeitskonstante *k* von der Temperatur *T* ist in folgender Tabelle wiedergegeben.

Temperatur *T* in °C	Geschwindigkeitskonstante *k* in s^{-1}
22,1	$7{,}1 \cdot 10^{-4}$
27,2	$9{,}7 \cdot 10^{-4}$
33,6	$1{,}8 \cdot 10^{-4}$
38,0	$2{,}0 \cdot 10^{-4}$

Für die Abhängigkeit der Geschwindigkeitskonstante *k* von der Temperatur *T* ergibt sich nach dem Gesetz von *Arrhenius*: $k = a \cdot e^{-E_a/R \cdot T}$. Der funktionale Zusammenhang gilt als nachgewiesen, wenn bei halblogarithmischer Auftragung gegen die reziproke absolute Temperatur eine Gerade entsteht. Die gesuchte Kenngröße für die Temperaturabhängigkeit, die Aktivierungsenergie *E*, kann aus dem Anstieg der Geraden ($m = -E_a/R$) leicht bestimmt werden. Der Schnittpunkt mit der *y*-Achse entspricht ln(*A*).

Eine Darstellung der Reaktionsgeschwindigkeitskonstante als Funktion von $T, k = A \cdot \mathrm{e}^{-E_a/RT}$, würde eine gekrümmte Kurve ergeben, sodass nach Augenschein nicht entschieden werden kann, ob die theoretische funktionale Abhängigkeit – Exponentialfunktion – erfüllt ist. Die Darstellung von $\ln k = A - E_a/R \cdot T$ hingegen ergibt eine Gerade. Zur sog. **Linearisierung** der zu untersuchenden funktionalen Abhängigkeiten als Geraden (vor allem Exponential- und Potenzfunktionen) gibt es spezielle Koordinatenpapiere, die die Arbeit wesentlich erleichtern. Heute ist es jedoch auch üblich und oft auch praktischer, sich gleich der passenden Software (z. B. EXCEL) zu bedienen, um die entsprechende Grafik zu erstellen und weiterzuverarbeiten. Die Grundlagen, wie man entsprechende Grafiken anfertigt und übersichtlich auswerten kann, sind im Folgenden beschrieben.

2.5.1 Lineare und nichtlineare Skalen

Eine Skala (Skale) ist eine Abfolge einer Anzahl von Teilstrichen auf einer Anzeigefläche. Die Teilung kann linear (gleichmäßig) oder nichtlinear (ungleichmäßig) sein. Sie dient dazu, den Wert einer physikalischen Größe anzuzeigen.

Zur grafischen Darstellung auf einer Skala werden die Größen durch eine geeignete Vorschrift den Punkten einer Gerade zugeordnet. Da jede physikalische Größe G als Produkt aus Zahlenwert $\{G\}$ und Einheit $[G]$ dargestellt werden kann (vgl. Abschnitt 1.1), ist es ausreichend, die Zahlenwerte $\{G\}$ den Punkten einer Geraden zuzuordnen. Der Einfachheit halber wird auf die geschweifte Klammer verzichtet und für die Zahlenwerte x, y usw. geschrieben.

Ordnet man die Zahlenwerte den Punkten einer Geraden zu, so entsteht eine Skala. Das Ende der Skala wird durch den Quotienten von Größe und Einheit $G/[G]$ gekennzeichnet. Damit liegt fest, bei welcher Einheitenwahl die Größe den Zahlenwert x hat. Der der Länge l_x zugeordnete Zahlenwert x auf der Skala entspricht somit direkt der physikalischen Größe. Bild 2.5 zeigt die Zusammenhänge bei einer linearen Skala.

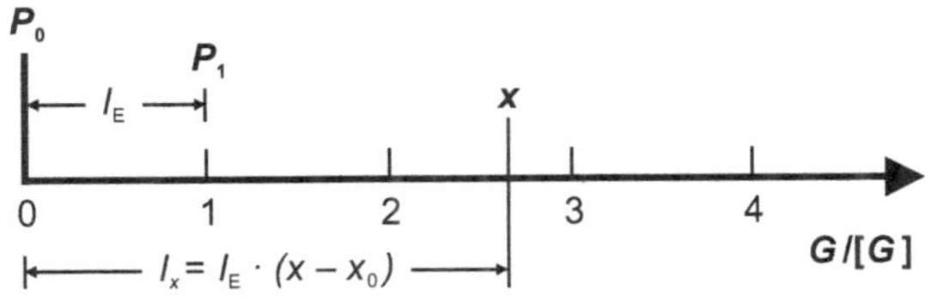

- Einem Punkt P_0 der Geraden wird ein Zahlenwert x_0 als **Anfangspunkt** der Skala zugeordnet. Es kann der Punkt $x = 0$ sein oder ein unterdrückter Nullpunkt.
- Der Anfangspunkt P_0 definiert einen **Richtungssinn** (Pfeilspitze).
- Der Punkt P_1 und damit der Strecke $\overline{P_0P_1}$ wird der Zahlenwert 1 zugeordnet. Damit wird auf der Geraden ein **Maßstab** bzw. eine **Einheitslänge** l_E festgelegt.
- Eine **Abbildungsfunktion** $G(x)$ wird festgelegt, um dem Zahlenwert x auf der Skala die Länge: $l_x = l_E \cdot (G(x) - G(x_0))$ zuzuordnen.

Bild 2.5
Lineare Skala

Bei der Konstruktion einer nichtlinearen Skala bleiben die Randbedingungen (vgl. Bild 2.5) gültig. Es wird jedoch durch die Abbildungsfunktion $G(x)$ eine andere Zuordnung festgelegt. Bei linearen Skalen sind die Längen l_x den Zahlenwerten x proportional, bei den nichtlinearen Skalen sind die Längen l_x den Zahlenwerten $y = G(x)$ proportional, entsprechend folgender Gleichung:

$$l_x = l_E \cdot (y - y_0) = l_E \cdot [G(x) - G(x_0)] \tag{2.14}$$

Trägt man auf der so konstruierten Skala nicht die Werte y, sondern die Werte x auf, dann entsteht eine Nichtlinearität der Anordnung der x-Werte. In Bild 2.6 ist eine logarithmische Skala gezeigt.

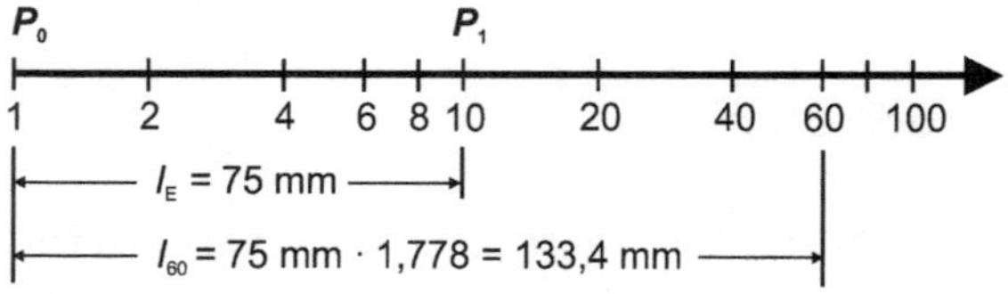

Bild 2.6 Nichtlineare Skala (logarithmische Skala)

In der mechanischen Verfahrenstechnik, aber auch in der Reaktionskinetik sind vor allem nichtlineare Skalen mit der Abbildungsfunktion $G(x) = \lg x$ von Bedeutung. Es gilt auf der Basis von Potenzgesetzen (n = ganze Zahl):

$$G\left(10^{n+1}\right) - G\left(10^n\right) = (n+1) \cdot \log 10 - n \cdot \log 10 = 1$$

Wird dem Anfangspunkt P_0 der Skala der Funktionswert $G(10^n)$ zugeordnet, so erhält man für die Einheitslänge die logarithmische Teilung

$$\overline{P_0P_1} = l_E \cdot \left\{G\left(10^{n+1}\right) - G\left(10^n\right)\right\} = 1$$

Nimmt eine logarithmisch geteilte Skala um eine Einheitslänge l_E zu, so nimmt der Funktionswert x um eine Größenordnung zu. Die Einheitslänge l_E einer nichtlinearen Skala ist frei wählbar und richtet sich in der Regel nach praktischen Gesichtspunkten (vgl. lineare Skala).

2.5.2 Anfertigung einer grafischen Darstellung

Die mathematisch einfachste Funktion ist die lineare Abhängigkeit $y = m \cdot x + b$ zweier Variablen x und y, die bei grafischen Darstellungen mit linearen Skalen eine Gerade ergibt.

Grafische Darstellungen werden auf Millimeterpapier gezeichnet und sollten blattfüllend sein (DIN A5 oder DIN A4). Der Maßstab eines Diagramms muss groß sein, um

Zusammenhänge besser erkennen zu können. Die **unabhängige Variable** (Ursache) wird auf der x-Achse und die **abhängige Variable** (Wirkung) wird auf der y-Achse aufgetragen. Das Koordinatensystem sollte nach folgenden Gesichtspunkten beschriftet werden:

- Angabe der physikalischen Größen oder ihrer Symbole, z. B. Temperatur oder T
- Angabe der Einheit, z. B. K für Kelvin. Die Einheit wird durch einen Schrägstrich von der physikalischen Größe getrennt, z. B. T/K.
- Der Maßstab wird durch eine sinnvolle Achseneinteilung angegeben. Er sollte auch in einer einfachen Beziehung zur mm-Einteilung stehen, z. B. 5 K entsprechen 1 cm auf der x-Achse.
- Jede Abbildung soll eine ausreichende Beschreibung als Abbildungstext erhalten.

Die Messwerte (x_i, y_i) sollten möglichst als Kreuze und nicht als Punkte gezeichnet werden. Da Messwerte streuen, sollten sie auf keinen Fall durch kurze Geradenstücke miteinander verbunden werden.

2.5.3 Grafische Auswertung linearer Zusammenhänge

Liegen Paare von Messwerten (x_i, y_i) vor, bei denen ein linearer Zusammenhang vermutet wird, so ergibt sich folgender funktionaler Zusammenhang:

$$y_i = f\,(x_i) = m \cdot x_i + b \tag{2.15}$$

Zunächst erfolgt die Überprüfung der Linearität oder die Bestimmung der Parameter m und b. Es werden die Messwerte x_i und y_i grafisch aufgetragen. Zufällige Abweichungen führen zur Streuung der Messwerte y_i.

Beispiel 2.7: Zersetzung von Phosphin an Wolfram

Die Zersetzung von Phosphin erfolgt bei hoher Temperatur und hohem Druck an einem Wolframkatalysator. Entsprechend der allgemeinen Reaktionsgleichung $PH_3 \rightarrow$ Produkte folgt diese Zersetzung einer Reaktion nullter Ordnung. Gemessen wird die Konzentration an Phosphin in Abhängigkeit von der Reaktionsdauer. Die Reaktionszeit wird auf der x-Achse aufgetragen, und die Stoffmengenkonzentration an Phosphin wird auf der y-Achse aufgetragen. Die entsprechenden Messwerte werden zunächst in ein Koordinatensystem eingetragen. Ein geübtes Auge würde bereits erkennen, dass die dargestellten Messpunkte statistisch um eine Gerade streuen, womit qualitativ das Vorliegen eines linearen Zusammenhangs bestätigt wäre.

Die Steigung der Ausgleichsgeraden ist gleich dem Parameter m, der Ordinatenabschnitt (y-Achse) ergibt den Parameter b. Zur quantitativen Auswertung (Bestimmung der Parameter m und b) wird nach Augenmaß eine Gerade eingezeichnet (vgl. Bild 2.7). Diese Ausgleichsgerade soll am besten zu den Messwerten passen, d. h. möglichst wenig von den Messpunkten abweichen.

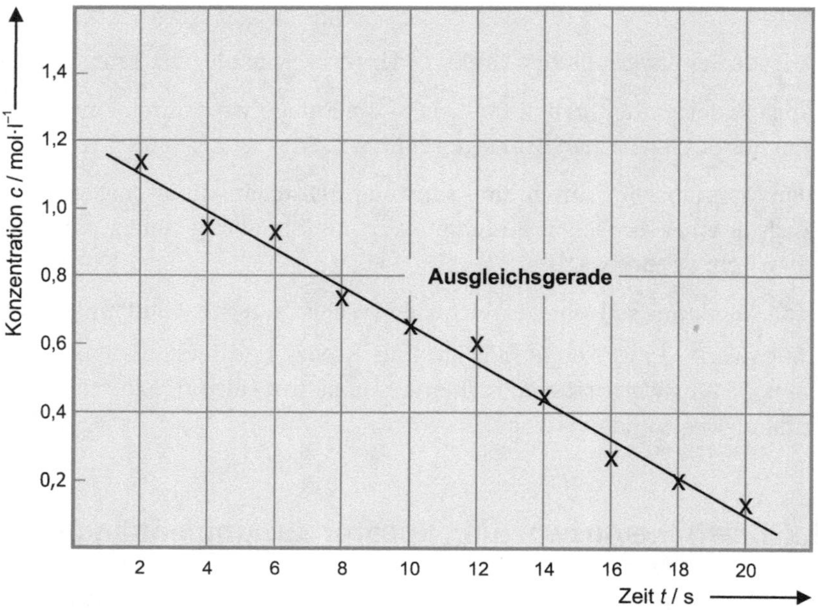

Bild 2.7 Grafische Darstellung der Messpunkte mit einer Ausgleichsgeraden (Schritt 1)

Die Steigung *m* ist der Quotient aus $\Delta y/\Delta x$ aus der *y*-Koordinatendifferenz Δy und der *x*-Koordinatendifferenz Δx zweier Punkte (P_1, P_2) auf der Geraden. Es sind die Differenzen der physikalischen Größen abzulesen, da die auf der *x*- und *y*-Achse aufgetragenen Zahlen der entsprechenden Größen mit Einheiten behaftet sind. Die ermittelte Steigung beträgt $m = 0{,}0556$ mit der dazugehörigen Einheit $\mathrm{mol \cdot l^{-1} \cdot s^{-1}}$, die ebenfalls mit anzugeben ist.

Da die Messwerte streuen, ist auch die Ausgleichsgerade mit einem Fehler behaftet. Um diesen Fehler quantitativ auszudrücken, werden unter Berücksichtigung der Streuung der Messwerte zwei Geraden durch die Messwerte gelegt. Diese beiden Geraden begrenzen den Fehlerstreifen (Streuung der Messwerte). Die Fehlerstreifen müssen alle Messpunkte einschließen, d. h., Messpunkte dürfen nur unterhalb oder oberhalb der beiden Streifen liegen. Ausreißer werden dabei nicht berücksichtigt.

Beide Steigungen müssen nicht parallel zueinander sein, da die Messpunkte unterschiedlich stark um die Ausgleichsgerade streuen können. Der Fehlerstreifen (weißes Viereck) wird seitlich, in der Nähe des ersten und letzten Messpunktes, durch zwei Geraden (parallel zur *y*-Achse) begrenzt (vgl. Bild 2.9).

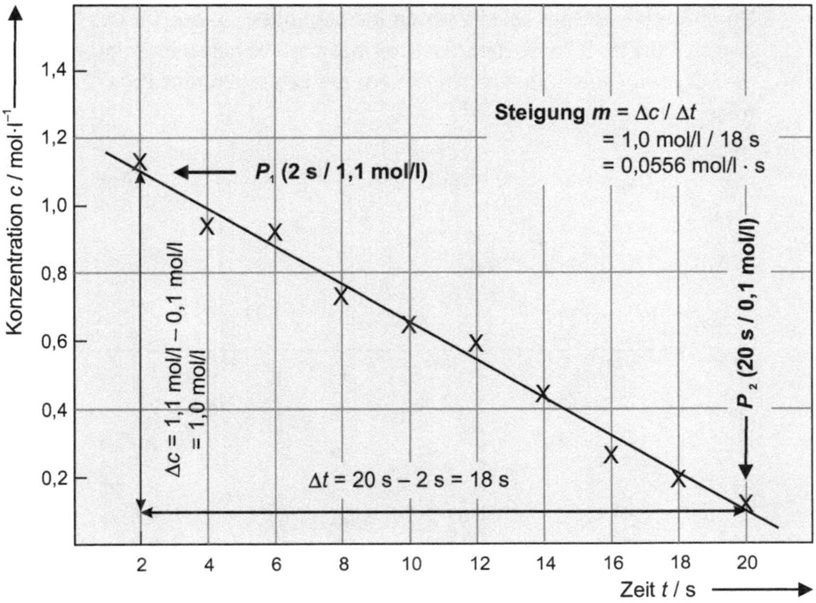

Bild 2.8 Bestimmung der Steigung (Schritt 2)

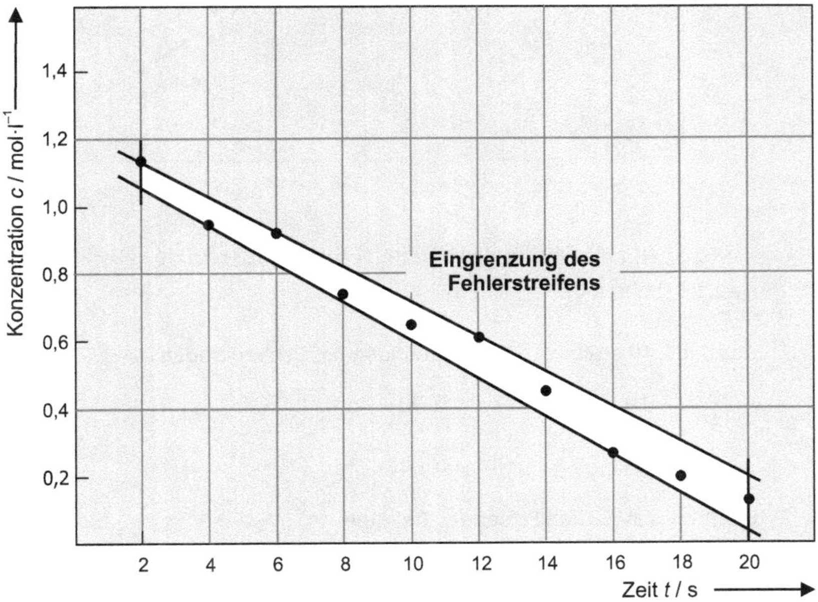

Bild 2.9 Konstruktion der Fehlerstreifen (Schritt 3)

Durch Verbinden der jeweils gegenüberliegenden Eckpunkte des Vierecks ergeben sich die zwei Fehlergeraden. Der maximale Fehler der Steigung (Ausgleichsgerade) berechnet sich aus den Fehlern der Fehlergeraden 1 und 2 entsprechend folgender Gleichung:

$$m = m \pm \Delta m \tag{2.16}$$

mit

$$\Delta m = 1/2 \cdot |m_1| - |m_2|$$

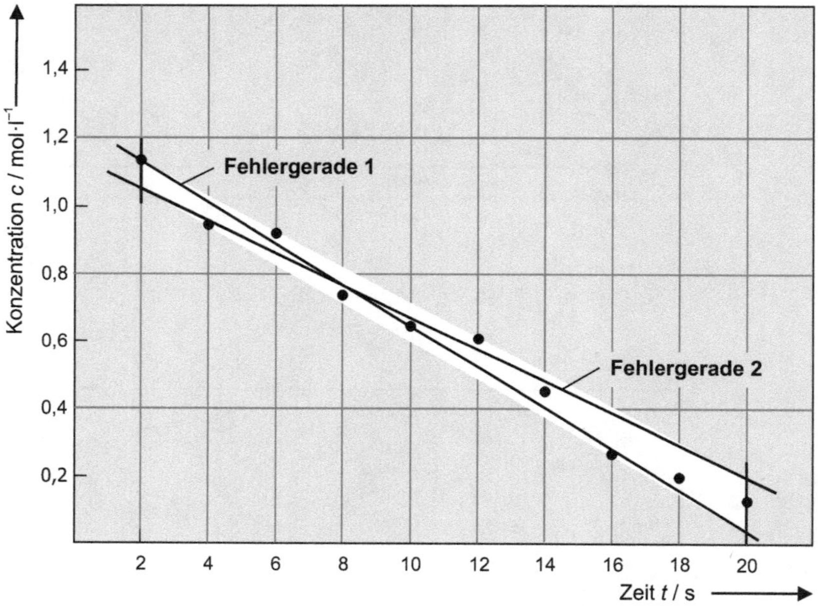

Bild 2.10 Konstruktion der beiden Fehlergeraden in dem Fehlerstreifen aus Bild 2.9 (Schritt 4)

Aus Bild 2.10 ergibt sich für die Steigung der Fehlergeraden:

$$m_1 = 1{,}10 \text{ mol} \cdot \text{l}^{-1}/18 \text{ s} = 0{,}0611 \text{ mol} \cdot \text{l}^{-1} \cdot \text{s}^{-1}$$

$$m_2 = 0{,}83 \text{ mol} \cdot \text{l}^{-1}/18 \text{ s} = 0{,}0461 \text{ mol} \cdot \text{l}^{-1} \cdot \text{s}^{-1}$$

Es ergibt sich für den Fehler der Steigung:

$$\Delta m = 1/2 \cdot (0{,}0611 - 0{,}0461) \text{ mol} \cdot \text{l}^{-1} \cdot \text{s}^{-1} = 0{,}0075 \text{ mol} \cdot \text{l}^{-1} \cdot \text{s}^{-1}$$

Das gerundete Ergebnis der Steigung lautet somit

$$m = (0{,}0556 \pm 0{,}0075) \text{ mol} \cdot \text{l}^{-1} \cdot \text{s}^{-1}$$

3 Aggregatzustände und Phasenlehre

3.1 Gasförmiger Zustand

Von den zurzeit 118 bekannten Elementen sind unter Standardbedingungen nur die Nichtmetalle Wasserstoff, Sauerstoff, Stickstoff, Chlor, Fluor und die sieben Edelgase gasförmig. Kleine, kovalent aufgebaute Moleküle wie Ammoniak (NH_3), Kohlenstoffdioxid (CO_2) und Chlorwasserstoff (HCl) sind ebenfalls gasförmig. Es können aber auch andere flüssige und feste Stoffe durch Erhöhung der Temperatur oder Absenkung des Druckes in den gasförmigen Zustand überführt werden.

Gase bestehen aus einzelnen Teilchen (Atome, Ionen, Molekülen), die sich weitgehend unabhängig voneinander in schneller Bewegung befinden (*Brown*sche Molekularbewegung, thermische Bewegung). Die Abstände der gasförmigen Teilchen sind im Unterschied zu Teilchen in Flüssigkeiten oder Feststoffen relativ groß. Gase bewegen sich gleichmäßig verteilt in alle Raumrichtungen. Einzelne Gasteilchen bewegen sich unter unregelmäßigen Kollisionen mit anderen Gasteilchen oder der Gefäßwand mit unterschiedlichen Weglängen in verschiedene Richtungen. Sie können in jeden Bereich des ihnen zur Verfügung stehenden Raumes gelangen und verteilen sich darin statistisch. Gase lassen sich in jedem beliebigen Verhältnis miteinander Mischen, wobei **homogene Gemische** entstehen. Sie haben im Unterschied zu Flüssigkeiten und Feststoffen eine geringe Dichte und sind kompressibel, d. h., der Abstand zwischen einzelnen gasförmigen Teilchen lässt sich durch Druckerhöhung reduzieren. Eine Druckerhöhung oder Abkühlung führt zur Verflüssigung oder Kristallisation von Gasen.

3.1.1 Ideales Gas

Unter den drei Aggregatzuständen der Materie ist der gasförmige Zustand aus mikroskopischer Sicht dadurch gekennzeichnet, dass die Teilchengröße im Verhältnis zu ihrem Abstand sehr klein ist. Ein solches Gas gilt praktisch als unendlich verdünnt. Die Wechselwirkung zwischen einzelnen Gasteilchen kann daher in erster Näherung (ideales Gas) vernachlässigt werden.

Gesetz von *Boyle-Mariotte*

Gase sind aus makroskopischer Sicht weitgehend komprimierbar. Die Abstände zwischen den Gasteilchen werden bei Druckerhöhung oder Temperaturabsenkung entsprechend verringert. Bei konstanter Temperatur **(isotherm)** ist für eine gleichbleibende Gasmenge das Produkt aus Druck und Volumen konstant:

$$p \cdot V = \text{konst.} (T = \text{konst.}) \tag{3.1}$$

p Druck, V Volumen, T Temperatur

Aus diesem Zusammenhang, der als Gesetz von *Boyle-Mariotte* bekannt ist, ergibt sich ein Kurvenverlauf, der dem einer Hyperbel entspricht. Die Konstante ist jedoch temperaturabhängig.

Die Druck-Volumen-Kurven stellen den positiven Ast einer Hyperbel dar. Bei Auftragung von V gegen $1/p$ lassen sich die Kurven linearisieren. Die Steigungen der Geraden entsprechen dann jeweils einer Konstanten.

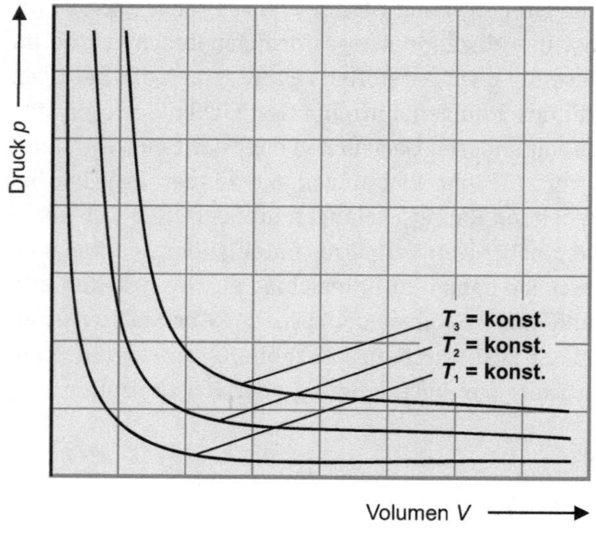

Bild 3.1
Grafische Darstellung des Gasgesetzes von Boyle-Mariotte mit Isothermen ($T_1 < T_2 < T_3$)

Gesetz von *Gay-Lussac*

Dieses Gesetz beschreibt die Temperaturabhängigkeit des Volumens einer bestimmten Gasmenge bei konstantem Druck **(isobar)**:

$$V_1 = V_0 \cdot \frac{T_1}{T_0} \quad (3.2)$$

T_0 Anfangstemperatur, T_1Temperatur nach der Temperaturänderung, V_0 Volumen bei der Temperatur T_0, V_1 Volumen bei der Temperatur T_1

Die Gasgesetze von *Boyle-Mariotte* und *Gay-Lussac* lassen sich auch zu einem Gesetz zusammenfassen, das die Abhängigkeit des Volumens einer bestimmten Gasmenge von der Temperatur und vom Druck angibt:

$$\frac{p \cdot V}{T} = \frac{p_0 \cdot V_0}{T_0} = \frac{p_1 \cdot V_1}{T_1} \quad (3.3)$$

Prinzip von *Avogadro*

Der italienische Chemiker *Amedeo Avogadro* stellte Anfang des 19. Jahrhunderts ein Gesetz auf, nach welchem alle Gase bei gleicher Temperatur und gleichem Druck in gleichen Volumina die gleiche Teilchenzahl (Atome, Moleküle, Ionen) enthalten. Das Prinzip von *Avogadro* lässt sich somit formulieren als:

$$V \sim n \ (T, p = \text{konst.}) \quad (3.4)$$

Avogadro leitete dieses Prinzip aus den von *Gay-Lussac* gefundenen Beziehungen über die Verbindungen gasförmiger Stoffe ab. Er unterschied Atome und Moleküle und stellte fest, dass beim Übergang von Molekülen in den gasförmigen Zustand diese nicht in Atome gespalten wurden.

Diese Erkenntnisse über den molekularen Aufbau von Gasen rechtfertigten die Erweiterung der Gasgesetze. Hiernach enthält 1 mol eines Gases bzw. jede chemische Verbindung $6{,}022\,142 \cdot 10^{23}$ Teilchen (Moleküle, Atome, Ionen). Die Größe ist unter dem Namen ***Avogadro*-Konstante N_A** bekannt:

$$N_A = 6{,}022\,142 \cdot 10^{23}\ \text{mol}^{-1}$$

Allgemeine Gasgleichung

Durch Kombination der Gesetze von *Boyle-Mariotte* und *Gay-Lussac* mit dem Prinzip von *Avogadro* lässt sich die allgemeine Zustandsgleichung für ein ideales Gas formulieren:

$$p \cdot V = n \cdot R \cdot T \quad (3.5)$$

p Druck, V Volumen, n Stoffmenge, R allgemeine Gaskonstante, T Temperatur

Der Zustand eines idealen Gases lässt sich, wenn drei der vier Größen p, V, n oder T bekannt sind, vollständig beschreiben. Das ideale Gasgesetz ist eine der wichtigsten Gleichungen in der Verfahrenstechnik. Sie beschreibt das Verhalten eines idealen Gases und gilt näherungsweise für reale Gase unter normalen Bedingungen.

Molares Volumen

Ein Mol eines jeden reinen Stoffes hat einen bestimmten Raumbedarf. Bei Flüssigkeiten und Feststoffen ist dieser Raumbedarf eine stoffspezifische Größe (Dichte r). Unter SATP-Standardbedingungen (vgl. Exkurs 3.1) nehmen z. B. 10 mol Schwefelsäure ($m = 0{,}981$ kg) ein Volumen von $V = 0{,}531$ l ein. Die Dichte der Schwefelsäure beträgt $r = 1{,}834$ kg/l.

Das molare Volumen V_m eines Substanz ist definiert, wie aus dem Namen bereits hervorgeht, als das pro Mol Teilchen (Moleküle, Atome, Ionen) benötigte Volumen unter **Standardbedingungen (SATP)**:

$$V_{\mathrm{m}} = \frac{V}{n} \tag{3.6}$$

Aus dem Prinzip von *Avogadro* folgt, dass das molare Volumen eines Gases unabhängig von der Art des Stoffes ist und nur von Temperatur und Druck abhängt.

Exkurs 3.1 Standardbedingungen und Normbedingungen

Der Begriff **Standardbedingungen** wird in technischen und naturwissenschaftlichen Zusammenhängen verwendet und hat grundsätzlich verschiedene Bedeutungen. Während er bei der Gasmengenmessung zur Definition von Gasvolumina und Gasvolumenströmen benutzt wird, dient er in Naturwissenschaft und Prozesstechnik zur Definition von einzuhaltenden Prozessbedingungen und zur besseren Vergleichbarkeit.

Normbedingungen, auch als STP (**S**tandard **T**emperature and **P**ressure) abgekürzt, sind in der DIN 1343 festgelegt mit der Normtemperatur $T^N = 273{,}15\,\mathrm{K} = 0\,°\mathrm{C}$ und dem Normdruck $p^N = 101\,325\,\mathrm{Pa} = 1{,}013\,25$ bar. Für die Angabe einer Gasmenge im Handel gilt die DIN-Variante (Normkubikmeter).

Chemische Standardbedingungen sind in der Chemie durch die IUPAC (**I**nternational **U**nion of **P**ure and **A**pplied **C**hemistry) aus dem Jahre 1982 definiert als Temperatur $T^N = 273{,}15$ K und dem Druck $p^N = 100{:}000$ Pa = 1 bar. Die IUPAC-Festlegung auf 1 bar ist moderner und wird insbesondere bei der Angabe thermodynamischer Stoffeigenschaften bevorzugt.

Weitere verbreitete Druck- und Temperaturbedingungen sind SATP-Bedingungen (**S**tandard **A**mbient **T**emperature and **P**ressure) mit $T = 298{,}15\,\mathrm{K} = 25\,°\mathrm{C}$ und $p = 101\,325\,\mathrm{Pa} = 1{,}013\,25$ bar.

In der Medizin, Physiologie und Biotechnologie unterscheidet man weitere Bedingungen:

STPD-Bedingungen (**S**tandard **T**emperature, **P**ressure, **D**ry)

BTPS-Bedingungen (**B**ody **T**emperature, **P**ressure, **S**aturated)

ATPS-Bedingungen (**A**mbient **T**emperature, **P**ressure, **S**aturated)

3.1.2 Gasgemische

Auch Gasgemische lassen sich, sofern bei den einzelnen Gasen ideales Verhalten vorausgesetzt werden kann, durch die allgemeine Zustandsgleichung beschreiben. Werden verschiedene Gase mit den Volumina V_1, V_2,... V_n bei gleichem Druck p und gleicher Temperatur T gemischt, so ergibt sich, wenn die Gase chemisch nicht miteinander reagieren:

$$V_1 + V_2 + \ldots + V_n = \sum_{i=1}^{n} V_i = V \tag{3.7}$$

Beim Mischen von Gasen addieren sich die Einzelvolumina der einzelnen Komponenten. In der Mischung nimmt jedes Gas das gesamte Volumen V ein.

Daher verfügt auch jeder Bestandteil der Gasmischung über einen Partialdruck p_1, $p_2, \ldots, p_n$, der mit dem Druck identisch ist, den das jeweilige Gas besitzt, wenn es das Gesamtvolumen allein ausfüllen würde. Der Gesamtdruck p einer Gasmischung setzt sich additiv aus den Partialdrücken p_i zusammen (Gesetz von *Dalton*):

$$p_1 + p_2 + \ldots + p_n = \sum_{i=1}^{n} p_i = p_{\text{ges}} \tag{3.8}$$

Daraus lässt sich die **Zustandsgleichung für Gasmischungen** ableiten:

$$p \cdot V = R \cdot T \cdot \sum_{i=1}^{k} n_i \tag{3.9}$$

Diese folgt aus $p \cdot V_i = n_i \cdot R \cdot T$ (gilt für jeden Reinstoff) mit $V = V_1 + V_2 + \ldots + V_n$. Für die Berechnung von **Partialdruck** p_i und **Partialvolumen** V_i gilt:

$$\frac{V_i}{V} = \frac{p_i}{p} = x_i \tag{3.10}$$

Wird der Stoffmengenanteil x_i mit 100 % multipliziert, dann folgt bei Gasen: Vol.-% = Mol-%.

Mittlere molare Masse

Die mittlere molare Masse ist analog der molaren Masse definiert:

$$\overline{M} = \frac{m}{\sum\limits_{i=1}^{k} n_i} = \frac{\sum\limits_{i=1}^{k} m_i}{\sum\limits_{i=1}^{k} n_i} \tag{3.11}$$

Daraus folgt nicht nur für Gase, sondern auch für Gemische von Stoffen:

$$\overline{M} = \sum_{i=1}^{n} x_i \cdot M_i \tag{3.12}$$

M mittlere molare Masse, M_i molare Masse eines Reinstoffes, x_i Stoffmengenanteil des Reinstoffes

Sättigung eines Gases mit Feuchtigkeit

Das Volumen eines trockenen Gases V_t kann auf das Volumen V umgerechnet werden, das es in feuchtgesättigtem Zustand einnehmen würde (p = konst.). Steht das trockene Gas nach der Sättigung mit Wasserdampf unter dem Druck p, so beträgt der Druck des Gasgemisches ebenfalls p. Der Druck des Gases allein beträgt $p - p(H_2O)$, wobei $p(H_2O)$ den Sättigungsdruck des Wasserdampfes bedeutet.

Mit dem Volumen V_t eines trockenen Gases ergibt sich nach dem Gesetz von *Boyle-Mariotte* (vgl. Formel 3.10):

$$\frac{V_t}{V} = \frac{p - p\,(H_2O)}{p}$$

und daraus durch Umstellen der Gleichung das Volumen V zu:

$$V = \frac{p \cdot V_t}{p - p\,(H_2O)}$$

Für die Umrechnung **feuchter Gasvolumina auf den Normzustand N** gilt:

$$V^N = \frac{V \cdot (p - p\,(H_2O)) \cdot 273{,}15\ \mathrm{K}}{1{,}013\ \mathrm{bar} \cdot (273{,}15\ \mathrm{K} + \vartheta)} \tag{3.13}$$

V^N Volumen im Normzustand, V Volumen des feuchten Gases bei der Temperatur J, p Druck des feuchten Gases, $p(H_2O)$ Sättigungsdruck des Wasserdampfes bei der Temperatur ϑ, ϑ Temperatur in °C

Bei einer partiellen Sättigung eines Gases mit Feuchtigkeit wird der Feuchtigkeitsgehalt entweder als **absolute Feuchte** (in Gramm Wasserdampf pro m^3) oder als **relative Feuchte φ** angegeben. Hierunter versteht man das Verhältnis der vorhandenen zur maximal möglichen Feuchte (Dampfmenge, die ein Gas bei gegebener Temperatur aufnehmen kann). Die tatsächlich vorhandene Feuchte wird mit *f* bezeichnet, die maximal mögliche mit *F*. Die relative Feuchte ergibt sich zu *f*/*F*. Sie wird in % der Maximalfeuchte als **Feuchtegrad = 100 · *f*/*F*** ausgedrückt.

Beispiel 3.1

Welches Volumen nehmen 600 m³ Erdgas bei einer Temperatur von 22 °C, einem Druck von 1030 mbar und einem Feuchtegrad von 75 % als trockenes Gas im Normzustand ein?

1. Bei 22 °C beträgt der Sättigungsdruck des Wasserdampfes 26,42 mbar (Wasserdampftafel).
2. Daher ist der Partialdruck Wasserdampf bei einem Feuchtegrad von 75 %:

$$p\,(\mathrm{H_2O}) = \frac{75}{100} \cdot 26,42\ \mathrm{mbar} = 19,82\ \mathrm{mbar}$$

3. Das Normvolumen V^N ergibt sich somit zu 553,7 m³.

$$V^{\mathrm{N}} = \frac{600\ \mathrm{m}^3 \cdot (1030 - 19,82)\ \mathrm{mbar} \cdot 273,15\ \mathrm{K}}{1013\ \mathrm{mbar} \cdot 295,15\ \mathrm{K}} = 553,7\ \mathrm{m}^2$$

Exkurs 3.2 Tautemperatur

Als **Tautemperatur** bezeichnet man jene Temperatur, auf welche Luft und Wasserdampf bei konstant bleibender Feuchtigkeit abgekühlt werden müssen, um gesättigt zu werden. Es stellt sich ein Gleichgewicht mit flüssigem Wasser von der Temperatur des Taupunktes ein. Die Unterschreitung der Tautemperatur hat auf festen oder flüssigen Grenzflächen einen Wasserniederschlag zur Folge. Der Effekt ist umso stärker, je geringer die Temperatur der Grenzflächen oder je höher die Luftfeuchte ist.

Auch bei anderen Stoffen als Wasser existiert eine entsprechende Tautemperatur. Es ist beispielsweise für Kohlenwasserstoffe (Erdgas, Lösemittel) die sog. **Kohlenwasserstoff-Tautemperatur** bei einigen Prozessen bedeutsam. Auch spielt bei Verbrennungsprozessen die **Schwefelsäure-Tautemperatur** eine nicht zu unterschätzende Rolle.

In der Meteorologie bezeichnet die Tautemperatur die Grenztemperatur, bei der in Abhängigkeit vom Luftdruck der in der Luft enthaltene Wasserdampf gerade beginnt zu kondensieren (Regentropfen, Eiskristallbildung). Sind in 1 m³ Luft beispielsweise 50 g Wasserdampf vorhanden, muss die Lufttemperatur mindestens 40 °C betragen, damit es nicht zur Bildung von Wassertröpfchen (Regen) kommt. Bei Überschreitung der Temperatur bilden sich bei Anwesenheit von Kondensationskeimen (Staub) spontan Tröpfchen (Wolken).

3.1.3 Reale Gase

Die bisher besprochenen Gasgesetze gelten nur für das ideale Gas. Als Folge der gegenseitigen Anziehungskräfte zwischen den einzelnen Teilchen zeigen reale Gase mehr oder weniger Abweichungen vom *Boyle-Mariotte*schen Gesetz. Besonders bei hohen Drücken (>> 100 kPa) sind Abweichungen vom Idealverhalten zu erkennen.

Bild 3.2 zeigt mit der durchbrochenen waagerechten Linie den Verlauf des idealen Gases ($p \cdot V$ = konst.). Positive und negative Abweichungen vom idealen Verhalten einiger Gase sind bei relativ niedrigem Druck als durchgezogene Linien dargestellt. Bei höheren Drücken durchlaufen die fallenden $p \cdot V$-Werte ein Minimum, um anschließend mit zunehmendem Druck wieder anzusteigen (vgl. Bild 3.3).

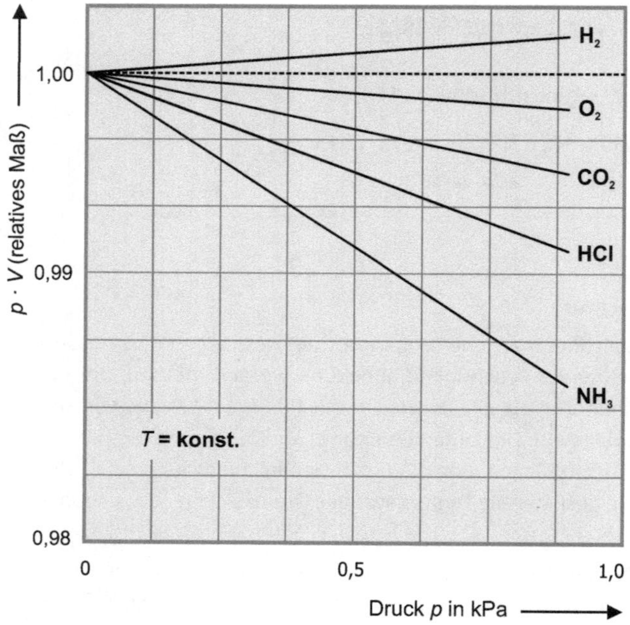

Bild 3.2 *pV*/*p*-Isothermen von realen Gasen. Verhalten von CO_2 und anderen Gasen bei niedrigem Druck (0 °C)

Als klassisches Beispiel ist in Bild 3.3 das *pV*/*p*-Diagramm von Kohlenstoffdioxid (CO_2) bei verschiedenen, aber jeweils konstanter Temperatur (Isothermen) gezeigt. Das Produkt $p \cdot V$ nimmt zunächst mit steigendem Druck ab. Die Gasmoleküle nähern sich so weit, bis Abstoßungskräfte zwischen ihnen wirksam werden. Reale Gase verfügen über ein Eigenvolumen und sind daher nicht beliebig komprimierbar. Bei weiterem Druckanstieg bleibt das Volumen daher näherungsweise konstant. Die Minima der Isothermen werden mit zunehmender Temperatur immer flacher. Die Temperatur, bei der das Minimum erstmals verschwindet, wird ***Boyle*-Temperatur** des jeweiligen

Gases genannt. Oberhalb dieser Temperatur lässt sich die Isotherme in einem relativ großen Bereich mit dem Gesetz von *Boyle-Mariotte* beschreiben. Die *Boyle*-Temperatur von Kohlenstoffdioxid beträgt 500 °C.

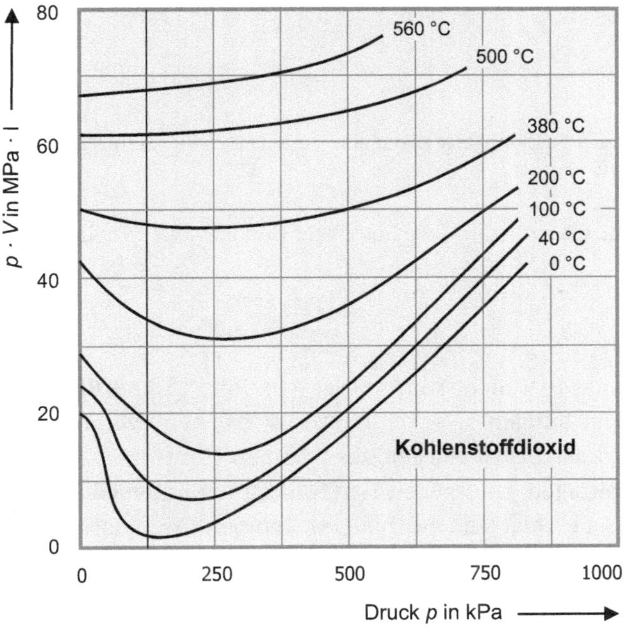

Bild 3.3 *pV/p*-Isothermen von Kohlenstoffdioxid bei hohen Drücken und verschiedenen Temperaturen

Zustandsgleichung nach *Van-der-Waals*

Das thermische Verhalten vieler realer Gase lässt sich im einfachsten Fall näherungsweise durch eine von *van der Waals* aufgestellte Gleichung beschreiben. Sie berücksichtigt das Eigenvolumen und die gegenseitige Anziehung der Moleküle.

$$\left(p + \frac{a}{V_\mathrm{m}^2}\right) \cdot (V_\mathrm{m} - b) = R \cdot T \qquad (3.14)$$

p Druck, V_m molares Volumen, T Temperatur, R allgemeine Gaskonstante, a spezifische Konstante, b spezifische Konstante

In der Zustandsgleichung ist V_m das einem Mol des Gases tatsächlich zur Verfügung stehende Volumen. Es ist bei idealen Gasen gleich dem Gefäßvolumen. Bei realen Gasen beanspruchen die Moleküle jedoch selbst ein bestimmtes Volumen (= b), das daher korrigiert werden muss ($V_\mathrm{m} - b$).

Reale Gase zeigen außerdem, dass sich bei zunehmendem Druck das Volumen stärker verkleinert, als es die Zustandsgleichung vorsieht. Das Gas steht somit unter einem Druck, der höher ist als der von außen wirkende (vgl. Abschnitt 1.4). Dieser Binnendruck lässt sich auf die Wechselwirkungen der Gasteilchen zurückführen und ist näherungsweise $p = a/V_m^2$. Damit erhält die *Van-der-Waals*-Gleichung folgende Form:

$$\left(p + \frac{n^2 \cdot a}{V^2}\right) \cdot (V - n \cdot b) = n \cdot R \cdot T \tag{3.15}$$

p Druck, *V* Volumen, *T* Temperatur, *n* Stoffmenge, *R* allgemeine Gaskonstante, *a* spezifische Konstante, *b* spezifische Konstante

Die Konstanten a und b sind für die meisten Gase bestimmt und können Tabellen entnommen werden.

Kritische Größen eines Gases

Da bei realen Gasen das Produkt $p \cdot V$ nicht konstant ist (vgl. Bild 3.2 und Bild 3.3), können sich beträchtliche Abweichungen im Verlauf der Isothermen im Vergleich zu dem idealen Gas ergeben. Wird der Druck *p* gegen das Volumen *V* entsprechend der *Van-der-Waals*-Gleichung aufgetragen, so ergeben sich Kurven für unterschiedliche Temperaturen, wie sie in Bild 3.4 gezeigt sind. Bei höheren Temperaturen unterscheiden sich die Isothermen kaum.

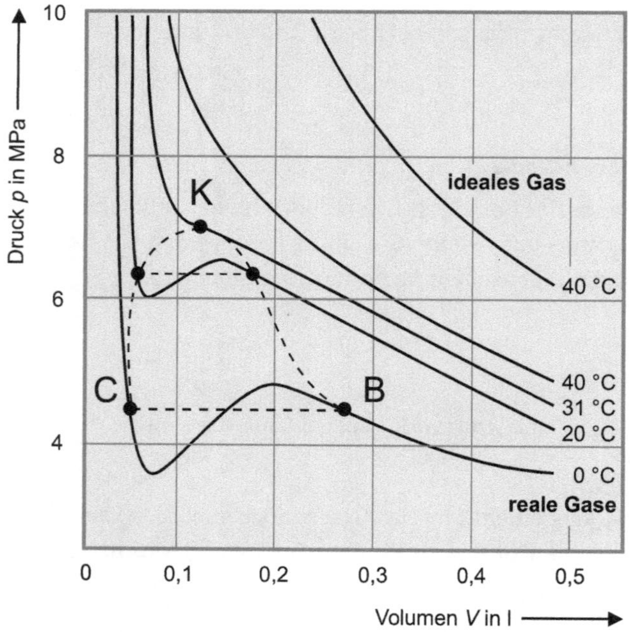

Bild 3.4 *p/V*-Isothermen des Kohlenstoffdioxids, ermittelt nach der *Van-der-Waals*-Gleichung

Die experimentell ermittelten Isothermen von Kohlenstoffdioxid (0 bis 40 °C) zeigen einen recht unterschiedlichen Verlauf (vgl. Bild 3.5). Während die Isotherme bei 40 °C einen Verlauf fast wie beim idealen Gas zeigt, besitzt die Isotherme bei 31 °C im Punkt K einen Wendepunkt **(kritischer Punkt)**. Definiert wird dieser Punkt durch den kritischen Druck p_{krit}, das kritische Volumen V_{krit} und die kritische Temperatur T_{krit}. Im kritischen Punkt wird die Phasengrenze zwischen Gas (I) und Flüssigkeit (III) aufgehoben. Beide Phasen lassen sich dann nicht mehr unterscheiden (vgl. Bild 3.5).

In Bild 3.5 wird auch deutlich, dass oberhalb der kritischen Temperatur keine Kondensationsprozesse ablaufen können, d. h., die Verflüssigung von Gasen ist nur unterhalb der kritischen Temperatur möglich. Die Höhe der kritischen Temperatur ist ein Maß für die intermolekularen Wechselwirkungen. Kleine Werte für Helium ($T_{krit} = 5{,}3$ K), Wasserstoff ($T_{krit} = 33{,}3$ K) und Stickstoff ($T_{krit} = 126{,}1$ K) deuten im Gegensatz zu Ammoniak ($T_{krit} = 405{,}6$ K) und Kohlenstoffdioxid ($T_{krit} = 304{,}2$ K) darauf hin, dass die schwachen intermolekularen Wechselwirkungen für den Zusammenhalt in der flüssigen Phase durch die kinetische Energie der Moleküle bereits bei geringer Temperatur mehr als kompensiert werden können.

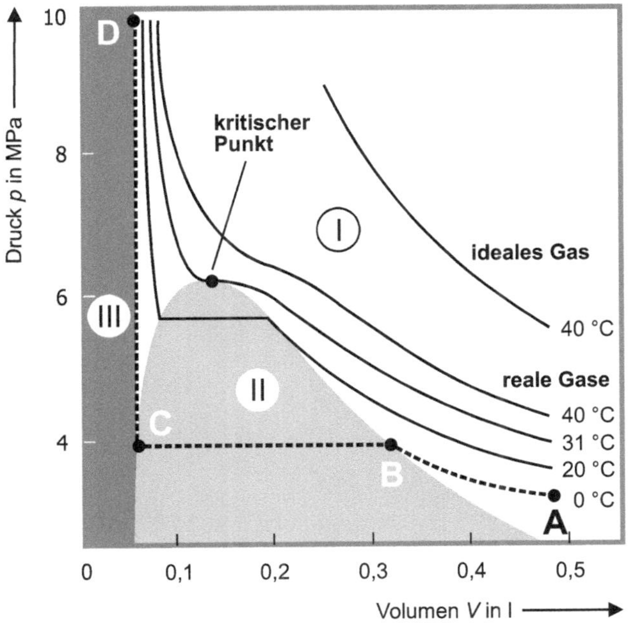

Bild 3.5 Experimenteller Verlauf der *p/V*-Isothermen des Kohlenstoffdioxids, (I) Gasphase, (II) Zweiphasengebiet, (III) flüssige Phase

Wird bei hinreichend tiefer Temperatur ($< T_{krit}$) der Druck erhöht, so sinkt das Volumen entsprechend dem Gang der Isotherme A → B (vgl. Bild 3.5). Am Punkt B (Übergang zum Zweiphasengebiet) kondensiert das Gas zur Flüssigkeit. Das Volumen nimmt damit sprunghaft ab (B → C). Da die Packungsdichte in einer Flüssigkeit relativ hoch ist, verringert selbst eine starke Zunahme des Druckes (C → D) ihr Volumen nur unwesentlich **(Inkompressibilität von Flüssigkeiten)**. Zur Ermittlung der Konstanten a und b der ***Van-der-Waals*-Gleichung** können die kritischen Daten aus Isothermenmessungen herangezogen werden.

$$a = \frac{27 \cdot (R \cdot T_{\text{krit}})^2}{64 \cdot p_{\text{krit}}} \tag{3.16}$$

und

$$b = \frac{R \cdot T_{\text{krit}}}{8 \cdot p_{\text{krit}}} \tag{3.17}$$

R allgemeine Gaskonstante, T_{krit} kritische Temperatur, p_{krit} kritischer Druck

Die Konstante b ist eine Korrektur des Eigenvolumens der Teilchen und wird daher vom molaren Volumen V_{m} abgezogen. b ist das vierfache Eigenvolumen der Teilchen (Annahme: Moleküle haben Kugelgestalt). Es lässt sich daher aus der Konstanten b der Teilchendurchmesser abschätzen.

$$d = \sqrt[3]{\frac{3 \cdot b}{2 \cdot \pi \cdot N_{\text{A}}}} \tag{3.18}$$

d Moleküldurchmesser, N_{A} *Avogadro*-Konstante

Exkurs 3.3 Zusammenhang zwischen den kritischen Größen *p, T, V* und den Konstanten *a* und *b* aus der *Van-der-Waals*-Gleichung

Nach der *Van-Der-Waals*-Gleichung wird der Druck p explizit als Funktion vom molaren Volumen V_{m} dargestellt:

$$p = \frac{R \cdot T}{V_{\text{m}} - b} - \frac{a}{V_{\text{m}}^2}$$

(A) Der kritische Punkt auf der Isothermen

$$p_{\text{krit.}} = \frac{R \cdot T_{\text{krit}}}{V_{\text{krit}} - b} - \frac{a}{V_{\text{krit}}^2}$$

(B) Die Steigung der Tangenten ist null (=> 1. Ableitung = 0)

$$0 = \frac{-R \cdot T_{\text{krit}}}{(V_{\text{krit}} - b)^2} - \frac{2 \cdot a}{V_{\text{krit}}^3}$$

(C) Die Tangente ist eine Wendetangente (=> 2. Ableitung = 0)

$$0 = \frac{-2 \cdot R \cdot T_{\text{krit}}}{(V_{\text{krit}} - b)^3} - \frac{6 \cdot a}{V_{\text{krit}}^4}$$

Durch Umformen der Gleichungen (B) und (C) sowie anschließender Division (B) durch (C) erhält man:

$$\frac{V_{\text{krit}} - b}{2} = \frac{V_{\text{krit}}}{3} \Rightarrow V_{\text{krit}} = 3 \cdot b$$

Durch Einsetzen von $V_{\text{krit}} = 3 \cdot b$ in die Gleichung (B) erhält man:

$$\Rightarrow T_{\text{krit.}} = \frac{8 \cdot a}{27 \cdot b \cdot R}$$

Werden V_{krit} und T_{krit} in Gleichung (A) eingesetzt, so erhält man:

$$\Rightarrow p_{\text{krit}} = \frac{a}{27 \cdot b^2}$$

Beispiel 3.2

In einer Stahlflasche mit 45 Liter Inhalt befinden sich 9 kg Sauerstoff bei einer Temperatur von 22 °C. Berechnen Sie den Druck in der Stahlflasche (1) nach der idealen Zustandsgleichung und (2) nach der *Van-der-Waals*-Zustandsgleichung.

Gegeben sind folgende Daten für Sauerstoff: $M = 32$ g/mol, $a = 1{,}382$ ($\text{l}^2 \cdot \text{bar}$)/$\text{mol}^2$, $b = 0{,}0319$ l/mol

1. Nach der idealen Gasgleichung ergibt sich:

$$p = \frac{m \cdot R \cdot T}{M \cdot V} = \frac{9000\ \text{g} \cdot 8{,}314\ \text{J} \cdot \text{mol}^{-1} \cdot \text{K}^{-1} \cdot 295\ \text{K}}{32\ \text{g} \cdot \text{mol}^{-1} \cdot 45\,\text{l}}$$

$$= 15.329\ \text{J} \cdot \text{l}^{-1} = 15.329\ \text{Pa} \cdot \text{m}^3 \cdot \text{l}^{-1} = 153{,}3\ \text{bar}$$

2. Nach der *Van-der-Waals*-Gleichung (vgl. Formel 3.14) ergibt sich mit $V_{\text{m}} = V \cdot M/m = (45\,\text{l} \cdot 31\ \text{g/mol})/9000\ \text{g} = 0{,}160\ \text{l/mol}$:

$$p = \frac{R \cdot T}{V_{\text{m}} - b} - \frac{a}{V_{\text{m}}^2}$$

$$p = \frac{8{,}314\ \text{J} \cdot \text{mol}^{-1} \cdot \text{K}^{-1} \cdot 295\ \text{K}}{(0{,}160 - 0{,}0319)\ \text{l} \cdot \text{mol}^{-1}} - \frac{1{,}382\ \text{l}^2 \cdot \text{bar} \cdot \text{mol}^{-2}}{0{,}160^2\ \text{l}^2 \cdot \text{mol}^{-2}}$$

$$= 19.146\ \text{Pa} \cdot \text{m}^3 \cdot \text{l}^{-1} - 53{,}9\ \text{bar}$$

$$= 191{,}5\ \text{bar} - 53{,}9\ \text{bar} = 137{,}6\ \text{bar}$$

Das Zwischenergebnis 191,5 bar wäre der Druck im Gas, wenn man nur das Eigenvolumen der Teilchen berücksichtigt. 53,9 bar gibt die Verringerung des Druckes durch die Wechselwirkungskräfte an.

Viskosität von Gasen

Die Strömung von Gasen durch z. B. ein Rohr kann man sich als Bewegung der Gasteilchen in dünnen zylindrischen Strängen vorstellen, wobei die Gesamtheit aller Kräfte zwischen den strömenden Strängen auch als innere Reibung bezeichnet wird. Hierbei werden zwischen den einzelnen Strängen Moleküle ausgetauscht, die je nach Entfernung zur Rohrwand verschiedene Impulskomponenten in Strömungsrichtung haben.

Die Viskosität von Gasen ist in einem Druckbereich von 10 bis 1000 kPa kaum vom Druck abhängig. Bei hohen Drücken steigt die dynamische Viskosität η mit zunehmendem Druck merklich an.

Für den Zusammenhang zwischen Viskosität η bei der Temperatur T und der Viskosität η_0 bei der Temperatur T_0 ergibt sich nach *Sutherland* folgende Beziehung:

$$\eta = \eta_0 \cdot \frac{T_0 + C}{T + C} \cdot \left(\frac{T}{T_0}\right)^{3/2} \tag{3.19}$$

C *Sutherland*-Konstanten (0 °C und 1,013 bar): Luft 123,6 K, Wasserstoff 83 K, Kohlenstoffdioxid 274 K und Schwefeldioxid 416 K

Die Viskosität von Gasmischungen kann nach folgender Näherungsformel berechnet werden:

$$\frac{M_{\text{Mischung}}}{\eta_{\text{Mischung}}} = \frac{x_1 \cdot M_1}{\eta_1} + \frac{x_2 \cdot M_2}{\eta_2} + \ldots + \frac{x_n \cdot M_n}{\eta_n} \tag{3.20}$$

M_{Mischung}, M_1, M_2, M_n molare Massen der Gasmischung bzw. der einzelnen Komponenten, η_{Mischung}, η_1, η_2, η_n dynamische Viskositäten, x_1, x_2, x_n Stoffmengenanteile der Komponenten in der Mischung

3.2 Flüssiger Zustand

Der flüssige Zustand bildet den Übergang zwischen dem gasförmigen und dem festen Zustand. Flüssigkeiten sind in mancher Hinsicht den Gasen ähnlicher als den Feststoffen. Beide nehmen die begrenzende Form eines sie umgebenden Gefäßes ein und sind am kritischen Punkt (vgl. Abschnitt 3.1.3) nicht unterscheidbar. Beim Übergang zwischen Feststoffen und Flüssigkeiten wurde bisher noch kein kritischer Zustand gefunden. Strukturell sind Flüssigkeiten jedoch den Feststoffen ähnlicher. Beispiele hierfür sind die gemeinsame Eigenschaft der Volumenbeständigkeit und der geringe Unterschied in der Dichte beider Zustandsformen. Diese makroskopische Betrachtungsweise zeigt, dass die noch relativ frei beweglichen Teilchen (Moleküle, Ionen) nicht viel weiter entfernt sind als in Feststoffen (z. B. Kristalle).

3.2.1 Dichte und Volumenausdehnung

Die **Dichte ρ** ist eine Stoffeigenschaft, die häufig zur Charakterisierung von Substanzen herangezogen wird. Sie ist definiert als Quotient aus der Masse und dem Volumen einer Flüssigkeitsmenge.

$$\rho = \frac{m}{V} \tag{3.21}$$

ρ Dichte, m Masse, V Volumen

Die Dichte von Flüssigkeiten und Feststoffen wird in der Einheit g/cm^3 und kg/m^3 angegeben. Die Dichten einiger häufig vorkommender Stoffe sind in Tabelle 3.1 zusammengestellt.

Tabelle 3.1 Dichten einiger Substanzen in verschiedenen Einheiten bei 25 °C

Substanz	Dichte in g/cm^3	Dichte in kg/m^3
Helium	0,0002	0,179
Wasserdampf (100 °C)	0,0006	0,598
Luft	0,0013	1,29
Kohlenstoffdioxid	0,0020	1,98
Benzin	0,680	680
Ethylalkohol	0,790	790
Wasser (4 °C)	1,000	1000
Quecksilber	13,600	13 600
Eis (0 °C)	0,917	917
Beton	2,300	2300
Eisen (Stahl)	7,800	7800
Gold	19,300	19 300

Das Volumen der meisten Substanzen ändert sich bei Erwärmung oder Abkühlung, sodass die Dichte temperaturabhängig ist. Bei der Angabe der Dichte sollte daher immer die Bezugstemperatur mit angegeben werden. Bei fehlender Angabe geht man meistens von 25 °C aus.

Mit zunehmender Temperatur nimmt normalerweise die Dichte ab, da das Volumen des Stoffes zunimmt. Einige wenige Flüssigkeiten, wie beispielsweise Wasser, verhalten sich in bestimmten Temperaturbereichen anders. In diesem Temperaturintervall steigt zunächst die Dichte bis 4 °C und nimmt erst nach Erreichen dieses Maximums wieder ab **(Anomalie des Wassers)**.

Längenausdehnung

Experimentelle Untersuchungen haben gezeigt, dass die Längenänderung ΔL von den meisten Festkörpern in guter Näherung proportional zur Temperaturänderung ΔT ist. Die Längenänderung ist ebenfalls proportional zur Ausgangslänge L_0 des Objekts. Das bedeutet, dass bei derselben Temperaturänderung die Länge eines 4-m-Kupferdrahtes doppelt so stark zunimmt wie die Länge eines 2-m-Kupferdrahtes. Es ergibt sich folgende Gleichung:

$$\Delta L = \alpha \cdot L_0 \cdot \Delta T \tag{3.22}$$

mit α als Proportionalitätskonstante, die auch als **linearer Ausdehnungskoeffizient** bezeichnet wird. Es ist eine stoffspezifische Konstante mit der Einheit K^{-1} (vgl. Tabelle 3.2). Formel 3.22 kann auch formuliert werden als:

$$L = L_0 \cdot (1 + \alpha \cdot \Delta T) \tag{3.23}$$

L_0 Anfangslänge bei der Temperatur T_0, L Länge nach Erwärmung oder Abkühlung auf die Temperatur T, $\Delta T = T - T_0$ Temperaturänderung, $\Delta L = L - L_0$ Längenänderung, α Längenausdehnungskoeffizient

Tabelle 3.2 Ausdehnungskoeffizienten bei 20 °C

Material	Längenausdehnungskoeffizient α in K^{-1}	Volumenausdehnungskoeffizient γ in K^{-1}
Wasser		$2 \cdot 10^{-6}$
Benzin		$950 \cdot 10^{-6}$
Ethylalkohol		$1100 \cdot 10^{-6}$
Marmor	$3 \cdot 10^{-6}$	$7 \cdot 10^{-6}$
Glas	910^{-6}	$27 \cdot 10^{-6}$
Stahl	$12 \cdot 10^{-6}$	$35 \cdot 10^{-6}$
Beton	$12 \cdot 10^{-6}$	$36 \cdot 10^{-6}$
Kupfer	$17 \cdot 10^{-6}$	$50 \cdot 10^{-6}$

Material	Längenausdehnungs-koeffizient α in K^{-1}	Volumenausdehnungs-koeffizient γ in K^{-1}
Aluminium	$25 \cdot 10^{-6}$	$75 \cdot 10^{-6}$
Blei	$29 \cdot 10^{-6}$	$87 \cdot 10^{-6}$

Volumenausdehnung

Die Volumenausdehnung eines Stoffes, der eine Temperaturänderung erfahren hat, ist durch folgenden Zusammenhang, der Formel 3.22 sehr ähnlich ist, gegeben:

$$\Delta V = \gamma \cdot V_0 \cdot \Delta T \tag{3.24}$$

V_0 Ausgangsvolumen bei der Temperatur T_0, V Volumen nach Erwärmung oder Abkühlung auf die Temperatur T, $\Delta T = T - T_0$ Temperaturänderung, $\Delta V = V - V_0$ Volumenänderung, g Volumenausdehnungskoeffizient

Werte für γ sind ebenfalls in Tabelle 3.2 aufgelistet. Bei den meisten Feststoffen gilt näherungsweise folgende Beziehung: $\gamma = 3 \cdot \alpha$. Für Feststoffe, die nicht **isotrop** sind, d. h., die Eigenschaften sind nicht gleich in allen Richtungen, gilt die o. g. Beziehung nicht. Die lineare Wärmeausdehnung hat für Flüssigkeiten und Gase jedoch keine Bedeutung, da sie keine festen Formen haben.

Beispiel 3.3

Ein 60-Liter-Tank wird bei 20 °C bis zum Rand mit Benzin gefüllt. Das Auto steht anschließend in der Sonne. Der Tank erwärmt sich auf 45 °C. Wie viel Benzin wird überlaufen?

Entsprechend Formel 3.24 dehnt sich das Benzin um folgenden Betrag aus:

$$\Delta V = \gamma \cdot V_0 \cdot \Delta T = 950 \cdot 10^{-6} \mathrm{K}^{-1} \cdot 60\,\mathrm{l} \cdot 25\,\mathrm{K} = 1,43 \text{ Liter}$$

Da sich der Tank ebenfalls ausdehnt mit g (Stahl) $= 3\,a = 36 \cdot 10^{-6}\,K^{-1}$ ergibt sich eine Volumenänderung von:

$$\Delta V = \gamma \cdot V_0 \cdot \Delta T = 36 \cdot 10^{-6} \mathrm{K}^{-1} \cdot 60\,\mathrm{l} \cdot 25\,\mathrm{K} = 0,05 \text{ Liter}$$

Wäre der Tank aus massivem Stahl, würde sich die Oberfläche (Schale) um den gleichen Betrag vergrößern. Der Tank (Stahl) wächst bei Sonneneinstrahlung um 0,05 Liter.

Die Tankausdehnung ist mit ca. 4 % gegenüber der Ausdehnung des Benzins von mehr als einem Liter zu vernachlässigen. Um „Benzinkosten zu sparen", würde es sich daher anbieten, das Auto morgens bei geringeren Temperaturen zu betanken und die Ausdehnung zu berücksichtigen.

3.2.2 Viskosität von Flüssigkeiten

Flüssigkeiten haben wie auch Gase eine Viskosität (Zähflüssigkeit), die jedoch eine andere Ursache haben. In erster Linie sind die Anziehungskräfte zwischen den Molekülen für die Zähflüssigkeit verantwortlich. Strömt eine reale Flüssigkeit durch ein Rohr, so haftet sie infolge von Adhäsionskräften an der Rohrwand. Die Strömungsgeschwindigkeit beträgt an der Wand $w = 0$, nimmt in Richtung Rohrachse zu und erreicht dort ihr Maximum (vgl. Bild 4.6). Die Flüssigkeitsschichten haben aber auch unterschiedliche Geschwindigkeiten und verschieben sich gegeneinander. Reale Flüssigkeiten setzen dieser Verschiebung einen Widerstand entgegen, der durch die Anziehungskräfte (Kohäsionskräfte) zwischen den Molekülen verursacht wird. Dieses Phänomen wird auch als innere Reibung bezeichnet. Die **dynamische (absolute) Viskosität** ist definiert durch:

$$F = \eta \cdot A \cdot \frac{\mathrm{d}\,w}{\mathrm{d}\,y} \tag{3.25}$$

F Kraft zwischen zwei parallelen Flüssigkeitsschichten, A Fläche der Flüssigkeitsschichten, η dynamische Viskosität, $\mathrm{d}w/\mathrm{d}y$ Geschwindigkeitsgefälle

$\mathrm{N \cdot s/m^2}$ (= Pa · s) ist die SI-Einheit der dynamischen Viskosität. Mit steigender Temperatur nimmt bei Flüssigkeiten im Unterschied zu Gasen die Viskosität ab. Beispiele der dynamischen Viskosität einiger Stoffe sind in Tabelle 3.3 gezeigt. Der Kehrwert der dynamischen Viskosität wird als **Fluidität** $\boldsymbol{\varphi}$ bezeichnet.

$$\varphi = \frac{1}{\eta} \tag{3.26}$$

Die **kinematische Viskosität** $\boldsymbol{\nu}$ ist, mit der SI-Einheit $\mathrm{m^2/s}$, definiert als:

$$\nu = \frac{\eta}{\rho} \tag{3.27}$$

η dynamische Viskosität, ρ Dichte der Flüssigkeit

Tabelle 3.3 Typische Viskositätswerte η bei 20 °C

Substanz	Viskosität in mPa · s
Wasser (5 °C)	1,52
Wasser (10 °C)	1,30
Wasser (20 °C)	1,00
Wasser (25 °C)	0,89

Substanz	Viskosität in mPa · s
Pentan (25 °C)	0,240
Hexan	0,320
Octan	0,538
Decan	0,920
Dodecan	1,520
Petroleum	0,650
Ethanol	1,190
Benzen (25 °C)	0,600
Essigsäure (80 %)	2,310
Motoröl (150 °C)	≈ 3
Motoröl (25 °C)	≈ 100
Paraffinöl	$10^2 \ldots 10^6$
Bitumen	$10^7 \ldots 10^{14}$
Asphalt	$10^{11} \ldots 10^{16}$
Polymere(Schmelze)	$10^3 \ldots 10^{13}$
Quecksilber	1,55
Lack	≈ 100
Olivenöl	≈ 100
Honig	≈ 10^4
Sirup	≈ 10^5
Glas (Verarbeitung)	$10^2 \ldots 10^4$
Glas (25 °C)	$10^{18} \ldots 10^{20}$

Wenn eine Flüssigkeit (oder ein Gas) durch ein Rohr in koaxialen zylindrischen Schichten strömt (laminare Strömung), so ist nach *Hagen-Poiseuille* das in einer bestimmten Zeit unter Wirkung des Druckunterschiedes ausfließende Flüssigkeitsvolumen definiert als:

$$V = \frac{\pi \cdot r^4 \cdot t \cdot \Delta p}{8 \cdot \eta \cdot l} \tag{3.28}$$

V Volumen, r Radius des Rohres, l Länge des Rohres, t Zeit, Δp Druckdifferenz, η dynamische Viskosität

Mit Formel 3.28 lässt sich die Viskosität aus der Durchflussmenge bestimmen.

Die Viskosität eines Stoffes kann aber auch aus Relativmessungen zweier Flüssigkeiten bestimmt werden. Im *Ostwald*-Viskosimeter wird die Zeit gemessen, in der ein bestimmtes Flüssigkeitsvolumen aus einer senkrechten Kapillare ausströmt. Ist die Viskosität einer der beiden Flüssigkeiten bekannt, so ergibt sich aus dem Verhältnis die Viskosität der anderen Flüssigkeit (vgl. Formel 3.29). Der wirksame Überdruck Δp in Formel 3.28 ist durch den **hydrostatischen Druck** $g \cdot \rho \cdot h$ gegeben (h = zeitlicher Mittelwert des Abstandes zwischen der oberen und unteren Flüssigkeitsoberfläche). Es ergibt sich folgende Gleichung:

$$\eta = C \cdot \rho \cdot t \tag{3.29}$$

η dynamische Viskosität, C Apparatekonstante des Viskosimeters, ρ Dichte der Flüssigkeit, t Zeit

Die Apparatekonstante C wird mit einer Flüssigkeit bekannter Viskosität bestimmt. Beim Vergleich der Viskositäten von zwei Flüssigkeiten 1 und 2 lässt sich C eliminieren, wenn eine der beiden Viskositäten bekannt ist (Flüssigkeit 1):

$$\eta_2 = \eta_1 \cdot \frac{\rho_2}{\rho_1} \cdot \frac{t_2}{t_1} \tag{3.30}$$

η_2 Viskosität der unbekannten Flüssigkeit, η_1 Viskosität der bekannten Flüssigkeit, ρ_2 Dichte der unbekannten Flüssigkeit, ρ_1 Dichte der bekannten Flüssigkeit, t Zeit in der Kapillare des Viskosimeters (1 bekannte Flüssigkeit, 2 unbekannte Flüssigkeit)

3.2.3 Oberflächenspannung

Die Enthalpie bzw. innere Energie eines Stoffes oder Systems hängt von dessen Grenzfläche ab, weil die an der Oberfläche (Grenzfläche) befindlichen Moleküle durch benachbarte Moleküle schwächer gebunden werden (intermolekulare Wechselwirkungen) als im Inneren. Allgemeine Beobachtungen zeigen, dass sich die Oberfläche einer Flüssigkeit wie eine gedehnte Membran unter Spannung verhält. Das Wassertröpfchen als Tau an einem Grashalm oder der Wassertropfen am Ende eines tropfenden Wasserhahns nimmt nahezu die Form eines kleinen, mit Wasser gefüllten Ballons an. Die Oberflächenspannung versucht, die Oberfläche eines Fluids möglichst klein zu halten. Als Beispiel dient eine Rasierklinge aus Stahl. Sie kann auf einer Wasseroberfläche schwimmen, obwohl sie eine größere Dichte als Wasser hat. Die **Oberflächenspannung σ** ist definiert als Kraft F durch Länge L, die über eine Linie in einer Oberfläche wirkt und sie zusammenzieht.

$$\sigma = \frac{F}{L} \tag{3.31}$$

Bei Flüssigkeiten ist es relativ einfach, die mechanische Arbeit oder Kraft messtechnisch zu bestimmen, die mit der Schaffung neuer Oberfläche zu deren Neubildung aus dem Inneren erforderlich ist. Im Folgenden werden zwei Messmethoden vorgestellt:

Steighöhenmethode

Eine Kapillare mit dem inneren Durchmesser $2\,r$ wird senkrecht in die Messflüssigkeit eingetaucht. Bei vollständiger Benetzung steigt die Flüssigkeit in der Kapillare bis zu einer Höhe h. In nicht zu weiten Kapillaren gilt für die Oberflächenspannung:

$$\sigma = r \cdot \left(h + \frac{r}{3}\right) \cdot \frac{\rho \cdot g}{2} \tag{3.32}$$

In sehr engen Kapillaren kann $r/3$ gegenüber h vernachlässigt werden:

$$\sigma = \frac{r \cdot h \cdot \rho \cdot g}{2} \tag{3.33}$$

σ Oberflächenspannung, r Radius der Kapillare, h Steighöhe in der Kapillare, ρ Dichte der Flüssigkeit, g Fallbeschleunigung

Tabelle 3.4 Oberflächenspannung σ einiger Stoffe

Substanz	Oberflächenspannung in N/m
Wasser (0 °C)	0,076
Wasser (20 °C)	0,072
Wasser (100 °C)	0,059
Ethanol (20 °C)	0,023
Benzen (20 °C)	0,029
Seifenlösung (20 °C)	0,025
Sauerstoff (–193 °C)	0,016
Quecksilber (20 °C)	0,440

Bestimmung der Tropfenmasse (Stalagmometer)

Das Prinzip der Tropfenmethode beruht darauf, dass ein an einer horizontalen Kreisfläche gebildeter Tropfen abreißt, wenn die auf ihn wirkende Kraft (Gewichtskraft) größer wird als die Oberflächenkraft ($2 \cdot \pi \cdot r \cdot s$) des Kreisumfangs. Zum Zeitpunkt des Abtropfens gilt $2 \cdot \pi \cdot r \cdot s = m \cdot g$, woraus folgt:

$$\sigma = \frac{m \cdot g}{2 \cdot \pi \cdot r} \tag{3.34}$$

m Masse des Tropfens, g Fallbeschleunigung, r Kreisradius

Diese Methode kann auch zu Vergleichsmessungen mit einer Flüssigkeit bekannter Oberflächenspannung herangezogen werden. Wird stets die gleiche Abreißfläche benutzt, so ist die Masse des Tropfens der Oberflächenspannung proportional. Werden dann für zwei verschiedene Flüssigkeiten 1 und 2 die Massen m_1 und m_2 für jeweils die gleiche Anzahl von Tropfen gemessen, so gilt:

$$\frac{\sigma_1}{\sigma_2} = \frac{m_1}{m_2} \tag{3.35}$$

Aus der Oberflächenspannung einer bekannten Flüssigkeit kann diejenige der anderen berechnet werden.

Beispiel 3.4

Benzen hat bei 20 °C eine Dichte ρ von 880 kg/m³ und eine Oberflächenspannung σ von 0,029 N/m. Berechnen Sie die Steighöhe von Benzen bei 20 °C in einer Kapillare mit einem Radius von $r = 0{,}125$ mm (= $1{,}25 \cdot 10^{-4}$ m).

$$h = \frac{2 \cdot \sigma}{r \cdot \rho \cdot g} = \frac{2 \cdot 0{,}029\ \mathrm{N/m}}{1{,}25 \cdot 10^{-3}\ \mathrm{m} \cdot 880\ \mathrm{kg/m^3} \cdot 9{,}81\ \mathrm{m/s^2}} = 0{,}054\ \mathrm{m}$$

In der Kapillare wird das Benzen um 54 mm steigen.

3.3 Fester Zustand

Das Modell des idealen Gases ist durch die vollständige Unordnung der Teilchen und das Fehlen jeglicher Wechselwirkungen gekennzeichnet, die in irgendeiner Weise gestaltend hinsichtlich eines Kristallgitters zwischen den Molekülen, Atomen oder Ionen wirken könnten. Dagegen ist im Modell des **idealen Festkörpers** die maximale räumliche Ordnung in Form unterschiedlicher Kristallstrukturen realisiert.

Feste Stoffe sind entweder **amorph** und somit nicht regelmäßig geformt, d. h., sie sind nicht von ebenen Flächen begrenzt oder **kristallin** (Übergangszustände sind möglich). Der kristalline Zustand ist energieärmer als der amorphe. Amorphe Stoffe werden isotrop genannt, wenn ihre physikalischen Eigenschaften unabhängig von der Raumrichtung sind (z. B. Glas). Sie fallen streng genommen nicht unter die Begriffsbestimmung eines Feststoffes, sondern können als Flüssigkeiten hoher Viskosität (vgl. Abschnitt 3.2.2) aufgefasst werden.

3.3.1 Kristallgitter und Kristallsysteme

Kristalline Stoffe enthalten Bausteine (Moleküle, Atome, Ionen), die in allen drei Raumrichtungen so geordnet sind, dass sich ausgehend von einem Baustein die Lage eines weiteren, entfernt liegenden Bausteins exakt angeben lässt. In einem derart ferngeordneten Kristall können die Mittelpunkte der Bausteine durch Geraden (**Gittergeraden**) so verbunden werden, dass die auf den Gittergeraden geordneten Molekülen, Atomen oder Ionen in regelmäßig wiederkehrendem Abstandsverhältnis zueinander stehen. Als weitere Folge der Fernordnung existieren zu jeder Gittergeraden beliebig viele zu ihr parallel liegende Gittergeraden. Diese liegen auf gleich weit voneinander entfernten Gitterebenen und haben dort die gleichen Abstände zueinander. Die Gesamtheit des Gefüges aus Gittergeraden und Gitterebenen wird **Kristallgitter** genannt.

Charakteristische Kenngrößen eines Kristallgitters sind die von den Gitterebenen begrenzten Parallelepipeden. Sie sind so beschaffen, dass sie durch regelmäßige Stapelung in den drei Raumrichtungen den Raum lückenlos ausfüllen und somit das Kristallgitter konstituieren. Im Allgemeinen wird das kleinste dieser Parallelepipede **Elementarzelle** genannt.

Um die Lage der Bausteine in einer Elementarzelle zu beschreiben, ist es sinnvoll, der Elementarzelle ein Koordinatensystem anzupassen, dessen Achsen (a, b, c) durch einen Baustein gehen und in den Richtungen der Kanten der Elementarzelle orientiert sind. Als Kanten werden zweckmäßigerweise solche Gittergeraden gewählt, auf denen die Abstände identischer Gitterpunkte möglichst klein sind und senkrecht aufeinander stehen. Zur Beschreibung verschiedener Elementarzellen werden insgesamt sieben Achsenkreuze mit unterschiedlichen Achsenlängen und Achsenwinkeln zwischen jeweils zwei Achsen benötigt. Kristallgitter, die auf ein solches Achsenkreuz bezogen werden, lassen sich zu sieben Kristallsystemen zusammenfassen (vgl. Bild 3.6).

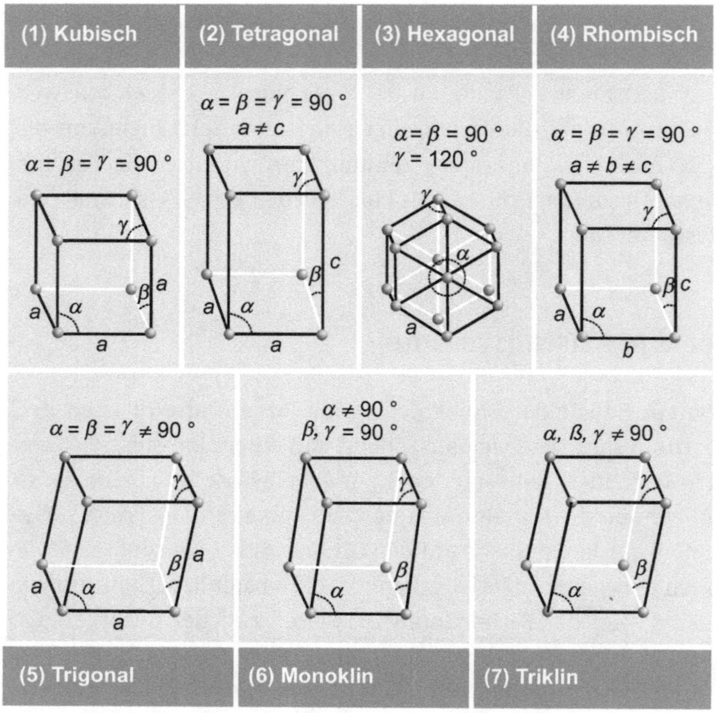

Bild 3.6 Die sieben Kristallsysteme mit charakteristischen Achslängen und Achswinkeln

Von größerer Bedeutung bezüglich der physikalischen Eigenschaften als die Einteilung in die sieben Kristallsysteme ist die Klassifizierung der Kristalle nach ihrer Symmetrie. Untersucht man allgemein kristallisierte Stoffe auf Symmetrieelemente, wie beispielsweise Drehachsen, Spiegelebenen, Drehspiegelebenen oder Symmetriezentrum, so lassen sich insgesamt 230 symmetrisch unterschiedliche Anordnungen von Gitterpunkten zeigen. Solche Anordnungsmöglichkeiten werden **Raumgruppen** genannt. Alle Raumgruppen leiten sich jeweils von einem der 14 Gittertypen ab, den sogenannten ***Bravais*-Gittern**.

Die *Bravais*-Gitter, bei denen nur die Eckpunkte mit Bausteinen besetzt sind, entsprechen den sieben Kristallsystemen.

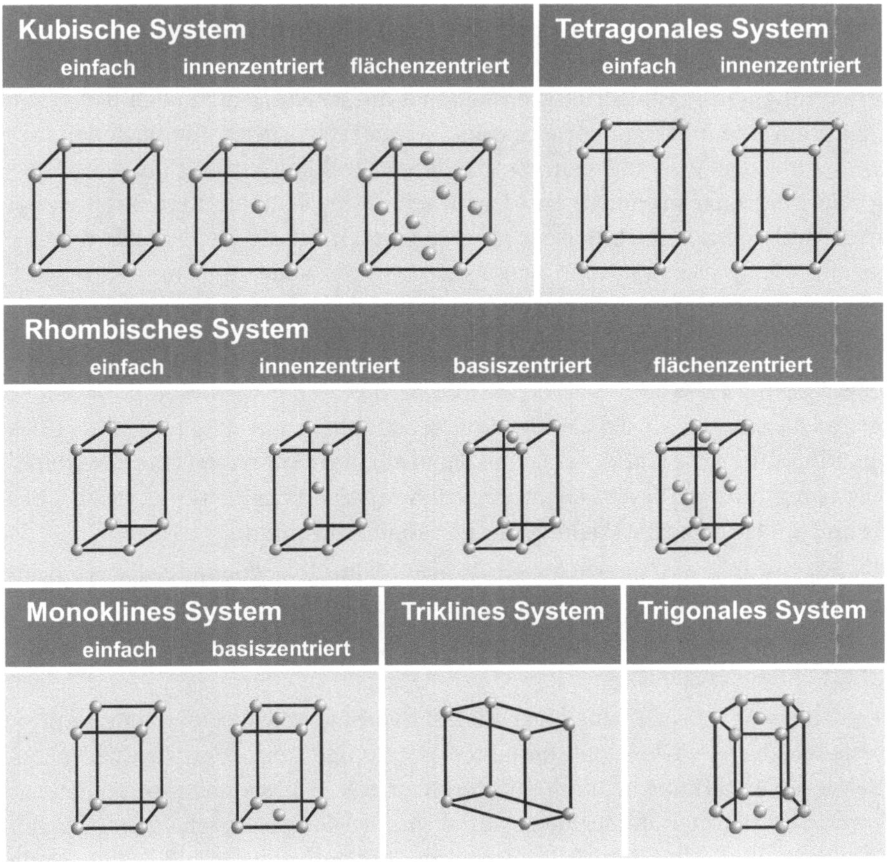

Bild 3.7 Die 14 *Bravais*-Gitter mit unterschiedlicher Anordnung einzelner Gitterpunkte (raumzentriert, flächenzentriert, innenzentriert, basiszentriert)

Die makroskopisch sichtbare Form der Kristalle ist eine Folge der regelmäßigen Anordnung der Bausteine im Gitter. Die äußeren Kristallflächen entsprechen hierbei bestimmten Gitterebenen. Erfahrungsgemäß gilt, dass in einer gegebenen Kristallart eine begrenzende Fläche umso häufiger auftritt, je dichter sie als Gitterebene mit Bausteinen besetzt ist. So sind in einem kubischen Kristall sowohl die Würfelflächen als auch die Oktaederflächen (Begrenzung der Oktaeder-Lücken) relativ dicht mit Bausteinen besetzt. Das äußere Erscheinungsbild (Kristallmorphologie) ist daher als Würfel oder Oktaeder zu sehen.

3.3.2 Methoden zur Ermittlung der Festkörperstruktur

Zur Bestimmung von Kristallstrukturen nehmen die Beugungsmethoden den wichtigsten Platz ein. Die Abstände der Bausteine in den Festkörpern sind nach der Größenordnung mit den Wellenlängen verschiedener Strahlungsarten (Röntgen-, Elektronen- und Neutronenstrahlung) zu vergleichen. Daher können diese Strahlen bei Durchtritt durch kristalline Festkörper gebeugt werden. Ist die Wellenlänge der eingesetzten Strahlungsart bekannt, so lassen sich die Gitterkonstanten aus den Winkellagen der Reflexe errechnen.

Röntgenstrahlbeugung

1912 setzte *von Laue* einen Kristall der Röntgenstrahlung aus. Beim Durchtritt des Röntgenstrahls durch die Materie entstand dabei auf einer Fotoplatte ein charakteristisches Beugungsmuster. Dieses Beugungsbild bewies einerseits die Gitterstruktur des Kristalls und andererseits die Wellennatur der Röntgenstrahlung.

Treffen Röntgenstahlen auf ein Kristallgitter, so wird die Elektronenhülle jedes einzelnen Gitterbausteins (Molekül, Atom oder Ion) zum Ausgangspunkt einer elastisch gestreuten Elementarwelle; es entsteht für jede kristallin aufgebaute Substanz ein charakteristisches Beugungsbild.

Man kann sich einen Kristall aus einer Vielzahl von hypothetischen Ebenen aufgebaut vorstellen, die teilweise Atome enthalten. Der Röntgenstrahl wird an diesen Ebenen reflektiert. Verstärkungen durch Interferenz mit der Folge eines entsprechenden Abbildungspunktes treten immer dann auf, wenn der Gangunterschied einer Welle ein ganzzahliges Vielfaches der Wellenlänge l ist. Dies entspricht in Bild 3.8 für beide Strahlen den Strecken AB und BC, d. h. $n \cdot \lambda = AB + BC$ ($n = 1, 2, 3, \ldots$). Die Gleichung für eine Reflexion lautet somit:

$$\sin \Theta = \frac{n \cdot \lambda}{2 \cdot d} \qquad (3.36)$$

Wird der Kristall gedreht, so treten unter einem entsprechenden Winkel Θ zum Einfallsstrahl verstärkte Intensitäten auf. Die Gesamtzahl aller der ***Bragg*-Gleichung** (vgl. Formel 3.36) genügenden Interferenzmaxima ergibt für jeden Kristall ein charakteristisches Interferenzmuster. Der aus Formel 3.36 berechenbare Wert für den Gitterabstand d steht mit der Kantenlänge der Elementarzelle in enger Beziehung.

Die **Röntgenstrukturanalyse** ist die am häufigsten eingesetzte experimentelle Methode zur Bestimmung der Atompositionen in Molekülen und Festkörpern. Sie wird aber auch in der Werkstoffprüfung, Festkörperchemie, Medizin und Kriminalistik genutzt, um Art und Menge des untersuchten Materials, aber auch um Kristallgröße, Strukturdefekte und andere Eigenschaften zu ermitteln.

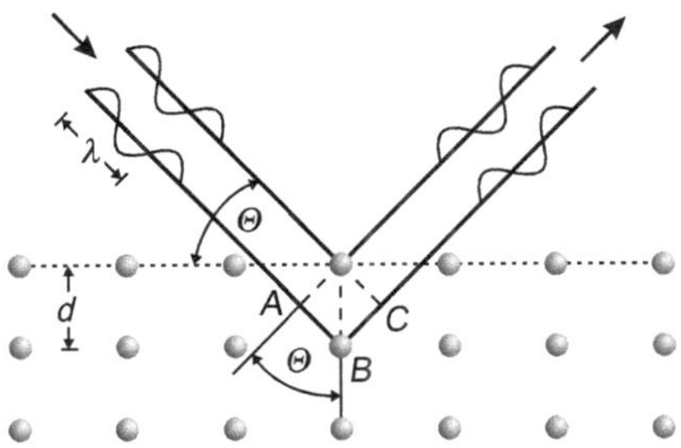

Bild 3.8
Röntgenbeugung an einem Kristall

Die Beugung der Röntgenstrahlung hat ihre Ursache in der Wechselwirkung mit den Elektronen der Gitterbausteine. Daher lassen sich aus der Lage und der Intensität der Beugungsmaxima auch Informationen über die Elektronendichteverteilung im Kristall erhalten. Es konnte beispielsweise gezeigt werden, dass in ionogen aufgebauten Verbindungen die Elektronendichteverteilung zwischen Kationen und Anionen gegen null geht. Auch die Bestimmung des Ionencharakters einer Verbindung ist mit dieser Methode möglich.

Elektronenbeugung

Der Wellencharakter von Elektronenstrahlen führt dazu, dass diese wie Röntgenstrahlen an einem Kristall gebeugt werden. Werden Elektronen entsprechend beschleunigt, so erhalten sie eine Wellenlänge, die in der Größenordnung der Wellenlänge von Röntgenstrahlen liegt. Elektronenbeugungsuntersuchungen zählen zu den wichtigsten Methoden der Strukturbestimmung von Kristalloberflächen. Elektronen dringen nur in oberflächennahe Gebiete des Feststoffes ein und erzeugen ein lokal begrenztes Beugungsfeld. Diese Methoden haben daher große Bedeutung für Untersuchungen von Stoffoberflächen und Korrosionserscheinungen.

Elektronenbeugungsuntersuchungen können auch bei Gasen oder Flüssigkeiten durchgeführt werden. Die Beugungszentren sind in diesen Fällen die Atome in den Molekülen. Praktische Anwendung findet diese Methode bei der Ermittlung von Bindungslängen und Bindungswinkeln in Molekülen. Im Elektronenmikroskop wird ebenfalls die Welleneigenschaft in Analogie zum Licht genutzt.

3.4 Phasenumwandlung von Reinstoffen

Ändert sich die Temperatur, gehen viele Stoffe in einen anderen Aggregatzustand über: von fest nach flüssig, von flüssig nach gasförmig oder von fest nach gasförmig und umgekehrt. Solche Prozesse werden als Phasenumwandlung bezeichnet. Für alle Phasenumwandlungen gilt das Gesetz von *Gibbs*.

Das **Phasengesetz von *Gibbs*** stellt eine allgemeine Gesetzmäßigkeit für Fluide (Gase und Flüssigkeiten) dar. Es besagt:

$$F = 2 - P + K \tag{3.37}$$

P Anzahl der Phasen, *F* Anzahl der Freiheitsgrade, *K* Anzahl der Komponenten

Unter **Freiheitsgraden** versteht man die Zustandsvariablen (p, T, w_i bzw. x_i der Stoffe in den einzelnen Phasen), die unter Aufrechterhaltung der jeweils vorhandenen Phasen unabhängig voneinander verändert werden können. So kann sich ein Einstoffsystem ($K = 1$), das beispielsweise eine flüssige und eine gasförmige Phase enthält ($P = 2$), in einem Temperaturbereich von der Erstarrungstemperatur bis zur kritischen Temperatur im Gleichgewicht befinden. Es gibt somit einen Freiheitsgrad ($F = 1$). Durch die Wahl der Temperatur innerhalb des betrachteten Bereiches ist der Druck eindeutig festgelegt. Es entspricht aber auch jedem Druck eine bestimmte Gleichgewichtstemperatur. Wenn beide Phasen miteinander im Gleichgewicht bleiben sollen, darf man nur eine der beiden Phasen beliebig ändern. Weiterhin gilt für Einstoffsysteme, dass an einer Stelle maximal drei koexistierende Phasen auftreten können (vgl. Tripelpunkt in Bild 3.9).

Ein aus zwei Komponenten ($K = 2$) gebildetes System Wasser/Toluen besteht aus drei Phasen ($P = 3$): aus zwei flüssigen und einer gasförmigen Phase. Es ergibt sich ein Freiheitsgrad von $F = 1$. Wird der Druck geändert, so sind dadurch Siedetemperatur und Zusammensetzung des Dampfes festgelegt. Wären die beiden Bestandteile ineinander löslich, ergäbe sich $P = 2$ und folglich die Anzahl der Freiheitsgrade von $F = 2$.

3.4.1 Druck-Temperatur-Phasendiagramm

Ein Reinstoff kann bei gegebenen Werten für Druck und Temperatur aus einer einzelnen Phase, aus zwei Phasen im Gleichgewicht oder aus drei Phasen im Gleichgewicht bestehen. Ein **Phasendiagramm** stellt diese Informationen grafisch dar. Obwohl zwei beliebige Systemvariable (p, T oder V) zur experimentellen Erstellung eines Phasendiagramms verwendet werden können, haben sich p/T-Diagramme als besonders nützlich erwiesen.

Das p/T-Phasendiagramm in Bild 3.9 zeigt Stabilitätsbereiche für einen Reinstoff als Funktion von Druck und Temperatur. Mit Ausnahme einiger charakteristischer Punkte und Linien liegt bei fast allen p,T-Wertepaaren eine einzige feste, flüssige oder gasförmige Phase vor. Am **Tripelpunkt** koexistieren alle drei Phasen. Der Tripelpunkt von Wasser liegt bei einer Temperatur von $T = 273{,}16$ K und einem Druck von $p = 611$ Pa. Alle p,T-Punkte, bei denen dieselben Phasen im Gleichgewicht koexistieren (Feststoff/Flüssigkeit, Flüssigkeit/Gas oder Feststoff/Gas) liegen auf einem Kurvenzug, der auch **Koexistenzkurve** genannt wird. In Bild 3.9 sind die drei Koexistenzkurven gezeigt. Die Steigungen der beiden Koexistenzkurven (Feststoff/Gas und Flüssigkeit/

Gas), sind immer positiv. Die Steigung der Feststoff/Flüssigkeits-Kurve kann sowohl positiv als auch negativ sein.

Die Siedetemperatur eines Stoffes ist definiert als Temperatur, bei welcher der Dampfdruck des Stoffes dem Umgebungsdruck entspricht. Als **Standardsiedetemperatur** wird die Temperatur bezeichnet, bei welcher der Dampfdruck des Stoffes $p = 1{,}013$ bar beträgt.

Die Feststoff-Flüssigkeits-Koexistenzkurve konkretisiert den Schmelzpunkt als eine Funktion des Druckes. Die Steigung dieser Kurve ist positiv, d. h., die Schmelztemperatur nimmt mit steigendem Druck zu, falls der Feststoff eine geringere Dichte als die Flüssigkeit aufweist. Dieses Verhalten ist bei den meisten Stoffen zu beobachten. Ist die Steigung negativ und sinkt die Schmelztemperatur mit dem Druck, so hat der Feststoff eine geringere Dichte als die Flüssigkeit. Das bekannteste Beispiel für dieses Verhalten ist Wasser.

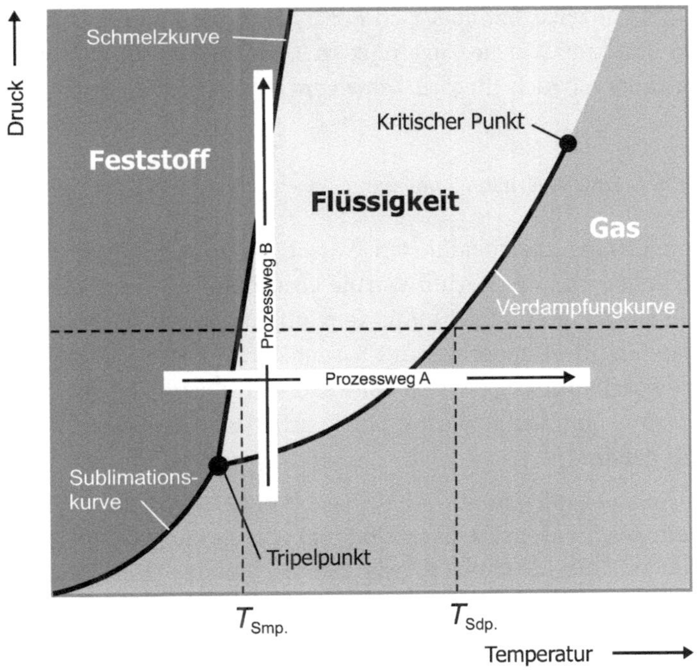

Bild 3.9 Ein *p*/*T*-Phasendiagramm stellt Einphasenbereiche, Koexistenzkurven (zwei Phasen im Gleichgewicht) sowie einen Tripelpunkt dar

Die Steigung der Flüssigkeits-Gas-Koexistenzkurve ist wesentlich geringer als die der Feststoff-Flüssigkeits-Koexistenzkurve. Der Siedepunkt stellt daher auch eine viel stärkere Funktion des Druckes dar als der Gefrierpunkt. Diese Eigenschaft wird beim Garen in einem Schnellkochtopf ausgenutzt. Die Erhöhung des Druckes um 1 bar hat einen Anstieg der Siedetemperatur von Wasser um ca. 20 °C zur Folge. Die Garzeit der Lebensmittel kann auf diese Weise um 20 bis 40 % reduziert werden.

Im Unterschied zu den Feststoff-Gas- und Flüssigkeits-Feststoff-Koexistenzkurven, die sich unendlich ausdehnen, endet die Flüssigkeits-Gas-Kurve am **kritischen Punkt** (**T_{krit}, p_{krit}**). Für $T > T_{krit}$ und $p > p_{krit}$ haben die flüssige und die gasförmige Phase die gleiche Dichte. Oberhalb der kritischen Temperatur können Gase auch bei hohen Drücken nicht verflüssigt werden. Stoffe mit diesen Eigenschaften werden **überkritische Fluide** genannt. Sie haben teilweise ungewöhnliche Eigenschaften und werden daher in der technischen Chemie genutzt.

In Bild 3.9 sind auch zwei Prozesswege (A und B) gezeigt, die etwas ausführlicher besprochen werden sollen:

Prozessweg A

Ein Beispiel dieses Prozessweges ist die Erwärmung von festem Wasser (Eis) unter konstantem Druck (isobar). Zunächst befindet sich das System im einphasigen Bereich (Feststoff). Es wird konstant Wärme zugeführt (z. B. Stromfluss durch einen Heizwiderstand). Bei konstantem Druck gilt $q = \Delta H$ sowie im einphasigen Bereich:

$$q = \Delta h = c_{p,\text{fest}} \cdot \Delta T$$

q Wärme, h Enthalpie, c_p spez. Wärmekapazität, T Temperatur

Die Temperatur steigt somit linear zur zugeführten Wärme an. Beim Erreichen der Schmelztemperatur wird vom System weiterhin Wärme absorbiert, während gleichzeitig der Feststoff in eine Flüssigkeit übergeht. Aus dem einphasigen Bereich ist ein Zweiphasensystem entstanden. Die Temperatur des Systems erhöht sich jedoch erst dann, wenn das System wieder einphasig ist, also vollständig als Flüssigkeit vorliegt. Die pro Mol des Stoffes aufgenommene Wärme bei konstanter Temperatur wird **Schmelzenthalpie $\Delta H_{\text{Schm.}}$** genannt.

Die Temperatur erhöht sich linear mit q und $\Delta T = q/c_{p,\text{flüssig}}$, bis der Siedepunkt erreicht ist. Am Siedepunkt liegt ein Zweiphasensystem (gas/flüssig) vor, bis die gesamte Flüssigkeit in den gasförmigen Zustand überführt wurde. Die pro Mol des Stoffes aufgenommene Wärme bei konstanter Temperatur wird **Verdampfungsenthalpie $\Delta H_{\text{Verd.}}$** genannt.

Prozessweg B

Das zweite Beispiel zeigt einen isothermen Prozess, bei dem der Druck erhöht wird. Der Ausgangszustand des Systems ist der einphasige Gasbereich. Bei Komprimierung des Gases wird der Stoff zunächst verflüssigt, während er die Gas-Flüssigkeits-Koexistenzkurve schneidet. Die weitere Erhöhung des Druckes führt über die Querung der Flüssigkeits-Feststoff-Koexistenzkurve in den Einphasenbereich des Feststoffes. Die **Kristallisation** ist exotherm, da bei der Erstarrung der Flüssigkeit Wärme an die Umgebung abgegeben werden muss. Bei der Umkehrung des Prozessweges B muss Wärme in das System fließen, um die Temperatur beim **Schmelzen** konstant zu halten.

In Bild 3.10 ist ein Diagramm dargestellt, das die Beziehung zwischen Temperatur und Wärmefluss veranschaulicht.

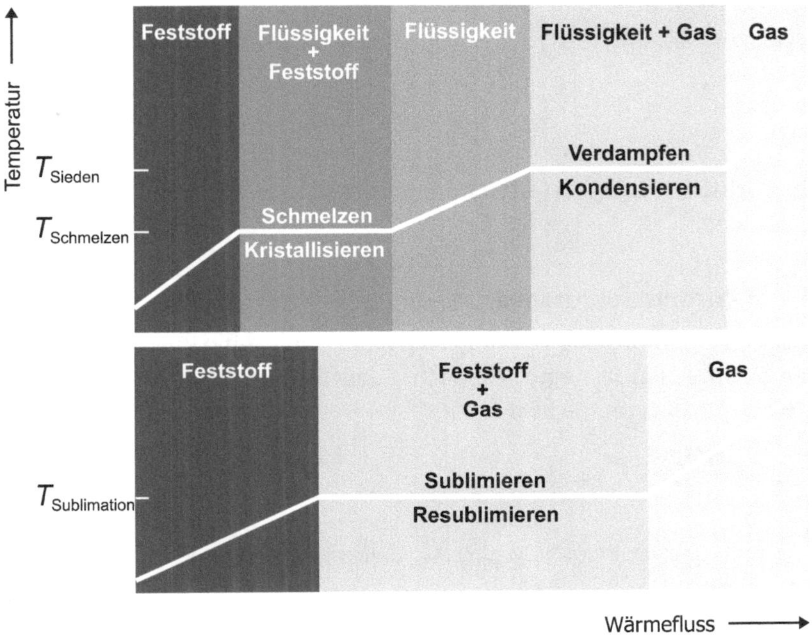

Bild 3.10 Temperaturverlauf in Abhängigkeit vom Wärmefluss mit den Koexistenzbereichen der Phasen Feststoff/Flüssigkeit, Flüssigkeit/Gas und Feststoff/Gas (nicht maßstabsgetreu)

Schmelz-, Verdampfungs- und Sublimationsprozesse sind **endotherme Vorgänge** und benötigen daher Energie. Energieumsätze, die bei konstantem Druck ablaufen, werden Enthalpieänderungen genannt. Die dafür notwendigen Energiebeträge bezeichnet man als **Schmelzenthalpie, Verdampfungsenthalpie** und **Sublimationsenthalpie.** Beim Sublimationsprozess muss sowohl Energie zum Entfernen der Teilchen (Moleküle, Atome, Ionen) aus dem Gitterverband (Schmelzprozess) als auch Energie zur Verdampfung aufgebracht werden. Zugeführte Energien werden definitionsgemäß mit einem positiven Vorzeichen versehen.

Der Aggregatzustandswechsel von der flüssigen in die feste Phase wird Kristallisation genannt, der Übergang vom gasförmigen in den flüssigen Zustand heißt Kondensation und der direkte Übergang vom gasförmigen in den festen Zustand wird Resublimation genannt. Die **Kristallisationsenthalpie**, **Kondensationsenthalpie** und die **Resublimationsenthalpie** erhalten bei gleichem Betrag wie die entgegengesetzt ablaufende Prozesse negative Vorzeichen **(exotherme Vorgänge)**.

3.4.2 *Clausius-Clapeyron*-Gleichung

Wird ein Topf mit Wasser auf dem Herd erhitzt, wird klar, dass der Dampfdruck einer Flüssigkeit mit steigender Temperatur schnell zunimmt. Bei der Umwandlung reiner Phasen mit einer Umwandlungsenthalpie ΔH_U besteht ein allgemeiner Zusammenhang zwischen Umwandlungstemperatur und Druck im System, der durch folgende Gleichung beschrieben wird:

$$\frac{\mathrm{d}p}{\mathrm{d}T} = \frac{\Delta H_U}{T_U \cdot \Delta V_m} = \frac{\Delta S_u}{\Delta V_m} \qquad (3.38)$$

Zur Lösung der ***Clausius-Clapeyron*-Gleichung** lassen sich jeweils zwei Phasenübergänge zusammenfassen.

A Schmelzen und Kristallstrukturänderungen

Bei diesen Phasenumwandlungen spielt die gasförmige Phase keine Rolle. Die jeweiligen p/T-Kurven entsprechen fast einer Geraden. Somit kann $\mathrm{d}p/\mathrm{d}T$ durch $\Delta p/\Delta T$ ersetzt werden. Formel 3.38 vereinfacht sich zu:

$$\frac{\Delta p}{\Delta T} = \frac{\Delta H_U}{T_U \cdot \Delta V_m} = \frac{\Delta S_U}{\Delta V_m} \qquad (3.39)$$

p Druck des Systems, T_U Umwandlungstemperatur, ΔV_m Änderung des molaren Volumens durch die Phasenumwandlung, ΔH_U Umwandlungsenthalpie, ΔS_U Umwandlungsentropie

B Verdampfen und Sublimieren

Wenn an der Umwandlung ein Gas beteiligt ist, also beim Verdampfen, Kondensieren und Sublimieren, kann der Differenzialquotient $\mathrm{d}p/\mathrm{d}T$ nicht mehr durch einen Differenzenquotienten $\Delta p/\Delta T$ ersetzt werden, da die entsprechenden Zustandsfunktionen stark von einer linearen Funktion (vgl. Punkt A) abweichen können.

Zum Lösen der Differenzialgleichung Formel 3.38 lassen sich folgende vereinfachende Annahmen treffen:

a) Das molare Volumen der kondensierten Phase (s, l) kann gegenüber dem Molvolumen des Gases (g) vernachlässigt werden.

$$V_m\,(g) \approx 1000 \cdot V_m\,(l)$$

b) Für V_m(g) kann die ideale Gasgleichung verwendet werden. ($V_m = RT/p$)

c) Die Umwandlungsenthalpie ΔH_U ist nicht von der Temperatur abhängig.

Berücksichtigt man diese Annahmen in der Differenzialgleichung, dann erhält man

$$\frac{\mathrm{d}\ln p}{\mathrm{d}T} = \frac{\Delta H_U}{R \cdot T^2} \qquad (3.40)$$

In einem engen Temperaturbereich kann ΔH_U als konstant angenommen werden. Aus Formel 3.40 ergibt sich dann durch Integration zwischen den Temperaturen T_1 und T_2:

$$\ln \frac{p_2}{p_1} = -\frac{\Delta H_U}{\Delta R}\left[\frac{1}{T_2} - \frac{1}{T_1}\right] \tag{3.41}$$

In diesem Temperaturbereich ergibt bei der Auftragung von ln p gegen $1/T$ die Funktion eine Gerade mit der Steigung $-\Delta H_U/R$. Hieraus kann ΔH_U berechnet werden.

3.4.3 Regel von *Trouton*

Der Mittelwert der Verdampfungsentropie für die meisten Flüssigkeiten beträgt 95 J/(mol · K). Dieser Wert deckt sich mit der *Trouton*schen Regel, die besagt, dass $\Delta S_{Verd.} \approx 90$ J/(mol · K) für Flüssigkeiten gilt. Die Regel ist nicht auf Stoffe anwendbar, die starke Wechselwirkungen zwischen den Molekülen aufweisen, wie beispielsweise:

- assoziierte Flüssigkeiten (Wasser, Alkohole, Ammoniak, u. a.); sie haben höhere Verdampfungsentropien
- Flüssigkeiten mit geringem Siedepunkt (Helium, Wasserstoff u. a.); sie haben wesentlich geringere Verdampfungsentropien

$$\Delta S_{Verd.} = \frac{\Delta H_{Verd.}}{T_S} \approx 90\ \mathrm{J/(mol \cdot K)} \tag{3.42}$$

T_S Standardsiedetemperatur bei 1,013 bar, $\Delta H_{Verd.}$ molare Verdampfungsenthalpie

Mit der *Trouton*schen Regel lassen sich unbekannte Verdampfungsenthalpien abschätzen.

3.5 Binäre Phasengleichgewichte

Bei binären Systemen ($K = 2$) und $P \geq 1$ (mindestens eine Phase) ist die Zahl der Freiheitsgrade $F \leq 3$. In solchen Systemen gibt es daher 3 Freiheitsgrade: Temperatur, Druck und eine Konzentrationsangabe. Als Konzentrationsangabe verwendet man meistens den Stoffmengenanteil x oder den Massenanteil w. Ein Phasendiagramm mit allen drei Variablen würde einen dreidimensionalen Raum benötigen. Zur Vereinfachung wird entweder der Druck oder die Temperatur konstant gehalten. Es ergibt sich somit ein Temperatur-Konzentrations-Diagramm (T/x-Diagramm) oder ein Druck-Konzentrations-Diagramm (p/x-Diagramm). Die wichtigsten Phasendiagramme sind in Bild 3.11 zusammengestellt.

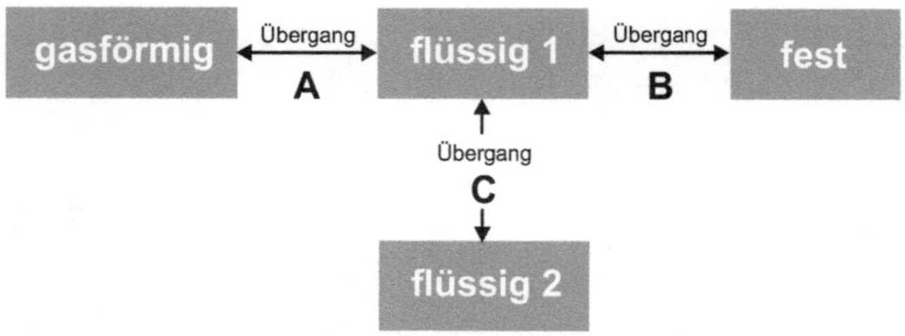

Bild 3.11 Übersicht der wichtigsten Phasendiagramme (Übergang A) Dampfdruck- und Siedediagramme, (Übergang B) Löslichkeits- und Schmelzdiagramme, (Übergang C) Löslichkeitsdiagramme.

Im Folgenden werden Dampfdruck- und Siedediagramme näher besprochen. Bei **einphasigen Gemischen** sind die flüssigen Komponenten unbeschränkt mischbar. Je nach Wechselwirkung der Teilchen untereinander gibt es verschiedene Möglichkeiten für das Verhalten solcher Mischungen.

Ideale Mischungen

Die intermolekularen Wechselwirkungskräfte zwischen gleichen oder gleichartigen Teilchen sind gleich oder in einer ähnlichen Größenordnung. Es gelten folgende Randbedingungen:

- Die Summe der Volumina beider Komponenten ist gleich dem Gesamtvolumen der Mischung.
- Die Mischungsenthalpie $\Delta H_{\text{Mischung}} = 0$
- Das Gesetz von *Raoult* gilt für Mischungen aller Zusammensetzungen.

In einer idealen Mischung ist bei konstanter Temperatur das Verhältnis des Partialdruckes jeder Komponente zum Dampfdruck der reinen Komponente gleich dem Stoffmengenanteil der betreffenden Komponente in der flüssigen Mischung **(*Raoult*sches Gesetz)**.

$$\frac{p_i}{p_i^0} = x_{i,1} \qquad (3.43)$$

p_i Partialdruck der Komponente i in der Gasphase, p_i^0 Dampfdruck des Reinstoffes (bei Prozesstemperatur), $x_{i,1}$ Stoffmengenanteil der Komponente i in der flüssigen Phase

Die **relative Dampfdruckerniedrigung** des Lösungsmittels (Komponente 2) einer binären Mischphase $x_1 + x_2 = 1$ beträgt:

$$\frac{p_2^0 - p_2}{p_2^0} = \frac{\Delta p_2}{p_2^0} = x_1 \qquad (3.44)$$

Technische Beispiele für solche Gemische sind flüssige Luft (Stickstoff-Sauerstoff) oder aliphatische Kohlenwasserstoffe der homologen Reihe im Erdöl.

Aus dem *Raoult*schen Gesetz und den Gesetzen für Gasmischungen (vgl. Abschnitt 3.1.2) lassen sich folgende Gleichungen ableiten, die für die Lösung von praktischen Problemen nützlich sind:

$$p = \left(p_1^0 - p_2^0\right) \cdot x_{1,1} + p_2^0$$

$$p = \left(p_2^0 - p_1^0\right) \cdot x_{2,1} + p_1^0 \qquad (3.45)$$

sowie der Zusammenhang

$$x_{1,1} \cdot p_1^0 = x_{1,g} \cdot p$$

$$x_{2,1} \cdot p_2^0 = x_{2,g} \cdot p \qquad (3.46)$$

p Gesamtdruck, p_i^0 Dampfdruck des Reinstoffes (bei Prozesstemperatur), $x_{i,1}$ Stoffmengenanteil der Komponente i in der flüssigen Phase, $x_{i,g}$ Stoffmengenanteil der Komponente i in der gasförmigen Phase

In Bild 3.12 sind das Dampfdruck- und das Siedediagramm einer idealen Mischung dargestellt.

Das Dampfdruckdiagramm (Bild 3.12 oben) zeigt den grafischen Zusammenhang zwischen dem Gesamtdruck und der Zusammensetzung der Flüssigkeit bzw. des Dampfes (Gasphase) im Gleichgewichtszustand bei konstanter Temperatur. Oberhalb der bei einer idealen Mischung linear verlaufenden Siedelinie ist die Mischung flüssig. Wird ein Lösungsmittelgemisch isotherm entspannt, so beginnt es an der Siedelinie zu sieden.

Die Kondensationslinie (Taulinie) verläuft hyperbolisch. Unterhalb der Taulinie ist die Mischung gasförmig. Wird der Dampf isotherm komprimiert, so beginnt er an der Taulinie zu kondensieren.

Im Gebiet zwischen Siedelinie und Kondensationslinie ist die Mischung zweiphasig, d. h., Flüssigkeit und Dampf treten gleichzeitig auf (Nassdampf). Im Gleichgewichtszustand haben flüssige und gasförmige Phase die gleiche Temperatur, aber nicht dieselbe Zusammensetzung. Die Verbindungslinie zwischen den Punkten P und Q nennt man **Konoden**. Es sind Isobaren, da die siedende Flüssigkeit und der kondensierte Dampf den gleichen Druck aufweisen. Beim Entspannen einer Flüssigkeit bzw. Komprimieren eines Dampfes kann ein Zustandspunkt X der Mischung in das 2-Phasen-Gebiet fallen. Der Zustandspunkt teilt die Konode in zwei Strecken (PX und XQ). Beide Strecken verhalten sich umgekehrt proportional wie die Stoffmengenanteile der Flüssigkeit x_i und des mit ihr im Gleichgewicht befindlichen Dampfes y_i (konjugierte Phase).

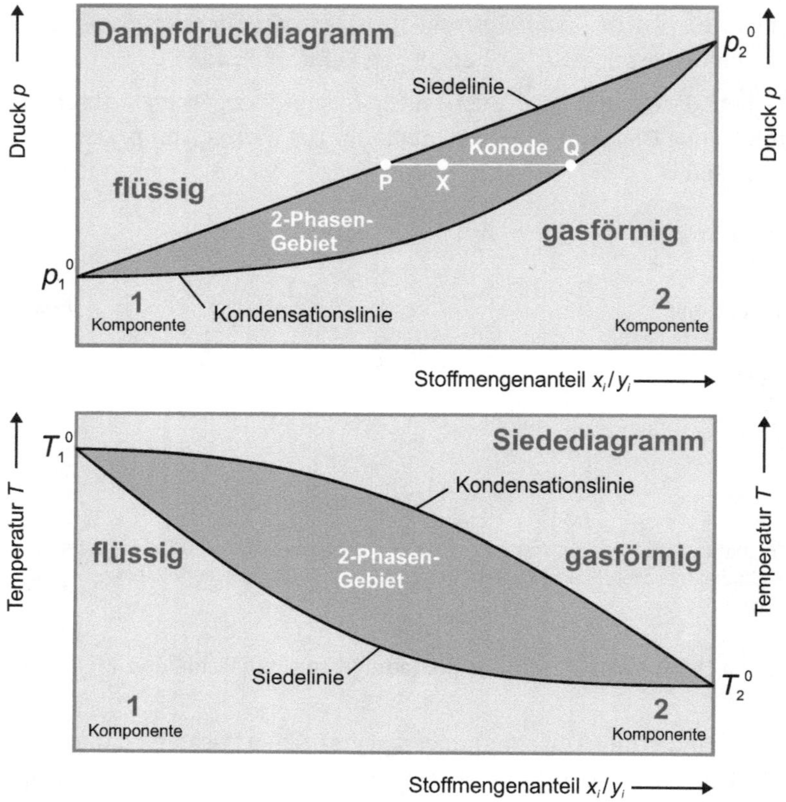

Bild 3.12 Schematische Darstellung des Dampfdruck- und Siedediagramms einer idealen Mischung

---

Exkurs 3.4 Regel von *Konowalow*

Zur Lage der Kondensationslinie im Vergleich zur Siedelinie gibt die **Regel von *Konowalow*** Auskunft: Der Dampf einer Mischung ist stets reicher an der Komponente, deren Zugabe den Siedepunkt erniedrigt bzw. den Dampfdruck erhöht.

Bei idealen Gemischen hat der Dampf daher immer eine andere Zusammensetzung als die konjugierte flüssige Phase. Daher lassen sich ideale Gemische durch **fraktionierte Destillation** immer vollständig in die Reinstoffe auftrennen. Das Siedediagramm zeigt auch, dass nur Reinstoffe eine definierte Siedetemperatur (Siedepunkt) haben. Alle Gemische hingegen haben ein Siedeintervall.

Für jeden Punkt X auf einer Konode gilt das **Hebelgesetz der Phasenlehre**. Die Stoffmengenanteile x_P und x_Q der beiden konjugierten Phasen verhalten sich umgekehrt proportional wie die Strecken XQ und PX, die von dem Punkt X erzeugt werden:

$$\frac{x_P}{x_Q} = \frac{\overline{XQ}}{\overline{PX}}$$

Das Siedediagramm (Bild 3.12 unten) zeigt den grafischen Zusammenhang zwischen der Siedetemperatur und der Zusammensetzung der Flüssigkeit bzw. der Kondensationstemperatur und der Zusammensetzung des Dampfes im Gleichgewicht bei konstantem Druck. Während die Dampfdrücke der reinen Stoffe durch konkrete Temperaturen gegeben und damit konstant sind, gilt dies im Siedediagramm nicht mehr.

Wird ein flüssiges Lösungsmittelgemisch isobar erhitzt, beginnt es an der Siedelinie zu sieden, ein gasförmiges Lösungsmittelgemisch hingegen beginnt, an der Taulinie isobar zu kondensieren. Zwischen der Siedelinie und der Taulinie befindet sich ein 2-Phasen-Gebiet mit Nassdampf. Die Konoden verlaufen ebenfall horizontal (vgl. Bild 3.12 oben), da der Dampf und die Flüssigkeit die gleiche Temperatur aufweisen. Auch hier gilt das im Exkurs 3.4 beschriebene Hebelgesetz.

Nichtideale Mischungen

In realen Mischungen ist die Wechselwirkung zwischen verschiedenartigen Molekülen größer oder kleiner als die zwischen gleichartigen Molekülen. Dies kann zu völlig unterschiedlichen Phänomenen führen, wie auch der folgenden Übersicht zu entnehmen ist:

- Wechselwirkungskräfte von verschiedenartigen Molekülen zu gleichartigen Molekülen: **gleich**

  $\Delta H = 0$ (thermoneutral beim Mischen)

  $\Sigma V_i = V_{\text{Mischung}}$ (konstantes Volumen)

  Partialdrücke ändern sich linear mit x_i

  Ideale Mischung

- Wechselwirkungskräfte von verschiedenartigen Molekülen zu gleichartigen Molekülen: **größer**

  $\Delta H > 0$ (Erwärmung beim Mischen)

  $\Sigma V_i = V_{\text{Mischung}}$ (Volumenkontraktion)

  Partialdrücke sind geringer, als die lineare Abhängigkeit von x_i erwarten lässt

  Anziehung zwischen den Molekülen

  z. B. Wasser/HCl, Wasser/H_2SO_4

- Wechselwirkungskräfte von verschiedenartigen Molekülen zu gleichartigen Molekülen: **kleiner**

  $\Delta H < 0$ (Abkühlung beim Mischen)

  $\Sigma V_i = V_{\text{Mischung}}$ (Volumendilatation)

  Partialdrücke sind größer, als die lineare Abhängigkeit von x_i erwarten lässt

  Abstoßung zwischen den Molekülen

  z. B. Wasser/Ethanol, organische Moleküle

Die Abweichung realer Mischungen vom idealen Verhalten kann so groß werden, dass der Dampfdruck der Mischung einen größeren oder eben kleineren Wert annimmt als der Dampfdruck der beiden reinen Komponenten. Dies ist beispielsweise bei den Mischungen n-Butanol und Wasser (Minimum) oder Chloroform und Aceton (Maximum) der Fall.

Das Minimum des Dampfdruckes bewirkt ein Maximum der Siedetemperatur (vgl. Bild 3.13), d. h., der Siedepunkt der Mischung liegt höher als die Siedetemperaturen der reinen Komponenten. Beim Siedetemperaturmaximum berühren sich Siede- und Kondensationslinie. Damit unterscheidet sich die Zusammensetzung von flüssiger und gasförmiger Phase nicht mehr. Der Punkt, an dem Siede- und Kondensationslinie sich treffen, wird **azeotroper Punkt** genannt. Die Stoffmengenanteile am azeotropen Punkt entsprechen der azeotropen Zusammensetzung, die mit einfacher Destillation nicht weiter aufgetrennt werden kann. Eine fraktionierte Destillation von nichtidealen Gemischen ergibt immer das Azeotrop und die Komponente, deren Gehalt in der Ausgangsmischung größer war als der Gehalt im Azeotrop.

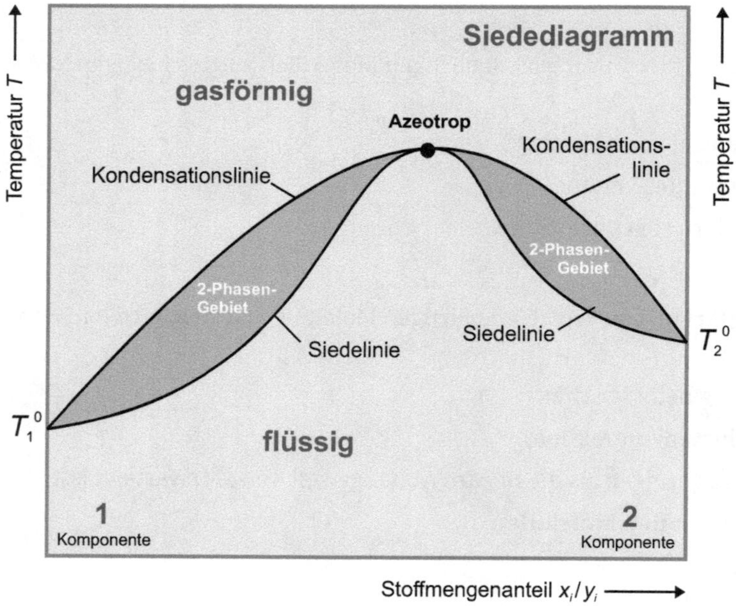

Bild 3.13 Siedediagram einer nichtidealen Mischung mit Azeotrop

Bei **verdünnten Lösungen ($x_i < 0{,}10$)** kann mit hinreichender Genauigkeit angenommen werden:

- Für das Lösungsmittel (Komponente, die im Überschuss vorhanden ist) gilt vereinfachend das Gesetz von *Raoult*. Der Partialdruck des Lösungsmittels ist proportional zu seinem Stoffmengenanteil in der Lösung und seinem Dampfdruck.

- Für den gelösten Stoff gilt vereinfachend das Gesetz von *Henry*. Auch hier nimmt der Partialdruck mit dem Stoffmengenanteil x_i in der Lösung linear zu. Die Proportionalitätskonstante ist jedoch der Dampfdruck des reinen Stoffes.

Zweiphasige Gemische

Bei einem Gemisch von zwei ineinander schwerlöslichen oder unlöslichen Stoffen verhält sich jede Komponente so, als ob die andere nicht vorhanden wäre. Es kommt zu keinen nennenswerten Wechselwirkungen. Der Gesamtdruck der Mischung setzt sich aus den Dampfdrücken der beiden reinen Komponenten A und B zusammen:

$$p = p_\mathrm{A} + p_\mathrm{B} \tag{3.47}$$

p Gesamtdruck der Mischung, p_A Dampfdruck der reinen Komponente A, p_B Dampfdruck der reinen Komponente B

Daraus folgt, dass der zum Sieden notwendige Dampfdruck bei tieferer Temperatur erreicht wird als bei jedem der beiden Reinstoffe. Technisch wird dieser Aspekt bei der Wasserdampfdestillation angewendet. Das Massenverhältnis der beiden Stoffe A und B im Destillat (flüssige Phase) erhält man aus den Dampfdrücken p_A und p_B in der Destillationsapparatur. Für die Dampfphase gilt:

$$\frac{p_\mathrm{A}}{p_\mathrm{B}} = \frac{p \cdot x_\mathrm{A}}{p \cdot x_\mathrm{B}} = \frac{n_\mathrm{A}}{n_\mathrm{B}} = \frac{m_\mathrm{A} \cdot M_\mathrm{B}}{M_\mathrm{A} \cdot m_\mathrm{B}}$$

Die Massen der beiden Komponenten im Destillat verhalten sich wie die Produkte aus Dampfdruck und molarer Masse.

$$\frac{m_\mathrm{A}}{m_\mathrm{B}} = \frac{p_\mathrm{A} \cdot M_\mathrm{A}}{p_\mathrm{B} \cdot M_\mathrm{B}} \tag{3.48}$$

m_A Masse der Komponente A (z. B. Wasser), m_B Masse der Komponente B (z. B. Toluen), p_A Dampfdruck von Wasser, p_B Dampfdruck von Toluen, M_A molare Masse von Wasser (18 g/mol), M_B molare Masse von Toluen (80 g/mol)

3.6 Ternäre Phasengleichgewichte

Für ternäre Systeme, die aus drei Komponenten bestehen, ist $F = 5 - P$, sodass 4 Freiheitsgrade möglich sind (vgl. Abschnitt 3.4). Wenn Druck und Temperatur konstant gehalten werden, bleiben zwei Freiheitsgrade (z. B. Stoffmengenanteile von zwei Komponenten) übrig. Um die Abhängigkeit der Phasengleichgewichte von der Zusammensetzung darzustellen, verwendet man **Dreieckskoordinatensysteme.** Die Stoffmengenanteile der drei Komponenten A, B und C erfüllen dabei folgende Gleichung:

$$x_\mathrm{A} + x_\mathrm{B} + x_\mathrm{C} = 1 \tag{3.49}$$

und werden auf den Eckpunkten eines gleichseitigen Dreiecks abgetragen. Die Eckpunkte kennzeichnen somit die jeweilige Reinsubstanz. So gilt z. B. für die Ecke C: $x_C = 100\,\%$, $x_B = 0\,\%$ und $x_A = 0\,\%$. In Bild 3.14 ist auf der gegenüberliegenden Seite der Stoffmengenanteil $x_C = 0$. Analoge Aussagen gelten für die anderen Ecken mit den jeweils gegenüberliegenden Seiten.

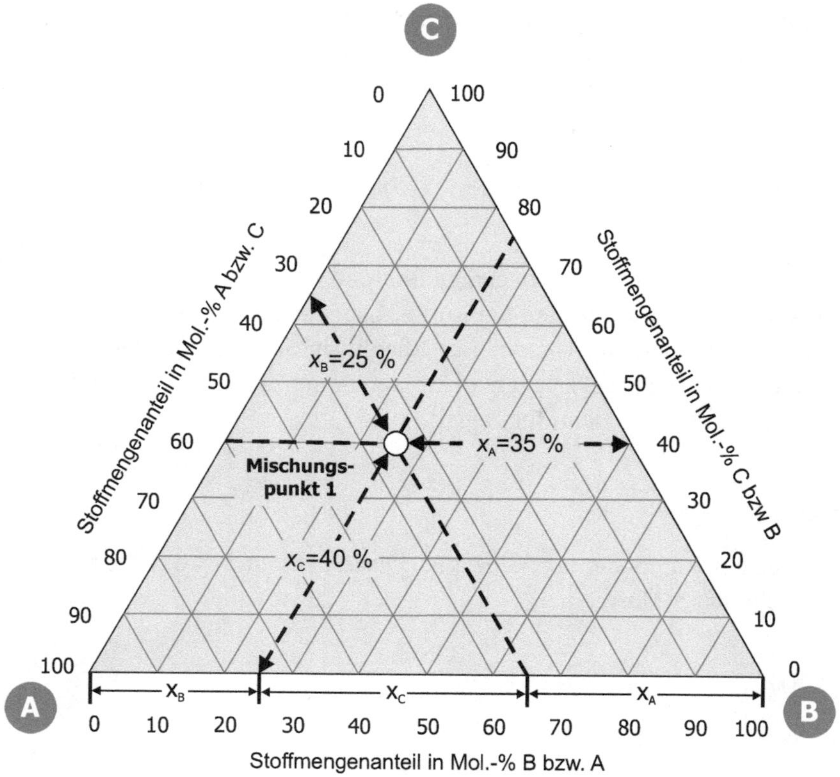

Bild 3.14 Dreieckskoordinaten zur Darstellung des Phasendiagramms eines ternären Systems der Komponenten A, B und C

Jede der drei Seiten gehört daher zu einem der drei möglichen binären Systeme (Seite AB), (Seite AC) und (Seite BC). Ein Punkt im Inneren der Dreieckskoordinaten entspricht einem ternären Systems das alle drei Komponenten A, B und C enthält.

Die Zusammensetzung des Systems wird beispielhaft in Bild 3.14 durch den Mischungspunkt 1 erklärt. Zunächst werden durch diesen Punkt Parallelen (gestrichelte Linien) zu den Dreiecksseiten gezogen. Der Abstand dieser Geraden von den jeweils parallel dazu liegenden Dreiecksseiten gibt den Anteil derjenigen Komponente an, die am gegenüberliegenden Eckpunkt des ternären Systems liegt. Am Mischungspunkt 1 wird beispielsweise abgelesen $x_A = 35\,\%$, $x_B = 25\,\%$ und $x_C = 40\,\%$.

Für Flüssig-flüssig-Extraktionen kommen jedoch nur Dreistoffsysteme mit Mischungslücke in Betracht. Bild 3.15 zeigt ein solches Dreistoffsystem mit Binodalkurve.

Die **Binodalkurve** trennt den Bereich der homogenen Mischung von dem Zweiphasengebiet. Auf der Binodalkurve liegt der kritische Punkt, der die Zusammensetzungen der beiden Phasen (Abgeber- und Aufnehmerphase) trennt. Jede Mischung, deren Zusammensetzung einem Punkt unterhalb der Binodalkurve entspricht, zerfällt in zwei flüssige Phasen. Sie weisen im Gleichgewicht eine charakteristische Zusammensetzung und ein typisches Mengenverhältnis auf. Der **Punkt M** auf der untersten Konode entspricht einer nichtexistenzfähigen Zusammensetzung und zerfällt in die beiden **Punkte P** und **Q** auf der Binodalkurve. Sie entsprechen den Zusammensetzungen der koexistierenden Phasen und müssen auf einer Geraden liegen. Das Mengenverhältnis dieser beiden Phasen kann mit dem Hebelgesetz (vgl. Exkurs 3.4) berechnet werden.

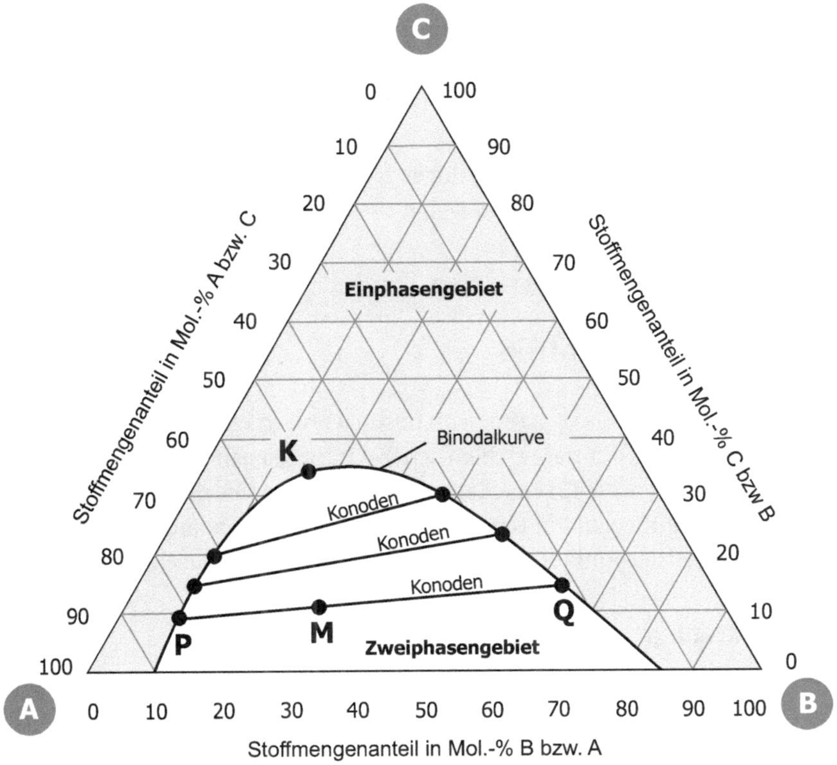

Bild 3.15 Dreieckskoordinatensystem für ein ternäres System mit Mischungslücke

Die Verbindungsgeraden (Konoden) von jeweils zwei Punkten auf der Binodalkurve sind experimentell zu ermitteln. Es lässt sich allerdings nur eine begrenzte Anzahl von Konoden experimentell ermitteln und im Dreiecksdiagramm darstellen.

3.7 Verdünnte Lösungen

Viele Stoffe lösen sich ohne chemische Reaktion in Flüssigkeiten. Die entstehenden Gemische werden Lösungen genannt. Ist in einer Lösung der gelöste Stoff so verteilt, dass nur noch einzelne Teilchen (Moleküle, Atome, Ionen) in der als Lösungsmittel dienenden Flüssigkeit vorliegen, so wird das System als **echte Lösung** bezeichnet. Die molekulare Größenordnung der Teilchen liegt zwischen 0,1 und 3,0 nm. Die Teilchen des gelösten Stoffes verleihen der Lösung verschiedene physikalische Eigenschaften. Sie erteilen beispielsweise der Lösung einen osmotischen Druck, verursachen eine Dampfdruckerniedrigung mit der Folge einer Schmelzpunktabsenkung und der Anhebung des Siedepunktes gegenüber dem reinen Lösungsmittel. Neben den echten Lösungen (molekulardispers) gibt es **kolloide Lösungen**. Die Größenordnung der Teilchen liegt hier zwischen 10 und 100 nm.

Lösungen sind einerseits auf rein physikalische Mischungsprozesse zurückzuführen oder aber das Resultat einer chemischen Reaktion zwischen den Komponenten. Derartige Prozesse laufen häufig unter Energieänderung ab, z. B. Lösungsenthalpie von kristallinen Feststoffen in Wasser ($\Delta H > 0$) oder Solvatationsenthalpie beim Auflösen von Salzen ($\Delta H < 0$).

Sind in einem Lösungsmittel Stoffe mit geringer Konzentration gelöst, dann lassen sich besonders einfache Gesetze ableiten. Dabei werden zwei Arten von Gleichgewichten unterschieden.

3.7.1 Kolligative Eigenschaften

Eine Reihe charakteristischer Eigenschaften von Lösungen wird nur auf die Anzahl der gelösten Teilchen, nicht aber auf deren chemischen Charakter zurückgeführt. Solche Eigenschaften werden **kolligative Eigenschaften** genannt. Beispiele derartiger Erscheinungen sind die von der auftretenden Dampfdruckerniedrigung abhängigen Veränderungen des Siede- und Gefrierpunktes, aber auch verschiedene osmotische Vorgänge.

Dampfdruckerniedrigung

Werden Lösungen von nichtflüchtigen Substanzen hergestellt, so ist der Dampfdruck der Lösung geringer als der des Lösungsmittels. Diese Dampfdruckerniedrigung steigt mit zunehmender Konzentration der Lösung.

Aufgrund der Dampfdruckerniedrigung einer Lösung wird der Dampfdruck z. B. von 100 kPa erst bei einer höheren Temperatur ($T_{S,Lsg.}$) erreicht. Hieraus folgt eine **Erhöhung des Siedepunktes**. Die Temperatur (T_G) am Phasenübergang (fest-flüssig) ist bei der Lösung geringer als bei reinem Lösungsmittel. Dies bedeutet, dass der **Gefrierpunkt abgesenkt** wird. Die Gefrierpunktserniedrigung ΔT_G und die Siedepunktserhöhung ΔT_S hängen von der Konzentration des gelösten Stoffes ab.

Siedepunktserhöhung

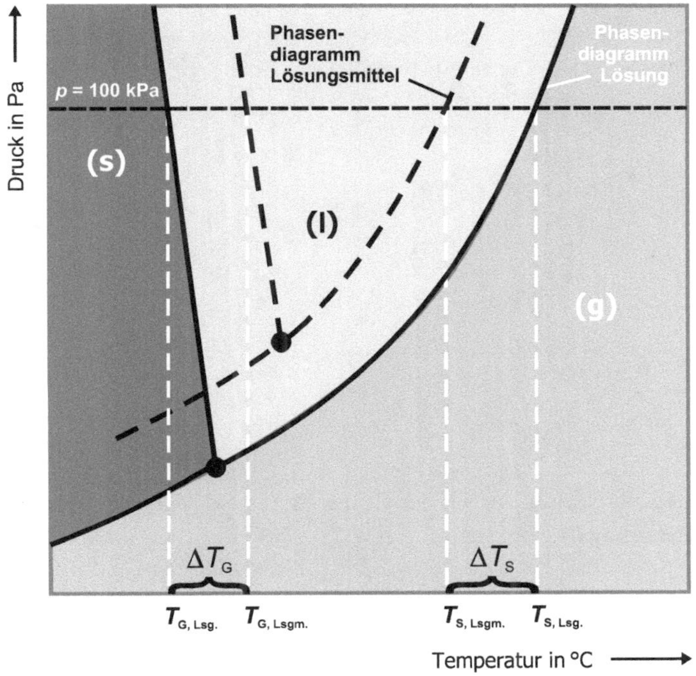

Bild 3.16 Phasendiagramm einer Lösung und des reinen Lösungsmittels mit der Folge einer Gefrierpunktserniedrigung ΔT_G und einer Siedepunktserhöhung ΔT_S

Die Dampfdruckerniedrigung von Lösungen nichtflüchtiger Stoffe hängt mit der Erhöhung der Siedetemperatur gegenüber der Siedetemperatur des reinen Lösungsmittels unmittelbar zusammen (vgl. Bild 3.16). Die Siedepunktserhöhung verdünnter Lösungen ist direkt proportional zur Anzahl der gelösten Teilchen pro Mol Lösungsmittelmoleküle. Es ist bekannt, dass die **Molalität *b*** die Molzahl des gelösten Stoffes pro 1000 g Lösungsmittel ausdrückt und damit eine konstante Molzahl des Lösungsmittels definiert. Daher ist ΔT_S proportional zur Molalität.

$$\Delta T_S = K_E \cdot b \tag{3.50}$$

K_E ist die **ebullioskopische Konstante** (molale Siedepunktserhöhung), die nur von der Art des Lösungsmittels abhängt. Einige typische Wert für gebräuchliche Lösungsmittel sind in Tabelle 3.5 gezeigt.

$$K_E = \frac{R \cdot (T_s)^2 \cdot M_{\text{Lsgm.}}}{\Delta H_{\text{m, Verd.}}} \tag{3.51}$$

$T_{\text{S,Lsgm.}}$ Siedetemperatur des reinen Lösungsmittels, $\Delta H_{\text{m,Verd.}}$ molare Verdampfungsenthalpie, R allgem. Gaskonstante, $M_{\text{Lsgm.}}$ molare Masse des Lösungsmittels

Tabelle 3.5 Molare Siedepunktserhöhung und Gefrierpunktserniedrigung einiger Lösungsmittel

Lösungsmittel	Siedepunkt in °C	K_E in K·kg/mol	Gefrierpunkt in °C	K_K in K·kg/mol
Essigsäure	118,1	+3,07	+16,6	-3,80
Wasser	100,0	+0,51	0,0	-1,86
Ethanol	78,4	+1,22	-114,6	-1,99
Benzen	80,1	+2,53	+5,5	-5,12
Kohlenstoff-tetrachlorid	76,8	+5,02	-22,3	-29,80
Chloroform	61,2	+3,63	-63,5	-4,68

Durch Messung der Siedepunktserhöhung lässt sich die molare Masse des gelösten Stoffes nach folgender Gleichung bestimmen:

$$M_2 = \frac{m_2}{m_{\text{Lsgm.}}} \cdot \frac{K_E}{\Delta T_S} \tag{3.52}$$

m_2 Masse des gelösten Stoffes, $m_{\text{Lsgm.}}$ Masse des Lösungsmittels

Gefrierpunktserniedrigung

Mit der Dampfdruckerniedrigung von Lösungen nichtflüchtiger Stoffe hängt auch die Erniedrigung des Gefrierpunktes unter diejenige des reinen Lösungsmittels zusammen. Der Gefrierpunkt einer Lösung ist die Temperatur, bei der sich die ersten Kristalle des reinen Lösungsmittels im Gleichgewicht mit der Lösung zu bilden beginnen. Wie die Siedepunktserhöhung ist die Gefrierpunktserniedrigung direkt proportional zur Molalität b des gelösten Stoffes:

$$\Delta T_G = K_K \cdot b \tag{3.53}$$

Tabelle 3.5 gibt auch Werte für die molale Gefrierpunktserniedrigung **(kryoskopische Konstante)** für einige gebräuchliche Lösungsmittel an. Daher siedet eine 1-molale wässrige Traubenzuckerlösung oder jede andere wässrige Lösung, die 1 mol/kg an nichtflüchtigen Teilchen (z. B. 0,5 mol/kg NaCl) enthält, um 1,86 °C niedriger als reines Wasser.

Durch Messung der Gefrierpunktserniedrigung lässt sich auch die molare Masse des gelösten Stoffes entsprechend folgender Gleichung bestimmen:

$$M_2 = \frac{m_2}{m_1} \cdot \frac{K_K}{\Delta T_G} \tag{3.54}$$

m_2 Masse des gelösten Stoffes, m_1 Masse des Lösungsmittels, K_K kryoskopische Konstante, ΔT_G Gefrierpunktserniedrigung

Osmotischer Druck und Osmose

In den vorangegangenen Abschnitten wurde gezeigt, dass die Dampfdruckerniedrigung wie auch die Beeinflussung von Schmelz- und Siedepunkt einer Lösung nur von der Anzahl der gelösten Teilchen in einer bestimmten Lösungsmittelmenge abhängig ist. Auch der osmotische Druck, den eine Lösung gegenüber dem reinen Lösungsmittel ausübt, ist eine kolligative Eigenschaft.

In Bild 3.17 wird die Osmose beschrieben. Im U-Rohr auf der linken Seite (A) werden zwei Lösungen mit unterschiedlicher Konzentration durch eine semipermeable Membran getrennt. Die Membran ist impermeabel für die Teilchen. Da die Lösung links konzentrierter ist als auf der rechten Seite, kommt es zu einer Netto-Bewegung der Lösungsmittelmoleküle durch die Membran von rechts nach links, weil die Lösungen versuchen, die Konzentration auszugleichen. Dies führt zu ungleichen Flüssigkeitsständen in beiden Schenkeln des U-Rohres (vgl. Bild 3.17-B). Durch externen Druck auf den linken Schenkel des U-Rohres (Bild 3.17-C) lässt sich der Netto-Lösungsmittelfluss kompensieren.

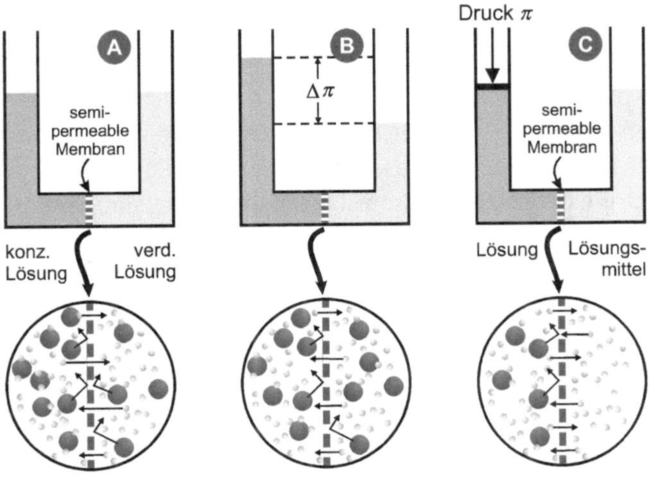

Bild 3.17 Osmose (Beschreibung im Text)

Der Druck, der erforderlich ist, um Osmose zu verhindern, ist der **osmotische Druck** π der Lösung. Der osmotische Druck gehorcht einem Gesetz ähnlicher Form wie das ideale Gasgesetz (vgl. Abschnitt 3.1.1), mit dem Volumen der Lösung V, der Stoffmenge des gelösten Stoffes n, der idealen Gaskonstanten R und der absoluten Temperatur T:

$$\pi = \frac{n}{V} \cdot R \cdot T = c \cdot R \cdot T \qquad (3.55)$$

c Stoffmengenkonzentration der gelösten Teilchen

Sind zwei Lösungen mit gleichem osmotischem Druck durch eine semipermeable Membran getrennt, tritt keine Osmose ein. Sie werden **isotonisch** genannt. Hat eine der beiden Lösungen geringeren osmotischen Druck, ist sie **hypotonisch** bezüglich der konzentrierteren Lösung. Die konzentriertere Lösung hingegen ist **hypertonisch** bezüglich der verdünnten Lösung.

3.7.2 Löslichkeit

Ein wichtiges Merkmal für den Lösungsvorgang ist die allgemeine Tendenz von organisierten Teilchen, in einen weniger geordneten Zustand mit höherer Entropie ($\Delta S > 0$) überzugehen. Die Entropiezunahme würde bereits ausreichen, um zwei miteinander mischbare Flüssigkeiten ohne äußere Einflüsse (Zufuhr von mechanischer oder thermischer Energie) vollständig zu mischen. In der Praxis findet sich jedoch häufig nur eine begrenzte Löslichkeit. Ein Grund dafür sind die intermolekularen Wechselwirkungen. Zwischen den Lösungsmittelmolekülen treten Wechselwirkungen durch z. B. *Van-der-Waals-* oder Dipol-Dipol-Kräfte auf. Da die Wechselwirkungskräfte in einer Lösung erheblich schwächer sind als im reinen Lösungsmittel, muss dem System Energie zugeführt werden. Ein endothermer Lösungsprozess hat somit eine positive Enthalpie ($\Delta H > 0$).

Die Gleichung von *Gibbs* und *Helmholtz* (vgl. Abschnitt 6.2) drückt die Konkurrenzsituation von Enthalpie und Entropie aus und bestimmt somit das Lösungsgleichgewicht. Nach der alten Regel, die bereits den Alchimisten bekannt war, „similia similibus solvuntur“ (lat.: **Ähnliches löst sich in Ähnlichem**) gilt: Ähnlichkeit in den Molekülstrukturen und damit in den intermolekularen Wechselwirkungen der sich gegenseitig lösenden Stoffe bedeutet minimale Mischungsenthalpie ΔH. Es dominiert dann der Entropie-Term ($\Delta H > 0$). In allen Fällen stellt sich bei einem Lösungsvorgang bei gegebener Lösungsmittelmenge ein Gleichgewicht ein, das die spezifische **maximale Löslichkeit** eines jeden Stoffes charakterisiert. Die Löslichkeit verschiedener Stoffe in unterschiedlichen Lösungsmitteln ist in Tabellenwerken häufig in den Einheiten mol/kg Lösung oder g/100 g Wasser bei 20 °C angegeben.

Löslichkeit von Gasen

In ideal verdünnten Lösungen, als Grenzzustand realer Gemische, in denen das chemisch inerte Lösungsmittel in großem Überschuss vorhanden ist, gilt für ein gelöstes Gas:

$$p_i = K_{\mathrm{H}} \cdot x_i \tag{3.56}$$

p_i Partialdruck des Gases, x_i Stoffmengenanteil des Gases im Lösungsmittel, K_{H} *Henry*-Konstante für den Stoff i

Diese Gleichung wurde von *William Henry* aufgestellt, der in einer Reihe von Messungen die Druckabhängigkeit der Löslichkeit von Gasen untersuchte. Das *Henry*sche Gesetz ist nicht nur auf Systeme aus permanenten Gasen und Flüssigkeiten beschränkt, sondern gilt auch für eine Vielzahl verdünnter Lösungen, in abgewandelter Form auch für Elektrolyte.

Einige Daten über die Löslichkeit von Gasen in Wasser über einen weiten Druckbereich sind in Bild 3.18 gezeigt. Das *Henry*sche Gesetz verlangt eine lineare Abhängigkeit der Löslichkeit vom Druck. Die gezeigten Kurven für Wasserstoff, Helium und Stickstoff sind bis 100 bar nahezu linear, während Sauerstoff bereits beträchtliche Abweichungen zeigt.

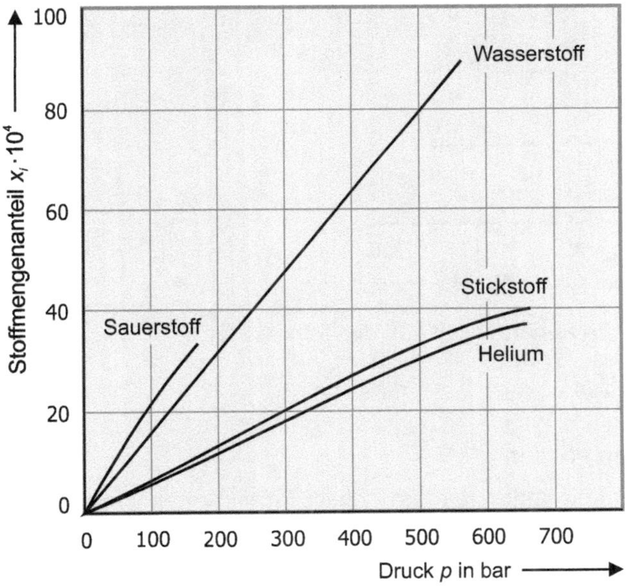

Bild 3.18 Löslichkeit von Gasen in Wasser bei 25 °C als Funktion des Druckes

Die Löslichkeit der meisten festen Stoffe in Wasser nimmt zu, wenn die Temperatur der Lösung steigt. Im Gegensatz dazu nimmt die Löslichkeit von Gasen in Wasser mit steigender Temperatur ab (vgl. Bild 3.19).

Wird ein Glas mit kaltem Wasser erwärmt, sind Luftblasen an der Innenseite des Glases zu beobachten. Auf ähnliche Weise verlieren kohlenstoffsäurehaltige Getränke ihr Kohlenstoffdioxid CO_2, wenn sie sich erwärmen. Die geringere Löslichkeit von Sauerstoff in Wasser mit steigender Temperatur ist ein Effekt der Wärmebelastung von natürlichen Gewässern. Die Wirkung bei tiefen Seen ist besonders problematisch, weil warmes Wasser (geringere Dichte als kaltes Wasser) an der Oberfläche verbleibt. Dieser Umstand verhindert die Lösung von weiterem Sauerstoff in den tieferen Wasserschichten und damit die Atmung aller Wasserlebewesen, die Sauerstoff zur Atmung benötigen.

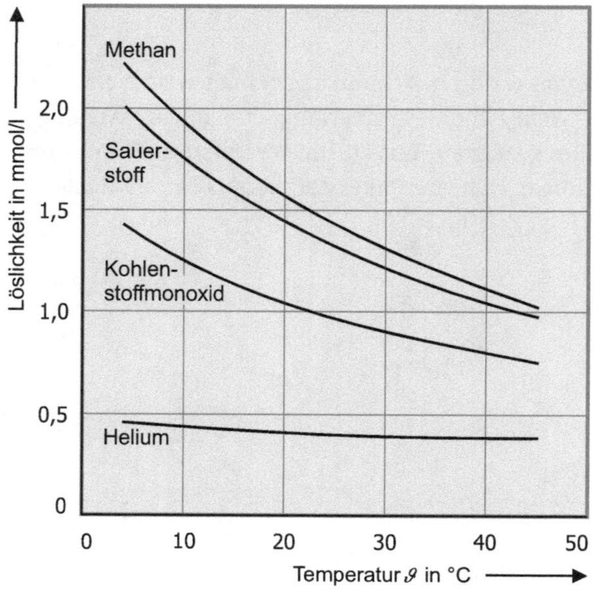

Bild 3.19 Löslichkeit von Gasen in Abhängigkeit von der Temperatur bei einem Gesamtdruck von 1 bar

Verteilung zwischen flüssigen Phasen

Liegen in einem System zwei miteinander nicht mischbare Flüssigkeiten vor, so kann sich ein dritter Stoff entsprechend seiner unterschiedlichen Löslichkeit in beiden Phasen verteilen. Dieses Gleichgewicht ist durch das **Verteilungsgesetz von *Nernst*** charakterisiert:

$$\frac{c_A(\text{Phase 1})}{c_A(\text{Phase 2})} = K_N \quad (3.57)$$

Der Quotient der Konzentrationen einer sich zwischen zwei nicht mischbaren Flüssigkeiten (Phase 1 und Phase 2) verteilenden Stoffes A ist im Gleichgewicht konstant. Die temperaturabhängige Konstante K_N wird **Verteilungskoeffizient** genannt.

Ändert sich der Molekularzustand beispielsweise durch Dissoziation, Assoziation oder Protolyse, dann wird K_N von der Konzentration abhängig und ist demzufolge nicht mehr konstant. Das Gesetz gilt jedoch weiter für den Teil der Konzentrationen, die in der gleichen Molekülform vorliegen (z. B. monomere Essigsäure bzw. dimere Essigsäure). Das Verteilungsgesetz hat große Bedeutung bei der Extraktion, der Chromatografie und der Metallurgie (Grenzfläche flüssiges Metall und Schlacke).

Zu einer Änderung des Molekularzustandes kommt es, wenn der sich verteilende Stoff in einer der beiden flüssigen Phasen zusätzlich chemisch reagiert. Die drei wichtigsten Reaktionen sind:

- Der gelöste Stoff A bildet in der organischen Phase Doppelmoleküle.
- Der gelöste Stoff A protolysiert in der wässrigen Phase, d. h., er spaltet Protonen ab.
- Der gelöste Stoff A reagiert mit einem bereits anwesenden Reaktionspartner.

In diesen Fällen kommt zur Beschreibung des Verteilungsgleichgewichts noch mindestens ein weiteres Gleichgewicht hinzu.

4 Strömungstechnische Grundbegriffe

4.1 Allgemeine Grundlagen

Viele technische Strömungsprobleme können mit hinreichender Genauigkeit oder näherungsweise mit den Gesetzmäßigkeiten für reibungsfreie und eindimensionale Strömungen berechnet werden. Hierzu gehören Strömungen **inkompressibler**, aber auch einfache Strömungsvorgänge **kompressibler Fluide**. Die Strömungstechnik behandelt die Gesetzmäßigkeiten der Bewegung strömender Medien. Für Gase und Flüssigkeiten gelten dabei weitgehend die gleichen Gesetze, obwohl sich beide Medien nicht unwesentlich in ihren Eigenschaften unterscheiden. So haben Flüssigkeiten bei gleicher Dichte und vergleichbarem mittlerem Molekülabstand ein sehr unterschiedliches rheologisches Verhalten. Im Unterschied zu Flüssigkeiten haben Gase eine wesentlich größere Kompressibilität. Die Dichte von Gasen ist bei Standardbedingungen gegenüber Flüssigkeiten um den Faktor 1000 geringer.

Ist die Strömungsgeschwindigkeit gering gegenüber der Schallgeschwindigkeit in dem strömenden Medium, so kann die Kompressibilität für die Strömungsvorgänge vernachlässigt und die Dichte als konstant angenommen werden (inkompressible Flüssigkeiten). Ist die Kompressibilität vernachlässigbar, besteht zwischen den Strömungsgesetzen für Gase und Flüssigkeiten kein Unterschied. Strömungen von Gasen können ebenfalls bei Strömungsgeschwindigkeiten von $w < 100\,\text{m/s}$ als inkompressibel angesehen werden.

Flüssigkeiten strömen durch Reaktoren, Wärmetauscher und Rohrleitungen als Folge des Druckes, der durch Pumpen oder den hydrostatischen Druck einer Flüssigkeitssäule erzeugt wurde. Ist eine Rohrleitung vollständig mit Flüssigkeit gefüllt, so ist die Strömungsgeschwindigkeit in der Rohrmitte stets am größten, fällt aber in Richtung Rohrwand auf den Wert $w = 0$ ab. Die **mittlere Strömungsgeschwindigkeit** $\overline{w}$ ist definiert als:

$$\overline{w} = \frac{\dot{V}}{A} \tag{4.1}$$

$\dot{V}$ Volumenstrom, A Querschnittsfläche des Rohres

Die Viskosität ist bei vielen technisch wichtigen Flüssigkeiten gering, sodass die ursächlichen Reibungskräfte gegenüber anderen Kräften wie Druckkraft oder Trägheitskraft zu vernachlässigen sind. Bei der Durchströmung von Rohrleitungen ist die Viskosität jedoch von großer Bedeutung. *Reynolds* entwickelte dazu eine Kennzahl, die das Verhältnis von Trägheitskraft zur Viskosität darstellt:

$$Re = \frac{\overline{w} \cdot d}{\nu} = \frac{\overline{w} \cdot d \cdot \rho}{\eta} \tag{4.2}$$

$\overline{w}$ mittlere Strömungsgeschwindigkeit, ρ Dichte, d Rohrdurchmesser, ν kinematische Viskosität, η dynamische Viskosität

Durch experimentelle Untersuchungen konnte *Reynolds* zeigen, dass bei ungestörter Strömung (gerades glattes Rohr) Turbulenzen ab $Re = 2300$ auftreten. Ab $Re > 10\,000$ liegt eine ausgeprägte turbulente Strömung vor. *Reynolds*-Zahlen zwischen 2300 und 10 000 kennzeichnen den Übergangsbereich zur turbulenten Strömung (labiles Strömungsverhalten). Durch Einbauten, Schüttungen, Rohrbiegungen oder Feststoffteilchen wird die Strömung gestört. In Bild 4.1 ist der schematische Verlauf des Rohrwiderstandsbeiwertes von der *Reynolds*-Zahl gezeigt.

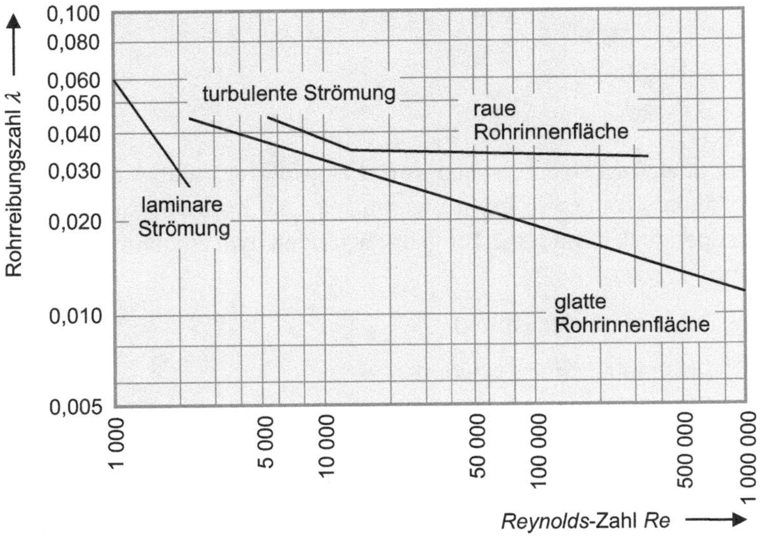

Bild 4.1 Rohrreibungszahl λ als Funktion der *Reynolds*-Zahl *Re*. Der Rohrwiderstandsbeiwert hängt von der Rohrwandrauigkeit und der Strömungsart ab

Für die verschiedenen Strömungszustände gibt es unterschiedliche Kurvenzüge. Bei turbulenter Strömung hat die Rauigkeit der Rohrinnenwand zusätzlichen Einfluss auf das Strömungsverhalten. Der Umschlag von laminarer zu turbulenter Strömung erfolgt bei einer kritischen *Reynolds*-Zahl Re_{krit} von 2300. Sie beträgt bei einem Rohr mit rundem Querschnitt:

$$Re = \left(\frac{\overline{w} \cdot d}{\nu}\right)_{\text{krit}} = 2300 \tag{4.3}$$

$\overline{w}$ mittlere kritische Strömungsgeschwindigkeit, d kritischer Rohrdurchmesser, ν kritische kinematische Viskosität

---

Beispiel 4.1

Wasser fließt mit einer dynamischen Viskosität $\eta = 1{,}002 \cdot 10^{-3}\,\text{Pa} \cdot \text{s}$ und einer Dichte von 997 kg/m³ durch eine glatte Rohrleitung von 6 cm Durchmesser. Bis zu welcher Geschwindigkeit wird die Strömung laminar sein?

Formel 4.2 enthält beide Viskositätsformen (dynamisch und kinematisch), sodass zur Berechnung der kritischen Strömungsgeschwindigkeit (Formel 4.3) um die Dichte erweitert werden muss.

Mit $1\,\text{Pa} \cdot \text{s} = 1\,\text{N} \cdot \text{s/m}^2 = 1\,\text{kg/(s} \cdot \text{m)}$

$$W_{\text{krit}} = Re_{\text{krit}} \cdot \left(\frac{\eta}{d \cdot \rho}\right)_{\text{krit}} = 2300 \cdot \frac{1{,}002 \cdot 10^{-3}}{6 \cdot 10^{-2} \cdot 997}\,\text{m/s} = 3{,}9 \cdot 10^{-2}\,\text{m/s}$$

4.2 Kontinuitätsgleichung

Ein Fluid (Flüssigkeit oder Gas) strömt immer vom Ort größerer zu dem geringerer Krafteinwirkung. In durchströmten Rohrleitungen erfolgt die Krafteinwirkung üblicherweise durch Pumpen (vgl. Kapitel 16). Die grundlegenden hydrodynamischen Gesetzmäßigkeiten sind:

- Massenerhaltung (Kontinuitätsgleichung)
- Impulserhaltung (Kräftebilanz nach *Newton*)
- Energieerhaltung

Die Kontinuitätsgleichung lässt sich mit einer Strömung durch ein Rohrsystem verdeutlichen. Tritt ein Fluid in ein System, bestehend aus starren Wänden und variablem Querschnitt (vgl. Bild 4.2), so ist der Massenstrom unabhängig vom Strömungsquerschnitt immer gleich groß, d. h., unter stationären Bedingungen ist in jedem Querschnitt des Leitungssystems der Massenstrom zeitlich konstant.

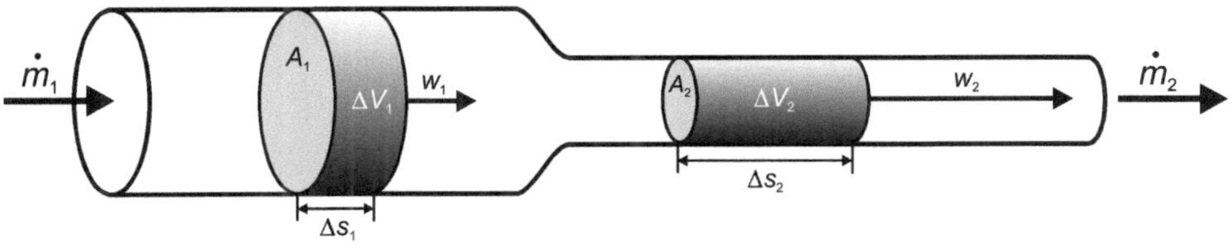

Bild 4.2 Strömungssystem mit unterschiedlichem Querschnitt; ΔV = Fluidvolumen, das in der Zeit Δt durch den Querschnitt A fließt

Die Gleichung für die Massenbilanz stationärer Strömungen (Kontinuitätsgleichung) lautet somit:

$$\dot{m}_1 = \dot{m}_2 = \text{konst.} \tag{4.4}$$

$\dot{m}$ Massenstrom

Der Massenstrom kann auch als mathematisches Produkt der Dichte des Fluids und des Volumenstroms dargestellt werden:

$$\rho_1 \cdot \dot{V}_1 = \rho_2 \cdot \dot{V}_2 = \text{konst.} \tag{4.5}$$

ρ Dichte des Fluids, $\dot{V}$ Volumenstrom

Der Volumenstrom wiederum kann als Produkt aus der Fließgeschwindigkeit des Fluids und der Querschnittsfläche des Strömungsrohres ausgedrückt werden:

$$\rho_1 \cdot A_1 \cdot w_1 = \rho_2 \cdot A_2 \cdot w_2 = \text{konst.} \tag{4.6}$$

ρ Dichte des Fluids, A Querschnittsfläche senkrecht zur Fließrichtung, w Strömungsgeschwindigkeit des Fluids

Kann das Fluid als inkompressibel angenommen werden, so bleibt die Fluiddichte durch den Strömungsvorgang unbeeinflusst ($\rho_1 = \rho_2 = \rho$). Hieraus folgt die Kontinuität eines inkompressiblen Fluids **(Kontinuitätsgleichung):**

$$\frac{w_2}{w_1} = \frac{A_1}{A_2} = \text{konst.} \tag{4.7}$$

Die Strömungsgeschwindigkeit ist zur Größe des Strömungsquerschnitts umgekehrt proportional.

4.3 Strömung ohne Reibung

Bei **idealen Fluiden** tritt keine Reibung zwischen den Fluidteilchen untereinander sowie zwischen Fluidteilchen und der Wand auf. Per Definition entstehen in der Strömung keine Verluste. Bei **realen Fluiden** hingegen treten strömungsmechanische Verluste auf, die im Wesentlichen auf rheologische Effekte (Wandreibung, Reibung im Inneren der Strömung) zurückgeführt werden. Je genauer die Verluste abgeschätzt werden können, desto genauer ist die hydrodynamische Berechnung

4.3.1 Gleichung von *Bernoulli*

Entsprechend der Kontinuitätsgleichung nimmt die Fließgeschwindigkeit mit der Verengung des Strömungsquerschnitts zu. Eine Folge hiervon ist der Anstieg der kinetischen Energie des Fluids. Die Fluidmasse m mit der Dichte ρ muss, wenn sie mit der mittleren Geschwindigkeit w in ein Strömungsrohr eintritt, gegen einen statischen Druck p Volumenarbeit leisten. Die bilanzierten Energie-Terme sind bei idealen Fluiden unabhängig vom Ort der Bilanz konstant.

$$\underset{\text{potenzielle Energie}}{m \cdot g \cdot H} + \underset{\text{Volumenarbeit}}{\frac{m \cdot p}{\rho}} + \underset{\text{kinetische Energie}}{\frac{m \cdot w^2}{2}} = \text{konst.} \tag{4.8}$$

Die *Bernoulli*-Gleichung kann auch in einer volumenspezifischen Form angegeben werden, indem die Energie auf die Volumeneinheit bezogen wird und somit die verschiedenen Drucke resultieren.

$$\underset{\text{potenzieller Druck}}{\rho \cdot g \cdot H} + \underset{\text{statischer Druck}}{p} + \underset{\text{dynamischer Druck}}{\frac{\rho \cdot w^2}{2}} = \text{konst.} \tag{4.9}$$

Die Konstante in Formel 4.9 entspricht dem Gesamtdruck des Systems auf der Ortshöhe null. Die drei Summanden werden mitunter auch als potenzieller Druck **(Lagedruck)**, statischer Druck **(messbarer Druck)** und dynamischer Druck **(Staudruck)** bezeichnet. Mit der Gleichung von *Bernoulli* lassen sich Förderströme und Förderhöhen von Pumpen berechnen. Die Gleichung kann auch als Grundlage für Durchflussmengenmessungen z. B. mittels Staublenden genutzt werden. Obwohl streng genommen die *Bernoulli*-Gleichung weder für Gase (kompressibel) noch für Flüssigkeiten (reibungsbehaftete Strömung) gilt, hat sie in der Verfahrenstechnik große Bedeutung.

Beispiel 4.2

In einem sich verengenden horizontalen, zylindrischen Rohr mit den beiden Durchmessern (vgl. Skizze) beträgt an der Stelle 1 der Druck $p_1 = 103\,500$ Pa, die Strömungsgeschwindigkeit $w_1 = 5$ m/s. Wie groß ist der Druck an der Stelle 2, wenn das Rohr (A) von Wasser ($\rho = 950$ kg/m^3) und (B) von Luft ($\rho = 1{,}5$ kg/m^3) durchströmt wird?

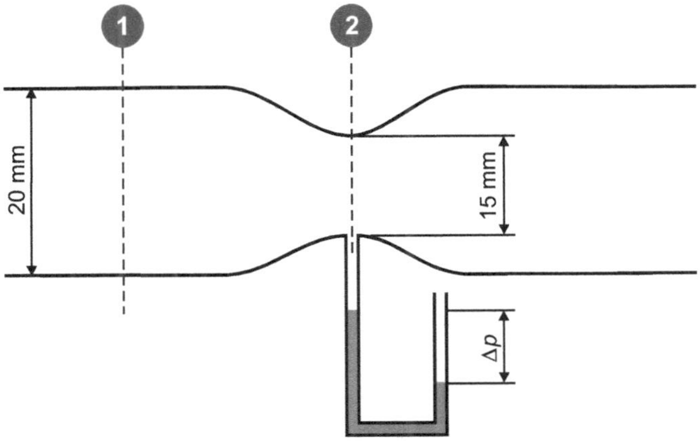

Nach der Kontinuitätsgleichung (Formel 4.7) gilt:

$$w_2 = w_1 \cdot \frac{A_1}{A_2} = w_1 \cdot \left(\frac{d_1}{d_2}\right)^2 = 5\ \mathrm{m/s} \cdot \left(\frac{20}{15}\right)^2 = 8{,}9\ \mathrm{m/s}$$

Da von einem horizontal verlaufenden Strömungsrohr ausgegangen wird, gilt entsprechend der *Bernoulli*-Gleichung die Höhe $H_1 = H_2$ und damit:

$$p_2 = p_1 + \frac{\rho}{2} \cdot (w_1^2 - w_2^2)$$

(1) Für Wasser

$$p_2 = p_1 + \frac{\rho}{2} \cdot \left(w_1^2 - w_2^2\right) = 103500\ \mathrm{Pa} + \frac{950}{2} \cdot \left(5^2 - 8{,}9^2\right)\ \mathrm{Pa} = 77750\ \mathrm{Pa}$$

(2) Für Luft

$$p_2 = p_1 + \frac{\rho}{2} \cdot \left(w_1^2 - w_2^2\right) = 103500\ \mathrm{Pa} + \frac{1{,}5}{2} \cdot \left(5^2 - 8{,}9^2\right)\ \mathrm{Pa} = 103459\ \mathrm{Pa}$$

Strömen „reale“ Flüssigkeiten durch Rohrleitungen, Armaturen usw., wird als Konsequenz der Wandreibung und der inneren Reibung des Fluids ein Teil der mechanischen Energie in Wärme umgewandelt. Diese Energieverluste sind in Formel 4.8 und

Formel 4.9 nicht berücksichtigt. Die Summe der einzelnen Terme in der *Bernoulli*-Gleichung kann nur dann eine konstante Größe darstellen, wenn die Energieverluste mit einbezogen werden. Die Gleichungen lauten für eine stationäre Strömung zwischen zwei Querschnitten 1 und 2 eines Leitungssystems:

$$\rho \cdot g \cdot H_1 + p_1 + \frac{\rho \cdot w_1^2}{2} = \rho \cdot g \cdot H_2 + p_2 + \frac{\rho \cdot w_2^2}{2} + \Delta p_V \quad (4.10)$$

$$H_1 + \frac{p_1}{\rho \cdot g} + \frac{w_1^2}{2 \cdot g} = H_2 + \frac{p_2}{\rho \cdot g} + \frac{w_2^2}{2 \cdot g} + H_V \quad (4.11)$$

Δp_V Druckverlust, H_V Druckverlusthöhe

Die Förderhöhe H_A einer Anlage (vgl. Bild 4.3) ergibt sich aus folgender Gleichung:

$$H_A = \frac{p_2 - p_1}{\rho \cdot g} + \frac{w_2^2 - w_1^2}{2 \cdot g} + (H_2 - H_1) + H_V \quad (4.12)$$

Ist ein Beharrungszustand der Förderung eingetreten (Pumpendrehzahl n = konst.), so ist die Förderhöhe der Anlage H_A gleich der Förderhöhe der Pumpe H_P. Der Leistungsbedarf P der Pumpe ergibt sich dann:

$$P = \frac{\dot{m} \cdot g \cdot H}{\eta} = \frac{\dot{V} \cdot \rho \cdot g \cdot H}{\eta} \quad (4.13)$$

$\dot{m}$ Massenstrom, $\dot{V}$ Volumenstrom, H_P Förderhöhe, ρ Dichte, η Wirkungsgrad

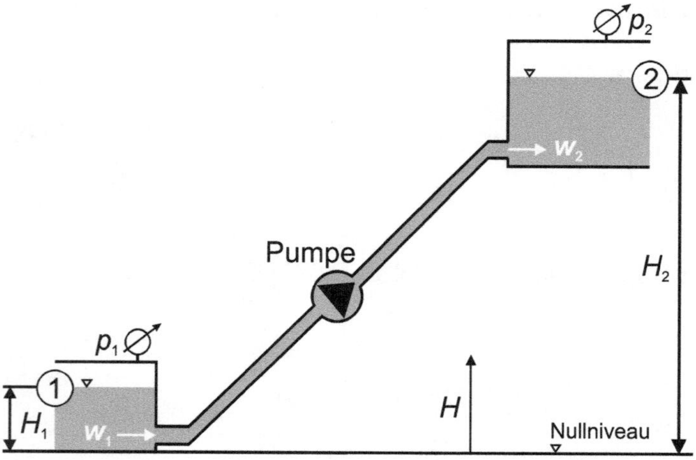

Bild 4.3 Einflussgrößen auf die Förderhöhe einer Anlage

Beispiel 4.3

Eine Pumpe fördert konzentrierte Schwefelsäure mit eine Dichte von $\rho = 1800\,kg/m^3$ aus einem unteren Lagerbehälter (1) mit einem Rohrdurchmesser von $d_1 = 7{,}5\,cm$. Die Strömungsgeschwindigkeit in der Saugleitung beträgt $w_1 = 3{,}5\,m/s$. Die Druckleitung der Pumpe hat einen Rohrdurchmesser von $d_2 = 5{,}0\,cm$. Der Austritt aus dem Druckrohr liegt in einer Höhe von 11,5 m über dem Flüssigkeitsspiegel des Lagerbehälters (1). Die Druckverlusthöhe H_V beträgt 2,3 m.

Es ist (1) die Förderhöhe der Anlage und (2) der Leistungsbedarf der Pumpe ($\eta = 75\,\%$) zu berechnen.

zu 1: Die Bezugsebene ist der Flüssigkeitsspiegel im Lagerbehälter (1); $H_1 = 0$, $H_2 = 11{,}5\,m$. Mit der Kontinuitätsgleichung kann die Strömungsgeschwindigkeit in der Druckleitung berechnet werden:

$$w_2 = w_1 \cdot \left(\frac{d_1}{d_2}\right)^2 = 3{,}5\,\mathrm{m/s} \cdot \left(\frac{7{,}5}{5{,}0}\right)^2 = 7{,}88\,\mathrm{m/s}$$

Stehen beide Behälter unter Atmosphärendruck, so ist $p_1 = p_2$. Dann folgt aus Formel 4.12:

$$\begin{aligned} H_\mathrm{A} &= \frac{w_2^2 - w_1^2}{2 \cdot g} + (H_2 - H_1) + H_\mathrm{V} \\ &= \frac{7{,}88^2 - 3{,}5^2}{2 \cdot 9{,}81}\mathrm{m} + 11{,}5\,\mathrm{m} - 0\,\mathrm{m} + 2{,}3\,\mathrm{m} = 16{,}34\,\mathrm{m} \end{aligned}$$

zu 2: Der Förderstrom der Pumpe berechnet sich zu:

$$\dot{V} = A_2 \cdot w_2 = \frac{d_2^2 \cdot \pi}{4} \cdot w_2 = \frac{\left(5 \cdot 10^{-2}\right)^2 \cdot 3{,}14\,\mathrm{m}^2}{4} \cdot 7{,}88\,\mathrm{m/s} = 0{,}0155\,\mathrm{m}^3/\mathrm{s}$$

Der Leistungsbedarf der Pumpe beträgt somit:

$$P = \frac{\dot{V} \cdot \rho \cdot g \cdot H}{\eta} = \frac{0{,}0155 \cdot 1800 \cdot 9{,}81 \cdot 11{,}50}{0{,}75} \cdot \frac{\mathrm{m}^2 \cdot \mathrm{kg}}{\mathrm{s}^3} = 4197\,\mathrm{J/s} = 4{,}2\,\mathrm{kW}$$

4.3.2 Gleichung von *Torricelli*

Das Gesetz von *Bernoulli* lässt sich auf das drucklose Ausströmen einer Flüssigkeit durch eine Öffnung in einer Wand oder im Boden eines Behälters übertragen. Drucklos bedeutet in diesem Zusammenhang, dass der Innendruck des Behälters gleich dem Atmosphärendruck ist (vgl. Bild 4.4).

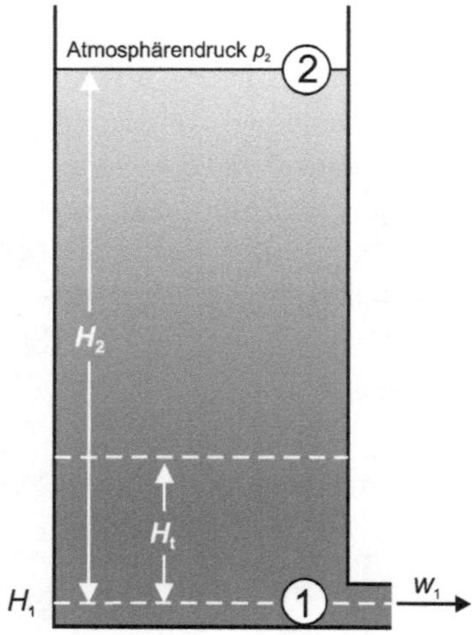

Bild 4.4
Oben offener (druckloser) Behälter

Für die beiden Flüssigkeitsniveaus H_2 und H_1 gilt: $p_1 = p_2 = p$ sowie $w_2 = 0$ m/s. Es folgt daher:

$$\frac{w_1^2}{2 \cdot g} + H_1 = H_2 \tag{4.14}$$

Daraus folgt die Auslaufgeschwindigkeit mit der Höhe $H = H_2 - H_1$:

$$w_1 = \sqrt{2 \cdot g \cdot H} \tag{4.15}$$

Diese Gleichung gilt für Flüssigkeiten ohne Reibung. In der Praxis beträgt die Auslaufgeschwindigkeit jedoch nur 60 bis 90 % des nach Formel 4.15 errechneten Wertes. Beim Einströmen in die Ausflussöffnung entstehen Wirbel; bedingt durch Form und Lage der Ausflussöffnung sowie durch die Art der Flüssigkeit (rheologische Eigenschaften) wird die Strömung behindert und fließt langsamer als erwartet. Durch Integration der Formel 4.15 ergibt sich eine Gleichung für die teilweise oder vollständige Entleerung des Behälters:

$$t = \frac{2 \cdot A_2 \cdot \left(\sqrt{H_2} - \sqrt{H_1}\right)}{A_1 \cdot \sqrt{2 \cdot g}} \tag{4.16}$$

t Dauer für die (teilweise) Entleerung, g Fallbeschleunigung (= 9,81 m/s^2), A Querschnittsfläche, H_2 Höhe des Flüssigkeitsspiegels über dem Ausfluss ($t = 0$), H_t Höhe des Flüssigkeitsspiegels über dem Ausfluss zum Zeitpunkt t

Für Wasser gelten Formel 4.15 und Formel 4.16 auch ohne Korrekturfaktoren relativ genau.

4.4 Strömung mit Reibung

In strömenden Fluiden findet unter den Teilchen ein ständiger Impulsaustausch statt. Die hierdurch auftretenden Kräfte kennzeichnen die Fähigkeit eines Stoffes, gegen Formänderungen Widerstand zu leisten und zur inneren Reibung beizutragen.

4.4.1 Viskosität

Die Definition der **Viskosität** kann auf der Basis der im Folgenden beschriebenen Modellvorstellung verdeutlicht werden (vgl. Bild 4.5). Zwischen zwei parallel angeordneten Platten mit der Fläche *A* und dem Abstand *z* befindet sich ein Fluid, das beide Platten benetzt. Die obere Platte wird mit der Geschwindigkeit *w* über das Fluid gezogen. Denkt man sich das Medium in Schichten aufgeteilt, dann muss zur Überwindung der inneren Reibung die bewegte Platte mit einer bestimmten Kraft F_R gezogen werden. Diese Kraft ist umso größer, je höher die Geschwindigkeit, je größer die Plattenfläche und je dünner die Filmdicke ist. Zwischen der oberen Platte und der festen Unterlage besteht ein lineares Geschwindigkeitsgefälle.

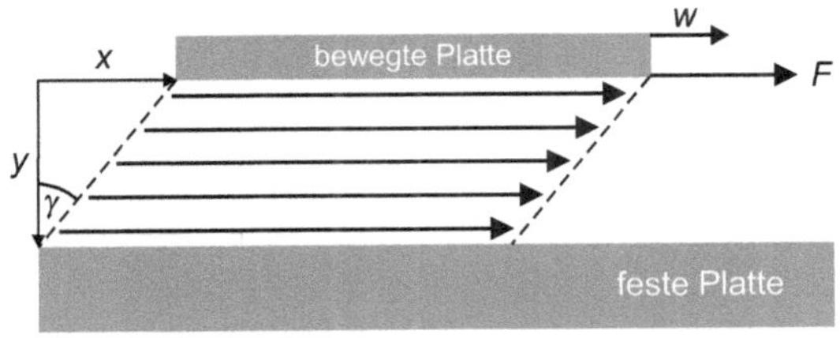

Bild 4.5 Modellvorstellung zur Bestimmung der Viskosität

Die Proportionalitätskonstante zwischen der Kraft und den o. g. physikalischen Größen ist die **dynamische Viskosität *η***. Es gilt:

$$F_R = \eta \cdot A \cdot \frac{\mathrm{d}w}{\mathrm{d}y} \qquad (4.17)$$

F_R Zugkraft auf der oberen Platte (Reibungswiderstand), *A* Auflagefläche der Platte, *w* Verschiebungsgeschwindigkeit der Platte, *y* Dicke des Fluids, d*w*/d*y* Geschwindigkeitsgefälle zwischen Platte und Unterlage

Mit Einführung der **Schubspannung** ($\tau = F/A$) und der **Scherrate** (Schergradient, Schergefälle) $D = \mathrm{d}w/\mathrm{d}y$ kann Formel 4.17 auch formuliert werden als:

$$\tau = \eta \cdot D \qquad (4.18)$$

Die in Bild 4.5 dargestellt Verschiebung der Fluid-Schichten parallel zu den Begrenzungsflächen wird laminare Strömung genannt. **Laminare Strömung** tritt bei geringen Strömungsgeschwindigkeiten auf und in Grenzschichten zwischen Fluid und Begrenzungsfläche.

Ist die Proportionalitätskonstante η in Formel 4.17 und Formel 4.18 unabhängig von der Scherrate bzw. der vorangehenden Beanspruchung des Fluids, so nennt man diese Flüssigkeiten *Newton*sch. Gase zeigen immer *Newton*sches Verhalten. Die Einheit der dynamischen Viskosität ist Pa · s oder kg/(m · s). Beispiele der dynamischen Viskosität ausgewählter Stoffe sind in Tabelle 4.1 gezeigt.

Tabelle 4.1 Dynamische Viskositäten einiger Gase und Flüssigkeiten bei einem Druck von 1 bar

Stoff	Temperatur	dynamische Viskosität in Pa·s
Luft (l)	–194 °C	$5{,}5 \cdot 10^{-6}$
Luft (g)	0 °C	$17{,}2 \cdot 10^{-6}$
Luft (g)	20 °C	$18{,}210^{-6}$
Luft (g)	50 °C	$19{,}710^{-6}$
Luft (g)	100 °C	$21{,}910^{-6}$
Luft (g)	200 °C	$26{,}110^{-6}$
Luft (g)	500 °C	$36{,}6 \cdot 10^{-6}$
Wasser (l)	0 °C	$1790 \cdot 10^{-6}$
Wasser (l)	20 °C	$1002 \cdot 10^{-6}$
Wasser (l)	40 °C	$653 \cdot 10^{-6}$
Wasser (l)	60 °C	$471 \cdot 10^{-6}$
Wasser (l)	80 °C	$358 \cdot 10^{-6}$
Wasser (l)	100 °C	$281 \cdot 10^{-6}$
n-Hexan	20 °C	$314 \cdot 10^{-6}$
Aceton	20 °C	$323 \cdot 10^{-6}$
Toluen	20 °C	$590 \cdot 10^{-6}$
Cyclohexan	20 °C	$1975 \cdot 10^{-6}$
Ethanol	20 °C	$1200 \cdot 10^{-6}$

Stoff	Temperatur	dynamische Viskosität in Pa·s
Schwefelsäure	20 °C	$25\,500 \cdot 10^{-6}$
Glycerin	20 °C	$1\,400\,000 \cdot 10^{-6}$
Honig	20 °C	$10\,000\,000 \cdot 10^{-6}$
Schmieröl	20 °C	bis $100\,000\,000 \cdot 10^{-6}$

Bezieht man die dynamische Viskosität η auf die Dichte ρ, so erhält man die **kinematische Viskosität:**

$$\nu = \frac{\eta}{\rho} \tag{4.19}$$

Dynamische und kinematische Viskosität haben eine ausgeprägte Temperaturabhängigkeit. Bei Flüssigkeiten wie z. B. Wasser nimmt die Viskosität mit zunehmender Temperatur stark ab, weil die thermische Eigenbewegung der Moleküle zunimmt und dadurch Kohäsionskräfte zwischen den Molekülen nachlassen. Gase hingegen verhalten sich entgegengesetzt zu Flüssigkeiten (vgl. Tabelle 4.1, Luft). Mit zunehmender Temperatur erhöht sich die Eigenbewegung der Moleküle, die zur Erhöhung der Zusammenstöße und damit zur Erhöhung der Viskosität führt. Auch die Erhöhung des Druckes führt zur Erhöhung der Reibung zwischen den gasförmigen Molekülen, was zu einer Anhebung der Viskosität führt.

Die Viskosität ist in der Regel eine von der Schubspannung unabhängige Stoffgröße **(*Newton*sches Fließverhalten)**. Dies gilt für eine Reihe von Fluiden, wie beispielsweise Wasser, Methanol, Ethanol sowie viele aromatische Verbindungen. Viele Stoffe folgen diesem Gesetz jedoch nicht. Sie zeigen ein zeit- oder schergeschwindigkeitsabhängiges Verhalten. Man unterscheidet verschiedene Arten der Abweichung:

- **Strukturviskosität/Dilatanz:** Mit steigender Schubspannung zeigen strukturviskose Fluide eine Abnahme und dilatante Fluide eine Zunahme der Viskosität. Strukturviskoses Fließverhalten entsteht durch intermolekulare Wechselwirkungen (ionisch, H-Brücken).
- **Thixotropie/Rheopexie:** Beim zeitabhängigen Fließverhalten verändert sich die Viskosität mit der Zeit, auch wenn die Schubspannung konstant gehalten wird. Ist dieser Vorgang reversibel und wird die Viskosität geringer, so liegt thixotropes Verhalten vor; wird sie größer, so liegt rheopexes Verhalten vor.
- ***Bingham*-Fluid:** Erst ab einer Mindestschubspannung kommt es zum Fließen des Fluids (plastisches Fließen).

Solche Fluide werden **nicht-*Newton*sche Fluide** genannt. Üblicherweise muss das Schergefälle aus dem Scherwinkel γ ($\tan \gamma = w/y$) in der Flüssigkeit berechnet werden (vgl. Bild 4.5) und nicht über den Geschwindigkeitsgradienten.

4.4.2 Widerstandsbeiwert

Nimmt die Strömungsgeschwindigkeit zu, so lösen sich in den laminaren Grenzschichten umströmter Körper Strömungswirbel ab. Man nennt diese Strömungsform im Inneren des Fluids **„turbulent"**. Die Wirbelbildung ist sehr energieintensiv und trägt daher zum Strömungswiderstand bei höherer Geschwindigkeit wesentlich bei. Strömungswiderstände durch Wirbelbildung lassen sich mathematisch schwer erfassen und müssen daher experimentell bestimmt werden. Der **Widerstandbeiwert ζ** (häufig auch als c_W-Wert bezeichnet) wird für einen bestimmten geometrischen Körper bei gegebenen Strömungsbedingungen ermittelt. Es gilt:

$$F_W = \zeta \cdot A_{quer} \cdot \frac{\rho \cdot w^2}{2} \tag{4.20}$$

F_W auf den Körper wirkende Kraft (Wirbelwiderstand), A_{quer} Querschnittsfläche senkrecht zur Strömungsrichtung (Schattenfläche), ρ Dichte des Fluids, w Strömungsgeschwindigkeit vor dem Körper

Der Strömungswiderstand ist entsprechend der *Bernoulli*-Gleichung proportional zur Querschnittsfläche senkrecht zur Strömungsrichtung sowie zum Staudruck (vgl. Abschnitt 4.3.1). Der dimensionslose Widerstandbeiwert ζ ist eine Funktion von Form und Lage des Körpers in der Strömung, Dichte und Viskosität des Fluids sowie der Strömungsgeschwindigkeit. Tabelle 4.2 zeigt verschiedene Beispiele von Widerstandbeiwerten in Abhängigkeit von der *Reynolds*-Zahl.

Tabelle 4.2 Widerstandsbeiwerte einiger geometrischer Körper unter zwei verschiedenen Strömungsbedingungen (*Re*-Zahl)

Verschiedene Körper	Widerstandsbeiwert ζ	
	Re = 70 000	*Re* = 500 000
ebene Platte senkrecht zur Strömungsrichtung	1,17	1,32
Halbkugel mit Öffnung gegen die Strömungsrichtung	1,17	0,34
Halbkugel mit Rundung gegen die Strömungsrichtung	0,42	1,12
Kugel in der Strömung	0,47	0,24
tropfenförmiger Körper in der Strömung	0,04	0,04

Die Größe des Widerstandbeiwertes wird im Wesentlichen durch die Rückseite eines Körpers bestimmt. Je mehr Wirbel sich von der Rückseite ablösen, desto kleiner ist der Widerstandsbeiwert. Reibungswiderstand F_R und Wirbelwiderstand F_W addieren sich zum Gesamtwiderstand F_{ges}.

$$F_{ges} = F_R + F_W \tag{4.21}$$

Der Reibungswiderstand ist proportional zur linearen Strömungsgeschwindigkeit, während der Wirbelwiderstand proportional zur quadratischen Strömungsgeschwindigkeit ist. Bei geringen Strömungsgeschwindigkeiten ist daher F_R und bei hohen Strömungsgeschwindigkeiten F_W maßgebend.

4.5 Rohrströmung mit Reibung

Zur quantitativen Beschreibung der hydrodynamischen Verhältnisse ist es erforderlich, den entstehenden Druckverlust beim Durchströmen von Rohrsystemen, Armaturen, Einbauten und Schüttungen zu berechnen. Der Druckverlust Δp in Rohrsystemen und Schüttungen ist abhängig von den geometrischen Verhältnissen und vom Staudruck des Fluids. Es gilt:

$$\Delta p = \frac{\lambda \cdot l}{d} \cdot \frac{\rho \cdot w^2}{2} \tag{4.22}$$

λ Rohrreibungszahl, ρ Dichte, l/d geometrische Verhältnisse (Länge und Innendurchmesser des Rohres), w Strömungsgeschwindigkeit

4.5.1 Laminare Strömung

Zur Herleitung des *Hagen-Poiseuille*schen Gesetzes wird die Energie für eine geradlinige, reibungsbehaftete Strömung durch ein zylindrisches Rohr bilanziert. In der Rohrmitte ist die Strömungsgeschwindigkeit maximal; an der Rohrwand (Adhäsionskräfte) gleich null. Über den gesamten Rohrdurchmesser ergibt sich ein parabolisches Geschwindigkeitsprofil (vgl. Bild 4.6). Zunächst interessiert die Ermittlung der mittleren und der maximalen Strömungsgeschwindigkeit in Abhängigkeit von der Viskosität sowie die Berechnung des Druckverlustes.

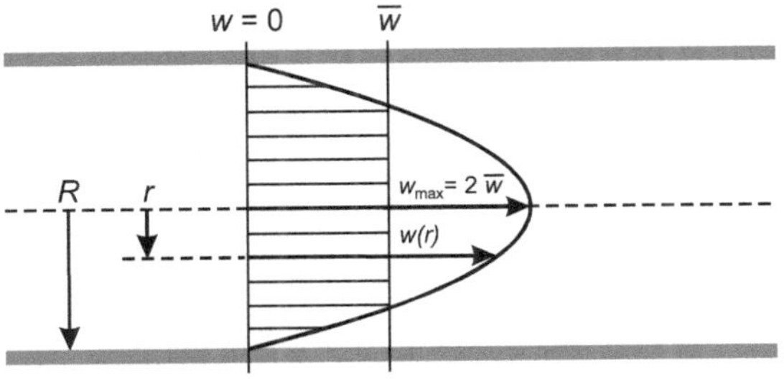

Bild 4.6 Parabolische Geschwindigkeitsverteilung bei laminarer Strömung

Es gilt nach dem Gesetz von *Hagen-Poiseuille*:

$$w_{\text{max}} = \frac{\Delta p}{4 \cdot \eta \cdot l} \cdot R^2 \quad (4.23)$$

und für die lokale bzw. mittlere Strömungsgeschwindigkeit:

$$w = \frac{\Delta p}{4 \cdot \eta \cdot l} \cdot \left(R^2 - r^2\right) \quad (4.24)$$

$$\overline{w} = \frac{\Delta p}{8 \cdot \eta \cdot l} \cdot R^2 \quad (4.25)$$

w_{max} maximale Geschwindigkeit, w lokale Geschwindigkeit, $\overline{W}$ mittlere Geschwindigkeit, Δp Druckabfall im Rohr, l Länge des Rohres, η dynamische Viskosität, R Innenradius des Rohres, r lokaler Radius im Rohr

Nach Umstellung der Formel 4.25 und Einführung der *Re*-Zahl (Formel 4.2) ergibt sich:

$$\Delta p = \frac{32 \cdot l}{Re \cdot d} \cdot \rho \cdot \overline{w}^2 \quad (4.26)$$

Aus Formel 4.22 und Formel 4.25 ergibt sich die **Rohrreibungszahl**:

$$\lambda = \frac{64}{Re} \quad (4.27)$$

λ Rohrreibungszahl, *Re Reynolds*-Zahl

Für den Volumenstrom einer laminaren Strömung gilt das ***Hagen-Poiseuille*sches Gesetz**:

$$\dot{V} = \frac{\pi \cdot \Delta p \cdot R^4}{8 \cdot l \cdot \eta} \quad (4.28)$$

Die mittlere Strömungsgeschwindigkeit erhält man durch Gleichsetzen des Volumenstroms (Formel 4.27) mit dem Volumenstrom einer angenommenen Pfropfströmung.

$$\dot{V} = \frac{\pi \cdot \Delta p \cdot R^4}{8 \cdot l \cdot \eta} = A \cdot \overline{w} = \pi \cdot R^2 \cdot \overline{w} \quad (4.29)$$

$\dot{V}$ Volumenstrom im laminar durchströmten Rohr, A Fläche des freien Rohrquerschnitts, $\overline{w}$ mittlere Strömungsgeschwindigkeit

Der Vergleich von Formel 4.23 und Formel 4.25 zeigt, dass die maximale Strömungsgeschwindigkeit auf der Rohrachse doppelt so groß ist wie die mittlere Strömungsgeschwindigkeit.

4.5.2 Turbulente Strömung

Turbulente Rohrströmungen sind mathematisch nicht so einfach zu erfassen wie laminare Strömungen. Empirisch lässt sich eine zeitlich gemittelte Geschwindigkeitsverteilung über dem Rohrquerschnitt darstellen (vgl. Bild 4.7). Es ist zu erkennen, dass die Strömungsgeschwindigkeit erst in unmittelbarer Nähe der Rohrwand abnimmt.

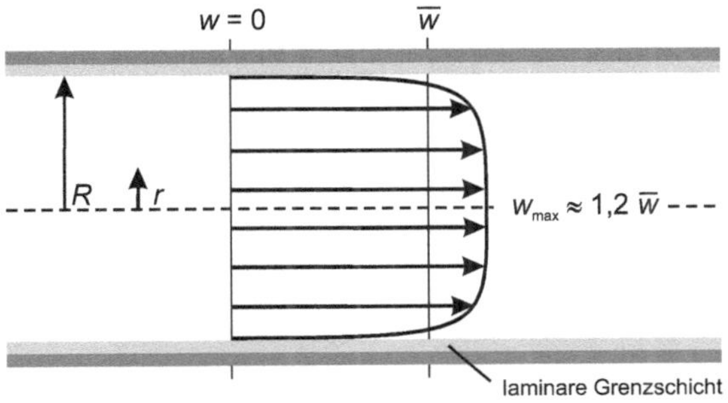

Bild 4.7 Geschwindigkeitsverteilung bei turbulenter Strömung

$$w = w_{\max} \cdot \left(1 - \frac{r}{R}\right)^{1/7} = 1,22 \cdot \overline{w} \cdot \left(1 - \frac{r}{R}\right)^{1/7} \tag{4.30}$$

Die turbulente Strömung ist über einen großen Bereich des Querschnitts vergleichbar mit einer Pfropfenströmung. Die Dicke δ der laminaren Grenzschicht beträgt nach *Prandtl*:

$$\delta = 68,4 \cdot R \cdot (0,5 \cdot Re)^{-0,875} \tag{4.31}$$

R Innenradius des Rohres, Re *Reynolds*-Zahl

4.5.3 Druckverlust in Rohrleitungen

Der Druckverlust Δp in laminar und turbulent durchströmten kreisförmigen Rohren ist proportional zur Rohrlänge und zum Staudruck der mittleren Strömungsgeschwindigkeit und umgekehrt proportional zum Rohrdurchmesser (vgl. Formel 4.22).

Die Proportionalitätskonstante ist die bereits eingeführte dimensionslose Rohrreibungszahl (Formel 4.27). Im Allgemeinen ist die Reibungszahl eine Funktion der *Reynolds*-Zahl Re und der relativen Wandrauigkeit d/k. Die **Wandrauigkeit *k*** entspricht der Höhe von Unregelmäßigkeiten in der Oberflächenstruktur und wird in mm angegeben. Beispiele verschiedener Wandrauigkeiten und eine schematische Darstellung sind in Bild 4.8 gegeben.

Werkstoff	Wandrauigkeit *k* in mm
Grauguss	0,30
Stahlblech (gewalzt)	0,15
Stahlrohre (gezogen)	0,03 . . . 0,002
Betonrohr (glatt)	0,10 . . . 0,50
Betonrohr (rau)	2,00 . . . 3,00
Stahlbeton	0,10 . . . 0,15
Keramik	1,00 . . . 0,70
Ton	0,07
Glas	0,005 . . . 0,001
Kunststoffrohr (neu)	0,002 . . . 0,007
Kunststoffrohr (gebraucht)	0,010 . . . 0,030
Kunststoffschlauch	0,8 . . . 0,6

Bild 4.8 Schematische Darstellung der Wandrauigkeit eines Rohres (linkes Bild) sowie einige Beispiele von Werkstoffen

Formel 4.31 gilt für eine voll ausgebildete Rohrströmung. Mögliche Eintrittseffekte in das Strömungsrohr können vernachlässigt werden, da sie spätestens nach einer Rohrlänge, die etwa dem Zehnfachen des Rohrdurchmessers entspricht, verschwinden. Für die Rohrreibungszahl λ gelten verschiedene Gleichungen, die (bis auf Formel 4.22) empirisch hergeleitet wurden. Die laminare Rohrreibungszahl wurde aus der *Hagen-Poiseuille*-Gleichung abgeleitet.

- **Laminare Strömung**

  ($Re < 2300$) nach *Hagen-Poiseuille*

$$\lambda_{\text{lam}} = \frac{64}{Re} \tag{4.32}$$

- **Übergangsbereich, glatte Rohre**

  ($5000 < Re < 80\,000$) nach *Blasius*

$$\lambda_{\text{Übergang}} = 0{,}316 \cdot Re^{-0{,}25} \tag{4.33}$$

- **Turbulente Strömung, glatte Rohre**

  ($80\,000 < Re < 2\,000\,000$) nach *Hermann*

$$\lambda_{\text{turb, 1,glatt}} = 0{,}0054 + \frac{0{,}4}{Re^{0{,}3}} \tag{4.34}$$

- **Turbulente Strömung, glatte Rohre**

  ($100\,000 < Re < 100\,000\,000$) nach *Nikuradse*

$$\lambda_{\text{turb,2,glatt}} = 0{,}0032 + \frac{0{,}22}{Re^{0{,}24}} \tag{4.35}$$

- **Turbulente Strömung, raue Rohre**
  (5000 < *Re* < 50 000 000) nach *Colebrook*

$$\lambda_{\text{turb,1,rau}} = \left[-2 \cdot \lg\left(\frac{2,51}{Re \cdot \sqrt{\lambda_{\text{turb,1,rau}}}} + \frac{k}{3,71 \cdot d}\right)\right]^{-2} \quad (4.36)$$

- **Turbulente Strömung, raue Rohre**
  (*Re* > 1300 *d*/*k*) nach *Prandtl*

$$\lambda_{\text{turb,2,rau}} = \left[1,14 + 2 \cdot \lg \frac{d}{k}\right]^{-2} \quad (4.37)$$

Der Rohrreibungszahl λ wird bei hohen *Reynolds*-Zahlen nur noch durch die Wandrauigkeit bestimmt (vgl. Formel 4.37). Solche Gleichungen sind nicht immer ganz einfach zu lösen. Man kann sich jedoch auch mit einer grafischen Abschätzung der Rohrreibungszahl behelfen. Bild 4.9 zeigt die Rohrreibungszahl als Funktion der *Re*-Zahl und der relativen Wandrauigkeit *d*/*k*.

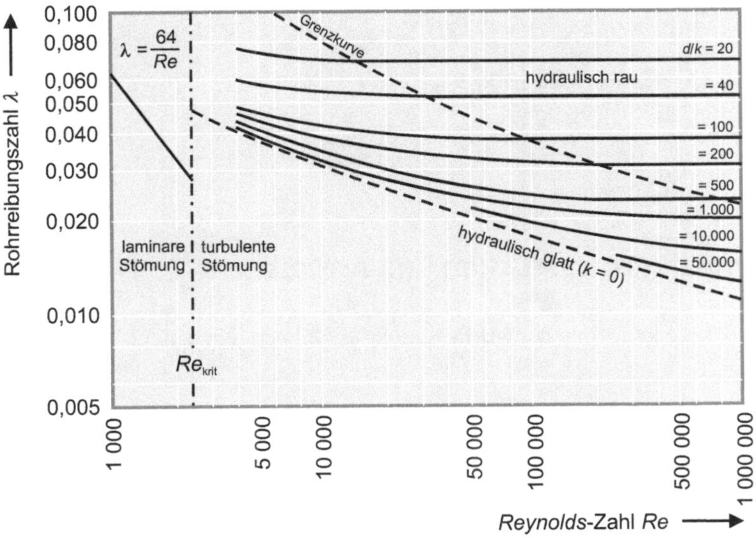

Bild 4.9 Rohrreibungszahl λ in Abhängigkeit von der *Reynolds*-Zahl für verschiedene Rauigkeiten

In Bild 4.9 ist die rein laminare Strömung von dem turbulenten Bereich durch eine Senkrechte getrennt. Diese Linie kennzeichnet die kritische *Reynolds*-Zahl bei $Re = 2300$. Zwischen Re_{krit} und der Grenzkurve $Re = 1300\,d/k$ liegt der Übergangsbereich zwischen laminarer und turbulenter Strömung. Im Gebiet sehr großer *Re*-Zahlen hängt λ nur noch von der relativen Wandrauigkeit ab.

Beispiel 4.4

Durch eine glatte Rohrleitung mit einem Durchmesser von 110 mm und einer Länge von 50 m wird Ethylalkohol bei 20 °C ($\rho = 780$ kg/m³) mit einer Geschwindigkeit von $w = 0{,}85$ m/s gefördert. Der Druckverlust soll berechnet werden:

Die kinematische Viskosität errechnet sich aus der dynamischen Viskosität $\eta = 1{,}2 \cdot 10^{-3}$ Pa·s und der angegebenen Dichte:

$$\nu = \frac{\eta}{\rho} = \frac{1,2 \cdot 10^{-3}}{780} = 1,54 \cdot 10^{-6}\ \mathrm{m^2/s}$$

Die *Reynolds*-Zahl ergibt sich zu:

$$Re = \frac{w \cdot d}{\nu} = \frac{0,85 \cdot 0,110}{1,54 \cdot 10^{-6}} = 60714$$

Im Übergangsbereich ($2300 < Re < 80\,000$) gilt nach *Blasius* (vgl. Formel 4.33) für glatte Rohre:

$$\lambda = \frac{0,316}{60714^{0,25}} = 0,0201$$

Der Druckverlust Δp ergibt sich dann mit:

$$\Delta p = \frac{\lambda \cdot l}{d} \cdot \frac{\rho \cdot w^2}{2} = \frac{0,0201 \cdot 50}{0,110} \cdot \frac{780 \cdot 0,85^2}{2} \cdot \frac{\mathrm{N}}{\mathrm{m^2}} = 2562\ \mathrm{N/m^2}$$

4.5.4 Druckverlust in Formstücken und Armaturen

Der Druckverlust in Rohrkrümmern, Ventilen oder Schiebern wird nach folgender Gleichung berechnet:

$$\Delta p = \sum \zeta \cdot \frac{\rho \cdot w^2}{2} \tag{4.38}$$

$\Sigma\zeta$ Summe der Widerstandsbeiwerte ζ einzelner Formstücke, Ventile oder Armaturen, ρ Dichte des Fluids, w Strömungsgeschwindigkeit

Tabelle 4.3 Richtwerte für Widerstandsbeiwerte ζ von Rohrleitungseinbauten

Rohrkrümmer 90°				**Ventile**				**Schieber**			
	= 1		= 0,21		= 13 mm		= 11	*d*	= 15…100 mm	ζ	= 0,5
	= 2		= 0,14		= 19 mm		= 7				
R/d	= 4	ζ	= 0,11	*d*	= 25 mm	ζ	= 6	*d*	= 175…200 mm	ζ	= 0,25
	= 6		= 0,09		= 32 mm		= 6				
	= 10		= 0,11		> 50 mm		= 5	*d*	> 300	ζ	= 0,15

R Radius, *d* Durchmesser

Bei kontinuierlicher Querschnittserweiterung (Erweiterungswinkel 8…10°) ergibt sich mit der Strömungsgeschwindigkeit w_1 im engeren und w_2 im weiteren Querschnitt sowie einem Widerstandbeiwert von $\zeta \approx 0{,}1\ldots0{,}25$:

$$\Delta p = \zeta \cdot \frac{\rho \cdot \left(w_1^2 - w_2^2\right)}{2} \tag{4.39}$$

Der Druckabfall über Ventile variiert in Abhängigkeit vom freien Strömungsquerschnitt und muss gesondert betrachtet werden. Der k_V-Wert charakterisiert dieses Verhalten eines Ventils. Er entspricht dem Volumenstrom einer Flüssigkeit in m^3/h mit der Dichte in kg/l bei einem Druckabfall über das Ventil von 0,98 bar.

$$k_V = \dot{V} \cdot \frac{\mathrm{h}}{\mathrm{m}^3} \sqrt{\frac{\rho}{\Delta p} \cdot \frac{\mathrm{l} \cdot \mathrm{atm}}{\mathrm{kg}}} \tag{4.40}$$

Formel 4.40 nach Δp umgeformt ergibt den Druckabfall bei gegebenem Volumenstrom:

$$\Delta p = \frac{\dot{V}^2 \cdot \rho}{k_V^2} \cdot \left(\frac{\mathrm{h}}{\mathrm{m}^3}\right)^2 \cdot \left(\frac{\mathrm{l} \cdot \mathrm{atm}}{\mathrm{kg}}\right) \tag{4.41}$$

Der k_V-Wert wird bei maximaler Öffnung des Ventils $k_{V,S}$-Wert genannt. Bei einem Ventil mit linearem Verhalten nimmt der k_V-Wert linear zur Ventilöffnung zu. Formal entspricht der k_V-Wert dem mathematischen Produkt aus relativem Ventilhub y und dem $k_{V,S}$-Wert. Erlaubt das Ventil bei einem relativen Ventilhub von 0 % noch einen Durchfluss, so muss der $k_{V,0}$-Wert mit berücksichtigt werden.

$$k_V = k_{V,0} + y \cdot \left(k_{V,S} - k_{V,0}\right) \tag{4.42}$$

mit $0 \leq y \leq 100\%$

$k_{V,S}$ k_V-Wert bei maximal geöffnetem Ventil, $k_{V,0}$ k_V-Wert bei geschlossenem Ventil, y relativer Ventilhub

5 Produktionstechnische Grundbegriffe

Kapitalströme, Stoffströme und Energieströme bestimmen den Rhythmus eines technologisch hoch entwickelten Produktionsprozesses. Die Optimierung solcher Produktionsverfahren wird von vier wesentlichen Aspekten bestimmt:

- sparsamer Rohstoffverbrauch
- hohe Produktausbeute und Energienutzung
- sicherer Verfahrensablauf
- umweltverträgliche Reaktionsführung

Die im Rahmen dieser Vorgaben hergestellten Produkte müssen eine ausreichende Qualität besitzen, um auf dem Weltmarkt konkurrenzfähig zu sein. Um die produzierten Produkte zügig und anwendungsgerecht zum Verbraucher (Verarbeiter oder Endabnehmer) zu bringen, müssen teilweise erhebliche Sicherheitsmaßnahmen auch während des Transports berücksichtigt werden.

Daneben ist auch ein angemessener Vorrat an Rohstoffen, Zwischenprodukten und Fertigprodukten notwendig, um auf mögliche Schwankungen von Angebot und Nachfrage reagieren zu können. Große Lagerhallen für Massenprodukte wie Düngemittel oder Kunststoffe sind ebenso erforderlich wie eine geeignete Lagerung von kleinen Mengen an hochempfindlichen Medikamenten.

5.1 Verfahrensentwicklung

Um ein neues Produkt oder einen alternativen Weg zur Herstellung eines bereits produzierten Produktes großtechnisch zu realisieren, muss zunächst ein entsprechendes Verfahren entwickelt werden. Wird im Labor eine neuartige Substanz mit bestimmten Anwendungsmöglichkeiten oder ein neuer Syntheseweg für ein bereits eingeführtes Produkt entwickelt, dann steht damit noch kein Herstellungsverfahren zur Verfügung, mit dem eine Produktionsanlage im industriellen Maßstab errichtet werden kann. Um die Entscheidung für eine Verfahrensentwicklung vorzubereiten, müssen die wirtschaftlichen Erfolgsaussichten geklärt werden.

Dazu entwickelt man im Rahmen einer **Projektstudie** ein vorläufiges Verfahrenskonzept, das die Informationen der eigenen Forschungsarbeiten, aber auch externe Arbeiten (Literaturrecherche) beinhaltet. In diesem Zusammenhang ergeben sich immer wieder Fragen und Unsicherheiten, die im Verlauf der Verfahrensentwicklung zu lösen sind. Zu der Projektstudie gehört auch eine Wirtschaftlichkeitsberechnung mit einer vorläufigen Kostenschätzung. Handelt es sich um ein alternatives Verfahren eines bestehenden Produktes, werden die Kosten pro Einheitsmenge Produkt (bestehendes/neues Verfahren) gegenübergestellt. Soll ein neues Produkt entwickelt werden, sind dessen Marktaussichten (Anwendungsmöglichkeiten, Verkaufsmengen und Verkaufspreise) zu ermitteln und daraus der zu erwartende Verkaufserlös abzuschätzen.

Ein wichtiges Merkmal der Verfahrensentwicklung sind experimentelle Arbeiten. Es sind **Einzelproblemstellungen im Labor und Technikum** zu lösen, aber auch Bau und Betrieb einer Versuchsanlage. Die Laboruntersuchungen umfassen neben reaktionskinetischen Untersuchungen, den Messungen von physikalisch-chemischen und toxikologischen Daten auch die Entwicklung von Analysemethoden. Es sind auch Werkstoffe für Apparate und Rohrleitungen festzulegen und Versuche zur Abwasser- und Abluftbehandlung durchzuführen.

Die Arbeiten im Technikum dienen in erster Linie der Apparateauswahl für bestimmte Grundoperationen bei der Aufarbeitung des Reaktionsgemisches. Thermische Grundoperationen (z. B. Rektifikation, Absorption oder Extraktion) lassen sich meist problemlos in den technischen Maßstab übertragen. Dagegen müssen mechanische Grundoperationen, an denen Feststoffe beteiligt sind (z. B. Filtrieren, Zentrifugieren oder Agglomerieren) im halbtechnischen Maßstab erprobt werden.

An einer **Versuchsanlage** werden verschiedene Probleme unter Prozessbedingungen untersucht: Langzeitverhalten eines Katalysators (z. B. Inaktivierung, Abrieb), Bildung von Nebenprodukten und deren mögliche Anreicherung bei der Rektifikation oder Extraktion, aber auch Reinigung von Abluft- und Abwasserströmen. Ein weiterer Zweck einer Versuchsanlage kann die Herstellung größerer Mengen des neuen Produktes sein für anwendungstechnische Untersuchungen oder um Kunden mit Mustermengen zu beliefern. Liegen erste Ergebnisse von Einzeluntersuchungen vor, kann eine detaillierte verfahrenstechnische Berechnung und Optimierung von einzelnen Verfahrensschritten vorgenommen werden.

Zum Abschluss einer Verfahrensentwicklung werden die erhaltenen Informationen zu dem Verfahren in einem **Verfahrenshandbuch** zusammengefasst. Diese Unterlagen dienen einerseits der Entscheidungsfindung zur Realisierung des Projekts und andererseits als Grundlage für Planung und Bau der Anlage. Die wichtigsten Inhalte der Verfahrensunterlagen sind in den folgenden Übersichten zusammengestellt:

- Verfahrensbeschreibung
- Stoff- und Energiebilanzen
- Grundfließschema und Verfahrensfließschema
- Zusammenstellung der verwendeten Apparate, Maschinen und Armaturen mit Spezifikation
- Mess- und Regelschema, Analysevorschriften
- Verfahrensinformationen

5.2 Verfahrensinformationen

Bereits bei der Aufstellung eines vorläufigen Verfahrenskonzepts werden verschiedene Daten und Angaben über die chemische Reaktion und die am Prozess beteiligten Stoffe (Edukte, Produkte, Nebenprodukte, Hilfsstoffe) benötigt. Diese spezifischen Informationen liegen während der Konzeption nur unvollständig vor. Aus häufig zunächst abgeschätzten Stoffwerten müssen im Laufe der Verfahrensentwicklung zuverlässige Daten entstehen, um die Produktionsanlage auslegen und betreiben zu können. Zur rechtlichen Genehmigung und zum Betrieb einer Anlage sind zusätzliche Angaben zur Sicherheitstechnik, Toxikologie und potenziellen Umweltbelastung erforderlich. Folgende Zusammenstellung gibt einen Überblick zu den verfahrensspezifischen Informationen, die am Ende der Verfahrensentwicklung vorliegen sollten.

Gesamtverfahren

- **Edukte**

  Rohstoffe (Zusammensetzung, Begleitstoffe), Grundstoffe und Zwischenprodukte (Reinheitsgrad)
- **Produkte**

  Ausbeute, Reinheit, spezifische Anforderungen
- **Nebenprodukte**

  relative Mengen, Reinheit
- **Hilfsstoffe**

  (Katalysator, Lösungsmittel)
- **sicherheitstechnische Anforderungen**

- **Korrosionsverhalten der Werkstoffe**
  (Reaktoren, Apparate, Rohrleitungen)
- **Daten zur Toxikologie**
- **potenzielle Umweltbelastungen**
  (Abgase, Abwasser, Abfälle)

Chemische Reaktion

- **optimale Reaktionsbedingungen**
  (Temperatur, Druck, Konzentration, Lösungsmittel, Selektivität, Reaktionszeit, Umsatz)
- **Katalysator**
  (Art und Zusammensetzung, Eigenschaften)
- **Daten zu Haupt- und Nebenreaktionen**
  (Gleichgewichte, Reaktionsenthalpien, Reaktionsgeschwindigkeiten sowie Abhängigkeiten dieser Größen)

Stoffwerte für Reinstoffe und Gemische

- **Siede- und Schmelztemperatur**
- **Dichte und Dampfdruck**
- **Verdampfungs- und Schmelzenthalpie**
  (spezifische Wärmekapazität)
- **sonstige Größen**
  (Viskosität, Wärmeleitfähigkeit, Diffusionskoeffizient, Oberflächenspannung)
- **Daten zu Phasengleichgewichten**
  (Siedegleichgewicht, Löslichkeit von Gasen, Löslichkeit von Feststoffen)

Um den Aufwand für Messungen in Grenzen zu halten, ist zunächst zu prüfen, ob entsprechende Literaturdaten existieren. Es stehen insbesondere allgemeine Stoffwerte und thermodynamische Daten (Kondensationsenthalpien, Reaktionsenthalpien), aber auch toxikologische Eigenschaften von Stoffen in Tabellenwerken und computergestützten Datenbanken zur Verfügung (vgl. Literaturangaben und Zusatzmaterial).

5.3 Fließschemata von Anlagen

In den folgenden Abschnitten wird eine Reihe technischer Verfahren und Grundoperationen besprochen. Zur Beschreibung und Veranschaulichung der Verfahren verwendet man schematische und bildliche Darstellungen. Sie werden als Fließschemata bezeichnet und dienen der Verständigung bei Entwicklung, Planung und Bau der entsprechenden Anlagen.

Die ersten Darstellungen dieser Art, bei denen der Zeichner völlig freie Hand hatte, wie er die einzelnen Apparate und Anlagenteile zeichnete, führte häufig zu Unklarheiten und Missverständnissen. Zur eindeutigen und verbindlichen Darstellung wurden Richtlinien entwickelt, die in der europäischen Norm EN ISO 10628 (früher DIN 28004) zusammengestellt sind. Sie beinhalten neben Definitionen zu den einzelnen Arten der Fließschemata auch Angaben über die grafische Ausführung sowie eine Zusammenstellung von Symbolen für Maschinen, Apparate, Armaturen und Rohrleitungen. Einige Beispiele sind in Bild 5.1 gezeigt. Die ausführliche Zusammenstellung der wichtigsten Symbole nach der Europäischen Norm EN ISO 10628 findet sich online beim Zusatzmaterial.

Die verschiedenen Arten von Fließschemata unterscheiden sich bezüglich ihres Zweckes und Informationsgehaltes. Es sind folgende Darstellungen möglich:

- **Grundfließschema**
- **Verfahrensfließschema**
- **Rohrleitungs- und Instrumentenfließschema**
- **Mess- und Regelschema**
- **spezielle Schemata**

  Mengenstrom- und Wärmestromschema

  Montageschema

  Aufstellungsschema

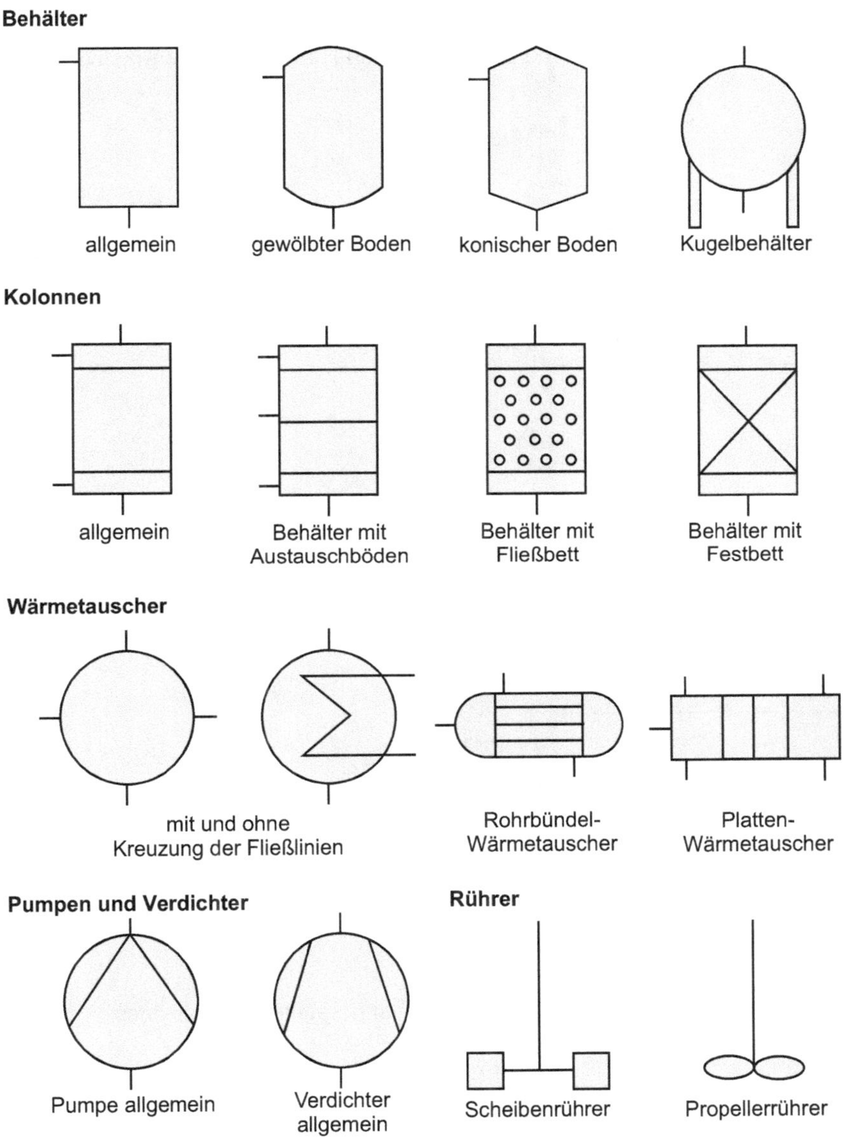

Bild 5.1 Auswahl an einigen grafischen Symbolen nach EN ISO 10628

5.3.1 Grundfließschema

Das Grundfließbild (engl.: block diagram) setzt sich zusammen aus Stoffwegen, Energiewegen und Verfahrensschritten. Die Stoffwege verbinden die einzelnen Verfahrensschritte. Der Weg der Fertigung wird durch Pfeile symbolisiert. Die Verfahrensschritte oder Teilanlagen werden durch Rechtecke mit Benennung des jeweiligen

Teilschrittes sowie Stoff- und Energiefluss durch Linien mit Pfeilen dargestellt. Ausgangsstoffe, Endprodukte und Energien werden durch Hohlpfeile gekennzeichnet.

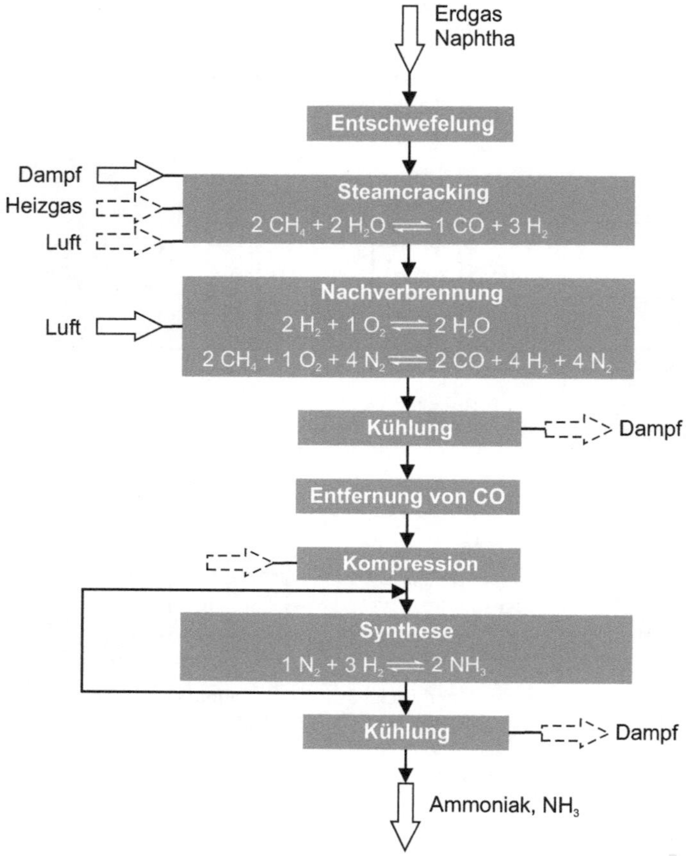

Bild 5.2 Schematisches Grundfließbild der Ammoniakherstellung aus Erdgas (Naphtha) und Wasserdampf bzw. Prozessluft

Grundinformation

- **Bezeichnung der einzelnen Stufen**

  (Benennung der Teilanlagen bei Anlagenkomplexen, Benennung der Grundoperationen bei Einzelbetrieben oder Teilanlagen)

- **Benennung der Ein- und Ausgangsstoffe**

  (Edukte und Produkte)

- **Fließrichtung der Hauptstoffe**

Zusatzinformationen

- **Benennung der Stoffe zwischen den Stufen**
  (alternativ: Stoffströme außer den Hauptstoffen)
- **Stoffströme bzw. Stoffmengen**
- **Bezeichnung und Menge der Energieart**
  (bzw. Energieträger)
- **charakteristische Betriebsbedingungen**
  (z. B. Temperatur, Druck, Konzentration)

5.3.2 Verfahrensfließschema

Das Verfahrensfließschema (engl.: process flow diagram) soll die Arbeitsweise des Verfahrens aufzeigen. Es soll alle für das Verfahren erforderlichen Apparate und Maschinen beinhalten sowie deren Verschaltung enthalten. Für die Darstellung sind die grafischen Bildzeichen nach EN ISO 10628 zu verwenden (vgl. Bild 5.3). Für die Angaben im Verfahrensschema gilt Folgendes:

Grundinformation

- **alle notwendigen Apparate, Maschinen und Hauptfließlinien**
  (Hauptrohrleitungen, Haupttransportwege)
- **Fließweg, Fließrichtung und Menge**
  (Ein- und Ausgangsstoffe und Energien)
- **Festlegung der Energieart bzw. -träger**
- **charakteristische Betriebsbedingungen**

Zusatzinformationen

- **Durchflüsse und Mengen der Stoffe**
  (innerhalb des Verfahrens)
- **Durchflüsse und Mengen der Energien**
  (bzw. Energieträger)
- **Angaben über Mess- und Regeltechnik**
  (vgl. Tabelle 5.1)
- **Angaben über Größen von Apparaten und Maschinen**
- **Höhenlage von Apparaten und Maschinen**

Tabelle 5.1 Einige Symbole für Mess- und Regeleinrichtungen nach EN ISO 3511-1, -2, -4 (DIN 19227)

Erster Buchstabe	
D	Dichte (engl.: density)
F	Durchfluss (engl.: flow)
L	Stand (engl.: level)
P	Druck (engl.: pressure)
Q	Qualitätsgröße (engl.: quality)
T	Temperatur (engl.: temperature)
W	Masse, Gewicht (engl.: weight)
Ergänzungsbuchstabe	
D	Differenz
F	Verhältnis
Q	Integral, Summe
Funktion des Gerätes	
A	Alarmgeber (engl.: alarm)
C	Regler (engl.: control)
I	Anzeige (engl.: indication)
R	Schreiber, Registriereinheit (engl.: recording)

Bild 5.3 zeigt ein Beispiel für den Synthesekreislauf der Ammoniaksynthese. Das Kreislaufgas, aus dem im Separator der größte Teil des im Reaktor gebildeten Ammoniaks durch Kondensation abgeschieden wurde (NH_3), wird in den Wärmetauschern W_4 und W_2 mit dem Reaktorgas erwärmt. Im Reaktor (Konverter) selbst findet mit reagiertem Gas eine weitere Erwärmung statt, bevor das Gas in das Katalysatorbett eintritt. Nach der Reaktionsphase im Konverter wird das heiße Gas im Wärmetauscher W_1 unter Erzeugung von Dampf und anschließend in den Wärmetauschern W_2 bis W_5 abgekühlt. Der Wärmetauscher W_5 ist ein Verdampfungskühler mit flüssigem Ammoniak aus dem Separator.

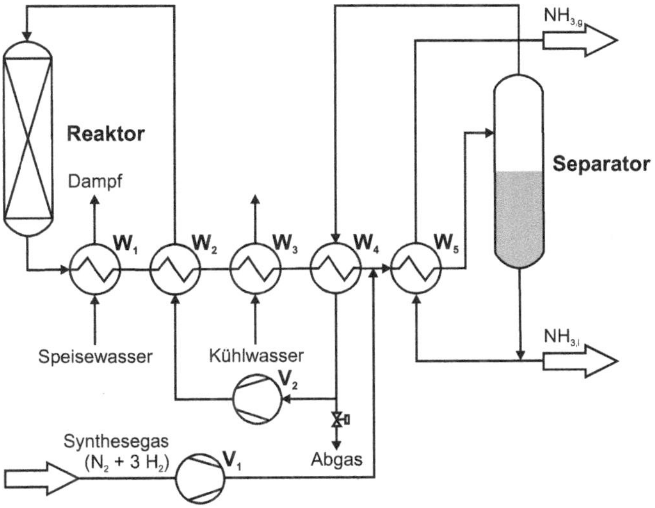

Bild 5.3 Verfahrensfließbild der Ammoniaksynthese, Wärmetauscher W_1 – W_5, Frischgasverdichter V_1, Kreislaufverdichter V_2

5.3.3 Rohrleitungs- und Instrumentenfließschema

Zur technischen Planung einer Produktionsanlage reicht ein Verfahrensfließbild nicht aus. Um die gesamte Ausrüstung einer Anlage mit konstruktiven Einzelheiten darzustellen, benutzt man sogenannte **Rohrleitungs- und Instrumentenfließschemata (RI-Fließschemata)**, die im englischsprachigen Raum piping and instrument diagram (P&ID) genannt werden. Nach EN ISO 628 enthalten RI-Fließschemata folgende Informationen:

Grundinformation

- alle **Apparate und Maschinen** (auch Antriebsmaschinen) inklusive installierter Reserve, alle **Rohrleitungen** bzw. Transportwege und alle **Armaturen**
- **Nennweite, Druckstufe, Werkstoff** und Ausführung der **Rohrleitungen**
- **Angaben zur Wärmedämmung** von Apparaten, Maschinen und Rohrleitungen
- **Aufgabenstellung** der Elektro-, Mess-, Steuerungs- und Regelungstechnik (EMSR)
- **kennzeichnende Größen** von Apparaten, Maschinen und Antriebsmaschinen

Zusatzinformationen

- **Benennung und Angabe von Durchflüssen bzw. Mengen von Energie** (Energieträgern)
- **Geräte** der Mess-, Steuerungs- und Regelungstechnik
- besondere **Werkstoffe von Apparaten und Maschinen**
- **Höhenlage von Apparaten und Maschinen**

In den Ausführungen des RI-Fließschemas ist auch festgelegt, wie die einzelnen Apparate und Maschinen in ihrer Höhenlage zueinander annähernd maßstäblich angeordnet werden. Rohrleitungen, Armaturen, Mess-, Steuerungs- und Regeleinrichtungen sind mit einzuzeichnen. Bild 5.4 zeigt beispielhaft ein RI-Fließbild.

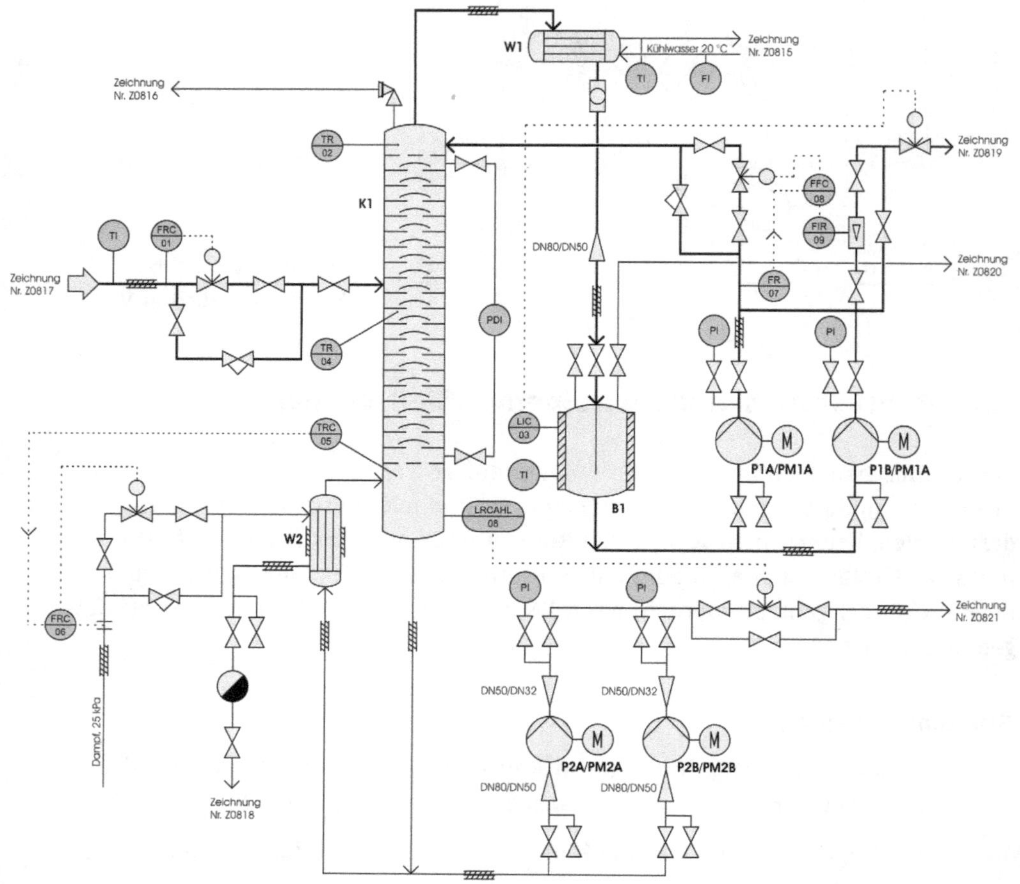

Kurzzeichen	K1	W1	W2	B1	P1A-B	P2A-B
Benennung	Glockenboden-kolonne	Kondensator	Umlauf-verdampfer	Destillat-behälter	Kreisel-pumpe	Pumpe
Technische Daten	d=1000, H=7000 19 Glockenböden	20 m³ d=4000, H=2500	15 m³ d=350, H=2500	0,65 m³ d=900, H=1400	5 m³/h 1500 min⁻¹ 30 m	1 m³/h 1500 min⁻¹ 20 m
zulässiger Betriebsdruck	0,2 / – 0,1 MPa	0,3 / – 0,1 MPa	3,0 / – 0,1 MPa	0,3 MPa	0,3 MPa	0,3 MPa
zulässige Betriebstemperatur	250 °C	200 °C	250 °C	150 °C		

Rohrleitungs- und Instrumentenschema: (Destillation) **Produkt:** Ethylbenzen 12.000 t/Jahr
Betrieb: 9 000 h / Jahr (alle Drücke sind Absolutdrücke) **Zeichnungsnummer:** 0815-2012 – **Name:** Frau Antje

Bild 5.4 Rohrleitungs- und Instrumentenschema einer Destillationsanlage (Ausschnitt) mit Grundinformationen

5.3.4 Mess- und Regelschema

Zur Beschreibung der Art der Mess- und Regeleinrichtungen werden die in Tabelle 5.1 bzw. im Zusatzmaterial zusammengestellten Symbole verwendet. Zur Bezeichnung des entsprechenden Mess- oder Regelgeräts steht die Messgröße immer an erster Stelle, gefolgt von der Funktion des Gerätes. Die Bezeichnung PI steht für eine Druckanzeige und TRC für einen Temperaturschreiber und -regler. In bestimmten Fällen kann auch durch Ergänzungsbuchstaben (z. B. D für Differenz) in PID die Anzeige einer Druckdifferenz dargestellt werden. In dem RI-Fließschema in Bild 5.4 sind die mess- und regeltechnischen Einrichtungen mit eingezeichnet.

5.4 Stoffdaten und Verfahrensablauf

Auf der Basis physikalisch-chemischer und thermodynamischer Daten erfolgt die Entwicklung und auch Optimierung verfahrenstechnischer Prozesse. Stoffdaten sind Eingangsinformationen für viele verfahrenstechnische Auslegungskonzepte wie z. B. Prozess-Simulatoren und beeinflussen somit unmittelbar die Qualität des herzustellenden Produktes. Phasengleichgewichten kommt bei der Auslegung von Trennverfahren wie Destillation, Rektifikation, Extraktion oder Absorption eine besondere Bedeutung zu. Bei diesen Trennverfahren spielt die Zufuhr von Energie oder der Zusatz eines Hilfsstoffes (z. B. Extraktions- oder Absorptionsmittel) nicht nur eine ökonomische Rolle. Der wirtschaftliche Anreiz für die genaue Kenntnis der zur Auslegung der Trennverfahren benötigten Stoffdaten ist in vielen Fällen auch deshalb so groß, weil die Kosten für die Trennverfahren teilweise bis zu 80 % der Investitions- und Betriebskosten betragen können.

Viele thermodynamischen Gesetze sind mehr als 100 Jahre alt. Sie wurden von bedeutenden Wissenschaftlern wie *Clausius*, *Kelvin*, *Joule* und *Helmholtz* entwickelt und dienten nahezu ausschließlich der Entwicklung und Beschreibung von Wärmekraftprozessen. Der amerikanische Physiker Gibbs systematisierte die thermodynamischen Gesetzmäßigkeiten zur Beschreibung von Mehrkomponentensystemen und öffnete damit die Anwendungsmöglichkeiten der Thermodynamik. Heute lassen sich in nahezu allen Bereichen der Technik bis in die kleinste Zelle von lebenden Organismen thermodynamische Zusammenhänge zum Verständnis und zur quantitativen Beschreibung anwenden.

5.4.1 Stoffdaten

Thermodynamische Daten müssen für die im Prozess auftretenden Reinstoffe und Stoffgemische bekannt sein. Bei Mehrstoffgemischen reduziert man das System auf wenige prozessrelevante Stoffe und bezeichnet sie als **Schlüsselkomponenten**. Ein Beispiel für einen einfachen Prozess ist in Bild 5.5 dargestellt. Er besteht aus einer Reihe von typischen Grundoperationen, bei denen jeweils der Bedarf der wichtigsten Stoffdaten angegeben ist.

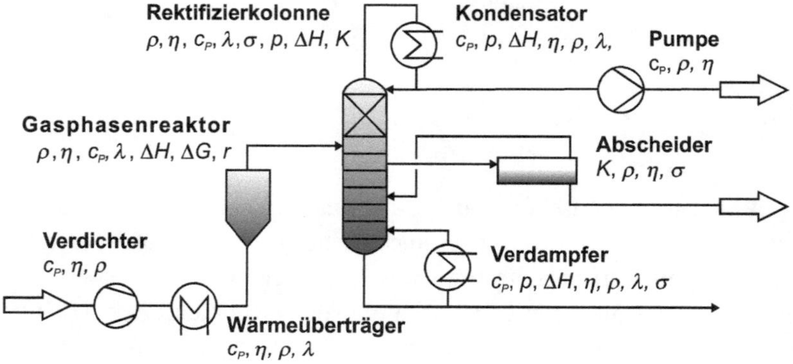

Bild 5.5 Bedarf an Stoffdaten eines beispielhaften Verfahrens mit verschiedenen Grundoperationen

Auf der Basis des in Bild 5.5 gezeigten Verfahrensfließbildes sind folgende Reinstoffgrößen und Eigenschaften von Gemischen zusammengestellt.

Reinstoffgrößen

- Dampfdruck
- Dichte
- Wärmekapazität
- Verdampfungsenthalpie
- Wärmeleitfähigkeit
- Viskosität
- Oberflächenspannung

Eigenschaften von Gemischen

- physikalische Eigenschaften der Phasen
  (Dichte, Wärmekapazität, Viskosität usw.)

- Phasengleichgewichte
  (gas-flüssig, flüssig-flüssig, fest-flüssig, Gaslöslichkeit usw.)

5.4.2 Sicherheitstechnische Daten

Bei der Konzeption und Entwicklung eines neuen Verfahrens muss das Gefahrenpotenzial der Stoffe bzw. Stoffmischungen berücksichtigt werden, mit denen im Verfahren gearbeitet wird. Zur Einteilung gefährlicher Stoffeigenschaften wurden Kenndaten definiert, die geeignet sind, beispielsweise die Brand- und Explosionsgefährlichkeit von Stoffen zu beurteilen. Einzelheiten zu Gefahrenklassen brennbarer Flüssigkeiten, Bedeutung der **R- und S-Sätze** sowie eine Auswahl an Gebots- und Verbotssymbolen sind online beim Zusatzmaterial zu finden. In diesem Abschnitt werden einige Begriffe zur Charakterisierung der Brand- und Explosionsgefährlichkeit näher beschrieben.

Flammpunkt

Die wichtigste sicherheitstechnische Kennzahl ist der Flammpunkt; er dient zur Charakterisierung der Entflammbarkeit brennbarer Flüssigkeiten. Er stellt die niedrigste Temperatur dar, bei der sich aus dem zu beurteilenden Stoff bei einem Druck von $p = 1{,}013$ bar unter festgelegten Bedingungen Dampf in einer Menge entwickelt, dass er mit der über der Flüssigkeit befindlichen Luft ein entflammbares Gemisch bildet und z. B. durch eine Flamme gezündet werden kann. Der Flammpunkt bestimmt die Kategorisierung eines Stoffes nach der **Betriebssicherheitsverordnung (BetrSichV)** als hochentzündlich (Flammpunkt unter 0 °C), leicht entzündlich (Flammpunkt zwischen 0 und 21 °C) und entzündlich (Flammpunkt zwischen 21 und 55 °C).

Zündtemperatur

Brennbare Gas-Luft-Gemische können nicht nur durch Zündquellen (z. B. Funken oder Flammen), sondern auch an heißen Oberflächen zur Entzündung gebracht werden. Die nach einem genormten Verfahren bestimmten Zündtemperaturen sind ein Kriterium für die maximal zulässige Oberflächentemperatur der Reaktionsgefäße, Dampfleitungen und elektrischen Betriebsmittel. Da brennbare Stäube mit Luft ebenso explosionsfähige Gemische bilden können, müssen auch für solche Systeme die Zündtemperaturen ermittelt werden.

Explosionsgrenzen

Für viele brennbare Stoffe können die Daten der Explosionsgrenzen von Gasen oder Dämpfen im Gemisch mit Luft bei einem Druck von 1,013 bar und einer Temperatur von 20 °C aus Tabellenwerken entnommen werden. Für einige dieser Stoffe sind in Tabelle 5.2 sicherheitstechnische Daten zusammengestellt.

Tabelle 5.2 Flammpunkte, Zündtemperaturen und Explosionsgrenzen einiger Gase und Dämpfe

Stoff	Siedepunkt	Flammpunkt	Zünd-temperatur	Explosionsgrenze	
				untere	obere
Wasserstoff		–	560 °C	4 Vol.-%	76 Vol.-%
Ammoniak		–	630 °C	45 Vol.-%	30 Vol.-%
Diethylether	35 °C	-20 °C	175 °C	2 Vol.-%	36 Vol.-%
Aceton	56 °C	< -20 °C	535 °C	3 Vol.-%	50 Vol.-%
Methanol	65 °C	11 °C	440 °C	6 Vol.-%	15 Vol.-%
Ethanol	78 °C	12 °C	400 °C	3 Vol.-%	15 Vol.-%
Essigsäure	118 °C	39 °C	465 °C	4 Vol.-%	17 Vol.-%
Benzen	80 °C	-11 °C	555 °C	1 Vol.-%	8 Vol.-%
Benzin	70...210 °C	< -20 °C	ca. 300 °C	1 Vol.-%	8 Vol.-%
Diesel	150...390 °C	> +55 °C	ca. 220 °C	1 Vol.-%	7 Vol.-%
Rapsöl	ca. 350 °C	230 °C	ca. 300 °C		

Aus diesen Daten ist ersichtlich, dass der Flammpunkt einer brennbaren Flüssigkeit wesentlich niedriger ist als der jeweilige Siedepunkt. Die Zündtemperatur hingegen liegt in allen Fällen über dem Siedepunkt. Gefährlicher als brennbare Flüssigkeiten sind brennbare Gase wie beispielsweise Wasserstoff oder Schwefelwasserstoff. Wasserstoff bildet mit Luft ein explosionsfähiges Gemisch, das sog. Knallgas. Es ist aber nicht bei allen Mischungsverhältnissen tatsächlich explosiv. So tritt bei Wasserstoff-Luft-Gemischen erst ab 4 Vol.-% Wasserstoff eine Explosion auf. Bei 75,6 Vol.-% Wasserstoff ist die obere Explosionsgrenze erreicht.

5.4.3 Toxikologische Daten

Auch bei dem Betrieb einer chemischen Produktionsanlage ist es erforderlich, die Gesundheitsgefährdung zu kennen, die von den eingesetzten und produzierten Stoffen ausgehen. Zur Qualifizierung und Quantifizierung dieser Eigenschaften werden in Tierversuchen Daten über die Giftwirkung chemischer Verbindungen ermittelt. Sie können entweder durch einmalige Gabe der Substanz an die Tiere **(Dosis)** oder durch das Medium, in dem sich die Tiere befinden **(Konzentration),** ermittelt werden. Man bestimmt dabei die Wirkung der Dosis pro Kilogramm Körpergewicht eines Versuchstieres oder die Konzentration in der Atemluft (vgl. Tabelle 5.3).

Tabelle 5.3 Toxikologische Daten einiger gesundheitsgefährdender Stoffe

Stoff	LC_{50}* in ppm	LD_{50}** in mg/m³	Luftgrenzwerte in mg/m³
Stickstoffdioxid	88 (4 h)		9,5
Chlor	295 (1 h)		1,5
Kohlenstoffdioxid	1800 (4 h)		35,0
Schwefelwasserstoff	700 (1 h)		14,1
Methanol	8530 (4 h)	5000...13.000	270,5
Formaldehyd	980 (0,5 h)	800	0,6
Essigsäure		3300...3500	25,3
Phenol		320	19,1
Anilin		250	7,7
Chlorbenzen		2300	47,5

* Ratte als Versuchstier, Inhalation (Dauer der Einwirkung)
** Ratte als Versuchstier, orale Aufnahme

Für die Angabe der letalen (tödlichen) Dosis/Konzentration gibt es verschiedene Messgrößen, die alle ein Maß für die Toxizität darstellen. Es haben sich die Größen durchgesetzt, welche sich auf 50 % der betrachteten Population beziehen. Der **LC_{50}-Wert** beschreibt die Giftwirkung von Stoffen, die über die Atemluft (Gas, Dampf oder Staub) aufgenommen werden und nach einer bestimmten Zeitdauer für die Hälfte der Versuchstiere zum Tode führt. Die Dauer der Einwirkung ist beim LC_{50}-Wert daher mit anzugeben. Der **LD_{50}-Wert** hingegen beschreibt die akute Toxizität, d. h. die toxische Wirkung einer einmaligen (tödlichen) Dosis (letale Dosis). Der LD_{50}-Wert gibt die Menge einer giftigen Substanz in mg/kg Körpergewicht an, deren Gabe die Hälfte (50 %) der Versuchstiere nach 14 Tagen zum Tod führt. Die Ergebnisse, die an Tierexperimenten gewonnen wurden, können nicht ohne Weiteres auf den Menschen übertragen werden. Sie geben jedoch wichtige Hinweise über die Wirkung auf den Menschen.

Um chronische Wirkungen von Giftstoffen auf die Beschäftigten am Arbeitsplatz zu vermeiden, dürfen die Konzentrationen einen bestimmten Wert nicht überschreiten. In der Gefahrenstoffverordnung wird hierzu der **Arbeitsplatzgrenzwert (AGW)** definiert als eine „zeitlich gewichtete durchschnittliche Konzentration eines Stoffes am Arbeitsplatz“. Der Arbeitsplatzgrenzwert ersetzt den früher verwendeten MAK-Wert (maximale Arbeitsplatzkonzentration). Liegen keine AGW-Werte vor, so kann zur Beurteilung einer Gefährdung durch Luftschadstoffe der aus den MAK-Werten abgeleitete Luftkonzentrationsgrenzwert verwendet werden.

5.5 Scale-up-Probleme

Die Verfahrensentwicklung eines neuen Produktes kann in Anlagen verschiedener Größe durchgeführt werden. Kleine Miniplant-Anlagen im Labormaßstab (wenige Kilogramm Produkt pro Tag) bis hin zu größeren Pilotanlagen, in denen einige Tonnen an Produkt pro Tag hergestellt werden können, sind üblich. Bei bereits vorhandenen Anlagen im technischen Maßstab reichen deren Abmessungen und Betriebsdaten in der Regel aus, um das Gesamtverfahren zu modellieren und Neuanlagen in einer anderen Kapazität auszulegen.

Soll ein neues Verfahren oder eine Verfahrensänderung eines bereits bestehenden Prozesses neu dimensioniert werden, so reicht ein rein rechnerischer Ansatz nicht aus, um verlässliche Auslegungsdaten zu liefern. Die notwendigen experimentellen Arbeiten sollten mit folgenden Rahmenbedingungen durchgeführt werden:

- Untersuchungen nur an einem Originalprodukt
- jeder Verfahrensschritt wird einer Versuchsapparatur zugeordnet
- Versuchsapparatur hat die gleiche Funktion wie die geplante Anlage
- Versuchsbedingungen entsprechen den späteren Prozessbedingungen der technischen Anlage

Die ersten Verfahrensstudien werden im Labor zunächst auf die Machbarkeit einzelner Verfahrensschritte erprobt. Die für eine technische Auslegung erforderlichen Daten müssen für ein sicheres Scale-up durch gezielte Experimente mit entsprechenden Versuchsanlagen gewonnen werden. Der Übertragungsfaktor vom Labor zum Technikum hängt wesentlich von der Art der Prozesseinheit ab. Früher wurde beispielsweise für den Durchmesser einer Rektifizierkolonne ein Übertragungsfaktor von 3 bis 10 sowohl für den Schritt vom Labor zum Technikum als auch vom Technikum zur Produktionsanlage erreicht. Heute ist in vielen Fällen der Schritt über die Technikumsanlage nicht mehr erforderlich, sondern der Weg erfolgt direkt von der Laboranlage bzw. Miniplant zur Produktionsanlage. Der Übertragungsfaktor für den Durchmesser der Kolonne liegt dann zwischen 10 und 100.

Der Übertragungsfaktor von einer Miniplant zur Technik ist auch bei den Grundoperationen nicht gleich. Bei den thermischen Verfahren wie Destillation, Rektifikation, Verdampfung, Extraktion und Membrantechnik lassen sich problemlos Übertragungsfaktoren von 100 erreichen. Das Scale-up bei Verfahren wie Filtration, Kristallisation, Trocknung, Mischen und Zerkleinern erfordert viel geringere Übertragungsfaktoren. Der Betrieb einer Miniplant mit verschiedenen Grundoperationen, die sich in ihrem Übertragungsverhalten stark unterscheiden, ist sehr schwierig. Während bei den thermischen Verfahren Durchsätze von 1...10 kg/h ausreichen, benötigen Anlagen mit mechanischen Grundoperationen häufig bis zu 100 kg/h Durchsatz, um eine sichere Aussage zum Scale-up treffen zu können.

Die Miniplant-Technik bietet neben der Möglichkeit eines schnellen Aufbaus hohe Flexibilität bei Umbauten, die bei der Änderung von Versuchsbedingungen häufig auftreten. Zudem ist ein längerer problemloser Betrieb möglich, um beispielsweise die Anreicherungsproblematik von Nebenprodukten zu untersuchen. Bei den einzelnen Verfahrensschritten sollten möglichst keine Neukonstruktionen eingesetzt werden, sondern erprobte Normbauteile verwendet werden. Bei Feststoffverfahren ist es leider nicht immer möglich, auf einen „Baukasten“ zurückzugreifen, um diesen Verfahrensabschnitt zu realisieren. Hier ist man auf Eigenentwicklung angewiesen.

Miniplant-Anlagen haben gegenüber Technikums-Anlagen verschiedene Vorteile. Bei der Entwicklung eines neuen Produktes, aber auch bei der Realisierung eines alternativen Verfahrensprozesses haben Bau und Betrieb einer Miniplant bzw. Pilotanlage einen großen Zeitbedarf. Es können beim Bau der Miniplant bis zu zwei Jahre an Entwicklungszeit bei ca. 10 % der Kosten einer Pilotanlage eingespart werden. Neben diesen beiden Aspekten haben folgende Vorteile die Miniplant-Technik weitgehend durchgesetzt:

- keine zeitaufwendigen Genehmigungen durch Behörden
- Aufwendungen für Umweltschutz und Sicherheit sind aufgrund der kleineren Mengen und geringerer Apparategrößen deutlich reduziert
- es sind geringere Produktmengen beim Betrieb der Anlage erforderlich
- Personalaufwand ist geringer

Bei dem Verfahrens-Scale-up wird das gesamte Verfahren mit allen Rückführungen und Details im Miniplant-Maßstab aufgebaut und betrieben. Hierbei kann das Zusammenspiel einzelner Verfahrensschritte, aber auch die bereits erwähnte mögliche Bildung von Nebenprodukten und ihre Anreicherung durch Rückführung über einen längeren Zeitraum untersucht werden. Die Versuchsanlage ist immer so zu dimensionieren, dass auch der kleinste Mengenstrom noch sicher zu handhaben ist. Mit dieser Vorgabe kann die Größe der Apparate festgelegt werden.

Weiterführende Literatur zu den Kapiteln 1 bis 5

Bender, H. F. (2018): Das Gefahrstoffbuch – Sicherer Umgang mit Gefahrstoffen nach REACH und GHS, Wiley-VCH Verlag

Blahous, J. (2001): Übungen zur physikalischen Chemie, Springer Verlag

Bosch, K. (2010): Elementare Einführung in die angewandte Statistik mit Aufgaben und Lösungen, Vieweg und Teubner Verlag

Cerbe, G., und *Wilhelms*, G. (2017): Technische Thermodynamik – Theoretische Grundlagen und praktische Anwendungen, Carl Hanser Verlag

Deibele, L., und *Dohrn*, R. (2012): Miniplant-Technik in der Prozessindustrie, Wiley-VCH Verlag

DIN EN ISO 10628 (2001): Fließschemata für verfahrenstechnische Anlagen – Allgemeine Regeln, Deutsches Institut für Normung e. V., Beuth Verlag

Elmendorf, W., und *Bohl*, W. (2014): Technische Strömungslehre, Vogel Buchverlag

Engel, T., und *Reid*, P. (2006): Physikalische Chemie, Pearson Studium

Hemming, W., und *Wagner*, W. (2017): Verfahrenstechnik, Vogel Buchverlag

Merker, G. P., und *Baumgarten*, C. (2000): Fluid- und Wärmetransport Strömungslehre, B. G. Teubner Verlag

Papula, L. (2015): Mathematik für Ingenieure und Naturwissenschaftler, Band 3, Vieweg und Teubner Verlag

Sachs, M. (2018): Wahrscheinlichkeitsrechnung und Statistik, Fachbuchverlag Leipzig im Carl Hanser Verlag

Schwister, K. (2010): Taschenbuch der Chemie, Fachbuchverlag Leipzig im Carl Hanser Verlag

Schwister, K. (2017): Taschenbuch der Verfahrenstechnik, Fachbuchverlag Leipzig im Carl Hanser Verlag

Vogel, H. G. (2002): Verfahrensentwicklung – Von der ersten Idee zur chemischen Produktionsanlage, Wiley-VCH Verlag

CRT
Chemische Reaktionstechnik

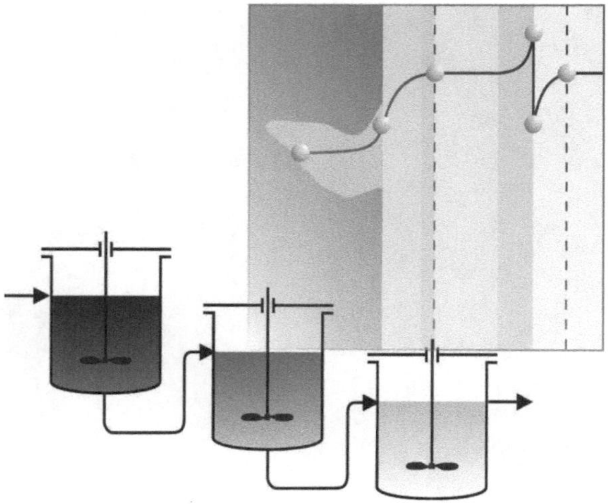

Die chemische Reaktionstechnik ist eine Schnittstelle zwischen den Disziplinen der Chemie und Verfahrenstechnik. Die primäre Aufgabe besteht darin, die Grundlagen für die Übertragung einer chemischen Synthese aus dem Labormaßstab in den Produktionsmaßstab der chemischen Industrie zu schaffen. Dies bedeutet bei vorgegebener Produktionsleistung, einen Reaktor zu berechnen mit maximaler Rohstoffausnutzung und bestmöglichem Umsatz und Selektivität. Voraussetzung hierfür sind Kenntnisse zur Reaktionskinetik (z. B. Geschwindigkeitsgesetze), zur Thermodynamik (z. B. Gleichgewichtskonstanten), zu Stoff- und Reaktionsdaten (z. B. Dichte, Wärmekapazität, Reaktionsenthalpie) sowie zum Verweilzeitverhalten der Reaktoren. Neben der Zusammensetzung der Reaktanten, Verunreinigungen oder möglichen Katalysatoren ist die Kenntnis der Prozessgrößen wie Temperatur, Druck und Verweilzeit (Verteilung) von großer Bedeutung. Die wesentlichen Reaktortypen sind Rührkessel und Strömungsreaktoren. Die Reaktionsführung kann diskontinuierlich, halbkontinuierlich oder kontinuierlich erfolgen. In diesem Teil des Buches soll gezeigt werden, dass der Ingenieur oder Naturwissenschaftler im Wesentlichen drei Dinge braucht, um die Aufgaben der Verfahrenstechnik erfolgreich zu bearbeiten: Bilanzgleichungen für Stoffe und Wärme, Reaktionstechnik und den Reaktortyp, verbunden mit der Art der Betriebsweise.

6 Grundlagen der Reaktionstechnik

6.1 Einführung und Grundbegriffe

Eine der wichtigsten Aufgaben der chemischen Reaktionstechnik ist es, eine im Labor entwickelte chemische Umsetzung in den technischen Maßstab zu übertragen oder einen Reaktor für eine geforderte Produktionsleistung optimal auszulegen. Vor diesem Hintergrund ist die reaktionstechnische Ausgestaltung, Größe und Betriebsweise festzulegen. Eine wesentliche Grundlage dafür ist in aller Regel die Kenntnis der nicht durch Transportvorgänge bestimmten Geschwindigkeit der chemischen Reaktion **(Mikrokinetik).** Da viele technisch wichtige Reaktionen nicht in homogener Phase ablaufen, haben auch Stoff- und Wärmetransportvorgänge einen nicht zu unterschätzenden Einfluss auf derartige Reaktionen. Dem Zusammenwirken von Transportkinetik und chemischer Kinetik **(Makrokinetik)** kommt somit eine besondere Bedeutung zu. Daneben spielen Stöchiometrie, Thermodynamik sowie Stoff- und Wärmetransportvorgänge im Reaktionssystem eine wesentliche Rolle.

6.1.1 Klassifizierung chemischer Reaktionen

Die Berechnungsmethoden der chemischen Reaktionstechnik setzen eine Systematik der Reaktionen und Reaktionsapparate voraus. Chemische Reaktionen laufen unter definierten Temperatur- und Konzentrationsbedingungen ab. Die Reaktionspartner **(Edukte)** werden dem Reaktor in einer Menge und Beschaffenheit zugeführt, die unter Berücksichtigung weiterer Einflussmöglichkeiten (Vermischung, Heizung/Kühlung, Katalysatorzugabe) die angestrebte Umsetzung zu den Endprodukten **(Produkte)** ermöglicht. Der Reaktor stellt dabei das Kernstück eines jeden chemischen Verfahrens dar, obwohl er häufig hinsichtlich Investition und Platzbedarf den kleinsten Teil einer Anlage ausmacht.

Mithilfe der chemischen Reaktionstechnik kann ein Reaktor ausgelegt werden. Hierunter versteht man, die Fragen nach:

- Reaktionsbedingungen
- Reaktortyp
- Reaktorgröße
- Form des Reaktors
- Betriebsweise

für eine gegebene Reaktion, die im Labormaßstab problemlos durchführbar ist, bei einer geforderten **Produktionsleistung** zu beantworten, um einen wirtschaftlich optimal produzierenden Reaktor zu berechnen. Konkret lässt sich das Ziel wie folgt formulieren: maximale Rohstoffausnutzung für höchstmögliche Umsätze und Selektivitäten zum Zielprodukt.

Eine zentrale Fragestellung der Reaktionstechnik ist demnach, den Einfluss des Reaktortyps, der Reaktionsführung sowie von Struktur- und Prozessgrößen auf

- Umsatz
- Ausbeute
- Selektivität

chemischer Umsetzungen zu prüfen und zu quantifizieren. Die Voraussetzungen dafür sind u. a. fundierte Kenntnisse zur Reaktionskinetik (z. B. Geschwindigkeitsgesetze), zum Verweilzeitverhalten der Reaktoren, zur Thermodynamik (z. B. Gleichgewichtskonstanten, Reaktionsenthalpien) und zu Stoff- und Reaktionsdaten (z. B. Wärmekapazität, Wärmeleitfähigkeit, Dichte).

Zu den **Strukturgrößen** rechnet man z. B. die Zusammensetzung der Rohstoffe, Verunreinigungen oder auch Katalysatoren. **Prozessgrößen** sind üblicherweise Temperatur, Druck und Reaktionszeit (Verweilzeit).

Am häufigsten finden Rührkessel und Strömungsrohre in Produktionsanlagen Anwendung. Die Reaktionsführung kann dabei **diskontinuierlich** (Satzbetrieb), **kontinuierlich** (Fließbetrieb) oder **halbkontinuierlich** (Teilfließbetrieb) erfolgen. Ein wichtiger Unterschied von Reaktionsbehältern im Labormaßstab zu solchen im technischen Maßstab ist beispielsweise das Verhältnis aus Oberfläche zu Volumen. Diese volumenbezogene Oberfläche bestimmt z. B. das Wärmeaustauschverhalten (Heiz- und Kühlbedarf) eines Reaktors. Angestrebt wird zunehmend eine **kontinuierliche Prozessführung**, die jedoch aufgrund nicht mehr eindeutig charakterisierter Reaktionszeiten (vgl. Kapitel 10) Einfluss auf Umsatz, Ausbeute und Selektivität nimmt.

Im Allgemeinen erfolgt die Einteilung des Fachgebietes nach zwei Hauptkriterien: Vom Aspekt der **Reaktionsphase** wird zwischen homogenen und heterogenen Reaktionen unterschieden, und vom **Reaktortyp** werden zwei Grundprinzipien, Strömungsrohr und Rührkessel, als übergeordnetes Einteilungskriterium benutzt. Der **Reaktionstyp** (einfache oder komplexe Reaktion) und die Art der **Temperaturführung** (isotherm, adiabat, polytrop) lassen sich als Spezialfälle einordnen.

6.1.2 Beurteilungsgrößen und Definitionen

Die quantitative Zusammensetzung von Reaktionsgemischen kann für jede einzelne Komponente i der insgesamt N Komponenten durch eine der folgenden Größen angegeben werden: Stoffmenge n_i, Masse m_i oder V_i (Volumen, das die Komponente i bei gegebener Temperatur, Druck und Aggregatzustand einnehmen würde, wenn sie allein vorläge). Die Zusammensetzung von Reaktionsgemischen wird entweder durch **Anteilsgrößen** (z. B. Stoffmengenanteil oder Massenanteil) oder durch **Konzentrationsgrößen** (z. B. Stoffmengen- oder Massenkonzentration) angegeben. Die Zusammensetzung von gasförmigen Reaktionsgemischen kann auch durch die Angabe der Partialdrücke der einzelnen Reaktionskomponenten erfolgen. Die in Abschnitt 1.5 bereits ausführlich beschriebenen Gehalts- und Konzentrationsangaben sind in Tabelle 6.1 übersichtlich zusammengestellt.

Tabelle 6.1 Zusammenstellung gebräuchlicher Anteils- und Konzentrationsgrößen

	-anteil	-konzentration
Stoffmengen-	$x_i = \frac{n_i}{\sum_{j=1}^{N} n_j}$	$c_i = \frac{n_i}{V_R}$
Massen-	$w_i = \frac{m_i}{\sum_{j=1}^{N} m_j}$	$\beta_i = \frac{m_i}{V_R}$
Volumen-	$\varphi_i = \frac{V_i}{\sum_{j=1}^{N} V_j}$	$\sigma_i = \frac{V_i}{V_R}$
Druck-	$p_i = x_i \cdot p$	

Die Zusammensetzung des Reaktionsgemisches zu verschiedenen Zeiten oder an verschiedenen Stellen im Reaktor ist durch Indizes gekennzeichnet:

- diskontinuierlicher Betrieb:
  „0" zu Beginn der Reaktion ($t = 0$)
  „Aus" am Ende der Reaktion ($t = \mathrm{t}$)

- kontinuierlicher Betrieb:
  „Ein“ am Eintritt in den Reaktor
  „Aus“ am Austritt aus dem Reaktor

Eine chemische Reaktion zwischen den Edukten A und B, die zu den Produkten C und D reagieren, lässt sich folgendermaßen ausdrücken:

$$\nu_A A + \nu_B B \longrightarrow \nu_C C + \nu_D D$$

Die mathematische Formulierung einer Reaktion zwischen N Komponenten K_j im Reaktionsgemisch ergibt sich zu:

$$\sum_{j=1}^{N} \nu_j \cdot K_j = 0 \tag{6.1}$$

Es gilt für die **stöchiometrischen Koeffizienten(Umsatzzahlen)** ν_j:

- $\nu_j < 0$: reagierende Komponenten (Edukte)
- $\nu_j > 0$: entstehende Komponenten (Produkte)

Für die vollständige Oxidation von Methan ergibt sich beispielsweise folgende Reaktionsgleichung:

$$1\ CH_4 + 2\ O_2 \longrightarrow 1\ CO_2 + 2\ H_2O$$

oder

$$\sum \nu_j = -1 - 2 + 1 + 2 = 0$$

Mit den stöchiometrischen Koeffizienten:

$$\nu\ (CH_4) = -1$$

$$\nu\ (O_2) = -2$$

$$\nu\ (CO_2) = +1$$

$$\nu\ (H_2O) = +2$$

Zur quantitativen Beschreibung der Edukte und Produkte werden die vier Größen

- Stoffmenge n_i bzw. Stoffmengenanteil x_i
- Masse m_i bzw. Massenanteil w_i
- Volumen V_i bzw. Volumenanteil φ_i
- Partialdruck p_i (ideale Gase)

verwendet, wobei der Index i für die jeweilige Komponente gilt.

Im kontinuierlichen Betrieb werden die Stoffmengen durch **Stoffströme (Durchsätze)** charakterisiert. Es gelten analoge Beziehungen, jedoch bezogen auf die Mengendurchsätze:

$$\dot{n} = \sum_{i=1}^{N} \dot{n}_i \tag{6.2}$$

$$x_i = \frac{\dot{n}_i}{\dot{n}} \tag{6.3}$$

$$\dot{m} = \sum_{i=1}^{N} \dot{m}_i \tag{6.4}$$

$$w_i = \frac{\dot{m}_i}{\dot{m}} \tag{6.5}$$

$$c_i = \frac{\dot{n}_i}{\dot{V}_R} = \frac{\dot{n}_i}{w \cdot A} \tag{6.6}$$

$\dot{n}_i$ Stoffmengenstrom der Komponente i, $\dot{V}_R$ Volumenstrom, A durchströmte Querschnittsfläche, w Strömungsgeschwindigkeit

Das Ergebnis einer chemischen Stoffumwandlung wird in der Praxis häufig durch die Größen Umsatz, Ausbeute, Selektivität oder Umsatzvariable beschrieben, die wie folgt definiert sind:

Umsatz

Die zentrale Größe in der Reaktionstechnik ist der **Umsatz (Umsatzgrad)** U_E. Er ist definiert als das Verhältnis der während der Umsetzung verbrauchten Stoffmenge bzw. Masse eines Eduktes E zur eingesetzten Stoffmenge bzw. deren Masse.

$$U_E = \frac{n_{E,0} - n_E}{n_{E,0}} = \frac{m_{E,0} - m_E}{m_{E,0}} \tag{6.7}$$

$n_{E,0}$, $m_{E,0}$ Stoffmenge bzw. Masse des Eduktes zu Beginn der Reaktion, n_E, m_E Stoffmenge des Eduktes nach der Reaktion

Ausbeute

Unter der **Ausbeute (Bildungsgrad)** A_P versteht man das Verhältnis aus der gebildeten Stoffmenge eines gewünschten Reaktionsproduktes P ($\nu_P > 0$) zur eingesetzten Stoffmenge des die Reaktion stöchiometrisch begrenzenden Eduktes E ($\nu_E < 0$):

$$A_P = \frac{|\nu_E|}{\nu_P} \cdot \frac{n_P - n_{P,0}}{n_{E,0}} \tag{6.8}$$

$n_{E,0}$ Stoffmenge des Eduktes E zu Beginn der Reaktion, $n_{P,0}$ Stoffmenge des Produktes P zu Beginn der Reaktion, n_P Stoffmenge des Produktes P nach der Reaktion, ν_E, ν_P stöchiometrische Koeffizienten des Eduktes bzw. Produktes

Selektivität

Die **Selektivität S_P** einer komplexen Reaktion ist das Verhältnis von gebildeter Stoffmenge des gewünschten Produktes P und der umgesetzten Stoffmenge des Eduktes E unter Berücksichtigung der stöchiometrischen Verhältnisse:

$$S_P = \frac{|\nu_E|}{\nu_P} \cdot \frac{n_P - n_{P,0}}{n_{E,0} - n_E} \tag{6.9}$$

Die Formel 6.7 bis Formel 6.9 ergeben folgenden Zusammenhang:

$$A_P = S_P \cdot U_E \tag{6.10}$$

Für die **kontinuierliche Betriebsweise** (Fließbetrieb) lassen sich die Stoffmengen durch Stoffmengenströme, die Massen durch Massenströme und die Reaktionsvolumina durch Volumenströme ersetzen. Es ergibt sich dann beispielsweise für den Umsatz:

$$U_E = \frac{\dot{n}_{E,0} - \dot{n}_E}{\dot{n}_{E,0}} \tag{6.11}$$

und die Verknüpfung von verbrauchter und gebildeter Stoffmenge einzelner Reaktanten durch die Stöchiometrie der Reaktionsgleichung:

$$\frac{|\nu_E|}{\nu_P} = \frac{n_{E,0} - n_E}{n_P - n_{P,0}} \tag{6.12}$$

Nach Umformung und Einführung des Stoffmengenanteils x_i (vgl. Tabelle 6.1) ergibt sich:

$$x_i = \frac{n_i}{\sum n_j} = \frac{x_{i,0} + \frac{\nu_i}{|\nu_E|} \cdot x_{E,0} \cdot U_E}{1 + \frac{\sum_j \nu_j}{|\nu_E|} \cdot x_{E,0} \cdot U_E} \tag{6.13}$$

Daraus ergibt sich für den Umsatz

$$U_E = \frac{x_{i,0} - x_i}{\frac{x_{E,0}}{|\nu_E|} \cdot \left(x_i \cdot \sum_j \nu_j - \nu_i \right)} \tag{6.14}$$

Diese Gleichung kann sowohl für Satzbetrieb wie auch für den kontinuierlichen Betrieb verwendet werden.

Beispiel 6.1

Die als Kreislaufprozess betriebene kontinuierliche Ammoniaksynthese hat im eintretenden Gasgemisch folgende Zusammensetzung: $x_{Ein}(NH_3) = 0{,}025$, $x_{Ein}(N_2) = 0{,}215$ und $x_{Ein}(H_2) = 0{,}760$. Am Austritt des Konverters beträgt der Stoffmengenanteil von Ammoniak $x_{Aus}(NH_3) = 0{,}145$.

Es soll der Umsatz von Stickstoff $U(N_2)$ und die Zusammensetzung des Reaktionsgemisches am Ausgang des Konverters berechnet werden.

Reaktionsgleichung: $1\,N_2 + 3\,H_2 \rightleftharpoons 2\,NH_3$ mit den stöchiometrischen Koeffizienten $\nu(N_2) = -1$, $\nu(H_2) = -3$ und $\nu(NH_3) = +2$. Hieraus ergibt sich $\sum \nu_j = -1 - 3 + 2 = -2$ S. Mit $i = NH_3$ und $E = N_2$ folgt aus Formel 6.14 der Umsatz

$$U_{N_2} = \frac{x_{Ein,NH_3} - x_{Aus,NH_3}}{\frac{x_{Ein,N_2}}{|\nu_{N_2}|} \cdot \left(x_{Aus,NH_3} \cdot \sum\limits_j \nu_j - \nu_{NH_3} \right)}$$

$$U_{N_2} = \frac{0,025 - 0,145}{\frac{0,215}{1} \cdot (0,145 \cdot (-2)) - 2} = 0,244$$

Es ergibt sich somit ein Umsatz, bezogen auf das Edukt Stickstoff, von 24,4 %.

Mit Formel 6.13 lässt sich der jeweilige Stoffmengenanteil für Stickstoff, Wasserstoff und Ammoniak berechnen:

$$x_{NH_3} = \frac{0,025 + \frac{2}{|1|} \cdot 0,215 \cdot 0,244}{1 - \frac{2}{|-1|} \cdot 0,215 \cdot 0,244} = 0,145$$

$$x_{N_2} = \frac{0,215 - \frac{1}{|1|} \cdot 0,215 \cdot 0,244}{0,895} = 0,182$$

$$x_{H_2} = \frac{0,760 - \frac{3}{|1|} \cdot 0,215 \cdot 0,244}{0,895} = 0,673$$

Umsatzvariable

Die **Umsatzvariable (Reaktionslaufzahl)** ξ ist ein quantitatives Maß für den Fortschritt einer chemischen Reaktion. Sie ist definiert als Stoffmengenänderung der betrachteten Komponente, bezogen auf deren stöchiometrischen Koeffizienten. Für alle Komponenten einer Reaktion sind die Umsatzvariablen gleich groß.

$$\xi = \frac{\Delta n_i}{\nu_i} \tag{6.15}$$

ξ Umsatzvariable, Δn_i Änderung der Stoffmenge einer Komponente i, ν_i stöchiometrischer Koeffizient der Komponente i

Beispiel 6.2: Umsatzvariablen der Ammoniaksynthese

Für die Ammoniaksynthese: $3\,H_2 + 1\,N_2 \rightleftarrows 2\,NH_3$ gibt es nur eine Umsatzvariable ξ:

$$\xi = \frac{\Delta n_{H_2}}{-3} = \frac{\Delta n_{N_2}}{-1} = \frac{\Delta n_{NH_3}}{+2}$$

Die Geschwindigkeit einer chemischen Reaktion lässt sich mit der der Umsatzvariablen wie folgt definieren:

$$\xi^{\star} = \frac{d\xi}{dt} \tag{6.16}$$

ξ^{*} Reaktionsgeschwindigkeit, $d\xi$ differenzielle Änderung der Umsatzvariablen, dt differenzielle Änderung der Zeit

6.2 Chemische Thermodynamik

Die Thermodynamik befasst sich mit der Fragestellung, ob eine chemische Reaktion spontan ablaufen kann, d. h. ob die Reaktion grundsätzlich möglich ist. Sie macht keine Aussage über die Geschwindigkeit, jedoch Angaben über die energetische Änderung des Systems, und erlaubt Berechnungen über die theoretische Ausbeute des Produktes, das aus einer chemischen Reaktion erhalten werden kann.

6.2.1 Systeme und Zustandsgrößen

Ein wichtiger Begriff in der Thermodynamik ist der des Systems. Unter einem **System** versteht man eine beliebige Materiemenge mit den sie umgebenden physikalischen oder gedachten Grenzen, die sie von ihrer Umgebung abgrenzen. Man unterscheidet verschiedene Systeme:

- Ein **offenes System** kann Materie und Energie (z. B. Wärme oder Arbeit) mit der Umgebung austauschen. Biologische Individuen wie beispielsweise der Mensch stellen offene Systeme dar.
- **Geschlossene Systeme** sind durchlässig für Energie, aber undurchlässig für Materie (z. B. eine verschlossene Glasampulle oder Bierflasche). Die Systemgrenzen können starr oder elastisch sein.
- Ein **isoliertes System** ist gegenüber seiner Umgebung vollständig abgeschlossen. Seine Systemgrenze ist sowohl für Energie als auch für Materie vollkommen undurchlässig (z. B. geschlossene, ideale Thermosflasche).

Eine **Zustandsgröße** Y, oder auch Zustandsfunktion genannt, ist eine physikalische Größe, die nur vom aktuellen Zustand des Systems abhängt, unabhängig davon, wie dieser Zustand erreicht wurde. Man unterscheidet intensive von extensiven Zustandsgrößen (vgl. Abschnitt 1.3).

Jeder Prozess hat eine **Zustandsgrößenänderung** zur Folge. Zur Beschreibung von Zustandsänderungen benutzt man das Δ-Zeichen und bildet die Differenz zwischen dem Wert der entsprechenden Zustandsfunktion nach und vor der Umwandlung.

$$\Delta Y = \sum \nu_i \cdot Y_i(\text{Produkte}) - \sum \nu_i \cdot Y_i(\text{Edukte}) \qquad (6.17)$$

ΔY Umwandlungsgröße, ν_i stöchiometrischer Koeffizient, Y_i Zustandsgrößen des Endzustandes (Produkte) und des Anfangszustandes (Edukte)

Zur Kennzeichnung von Zustandsgrößenänderungen werden auch spezielle Begriffe verwendet:

- **isotherm** (Prozess bei konstanter Temperatur)
- **isobar** (Prozess bei konstantem Druck)
- **isochor** (Prozess bei konstantem Volumen)
- **adiabatisch** (Prozess ohne Wärmeübergang)
- **isentrop** (Prozess bei konstanter Entropie)
- **isenthalp** (Prozess bei konstanter Enthalpie)

6.2.2 Erster Hauptsatz

Der erste Hauptsatz der Thermodynamik lässt sich als **Gesetz von der Erhaltung der Energie** formulieren. Hiernach bleibt die Energie immer konstant. Energie kann weder erzeugt noch vernichtet werden, sondern nur von einer Form in eine andere überführt werden.

In einem isolierten System ist die Energie konstant, da ihm von außen weder Arbeit, Wärme noch Materie zugeführt bzw. entnommen werden kann. Ist das System jedoch nicht isoliert, sondern „nur" geschlossen, so ist die Änderung seiner Gesamtenergie, die sich als Änderung seiner **inneren Energie** und seiner äußeren **potenziellen** sowie **kinetischen Energie** ergeben kann, durch die mit der Umgebung ausgetauschten Wärme und Arbeit definiert:

$$Q + W = \Delta U + E_{\text{pot.}} + E_{\text{kin.}} \qquad (6.18)$$

Q Wärme, W Arbeit, ΔU Änderung der inneren Energie, $E_{\text{pot.}}$ Änderung der potenziellen Energie, $E_{\text{kin.}}$ Änderung der kinetischen Energie

Dies ist zugleich die quantitative Formulierung des **1. Hauptsatzes der Thermodynamik**. In der Regel geht man davon aus, dass die dem System zugeführte Arbeit nicht zur Änderung seiner äußeren potenziellen oder kinetischen Energie verwendet wird. Somit vereinfacht sich Formel 6.18 zu:

$$\Delta U = Q + W \tag{6.19}$$

Wird dem System Energie in Form von Wärme oder Arbeit zugeführt, erhalten Q oder W ein **positives Vorzeichen.** Energieabgabe an die Umgebung wird durch ein **negatives Vorzeichen** zum Ausdruck gebracht.

Volumenänderungsarbeit

Bei isobaren Prozessen (p = konst.) einer mit Volumenvergrößerung verbundenen Gasreaktion ergibt sich der Arbeitsbetrag zu:

$$W_V = -p \cdot \Delta V \tag{6.20}$$

p Druck, ΔV Volumenänderung

Vereinbarungsgemäß stellen positive Werte von $p\Delta V$ eine Leistung von Volumenarbeit dar und ergeben eine Arbeit mit negativem Vorzeichen.

Wärme

Wärme ist eine Prozessgröße, die immer von einem System höherer Temperatur zu dem System niedriger Temperatur fließt. Die Berechnung erfolgt mit dem ersten Hauptsatz, wobei potenzielle und kinetische Energie in der Regel vernachlässigt werden.

$$\begin{aligned} Q &= \Delta U \quad (W = 0) \\ Q &= 0 \quad (W = \Delta U) \\ Q &= -W \quad (T = \text{konst.}) \end{aligned} \tag{6.21}$$

ΔU Innere Energie, W Arbeit, Q Wärme, T Temperatur

Enthalpie

Die meisten chemischen Reaktionen werden nicht bei konstantem Volumen, sondern unter isobaren Bedingungen (z. B. Atmosphärendruck) durchgeführt. Vergrößert sich bei einer Reaktion das Volumen, so wird dabei gegen den äußeren Druck eine Arbeit ($W_V = p \cdot \Delta V$) geleistet. Allgemein gilt, dass die Zuführung von Wärme ($Q = H$) zu einem Reaktionssystem bei konstantem Druck eine Erhöhung der inneren Energie sowie die Leistung von Arbeit gegen den äußeren Druck bewirken kann.

$$\Delta H = \Delta U + p \cdot \Delta V \tag{6.22}$$

ΔH Enthalpieänderung, ΔU Änderung der inneren Energie, p Druck, ΔV Volumenänderung

Für Reaktionen, die ohne Volumenänderung ablaufen oder bei denen sich das Volumen nur unwesentlich ändert, gilt:

$$\Delta H = \Delta U \tag{6.23}$$

Die Enthalpieänderung von Reaktionen, bei deren Ablauf Energie aus der Umgebung des Systems aufgenommen wird, erhält ein positives Vorzeichen. Solche Reaktionen werden **endotherm ($\Delta H > 0$)** genannt. Gibt das System Energie an die Umgebung ab, nennt man die Reaktion **exotherm**, und das Vorzeichen ist negativ **($\Delta H < 0$)**.

6.2.3 Standardenthalpien

Die Enthalpieänderung einer Reaktion wird **Reaktionsenthalpie ΔH_R** genannt. Tabellarische Werte beziehen sich auf Reaktionen, bei denen die Edukte und Produkte jeweils in ihren Standardzuständen vorliegen. Der Standardzustand einer reinen Substanz ist die bei einem bestimmten Druck und der angegebenen Temperatur stabilste Form (vgl. Exkurs 3.1). Zusätzlich soll in die Reaktionsgleichung der Aggregatzustand einer Substanz aufgenommen werden. Es wird **„s" (solid)** für fest, **„l" (liquid)** für flüssig und **„g" (gaseous)** für gasförmig verwendet.

Die **Standardreaktionsenthalpie** ΔH_R^0 gilt für einen definierten Standardzustand und stellt die Enthalpieänderung pro Mol Umsatz dar, bezogen auf den Übergang der Edukte in die Produkte, jeweils in ihren Standardzuständen. Die **Standardbildungsenthalpie** ΔH_B^0 einer Verbindung ist die Standardenthalpie der Reaktion, in der die Verbindung aus ihren Elementen in den Standardzuständen gebildet wird. ΔH_B^0 wird als Enthalpieänderung pro Mol der Verbindung angegeben.

$$\Delta H_R^0 = \sum \nu_i H_{B,i}^0 \tag{6.24}$$

ΔH_R^0 Standardreaktionsenthalpie, $\Delta H_{B,i}^0$ Standardbildungsenthalpie der beteiligten Stoffe, ν_i stöchiometrischer Koeffizient

Satz von *Hess*

Die Reaktionsenthalpie eines Gesamtprozesses setzt sich, unabhängig vom Reaktionsweg, additiv aus den Reaktionsenthalpien der Einzelprozesse zusammen. Dies gilt auch für physikalische Phasenumwandlungen. Standardreaktionsenthalpien lassen sich aus Tabellenwerten für Standardbildungsenthalpien berechnen (vgl. Formel 6.24). Diese Vorgehensweise ist möglich, weil die Enthalpie eine Zustandsfunktion ist und ihre Änderung nicht vom Reaktionsweg abhängt.

$$\Delta H_R^0 \text{ (Weg 1)} = \Delta H_R^0 \text{ (Weg 2)} \tag{6.25}$$

Der Satz von *Hess* wird angewendet, wenn z. B. experimentell schwer bestimmbare Reaktionsenthalpien rechnerisch zu ermitteln sind. So kann zum Beispiel die schwierig zu messende Reaktionsenthalpie bei der Bildung von Kohlenstoffmonoxid aus den Elementen (Reaktionsweg 2-A) aus der Enthalpieänderung der Verbrennungsreaktion von Kohlenstoff zu Kohlenstoffdioxid (Reaktionsweg 1) und der von Kohlenstoffmonoxid zu CO_2 (Reaktionsweg 2-B) berechnet werden.

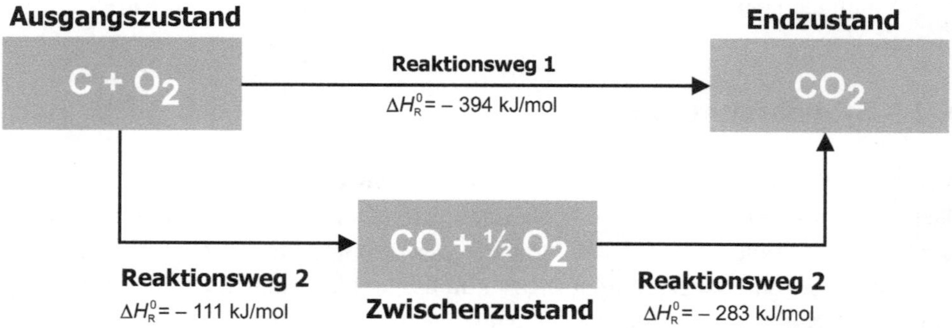

Bild 6.1 Nach dem Satz von *Hess* ist die Reaktionsenthalpie nicht vom Reaktionsweg abhängig. Es sind die Daten für die Verbrennung von Kohlenstoff (vollständig und partiell) und die von Kohlenstoffmonoxid gezeigt.

Es ergibt sich für das Beispiel in Bild 6.1 für die Reaktionsenthalpie zur Bildung von Kohlenstoffmonoxid nach Formel 6.25:

$$\Delta H_R^0 \text{ (Weg 2A)} = \Delta H_R^0 \text{ (Weg 1)} - \Delta H_R^0 \text{ (Weg 2B)}$$
$$= -394 \text{ kJ/mol} - (-283 \text{ kJ/mol}) = -111 \text{ kJ/mol}$$

6.2.4 Zweiter Hauptsatz

Eine Zustandsänderung wird **reversibel** (umkehrbar) genannt, wenn ihre Richtung durch unendlich kleine Änderungen der Zustandsvariablen umgekehrt werden kann, ohne dass Veränderungen in der Umgebung auftreten.

Eine **irreversible** Zustandsänderung kann nur mit Veränderungen in der Umgebung des betreffenden Systems rückgängig gemacht werden. Alle natürlichen und spontan verlaufenden Prozesse sind irreversibel

$$|W_{\text{irrev.}}| < |W_{\text{rev.}}| \tag{6.26}$$

$W_{\text{irrev.}}$ irreversibel ausgetauschte Arbeit, $W_{\text{rev.}}$ reversibel ausgetauschte Arbeit

Die bei einem irreversiblen Prozess geleistete Arbeit ist stets kleiner als bei einer reversiblen Zustandsänderung. Nur bei einem reversibel verlaufenden Prozess wird maximale Arbeit geleistet.

Entropie

Die Entropie S ist ein Maß für die Verteilung von Materie und Energie. Sie ist damit ein **Stabilitätskriterium.**

$$\Delta S_{\text{rev.}} = 0 \tag{6.27}$$

und

$$\Delta S_{\text{irrev.}} > 0 \tag{6.28}$$

Die Gesamtentropie aus System und Umgebung bleibt bei einem reversiblen Vorgang konstant und nimmt nur bei einem irreversiblen Vorgang zu. Bei allen freiwillig (spontan) ablaufenden Zustandsänderungen vergrößert sich somit die Gesamtentropie:

- $\Delta S_{\text{ges.}} > 0$: irreversibler Prozess (kann freiwillig ablaufen)
- $\Delta S_{\text{ges.}} = 0$: reversibler Prozess (System und Umgebung stehen miteinander im Gleichgewicht)
- $\Delta S_{\text{ges.}} < 0$: Prozess tritt niemals ein

Die gesamte Entropieänderung $\Delta S_{\text{ges.}}$ ergibt sich aus den Entropieänderungen des Systems ΔS und der Umgebung $\Delta S_{\text{Umg.}}$ zu:

$$\Delta S_{\text{ges.}} = \Delta S + \Delta S_{\text{Umg.}} \tag{6.29}$$

Der **zweite Hauptsatz der Thermodynamik** besagt, dass von einem System während des Reaktionsverlaufs (T = konst.) die maximale Arbeit nur vom Ausgangs- und vom Endzustand des Systems abhängt und nicht vom Weg, auf dem der Endzustand erreicht wurde. Bezieht man die Änderung der reversibel umgesetzten Wärmemenge (T = konst.) auf die Temperatur, bei der der Wärmeaustausch stattfindet, so nennt man den Quotienten Entropieänderung des Systems. Die Entropie ist eine Zustandsgröße mit der SI-Einheit J/(K · mol).

$$\Delta S = \frac{Q_{\text{rev.}}}{T} \tag{6.30}$$

ΔS Entropieänderung des Systems, $Q_{\text{rev.}}$ reversibel ausgetauschte Wärmemenge, T Temperatur

Allgemein wird bei einer Reaktion mit der dazugehörigen Reaktionsenthalpie ΔH_{R}, reversible Übertragung der Wärme unterstellt, an die Umgebung die Wärmemenge $Q_{\text{Umg.}} = -\Delta H_{\text{R}}$ abgegeben.

$$\Delta S_{\text{Umg.}} = -\frac{\Delta H_{\text{R}}}{T} \tag{6.31}$$

Freie Enthalpie

Die von *Gibbs* eingeführte temperaturabhängige Zustandsfunktion G entspricht dem Anteil der Enthalpie eines Stoffes (offenes System), der bei reversibler Reaktionsführung frei wird und in jede andere Energieform umgewandelt werden kann **(Exergie)**.

$$\Delta G_R = \Delta H_R - T \cdot \Delta S \quad (6.32)$$

ΔG_R freie Reaktionsenthalpie, ΔH_R Reaktionsenthalpie, ΔS Reaktionsentropie des Systems, T Temperatur

Der auch als ***Gibbs-Helmholtz*-Gleichung** bekannte Zusammenhang gilt für isotherm-isobare Zustandsänderungen. Alle Größen bzw. Terme der Gleichung (ΔG_R, ΔH_R, $T \cdot \Delta S$) sind Energiegrößen und beziehen sich auf Änderungen im System. Änderungen in der Umgebung müssen nicht berücksichtigt werden.

$$\Delta G_R = -T \cdot \Delta S_{ges.} \quad (6.33)$$

ΔG_R freie Reaktionsenthalpie des Systems, $\Delta S_{ges.}$ gesamte Entropieänderung ($\Delta S_{ges.} = \Delta S + \Delta S_{Umg.}$ mit $\Delta S = \Delta S_{Sys.}$), T Temperatur

Reaktionsrichtung

Bei chemischen Reaktionen, die in geschlossenen Systemen unter isotherm-isobaren Bedingungen ablaufen, lassen sich hinsichtlich der Reaktionsrichtung drei Fälle unterscheiden.

- **$\Delta G_R < 0$:** Die Reaktion läuft freiwillig (spontan) ab und wird **exergonisch** genannt. Die freie Reaktionsenthalpie nimmt ab und steht für die Leistung von Nutzarbeit zur Verfügung.
- **$\Delta G_R = 0$:** Edukte und Produkte befinden sich nebeneinander im **chemischen Gleichgewicht.**
- **$\Delta G_R > 0$:** Die Reaktion verläuft nicht freiwillig und wird **endergonisch** genannt. Das bedeutet jedoch nicht, dass keine Produkte entstehen können.

Eine Reaktion verläuft umso vollständiger, je größer der Absolutbetrag von ΔG_R bei negativem Vorzeichen ist. Freiwillig verlaufen Prozesse nur in Richtung einer Verminderung der freien Enthalpie. Vorzeichen und Größe von ΔG_R sind ein Maß für die **Triebkraft einer chemischen Reaktion.** Die Änderung der freien Enthalpie ist abhängig vom Druck, Temperatur und der Zusammensetzung.

6.2.5 Chemisches Gleichgewicht

Viele chemische Reaktionen wie z. B. Veresterungen oder Hydrierungen verlaufen über Gleichgewichte. Es handelt sich hierbei um einen Zustand, in dem makroskopisch keine Konzentrationsänderungen feststellbar sind. Das chemische Gleichgewicht ermöglicht Berechnungen über den **maximal erreichbaren Umsatz** bei reversiblen Reaktionen für gegebene Bedingungen (Druck, Temperatur, stoffliche Zusammensetzung der Edukte).

Chemisches Gleichgewicht herrscht, wenn die freie Reaktionsenthalpie ΔG_R gleich null ist:

$$\Delta G_R = 0 = \Delta G_R^0 + R \cdot T \cdot \ln K(T) \tag{6.34}$$

ΔG_R freie Reaktionsenthalpie, ΔG_R^0 freie Standardreaktionsenthalpie, R allgemeine Gaskonstante, $K(T)$ Gleichgewichtskonstante, T Temperatur

Mithilfe der freien Standardbildungsenthalpien für die Reaktanten (Edukte und Produkte) lässt sich für die allgemeine Reaktionsgleichung

$$\sum_i \nu_i \cdot R_i = 0 \tag{6.35}$$

ν_i stöchiometrischer Koeffizient [Produkte (+) und Edukte (–)], R_i Reaktanten

die freie Standard-Reaktionsenthalpie (T^0 = 298 K und p^0 = 1,013 bar):

$$\Delta G_R^0 = \sum_i \nu_i \cdot \Delta G_B^0 \tag{6.36}$$

ΔG_B^0 freie Standardbildungsenthalpie, ν_i stöchiometrischer Koeffizient

und daraus die Gleichgewichtskonstante $K(T)$ berechnen:

$$\ln K\left(T^0\right) = -\frac{\Delta G_R^0}{R \cdot T^0} = \sum_i \ln \left(\frac{f_i}{p^0}\right)^{\nu_i} \tag{6.37}$$

f_i Fugazität, p^0 Standarddruck (= 1,013 bar)

Bei idealen Gasen entspricht die Fugazität dem Partialdruck. Für diesen Fall gilt:

$$K_p = \prod_i \left(\frac{p_i}{p^0}\right)^{\nu_i} \tag{6.38}$$

Die nach Formel 6.38 ermittelte Gleichgewichtskonstante bei 25 °C (Standardbedingung) lässt sich mithilfe der *Van't-Hoff*-Gleichung (Formel 6.6) auf die gewünschte Temperatur umrechnen:

$$\ln K(T) = \ln K\left(T^0\right) + \frac{\Delta H_R^0}{R} \cdot \left(\frac{1}{T^0} - \frac{1}{T}\right) \tag{6.39}$$

Diese Gleichung gilt unter der Annahme, dass die Reaktionsenthalpie in erster Näherung temperaturunabhängig ist. Andersfalls muss mithilfe der molaren Wärmekapazitäten der Reaktanten der Einfluss der Temperatur berücksichtigt werden.

Eine chemische Reaktionsgleichung kann nur dann den Gleichgewichtszustand quantitativ beschreiben, wenn zur Berechnung die Stoffmengenkonzentrationen c_i bzw. bei gasförmigen Stoffen die Partialdrücke p_i, die im Gleichgewicht vorliegen, bekannt sind. Das Massenwirkungsgesetz und die Gleichgewichtskonstante sind nach *Guldberg* und *Waage* definiert als Verhältnis der Reaktanten (vgl. Formel 6.40 und Formel 6.41).

Für eine allgemeine Reaktionsgleichung vom Typ

$$a\,\mathrm{A} + b\,\mathrm{B} \rightleftarrows c\,\mathrm{C} + d\,\mathrm{D}$$

mit den stöchiometrischen Koeffizienten *a*, *b*, *c*, *d* ergibt sich das **Massenwirkungsgesetz MWG** zu:

$$K_c = \prod_i \left(\frac{c_i}{c^0}\right)^{\nu_i} = \frac{c^c\,(\mathrm{C}) \cdot c^d\,(\mathrm{D})}{c^a\,(\mathrm{A}) \cdot c^b\,(\mathrm{B})} \tag{6.40}$$

$$K_p = \prod_i \left(\frac{p_i}{p^0}\right)^{\nu_i} = \frac{p^c\,(\mathrm{C}) \cdot p^d\,(\mathrm{D})}{p^a\,(\mathrm{A}) \cdot p^b\,(\mathrm{B})} \tag{6.41}$$

Im Allgemeinen ist die Gleichgewichtskonstante dimensionsbehaftet. Die Maßeinheit der folgenden Reaktionsgleichung:

$$3\,\mathrm{A} + \mathrm{B} \rightleftarrows 2\,\mathrm{C}$$

ergibt sich im Fall von K_c als $1/(\mathrm{l} \cdot \mathrm{mol})^2$ und von K_p als $1/\mathrm{bar}^2$. Es ist auch üblich die Gleichgewichtskonstante ohne Einheiten anzugeben. Die Konstanten lassen sich auf der Basis der allgemeinen Gasgleichung $p_i = c_i \cdot R \cdot T$ ineinander umwandeln. Damit erhält man

$$K_p = K_c \cdot (R \cdot T)^{\sum \nu_i} \tag{6.42}$$

Die Gleichgewichtskonstante $K_c\,(T)$ bzw. $K_p\,(T)$ hat für jede Reaktion einen charakteristischen Wert, der nur von der Temperatur abhängt. Mit der Gleichgewichtskonstante ist die Lage des Gleichgewichtes eindeutig beschrieben.

Prinzip von *Le Chatelier*

Das chemische Gleichgewicht wird in seiner Lage durch die Gleichgewichtskonstante *K* bestimmt und kann durch folgende Größen beeinflusst werden:

- Änderungen der Konzentrationen bzw. Partialdrücke der Reaktionsteilnehmer
- Änderung der Temperatur

- Änderung des Druckes von Reaktionen, bei denen sich die Gesamtstoffmenge der gasförmigen Reaktionspartner ändert

Die Verschiebung der Gleichgewichtslage durch Konzentrationsänderungen wird am Beispiel 6.3, der Bildung von Essigsäureethylester, besprochen:

$$1\ \text{Ethanol} + 1\ \text{Essigsäure} \rightleftarrows 1\ \text{Ester} + 1\ \text{Wasser}$$

Die Anwendung des Massenwirkungsgesetzes auf die Reaktion ergibt:

$$K_c = \frac{c_{\text{Ester}} \cdot c_{\text{Ester}}}{c_{\text{Ethanol}} \cdot c_{\text{Essigsäure}}} = 4$$

Durch eine geeignete Wahl der Ausgangskonzentrationen lassen sich die Konzentrationen der Produkte und damit die Ausbeute an Endprodukt erhöhen. Vergrößert man die Konzentration eines Eduktes, indem es im Überschuss eingesetzt wird, so wächst der Nenner im MWG. Da der Quotient bei gegebener Temperatur konstant ist (K = konst.), muss der Zähler in gleichem Maße wachsen. Die Lage des Gleichgewichtes verschiebt sich zur Seite der Produkte und erhöht somit die Ausbeute (bezogen auf das nicht im Überschuss eingesetzte Edukt).

Beispiel 6.3

Bei der Umsetzung von jeweils 1 mol Essigsäure und Ethanol ergab sich eine Ausbeute an Essigsäureethylester von 66,7 %. Es soll die Ausbeute ermittelt werden, wenn 1 mol Essigsäure mit 10 mol Ethanol (Überschuss) in die Reaktion eingesetzt werden. Die Gleichgewichtskonstante soll mit $K_c = 4$ bei der Berechnung verwendet werden.

Im Gleichgewicht befinden sich x mol Ester und x mol Wasser, während die Edukte mit $1-x$ mol Essigsäure und $10-x$ mol Ethanol vorliegen. In das MWG eingesetzt ergibt sich:

$$K_c = \frac{x \cdot x}{(10-x)\cdot(1-x)} = 4$$

Unter Anwendung der binomischen Formeln folgt:

$$\frac{x^2}{x^2 - 11x + 10} = 4$$

sowie nach Umstellung und Formulierung der allgemeinen Form einer quadratischen Gleichung:

$$3x^2 - 44x + 40 = 0$$

$$ax^2 - \mathrm{b}x + \mathrm{c} = 0$$

die Lösung zu:

$$x_{1,2} = \frac{1}{2a} \cdot \left(-b \pm \sqrt{b^2 - 4ac}\right) = \frac{1}{6} \cdot \left(+44 \pm \sqrt{44^2 - 480}\right)$$

Daraus errechnet sich $x_1 = 13{,}667$ mol und $x_2 = 0{,}973$ mol. Da die Stoffmengen nur zwischen 0 und 1 liegen können, ist x_2 die richtige Lösung. Damit hat sich die Ausbeute bezogen auf die eingesetzte Säure auf 97,3 % erhöht.

In ähnlicher Weise wie durch die Erhöhung der Eduktkonzentration an Ethanol kann die Ausbeute an Essigsäureethylester durch Entfernung (z. B. Destillation) des sich im Verlauf der Reaktion bildenden Wassers erhöht werden.

Wird auf ein Reaktionssystem, das sich im chemischen Gleichgewicht befindet, durch Druck-, Temperatur- oder Konzentrationsänderung ein Zwang ausgeübt, so verschiebt sich das Gleichgewicht immer so, dass sich ein neues Gleichgewicht einstellt, bei dem dieser Zwang reduziert ist.

Der Temperatureinfluss auf das chemische Gleichgewicht basiert auf der Temperaturabhängigkeit der Gleichgewichtskonstante. Quantitativ wird die Temperaturabhängigkeit durch die ***Van't-Hoff*-Gleichung** beschrieben:

$$\frac{\mathrm{d}\ln K}{\mathrm{d}T} = \frac{\Delta H_\mathrm{R}^0}{R \cdot T^2} \tag{6.43}$$

Unter der Annahme, dass ΔH_R^0 temperaturunabhängig ist, erhält man durch Integration:

$$\ln \frac{K(T_2)}{K(T_1)} = -\frac{\Delta H_\mathrm{R}^0}{R} \cdot \left(\frac{1}{T_2} - \frac{1}{T_1}\right) \tag{6.44}$$

Die Reaktionsenthalpie ΔH_R^0 kann nach Formel 6.43 aus den Werten der Gleichgewichtskonstanten bei verschiedenen Temperaturen rechnerisch oder grafisch ermittelt werden. Bei halblogarithmischer Auftragung der Geschwindigkeitskonstanten gegen die reziproke absolute Temperatur ergibt sich eine Gerade mit der Steigung $m = -\Delta H_\mathrm{R}^0/R$. Mithilfe von Formel 6.44 lässt sich aber auch bei Kenntnis der K-Werte für nur zwei Temperaturen T_1 und T_2 die Reaktionsenthalpie berechnen.

Eine **Temperaturerhöhung** führt bei **exothermen Reaktionen** mit $\Delta H_\mathrm{R}^0 < 0$ zu einer Verschiebung des chemischen Gleichgewichtes in Richtung der Edukte, bei **endothermen Reaktionen** mit $\Delta H_\mathrm{R}^0 > 0$ in Richtung der Produkte.

Quantitativ findet der Einfluss der Temperatur auf die Gleichgewichtslage seinen Ausdruck im **Prinzip des kleinsten Zwanges,** das neben der Interpretation des Konzentrationseinflusses auch zur Beschreibung des Druckeinflusses geeignet ist.

$$3\,\mathrm{H_2(g)} + 1\,\mathrm{N_2(g)} \rightleftarrows 2\,\mathrm{NH_3(g)}$$

$$1\,\mathrm{C(s)} + 1\,\mathrm{CO_2(g)} \rightleftarrows 2\,\mathrm{CO(g)}$$

Die Ammoniaksynthese und auch das CO/CO_2-Gleichgewicht verlaufen unter Stoffmengenänderung der gasförmigen Reaktionsteilnehmer. Dem Zwang einer Druckerhöhung können die Systeme auf unterschiedliche Art ausweichen. Bei der NH_3-Synthese entstehen aus 4 mol gasförmigen Edukten 2 mol gasförmiges Produkt. Die Druckerhöhung führt zur Verschiebung des Gleichgewichtes in Richtung Ammoniak. Eine Druckabsenkung würde das Gleichgewicht in Richtung Ausgangsstoffe verschieben.

Bei Reaktionen ohne Stoffmengenänderung der gasförmigen Reaktionsteilnehmer, wie dies für folgende Reaktion gegeben ist:

$$1\,H_2\ (g) + 1\,I_2\ (g) \rightleftarrows 2\,HI(g)$$

erschiebt sich die Gleichgewichtslage bei Druckänderung nicht. Der quantitative Einfluss der Druckänderung auf die Lage des chemischen Gleichgewichtes kann mithilfe des Massenwirkungsgesetzes interpretiert werden.

6.3 Stoff- und Wärmebilanzen

Eine wichtige Aufgabe der Verfahrenstechnik ist neben der Entwicklung neuer Verfahren die Optimierung vorhandener Anlagen. Ein Beispiel ist die mathematische Modellierung und Simulation von Prozessen und Verfahren. Simulationsrechnungen bieten die Möglichkeit, auf der Grundlage eines geeigneten Modells, die für eine bestimmte Produktionsmenge erforderliche Apparategröße zu berechnen oder bei bestehenden Reaktoren maximal erreichbare Umsätze bzw. Produktmengen zu ermitteln.

Grundsätzlich lassen sich für jedes Reaktionssystem der Verlauf der Konzentrationen von Edukten und Produkten, der Druck- und Temperaturverlauf sowie das Geschwindigkeitsfeld des strömenden Mediums darstellen. Hierzu bedient man sich entsprechender Differenzialgleichungen für die Stoff- und Energiebilanz, die dem Reaktionsverlauf zugrunde liegen. Die Erhaltungssätze für Masse, Impuls und Energie sind Grundlage hierfür.

6.3.1 Transportprozesse

Neben den Erhaltungssätzen von Masse und Energie spielen die Transportprozesse von Stoff und Energie eine wichtige Rolle. Zunächst ist dabei unerheblich, ob das betrachtete **Bilanzgebiet** nur ein Teil einer Prozesseinheit (Volumenelement eines Strömungsrohres) ist, die vollständige Prozesseinheit (Reaktor) oder ein Reaktionssystem (Kaskade) darstellt.

Einzelne Vorgänge wie Stoff- und Wärmeübertragung, aber auch Impulsübertragung (jeweils als Transport und Austauschprozess), werden unter dem Sammelbegriff „Transportprozesse in der Verfahrenstechnik“ zusammengefasst. Die mathematische Beschreibung der einzelnen Transportprozesse wird am Beispiel Stoff und Wärme beschrieben.

Konvektion (konvektive Ströme)

Bei diesem Transportvorgang werden Stoff und Energie durch die Massenteilchen (Strömung) in fluiden Medien transportiert. Der **konvektive flächenbezogene Stoffstrom J_{KS}** wird als Stoffmengen- oder Massenstrom auf den durchströmten Querschnitt bezogen. Die Einheit lautet kmol • m²/s.

$$J_{\mathrm{KS}} = \frac{\dot{n}_{i,\mathrm{K}}}{A} = \frac{\dot{m}_{i,\mathrm{K}}}{M_i \cdot A} = c_i \cdot \frac{\dot{V}}{A} = c_i \cdot w \tag{6.45}$$

$\dot{n}_{i,K}$, $\dot{m}_{i,K}$ konvektiver flächenbezogener Stoffmengen- bzw. Massestrom, A Querschnittsfläche, M_i molare Masse, c_i Stoffmengenkonzentration, w Strömungsgeschwindigkeit

Der **konvektive flächenbezogene Wärmestrom** ist nach der Nomenklatur der Thermodynamik ein Enthalpiestrom und wird auf Standardbedingungen bezogen. Die Einheit lautet: kJ • m²/s.

$$J_{\mathrm{KW}} = \frac{\dot{Q}_{\mathrm{K}}}{A} = \frac{\dot{m} \cdot c_p \cdot T}{A} = \delta \cdot w \cdot c_p \cdot T \tag{6.46}$$

$\dot{m}$ Massenstrom, $\dot{Q}$ konvektiver flächenbezogener Wärmestrom, T Temperatur, A Querschnittsfläche, c_p spezifische Wärmekapazität, w Strömungsgeschwindigkeit, δ Wanddicke

Leitung (konduktive Ströme)

Die konduktiven flächenbezogenen Ströme J_{LS} werden durch molekulare Triebkräfte verursacht. Sie kommen in reiner Form nur in Feststoffen vor und werden in fluiden Systemen durch konvektive Einflüsse überlagert. Die treibende Kraft des **Stofftransports durch Diffusion** ist nach dem *Fick*schen Gesetz ein Konzentrationsgradient. Mögliche Wechselwirkungen sind in dieser Form des Diffusionsgesetzes nicht berücksichtigt.

$$J_{\mathrm{LS}} = \frac{\dot{n}_{i,\mathrm{L}}}{A} = -D_i \cdot \mathrm{grad}\, c_i \tag{6.47}$$

$\dot{n}_{i,L}$ Stoffmengenstrom, A Querschnittsfläche, D_i Diffusionskoeffizient, c_i Stoffmengenkonzentration

Bei der ***Fourier*schen Wärmeleitungsgleichung** ist analog dem *Fick*schen Gesetz ein Temperaturgradient die treibende Kraft für den Transportprozess mit einem Wärmeleitungsmechanismus J_{LW}.

$$J_{\mathrm{LW}} = \frac{\dot{Q}_{\mathrm{L}}}{A} = -\lambda \cdot \operatorname{grad} T \tag{6.48}$$

$\dot{Q}_{\mathrm{L}}$ konduktiver flächenbezogener Wärmestrom, A Querschnittsfläche, λ Wärmeleitfähigkeit, T Temperatur

Übergang (Ströme an Phasengrenzflächen)

Übergangsströme beobachtet man an Phasengrenzflächen zwischen einem strömenden, fluiden Medium und einer festen Wand. Stoffübergänge können jedoch auch zwischen zwei fluiden Medien vorliegen. Es kommt in den meisten Fällen zu einem Stoff- bzw. Wärmeaustausch an der Phasengrenze.

Die treibende Kraft eines flächenbezogenen **Stoffübergangs $J_{\text{ÜS}}$** ist die Konzentrationsdifferenz zwischen der fluiden Phase und der Wand.

$$J_{\text{ÜS}} = \frac{\dot{n}_{i,\text{Ü}}}{A} = \beta \cdot \left(c_i - c_{i,\mathrm{W}}\right) \tag{6.49}$$

$\dot{n}_{i,\text{Ü}}$ konvektiver Stoffmengenstrom, A Querschnittsfläche, β Stoffübergangskoeffizient, c_i Stoffmengenkonzentration der fluiden Phase, $c_{i,\mathrm{W}}$ Stoffmengenkonzentration an der Wandoberfläche

In Analogie zum Stoffübergang ist die treibende Kraft beim Wärmeübergang die Temperaturdifferenz zwischen der Strömung und der Austauscherwand.

$$J_{\text{ÜW}} = \frac{\dot{Q}_{\text{Ü}}}{A} = \alpha \cdot (T - T_{\mathrm{W}}) \tag{6.50}$$

$\dot{Q}_{\text{Ü}}$ konvektiver flächenbezogener Wärmestrom, A Querschnittsfläche, α Wärmeübergangskoeffizient, T Temperatur der fluiden Phase, T_{W} Temperatur der Wandoberfläche

Die Übergangskoeffizienten (Übergangszahlen) α und β lassen sich mithilfe der **dimensionslosen Kennzahlen** berechnen (vgl. Formelsammlung beim Zusatzmaterial online).

6.3.2 Erhaltungssätze

Neben den Transportprozessen von Stoff und Wärme haben die Erhaltungssätze von Masse und Energie eine besondere Bedeutung. Erhaltungssätze sind Erfahrungssätze und sagen aus, dass bestimmte physikalische Größen bei stofflichen und energetischen Prozessen innerhalb eines isolierten Systems in ihrer Summe konstant bleiben.

Erhaltungssatz der Masse

In einem geschlossenen System ohne Zu- und Abflüsse bleibt die Gesamtmasse konstant. Dieser Satz von der **Erhaltung der Masse** gilt unabhängig von Veränderungen des physikalischen Zustandes oder der chemischen Zusammensetzung, welche die in diesem System enthaltenen Stoffe erfahren können.

Beispiel 6.4

Verbrennung von Kohlenstoff in einem diskontinuierlichen Reaktor. Die Reaktionsgleichung lautet:

$$C\ (s) + O_2\ (g) \rightarrow CO_2\ (g) + 394\ kJ/mol$$

$$12\ g + 32\ g = 44\ g$$

Es handelt sich um die vollständige Verbrennung von Kohlenstoff. Die Reaktionsenthalpie von $\Delta H_R = -394$ kJ/mol deutet an, dass es sich um eine exotherme Reaktion handelt. Die entstehende Reaktionswärme taucht deshalb auf der Produktseite auf und gilt für einen Reaktionsumsatz (= 12 g Kohlenstoff).

Das Beispiel zeigt, dass die Gesamtmasse (= 44 g) zu jedem Zeitpunkt des Reaktionsverlaufs konstant ist. Vergleicht man zwei Massen zu den Zeitpunkten t_1 und t_2, dann gilt:

$$m_1 = m_2 \tag{6.51}$$

Bei kontinuierlich durchströmten Systemen, z. B. in einem kontinuierlich betriebenen Rührkessel, ergibt sich der Massenerhalt in Abhängigkeit von der Betriebsführung. In Bild 6.2 sind der stationäre und der instationäre Fall dargestellt.

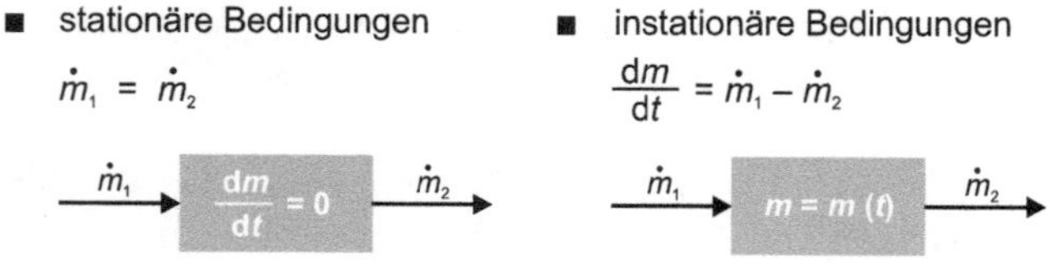

Bild 6.2 Massenerhalt unter stationären und instationären Bedingungen

Im Unterschied zur Gesamtmasse und zu den Massen der einzelnen Elemente hat der Erhaltungssatz für einzelne chemische Verbindungen keine Gültigkeit, da bei chemischen Reaktionen die Stoffe gebildet oder verbraucht werden. Falls jedoch eine stoffliche Bilanzierung von Interesse ist, so kann diese für einzelne Komponenten **(Stoffbilanzen)** erfolgen.

Erhaltungssatz der Energie

Nach dem ersten Hauptsatz der Thermodynamik ist die Energie in einem isolierten System konstant. Es kann weder Energie gewonnen werden noch verloren gehen, sondern nur in andere Energieformen umgewandelt werden. In der chemischen Verfahrenstechnik spielt die Umwandlung von chemischer Energie in Wärmeenergie (und umgekehrt) eine besondere Rolle. Die Energiebilanz liegt deshalb als Wärmebilanz vor:

$$\frac{\mathrm{d}\left(m \cdot c_p \cdot T\right)}{\mathrm{d}t} = \left(\dot{m} \cdot c_p \cdot T\right)^{\mathrm{Ein}} - \left(\dot{m} \cdot c_p \cdot T\right)^{\mathrm{Aus}} + r \cdot \Delta H_{\mathrm{R}} \tag{6.52}$$

$\frac{\mathrm{d}(m \cdot c_p \cdot T)}{\mathrm{d}t}$ zeitliche Änderung der Enthalpie innerhalb des Bilanzraumes, $\left(\dot{m} \cdot c_p \cdot T\right)^{\mathrm{Ein}}$ die durch den Massenstrom dem Bilanzraum zugeführte Wärmemenge, $\left(\dot{m} \cdot c_p \cdot T\right)^{\mathrm{Aus}}$ die dem Bilanzraum durch den Massenstrom abgeführte Wärmemenge, $r\ (-\Delta H_{\mathrm{R}})$ Wärme, die innerhalb des Bilanzraumes durch eine chemische Reaktion umgesetzt wurde

Bei homogenen Reaktionssystemen treten im Bilanzgebiet wegen fehlender Phasengrenzen keine Übergangsströme auf. Sie sind jedoch als Wärmeübergangsterme zu berücksichtigen, wenn sie eine Wärmezufuhr (Heizung) oder Wärmeabfuhr (Kühlung) beschreiben. Bei Mehrphasensystemen sind Bilanzgleichungen für jede auftretende Phase zu formulieren, die durch Übergangsströme gekoppelt sind.

Bilanzen

Allgemeine stoffliche Bilanzierungen beziehen sich auf ein definiertes Reaktorvolumen oder Volumenelement und berücksichtigen die zeitlichen Änderungen der Menge (Masse, Stoffmenge) oder Konzentration eines Stoffes, die bei kontinuierlichem Betrieb (Eintritt, Austritt) oder durch die Reaktion (Bildung, Verbrauch) verursacht werden. Analog gilt dieser Sachverhalt auch für die Wärmebilanzierung, bei der im Zusammenhang mit einer chemischen Reaktion die Reaktionsenthalpie (Reaktionswärme) bilanztechnisch zu berücksichtigen ist.

Bild 6.3-A zeigt den Bilanzraum eines Rührkessels, bei dem die gesamte Reaktionsmasse das Reaktionsvolumen einnimmt. In dem kontinuierlich betriebenen Rührkessel kann davon ausgegangen werden, dass es durch eine intensive Durchmischung zu keinerlei Stoff- oder Temperaturgradienten kommt.

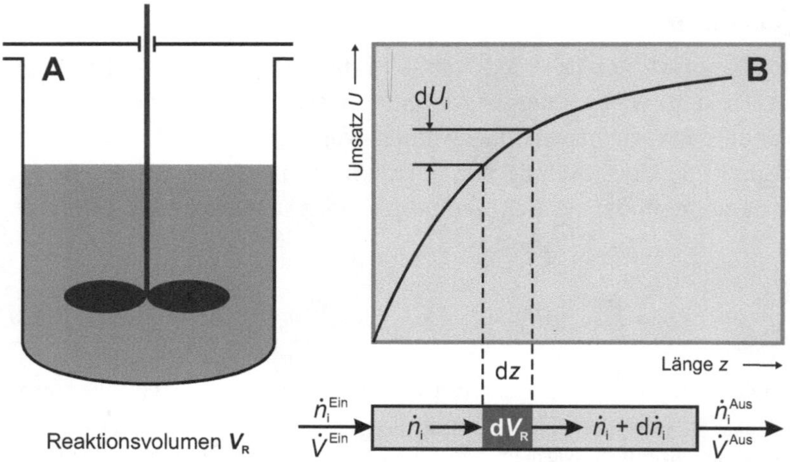

Bild 6.3 Reaktionsvolumen eines Rührkessels (A) und ein Volumenelement eines Rohrreaktors (B) als Bilanzraum

Das Bild zeigt außerdem einen Rohrreaktor, über dessen Längskoordinate z Änderungen der zu bilanzierenden Größen (Umsatz, Stoffmenge oder Temperatur) auftreten. Der Bilanzraum ist nicht mehr das Reaktionsvolumen, sondern ein Volumenelement dV_R mit der Länge dz (vgl. Bild 6.3-B). Hier ist die Änderung der Variablen (Umsatz) differenziell klein im Vergleich zum Gesamtstoffmengenstrom.

7 Kinetik chemischer Reaktionen

7.1 Reaktionsgeschwindigkeit

Die Reaktionskinetik beschäftigt sich mit Untersuchungen der Geschwindigkeit und Mechanismen von chemischen Reaktionen. Der zeitliche Verlauf einer einfachen Reaktion, bei der Edukte zu Produkten umgewandelt werden, ist in Bild 7.1 gezeigt.

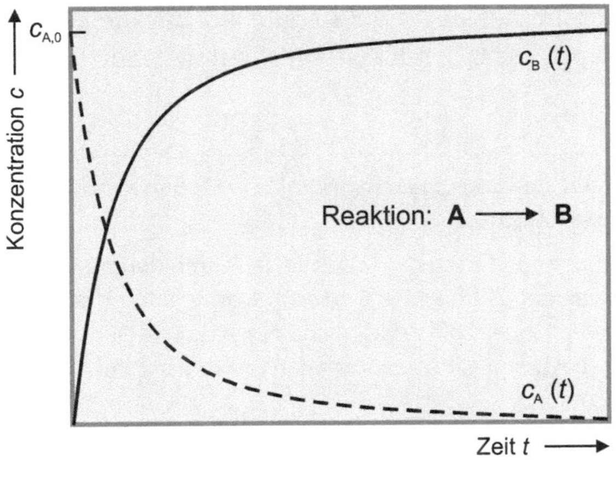

Bild 7.1 Konzentrationsverlauf als Funktion der Zeit für die Umwandlung des Eduktes A in das Produkt B

Die Reaktion führt in Abhängigkeit von der Zeit zu einer Abnahme der Eduktkonzentration unter gleichzeitiger Zunahme der Produktkonzentration. Eine Möglichkeit, den Vorgang quantitativ zu beschreiben, besteht in der Definition der Reaktionsgeschwindigkeit als Konzentrationsänderung mit der Zeit.

Ausgehend von folgender allgemeiner Reaktionsgleichung mit den Edukten (A, B) auf der linken Seite und den Produkten (C, D) auf der rechten Seite sowie den stöchiometrischen Koeffizienten:

$$a\,\mathrm{A} + b\,\mathrm{B} + \ldots \rightarrow c\,\mathrm{C} + d\,\mathrm{D} + \ldots$$

ergibt sich die Stoffmengenänderung der Komponente i zu einem beliebigen Zeitpunkt:

$$n_i = n_{i,0} + \nu_i \cdot \xi \qquad (7.1)$$

n_i Stoffmenge der Komponente i, $n_{i,0}$ Stoffmenge der Komponente i zu Beginn der Reaktion, ν_i stöchiometrischer Koeffizient der Komponente i, ξ Umsatzvariable für den Ablauf der Reaktion

Die in Abschnitt 6.1.2 mit Formel 6.13 definierte **Umsatzvariable ξ** ist unabhängig gegenüber den Reaktionspartnern und beschreibt somit den Fortschritt einer chemischen Reaktion ohne Spezifizierung des Reaktionspartners. Sie ist daher besonders zur Definition der extensiven **Reaktionsgeschwindigkeit r** als Änderung der Umsatzvariablen mit der Zeit geeignet:

$$r = \frac{\mathrm{d}\xi}{\mathrm{d}t} = \frac{1}{\nu_i} \cdot \frac{\mathrm{d}n_i}{\mathrm{d}t} \qquad (7.2)$$

Die Umsatzgeschwindigkeit eines Reaktionspartners $\mathrm{d}\xi/\mathrm{d}t$ hängt daher mit der Reaktionsgeschwindigkeit $r \cdot \nu_i$ zusammen. Der stöchiometrische Koeffizient ν_i ist für **Produkte immer positiv** und für **Edukte immer negativ.** Es ergibt sich für die Reaktionsgeschwindigkeit die Dimension Stoffmenge durch Zeit. Die SI-Einheit lautet dann beispielsweise mol/s oder kmol/h.

Beispiel 7.1: Zusammenhang der Reaktionsgeschwindigkeit mit den stöchiometrischen Koeffizienten einer Reaktion

Die Herstellung von Salpetersäure erfolgt nach dem *Ostwald*-Verfahren durch katalytische Oxidation von Ammoniak bei 850 bis 950 °C zu NO (Schritt 1). Nach dem Abkühlen reagiert NO mit weiterem Sauerstoff zu NO_2 (Schritt 2), das zu N_2O_4 dimerisiert (Schritt 3). Das Verfahren besteht aus drei exothermen Reaktionsstufen:

1. $NH_3 \rightarrow NO \quad \Delta H_R = -904$ kJ/mol
2. $NO \rightarrow NO_2 \quad \Delta H_R = -114$ kJ/mol
3. $2\,NO_2 \rightarrow N_2O_4 \quad \Delta H_R = -57$ kJ/mol

Als Katalysator werden Pt/Rh-Drahtnetze verwendet. Die Verweilzeit am Katalysator wird mit ca. 1 ms relativ kurz gehalten, wegen der N_2-Bildung als Nebenreaktion. Die Selektivität liegt bei ca. 95 %. Durch Absorption des entstehenden N_2O_4 in Gegenwart von O_2 wird Salpetersäure (Schritt 4) gebildet.

4. $2\,N_2O_4 + 1\,O_2 + 2\,H_2O \rightarrow 4\,HNO_3$

Als letzter Schritt kommt noch eine Abgasreinigungsstufe hinzu. Die Reaktionsgeschwindigkeit von z. B. Schritt 4 kann entsprechend Formel 7.2 für jede Spezies ausgedrückt werden:

$$r = -\frac{1}{2} \cdot \frac{dn_{N_2O_4}}{dt} = -\frac{dn_{O_2}}{dt} = -\frac{1}{2} \cdot \frac{dn_{H_2O}}{dt} = +\frac{1}{4} \cdot \frac{dn_{HNO_3}}{dt}$$

Die Vorzeichenkonvention sieht für die Edukte Distickstofftetroxid, Sauerstoff und Wasser ein negatives Vorzeichen und für das Produkt Salpetersäure ein positives Vorzeichen vor. In diesem Beispiel regieren 2 mol Distickstofftetroxid mit 1 mol Sauerstoff. Dies bedeutet, dass die Reaktionsgeschwindigkeit von N_2O_4 doppelt so groß ist wie die von O_2.

Die Definition der Reaktionsgeschwindigkeit r ist in der dargestellten Form (Formel 7.2) eine extensive Größe, d. h., sie hängt von der Systemgröße ab. Sie kann jedoch in eine intensive Größe umgewandelt werden, indem Formel 7.2 durch das Volumen des Systems geteilt wird.

$$R = \frac{r}{V} = \frac{1}{V} \cdot \left(\frac{1}{\nu_i} \cdot \frac{dn_i}{dt} \right) = \frac{1}{\nu_i} \cdot \frac{dc_i}{dt} \tag{7.3}$$

Für gelöste Stoffe ist die Anwendung der Formel 7.3 offensichtlich. Sie kann jedoch auch für Gase verwendet werden.

Exkurs 7.1 Reaktionskinetik und Reaktionsmechanismen

Reaktionskinetik ist die **Lehre von der Geschwindigkeit** chemischer Reaktionen. Durch Beobachtung der Geschwindigkeit, mit der Reaktionen ablaufen, und Bestimmung von Parametern wie z. B. Temperatur, Druck und Konzentration lassen sich erste Einblicke in die mechanistischen Abläufe von Reaktionen erzielen. Die Kenntnis dieser Informationen ermöglicht es im Prinzip, Reaktionen zu steuern, um gewünschte Endprodukte aus bestimmten Ausgangsstoffen herzustellen.

Die genaue Beschreibung, wie eine Reaktion in ihren einzelnen Schritten abläuft, wird **Reaktionsmechanismus** genannt. Chemische Reaktionen laufen in der Regel nicht so ab, wie es die Reaktionsgleichung angibt. Die Umwandlungen vollziehen sich in mehrstufigen Schritten. Die Reaktionsmechanismen sind somit nur Vorstellungen über einen möglichen Reaktionsablauf (Modell).

Teilgebiete der Reaktionskinetik:

- Konzentrationsabhängigkeit der Geschwindigkeit
- Formulierung von Geschwindigkeitsgesetzen
- Hypothese des Reaktionsablaufs (Mechanismus)
- Temperaturabhängigkeit der Geschwindigkeit
- Einfluss weiterer Stoffe auf die Reaktionsgeschwindigkeit (Katalysatoren und Inhibitoren)

7.2 Gesetze der Reaktionskinetik

Die Geschwindigkeit einer chemischen Reaktion hängt, wie bereits dargelegt von Temperatur, Druck und Konzentrationen der an der Umsetzung beteiligten Stoffe ab. Darüber hinaus kann die Geschwindigkeit von der oder den Phasen abhängen, in denen die Reaktion stattfindet. **Homogene Reaktionen** laufen in einer einzigen Phase ab, während **heterogene Reaktionen** mehrere Phasen benötigen. Katalytische Reaktionen, die an der Oberfläche eines Feststoffes stattfinden, sind klassische Beispiele von heterogenen Reaktionen (vgl. Kapitel 8).

Für die meisten homogenen Reaktionen kann ein empirisches Gesetz zwischen den Eduktkonzentrationen und der Geschwindigkeit der Reaktion ermittelt werden. Diese empirische Beziehung wird **Geschwindigkeitsgesetz** genannt und lässt sich auf der Basis folgender Reaktionsgleichung ermitteln:

$$a\,\mathrm{A} + b\,\mathrm{B} + \ldots \longrightarrow c\,\mathrm{C} + d\,\mathrm{D} + \ldots$$

$$R = k \cdot c_{\mathrm{A}}^{\alpha} \cdot c_{\mathrm{B}}^{\beta} \cdot \ldots \tag{7.4}$$

R intensive Reaktionsgeschwindigkeit, c_{A} Stoffmengenkonzentration des Eduktes A, c_{B} Stoffmengenkonzentration des Eduktes B, α Reaktionsordnung bezüglich der Komponente A, β Reaktionsordnung bezüglich der Komponente B, k Konstante

Der Exponent, mit dem die Stoffmengenkonzentration eines Reaktionspartners in der Geschwindigkeitsgleichung auftritt, wird **Reaktionsordnung** bezüglich der jeweiligen Komponente i genannt. Hat der Exponent den Wert 0, 1, 2 oder 3, so spricht man von nullter, erster, zweiter oder dritter Ordnung. Es sind auch gebrochene Ordnungen möglich. Die Gesamtreaktionsordnung n entspricht der Summe der einzelnen Reaktionsordnungen:

$$n = \alpha + \beta + \gamma + \ldots + \omega \tag{7.5}$$

Die Teilordnungen (Exponenten) a, β, γ usw. entsprechen im Allgemeinen nicht den stöchiometrischen Koeffizienten der Reaktion.

Die Konstante k wird als **Reaktionsgeschwindigkeitskonstante** der Reaktion bezeichnet. Sie ist unabhängig von der Konzentration und stellt eine Funktion von Druck und Temperatur dar. In der Reaktionskinetik (Formel 7.4) dient die Geschwindigkeitskonstante als Proportionalitätskonstante zwischen den Konzentrationen der verschiedenen Komponenten und der Reaktionsgeschwindigkeit.

Tabelle 7.1 Verhältnis zwischen dem kinetischem Gesetz, Reaktionsordnung und Geschwindigkeitskonstante

Kinetisches Gesetz	Reaktionsordnung	Einheit von *k*
$R = k$	Null	mol/(l · s)
$R = k \cdot c_A$	1. Ordnung in Bezug auf A 1. Ordnung insgesamt	1/s
$R = k \cdot c_A^2$	2. Ordnung in Bezug auf A 2. Ordnung insgesamt	l/(mol · s)
$R = k \cdot c_A \cdot c_B$	1. Ordnung in Bezug auf A 1. Ordnung in Bezug auf B 2. Ordnung insgesamt	l/(mol · s)
$R = k \cdot c_A \cdot c_B \cdot c_C$	1. Ordnung in Bezug auf A 1. Ordnung in Bezug auf B 1. Ordnung in Bezug auf C 3. Ordnung insgesamt	l/(mol^2 · s)

Die dimensionsanalytische Betrachtung von Formel 7.3 zeigt, dass die Reaktionsgeschwindigkeit immer die Dimension Konzentration durch Zeit aufweisen muss. Aus diesem Grund ist die Einheit für die Reaktionsgeschwindigkeitskonstante variabel (vgl. Tabelle 7.1). Das Verhältnis zwischen Reaktionskinetik, Ordnung und Einheit der Geschwindigkeitskonstante ist in Tabelle 7.1 dargestellt.

7.2.1 Differenzialgleichungen

Bei Ratengleichungen (z. B. Formel 7.6) handelt es sich um Differenzialgleichungen erster Ordnung in der Zeit. Die erste Zeitableitung der Konzentration eines Stoffes entspricht hierbei einer Funktion aller anderen zeitabhängigen Konzentrationen. Wir betrachten der Einfachheit halber eine Reaktion 1. Ordnung, die sich mit folgender Reaktionsgleichung beschreiben lässt:

$$A \rightarrow \text{Produkte}$$

Die Anfangskonzentration (bei $t = 0$) von A ist gleich $c_{A,0}$. Zur Erfassung des Reaktionsfortschritts führt man zweckmäßigerweise die Variable c_A ein. Es ergibt sich folgende Differenzialgleichung:

$$-\frac{dc_A}{dt} = k \cdot c_A \tag{7.6}$$

Durch Umstellung und Trennung der Variablen c_A und t ergibt sich:

$$-\frac{dc_A}{c_A} = k \cdot dt$$

und nach Integration beider Seiten in den Grenzen $c_{A,0}$ bis c_A und $t = 0$ bis t erhält man:

$$-\ln c_A = k \cdot t + \text{konst.}$$

Die Integrationskonstante ist einfach zu ermitteln. Bei $t = 0$ ist $c_A = c_{A,0}$, das bedeutet, die Konstante entspricht $-\ln c_{A,0}$. Dies führt zu:

$$\ln c_{A,0} - \ln c_A = k \cdot t \tag{7.7}$$

Bei komplexeren Reaktionen können auch gekoppelte Differenzialgleichungen auftreten.

$$\frac{dc_A}{dt} = f_1(c_A, c_B) \tag{7.8}$$

$$\frac{dc_B}{dt} = f_2(c_A, c_B) \tag{7.9}$$

Bei Festlegung beider Anfangsbedingungen $c_{A,0}$ und $c_{B,0}$ ergeben sich eindeutige Lösungen für c_A und c_B.

7.2.2 Reaktionen nullter Ordnung

Das einfachste Geschwindigkeitsgesetz enthält die Konzentration des Eduktes in nullter Potenz. Damit wird der Konzentrationsausdruck c_A^0 im Geschwindigkeitsgesetz gleich eins und die Reaktionsgeschwindigkeit eine Konstante. Das differenzielle Zeitgesetz einer Reaktion 0. Ordnung lautet somit:

$$-\frac{dc_A}{dt} = k \tag{7.10}$$

In kinetischen Experimenten werden im Allgemeinen keine differenziellen Konzentrationsänderungen gemessen, sondern Konzentrationen zu bestimmten Zeiten. Daher ist die integrierte Form des differenziellen Zeitgesetzes für die Auswertung kinetischer Ergebnisse besser geeignet:

$$-c_A = k \cdot t + \text{konst.} \tag{7.11}$$

Die Integrationskonstante der unbestimmten Form kann wieder aus den Anfangsbedingungen des Experiments ermittelt werden. Zum Zeitpunkt $t = 0$ liegt die Anfangskonzentration von A vor ($c_A = c_{A,0}$). Eingesetzt in Formel 7.11 ergibt sich die bestimmte Form des integrierten Zeitgesetzes einer Reaktion 0. Ordnung zu:

$$c_{A,0} - c_A = k \cdot t \tag{7.12}$$

Die grafische Auftragung der Konzentration in Abhängigkeit von der Zeit (vgl. Bild 7.2-A) ergibt eine Gerade mit der negativen Steigung $-k$.

Beispiele für Reaktionen 0. Ordnung sind Elektrolysen bei konstanter Stromstärke, Absorption von Gasen in Flüssigkeiten, Reaktionen an festen Grenzflächen durch Adsorption.

7.2.3 Reaktionen erster Ordnung

Das Zeitgesetz für eine Reaktion 1. Ordnung beispielsweise für die Umwandlung von A → B lautet in differenzieller Form:

$$-\frac{dc_A}{dt} = k \cdot c_A \tag{7.13}$$

Die Reaktionsgeschwindigkeit ist zu jedem Zeitpunkt der aktuellen Konzentration c_A proportional. Sie ist zu Beginn der Umsetzung am größten und reduziert sich mit abnehmender Konzentration. Bezeichnet man die Anfangskonzentration des Stoffes A zum Zeitpunkt $t = 0$ mit $c_{A,0}$, die Konzentration zu einer beliebigen Zeit t mit c_A, so lässt sich das Zeitgesetz in diesen Grenzen integrieren:

$$\ln \frac{c_A}{c_{A,0}} = -k \cdot t \quad (y = -m \cdot x) \tag{7.14}$$

Die logarithmische Darstellung des integrierten Zeitgesetzes ist als **Geradenfunktion** ($y = -m \cdot x$) für praktische Zwecke, z. B. für die grafische Bestimmung der Reaktionsgeschwindigkeitskonstanten, gut geeignet. Durch Entlogarithmierung von Formel 7.14 ergibt sich:

$$c_A = c_{A,0} \cdot e^{-k \cdot t} \tag{7.15}$$

Die Konzentration von A nimmt somit exponentiell ab (vgl. Bild 7.2-B).

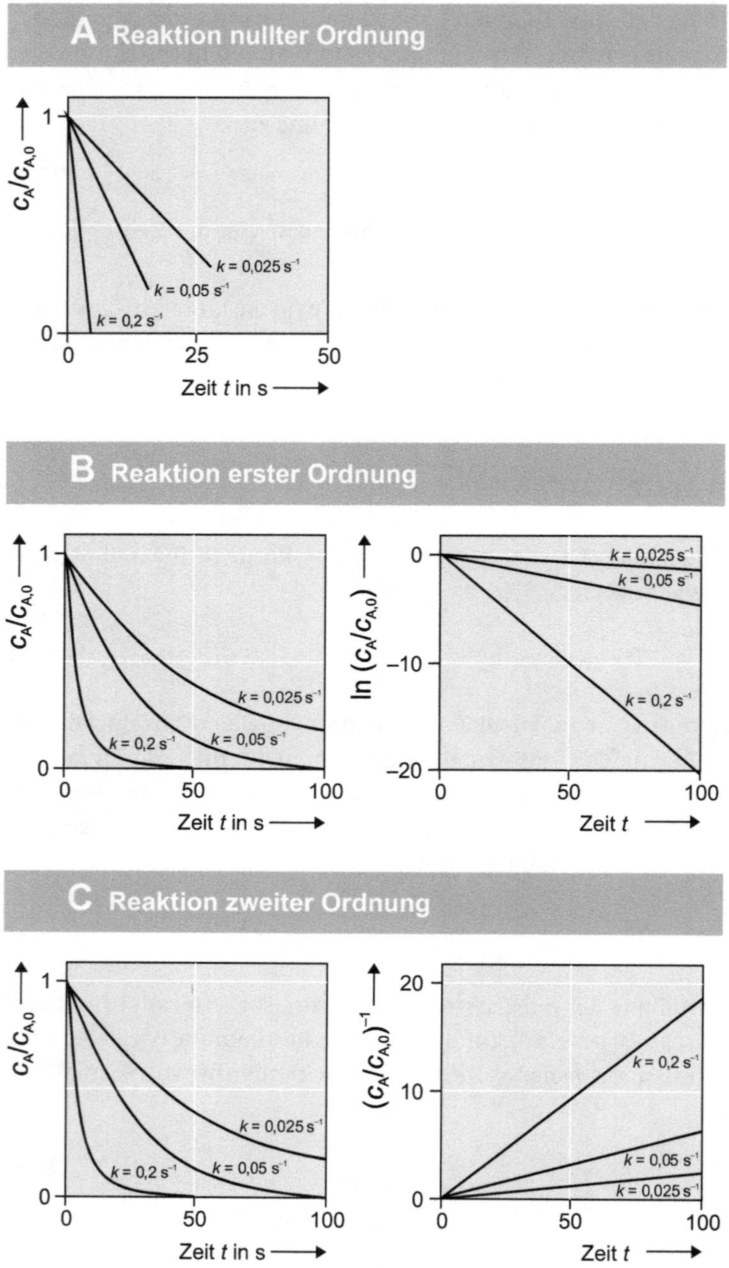

Bild 7.2 Konzentrations-/Zeit-Diagramme in unterschiedlicher Auftragung. (A) Reaktion 0. Ordnung, (B) Reaktion 1. Ordnung mit linearer und halblogarithmischer Auftragung, (C) Reaktion 2. Ordnung mit linearer und reziproker Auftragung der Konzentration

Halbwertszeit von Reaktionen 1. Ordnung

Die Zeit, in der sich die Eduktkonzentration auf die Hälfte ihres Ausgangswertes verringert hat, wird als Halbwertszeit $t_{1/2}$ einer Reaktion bezeichnet. Man erhält den Bezug zur Reaktionsgeschwindigkeit, wenn entsprechend der Definition im Zeitgesetz für die Konzentration $c_A = {}^1/_2 c_{A,0}$ gesetzt wird. Bei einer Reaktion 1. Ordnung ist die Halbwertszeit von der Ausgangskonzentration unabhängig:

$$-k \cdot t_{\frac{1}{2}} = \ln\left(\frac{\frac{c_{A,0}}{2}}{c_{A,0}}\right) = -\ln 2$$

$$t_{1/2} = \frac{\ln 2}{k} \tag{7.16}$$

Beispiel 7.2

Das Kohlenstoffisotop ^{14}C ist radioaktiv und hat eine Halbwertszeit von 5760 Jahren. Lebende Materie, z. B. der Mensch, tauscht mit seiner Umgebung Kohlenstoff in Form von Kohlenstoffdioxid, z. B. bei der Atmung, aus. Es entsteht während seiner Lebensphase ein konstantes Niveau des radioaktiven ^{14}C-Isotops, das 15,2 Zerfallsereignissen pro Minute entspricht. Nach seinem Tod wird der im verstorbenen Körper enthaltene Kohlenstoff nicht weiter mit der Umgebung ausgetauscht. Die zurückbleibende Menge des ^{14}C-Isotops verringert sich im Laufe der Zeit durch den radioaktiven Zerfall.

Bei einem Mumienfund konnten noch 6,8 Zerfallsprozesse pro Minute des ^{14}C-Kohlenstoffisotops gemessen werden. Wann ist dieser Mensch gestorben?

Lösung: Das Verhältnis der Zerfallsprozesse entspricht dem Verhältnis der aktuell vorhandenen Menge ^{14}C zur Menge, die beim Tod des Menschen vorhanden war.

$$\frac{m\ (^{14}\mathrm{C})}{m_0\ (^{14}\mathrm{C})} = \frac{6,8\ \mathrm{min}^{-1}}{15,2\ \mathrm{min}^{-1}} = 0,447$$

Die Geschwindigkeitskonstante k steht mit der Halbwertszeit $t_{1/2}$ in folgender Beziehung:

$$k = \frac{\ln 2}{t_{1/2}} = \frac{\ln 2}{5760\ \mathrm{a}} = \frac{\ln 2}{1,82 \cdot 10^{11}\ \mathrm{s}} = 3,81 \cdot 10^{-12}\ \mathrm{s}^{-1}$$

Das Alter des verstorbenen Menschen wird mithilfe der Geschwindigkeitskonstanten und des Verhältnisses der Isotopenkonzentration bestimmt:

$$\frac{m\ (^{14}\mathrm{C})}{m_0\ (^{14}\mathrm{C})} = \mathrm{e}^{-k \cdot t}$$

$$t = -\frac{1}{k} \ln\left(\frac{m\ (^{14}\mathrm{C})}{m_0\ (^{14}\mathrm{C})}\right) = -\frac{1}{3,81 \cdot 10^{-12}} \ln 0,447 = 2,11 \cdot 10^{11}\ \mathrm{s}$$

Die Zeit entspricht einem Alter von ca. 4800 Jahren.

Beispiele für Reaktionen 1. Ordnung sind der radioaktive Zerfall von instabilen Isotopen und die thermische Zersetzung von Verbindungen.

7.2.4 Reaktionen zweiter Ordnung

Ist in der Geschwindigkeitsgleichung der Exponent oder die Summe der Exponenten gleich 2, so handelt es sich um eine Reaktion 2. Ordnung. Betrachtet man eine allgemeine Reaktion A + B → Produkte, so kann die Umsetzung nach einem der drei möglichen Zeitgesetze 2. Ordnung verlaufen:

$$-\frac{dc_A}{dt} = k \cdot c_A^2 = k \cdot c_B^2 = k \cdot c_A \cdot c_B \tag{7.17}$$

Reaktionen 2. Ordnung, die nur eine Spezies (A oder B) betreffen, werden als Typ I bezeichnet. Der zweite Typ umfasst zwei Edukte, bei dem die Reaktionskinetik 1. Ordnung in Bezug auf jedes Edukt ist. Die Gesamtordnung beträgt dann zwei. Sie werden als Reaktionen 2. Ordnung des Typs II bezeichnet.

Reaktionen 2. Ordnung vom Typ I

Das entsprechende Geschwindigkeitsgesetz für eine Reaktion vom **Typ I** (2 A → Produkte) lautet:

$$-\frac{1}{2} \cdot \frac{dc_A}{dt} = k \cdot c_A^2 \Rightarrow -\frac{dc_A}{dt} = 2 \cdot k \cdot c_A^2 \tag{7.18}$$

Das Produkt $2 \cdot k$ wird durch $k_{eff.}$ ersetzt. Durch Integration in den bekannten Grenzen ergibt sich folgender Ausdruck:

$$\frac{1}{c_A} = \frac{1}{c_{A,0}} + k_{eff.} \cdot t \quad (y = b + m \cdot x) \tag{7.19}$$

Formel 7.19 zeigt, dass eine grafische Darstellung des Kehrwertes der Eduktkonzentration gegen die Zeit für eine Reaktion 2. Ordnung zu einer Geraden mit der Steigung $k_{eff.}$ und einem Schnittpunkt mit der y-Achse von $1/c_{A,0}$ führt (vgl. Bild 7.2-C).

Halbwertszeit von Reaktionen 2. Ordnung (Typ I)

Vor dem Hintergrund der Definition der Halbwertszeit (vgl. Abschnitt 7.2.3) ergibt sich für eine Reaktion 2. Ordnung, Typ I folgender Ausdruck:

$$t_{1/2} = \frac{1}{k_{eff.} \cdot c_{A,0}} \tag{7.20}$$

Im Gegensatz zur Reaktion 1. Ordnung hängt die Halbwertszeit einer Reaktion 2. Ordnung von der Anfangskonzentration des Eduktes ab. Die umgekehrte Proportionalität bedeutet, dass eine Erhöhung der Anfangskonzentration zur Verringerung der Halbwertszeit führt.

Reaktion 2. Ordnung vom Typ II

Das Reaktionsverhalten dieser Reaktion schließt zwei verschiedene Edukte (A und B) ein, die nach folgender Gleichung reagieren: A + B → Produkte. Die Reaktion ist sowohl in A wie auch in B erster Ordnung. Die Reaktionsgeschwindigkeit lautet daher:

$$R = k \cdot c_A \cdot c_B \tag{7.21}$$

Gleichzeitig entspricht die Geschwindigkeit in Bezug auf die zeitliche Ableitung der Konzentration beider Edukte:

$$R = -\frac{dc_A}{dt} = -\frac{dc_B}{dt} \tag{7.22}$$

Des Weiteren gilt bei dieser Stöchiometrie: $c_{A,0} - c_A = c_{B,0} - c_B$. Nach Substitution von $c_{B,0} - c_{A,0}$ durch Δ ergibt sich die Konzentration von B:

$$c_B = c_A + \Delta \tag{7.23}$$

Die Gleichung liefert eine Definition für B hinsichtlich A und des Unterschiedes der Anfangskonzentrationen Δ. Man erhält das integrierte Geschwindigkeitsgesetz, indem man zunächst Formel 7.21 und Formel 7.22 gleichsetzt.

$$\frac{dc_A}{dt} = -k \cdot c_A \cdot c_B = -k \cdot c_A \cdot (\Delta + c_A)$$

$$\int_{c_{A,0}}^{c_A} \frac{dc_A}{c_A \cdot (\Delta + c_A)} = -\int_0^t k\, dt \tag{7.24}$$

Das die Lösung zur Konzentration A einschließende Integral ist gegeben durch

$$\int \frac{dx}{x \cdot (c + x)} = -\frac{1}{c} \cdot \ln\left[\frac{c + x}{x}\right]$$

Es ergibt sich hieraus die integrierte Reaktionskinetik zu:

$$-\frac{1}{\Delta} \ln\left(\frac{\Delta + c_A}{c_A}\right)_{c_{A,0}}^{c_A} = -k \cdot t$$

$$\frac{1}{\Delta}\left[\ln\left(\frac{\Delta + c_A}{c_A}\right) - \ln\left(\frac{\Delta + c_{A,0}}{c_{A,0}}\right)\right] = k \cdot t$$

$$\frac{1}{\Delta}\left[\ln\left(\frac{c_B}{c_A}\right) - \ln\left(\frac{c_{B,0}}{c_{A,0}}\right)\right] = k \cdot t$$

$$\frac{1}{c_{B,0} - c_{A,0}} \ln\left(\frac{c_B/c_{B,0}}{c_A/c_{A,0}}\right) = k \cdot t \tag{7.25}$$

Wenn die Anfangskonzentrationen beider Edukte gleich sind, lässt sich Formel 7.25 nicht anwenden. Der Ausdruck reduziert sich dann auf eine Reaktion 2. Ordnung, Typ I, wobei $k_{\text{eff.}} = k$ ist. Neben der Abhängigkeit der Eduktkonzentration von der Zeit hängt diese auch von der Konzentration weiterer Edukte ab.

Halbwertszeit von Reaktionen 2. Ordnung (Typ II)

Das Konzept der Halbwertszeit lässt sich auf Reaktionen 2. Ordnung vom Typ II nicht anwenden. Wenn die Edukte nicht im stöchiometrischen Verhältnis von 1 : 1 gemischt werden, betragen die Konzentrationen beider Spezies zur gleichen Zeit nicht die Hälfte ihrer Anfangskonzentrationen.

Reaktionen 2. Ordnung sind in der Chemie häufig anzutreffen. Charakteristisch ist der im Allgemeinen langsame Verlauf, der bei Reaktionen höherer Ordnung noch weiter abnimmt. Umsetzungen, die sich mit einem Geschwindigkeitsgesetz höherer Ordnung beschreiben lassen, sind selten.

7.2.5 Reaktionen dritter Ordnung

Eine Reaktion dritter Ordnung verläuft nach der allgemeinen Reaktionsgleichung: $A + B + C \rightarrow$ Produkte. Die Reaktionsgeschwindigkeit ist dem mathematischen Produkt der Konzentrationen der drei reagierenden Stoffe proportional:

$$R = -\frac{dc_A}{dt} = -\frac{dc_B}{dt} = -\frac{dc_C}{dt} = k \cdot c_A \cdot c_B \cdot c_C \tag{7.26}$$

Bezeichnet man die Anfangskonzentrationen der Stoffe A, B, C mit $c_{A,0}$, $c_{B,0}$, $c_{C,0}$ und führt für die Differenzen $c_{A,0} - c_A$ usw. jeweils die Bezeichnung x ein, so erhält man:

$$-\frac{dx}{dt} = k \cdot (c_{A,0} - x) \cdot (c_{B,0} - x) \cdot (c_{C,0} - x) \tag{7.27}$$

Es sind verschiedene Sonderfälle möglich. Sind die Konzentrationen von A und C gleich, verläuft die Reaktion nach dem Schema: $2\,A + B \rightarrow$ Produkte. Es ergibt sich mit $x = c_{B,0} - c_B = (c_{A,0} - c_A)/2$ folgende Beziehung:

$$-\frac{dx}{dt} = k \cdot (C_{A,0} - 2x)^2 \cdot (c_{B,0} - x) \tag{7.28}$$

Sind alle drei Anfangskonzentrationen gleich, $c_{A,0} = c_{B,0} = c_{C,0}$ oder sind die drei Stoffe gleich A = B = C, so ergibt sich für Reaktion: 3 A → Produkte folgender differenzieller Ansatz

$$-\frac{dx}{dt} = k \cdot (c_{A,0} - x)^3 \quad (7.29)$$

Die Integration vom Reaktionsbeginn an liefert:

$$k \cdot t = \frac{1}{2}\left[\frac{1}{(c_{A,0} - x)^2} - \frac{1}{(c_{A,0})^2}\right] \quad (7.30)$$

Halbwertszeit von Reaktionen 3. Ordnung

Die Halbwertszeit von Reaktionen 3. Ordnung ist dem Quadrat der Anfangskonzentration umgekehrt proportional. Es gilt für den Fall 3 A → Produkte:

$$t_{1/2} = \frac{3}{2 \cdot k \cdot (c_{A,0})^2} \quad (7.31)$$

Obwohl eine Reihe von Reaktionen bekannt sind, die nach dritter Ordnung ablaufen, wie beispielsweise folgende Reaktionen:

$2\ NO + O_2 \rightarrow 2\ NO_2$

$2\ NO + Cl_2 \rightarrow 2\ NOCl$

$2\ NO + Br_2 \rightarrow 2\ NOBr$

sind trimolekulare Reaktionen sehr selten, weil das gleichzeitige Zusammentreffen von drei Molekülen (Dreierstoß) relativ selten ist. Der Reaktionsverlauf nach 3. Ordnung ist bei den erwähnten Reaktionen dadurch bedingt, dass sie in zwei bimolekularen (Zweierstoß) Teilreaktionsschritten verlaufen:

1. $2\ NO + O_2 \rightleftarrows N_2O_4$
2. $N_2O_2 + O_2 \rightarrow 2\ NO_2$

7.2.6 Molekularität einer Reaktion

Durch Messung makroskopischer Größen (z. B. Konzentration oder Druck) lässt sich das vollständige Zeitgesetz nicht ermitteln. Ein Rückschluss auf den Mechanismus und damit auf die Anzahl der an einer **Elementarreaktion** (Reaktionsschritt) beteiligten Moleküle ist jedoch nicht möglich. Daher dürfen die **Reaktionsordnung** (experimentelle Erfahrung) und die **Molekularität** als Anzahl der Moleküle, die an einem Elementarschritt beteiligt sind, nicht verwechselt werden.

Geht man bei einer Reaktion von nur einem Molekül A als Edukt aus, so ist die Molekularität eins, und die Reaktion wird **monomolekular** genannt. Vor allem größere Moleküle haben die Möglichkeit, nach dieser Molekularität zu reagieren. Beispiele sind Spaltung von Brom- und Wassermolekülen, Ionisierungsreaktionen.

Bei **bimolekularen** Reaktionen reagieren zwei Moleküle miteinander ($A + B \rightarrow$ Produkte). Die Molekularität der Reaktion ist zwei. Die meisten Reaktionen laufen als bimolekulare Reaktionen ab. Beispiele sind radikalische Reaktionen, nukleophile Substitutionsreaktionen.

Im Gegensatz zur Reaktionen 3. Ordnung, die noch relativ häufig beobachtet werden, sind **trimolekulare** Reaktionen sehr selten. Höhere Molekularitäten sind noch unwahrscheinlicher, da der gleichzeitige Kontakt von drei Molekülen (Dreierstoß) ca. 1000-mal weniger wahrscheinlich ist als bimolekulare Reaktionen.

Nur bei Elementarreaktionen ist die Reaktionsordnung gleich der Molekularität. Die meisten Reaktionen bestehen jedoch nicht aus nur einer Elementarreaktion, sondern aus einer Folge nacheinander oder parallel ablaufender Elementarreaktionen. Eine Übereinstimmung von Reaktionsordnung und Molekularität ist immer nur rein zufällig.

7.3 Bestimmung von Reaktionsordnungen

Ausgehend von der allgemeinen Reaktionsgleichung: $A + B \rightarrow$ Produkte lässt sich folgendes Geschwindigkeitsgesetz formulieren:

$$R = k \cdot c_A^{\alpha} \cdot c_B^{\beta} \tag{7.32}$$

Die Messung der Geschwindigkeit, ausgehend von einzelnen Konzentrationen für A und B, lässt jedoch keine Bestimmung der beiden Ordnungen α und β zu, weil nur eine Formel 7.32 mit zwei unbekannten vorliegt. Man geht daher bei der Bestimmung der Reaktionsordnung von Messungen der Reaktionsgeschwindigkeit bei verschiedenen Konzentrationen aus.

7.3.1 Differenzialmethode

Die Differenzialmethode, die auch als **Isolationsmethode** bekannt ist, geht davon aus, dass die Reaktion mit allen Edukten bis auf eines im Überschuss durchgeführt wird. Unter diesen Bedingungen variiert nur die Konzentration dieses einen Eduktes während der Reaktion in einem signifikanten Ausmaß. Betrachtet man beispielsweise die mit Formel 7.32 dargestellte allgemeine Reaktion und führt den Versuch so durch, dass die Konzentration $c_A = 1$ mol/l beträgt und die von $c_B = 0{,}01$ mol/l, also nur 1 % von A, dann kommt die Reaktion zum Erliegen wenn das gesamte Edukt B verbraucht ist.

Die Konzentration des Eduktes kann mit einer Restkonzentration von 0,99 mol/l als konstant angesehen werden. Die Zeitunabhängigkeit vom Edukt A vereinfacht den Ausdruck des Reaktionsgeschwindigkeitsgesetzes zu:

$$R = -\frac{dc_B}{dt} = k' \cdot c_B^{\beta} \tag{7.33}$$

In Formel 7.33 entspricht k' dem Produkt der ursprünglichen Geschwindigkeitskonstanten k und c_A^{a}, die unter diesen Bedingungen beide zeitunabhängig sind und zu einer neuen Konstanten zusammengefasst werden können. Das Ziel dieser Vorgehensweise ist, die alleinige Abhängigkeit der Reaktionsgeschwindigkeit von c_B und die Teilreaktionsordnung β in Bezug auf B zu bestimmen. Durch Logarithmieren von Formel 7.34 erhält man

$$\lg\left|\frac{dc_B}{dt}\right| = \lg k' + \beta \cdot \lg c_B \tag{7.34}$$

Bei doppelt-logarithmischer Auftragung ergibt sich eine Gerade mit der Steigung der partiellen Ordnung β hinsichtlich B. Aus dem Ordinatenabschnitt $\lg k'$ ergibt sich die Konstante k.

Die Isolationsmethode kann und wird zur Bestimmung von α durch Messungen mit B im Überschuss angewendet.

7.3.2 Methode der Anfangsgeschwindigkeiten

Eine weitere Methode zur Bestimmung der Reaktionsordnung ist die Methode der Anfangsgeschwindigkeiten. Zunächst wird die Konzentration eines einzelnen Eduktes variiert, während die anderen Konzentrationen konstant gehalten werden. Nach Ermittlung der Anfangsgeschwindigkeit der Reaktion werden verschiedene Anfangsgeschwindigkeiten als Funktion der Konzentration dargestellt, um die Reaktionsordnung in Bezug auf dieses Edukt zu bestimmen.

Auf der Basis der mit Formel 7.32 dargestellten Reaktionsgleichung wird die Reaktionsgeschwindigkeit gemessen, während c_A variiert und die Konzentration von B konstant gehalten wird. Die Reaktionsgeschwindigkeit kann anschließend für zwei verschiedene Konzentrationen von A ausgewertet und die Teilordnung bezüglich A entsprechend nachfolgender Gleichung bestimmt werden.

$$\frac{R_1}{R_2} = \frac{k \cdot c_{A,1}^{\alpha} \cdot c_{B,0}^{\beta}}{k \cdot c_{A,2}^{\alpha} \cdot c_{B,0}^{\beta}} = \left(\frac{c_{A,1}}{c_{A,2}}\right)^{\alpha}$$

$$\ln\left(\frac{R_1}{R_2}\right) = \alpha \cdot \lg\left(\frac{c_{A,1}}{c_{A,2}}\right) \tag{7.35}$$

Eine analoge Strategie kann zur Bestimmung von β angewendet werden, wobei c_A konstant gehalten und die Abhängigkeit der Reaktionsgeschwindigkeit von c_B gemessen wird.

Beispiel 7.3

Gegeben ist die folgende Reaktionsgleichung: A + B → Produkte. Es soll auf der Basis nachfolgender Daten die Reaktionsordnung bezüglich A und B sowie die Geschwindigkeitskonstante berechnet werden.

Versuchsreihe	c_A in mol/l	c_B in mol/l	R_{Anfang} in mol/(l · s)
1.	$1{,}38 \cdot 10^{-4}$	$1{,}86 \cdot 10^{-5}$	$3{,}15 \cdot 10^{-4}$
2.	$2{,}76 \cdot 10^{-4}$	$3{,}72 \cdot 10^{-5}$	$2{,}52 \cdot 10^{-3}$
3.	$5{,}52 \cdot 10^{-4}$	$3{,}72 \cdot 10^{-5}$	$1{,}02 \cdot 10^{-2}$

Lösung: Unter Verwendung der Versuchsreihe (2) und (3) wird die Teilreaktionsordnung bezüglich A ermittelt:

$$\ln\left(\frac{R_2}{R_3}\right) = \alpha \cdot \lg\left(\frac{c_{A,2}}{c_{A,3}}\right)$$

$$\ln\left(\frac{2,52 \cdot 10^{-3}}{1,02 \cdot 10^{-2}}\right) = \alpha \cdot \lg\left(\frac{2,76 \cdot 10^{-4}}{5,52 \cdot 10^{-4}}\right)$$

$$-1,398 = \alpha \cdot (-0,693) \qquad \Rightarrow \alpha = 2$$

Die Teilordnung $\alpha = 2$ wird mit den Versuchsreihen (1) und (2) in folgende Gleichung eingesetzt und daraus die Teilordnung bezüglich B ermittelt:

$$\frac{R_1}{R_2} = \frac{k \cdot c_{A,1}^2 \cdot c_{B,1}^\beta}{k \cdot c_{A,2}^2 \cdot c_{B,2}^\beta} = \left(\frac{c_{A,1}}{c_{A,2}}\right)^2 \cdot \left(\frac{c_{B,1}}{c_{B,2}}\right)^\beta$$

$$\frac{3,15 \cdot 10^{-4}}{2,52 \cdot 10^{-3}} = \left(\frac{1,38 \cdot 10^{-4}}{2,76 \cdot 10^{-4}}\right)^2 \cdot \left(\frac{1,86 \cdot 10^{-5}}{3,72 \cdot 10^{-5}}\right)^\beta$$

$$-0,500 = \beta \cdot (-0,500) \qquad \Rightarrow \beta = 1$$

Die Reaktion ist in A zweiter und in B erster Ordnung, d. h., die Gesamtordnung beträgt 3. Die Geschwindigkeitskonstante kann aus einer beliebigen Messreihe bestimmt werden:

$$k = \frac{R}{c_A^2 \cdot c_B} = \frac{3,15 \cdot 10^{-4}}{\left(1,38 \cdot 10^{-4}\right)^2 \cdot 1,86 \cdot 10^{-5}} = 8,89 \cdot 10^8 \,\mathrm{mol}^2/\left(\mathrm{l}^2 \cdot \mathrm{s}\right)$$

Das Geschwindigkeitsgesetz lautet somit:

$$R = 8,89 \cdot 10^8 \,\mathrm{mol}^2/\left(\mathrm{l}^2 \cdot \mathrm{s}\right) \cdot c_A^2 \cdot c_B$$

7.3.3 Integrationsmethode

Die grafische Integrationsmethode dient zur Ermittlung der Geschwindigkeitskonstanten k' und der Ordnung n in Formel 7.33. Zunächst wird die Konzentration halblogarithmisch gegen die Zeit aufgetragen. Dies ergibt nur dann eine Gerade, wenn $n = 1$ ist. Trifft dies nicht zu, wird der Reihe nach die Konzentration als c^{1-n} gegen die Zeit t aufgetragen. Die Vorgehensweise führt nur bei der richtigen Gesamtordnung n zu einer Geraden.

Hat man die Teilordnung ermittelt, so ergibt sich aus der Steigung $(n-1) \cdot k'$ für Ordnungen $n > 1$ und $-k'$ für $n = 1$ die Pseudo-Konstante k'. Bei der numerischen Integrationsmethode werden für die verschiedenen Datensätze (c_A, c_B), die zur Ermittlung der Ordnung geführt haben, geprüft, ob sich für alle Wertepaare die gleiche Konstante k' ergibt. Erst dann hat man die Geschwindigkeitskonstante und die Ordnung(en) gefunden. Zur Absicherung der Genauigkeit sollten Konzentrationsdaten über mehrere Halbwertszeiten verwendet werden.

7.3.4 Halbwertszeitmethode

Die Halbwertszeit ist bei einer Gesamtordnung von $n = 1$ unabhängig von der Anfangskonzentration c_0. Bei höherer Ordnung ergibt sich:

$$\lg t_{1/2} = \lg\left(\frac{2^{n-1} - 1}{(n-1) \cdot k'}\right) - (n-1) \cdot \lg c_0 \tag{7.36}$$

Die Auftragung von $\lg t_{1/2}$ gegen $\lg c_0$ ergibt eine Gerade mit der Steigung $1 - n$. Aus dem Achsenabschnitt lässt sich k' bestimmen.

7.3.5 Konzentrationsabhängige Messgrößen

Bei vielen reaktionskinetischen Untersuchungen werden nicht unmittelbar Konzentrationen gemessen, sondern Größen wie beispielsweise Druck, pH-Wert oder Extinktion, die jedoch von der Temperatur abhängen. Sind die eigentlichen **Messgrößen zur Konzentration proportional,** werden die kinetischen Gleichungen auch mit diesen formuliert. Mit Ausnahme einer Reaktion 1. Ordnung hat dies eine Änderung von Zahlenwerten und Einheit der Geschwindigkeitskonstante zur Folge. Reaktionen 1. Ordnung haben unabhängig von der verwendeten Messgröße immer die gleiche Dimension (Zeit^{-1}) der Geschwindigkeitskonstanten.

Beispiel 7.4

Säuert man verdünnte Lösungen eines Chromats mit verdünnten Säuren an, so schlägt die gelbe Farbe des Chromats in die orange Farbe der Dichromats um. Betrachten wir das folgende Chromat-Dichromat-Gleichgewicht:

$$Cr_2O_7^{2-}\,(aq) + H_2O\,(l) \rightleftarrows 2\,CrO_4^{2-}\,(aq) + 2\,H^+\,(aq)$$

Entsprechend diesem Gleichgewicht enthält jede Chromatlösung (CrO_4^{2-}) auch Dichromationen ($Cr_2O_7^{2-}$). Durch Veränderung der Protonenkonzentration (Zusatz von Base oder Säure) kann das Gleichgewicht nach links oder rechts verschoben werden. Wie hängt der pH-Wert mit der ($Cr_2O_7^{2-}$)-Ionenkonzentration zusammen?

Lösung: Aus $+\frac{1}{2} \cdot \frac{dc(H^+)}{dt} = -\frac{dc\left(Cr_2O_7^{2-}\right)}{dt}$ ergibt sich durch Integration:

$$c\left(H^+\right) = c_0\left(H^+\right) - 2 \cdot \left[c\left(Cr_2O_7^{2-}\right) - c_0\left(CrO_4^{2-}\right)\right]$$

und wegen pH = –lg $c(H^+)$ und $c_0(H^+) = 10^{pH_0}$

$$pH = \lg\left\{10^{pH_0} - 2 \cdot \left[c\left(Cr_2O_7^{2-}\right) - c_0\left(CrO_4^{2-}\right)\right]\right\}$$

7.3.6 Experimentelle Bestimmungsmethoden

Die experimentelle Bestimmung der Geschwindigkeit einer chemischen Reaktion kann mit chemischen oder physikalischen Messverfahren erfolgen. Wie der Name bereits andeutet, basieren **chemische Verfahren** auf einem chemischen Prozess zur Bestimmung des kinetischen Verlaufs einer Reaktion. Es werden während der Reaktion Proben entnommen und so verfahren, dass nach der Probeentnahme die Reaktion beendet wird. Dies kann beispielsweise durch Abkühlung oder Zusatz von geeigneten Reagenzien erfolgen. Anschließend werden die Bestandteile der Proben analysiert und der kinetischen Auswertung zugeführt. Chemische Verfahren sind im Allgemeinen zeitaufwendig und umständlich in der Anwendung. Sie sind in der Regel auch auf langsam ablaufende Reaktionen beschränkt.

Moderne kinetische Untersuchungen basieren auf **physikalischen Verfahren.** Bei diesen Untersuchungen wird eine physikalische Eigenschaft des Systems genutzt, um den Ablauf einer zu untersuchenden Reaktion zu beobachten. Druckänderungen oder Volumendilatation bzw. Volumenkompression sind Beispiele hierfür. Es können aber auch spektroskopische Messungen mittels Infrarot- oder UV-Absorption angewandt werden, um Informationen zum Reaktionsgeschehen zu erhalten.

Eine der Herausforderungen der experimentellen Untersuchungsmethoden besteht in einer Beobachtung von Reaktionen mit hinreichender Zeitauflösung. Wenn es sich um relativ langsame Reaktionen handelt (Sekunden oder länger), können die beschriebenen chemischen Verfahren zur kinetischen Beobachtung herangezogen werden. Viele chemische Reaktionen verlaufen jedoch auf Zeitskalen im Piko- und Femtosekundenbereich (10^{-12} bis 10^{-15} s) ab. Solche Reaktionen können am einfachsten mit physikalischen Verfahren untersucht werden.

Blitzlichtfotolyse

Bei der Blitzlichtfotolyse wird die Probe einem kurzen Blitz ausgesetzt. Anschließend wird der Inhalt des Reaktionsraumes spektroskopisch untersucht. Mit Entladungslampen lassen sich Blitze bis zu 10^{-5} s erzeugen, oder mit Laserlicht kommt man sogar in ein Untersuchungszeitfenster von 10^{-9} bis 10^{-12} s. Die Reaktionen können emissions- oder absorptionsspektroskopisch verfolgt werden.

Strömungsmethoden

Bei der Strömungsmethode werden die Edukte beim Eintritt in eine Reaktionskammer kontinuierlich durchmischt. Die Reaktion läuft ab, während die homogenisierten Edukte aus dem Reaktionsraum strömen, in dem die Mischung z. B. spektroskopisch analysiert wird. Diese Methode eignet sich für Reaktionen, die innerhalb weniger **Millisekunden** ablaufen. Sie hat jedoch den Nachteil, dass man relativ viel Probelösung verbraucht.

Diesen Nachteil vermeidet die **Stopped-Flow-Technik**. Beide Reaktionslösungen (A und B) werden sehr schnell miteinander vermischt, indem sie in die Reaktionskammer injiziert werden (vgl. Bild 7.3). Die Kammer ist durch den Kolben der Stopp-Spritze abgeschlossen, der von den einströmenden Lösungen zuerst zurückgetrieben wird, bis er gegen ein Hindernis stößt. Unmittelbar nachdem die Stopp-Spritze gegen das Hindernis gestoßen ist, beginnt die Messung mit dem Spektrometer.

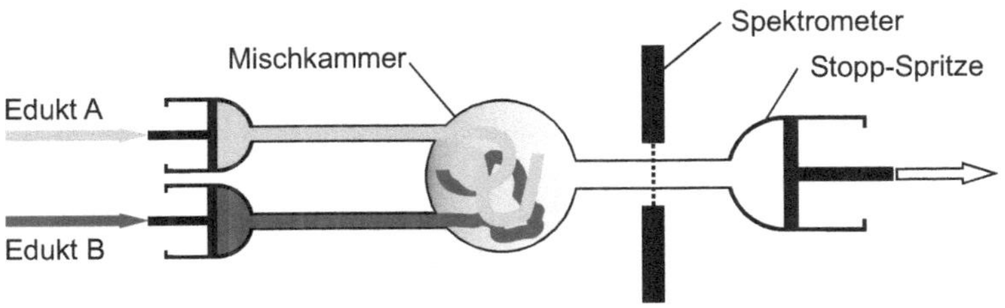

Bild 7.3 Schematische Darstellung der Stopped-Flow-Methode für Reaktionen, die im Millisekunden-Bereich ablaufen

Da man für die Stopped-Flow-Technik mit geringen Probevolumina auskommt, eignet sich diese Methode sehr gut für biochemische Untersuchungen, insbesondere bei Reaktionen mit Enzymen.

Relaxationsmethoden

In der chemischen Kinetik verwendet man Relaxationsmethoden, wenn eine Störung von außen, z. B. durch Temperatur, Druck oder pH-Wert, die Gleichgewichtslage eines Systems verändert hat und das System in eine neue Gleichgewichtslage zurückkehrt (Relaxation). Durch Beobachtung der Relaxation des Systems können Geschwindigkeitskonstanten der Reaktion bestimmt werden.

Eines der wichtigsten Relaxationverfahren ist die Temperatursprung-Methode. Die Lage des Gleichgewichtes wird durch eine plötzliche Temperaturänderung verschoben. Der Temperatursprung kann durch elektrische Entladung oder durch Laserlicht erreicht werden. Es können auf diese Weise Temperatursprünge von 5 bis 10 K in 10^{-7} s erzeugt werden. Mithilfe der Temperatursprung-Methode konnte die Geschwindigkeit der Neutralisationsreaktion: $H_3O^+ (aq) + OH^- \rightarrow 2\,H_2O\,(l)$ bestimmt werden. Die bei 20 °C gefundene Relaxationszeit von 40 µs entspricht einer Geschwindigkeitskonstanten von $k = 1{,}4 \cdot 10^{11}$ mol/(l · s).

7.4 Kinetik komplexer Reaktionen

Alle **irreversibel** verlaufenden Reaktionen sind dadurch gekennzeichnet, dass die Reaktionsprodukte keinen Einfluss auf den zeitlichen Verlauf der Reaktion haben; sie führen zum dynamischen Gleichgewicht. Im Gleichgewichtszustand sind makroskopisch zwar keine Konzentrationsänderungen feststellbar, jedoch verlaufen beide Prozess gleichzeitig als Bildungs- und Zerfallsreaktion ab ($r_{\text{Hin}} = r_{\text{Rück}}$). Dynamische Gleichgewichte stellen sich aus beiden Richtung (Hin- und Rückreaktion) ein.

Die Gesamtgeschwindigkeit einer **reversibel** verlaufenden Reaktion setzt sich aus beiden Vorgängen zusammen, der Hinreaktion und der gleichzeitig verlaufenden Rückreaktion. Die Bildungsgeschwindigkeit eines Reaktionsproduktes ist daher immer um die Zerfallsgeschwindigkeit zu korrigieren, wenn die Gesamtreaktionsgeschwindigkeit ermittelt werden soll.

Der Zerfall eines Stoffes AB in die Elemente A und B lässt sich nach folgender Reaktionsgleichung beschreiben: $2\,AB \rightleftarrows A_2 + B_2$. Das Geschwindigkeitsgesetz für Hin- und Rückreaktion lautet:

$$-\frac{1}{2} \cdot \frac{dc_{\text{AB}}}{dt} = k_{\text{Hin}} \cdot c_{\text{AB}}^2 - k_{\text{Rück}} \cdot c_{\text{A}_2} \cdot c_{\text{B}_2} \tag{7.37}$$

Im Gleichgewicht ist die Geschwindigkeit des Gesamtvorgangs gleich null.

$$k_{\text{Hin}} \cdot c_{\text{AB}}^2 - k_{\text{Rück}} \cdot c_{\text{A}_2} \cdot c_{\text{B}_2} = 0$$

bzw.

$$\frac{k_{\text{Hin}}}{k_{\text{Rück}}} = \frac{c_{A_2} \cdot c_{B_2}}{c_{AB}^2}$$

Der Quotient der Geschwindigkeitskonstanten k_{Hin} und $k_{\text{Rück}}$ entspricht der Gleichgewichtskonstanten K in der Thermodynamik und ist zugleich ihre kinetische Ableitung.

Neben den „einfachen" Reaktionen (reversibel oder irreversibel) sind in der Chemie häufig „komplexe" Reaktionstypen anzutreffen, insbesondere Parallel- und Folgereaktionen.

7.4.1 Gleichgewichtsreaktionen

Eine Vielzahl chemischer Reaktionen verläuft nicht vollständig von links nach rechts, obwohl die Reaktionsteilnehmer in stöchiometrischen Proportionen vorliegen. Eine Reaktion kann prinzipiell in beide Richtungen ablaufen, wobei die Lage des chemischen Gleichgewichtes von äußeren Parametern bestimmt wird. Als einfachster Fall wird die Kinetik der Hinreaktion (k_1) und die der Rückreaktion (k_2) durch einen Geschwindigkeitsansatz 1. Ordnung beschrieben.

$$\mathrm{A} \underset{k_2}{\overset{k_1}{\rightleftharpoons}} \mathrm{B}$$

Die kinetischen Gleichungen für die Hin- und Rückreaktion lauten:

$$r_1 = k_1 \cdot c_A$$

$$r_2 = k_2 \cdot c_B \tag{7.38}$$

Die Gleichgewichtsdaten liefern bei reversiblen Reaktionen zusätzliche Informationen, weil im Gleichgewichtszustand die Hinreaktionsgeschwindigkeit (r_1) gleich der Rückreaktionsgeschwindigkeit (r_2) ist. Hieraus folgt:

$$\frac{k_1}{k_2} = \frac{c_B^{GW}}{c_A^{GW}} = K_c \tag{7.39}$$

k_1, k_2 Geschwindigkeitskonstanten der Hin- und Rückreaktion, c_A^{GW}, c_B^{GW} Konzentration von A und B im Gleichgewicht, K_c Gleichgewichtskonstante

Die Gleichgewichtskonstante lässt sich aus thermodynamischen Daten ableiten (vgl. Abschnitt 6.2) und liefert so einen ersten quantitativen Zusammenhang zur Berechnung der Gleichgewichtszusammensetzung. Aus der Stöchiometrie des Reaktionssystems ergibt sich ein zweiter Zusammenhang. Die Konzentrations-Zeit-Verläufe beider an der Reaktion beteiligten Reaktionspartner ergeben sich jedoch erst nach Integration der Gleichungen für die Stoffmengenänderungsgeschwindigkeiten. Diese erhält man (konstantes Volumen der Reaktionsmasse V_R unterstellt) mit:

$$R_A = \frac{dc_A}{dt} = -k_1 \cdot c_A + k_2 \cdot c_B$$

$$R_B = \frac{dc_B}{dt} = +k_1 \cdot c_A - k_2 \cdot c_B \tag{7.40}$$

Beide Gleichungen entsprechen auch der Stoffbilanz eines diskontinuierlichen Rührreaktors. Da die Hin- und Rückreaktion nicht voneinander unabhängig verlaufen, ist es erforderlich, eine der beiden Gleichungen zu lösen. Es gilt $R_A = -R_B$, mit den Anfangsbedingungen für $t = 0$: $c_A = c_{A,0}$ und $c_B = c_{B,0}$. Nach Integration ergibt sich:

$$c_B = c_{A,0} + c_{B,0} - c_A \tag{7.41}$$

Dieser Zusammenhang gilt auch, wenn die Hin- und Rückreaktion mit der jeweiligen Umsatzvariablen x formuliert wird:

$$c_A = c_{A,0} - \xi_1 + \xi_2$$

$$c_B = c_{B,0} + \xi_1 - \xi_2 \tag{7.42}$$

Beide Gleichungen führen nach Summation zu einer Gleichung, die für jeden Reaktionszeitpunkt Gültigkeit hat und damit auch für den Gleichgewichtszustand (GW) gilt:

$$c_B^{GW} = c_{A,0} + c_{B,0} - c_A^{GW} \tag{7.43}$$

Setzt man Formel 7.41 in Formel 7.40 ein, so ergibt die Integration ein komplexes Zeitgesetz, z. B. für die Konzentration der Komponente A:

$$c_A = \frac{k_2}{k_1 + k_2} \cdot \left(c_{A,0} + c_{B,0}\right) + \ldots \left[c_{A,0} - \frac{k_2}{k_1 + k_2} \cdot \left(c_{A,0} + c_{B,0}\right)\right] \cdot e^{-(k_1 + k_2) \cdot t} \tag{7.44}$$

Die Gleichgewichtskonzentration lässt sich entweder aus Formel 7.39 gemeinsam mit Formel 7.43 berechnen oder aus dem Zeitgesetz (Formel 7.44) mit $t = \infty$ (Zeit zur Einstellung des Gleichgewichtes):

$$c_A^{GW} = \frac{k_2}{k_1 + k_2} \cdot \left(c_{A,0} + c_{B,0}\right)$$

$$c_B^{GW} = \frac{k_1}{k_1 + k_2} \cdot \left(c_{A,0} + c_{B,0}\right) \tag{7.45}$$

Die **Ermittlung der kinetischen Daten** für die Geschwindigkeitskonstanten der Hin- und Rückreaktion erfolgt durch Auswertung der gemessenen Konzentrations-Zeit-Verläufe. Formel 7.39 ermöglicht die Berechnung des Verhältnisses der Geschwindigkeitskonstanten, während das integrierte Zeitgesetz Formel 7.44 durch Substitution von $c_{B,0}$ aus Formel 7.45 folgendermaßen dargestellt werden kann:

$$\ln \frac{c_{A,0} - c_A^{GW}}{c_A - c_A^{GW}} = (k_1 + k_2) \cdot t \tag{7.46}$$

Mit Formel 7.39 und Formel 7.46 liegen somit zwei Gleichungen für die Bestimmung von k_1 und k_2 vor.

7.4.2 Parallelreaktionen

Häufig können aus den gleichen Edukten verschiedene Produkte gebildet werden. Die Geschwindigkeitskonstanten dieser konkurrierenden Reaktionen können durch Katalysatoren oder durch Änderung von Temperatur bzw. Druck so beeinflusst werden, dass selektiv eine dieser Parallelreaktionen bevorzugt wird. Für die kinetische Betrachtung von **Parallel- oder Simultanreaktionen** soll eine isotherme, volumenbeständige Reaktion 1. Ordnung betrachtet werden, durch welche aus dem Edukt A zwei verschiedene Reaktionsprodukte B und C gebildet werden. Das Reaktionsschema einer Parallelreaktion lautet:

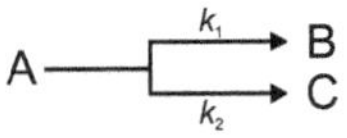

Das Reaktionsprodukt B stellt in der Regel das gewünschte **Hauptprodukt** dar, während C und mögliche weitere Produkte als **Nebenprodukte** bezeichnet werden. Für den Reaktionspartner A mit dem stöchiometrischen Koeffizienten $\nu_A = 1$ gilt das differenzielle Zeitgesetz:

$$\frac{dc_A}{dt} = -(k_1 + k_2) \cdot c_A \tag{7.47}$$

Die Integration ergibt nach Trennung der Variablen mit den Anfangsbedingungen $c_A = c_{A,0}$ zur Zeit $t = 0$ und in den Grenzen von 0 bis t:

$$c_A = c_{A,0} \cdot e^{-(k_1+k_2)\cdot t} \tag{7.48}$$

Für das Reaktionsprodukt B bzw. C lautet das differenzielle Zeitgesetz entsprechend:

$$\frac{dc_B}{dt} = k_1 \cdot c_A = k_1 \cdot c_{A,0} \cdot e^{-(k_1+k_2)\cdot t} \tag{7.49}$$

Die Integration ergibt mit $c_B = c_{B,0}$ zur Zeit $t = 0$ in den Grenzen von 0 bis t:

$$c_B = c_{B,0} + \frac{k_1 \cdot c_{A,0}}{k_1 + k_2} \left(1 - e^{-(k_1+k_2)\cdot t}\right) \tag{7.50}$$

Beispiel 7.5

Es klassisches Beispiel für Nebenreaktionen (Parallelreaktionen) ist die Nitrierung von Benzoesäure, bei der ortho-, meta- und para-Benzoesäure entsteht. Da die Reaktion mit einem Überschuss an Salpetersäure durchgeführt wird, verlaufen die drei Reaktionen nach 1. Ordnung.

Die Anfangskonzentrationen betragen $c_{A,0}$(Benzoesäure) = 0,200 mol/l, $c_{B,0}$(m-Nitrobenzoesäure) = 0 mol/l und $c_{C,0}$(p-Nitrobenzoesäure) = 0 mol/l. Nach einer Reaktionszeit von 80 min (= 4800 s) betragen die Konzentrationen c_A(Benzoesäure) = 0,060 mol/l, c_B(m-Nitrobenzoesäure) = 0,135 mol/l und c_C(p-Nitrobenzoesäure) = 0,005 mol/l. Es sind die Geschwindigkeitskonstanten k_1 und k_2 zu berechnen.

Lösung: Aus Formel 7.48 folgt nach Umstellung

$$\ln \frac{c_A}{c_{A,0}} = -(k_1 + k_2) \cdot t$$

und daraus:

$$(k_1 + k_2) = -\frac{1}{t} \cdot \ln \frac{c_A}{c_{A,0}} = -\frac{1}{4800\ \text{s}} \cdot \ln \frac{0,060}{0,200} = 2,508 \cdot 10^{-4}\ \text{s}^{-1}$$

Die Kombination von Formel 7.48 mit Formel 7.50 mit $c_{B,0}$ ergibt:

$$c_B = \frac{k_1 \cdot c_{A,0}}{k_1 + k_2} \cdot \left(1 - \frac{c_A}{c_{A,0}}\right) = \frac{k_1}{k_1 + k_2} \cdot (c_{A,0} - c_A)$$

Durch Umstellung der Gleichung ergibt sich:

$$k_1 = \frac{c_B}{c_{A,0} - c_A} \cdot (k_1 + k_2) = \frac{0,135}{0,200 - 0,060} \cdot \left(2,508 \cdot 10^{-4}\right)\ \text{s}^{-1}$$
$$= 2,418 \cdot 10^{-4}\ \text{s}^{-1}$$

Daraus folgt $k_2 = (k_1 + k_2) - k_1$

$$k_2 = 2,508 \cdot 10^{-4} - 2,418 \cdot 10^{-4} = 8,657 \cdot 10^{-6}\ \text{s}^{-1}$$

7.4.3 Folgereaktionen

Als Folgereaktionen werden Reaktionen bezeichnet, die aus einem oder mehreren Reaktionspartnern Zwischenprodukte bilden, um anschließend zu den eigentlichen Produkten weiterzureagieren. Die Chlorierung von Methan CH_4 ist ein anschauliches Beispiel für eine Folgereaktion. Das im Überschuss eingesetzte Chlor reagiert zunächst zum Zwischenprodukt Chlormethan CH_3Cl, das weiterreagiert zum Dichlormethan CH_2Cl_2 und Trichlormethan $CHCl_3$ bis zum Endprodukt Tetrachlormethan CCl_4.

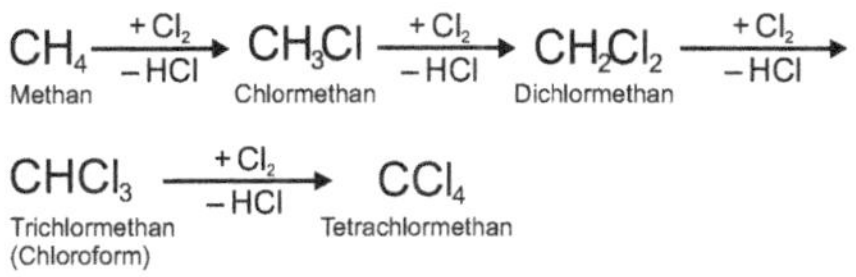

Das Reaktionsschema einer einfachen Folgereaktion lautet:

$$\mathrm{A} \xrightarrow{k_1} \mathrm{B} \xrightarrow{k_2} \mathrm{C}$$

mit den Geschwindigkeitskonstanten k_1 und k_2 der beiden aufeinanderfolgenden Reaktionen. Werden die Anfangskonzentration des Stoffes A mit $c_{\mathrm{A,0}}$ und die Konzentrationen der Stoffe A, B und C zur Zeit t mit c_{A}, c_{B} und c_{C} bezeichnet, so gilt zu jedem Zeitpunkt:

$$c_{\mathrm{A,0}} = c_{\mathrm{A}} + c_{\mathrm{B}} + c_{\mathrm{C}} \tag{7.51}$$

Unterstellt man für die chemische Umwandlung des Stoffes A nach B eine Reaktion 1. Ordnung, so ergibt sich das Geschwindigkeitsgesetz nach folgender Gleichung:

$$\frac{\mathrm{d}c_{\mathrm{A}}}{\mathrm{d}t} = -k_1 \cdot c_{\mathrm{A}} = -k_1 \cdot c_{\mathrm{A,0}} \cdot \mathrm{e}^{-k_1 \cdot t} \tag{7.52}$$

Die zeitliche Konzentrationsänderung von B, das aus dem Edukt A entsteht, und sich seinerseits in C umwandelt, ist durch die Differenz der Geschwindigkeiten beider Reaktionen gegeben:

$$\frac{\mathrm{d}c_{\mathrm{B}}}{\mathrm{d}t} = k_1 \cdot c_{\mathrm{A}} - k_2 \cdot c_{\mathrm{B}} = k_1 \cdot c_{\mathrm{A,0}} \cdot \mathrm{e}^{-k_1 \cdot t} - k_2 \cdot c_{\mathrm{B}} \tag{7.53}$$

Die Differenzialgleichung kann wiederum durch Trennung der Variablen integriert werden. Man erhält als Lösung:

$$c_{\mathrm{B}} = \frac{k_1 \cdot c_{\mathrm{A,0}}}{k_2 - k_1} \cdot \left(\mathrm{e}^{-k_1 \cdot t} - \mathrm{e}^{-k_2 \cdot t}\right) \tag{7.54}$$

Die Zeitabhängigkeit der Konzentration des Stoffes C ergibt sich direkt aus Formel 7.51. Die Summe der Einzelkonzentrationen von A, B und C ist gleich $c_{\mathrm{A,0}}$:

$$c_{\mathrm{C}} = c_{\mathrm{A,0}} \left[1 - \frac{1}{k_2 - k_1} \cdot \left(k^2 \cdot \mathrm{e}^{-k_1 \cdot t} - k^1 \cdot \mathrm{e}^{-k_2 \cdot t}\right)\right] \tag{7.55}$$

Bild 7.4 zeigt die Konzentrationsabhängigkeit aller an der Reaktion beteiligten Stoffe von der Zeit. Die Konzentration des Zwischenproduktes B erreicht ein Maximum, wenn seine Bildungs- und seine Umwandlungsgeschwindigkeit gleich sind. $\mathrm{d}c_{\mathrm{B}}/\mathrm{d}t$ ist dann gleich null. Das Erreichen des Maximums hängt nur von den Geschwindigkeitskonstanten nach folgender Gleichung ab.

$$t_{max} = \frac{1}{k_2 - k_1} \cdot \ln \frac{k_2}{k_1} \qquad (7.56)$$

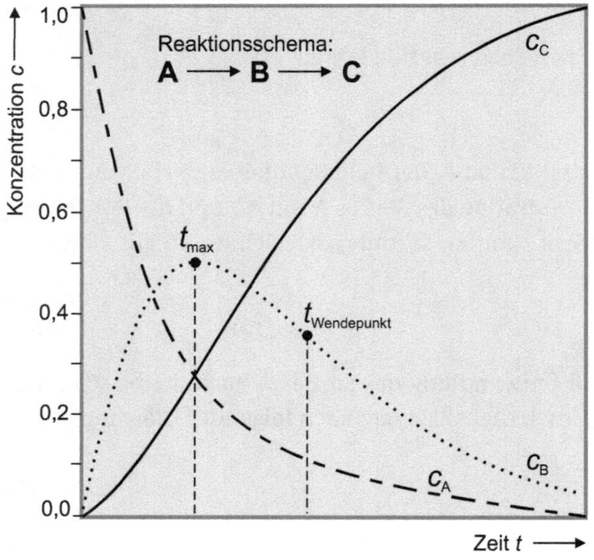

Bild 7.4 Konzentrationsverlauf der Stoffe A, B und C in Abhängigkeit von der Zeit bei einer Folgereaktion

Die Kurve besitzt bei der Zeit ($2\,t_{max}$) einen Wendepunkt. Die Höhe des Maximums (maximale Konzentration des Zwischenproduktes B) wird vom Verhältnis beider Geschwindigkeitskonstanten bestimmt. Geht die Konstante $k_1 \to \infty$, erreicht c_B sein Maximum unmittelbar nach Beginn der Reaktion. Die Umsetzung von A nach C hängt dann nur noch von k_2 ab. Geht umgekehrt die Konstante $k_2 \to \infty$, bildet sich kein Maximum, weil sich das Zwischenprodukt unmittelbar nach seiner Entstehung in C umwandelt. In beiden Fällen bestimmt die langsamere Teilreaktion die Geschwindigkeit der Gesamtreaktion.

7.5 Theorie der Reaktionsgeschwindigkeit

Für den Ablauf einer chemischen Reaktion müssen als Folge von molekularen Zusammenstößen zwischen den Molekülen Bindungen gespalten, umgruppiert oder neu geknüpft werden. Die Erfahrung lehrt, dass eine Temperaturerhöhung chemische Reaktionen meist beträchtlich beschleunigt, unabhängig von ihrem exothermen oder endothermen Charakter. Eine **Temperaturerhöhung um 10 °C** führt in der Regel zu einer **Steigerung auf das Zwei- bis Vierfache der Geschwindigkeitskonstanten**.

Viele bei niedrigen Temperaturen inaktive oder nur langsam reagierende Stoffe können bei erhöhter Temperatur mit beträchtlicher Geschwindigkeit umgesetzt werden. Andererseits werden zahlreiche bei höherer Temperatur schnell verlaufende Reaktionen durch Abkühlung praktisch zum Stillstand gebracht (vgl. Abschnitt 7.3.6).

In einem System von Molekülen ist der **Energieinhalt** eines jeden Moleküls, der sich aus Translation (geradlinige, fortschreitende Bewegung), Rotation (Drehbewegung) und Vibration (Schwingung der Atome im Molekül) zusammensetzt, infolge chaotischer Zusammenstöße ständigen Veränderungen unterworfen. Die Verteilung der Energie auf die einzelnen Moleküle unterliegt im Gesamtsystem statistischen Gesetzmäßigkeiten (Geschwindigkeitsverteilung nach *Maxwell* bzw. Energieverteilung nach *Boltzmann*). Das Geschwindigkeitsgesetz von *Maxwell* beschreibt den Teil der Moleküle bzw. Atome dN eines aus N Molekülen bzw. Atomen bestehenden Systems. Bild 7.5 zeigt die Geschwindigkeitsverteilung für Argon bei zwei verschiedenen Temperaturen.

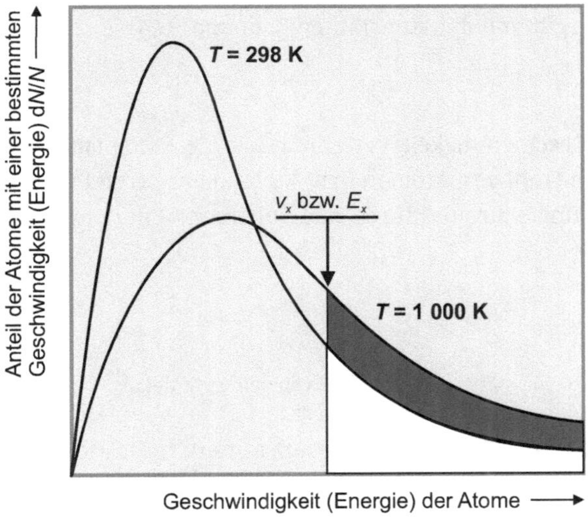

Bild 7.5 *Maxwell*-Geschwindigkeitsverteilung für Argon bei 298 K und 1000 K

Die resultierenden Kurven weisen jeweils ein Maximum auf, das sich mit zunehmender Temperatur unter gleichzeitiger Abflachung nach höheren Geschwindigkeiten verschiebt. Die andersfarbigen Flächen (weiß und dunkelgrau) unter den beiden Kurvenzügen zeigen den Anteil der Argon-Atome, deren Geschwindigkeit v_x und damit deren Energie E_x einen bestimmten Mindestwert überschreitet. Der Anteil dieser energiereicheren Atome nimmt mit steigender Temperatur zu. Hieraus ergibt sich die qualitative Folgerung, dass die Reaktionsgeschwindigkeit mit steigender Temperatur zunimmt.

Bei gegebener Temperatur (T_1) ist die mittlere Geschwindigkeit und damit die mittlere kinetische Energie der Moleküle bzw. Atome ($= M/2 \cdot v_1^2$), eine Konstante. Bei Verdopplung der absoluten Temperatur ($T_2 = 2\,T_1$) muss sich auch das Quadrat der Geschwindigkeit v^2 verdoppeln, d. h. die Geschwindigkeit nimmt um den Faktor $\sqrt{2} \approx 1,4$ zu. Die Erfahrung zeigt jedoch, dass die Reaktionsgeschwindigkeit bei Verdopplung der Temperatur überproportional, d. h. um einen wesentlich höheren Faktor als 2 zunimmt.

Die Abhängigkeit der Geschwindigkeitskonstante k von der Temperatur T lässt sich für eine Vielzahl chemischer Reaktionen durch halblogarithmische Auftragung von k gegen die reziproke absolute Temperatur als Gerade darstellen. Dieser Zusammenhang kann durch folgende Gleichung beschrieben werden:

$$\lg k = Z - \frac{A}{T} \quad (7.57)$$

A, Z reaktionsspezifische Konstanten

Die Formulierung als e-Funktion ergibt mit den Konstanten Z, E_a und R ($A = E_a/2{,}3 \cdot R$):

$$k = Z \cdot e^{-\frac{E_a}{R \cdot T}} \quad (7.58)$$

Auf der Grundlage der *Maxwell*-Geschwindigkeitsverteilung konnte *Boltzmann* zeigen, dass der Anteil N_ε/N der Gesamtzahl von Atomen bzw. Molekülen, deren Energie einen bestimmten Energiebetrag überschreitet durch das *Boltzmann*-Energieverteilungsgesetz gegeben ist:

$$\frac{N_\varepsilon}{N} = e^{-\frac{\varepsilon}{k_B}} \quad (7.59)$$

k_B *Boltzmann*-Konstante $= R/N_A = 1{,}380\,65$ J/K, ε Energiebetrag eines einzelnen Moleküls

Formel 7.59 ist nicht wie das *Maxwell*-Geschwindigkeitsgesetz nur auf translatorische Bewegung der Moleküle beschränkt. ε stellt die Summe aller Energieformen eines Moleküls dar (Translations-, Schwingungs- und Rotationsenergie). Wird die Energie eines einzelnen Moleküls e durch die molare Energie E_m ersetzt, so ergibt sich aus Formel 7.58 mit $E_m = e \cdot N_A$ und $R = k_B \cdot N_A$:

$$\frac{N_{E_m}}{N_A} = e^{-\frac{E}{R \cdot T}} \quad (7.60)$$

Mithilfe dieses Energieverteilungsgesetzes ist es möglich den Anteil N_{Em}/N_A der Moleküle eines Mols zu berechnen, die über eine größere als die betrachtete Energie E_x (vgl. Bild 7.5) verfügen und damit eine mögliche Energiebarriere dieser Höhe überwinden können. Als Energiebarriere wird die **Aktivierungsenergie E_a** angesehen.

7.5.1 Temperaturabhängigkeit der Reaktionsgeschwindigkeit

Die formale Übereinstimmung der Formel 7.58 mit Formel 7.60 ist offensichtlich nicht zufällig. Bereits Arrhenius nahm zur Deutung seiner Gleichung eine **kritische Stoßenergie E_a** für die Reaktion an. Er folgerte, dass nur die Zusammenstöße von Molekülen zu einer Reaktion führen, bei denen Moleküle mit ausreichender Energie zusammentreffen. Ist der Stoß heftig genug, so kann die Auslenkung der Molekülschwingung dazu führen, dass Bindungen im Molekül gelöst werden und somit die Reaktion eingeleitet wird. Formel 7.60 beschreibt den Anteil der Moleküle, der diese Mindestenergie besitzt. Für eine chemische Reaktion ist eine solche Mindestenergie notwendig, damit Moleküle beim Zusammenstoß reagieren können. Die Energie zur Aktivierung der Moleküle wird **Aktivierungsenergie E_a** genannt. Formel 7.61 gibt den als ***Arrhenius*-Gleichung** bekannten Zusammenhang wieder:

$$k = k_0 \cdot e^{-\frac{E_a}{R \cdot T}} \tag{7.61}$$

k Reaktionsgeschwindigkeitskonstante, k_0 präexponentieller Faktor (Frequenz- oder Stoßfaktor), E_a Aktivierungsenergie, R allgemeine Gaskonstante, T Temperatur

Aus der *Arrhenius*-Gleichung ergibt sich, dass die Reaktionsgeschwindigkeitskonstante bei gegebener Temperatur umso kleiner ist, je größer die notwendige Aktivierungsenergie der Reaktionen ist. Der Zahlenwert der Aktivierungsenergie chemischer Reaktionen liegt im Allgemeinen zwischen 20 und 400 kJ/mol.

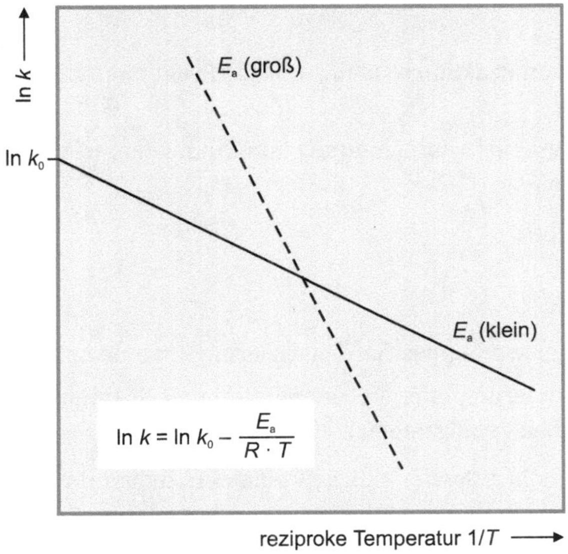

Bild 7.6 Grafische Auftragung der *Arrhenius*-Gleichung als $\lg k = f(1/T)$

Hohe Werte der Aktivierungsenergie haben eine starke Erhöhung der Reaktionsgeschwindigkeit mit zunehmender Temperatur zur Folge (vgl. Bild 7.6). Dieses Verhalten gilt sowohl für exotherme als auch für endotherme Reaktionen. Es muss dabei immer zunächst die Aktivierungsenergie aufgebracht werden, damit die Reaktion ablaufen kann.

Exkurs 7.2 Reaktionsenthalpie vs. Aktivierungsenergie

Für endotherme Reaktionen ist die Aktivierungsenergie $E_a \geq \Delta H_R$, für exotherme Reaktionen lässt sich kein Minimalwert für die Aktivierungsenergie angeben.

Vorzeichen und Größe der Reaktionsenthalpie lassen keinen Rückschluss auf die Aktivierungsenergie zu.

Aus der Differenz der Aktivierungsenergien von Hinreaktion und Rückreaktion kann die Reaktionsenthalpie berechnet werden.

Sehr große Aktivierungsenergien sind immer dann nötig, wenn chemische Bindungen aufgespalten werden müssen. Dabei ist jedoch nicht immer die volle Bindungsenthalpie aufzubringen. Nach einer **empirischen Regel von *Hirschfelder*** beträgt die Aktivierungsenergie für chemische Reaktionen vom Typ AB + CD → AC + BD nur etwa ⅓ der Dissoziationsenthalpie der beiden Moleküle AB und CD. Sind freie Atome (Radikale) an einer Reaktion mit Molekülen beteiligt, so wird eine Aktivierungsenergie von nur ca. 7 % der Bindungsenergie benötigt. Ein Beispiel ist der radikalische Angriff von Chloratomen auf Methan (Teilreaktion einer radikalischen Kettenreaktion):

$$CH_4 + Cl\cdot \longrightarrow CH_3 \cdot + HCl$$

Der Betrag von E_a ist bei dieser Art von Reaktion so klein, dass die Reaktionen mit erheblicher Geschwindigkeit ablaufen.

Kommt es bei chemischen Reaktionen nicht zur Trennung von Bindungen, wie dies beispielsweise bei folgenden Reaktionen:

$$H^+ + OH^- \longrightarrow H_2O \text{ (Ionenreaktion)}$$

$$R \cdot + \cdot R \longrightarrow R - R \text{(Radikalreaktion)}$$

der Fall ist, so tritt auch keine nennenswerte (messbare) Aktivierungsenergie auf.

Die Zusammenhänge zwischen Aktivierungsenergie, Temperatur und Reaktionsgeschwindigkeit können folgendermaßen verallgemeinert werden:

- Chemische Reaktionen, die mit hoher Geschwindigkeit ablaufen, haben im Vergleich zur mittleren kinetischen Energie der Moleküle nur eine geringe Aktivierungsenergie.
- Der Umsatz einer Reaktion mit hoher Aktivierungsenergie kann durch Temperaturerhöhung stark beeinflusst werden.

Die Umkehrung dieser allgemeingültigen Aussagen ist jedoch nicht uneingeschränkt zulässig. Eine geringe Aktivierungsenergie hat nicht zwangsläufig eine Erhöhung der Reaktionsgeschwindigkeit zur Folge. Zusammenstöße von Molekülen können zwar häufig und mit der nötigen Energie stattfinden, führen aber nicht zur Reaktion, wenn ihre Orientierung beim Zusammenstoß nur suboptimal ist (vgl. Bild 7.7). Die Konstante Z in Formel 7.58 enthält daher einen sterischen Faktor. In der Wahrscheinlichkeitsauffassung der Entropie (vgl. Abschnitt 6.2.4) gilt folgende Beziehung:

$$\Delta S_a = R \cdot \lg \frac{Z_{\text{opt. Orientierung}}}{Z} \qquad (7.62)$$

ΔS_a Aktivierungsentropie, $Z_{\text{opt. Orientierung}}$ Zahl der Molekülzusammenstöße in geeigneter Orientierung, Z Gesamtzahl der Molekülzusammenstöße, R allgemeine Gaskonstante

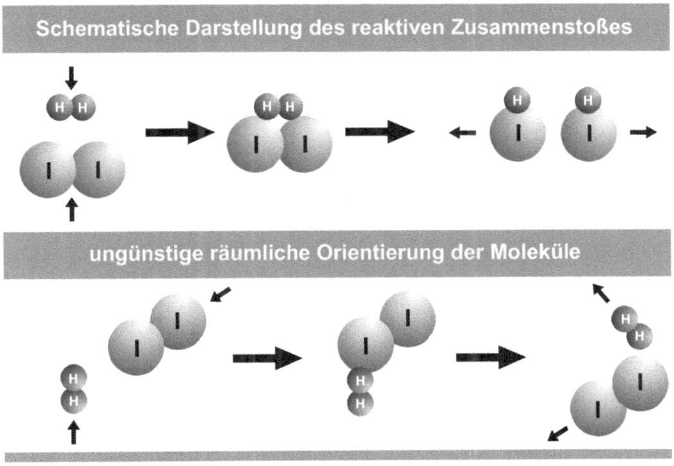

Bild 7.7 Bedeutung der Orientierung von Molekülen beim reaktiven Zusammenstoß am Beispiel der Reaktion von HI

Die Aktivierungsentropie ΔS_a bestimmt den Bruchteil molekularer Zusammenstöße bei geeigneter Orientierung. Negative Zahlenwerte von ΔS_a deuten daher auf hohe Anforderungen an eine geeignete Orientierung der Moleküle. Die Reaktionsgeschwindigkeiten werden dann sehr klein, auch wenn die Aktivierungsenergie E_a relativ gering ist. Im Vergleich dazu sind schnelle Reaktionen von einfachen, kugelförmigen Ionen ein Vorgang, bei dem der Entropiefaktor keinen die Reaktionsgeschwindigkeit reduzierenden Effekt hat.

7.5.2 Theorie des aktivierten Komplexes

Eine weitere Möglichkeit, den Einfluss der Orientierung von Molekülen auf die Geschwindigkeit chemischer Reaktionen zu verdeutlichen, stellt die **Theorie des Übergangszustandes** (Theorie des aktivierten Komplexes) dar. Bei Elementarreaktionen gehen die Ausgangsstoffe aus einer bestimmten räumlichen Lage in stabile Moleküle der Reaktionsprodukte über. Hierbei durchlaufen sie energetisch labile Zwischenzustände. Bild 7.7 zeigt am Beispiel der Iodwasserstoffreaktion aus den Elementen die Bedeutung der Orientierung von Molekülen. Die Annäherung der Moleküle führt aufgrund der Abstoßungskräfte der Moleküle zum energetischen Anstieg des Systems. Diese Energiebarriere kann überwunden werden, wenn die Reaktionspartner Aktivierungsenergie aufnehmen und dadurch einen **aktivierten Zustand (aktivierter Komplex)** einnehmen. Der aktivierte Zustand wird nicht nur in einer Reaktionsrichtung (Bildung von Iodwasserstoff) durchlaufen, sondern auch bei der Rückreaktion (Zerfall von Iodwasserstoff). Daher hat sich auch die Bezeichnung **Übergangszustand (transition state)** eingebürgert.

Für die gewählte Beispielreaktion $H_2 + I_2 \rightleftarrows 2\,HI$ sind zur Spaltung von jeweils 1 mol Wasserstoff und 1 mol Iod (436 + 152) kJ/mol = 588 kJ/mol aufzubringen. Die experimentell bestimmbare Aktivierungsenergie beträgt allerdings nur 167 kJ/mol. Für die Rückreaktion ist zur Spaltung von zwei HI-Molekülen ein Energiebetrag von 598 kJ/mol aufzubringen. Die Reaktion muss offensichtlich nach einem **Mechanismus** ablaufen, der eine höhere Reaktionsgeschwindigkeit ermöglicht, als dies über die Bildung von gasförmigen Atomen zu erwarten wäre.

Die bimolekulare Reaktion von H_2 und I_2 bzw. 2 HI führt zu einem aktivierten Komplex $[H_2I_2]^*$. Die Bindungen der Moleküle lockern sich so weit, dass es zu einer Umgruppierung der Elektronen kommt. Als günstigste räumliche Anordnung bildet sich ein Übergangszustand aus, der durch ein **Energiemaximum** gekennzeichnet ist. Die Lebensdauer des aktivierten Komplexes ist mit 10^{-12} bis 10^{-14} Sekunden außerordentlich gering.

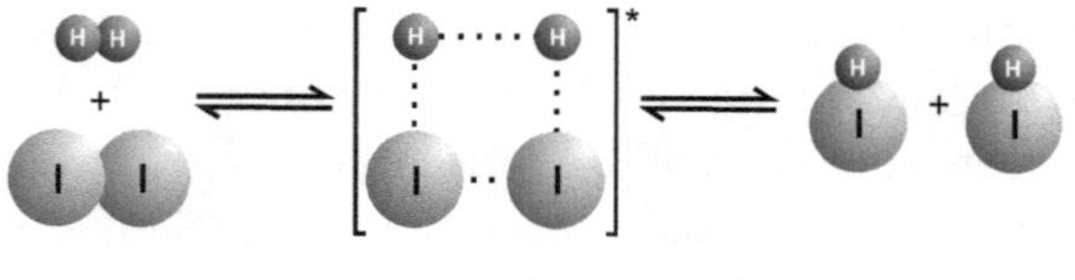

Der aktivierte Komplex zerfällt entweder in die Endprodukte oder führt zu den Ausgangsstoffen (Rückreaktion) zurück. Die Aktivierungsenergie als Differenz aus der Energie des aktivierten Zustandes und des Ausgangszustandes E_a **(Hin)** ist geringer als der Betrag der Bindungsenergie, weil der aktivierte Komplex nur durch eine Schwächung, nicht aber eine Aufspaltung der kovalenten Bindung charakterisiert ist.

Die energetische Situation eines solchen Reaktionsverlaufs ist in einem Reaktions-/Energie-Diagramm gezeigt (vgl. Bild 7.8). Energieänderungen werden auf der Ordinate aufgetragen, während die Abszisse die Reaktionskoordinate (Reaktionsverlauf) darstellt. Zwischen dem Ausgangszustand und dem aktivierten Komplex besteht ein chemisches Gleichgewicht. Während einer Folgereaktion zerfällt der aktivierte Komplex in das Reaktionsprodukt. Die Geschwindigkeit der Gesamtreaktion wird durch diesen langsamsten (geschwindigkeitsbestimmenden) Reaktionsschritt festgelegt.

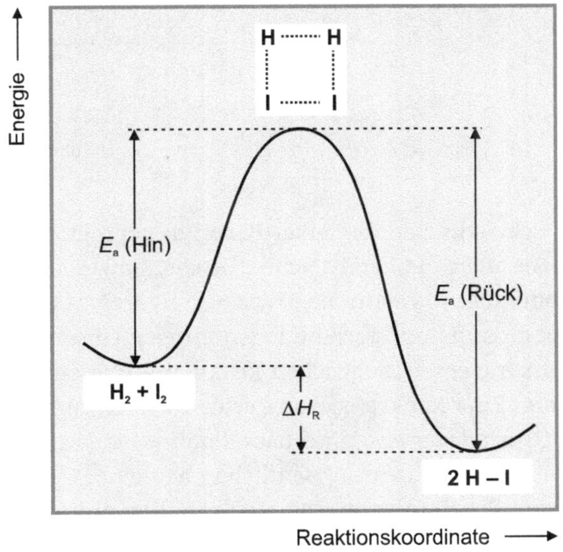

Bild 7.8 Reaktions-/Energie-Diagramm der Iodwasserstoffreaktion

8 Aktivierung von Reaktionen und Katalyse

Der Begriff Katalyse wurde von dem schwedischen Chemiker Berzelius geprägt, der 1835 die bereits bekannten Phänomene über die katalytischen Erscheinungen z. B. bei der Knallgasreaktion über Platin oder die enzymatische bzw. saure Hydrolyse von Stärke zusammenfasste. Er erkannte, dass diesen Erscheinungen ein gemeinsames Merkmal zugrunde liegt, die Beeinflussung einer chemischen Reaktion durch einen weiteren Stoff, die er **Katalyse** nannte. Eine Konkretisierung erhielt dieser Begriff Ende des 19. Jh. durch den Chemiker *Ostwald*, der erkannte, dass Katalyse eine Angelegenheit der Reaktionsgeschwindigkeit ist und die im Wesentlichen heute noch gültige Definition der Katalyse formulierte: **„Ein Katalysator ist ein Stoff, der, ohne im Endprodukt der Reaktion zu erscheinen, ihre Geschwindigkeit verändert.“** *Ostwald* konnte auch durch ein einfaches Argument auf der Grundlage des 1. Hauptsatzes der Thermodynamik zeigen, dass ein Katalysator die Gleichgewichtslage einer chemischen Reaktion überhaupt nicht beeinflussen kann.

Spätere Untersuchungen haben jedoch gezeigt, dass auch die *Ostwald*sche Definition noch nicht weit genug ging. Eine Reihe von chemischen und biochemischen Umsetzungen laufen ohne Katalysator überhaupt nicht ab. Darüber hinaus sind Enzyme und viele technische Katalysatoren hochspezifisch und haben daher wesentlichen Einfluss auf den Reaktionsmechanismus und somit auf die Art der Reaktionsprodukte.

Die ersten Beispiele der technischen Anwendung von katalysierten Reaktionen waren das *Deacon*-Verfahren zur Herstellung von Chlor aus HCl-Gas und Sauerstoff an einem $CuSO_4$-haltigen festen Katalysator und das Kontaktverfahren zur industriellen Synthese von Schwefelsäure, entwickelt von dem deutschen Chemiker *Knietsch*. Unmittelbar nach seiner Katalysedefinition entwickelte *Ostwald* die katalytische Ammoniakverbrennung. Wenige Jahre später legten *Nernst* und *Haber* die Grundlagen für die Ammoniaksynthese unter Druck, die durch *Bosch* und *Mittasch* in den industriellen Maßstab übertragen wurde. Weitere katalytische Verfahren, wie Hydrierung,

Crackung, Methanolsynthese, *Fischer-Tropsch*-Synthese und die Polyethylensynthese nach *Ziegler* sind nur einige wichtige Beispiele.

Die mechanistische Aufklärung der katalytischen Prozesse war für die Entwicklung der technischen Anwendung keineswegs Voraussetzung. Es zeigte sich, dass die Untersuchung der Elementarvorgänge auf der Katalysatoroberfläche erst Jahre nach Abschluss der technischen Realisierung des Verfahrens zum Erfolg führte. Bei der Ammoniaksynthese sind die katalytischen Mechanismen 35 Jahre nach Inbetriebnahme der ersten Anlage aufgeklärt worden, während die katalytischen Crackprozesse von Kohlenwasserstoffen bis heute noch umstritten sind. Einer der Gründe liegt darin, dass die Verfahrenstechnik eine andere Fragestellung und Zielsetzung verfolgt als die Grundlagenforschung. Eine katalytische Reaktion kann in der Regel technisch durchgeführt werden, wenn Gleichgewichtslage, Reaktionsenthalpie und Reaktionsgeschwindigkeit bekannt sind, auch ohne die detaillierten Vorgänge auf der Katalysatoroberfläche deuten zu können.

8.1 Aktivierung von Reaktionsprozessen

Zum Verständnis einer katalytischen Reaktion existieren verschiedene Theorien. Die **Stoßtheorie** basiert auf der Annahme, dass die Moleküle vor der Reaktion zusammenstoßen müssen. Es sind keine spezifischen Molekülstrukturen zur Reaktion notwendig (vgl. Abschnitt 7.5). Ein entscheidender Nachteil dieser Theorie ist, neben der Anschaulichkeit, die unzureichende Anwendbarkeit auf komplexe Reaktionssysteme. Die Theorie des aktivierten Komplexes und auch die Theorie des Übergangszustandes versuchen auf der Basis einer Reaktion 1. Ordnung das Reaktionsgeschehen quantitativ zu betrachten.

Die Wirkungsweise eines Katalysators ist häufig darauf zurückzuführen, dass er mit einem der Ausgangsstoffe (Edukt 1) eine reaktionsfähige Zwischenverbindung bildet, die eine geringere Aktivierungsenergie besitzt als der aktivierte Komplex. Die Zwischenverbindung reagiert mit dem zweiten Reaktionspartner (Edukt 2) in einer Weise, dass der Katalysator im Laufe der Reaktion wieder freigesetzt wird (katalytischer Kreisprozess). Im Idealfall bildet sich der Katalysator unverbraucht wieder zurück (vgl. Bild 8.1-A). Die Reduzierung der Aktivierungsenergie führt in vielen Fällen zu einer drastischen Erhöhung der Reaktionsgeschwindigkeit. Somit stellt sich durch die katalytische Wirkung der thermodynamische Gleichgewichtszustand wesentlich schneller ein. Für die beschleunigende Wirkung des Katalysators ist es unwesentlich, ob die Reaktion über einen energetisch begünstigten aktivierten Komplex als Übergangszustand (vgl. Bild 8.1-B) oder über eine definierte (isolierbare) Zwischenverbindung (vgl. Bild 8.1-C) verläuft. Übergangszustände und Zwischenverbindungen können sich auch an der Oberfläche eines Katalysators (Feststoff) ausbilden und auf diese Weise zur Absenkung der Aktivierungsenergie führen (heterogene Katalyse).

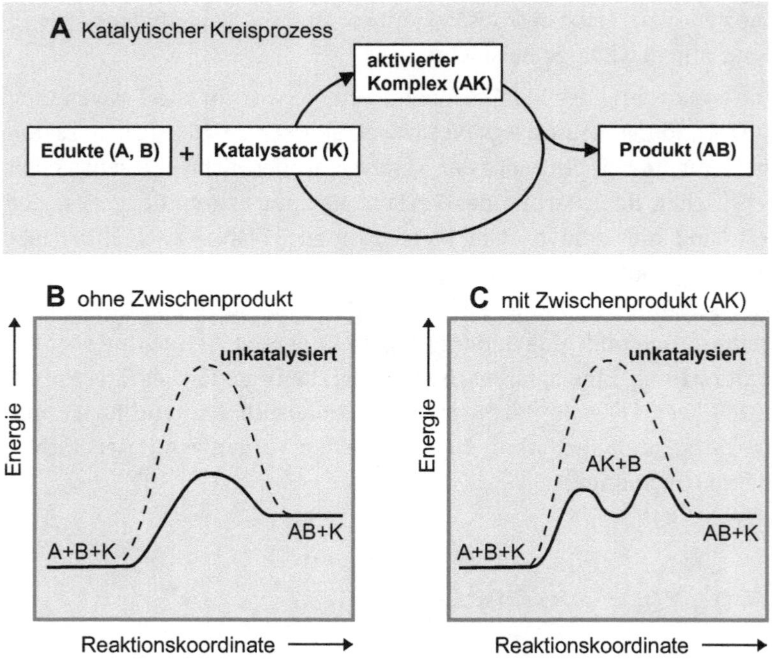

Bild 8.1 Schema und Wirkung eines Katalysators, (A) Katalyse der Umwandlungsreaktion: Edukte → Produkte, (B) Energieänderung mit und ohne Katalysator ohne Zwischenprodukt, (C) Energieänderung mit und ohne Katalysator mit Zwischenprodukt

Bei der Reaktion (Edukte → Produkte) in Bild 8.1 besitzt die Reaktionsenthalpie ein positives Vorzeichen ($\Delta H_R > 0$), d. h., zur Aufrechterhaltung der Reaktion muss kontinuierlich Wärme zugeführt werden (endotherme Reaktion). Unabhängig davon muss die Reaktion aktiviert werden. Es bestehen verschiedene Möglichkeiten für eine Aktivierung des Reaktionsgemisches:

- thermisch
- katalytisch
- Zerfall eines Initiators
- biochemische Aktivierung
- elektrochemisch
- fotochemisch

8.1.1 Thermische Aktivierung

Wird einem Reaktionsgemisch die zur Reaktion erforderliche Energiemenge als Wärmeenergie zugeführt, so liegt eine thermische Aktivierung vor. Die Reaktion beginnt erst nach Erreichen der erforderlichen Reaktionstemperatur. Handelt es sich um eine endotherme Reaktion, so muss die Zufuhr von Wärmeenergie auch nach der Aktivierung fortgesetzt werden. Bei exothermen Reaktionen wird in der Regel nach dem Anspringen der Reaktion gekühlt, um die frei werdende Reaktionswärme abzuführen.

Zu den thermisch aktivierten Prozessen zählt man beispielsweise folgende technische Verfahren:

- Brennprozesse zur Herstellung von Baustoffen (Zement, Glas, Keramik)
- Aufbereitung von Erzen
- Kohleveredlung (Vergasung und Verschwelung)
- Carbidherstellung
- Pyrolyse von Kohlenwasserstoffen
- Verbrennungsreaktionen zur Energiegewinnung

Die meisten thermisch aktivierten Reaktionen laufen unter Normaldruck und bei hohen Temperaturen (500 bis 1100 °C), teilweise sogar bis zu 2500 °C ab. Die Reaktionszeit kann sehr unterschiedlich sein und von Millisekunden (Flammreaktionen) bis zu Stunden oder Tagen (Brennprozesse) dauern.

8.1.2 Katalytische Aktivierung

Die Bedeutung der Katalyse für die Durchführung von Reaktionen ist immens. Man schätzt, dass mehr als 80 % der Produkte der chemischen Industrie auf ihrem Herstellungsweg mit einem Katalysator in Kontakt gekommen sind. Aber auch in anderen Bereichen der Technik haben Katalysatoren Anwendung gefunden, wie z. B. Umwelttechnik, Polymerisationen und Erdölverarbeitung. Diese breite Anwendung wird verständlich, wenn man bedenkt, dass viele katalytische Reaktionen mit einem vertretbaren ökonomischen Aufwand durchzuführen sind.

Die Wirkung von Katalysatoren besteht nicht nur darin, dass die thermodynamisch möglichen Umsetzungen beschleunigt, sondern auch unerwünschte Reaktionen verlangsamt werden **(selektive Wirkung).** Die Gleichgewichtslage wird bei katalytischen Prozessen nicht verändert, sondern nur die Geschwindigkeit, mit der sich das Gleichgewicht einstellt. Der Grund hierfür ist die Absenkung der Aktivierungsenergie **(aktivierende Wirkung).** Für ein weitergehendes Verständnis ist es hilfreich, zwischen Reaktionen in fluiden (homogenen) Systemen (homogene Katalyse) und an festen Katalysatoren (heterogene Katalyse) zu unterscheiden.

Homogene Katalyse

Liegen Katalysator und Reaktionspartner in einer Phase vor, so spricht man von homogener Katalyse. In der Gasphase sind homogen katalysierte Reaktionen relativ selten und technisch von geringer Bedeutung. Die Beschleunigung von thermischen Zersetzungsreaktionen (z. B. Pyrolyse von Acetaldehyd) und der Wasserabspaltung aus ternären Alkoholen sind einige der wenigen Beispiele hierfür. Aktivierungsenergien werden bei diesen Beispielen durch den Katalysator halbiert.

Größere technische Bedeutung haben homogene Katalysatoren in Lösungen. Es werden in vielen Fällen Säuren und Basen als Katalysatoren, aber auch metallorganische Verbindungen wie beispielsweise Komplexverbindungen mit einem Übergangsmetall als Zentralatom eingesetzt. Ein großer Vorteil der metallorganischen Katalyse besteht in der Beeinflussbarkeit der Selektivität von Reaktionen durch spezifische Anpassung der Liganden am Katalysatormetall. Die homogene Übergangsmetallkatalyse verläuft in der Regel unter milden Temperatur- und Druckbedingungen. Nachteilig kann häufig der hohe Preis der Übergangsmetalle sein sowie die aufwendige Synthese der Komplexliganden.

Ungeachtet der hohen Kosten für Edelmetalle wie Rhodium, Palladium, Platin oder Ruthenium werden viele Massenchemikalien großtechnisch durch homogene Übergangsmetallkatalysatoren hergestellt. Einige Beispiele sind in Tabelle 8.1 gezeigt.

Tabelle 8.1 Beispiele für homogenkatalysierte Reaktionen in flüssiger Phase

Katalysatortyp	Beispiel	Katalytische Verfahren
Brönstedt-Säuren	H_2SO_4	Veresterungen, Verseifungen, Alkylierungen von Aromaten, Hydratisierungen von Olefinen
Lewis-Säuren	$AlCl_3$	*Friedel-Crafts*-Alkylierungen und Acylierungen
Metallorganische Mischkatalysatoren	$TiCl_4$+$AlEt_3$	Di- und Tri- und Polymerisation von Olefinen
Übergangsmetallcarbonyle (V, W, Mo, Edelmetall-Komplexe)	$Co_2(CO)_8$	Flüssigphasenoxidation von organischen Verbindungen, Oxo-Synthese

Heterogene Katalyse

Die heterogen katalysierten Verfahren der chemischen Technik verwenden überwiegend Feststoffe als Katalysatoren. Beispiele hierfür sind großtechnische anorganische Verfahren wie die Ammoniaksynthese und die SO_2-Oxidation bei der Schwefelsäureherstellung, Verfahren zur Erdölverarbeitung (Crack- und Reformingverfahren) sowie eine Vielzahl an Prozessen zur Herstellung von organischen Grundstoffen und Zwischenprodukten.

Die katalytische Reaktion erfolgt durch Kontakt der Edukte mit der Oberfläche des Katalysators. Die Umsetzung erfolgt an den sog. aktiven Zentren, die über die Oberfläche des Katalysators verteilt sind. Der Reaktionsort ist die äußere und innere Oberfläche der Katalysatorteilchen. Damit das Reaktorvolumen optimal genutzt werden kann, wird eine möglichst große spezifische Oberfläche angestrebt. Kieselgur, Zeolithe, Aluminiumoxid und verschiedene Aktivkohlen sind Beispiele für poröse Stoffe mit einer extrem großen inneren Oberfläche von bis zu 1000 m^2/g. Derartige Stoffe sind auch katalytisch wirksam und können als **Vollkatalysatoren** eingesetzt werden.

Leider liegen viele katalytisch wirksame Stoffe nicht in poröser Form mit einer entsprechend großen Oberfläche vor. Um die Katalysatorwirkung dennoch zu nutzen, werden diese Stoffe in fein verteilter Form auf einen porösen Träger aufgebracht. Solche Katalysatoren werden **Trägerkatalysatoren** genannt. Eine weitere Methode zur Auftragung von katalytisch wirksamen Stoffen ist die Ausfällung der aktiven Komponente auf den Träger (Fällungskatalysatoren).

Neben porösen Feststoffen werden in Ausnahmefällen auch kompakte Feststoffe als Katalysatoren eingesetzt. Solche **Kompaktkatalysatoren** werden insbesondere verwendet, wenn die Diffusion durch die Grenzschicht zum Katalysator geschwindigkeitsbestimmend ist. Ein Beispiel hierfür ist das Platin-Rhodium-Drahtnetz für die Oxidation von Ammoniak zu Stickstoffmonoxid.

Für den praktischen Einsatz von Katalysatoren sind folgende charakteristische Daten von Bedeutung:

- Aktivität
- Selektivität
- Desaktivierungsverhalten
- thermische Stabilität
- Abriebfestigkeit
- Toxizität

Die **Aktivität** eines Katalysators ist ein quantitatives Merkmal und drückt den Anteil des gewünschten Produktes am Gesamtumsatz eines Reaktionspartners aus. Die zeitliche Veränderung der Aktivität in Abhängigkeit von den Betriebsbedingungen wird **Desaktivierung** genannt.

In jüngster Zeit werden immer mehr Katalysatoren entwickelt, die den gleichzeitigen Ablauf mehrerer Reaktionen beschleunigend unterstützen. Solche **multifunktionelle Katalysatoren** enthalten mehrere katalytische Komponenten, deren Aufgabe es ist, die Wirkung der Hauptkomponente zu verstärken, die Nebenreaktionen zu minimieren und die Regenerierfähigkeit des Katalysators zu verbessern.

In Tabelle 8.2 sind einige Beispiele für die heterogene Katalyse mit typischen Temperatur- und Druckbedingungen zusammengestellt.

Tabelle 8.2 Beispiele für die heterogene Katalyse mit typischen Betriebsbedingungen

Reaktion	Katalysatoren	Betriebsbedingungen
Hydrierung von Kohlenwasserstoffen	Ni, Pt, Pd	300...500 °C, 10...100 bar
Dehydratisierung von Kohlenwasserstoffen	Säuren und deren Salze	500...600 °C, Standarddruck endotherme Reaktion
Dehydrierung von Kohlenwasserstoffen	oxid. und sulfid. Metall-Katalys.	700...900 °C, Standarddruck endotherme Reaktion
Isomerisierung von Kohlenwasserstoffen	Pt/Al_2O_3	700 ... 800 °C, 20...40 bar (H_2-Atmosphäre)
Cracken von Erdöl	Molekularsiebe	700...800 °C, Standarddruck endotherme Reaktion
Ammoniaksynthese	Fe_3O_4/Al_2O_3	750...800 °C, 200...400 bar exotherme Reaktion
Methanolsynthese	ZnO/Cr_2O_3 CuO/Cr_2O_3	500...700 °C, 60...300 bar exotherme Reaktion

Redoxreaktionen, insbesondere selektive Oxidationsreaktionen, nehmen in der chemischen Industrie eine besondere Stellung ein. C_2–C_4-Kohlenwasserstoffe mit Mehrfachbindungen, aber auch Aromaten können in wertvolle Zwischen- und Endprodukte umgewandelt werden. Die katalytischen Verfahren haben gegenüber den konventionellen Verfahren entscheidende Vorteile:

- Selektivitätsvorteil
- weniger Nebenprodukte
- geringere Anzahl an Reaktionsstufen

Katalysatoren haben eine begrenzte Lebensdauer, sie werden mit ihrem Einsatz inaktiv und müssen ausgetauscht oder regeneriert werden. Ursachen hierfür sind:

- Ablagerungen auf der Oberfläche
- Austrag von aktiven Komponenten
- mechanischer Abrieb
- thermische Inaktivierung
- Katalysatorgifte

Als quantitatives Maß für die Katalysatordesaktivierung wird die Betriebsdauer angesehen, die mit einer Katalysatorcharge bei gegebener Raum-Zeit-Ausbeute erreicht wird. Sie kann zwischen wenigen Minuten (Dehydrierung von Butan zu Buten, Katalysator: Cr_2O_3/Al_2O_3) und einigen Jahren (Oxidation von Ethylen zu Ethylenoxid, Katalysator: Ag) liegen. Nach Ablauf der Betriebsdauer muss der Katalysator erneuert oder regeneriert werden. Mittlerweile sind auch Prozesse etabliert, bei denen ein permanenter Katalysatorkreislauf zwischen Reaktor und Regenerationsstufe vorliegt. Das katalytische Cracken von Erdölprodukten in Wirbelschichtreaktoren ist ein Beispiel hierfür.

8.1.3 Aktivierung durch Initiatorzerfall

Polymerisationsreaktionen werden durch Initiatoren oder Reaktionsstarter in Gang gesetzt. Die Initiatorsubstanz zerfällt und reagiert mit den Reaktionspartnern (Monomere). Die Startreaktion lässt sich aber auch thermisch oder fotochemisch aktivieren.

Polymerisationsreaktionen sind Kettenwachstumsreaktionen, wobei zwischen radikalischer, ionischer und koordinativer Polymerisation unterschieden wird. In allen Fällen lassen sich Polymerisationen in folgende Schritte einteilen:

- Startreaktion (Initiatorzerfall)
- Kettenwachstum
- Kettenübertragung
- Kettenabbruch

Initiatoren zerfallen entweder in **Radikale** (radikalische Polymerisation) oder in **Ionen** (ionische Polymerisation). Bei der koordinativen Polymerisation werden *Ziegler-Natta*-Katalysatoren, eine Kombination aus einer Übergangsverbindung und einer metallorganischen Komponente, eingesetzt. Das Monomere lagert sich hierbei zwischen das Zentral-(Metall)-Atom und die wachsende Kette. Der Katalysator liegt nach der Polymerisation unverändert vor und muss nicht regeneriert werden. Technologische Probleme bei der Rückgewinnung führen zu einem relativ hohen Katalysatorverbrauch.

Tabelle 8.3 gibt einen Überblick über charakteristische Reaktionsparameter der verschiedenen Wachstumsreaktionen.

Tabelle 8.3 Charakteristische Parameter einer radikalischen, ionischen und koordinativen Polymerisation

Parameter	Reaktionstyp		
	radikalisch	ionisch	koordinativ
Aktivierungsenergie	70...130 kJ/mol	10...20 kJ/mol	60...100 kJ/mol
Polymerisations-temperatur	0 bis 300 °C	−80 bis +80 °C	−10 bis +150 °C
reaktive Bindungsart	C=C-Bindung	C=C-Bindung C=O-Bindung Ringöffnung	C=C-Bindung
Katalysatoren	Peroxide, Azover-bindungen	Peroxide, Azover-bindungen	Ziegler-Natta-Kataly-satoren ($TiCl_4/AlEt_3$)

8.1.4 Biokatalytische Aktivierung

Biochemische Reaktionen sind Umsetzungen mit biologischen Katalysatoren. Sie werden mithilfe von Enzymen oder Mikroorganismen durchgeführt. Enzyme sind als Proteine Bestandteile von Mikroorganismen, deren Wirkung mit Katalysatoren vergleichbar ist. Sie können in löslicher Form (homogen) oder an Träger gebunden (heterogen) eingesetzt werden.

Die **Biokatalysatoren** sind einerseits äußerst spezifisch hinsichtlich der von ihnen katalysierten Edukte (Substrate) und gleichzeitig ausgeprägt selektiv in Bezug auf die entstehenden Produkte. Die spezifischen Eigenschaften der Katalysatoren sind sehr eng an seine räumliche Struktur gekoppelt. Die modellhafte Vorstellung der katalytischen Aktivität beruht auf dem **Schlüssel-Schloss-Prinzip** nach *Emil Fischer*. Das umzusetzende Substratmolekül bildet mit dem Enzym einen aktivierten Komplex, der in einem Folgeschritt unter Abspaltung des Enzyms zu den Produkten reagiert. Die Komplexbildung führt ebenso wie bei chemischen Katalysatoren zu einer Absenkung der Aktivierungsenergie und so zu einer Erhöhung der Reaktionsgeschwindigkeit. Nicht selten wird die Reaktionsgeschwindigkeit um den Faktor 10^5 bis 10^{10} gegenüber der nicht-katalysierten Reaktion angehoben.

Beim Einsatz lebender Mikroorganismen **(mikrobiologische Verfahren)** wie zum Beispiel Bakterien, Schimmelpilze oder Hefen sind für die Organismen günstige Lebensbedingungen zu schaffen. Neben Versorgung mit optimalen Nährstoffen und Sauerstoff (bei aeroben Verfahren) sind auf geeignete Reaktionsbedingungen wie Temperatur und pH-Wert zu achten.

Enzyme können aber auch außerhalb lebender Mikroorganismen katalytisch wirksam sein. Bereits vor 5000 Jahren verwendete man in Ägypten einen enzymhaltigen Extrakt aus den Mägen von säugenden Kälbern (Lab) für die Milchgerinnung bei der Käseherstellung. Ihre spezifischen Eigenschaften lassen sie besonders bei komplexen chemischen Reaktionen interessant erscheinen. Die hohe Substratspezifität führt dazu, dass nur eine bestimmte Stelle des Moleküls reagiert, z. B. nur eine OH-Gruppe von mehreren **(Regiospezifität).** Biokatalysatoren sind aber auch in der Lage, die räumliche Struktur eines Moleküls zu „erkennen". So führen entsprechende chemische Synthesen immer zu beiden Enantiomeren, während das Enzym stereospezifisch umsetzt **(Stereospezifität).**

Enzyme werden für die Biokatalyse überwiegend aus lebenden Mikroorganismen gewonnen. Da ihre Isolierung in vielen Fällen recht aufwendig ist, verwendet man die abgetrennten Zellen direkt oder das Substrat wird im Kulturmedium umgesetzt. Es lassen sich aber auch Mikroorganismen an einen festen Träger binden (immobilisieren) oder in einer porösen Verkapselung aus Gelatine oder Acrylamid fixieren. Mit denselben Methoden lassen sich auch Enzyme immobilisieren. Der entscheidende Vorteil von **immobilisierten Biokatalysatoren** sind die einfache Abtrennbarkeit und Wiederverwendung im kontinuierlichen Verfahren.

Typisch für viele biochemische Verfahren ist, dass sie bei Standarddruck und milden Temperaturen (10 bis 40 °C) ablaufen. Zusätzlich muss die Sterilität während des gesamten Prozesses sichergestellt sein, da es sonst zu unerwünschten Nebenreaktionen kommen kann. Es kommt nicht von ungefähr, dass die wichtigsten, heute industriell genutzten biochemischen Verfahren seit mehreren Jahrtausenden bekannt sind und genutzt werden. Das trifft in besonderem Maße auf die in der Lebensmittelindustrie eingesetzten Verfahren zur Herstellung von Bier, Wein und Backhefe zu. Weitere bedeutende Produkte von mikrobiologischen Prozessen sind Antibiotika, Insulin, Interferon und Vitamine (pharmazeutische Industrie), aber auch Nahrungs- und Futtermittel, Enzyme, organische Säuren (industrielle Mikrobiologie).

Tabelle 8.4 Einteilung von biotechnologischen Verfahren mit einigen Produktbeispielen

Biomasse	Nahrungs- und Futtermittel, Proteine, Milchprodukte
Primärmetabolite	Alkohole, Carbonsäuren, Zucker, Aminosäuren
Sekundärmetabolite	Antibiotika, Insektizide, Toxine
Biotransformation	Enzyme, Vitamine, Hormone
Rohstoffe	Laugung von Armerzen
Energie	Kraftstoff aus Biomasse
Umweltschutz	biologische Abwasserreinigung, Schädlingsbekämpfung
Gentechnik	Insulin, Interferon, biologische Stickstoffixierung

Ein wichtiger Aspekt bei der Nutzung von biotechnologischen Verfahren ist die Verfügbarkeit von preiswerten Rohstoffen. Außerdem ist die Wachstumsrate der Mikroorganismen für die Wirtschaftlichkeit eines Verfahrens mit entscheidend. Sie beträgt bei Bakterien von 20 Minuten bis 2 Stunden und bei Hefen 2 bis 6 Stunden.

8.1.5 Fotochemische Aktivierung

Die Aktivierung organischer Verbindungen beruht darauf, dass ihre Reaktivität durch die nur schwach gebundenen Valenzelektronen leicht durch Lichteinwirkung (300 bis 400 nm) verändert werden kann. Die Absorption von Lichtquanten führt zu einem energiereicheren, chemisch aktivierten Zustand. Je höher der elektronische Anregungszustand ist, umso schneller wird die Energie in Form von Wärme wieder abgegeben.

Die Geschwindigkeit **fotochemischer Reaktionen** wird bestimmt durch die Konzentration der Reaktionsprodukte sowie Intensität, Menge und Wellenlänge des zugeführten Lichtes. Das bekannteste Beispiel einer Fotosynthese ist der pflanzliche Stoffwechsel. Die technisch bekannten Verfahren haben im Vergleich hierzu eine wesentlich geringere Effektivität. Da die Bestrahlungskosten im Allgemeinen sehr hoch sind, bleibt eine Anwendung meist nur den wirtschaftlich interessanten Produkten vorbehalten und solchen mit einer hohen Quantenausbeute. Chlorierungen, Sulfoxidationen, aber auch lichtinduzierte Polymerisationen sind einige Anwendungsbeispiele. Typische fotochemische Reaktionen verlaufen bei Standarddruck und Temperaturen von 20 bis 100 °C.

8.2 Homogene und heterogene Systeme

Die meisten technisch wichtigen Synthesen werden mit Katalysatoren durchgeführt. Sie sind entweder homogen über die Reaktionsmischung verteilt (**homogene Katalyse**) oder sie befinden sich in einer eigenen, meist festen Phase **(heterogene Katalyse).** Die früher sehr strikte Trennung zwischen homogener und heterogener Katalyse wurde in den letzten Jahren immer mehr aufgeweicht, weil man erkannt hat, dass die grundlegenden Mechanismen sehr ähnlich sind und mittlerweile viele homogene Katalysatoren an feste Träger gebunden werden, um die Aufarbeitung der Reaktionsmasse zu vereinfachen.

Liegt das Reaktionsgemisch in einer homogenen Phase vor, so existieren auch keine Phasengrenzflächen. Man nennt ein solches System **einphasig** oder **homogen.** Sind Phasengrenzflächen vorhanden, wie beispielsweise zwischen einem festen Katalysator und fluiden Reaktanten oder zwischen zwei fluiden Phasen, so wird dieses System

mehrphasig oder **heterogen** genannt. Die Phasenverhältnisse in solchen Systemen sind mitunter sehr komplex. So können Edukte und Produkte in unterschiedlichen Phasen nebeneinander fest, flüssig und gasförmig vorliegen. Zusätzlich kann der Katalysator ebenfalls eine weitere feste, flüssige oder gasförmige Phase bilden.

Bei katalytischen Prozessen werden häufig auch Lösungs- und Verdünnungsmittel eingesetzt, um die Reaktionsteilnehmer zu lösen oder besser zu verteilen. Bei endothermen Reaktionen bietet sich der Einsatz von Wärmeträgern wie z. B. Prozessdampf an. Zusätzlich werden inerte Füllkörper zur Optimierung des Stofftransports eingesetzt.

Für die weitere Betrachtung ist es wichtig, in welchen Phasen die Reaktionspartner und auch der Reaktionsort vorliegen. Viele technische Reaktionen laufen an der Oberfläche und in den Poren der Katalysatoren ab, d. h., die Reaktionsteilnehmer (Edukte und Produkte) müssen zum Katalysator hin- und nach erfolgter Reaktion wieder abtransportiert werden. Im Rahmen der katalytischen Reaktion können sich auch sekundäre Effekte auf die Betriebsführung auswirken. Dazu gehört beispielsweise die Desaktivierung des Katalysators, die durch Absetzen von festen Spaltprodukten verursacht werden kann. Eine weitere Folge hiervon ist die Beeinträchtigung des Stoff- und Wärmetransports durch eine Zunahme der Viskosität.

8.3 Heterogene Katalyse

8.3.1 Heterogene Reaktionen mit Feststoffen

Der katalytische Prozess an einem festen und insbesondere porösen Katalysator besteht aus einer Folge von Teilschritten. Er beinhaltet die Transportvorgänge durch die hydrodynamische Grenzschicht, Porendiffusion und Sorptionsvorgänge an der Katalysatoroberfläche sowie chemische Reaktionen an den aktiven Zentren (vgl. Bild 8.2).

Im Einzelnen lassen sich diese Teilschritte in drei Bereiche gliedern:

- **Stofftransport der Edukte** (Transport in der Gasphase, Filmdiffusion in der Grenzschicht, Diffusion in der Pore)
- **chemische Reaktion** (Adsorption der Edukte, Oberflächenreaktion, Desorption der Produkte)
- **Stofftransport der Produkte** (Diffusion in der Pore, Filmdiffusion in der Grenzschicht, Transport in der Gasphase)

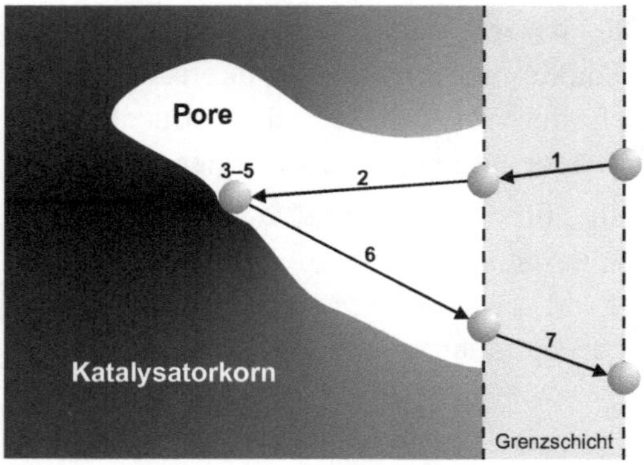

Bild 8.2 Gesamtablauf der heterogenen Katalyse (schematisch) an den Oberflächen fester Stoffe. (1) Diffusion durch die hydrodynamische Grenzschicht, (2) Diffusion in der Pore, (3) Adsorption bzw. Chemisorption am aktiven Zentrum, (4) Oberflächenreaktion, (5) Desorption der Reaktionsprodukte, (6) Diffusion vom aktiven Zentrum durch die Pore zur Grenzschicht, (7) Diffusion durch die hydrodynamische Grenzschicht in den Gasstrom.

Die Gesamtheit dieser Teilschritte wird als **Makrokinetik** bezeichnet. Sie bestimmt die effektive Reaktionsgeschwindigkeit. Die eigentliche Geschwindigkeit der chemischen Reaktion **(Mikrokinetik)** kann durch den äußeren Stofftransport gehemmt sein. Mit diesen Informationen können Katalysatoreigenschaften gezielt verändert und der Prozess so optimiert werden.

Filmdiffusion

In Bild 8.3 ist der Transport des Eduktes A aus der Gasphase über eine laminare Grenzschicht (Film) zur Katalysatoroberfläche schematisch gezeigt. Die Beschreibung der Transportgeschwindigkeit r_{eff} kann über das 1. *Fick*sche Gesetz erfolgen:

$$r_{\text{eff}} = k_{\text{G}} \cdot a \cdot \left(c_{\text{A,g}} - c_{\text{A,KO}}\right) \tag{8.1}$$

k_{G} Stoffübergangszahl, a spezifische Katalysatoroberfläche, $c_{\text{A,g}}$ Stoffmengenkonzentration des Eduktes A in der Gasphase, $c_{\text{A,KO}}$ Stoffmengenkonzentration des Eduktes A an der Katalysatoroberfläche

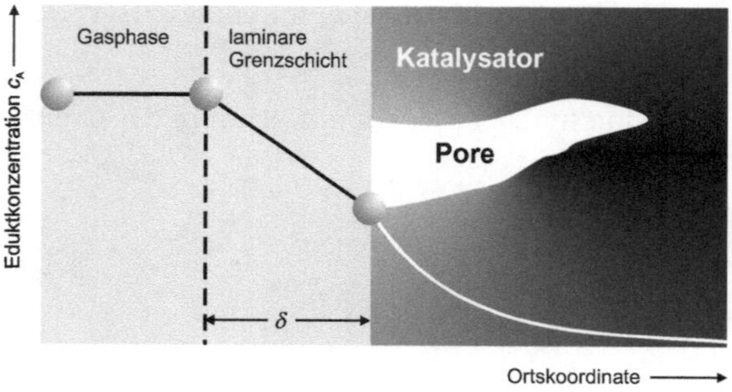

Bild 8.3 Konzentrationsprofil des Eduktes A beim Transport durch die laminare Grenzschicht in eine Pore

Es wird eine Reaktion 1. Ordnung unterstellt, mit k als Reaktionsgeschwindigkeitskonstante ergibt sich ohne Filmdiffusionseinfluss:

$$r_{\text{eff}} = k_{\text{eff}} \cdot c_{\text{A,g}} = k \cdot c_{\text{A,KO}} \tag{8.2}$$

Formel 8.1 und Formel 8.2 können im stationären Zustand gleichgesetzt werden. Für die Katalysatoroberflächenkonzentration ergibt sich nach Umstellung:

$$c_{\text{A,KO}} = \frac{c_{\text{A,g}}}{1 + \frac{k}{k_{\text{G}} \cdot a}} \tag{8.3}$$

Eingesetzt in Formel 8.2 ergibt sich dann:

$$r_{\text{eff}} = k_{\text{eff}} \cdot c_{\text{A,g}} = \frac{1}{\frac{1}{k} + \frac{1}{k_{\text{G}} \cdot a}} \cdot c_{\text{A,g}} \tag{8.4}$$

Je nachdem, welcher Teilschritt geschwindigkeitsbestimmend ist, ergibt sich folgende Vereinfachung:

Fall A: $k >> k_{\text{G}} \cdot a$

(Hemmung des äußeren Stofftransports)

$$r_{\text{eff}} = k_{\text{G}} \cdot a \cdot c_{\text{A,g}} \tag{8.5}$$

Fall B: $k << k_{\text{G}} \cdot a$

(keine Hemmung des äußeren Stofftransports)

$$r_{\text{eff}} = k \cdot c_{\text{A,g}} \tag{8.6}$$

Um das quantitative Maß für die Hemmung des Stofftransports durch die laminare Grenzschicht zu beschreiben, definiert man den **externen Katalysatorwirkungsgrad η_{EXT}**:

$$\eta_{\text{EXT}} = \frac{k_{\text{eff}}}{k} = \frac{1}{1 + \frac{k}{k_{\text{G}} \cdot a}} \tag{8.7}$$

Damit ergibt sich die effektive Reaktionsgeschwindigkeit zu:

$$r_{\text{eff}} = \eta_{\text{EXT}} \cdot k \cdot c_{\text{A,g}} \tag{8.8}$$

Verläuft die chemische Reaktion nicht 1. Ordnung, lassen sich andere Gleichungen für die effektive Reaktionsgeschwindigkeit angeben.

Porendiffusion

Bei der quantitativen Beschreibung der Transportvorgänge ist zu unterscheiden, ob in den Poren in Abhängigkeit vom Porenradius nach den Gesetzmäßigkeiten der **Molekulardiffusion** oder ***Knudsen*-Diffusion** vorzugehen ist. Bei großen Druckgradienten entlang einer Pore kann der Transportvorgang zusätzlich durch die ***Poiseuille*-Strömung** überlagert werden. Außerdem kann in bestimmten Fällen die **Oberflächendiffusion** adsorbierter Moleküle zum Transport in der Pore beitragen.

Die Diffusion in großen Poren kann durch die Gesetze der freien Raumdiffusion wie z. B. durch das 1. *Fick*sche Gesetz beschrieben werden. Es ist jedoch dabei zu beachten, dass die Fläche der Porenöffnungen nur einen bestimmten Anteil der äußeren Gesamtfläche **(relatives Porenvolumen e_P)** des porösen Katalysatorteilchens ausmacht. Typische Werte hierfür liegen bei $0{,}2 < \varepsilon_P < 0{,}7$. Ein weiterer Korrekturfaktor ist der **Labyrinthfaktor $1/\tau$**, der die Abweichung der realen Porengeometrie von der idealen Zylinderform ausdrückt. Wegen der relativ komplexen Porenstruktur von Katalysatoren ist es nicht möglich, τ zu berechnen. Er muss in den meisten Fällen experimentell ermittelt werden. Typische Werte für τ liegen zwischen 3 und 7. Damit ergibt sich der effektive Diffusionskoeffizient in Poren zu:

$$D_{\mathrm{A,eff}}^{\mathrm{Pore}} = \varepsilon_{\mathrm{P}} \cdot \frac{1}{\tau} \cdot D_{\mathrm{A}} \qquad (8.9)$$

$D_{\mathrm{A,eff}}^{\mathrm{Pore}}$ effektiver Diffusionskoeffizient in Poren, D_A Diffusionskoeffizient von A, ε_P rel. Porenvolumen, $1/\tau$ Labyrinthfaktor

In kleinen Poren oder bei geringen Gasdrücken stoßen die Moleküle wesentlich häufiger gegen die Porenwand, als sie mit anderen Molekülen zusammenzustoßen. Dies trifft immer dann zu, wenn die mittlere freie Weglänge größer ist als der Porendurchmesser d_P. Die mittlere freie Weglänge eines Moleküls Λ_{AA} lässt sich berechnen zu:

$$\Lambda_{\mathrm{AA}} = \frac{1}{\sqrt{2} \cdot \pi \cdot \sigma^2} \cdot \frac{V_{\mathrm{m}}}{N_{\mathrm{A}}} \qquad (8.10)$$

σ^2 Molekülquerschnitt $(1 \ldots 2 \cdot 10^{-15}\ \mathrm{cm}^2)$, V_m molares Volumen in cm^3 bei dem jeweiligen Druck, N_A *Avogadro*-Konstante

Die Gesamtmolekülkonzentration $c_{ges.} = N_A/V_m$ beträgt bei 25 °C mit der Einheit von p in 10^5 Pa:

$$c_{\mathrm{ges}} = p \cdot 3 \cdot 10^{19} \left(Moleküle\ pro\ cm^3\right) \qquad (8.11)$$

Der beschriebene Stofftransportvorgang wird als ***Knudsen*-Diffusion** bezeichnet. Dabei gilt näherungsweise für den Porendurchmesser und den Druck:

d_P in nm	< 1000	< 100	< 10	< 2
p in 10^5 Pa	0,1	1	10	50

Aus der kinetischen Gastheorie zusammen mit dem idealen Gasgesetz ergibt sich für den *Knudsen*-Diffusionskoeffizienten $D_{K,i}$ in einer einzelnen zylindrischen Pore:

$$D_{K,i} = \frac{d_P}{3} \cdot \sqrt{\frac{8 \cdot R \cdot T}{\pi \cdot M_i}} \tag{8.12}$$

d_P Porendurchmesser, R allgemeine Gaskonstante, T Temperatur, M_i Molekülmasse

Der Porendurchmesser d_P ist in cm, die Temperatur in K und die molare Masse M_i in kg/kmol einzusetzen. Man erhält den Diffusionskoeffizienten $D_{K,i}$ in der Einheit cm^2/s:

$$D_{K,i} = 4850 \cdot d_P \cdot \sqrt{\frac{T}{M_i}} \tag{8.13}$$

Liegt nicht nur eine einzelne zylindrische Pore vor, sondern ein poröser heterogener Katalysator, so müssen das relative Porenvolumen und der Labyrinthfaktor eingeführt werden. Man erhält damit:

$$D_{K,\text{eff},i} = \frac{\varepsilon_P \cdot d_P}{3 \cdot \tau} \cdot \sqrt{\frac{8 \cdot R \cdot T}{\pi \cdot M_i}} \tag{8.14}$$

Der Quotient vor dem Wurzelausdruck wird als Strukturfaktor K_0 für die *Knudsen*-Diffusion in porösen Medien bezeichnet. Die beschriebenen Gleichungen sind auf Gase beschränkt, weil die mittlere freie Weglänge der Moleküle in flüssiger Phase wesentlich kleiner ist als die Porendurchmesser.

Moleküle, die sich auf der Katalysatoroberfläche oder in Mikroporen ($d_P < 2$ nm) befinden (Physisorption), können sich auf der Oberfläche lateral zwischen verschiedenen Adsorptionsplätzen bewegen. Hierdurch entsteht ein dem Konzentrationsgradienten folgender Stofftransport, der auch Oberflächendiffusion genannt wird. Da diese Art des Transports einen aktivierten Vorgang darstellt, bei dem sterische Effekte eine besondere Rolle spielen, lässt sich die **Oberflächendiffusion** analog dem Gesetz von *Arrhenius* beschreiben:

$$D_{OB} = D_{OB}^0 \cdot \exp\left(-\frac{E_a}{R \cdot T}\right) \tag{8.15}$$

D_{OB}^0 Oberflächen-Diffusionskoeffizient unter Standardbedingungen, E_a Aktivierungsenergie der Oberflächendiffusion, T Temperatur, R allgemeine Gaskonstante

Der Oberflächen-Diffusionskoeffizient hängt von den molekularen Eigenschaften beider Stoffe (Molekül und Katalysator) ab, sowie von der Temperatur, der Gesamtkonzentration bzw. dem Gesamtdruck. Oberflächen-Diffusionskoeffizienten liegen für kleine physisorbierte Moleküle in der Größenordnung von 10^{-3} bis 10^{-5} cm^2/s. Die Aktivierungsenergie beträgt etwa die halbe Aktivierungsenthalpie, d. h., diffundierende Moleküle vollziehen eine Lateralbewegung und werden nicht desorbiert.

Die Diffusion in porösen Festkörpern erfolgt als normale **molekulare Diffusion** unter der Annahme, dass die mittlere freie Weglänge Λ_{AA} klein ist gegenüber dem Porendurchmesser d_P. Ist jedoch der Porendurchmesser wesentlich kleiner als die mittlere freie Weglänge ($d_P \ll \Lambda_{AA}$), so erfolgt der Stofftransport durch *Knudsen*-Diffusion. Bei einem Druckabfall entlang einer Makropore kann eine laminare Strömung entstehen, die für zusätzlichen Stofftransport verantwortlich ist **(*Poiseuille*-Strömung)**.

Ein schematischer Überblick der einzelnen Teilschritte der heterogenen Katalyse ist in Bild 8.2 gezeigt. Je nachdem, welcher dieser Teilschritte geschwindigkeitsbestimmend ist, lassen sich bei Reaktionen an porösen Katalysatoren drei Grenzbereiche unterscheiden:

- **Bereich der äußeren Diffusion** (Stofftransport von der gasförmigen Phase zur Katalysatoroberfläche bestimmt die Geschwindigkeit)
- **Bereich der inneren Diffusion** (Stofftransport in der Pore bestimmt die Geschwindigkeit)
- **kinetischer Bereich** (Oberflächenreaktionen und Sorptionsvorgänge bestimmen die Geschwindigkeit)

Im Bild 8.4 sind die verschiedenen Bereiche anhand typischer Konzentrationsverläufe gezeigt. Im **äußeren Diffusionsgebiet** hängt die Reaktionsgeschwindigkeit von der Strömungsgeschwindigkeit und der Korngröße ab. Neben einer geringen Temperaturabhängigkeit ist in diesem Bereich die Katalysatoraktivität ohne Bedeutung. In dem Übergangsgebiet I und dem **inneren Diffusionsgebiet** hängt die Reaktionsgeschwindigkeit von der Porengröße ab. Die Konzentration sinkt im Porenzentrum auf null ab. Der weitere Reaktionsverlauf im Übergangsgebiet II hängt von der Konzentration und der Temperatur innerhalb der Gasströmung ab. Das **kinetische Gebiet** ist durch eine konstante Konzentration in der Katalysatorpore gekennzeichnet. Mit Ausnahme des kinetischen Gebietes wird das Porenvolumen des Katalysators nur teilweise für die Reaktion genutzt.

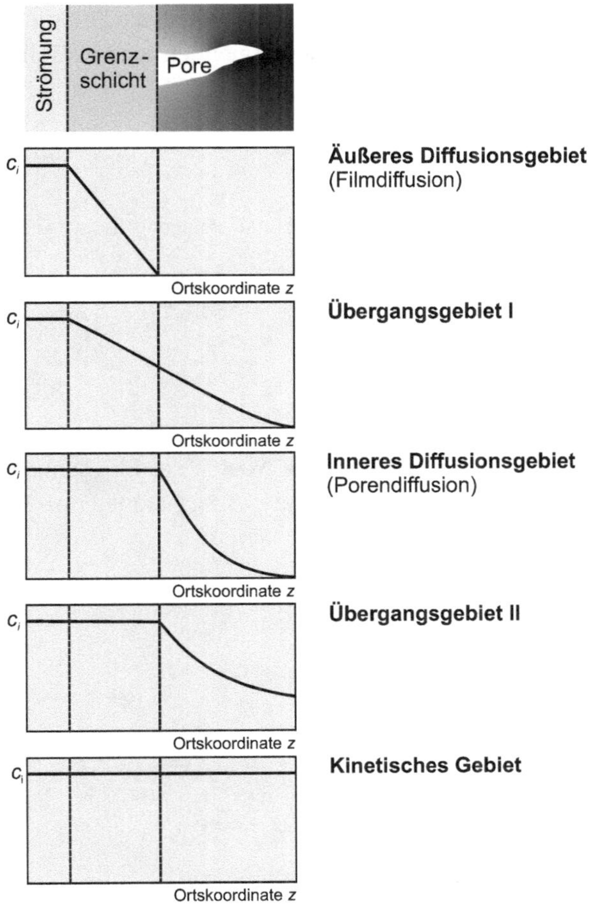

Bild 8.4 Teilreaktionen an porösen Feststoffkatalysatoren

Sorption

Als Sorption (Adsorption bzw. Desorption) bezeichnet man die Wechselwirkung der Reaktanten (Edukte und Produkte) mit der Oberfläche des Katalysators. Ein weiteres Unterscheidungsmerkmal ist die Bindungsstärke und Bindungsart des Adsorbates (vgl. Abschnitt 21.2.1). Es wird in **Physisorption** (Struktur und elektronische Eigenschaften der freien Teilchen bleiben im Wesentlichen erhalten) und **Chemisorption** (Änderung der elektronischen Struktur der freien Moleküle und der Katalysatoroberfläche) eingeteilt. Die Adsorptionsenthalpien als Physisorption liegen mit 20...50 kJ/mol in der Größenordnung von Kondensationsenthalpien, die Adsorptionsenthalpien als Chemisorption dagegen in einem Bereich von > 50 kJ/mol.

Die Sorption eines Stoffes A lässt sich quantitativ durch Adsorptionsisothermen ermitteln. Hierbei wird die **Beladung** $\boldsymbol{\Theta_A}$ (= mit Molekülen belegte Oberfläche/gesamte

Oberfläche) des Katalysators **(Adsorbens)** mit dem Stoff A **(Adsorptiv)** als Funktion des Partialdruckes oder der Konzentration in der Gasphase bezeichnet. Die Beladung ist definiert als:

$$\Theta_A = \frac{n_A}{n_{A,mono}} \tag{8.16}$$

n_A Stoffmenge von A auf der Oberfläche des Katalysators, $n_{A,mono}$ maximale Belegung als monomolekulare Schicht

bzw. über die Anzahl der aktiven Katalysatorzentren (*):

$$\Theta_A = \frac{(A)}{(A) + (*)} = \frac{\text{mit(A)besetzte Zentren}}{\text{Gesamtzahl aller aktiven Zentren}} \tag{8.17}$$

Für die Adsorpionsisothermen gibt es verschiedene Modelle. Wegen der Möglichkeit einer physikalischen Deutung haben sich das *Langmuir*- und das BET-Modell durchgesetzt (vgl. Abschnitt 21.2.4).

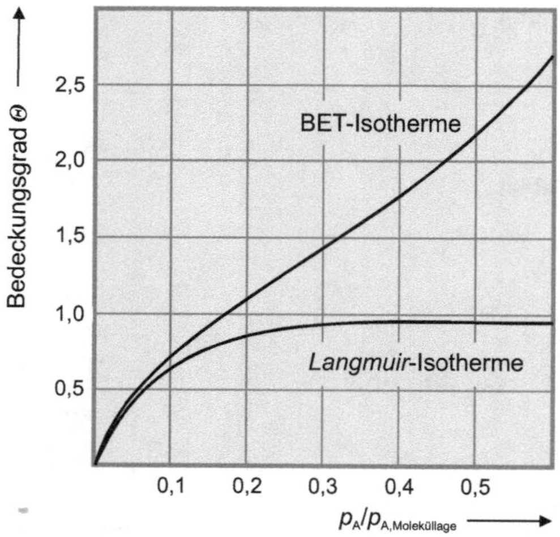

Bild 8.5
Adsorptionsisothermen eines Stoffes A nach *Langmuir* und dem BET-Modell

Langmuir-Isotherme für zwei Stoffe

Die monomolekulare Bedeckung der aktiven Zentren (*) mit den Stoffen A und B sowie der Ausschluss von Wechselwirkungen der adsorbierten Moleküle untereinander sind vereinfachende Annahmen für folgenden Modellmechanismus:

A (g) + (*) → (A) Adsorption ($k_{A,Ads}$)

(A) → A (g) + (*) Desorption ($k_{A,Des}$)

B (g) + (*) → (B) Adsorption ($k_{B,Ads}$)

(B) → B (g) + (*) Desorption ($k_{B,Des}$)

Die differenziellen Geschwindigkeitsansätze für die beiden Stoffe A und B lauten:

$$\frac{d\Theta_A}{dt} = k_{A,Ads} \cdot p_A \cdot (1 - \Theta_A - \Theta_B) - k_{A,Des} \cdot \Theta_A = 0 \tag{8.18}$$

$$\frac{d\Theta_B}{dt} = k_{B,Ads} \cdot p_B \cdot (1 - \Theta_A - \Theta_B) - k_{B,Des} \cdot \Theta_B = 0 \tag{8.19}$$

mit $\Theta_A + \Theta_B + \Theta_{(*)} = 1$.

Die Lösung der Formel 8.18 und Formel 8.19 ergibt sich mit den Konstanten $K_{A,Lm} = k_{A,Ads}/k_{A,Des}$ sowie $K_{B,Lsgm} = k_{B,Ads}/k_{B,Des}$ zu:

$$\Theta_A = \frac{K_{A,Lm} \cdot p_A}{1 + K_{A,Lm} \cdot p_A + K_{B,Lm} \cdot p_B} \tag{8.20}$$

Für den Stoff B gilt die Formel 8.20 analog. Die Adsorptionskonstanten $K_{A,Lsgm}$ und $K_{B,Lsgm}$ lassen sich nach Linearisierung von Formel 8.20

$$\frac{p_A}{\Theta_A} = p_A + \frac{1}{K_{A,Lsgm}} + \frac{K_{B,Lm}}{K_A} \cdot p_B \tag{8.21}$$

durch Auftragung von p_A/Θ_A gegen p_A bzw. p_B aus dem Schnittpunkt mit der Ordinate bestimmen.

Brunauer-Emmet-Teller-Isotherme (BET)

Bei diesem Modell wird in Erweiterung der *Langmuir*-Isotherme angenommen, dass zusätzlich auf der monomolekularen Schicht weitere Moleküle auf der Oberfläche des Katalysators adsorbiert werden können. Bei der ersten adsorbierten Schicht wird die Adsorptionsenergie freigesetzt (Kondensationsenergie und Bindungsenergie), während bei den weiteren Schichten nur noch die Kondensationsenergie frei wird.

Die mathematische Lösung ergibt sich mit der Konstanten $C = \exp\left[-(\Delta H_{A,Ads} + \Delta H_{A,Kond})/R \cdot T\right]$, die von der Adsorptions- und der Kondensationsenthalpie des Stoffes A abhängt.

$$\Theta_A = \frac{n_A}{n_{A,mono}} = \frac{C \cdot \frac{p_A}{p_A^0}}{\left[1 - \frac{p_A}{p_A^0}\right] \cdot \left[1 + (C-1) \cdot \frac{p_A}{p_A^0}\right]} \tag{8.22}$$

Durch Umformen von Formel 8.22 ergibt sich die linearisierte Form:

$$\frac{\frac{p_A}{p_A^0}}{n_A \cdot \left(1 - \frac{p_A}{p_A^0}\right)} = \frac{(C-1)}{n_{A,mono} \cdot C} \cdot \frac{p_A}{p_A^0} + \frac{1}{n_{A,mono} \cdot C} \tag{8.23}$$

Aus dem Ordinatenabschnitt und der Steigung der Geraden lassen sich die adsorbierte Stoffmenge n_A in der monomolekularen Schicht und die Konstante C ermitteln.

Dreiphasenreaktionen

Liegen neben einer festen Katalysatorphase die Reaktionspartner in gasförmiger und flüssiger Phase vor, so spricht man von Dreiphasenreaktionen. Die Transport- und Reaktionsprozesse sind wesentlich komplexer gestaltet als Zweiphasensysteme. Eine stark vereinfachte Darstellung ist in Bild 8.6 gezeigt.

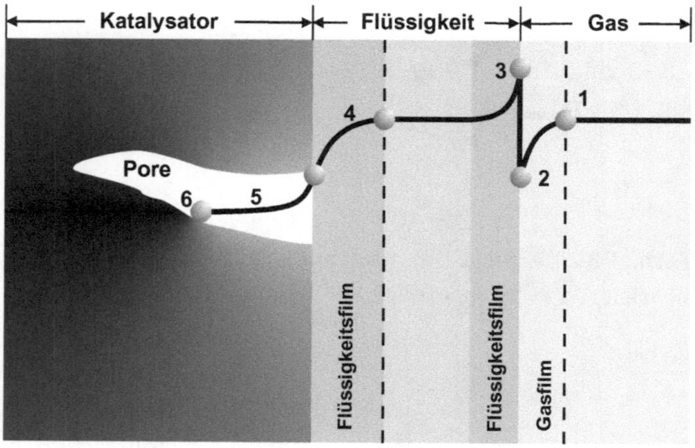

Bild 8.6 Transport- und Reaktionsprozesse bei Dreiphasenreaktionen: (1 – 2) Transport eines Stoffes aus der Gasphase an die g/l-Phase, (2 – 3) Lösungsprozess in der flüssigen Phase, (3 – 4) Transport in der flüssigen Phase, (4) Transport an die Katalysatoroberfläche, (5) Transport in den Poren, (6) Sorption und Oberflächenreaktion

Die Beschreibung der Vorgänge an der Katalysatoroberfläche und in den Poren kann analog der heterogenen Gaskatalyse erfolgen. Darüber hinaus muss der Transport aus der Gasphase in die Flüssigphase betrachtet werden. Ein erster Überblick wird in Abschnitt 8.3.2 gegeben.

Technische Anwendungsbeispiele für Dreiphasenreaktionen sind: kohle- und petrochemische Hydrierverfahren, Fetthärtung, Abwasserreinigung.

8.3.2 Heterogene Reaktionen mit Fluiden

Sind die Reaktanten zunächst auf zwei fluide Phasen (Gas und Flüssigkeit oder zwei nicht mischbare Flüssigkeiten) verteilt so spricht man von einer **Fluid-Fluid-Reaktion.** Vor der chemischen Umsetzung kommt es zu einem Stoffaustausch zwischen den Phasen, weil die eigentliche Reaktion meistens in nur einer Phase stattfindet. Die zweite Phase dient beispielsweise zur Aufnahme des Reaktionsproduktes. Diese Verfahrensweise hat den Vorteil, Folgereaktionen von Produkten zu verhindern oder auch nur das Produkt aus der Reaktionsmischung abzutrennen (Extraktivreaktion).

In Fluid-Fluid-Systemen ist die chemische Umsetzung immer mit Stofftransporten verbunden. Bei Gas-Flüssigkeits-Systemen muss die gasförmige Komponente zunächst in der flüssigen Phase gelöst werden. Dieser Vorgang wird auch chemische Absorption **(Chemisorption)** genannt. Bevor die gelöste Komponente reagieren kann, muss sie zur Phasengrenze transportiert werden. Dort reagiert sie entweder sofort oder wird in die flüssige Phase weitertransportiert. Ist die Stofftransportgeschwindigkeit größer als die Geschwindigkeit der chemischen Reaktion, so stellt sich auch während der ablaufenden Reaktion das Gleichgewicht zwischen beiden fluiden Phasen ein. Bewegt sich die Stofftransportgeschwindigkeit in der gleichen Größenordnung wie die chemische Reaktionsgeschwindigkeit, so bestimmt die Geschwindigkeit des Stoffübergangs an der Phasengrenzfläche den erzielbaren Umsatz.

Für die quantitative Beschreibung des Stoffübergangs in Gas-Flüssigkeits-Systemen wurden verschiedene Modellvorstellungen entwickelt. Bei der **Zweifilmtheorie**, als ältestes Modell, wird angenommen, dass sich an der Phasengrenzfläche beidseitig eine laminare Grenzschicht mit der Schichtdicke δ_g und δ_l befindet. An der Phasengrenze liegt ein Gleichgewicht vor. Der Stofftransport wird in den Grenzschichten ausschließlich durch Leitung bzw. Diffusion hervorgerufen. In den fluiden Phasen hingegen erfolgt der Stofftransport durch turbulente Konvektion sehr schnell (vgl. Abschnitt 6.3.1). Entsprechendes gilt für Flüssigkeitssysteme, bei denen die beiden Phasen nicht oder nur wenig miteinander mischbar sind.

Eine Einteilung von Gas-Flüssigkeits-Reaktionen kann zunächst über die Geschwindigkeit chemischer Reaktionen erfolgen:

- langsame Reaktion
- schnelle Reaktion
- augenblickliche Reaktion

Bei **langsamen Reaktionen** kann in Abhängigkeit vom limitierenden Schritt zwischen einem kinetischen Gebiet und dem Diffusionsgebiet unterschieden werden (vgl. Bild 8.7 A und B).

Die Chemisorptionsgeschwindigkeit hängt nur von der Kinetik ab und ist unabhängig vom Stofftransport (kinetisches Gebiet), während die Abhängigkeit vom Stofftransport das Diffusionsgebiet kennzeichnet. Bei **schnellen** und **augenblicklichen Reaktionen** bestimmt immer der Stofftransport die Chemisorptionsgeschwindigkeit, wobei der Widerstand der gasseitigen Grenzschicht vernachlässigt werden kann. Bei langsamen und schnellen Reaktionen (vgl. Bild 8.7 A – C) findet die chemische Umsetzung im Inneren der Flüssigkeit statt, während bei den **augenblicklichen Reaktionen** und **Grenzflächenreaktionen** nur die Grenzfläche oder der Flüssigkeitsfilm den Reaktionsraum darstellen (vgl. Bild 8.7 D und E). **Grenzflächenreaktionen** sind häufig dann anzutreffen, wenn die Reaktion sehr schnell abläuft oder das Gas schlecht in der flüssigen Phase löslich ist.

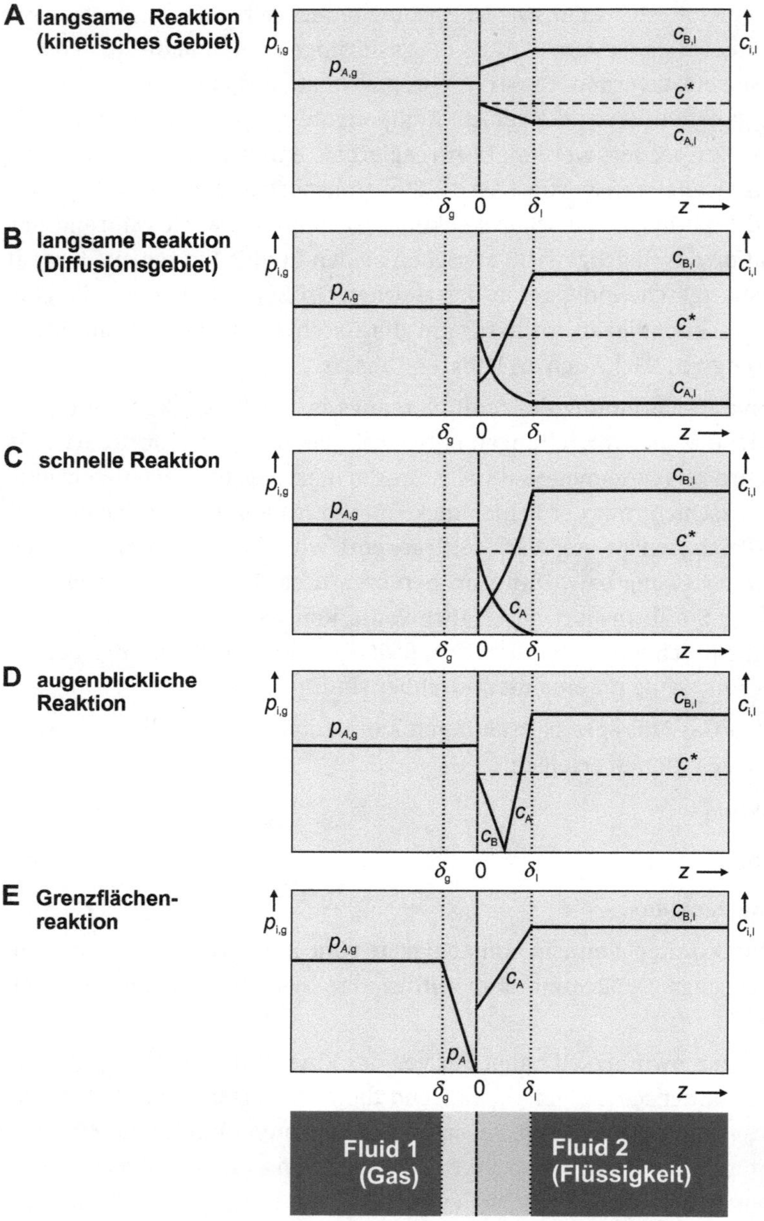

Bild 8.7 Konzentrationsverläufe in zwei Fluiden (Gas – Flüssigkeit) für durch Stoffübergang beeinflusste Reaktionen vom Typ: A + B → Produkte, bei unterschiedlichen Verhältnissen der Transport- und Reaktionsgeschwindigkeit

Technisch bedeutende Beispiele für Gas-Flüssigkeits-Reaktionen sind Chlorierung und Oxidationsreaktionen von Kohlenwasserstoffen, Hydratisierung von Ethin und Alkylierungen von Benzen.

8.3.3 Reaktionsablauf

Der Ablauf einer chemischen Reaktion wird im Allgemeinen durch Druck, Temperatur und Konzentrationen der Reaktanten bestimmt. Weitere Einflussgrößen können Katalysatoraktivität oder Lichtintensität einer strahlungsinduzierten Reaktion oder Zersetzungsspannung einer Elektrolyse sein. Der empirische Reaktionsgeschwindigkeitsansatz setzt sich aus einem temperaturabhängigen Term, der Geschwindigkeitskonstante und einem Konzentrations- bzw. druckabhängigen Term zusammen (vgl. Kapitel 7). Der Temperatur kommt eine besondere Bedeutung zu, für deren Einfluss auf die Reaktionsgeschwindigkeit in Bild 8.8 einige typische Beispiele gezeigt sind.

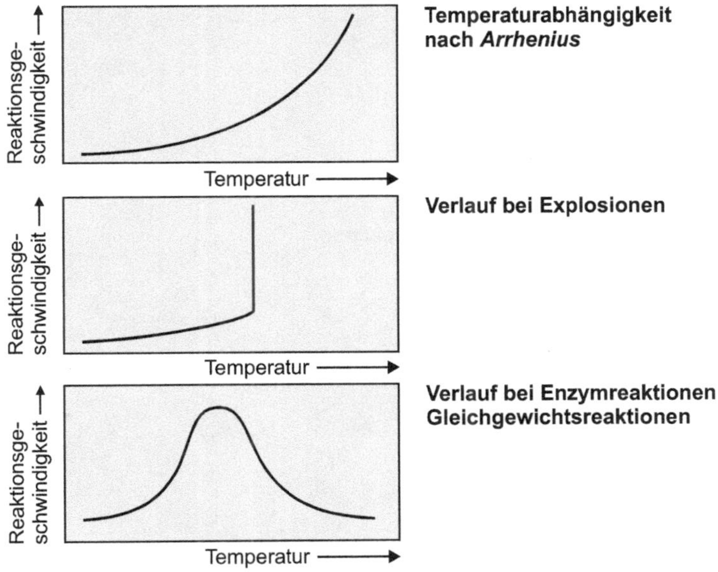

Bild 8.8 Verschiedene Temperaturabhängigkeiten von der Reaktionsgeschwindigkeit einer Reaktion

Am häufigsten trifft man die Temperaturabhängigkeit nach *Arrhenius* bei chemischen Umsetzungen an. Eine Erhöhung der Temperatur um 10 K führt zu einer 2- bis 3-fachen Erhöhung der Reaktionsgeschwindigkeit. Neben Temperatur- und Konzentrationsabhängigkeit ist der Mechanismus des Reaktionsverlaufs ein typisches Merkmal des Prozesses. Es werden drei Grundtypen unterschieden:

- einfache (unidirektionale) Reaktionen
- (reversible) Gleichgewichtsreaktionen
- zusammengesetzte (komplexe) Reaktionen (Folge- und Parallelreaktionen)

In Bild 8.9 sind die Konzentrationsverläufe für unidirektionale, reversible und zusammengesetzte Reaktionen gezeigt. Gleichgewichtreaktionen sind von besonderer Bedeutung. Sie setzen sich aus einer Hin- und Rückreaktion zusammen und führen nur bis zu einem dynamischen Gleichgewicht, bei dem sich makroskopisch nichts mehr ändert (vgl. Abschnitt 6.2.5). Das Verhältnis der Konzentrationen von Produkten und von Edukten, jeweils mit ihren stöchiometrischen Koeffizienten als Exponenten, im Gleichgewicht wird durch die thermodynamisch berechenbare Gleichgewichtskonstante beschrieben **(Massenwirkungsgesetz).** Das Verhältnis der Geschwindigkeitskonstanten von Hin- und Rückreaktion ergibt ebenfalls die Gleichgewichtskonstante. Die anderen Grundtypen einfacher chemischer Reaktionsabläufe sind in Kapitel 7 ausführlich beschrieben.

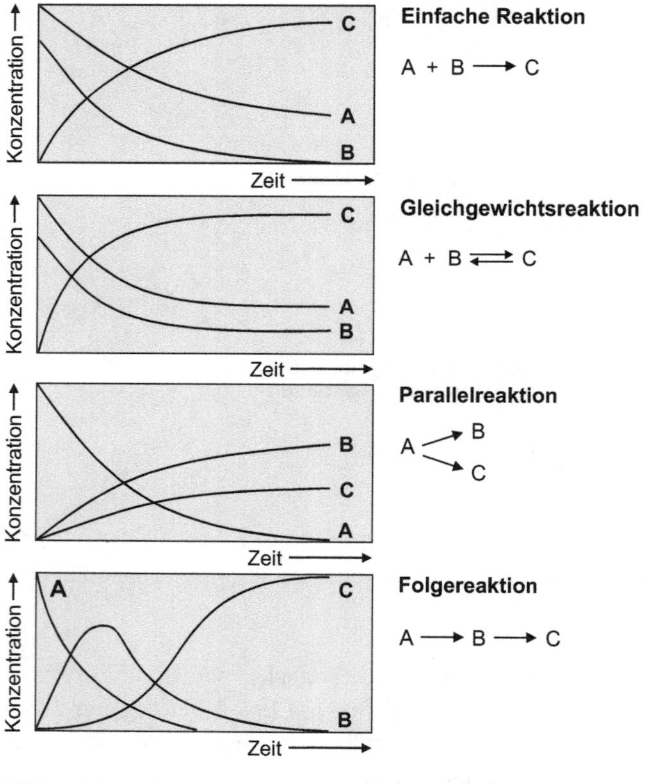

Bild 8.9 Verschiedene Grundtypen von Reaktionsabläufen

8.4 Homogene Katalyse

Bei einem katalytischen Prozess in homogener Phase findet die Katalyse im gesamten Reaktionsraum gleichmäßig verteilt statt, d. h., es bilden sich keine Konzentrations- und Temperaturgradienten aus. Somit entfällt auch die Notwendigkeit einer differenzierten makro- und mikrokinetischen Betrachtung. Ein Beispiel für die homogene Katalyse in der Gasphase ist die thermische Spaltung von z. B. Ethern (Diethylether, Isopropylether) in Gegenwart von molekularem Iod. Die Reaktionsgeschwindigkeit lässt sich um den Faktor 200...500 steigern. Es gilt beispielsweise:

$$\frac{dc_{\text{Ether}}}{dt} = -k \cdot c_{\text{Iod}} \cdot c_{\text{Ether}} \tag{8.24}$$

Die Konzentration des molekularen Iods ändert sich zwar während der Reaktion, es stellt sich jedoch zeitweise ein stationärer Zustand ein. Bei anderen durch Iod katalysierten Reaktionen sind andere Mechanismen wirksam, die auch andere Abhängigkeiten der Reaktionsgeschwindigkeit zur Folge haben. Eine Abhängigkeit der Reaktionsgeschwindigkeit von der Katalysatorkonzentration ist jedoch typisch für die homogene Katalyse und entspricht der Anzahl von aktiven Zentren bei der heterogenen Katalyse. Der Katalysator führt zur Absenkung der Aktivierungsenergie der Gesamtreaktion, indem er Teilreaktionen mit geringer Aktivierungsenergie einleitet. In dem beschriebenen Beispiel wird die Aktivierungsenergie der unkatalysierten thermischen Zersetzung ($E_A = 210$ kJ/mol) um ⅔ abgesenkt.

In der organischen Chemie gibt es eine Vielzahl von katalysierten Reaktionen in homogener Phase. Die Veresterung unter dem Einfluss saurer Katalysatoren neben der alkalischen Esterhydrolyse gehört ebenso zu den Beispielen wie aromatische Substitution mit Alkylhalogeniden (*Friedel-Craft*-Synthese) unter dem katalytischen Einfluss von $AlCl_3$.

Bei der Oxidation von SO_2 nach SO_3 durch Stickstoffoxid oder Sauerstoff wie auch bei der sauren Esterhydrolyse wirkt der Katalysator nach der engeren Definition: Er beschleunigt die Hin- und Rückreaktion in gleicher Weise. Bei der *Friedel-Craft*-Synthese hingegen wirkt das $AlCl_3$ in gewissen Grenzen spezifisch (HCl-Abspaltung) und ist auch nicht reversibel in der Weise, dass einem substituierten Aromaten $AlCl_3$ und HCl zugesetzt werden, um zu einem unsubstituierten aromatischen Kohlenwasserstoff und Alkylchlorid zu reagieren.

Mitunter wirkt eines der Reaktionsprodukte als Katalysator für die Gesamtreaktion. Solche Systeme werden **autokatalytisch** genannt. Bei „normalen" katalysierten und auch nichtkatalysierten Reaktionen nimmt die Geschwindigkeit vom Reaktionsbeginn an langsam ab oder bleibt konstant (Reaktion 0. Ordnung). Autokatalytische Reaktionen zeichnen sich dadurch aus, dass die Reaktionsgeschwindigkeit bis zu einem Maximum zunimmt, um dann zügig auf null abzufallen.

8.4.1 Einphasige Reaktionssysteme

Ein bekanntes Beispiel für eine katalytische Reaktion in der Gasphase ist die Oxidation von SO_2 zu SO_3 durch Stickstoffoxid, wie sie bei der Herstellung von Schwefelsäure nach dem Bleikammerprozess durchgeführt wird. Die direkte Oxidation entsprechend der Reaktionsgleichung

1. $2\ SO_2 + 1\ O_2 \rightarrow 2\ SO_3$

ist ein sehr langsamer Vorgang, da es sich um einen Zusammenstoß von drei Molekülen oder aber um mono- bzw. bimolekulare Prozesse hoher Energie handelt. Ein möglicher Reaktionsmechanismus verläuft über folgende Zwischenschritte:

2. $2\ NO + 1\ O_2 \rightarrow 2\ NO_2$

3. $1\ NO_2 + 1\ SO_2 \rightarrow 1\ NO + 1\ SO_3$

Da Stickstoffoxid leichter oxidiert werden kann und Stickstoffdioxid den aufgenommenen Sauerstoff leicht auf Schwefeldioxid übertragen kann, verläuft die Gesamtreaktion mit einer akzeptablen Geschwindigkeit. Die langsame Reaktion (1) ist durch zwei schnelle Reaktionen (2) und (3) ersetzt worden. Dabei tritt Stickstoffdioxid, das im Gleichgewicht mit Stickstofftetroxid (N_2O_4) steht, als Zwischenprodukt auf.

Die Wirkung des Katalysators K lässt sich auf eine langsam ablaufende Reaktion schematisch wie folgt darstellen:

1. A + B → Produkte (langsam)
2. A + K → X (schnell)
3. X + B → Produkte + K (schnell)

wobei X das Zwischenprodukt (aktivierter Komplex) darstellt. Formel 8.25 und Formel 8.26 stellen die Geschwindigkeitsgesetze der unkatalysierten bzw. der katalysierten Reaktion dar:

$$\frac{dc_A}{dt} = -k_1 \cdot c_A \cdot c_B \tag{8.25}$$

$$\frac{dc_A}{dt} = -k_2 \cdot c_A \cdot c_C \tag{8.26}$$

Formel 8.26 beschreibt einen Mechanismus, bei dem Reaktion (3) viel schneller verläuft als Reaktion (2). Die katalysierte Reaktion ist dann von 1. Ordnung in Bezug auf die Katalysatorkonzentration. Experimentell gilt dieser Zusammenhang für die Mehrzahl katalysierter Reaktionen.

Für die Herstellung chemischer Produkte haben einphasige **exotherme Gasreaktionen** nur geringe Bedeutung. Die Chlorierung und Nitrierung von kurzkettigen Kohlenwasserstoffen und die Chlorknallgasreaktion sind Beispiele von technischem Interesse. Dagegen spielen Verbrennungsreaktionen von Kohlenwasserstoffen in der Energiewirtschaft eine wesentlich wichtigere Rolle. Bei diesen einphasigen **endothermen Gasreaktionen** haben zwei Verfahren zur Herstellung petrochemischer Produkte eine besondere Bedeutung: Mittel- und Hochtemperaturpyrolyse zur Alken- bzw. Alkin-Herstellung.

Das vorangegangene Beispiel hat gezeigt, warum eine Reaktion, die über eine oder mehrere Zwischenstufen verläuft, schneller sein sollte als eine unkatalysierte, direkt verlaufende Reaktion. Da der Ausgangs- und der Endzustand einer katalysierten, aber auch unkatalysierten Reaktion identisch sind, muss die Änderung der freien Enthalpie (Triebkraft einer Reaktion) in beiden Fällen gleich sein. Warum aber sind die Reaktionsgeschwindigkeiten für beide Reaktionswege so unterschiedlich? Ein Zusammenhang zwischen thermodynamischen Größen einer Reaktion und deren Geschwindigkeit ist nicht unbedingt zu erwarten, da beispielsweise Kohle und Luft bei geringen Temperaturen nebeneinander beständig sind, trotz der höheren thermodynamischen Stabilität des Verbrennungsproduktes Kohlenstoffdioxid.

Es sind jedoch nicht gerade wenige Fälle bekannt, bei denen Geschwindigkeit und Gleichgewicht miteinander verknüpft sind. Demnach müssen **katalysierte Reaktionen viel schneller** und **unkatalysierte Reaktionen viel langsamer** sein, als es die entsprechenden Gleichgewichtskonstanten erwarten ließen. Beide Fälle kommen relativ häufig vor und können mittlerweile sogar als Regel gelten.

Ein Beispiel hierfür ist die in homogener Phase ablaufende Oxidation von Tallium-Ionen mit Cer-Ionen gemäß folgender Gleichung:

1. $2\,Ce^{4+} + Tl^{1+} \rightarrow 2\,Ce^{3+} + Tl^{3+}$

Die Reaktion läuft trotz des günstigen Oxidationspotenzials sehr langsam ab, da wegen des Fehlens der 2-wertigen Ladungsstufe beider Ionen die Reaktion über einen Dreierstoß ablaufen muss. Mangan-Ionen können die Ladung bzw. die Oxidationsstufe 2+, 3+ und 4+ haben. Daher können Mn-Ionen an jeweils zwei Ce^{4+}-Ionen schrittweise zwei Elektronen abgeben und sie auf einmal von Tl^{+}-Ionen aufnehmen und so die Reaktion (4) katalytisch beschleunigen.

2. $Ce^{4+} + Mn^{2+} \rightarrow Ce^{3+} + Mn^{3+}$
3. $Ce^{4+} + Mn^{3+} \rightarrow Ce^{3+} + Mn^{4+}$
4. $Mn^{4+} + Tl^{1+} \rightarrow Mn^{2+} + Tl^{3+}$

Die nacheinander ablaufenden Reaktionen reagieren aufgrund von Zweierstößen mit normalen Geschwindigkeiten.

Ein völlig anderes Beispiel einer homogenen Katalyse ist die Hydrolyse von Methylbromid in wässriger Lösung. Die Gesamtreaktionsgleichung lautet:

1. $CH_3{-}Br + H_2O \rightarrow CH_3{-}OH + HBr$

Die Reaktion wird durch Iodid-Ionen katalysiert. Nach einem S_N2-Mechanismus reagiert zunächst Methylbromid mit Iodid-Ion. Die I^--Ionen reagieren dabei als nukleophil und bilden Methyliodid (2).

2. $CH_3–Br + I^- \rightarrow CH_3–I + Br^-$

3. $CH_3–I + H_2O \rightarrow CH_3–OH + H^+ + I^-$

Auch der zweite Schritt ist eine S_N2-Reaktion eines Wassermoleküls mit Methyliodid (3). Die Reaktion wird durch die katalytische Wirkung von Iodid-Ionen beschleunigt, weil beide Schritte schneller als der direkte S_N2-Angriff des Wassermoleküls auf Methylbromid sind. Die Geschwindigkeit der unkatalysierten Reaktion steigt selbst bei 100-fachem Iodid-Überschuss nur auf das 5-Fache an. Das Bemerkenswerte bei dieser Reaktion ist ein völlig neuer Reaktionsweg, der durch den Katalysator eröffnet wird. Der katalytische Effekt kommt dadurch zustande, dass die Aktivierungsenergie insgesamt wesentlich niedriger liegt als die direkte Reaktion.

Die überwiegende Zahl der **einphasigen Flüssigkeitsreaktionen** sind exotherm und verlaufen bei Temperaturen < 500 K. Die Umsetzung von Ethylenoxid zu Ethylenglykol (Hydrolyse), aber auch viele Säure-Base-Katalysen sind Beispiele für einphasige Flüssigkeitsreaktionen.

8.4.2 Säure- und Basenkatalyse

Die beschleunigende Wirkung von Säuren und Basen auf organische Reaktionen ist bereits von *Berzelius* erkannt und später von *Ostwald* eingehend untersucht worden. Es konnte bereits sehr früh festgestellt werden, dass zwischen der katalytischen Aktivität einer Säure oder Base und der H^+- bzw. OH^--Konzentration ein direkter Zusammenhang besteht. Dies führte zu der Erkenntnis, dass die katalytische Wirkung von Säuren durch Anlagerung von Protonen an basische Gruppen die Moleküle aktivieren. In der nachfolgenden Übersicht sind einige **Säure-Basen-katalysierte Prozesse** unter Berücksichtigung der Säure-Basen-Definition nach *Brönstedt* zusammengestellt. In Klammern sind die Säuren bzw. Basen angegeben, die als Katalysator wirken:

Aktivierung der C = O-Bindung

- Veresterung von Carbonsäuren, Esterverseifung, Umesterungen (Säuren, Basen)
- säurekatalysierte Reaktion von Alkoholen
  Bildung/Verseifung von Ether (H_2SO_4, H_3PO_4)
  Dehydratisation von Alkoholen (H_2SO_4)
  Umlagerungen (verd. Säuren)

- Aldehydkondensation
  Aldolbildung (Säuren, Basen)
  Knoevenagel-Reaktion, *Manich*-Reaktion (Ammoniak, Amine)

Aktivierung der C = C-Doppelbindung

- Anlagerungsreaktion an Alkene (Säuren)
  Alken + Wasser → Alkohol
  Alken + Carbonsäure → Ester
  Alken + Alkohol → Ether
  Anlagerung von Aromaten (konz. Säure)
- Hydratation von Alkinen
  Alkin + Wasser → Acetaldehyd (Säure)

Aktivierung der N-Bindung

- Zerfall von aliphatischen Diazoverbindungen (Säuren)
- *Wolff-Kishner*-Reduktion (starke Basen)
- Benzidin-Umlagerung (Säuren)

Jede Reaktion, die durch Säuren oder Basen katalysiert wird, lässt sich in mindestens zwei Teilreaktionen aufspalten. Der erste Schritt bei der Säurekatalyse ist eine **Protonenübertragung** auf das Edukt A durch den Katalysator K^+:

1. $A + K^+ \rightleftarrows AH^+ + B$ (Gleichgewichtsreaktion)

Die Reaktion kann je nach Protonenaktivität von A und K^+ in beide Richtungen ablaufen. Bei der Hinreaktion **(Säurekatalyse)** entzieht der Stoff A dem Katalysator (z. B. Hydronium-Ionen, H_3O^+) ein Proton ($B = H_2O$). Ist dagegen B beispielsweise ein Hydroxid-Ion (OH^-), so verläuft die Reaktion von rechts nach links, und dem Ausgangsstoff (AH^+) wird ein Proton entzogen. In diesem Fall liegt eine **Basenkatalyse** vor. Bei der Säurekatalyse zerfällt das Zwischenprodukt AH^+ ggf. über weitere Zwischenstufen in das Endprodukt P.

2. $AH^+ \rightarrow P + H^+$ (Zerfallsreaktion)
3. $H^+ + B \rightarrow K^+$ (Bildung Katalysator)

Der Katalysator bildet sich mit Wasser und dem abgespaltenen Proton zurück (3) und steht einem neuen Reaktionszyklus zur Verfügung. Die Gesamtreaktionsgeschwindigkeit wird immer von der langsamsten Teilreaktion bestimmt. Verläuft der Mechanismus für die Säurekatalyse in zwei Teilschritten, so lassen sich zwei kinetische Ansätze formulieren:

Ansatz I: Protonenübergang von K^+ zu A verläuft langsam, verglichen mit der Geschwindigkeit, mit der das Zwischenprodukt AH^+ weiterreagiert. Die Produktbildungsgeschwindigkeit ist dann gleich der Geschwindigkeit des Protonenübergangs:

$$\frac{dc_P}{dt} = k_1 \cdot c_A \cdot c_{K^+} \tag{8.27}$$

Ansatz II: Verläuft die Gleichgewichtsreaktion (1) wesentlich schneller als die Zerfallsreaktion (2), so ist die Produktbildungsgeschwindigkeit gegeben durch:

$$\frac{dc_P}{dt} = k_3 \cdot c_{AH^+} = k_2 \cdot K' \cdot \frac{c_A \cdot c_{K^+}}{c_B} \tag{8.28}$$

k_1 Hinreaktionsgeschwindigkeitskonstante der Gleichgewichtsreaktion (1), k_2 Rückreaktionsgeschwindigkeitskonstante der Gleichgewichtsreaktion (1), k_3 Reaktionsgeschwindigkeitskonstante der Zerfallsreaktion (2), K' Gleichgewichtskonstante (1)

Die Produktbildungsgeschwindigkeit ist dann proportional der Katalysatorkonzentration.

Reaktionsmechanismus

Beschränkt man sich auf die Säure-Base-Therorie nach *Brönstedt* und *Lowry*, so kann eine Säure ein Proton abspalten und eine Base ein Proton aufnehmen. Die Protonenübertragungsreaktionen sind hierbei weitgehend an wässrige oder alkoholische Lösungen gebunden. Der **katalytische Effekt** beruht in erster Linie darauf, dass einer Bindung ein polarer Charakter verliehen oder der polare Charakter verstärkt wird. Der Reaktionsverlauf wird dann im Allgemeinen durch kationische und anionische Zwischenprodukte formuliert.

Beispiel 8.1: Veresterung von Carbonsäuren

Carbonsäureester leiten sich von der jeweiligen Carbonsäure formal durch Austausch der OH-Gruppe gegen eine RO-Gruppe ab. Ester sind angenehm riechende Verbindungen, die bei zahlreichen Früchten und Blumen für den charakteristischen Geruch verantwortlich sind.

Der polare Charakter der C=O-Bindung beruht auf den elektrophilen Eigenschaften des Sauerstoffs. Die geringe Carbonylaktivität von Carbonsäuren lässt sich durch katalytische Mengen von Mineralsäuren (z. B. HCl, H_2SO_4) beträchtlich erhöhen. Wird eine Carbonsäure mit Alkohol in Gegenwart einer Mineralsäure erhitzt, so bilden sich ein Ester und Wasser. Diese stehen mit den Ausgangskomponenten im Gleichgewicht. Für die protonenkatalytische Umsetzung mit primären und sekundären Alkoholen wird folgender Mechanismus angenommen:

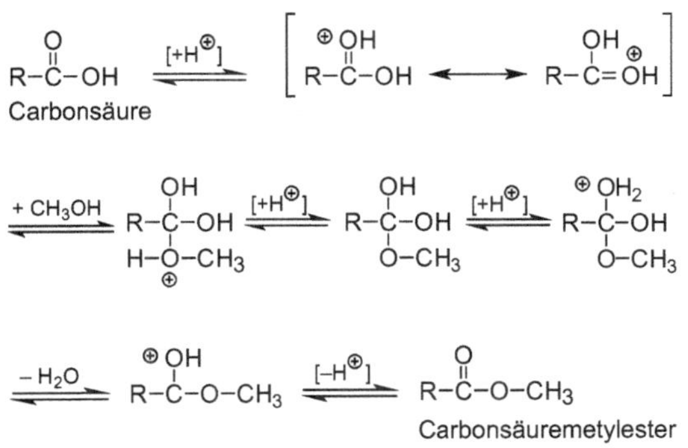

Werden dagegen tertiäre Alkohole eingesetzt, kommt es zunächst zur Protonierung mit anschließender Abspaltung der alkoholischen OH-Gruppe. Das entstandene Carbokation greift das Carbonyl-C-Atom elektrophil an:

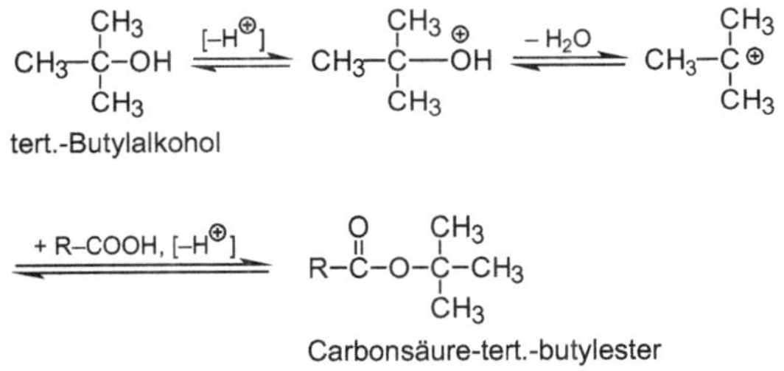

Bei der Bildung von Carbonsäureestern wird häufig konz. Schwefelsäure einerseits als Katalysator verwendet und andererseits, um das bei der Veresterung entstehende Reaktionswasser zu binden (Verschiebung des Gleichgewichtes nach rechts).

8.4.3 Enzymkatalytische Reaktionen

Chemische Katalysatoren werden, so erstaunlich ihre Eigenschaften auch sind, von Enzymen lebender Zellen in ihrer katalytischen Aktivität weit übertroffen. Enzyme sind Proteinmoleküle, die als Katalysatoren für eine Vielzahl chemischer Reaktionen eingesetzt werden können. Enzyme werden von lebenden Organismen synthetisiert, zeigen ihre Wirkung aber auch außerhalb einer lebenden Zelle. Die bekannten Biokatalysatoren haben Molekülmassen zwischen 10^4 und 10^6 und Moleküldurchmesser von 10 nm bis 100 nm. Die Katalyse mit den sogenannten makromolekularen Katalysatoren stellt einen **Übergang zwischen Homogen- und Heterogenkatalyse** dar. Grundlage für das theoretische Verständnis ist daher entweder die Bildung einer Übergangsverbindung aus Substrat und Enzym in Lösung oder die Adsorption des Substrats auf der Enzymoberfläche.

Enzyme haben eine hohe **Substratspezifität** und können somit nur eine begrenzte Anzahl verschiedener Reaktanten umsetzen. Manche Enzyme setzen eine kleine Gruppe von verwandten Substraten um, während andere nur eine einzige Verbindung als Substrat akzeptieren. Die meisten Enzyme besitzen chirale aktive Zentren und setzen demzufolge nur eines von mehreren Stereoisomeren ihres Substrats um. Enzyme haben somit eine sehr hohe **Stereospezifität.** Der dritte und vielleicht wichtigste Aspekt der Spezifität von Enzymen ist ihre **Reaktionsspezifität,** sodass Nebenprodukte in der Regel nicht auftreten und eine Produktausbeute von nahezu 100 % erzielt werden kann.

Die meisten klassischen Enzyme des physiologischen Stoffwechsels werden benannt, indem man das Suffix **-ase** an den Namen ihrer Substrate anhängt, der die katalytische Reaktion beschreibt. Das Enzym Urease zum Beispiel katalysiert die Harnstoffzersetzung (Urea) in Ammoniak und Kohlenstoffdioxid. Die Spaltung des Zuckers Saccharose in die Monosaccharide Glukose und Fruktose wird vom Enzym Saccharase katalysiert. Einige wenige Enzyme wie Trypsin oder Amylase tragen ihre historisch bedingten Namen. Die **International Union of Biochemistry and Molecular Biology (IUBMB)** hat ein Klassifikationssystem entworfen, das Enzyme nach dem Reaktionstyp, den sie katalysieren, in sechs Hauptklassen enteilt:

- **Oxidoreduktasen** katalysieren Redoxreaktionen (Oxidations- und Reduktionsreaktionen)
- **Transferasen** katalysieren Übertragungsreaktionen von funktionellen Gruppen
- **Hydrolasen** katalysieren Hydrolysen
- **Lyasen** katalysieren die Anlagerung an Doppelbindungen
- **Isomerasen** katalysieren strukturelle Änderungen innerhalb des Moleküls
- **Ligasen** katalysieren die Verknüpfung zweier Moleküle

Enzymkatalysierte Umsetzungen unterscheiden sich von anderen katalytischen Reaktionen in homogener Phase durch das Phänomen der Sättigung an Substrat. Bei der heterogenen Katalyse beobachtet man bei großem Überschuss an Edukten einen analogen Effekt. Bei geringer Substratkonzentration ist die Reaktionsgeschwindigkeit proportional der Substratkonzentration (Reaktion 1. Ordnung), während bei sehr hoher Substratkonzentration die Reaktionsgeschwindigkeit konstant ist (Reaktion 0. Ordnung). Sie lässt sich über einen bestimmten Grenzwert r_{max} nicht mehr steigern.

Von *Henry* wurde bereits 1903 dieser Effekt der Sättigung als Bildung eines Komplexes aus Enzym und Substrat als vorgelagerte Reaktion gedeutet. Die Pioniere der Enzymkinetik *Michaelis* und *Menten* erweiterten später diese Formulierung. Zu Beginn des 20. Jahrhundert wurden die Geschwindigkeitsgesetze aus experimentellen Daten abgeleitet, die sich aus Untersuchungen der Effekte unterschiedlicher Substratkonzentrationen auf die Reaktionsgeschwindigkeit ergaben. Bild 8.10 zeigt ein typisches Ergebnis eines solchen kinetischen Experiments.

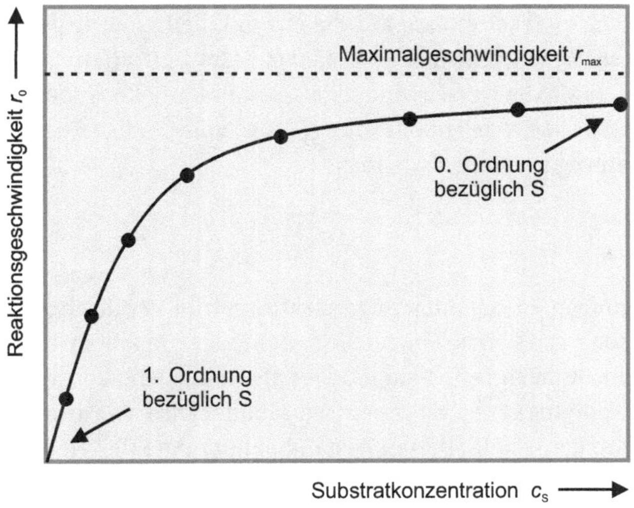

Bild 8.10 Abhängigkeit der Anfangsgeschwindigkeit r_0 gegen die Substratkonzentration c_S einer enzymatisch katalysierten Reaktion

Die Messergebnisse lassen sich durch folgende allgemeine Reaktionsgleichung erklären:

$$S + E \underset{k_{-1}}{\overset{k_1}{\rightleftharpoons}} ES \underset{k_{-2}}{\overset{k_2}{\rightleftharpoons}} P + E$$

Zunächst führt eine schnelle bimolekulare Reaktion zwischen Substrat S und Enzym E zu einem **Enzym-Substrat-Komplex ES.** Bei hohen Substratkonzentrationen (vgl. Bild 8.10 rechte Seite) ändert sich die Anfangsgeschwindigkeit in Abhängigkeit von der Substratkonzentration nur unwesentlich. Dieser Sachverhalt bedeutet, dass nur noch die Enzymkonzentration den geschwindigkeitsbestimmenden Aspekt darstellt.

Bei geringen Substratkonzentrationen hingegen ist die Anfangsgeschwindigkeit deutlich von der Substratkonzentration abhängig (vgl. Bild 8.10 linke Seite). Unter diesen Bedingungen sind die meisten Enzymmoleküle noch ungebunden. Die Reaktionsgeschwindigkeit zur Bildung des Enzym-Substrat-Komplexes hängt in erster Linie von der Substratkonzentration ab.

Der in Bild 8.10 dargestellte Graph hat einen hyperbolischen Verlauf und deutet somit auf einen Prozess hin, an dem eine einfache Dissoziation beteiligt ist. Die allgemeine mathematische Gleichung für eine asymmetrische Hyperbel lautet:

$$y = \frac{a \cdot x}{b + x} \tag{8.29}$$

a Zahlenwert, dem sich die Kurve für $x \to \infty$ asymptotisch nähert, b Konstante, bei der y den Wert $a/2$ hat

Überträgt man die mathematischen Erkenntnisse auf die enzymkinetischen Experimente, so ist $y = r_0$ (Anfangsgeschwindigkeit) und $x = c_S$ (Substratkonzentration). Der asymptotische y-Wert a wird r_{max} (Maximalgeschwindigkeit) genannt. Die Konstante b entspricht in der Enzymkinetik der Michaelis-Konstante K_M. Das vollständige Gesetz heißt ***Michaelis-Menten*-Gleichung** und lautet wie folgt:

$$r_0 = \frac{r_{\text{max}} \cdot c_S}{K_M + c_S} \tag{8.30}$$

Unter physiologischen Bedingungen ist die Substratkonzentration im Vergleich zur Enzymkonzentration häufig sehr groß. Das Enzym liegt daher gebunden im Enzym-Substrat-Komplex vor. Seine Konzentration kann daher als weitgehend konstant angenommen werden, da der Komplex genauso schnell neu gebildet wird, wie er wieder in das Produkt und freies Enzym zerfällt. Diesen Zustand nennt man **Fließgleichgewicht** oder **stationären Zustand**.

Bei der quantitativen Betrachtung der *Michaelis-Menten*-Gleichung geht man von folgenden Annahmen aus:

- stationärer Zustand wird angenommen $\frac{dc_{ES}}{dt} \approx 0$
- zweiter Reaktionsschritt ist irreversibel
  (Bildung von ES aus P + E wird vernachlässigt)

Der Zerfall des Enzym-Substrat-Komplexes ist somit der geschwindigkeitsbestimmende Schritt der Gesamtreaktion und wird durch die Geschwindigkeitskonstante k_2 und die Konzentration von ES bestimmt.

$$r_0 = k_2 \cdot c_{ES} \tag{8.31}$$

Für den stationären Zustand gilt: $c_{ES,ges} = c_E + c_{ES}$ und $c_S >> c_{ES,ges}$ Ferner sind die Gesamtgeschwindigkeit der Spaltung von ES (entspricht der Summe der Geschwindigkeiten des Zerfalls von ES zu E + S sowie der Bildung von E + P aus ES) und die Geschwindigkeit der Bildung von ES aus E + S gleich. Die Geschwindigkeit, mit der ES aus S + E gebildet wird, hängt von der Konzentration des freien Enzyms ab. Diese Annahmen können zu folgender Gleichung zusammengefasst werden:

$$k_1 \cdot \left(c_{E,ges} - c_{ES}\right) \cdot c_S = \left(k_{-1} + k_2\right) \cdot c_{ES} \tag{8.32}$$

Die Zusammenfassung der Geschwindigkeitskonstanten $(k_{-1} + k_2)/k_1 = K_M$ zur *Michaelis*-Konstanten sowie Umstellung nach c_{ES} ergibt einen Ausdruck, der in das Geschwindigkeitsgesetz (Formel 8.31) eingesetzt werden kann:

$$r_0 = k_2 \cdot c_{ES} = k_2 \cdot \frac{c_{E,ges} \cdot c_S}{K_M + c_S} \tag{8.33}$$

Wie bei der Diskussion von Bild 8.10 festgestellt wurde, liegen bei hohen Substratkonzentrationen alle Enzym-Moleküle gebunden als Enzym-Substrat-Komplex vor. Eine weitere Erhöhung der Substratkonzentration wirkt sich nicht mehr auf die Reaktionsgeschwindigkeit aus. Unter diesen Bedingungen gilt:

$$r_{\text{max}} = k_2 \cdot c_{\text{E,ges}} \tag{8.34}$$

Setzt man in Formel 8.33 für $k_2 \cdot c_{\text{E,ges}} = r_{\text{max}}$ ein, so ergibt sich die *Michaelis-Menten*-Gleichung in der bekannten Form:

$$r_0 = \frac{r_{\text{max}} \cdot c_{\text{S}}}{K_{\text{M}} + c_{\text{S}}} \tag{8.35}$$

Hohe Substratkonzentrationen führen bei enzymatischen Reaktionen zu einer Kinetik mit Maximalgeschwindigkeit, bei der die Geschwindigkeit durch die Enzymkonzentration bestimmt wird. Unter diesen Bedingungen wird die Geschwindigkeitskonstante der Reaktion **katalytische Konstante k_{kat}** genannt:

$$r_{\text{max}} = k_{\text{kat}} \cdot c_{\text{E,ges}} \tag{8.36}$$

Die katalytische Konstante stellt ein quantitatives Maß für die Stoffmenge Substrat dar, die pro Mol Enzym und pro Sekunde unter Maximalbelegung in das Produkt umgewandelt wird. Bei Enzymen mit mehreren aktiven Zentren bezieht sich die katalytische Konstante auf die pro Stoffmenge eines aktiven Zentrums umgesetzte Substrat-Stoffmenge. Diese Größe wird auch als **Wechselzahl (turnover number)** bezeichnet. Sie stellt auch bei der heterogenen Katalyse eine wichtige Kenngröße dar.

Die *Michaelis*-Konstante K_{M} ist definiert als Quotient aus der Summe der Geschwindigkeitskonstanten der Zerfallsreaktionen des ES-Komplexes (k_{-1} und k_2) und der Geschwindigkeitskonstante der Bildungsreaktion des ES-Komplexes (k_1). Ist k_2 viel kleiner als k_{-1} oder k_1 und damit zu vernachlässigen (kann häufig angenommen werden), so entspricht K_{M} dem Quotienten k_{-1}/k_1. Die *Michaelis*-Konstante entspricht damit der Gleichgewichtskonstanten des Dissoziationsgleichgewichtes (ES → E + S). K_{M} ist damit ein quantitatives Maß für die Affinität zwischen Enzym und Substrat. Je kleiner K_{M} ist, desto fester ist das Enzym im ES-Komplex an das Substrat gebunden.

Der K_{M}-Wert ist auch ein Parameter, der die Gestalt des Graphen in Bild 8.10 bestimmt. Er entspricht der Substratkonzentration, bei der die Anfangsgeschwindigkeit die Hälfte der Maximalgeschwindigkeit beträgt.

Die *Michaelis*-Konstante wird zur Bewertung von Enzymen verwendet, die die gleiche Reaktion katalysieren. Sie kann aber auch als Gleichgewichtskonstante der Dissoziation des Enzym-Substrat-Komplexes betrachtet werden.

Beide Kenngrößen K_{M} und r_{max} einer enzymatischen Reaktion können experimentell ermittelt werden durch Messung der Anfangskonzentrationen bei verschiedenen Substratkonzentrationen. Um zuverlässige Werte für die Konstanten zu erhalten, ist es sinnvoll, unterhalb und oberhalb von K_{M} Messwerte zu gewinnen.

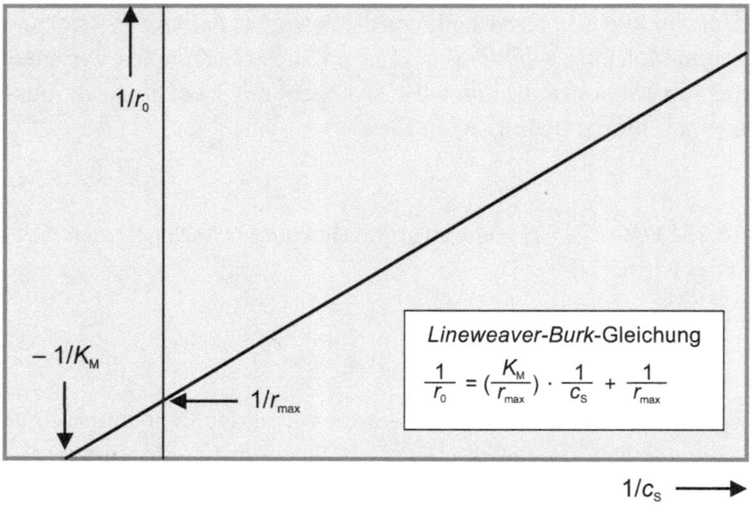

Bild 8.11 *Lineweaver-Burk*-Diagramm (doppelt reziproke Auftragung der Anfangsgeschwindigkeit r_0 gegen die Substratkonzentration c_S)

Die *Michaelis-Menten*-Gleichung kann so umgeformt werden, dass man eine Geradengleichung erhält. Die doppelt reziproke Form von Formel 8.35 ergibt die sogenannte *Lineweaver-Burk*-Gleichung (vgl. Bild 8.11). Der Schnittpunkt mit der Abszisse ergibt den Wert $-1/K_M$ und der Schnittpunkt mit der Ordinate den Wert $1/r_{max}$. Die katalytische Konstante k_{kat} kann nur angegeben werden, wenn die Gesamtkonzentration des Enzyms bekannt ist (vgl. Formel 8.36).

8.4.4 Reversible Hemmung von Enzymen

Ob ein Enzym als Katalysator wirken kann, hängt entscheidend davon ab, ob die aktive Stelle, an der ein Substratmolekül binden kann, zur Verfügung steht. Stoffe, die mit dieser Bindungsstelle in Wechselwirkung treten können und an der eigentlichen Reaktion nicht beteiligt sind, nennt man **Inhibitoren.** Inhibitoren sind im Unterschied zu Enzymen kleinere Moleküle, die am Enzym gebunden werden. Mikroorganismen enthalten eine Vielzahl unterschiedlicher Enzyminhibitoren, die zur Regulation des Stoffwechsels benötigt werden. Viele toxische Wirkstoffe, aber auch Medikamente stellen Enzyminhibitoren dar.

Man unterscheidet irreversible von reversiblen Inhibitoren. Irreversible Inhibitoren binden meist kovalent an ein Enzym und führen so zu einer irreversiblen Hemmung. Die überwiegende Anzahl der biologisch relevanten Inhibitoren ist jedoch reversibler Natur. Reversible Inhibitoren werden ebenso wie die Substrate nichtkovalent an die Enzyme gebunden. Das Gleichgewicht zwischen dem freien Enzym E und dem freien

Inhibitor I einerseits und dem Enzym-Inhibitor-Komplex EI andererseits kann als charakteristische Gleichgewichtsreaktion ausgedrückt werden:

$$E + I \rightleftharpoons EI$$

Die Rückreaktion der Komplexbildung wird in diesem Kontext Dissoziationskonstante genannt:

$$K_{EI} = \frac{c_E \cdot c_I}{c_{EI}} \tag{8.37}$$

Die wichtigsten Prinzipien der reversiblen Hemmbarkeiten sind in Tabelle 8.5 zusammengestellt. Es sind die **kompetitive**, die **unkompetitive** und die **nichtkompetitive Hemmung.**

Tabelle 8.5 Charakteristische Merkmale verschiedener reversibler Inhibitormechanismen

Inhibitortyp	kinetischer Effekt
kompetitive Hemmung (Inhibitor bindet nur an Enzym)	Anstieg von K_M r_{max} bleibt unverändert
unkompetitive Hemmung (Inhibitor bindet nur an ES-Komplex)	K_M und r_{max} sinken Quotient r_{max}/K_M = konst.
nichtkompetitive Hemmung (Inhibitor bindet an Enzym oder ES-Komplex)	K_M bleibt unverändert r_{max} sinkt

Kompetitive Hemmung

Bindet der Inhibitor an ein freies Enzymmolekül, das noch keine Bindung zum Substrat eingegangen ist, so handelt es sich um eine kompetitive Hemmung. In Bild 8.12 verdeutlicht das Schema den Mechanismus. Das Produkt kann nur aus dem Enzym-Substrat-Komplex ES gebildet werden. Durch die konkurrierende Reaktion $E + I \rightarrow EI$ wird die Bildung von ES verhindert. Ist ein kompetitiver Inhibitor an ein Enzym gebunden, so verhindert der entstandene Komplex EI eine Reaktion mit dem Substrat. Umgekehrt würde ein bereits gebundenes Substratmolekül eine Reaktion mit dem Inhibitor ebenfalls verhindern. Stehen Substrat und Inhibitor in Konkurrenzsituation um ein Enzymmolekül, so spricht man von einer klassischen kompetitiven Hemmung. Viele dieser Inhibitoren sind Substratanaloga und haben eine dem Substrat sehr ähnliche Struktur.

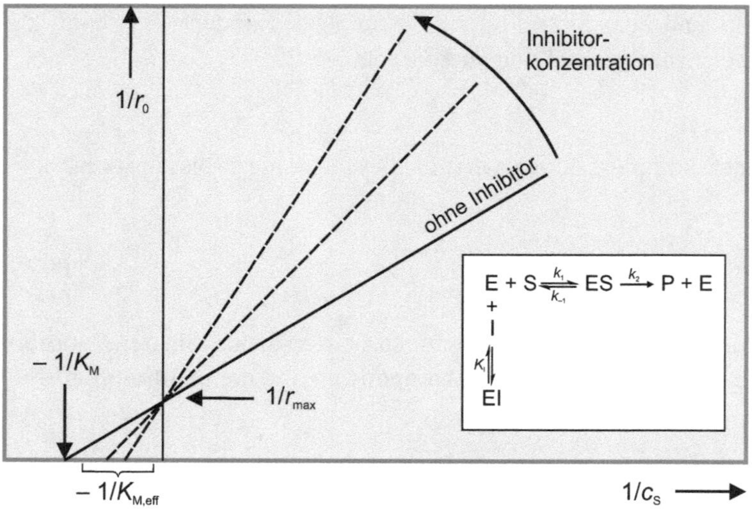

Bild 8.12 Mechanismus der kompetitiven Hemmung und der kinetische Verlauf einer enzymkatalysierten Reaktion mit und ohne Inhibitor

Es sind jedoch auch Mechanismen bekannt, bei denen der Inhibitor an einer anderen Stelle am Enzym bindet als das Substrat. Es kommt zu einer Veränderung der Substratbindungsstelle, sodass die Bindung des Substrats nicht mehr möglich ist. Diese Art der kompetitiven Hemmung findet man bei allosterischen Enzymen. Eine weitere Möglichkeit ist die Herabsetzung der Reaktionsgeschwindigkeit des Enzyms. Bei dieser Rückkoppelungshemmung ist das Endprodukt einer Reaktionskette der allosterische Inhibitor selbst, der das Enzym an einer weiteren Katalyse hindert. Beide Mechanismen gehören zu den nicht klassischen kompetitiven Hemmungen.

Unkompetitive Hemmung

Unkompetitive Inhibitoren gehen nur eine Reaktion mit dem Enzym-Substrat-Komplex ES ein und nicht mit dem freien Enzym E. Eine direkte Folge hiervon ist die Verringerung der Maximalgeschwindigkeit r_0 gegenüber einer Umsetzung ohne Inhibitor (vgl. Bild 8.13).

Der Mechanismus der unkompetitiven Hemmung zeigt, dass ein Teil des ES-Komplexes in die enzymatisch inaktive ESI-Form überführt wird. Der Inhibitor bindet direkt an den ES-Komplex und senkt so die Maximalgeschwindigkeit, die auch durch weitere Substraterhöhung nicht mehr ausgeglichen werden kann. Unkompetitive Inhibitoren führen auch zu einer Absenkung der *Michaelis*-Konstante, da die Graphen im *Lineweaver-Burk*-Diagramm nach links verschoben sind. Der Abszissenschnittpunkt bei doppelt reziproker Auftragung von r_0 und c_S führt zu kleineren K_M-Werten mit zunehmender Inhibitorkonzentration.

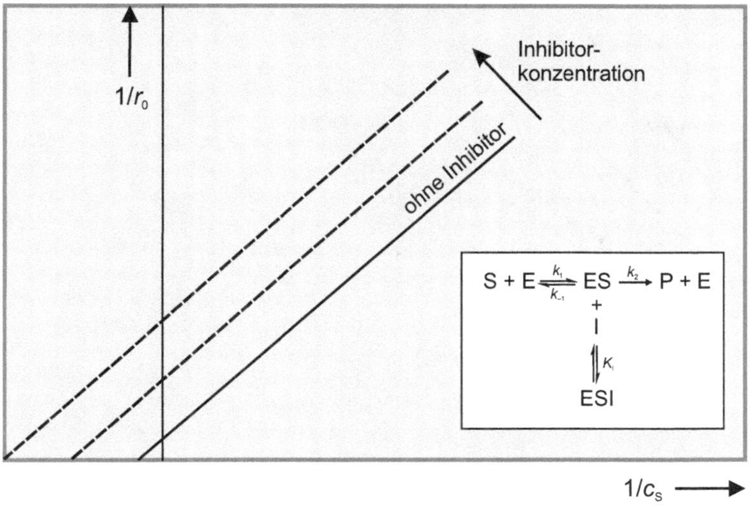

Bild 8.13 Mechanismus der unkompetitiven Hemmung und der kinetische Verlauf einer enzymkatalysierten Reaktion mit und ohne Inhibitor

Nichtkompetitive Hemmung

Der Mechanismus der nichtkompetitiven Hemmung zeigt, dass Inhibitoren sowohl an ein freies Enzym als auch an den bereits gebildeten Enzym-Substrat-Komplex binden können. Diese Inhibitoren stellen keine Substratanaloga dar und binden daher auch nicht an der gleichen Stelle wie das Substrat. Der typische Fall einer nichtkompetitiven Hemmung führt zu einer Reduzierung der Maximalgeschwindigkeit in Abhängigkeit von der Inhibitorkonzentration. Da sich die der K_M-Wert nicht ändert, schneiden sich die Graphen für unterschiedliche Inhibitorkonzentrationen in einem Punkt auf der Abszisse, der dem Wert $-1/K_M$ entspricht (vgl. Bild 8.14).

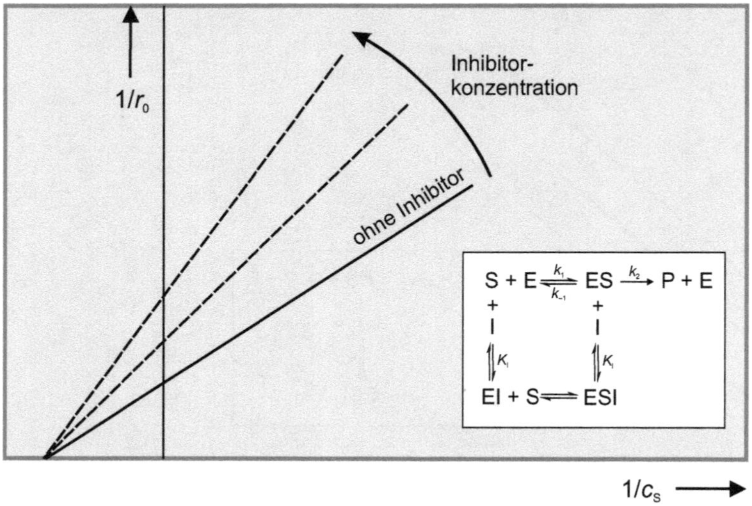

Bild 8.14 Mechanismus der nichtkompetitiven Hemmung und der kinetische Verlauf einer enzymkatalysierten Reaktion mit und ohne Inhibitor

Auch diese Art der Hemmung kann nicht durch eine Erhöhung der Substratkonzentration aufgehoben werden. Die nichtkompetitive Hemmung kommt relativ selten vor.

9 Ideale Reaktoren

9.1 Klassifizierung von Reaktoren

Die Leistungsfähigkeit von Reaktoren wird durch Material- und Energieverbrauch, aber auch durch ihre Kapazität bestimmt. Zusätzlich sind Bedienungsfreundlichkeit, Störanfälligkeit und Flexibilität bezüglich der Edukte bzw. Produkte von Bedeutung. Für den Anlagenbauer sind insbesondere Temperatur- und Druckbelastung, Korrosionsbeständigkeit sowie Energiebereitstellung wichtige, im Vorfeld der Planung zu beantwortende Fragen. Zur Bewertung der unterschiedlichsten Kriterien ist es für ideale Reaktortypen sinnvoll, zunächst isotherme stationäre Massenbilanzen aufzustellen. Ein entsprechendes Schema zur Vorgehensweise ist in Bild 9.1 gezeigt.

Entwickelt das Reaktionssystem eine deutliche Wärmetönung, so kann nicht von isothermen Bedingungen ausgegangen werden, sondern es muss zusätzlich zur Stoffbilanz eine Energiebilanz aufgestellt werden. Für reaktionstechnische Untersuchungen ist es sinnvoll, vergleichbare Stoff- und Wärmetransporte darzustellen. Aus diesem Grund sind folgende Aspekte von Bedeutung:

- technische Betriebsform des Reaktors
- Vermischung im Reaktor
- wärmetechnische Betriebsform des Reaktors

Diese Aspekte sind allgemeiner Art und auf alle nachfolgend beschriebenen Reaktortypen anwendbar.

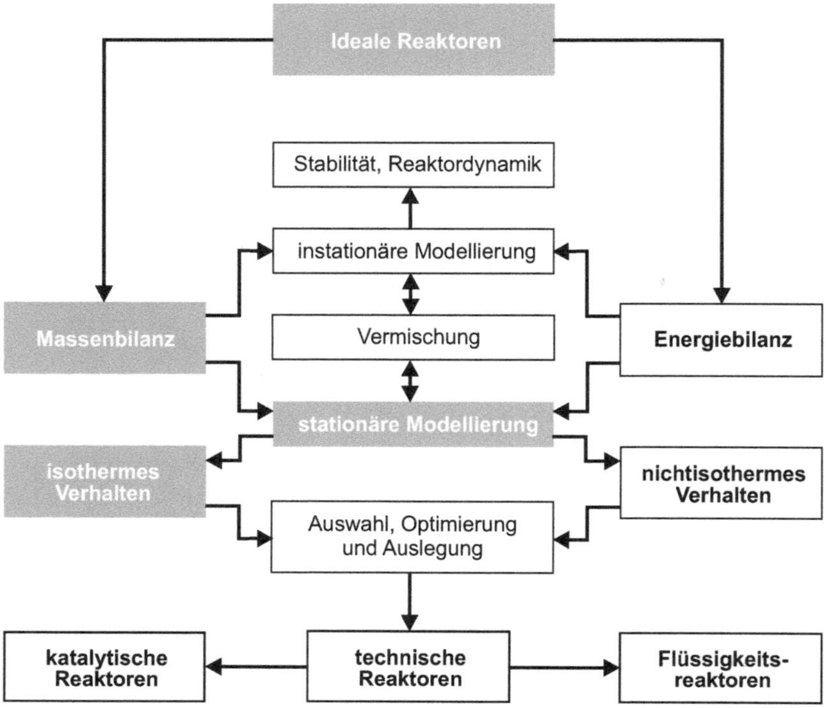

Bild 9.1 Strategischer Ansatz zur Auswahl eines geeigneten Reaktors

9.1.1 Allgemeine Betriebsformen

Grundsätzlich lassen sich folgende Betriebsformen unterscheiden:

- diskontinuierlicher Betrieb (Satz- oder Batchbetrieb)
- kontinuierlicher Betrieb (Fließprozess)
- halbkontinuierlicher Betrieb (Teilfließprozess)

Die diskontinuierliche Betriebsweise stellt ein geschlossenes System dar, während bei kontinuierlicher und halbkontinuierlicher Fahrweise ein offenes System vorliegt (vgl. Abschnitt 6.2.1). In Bezug auf den zeitlichen Ablauf eines Prozesses unterscheidet man zwischen stationären und instationären Betriebszuständen. Sind alle Prozessvariablen an jedem Ort des Reaktors unabhängig von der Zeit, so spricht man von einem **stationären Vorgang.** Stationäre Zustände können nur bei kontinuierlichem Betrieb realisiert werden. Bei einem **instationären Vorgang** ist eine Änderung der Prozess-variablen mit der Zeit charakteristisch. Diese Betriebsbedingungen sind typisch für das An- und Abfahren kontinuierlicher Prozesse sowie für den diskontinuierlichen Reaktorbetrieb.

Der **diskontinuierliche Betrieb** eines Reaktors ist ein zyklischer Prozess, der das Befüllen und Entleeren des Reaktors mit einschließt. Im Gegensatz zur kontinuierlichen Fahrweise hat diese Betriebsweise eine Kapazitätsminderung zur Folge. Schwankungen der chemischen und physikalischen Parameter führen mitunter zu Qualitätsschwankungen zwischen den einzelnen Chargen.

Die diskontinuierliche Betriebsweise wird vorzugsweise in folgenden Fällen eingesetzt:

- geringe Reaktionsgeschwindigkeit
- Produktion von geringen Mengen
- häufige Umstellung der Produkte

Der Satzbetrieb ist im Allgemeinen ungeeignet für die Umsetzung von Gasen und auch bei Reaktionen mit extrem hoher negativer Reaktionsenthalpie (exotherme Reaktionen).

Beim **kontinuierlichen Betrieb** werden die Edukte kontinuierlich in den Reaktor eingespeist und das Produktgemisch kontinuierlich ausgetragen. Die physikalisch-chemischen Parameter sind zeitlich konstant und tragen so zu einer gleichbleibenden Produktqualität bei. Diese Betriebsform bietet gute Voraussetzungen für einen hohen Automatisierungsgrad und entsprechende Einsparung an Arbeitskräften. Daher dominiert die kontinuierliche Fahrweise in der chemischen Massenproduktion. Eine Kombination von zyklischer und kontinuierlicher Fahrweise findet man bei Umsetzungen an festen Katalysatoren. Der Aktivitätsverlust führt in regelmäßigen Zeitabständen zum Wechsel oder Auffüllen des Katalysators.

Die Stoffströme können bei kontinuierlichem Betrieb im Gleich- oder Gegenstrom geführt werden. Stofflicher **Gleichstrom** ist immer dann obligatorisch, wenn eine entgegengesetzte Einspeisung verschiedener Edukte nicht möglich ist, wie z. B. Reaktionen in einer Phase, Reaktionen zwischen Feststoffen oder Reaktionen in fein zerteilten Emulsionen. Der Vorteil dieser Fahrweise liegt in der Möglichkeit der Homogenisierung beider Reaktionspartner vor Eintritt in den Reaktor.

Liegt ein leicht zu trennendes Mehrphasensystem vor, so lässt sich eine Fahrweise als Gegenstrom realisieren. Sie bietet Vorteile bei Reaktionen zwischen Gasen und Flüssigkeiten, aber auch zwischen Feststoffen und Fluiden.

Im engeren Sinne versteht man unter **halbkontinuierlichem Betrieb** eine Fahrweise, bei der ein oder mehrere Edukte kontinuierlich dosiert und diskontinuierlich ein weiterer Reaktionspartner (Feststoff oder Suspension) zugeführt wird. Diese Fahrweise trifft man häufig an, wenn kontinuierlicher Betrieb notwendig ist und die kontinuierliche Führung eines Reaktionspartners Vorteile bietet. Beispiele sind Umsatz größerer Gasmengen und stark exotherme Reaktionen.

9.1.2 Vermischung im Reaktor

Der Verlauf chemischer Reaktionen wird besonders bei kontinuierlicher Reaktionsführung durch die Intensität der Vermischung (Vermischungsgrad) der Reaktanten bestimmt. Dieser hängt bei mehrphasigen Systemen von der Zerteilungsintensität der Phasen ab. Je feiner die Zerteilung verschiedener Phasen ist, umso größer die Phasengrenze und damit der Vermischungsgrad der Phasen.

In geschlossenen Reaktoren (Satzreaktoren) lässt sich die **Verweilzeit** eines Moleküls durch die Zeitdifferenz zwischen Befüllen und Entleeren bestimmen. Bei offenen Systemen (kontinuierlicher und halbkontinuierlicher Reaktor) kann eine **mittlere Verweilzeit** als Quotient aus Reaktorvolumen und Durchsatz definiert werden. Die individuelle Verweilzeit einzelner Moleküle kann hiervon stark abweichen. Es werden zwei Grenzfälle unterschieden:

- Pfropfenströmung
- ideale Durchmischung

Liegt eine **Pfropfenströmung** vor, so kommt es zu keiner axialen Durchmischung. Die Geschwindigkeit ist über den gesamten Querschnitt konstant und verleiht jedem Molekül die gleiche mittlere Verweilzeit. Bei der idealen Durchmischung ergibt sich eine sehr breite Verweilzeitverteilung. Die Aufenthaltsdauer einzelner Moleküle weicht stark von der mittleren Verweilzeit ab. Die in der Praxis auftretenden Verweilzeitverteilungen stellen Übergangszustände zwischen beiden Extremfällen dar. Liegen in einem Reaktor mehrere Phasen vor, so können diese auch unterschiedliches Verweilzeitverhalten haben.

9.1.3 Wärmetechnische Betriebsformen

Die von einer chemischen Reaktion umgesetzte Wärmemenge muss entweder mit dem Heiz- oder Kühlsystem bzw. mit der Umgebung ausgetauscht oder vom Reaktionsgemisch akkumuliert werden. Es lassen sich drei verschiedene Betriebszustände unterscheiden:

- isothermer Betriebszustand
- adiabater Betriebszustand
- polytroper Betriebszustand

Bei einem **isothermen Betriebszustand** herrscht zeitlich und örtlich im Reaktionsraum konstante Temperatur. Der **adiabate Betriebszustand** ist dadurch gekennzeichnet, dass es zu keinem Wärmeaustausch mit der Umgebung kommt. Eine Mittelstellung nimmt der **polytrope Betriebszustand** ein. Hier wird nur ein Teil der Reaktionswärme ausgetauscht, wodurch es zu Temperaturänderungen kommen kann.

Bild 9.2 gibt einen ersten Überblick über den Wärmehaushalt von chemischen Reaktoren. Zunächst nimmt die Wärmeerzeugung exponentiell mit der Temperatur zu (*Arrhenius*-Verlauf) und bei hohen Umsätzen wegen geringerer Verfügbarkeit der Reaktanten wieder ab. Der sigmoide Kurvenverlauf beschreibt den Wärmeumsatz und ist auch ein Maß für den stofflichen Umsatz. Die drei Geraden A, B und C beschreiben temperaturabhängig die Wärmeabfuhr von exothermen Reaktionen. Die gestrichelte Linie zeigt die Wärmeaufnahme einer endothermen Reaktion. Die Wärmeabfuhrgeraden A, B und C haben mit der Wärmeerzeugungskurve gemeinsame Schnittpunkte. Die Gerade A hat einen stabilen Schnittpunkt bei geringen Umsätzen (1), die Gerade C weist einen stabilen Schnittpunkt bei hohen Umsätzen (5) auf. Im Unterschied zu beiden Geraden (A und C) zeigt die Gerade B drei Schnittpunkte, von denen 2 und 4 stabil sind während 3 einen instabilen Betriebspunkt darstellt. Arbeitet ein Reaktor in diesem Bereich, so führen bereits kleine Temperaturänderungen zum unteren (2) oder oberen (4) Schnittpunkt. Dieses Phänomen wird auch **Zünd-/Löschverhalten** genannt. Endotherme Reaktionen haben nur einen stabilen Betriebspunkt (3).

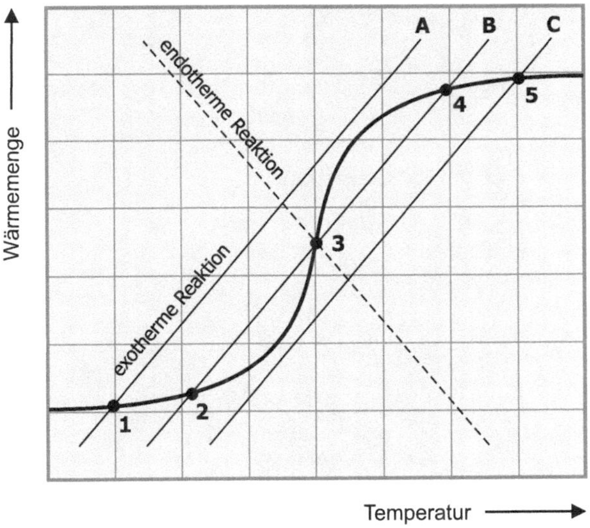

Bild 9.2 Mögliche Betriebspunkte von Reaktoren

Eine streng isotherme Reaktionsführung ist bei stark exothermen oder endothermen Reaktionen im technischen Maßstab nur schwer realisierbar. Häufig ist aber auch eine rein isotherme Betriebsweise nicht anzustreben. Es ist vielmehr von Interesse, eine maximale Temperatur festzulegen, die aus Gründen der Produktqualität oder aus Sicherheitsgründen nicht überschritten werden sollte.

In Bild 9.3 sind verschiedene Möglichkeiten der Temperaturführung in Reaktoren mit Gleichgewichtsreaktionen gezeigt. Sowohl bei exothermen (A) wie auch bei endothermen Reaktionen (B) zeigt sich, dass bei gleicher Eintrittstemperatur in den Reaktor der erreichbare Umsatz bei isothermer Betriebsweise immer höher liegt als bei adiabatischem Betrieb. Die einfache Reaktorkonstruktion bei adiabatischer Fahrweise wird durch den Nachteil des geringeren Umsatzes nicht immer ausgeglichen. Bild 9.3 zeigt auch zwei Verfahrensvarianten, die speziell für exotherme Gleichgewichtsreaktionen entwickelt wurden. Sowohl die Zwischenkühlung (C) wie auch die Kaltgaseinspeisung (D) sind mehrstufige Verfahren, bei denen nach jeder adiabaten Reaktionsstufe die Temperatur wieder auf den gewünschten Wert T_{opt} zurückgeführt wird. Auf diese Weise wird der maximal erreichbare Umsatz angenähert.

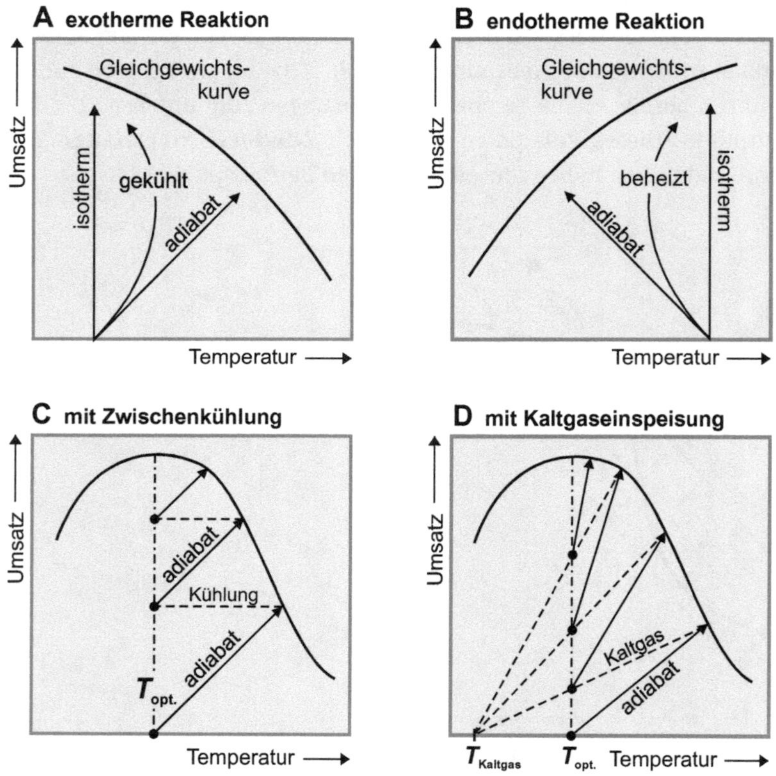

Bild 9.3 Temperaturführung in Reaktoren

Bei der technischen Durchführung von chemischen Reaktionen kann im Allgemeinen auf einen Wärmeaustausch nicht verzichtet werden. Die Wärmezufuhr oder Wärmeabfuhr kann unabhängig von dem eigentlichen Reaktor in einem externen Wärmetauscher durchgeführt werden (adiabate Reaktionsführung).

Es lässt sich zwischen direktem und indirektem Wärmeaustausch unterscheiden. Man spricht von **direktem Wärmetausch** wenn der Wärmeträger dem Reaktionsgemisch direkt zugeführt wird oder wenn bei der chemischen Umsetzung Reaktionswärme abgegeben oder aufgenommen wird. Verschiedene Möglichkeiten des direkten Wärmetausches sind in Tabelle 9.1 gezeigt.

Tabelle 9.1 Technische Anwendungen der direkten Beheizung von Reaktoren

Methode der Beheizung	Anwendungsbeispiele
Heizen mit Brennstoffen	
offen feste Brennstoffe	Hochofenprozess, Kalkbrennen
flüssige Brennstoffe	Beheizung von Drehrohröfen
gasförmige Brennstoffe	metallurgische Prozesse
Elektrische Beheizung	
Lichtbogenöfen	Plasmachemie, Metallurgie
Induktionsöfen	metallurgische Prozesse
Schmelzflusselektrolyse	Al- und Mg-Herstellung
Direkter Wärmetausch	
gasförmiger Wärmeträger	Hochtemperaturpyrolyse
flüssige Wärmeträger	Kühlung bei der Pyrolyse
fester Wärmeträger	thermisches und katalytisches Cracken
Kühlung und Verdampfung	exotherme Prozesse in flüssiger Phase

Sind die beiden Phasen des Wärmetausches (Aufnahme und Abgabe der Wärme) räumlich durch Wandungen getrennt, so liegt **indirekter Wärmetausch** vor. Vorteile gegenüber dem direkten Wärmetausch bestehen darin, dass das Reaktionsgemisch nicht verdünnt oder verunreinigt wird sowie in einer schonenden thermischen Betriebsweise. Der Wärmeträger wird in Rohren, Kammern sowie durch Kühl- bzw. Heizmäntel von Behältern geführt. Auch hier besteht die Möglichkeit, die beiden wärmetauschenden Phasen im **Gleichstrom, Gegenstrom** oder **Kreuzstrom** zu fahren.

Einige wichtige Wärmeträger, die in der chemischen Industrie für den indirekten Wärmetausch eingesetzt werden, sind in Tabelle 9.2 zusammengestellt. Mit den üblichen technischen Brennstoffen werden Temperaturen von bis zu 2000 °C erreicht, die durch Vorwärmen der Luft oder Verbrennen in reinem Sauerstoff auf ca. 3000 °C erhöht werden können. Elektrische Beheizungsverfahren erreichen vergleichbare Temperaturen.

Tabelle 9.2 Wärmeträger und Anwendungstemperaturen in der chemischen Industrie

Wärmeträger	Temperaturbereich
Rauchgase	< 1000 °C
Wasserdampf	< 500 °C
Salzschmelzen	+200...+800 °C
Metallschmelzen	+100...+700 °C
Mineralöle	+20...+300 °C
Sole	-40...0 °C
synthetische Kältemittel	-80...0 °C
organische Wärmeträger	-20...+350 °C
Methanol	-100...+65 °C

9.1.4 Grundtypen chemischer Reaktoren

Chemische Reaktionsapparate können diskontinuierlich, halbkontinuierlich oder kontinuierlich betrieben werden (vgl. Abschnitt 9.1.1). Für die diskontinuierliche und kontinuierliche Betriebsweise ergeben sich je nach Ausmaß der Rückvermischung der Reaktionsmasse drei idealisierte Grenzfälle für die Reaktionsführung:

- diskontinuierliche Betriebsweise mit vollständiger (idealer) Durchmischung
- kontinuierliche Betriebsweise ohne Durchmischung der Reaktionsmasse
- kontinuierliche Betriebsweise mit vollständiger (idealer) Durchmischung der Reaktionsmasse

Die drei idealisierten Modellreaktoren sind in Bild 9.4 schematisch gezeigt und durch ihren zeitlichen sowie örtlichen Konzentrationsverlauf eines Reaktionspartners A unter isothermen Bedingungen charakterisiert.

Bei dem diskontinuierlich betriebenen, ideal durchmischten Rührkessel (Satzreaktor) gibt man zu Beginn der Reaktion die Edukte, das Lösungsmittel und mögliche andere Hilfsmittel in den Reaktionsraum. Nach Beendigung der Reaktion wird die gesamte Reaktionsmasse (Produkte, nicht umgesetzte Reaktionspartner) entnommen. Aufgrund der idealen Durchmischung kann davon ausgegangen werden, dass alle Reaktionsparameter zu einem bestimmten Zeitpunkt an jeder Stelle des Reaktionsraumes örtlich konstant sind. Die Konzentration des Eduktes A ändert sich zeitlich mit dem Umsatz.

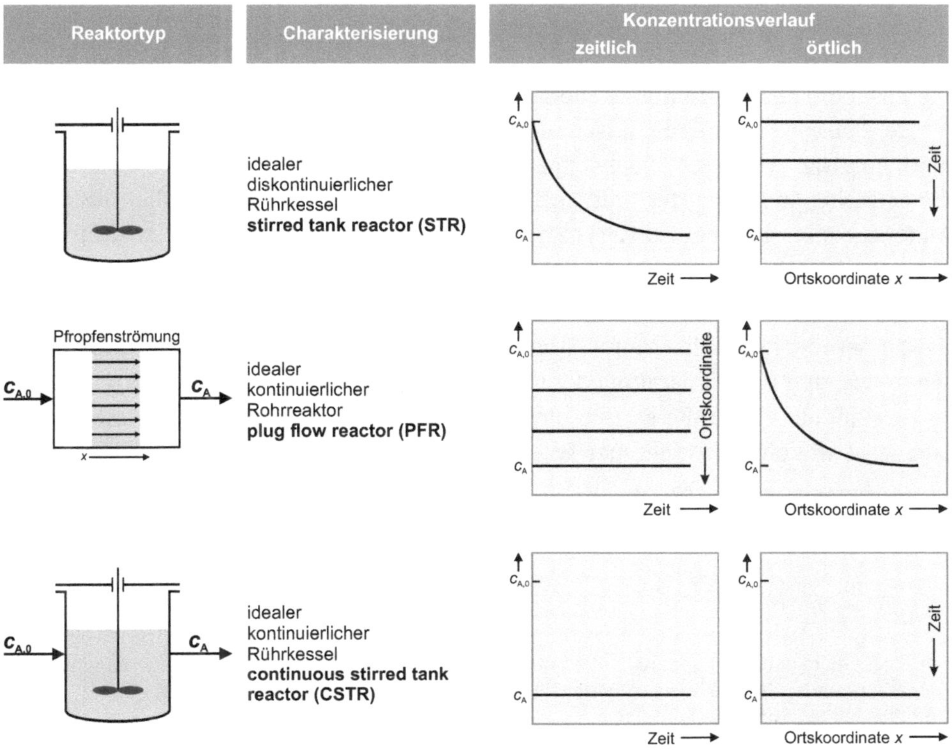

Bild 9.4 Zeitlicher und örtlicher Konzentrationsverlauf eines diskontinuierlich betriebenen Rührkessels, eines kontinuierlich betriebenen Strömungsrohres und eines kontinuierlich betriebenen Rührkessels

Die beiden unteren Modellreaktoren in Bild 9.4, Rohrreaktor und Rührkessel, werden kontinuierlich betrieben. Reaktionspartner, Lösungsmittel usw. werden kontinuierlich in den Reaktionsraum eingespeist und gleichzeitig die teilweise oder vollständig umgesetzten Reaktionsprodukte nebst Zusatzstoffen dem Reaktionsraum entnommen. Unter konstanten Zulauf- und Ablaufbedingungen stellt sich ein zeitunabhängiger (stationärer) Betriebszustand ein.

Der Reaktionsraum des Rohrreaktors besteht aus einem Rohr, dessen Länge wesentlich größer ist als der Durchmesser. Das Reaktionsgemisch tritt in das Reaktionsrohr ein und wird am anderen Ende wieder entnommen. Eine axiale Durchmischung findet im idealen Grenzfall nicht statt. Daher kann davon ausgegangen werden, dass an jeder beliebigen Stelle des Rohrreaktors die Konzentration der Reaktionsteilnehmer über den Rohrquerschnitt konstant ist **(Pfropfenströmung).** Unterstellt man einen stationären Betriebszustand, so muss sich die Konzentration entlang der Ortskoordinate x ändern.

9.1.5 Stoff- und Wärmebilanzen

Die Zusammenhänge zwischen chemischer Umsetzung und Transportvorgängen für Masse, Energie und Impuls lassen sich durch die Erhaltungssätze für diese Größen mathematisch erfassen. Zunächst muss der Bilanzraum definiert werden, in dem sich die zeitliche Änderung der entsprechenden Zustandsgrößen beschreiben lässt. Die Änderungen basieren auf Differenzen zwischen Strömen, die in den Bilanzraum eintreten und ihn wieder verlassen, aber auch auf der Entstehung und dem Verbrauch von Reaktanten im definierten Volumenelement.

Der zu definierende Bilanzraum kann frei gewählt werden. Er kann durch eine Phasengrenze, den Reaktionsraum oder eine ganze Produktionsanlage begrenzt werden. Es ist sinnvoll, die Größe so festzulegen, dass die relevanten Zustandgrößen darin möglichst als konstant angesehen werden können.

Die Stoffmengenbilanz für eine Komponente i lässt sich entsprechend folgender Gleichung formulieren:

$$\frac{\mathrm{d}n_i}{\mathrm{d}t} = \dot{n}_{i,0} - \dot{n}_i + P_i \tag{9.1}$$

n_i Stoffmenge der Komponente i, t Zeit, $\dot{n}_{i,0}$ eintretender Stoffmengenstrom der Komponente i, $\dot{n}_i$ austretender Stoffmengenstrom der Komponente i, P_i Umsetzungsgeschwindigkeit der Komponente i durch die Reaktion

Die Produktionsgeschwindigkeit der Komponente i ergibt sich aus der Umsetzungsgeschwindigkeit R_i und dem betrachteten Volumenelement:

$$P_i = R_i \cdot \Delta V \tag{9.2}$$

Die Umsetzungsgeschwindigkeit R_i umfasst alle im System ablaufenden Reaktionen j, an denen die Komponente i beteiligt ist (z. B. Parallelreaktionen).

$$R_i = \sum_j \nu_{i,j} \cdot r_j \tag{9.3}$$

In der Regel genügt es in der chemischen Reaktionstechnik, die Energiebilanz auf eine Wärmebilanz zu beschränken. Die zeitliche Änderung der Wärme im Bilanzraum ergibt sich zu:

$$\frac{\mathrm{d}Q}{\mathrm{d}t} = \dot{Q}_{\mathrm{K}}^{\mathrm{Ein}} - \dot{Q}_{\mathrm{K}}^{\mathrm{Aus}} + \dot{Q}_{\mathrm{Ex}} + \dot{Q}_{\mathrm{R}} \tag{9.4}$$

$\dot{Q}_{\mathrm{K}}^{\mathrm{Ein}}$ eintretender Wärmestrom durch Konvektion, $\dot{Q}_{\mathrm{K}}^{\mathrm{Aus}}$ austretender Wärmestrom durch Konvektion, $\dot{Q}_{\mathrm{Ex}}$ ausgetauschter Wärmestrom, $\dot{Q}_{\mathrm{K}}^{\mathrm{Ein}}$ durch chemische Reaktion erzeugter oder verbrauchter Wärmestrom

Bei der Berechnung der idealen Reaktoren wird in den folgenden Abschnitten von vereinfachenden Annahmen ausgegangen.

9.2 Diskontinuierlich betriebener Rührkessel

Bei einem diskontinuierlich (absatzweise) betriebenen idealen Rührkesselreaktor (stirred tank reactor STR) geht man von einer vollständigen Durchmischung der Reaktionsmasse aus. Es treten keine Temperatur- oder Konzentrationsgradienten auf. Weiterhin geht man bei diskontinuierlicher Reaktionsführung davon aus, dass während der Reaktionszeit keine Reaktanten zu- oder abgeführt werden.

Eine wesentliche Aufgabe der Reaktionstechnik besteht darin, für eine bestimmte Produktionsleistung $\dot{n}_\mathrm{P}$ eines Produktes das notwendige Reaktorvolumen zu berechnen. Die **Betriebszeit** für eine Produktionscharge setzt sich zusammen aus der **Reaktionszeit *t*** und der **Totzeit t_Tot** (Gesamtzeit zum Füllen, Aufheizen, Abkühlen und Entleeren des Reaktors).

Umsatz, Ausbeute und Selektivität sind nach Formel 6.5, 6.6 und 6.7 definiert und gelten für den diskontinuierlichen Betrieb. Die verbrauchten oder gebildeten Stoffmengen der einzelnen Edukte und Produkte sind durch die Reaktionsgleichung eindeutig miteinander verknüpft:

$$\frac{n_{i,0} - n_i}{\nu_i} = \frac{n_{\mathrm{E},0} - n_\mathrm{E}}{\nu_\mathrm{E}} \tag{9.5}$$

Ist das Edukt ($\nu_\mathrm{E} < 0$), auf das der Umsatz U_E bezogen ist, so gilt $\nu_\mathrm{E} = -|\nu_\mathrm{E}|$, sowie Formel 6.5 für einen beliebigen Reaktanten i:

$$n_i = n_{i,0} + \frac{\nu_i}{|\nu_\mathrm{E}|} \cdot n_{\mathrm{E},0} \cdot U_\mathrm{E} \tag{9.6}$$

Dividiert man Formel 9.6 durch

$$\sum n_j = \sum n_{i,0} + \frac{\sum \nu_j}{|\nu_\mathrm{E}|} \cdot n_{\mathrm{E},0} \cdot U_\mathrm{E} \tag{9.7}$$

so ergibt sich für den Stoffmengenanteil:

$$x_i = \frac{n_i}{\sum n_j} = \frac{x_{i,0} + \frac{\nu_i}{|\nu_\mathrm{E}|} \cdot x_{\mathrm{E},0} \cdot U_\mathrm{E}}{1 + \frac{\sum \nu_j}{|\nu_\mathrm{E}|} \cdot x_{\mathrm{E},0} \cdot U_\mathrm{E}} \tag{9.8}$$

und daraus für den Umsatz:

$$U_\mathrm{E} = \frac{x_{i,0} - x_i}{\frac{x_{\mathrm{E},0}}{|\nu_\mathrm{E}|} \cdot \left(x_i \sum \nu_j - \nu_i\right)} \tag{9.9}$$

Aus Formel 9.6 erhält man mit $i = \mathrm{P}$ und $n_{\mathrm{P},0} = 0$, da zu Beginn der Reaktion noch kein Produkt P gebildet wurde:

$$\dot{n}_\mathrm{P} = \frac{n_\mathrm{P}}{t + t_\mathrm{Tot}} = \frac{\nu_\mathrm{P}}{|\nu_\mathrm{E}|} \cdot \frac{n_{\mathrm{E},0} \cdot U_\mathrm{E}}{(t + t_\mathrm{Tot})} = \frac{\nu_\mathrm{P}}{|\nu_\mathrm{E}|} \cdot \frac{c_{\mathrm{E},0} \cdot V_{\mathrm{R},0} \cdot U_\mathrm{E}}{(t + t_\mathrm{Tot})} \tag{9.10}$$

Nach dem Satz von der Erhaltung der Masse lässt sich folgender Zusammenhang formulieren:

$$m = \text{konst.} = \rho_0 \cdot V_{R,0} = \rho \cdot V_R$$

Nach Umstellung und Einsetzen in Formel 9.10 ergibt sich das Reaktorvolumen V_R zu:

$$V_R = \dot{n}_P \cdot \frac{\nu_E}{\nu_P} \cdot \frac{\rho_0}{\rho} \cdot \frac{(t + t_{Tot})}{c_{E,0} \cdot U_E} \tag{9.11}$$

ρ steht in dieser Gleichung für die kleinste Dichte, die während der Reaktionszeit auftritt. Für t_{Tot} muss ein angemessener Wert angenommen werden.

Da bei der diskontinuierlichen Betriebsweise keine Reaktionsmasse zugeführt ($\dot{m}^{Ein} = 0$) und abgeführt ($\dot{m}^{Aus} = 0$) wird, gilt auf der Basis des Energieerhaltungssatzes (Formel 6.49) auch $\left(\dot{m}c_pT\right)^{Ein} = 0$ und $\left(\dot{m}c_pT\right)^{Aus} = 0$. Hieraus ergibt sich, sofern keine Wärme ausgetauscht wird, für die **adiabate Reaktionsführung:**

$$\frac{\mathrm{d}\left(mc_pT\right)}{\mathrm{d}t} = r \cdot (-\Delta H_R) \cdot V_R \tag{9.12}$$

Wird jedoch Wärme von außen zugeführt oder nach außen abgeführt, so lässt sich der entsprechende Wärmestrom $\dot{Q} = k_W \cdot A_W \cdot \left(\overline{T}_W - T\right)$ zu Formel 9.12 addieren:

$$\frac{\mathrm{d}\left(mc_pT\right)}{\mathrm{d}t} = r \cdot (-\Delta H_R) \cdot V_R + k_W \cdot A_W \cdot \left(\overline{T}_W - T\right) \tag{9.13}$$

T Temperatur der Reaktionsmasse, m Reaktionsmasse, c_p spezifische Wärmekapazität, r Reaktionsgeschwindigkeit, ΔH_R Reaktionsenthalpie, k_W Wärmedurchgangskoeffizient, A_W Wärmeaustauschfläche, $\overline{T}_W$ mittlere Temperatur des Wärmeträgers

9.2.1 Isotherm betriebener Rührkessel

Der isotherme Betrieb erfordert zur Integration der Stoffbilanz keine zusätzliche Wärmebilanz. Sie ist nur für die Berechnung des Kühl- und Heizbedarfs erforderlich, um die notwendige Temperaturkonstanz (isotherme Fahrweise) aufrechtzuerhalten.

Für einen diskontinuierlich betriebenen Rührkessel lautet bei idealer Durchmischung der Reaktionsmasse die Stoffbilanz:

$$\frac{\mathrm{d}n_i}{\mathrm{d}t} = \frac{\mathrm{d}\left(c_iV_R\right)}{\mathrm{d}t} = V_R \cdot \frac{\mathrm{d}c_i}{\mathrm{d}t} + c_i \cdot \frac{\mathrm{d}V_R}{\mathrm{d}t} = r \cdot \nu_i \cdot V_R \tag{9.14}$$

oder

$$\frac{\mathrm{d}c_i}{\mathrm{d}t} = r \cdot \nu_i - \frac{c_i}{V_R} \cdot \frac{\mathrm{d}V_R}{\mathrm{d}t} \tag{9.15}$$

In Formel 9.15 berücksichtigt der zweite Term eine mögliche zeitliche Änderung des Reaktionsvolumens V_R während der Reaktion. Bei volumenbeständigen Reaktionen $dV_R/dt = 0$ reduziert sich die Gleichung auf den ersten Term.

Beispiel 9.1

Eine volumenbeständige Reaktion vom Typ:

$\nu_A A + \ldots \rightarrow$ Produkte

verläuft nach einer Reaktion 1. Ordnung in Bezug auf den Stoff A. Das Reaktionsgeschwindigkeitsgesetz lautet demzufolge $r = k \cdot c_A$. Der Zusammenhang zwischen der Reaktionszeit t, Konzentration c_A und Umsatz des Eduktes U_A ist abzuleiten Die Reaktionsgeschwindigkeit ist definiert als:

a. $r = k \cdot c_A$
b. $r = k \cdot c_{A,0} \cdot (1 - U_A)$

Es folgt aus der Gleichung (a) für die Reaktionsgeschwindigkeit und Formel 9.15 ohne den zweiten Term (volumenbeständige Reaktion), mit $i = A$ und $\nu_A = -|\nu_A|$:

$$\frac{dc_A}{dt} = \nu_A \cdot k \cdot c_A = -|\nu_A| \cdot k \cdot c_A$$

Nach Trennung der Variablen und anschließender Integration mit $c_A = c_{A,0}$ zur Zeit $t = 0$ erhält man:

$$\ln \frac{c_A}{c_A^0} = -k \cdot |\nu_A| \cdot t$$

bzw.

$$c_A = c_{A,0} \cdot e^{-k \cdot |\nu_A| \cdot t}$$

Nach Einsetzen der Geschwindigkeitsgleichung (b) in die Gleichung für die Stoffbilanz (Formel 9.15) bei volumenbeständiger Reaktion ($V_R = V_{R,0}$) erhält man

$$dt = c_{A,0} \cdot \frac{dU_A}{r \cdot |\nu_A|} \tag{9.16}$$

und anschließender Integration:

$$t = c_{A,0} \cdot \int_0^{U_A} \frac{dU_A}{|\nu_A| \cdot k \cdot c_{A,0} \cdot (1 - U_A)} = \frac{-1}{k \cdot |\nu_A|} \cdot \ln(1 - U_A)$$

oder

$$U_A = 1 - e^{-k \cdot |\nu_A| \cdot t}$$

Ist ein kinetischer Ausdruck für die Reaktionsgeschwindigkeit bekannt, so kann die Reaktionszeit durch Integration berechnet werden (vgl. Beispiel 9.1). Beispiele für einige Zeitgesetze mit den Beziehungen zwischen Reaktionszeit und Umsatz sind bei isothermer Reaktionsführung in Tabelle 9.3 zusammengestellt.

Tabelle 9.3 Reaktionszeit in Abhängigkeit vom Umsatz für einige Zeitgesetze bei isothermer Reaktionsführung und volumenbeständigen Reaktionen

Reaktion und kinetischer Ansatz	Reaktionszeit
$\lvert\nu_A\rvert A \rightarrow P$ $r = k$	$t = \frac{c_{A,0} U_A}{k \lvert\nu_A\rvert}$
$\lvert\nu_A\rvert A \rightarrow P$ $r = k \cdot c_A$	$t = \frac{-1}{k \lvert\nu_A\rvert} \ln(1 - U_A)$
$\lvert\nu_A\rvert A \rightarrow P$ $r = k \cdot c_A^n$	$t = \frac{(1 - U_A)^{1-n} - 1}{k \lvert\nu_A\rvert (c_{A,0})^{n-1} (n-1)}$
$\lvert\nu_A\rvert A + \lvert\nu_B\rvert B \rightarrow P$ $r = k \cdot c_A \cdot c_B$	$t = \frac{1}{k\left(c_{A,0} \lvert\nu_B\rvert - c_{B,0} \lvert\nu_A\rvert\right)} \ln \frac{c_{B,0} \lvert A\rvert (1 - U_B)}{c_{B,0} \lvert\nu_A\rvert - c_{A,0} \lvert\nu_B\rvert U_A}$
$A \underset{k_2}{\overset{k_1}{\rightleftarrows}} P$ $k_1 \cdot c_A - k_2 \cdot c_P = k_1 \cdot \left(c_A - \frac{c_P}{K_C}\right)$	$t = \frac{K_c}{k_1 (1 + K_c)} \ln \frac{K_c \left(c_{A,0} - c_{P,0}\right)}{K_c c_{A,0} - c_{P,0} - (1 + K_c)\, c_{A,0} U_A}$

Beispiel 9.2

Bei einer säurekatalysierten Reaktion wird in einem idealen, diskontinuierlich betriebenen Rührkessel ein Ester bei 90 °C hergestellt. Die allgemeine Reaktion lautet:

Alkohol (A) + Säure (S) ⇄ Ester (E) + Wasser (W)

Es wird mit einem Überschuss an Alkohol gearbeitet, sodass die volumenbeständige Reaktion in 2. Ordnung von der Säurekonzentration abhängt.

$$r = k \cdot c_S^2$$

Die Geschwindigkeitskonstante für die Reaktion beträgt $k = 3{,}0 \cdot 10^{-4}\ \mathrm{m^3/(kmol \cdot s)}$ und die Anfangskonzentration der Essigsäure $c_{S,0} = 1{,}650\ \mathrm{kmol/m^3}$.

Es sind folgende Parameter zu berechnen:

a. Reaktionszeit t, um einen Umsatz der Essigsäure $U_S = 0{,}65$ zu erzielen
b. Reaktionsvolumen V_R für eine Produktionsleistung von 140 kg/h = 1,207 kmol/h Ester

Die Totzeit zum Befüllen des Reaktors, Aufheizen und Abkühlen des Reaktionsgemisches sowie Entleeren des Reaktors beträgt 45 min.

$$t = \frac{1}{|\nu_S| \cdot k \cdot c_S^0} \cdot \frac{U_S}{1 - U_S} = \frac{1}{1 \cdot 3,0 \cdot 10^{-4} \cdot 1,65} \cdot \frac{0,65}{1 - 0,65} \text{s} = 3752 \text{ s}$$

Die Reaktionszeit, um den geforderten Umsatz von 0,65 zu erhalten, beträgt 62,5 Minuten.

Das Reaktionsvolumen, um eine Produktionsleistung von $\dot{n}_P = 1,207 \text{ kmol/h} = 0,02012 \text{ kmol/min}$ zu realisieren, berechnet man nach Formel 9.11 mit $\rho = \rho^0$.

$$V_R = \dot{n}_P \cdot \frac{\nu_E}{\nu_P} \cdot \frac{\rho_0}{\rho} \cdot \frac{(t + t_{Tot})}{c_E^0 \cdot U_E} = 0,02012 \cdot \frac{1}{1} \cdot \frac{62,5 + 45}{1,65 \cdot 0,65} \text{m}^3 = 2,02 \text{ m}^3$$

9.2.2 Adiabat betriebener Rührkessel

Die bisher betrachtete isotherme Reaktionsführung gestattet eine Berechnung des zeitlichen Reaktionsverlaufs nur mithilfe der Stoffbilanz. Bei der adiabatischen Reaktionsführung kann die Wärmebilanz (vgl. Formel 9.13) vereinfacht werden. Auf der rechten Seite kann der Term $k_W \cdot A_W \cdot \left(\overline{T}_W - T\right)$ entfallen, da er die durch eine Wärmeaustauschfläche in der Reaktionszeit zu- bzw. abgeführte Wärmemenge ausdrückt. Die Wärmebilanz lautet dann:

$$\frac{\mathrm{d}\left(mc_pT\right)}{\mathrm{d}t} = r \cdot (-\Delta H_R) \cdot V_R \qquad (9.17)$$

Da die Masse m der Reaktionsmischung konstant ist, kann die spezifische Wärmekapazität ebenfalls als konstant angenommen oder ein entsprechender Mittelwert eingesetzt werden. Es ergibt sich dann die Wärmebilanz mit:

$$\frac{\mathrm{d}T}{\mathrm{d}t} = \frac{r \cdot (-\Delta H_R) \cdot V_R}{m \cdot c_p} = \frac{r \cdot (-\Delta H_R)}{\rho \cdot c_p} \qquad (9.18)$$

Gemeinsam mit der Stoffbilanz (Formel 9.16) erhält man durch Eliminieren von r:

$$\mathrm{d}T = \frac{c_{k,0} \cdot (-\Delta H_R)}{\rho \cdot c_p \cdot |\nu_k|} \cdot \mathrm{d}U_k \qquad (9.19)$$

Unterstellt man eine Temperaturunabhängigkeit der Reaktionsenthalpie, so folgt durch Integration:

$$T = T_0 + \frac{c_{k,0} \cdot (-\Delta H_R)}{\rho \cdot c_p \cdot |\nu_k|} \cdot U_k = T_0 + \Delta T_{ad} \cdot U_k \qquad (9.20)$$

T_0 Temperatur der Reaktionsmasse zum Zeitpunkt $t = 0$ ($U_k = 0$)

Nach Umstellung von Formel 9.20 ergibt sich bei adiabater Reaktionsführung und vollständigem Umsatz ($U_k = 1$) die maximal mögliche Temperaturänderung ΔT_{ad}:

$$\Delta T_{\mathrm{ad}} = \frac{c_{k,0} \cdot (-\Delta H_{\mathrm{R}})}{\rho \cdot c_p \cdot |\nu_k|} \tag{9.21}$$

Im Geschwindigkeitsausdruck der Stoffbilanz (vgl. Formel 9.16) ist im Unterschied zur isothermen Reaktionsführung die Reaktionstemperatur eine Funktion des Umsatzes.

$$t = c_{k,0} \int_0^{U_k} \frac{\mathrm{d}U_k}{r \cdot |\nu_{\mathrm{E}}|} \tag{9.22}$$

Die Integration ist geschlossen nicht mehr möglich. Stattdessen wählt man zur Lösung ein grafisches oder numerisches Verfahren (vgl. Beispiel 9.3). Es werden nach Formel 9.20 Temperaturen T für verschiedene Umsätze $U_k = 0$, 0,1, 0,2 ... berechnet und anschließend $r = f(T, U_k)$ ermittelt. Danach berechnet man den Quotienten $c_{k,0}/r\,|\nu_k|$.

Bei der grafischen Lösung trägt man den Quotienten als Funktion von U_k auf. Die für den benötigten Umsatz erforderliche Reaktionszeit entspricht der Fläche unter dem Kurvenzug zwischen $U_k = 0$ und $U_k = U_k$. Nach der *Simpson*-Formel oder der Trapez-Formel erfolgt die numerische Integration.

Beispiel 9.3

Eine exotherme und volumenbeständige Reaktion vom Typ A + ... → P soll bei adiabater Reaktionsführung in einem diskontinuierlichen Rührkessel mit einer Anfangstemperatur von $\vartheta = 42$ °C umgesetzt werden.

Es ist die Reaktionszeit für einen Umsatz von 0,70 zu ermitteln. Außerdem ist die maximal mögliche Temperaturänderung ΔT_{ad} bei dieser Betriebsweise zu berechnen.

Daten:

$V_R = 2{,}2\ \mathrm{m^3}$

$c_{A,0} = 1{,}7\ \mathrm{kmol/m^3}$

$k_0 = 0{,}228\ \mathrm{s^{-1}}$

$T_0 = 315\ \mathrm{K}$

$\rho = 850\ \mathrm{kg/m^3}$

$c_p = 2{,}48\ \mathrm{kJ/(kg \cdot K)}$

$\Delta H_R = -63{,}5\ \mathrm{kJ/mol}$

$E_a = 20{,}5\ \mathrm{kJ/mol}$

Die Geschwindigkeitsgleichung lautet: $r = k \cdot c_A$. Mit der *Arrhenius*-Gleichung $k = k_0 \cdot \exp[-E_a/R \cdot T]$ ergibt sich die Gleichung:

$$k = 0,228 \cdot \exp\left[-\frac{20500}{8,314} \cdot T\right] \text{ s}^{-1}$$

$$k = 8,760 \cdot 10^{-5}\text{ s}^{-1} \quad (\text{für } T = 315\text{ K})$$

$$T = T_0 + \frac{c_{k,0} \cdot (-\Delta H_R)}{\rho \cdot c_p \cdot |\nu_k|} \cdot U_A = 315\text{ K} + \frac{+63500 \cdot 1700}{850 \cdot 2480 \cdot 1}\text{K} \cdot U_k$$

$$= 315\text{ K} + 43,5\text{ K} \cdot U_A$$

Weiterhin gilt: $r = k \cdot c_{A,0} = k \cdot c_{A,0} \cdot (1 - U_A)$

Stellt man die Gleichung um, so ergibt sich:

$$\frac{c_{A,0}}{r} = \frac{c_{A,0}}{k \cdot c_{A,0} \cdot (1 - U_A)} = \frac{1}{0,228 \cdot \exp[-20500/8,314 \cdot T] \cdot (1 - U_A)}$$

In der nachfolgenden Tabelle sind für verschiedene Umsätze U_A die Temperaturen T der Reaktionsmasse nach Formel 9.20 berechnet. Daneben sind die nach obiger Gleichung ermittelten Quotienten $c_{A,0}/r$ gezeigt. In der letzten Spalte wurde die Reaktionszeit t nach der Trapezformel berechnet.

$$t = \Delta U \cdot \left(\frac{a_0}{2} + a_1 + a_2 + a_3 + \ldots + a_{n-1} + \frac{a_n}{2}\right)$$

$$= 0,1 \cdot \left(\frac{11005}{2} + 10977 + 11146 + \ldots + \frac{17960}{2}\right) = 8905,8\text{ s}$$

8905,8 s = **148,43 min** für einen Umsatz von 0,70.

Umsatz U_A	Temperatur T in K	Quotient $c_{A,0}/r$	Zeit t in min
0,00	315,0	11 005	0,00
0,10	319,4	10 977	18,32
0,20	323,7	11 146	36,75
0,30	328,1	11 502	55,63
0,40	330,4	12 735	75,83
0,50	336,8	13 261	97,49
0,60	341,6	14 956	121,00
0,70	345,5	17 960	148,43

Aus Formel 9.20 ergibt sich ein Temperaturanstieg ΔT_{ad} von 43,5 K bei vollständigem Umsatz. Bei adiabater Reaktionsführung würde die Ausgangstemperatur $T_0 = 315$ K auf $T = T_0 + \Delta T_{ad} = 315\text{ K} + 43,5\text{ K} = 358,5\text{ K} \triangleq 85,5\text{ °C}$ ansteigen.

9.2.3 Polytrop betriebener Rührkessel

Erfolgt die Reaktionsführung weder isotherm noch adiabatisch (= isentrop), so spricht man von polytroper Reaktionsführung. Hierbei wird ein Teil der Reaktionswärme nach außen abgeführt bzw. von außen zugeführt. Erfolgt die Wärmeabfuhr bzw. Wärmezufuhr durch eine Wärmeaustauschfläche, so gilt die Wärmebilanz entsprechend Formel 9.13 mit m = konst. und c_p = konst.:

$$\frac{\mathrm{d}T}{\mathrm{d}t} = \frac{r \cdot (-\Delta H_\mathrm{R}) \cdot V_\mathrm{R}}{m \cdot c_p} + \frac{k_\mathrm{W} \cdot A_\mathrm{W} \cdot \left(\overline{T}_\mathrm{W} - T\right)}{m \cdot c_p} \tag{9.23}$$

T Temperatur der Reaktionsmasse, m Reaktionsmasse, c_p spezifische Wärmekapazität, r Reaktionsgeschwindigkeit, ΔH_R Reaktionsenthalpie, k_W Wärmedurchgangskoeffizient, A_W Wärmeaustauschfläche, $\overline{T}_\mathrm{W}$ mittlere Temperatur des Wärmeträgers

Setzt man für r nach Umstellung der Formel 9.16 den entsprechenden Ausdruck ein, so ergibt sich:

$$\frac{\mathrm{d}T}{\mathrm{d}t} = \frac{c_{k,0} \cdot (-\Delta H_\mathrm{R}) \cdot V_\mathrm{R}}{m \cdot c_p \cdot |\nu_k|} \cdot \frac{\mathrm{d}U_k}{\mathrm{d}t} + \frac{k_\mathrm{W} \cdot A_\mathrm{W} \cdot \left(\overline{T}_\mathrm{W} - T\right)}{m \cdot c_p} \tag{9.24}$$

Die beiden Differenzialgleichungen (Stoff- und Wärmebilanz) müssen simultan gelöst werden. Hierzu werden numerische Methoden in Verbindung mit einem Iterationsverfahren angewendet. Zur Vereinfachung betrachtet man eine Reaktion 1. Ordnung:

$$r \cdot |\nu_k| = k \cdot c_k = k \cdot c_{k,0}\,(1 - U_k) = k_0 \mathrm{e}^{-E_\mathrm{a}/\left(R \cdot \overline{T}\right)} \cdot (1 - U_k) \tag{9.25}$$

Die Bilanzgleichungen werden dann von der Differenzialform in die Differenzenform transferiert und die Dichte mit $\rho = m/V_\mathrm{R}$ eingeführt:

$$\frac{\Delta U_k}{\Delta t} = k_0 \cdot \mathrm{e}^{-E_\mathrm{a}/\left(R \cdot \overline{T}\right)} \cdot (1 - U_k) \tag{9.26}$$

$$\frac{\Delta T}{\Delta t} = \frac{c_{k,0} \cdot (-\Delta H_\mathrm{R})}{\rho \cdot c_p \cdot |\nu_k|} \cdot \frac{U_k}{\Delta t} + \frac{k_\mathrm{W} \cdot A_\mathrm{W} \cdot \left(\overline{T}_\mathrm{W} - T\right)}{m \cdot c_p} \tag{9.27}$$

$\overline{U}_k$ mittlerer Umsatz, $\overline{T}$ mittlere Temperatur im Zeitintervall

Die Wärmebilanz für den diskontinuierlich betriebenen Rührkesselreaktor gilt auch für den Sonderfall einer Reaktionsführung ohne chemische Umsetzung (r = 0). Es gilt dann:

$$\frac{\mathrm{d}\left(m c_p T\right)}{\mathrm{d}t} = k_\mathrm{W} \cdot A_\mathrm{W} \cdot \left(\overline{T}_\mathrm{W} - T\right) \tag{9.28}$$

Formel 9.28 beschreibt den zeitlichen Verlauf der Aufheizung bzw. Abkühlung des Rührkessels durch indirekten Wärmetausch.

9.3 Kontinuierliche Betriebsführung ohne Rückvermischung der Reaktionsmasse

Das Strömungsrohr (Rohrreaktor) ist der industriell wichtigste Typ der kontinuierlich betriebenen Reaktoren. Es wird hauptsächlich zur Durchführung von Reaktionen unter Beteiligung von gasförmigen Reaktanten eingesetzt. Der Reaktionsraum des Rohrreaktors besteht aus einem Rohr, dessen Länge viel größer ist als sein Durchmesser. Die Reaktionspartner treten ggf. gemeinsam mit dem Lösungsmittel auf der einen Seite des Rohres ein, während auf der anderen Seite ein Gemisch, bestehend aus den Reaktionsprodukten, nicht umgesetzten Edukten und den übrigen Komponenten, das Rohr verlässt.

Da in dem Rohrreaktor keine Rührvorrichtung vorgesehen ist, findet eine Durchmischung des strömenden Mediums weitgehend nicht statt. Dieser Umstand hat zur Konsequenz, dass sich außer der Zusammensetzung der Reaktionsmischung auch deren Temperatur und Strömungsgeschwindigkeit sowie deren physikalische Eigenschaften örtlich unterscheiden können. Diese Unterschiede sind sowohl in axialer wie auch in radialer Richtung möglich.

Bei kontinuierlicher Betriebsführung lautet die Stoffbilanzgleichung für einen Stoff i:

$$\frac{\mathrm{d}m_i}{\mathrm{d}t} = \dot{m}_i^{\mathrm{Ein}} - \dot{m}_i^{\mathrm{Aus}} \tag{9.29}$$

$\dot{m}_i^{\mathrm{Ein}}$ dem Bilanzraum zugeführter Massenstrom, $\dot{m}_i^{\mathrm{Aus}}$ aus dem Bilanzraum abgeführter Massenstrom, m_i Masse innerhalb des Bilanzraumes, t Zeit

Ist der Stoff i im Bilanzraum an einer oder mehreren chemischen Reaktionen beteiligt, so sind diese in der Bilanzgleichung zu berücksichtigen (Bildung und Verbrauch des Stoffes i muss berücksichtigt werden):

$$\frac{\mathrm{d}m_i}{\mathrm{d}t} = \dot{m}_i^{\mathrm{Ein}} - \dot{m}_i^{\mathrm{Aus}} + V_{\mathrm{R}} \cdot M_i \cdot \sum_j \nu_{i,j} \cdot r_j \tag{9.30}$$

r_j Reaktionsgeschwindigkeit der Reaktion j, $\nu_{i,j}$ stöchiometrischer Koeffizient des Stoffes i für die Reaktion j, M_i molare Masse des Stoffes i

Ist der Stoff i nur an einer einzigen, stöchiometrisch unabhängigen Reaktion beteiligt, so vereinfacht sich der zweite Term der Formel 9.30:

$$\frac{\mathrm{d}m_i}{\mathrm{d}t} = \dot{m}_i^{\mathrm{Ein}} - \dot{m}_i^{\mathrm{Aus}} + V_{\mathrm{R}} \cdot r \cdot \nu_1 \tag{9.31}$$

Wird der Massenstrom durch den Stoffmengenstrom ersetzt ($m_i = n_i \cdot M_i$), so ergibt sich folgende Bilanzgleichung:

$$\frac{dn_i}{dt} = \dot{n}_i^{\mathrm{Ein}} - \dot{n}_i^{\mathrm{Aus}} + V_{\mathrm{R}} \cdot r \cdot \nu_i \tag{9.32}$$

Bei einem zeitlich konstanten Vorgang **(stationärer Zustand)** sind die Ableitungen nach der Zeit gleich null ($dn_i/dt = 0$).

Da bei kontinuierlicher Betriebsführung von einem stationären Betriebszustand ausgegangen wird, gilt die folgende Gleichung:

$$0 = \dot{n}_i^{\mathrm{Ein}} - \dot{n}_i^{\mathrm{AuS}} + V_{\mathrm{R}} \cdot M_i \cdot r \cdot \nu_i \tag{9.33}$$

Sie muss, da sich die Konzentrationen entlang der Ortkoordinate x ändern (vgl. Bild 9.4), auf ein differenzielles Volumenelement des Strömungsreaktors ($dV_{\mathrm{R}} = q \cdot dx$) bezogen werden. Bild 9.5 zeigt die Änderung des Stoffmengenstromes entlang des Reaktors (Ortskoordinate x).

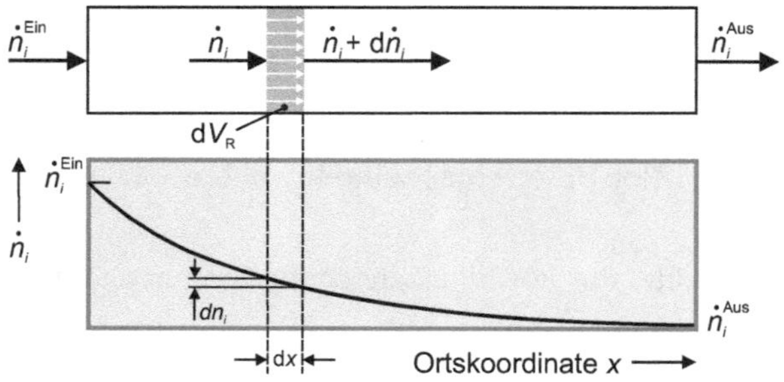

Bild 9.5 Stoffbilanz für ein differenzielles Volumenelement im Strömungsreaktor

In dem Volumenelement dV_{R} ändert sich der Stoffmengenstrom des Reaktanten i um $d\dot{n}_i$, sodass anstelle von $d\dot{n}_i^{\mathrm{Ein}} - d\dot{n}_i^{\mathrm{Aus}}$ die Größe $-d\dot{n}_i$ einzusetzen ist. Die Stoffbilanz lautet somit:

$$0 = -\dot{n}_i + r \cdot \nu_i \cdot dV_{\mathrm{R}} \tag{9.34}$$

oder mit folgender Gleichung

$$d\dot{n}_i = d\left(c_i \dot{V}\right) = \frac{\nu_i}{|\nu_k|} \cdot c_k^{\mathrm{Ein}} \cdot \dot{V}^{\mathrm{Ein}} \cdot dU_k \tag{9.35}$$

ergibt sich:

$$dV_{\mathrm{R}} = \frac{d\left(c_i \dot{V}\right)}{r \cdot \nu_i} = c_k^{\mathrm{Ein}} \cdot \dot{V}^{\mathrm{Ein}} \cdot \frac{dU_k}{r \cdot \nu_k} \tag{9.36}$$

Die Wärmebilanz für ein ideales Strömungsrohr erhält man analog Formel 9.13:

$$\frac{\mathrm{d}\left(\dot{m}c_pT\right)}{\mathrm{d}t} = r \cdot (-\Delta H_\mathrm{R}) + k_\mathrm{W} \cdot A_\mathrm{W} \cdot V_\mathrm{R} \cdot \left(\overline{T}_\mathrm{W} - T\right) \quad (9.37)$$

T Temperatur der Reaktionsmasse, $\dot{m}$ Massenstrom, c_p spezifische Wärmekapazität, r Reaktionsgeschwindigkeit, ΔH_R Reaktionsenthalpie, k_W Wärmedurchgangskoeffizient, A_W Wärmeaustauschfläche, V_R Reaktionsvolumen, $\overline{T}_\mathrm{W}$ mittlere Temperatur des Wärmeträgers

Die Bilanzgleichungen beider Reaktorgrundtypen sind vollkommen analog. Der Unterschied besteht in der Art der Variablen. Beim kontinuierlichen Strömungsrohr handelt es sich bei der Variablen um die Ortskoordinate x (bzw. das dazu proportionale Reaktorvolumen V_R) und beim diskontinuierlich betriebenen Rührkessel dagegen um die Reaktionszeit t.

Die Berechnungsmethoden des Strömungsrohres sind auch für adiabate und polytrope Fahrweise analog denjenigen, die bereits bei dem diskontinuierlich betriebenen Rührkessel beschrieben wurden (vgl. Abschnitt 9.2.2 und Abschnitt 9.2.3).

Beispiel 9.4

Die säurekatalysierte Reaktion aus Beispiel 9.2 soll in einem idealen, kontinuierlich betriebenen Rührkessel unter isothermen Bedingungen bei 90 °C durchgeführt werden.

Die Produktionsleistung soll ebenfalls $\dot{n}_P = 1,207\ \mathrm{kmol/h}$ an Ester betragen. Zu berechnen sind:

a. erforderlicher Zulaufstrom bei einem Umsatz der Essigsäure von $U_\mathrm{S} = 0,65$ und
b. Reaktorvolumen V_R (= Reaktionsvolumen im Strömungsrohr)

Für den kontinuierlichen Betrieb gilt:

$$\dot{n}_i = \dot{n}_i^\mathrm{Ein} + \frac{\nu_i}{|\nu_\mathrm{E}|} \cdot \dot{n}_\mathrm{E}^\mathrm{Ein} \cdot U_\mathrm{E}$$

Mit folgendem Zusammenhang:

$$\dot{n}_i = c_i \cdot \dot{V}$$

und

$$\dot{n}_\mathrm{E} = c_\mathrm{E} \cdot \dot{V}$$

lässt sich diese Gleichung auch formulieren als:

$$\dot{n}_i = c_i \cdot \dot{V} = c_i^\mathrm{Ein} \cdot \dot{V}^\mathrm{Ein} + \frac{\nu_i}{|\nu_\mathrm{W}|} \cdot c_\mathrm{E}^\mathrm{Ein} \cdot \dot{V} \cdot U_\mathrm{E}$$

Mit i = P und $c_\mathrm{E}^\mathrm{Ein} = 0$ ergibt sich:

$$\dot{V}^\mathrm{Ein} = \frac{\nu_\mathrm{A} \cdot \dot{n}_\mathrm{P}}{\nu_\mathrm{P} \cdot c_\mathrm{E}^\mathrm{Ein} \cdot U_\mathrm{E}} = \frac{1 \cdot 1,207}{1 \cdot 1,65 \cdot 0,65} \mathrm{m^3/h} = 1,125\ \mathrm{m^3/h}$$

Für dieselbe Produktionsleistung wird in dem diskontinuierlichen Reaktor eine Reaktionszeit von 62,5 min = 1,04 h benötigt.

Die Reaktionszeit t in einem Satzreaktor lässt sich aus dem Quotienten $V_R/\dot{V}^{Ein}$ berechnen und auf das Strömungsrohr anwenden:

$$\frac{V_R}{\dot{V}^{Ein}} = t = 1,04\,\mathrm{h}$$

Daraus folgt: $V_R = 1{,}04\,\mathrm{h} \cdot 1{,}125\,\mathrm{m^3/h} = 1{,}172\,\mathrm{m^3}$

Unterliegen Reaktionen in der Gasphase einer Volumenänderung, so stehen diese in direkter Beziehung zur Änderung der Gesamtstoffmenge und damit zum Umsatz. Die Zusammensetzung wird meistens als Stoffmengenkonzentration c_i ausgedrückt.

$$c_i = x_i \cdot \frac{p}{R \cdot T} \tag{9.38}$$

c_i Stoffmengenkonzentration, p Druck, T Temperatur, R allgemeine Gaskonstante

Mit Formel 9.8 und $x_{i,0} = x_i^{Ein}$ bzw. $x_{E,0} = x_E^{Ein}$ folgt:

$$c_i = \frac{x_i^{Ein} + \frac{\nu_i}{|\nu_E|} \cdot x_E^{Ein} \cdot U_E}{1 + \frac{\sum \nu_j}{|\nu_E|} \cdot x_E^{Ein} \cdot U_E} \cdot \frac{p}{R \cdot T} \tag{9.39}$$

Es gilt dann für eine Reaktion in der Gasphase entsprechend der Gleichung $\nu_A\,A + \ldots \rightarrow \nu_P\,P + \ldots$ mit dem Geschwindigkeitsgesetz $r = k \cdot c_A$ bei isothermer Reaktionsführung:

$$V_R = \frac{\dot{n}_A^{Ein}}{k \cdot |\nu_A| \cdot x_A^{Ein}} \cdot \frac{R \cdot T^{Ein}}{p} \cdot \int_0^{U_A} \frac{1 + \frac{\sum \nu_j}{|\nu_A|} \cdot x_A^{Ein} \cdot U_A}{1 - U_A} \cdot \mathrm{d}U_A \tag{9.40}$$

Es ergibt sich nach Integration:

$$V_R = \frac{\dot{n}_A^{Ein}}{k \cdot |\nu_A| \cdot x_A^{Ein}} \cdot \frac{R \cdot T^{Ein}}{p} \cdot \left[\begin{array}{c} \left(1 + \frac{\sum \nu_j}{|\nu_A|} \cdot x_A^{Ein}\right) \cdot \ln\left(\frac{1}{1-U_A}\right) \\ -\frac{\sum \nu_j}{|\nu_A|} \cdot x_A^{Ein} \cdot U_A \end{array} \right] \tag{9.41}$$

Für eine volumenbeständige Reaktion ($\Sigma\nu_j = 0$) gilt:

$$V_R = \frac{\dot{n}_A^{Ein}}{k \cdot |\nu_A| \cdot x_A^{Ein}} \cdot \frac{R \cdot T^{Ein}}{p} \cdot \ln\left(\frac{1}{1 - U_A}\right) = \frac{\dot{V}^{Ein}}{k \cdot |\nu_A|} \cdot \ln\left(\frac{1}{1 - U_A}\right) \tag{9.42}$$

Beispiel 9.5

Durch ein Strömungsrohr mit einer Länge von 6 m und einem Durchmesser von 0,025 m fließt eine Flüssigkeit mit einem Massenstrom von 0,95 kg/s (spez. Wärmekapazität der Flüssigkeit $c_p = 4250$ J/(kg • K), ist als konstant anzunehmen). Das Strömungsrohr ist beheizbar ausgelegt und von einem Heizmantel umgeben. Die Wärmeaustauschfläche pro Volumeneinheit beträgt $(A_W)_{VR} = 220$ m²/m³. Der Wärmedurchgangskoeffizient ist 3800 W/(m² • K). Der Wärmeträger im Heizmantel ist Sattdampf mit einer mittleren Temperatur von $\overline{\vartheta}_W = 98°C$. Als Eintrittstemperatur ϑ^{Ein} wurde 18 °C gemessen.

Annahme:

Es findet keine chemische Reaktion statt.

Frage:

Mit welcher Temperatur verlässt die Flüssigkeit das Strömungsrohr?

Die Bilanzgleichung Formel 9.13 für einen diskontinuierlich betriebenen Rührkessel dient als Grundlage, um den Wärmetausch im Strömungsrohr zu berechnen.

$$\frac{1}{V_R} \cdot \frac{d\left(mc_pT\right)}{dt} = r \cdot (-\Delta H_R) + k_W \cdot \frac{A_W}{V_R} \cdot \left(\overline{T}_W - T\right)$$

Mit $r = 0$ (keine Reaktion) und $\dot{m} \cdot c_p = \text{konst.}$ ergibt sich:

$$\frac{dT}{\overline{T}_W - T} = \frac{k_W \cdot (A_W)_{VR}}{\dot{m} \cdot c_p} \cdot dV_R$$

Durch Integration zwischen $T = T^{Ein}$ ($V_R = 0$) und $T = T^{Aus}$ ($V_R = V_R$) folgt:

$$\ln\left(\frac{\overline{T}_W - T^{Aus}}{\overline{T}_W - T^{Ein}}\right) = -\frac{k_W \cdot (A_W)_{VR}}{\dot{m} \cdot c_p} \cdot V_R$$

Die thermodynamischen Temperaturen werden in °C-Temperaturen umgerechnet und anschließend die Gleichung nach ϑ^{Aus} aufgelöst. Es ergibt sich:

$$\vartheta^{Aus} = \overline{\vartheta}_W - \left(\overline{\vartheta}_W - \vartheta^{Ein}\right) \cdot \exp\left[-\frac{k_W \cdot (A_W)_{VR}}{\dot{m} \cdot c_p} \cdot V_R\right]$$

$$\vartheta^{Aus} = 98°C - (98 - 18)\,°C \cdot \exp\left[-\frac{3800 \cdot 220}{0,95 \cdot 4250} \cdot 2,95 \cdot 10^{-3}\right] = 54,6°C$$

mit $V_R = \frac{d^2 \cdot \pi}{4} \cdot L = \frac{0,025^2 \cdot 3,14}{4} \cdot 6 = 2,95 \cdot 10^{-3}\ m^3$.

9.4 Kontinuierliche Betriebsführung mit Rückvermischung der Reaktionsmasse

Einen kontinuierlich betriebenen Reaktor, in dem die Reaktionsmasse ideal durchmischt wird, nennt man **kontinuierlich betriebenen Rührkessel.** Das Anfangsgemisch (Reaktionspartner und Hilfsstoffe) wird ständig eingespeist, während die Reaktionsprodukte mit den nicht umgesetzten Edukten kontinuierlich abgezogen werden. Die intensive (ideale) Durchmischung der Reaktionsmasse sorgt einerseits dafür, dass der Zulaufstrom sofort mit der Reaktionsmasse im Kessel vermischt wird und andererseits der Austragsstrom die gleiche Zusammensetzung und die gleichen physikalischen Eigenschaften wie der Rührkesselinhalt hat.

Da im kontinuierlich betriebenen Idealkessel die Konzentrationen und die Reaktionsgeschwindigkeit im gesamten Reaktionsvolumen V_R räumlich konstant sind (vgl. Bild 9.6), folgt für den **instationären Betriebszustand** aus Formel 9.32 unmittelbar:

$$\frac{\mathrm{d}n_i^{\mathrm{Aus}}}{\mathrm{d}t} = \dot{n}_i^{\mathrm{Ein}} - \dot{n}_i^{\mathrm{Aus}} + V_{\mathrm{R}} \cdot (r \cdot \nu_i)^{\mathrm{Aus}} \tag{9.43}$$

Somit gilt für den stationären Betriebszustand:

$$0 = \dot{n}_i^{\mathrm{Ein}} - \dot{n}_i^{\mathrm{Aus}} + V_{\mathrm{R}} \cdot (r \cdot \nu_i)^{\mathrm{Aus}} \tag{9.44}$$

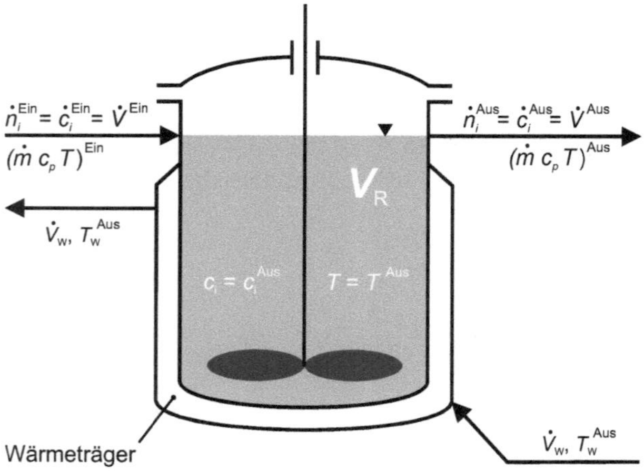

Bild 9.6 Schematische Darstellung des kontinuierlich betriebenen Rührkessels

Die Wärmebilanz für den **instationären Betriebszustand** ergibt sich wiederum aus Formel 9.32, wenn berücksichtigt wird, dass als Konsequenz der idealen Durchmischung die Zustände im Kessel gleich den Zuständen am Austritt aus dem Reaktor sind. Addiert man zur Wärmebilanzgleichung 6.49 folgenden Term (quantitativer Wärmestrom):

$$\dot{Q} = k_W \cdot A_W \cdot \left(\overline{T}_W - T^{Aus}\right) \tag{9.45}$$

so erhält man:

$$\frac{d\left(mc_pT\right)}{dt} = \left(\dot{m}c_pT\right)^{Ein} - \left(\dot{m}c_pT\right)^{Aus} + r^{Aus}\left(-\Delta H_R\right) \cdot V_R + k_W \cdot A_W \cdot \left(\overline{T}_W - T^{Aus}\right) \tag{9.46}$$

Im stationären Betriebszustand, in dem keine zeitliche Änderung eintritt, ergibt sich:

$$0 = \left(\dot{m}c_pT\right)^{Ein} - \left(\dot{m}c_pT\right)^{Aus} + r^{Aus}\left(-\Delta H_R\right) \cdot V_R + k_W \cdot A_W \cdot \left(\overline{T}_W - T^{Aus}\right) \tag{9.47}$$

Mithilfe der Gleichungen für den instationären Betriebszustand lässt sich das zeitliche **Übergangsverhalten** eines kontinuierlich betriebenen Rührkessels mit idealer Durchmischung beschreiben.

Für den stationären Betriebszustand lauten die **Stoff- und Wärmebilanzen** entsprechend Formel 9.43 und Formel 9.47:

$$\dot{n}_i^{Aus} - \dot{n}_i^{Ein} = V_R \cdot \left(r \cdot \nu_i\right)^{Aus} \tag{9.48}$$

und

$$\left(\dot{m}c_pT\right)^{Aus} - \left(\dot{m}c_pT\right)^{Ein} = V_R \cdot \left(-\Delta H_R\right) \cdot r^{Aus} + k_W \cdot A_W \cdot \left(\overline{T}_W - T^{Aus}\right) \tag{9.49}$$

Beispiel 9.6

Ethylenglykol (Glykol) ist ein wichtiges Folgeprodukt des Ethylenoxids. Glykol entsteht durch Addition von Wasser entsprechend folgender Gleichung:

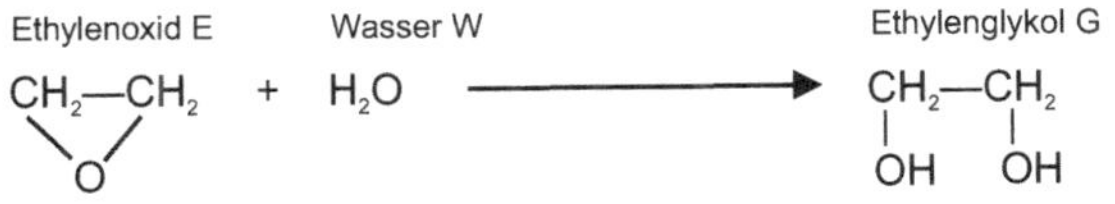

In einem kontinuierlich betriebenen Rührreaktor mit idealer Durchmischung wird bei 160 °C isotherm umgesetzt. Hydroxidionen dienen als Katalysator.

Reaktionsdaten:

k_0 = 1,250 · 10^5 s^{-1} (präexponentieller Faktor)

E_a = 65,3 kJ/mol (Aktivierungsenergie)

V_R = 12 m^3 (Reaktionsvolumen)

U_E = 0,82 (Umsatz Ethylenoxid)

c_E^{Ein} = 1,5 kmol/m^3 (Zulaufkonzentration Ethylenoxid)

c_G^{Ein} = 0,0 kmol/m^3 (Zulaufkonzentration Glykol)

a. Welcher Volumenstrom des Ethylenoxids E ist unter diesen Bedingungen erforderlich?
b. Welche Jahresproduktion ergibt sich aus 9000 Betriebsstunden pro Jahr?
c. Unter stationären Bedingungen wird der Zulauf an Ethylenoxid bei gleichem Volumenstrom ($c_E = 0$) gestoppt. Nach welcher Zeit sinkt die Ethylenoxidkonzentration im Ausgangsstrom auf die Hälfte ihrer ursprünglichen stationären Konzentration?

zu a: Der Volumenstrom des Zulaufs lässt sich aus der Stoffbilanz (Formel 9.43) mit $\dot{n}_i = c_i \cdot \dot{V}$ ermitteln:

$$c_i^{\text{Aus}} \cdot \dot{V}^{\text{Aus}} - c_i^{\text{Ein}} \cdot \dot{V}^{\text{Ein}} = V_{\text{R}} \cdot (r \cdot \nu_i)^{\text{Aus}}$$

Aus den Gleichungen (vgl. Beispiel 9.4) gilt für den kontinuierlichen Betrieb:

$$\dot{n}_i = \dot{n}_i^{\text{Ein}} + \frac{\nu_i}{|\nu_k|} \cdot \dot{n}_k^{\text{Ein}} \cdot U_k$$

Mit folgendem Zusammenhang: $\dot{n}_i = c_i \cdot \dot{V}$ und $\dot{n}_k = c_k \cdot \dot{V}$ lässt sich diese Gleichung umformulieren zu:

$$\dot{n}_i = c_i \cdot \dot{V} = c_i^{\text{Ein}} \cdot \dot{V}^{\text{Ein}} + \frac{\nu_i}{|\nu_k|} \cdot c_k^{\text{Ein}} \cdot \dot{V} \cdot U_k$$

Durch Einsetzen dieser Beziehung in die obere Stoffbilanzgleichung erhält man:

$$V_{\text{R}} = \dot{n}_k^{\text{Ein}} + \frac{U_k}{(r \cdot |\nu_k|)^{\text{Aus}}} = c_k^{\text{Ein}} \cdot \dot{V}^{\text{Ein}} \cdot \frac{U_k}{(r \cdot |\nu_k|)^{\text{Aus}}} \tag{9.50}$$

Die Umstellung des zweiten Terms dieser Gleichung ergibt:

$$\dot{V}^{\text{Ein}} = \frac{V_{\text{R}} \cdot |\nu_{\text{E}}| \cdot k \cdot (1 - U_{\text{E}})}{U_{\text{E}}} = \frac{12 \cdot 1 \cdot \left(1,66 \cdot 10^{-3}\right) \cdot (1 - 0,82)}{0,82} \text{m}^3/\text{s}$$

$$= 4,36 \cdot 10^{-3}\ \text{m}^3/\text{s}$$

Der stündliche Volumenstrom beträgt 15,71 m^3/h Ethylenoxid im Zulauf. Dies entspricht einem Stoffmengenstrom von
$\dot{n}_{\text{E}}^{\text{Ein}} = C_{\text{E}}^{\text{Ein}} \cdot \dot{V}^{\text{Ein}} = 1,5 \cdot 15,71\ \text{kmol/h} = 23,57\ \text{kmol/h}$.
Da die Geschwindigkeitskonstante abhängig von der Temperatur ist, lässt sie sich entsprechend der Beziehung von *Arrhenius* nach Formel 7.60 berechnen:

$$k = k_0 \cdot \text{e}^{-\frac{E_a}{R \cdot T}} = 1,25 \cdot 10^5\ \text{s}^{-1} \cdot \text{e}^{-\frac{65300}{8,314 \cdot 433}} = 1,66 \cdot 10^{-3}$$

zu b: Die Jahresproduktion an Ethylenglykol ergibt sich aus folgendem Zusammenhang:

$$\dot{n}_{\text{G}}^{\text{Aus}} = \frac{\nu_{\text{G}}}{|\nu_{\text{E}}|} \cdot n_{\text{E}}^{\text{Ein}} \cdot U_{\text{E}} = \frac{1}{1} \cdot 23,57 \cdot 0,82\ \text{kmol/h} = 19,32\ \text{kmol/h}$$

$$19,32\ \text{kmol/h} \cdot 24\ \text{h} \cdot 365\ \text{d} = 169272\ \text{kmol/a}$$

Mit der Molmasse von Glykol (62 kg/kmol) ergibt sich eine jährliche Produktion an Glykol von ≈ 10 500 Tonnen.

zu c: Das Übergangsverhalten wird durch Formel 9.32 beschrieben mit $i = \mathrm{E}$. Bezogen auf dieses Beispiel, bei dem der Zulauf von Ethylenoxid gestoppt wird, gilt mit $c_{\mathrm{E}}^{\mathrm{Ein}} = 0$ und $V_{\mathrm{R}}/\dot{V}^{\mathrm{Aus}} = V_{\mathrm{R}}/\dot{V}^{\mathrm{Ein}} = \tau$:

$$\frac{\mathrm{d}c_{\mathrm{E}}^{\mathrm{Aus}}}{\mathrm{d}t} = -\frac{\mathrm{d}c_{\mathrm{E}}^{\mathrm{Aus}}}{\tau} - k \cdot c_{\mathrm{E}}^{\mathrm{Aus}} = -\frac{(1 + k \cdot \tau)}{\tau} \cdot c_{\mathrm{E}}^{\mathrm{Aus}}$$

Nach Umstellung der Gleichung ergibt sich:

$$\frac{\mathrm{d}c_{\mathrm{E}}^{\mathrm{Aus}}}{c_{\mathrm{E}}^{\mathrm{Aus}}} = -\frac{(1 + k \cdot \tau)}{\tau} \cdot \mathrm{d}t$$

Mit der Anfangsbedingung $c_{\mathrm{E}}^{\mathrm{Aus}} = c_{\mathrm{E,stat}}^{\mathrm{Aus}}$ zum Zeitpunkt $t = 0$ ergibt sich nach Integration:

$$\frac{\mathrm{d}c_{\mathrm{E}}^{\mathrm{Aus}}}{c_{\mathrm{E}}^{\mathrm{Aus}}} = -\frac{(1 + k \cdot \tau)}{\tau} \cdot \mathrm{d}t$$

Die Verweilzeit beträgt:

$$\tau = \frac{V_{\mathrm{R}}}{\dot{V}^{\mathrm{Ein}}} = \frac{12\ \mathrm{m}^3}{4,36 \cdot 10^{-3}\ \mathrm{m}^3/\mathrm{s}} = 2752\ \mathrm{s}$$

Zur Berechnung der Zeit, nach der die Konzentration $c_{\mathrm{E}}^{\mathrm{Aus}}$ auf die Hälfte der unter stationären Bedingungen vorliegenden Konzentration $c_{\mathrm{E,stat}}^{\mathrm{Aus}}$ gefallen ist, ergibt sich:

$$t = -\frac{\tau}{1 + k \cdot \tau} \cdot \ln\frac{1}{2} = -\frac{2752}{1 + \left(1,66 \cdot 10^{-3}\right) \cdot 2752}\mathrm{s} \cdot 1 \cdot \ln\frac{1}{2} = 342,6\ \mathrm{s}$$

Nach 5,71 min sinkt die Ethylenoxidkonzentration im Ausgangsstrom auf die Hälfte ihrer ursprünglichen stationären Konzentration.

Da die Konzentrationen der Reaktanten und die Reaktionstemperatur in einem kontinuierlich betriebenen Rührkessel gleich den entsprechenden Größen im Austragsstrom sind, ist es häufig zweckmäßiger, wenn alle in der Stoffbilanz auftretenden Größen auf den Reaktoraustritt bezogen werden.

$$c_k^{\mathrm{Ein}} \cdot \dot{V}^{\mathrm{Ein}} = \frac{c_k^{\mathrm{Aus}} \cdot \dot{V}^{\mathrm{Aus}}}{1 - U_k} \tag{9.51}$$

Man erhält durch Einsetzen in Formel 9.50 für den Umsatz U_k:

$$U_k = \frac{\frac{V_{\mathrm{R}} \cdot (r \cdot |\nu_k|)^{\mathrm{Aus}}}{c_k^{\mathrm{Aus}} \cdot \dot{V}^{\mathrm{Aus}}}}{1 + \frac{V_{\mathrm{R}} \cdot (r \cdot |\nu_k|)^{\mathrm{Aus}}}{c_k^{\mathrm{Aus}} \cdot \dot{V}^{\mathrm{Aus}}}} \tag{9.52}$$

Die beiden Quotienten in Formel 9.52 sind dimensionslos und werden als 1. *Damköhler*-Zahl (Da_{I}) bezeichnet.

Damit lässt sich Formel 9.52 auch formulieren als:

$$U_k = 1 - \frac{c_k^{\mathrm{Aus}} \cdot \dot{V}^{\mathrm{Aus}}}{c_k^{\mathrm{Ein}} \cdot \dot{V}^{\mathrm{Ein}}} = \frac{Da_{\mathrm{I}}}{1 + Da_{\mathrm{I}}} = 1 - \frac{1}{1 + Da_{\mathrm{I}}} \tag{9.53}$$

Für einfache Reaktionen, die in 1. Ordnung von der Bezugskomponente k mit $r \cdot |\nu_k| = k \cdot c_k^{\mathrm{Aus}}$ abhängen, ist

$$Da_{\mathrm{I}} = \frac{V_{\mathrm{R}} \cdot k}{\dot{V}^{\mathrm{Aus}}} = k \cdot \tau \tag{9.54}$$

9.5 Rührkesselkaskade

Die Rührkesselkaskade ist eine Reihenschaltung von zwei bis zu mehr als zehn ideal durchmischten Reaktoren, die gegenüber den Reaktorgrundtypen (kontinuierlicher Rührkessel, idealer Rohrreaktor) spezifische Vor- und Nachteile hat. Sie ist beispielsweise in Bezug auf das Mischungsverhalten zwischen dem Rührkessel (vollständige Durchmischung) und dem Rohrreaktor (keine Rückvermischung im gesamten Reaktionsraum) angesiedelt. Dieses Verhalten hat ungünstige Umsatzraten in einzelnen Rührreaktoren zur Folge, die jedoch in einer Kaskade umso weniger auftreten, je mehr Kessel eingesetzt werden. Günstige Umsatzraten und Selektivitäten können auf diese Weide dem Strömungsrohr immer mehr angenähert werden.

Die reaktionstechnischen Vorteile, die mit einer Kaskade gegenüber einem einzelnen Reaktor erreicht werden, sind mit wesentlich höheren apparatetechnischen Aufwendungen verbunden. Es müssen nicht nur mehrere (wenn auch kleinere) Reaktoren eingesetzt werden, sondern in gleicher Anzahl sind Rührer, Antriebe, Armaturen sowie Mess- und Regeleinrichtungen erforderlich. Hat man sich für den größeren Aufwand entschieden, erhält man damit auch eine größere Flexibilität (unterschiedliche Temperaturen in den Reaktoren, Zwischeneinspeisung und Entnahme von Reaktanten).

Rührkesselkaskaden werden für Flüssig-flüssig-, Gas-flüssig- sowie Fest-flüssig-Reaktionen eingesetzt wie z. B. Nitrierungen, Halogenierungen, Oxidationen und Veresterungen.

9.5.1 Gestaltung und stoffliche Bilanzierung

In diesem Abschnitt wird für eine Reaktorkaskade, bestehend aus n in Reihe geschalteten Einzelreaktoren, die Beziehung zwischen Gesamt- und Teilumsätzen abgeleitet, die für die Berechnung bzw. Bewertung wichtig ist. In Bild 9.7 ist eine solche Kaskadenschaltung ohne Zwischenkühlung und Zwischeneinspeisung mit den entsprechenden Stoffströmen und den Temperaturen für den Ein- und Austritt in die einzelnen Reaktoren schematisch gezeigt.

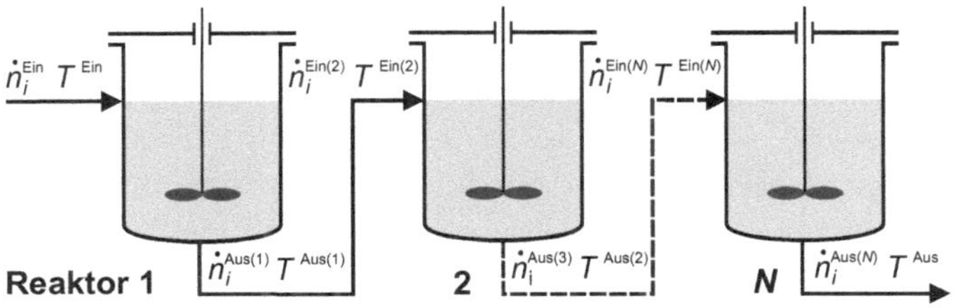

Bild 9.7 Reaktorkaskadenschaltung ohne Zwischenkühlung und Zwischeneinspeisung

Es gelten für die Stoffströme und Temperaturen:

$$\dot{n}_i^{\text{Ein}(n)} = \dot{n}_i^{\text{Aus}(n-1)} \tag{9.55}$$

$$T^{\text{Ein}(n)} = T^{\text{Aus}(n-1)} \tag{9.56}$$

Als charakteristische Größe verwendet man den Eintrittsstoffmengenstrom der Bezugskomponente k. Es ergeben sich folgende Umsätze:

Der **Gesamtumsatz** bezieht sich auf den Eintrittsstoffmengenstrom des 1. Reaktors und erfasst den Umsatz bis zum Austritt aus dem n-ten Reaktor.

$$U_{k,\text{ges}}^{(n)} = \frac{\dot{n}_k^{\text{Ein}} - \dot{n}_k^{\text{Aus}(n)}}{\dot{n}_k^{\text{Ein}}} \tag{9.57}$$

Als **Teilumsatz** wird die Umsetzung innerhalb des n-ten Reaktors bezeichnet, mit dem Eintrittsstoffmengenstrom des ersten Reaktors als Bezugsgröße.

$$\Delta U_k^{(n)} = \frac{\dot{n}_k^{\text{Ein}(n)} - \dot{n}_k^{\text{Aus}(n)}}{\dot{n}_k^{\text{Ein}}} \tag{9.58}$$

Unter dem **Einzelumsatz** versteht man eine isolierte Betrachtung eines Reaktors unabhängig von den anderen Reaktoren der Kaskade.

$$U_k^{(n)} = \frac{\dot{n}_k^{\text{Ein}(n)} - \dot{n}_k^{\text{Aus}(n)}}{\dot{n}_k^{\text{Ein}(n)}} \tag{9.59}$$

Aus Formel 9.57 und Formel 9.58 ergibt sich:

$$U_{k,\text{ges}}^{(n)} = \sum_{n=1}^{n} \Delta U_k \tag{9.60}$$

Der Stoffmengenstrom am Austritt des N-Reaktors einer Kaskade für eine beliebige Komponente einer einfachen Reaktion ergibt sich zu:

$$\dot{n}_i^{\text{Ein}(n)} = \dot{n}_i^{\text{Ein}} + \frac{\nu_i}{|\nu_k|} \cdot \dot{n}_k^{\text{Ein}} \cdot U_{k,\text{ges}}^{(n)} \tag{9.61}$$

9.5.2 Berechnung von Rührkesselkaskaden

Die Berechnung einer Rührkesselkaskade erfolgt nur für den stationären Betriebszustand. An- und Abfahrvorgänge sowie Untersuchungen von Störungen des Reaktorbetriebs sind instationäre Bedingungen und werden in diesem Abschnitt nicht behandelt. Jeder einzelne Reaktor wird als ideal durchmischt angenommen, Rückvermischungsströme zwischen den Reaktoren treten nicht auf. Es finden keine Zwischeneinspeisungen und Temperierungen zwischen den Kesseln statt. Die Wärmebilanz wird für den allgemeinen polytropen Fall formuliert.

Für die stoffliche Bilanzierung eines beliebigen Kessels einer Kaskade gilt mit dem oberen Index n für den betreffenden Reaktor unter Annahme des stationären Zustands:

$$\dot{n}_i^{\text{Aus}(n)} - \dot{n}_i^{\text{Ein}(n)} = R_i^{(1)} \cdot V_\text{R}^{(1)} = \sum_j \nu_j \cdot r_j \cdot V_\text{R} \tag{9.62}$$

Diese **Stoffbilanz** kann für jeden Reaktor und dann für alle Schlüsselkomponenten eines Reaktionssystems formuliert werden. Die Stoffmengen bzw. Stoffmengenströme der Nichtschlüsselkomponenten lassen sich aus der stöchiometrischen Beziehung ableiten. Es gelten unter den getroffenen Voraussetzungen folgende Beziehungen:

$$\dot{n}_i^{\text{Ein}(n)} = \dot{n}_i^{\text{Aus}(n-1)}$$

keine Zwischeneinspeisung:

$$\dot{V}^{\text{Ein}(n)} = \dot{V}^{\text{Aus}(n)}$$

volumenbeständige Reaktion:

$$c_i^{\text{Aus}(n)} = \dot{n}_i^{(n)}$$

mittlere Verweilzeit des n-ten Reaktors:

$$\bar{t}^{(n)} = \frac{V_\text{R}^{(n)}}{\dot{V}^{(n)}} \tag{9.63}$$

eine andere Form der Stoffbilanzierung:

$$c_i^{(n)} - c_i^{(n-1)} = R_i^{(n)} \cdot \bar{t}^{(n)} \tag{9.64}$$

Das System der Stoffbilanzen aus Formel 9.62 und Formel 9.64 kann gelöst werden, wenn die Stoffänderungsgeschwindigkeit in jedem Kessel berechnet werden kann. Hierzu müssen die Temperaturen für die gesamte Kaskade bekannt sein. Anderenfalls ist die Wärmebilanz für jeden Kessel gemeinsam mit den Stoffbilanzen und der Wärmeträgerbilanz zu lösen.

Die Wärmebilanz für einen stationären, kontinuierlichen Rührreaktor (vgl. Formel 9.46) lässt sich auf einen Einzelreaktor einer Kaskade übertragen. Es ergibt sich somit folgende **Wärmebilanz:**

$$\begin{aligned} &\dot{m} \cdot \left(c_p^{(n)} T^{(n)} - c_p^{\mathrm{Ein}(n)} T^{\mathrm{Ein}(n)}\right) \\ &= \sum_j r_j^{(n)} \cdot (-\Delta H_{\mathrm{R},j}) \cdot V_{\mathrm{R}}^{(n)} - k^{(n)} \cdot A^{(n)} \left(T^{\mathrm{Aus}(n)} - T_{\mathrm{W}}^{(n)}\right) \end{aligned} \tag{9.65}$$

Die Wärmebilanz ist für jeden Kessel aufzustellen. Da die Reaktionsgeschwindigkeiten temperatur- und konzentrationsabhängig sind, kann das Gleichungssystem nur gemeinsam mit der Stoffbilanz gelöst werden.

Kühl- und Heizmitteltemperaturen stellen in der Wärmebilanz zusätzliche Variablen dar. Werden sie nicht vorgegeben, so kann diese mithilfe der **Wärmeträgerbilanz** berechnet werden. Es wird eine vollständige Vermischung des Wärmeträgers angenommen, sodass die Austrittstemperatur näherungsweise der mittleren Temperatur des Reaktors entsprechen soll:

$$k_{\mathrm{D}}^{(n)} A_{\mathrm{D}}^{(n)} \left(T^{\mathrm{Aus}(n)} - T_{\mathrm{R}}^{(n)}\right) = \dot{m}_{\mathrm{W}}^{(n)} \left(c_{p,\mathrm{W}}^{(n)} \cdot T_{\mathrm{W}}^{(n)} - c_{p,\mathrm{W}}^{\mathrm{Ein}(n)} \cdot T_{\mathrm{W}}^{\mathrm{Ein}(n)}\right) \tag{9.66}$$

Wegen der üblicherweise relativ kleinen Temperaturdifferenz zwischen dem Ein- und Austritt des Wärmeträgers gilt:

$$c_{p,\mathrm{W}}^{(n)} \approx c_{p,\mathrm{W}}^{\mathrm{Ein}(n)} \tag{9.67}$$

Beispiel 9.7

Berechnung einer volumenbeständigen Reaktion in einer isothermen Rührkesselkaskade. Es gilt, für die protonenkatalysierte Umsetzung eines Stoffes S mit Wasser W nach folgender Reaktionsgleichung:

$1\,\mathrm{S} + 1\,\mathrm{W} \rightarrow 1\,\mathrm{G} + 1\,\mathrm{F}$

eine Rührkesselkaskade auszulegen. Die Reaktion folgt einem Geschwindigkeitsgesetz 1. Ordnung bezüglich S. Es wird ein Umsatz des Eduktes S von 90 % gefordert.

Es sind folgende Fragen zu beantworten:

1. Wie viele Kessel mit einem Volumen von $V_R = 5{,}5\,m^3$ sind in Reihe zu schalten, um den Umsatz von 90 % in der Kaskade zu erreichen?
2. Welche Konzentrationen der beteiligten Stoffe liegen in den einzelnen Reaktoren der Kaskade vor?
3. Welches Reaktionsvolumen eines einzelnen Reaktors bzw. der Kaskade insgesamt ist erforderlich, um mit
   a. einem kontinuierlichen Rührreaktor
   b. einem idealen Rohrreaktor

   den gleichen Umsatz von 90 % zu erreichen?

Gegeben sind:

Eingangsvolumenstrom: $\dot{V} = 0,0015\ \mathrm{m^3/s}$

Eingangskonzentration: $c_S^{\mathrm{Ein}} = 0,2\ \mathrm{kmol/m^3}$, $c_G^{\mathrm{Ein}} = c_F^{\mathrm{Ein}} = 0$

Geschwindigkeitskonstante: $k = 1{,}09 \cdot 10^{-4}\,s^{-1}$

Randbedingungen:

- Reaktoren haben das gleiche Reaktionsvolumen
- volumenbeständige Reaktion
- isotherme Betriebsbedingungen
- Wasser liegt im Überschuss vor ($c_{\mathrm{Wasser}} = \mathrm{konst.}$)

Lösungen Aufgabe 1 und 2:

Die Stoffbilanz wird für das Edukt S als Leitkomponente formuliert mit der Formel 9.57. Es ergibt sich mit dem Umsatz in einem beliebigen Reaktor n:

$$U^{(n)} = U_{\mathrm{S,ges}}^{(n)} = \frac{\dot{n}_S^{\mathrm{Ein}} - \dot{n}_S^{\mathrm{Aus}(n)}}{\dot{n}_S^{\mathrm{Ein}}}$$

und der Stoffänderungsgeschwindigkeit

$$R_S^{(n)} = -k \cdot c_S^{(n)}$$

die Stoffbilanz für den 1. Reaktor:

$$U^{(1)} = k \cdot \bar{t} \cdot \left(1 - U^{(1)}\right)$$

den 2. Reaktor:

$$U^{(2)} - U^{(1)} = k \cdot \bar{t} \cdot \left(1 - U^{(2)}\right)$$

und den N-ten Reaktor, in dem der Umsatz $U^{(N)} = 0{,}90$ erreicht werden soll:

$$U^{(N)} - U^{(N-1)} = k \cdot \bar{t} \cdot \left(1 - U^{(N)}\right)$$

Die Konzentrationen (S, G und F) können in den einzelnen Reaktoren über die stöchiometrische Bilanz ermittelt werden:

$$c_S^{(n)} = c_S^{\mathrm{Ein}} - c_S^{\mathrm{Ein}} \cdot U^{(n)}$$

$$c_{\mathrm{G}}^{(n)} = c_{\mathrm{G}}^{\mathrm{Ein}} \cdot U^{(n)}$$

$$c_{\mathrm{F}}^{(n)} = c_{\mathrm{F}}^{\mathrm{Ein}} \cdot U^{(n)}$$

Die Stoffbilanzgleichungen für die einzelnen Reaktoren können sukzessive gelöst werden durch das schrittweise Einsetzen des Umsatzes:

$$U^{(1)} = \frac{k \cdot \bar{t}}{1 + k \cdot \bar{t}}$$

$$U^{(2)} = \frac{k \cdot \bar{t}}{\left(1 + k \cdot \bar{t}\right)^2}$$

$$U^{(N)} = \frac{k \cdot \bar{t}}{\left(1 + k \cdot \bar{t}\right)^N}$$

Die letzte Gleichung kann nach der gesuchten Kesselzahl N, um den gewünschten Umsatz von 0,90 zu realisieren, aufgelöst werden:

$$N = \frac{\lg\left(\frac{1}{1-U^{(N)}}\right)}{\lg\left(1 + k \cdot \bar{t}\right)}$$

Die mittlere Verweilzeit eines einzelnen Reaktors ergibt sich nach Formel 9.63 zu:

$$\bar{t}^{(n)} = \frac{V_{\mathrm{R}}^{(n)}}{\dot{V}^{(n)}} = \frac{5,5\ \mathrm{m}^3}{0,0015\ \mathrm{m}^3/\mathrm{s}} = 3667\ \mathrm{s}$$

Die erforderliche Kesselzahl berechnet sich zu $N = 6,85$. Der Umsatz von 90 % kann somit in einer Kaskade, bestehend aus 7 Reaktoren, erreicht werden. Die Ergebnisse sind zum zweiten Teil der Aufgabe in der folgenden Tabelle dargestellt.

Reaktor *n*	**Umsatz *U***	**Stoffmengenkonzentration in kmol/m³**		
		c_S	c_G	c_F
1	0,286	0,143	0,057	0,057
2	0,490	0,102	0,098	0,098
3	0,636	0,073	0,127	0,127
4	0,740	0,052	0,148	0,148
5	0,814	0,037	0,163	0,163
6	0,867	0,027	0,173	0,173
7	0,905	0,019	0,181	0,181

Lösung Aufgabe 3a:

Das erforderliche Volumen eines Reaktors im Vergleich zu einer Rührkesselkaskade mit *n* gleich großen Reaktoren kann mit der Stoffbilanzgleichung berechnet werden:

$$(1 + k \cdot \bar{t})^N = \frac{1}{1 - U^N}$$

$$\left(1 + k \cdot \frac{V_R}{\dot{V}}\right)^N = \frac{1}{1 - U^N}$$

Die Umstellung auf das Reaktionsvolumen ergibt:

$$V_R = \frac{\dot{V}}{k} \cdot \left[\left(\frac{1}{1 - U^N}\right)^{1/N} - 1\right]$$

Das Reaktionsvolumen beträgt in einem einzigen kontinuierlich betriebenen Rührreaktor:

$$V_R^{(1)} = V_{R,ges}^{(1)} = 123,8\,\mathrm{m}^3$$

Lösung Aufgabe 3b:

Für einen Rohrreaktor lässt sich das Reaktionsvolumen aus der Lösung der Stoffbilanz für eine Reaktion 1. Ordnung berechnen:

$$\frac{\mathrm{d}c_S}{\mathrm{d}t} = R_S = -k \cdot c_S$$

Die Gleichung kann durch Trennung der Variablen integriert werden:

$$\frac{c_S}{c_S^{Ein}} = 1 - U = \exp(-k \cdot \bar{t}) = \exp\left(-k \cdot \frac{V_R}{\dot{V}}\right)$$

Daraus ergibt sich bei einem Umsatz von 90 % für das Reaktionsvolumen des idealen Rohrreaktors:

$$V_R = \frac{\dot{V} \cdot \ln(1 - U)}{-k} = 31,7\,\mathrm{m}^3$$

Auch dieses Beispiel zeigt, dass das Umsetzungsverhalten eines idealen Rohrreaktors gegenüber vollständiger Vermischung in Reaktoren bzw. einer stufenweisen Vermischung in einer Kaskade immer günstiger ist. Bei der Beantwortung der Frage nach dem optimalen Reaktortyp muss man jedoch auch berücksichtigen, ob sich die ideale Pfropfenströmung auch annähernd realisieren lässt.

9.6 Vergleichende Betrachtung der Reaktoren

Für die Durchführung von Flüssigphasen- oder Mehrphasenreaktionen wird der Rührkessel in der Chemie und Biotechnologie am häufigsten eingesetzt. Es hat eine zylindrische Behälterform (Zarge) mit gewölbtem Boden (z. B. Klöpperboden) und einem in der Regel abnehmbaren Deckel, mit einem Flansch an der Zarge befestigt oder alternativ verschweißt. Es können sich ein oder mehrere Rührer in der Reaktionsmischung befinden. Die meist senkrecht positionierte Rührwelle ist über eine Dichtung im Behälterdeckel mit dem Antrieb (Motor und Getriebe) verbunden. Weitere Stutzen für die Inspektion (Mannloch) oder für Zu- und Abflüsse sind möglich. Innerhalb des Kessels sind häufig Strombrecher angebracht, um ein Rotieren der Flüssigkeit oder die Ausbildung von Tromben zu verhindern.

In der chemischen Industrie wird der Reaktor meistens aus Stahl gefertigt (Kohlenstoff- oder rostfreier Stahl) und mit einigen Kubikmetern Inhalt als Vielzweckreaktor verwendet. Er wird chargenweise, aber auch mit kontinuierlichem Zu- und Abfluss in Reihe mit anderen Apparaten oder als Rührkesselkaskade eingesetzt. Bei der Verfahrensentwicklung kommen Reaktoren mit wenigen Litern als Technikumsgerät zum Einsatz, während industrielle Rührkessel Volumina von mehreren 100 Kubikmetern Inhalt haben können.

Um die Rührkessel vor Korrosion zu schützen, werden sie emailliert, mit PTFE-Linern oder GFK ausgekleidet oder aus Edelstahl gefertigt. Bei der Klassifizierung von Reaktoren (vgl. Abschnitt 9.1) wurde bereits auf die Charakterisierung der diskontinuierlichen bzw. kontinuierlichen Prozessführung eingegangen. Rührkesselreaktoren gehören zu den Reaktorgrundtypen, deren wichtigste Vor- und Nachteile im Folgenden zusammengestellt sind:

Diskontinuierlicher Rührkessel

Vorteile:

- schnelles Umstellen auf andere Produkte
- geringer Investitionsaufwand
- höhere Umsätze im Vergleich zu kontinuierlichen Rührkesseln
- Reaktionszeit ist für die gesamte Reaktionsmasse konstant (z. B. einheitlichere Molmassenverteilungen bei Polymerisationsreaktionen)
- Reaktion mit starker Zunahme der Viskosität ist diskontinuierlich einfacher zu realisieren

Nachteile:

- Chargenbetrieb führt bei großen Produktionsmengen zu hohen Betriebskosten (Stillstandszeiten zum Reinigen, Befüllen, Aufheizen, Entleeren sind kostenintensiv)

- Automatisierungsaufwand ist relativ hoch
- Reproduzierbare Reaktionsführung von Charge zu Charge ist nicht immer sicherzustellen
- Notwendige Energien (Heizen, Kühlen) müssen ungleichmäßig bereitgestellt werden

Bevorzugter Einsatz:

- relativ kleine Produktmengen mit gleichbleibender Qualität
- lange Reaktionszeiten, die zu möglichst vollständigem Umsatz führen
- Herstellung verschiedener Produkte in einem Reaktor
- wenn eine kontinuierliche Produktion zu Problemen führt (z. B. starker Viskositätsanstieg)

Kontinuierlicher Rührkessel

Vorteile:

- Einbettung der Reaktionseinheit in einen kontinuierlichen Verfahrensablauf
- Bei großen Produktionsmengen werden im Vergleich zum Chargenbetrieb geringere Betriebskosten erwartet
- Stationärer Zustand wird als Normalbetrieb angestrebt, d. h. konstante Qualität der Reaktionsprodukte
- Konstante Wärmebilanzen führen zur Nutzung anfallender Reaktionswärmen

Nachteile:

- kann zu hohen Investitionskosten führen
- Stationärer Zustand bedeutet konstante Stoffänderungsgeschwindigkeit, sie ist im Vergleich zur diskontinuierlichen Betriebsführung niedriger und führt daher zu geringeren Umsätzen
- Umstellung der Anlage mit dem Ziel, andere Produkte herzustellen, ist nur mit großem technologischem Aufwand möglich

Bevorzugter Einsatz:

- hohe Reaktorkapazität mit entsprechenden Durchsätzen
- Herstellung eines einheitlichen Produktes mit konstanten Qualitätsparametern
- Produktionsprozesse, die zu geringen Ablagerungen, Wandansätzen oder Kontaminationen neigen und demzufolge nicht zu häufig Reinigung erfordern

Kontinuierlicher Rohrreaktor

Vorteile:

- einfache und kostengünstige Bauart
- Durch Parallelschaltung von mehreren Hundert Einzelrohren (Rohrbündelreaktoren) lassen sich Reaktoren mit hoher Leistung und sehr guten Wärmeübertragungseigenschaften realisieren
- In Rohrreaktoren können weitgehend stationäre Bedingungen eingehalten werden, die zu gleichbleibender Produktqualität über eine längere Betriebsphase führen
- Vergleichbare Betriebsbedingungen führen im idealen Rohrreaktor zu höheren Umsätzen als im idealen Rührkessel

Nachteile:

- Bedingungen einer ungestörten eindimensionalen Strömung lassen sich nur näherungsweise realisieren
- Hochviskose Reaktionsmischungen lassen sich im Rohrreaktor schwieriger fördern
- Isotherme Bedingungen lassen sich insbesondere bei Reaktionen mit hoher Wärmetönung nur mit aufwendig gestalteten Wärmeübertragungssystemen erreichen
- Rohrreaktoren lassen sich in Bezug auf den Stoff- und Wärmetransport nur begrenzt beeinflussen

Bevorzugter Einsatz:

- Rohrreaktoren werden nur bei spezifischen Phasenverhältnissen bevorzugt eingesetzt (Gasphasenreaktionen und Gas-Feststoffreaktionen)

10 Reale Reaktoren und Verweilzeitverteilungen

10.1 Abweichungen vom idealen Verhalten

Der Begriff der Nichtidealität bezieht sich bei Reaktoren, aber auch bei anderen Apparaturen der Verfahrenstechnik auf Abweichungen vom idealen Strömungsverhalten. Viele technische Reaktoren lassen sich, ohne großen Fehler, auf der Basis der beiden Grenzfälle **Pfropfenströmung im Rohrreaktor** (keine Vermischung, ungestörte eindimensionale Strömung) oder der **vollständigen Vermischung im idealen Rührkessel** berechnen. Die Probleme des nichtidealen Strömungsverhaltens sind nur in kontinuierlichen Reaktoren mit mindestens einer strömenden Phase von Interesse. Beim ideal durchmischten diskontinuierlichen Rührkessel geht man davon aus, dass die gesamte Reaktionsmasse (Moleküle oder dispergierte Phase) eine einheitliche Reaktionszeit für die chemische Umsetzung besitzt. Unterschiede in der Verweilzeit und damit typische Verweilzeitverteilungen treten nicht auf.

Beispiele von strömungstechnisch realem Verhalten, die den gesamten oder auch nur einen Teilbereich des Reaktors betreffen, sind in Bild 10.1 gezeigt. Neben der Bildung von Totzonen und Kanälen treten auch Kurzschlussströme und partielle Rückvermischungen auf. Ein weiterer Aspekt führt zu einer nichtidealen Vermischung durch Tropfen- oder Schlierenbildung. In einigen Fällen finden zwischen den makroskopischen Fluidelementen keinerlei Wechselwirkungen bzw. Reaktionen statt. Sie bewegen sich dann unabhängig voneinander durch den Reaktor. Dieses Phänomen wird **Segregation** (vgl. Bild 10.2) genannt und tritt vor allem in heterogenen Systemen auf oder bei der Reaktion in hochviskosen Medien. Die Segregationsproblematik ist häufig anzutreffen, wenn eine mangelhafte Vorvermischung der Reaktionspartner vorliegt und die Stoffänderungsgeschwindigkeit vergleichsweise groß ist gegenüber den Vermischungs- und Ausgleichsprozessen.

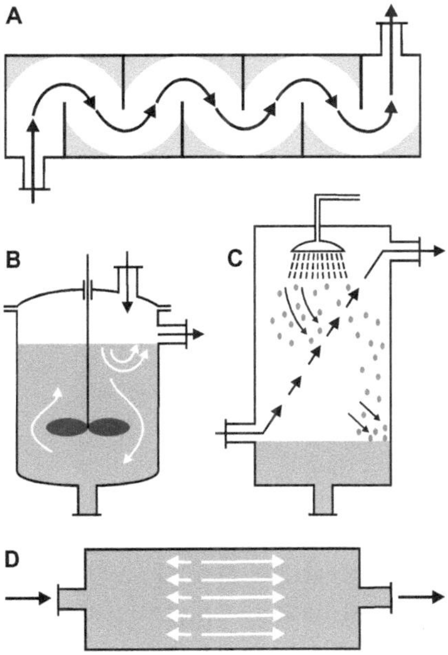

Bild 10.1
Beispiele für strömungstechnisch reale Reaktoren: (A) Totzonen im Bereich von Umlenkblechen, (B) Kurzschlussströmung, (C) Kanalbildung, (D) axiale Rückvermischung

Unter **Totzonen** versteht man Bereiche innerhalb der Reaktionsmischung, die von der Strömung nicht oder nur unzureichend erfasst werden (vgl. Bild 10.1-A). Diese Bereiche können z. B. in der Nähe von Einbauten oder auch in von Rührern nicht erfassten Zonen mit verminderter Begasungsintensität auftreten. Die Folge ist ein reduziertes aktives Reaktionsvolumen, das für die Vorausberechnung der Reaktorvolumina berücksichtigt werden muss.

Eine ungünstige Positionierung von Zu- und Abläufen kann dazu führen, dass ein Teil des Zulaufstroms den Reaktor verlässt, bevor er mit der bereits vorhandenen Reaktionsmasse homogen vermischt werden kann. Man spricht von **Kurzschlussströmung** und **Kanalbildung**. Ein gewisser Anteil des Volumenstromes würde dann mit einer sehr kleinen Verweilzeit am Reaktionsablauf beteiligt sein (vgl. Bild 10.1-B und C).

Bei vorwiegend axialer Durchmischung eines Rohrreaktors kann es zu einer **partiellen axialen Rückvermischung** durch auftretende globale Turbulenzen kommen. Im Unterschied zur molekularen Diffusion ist die partielle Rückvermischung durch Verwirbelungen mit quer und rückwärts verlaufender Strömung gekennzeichnet, die zu Abweichungen der nichtidealen Pfropfenströmung führen (vgl. Bild 10.1-D).

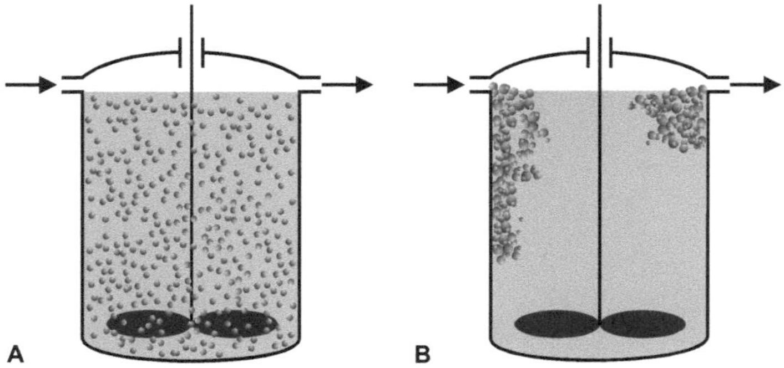

Bild 10.2 Segregation und Mikrovermischung: (A) vollständige Mikrovermischung, (B) vollständige Segregation

Strömungstechnisch reales Verhalten tritt sowohl in homogenen wie auch in heterogenen Reaktionssystemen auf. Bei mehrphasigen Systemen ist für jede Phase das Vermischungs- bzw. Verweilzeitverhalten aufzustellen. Eine vereinfachte Charakterisierung strömungstechnischer Nichtidealität kann folgendermaßen erfolgen:

- **Globale Nichtidealität**

  Abweichungen vom idealen Verhalten erstrecken sich auf den gesamten Reaktionsraum, nichtideales Verhalten kann im einfachsten Fall durch einen Vermischungskoeffizienten beschrieben werden.

- **Lokale Nichtidealität**

  In einigen Bereichen ist die Abweichung vom idealen Verhalten besonders wirksam, wie z. B. bei der Eindüsung von Gasen in Flüssigkeiten oder bei der Entstehung von Turbulenzen um Einbauten im Reaktionsraum.

- **Mischung im Molekülmaßstab**

  Die für eine Reaktion notwendige Vermischung kann limitiert sein. Erhöhte Turbulenzen können teilweise zu längeren Mischzeiten führen.

10.2 Verweilzeituntersuchungen zur Charakterisierung des Vermischungsverhaltens

Werden Rohrreaktoren kontinuierlich betrieben, dann lässt sich unter der Voraussetzung einer idealen Pfropfenströmung davon ausgehen, dass die Verweilzeit aller in den Reaktor eintretenden Elemente des Volumenstroms gleich groß ist. Damit entspricht die Verweilzeit der mittleren Verweilzeit. Die reale Verweilzeit kann jedoch aufgrund verschiedener, bereits dargelegter Vermischungseinflüsse variieren. Die Folge ist eine Verweilzeitverteilung (Verweilzeitspektrum).

Das Verweilzeitverhalten ist einerseits eine typische Reaktoreigenschaft, die von der Geometrie des Behälters (Form, Länge, Durchmesser, Einbauten, Position der Zu- und Abläufe) abhängt, aber auch von den Strömungsverhältnissen (Viskosität, Durchsatz, Einspeisungen) wesentlich mitbestimmt wird.

Mit folgenden Größen kann das Verweilzeitverhalten charakterisiert werden:

- tatsächliche Verweilzeit eines Fluidelementes t
- mittlere Verweilzeit: $\bar{t} = \frac{V_R}{\dot{V}}$
- relative Aufenthaltsdauer: $\Theta = \frac{t}{\bar{t}}$

10.2.1 Verweilzeitspektrum und Verweilzeit-Summenfunktion

Eine charakteristische Größe für die Verteilung der aus einem Reaktor austretenden Volumenelemente des strömenden Mediums auf die verschiedenen Verweilzeiten t ist das **Verweilzeitspektrum.** Es wird durch die Funktion $E(t)$ dargestellt und beschreibt die Wahrscheinlichkeit, mit der ein Anteil einer zum Zeitpunkt $t = 0$ in den Reaktor dosierten Menge ($n_{M,0}$) einer Markierungssubstanz M nach der Zeit t am Austritt erscheint. Sie wird als **differenzielle Verweilzeitverteilung** oder Impulsantwortfunktion bezeichnet.

$$E(t) = \frac{n_M^{Aus}(t)}{n_{M,0}} = \frac{\dot{V} \cdot c_M^{Aus}(t)}{n_{M,0}} \tag{10.1}$$

n_M^{Aus} Stoffmenge bzw. c_M^{Aus} Konzentration der Markierungssubstanz am Reaktoraustritt, $\dot{V}$ Volumenstrom, $n_{M,0}$ Stoffmenge der Markierungssubstanz zum Zeitpunkt $t = 0$

Geht man davon aus, dass nach einer hinreichend langen Zeit ($t = \infty$) alle Volumenelemente, die zur Zeit $t = 0$ dosiert wurden, den Reaktor verlassen haben, dann gilt:

$$n_{M,0} = \int_0^\infty \dot{V} \cdot c_M^{Aus}(t)\,dt \tag{10.2}$$

$$\int_0^\infty E(t)\,dt = 1 \tag{10.3}$$

Bei konstantem Volumenstrom im Reaktor ergibt sich aus den beiden Formel 10.2 und Formel 10.3 folgende Beziehung für das Verweilzeitspektrum:

$$E(t) = \frac{n_M^{Aus}(t)}{\int_0^\infty c_M^{Aus}(t)\,dt} \tag{10.4}$$

Bei dem experimentellen Verlauf der Markierungskonzentration kann auf diese Gleichung zur Ermittlung einer geeigneten Kennzahl zum Vermischungsverhalten zurückgegriffen werden. Eine Kenngröße ist die **mittlere Verweilzeit**, die als arithmetischer Mittelwert dem 1. Moment der differentiellen Verteilungsfunktion entspricht.

$$\bar{t} = \int_0^\infty t \cdot E(t)\mathrm{d}t \tag{10.5}$$

Um ein Maß für die Breite der Verweilzeitverteilung zu erhalten, wird die quadratische Abweichung als Maß der Streuung der Verweilzeit über das 2. Moment der differenziellen Verteilung berechnet.

$$\sigma^2 = \int_0^\infty (t - \bar{t})^2 \cdot E(t)\mathrm{d}t \tag{10.6}$$

Die Anwendung der Momentenmethode wird in Abschnitt 10.3 näher beschrieben.

Die **Verweilzeit-Summenfunktion $F(t)$** eines kontinuierlich durchströmten Reaktors beschreibt die Wahrscheinlichkeit, dass ein zum Zeitpunkt $t = 0$ in den Reaktor dosiertes Volumenelement diesen nach einer Verweilzeit, die zwischen 0 und t liegt, wieder verlässt. Die mathematische Formulierung ergibt den folgenden dimensionslosen Ausdruck:

$$F(t) = \frac{c_\mathrm{M}^\mathrm{Aus}(t)}{n_\mathrm{M,0}} = \int_0^t E(t)\mathrm{d}t \tag{10.7}$$

Damit ergibt sich auch:

$$E(t) = \frac{\mathrm{d}F(t)}{\mathrm{d}t} \tag{10.8}$$

mit den Grenzwerten für die Verweilzeit-Summenfunktion $F(0) = 0$ und $F(\infty) = \int_0^\infty E(t)\mathrm{d}t = 0$:

$$\bar{t} = \int_0^1 t\mathrm{d}F(t) \tag{10.9}$$

als mittlere Verweilzeit. Sie ergibt sich, wenn die in Bild 10.3 dargestellten Flächen A_1 und A_2 gleich groß sind.

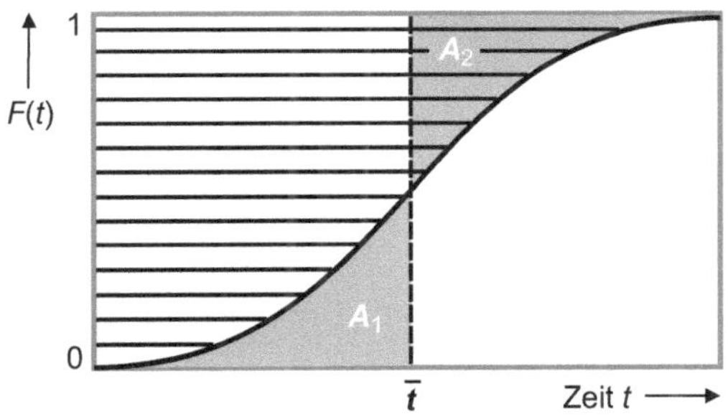

Bild 10.3
Verweilzeit-Summenfunktion $F(t)$

10.2.2 Messung der Verweilzeitverteilungen

Das Verweilzeitverhalten eines Reaktors kann experimentell mit der **Sprungmethode** (Verdrängungsmarkierung) oder der **Impulsmethode** (Stoßmarkierung) untersucht werden, indem eine nichtreagierende Markierungssubstanz M in den Reaktorzulauf gegeben wird. Als Markierungssubstanz kommen Farbstoffe, Elektrolyte oder radioaktive Stoffe in Betracht. Das Ausgangssignal lässt sich dann ausschließlich der Markierungssubstanz zuordnen. Abhängig von der Art der verwendeten Substanz kann das Ausgangssignal durch Messung der spektralen Eigenschaften, der Leitfähigkeit oder der Strahlungsintensität verfolgt werden.

Sprungmethode

Vor Beginn der Messung strömt aus dem Behälter B1 destilliertes Wasser durch den Reaktor. Der Behälter B2 enthält die Markierungssubstanz (z. B. NaCl-Lösung). Durch gleichzeitiges Umstellen der beiden Kugelhähne lässt sich am Ausgang die elektrische Leitfähigkeit mit einem entsprechenden Detektor (Leitfähigkeitsmesszelle Q) registrieren. Die Konzentration der Markierungssubstanz c_M im Volumenstrom zum Reaktor (Eingangssignal) steigt sprungartig von 0 auf $c_{M,0}$ zum Zeitpunkt $t = 0$. Anschließend ($t > 0$) steigt die Konzentration in Abhängigkeit von der Zeit am Reaktorausgang und kann gemessen und registriert werden.

Das Ausgangssignal ist in diesem Fall die Verweilzeitsummenfunktion (integrale Verweilzeitverteilung) gemäß Formel 10.10.

$$F(t) = \frac{c_M^{Aus}(t)}{c_{M,0}} \tag{10.10}$$

Die dimensionslose Funktion liegt zwischen 0 und 1.

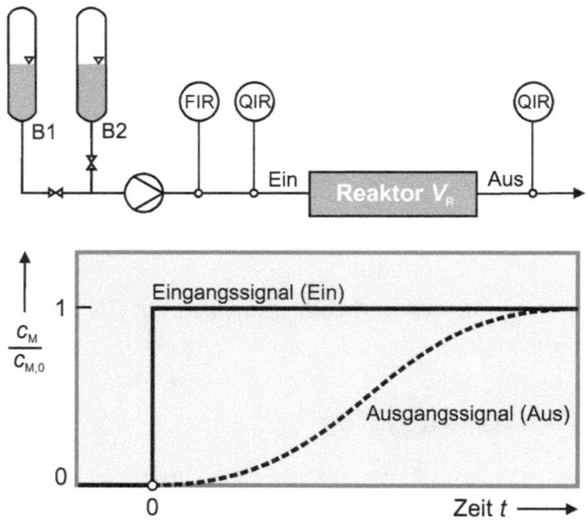

Bild 10.4 Beispiel für die Durchführung der Messung einer Verdrängungsmarkierung (Sprungmethode), Markierungskonzentrationen B1: dest. Wasser ($c_M = 0$) und B2: Markierungssubstanz (c_{M0})

Impulsmethode

Bei der Impulsmethode wird die Markierungssubstanz M innerhalb eines sehr kurzen Zeitintervalls ($\Delta t_0 < 00{,}01 \cdot \bar{t}$) dem Zulaufstrom stoß- oder impulsartig aufgeprägt (vgl. Bild 10.5). Während dieser Zeit Δt_0 ist die Konzentration der Markierungssubstanz im Zulaufstrom c_M^{Ein}. Mit dem Volumenstrom $\dot{V}$ des strömenden Mediums gilt:

$$n_i^{Ein} = c_i^{Ein} \cdot \dot{V} \cdot \Delta t^0 \qquad (10.11)$$

Diese Stoffmenge muss den Reaktor nach unendlich langer Zeit wieder verlassen und kann durch Messung der Austrittskonzentration erfasst werden:

$$E(t) = \frac{c_M^{Aus}}{\int\limits_0^\infty c_M^{Aus} dt} \approx \frac{c_M^{Aus}}{\sum\limits_i c_{M,i}^{Aus} \Delta t_i} \qquad (10.12)$$

Als Lösung des Integrals kann in erster Näherung das Verweilzeitspektrum in eine bestimmte Anzahl von Zeitintervallen Δt_i eingeteilt werden. Man kann jedoch auch bei bekannter Menge der Markierungssubstanz das Verweilzeitspektrum unmittelbar aus Formel 10.1 ermitteln.

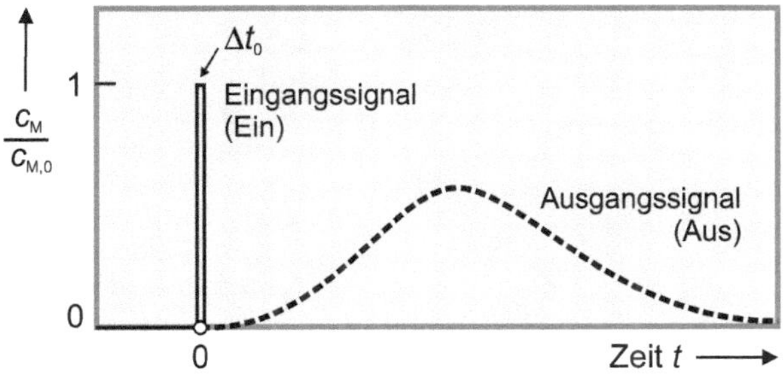

Bild 10.5 Eingangs- und Ausgangssignal bei der Impulsmethode

Aus den Messwerten der Impulsantwort kann nach Formel 10.7 die integrale Verweilzeitverteilung (Verweilzeit-Summenfunktion) berechnet werden:

$$F(t) = \int_0^t E(t)\mathrm{d}t = \frac{\dot{V}}{n_{M,0}} \int_0^t c_M^{Aus}\mathrm{d}t = \frac{\dot{V}}{n_{M,0}} \cdot \sum_i c_{M,i}^{Aus} \cdot \Delta t_i \quad (10.13)$$

Beide Verweilzeitfunktionen, die Verweilzeit-Summenfunktion $F(t)$ und das Verweilzeitspektrum $E(t)$, haben die gleiche Aussage, da jede der beiden Kurven in die jeweils andere überführt werden kann.

10.3 Berechnung und Auswertung von Verweilzeitverteilungen

Die Verweilzeit-Summenfunktion $F(t)$ und das Verweilzeitspektrum $E(t)$ können für ein ideales Strömungsrohr relativ einfach angegeben werden:

$$F(t) = 0 \quad (10.14)$$

für

$$t < \bar{t}$$

und

$$f(t) = 1$$

für

$$t \geq \bar{t}$$

$$\int_0^\infty E(t)\mathrm{d}t = 1 \quad (10.15)$$

für

$$t = \bar{t}$$

und

$$E(t) = 0$$

für

$$t \neq \bar{t}$$

Der grafische Verlauf von $F(t)$ ist in Bild 10.8 dargestellt. Für den kontinuierlich betriebenen Idealkessel, eine Kaskade aus Idealkesseln und einen laminar durchströmten Rohrreaktor lassen sich $F(t)$ und $E(t)$ berechnen. Es wird angenommen, dass in den kontinuierlich betriebenen Reaktoren keine chemischen Umsetzungen stattfinden sowie Temperatur, Volumen und Druck konstant bleiben.

10.3.1 Idealer kontinuierlicher Rührreaktor

Erhöht man die Konzentration einer Markierungssubstanz i im Zulaufstrom eines kontinuierlich betriebenen idealen Rührreaktors zum Zeitpunkt $t = 0$ von null auf c_i^{Ein} nach einer Sprungfunktion, so ergibt sich folgende Stoffbilanz für $t > 0$:

$$\frac{\mathrm{d}c_i^{\mathrm{Aus}}}{\mathrm{d}t} = \frac{c_i^{\mathrm{Ein}}}{\bar{t}} - \frac{c_i^{\mathrm{Aus}}}{\bar{t}} \tag{10.16}$$

bzw.

$$\frac{\mathrm{d}c_i^{\mathrm{Aus}}}{c_i^{\mathrm{Ein}} - c_i^{\mathrm{Aus}}} = \frac{\mathrm{d}t}{\bar{t}} \tag{10.17}$$

Die Anfangsbedingungen $c_i^{\mathrm{Aus}} = 0$ für $t = 0$ ergeben nach Integration zwischen $t = 0$ und $t = t$:

$$\frac{c_i^{\mathrm{Aus}}}{c_i^{\mathrm{Ein}}} = F(t) = 1 - \mathrm{e}^{-t/\bar{t}} \tag{10.18}$$

Die Verweilzeit-Summenkurve eines idealen Rührreaktors ist in Bild 10.6 ($N = 1$) als Funktion von $t/\bar{t}$ aufgetragen. Das Verweilzeitspektrum als Funktion von $t/\bar{t}$ ergibt sich durch Differenziation nach $t/\bar{t}$:

$$E(t/\bar{t}) = \frac{\mathrm{d}F(t)}{\mathrm{d}(t/\bar{t})} = \mathrm{e}^{-t/\bar{t}} \tag{10.19}$$

10.3.2 Kaskade von kontinuierlich betriebenen idealen Rührreaktoren

Für die Berechnung der Verweilzeit-Summenfunktion wird von einer Kaskade mit N kontinuierlich betriebenen Idealreaktoren desselben Reaktorvolumens V_R ausgegangen. Zur Berechnung der Konzentration einer Markierungssubstanz i wird die Konzentration $c_{i,N}^{\text{Aus}}$ am Austritt des letzten Kessels in Abhängigkeit von der Zeit ermittelt. Zunächst erfolgt wiederum nach Applikation der Markierungssubstanz im Zulauf des ersten Kessels vom Wert null auf den Wert $c_{i,N}^{\text{Ein}}$ die Erstellung der Stoffbilanz für die Markierungssubstanz im n-ten Reaktor für $t > 0$:

$$\frac{\mathrm{d}c_{i,N}^{\text{Aus}}}{\mathrm{d}t} = \frac{c_{i,N}^{\text{Ein}}}{\bar{t}_N} - \frac{c_{i,N}^{\text{Aus}}}{\bar{t}_N} = \frac{c_{i,N-1}^{\text{Aus}}}{\bar{t}_N} - \frac{c_{i,N}^{\text{Aus}}}{\bar{t}_N} \tag{10.20}$$

$\bar{t}_N$ entspricht der mittleren Verweilzeit im n-ten Reaktor. Da von gleich großen Reaktoren ausgegangen wurde, kann anstelle von $\bar{t}_N$ die mittlere Verweilzeit $\bar{t}_N$ der gesamten Kaskade eingeführt werden:

$$\bar{t} = N \cdot \bar{t}_N \tag{10.21}$$

Es lässt sich daher für Formel 10.20 auch formulieren:

$$\frac{\mathrm{d}c_{i,N}^{\text{Aus}}}{\mathrm{d}t} + \frac{N}{\bar{t}} \cdot c_{i,n}^{\text{Aus}} = \frac{N}{\bar{t}} \cdot c_{i,n-1}^{\text{Aus}} \tag{10.22}$$

Mit der Randbedingung $c_{i,n}^{\text{Aus}} = 0$ für $t = 0$ lautet die Lösung der Gleichung:

$$c_{i,n}^{\text{Aus}} = \mathrm{e}^{-N \cdot t/t} \cdot \frac{N}{\bar{t}} \cdot \int_0^t c_{i,n-1}^{\text{Aus}} \cdot \mathrm{e}^{N \cdot t/t} \mathrm{d}t \tag{10.23}$$

Für den 1. Reaktor der Kaskade ($n = 1$) gilt:

$$c_{i,1}^{\text{Aus}} = \mathrm{e}^{-N \cdot t/\bar{t}} \cdot c_{i,0}^{\text{Aus}} \cdot \left(\mathrm{e}^{N \cdot t/\bar{t}} - 1\right) = c_{i,1}^{\text{Ein}} \cdot \left(1 - \mathrm{e}^{-N/\bar{t}}\right) \tag{10.24}$$

Für den 2. Reaktor der Kaskade ($n = 2$) gilt:

$$c_{i,2}^{\text{Aus}} = \mathrm{e}^{-N \cdot t/\bar{t}} \frac{N}{\bar{t}} \cdot c_{i,1}^{\text{Ein}} \cdot \int_0^t \left(1 - \mathrm{e}^{-N \cdot t/\bar{t}}\right) \cdot \mathrm{e}^{N \cdot t/\bar{t}} \mathrm{d}t = c_{i,1}^{\text{Ein}} \cdot \left[1 - \mathrm{e}^{-N \cdot t/\bar{t}} \left(1 + \frac{N \cdot t}{\bar{t}}\right)\right] \tag{10.25}$$

Für die gesamte Kaskade, bestehend aus N Reaktoren erhält man die Verweilzeit-Summenfunktion $F(t)$:

$$F(t) = \frac{c_{i,N}^{\text{Aus}}}{c_{i,1}^{\text{Ein}}} = 1 - \mathrm{e}^{-N \cdot t/\bar{t}} \times \left[1 + \frac{N \cdot t}{\bar{t}} + \frac{1}{2!}\left(\frac{N \cdot t}{\bar{t}}\right)^2 + \ldots + \frac{1}{(N-1)!} \cdot \left(\frac{N \cdot t}{\bar{t}}\right)^{N-1}\right] \quad (10.26)$$

Die Funktion $F(t)$ ist Null für die Zeit $t = 0$ und gleich 1 für $t = \infty$.

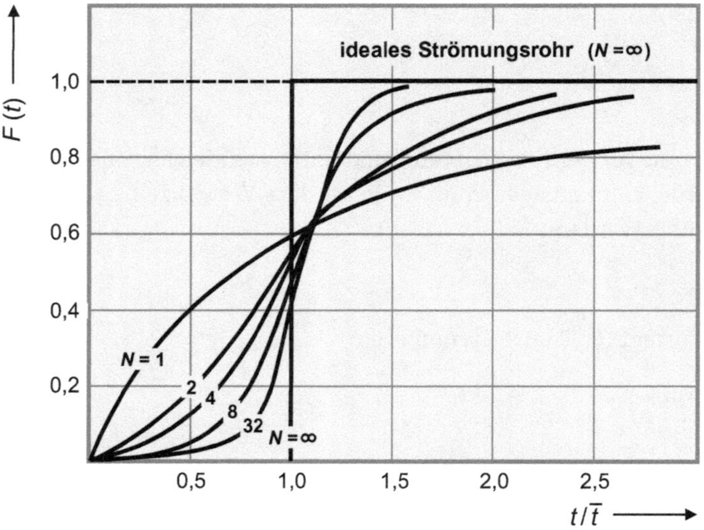

Bild 10.6 Verweilzeit-Summenkurven für Kaskaden aus N idealen Reaktoren

In Bild 10.6 sind Verweilzeit-Summenkurven als Funktion von $t/\bar{t}$ für Kaskaden mit N Reaktoren (gleiche Volumina) gezeigt. Mit zunehmender Anzahl von Reaktoren nähert sich die $F(t)$-Kurve immer mehr der Verweilzeit-Summenkurve für ein ideales Strömungsrohr an. Das Verweilzeitspektrum ergibt sich als Funktion von $t/\bar{t}$, wenn Formel 10.26 nach $t/\bar{t}$ differenziert wird:

$$E(t/\bar{t}) = \frac{\mathrm{d}F(t)}{\mathrm{d}\left(t/\bar{t}\right)} = \frac{N}{(N-1)!} \cdot \mathrm{e}^{-N \cdot t/t} \cdot \left(\frac{N \cdot t}{\bar{t}}\right)^{N-1} \quad (10.27)$$

Das Verweilzeitspektrum ist für Kaskaden mit $N = 4$ und $N = 10$ Reaktoren neben dem eines kontinuierlich betriebenen Reaktors ($N = 1$) in Bild 10.7 dargestellt. Mit zunehmender Reaktorzahl der Kaskade wird das Verweilzeitspektrum einerseits schmaler, und andererseits wird das Maximum der Verteilung in Richtung auf den Abszissenwert $t/\bar{t} = 1$ verschoben.

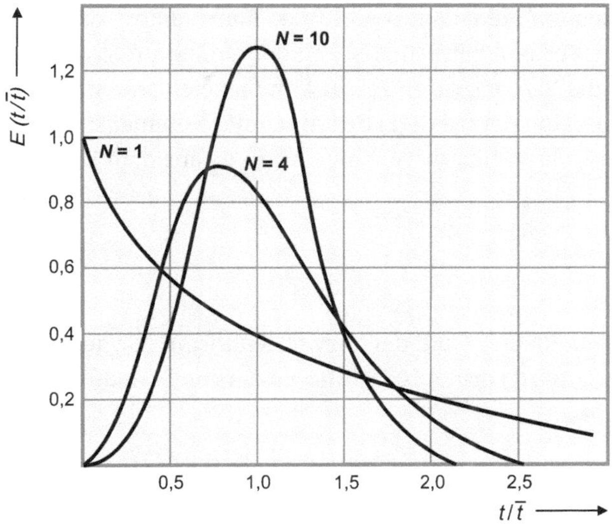

Bild 10.7 Verweilzeitspektrum eines kontinuierlich betriebenen Idealreaktors ($N = 1$) und zweier Kaskaden mit $N = 4$ bzw. $N = 10$ Reaktoren

10.3.3 Laminar durchströmter Rohrreaktor

Kann in einem laminar durchströmten Rohrreaktor die molekulare Diffusion vernachlässigt werden (Verweilzeit im Rohr ist gering im Vergleich zu der Zeit, in der ein Diffusionseffekt auftritt), so ist dieses System ein Beispiel für eine **segregierte Strömung**. Segregation bedeutet in strömungstechnischer Hinsicht, dass benachbarte Elemente des strömenden Mediums sich nicht mischen, sondern unabhängig voneinander durch den Rohrrektor auf getrennten Wegen segregieren. Da das Geschwindigkeitsprofil einer laminaren Rohrströmung bekannt und die Strömung segregiert ist, können das Verweilzeitspektrum und die Verweilzeit-Summenfunktion ermittelt werden.

Die Strömungsgeschwindigkeit $w(r)$ im Abstand r von der Rohrachse ist definiert als:

$$w(r) = \frac{2 \cdot \dot{V}}{\pi \cdot R^2} \cdot \left[1 - \left(\frac{r}{R}\right)^2\right] \tag{10.28}$$

$\dot{V}$ Volumenstrom, R Rohrradius, r Abstand von der Rohrachse

Da die Strömungsgeschwindigkeit eine Funktion von r ist, hängt auch die Verweilzeit der strömenden Fluidelemente von ihrer radialen Position ab.

$$t(r) = \frac{l}{w(r)} = \frac{V_R/\dot{V}}{2 \cdot \left(1 - \left(\frac{r}{R}\right)^2\right)} = \frac{\bar{t}}{2 \cdot \left(1 - \left(\frac{r}{R}\right)^2\right)} \tag{10.29}$$

$\dot{V}$ Volumenstrom, V_R Reaktorvolumen, $\bar{t}$ mittlere Verweilzeit, l Länge des Reaktors, R Rohrradius, r Abstand von der Rohrachse

Ein Volumenelement des strömenden Fluids am Austritt des Rohrreaktors hat eine Verweilzeit zwischen t und $t + dt$. Für den betrachteten Fall der laminaren Strömung in einem Rohrreaktor, bei dem die Verweilzeit einzelner Volumenelemente nur von ihrer radialen Strömungsposition abhängt, ist d$F(r)$ der Anteil des Volumenstromes, der in einem kreisringförmigen Querschnitt zwischen r und $r + dr$ aus dem Reaktor austritt. Es gilt somit:

$$\mathrm{d}F(r) = \frac{w \cdot 2 \cdot \pi \cdot r}{\dot{V}} \cdot \mathrm{d}r \tag{10.30}$$

Der Zusammenhang zwischen dem Radius r und der Verweilzeit t ist in Formel 10.29 gegeben. Um r durch t zu ersetzen, wird Formel 10.29 differenziert und anschließend nach $r \cdot dr$ aufgelöst:

$$r \cdot \mathrm{d}r = \frac{r^2 \cdot \bar{t}}{4 \cdot t^2} \cdot \mathrm{d}t \tag{10.31}$$

Es ergibt sich durch Einsetzen von Formel 10.31 in Formel 10.30 sowie unter Berücksichtigung von $w = l/t$, $V_R = r^2 \cdot \pi \cdot l$ und $V_R/\dot{V} = \bar{t}$ folgende Beziehung für das Verweilzeitspektrum:

$$\frac{\mathrm{d}F(t)}{\mathrm{d}t} = E(t) = \frac{\bar{t}^2}{2 \cdot t^3} \tag{10.32}$$

Dem Geschwindigkeitsmaximum in der Rohrachse ($r = 0$) entspricht eine minimale Verweilzeit:

$$t_{\min} = t(0) = \frac{\bar{t}}{2} \tag{10.33}$$

Durch Integration von Formel 10.32 zwischen den Verweilzeiten $t = \bar{t}/2$ und $t = t$ folgt:

$$F(t) = \frac{\bar{t}^2}{2} \cdot \int\limits_{t=\bar{t}/2}^{t=t} \frac{\mathrm{d}t}{t^3} = 1 - \frac{1}{4} \cdot \left(\frac{t}{\bar{t}}\right)^{-2} \tag{10.34}$$

Die Verweilzeit-Summenkurve $F(t)$ für einen laminar durchströmten Rohrreaktor ist in Bild 10.8 gezeigt neben den Funktionen für einen kontinuierlich betriebenen Idealreaktor und ein ideales Strömungsrohr. Im Bereich für $t/\bar{t}$ zwischen 0,7 und 1,5 liegt die $F(t)$-Kurve für den laminar durchströmten Rohrreaktor näher an der Verweilzeit-Summenkurve des kontinuierlichen Idealreaktors als derjenigen des idealen Strömungsrohres.

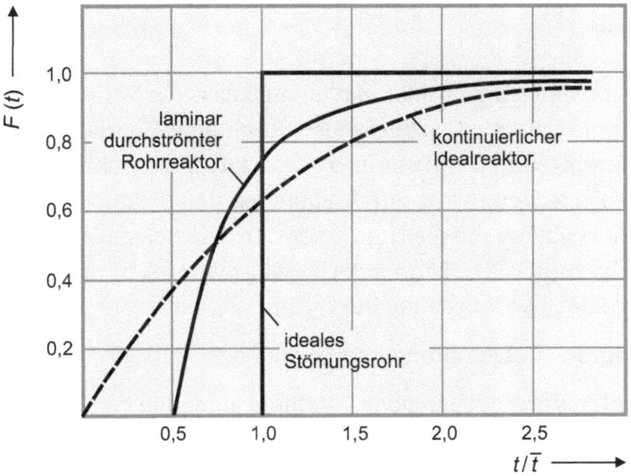

Bild 10.8 Verweilzeit-Summenkurven für einen laminar durchströmten Rohrreaktor, einen kontinuierlich betriebenen Idealreaktor und ideales Strömungsrohr

10.4 Reaktoren mit realem Verhalten

Bei einem kontinuierlich betriebenen **Idealreaktor** wird unterstellt, dass der Zulaufstrom unmittelbar mit dem gesamten Reaktorinhalt vermischt wird. Diese Voraussetzung ist bei einem realen Reaktor nicht streng erfüllt, weil eine vollständige Vermischung eine gewisse Zeit benötigt. Eine Konsequenz davon ist das zeitlich verzögerte Antwortsignal, das sich nach Markierung des Zulaufstromes zeitlich verzögert im Ausgangsstrom darstellt (vgl. Bild 10.4). Es können jedoch auch Anteile des Zulaufstromes, die noch nicht mit dem Reaktorinhalt vermischt sind, unmittelbar in den Ausgangsstrom gelangen. Aus diesem Umstand können auch für kontinuierliche Rührreaktoren und Reaktorkaskaden mit unvollständiger Vermischung Beziehungen für die Verweilzeit abgeleitet werden. Das Verhalten eines kontinuierlichen Idealreaktors wird von einem realen Reaktor umso besser angenähert, je kleiner das Verhältnis aus Vermischungszeit und mittlerer Verweilzeit ist. Bei einem Verhältnis kleiner als 1:10 ist eine ausreichende Annäherung eines realen Reaktors an einen idealen Reaktor erreicht.

Die Verweilzeit-Summenfunktion $F(t)$ eines **idealen Strömungsrohres** zeigt eine zeitlich verzögerte Sprungfunktion (vgl. Bild 10.8). Der Verlauf eines realen Strömungsrohres dagegen ist nicht so „sprunghaft" ausgeprägt und hat bei laminarer Strömung einen leicht S-förmigen Verlauf. Dies bedeutet, dass die Volumenelemente keine einheitliche Verweilzeit, sondern eine Verweilzeitverteilung besitzen. Zur Beschreibung des Verweilzeitverhaltens realer Strömungen existieren verschiedene Modellvorstellungen. Das Dispersionsmodell und das Zellenmodell werden am häufigsten angewendet.

10.4.1 Dispersionsmodell

Als Grundlage für das Dispersionsmodell geht man davon aus, dass die Verweilzeitverteilung eines realen Strömungsrohres näherungsweise durch eine Überlagerung der Kolben- oder Pfropfenströmung durch diffusionsartige axiale Vermischung betrachtet werden kann. Diese Vermischung wird durch einen axialen Vermischungskoeffizienten D_{axial} charakterisiert. Er hat die gleiche Dimension wie der molekulare Diffusionskoeffizient D_i (vgl. Abschnitt 6.3.1), kann jedoch viel größer als dieser sein. Folgende Aspekte können zur axialen Vermischung beitragen:

- konvektive Vermischung (durch Wirbelbildung und Turbulenz)
- unterschiedliche Verweilzeiten von Teilchen oder Volumenelementen führen zur ungleichförmigen Verteilung der Strömungsgeschwindigkeit im Rohrquerschnitt
- molekulare Diffusion

In den meisten praktischen Fällen ist die molekulare Diffusion jedoch von untergeordneter Bedeutung. Die konvektive Vermischung führt im Unterschied zu den unterschiedlichen Verweilzeiten zu einer partiellen axialen Rückvermischung, die durch einen entsprechenden Dispersionsterm in der Stoffbilanz berücksichtigt werden kann. Eine chemische Reaktion der Markierungssubstanz M findet nicht statt.

$$\frac{\partial c_{\text{M}}}{\partial t} = D_{\text{axial}} \cdot \frac{\partial^2 c_{\text{M}}}{\partial z'^2} - \overline{w} \cdot \frac{\partial c_{\text{M}}}{\partial z'} \tag{10.35}$$

Mit Einführung der *Bodenstein*-Zahl

$$Bo = \frac{\overline{w} \cdot L}{D_{\text{axial}}} \tag{10.36}$$

und der dimensionslosen Größen Θ

$$\Theta = \frac{t}{\overline{\overline{t}}} \tag{10.37}$$

und der axialen Koordinate z' (L = Länge des Rohrreaktors)

$$z' = \frac{z}{L} \tag{10.38}$$

sowie der Markierungssubstanz M

$$C_{\text{M}} = \frac{c_{\text{M}}}{c_{\text{M},0}} \tag{10.39}$$

erhält man:

$$\frac{\partial C_M}{\partial \Theta} = \frac{1}{Bo} \cdot \frac{\partial^2 C_M}{\partial z^2} - \frac{\partial C_M}{\partial z} \tag{10.40}$$

Nach Festlegung der Randbedingungen am Eingang und Ausgang des Reaktors lässt sich die partielle Differenzialgleichung lösen. Die Art der Markierung (Impuls- oder Sprungmethode) ist ebenso zu berücksichtigen wie eine mögliche Rückvermischung an der Ein- bzw. Austrittsstelle der Markierungssubstanz.

Eine analytische Lösung von Formel 10.40 kann beispielsweise für einen beidseitig offenen Rohrreaktor mit einer Impulsmarkierung erfolgen. Die Dosierung und Analyse der Markierungssubstanz findet dann nicht am Eingangs- bzw. Ausgangsstutzen des Reaktors statt, sondern in einem bestimmten Abstand.

$$C_M = \frac{1}{2} \cdot \sqrt{\frac{Bo}{\pi \cdot \Theta} \cdot \exp \frac{-(1-\Theta)^2 \cdot Bo}{4 \cdot \Theta}} \tag{10.41}$$

Für geringe Rückvermischungen ($Bo > 100$) kann der dimensionslose Konzentrations-Zeit-Verlauf durch folgende Verteilungsfunktion beschrieben werden:

$$C_M = \frac{1}{2} \cdot \sqrt{\frac{Bo}{\pi}} \cdot \exp\left[\frac{-(1-\Theta)^2 \cdot Bo}{4}\right] \tag{10.42}$$

Diese Verteilungsfunktion entspricht der Form einer *Gauss*schen Normalverteilung. Auf der Basis von Formel 10.41 und Formel 10.42 kann die differenzielle Verweilzeitverteilung (Verweilzeitspektrum) berechnet werden:

$$E(\Theta) = \bar{t} \cdot E(t) = c_M^{Aus}(t) \cdot \frac{V_R}{n_{M,0}} = \frac{c_M^{Aus}}{c_{M,0}} = C_M \tag{10.43}$$

Die Darstellung der differenziellen Verweilzeitverteilung in Bild 10.9 zeigt den Einfluss der Bodenstein-Zahl auf das Ausmaß der Rückvermischung.

Die Verweilzeitverläufe lassen sich analog der *Gauss*schen Verteilung durch entsprechende Kenngrößen charakterisieren, die aus den Momenten der Verteilung ermittelt werden können. Es wird zwischen den **gewöhnlichen Momenten** MG und den **zentralen Momenten** MZ unterschieden.

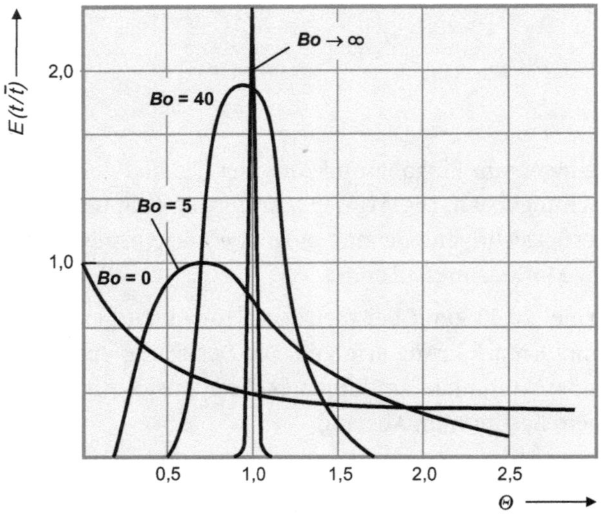

Bild 10.9 Verweilzeitverteilungsfunktionen für verschiedene *Bodenstein*-Zahlen

Die einzelnen gewöhnlichen Momente (k = Nummer des Momentes) lassen sich durch folgende Funktion darstellen:

$$MG_k \equiv \int_0^\infty t^k \cdot E(t)\mathrm{d}t \tag{10.44}$$

Als Definition für die zentralen Momente gilt:

$$MZ_k \equiv \int_0^\infty (t - \bar{t})^k \cdot E(t)\mathrm{d}t \tag{10.45}$$

Das **1. gewöhnliche Moment** entspricht der mittleren Verweilzeit:

$$MG_1 = \bar{t} = \int_0^\infty t \cdot E(t)\mathrm{d}t \tag{10.46}$$

Die Breite der Verweilzeitverteilung ist durch die Standardabweichung σ oder die Varianz σ^2 charakterisiert. Diese Größe ergibt sich aus dem **2. zentralen Moment:**

$$\sigma^2 = MZ_2 = MG_2 - MG_1^2 = \int_0^\infty (t - \bar{t})^2 \cdot E(t)\mathrm{d}t \tag{10.47}$$

Die Varianz lässt sich näherungsweise berechnen durch Einteilung der experimentell ermittelten Verläufe in Zeitintervalle Δt und anschließende Summation über den Beobachtungszeitraum:

$$\sigma^2 \approx \sum_i \left(t_i - \bar{t}\right)^2 \cdot E(t) \cdot \Delta t \qquad (10.48)$$

Durch Lösung der Formel 10.41 kann aus dem zeitlichen Verlauf der Markierungskonzentration die Berechnung des Verweilzeitspektrums erfolgen. Die daraus resultierende Varianz kann mit der aus den experimentellen Daten verglichen werden. Es ergibt sich die gesuchte *Bodenstein*-Zahl nach folgenden Beziehungen:

- Dispersion wird in einem **beidseitig geschlossenen Reaktor** betrachtet:

$$\sigma_\Theta^2 = \frac{\sigma^2}{\bar{t}^2} = \frac{2}{Bo} - \frac{2}{Bo^2} \cdot \left[1 - e^{-Bo}\right] \qquad (10.49)$$

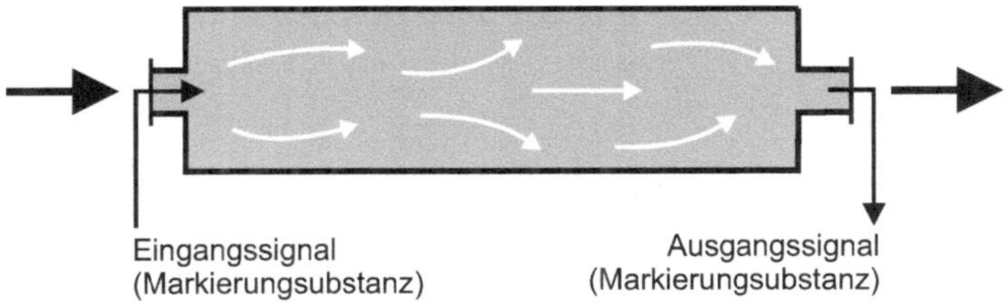

Der Ausdruck σ_Θ^2 stellt die Varianz in dimensionsloser Form dar. Es gilt bei geringer Rückvermischung ($Bo > 100$) mit hinreichender Genauigkeit:

$$\sigma_\Theta^2 = \frac{2}{Bo} \qquad (10.50)$$

- Dispersion wird in einem **beidseitig offenen Reaktor** betrachtet:

$$\sigma_\Theta^2 = \frac{\sigma^2}{\bar{t}^2} = \frac{2}{Bo} + \frac{8}{Bo^2} \qquad (10.51)$$

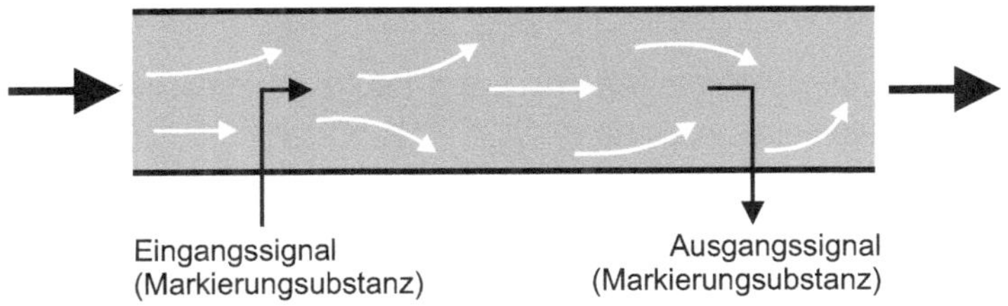

In dieser Gleichung wird die mittlere Verweilzeit $\left(\bar{t} = V_R/\dot{V}\right)$ eingesetzt, wobei sich das Reaktorvolumen aus der Entfernung zwischen Eingangssignal und Ausgangssignal der Markierungssubstanz berechnet.

Die aus dem Verweilzeitspektrum nach Formel 10.46 ermittelte mittlere Verweilzeit ergibt sich für den beidseitig offenen Reaktor zu:

$$\bar{t}_E = \bar{t} \cdot \left(1 + \frac{2}{Bo}\right) \qquad (10.52)$$

Die verschiedenen Verweilzeiten ergeben sich durch die unterschiedlichen Verteilungsmöglichkeiten in beiden Systemen an der Eintritts- und Austrittsstelle der Markierungssubstanz.

10.4.2 Kaskadenmodell

Das reale Verweilzeitverhalten eines Reaktors lässt sich auch mit einer Reaktorkaskade beschreiben. Die Kennzahl für das reale Verhalten ist die Anzahl der Reaktoren N. Es wird für eine Kaskade aus N gleich großen Rührreaktoren ein konstanter Volumenstrom vorausgesetzt.

Für einen Reaktor ist die instationäre Stoffbilanz (ohne chemische Reaktion) bereits in Formel 10.16 formuliert worden. Für den N-ten Reaktor einer Kaskade folgt daraus:

$$\frac{\mathrm{d}c_\mathrm{M}^\mathrm{N}}{\mathrm{d}t} = \frac{1}{\bar{t}} \cdot \left(c_\mathrm{M}^{N-1} - c_\mathrm{M}^{N}\right) \tag{10.53}$$

Die mittlere Verweilzeit soll für alle Reaktoren gleich sein. Damit gilt für einen Reaktor:

$$\bar{t} = \bar{t}^{(1)} = \ldots = \bar{t}^{(N)} = \frac{V_\mathrm{R}^N}{\dot{V}} \tag{10.54}$$

Für die Stoffbilanz gelten folgende Anfangsbedingungen, entsprechend einer Markierung durch die Sprungmethode:

$$t = 0 \longrightarrow c_\mathrm{M}^{(N)} = 0$$

$$t > 0 \longrightarrow c_\mathrm{M}^{(0)} = c_\mathrm{M}^{(1)} = \frac{\dot{n}_\mathrm{M}^{(0)}}{\dot{V}}$$

Für den Austritt aus der Reaktorkaskade (Austritt des N-ten Reaktors) erhält man mit der relativen Verweilzeit Θ folgende Lösung:

$$C_\mathrm{M}^N(\Theta) = \frac{c_\mathrm{M}^N}{c_\mathrm{M}^0} = 1 - \mathrm{e}^{-N\cdot\Theta} = \left[1 + N\cdot\Theta + \frac{1}{2!}\,(N\cdot\Theta)^2 + \ldots + \frac{1}{(N-1)^2}\cdot(N\cdot\Theta)^{N-1}\right] \tag{10.55}$$

Die Lösung der Stoffbilanz für die Markierungssubstanz im Rahmen der Randbedingungen für die Sprungmarkierung ergibt die Verweilzeit-Summenfunktion entsprechend Formel 10.55:

$$F(\Theta) = C_\mathrm{M}^N(\Theta) \tag{10.56}$$

Die differenzielle Verweilzeitverteilung (Verweilzeitspektrum) erhält man durch Differenziation der integralen Verweilzeitverteilung:

$$E(\Theta) = \frac{\mathrm{d}F(\Theta)}{\mathrm{d}\Theta} = \frac{N(N \cdot \Theta)^{N-1}}{(N-1)!} \cdot \mathrm{e}^{-N \cdot \Theta} \tag{10.57}$$

In Bild 10.10 sind Verweilzeitspektren für verschiedene Reaktorzahlen dargestellt. Es ist deutlich zu erkennen, dass die nach Formel 10.57 berechneten Verweilzeitspektren einen ähnlichen Verlauf haben wie die in Bild 10.9 dargestellten Lösungen des Dispersionsmodells mit verschiedenen *Bodenstein*-Zahlen.

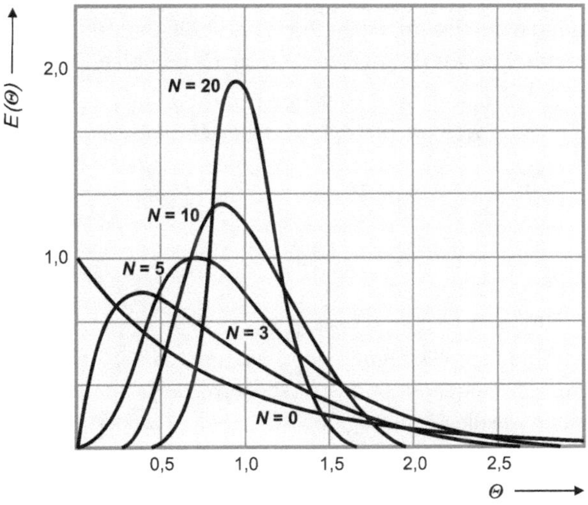

Bild 10.10 Verweilzeitverteilungsfunktionen für verschiedene Reaktorzahlen

Aus dem Vergleich zwischen berechneten und gemessenen Verweilzeitverteilungen lässt sich eine erste qualitative Aussage über die Rückvermischung treffen. Enge Verteilungen deuten auf eine geringe Rückvermischung hin, wobei Kaskaden mit Reaktorzahlen von $N > 50$ kaum einen Unterschied zum idealen Rohrreaktor aufweisen. Breitere Verweilzeitverteilungen entsprechen einer geringeren Reaktorzahl und somit einem höheren Einfluss der Vermischung.

Bei der Anwendung des Dispersionsmodells lässt sich mithilfe der Varianz des Verweilzeitspektrums eine quantitative Aussage über die Reaktoranzahl treffen:

$$N = \frac{1}{\sigma_\Theta^2} \tag{10.58}$$

Ein Vergleich dieser Beziehung mit der Formel 10.50 erlaubt bei großen Reaktorzahlen einen einfachen Zusammenhang zwischen der *Bodenstein*-Zahl des Dispersionsmodells und der Reaktorzahl des Kaskadenmodells:

$$N \approx \frac{Bo}{2} \tag{10.59}$$

Die Verweilzeitverteilungen, nach beiden Modellen berechnet, zeigen bei $Bo > 20$ bzw. $N > 10$ keinen wesentlichen Unterschied.

10.4.3 Berechnungsbeispiele

Beispiel 10.1

Nach dem Dispersionsmodell soll die *Bodenstein*-Zahl und nach dem Kaskadenmodell die Reaktorzahl aus einem gemessenen Verweilzeitspektrum ermittelt werden. Das Verweilzeitverhalten wurde am Eingang eines Rohrreaktors im stationären Zustand der Hauptströmung durch die Impulsmethode ermittelt. Der zeitliche Verlauf der Markierungskonzentration wurde am Reaktorausgang gemessen.

Mit der Momentenmethode sollen die mittlere Verweilzeit und die Varianz aus dem Verweilzeitspektrum berechnet werden, um daraus die *Bodenstein*-Zahl und die Kesselzahl abzuschätzen.

Gegeben sind:

Reaktorvolumen $V_R = 1{,}5\ m^3$

Volumenstrom $\dot{V} = 0{,}0145\ m^3/s$

Markierungssubstanz $n_M^{Ein} = 7\ mol$

Bedingungen: Die Dispersionseinflüsse wirken nur innerhalb des Reaktors (beidseitig geschlossenes System). Die Eingangs- und Ausgangsorte der Hauptströmung haben die gleiche Position wie die Dosierung und Analyse der Markierungssubstanz.

In Tabelle 10.1 sind die experimentellen Daten zur Berechnung der Kenngrößen der Verteilung gegeben.

Tabelle 10.1 Benötigte Messwerte und abgeleitete Größen für die Aufgabenstellung zur Auswertung der Verweilzeitverteilung

t_i in s	c_i in kmol/m³	E_i in kmol/m³	$t_i \cdot E_i \cdot \Delta t$ in s	$(t_i - \bar{t})^2 \cdot E_1 \cdot \Delta t$ in s²
0	0	0	0	0
30	0,00040	0,00080	0,72	114,3
60	0,00410	0,00820	14,76	374,2
90	0,00512	0,01024	27,65	24,9
120	0,00365	0,00730	26,28	96,6
150	0,00175	0,00350	15,75	273,1
180	0,00078	0,00156	8,42	307,1

t_i in s	c_i in kmol/m³	E_i in kmol/m³	$t_i \cdot E_i \cdot \Delta t$ in s	$(t_i - \bar{t})^2 \cdot E_1 \cdot \Delta t$ in s²
210	0,00026	0,00052	3,28	192,2
240	0,00009	0,00018	1,30	107,4
270	0,00003	0,00006	0,49	52,6
300	0,00001	0,00002	0,18	24,2

Markierungskonzentration am Reaktorausgang

$$c_{\mathrm{M},i}^{\mathrm{Aus}} = C_i$$

Der Index *i* steht für den jeweiligen Zeitpunkt der Messung. Die Gesamtstoffmenge der Markierungssubstanz nach Verlassen des Reaktors ergibt sich zu:

$$n_{\mathrm{M}}^{\mathrm{Ein}} = n_{\mathrm{M}}^{\mathrm{Aus}} = \sum_i \dot{V} \cdot c_i \cdot \Delta t$$

Bei konstantem Volumenstrom und konstanten Zeitintervallen von $\Delta t = 30$ Sekunden ergeben sich:

$$\sum_i c_i = 0,0162\ \mathrm{kmol/m^3}$$

und

$$n_{\mathrm{M}}^{\mathrm{Ein}} = 0,0070\ \mathrm{kmol}$$

Die Eintrittsstoffmenge ist mit 7 mol gleich der Stoffmenge, die den Reaktor nach 300 Sekunden wieder verlassen hat.

Differenzielle Verweilzeitverteilung

Das Verweilzeitspektrum kann nach Formel 10.1 aus den gegebenen Daten $\dot{V} = 0,0145\ \mathrm{m^3/s}$ und der Markierungsstoffmenge $n_{\mathrm{M}}^{\mathrm{Ein}} = 0,007\ \mathrm{kmol}$ sowie den gegebenen Markierungskonzentrationen c_i zu jedem Zeitpunkt t_i gemäß Tabelle 10.1 berechnet werden.

$$E_i(t) = \frac{\dot{V} \cdot c_i\,(t)}{n_{\mathrm{M}}^{\mathrm{Ein}}}$$

Mittlere Verweilzeit

Die Näherungsgleichung zur Berechnung der mittleren Verweilzeit (1. gewöhnliches Moment) lautet

$$MG_1 = \bar{t} = \sum_i t_i \cdot E_i \cdot \Delta t$$

Die einzelnen Summanden sind in der 4. Spalte (Tabelle 10.1) enthalten.

Die Gesamtsumme dieser Spalte ergibt die mittlere Verweilzeit von $\bar{t} = 98,8\ \mathrm{s}$.

Dieser Wert weicht nur geringfügig von der theoretischen Verweilzeit ab:

$$\bar{t}_{\text{theor}} = \frac{V_{\text{R}}}{\dot{V}} = \frac{1{,}5\ \text{m}^3}{0{,}0145\ \text{m}^3 \cdot \text{s}^{-1}} = 103\ \text{s}$$

Varianz der Verweilzeit

Die Varianz kann aus der 5. Spalte (Tabelle 10.1) berechnet werden. Aus den Summanden ergibt sich:

$$\sigma^2 = \sum_i \left(t_i - \bar{t}\right)^2 \cdot E_i \cdot \Delta t = 1567\ \text{s}$$

Als dimensionslose Form erhält man:

$$\sigma_\Theta^2 = \frac{\sigma^2}{\bar{t}^2} = \frac{1567}{(98{,}9)^2} = 0{,}160$$

***Bodenstein*-Zahl**

Zur Berechnung der *Bodenstein*-Zahl kann folgende Näherungsgleichung angewendet werden:

$$Bo \approx \frac{2}{\sigma_\Theta^2} = \frac{2}{0{,}160} = 12{,}5$$

Dieser Zusammenhang ergibt nur im Bereich von $Bo > 100$ akzeptable Ergebnisse. Daher wird die *Bodenstein*-Zahl für einen beidseitig geschlossenen Reaktor nach Formel 10.50 berechnet:

$$\sigma_\Theta^2 = \frac{\sigma^2}{\bar{t}^2} = \frac{2}{Bo} - \frac{2}{Bo^2} \cdot \left[1 - \text{e}^{-Bo}\right] = 0{,}160$$

Durch Einsetzen verschiedener *Bodenstein*-Zahlen ergibt sich die Lösung:

$$Bo = 12{,}0$$

Kesselzahl

Nach Formel 10.59 lässt sich die Kesselzahl der Kaskade berechnen:

$$N = \frac{1}{\sigma_\Theta^2} = \frac{1}{0{,}160} = 6{,}25$$

Interpretation der Ergebnisse

Die *Bodenstein*-Zahl 12,0 deutet auf eine nicht unerhebliche Abweichung von der idealen Pfropfenströmung hin. Dieser Umstand kann die Ursache für geringere Umsätze sein, als beispielsweise mit dem Modell des idealen Rohrreaktors vorausberechnet.

Bodenstein-Zahl und auch Kesselzahl gelten nur für die bei der Messung vorliegenden Strömungsbedingungen und damit auch für die Reaktorgeometrie.

Die Verweilzeitmessungen hängen nicht von den ablaufenden chemischen Reaktionen ab. Entscheidend ist nur, dass die Markierungssubstanz nicht an der chemischen Reaktion beteiligt war oder an einer anderen physikalische Reaktion wie z. B. Adsorption, Absorption oder Verdampfung teilgenommen hat.

Beispiel 10.2

In einem Rohrreaktor wurde die Konzentration einer Markierungssubstanz im Eingang zu dem Zeitpunkt $t = 0$ nach einer Sprungfunktion auf die Konzentration c_i^{Ein} erhöht. Die Konzentrationsmessungen im Ausgang c_i^{Aus} ergaben folgende Werte:

Θ	0	0,50	0,75	1,00	1,50	2,00	2,50	3,00
$c_i^{\text{Ein}} / c_i^{\text{Aus}}$	**0**	**0,10**	**0,25**	**0,60**	**0,85**	**0,95**	**0,98**	**0,99**

Im folgenden Bild sind die mithilfe des Dispersionsmodells ermittelten Verweilzeit-Summenkurven für die *Bodenstein*-Zahlen 6 und 12 gezeigt (gestrichelte Kurve). Die durchgezogene Kurve entspricht den experimentellen Daten.

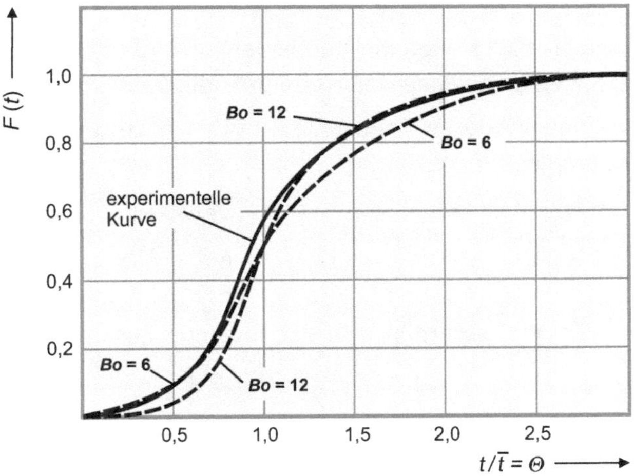

Die mit $Bo = 12$ gerechnete Kurve stimmt bei höheren Werten von Θ mit den experimentellen Daten besser überein als mit $Bo = 6$. Bei niedrigen Werten von Θ sind die Verhältnisse genau umgekehrt. Für Umsatzberechnungen ist es daher sinnvoll, einen Mittelwert anzunehmen.

Es soll nach dem Dispersionsmodell der Umsatz in einem realen Rohrreaktor (stationäre Bedingungen) berechnet werden, wenn die Pfropfenströmung durch eine axiale Vermischung überlagert ist. Der axiale Vermischungskoeffizient und auch die Strömungsgeschwindigkeit werden als konstant angenommen. Die Stoffbilanz lautet dann für eine Reaktion 1. Ordnung, bei der die Reaktionsgeschwindigkeit von einem Edukt A abhängt:

$$0 = -\overline{w} \cdot \frac{\mathrm{d}c_\mathrm{A}}{\mathrm{d}z} + D_\mathrm{axial} \cdot \frac{\mathrm{d}^2 c_\mathrm{A}}{\mathrm{d}z^2} - k \cdot c_\mathrm{A} \tag{10.60}$$

Die Randbedingung muss lauten: $\mathrm{d}c_\mathrm{A}/\mathrm{d}t = 0$ an der Stelle $z = L$ (Reaktorlänge) mit $c_\mathrm{A}^* = c_\mathrm{A}/c_\mathrm{A}^\mathrm{Ein}$ und $z^* = z/L$. Formel 10.61 erhält dann folgende Form:

$$0 = \frac{\mathrm{d}c_\mathrm{A}^*}{\mathrm{d}z^*} + \frac{D_\mathrm{axial}}{\overline{w} \cdot L} \cdot \frac{\mathrm{d}^2 c_\mathrm{A}^*}{\mathrm{d}z^{*2}} - \frac{k \cdot L}{\overline{w}} \cdot c_\mathrm{A}^* \tag{10.61}$$

An der Stelle $z^* = 0$ gilt

$$1 - c_\mathrm{A}^* = -\frac{D_\mathrm{axial}}{\overline{w} \cdot L} \cdot \frac{\mathrm{d}c_\mathrm{A}^*}{\mathrm{d}z^*} \tag{10.62}$$

An der Stelle $z^* = 1$ gilt:

$$\frac{\mathrm{d}c_\mathrm{A}^*}{\mathrm{d}z^*} = 0$$

In Formel 10.61 und Formel 10.62 stellen die Quotienten $\overline{w} \cdot L/D_\mathrm{axial}$ sowie $k \cdot L/\overline{w}$ dimensionslose Kennzahlen dar, die *Bodenstein*-Zahl bzw. die *Damköhler*-Zahl 1. Art.

Nach Einführung der dimensionslosen Kennzahlen und nach Lösung der Differenzialgleichung erhält man folgenden Ausdruck:

$$c_\mathrm{A}^* = \frac{-2(1-\beta) \cdot \mathrm{e}^{Bo(1-\beta)/2} \cdot \mathrm{e}^{Bo(1+\beta)z^*/2} \cdot +2(1+\beta) \cdot \mathrm{e}^{Bo(1+\beta)/2} \cdot \mathrm{e}^{Bo(1-\beta)z^*/2}}{(1+\beta)^2 \cdot \mathrm{e}^{Bo(1+\beta)/2} - (1-\beta)^2 \cdot \mathrm{e}^{Bo(1-\beta)/2}}$$

Führt man $\beta = \sqrt{1 + \frac{4 \cdot Da_1}{Bo}}$ ein, so ergibt sich der folgende Zusammenhang (Formel 10.63):

$$c_\mathrm{A}^{*\mathrm{Aus}} = 1 - U_\mathrm{A} = \frac{4 \cdot \beta}{(1+\beta)^2 \cdot \mathrm{e}^{-Bo(1-\beta)/2} - (1-\beta)^2 \cdot \mathrm{e}^{-Bo(1+\beta)/2}} \tag{10.63}$$

Beispiel 10.3

Das in Beispiel 10.2 erhaltene Ergebnis zeigt, dass von einem Mittelwert ($Bo = 9$) für die *Bodenstein*-Zahl auszugehen ist. Der Wert wird in diesem Beispiel genutzt, um den Umsatz einer Reaktion 1. Ordnung zu berechnen.

Gegeben:

Geschwindigkeitskonstante $k = 0{,}15\ \mathrm{s}^{-1}$

mittlere Verweilzeit $\bar{t} = 12\ \mathrm{s}$

Nach Formel 9.54 ist die *Damköhler*-Zahl $Da_{\mathrm{I}} = 1{,}8$.

$$\beta = \sqrt{1 + \frac{4 \cdot Da_{\mathrm{I}}}{Bo}} = \sqrt{1 + \frac{4 \cdot 1{,}8}{9}} = 1{,}34$$

Mit $\beta = 1{,}34$ ergibt sich aus Formel 10.63:

$$c_{\mathrm{A}}^{*\mathrm{Aus}} = 1 - U_{\mathrm{A}} = \frac{4 \cdot \beta}{(1+\beta)^2 \cdot \mathrm{e}^{-Bo(1-\beta)/2} - (1-\beta)^2 \cdot \mathrm{e}^{-Bo(1+\beta)/2}}$$

$$= 1 - U_{\mathrm{A}} = \frac{4 \cdot 1{,}34}{5{,}48 \cdot \mathrm{e}^{1{,}53} - 0{,}12 \cdot \mathrm{e}^{-10{,}53}}$$

Hieraus ergibt sich ein Umsatz von 0,788, das sind 79 %.

Weiterführende Literatur zu den Kapiteln 6 bis 10

Baerns, M., *Behr*, A., *Brehm*, A., *Gmehling*, J., *Hofmann*, H., *Onken*, U., und *Renken* A. (2013): Technische Chemie, Wiley-VCH Verlag

Bohnet, B. (2011): Ullmann's Encyclopedia of industrial Chemistry, Wiley-VCH Verlag

Christen, D. S. (2009): Praxiswissen der chemischen Verfahrenstechnik, Springer Verlag

Emig, G., und *Klemm*, E. (2017): Chemische Reaktionstechnik, Springer Verlag

Gmehling, J., *Kleiber*, M., *Kolbe*, B., *Rarey*, J. (2019): Chemical Thermodynamics for Process Simulation, Wiley-VCH Verlag

Hagen, J. (2017): Chemiereaktoren, Wiley-VCH Verlag

Hagen, J. (2008): Technische Katalyse, Wiley-VCH Verlag

Hertwig, K., und *Martens*, L. (2018): Chemische Verfahrenstechnik – Berechnung, Auslegung und Betrieb chemischer Reaktoren, Oldenbourg Verlag

Hopp, V. (2001): Grundlagen der Chemischen Technologie, Wiley-VCH Verlag

Lechner, M. D. (2018): Einführung in die Kinetik, Springer Verlag

Müller-Erlwein, E. (2015): Chemische Reaktionstechnik, Teubner Verlag

Reschetilowski, W. (2002): Technisch-Chemisches Praktikum, Wiley-VCH Verlag

Schwister, K. (2017): Taschenbuch der Verfahrenstechnik, Fachbuchverlag Leipzig im Carl Hanser Verlag

Schwister, K. (2014): Kleine Formelsammlung Chemie, Fachbuchverlag Leipzig im Carl Hanser Verlag

MVT
Mechanische Verfahrenstechnik – Grundoperationen

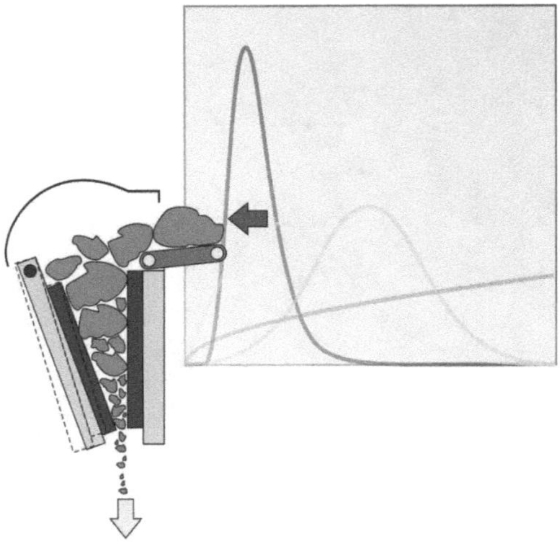

Das Aufgabengebiet der mechanischen Verfahrenstechnik liegt in Stoffwandlungsprozessen, welche durch mechanische Einwirkungen auf eine dispers verteilte Substanz beliebigen Aggregatzustands hervorgerufen werden. Zweck und Ziel der mechanischen Einwirkung ist die Änderung der physikalischen oder physikalisch-chemischen Eigenschaften, wobei die Stoffkomponenten in Größenordnungen im Nanometer- bis hin zum Zentimeterbereich vorliegen können. Ihre Stoffeigenschaften sowie die äußere Form sind sehr unterschiedlich. Sie treten z. B. als Tropfen, Blasen oder Feststoffpartikel auf. In diesem Teil des Buches sollen dem Leser als Beurteilungsgrundlage für die betreffenden Systeme Kennwerte und beschreibende Größen nähergebracht werden. Eine Anwendung dieser theoretischen Grundlagen erfolgt daraufhin in den mechanischen Grundoperationen, die das Zerteilen, Mischen, Trennen und Agglomerieren umfassen. Neben den hierzu benötigten Berechnungsgrundlagen und Arbeitstechniken wird ein weiteres Teilgebiet eingeschlossen, welches der geschichtlichen Entwicklung und den Anfängen der mechanischen Verfahrenstechnik geschuldet ist, der Transport von Stoffen. Als Bestandteil fast aller industriellen Prozesse soll hier die Förderung von unterschiedlichen Stoffen und Stoffmischungen anhand von wichtigen apparativen Ausführungen und Kennzahlen als sinnvolle Erweiterung zum Grundwissen der mechanischen Grundoperationen dienen.

11 Charakterisierung von Partikeln und dispersen Systemen

11.1 Grundlagen

Die mechanische Verfahrenstechnik behandelt Prozesse mit dispersen Systemen (von lat. *dispersus* – Zerstreuung, Verteilung). Beispiele für disperse Systeme sind z. B. Wassernebel, Sandschüttungen und Schlamm. Die heterogenen Bestandteile eines solchen Systems lassen sich in zwei Phasen einteilen. Dabei verteilt sich eine **disperse Phase** (z. B. Sand) in einem **Dispersionsmittel** (z. B. bei einer Sandschüttung die eingeschlossene Luft), wodurch sich die in Tabelle 11.1 aufgeführten Zusammensetzungen ergeben können.

Tabelle 11.1 Einteilung disperser Systeme

Disperse Phase	Dispersionsmittel		
	fest	flüssig	gasförmig
fest	Feststoffgemisch, Gemenge	Suspension	Gas-Feststoff-Gemisch, Staub, (Aerosol)
flüssig	feste Emulsion	Emulsion	Nebel, Aerosol
gasförmig	fester Schaum, poröser Stoff	Schaum	nicht möglich, da immer homogen

Die Größe der Teilchen ist dabei ein weiterer wichtiger Faktor in einer Dispersion. Eine Einteilung der dispersen Phase führt dann zu einer weiteren Unterteilung des vorliegenden heterogenen Stoffgemischs anhand der Partikelgröße (Bild 11.1).

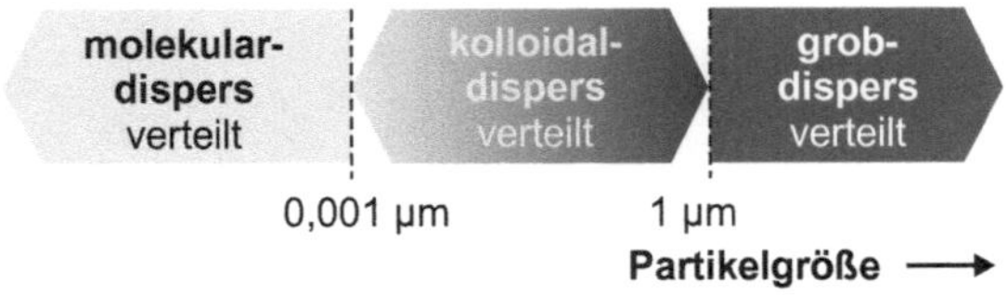

Bild 11.1 Einteilung anhand der Partikelgröße

Eine mechanische Veränderung des Zustands ist technisch gesehen nur bei dispersen Phasen einer Größenordnung von > 1 µm (grobdispersen Phasen) möglich. Um den Zustand dieser grobdispersen Phasen zu beschreiben, benötigt man Kenntnisse über den **Dispersionszustand** und über die Verteilung der dispergierten Phase **(Mischungszustand)**. Zu Letzterem zählen unter anderem die Mengenanteile und die Porosität. In der technischen Anwendung liegen die Stoffe dabei in **Partikel-** bzw. **Körnerkollektiven** vor, in denen die Teilchen nicht alle gleich sind (ideal betrachtet: **Monodispersität**), sondern eine Verteilung von unterschiedlichen Partikelgrößen und -formen vorhanden ist **(Polydispersität).** Die Beschreibung des Dispersionszustands anhand der Partikelgröße und -form ist für die mechanische Verfahrenstechnik von enormer Bedeutung, da dieser die Eigenschaften der einzelnen Partikel als auch des Partikelverbands (Partikelkollektiv) beeinflusst. Daher sind einerseits die Kenntnis der Partikelgröße und andererseits deren Verteilung in einem Kollektiv für die weitergehenden Prozesse entscheidend.

11.2 Partikelgrößen und Merkmale

Wurde in den vorangegangenen Abschnitten allgemein von einer Partikelgröße gesprochen, bestehen unterschiedlichste Möglichkeiten, diese zu beschreiben. So sind z. B. der Durchmesser, das Volumen und der Umfang als Kenngröße wählbar. Da die Partikel allerdings im Normalfall nicht in einer exakt geometrischen Vorstellung eines Körpers (z. B. Kugel, Zylinder), sondern als ungleichmäßige Partikel in Bezug auf die genannten Größen vorliegen, müssen an dieses Problem angepasste Kennwerte verwendet werden. Es werden häufig entweder direkte geometrische Hauptabmessungen bzw. vergleichbar große Körper oder messbare physikalische Eigenschaften (Partikelgrößenmerkmale, Feinheitsmerkmale) für eine Beschreibung herangezogen, die auf die unterschiedliche Partikelgröße zurückzuführen sind. Ein klassisches Beispiel für letztere Vorgehensweise ist die Ermittlung einer Partikelgrößenverteilung durch eine Siebung. Die Öffnungen in einem Sieb (Maschen) sind geometrisch exakt bestimmbar. Man ordnet einem Partikel dann den Maschendurchmesser zu, durch den es gerade noch hindurch fallen kann, was letztlich keinem direkten Durchmesser des Partikels entspricht. Durch diese Vorgehensweise hängt die dadurch beschriebene

Partikelgröße auch vom verwendeten Messverfahren ab. Eine Benennung erfolgt auf folgende Weise:

- Feinheitsmerkmal *z*
- Partikelabmessungen *x*
- Partikeldurchmesser *d*

Der **Partikeldurchmesser *d*** ist als verbreitetes Feinheitsmerkmal anzusehen. An dieser Kenngröße wird die oben beschriebene Problematik deutlich. Betrachtet man eine ideale Kugel, so kann man mit einem Durchmesser diese Form eindeutig beschreiben. Selbst bei Würfeln, Tetraedern oder anderen regelmäßigen Mehrflächlern lässt sich eine Längengröße ermitteln, um diese eindeutig darzustellen (vgl. Bild 11.2).

Da die Kugelform nur sehr selten in technischen Anwendungen zu finden ist (z. B. annäherungsweise bei kleinen Gasbläschen in einer Flüssigkeit), muss die Angabe eines eindeutigen Merkmals für ein unregelmäßig geformtes Partikel erfolgen, um so eine Vergleichbarkeit zu anderen Partikeln zu ermöglichen. Es bestehen hierzu viele Ansätze. Um einen festen Bezugspunkt zu erhalten, führt man dieses Merkmal auf eine vergleichbare Kugelform zurück. Das Maß hierfür wird daher als **Äquivalentdurchmesser** bezeichnet.

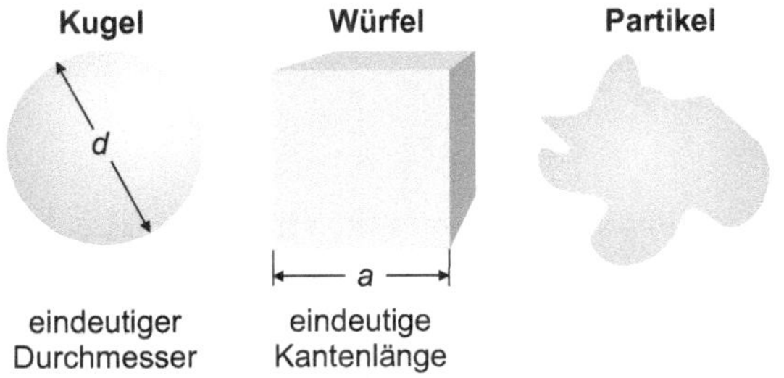

Bild 11.2 Charakteristische Merkmale an unterschiedlichen Partikeln

Es gibt unterschiedliche Herangehensweisen, abhängig von der verwendeten Messmethode. Bestimmt man die Oberfläche eines Teilchens, so resultiert daraus der **Äquivalentdurchmesser der oberflächengleichen Kugel $d_{P,A}$** (häufig auch $d_{P,S}$). Die Bestimmung des Teilchenvolumens führt zum **Äquivalentdurchmesser der volumengleichen Kugel $d_{P,V}$**. Wie bereits erwähnt, kann der Durchmesser auch auf die Maschenweite des Analysensiebs oder auf die Kugel mit der identischen Sinkgeschwindigkeit in einem Fluid bezogen werden. Tabelle 11.2 zeigt einige Beispiele.

Es muss beachtet werden, dass die in Tabelle 11.2 angeführten Methoden eine Auswahl darstellen, die je nach Anwendungsfall eingesetzt werden müssen, da sie jeweils bei nicht kugelförmigen Partikeln zu unterschiedlichen Partikeldurchmessern führen.

Tabelle 11.2 Äquivalentdurchmesser d_P in Abhängigkeit von der Messmethode (Index gem – gemessen)

Oberfläche	Volumen	Siebung	Sinkgeschwindigkeit
$d_{P,A} = \sqrt[2]{\frac{A_{P,gem}}{\pi}}$	$d_{P,V} = \sqrt[3]{\frac{6 \cdot V_{P,gem}}{\pi}}$	$d_{P,L} = L_{Sieb}$	$d_{P,w} = d_{K,\text{ ident. Sinkgeschw.}}$

Beispiel 11.1

Ein Partikel liegt in exakter Würfelform mit der Kantenlänge 2 cm vor. Es soll der Durchmesser der oberflächengleichen und der volumengleichen Kugel berechnet werden.

$$A_{\text{Würfel}} = 6 \cdot 2\ \text{cm} \cdot 2\ \text{cm} = 24\ \text{cm}^2$$

$$V_{\text{Würfel}} = 2\ \text{cm} \cdot 2\ \text{cm} \cdot 2\ \text{cm} = 8\ \text{cm}^3$$

$$d_{P,A} = \sqrt[2]{\frac{A_P}{\pi}} = \sqrt[2]{\frac{24\ \text{cm}^2}{\pi}} = 2,764\ \text{cm}$$

$$d_{P,V} = \sqrt[3]{\frac{6 \cdot V_P}{\pi}} = \sqrt[3]{\frac{6 \cdot 8\ \text{cm}^2}{\pi}} = 2,481\ \text{cm}$$

Die Äquivalentdurchmesser unterscheiden sich bei einer exakten Würfelform eines Partikels um ca. 10 %.

Liegt ein Partikelkollektiv vor, so existieren in diesem sogenannte **charakteristische Partikelgrößen**. Über diese können Merkmale einer Zusammensetzung verdeutlicht werden, wie z. B., in welcher Größenordnung sich das Kollektiv bewegt. Hierzu werden die minimale und die maximale Partikelgröße herangezogen, angegeben durch die (Äquivalent-)Durchmesser $\boldsymbol{d_{P,min}}$ und $\boldsymbol{d_{P,max}}$, die die Grenzen der Zusammensetzung widerspiegeln. Die **mittlere Partikelgröße** beschreibt die Größe des Teilchens, welche die Gesamtmenge des Kollektivs „teilt". Auf den Partikeldurchmesser und das Gewicht bezogen, heißt das: Die Teilchen mit einem größeren Durchmesser als dem **mittleren Durchmesser** $\boldsymbol{d_{P,50}}$ wiegen in ihrer Gesamtheit genauso viel wie die Gesamtheit der Partikel mit einem Durchmesser kleiner als $\boldsymbol{d_{P,50}}$. Die Partikelgröße mit dem häufigsten Auftreten im Partikelverband wird durch die **häufigste Partikelgröße** $\boldsymbol{d_{P,M}}$ (Modalwert) beschrieben.

Für die technische Anwendung ist der ***Sauter*-Durchmesser** $\boldsymbol{d_{P,32}}$ als eine der wichtigsten charakteristischen Partikelgrößen anzusehen. Für verfahrenstechnische Prozesse wie die Adsorption (vgl. Abschnitt 21.2) sind oft das Volumen und die Oberfläche der betrachteten Phase von Interesse. Gedanklich wird das Partikelkollektiv durch eine Kugelmenge mit dem *Sauter*-Durchmesser ersetzt, die die gleiche Oberfläche und das gleiche Volumen wie die ersetzte Partikelmenge besitzt. Daraus folgt:

$$V_P = N_P \cdot V_{\text{Kugel,Sauter}} = N_P \cdot \left(\frac{1}{6} \cdot \pi \cdot d_{P,32}^3\right)$$

und

$$A_P = N_P \cdot A_{\text{Kugel,Sauter}} = N_P \cdot \left(\pi \cdot d_{P,32}^2\right)$$

N_P Anzahl der Partikel

Fasst man die Gleichungen zusammen ergibt sich für den *Sauter*-Durchmesser folgender Zusammenhang:

$$d_{P,32} = 6 \cdot \frac{V_P}{A_P} \tag{11.1}$$

Es wird deutlich, dass zur Bestimmung dieser Kenngröße **das Volumen und die Oberfläche** bekannt sein müssen, wobei das Volumen häufig die deutlich einfacher zu bestimmende Größe darstellt. Darin liegt auch der Index 32 begründet (*r* für Volumen und Fläche, vgl. Tabelle 11.3).

Neben dem Durchmesser als Kenngröße existieren auch **Feinheitsmerkmale,** die anhand der **Oberfläche** und des **Volumens** der Partikel bestimmt werden. Die **Sphärizität** nach *Wadell* beschreibt die Annäherung einer Partikelform an eine Kugel mit entsprechender Oberfläche über zwei unabhängig voneinander bestimmte Größen:

$$\psi_P = \frac{d_{P,V}^2}{d_{P,A}^2} = \frac{1}{f_P} \tag{11.2}$$

Nimmt dieser Ausdruck den Wert 1 an, handelt es sich um eine ideale Kugel, also um die kleinstmögliche Oberfläche. Andere Partikelformen besitzen Werte, die zwischen 0 und 1 liegen. Darüber hinaus findet man auch den sogenannten **Formfaktor,** der den Kehrwert der Sphärizität darstellt und Werte > 1 bei Abweichung von der Kugelform liefert.

Es ist zu prüfen, ob der Wert für die Abweichung von der Kugelform über das gesamte Partikelkollektiv, also bei feinen und groben Teilchen, konstant ist. Die Bestimmung der Sphärizität ist z. B. durch mikroskopische Analysen (Ausmessen) von zahlreichen Partikeln aus unterschiedlichen Größenbereichen des Partikelkollektivs möglich, was allerdings gleichzeitig eine mangelhafte Präzision bei sehr komplexen Oberflächen und differierenden Teilchen mit sich bringt.

Wird die Oberfläche A_P (auch S_P) auf das Volumen bezogen, erhält man die **volumenspezifische Oberfläche $A_{P,V}$**:

$$A_{P,V} = \frac{A_P}{V_P} = \frac{6 \cdot d_{P,A}^2}{d_{P,V}^3} = \frac{6}{\psi_P \cdot d_{P,V}} \tag{11.3}$$

Die Oberfläche bezogen auf die Masse ergibt die **massenspezifische Oberfläche:**

$$A_{\mathrm{P},m} = \frac{A_\mathrm{P}}{m_\mathrm{P}} = \frac{A_\mathrm{P}}{\rho_\mathrm{P} \cdot V_\mathrm{P}} = \frac{A_{\mathrm{P},V}}{\rho_\mathrm{P}} \quad (11.4)$$

Folgende Berechnungsmöglichkeiten ergeben sich mit den Oberflächenangaben:

$$d_{\mathrm{P},32} = \frac{6}{A_{\mathrm{P},V}} = \frac{6}{\rho_\mathrm{P} \cdot A_{\mathrm{P},M}} \quad (11.5)$$

$$\psi_\mathrm{P} = \frac{A_{\mathrm{P,Kugel}}}{A_\mathrm{P}} = \frac{1}{f_\mathrm{P}} \quad (11.6)$$

Beispiel 11.2

Ein Partikel aus Blei ($\rho_{\mathrm{Blei}} = 11\,342\ \mathrm{kg/m^3}$) liegt in exakter Würfelform mit der Kantenlänge 2 cm vor. Es sollen die Sphärizität, die volumenspezifische und die massenspezifische Oberfläche berechnet werden.

Aus Beispiel 11.1 $d_{\mathrm{P},A} = 2{,}764\ \mathrm{cm}$ und $d_{\mathrm{P},V} = 2{,}481\ \mathrm{cm}$:

$$\psi_\mathrm{P} = \frac{d_{\mathrm{P},V}^2}{d_{\mathrm{P},A}^2} = \frac{(2{,}481\ \mathrm{cm})^2}{(2{,}764\ \mathrm{cm})^2} = 0{,}806$$

$$A_{\mathrm{P},V} = \frac{6}{\psi_\mathrm{P} \cdot d_{\mathrm{P},V}} = \frac{6}{0{,}806 \cdot 2{,}481}\frac{\mathrm{cm}^2}{\mathrm{cm}^3} = 3\frac{\mathrm{cm}^2}{\mathrm{cm}^3} = 3\frac{1}{\mathrm{cm}}$$

$$A_{\mathrm{P},m} = \frac{A_{\mathrm{P},V}}{\rho_\mathrm{P}} = \frac{3\frac{1}{\mathrm{cm}}}{11{,}342\frac{\mathrm{g}}{\mathrm{cm}^3}} = 0{,}265\frac{\mathrm{cm}^2}{\mathrm{g}} = 0{,}0000265\frac{\mathrm{m}^2}{\mathrm{g}}$$

Im Vergleich zum berechneten Bleiwürfel hat die extrem poröse Aktivkohle z. B. eine spez. Oberfläche von ca. 300 m^2 pro Gramm.

11.3 Kenngrößen einer Verteilung

Da die Partikel im Normalfall in einem polydispersen Kollektiv (also unterschiedliche Partikelmerkmale aufweisen) vorliegen, ist für eine Analyse des Kollektivs die Kenntnis des Vorkommens eines einzelnen Merkmals von enormer Bedeutung. Es werden Mengenverhältnisse herangezogen, die sich z. B. auf die Anzahl, die Fläche (Projektions- bzw. Oberfläche) oder die Masse beziehen können.

Um eine Unterscheidung zu ermöglichen, versieht man die unterschiedlichen Kennzahlen mit einem Index r, der, angelehnt an die Potenz der Längeneinheit der verwendeten Verteilung, folgende Werte annehmen kann.

Tabelle 11.3 Indexkennzahlen für Verteilungen

Mengenart	Anzahl	Länge	Fläche	Volumen	Masse
Index *r*	0	1	2	3	3 (ρ = const.) 3* oder m

11.3.1 Verteilungssumme

Die Verteilungssumme $Q_r(x_P)$ beschreibt das Verhältnis der betrachteten Menge, die kleiner oder gleich einem Merkmal $x_{P,i}$ ist, zur Gesamtmenge.

$$Q_r\left(x_P\right) = \frac{\text{Menge}\left(x_P \leq x_{P,i}\right)}{\text{Gesamtmenge}} \tag{11.7}$$

Besteht das Partikelkollektiv aus Teilchen, die größer als $x_{P,min}$ und kleiner $x_{P,max}$ sind, folgen daraus die Grenzen für die Werte der Verteilungssumme:

$$Q_r\left(x_{P,min}\right) = 0$$

und

$$Q_r\left(x_{P,max}\right) = 1$$

Trägt man die Verteilungssumme in einem Diagramm auf, erhält man meist S-förmige Verläufe, sogenannte Summenkurven (vgl. Bild 11.3).

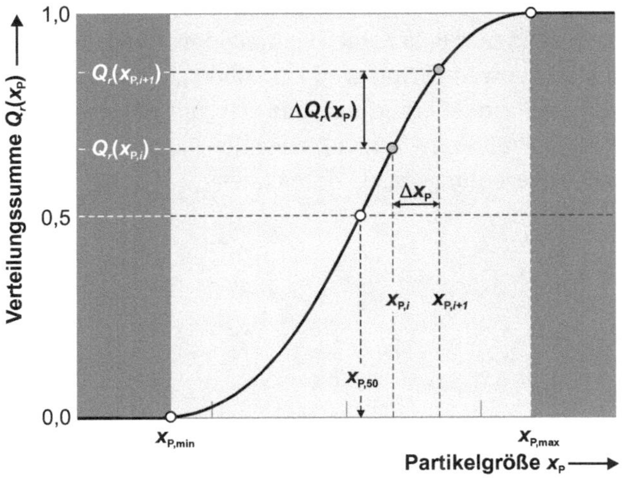

Bild 11.3 Verteilungssumme in Abhängigkeit von der Partikelgröße x_P (Verteilungssummenkurve)

Für die Verteilungssumme gilt, angefangen bei $x_{\mathrm{P,min}}$, folgender Zusammenhang:

$$Q_r\left(x_{\mathrm{P},i}\right) = \frac{\text{Menge}\left(x_{\mathrm{P,min}} \text{ bis } x_{\mathrm{P},i}\right)}{\text{Gesamtmenge}\left(x_{\mathrm{P,min}} \text{ bis } x_{\mathrm{P,max}}\right)} \tag{11.8}$$

Die gebräuchlichen Ausdrücke **Durchgang** $\boldsymbol{D(x_\mathrm{P})}$ und **Rückstand** $\boldsymbol{R(x_\mathrm{P})}$ stammen aus der Siebanalysentechnik und beschreiben die Verteilungssumme der Partikel, die durch ein Sieb gehen oder als Rückstand darauf zurückbleiben. Da die Siebanalyse durch Wägung erfolgt, können die Werte auf folgende Weise ausgedrückt werden:

$$D\left(x_\mathrm{P}\right) = Q_\mathrm{m}\left(x_\mathrm{P}\right)$$

und

$$R\left(x_\mathrm{P}\right) = 1 - Q_\mathrm{m}\left(x_\mathrm{P}\right)$$

Geht man von einer konstanten Dichte der Feststoffpartikel aus, gilt:

$$D\left(x_\mathrm{P}\right) = Q_3\left(x_\mathrm{P}\right)$$

und

$$R\left(x_\mathrm{P}\right) = 1 - Q_3\left(x_\mathrm{P}\right)$$

11.3.2 Verteilungsdichte

In einer Partikelgrößenanalyse erhält man messtechnisch bedingt häufig eine Intervallbreite in den Grenzen $x_{\mathrm{P},i}$ und $x_{\mathrm{P},i+1}$, in der eine gewisse Menge an Partikeln zu finden ist. Die Grenzen des Intervalls können z. B. bei einer Siebung durch zwei aufeinanderfolgende Siebe und deren Maschenweiten (Intervall $L_{\mathrm{Sieb},i}$ und $L_{\mathrm{Sieb},i+1}$) entstehen, wobei darauf zu achten ist, dass die Partikel erst durch das Sieb mit der größeren Maschenweite zu sieben sind. Das Verhältnis zwischen Menge der Partikel in einem Intervall zur Intervallbreite wird als Verteilungsdichte bezeichnet.

$$q_r\left(\overline{x}_\mathrm{P}\right) = \frac{\text{Menge}\left(x_{\mathrm{P},i} \leq x_\mathrm{P} \leq x_{\mathrm{P},i+1}\right)}{\text{Intervallbreite}\ \left(x_{\mathrm{P},i+1} - x_{\mathrm{P},i}\right)} \tag{11.9}$$

$$q_r\left(\overline{x}_\mathrm{P}\right) = \frac{Q_r\left(x_{\mathrm{P},i+1}\right) - Q_r\left(x_{\mathrm{P},i}\right)}{x_{\mathrm{P},i+1} - x_{\mathrm{P},i}} = \frac{\Delta Q_r\left(x_{\mathrm{P},i}\right)}{\Delta x_{\mathrm{P},i}} \tag{11.10}$$

Der Wert für die Verteilungsdichte wird dabei auf die Mitte des Intervalls bezogen, da es nicht sinnvoll ist, sie einer der beiden Intervallgrenzen zuzuordnen. Durch arithmetische Mittelung erhält man:

$$\overline{x}_P = \frac{x_{P,i} + x_{P,i+1}}{2} \tag{11.11}$$

Bei großen Intervallen wird auch das geometrische Mittel verwendet:

$$\overline{x}_{P,geo} = \sqrt{x_{P,i} \cdot x_{P,i+1}} \tag{11.12}$$

Durch technische Einschränkungen erhält man in der Praxis Intervalle (auch Fraktionen genannt) mit zwei mehr oder weniger weit auseinanderliegenden Grenzen. Verkleinert man theoretisch das Intervall auf einen unendlich kleinen Bereich ($\Delta x_i \to 0$), so erhält man eine differenzierbare Funktion, wobei eine Mittelwertbildung anhand der Intervallgrenzen entfällt.

$$q_r(x_P) = \frac{dQ_r(x_P)}{dx_P} \tag{11.13}$$

Eine Auftragung der Verteilungsdichte über die Partikelgröße liefert die Verteilungsdichtekurve (vgl. Bild 11.4).

Durch Integration in den Grenzen $x_{P,1}$ und $x_{P,2}$ erhält man:

$$Q_r(x_{P,2}) - Q_r(x_{P,1}) = \int_{x_{P,1}}^{x_{P,2}} q_r(x_P)\, dx_P \tag{11.14}$$

Betrachtet man die gesamte von der Funktion mit der Abszisse eingeschlossene Fläche in den Grenzen von $x_{P,min}$ und $x_{P,max}$, ergibt sich aus den Grenzwerten der Verteilungssumme:

$$\int_{x_{P,min}}^{x_{P,max}} q_r(x_P)\, dx_P = Q_r(x_{P,max}) - Q_r(x_{P,min}) = 1 \tag{11.15}$$

Im Normalfall wird die Verteilungsdichtekurve nicht als kontinuierlicher Verlauf bestimmt, sondern aus der Verteilungssummenkurve durch grafische oder numerische Differenziation erhalten. Die praktische Ermittlung der Verteilungssummenkurve erfolgt, wie bereits erwähnt, ebenfalls nicht in unendlich kleinen Schritten. Am Beispiel einer Siebung soll die Vorgehensweise aufgezeigt werden.

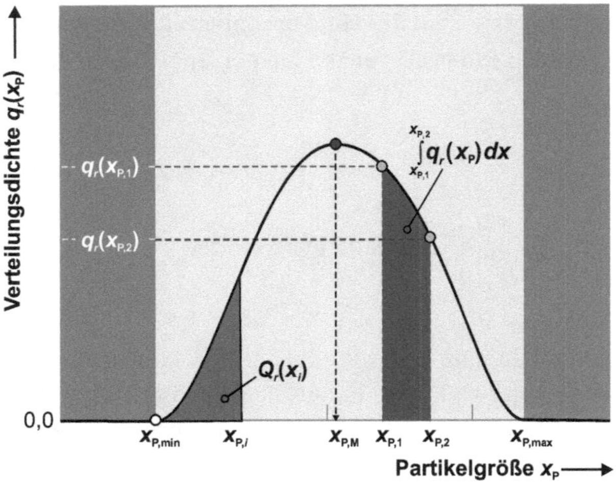

Bild 11.4 Verteilungsdichte in Abhängigkeit von der Partikelgröße x_P (Verteilungsdichtekurve)

Beispiel 11.3: Siebung eines Feststoffs

Aus einer trockenen Feststoffschüttung wird eine Probe entnommen und gründlich gesiebt. Dazu wird folgender Aufbau mit den aufgeführten Analysesieben verwendet:

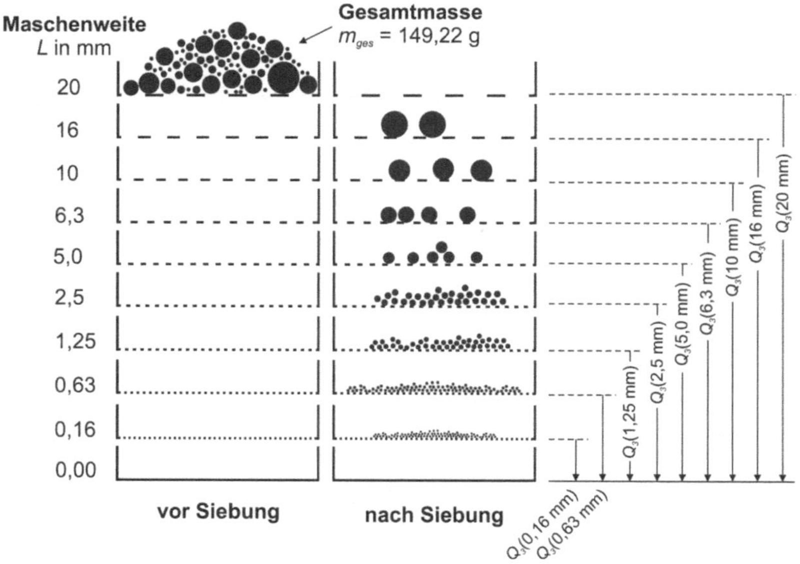

Nach der Analysenzeit entnimmt man die Siebe und wiegt, was auf diesen zurückgeblieben ist (Rückstand).

MW L in mm	Rückstand auf Sieb in g	$R(x_p)1\text{-}Q_3(x_p)$	$D(x_p)Q_3(x_p)$	$\overline{x}_P$	$q_3(\overline{x}_P)$
20	0,00	0,000	1,000	18,00	0,006
16	3,35	0,022	0,978	13,00	0,012
10	10,99	0,096	0,904	8,15	0,046
6,3	25,24	0,265	0,735	5,65	0,081
5,0	15,65	0,370	0,630	3,75	0,117
2,5	43,63	0,663	0,337	1,88	0,149
1,25	27,73	0,848	0,152	0,94	0,143
0,63	13,27	0,937	0,063	0,40	0,133
0,16	9,36	1,000	0,000	0,08	0,000
0	0,00	1,000	0,000		
Summe	**149,22 g**				

Aus den Rückständen berechnen sich die Rückstands- und die Durchgangssummenkurve (Verteilungssummenkurve) nach Formel 11.8:

Beispiel: Maschenweite 10 mm

$$R(10\ \text{mm}) = \frac{\text{Menge } (x_P \geq 10\ \text{mm})}{\text{Gesamtmenge}} = \frac{0,00\ \text{g} + 3,35\ \text{g} + 10,99\ \text{g}}{149,22\ \text{g}}$$

$$R(10\ \text{mm}) = 0,096$$

und

$$D(10\ \text{mm}) = 1 - 0,096 = 0,904$$

Die Berechnung der Verteilungsdichtekurve wird über die Klassenbreite durchgeführt.

$$q_3(13\ \text{mm}) = \frac{Q_3(16\ \text{mm}) - Q_3(10\ \text{mm})}{16\ \text{mm} - 10\ \text{mm}} = \frac{0,978 - 0,904}{6\ \text{mm}} = 0,012 \frac{1}{\text{mm}}$$

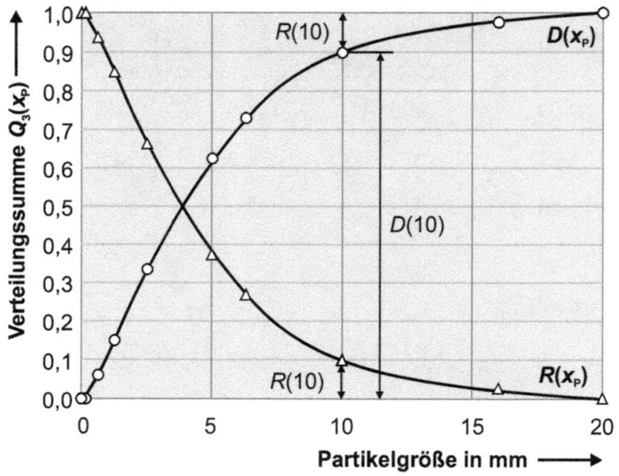

Die Auftragung der Verteilungsdichtekurve (Histogramm) wird über die Intervallmitten realisiert, wobei die Intervalle als Balken dargestellt werden. Um eine sinnvolle Ausgleichskurve zu erhalten, sollten die „zugewonnenen" Flächen *A*(+) identisch mit den Verlustflächen *A*(–) sein.

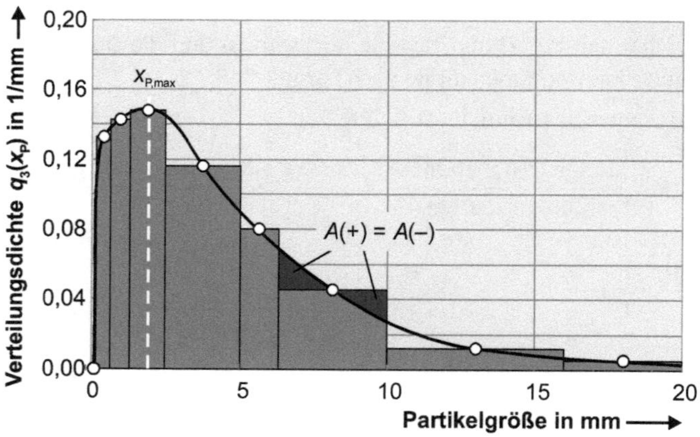

Die Partikelgröße mit dem häufigsten Vorkommen im Partikelkollektiv ist in der Verteilungsdichtekurve als Maximum abzulesen. In den Summenkurven wird dies durch den Wendepunkt der Kurven angezeigt.

Wichtige Kennwerte der Partikelverteilung sind der **Medianwert** $x_{P,r,50}$, der bei der verwendeten Methode die mittlere Partikelgröße (bei $Q_r(x_P) = 0{,}5$) darstellt, und der **Modalwert** $x_{P,r,M}$, der der Partikelgröße mit dem größten Vorkommen im Kollektiv (Maximum in der Verteilungsdichtekurve, Wendepunkt in der Verteilungssummenkurve) entspricht. Als problematisch sind hier bi- oder multimodale Verteilungen mit mehr als einem Maximum anzusehen. Beide Werte müssen durch die Mengenart *r* charakterisiert werden. Um die **mittlere Partikelgröße $\overline{x}_{\mathrm{P},r}$** zu definieren, wird häufig eine Wichtung der Intervallmittelwerte über ihr Vorkommen in der Gesamtmenge vorgenommen:

$$\overline{x}_{\mathrm{P},r} = \sum \overline{x}_{\mathrm{P},i} \cdot \Delta Q_r \left(x_{\mathrm{P},i}\right) \tag{11.16}$$

11.4 Verteilungsgesetze

Um ein Partikelkollektiv, wie das aus Beispiel 11.3, in Hinblick auf die Häufigkeit je nach Partikelgröße zu beschreiben, werden Verteilungsgesetze angewendet. Diese mathematischen Funktionen (Annäherungen an die Messwerte) erleichtern das Berechnen und Umrechnen von Parametern. Ein **universelles Verteilungsgesetz** für alle Kollektive kann nicht existieren, da der Ursprung oder die Verarbeitung zum Erhalt der Partikelmenge stark variieren kann. Allerdings können die meisten Kollektive durch vier Verteilungsgesetze hinlänglich genau beschrieben werden. Zum einfacheren Umgang mit diesen Annäherungsmethoden (Approximationsfunktionen) sind spezielle Netze (vorgefertigte Diagramme) entwickelt worden, die die Verteilungssummenkurve linearisieren. Liegt kein linearer Zusammenhang vor, kann daraus geschlossen werden, dass es sich um eine andere Häufigkeitsverteilung handelt. Kann durch keine der vier im Folgenden vorgestellten Approximationsfunktionen eine lineare Anpassung erfolgen, werden die Kurvenverläufe in einzelne lineare Abschnitte mit unterschiedlichen Steigungen zerlegt.

11.4.1 Potenzverteilung nach *Gates-Gaudin-Schumann*

Eine einfache und gebräuchliche Methode zur ausschließlichen Verwendung als Näherung im Bereich von Massen- und Volumenverteilungen stellt die Potenzverteilung dar (nach DIN 66143).

$$Q_r\left(x_{\mathrm{P}}\right) = \left(\frac{x_{\mathrm{P}}}{x_{\mathrm{P,max}}}\right)^m \tag{11.17}$$

für $0 \leq x_{\mathrm{P}} \leq x_{\mathrm{P,max}}$

Um eine Linearisierung zu ermöglichen, wird der Ausdruck logarithmiert:

$$\log Q_r\left(x_{\mathrm{P}}\right) = m \cdot \log x_{\mathrm{P}} - m \cdot \log x_{\mathrm{P,max}} \tag{11.18}$$

Da der Feinheitsparameter m und die maximale Partikelgröße $x_{P,max}$ für ein Kollektiv als Konstanten anzusehen sind, ergibt sich ein linearer Zusammenhang, wobei grafisch $\log Q_r(x_P)$ auf der Ordinate und $\log x_P$ auf der Abszisse aufgetragen werden.

Man kann ebenfalls die Funktionswerte x_P und $Q_r(x_P)$ im doppeltlogarithmischen Diagramm (Potenznetz) auftragen und überprüfen, ob die Partikelgrößenverteilung eines Kollektivs durch eine Potenzverteilung hinreichend genau wiedergegeben wird. Für die Verteilungsdichte ergibt sich folgender Zusammenhang:

$$q_r\left(x_P\right) = \frac{m}{x_{P,max}} \cdot \left(\frac{x_P}{x_{P,max}}\right)^{m-1} \tag{11.19}$$

11.4.2 *Gauss*sche Normalverteilungsfunktion

Bei einer symmetrischen Streuung um einen Mittelwert kann eine Annäherung über diese Funktion erfolgen. Allerdings tritt diese Symmetrie hauptsächlich bei natürlich entstandenen Verteilungen auf, z. B. Kristallisationen, und nicht bei technischen Prozessen wie z. B. mechanische Zerkleinerungen.

$$q_r\left(x_P\right) = \frac{1}{\sigma_x \cdot \sqrt{2\pi}} \cdot \mathrm{e}^{-\frac{1}{2}\cdot\left(\frac{x_P-\bar{x}_P}{\sigma_x}\right)^2} \tag{11.20}$$

Der Mittelwert für die Partikelverteilung ist dabei der Medianwert $x_{P,50}$ und σ_x die Standardabweichung. Durch diese beiden Parameter wird die Verteilung beschrieben. Werden die Messwerte in ein Normalverteilungsnetz (Wahrscheinlichkeitsnetz) eingetragen, resultiert daraus eine Gerade, wobei die Abszisse dieses Netzes eine lineare Teilung besitzt. Die Ordinate ist normalverteilt (vgl. Bild 11.5).

Durch die Parallele zum Ordinatenwert 0,5 wird $x_{P,50}$ ermittelt. Die vorliegende Standardabweichung ergibt sich aus den abgelesenen Werten für $x_{P,16}$ und $x_{P,84}$ bei den im Netz markierten Ordinatenwerten 0,1587 und 0,8413, die die Wendepunkte der *Gauss*schen Normalverteilung wiedergeben:

$$\sigma_x = \frac{x_{P,84} - x_{P,16}}{2} \tag{11.21}$$

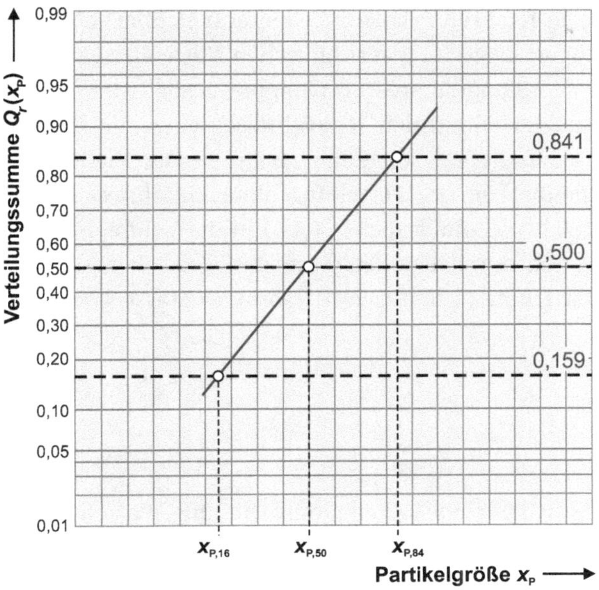

Bild 11.5 Ermittlung der Kennwerte für eine Normalverteilung in einem Wahrscheinlichkeitsnetz

11.4.3 Logarithmische Normalverteilung

Im Gegensatz zur *Gauss*schen Normalverteilung sind hier nicht die x_P-, sondern die $\ln(x_P)$-Werte normalverteilt.

$$q_r\,(x_P)_{\ln} = \frac{1}{\sigma_{x,\ln}\cdot\sqrt{2\pi}}\cdot e^{-\frac{1}{2}\cdot\left(\frac{\ln x_P - \ln \bar{x}_P}{\sigma_{x,\ln}}\right)^2} \tag{11.22}$$

Der Mittelwert ist auch hier die mittlere Partikelgröße $x_{P,50}$. Die Standardabweichung ergibt sich aus:

$$\sigma_{x,\ln} = \frac{\ln x_{P,84} - \ln x_{P,16}}{2}$$

Eine Umformung der logarithmischen Verteilungsdichte in die „reine" Verteilungsdichte führt zu:

$$q_r\,(x_P) = \frac{1}{\sigma_{x,\ln}\cdot\sqrt{2\pi}\cdot x_P}\cdot e^{-\frac{1}{2}\cdot\left(\frac{\ln x_P - \ln \bar{x}_P}{\sigma_{x,\ln}}\right)^2} \tag{11.23}$$

Der Hauptunterschied zur *Gauss*schen Normalverteilung ist, dass die mittlere Partikelgröße nicht mit der häufigsten zusammenfällt. Sie ist größer als diese, was in der

Verteilung einen größeren Anteil an feineren Partikeln bedeutet (vgl. Bild 11.7), womit keine symmetrische Verteilung vorliegt. Im logarithmischen Normalverteilungsnetz ergeben Wertepaare einer Verteilungssumme $Q_r(x_P)$ eine Gerade. Hier ist die Abszisse im Gegensatz zum Normalverteilungsnetz logarithmisch eingeteilt. Ferner kann die spezifische Oberfläche anhand dieser Verteilung ermittelt werden. Ein zusätzlicher Vorteil ist die Umrechenbarkeit der Verteilung ohne Einschränkung in andere Mengenarten, z. B. die Anzahlverteilungsdichte $Q_0(x_P)$ in die Volumenverteilungsdichte $Q_3(x_P)$, was im Diagramm durch Parallelverschiebung durch die unterschiedlichen Medianwerte der Verteilung (z. B. durch Anzahl oder Masse ermittelt) erfolgen kann.

11.4.4 RRSB-Verteilung

Bei der RRSB-Verteilung handelt es sich um eine Exponentialverteilung, die von *Rosin*, *Rammler*, *Sperling* und *Bennett* erstellt und optimiert wurde (DIN 66145).

$$Q_r\left(x_P\right) = 1 - \mathrm{e}^{-\left(\frac{x_P}{x'_P}\right)^n} \tag{11.24}$$

In dieser gebräuchlichen Darstellung sind x'_P der Partikelgrößenparameter (Feinheitsparameter) und n der Gleichmäßigkeitsparameter.

Es ergibt sich folgende Verteilungssumme, wenn die Partikelgröße mit dem Feinheitsparameter $x'_P = x_P$ gleichgesetzt wird:

$$Q_r\left(x'_P\right) = 1 - \mathrm{e}^{-1} = 0,6321$$

Somit kann er an dieser Stelle bei einer grafischen Auftragung durch den Schnittpunkt direkt ermittelt werden. Der Gleichmäßigkeitsparameter gibt die Gleichmäßigkeit eines Partikelkollektivs wieder, wobei größere Zahlen für eine größere Gleichmäßigkeit stehen. Im Normalfall bewegt sich der Zahlenwert für n zwischen den Werten 0,8 und 2,0.

Nach Umstellen und zweifachem Logarithmieren wird folgender Zusammenhang erhalten:

$$\ln \ln \frac{1}{1 - Q_r\left(x_P\right)} = n \cdot \ln x_P - n \cdot \ln x'_P \tag{11.25}$$

bzw.

$$\log \log \frac{1}{1 - Q_r\left(x_P\right)} = n \cdot \log x_P - n \cdot \ln x'_P + \log \log \mathrm{e} \tag{11.26}$$

Durch eine Auftragung in einem Diagramm (RRSB-Netz) mit doppeltlogarithmisch geteilter Ordinate und einfachlogarithmisch geteilter Abszisse erhält man eine Gerade, mit der man die Parameter ermitteln kann (vgl. Bild 11.6), die die Verteilung eindeutig festlegen. Das RRSB-Netz (auch Körnungsnetz) liefert sehr häufig bei Feinzerkleinerungen gute Anpassungen. Auch hier liegt die häufigste Partikelgröße der Verteilung im Teil der feinen Partikelgrößen. In RRSB-Netzen wird neben der einfachen Ablesung der Parameter auch eine Ermittlung der Partikeloberfläche über einen Randmaßstab ermöglicht.

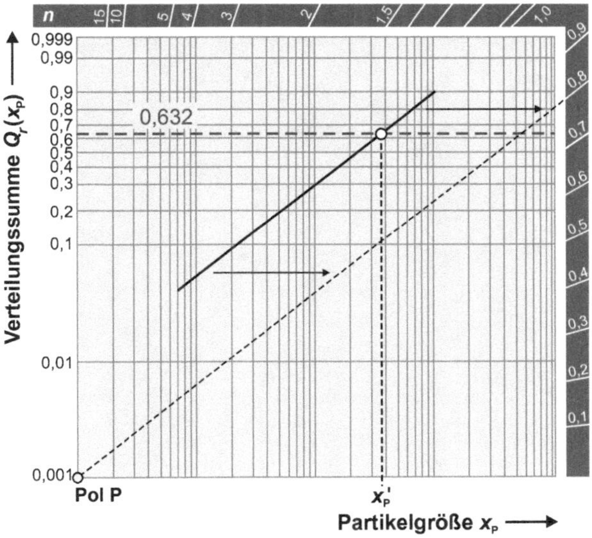

Bild 11.6 Ermittlung der Kennwerte für eine RRSB-Verteilung (vereinfachtes RRSB-Netz ohne Oberflächenskala)

Die Berechnung der Verteilungsdichte wird durch folgende Formel beschrieben:

$$q_r\,(x_P) = \frac{n}{x_P'} \cdot \left(\frac{x_P}{x_P'}\right)^{n-1} \cdot e^{-\left(\frac{x_P}{x_P'}\right)^n} \tag{11.27}$$

Beispiel 11.4

Nach der großtechnischen Kristallisation eines Salzes wird eine Probe entnommen. Es wird angenommen, dass es sich um eine Potenzverteilung handelt. Anhand folgender Daten aus einer Siebanalyse soll diese Annahme bestätigt werden.

MW *L* in µm	$Q_3(x_P)$
15	0,708
10	0,435
5,0	0,189
1,0	0,027

Möglichkeit 1: Die Linearisierung anhand Formel 11.18 liefert folgendes Diagramm:

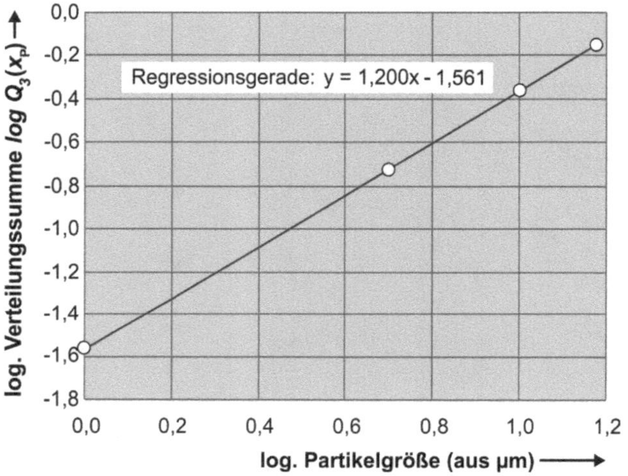

Da eine Linearisierung sinnvoll möglich ist, kann aus den Regressionsdaten anhand der Steigung der Feinheitsparameter $m = 1{,}2$ erhalten werden.

Durch den Achsenabschnitt *b* der Regressionsgerade und Umstellen der Formel 11.18 erhält man:

$$x_{\mathrm{P,max}} = 10^{\frac{b}{-m}} = 20\ \mu\mathrm{m}$$

Somit ist für die Partikelverteilung der Kristalle von einer Potenzverteilung mit den Parametern $m = 1{,}2$ und $x_{\mathrm{P,max}} = 20\ \mu\mathrm{m}$ auszugehen.

Möglichkeit 2: Eintragen der Werte in ein Potenznetz (s. Diagrammvorlagen). Durch Verlängerung der erhaltenen Gerade bis zur Verteilungssumme von 1 kann der maximale Partikeldurchmesser auf der Abszisse abgelesen werden. Das Feinheitsmerkmal *m* wird durch Parallelverschiebung der Geraden durch den Ursprung und Ablesung an der Randskala ermittelt.

11.4.5 Vergleich der Verteilungen und Kennwerte

Bild 11.7 zeigt einen Vergleich typischer Kurvenverläufe der Verteilungsdichten. Die Kurvenverläufe zeigen Unterschiede in der Symmetrie und in der Deutlichkeit der Verlagerung des Maximums in Richtung der kleineren Partikelgrößen.

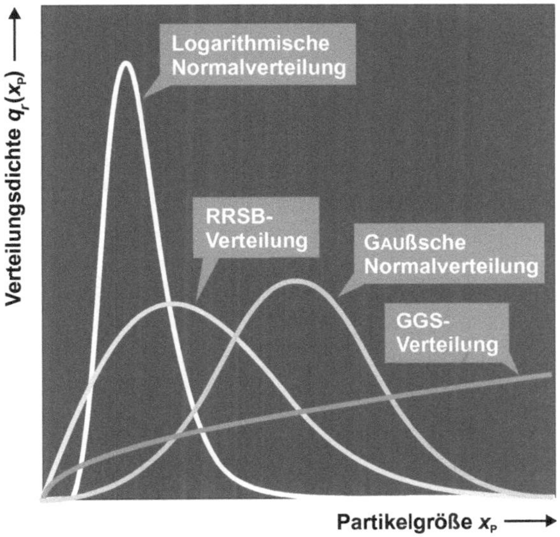

Bild 11.7 Annäherungskurven (Verteilungsdichten)

In vielen Anwendungsfällen besitzt der Medianwert $x_{P,50}$ eines Partikelkollektivs eine entscheidende Bedeutung und wird als direkter und schnell zu ermittelnder Beurteilungswert herangezogen. Die Bestimmung erfolgt aus den Verteilungssummenkurven. Allerdings muss hierbei das Erfassungsmerkmal (z. B. Anzahl oder Masse) stets beachtet werden, da die Medianwerte stark von diesem abhängig sein können. Speziell bei Siebungen mit diskreten Siebschritten, bedingt durch die verwendeten Maschenweiten, kann auch die mittlere Partikelgröße durch Wägung bestimmt werden.

$$\overline{x}_{P,3} = \sum \left(\overline{x}_{P,i} \cdot \Delta Q_3 \left(x_{P,i}\right)\right) \left(g_P = \text{const.} \rightarrow r = m = 3\right)$$

Für viele verfahrenstechnische Prozesse (z. B. Adsorption) ist die Oberfläche des Partikelkollektivs von entscheidender Bedeutung. Hierzu können die einzelnen Intervalle einer Partikelanalyse ebenfalls herangezogen werden:

$$A_{P,V,\text{ges}} = \sum \left(A_{P,V,i} \cdot \Delta Q_3 \left(x_{P,i}\right)\right) = 6 \cdot \sum \frac{\Delta Q_3 \left(x_{P,i}\right)}{\psi_{P,i} \cdot \overline{x}_{P,i}}$$

Bei konstanter Sphärizität ergibt sich vereinfachend:

$$A_{\mathrm{P},V,\mathrm{ges}} = \frac{6}{\psi_\mathrm{P}} \cdot \sum \frac{\Delta Q_3\left(s_{\mathrm{P},i}\right)}{\overline{x}_{\mathrm{P},i}} \tag{11.28}$$

Für Anzahlverteilungen muss folgende Gleichung verwendet werden:

$$A_{\mathrm{P},V,\mathrm{ges}} = \frac{6}{\psi_\mathrm{P}} \cdot \frac{\sum\left(\overline{x}_{\mathrm{P},i}^2 \cdot \Delta Q_0\left(x_{\mathrm{P},i}\right)\right)}{\sum\left(\overline{x}_{\mathrm{P},i}^3 \cdot \Delta Q_0\left(x_{\mathrm{P},i}\right)\right)} \tag{11.29}$$

Beispiel 11.5

Es sollen die Oberfläche des Partikelkollektivs (Sphärizität 0,8, Dichte 2520 kg/m³) aus Beispiel 11.3 und der zugehörige *Sauter*-Durchmesser berechnet werden.

MW *L* in mm	$Q_3(x_\mathrm{p})$	$\overline{x}_\mathrm{p}$	$\Delta Q_3\left(x_\mathrm{p}\right)$	$\frac{\Delta Q_3\left(x_\mathrm{p}\right)}{\overline{x}_\mathrm{p}}$
20	1,000	18,00	0,022	0,001
16	0,978	13,00	0,074	0,006
10	0,904	8,15	0,169	0,021
6,3	0,735	5,65	0,105	0,019
5,0	0,630	3,75	0,292	0,078
2,5	0,337	1,88	0,186	0,099
1,25	0,152	0,94	0,089	0,095
0,63	0,063	0,40	0,063	0,159
0,16	0,000	0,08	0,000	0,000
0	0,000			
			Summe	**0,477**

$$A_{\mathrm{P},V,\mathrm{ges}} = \frac{6}{0,8} \cdot 0,477 \frac{1}{\mathrm{mm}} = 3,578 \frac{1}{\mathrm{mm}} = 3578 \frac{\mathrm{m}^2}{\mathrm{m}^3}$$

$$A_{\mathrm{P},m} = \frac{3578 \frac{\mathrm{m}^2}{\mathrm{m}^3}}{2520 \frac{\mathrm{kg}}{\mathrm{m}^3}} = 1,420 \frac{\mathrm{m}^2}{\mathrm{kg}}$$

$$A_\mathrm{P} = 1,420 \frac{\mathrm{m}^2}{\mathrm{kg}} \cdot 0,14922\,\mathrm{kg} = 0,2118\,\mathrm{m}^2$$

$$d_{\mathrm{P},32} = \frac{6}{3,578 \frac{1}{\mathrm{mm}}} = 1,677\,\mathrm{mm}$$

Laut Siebung aus Beispiel 11.3 ist der häufigste Partikeldurchmesser etwa bei $d_\mathrm{P} = 2\,\mathrm{mm}$ zu finden.

11.5 Messen einer Partikelgrößenverteilung

Im vorangegangenen Abschnitt wurde eine klassische Messmethode einer Partikelgrößenverteilung aufgezeigt: die **(Analysen-)Siebung.**

Beim Sieben wird das Partikelkollektiv auf einen sogenannten Siebturm (übereinander gestapelte Siebe mit unterschiedlichen Maschenweiten) aufgebracht und durch Bewegung erfolgt ein stetiger Vergleich eines Partikels mit der vorliegenden Maschenweite L. Ist das Partikel kleiner, fällt es durch die Maschen auf das nächste Sieb, wo ein erneuter Vergleich mit der neuen Maschenweite stattfindet, usw. Unterstützt wird dieser Vorgang durch eine Siebbewegung, die eine gleichmäßige Verteilung über den Siebboden ermöglicht. Hierbei sollte jedes Teilchen die Möglichkeit bekommen, die Maschen zu erreichen, und durch Partikel verschlossene Maschen sollten wieder frei werden. Nach Beendigung des Siebvorgangs erhält man durch Auswiegen die Rückstandsmassen, was eine Beurteilung des Partikelkollektivs in einer Massenverteilung ermöglicht (vgl. Beispiel 11.3). Handelt es sich um ein Kollektiv mit homogener Dichte der Partikel, sind die erzielten Werte mit der Mengenart „Volumen" identisch.

Man unterscheidet zwischen einer Trocken- und einer Nasssiebung, bei der flüssige Trägermedien zum Einsatz kommen, um eine gute Trennung von sehr feinen Partikelverteilungen zu ermöglichen. Dadurch besteht die Möglichkeit, Partikelgrößen ab 5 µm zu analysieren, wohingegen Trockensiebungen ab ca. 40 µm sinnvoll sind. Hierbei existieren noch weitere Unterteilungen, die durch unterschiedliche Siebtechniken getroffen werden können, z. B. Vibrationssiebung oder Luftstrahlsiebung. Der größte Vorteil bei der Partikelanalyse durch Siebung liegt darin begründet, dass die Partikel nicht alle die gleiche Dichte aufweisen müssen, sondern davon unabhängig getrennt werden.

Bei der **Sedimentationsanalyse** macht man sich die unterschiedlichen Sinkgeschwindigkeiten der Partikel, resultierend aus der Partikelgröße, in einer Flüssigkeit zunutze. In einem unbewegten Dispersionsmittel sinken Partikel mit einer stationären Sinkgeschwindigkeit, wobei sie zu Beginn der Sinkbewegung eine häufig vernachlässigbare Beschleunigungsstrecke (bei feinen Partikeln) zurückgelegt haben. Das Dispersionsmittel sollte in einem räumlich gesehen möglichst großen Gefäß eingebracht werden, damit es nicht zu Wechselwirkungen der Partikel untereinander kommt. Die Sedimentation kann dabei durch die Schwerkraft oder durch Fliehkräfte hervorgerufen werden. Eine Zusammenlagerung der Partikel (Agglomeration) ist während des Sedimentierungsvorgangs zu verhindern. Die so ermittelten Sinkgeschwindigkeiten werden in den (Sinkgeschwindigkeits-)Äquivalentdurchmesser umgerechnet, was bedeutet, dass eine Zuordnung des unregelmäßigen Partikels mit einem kugelförmigen Partikel mit identischer Sinkgeschwindigkeit getroffen wird. Sinnvoll ist die Durchführung einer Schwerkraftsedimentation bei Partikelgrößen ab 2 µm, wobei durch Sedimentation infolge von Fliehkraft noch kleinere Partikelgrößen analysiert werden können. Begrenzt wird die zu analysierende Partikelgröße im unteren Bereich durch die *Brown*sche Molekularbewegung und im oberen Bereich durch zu kurze Sedimentationszeiten.

Es bestehen zwei Herangehensweisen, eine Sedimentation durchzuführen. Entweder man stellt eine homogene Suspension vor der Analyse her **(Suspensionsverfahren)** oder man überschichtet das reine Dispersionsmittel mit einem kleinen Volumen an Suspension **(Überschichtungsverfahren).** Eine weitere Unterscheidung wird durch die Messmethodik getroffen, wobei man zwischen der **Integral-** (kumulative Methode) und der **Differenzialmethode** (inkrementale Methode) unterscheidet (vgl. Bild 11.8).

Bei der Integralmethode ermittelt man über die Zeit die Abnahme der Partikel im Suspensionsraum. Ein klassisches Instrument hierfür ist die Sedimentationswaage, durch welche die aussedimentierte Feststoffmasse aus einer ursprünglich homogenen Suspension in Abhängigkeit von der Zeit in einer bestimmten Messebene, zumeist im unteren Teil des Sedimentationsgefäßes, gewogen wird. Es ergibt sich ein kumulierender Verlauf. Die Differenzialmethode wird mit Fotometern und Messung der Trübung an einer bestimmten Ebene durchgeführt. Beginnt man mit einer homogenen Suspension, hat diese an jeder Stelle einen identischen Trübungswert. Durch den Absetzvorgang nimmt dieser stetig ab, bis idealerweise die Lösung klar ist bzw. den Starttrübungswert des reinen Dispersionsmittels erreicht hat. Alle Sedimentationsverfahren setzen eine einheitliche Dichte der Partikel voraus.

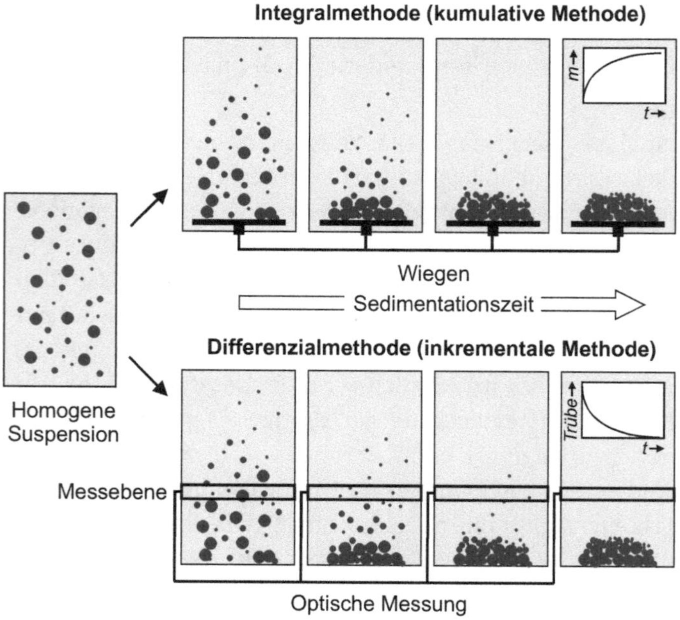

Bild 11.8 Arten der Sedimentationsanalyse

Trennt man trockene Stäube im Schwerefeld oder in einem Zentrifugalfeld mithilfe eines Gasstromes, wird dies als **Sichten** bezeichnet. Die Partikelgrößenbestimmung wird durch die unterschiedlichen Sinkgeschwindigkeiten der Partikel ermöglicht. In einem Sichtraum eines **Gegenstromsichters** (Gasstrom von unten nach oben, entgegengesetzt zum Schwerefeld) werden Partikel in der Schwebe gehalten, deren Sinkgeschwindigkeit der Anströmgeschwindigkeit des Gases entspricht. Feinere Bestandteile des Partikelkollektivs verlassen den Sichter mit dem Gasstrom, gröbere „fallen" aus dem Sichtraum. Durch Variieren des Gasstromes kann eine Partikelverteilung ermittelt werden. Die Sichtanalyse wird technisch häufig in Zentrifugalfeldern durchgeführt **(Fliehkraftsichter).** Auch hier liegt ein üblicher Messbereich zwischen 2 und 50 µm.

Heute sind die **optische** und die **elektrische Analyse** der Partikelverteilung sehr verbreitet. Die optische Analyse beruht z. B. auf der **Lichtstreuung** eines definierten Lichtstrahls an einem Partikel, was durch einen Detektor (Empfänger) registriert wird. Durch die Intensität des gestreuten Lichtes kann auf Anzahl und Größe der Partikel geschlossen werden, allerdings dürfen nur einzelne Teilchen in den Messbereich gelangen, um gesicherte Ergebnisse zu erhalten. Befindet sich der Detektor in der Lichtstrahlachse, kann eine **Extinktionsmessung** durchgeführt werden, bei der die „Verschattung" durch ein Partikel ausgewertet wird. Bei der sogenannten **dynamischen Bildanalyse** werden Partikel durch eine Messstrecke bewegt, bestehend aus einem System aus Kameras, Objektiven und Lichtquellen, während zumeist mehrere Kameras die Schattenprojektionen der Partikel erfassen. Dies kann durch eine einfache Freifallstrecke, aber auch durch eine Druckluft- oder Ultraschallnassdispergierung realisiert werden. Durch eine nachgeschaltete Datenerfassung und -verarbeitung kann zeitnah eine große Anzahl an Partikeln in Bezug auf Partikelgröße aber auch Partikelform analysiert und ausgewertet werden. Dabei werden hunderte Bilder pro Sekunde untersucht, was eine Analyse von mehreren Millionen Partikeln pro Minute erlaubt. Daraus werden Partikelgrößenverteilungen erstellt und eine Partikelformanalyse vorgenommen. Es existieren heute noch einige weitere, zumeist auf Lasertechnik beruhende optische Messverfahren.

Die **elektrische Analyse** (häufig mit einem sogenannten *Coulter*®-Counter) wird mithilfe eines leitfähigen flüssigen Mediums durchgeführt, welches durch einen dünnen Kanal (Kapillare) fließt. Bild 11.9 zeigt einen solchen Aufbau. Tritt ein Partikel in den Kanal, wird die Leitfähigkeit geschwächt **(Feldstörung),** abhängig von dessen Größe. Ferner werden die Partikel anhand der Anzahl der Abschwächungen gezählt.

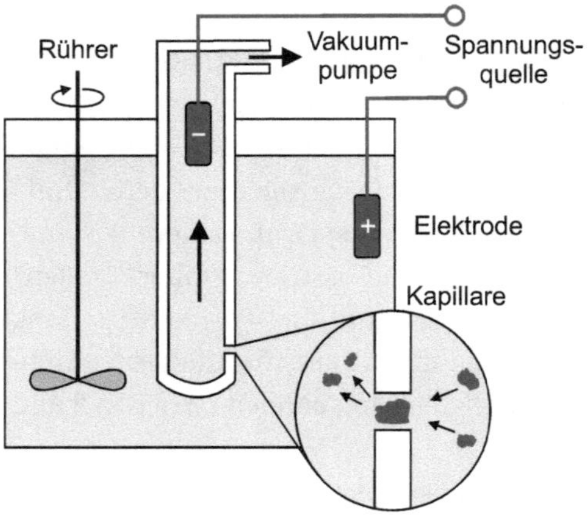

Bild 11.9
Elektrische Partikelanalyse
(*Coulter*®-Counter)

Eine Teilchengrößenbestimmung ist auch auf mikroskopischem Wege möglich. Sie stellt eine aufwendige Methode dar, kann aber als Kalibrierungsgrundlage für andere Verfahren fungieren und ist die einzige der genannten Methoden, die eine gleichzeitige Beurteilung der Partikeleigenschaften, wie z. B. der Oberfläche, neben der Größenbestimmung erlaubt.

12 Zerteilung von Feststoffen, Flüssigkeiten und Gasen

12.1 Grundlagen

Eine Zerteilung kann in allen Aggregatzuständen stattfinden, z. B. kann ein Feststoff gebrochen, eine Flüssigkeit versprüht oder ein Gas fein verteilt in eine Flüssigkeit eingeleitet werden. Man unterscheidet folgende Begrifflichkeiten:

- **Zerkleinerung**

  Ein **Feststoff** wird von einer groben in eine feinere Form überführt. Man unterscheidet die Hauptverfahren **Brechen** und **Mahlen.**
- **Flüssigkeitszerteilung**

  Eine **Flüssigkeit** wird aus einem zusammenhängenden Volumen in Fäden, Filme oder Tröpfchen (Aerosole) überführt. Als Verfahren haben sich das **Berieseln**, das **Zerspritzen** und das **Zerstäuben** (Sprühen) etabliert.
- **Gasverteilung**

  Ein Gas wird fein verteilt (z. B. als Gasbläschen) in eine Flüssigkeit geleitet. Man spricht hierbei von **Begasung.**

12.2 Zerkleinerung

Bei der Zerkleinerung eines Feststoffs müssen Kräfte aufgewendet werden, die stärker als der Zusammenhalt der den Feststoff bildenden Bindungen sind, wobei es sich z. B. bei Salzkristallen um Ionenbindungen handeln kann. Zerkleinerungsprozesse sind immer mit einem großen Energieaufwand (spezifische Zerkleinerungsarbeit) verbunden. In der industriellen Zerkleinerungstechnik wird daher aufgrund der Wirtschaftlichkeit eine Reduzierung dieses Energieaufwands angestrebt, da sehr viele Roh- und Zwischenprodukte in zerkleinerter Form für die weitere Verwendung vorliegen müssen. Die Vorteile von zerkleinerten Materialien sind dabei entscheidend:

- **Oberflächenzuwachs**

  Fein zerteilte Materialien habe eine deutlich größere Oberfläche als grobe (vgl. Beispiel 12.1). Zum einen bieten sich dadurch verbesserte Stoff- und Wärmeübergänge (vgl. Abschnitt 21.2 Adsorption) und zum anderen kann eine chemische Reaktion begünstigt werden.

- **Transportier- und Lagerbarkeit**

  Eine Lagerung von feinem Material ist aufgrund der besseren Raumausnutzung platzsparender. Der Transport kann dadurch effektiver gestaltet werden, was z. B. in einer Fabrik durch pneumatische Druckförderung realisiert werden kann.

- **Abtrennen unerwünschter Komponenten**

  Sind in einem Feststoff unerwünschte Stoffe eingeschlossen, können sie nach der Zerkleinerung durch eine geeignete Trennmethode vom Produkt abgetrennt werden (Aufschluss).

- **Dosierbarkeit**

  Feine Stoffe sind deutlich exakter maschinell dosierbar und führen so zu optimalen Betriebsbedingungen und zu Kostenersparnis durch effektiven Einsatz.

- **Korngrößenverteilung**

  Bei der Herstellung von sogenannten „Fertigprodukten“ ist eine definierte Verteilung der feinen Materialien in Bezug auf die folgende Aufbereitung entscheidend.

Eine Zerkleinerung ist technisch gesehen begrenzt, da ab einer gewissen Feinheit die Teilchen zum einen zerkleinert und zum anderen gleichzeitig zusammengelagert werden (Agglomerieren). Tritt ein Gleichgewicht zwischen beiden Vorgängen ein, stagniert die Zerkleinerung. Daher kann eine Zerteilung eines Feststoffs durch **Mahlen** nicht bis hin zur Molekülgröße im gaskinetischen Sinne erfolgen, sondern nur bis zu einer gewissen **Mahlgrenze.** Durch Zugabe von meist flüssigen Zuschlagstoffen (Mahlhilfsmittel) wird versucht, das Agglomerieren zu vermindern. Das **Brechen** hingegen geschieht nur mit dem trockenen Material. Daher unterteilt man bei den Zerkleinerungsverfahren nur das Mahlen in Nass- und Trockenmahlen. Eine allgemeine Unterscheidung der Zerkleinerungsprozesse kann in Hinblick auf die Härte oder die Produktfeinheit erfolgen, wie in Tabelle 12.1 gezeigt.

Tabelle 12.1 Einteilung der Zerkleinerung

nach Materialhärte (Härte nach) Mohs	
Hartzerkleinerung	5...10 z. B. Erze, Mineralien
Mittelhartzerkleinerung	3...4 z. B. Kohle, Salze
Weichzerkleinerung	1...2 z. B. Getreide, Kunststoffe
nach Produktfeinheit (Partikelgröße in mm)	
Grobbrechen	> 50 (Brocken)
Feinbrechen	5...50 (Splitt)
Schroten	0,5...5 (Granulat)
Mahlen	0,05...0,5 (Pulver)
Feinmahlen	0,005...0,05 (Puder)
Feinstmahlen	< 0,005 (Feinstpuder)

Eine Zerkleinerung kann auf unterschiedliche Weise erfolgen, die zumeist von der Art des vorliegenden Materials und seinen Eigenschaftsänderungen bei der Zerkleinerung abhängt. Die wirkenden Kräfte als Mittel zur Zerlegung des Feststoffverbunds sind bei den Verfahren unterschiedlich geartet. In Bild 12.1 sind die klassischen Arten der Zerkleinerungsprozesse dargestellt. Sie unterscheiden sich durch die Anzahl der Kontaktstellen, an denen die Kräfte angreifen.

Die Zerkleinerung durch Druck und Schlag ist nur bei mittelharten bis harten (spröden) Stoffen sinnvoll einsetzbar, wohingegen Reibung (auch Scherung) bei faserigen weichen Stoffen geeignet ist. Die Prall- und Schnitttechnik deckt einen großen Anwendungsbereich von spröden bis elastischen, weichen bis mittelharten und vor allem temperaturempfindlichen Stoffen ab. Neben den genannten Hauptverfahren findet man auch andere Verfahren, die nicht auf mechanischen Kräften beruhen. So kann eine Zerkleinerung auch thermisch, elektrisch oder chemisch erfolgen. Ferner kann das Zerkleinern durch ein das Partikel umgebendes Medium erfolgen, ohne dass ein Kontakt mit einer Feststoffoberfläche besteht. Im Folgenden werden ausschließlich die verbreiteten mechanischen Verfahren behandelt.

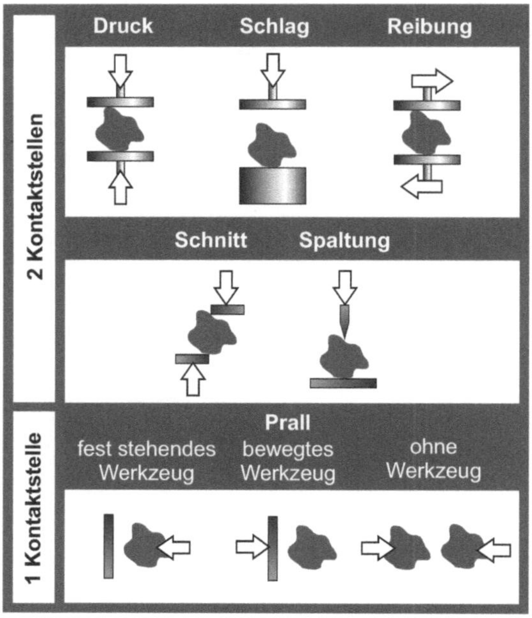

Bild 12.1
Einteilung der Zerkleinerung

Obwohl es sich bei der Zerkleinerung um ein grundlegendes und wichtiges Verfahren handelt, ist bis heute noch keine direkte Beziehung aufgestellt worden, die die nötige Zerkleinerungsarbeit mit dem Zerkleinerungsergebnis (z. B. Produktfeinheit) verknüpft. Gründe dafür liegen in der Vielfalt der auftretenden Formen, Lagen und vorliegenden Spannungszustände während der Beanspruchung. Für geometrisch einfache Partikel, wie z. B. eine Kugel, kann ein solcher Vorgang beschrieben werden. Der Nutzen für die Praxis ist aber als gering zu werten, da die Abweichungen von den tatsächlichen benötigten Energien zu groß sind. Daher werden Daten auch heute noch über Vorversuche mit den zu zerkleinernden Materialien durchgeführt.

12.2.1 Näherungsformeln

Um die spezifische Zerkleinerungsarbeit w_Z darzustellen, ist es in der Praxis wichtig, sie über den Anfangs- und Endzustand, häufig bezogen auf die Partikelgröße, zu erhalten, da diese für ein Zerkleinerungsvorhaben bekannt sein sollten. Die als Zerkleinerungsgesetze bezeichneten halbempirischen Näherungsgleichungen nach *Kick*, *Bond* und *Rittinger* stellen in der Zerkleinerungstechnik einen überschlägigen Berechnungsansatz dar, wobei der Proportionalitätsfaktor, wie bereits beschrieben, experimentell durch Vorversuche erhalten werden muss. Die Gültigkeitsbereiche (z. B. Partikelgrößenbereich) sind dabei stets zu beachten. Die Zusammenhänge beruhen auf einem allgemeinen Zerkleinerungsgesetz:

$$\frac{\mathrm{d}w_\mathrm{Z}}{\mathrm{d}x_\mathrm{P}} = -\frac{K}{x_\mathrm{P}^n} \tag{12.1}$$

Die Berechnung der spezifischen Zerkleinerungsarbeit $w_{Z,Kick}$ über die **Näherungsgleichung nach *Kick*** gilt nur für das Zerteilen grober Partikel (Grobbrechen). Als Partikelgrößen werden definitionsgemäß die zu einer Verteilungssumme von 80 % gehörenden Partikelgrößen $x_{P,80}$ der Verteilung $Q_3(x_P)$ am Anfang und Ende der Zerkleinerung eingesetzt.

$$w_\mathrm{Z,Kick} = K_\mathrm{Kick} \cdot \left(\log x_\mathrm{P,80}^\mathrm{Anfang} - \log x_\mathrm{P,80}^\mathrm{Ende}\right) \tag{12.2}$$

Für feinste Partikel (Feinstmahlen) bringt die **Näherungsformel nach *Rittinger*** bessere Ergebnisse:

$$w_\mathrm{Z,Rittinger} = K_\mathrm{Rittinger} \cdot \left(\frac{1}{x_\mathrm{P,80}^\mathrm{Ende}} - \frac{1}{x_\mathrm{P,80}^\mathrm{Anfang}}\right) \tag{12.3}$$

Die **Näherungsgleichung nach *Bond*** ist für die technische Anwendung mit einem Anwendungsgebiet vom Feinmahlen bis zum Feinbrechen als die in der Praxis am weitesten verbreitete Berechnungsgrundlage anzusehen.

$$w_\mathrm{Z,Bond} = K_\mathrm{Bond} \cdot \left(\sqrt{\frac{1}{x_\mathrm{P,80}^\mathrm{Ende}}} - \sqrt{\frac{1}{x_\mathrm{P,80}^\mathrm{Anfang}}}\right) \tag{12.4}$$

Eine Umrechnung der stoffspezifischen Konstanten kann wie folgt vorgenommen werden:

$$K_\mathrm{Kick} = 1,151 \cdot K_\mathrm{Bond} \cdot \frac{1}{\sqrt{x_\mathrm{B,OB}}}$$

$$K_\mathrm{Rittinger} = 0,5 \cdot K_\mathrm{Bond} \cdot \sqrt{x_\mathrm{B,UB}}$$

Die Werte $x_{B,OB}$ und $x_{B,UB}$ stellen die obere und die untere Partikelgröße (OB – *Bond* zu *Kick*, UB – *Rittinger* zu *Bond*) für den Bereichsübergang der Näherungsformeln dar. Diese werden experimentell ermittelt und in Ausnahmefällen zur groben Abschätzung als $x_{B,OB} = 0{,}05$ m und $x_{B,UB} = 0{,}00005$ m angenommen. Es sei an dieser Stelle erneut erwähnt, dass die in Literaturquellen zu findenden Werte überschlägige Ergebnisse liefern, da z. B. ebenfalls die Art der Zerkleinerungsapparatur einen Einfluss hat.

Beispiel 12.1: Zunahme der Oberfläche eines Würfels

Ein Würfel mit der Kantenlänge 1 (z. B. m) wird bei einem Zerteilungsvorgang an 3 Ebenen in 8 gleiche Würfel mit halber Kantenlänge zerteilt. Der Vorgang wird an den neu entstandenen Würfeln wiederholt.

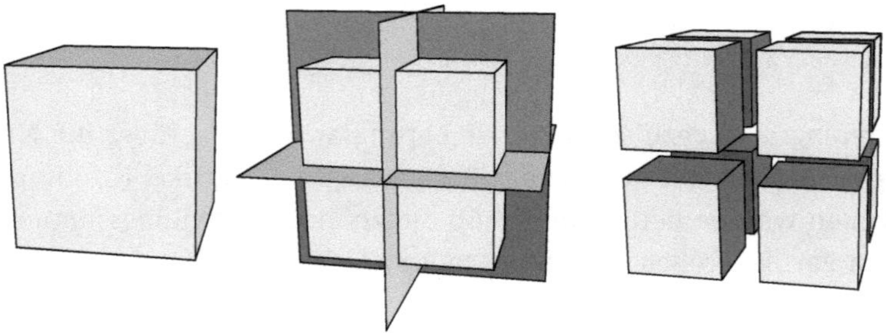

Würfel

Teilebenen
Erzeugung von
8 neuen Würfel

Oberflächen-zunahme
„neue Flächen"
dunkel markiert

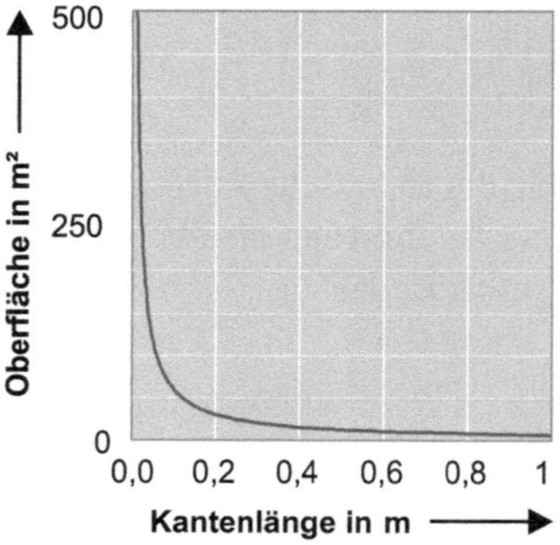

Kanten-länge	Ober-fläche	Würfel-anzahl
1	6	1
0,5	12	8
0,25	24	64
0,125	48	512
0,063	96	4096
0,031	192	32768
0,016	384	262144

Bei einem Zerteilungsvorgang entstehen neue Oberflächen, die sich bisher im Inneren des Würfels befanden. Dabei nimmt die Partikelgröße (hier veranschaulicht durch die Kantenlänge) bei jedem Teilvorgang ab. Im Diagramm werden die überproportionale Zunahme der Oberfläche bei der Zerkleinerung und somit die starke Zunahme der Würfelzahl deutlich.

12.2.2 Zerkleinerungsgrad

Allgemein wird für eine Beurteilung des Zerkleinerungsprozesses der **Zerkleinerungsgrad** herangezogen. Dieser beruht auf der Beurteilung des Partikelkollektivs vor und nach dem Zerkleinerungsvorgang und ist auf unterschiedliche Weise definierbar.

Zerkleinerungsgrad, bezogen auf Korngrößen

$$z_x = \frac{x_\mathrm{P}^{\mathrm{Anfang}}}{x_\mathrm{P}^{\mathrm{Ende}}} \tag{12.5}$$

Hier ist die Wahl der Partikelgröße entscheidend. Es bestehen mehrere Möglichkeiten, so wird z. B. als charakteristische Partikelgröße aus der Durchgangssummenkurve $x_{\mathrm{P},50}$ (Medianwert) oder $x_{\mathrm{P},80}$ gewählt. Die maximale Partikelgröße besitzt aufgrund der aufwendigeren und ungenaueren Bestimmung wenig Bedeutung in der Praxis.

Zerkleinerungsgrad, bezogen auf massenspezifische Oberflächen

$$z_A = \frac{A_{\mathrm{P},m}^{\mathrm{Anfang}}}{A_{\mathrm{P},m}^{\mathrm{Ende}}} \tag{12.6}$$

Der Zerkleinerungsgrad nimmt folglich große Werte bei feiner werdender Zerkleinerung an.

12.2.3 Bruchvorgang

Der eigentliche Bruchvorgang findet statt, wenn an einer Stelle des Feststoffpartikels die Bindungskräfte der Molekül- oder Ionenbestandteile aufbrechen. Damit sich ein Bruch ausbilden kann, muss ein Spalt entstehen, der eine gewisse Mindestlänge hat (häufig als 1 µm angegeben) und eine Breite, die die Reichweite der Zusammenhangskräfte überschreitet (häufig 0,0001 bis 0,001 µm angegeben). Am Spalt entstehen extrem hohe Temperaturen, und der Bruch breitet sich mit (mehr als) Schallgeschwindigkeit aus. In einem Zerkleinerungsapparat entsteht an der Kontaktstelle des Partikels (z. B. zum Werkzeug) eine Abflachung und daraufhin ein kegelförmiger Bereich, der mit Feingut durchsetzt ist (**Feingutkegel**, vgl. Bild 12.2).

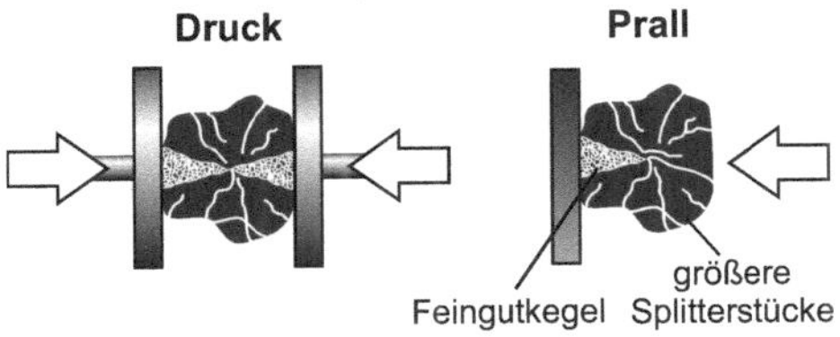

Bild 12.2 Bruchkegel bei unterschiedlicher Belastung

Folglich erscheint bei Prallbeanspruchungen nur ein Feingutkegel und zwei bei einer Druckbeanspruchung. Ein Bruch zieht eine unterschiedliche Partikelverteilung nach sich, da der Rest des Partikels in gröbere Splitter zerfällt.

Ähnlich wie bei einer Flüssigkeit besitzen die Moleküle (Ionen, Atome) in der äußersten Schicht (Oberfläche) einen Überschuss an potenzieller Energie, da sie nicht von allen Seiten mit Nachbarbausteinen verbunden sind (vgl. Bild 12.3). Diesen Überschuss nennt man **freie Grenzflächenenergie.** Vergrößert man durch die Zerkleinerung nun die Oberfläche, existieren auch mehr „äußere" Moleküle, und die freie Grenzflächenenergie (Oberflächenenergie) nimmt zu. Die Differenz ist die aufzuwendende Arbeit, die bei der Zerkleinerung auftritt.

Die **spezifische freie Grenzflächenenergie** (bei Flüssigkeiten auch Oberflächenspannung genannt, in J/m^2) ist der Quotient der Arbeit W_O, die zur Vergrößerung der Oberfläche benötigt wurde, und der Oberflächenvergrößerung.

$$\sigma_O = \frac{dW_O}{dA} \tag{12.7}$$

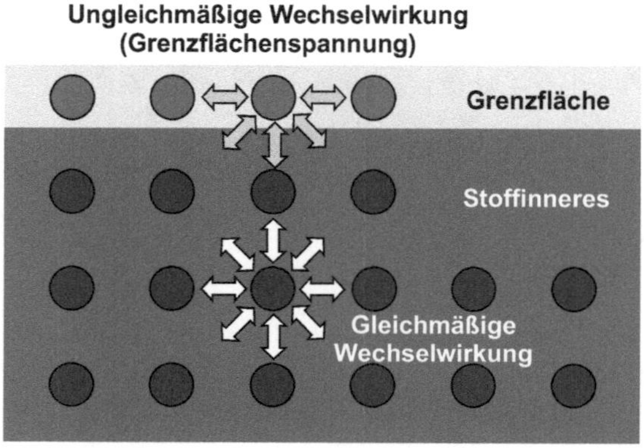

Bild 12.3 Ursache der freien Grenzflächenspannung

Hierbei handelt es sich um eine von der Oberflächengröße unabhängige Stoffkonstante. Eine Berechnung von Kennwerten (z. B. Zerreißspannung) zur Zerteilung spröder Stoffe liefert normalerweise deutlich höhere Werte, als sie bei der Zerkleinerung in der Praxis zu finden sind. Das liegt in den Fehlstellen (Kerben, Kanäle, Fremdstoffe etc.), die im Feststoff bereits vorliegen und eine Zerkleinerung energetisch gesehen deutlich vereinfachen. Die Ausprägung und die Anzahl solcher Fehlstellen nehmen bei kleiner werdenden Partikeln stark ab, wodurch auch die steigende Zerkleinerungsarbeit bei zunehmendem Feinheitsgrad erklärt werden kann.

Der Wirkungsgrad einer Zerkleinerung, d. h. das Verhältnis der Nutzarbeit (Arbeit, die zur Oberflächenvergrößerung aufgewendet wird) zu der tatsächlich aufgewendeten Zerkleinerungsarbeit (bestehend aus den Arbeiten zur Oberflächenvergrößerung, der Formänderungs-, der Reibungs- und der Verlustarbeit der Maschine), liegt häufig deutlich **unter einem Prozent.** Die auftretenden Verluste steigen bei zunehmender Feinheit stark an. Daher sind folgende Maßnahmen sinnvoll:

- Eine Zerkleinerung sollte nur bis zum benötigten Feinheitsgrad vorgenommen werden.
- Während des Zerkleinerungsprozesses sollte der den Vorgaben entsprechende Feingutanteil abgeführt werden.
- Rückführungen durch Klassierungen sollten ermöglicht werden.
- Eine den Bruch unterstützende Nassmahlung kann bei unlöslichen Stoffen vorgesehen werden.
- Verwendung von Mahlhilfsmitteln, die die freie spezifische Grenzflächenenergie herabsetzen.
- Die Härte bzw. Spröde eines Stoffes ist durch Kühlung auf ein sehr niedriges Temperaturniveau zu erhöhen.

12.2.4 Zerkleinerungsmaschinen

Eine Zerkleinerung kann in mehreren Schritten erfolgen, wobei man die verwendeten Apparate auf die vorliegende und die zu erzielenden Partikelgröße anpasst. Das Schema (vgl. Bild 12.4) zeigt einen solchen Zerkleinerungsvorgang.

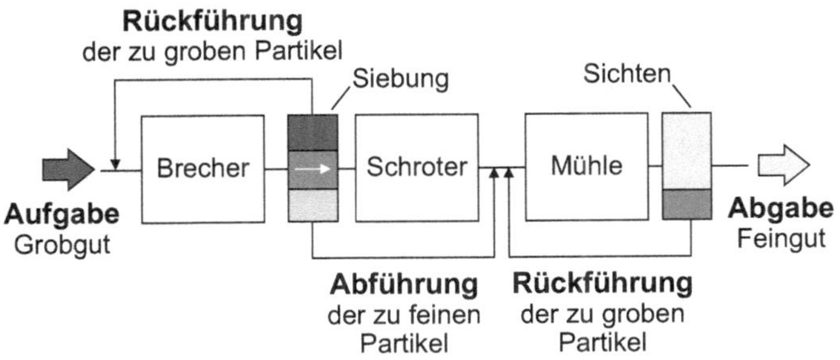

Bild 12.4 Hintereinandergeschaltete Zerkleinerungen

Das Grobgut (Aufgabegut mit hoher Partikelgröße) wird über einen Brecher vorzerkleinert. Nach Abtrennung und Rückführung der im gebrochenen Anteil vorliegenden großen Reststücke wird der Anteil mit mittlerer Partikelgröße einem Schroter und der Feinanteil direkt einer Mühle zugeführt. Durch einen Sichter kann das Feingut mit der gewünschten Partikelgröße abführt werden. Die nicht den Vorgaben entsprechenden Partikel werden zur Mühle zurückgeführt.

An dieser Stelle werden nur einige Beispiele der oben verwendeten Zerkleinerungsapparate besprochen, wobei in der Praxis zahlreiche unterschiedliche und auf den jeweiligen Anwendungsfall angepasste Apparate existieren.

Ein typischer Apparat zur Grobgutzerkleinerung ist der **Backenbrecher.** Mit Durchsätzen von bis zu 1200 t/h an meist hartem, sprödem Material zerkleinert dieser durch eine Druck- bzw. Schlagbeanspruchung des Aufgabeguts bis zu Partikelgrößen von ca. 40...50 mm. Die Zerkleinerungszone besteht aus einer fest stehenden und einer schwingenden „Backe“.

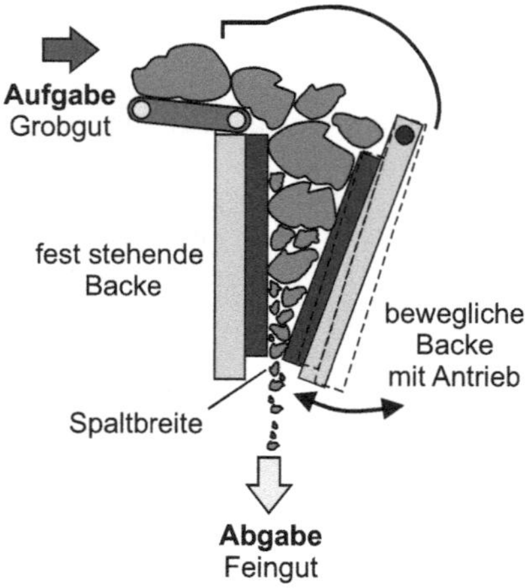

Bild 12.5
Schema eines Backenbrechers

Durch die Schwingung findet in stetem Wechsel ein Öffnen und Schließen der Backen statt, wobei das gebrochene Material unten herausfällt und neues Grobgut von oben „nachrutscht“. Eine Beeinflussung des Durchsatzes kann über die Backenneigung geschehen. Die Spaltweite entscheidet über die erhaltene Partikelgröße.

Zum Schroten kann eine **Prallmühle** verwendet werden. Dabei wird das Aufgabegut in den Zerkleinerungsraum, in dem sich eine rotierende Scheibe mit Schlagwerkzeugen und eine verstellbare Wandpanzerung befinden, eingebracht und im Flug durch Schlag- bzw. Prallwirkung mehrfach zerkleinert.

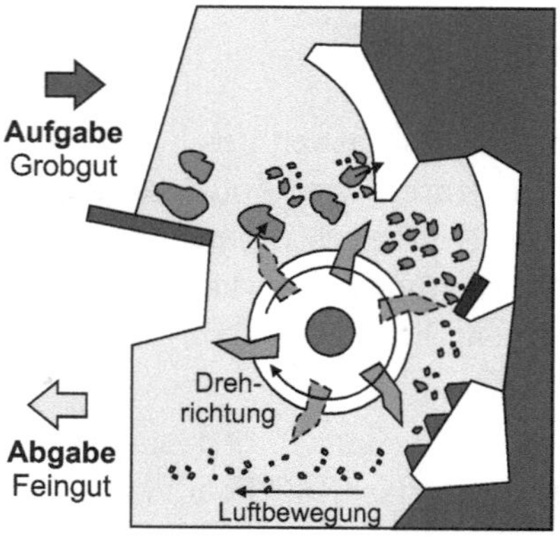

Bild 12.6
Schema einer Prallmühle

Hier ist der Durchsatz deutlich geringer anzusiedeln als bei einem Backenbrecher (ca. 15 t/h). Die resultierende Partikelgröße liegt in einem Größenbereich von ca. 0,05 bis 0,5 mm. Um eine weitere Zerkleinerung des geschroteten Materials zu erzielen (Feinmahlen), werden z. B. **Kugelmühlen** eingesetzt. Dazu werden Mahlkörper in ein Rohr mit dem Aufgabegut eingebracht. Ein besonderes Merkmal einer Kugelmühle ist dabei die drehzahlabhängige Zerkleinerungsart. Bewegt sich das Rohr mit einer so hohen Umdrehungszahl, dass die Mahlkörper durch die Fliehkraft bis zu einer bestimmten Höhe an die Wand gedrückt werden und es dann zu einer Fallbewegung der Mahlkörper kommt, wird das Aufgabegut durch eine Schlagwirkung zerkleinert, was eine Grobmahlung nach sich zieht.

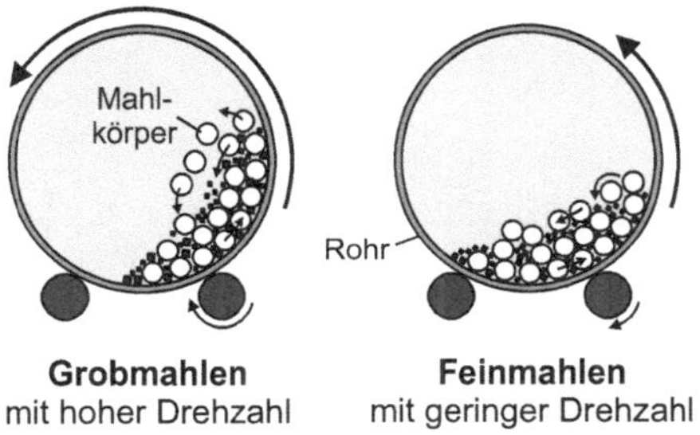

Bild 12.7
Schema einer Kugelmühle

Dreht sich das Rohr so langsam, dass es nur zu einer Abrollbewegung kommt, führt dies zu einer Feinmahlung, wobei die Wirkung der Zerkleinerung auf Scherung und Reibung zurückgeführt werden kann. Man erreicht so Partikelgrößen unter 0,01 mm. Die entscheidenden Größen bei diesem Verfahren sind die Größe der Mahlkörper und die Drehzahl des Rohres. Es ist dabei nicht jede Drehzahl sinnvoll, weil es z. B. durch zu große Drehzahlen zum Mitrotieren der Mahlkörper an der Wandung des Rohrs kommen kann.

12.3 Flüssigkeitszerteilung

Eine Flüssigkeitszerteilung wird vorgenommen, um die Oberfläche zu vergrößern und Stoff- bzw. Wärmetransportvorgänge zu verbessern. Es ist wesentlich weniger aufwendig, eine Flüssigkeit zu zerteilen als einen Feststoff, da hier die Zusammenhangskräfte (Kohäsion durch *van-der-Waals*sche Kräfte) deutlich geringer ausfallen. Die grundlegenden Kräfte für eine Flüssigkeitsverteilung können allerdings ähnlich der Zerkleinerung durch Druck, Schlag oder Prall erzeugt werden.

12.3.1 Berieselung

Die in der Anwendung einfachste Methode ist das Berieseln. Beim **Berieseln** werden Flüssigkeitsströme erzeugt, die entweder in Strahlen, Bächen oder Tropfenform auftreten und daher keine ausgesprochen große Oberfläche aufgrund ihrer geringen Zerteilung aufweisen. Das Berieseln wird für die Flüssigkeitsverteilung genutzt, die z. B. an einem **Verteilerboden** stattfinden kann, wobei die Flüssigkeit auf Füllkörper gleichmäßig aufgebracht wird. Flüssigkeitsströme können auch durch kompaktere Apparaturen verteilt werden, z. B. **Brausen.** Bei einer Brause (vgl. Bild 12.8) fließt die Flüssigkeit durch einzelne Löcher, wobei der Volumenstrom mithilfe der *Bernoulli*-Gleichung und der Kontinuitätsgleichung ermittelt wird.

$$\dot{V} = N_{\text{Löcher}} \cdot \frac{\pi \cdot d_{\text{Löcher}}^2}{4} \cdot \alpha \cdot \sqrt{2 \cdot g \cdot h} \tag{12.8}$$

Der Volumenstrom wird mit der Anzahl der Löcher $N_{\text{Löcher}}$, dem Durchmesser $d_{\text{Löcher}}$, der hydrostatischen Zulaufhöhe und dem strömungsmechanischen Korrekturfaktor (Ausflussziffer α) berechnet.

Die Ausflussziffer gibt dabei das Verhältnis der tatsächlich austretenden zur theoretischen Ausflussmenge wieder. Die Korrektur muss wegen der entstehenden Reibungs- (Geschwindigkeitsziffer) und Kontraktionseffekte (Einschnürung, Kontraktionsziffer) beim Ausfluss aus Öffnungen vorgenommen werden. Die Ausflussziffer, welche aus der Zusammenfassung der Kontraktions- und der Geschwindigkeitsziffer resultiert, beträgt an scharfkantigen Löchern für Wasser z. B. $\alpha = 0{,}59$. Über den Volumenstrom bzw. die Geschwindigkeit an den Austrittsöffnungen und durch den Winkel der Löcher kann der Verteilradius beeinflusst werden.

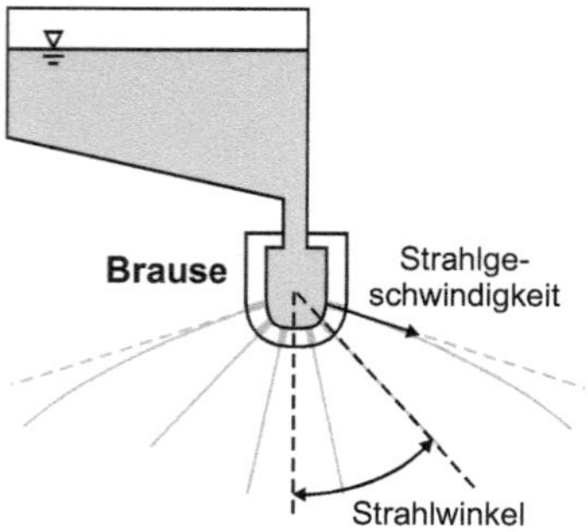

Bild 12.8
Schema einer Brausevorrichtung mit Zufluss

12.3.2 Zerstäubung

Um eine feinere Zerteilung der Flüssigkeit zu realisieren und somit die Oberflächen noch deutlicher zu erhöhen, kommen häufig Düsen in unterschiedlichen Bauarten zum Einsatz. Als Düse bezeichnet man in diesem Fall ein sich innen verengendes Formstück, in dem eine Beschleunigung der Flüssigkeit (des Gases) stattfindet. Zum **Zerstäuben (Versprühen)** nutzt man die höhere Flüssigkeitsgeschwindigkeit, wobei zwei Düsenarten unterschieden werden. Die zur Oberflächenvergrößerung notwendige Energie kann dabei nach dem Ansatz von *Rittinger* (vgl. Abschnitt 12.2) folgendermaßen erhalten werden:

$$W_Z = \sigma_O \cdot A$$

Zurückgeführt auf das ursprüngliche Flüssigkeitsvolumen, welches weder durch Druck noch durch Temperaturunterschiede beeinflusst werden sollte, folgt:

$$W_Z = \sigma_O \cdot 6 \cdot \frac{V}{d_{P,32}} \tag{12.9}$$

Die theoretisch aufzuwendende Energie zur Oberflächenvergrößerung ist nur ein Bruchteil der real aufzuwendenden Energie, in die zusätzlich die kinetischen Energien der Tropfen (z. B. Rotation, Translation), die Reibungsenergien und die elektrostatischen Energien eingehen. Der energetische Wirkungsgrad der Zerstäubung liegt somit analog zur Zerkleinerung zumeist unter 1 %.

Man unterscheidet zwei Düsentypen. In einer **Einstoffdüse** (Druckdüse) wird durch den anliegenden Druck die Flüssigkeit ohne weitere Hilfskomponenten zerstäubt. In einer **Zweistoffdüse** (pneumatische Düse) setzt man einen zweiten Stoff als Hilfsstoff ein, wobei es sich hierbei um ein sogenanntes **Treibmittel** (Gas oder Dampf) handelt. Druckdüsen erfordern eine Zuführung der Flüssigkeit bei einem Mindestdruck (ab 1,5 bar) und mit einem Mindestvolumenstrom, aus dem die Mindestgeschwindigkeit des austretenden Mediums resultiert. Die Zerstäubung ist bei dieser Düsenart durch einen festliegenden Viskositätsbereich der Flüssigkeit eingeschränkt. Eine Erhöhung des Druckes bei konstanten Bedingungen führt zu einem höheren Volumenstrom in den Düsen, respektive zu größeren Austrittsgeschwindigkeiten. Diese ziehen zugleich kleinere Tropfen nach sich.

Um eine Beurteilung des Strahlzerfalls vornehmen zu können, werden die *Reynolds*-Zahl am Düsenaustritt und die *Ohnesorge*-Zahl herangezogen.

$$Re_D = \frac{\rho_1 \cdot w_D \cdot d_D}{\eta_1} \tag{12.10}$$

$$Oh_D = \frac{\eta_1}{\sqrt{\rho_1 \cdot \sigma_{O,1} \cdot d_D}} \tag{12.11}$$

Die Herleitung der *Ohnesorge*-Zahl erfolgt über die *Weber*-Zahl, die auf dem Verhältnis der Trägheitskräfte zur Oberflächenspannung beruht.

$$We_D = \frac{\rho_1 \cdot w_D^2 \cdot d_D}{\sigma_{O,1}} \tag{12.12}$$

$$Oh_D = \frac{\sqrt{We_D}}{Re_D} \tag{12.13}$$

Durch die *Ohnesorge*-Zahl wird das Verhältnis der Zähigkeitskräfte zu den Oberflächenkräften dargestellt. Die einzusetzenden Größen resultieren, wie bei der zu betrachtenden *Reynolds*-Zahl, aus der Charakteristik am Düsenausgang. Dazu zählen der Düsendurchmesser d_D, die Austrittsgeschwindigkeit an der Düse w_D und die Stoffwerte der Flüssigkeit (Viskosität η_l, Oberflächenspannung $\sigma_{O,l}$ und Dichte ρ_l). Weitergehend wird bei der Viskosität auch das dynamische Viskositätsverhalten beachtet, da in den Zerstäubungseinheiten starke Scherkräfte auftreten. Man unterscheidet lineare Newtonsche Flüssigkeiten (häufigste Art), strukturviskose Flüssigkeiten (die Viskosität erhöht sich bei Scherung) und viskositätserniedrigende Flüssigkeiten (bei Scherung geringere Viskosität).

Eine Einteilung der an der Düse entstehenden Effekte erfolgt dabei nach drei Hauptkategorien: Zertropfen, Zerwellen und Zerstäuben (vgl. Bild 12.9).

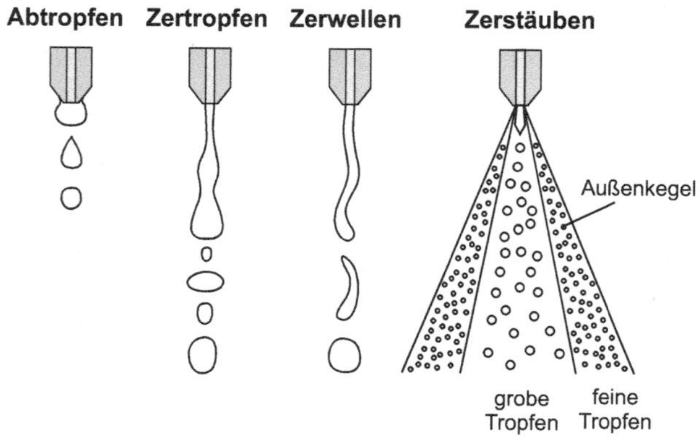

Bild 12.9 Auftretende Strömungstypen an einer Düse

Durch eine logarithmisch geteilte Darstellung der *Ohnesorge*-Zahl über der *Reynolds*-Zahl erhält man Bereiche, in denen die Mechanismen Zertropfen, Zerwellen und Zerstäuben vorliegen.

Die notwendige Düsenaustrittsgeschwindigkeit w_D zur Zerstäubung, beruhend auf den Theorien von V. *Ohnesorge*, kann anhand der Stoffwerte folgendermaßen berechnet werden:

$$w_D \geq 244 \cdot \frac{\eta_1^{0,1935} \cdot \sigma_{O,1}^{0,403}}{\rho_1^{0,597} \cdot d_D^{0,597}} \tag{12.14}$$

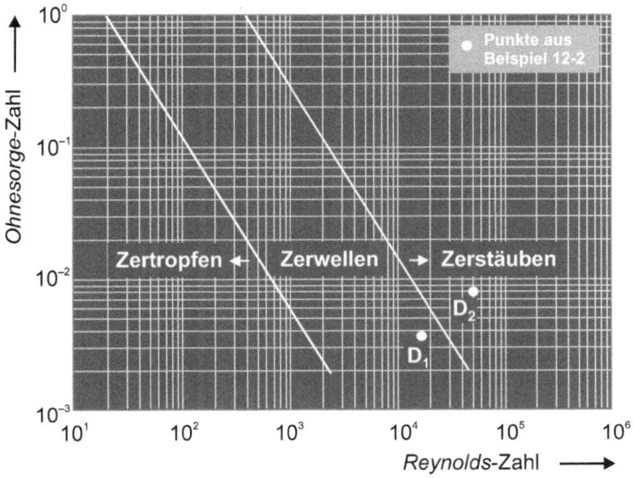

Bild 12.10 Auftragung der Strömungsbereiche einer Düse

Beispiel 12.2

In einem Verbrennungsraum wird Heptan mit einer Druckdüse versprüht. Für eine optimale Verbrennung muss der Brennstoff vorher bei einer Temperatur $T = 293{,}15$ K zerstäubt werden. Es ist anhand der Rahmenbedingungen zu prüfen, ob Düse 1 oder Düse 2 besser geeignet ist.

Düse 1: $d_{D1} = 1{,}0$ mm, $w_{D1} = 10$ m/s

Düse 2: $d_{D2} = 0{,}2$ mm, $w_{D2} = 150$ m/s

Die Stoffdaten bei 293,15 K:

Viskosität: $\eta_{Heptan} = 0{,}410 \cdot 10^{-3}$ Pa·s

Dichte: $\rho_{Heptan} = 680$ kg/m^3,

Oberflächenspannung: $\sigma_{O,Heptan} = 18{,}4 \cdot 10^{-3}$ N/m

$$Oh_1 = \frac{\eta_1}{\sqrt{\rho_1 \cdot \sigma_{O,1} \cdot d_D}} = \frac{0,410 \cdot 10^{-3}\ \mathrm{Pa \cdot s}}{\sqrt{680 \frac{\mathrm{kg}}{\mathrm{m^3}} \cdot 18,4 \cdot 10^{-3} \frac{\mathrm{N}}{\mathrm{m}} \cdot 1,0 \cdot 10^{-3}\ \mathrm{m}}}$$

$$Oh_1 = 0,0037$$

$$Re_1 = \frac{\rho_1 \cdot w_D \cdot d_D}{\eta_1} = \frac{680 \frac{\mathrm{kg}}{\mathrm{m^3}} \cdot 10 \frac{\mathrm{m}}{\mathrm{s}} \cdot 1,0 \cdot 10^{-3}\ \mathrm{m}}{0,410 \cdot 10^{-3}\ \mathrm{Pa \cdot s}}$$

$$Re_1 = 16585$$

Analog dazu: $Oh_2 = 0{,}0082$ und $Re_2 = 49\,756$

Nach Eintragen der Werte im Diagramm (vgl. Bild 12.10) erkennt man, dass nur Düse 2 eine Zerstäubung bewerkstelligen kann. Die Mindestgeschwindigkeiten werden nach Formel 12.14 berechnet und ergeben für Düse 1 $w_{D1} = 13{,}57$ m/s und für Düse 2 $w_{D2} = 35{,}48$ m/s

In der Technik werden die unterschiedlichsten Ansprüche an eine Zerstäubung gestellt. Auf der einen Seite ist die Tröpfchengröße, auf der anderen vor allem auch ihre Verteilung für die Wirksamkeit einer Zerstäubung verantwortlich. Hier wird versucht, einen einzigen Wert zu formulieren, der eine ganze Verteilung beschreiben kann. Aus der Partikelanalyse ist allerdings bekannt, dass dies nur eine sehr vereinfachende Näherung bedeuten kann. Der **mittlere Volumendurchmesser $d_{V0,5}$** beschreibt den Tropfendurchmesser, der das Gesamtvolumen in zwei Hälften teilt. Analog zur Partikeltechnik erhält man ihn mit $Q_3(x_P) = 0{,}5$. Der **mittlere *Sauter*-Durchmesser** d_{32} ist für die Charakterisierung des Tröpfchenkollektivs als sehr geeignet anzusehen, da das Verhältnis des Volumens zur Oberfläche für den mittleren Durchmesser ebenso groß ist wie für das gesamte Sprühvolumen (Tropfenvolumen). Der **mittlere Volumendurchmesser $d_{V0,9}$** ist der Durchmesser, bei dem 90 % des Gesamtvolumens der Tropfen kleiner als dieser Wert sind. Des Weiteren existieren noch der **mittlere Volumendurchmesser d_{30}** und der **mittlere arithmetische Durchmesser d_{10}**, die in der weiterführenden Fachliteratur beschrieben werden.

Die entstehenden Zerteilungsergebnisse können begrifflich folgendermaßen eingeteilt werden:

Tabelle 12.2 Einteilung der Tropfengrößen

Tropfengröße in µm	Bezeichnung
bis 20	feinster Nebel
20 bis 100	feiner Nebel
100 bis 250	feiner Sprühregen
250 bis 1000	leichter Regen
1000 bis 6000	starker Regen

Neben der Tröpfchengröße ist unter Umständen auch die Aufprallkraft, d. h. die physikalische Wirkung des zerdüsten Tröpfchenkollektivs auf eine Oberfläche, von entscheidender Bedeutung. Auch hier finden sich Abhängigkeiten vom Düsenaufbau, von dem vorherrschenden Flüssigkeitsvolumenstrom und dem Spritzwinkel. Ist der Winkel groß, ergeben sich daraus kleine Aufprallkräfte. Eine besonders hohe Wirkung auf die Oberfläche erzielen dabei sogenannte Vollstrahldüsen, wobei diese auch nicht unter die Zerstäuberdüsen fallen.

Exkurs 12.1 Innendruck des Tropfens

Die Oberflächenspannung hat einen starken Einfluss auf den im Inneren des Tropfens wirkenden Überdruck p_i, der sich wie folgt berechnen lässt:

$$p_i = \frac{4 \cdot \sigma_{0,1}}{d_{\text{Tropfen}}}$$

Je größer die Oberflächenspannung, desto größer der Innendruck. Ferner gilt auch, dass mit kleiner werdenden Tropfen (-durchmessern) der Innendruck stark zunimmt. Diese Tatsache führt dazu, dass sehr feine Tropfen in Gasströmungen eine runde Form beibehalten, wohingegen größere sich deformieren.

Als Beispiel soll ein Wassertropfen dienen:

Bei 20 °C hat Wasser eine Oberflächenspannung von 72,75 10^{-3} N/m.

Tropfendurchmesser in mm	Überdruck im Tropfen in bar
1	0,002892
0,001	2,892
0,0001	28,92

Ähnlich der Brause kann auch beim Zerstäuben nicht von einer linearen Ausbreitung der eingedüsten Tropfen ausgegangen werden. Daher muss die theoretische Breite des Tropfenkollektivs auf der Aufprallfläche korrigiert werden, da die Schwerkraft auf die zerstäubten Tropfen einwirkt. Die Spritzbreite verringert sich daher im Laufe der Höhenänderung auf die **effektive Spritzbreite**.

Der Spritzwinkel kann durch folgende Faktoren beeinflusst werden:

- Durch hohe Drücke verkleinert sich der Spritzwinkel, da die axiale Geschwindigkeitskomponente stärker als die Ablenkungskomponente anwächst.
- Aus sehr geringen Drücken resultieren zumeist auch kleinere Spritzwinkel.
- Der Spritzwinkel ist geringer bei Flüssigkeiten mit einer hohen Viskosität und größer bei flüssigen Medien mit einer niedrigeren Oberflächenspannung.

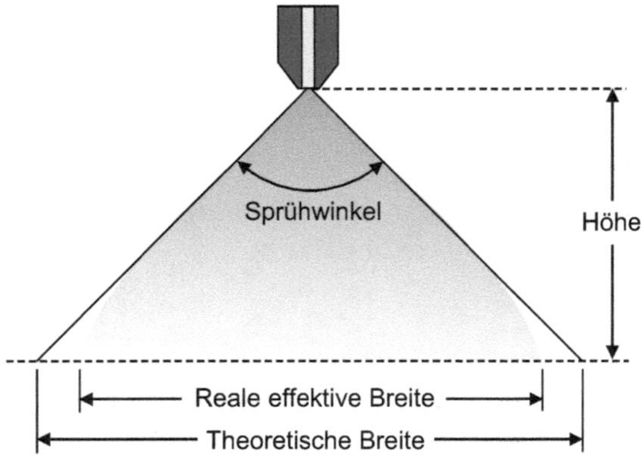

Bild 12.11 Theoretische und effektive Sprühbreite

In der Praxis werden die sinnvollen Einstellungen für den Anwendungsfall experimentell gefunden.

Um einen weiteren Anwendungsbereich zu erschließen, werden **Zweistoffdüsen** (pneumatische Düsen) eingesetzt. Damit ist es möglich, Flüssigkeiten mit höheren Viskositäten zu zerstäuben. Es ist frei wählbar, ob die Flüssigkeit durch das Treibmittel angesaugt oder durch Schwerkraft oder Überdruck der Düse zugeführt wird. Ferner kann eine Zerstäubung bei wesentlich kleineren Volumenströmen an Flüssigkeit realisiert werden. Die zur Zerstäubung notwendige Energie wird bei diesem Konstruktionstyp durch einen Gas- oder Dampfstrom (Treibmittel) mit hohen Geschwindigkeiten erzeugt. Die entstehenden Tropfen resultieren aus den starken Geschwindigkeitsunterschieden der flüssigen und der gasförmigen Phase (vgl. Bild 12.12), was zu Druckwellen und zum „Zerreißen" der Flüssigkeit in Tropfenform führt. Auf diese Weise können auch unter vergleichsweise zur Druckdüse höherviskose Flüssigkeiten in sehr feine Tropfen überführt werden. Auch hier kann der Gasstrahl axial oder mit Drall die Düse verlassen, wobei die Flüssigkeit durch den entstehenden Unterdruck angesaugt wird (Injektorprinzip). Durch den Ort des Zerstäubens wird in folgende Prinzipien unterteilt:

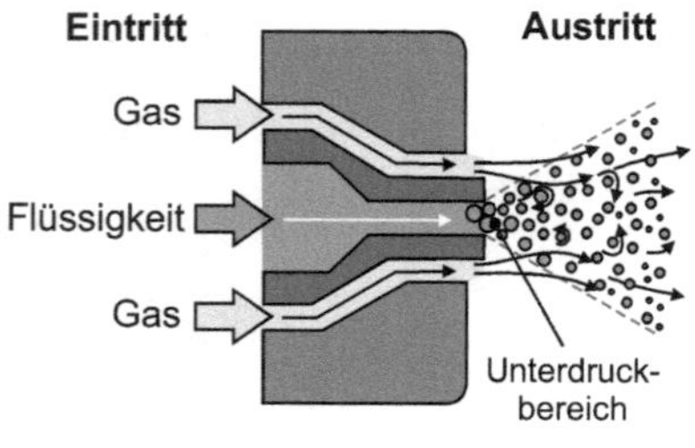

Bild 12.12
Funktionsweise einer Zweistoffdüse

Außenmischung

Das Gas verlässt die Düse, und erst außerhalb trifft es mit der Flüssigkeit zusammen, wobei die Zerstäubung stattfindet. Innerhalb der Düse liegen getrennte Förderkanäle vor, was den Vorteil hat, dass beide Volumenströme frei regelbar sind und keine Verstopfungen durch gegenseitige Beeinflussungen auftreten können. Höhere Gasdrücke führen zu feinen Tropfen, die allerdings eine hohe Geschwindigkeit aufweisen.

Innenmischung

Werden Gas- und Flüssigkeitsstrom innerhalb der Düse vermischt und dann erst versprüht, ist der Druck die entscheidende einstellbare Größe. Durch die Wahl der Größe der Austrittsbohrung begrenzt man den Volumenstrom des austretenden Strahls. Dadurch sind die Einstellmöglichkeiten dieser Düsenform begrenzt, wobei man allerdings im Vergleich zur Außenmischung normalerweise niedrigere Tropfengeschwindigkeiten erhält.

Zweistoffdüsen sind weniger anfällig gegen sich ändernde Volumenströme als Druckdüsen, und der Sprühkegel zeichnet sich durch eine homogene Tröpfchengrößenverteilung aus. Selbst Suspensionen sind versprühbar, ohne einen großen Verschleiß der Bauteile nach sich zu ziehen.

Die resultierenden Tropfen sind recht gleichmäßig eng verteilt, was bei einigen Prozessen von enormer Wichtigkeit ist (z. B. Sprühlackierung). Als nachteilig erweisen sich der niedrige energetische Wirkungsgrad und die Kosten für das Druckgas.

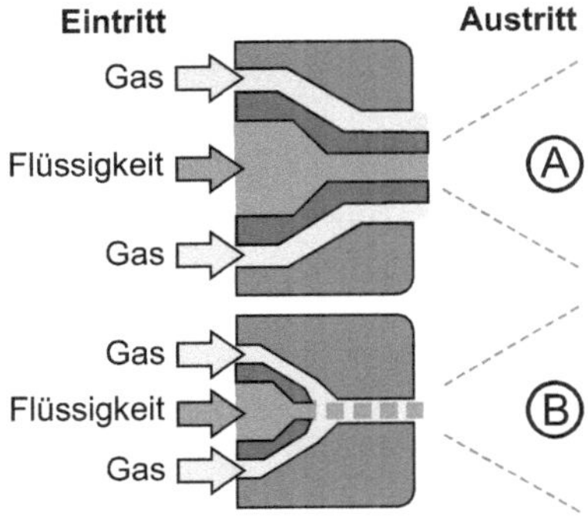

Bild 12.13
Außen- (A) und Innenmischung (B) an einer Düse

12.3.3 Zerspritzung

Beim Zerspritzungsvorgang werden die Tropfen durch die mechanische Wirkung eines bewegten Werkzeugs erzeugt. So kann z. B. durch Rotation eines Flügelrads durch feststehende Elemente Wasser zerspritzt und in den angrenzenden Gasraum fein verteilt ausgetragen werden. Damit ähneln das Verfahren und die verwendeten

Apparaturen deutlich mehr der Zerkleinerungstechnik als die Zerstäubung, da sie auf Schlag-, Stoß- und Prallvorgängen beruhen. Dabei können die beweglichen Teile in eine Flüssigkeit eintauchen, aber auch mit bewegten Flüssigkeitsströmen betrieben werden. Vorteilhaft sind häufig der gasseitige geringe Druckverlust und die hohen Durchsatzmengen.

12.4 Begasung

Unter Begasen (Dispergieren eines Gases) versteht man das Einbringen fein verteilter Blasen in ein flüssiges Medium zur Vergrößerung der Kontaktfläche zwischen Gas und Flüssigkeit. Wie bei den Oberflächenvergrößerungsmaßnahmen Zerstäubung und Zerkleinerung dient dieses Verfahren der Verbesserung von Wärme- und Stoffübergängen. Dies kann zu effektiveren Reaktionen oder auch in der biologischen Verfahrenstechnik zur optimierten Sauerstoffversorgung von Mikroorganismen führen. In den meisten Fällen ist es nicht präzise möglich vorherzusagen, welche Größenverteilung die zu erzeugenden Gasblasen besitzen, da enorm viele Parameter wie die zugeführte Gasmenge, die Flüssigkeitssäule über der Eingasstelle, die Dichte und die Verteilerart einander beeinflussen. Eine Darstellung der Prozesse erfolgt häufig durch die in der Strömungstechnik üblichen dimensionslosen Kennzahlen.

Zur Begasung existieren drei grundlegende Verfahren. Zum einen die Einbringung des Gases über poröse Materialien, die in Platten- oder Kerzenform in die Flüssigkeit getaucht werden. Als poröse Materialien kommen z. B. keramische Werkstoffe, Sintermetalle, aber auch Membranen und gelöcherte Einsteckrohre und Platten infrage. Zum anderen ist das Einrühren eines Gases mit den geeigneten Rührorganen eine Alternative, wobei auch eine Kombination aus beidem möglich ist. Ziel ist es, das Gas in eine Flüssigkeit einzuführen, dabei durch das poröse Material bzw. durch einen Rührer das Gas in feine Volumenelemente (Blasen) zu zerteilen und möglichst mit der gesamten Flüssigkeit in Kontakt zu bringen.

Als dritte Variante neben den statischen Begasern (z. B. poröse Materialien) und den Rührern haben sich auch dynamische Begaser etabliert. Diese erzeugen minimal kleine Blasen (Kleinstblasen) durch Eindüsen des Gases in die Flüssigkeit. Aus der anschließenden Zusammenlagerung der Kleinstblasen resultieren größere Blasen, bis hin zu einem Gleichgewichtsdurchmesser (*Deckwer* 1985). Typische Bauarten sind die Injektor- und die Ejektorstrahldüse, die als Treibmittel eine Flüssigkeit verwenden.

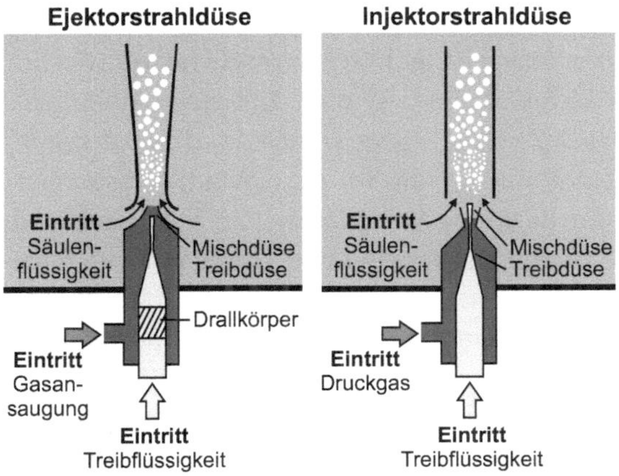

Bild 12.14 Bauarten von Strahldüsen

Ähnlich der Zerstäubung kommt es hier durch Gasvolumenstrom bzw. durch die Gasgeschwindigkeit an der Austrittsöffnung in die Flüssigkeit zu Strömungsunterschieden. Man kann hierbei das **Blasengasen** vom **Strahlgasen** unterscheiden, wobei es bei Ersterem zur Ausbildung definierter Blasen schon an der Austrittsöffnung kommt und beim Strahlgasen ein zusammenhängender Gaststrahl eingebracht wird, der erst innerhalb der Flüssigkeit in Blasen zerfällt. Diese beiden Strömungszustände werden direkt durch unterschiedliche Gasgeschwindigkeiten hervorgerufen. Bei einer niedrigen Gasgeschwindigkeit bilden sich Blasen, bei hohen hingegen ein Strahl, wobei die Bereiche durch einen Übergangszustand miteinander verbunden sind, in welchem wenig definierte Strömungszustände vorliegen. Wie bereits erwähnt, kommt es durch viele Einflussgrößen zu einer schwierig vorausberechenbaren Blasenbildung. Als wichtigste sind dabei zu nennen:

- **Apparatetechnische Parameter**

  Durchmesser und Anzahl der Einbringungsöffnungen, Volumen des Gasraumes vor der Einführung, Strömungsführung der Gaseinbringung

- **Betriebsparameter**

  Gasvolumenstrom, Flüssigkeitsbewegung, Druck und Temperatur

- **Stoffliche Parameter**

  Dichte, Viskosität, Oberflächenspannung der jeweiligen Gas- und Flüssigkeitsphase

Eine einfache Apparatur, die auf die Blasenbildung in Flüssigkeiten zurückgreift, ist die Blasensäule. In einer Blasensäule werden die Blasen am unteren Ende eingebracht (erzeugt) und dann durch Auftriebskräfte in einem Flüssigkeitsvolumen nach oben transportiert. Der Reaktor selbst besitzt häufig einen runden Querschnitt und eine deutlich größere Höhe als Breite.

Nach der Entstehung der Blasen durchtreten diese die Flüssigkeit in einer aufwärts gerichteten Bewegung als sogenanntes Blasenkollektiv (Blasenschwarm). Hierbei kommt es zur Ausbildung unterschiedlicher Strömungstypen. Um eine einheitliche Bezugsgröße für die aufsteigenden Blasen zu erhalten, verwendet man die Leerrohrgeschwindigkeit, bezogen auf den Gasvolumenstrom. Im Geschwindigkeitsbereich von 0,03 bis 0,08 m/s (abhängig von der Begasungsvorrichtung und den beteiligten Stoffen) entstehen in der Blasensäule relativ gleichmäßig verteilte Blasen in einem engen Durchmesserbereich, die somit auch recht einheitlich aufsteigen. Man spricht von einem **homogenen Strömungsbereich.** Nimmt die Leerrohrgeschwindigkeit des Gases zu, kommt es zu turbulenten Strömungserscheinungen (Wirbel), die eine ungleichmäßige Blasenverteilung durch Zusammenlagern oder Vereinigen einzelner Blasen erzeugen **(heterogener Strömungsbereich).**

Die so entstandenen größeren Blasen steigen bevorzugt in der Mitte des Säulenquerschnitts auf und rufen so eine Zirkulationsbewegung in der gesamten Säule hervor. Folge hiervon ist die nach unten gerichtete Strömung am Rand des Querschnitts, in dem kleine Blasen wieder mit nach unten gezogen werden können. Kommt es zu einer Zusammenlagerung von Blasen, die nahezu den gesamten Querschnitt einnehmen (bevorzugt bei kleinen Säulendurchmessern), führt dies zu einer **Kolbenblasenströmung** (vgl. Bild 12.15). Je nach benötigter Blasenströmungsart kann im Diagramm (Bild 12.15) die zu wählende Gasleerrohrgeschwindigkeit in Abhängigkeit vom Behälterdurchmesser ermittelt werden.

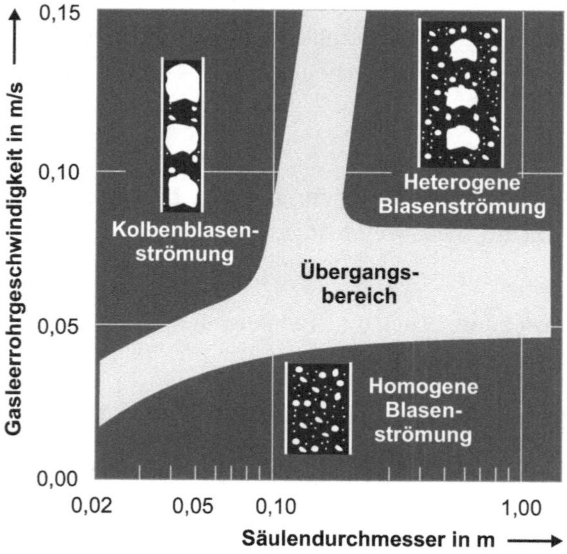

Bild 12.15 Auftreten von Blasenbereichen in einem Reaktor

Die Schwierigkeit einer Modellerstellung für das Blasenverhalten zeigt sich ebenfalls in der Veränderlichkeit der Form einer Blase. Kleinstblasen treten recht gleichmäßig in Kugelgestalt auf, wohingegen größere Blasen durch die angreifenden Strömungskräfte ihre Oberflächenform bei dem Durchtreten der Flüssigkeit ständig verändern. Die Blase nimmt eine ellipsoide (sphäroide) Form an, welche sich auf dem Strömungsweg ständig verändert. Diese symmetrische Form wird weiterhin durch lokale Strömungserscheinungen, z. B. durch benachbarte Blasen, wiederum in unsymmetrische Formen verändert. Einige Blasenformen zeigt Bild 12.16.

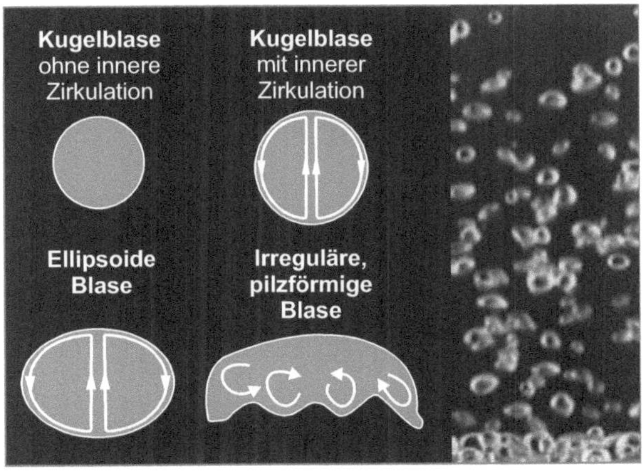

Bild 12.16 Blasenformen nach *Peebles* und *Garber*

Die Dispergierung von Gasblasen in Flüssigkeiten hat viele Anwendungsgebiete, so z. B. in der Chlorierung und der Ozonierung. Die Blasenbildung dient auch zum Transport von Flüssigkeiten (Mammutpumpensystem) oder zum Aufschwemmen von Feststoffpartikeln (Flotation).

13 Trennen disperser Systeme

13.1 Grundlagen

In der Verfahrenstechnik liegen die Produkte häufig als disperse Stoffsysteme vor (z. B. als Suspension, Emulsion oder Nebel). Das Trennen dieser Stoffsysteme kann auf unterschiedliche Weisen erfolgen. Es kommen mechanische, thermische und elektrische Trennverfahren zum Einsatz. Die Trennmethodik durch mechanische Kräfte ist dabei abhängig von der vorliegenden dispersen Phase und dem Dispersionsmittel.

- **Feststoff-Flüssigkeit**
  Sedimentieren, Zentrifugieren und Filtrieren
- **Feststoff-Feststoff**
  Sieben, Sichten und Klassieren
- **Feststoff-Gas**
  Zyklonieren, Filtrieren und Auswaschen
- **Flüssigkeit-Flüssigkeit**
  Absetzen, Zentrifugieren und Ultrafiltrieren
- **Gas-Flüssigkeit**
  Zentrifugieren und Filtrieren

Die dispersen Systeme sind neben den Aggregatzuständen der beteiligten Phasen auch durch ihre Partikelgröße zu unterscheiden. So haben Suspensionen Partikelgrößen von 0,5 bis 100 µm (und z. T. größer), Stäube von 0,5 bis 40 µm und Emulsionen von 0,01 bis 10 µm, was ebenfalls zu unterschiedlichen Trenntechniken führt, die allerdings in Bezug auf die Aggregatzustände der Phasen sehr ähnliche technische Grundlagen besitzen. Die kolloiden Stoffzusammensetzungen bilden dabei die Grenze der mechanischen

Trenntechnik und besitzen eine Partikelgröße von ca. 0,001 bis 0,1 µm. Sie sind in ihrem Verhalten eher den Molekülen ähnlich. Somit unterliegen sie Effekten, wie z. B. der *Brown*schen Molekularbewegung, und sind mechanisch kaum vom Dispersionsmittel zu trennen. Liegen disperse Partikel als Feststoff in einer Flüssigkeit vor, kann eine weitere Unterteilung über die Feststoffkonzentration vorgenommen werden (vgl. Tabelle 13.1), um das vorliegende System begrifflich näher zu beschreiben.

Tabelle 13.1 Einteilung der Suspensionsarten (β_P Massenkonzentration des Feststoffs)

Suspension	
grob	$x_P > 100\,\mu m$
fein	$x_P = 0{,}5$ bis $100\,\mu m$
Trübe	$\beta_p < 300$ g/l
Schlamm	$\beta_p > 300$ g/l

Hauptsächlich werden zwei grundsätzliche Verfahren angewandt, um Feststoffpartikel aus dem Dispersionsmittel zu entfernen, das **Absetzen** und das **Filtrieren.** Beim Absetzen wirken auf die Feststoffpartikel Kräfte, die zu einer Bewegung des Partikels führen. Diese Kräfte werden entweder durch die Schwerkraft (Sedimentation) oder durch erzeugte Schwerefelder (Zentrifugation) hervorgerufen. Das Filtrieren hingegen geschieht an einem porösen Material, was ähnlich wie beim Siebvorgang die Partikel zurückhält, die größer als die Poren sind.

13.2 Absetzprozesse

Die Absetzprozesse können in Sedimentieren, Zentrifugieren und Zyklonieren unterteilt werden. Bei der **Sedimentation** werden die Feststoffe durch die Schwerkraft abgeschieden. Dazu muss eine Mindestgröße der Teilchen von über 0,5 µm gegeben sein. Um eine einfache formeltechnische Beschreibung für den Absetzprozess zu erhalten, müssen zwei Voraussetzungen getroffen werden:

- Das sich absetzende Partikel hat eine Kugelform.
- Das sich absetzende Partikel bewegt sich mit konstanter Geschwindigkeit in einem ruhenden sowie unbegrenzten fluiden Medium.

Geht man von einem zu Beginn ruhenden kugelförmigen Partikel im Fluid aus, fängt dieses an, sich beschleunigt in Richtung der größeren wirkenden Kraft zu bewegen. Zu Beginn sind dies die Auftriebskraft F_A und die Gewichtskraft F_G:

$$F_A = V_P \cdot \rho_f \cdot g \tag{13.1}$$

$$F_G = m_P \cdot g \tag{13.2}$$

V_P Volumen des Partikels, r_f Dichte des Fluids, g Fallbeschleunigung (9,81 m/s^2), m_P Masse des Partikels

Anhand der Formfestlegung als Kugel können die Masse und das Volumen des Partikels anhand der Dichte des Feststoffs $r_{P,s}$ und des Durchmessers d_P ausgedrückt werden.

$$F_A = \frac{\pi}{6} \cdot d_P^3 \cdot \rho_f \cdot g$$

und

$$F_G = \frac{\pi}{6} \cdot d_P^3 \cdot \rho_{P,S} \cdot g$$

Beim Beschleunigen nimmt nun die Geschwindigkeit des Teilchens zu; somit erhöht sich die Widerstandskraft, die entgegengesetzt der Bewegungsrichtung wirkt (vgl. Bild 13.1).

$$F_W = \zeta_P \cdot A_A \cdot \frac{\rho_f}{2} \cdot w_P^2 \tag{13.3}$$

w_P Geschwindigkeit des Partikels, ζ_P dimensionsloser Widerstandsbeiwert des Partikels (*Reynolds*-Zahl-abhängig), A_A Anströmfläche (Projektionsfläche, Schattenfläche)

$$F_W = \zeta_P \cdot \frac{\pi}{4} \cdot d_P^2 \cdot \frac{\rho_f}{2} \cdot w_P^2 \text{ (kugelförmige Partikel)}$$

Die **Geschwindigkeit** wird **konstant**, wenn sich ein Kräftegleichgewicht eingestellt hat.

$$F_G - F_W - F_A = 0$$

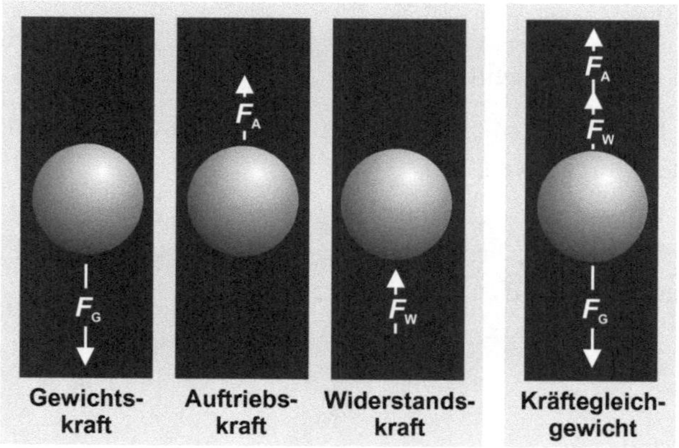

Bild 13.1
Wirkende Kräfte an einer fallenden Kugel und das sich einstellende Kräftegleichgewicht

Durch Einsetzen der Einzelkräfte in das Gleichgewicht und Umstellen nach der Geschwindigkeit ergibt sich für kugelförmige Partikel:

$$w_P = \sqrt{\frac{4}{3} \cdot \frac{d_P \cdot g}{\zeta_P} \cdot \frac{\rho_{P,s} - \rho_f}{\rho_f}} \tag{13.4}$$

Die Geschwindigkeit des Partikels hängt zum einen vom Dichteunterschied zwischen Lösung und Feststoff ab, denn je größer dieser Unterschied ist, desto schneller bewegt sich das Teilchen. Ein weiterer Faktor ist die Partikelgröße, da größere Teilchen bei gleicher Dichte schneller sinken als kleine Partikel. Eine „Partikelvergrößerung" kann durch Agglomeration (vgl. Kapitel 15) oder Flockung erhalten werden. Ein großer Widerstandsbeiwert hingegen führt zu geringeren Geschwindigkeiten. Den Widerstandsbeiwert erhält man experimentell. In der Literatur finden sich viele Messwerte für Kugeln mit glatter Oberfläche. Beispielhaft wird folgende Darstellung angeführt.

Bild 13.2 zeigt die Abhängigkeit des Widerstandsbeiwerts einer Kugel von der *Reynolds*-Zahl, welche wiederum durch die Geschwindigkeit des Partikels in dem jeweiligen Fluid beeinflusst wird. Bei niedrigen *Reynolds*-Zahlen bis zum Wert 0,5 kann durch die laminare Umströmung des kugelförmigen Partikels von einer linearen Abhängigkeit zwischen Widerstandsbeiwert und *Reynolds*-Zahl ausgegangen werden. Die Berechnung der Geschwindigkeit vereinfacht sich, da der Widerstandsbeiwert nach Stokes durch folgenden Ausdruck ermittelt werden kann:

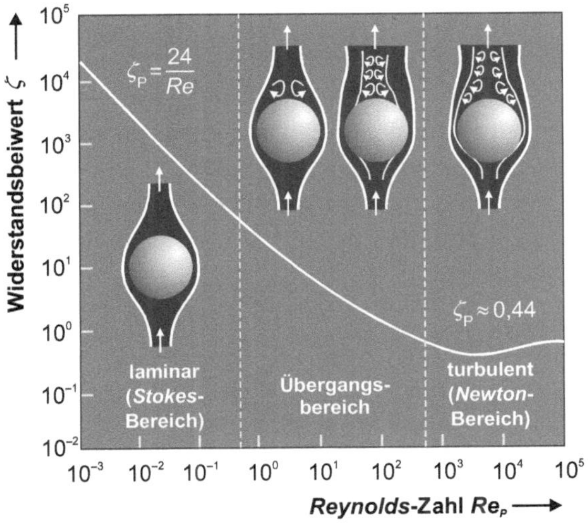

Bild 13.2
Widerstandsbeiwert als Funktion der *Reynolds*-Zahl und die Strömungsverläufe an einer Kugel

$$\zeta_P = \frac{24}{Re_P} \tag{13.5}$$

für $Re_P < 0,5$

Für die Partikelgeschwindigkeit in diesem Bereich gilt nach Einsetzen des Widerstandsbeiwerts und Auflösen der *Reynolds*-Zahl:

$$w_P = \frac{1}{18} \cdot \frac{d_P^2 \cdot g}{\eta_f} \cdot (\rho_{P,s} - \rho_f) \tag{13.6}$$

η_f Viskosität des Fluids und $Re_P = \frac{w_P \cdot d_P \cdot \rho_f}{\eta_f}$

Die Viskosität ist stark temperatur- und druckabhängig. Sie nimmt bei einer Temperaturabnahme sowie bei einer Druckzunahme exponentiell zu und verlangsamt die Partikelgeschwindigkeit. In der Praxis ist die Partikelgeschwindigkeit nach *Stokes* eine der wichtigsten Sedimentationsgrößen, da häufig von einer laminaren Umströmung ausgegangen werden kann. Sie wird unter anderem zur Partikelgrößenunterscheidung herangezogen. Um eine Anpassung an reale Verhältnisse zu erhalten, muss berücksichtigt werden, dass die Form von einer Kugel abweicht. Diese Anpassung erzielt man durch die Berücksichtigung der **Sphärizität ψ_P** (vgl. Abschnitt 11.2).

Ferner handelt es sich in der Anwendung nicht um ein einzelnes isoliertes bewegtes Partikel, sondern um ein Kollektiv, welches Wechselwirkungen untereinander besitzt. Eine Kompensation dieses Effekts erreicht man durch den **Konzentrationsbeiwert *k***, der umso kleiner ist, je größer die Feststoffkonzentration wird. Eine Korrektur der „unbehinderten" Sinkgeschwindigkeit im laminaren Bereich ergibt:

$$w_P = \psi_P \cdot k \cdot \frac{1}{18} \cdot \frac{d_P^2 \cdot g}{\eta_f} \cdot (\rho_{P,s} - \rho_f) \tag{13.7}$$

Bei der laminaren Umströmung spricht man auch von „schleichender Strömung", die allerdings bei wachsenden *Reynolds*-Zahlen, d. h. stärkerer Anströmung des Partikels, durch aufkommende Stromablösungen und turbulente Erscheinungen beeinflusst wird, wobei sich die Widerstandskraft überproportional vergrößert. Man verlässt den linearen Bereich (vgl. Bild 13.2) und kommt bei *Reynolds*-Zahlen zwischen 0,5 und 500 in den Übergangsbereich und darauf in den turbulenten Bereich (*Newton*-Bereich, $Re = 500$ bis 150 000).

Im turbulenten Bereich gilt:

$$\zeta_P \approx 0{,}44 \tag{13.8}$$

für $Re_P = 500$ bis 150 000 und

$$w_P = 1{,}741 \cdot \sqrt{d_P \cdot g \cdot \frac{\rho_{P,s} - \rho_f}{\rho_f}} \tag{13.9}$$

Die Abhängigkeiten vom Partikeldurchmesser ändern sich in den Strömungsbereichen:

- laminarer Bereich: $w_P \sim d_P^2$
- turbulenter Bereich: $w_P \sim d_P^{0,5}$

Für den Übergangsbereich (Re_P = 0,5 bis 500) existieren in der Literatur unterschiedliche Näherungsformeln zur Berechnung des Widerstandsbeiwerts als Funktion der *Reynolds*-Zahl, z. B.:

für $Re < 150\,000$ nach *Kaskas*

$$\zeta_P = \frac{24}{Re} + \frac{4}{\sqrt{Re}} + 0,4 \tag{13.10}$$

für $Re < 150\,000$ nach *Martin*

$$\zeta_P = \frac{21}{Re} + \frac{6}{\sqrt{Re}} + 0,28 \tag{13.11}$$

Bedingt durch die **Abhängigkeit der *Reynolds*-Zahl und des Widerstandsbeiwerts** von der Partikelgeschwindigkeit kann keine einfache Berechnung des Widerstandsbeiwerts ohne eine Iteration erfolgen. Um diese Problematik zu umgehen, fasst man die *Reynolds*-Zahl und den Widerstandsbeiwert zusammen und erhält eine einzige dimensionslose Kennzahl, die die Berechnungen und die Beurteilung des vorliegenden Zustands vereinfachen. Dazu geht man wie folgt vor:

Aus der umgestellten Formel für die Geschwindigkeitsberechnung einer Kugel

$$w_P^2 \cdot \zeta_P = \frac{4}{3} \cdot d_P \cdot g \cdot \frac{\rho_{P,s} - \rho_f}{\rho_f}$$

und der umgestellten Formel für die Berechnung der *Reynolds*-Zahl

$$w_P = \frac{Re_P \cdot \eta_f}{d_P \cdot \rho_f}$$

erhält man durch Einsetzen und Umstellen folgenden Term, der ausschließlich aus Stoffdaten und der Partikelgröße besteht. Die dimensionslose Kenngröße wird *Archimedes*-Zahl genannt.

$$Ar = \frac{d_P^3 \cdot g \cdot \rho_f \cdot (\rho_{P,s} - \rho_f)}{\eta_f^2} = \frac{3}{4} Re_P^2 \cdot \zeta_P \tag{13.12}$$

Als Grenzen ergeben sich:

- **Grenze für laminare Strömung**
  $Re = 0{,}5$ und $\zeta_P = \frac{24}{Re_P} \longrightarrow Ar = 9$
- **Grenze für turbulente Strömung**
  $Re = 500$ und $\zeta_P = 0,44 \longrightarrow Ar = 82500$

Die beiden genannten Modelle für den Übergangsbereich (Formel 13.10 und Formel 13.11) beschreiben allerdings auch den Verlauf der Kurve bis $Re = 150\,000$ hinlänglich genau. Mit den Ähnlichkeitsbeziehungen aus Tabelle 13.2 kann jeder beliebige Sedimentationsvorgang berechnet werden, auch in gasförmigen Fluiden. Der Vorteil liegt darin begründet, dass durch die Ermittlung der *Archimedes*-Zahl anhand der Stoffdaten direkt auf die *Reynolds*-Zahl und somit auf die Sinkgeschwindigkeit geschlossen werden kann, ohne den Widerstandsbeiwert berechnen zu müssen.

Tabelle 13.2 Umströmungsbereiche in Abhängigkeit von der *Archimedes*-Zahl

Umströmungsbereich		
laminar	$Ar < 9$	$Re_P = \frac{Ar}{18}$
Übergang (nach *Zogg*)	$9 < Ar < 82\,500$	$Re_P = 18 \cdot \left[\sqrt{1 + \frac{\sqrt{Ar}}{9}} - 1\right]^2$
turbulent	$Ar > 9$	$Re_P = 1,74 \cdot \sqrt{Ar}$
$w_P = \frac{Re_P \cdot \eta_f}{d_P \cdot \rho_f}$		

Beispiel 13.1

Ein nahezu kugelförmiges Staubkorn mit dem Durchmesser 5 µm und einer Dichte von 2500 kg/m³ wird in einem großen Raum aufgewirbelt und befindet sich auf einer Höhe von 1,5 m. Es soll die Zeit berechnet werden, die das Staubkorn benötigt, um auf den Boden abzusinken, wenn man von unbewegter Luft (Dichte 1,2 kg/m³) im Raum ausgeht. Die Sinkzeit ist mit der Sinkzeit in einem mit Wasser (Dichte 1000 kg/m³) gefüllten Raum bei 20 °C zu vergleichen.

Aus Tabellenwerken ermittelt man: $\eta_{\text{Luft},20°\text{C}} = 1,81 \cdot 10^{-5}\ \text{Pa} \cdot \text{s}$,
$\eta_{\text{Wasser},20°\text{C}} = 100 \cdot 10^{-5}\ \text{Pa} \cdot \text{s}$

Berechnung der *Archimedes*-Zahl:

$$Ar = \frac{d_P^3 \cdot g \cdot \rho_f \cdot (\rho_{P,s} - \rho_f)}{\eta_f^2}$$

$$Ar_{\text{Luft}} = \frac{(5 \cdot 10^{-6}\text{m})^3 \cdot 9,81\frac{\text{m}}{\text{s}^2} \cdot 1,2\frac{\text{kg}}{\text{m}^3} \cdot \left(2500\frac{\text{kg}}{\text{m}^3} - 1,2\frac{\text{kg}}{\text{m}^3}\right)}{(1,81 \cdot 10^{-5}\text{Pa} \cdot \text{s})^2} = 0,01122$$

$$Ar_{\text{Wasser}} = \frac{(5 \cdot 10^{-6}\text{m})^3 \cdot 9,81\frac{\text{m}}{\text{s}^2} \cdot 1000\frac{\text{kg}}{\text{m}^3} \cdot (2500 - 1000)\ \frac{\text{kg}}{\text{m}^3}}{(100 \cdot 10^{-5}\text{Pa} \cdot \text{s})^2} = 0,00184$$

Beide Werte sind kleiner als 9, also gilt:

$$Re_{\mathrm{P,Luft}} = \frac{Ar_{\mathrm{Luft}}}{18} = 6,24 \cdot 10^{-4}$$

$$Re_{\mathrm{P,Wasser}} = 1,02 \cdot 10^{-4}$$

Die idealisierten Sinkgeschwindigkeiten betragen:

$$w_{\mathrm{P,Luft}} = \frac{Re_{\mathrm{P,Luft}} \cdot \eta_{\mathrm{Luft,20^\circ C}}}{d_{\mathrm{P}} \cdot \rho_{\mathrm{Luft,20^\circ C}}} = \frac{6,24 \cdot 10^{-4} \cdot 1,81 \cdot 10^{-5}\ \mathrm{Pa \cdot S}}{5 \cdot 10^{-6}\ \mathrm{m} \cdot 1,2 \frac{\mathrm{kg}}{\mathrm{m^3}}}$$

$$w_{\mathrm{P,Luft}} = 6,77 \frac{\mathrm{m}}{\mathrm{h}}$$

und

$$w_{\mathrm{P,Wasser}} = 0,0736 \frac{\mathrm{m}}{\mathrm{h}}$$

Vernachlässigt man die Beschleunigungsphase, erhält man folgende Absinkzeiten:

$$t_{\mathrm{P,Luft}} = \frac{1,5\ \mathrm{m}}{6,77 \frac{\mathrm{m}}{\mathrm{h}}} = 0,22\ \mathrm{h} = 13\ \mathrm{min}$$

$$t_{\mathrm{P,Wasser}} = 20,4\ \mathrm{h} = 1223\ \mathrm{min}$$

Es können mit der Sedimentation unterschiedliche Ziele verfolgt werden. Zum einen kann die Flüssigkeit von den Feststoffpartikeln getrennt werden, um möglichst partikelfrei zu sein (Klären, Dekantieren). Zum anderen kann der Feststoff aufkonzentriert werden (Eindicken).

13.2.1 Sedimenter

Ein klassisches Anwendungsfeld findet sich für die **Klärung** im Bereich der kommunalen Abwasserbehandlung. Um Schwebstoffe, wie z. B. Bakterienflocken, aus dem Wasser zu entfernen, wird es durch Klärbecken geleitet (vgl. Bild 13.3). Die Zuführung in einem Sedimenter erfolgt unterhalb der Wasseroberfläche. Durch das langsame Durchströmen kommt es zum Absetzen der Feststoffe, die im Bodenbereich mit einem sich langsam bewegenden Schieber zum Austritt befördert werden. Das geklärte Wasser wird im Oberflächenbereich abgeführt. Bei Bauarten, die horizontal durchflossen werden, erfahren die Partikel neben der senkrecht wirkenden Geschwindigkeitskomponente auch eine in horizontaler Richtung, was bei der Ermittlung der Sinkstrecke und Dauer berücksichtigt werden muss.

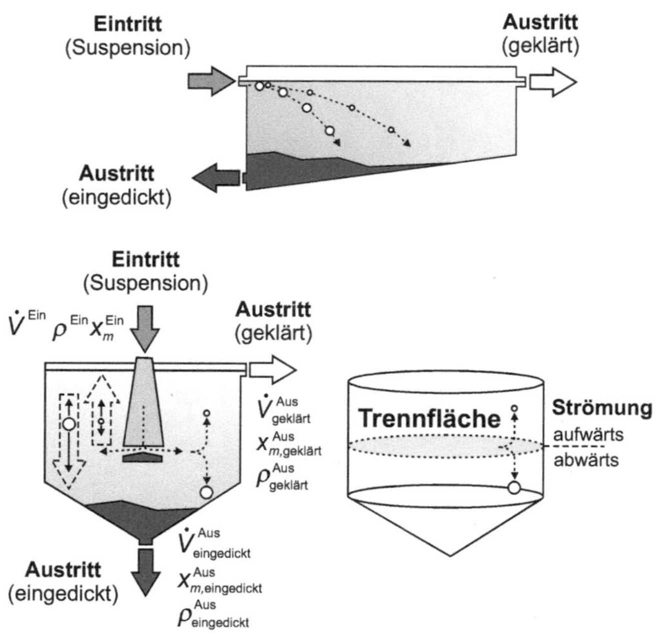

Bild 13.3 Horizontalsedimenter (oben) und Vertikalsedimenter (unten)

In einem vertikal durchströmten Sedimenter teilt sich der eintretende Suspensionsstrom in einen aufwärts und einen abwärts gerichteten Volumenstrom, die letztendlich aus dem Sedimenter abgeführt werden. Für eine rechnerische Annäherung an die Sedimentationsvorgänge werden folgende Bilanzen aufgestellt:

Gesamtbilanz

$$\dot{m}^{Ein} = \dot{m}^{Aus}_{geklärt} + \dot{m}^{Aus}_{eingedickt}$$

Feststoffbilanz

$$\dot{m}^{Ein} \cdot X^{Ein}_{m,s} = \dot{m}^{Aus}_{geklärt} \cdot X^{Aus}_{m,s,geklärt} + \dot{m}^{Aus}_{eingedickt} \cdot x^{Aus}_{m,s,eingedickt}$$

x_m Massenanteil des Feststoffs in der Suspension in kg/kg

Für eine vollständige Entfernung der Feststoffe bei dem Sedimentationsprozess ist der Feststoffanteil $x_{m,s,geklärt} = 0$. Nach Ersetzen des Massenstromes durch das Produkt aus Volumenstrom und der zugehörigen Dichte erhält man durch Zusammenführen der Gleichungen:

$$\dot{V}^{Aus}_{geklärt} = \dot{V}^{Ein} \cdot \frac{\rho^{Ein}}{\rho^{Aus}_{geklärt}} \cdot \left(1 - \frac{x^{Ein}_{m,s}}{X^{Aus}_{m,s,eingedickt}}\right) \tag{13.13}$$

$$\dot{V}^{\text{Aus}}_{\text{eingedickt}} = \dot{V}^{\text{Ein}} \cdot \frac{\rho^{\text{Ein}}}{\rho^{\text{Aus}}_{\text{eingedickt}}} \cdot \frac{x^{\text{Ein}}_{m,s}}{x^{\text{Aus}}_{m,s,\text{eingedickt}}} \tag{13.14}$$

Der resultierende Feststoffanteil in der eingedickten Suspension kann über die Restfeuchte φ_{RF} ausgedrückt werden, da ein durch Sedimentation erzeugter Schlamm nie wasserfrei sein kann.

$$x^{\text{Aus}}_{m,\text{s,eingedickt}} = 1 - \varphi_{\text{RF}} = 1 - \frac{m_{\text{Wasser}}}{m_{\text{Schlamm}}} \tag{13.15}$$

In einem Vertikalsedimenter wird eine aufwärts gerichtete Strömung erzeugt (vgl. Bild 13.3), die sich aufgrund der Konstruktionsweise vertikal mit konstanter Geschwindigkeit bewegt, sozusagen senkrecht zur Trennfläche. Feststoffpartikel, die eine größere Sinkgeschwindigkeit besitzen als diese aufwärts gerichtete Geschwindigkeit, sinken auf den Boden des Sedimenters ab. Partikel mit kleinerer Sinkgeschwindigkeit werden mit der geklärten Flüssigkeit abgeführt. Für einen solchen Vertikalstromapparat kann die Ermittlung der Fließgeschwindigkeit aus der Trennfläche und dem Volumenstrom erfolgen.

$$w_{\text{f,aufwärts}} = \frac{\dot{V}^{\text{Aus}}_{\text{geklärt}}}{A_{\text{Trenn}}} \tag{13.16}$$

Setzt man diese Geschwindigkeit als Trennkriterium in die Sinkgeschwindigkeitsformel für kugelförmige Partikel im *Stokes*-Bereich ein, gelangt man zu der Teilchengröße, die ideal betrachtet im Gleichgewicht ist und somit in der Flüssigkeit „schwebt" bzw. in keine Richtung abgeführt wird (Trennpartikelgröße).

$$d_{\text{P,Trenn}} = \sqrt{\frac{18 \cdot \eta_{\text{f}} \cdot w_{\text{f,aufwärts}}}{g \cdot \left(\rho_{\text{P,s}} - \rho_{\text{f}}\right)}} \tag{13.17}$$

Die sedimentierten Partikel bilden den sogenannten Schlamm. Diese Trennung ist keine „scharfe" Trennung, sondern es befinden sich auch größere Partikel als $d_{\text{P,Trenn}}$ in der geklärten Flüssigkeit und feinere im Schlamm. Die zugehörige Theorie der Trennschärfe wird in Abschnitt 13.2.2 näher beschrieben. Die benötigte Trennfläche lässt sich auch über die Sinkgeschwindigkeit des kleinsten abzutrennenden Partikels ausdrücken:

$$A_{\text{Trenn}} = \frac{\dot{V}^{\text{Aus}}_{\text{geklärt}}}{w_{\text{P,sink}}}$$

Beispiel 13.2

Mit einem runden Vertikalsedimenter sollen aus einem Abwasser Partikel mit der Größe $d_P > 50\,\mu m$ abgeschieden werden. Es fließen 1200 m³/h Abwasser mit 20 °C und einem Feststoffanteil $x^E_{(m,s)} in = 0,3$ zu (Dichte Suspension 1250 kg/m³, Dichte des Feststoffs 2600 kg/m³) und vollständig geklärtes Wasser mit einer Dichte von 1000 kg/m³ ab. Der abgezogene Schlamm hat einen Feststoffanteil von 70 Gew.-%. Es soll der mindestens erforderliche Durchmesser für den Sedimenter ermittelt werden, wobei von einer laminaren ungehinderten Umströmung der kugelförmigen Partikel ausgegangen wird.

Berechnung des Volumenstroms der geklärten Lösung nach Formel 13.13:

$$\dot{V}^{Aus}_{geklärt} = 1200\frac{m^3}{h} \cdot \frac{1250\frac{kg}{m^3}}{1000\frac{kg}{m^3}} \cdot \left(1 - \frac{0,3}{0,7}\right) = 857,1\frac{m^3}{h}$$

Bei laminaren Verhältnissen und Wasser bei 20 °C berechnet sich die Sinkgeschwindigkeit nach *Stokes*, Formel 13.6:

$$\begin{aligned} w_{P,sink} &= \frac{1}{18} \cdot \frac{\left(50 \cdot 10^{-6}m\right)^2 \cdot 9,81\frac{m}{s^2}}{1,02 \cdot 10^{-3}Pa} \cdot \left(2600\frac{kg}{m^3} - 1000\frac{kg}{m^3}\right) \\ &= 2,14 \cdot 10^{-3}\frac{m}{s} \end{aligned}$$

Die mindestens benötigte Klärfläche berechnet sich durch:

$$A_{Trenn} = \frac{\dot{V}^{Aus}_{geklärt}}{w_{P,sink}} = \frac{857,1\frac{m^3}{h}}{2,14 \cdot 10^{-3}\frac{m}{s} \cdot 3600\frac{s}{h}} = 111,4m^2$$

Bei einem runden Vertikalsedimenterbecken ergibt sich daraus ein Durchmesser von 11,9 m.

Es wird an den beschriebenen Zusammenhängen deutlich, dass die Trenn- oder Klärfläche eine große Bedeutung für den Klärprozess besitzt, da sie bei festliegendem Volumenstrom die Strömungsgeschwindigkeit bestimmt. Die Höhe ist für die Absetzprozesse nicht entscheidend. Sie wird nur zur Schaffung von beruhigten Zonen zur besseren Schlammabsetzung häufig groß gewählt. Eine Vergrößerung der Fläche kann auch durch die kompakte Bauweise in einem Lamellensedimenter umgesetzt werden, der wesentlich platzsparender ist. Die Trennfläche pro Lamelle wird durch die Neigung zwar kleiner (vgl. Bild 13.4), was durch die Anzahl der Lamellenflächen allerdings kompensiert wird.

Für ein Blech und N Lamellen:

$$\cos\alpha = \frac{A_{\text{Trenn}}}{A_{\text{Lamelle}}}$$

und

$$A_{\text{Trenn}} = A_{\text{Lamelle}} \cdot \cos\alpha \cdot N$$

$$A_{\text{Trenn}} = \frac{\dot{V}^{\text{Ein}}}{w_{\text{P,sink}}} \cdot \frac{\rho^{\text{Ein}}}{\rho^{\text{Aus}}_{\text{geklärt}}} \cdot \left(1 - \frac{x^{\text{Ein}}_{m}}{x^{\text{Aus}}_{m,\text{eingedickt}}}\right) \cdot \cos\alpha \cdot N \tag{13.18}$$

Die unterschiedlichen Absetzgeschwindigkeiten von Partikeln werden auch zum gezielten Trennen feiner und grober Fraktionen in einem Partikelkollektiv genutzt **(Klassieren).** Eine Unterteilung kann dabei in **Siebklassierer** (vgl. Kapitel 10, Siebanalyse) und **Stromklassierer** erfolgen. Bei letzterem existieren neben den Methoden mit Flüssigkeiten auch Verfahren, bei denen der Sedimentationsvorgang in einem Gasstrom erfolgt, wobei die Geschwindigkeit des Gases die Trennpartikelgröße bestimmt. Man spricht bei diesem Verfahren von **(Wind-)Sichten**. Die dazu verwendeten Apparaturen bestehen aus einem senkrechten Rohr, das einen seitlichen Einlass für das trockene Aufgabegut besitzt. Das Rohr wird von unten nach oben vom Gas durchströmt, und die Partikel mit der Trennkorngröße schweben beim Trennvorgang im Rohr, wohingegen die feineren Partikel mit dem Gasstrom nach oben abgeführt werden und die gröberen Partikel nach unten sedimentieren. Dieses Verfahren ist allerdings durch seine geringe Trennschärfe (vgl. Abschnitt 13.2.2) nicht häufig einsetzbar, außer z. B. für eine grobe Trennung zweier Fraktionen aus einer Partikelverteilung mit zwei Maxima.

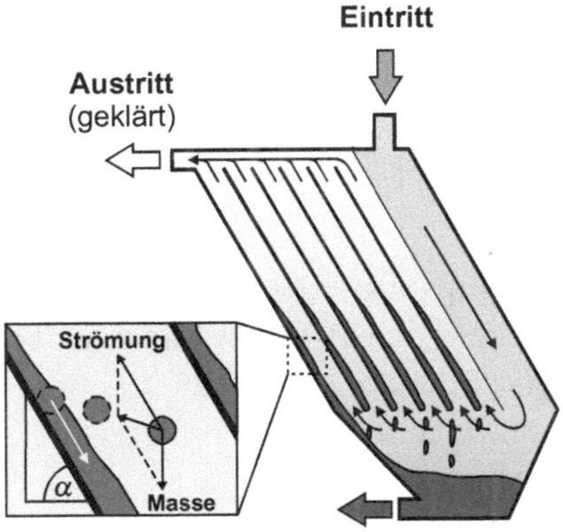

Bild 13.4
Funktionsweise eines Lamellensedimenters

13.2.2 Trennschärfe und Abscheidegrad

Hat eine Trennung eines Partikelkollektivs in zwei Fraktionen stattgefunden, kann die Trennschärfe aus den daraus resultierenden Verteilungsdichtekurven von Grobgut und Feingut entnommen werden.

Bild 13.5 zeigt die Verteilungsdichtekurven vor und nach einer idealen Klassierung. Im Anwendungsfall findet aber keine ideale Trennung statt, vielmehr treten überlappende Kurvenverläufe auf, was darauf zurückzuführen ist, dass Partikel, die kleiner als die Trennpartikelgröße sind, trotzdem im Grobgut (Unterkorn) vorliegen und umgekehrt gröbere Partikel im Feingut (Überkorn). Diese Charakteristik ist für einen Trennvorgang typisch. Das Fehlgut kann dabei mehr oder weniger ausgeprägt vorliegen. Die Qualität der durchgeführten Trennung und die Trennpartikelgröße können aufgrund der Verteilungen ermittelt werden.

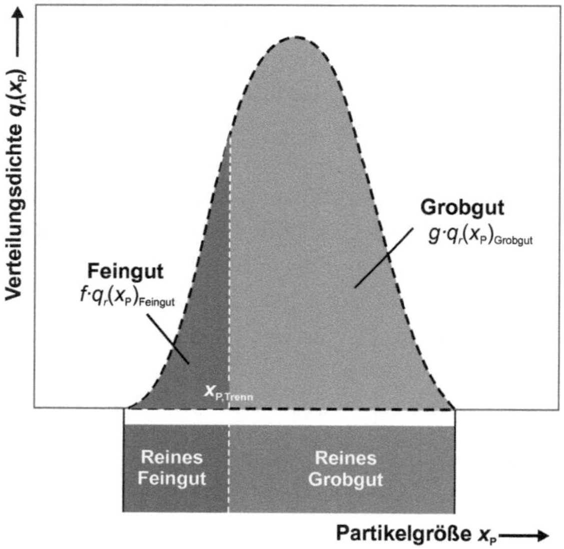

Bild 13.5 Verteilungsdichte einer idealen Trennung

Da alle Partikel idealerweise vor und nach der Trennung (in gleicher Form) erhalten bleiben, wird die Gesamtverteilungsdichte durch die anteilskorrigierten Summen der Verteilungsdichten des Fein- und des Grobguts ausgedrückt. Die Berechnung kann für alle Mengenarten durchgeführt werden. Hier liegt z. B. eine Massenbilanz zugrunde.

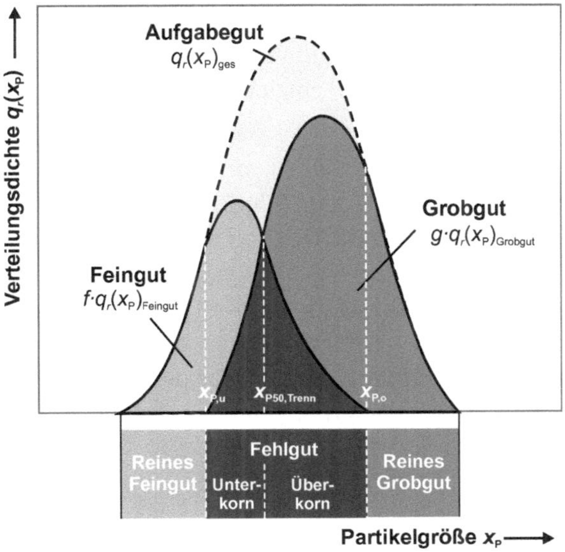

Bild 13.6 Verteilungsdichtekurven nach einer Trennung

$$q_3(x_P)_{ges} = f \cdot q_3(x_P)_{Feingut} + g \cdot q_3(x_P)_{Grobgut} \tag{13.19}$$

mit $f = \frac{m_{Feingut}}{m_{ges}}$, $g = \frac{m_{Grobgut}}{m_{ges}}$ und $g + f = 1$.

Um eine anschauliche Darstellungsweise zu erhalten, wurde der Trenngrad nach *Tromp* eingeführt. Bezieht man diese Größe auf den Grobgutanteil, erhält man:

$$T_3(x_P) = g \cdot \frac{q_3(x_P)_{Grobgut}}{q_3(x_P)_{ges}} \tag{13.20}$$

Eine Berechnung anhand des Feingutanteils führt zu:

$$T_3(x_P) = 1 - \frac{f \cdot q_3(x_P)_{Feingut}}{q_3(x_P)_{ges}} \tag{13.21}$$

Kombiniert ergibt sich:

$$T_3(x_P) = \frac{g \cdot q_3(x_P)_{Grobgut}}{g \cdot q_3(x_P)_{Grobgut} + f \cdot q_3(x_P)_{Feingut}} \tag{13.22}$$

Verwendet man die Werte z. B. aus einer Siebanalyse, bei der man einzelne Partikelklassen und deren Rückstände erhält, kann der Trenngrad auch folgendermaßen ausgedrückt werden:

$$T_3(x_P) = g \cdot \frac{\Delta R_{Grobgut}}{\Delta R_{ges}} \tag{13.23}$$

Definitionsgemäß beschreibt der Trenngrad das Verhältnis zwischen einem Mengenanteil einer Partikelgröße (oder eines Partikelgrößenintervalls) im Grobgut und im gesamten Aufgabegut. Der Kurvenverlauf stellt den Fehlgutbereich von $x_{P,u}$ bis $x_{P,o}$ dar.

Prinzipiell liegt die Trennpartikelgröße zwischen den beiden Partikelgrößen $x_{P,u}$ und $x_{P,o}$, wobei eigentlich jeder Wert angegeben werden könnte. Häufig gibt man den Medianwert $x_{P,T50}$ bei einem Trenngrad von 0,5 an. Der Verlauf, der an der Trennkorngröße senkrecht ansteigt, stellt eine ideale Trennung ohne Fehlgut dar. Je näher die realen Verläufe sich diesem annähern, desto besser ist die Klassierung, was als gute **Trennschärfe** bezeichnet wird. Um diesem Effekt eine berechenbare Größe zugrunde zu legen, hat man den **Trennschärfegrad *κ*** definiert, der sich aus dem Quotienten der Partikelgrößen der Trenngrade ergibt, die symmetrisch um den Trenngrad der Trennpartikelgröße ($x_{P,T50}$) verteilt sind.

$$\kappa = \frac{x_{P,T50-\Delta T}}{x_{P,T50+\Delta T}} \tag{13.24}$$

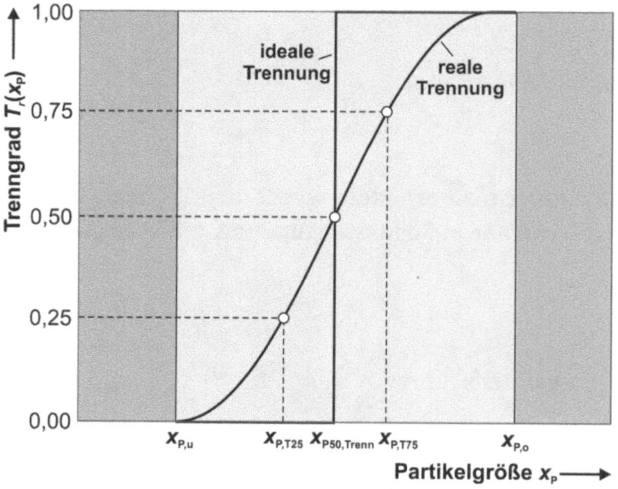

Bild 13.7 Trenngradkurve mit realem und idealem Verlauf

Je nach Anwendungsgebiet und vorliegender Kornverteilung kommen z. B. Wertepaare von $x_{P,T25}$ und $x_{P,T75}$ oder $x_{P,T16}$ und $x_{P,T84}$ zum Einsatz. Analysentechnische Trennschärfen liegen im Bereich von 0,8 bis 0,9 und in der Technik vorliegende können je nach Trennaufwand von 0,3 bis 0,8 variieren. Allerdings erlaubt der Trennschärfegrad nicht für alle Anwendungsfälle eine sinnvolle Aussage, da er letztlich keine Aussagen über den Verlauf „hinter" den gesetzten Grenzen macht.

Beim Klassieren kommt dem Trennen feiner und grober Bestandteile die Hauptaufgabe zu, wohingegen beim **Abscheiden** möglichstalle dispersen Partikel abgeschieden werden sollen. Der Abscheidegrad berechnet sich zu:

$$\eta_{\text{AG}} = \frac{\beta_{\text{abgeschieden}}}{\beta^{\text{Ein}}} = \frac{\beta^{\text{Ein}} - \beta^{\text{Aus}}}{\beta^{\text{Ein}}} \tag{13.25}$$

Für eine differenziertere Betrachtung kann der Abscheidegrad auch auf einzelne Fraktionen oder Partikeldurchmesser x_{P} bezogen werden, die z. B. aus einer Siebanalyse stammen:

$$\eta_{\text{AG}}(x_{\text{P}}) = \frac{x_{\text{P}} \cdot \beta^{\text{Ein}} - x_{\text{P}} \cdot \beta^{\text{Aus}}}{x_{\text{P}} \cdot \beta^{\text{Ein}}} \tag{13.26}$$

Im Gegensatz zum Absetzen kommt es beim **Teilen** eines Partikelkollektivs zum Zerlegen in zwei oder mehr variable Anteile (vgl. Bild 13.8). Das Hauptziel des Teilens ist es, dass alle Teilproben die gleiche Partikelverteilungsdichte aufweisen und somit ein möglichst ähnliches Abbild des Ursprungskollektivs sind, nur in kleinerer Menge.

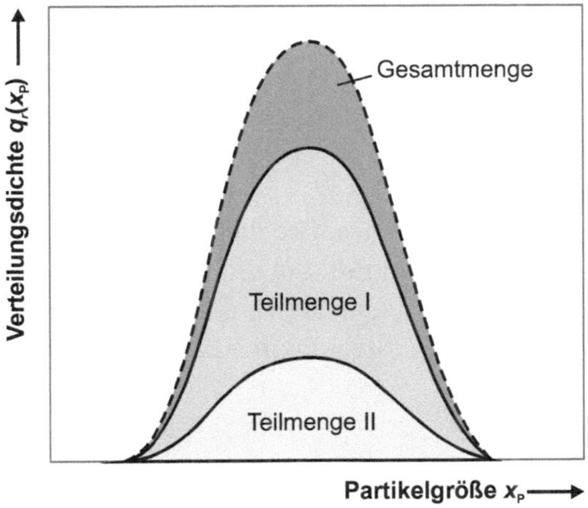

Bild 13.8 Verteilungsdichtekurven einer idealen Teilung

13.2.3 Zentrifuge

Beim Sedimentieren wird das Schwerefeld der Erde ausgenutzt, um die in Sedimentationsrichtung wirkende Kraft zu erzeugen. Somit ist die abscheidende Kraftkomponente begrenzt, und Partikel mit sehr geringer Größe oder mit einem geringen Dichteunterschied zum Fluid sind nur unter hohem Zeit- bzw. Energieaufwand (z. B. Erwärmen des Fluids zur Senkung der Viskosität) zu realisieren. Um die wirkende Kraft auf die Partikel zu erhöhen, werden Fliehkraftfelder als Schwerefelder erzeugt. Dazu wird entweder ein rotierendes Fluid erzeugt, das relativ zum rotierenden Behältnis gesehen ruht (**Zentrifuge**), oder dem Fluid wird in einem ruhenden Behälter eine wirbelartige Strömung aufgezwungen **(Zyklon).**

In einer Zentrifuge wird bei hohen Drehzahlen die Flüssigkeit durch die Zentrifugalkraft an die Innenwandung „gedrückt“ (vgl. Bild 13.9). Der sich so bildende Flüssigkeitsring bildet sich nach beendeter Beschleunigung des Behälters aus.

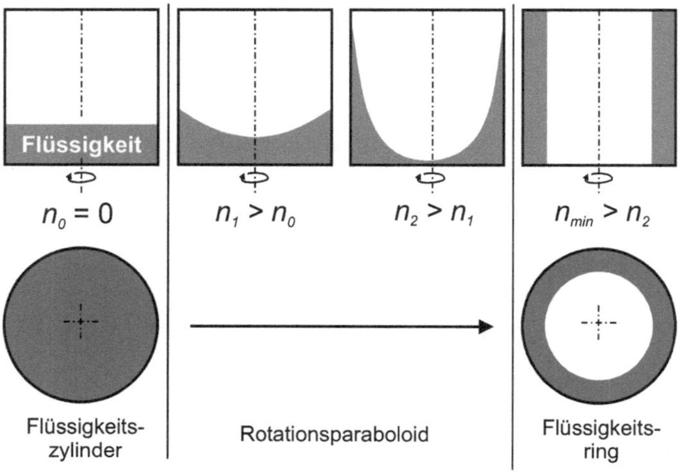

Bild 13.9 Ausbildung eines Flüssigkeitsringes nach Drehzahlsteigerung des Behälters (Schnittansicht und Draufsicht)

Auf die Partikel wirkt weiterhin die Schwerkraft, allerdings wird diese überlagert von der wesentlich größeren radial wirkenden Zentrifugalkraft. Um die Verhältnisse der beiden Kräfte ausdrücken zu können, bildet man den Quotienten aus Zentrifugal- und Gewichtskraft, welcher **Schleuderziffer** z oder **Zentrifugenkennzahl** genannt wird.

$$z = \frac{F_Z}{F_G} = \frac{m_P \cdot a_Z}{m_P \cdot g} = \frac{r \cdot \omega^2}{g} = \frac{r \cdot (2 \cdot \pi \cdot n)^2}{g} \qquad (13.27)$$

a_Z Zentrifugalbeschleunigung, n Drehzahl, ω Winkelgeschwindigkeit

Auf ein Partikel mit einer beliebigen Masse ist die wirkende Zentrifugalkraft um das z-Fache größer als die wirkende Gewichtskraft, die bei einem Sedimentationsvorgang wirken würde. In der Trenntechnik mit Zentrifugen erreicht man auf diese Weise das 12 000-Fache der Fallbeschleunigung. Aus der Formel 13.27 wird deutlich, dass die Schleuderziffer z zum Quadrat der Zentrifugendrehzahl n und zum Drehachsenabstand r proportional ist. Wenn sich ein rotierender Flüssigkeitsring gebildet hat, ist der Abstand r allerdings nicht konstant, da das Partikel sich in Richtung Behälterwand bewegt. Somit wird r während des Absetzvorgangs größer.

Der größtmögliche Radius r_{max} und somit der maximale z-Wert ist erreicht, wenn sich das Partikel auf der Behälterinnenwand befindet.

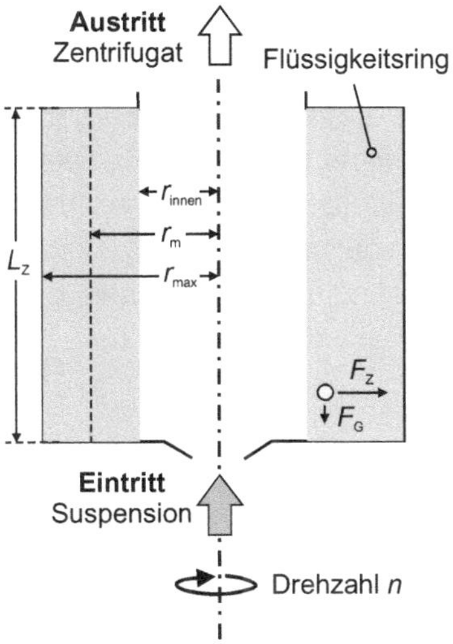

Bild 13.10
Trommel-Vollmantelzentrifuge mit wichtigen Abmessungen

Der minimale Radius r_{innen} ist durch den sich bildenden Flüssigkeitsring gegeben. Aus dem arithmetischen Mittelwert dieser beiden Radien erhält man den mittleren Radius r_m, mit dem die mittlere Schleuderzahl z_m der Zentrifuge berechnet wird.

$$z_m = \frac{(2 \cdot \pi \cdot n)^2 \cdot r_m}{g} \tag{13.28}$$

mit $r_m = \frac{r_{max} + r_{innen}}{2}$

Die Bestimmung der Partikelgeschwindigkeit wird analog zur Sedimentation durchgeführt, wobei man die Fallbeschleunigung durch die Zentrifugalbeschleunigung ($a_Z = z \cdot g$) ersetzt.

$$Ar_Z = \frac{d_P^3 \cdot z \cdot g \cdot \rho_1 \cdot (\rho_{P,s} - \rho_1)}{\eta_1^2} \tag{13.29}$$

Für einen idealisierten Absetzvorgang unter der Annahme kugelförmiger Partikel im *Stokes*-Bereich (laminare Umströmung) gilt dann:

$$w_{P,Z} = \frac{1}{18} \cdot \frac{d_P^2 \cdot z \cdot g}{\eta_1} \cdot (\rho_{P,s} - \rho_1) = z \cdot w_P \tag{13.30}$$

Die Geschwindigkeit des Partikels wird beim Zentrifugieren somit ebenfalls um das z-Fache größer. Die *Reynolds*-Zahl ändert sich durch die zunehmende Geschwindigkeit der Partikel und muss definitionsgemäß unter dem Wert 0,5 liegen, um die Vereinfachungen nach *Stokes* anwenden zu können.

$$Re_{P,Z} = \frac{w_{P,Z} \cdot d_P \cdot \rho_1}{\eta_1} = z \cdot Re_P \tag{13.31}$$

Eine Vollmantelzentrifuge wird von der eintretenden Suspension durchflossen; somit hat jedes Partikel aus der eintretenden Suspension bei konstantem Volumenstrom die identische Zeit (Verweilzeit), um zu sedimentieren. Kann dies in der zur Verfügung stehenden Zeit nicht realisiert werden, tritt das Partikel mit der geklärten Flüssigkeit, dem Zentrifugat, aus. Somit arbeitet die Zentrifuge aufgrund ihrer einstellbaren Drehzahl als Klassierer. Die Absetzzeit, die ein Partikel in der Vollmantelzentrifuge benötigt, kann durch die maximal zurückgelegte Strecke und die (konstante) Geschwindigkeit ausgedrückt werden:

$$t_{\mathrm{P,A}} = \frac{r_{\mathrm{innen}} - r_{\mathrm{max}}}{w_{\mathrm{P,Z}}}$$

Die Verweilzeit im Flüssigkeitsring kann durch das Volumen des Flüssigkeitsrings und den Volumenstrom berechnet werden (vgl. Bild 13.10).

$$t_{\mathrm{V}} = \frac{V_{1,\mathrm{Ring}}}{\dot{V}_1^{\mathrm{Ein}}} = \frac{\pi \cdot \left(r_{\mathrm{max}}^2 - r_{\mathrm{innen}}^2\right) \cdot L_{\mathrm{Z}}}{\dot{V}_1^{\mathrm{Ein}}} \tag{13.32}$$

Da die Schleuderziffer und somit auch die Sedimentationsgeschwindigkeit vom Radius abhängt, also vom Aufenthaltsort des Partikels in der Flüssigkeit, werden näherungsweise die mittlere Schleuderziffer z_{m} und die mittlere Geschwindigkeit $w_{\mathrm{P,zm}}$ zur Berechnung herangezogen. Berücksichtigt man die Geschwindigkeitszunahme (für den *Stokes*-Bereich) folgt der Zusammenhang:

$$w_{\mathrm{P,Z}}(r) = \frac{\mathrm{d}r}{\mathrm{d}t} = \frac{1}{18} \cdot \frac{d_{\mathrm{P}}^2 \cdot r \cdot (2 \cdot \pi \cdot n)^2}{\eta_1} \cdot \left(\rho_{\mathrm{P,s}} - \rho_1\right)$$

Für die Absetzzeit ergibt sich durch Variablentrennung und Integration in den Grenzen von Zeitpunkt 0 bis t bzw. den zugehörigen Radien r_{innen} und r_{max} (vollständiges Absetzen bis zur Behälterwand):

$$t_{\mathrm{P,A}} = 18 \cdot \frac{\eta_1}{d_{\mathrm{P}}^2 \cdot (2 \cdot \pi \cdot n)^2} \cdot \frac{1}{\rho_{\mathrm{P,s}} - \rho_1} \cdot \ln \frac{r_{\mathrm{max}}}{r_{\mathrm{innen}}} \tag{13.33}$$

Die Viskositäten und Dichten werden als konstant angenommen. Durch die Festlegung, dass die Verweilzeit der Suspension in der Zentrifuge der maximalen Absetzdauer entspricht ($t_{\mathrm{P,A}} = t_{\mathrm{V}}$), kann die Trennpartikelgröße wie folgt berechnet werden.

$$d_{\mathrm{P,T}} = \frac{1}{2 \cdot \pi \cdot n} \cdot \sqrt{18 \cdot \eta_1 \cdot \frac{1}{\rho_{\mathrm{P,s}} - \rho_1} \cdot \frac{\dot{V}_1^{\mathrm{Ein}}}{V_{1,\mathrm{Ring}}} \cdot \ln \frac{r_{\mathrm{max}}}{r_{\mathrm{innen}}}} \tag{13.34}$$

Bei der Berechnung ist zu beachten, dass in vielen Fällen konstruktionsbedingt nicht die gesamte Länge der Zentrifuge nutzbar ist (nur von der Aufgabestelle bis zum Auslauf) und es zur Bildung eines Feststoffringes kommt, der den Absetzweg und die Verweilzeit in der Zentrifuge verringert (vgl. Bild 13.11).

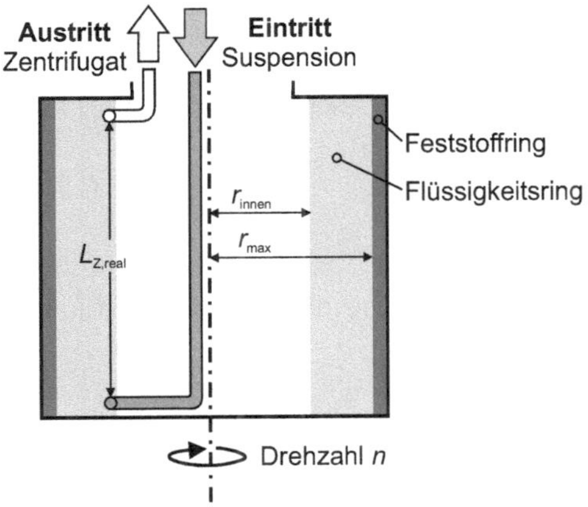

Bild 13.11
Korrigierte Länge $L_{Z,real}$ und verminderter Absetzradius durch Feststoffabscheidung

Ähnlich wie bei der Sedimentation kann der Trennkorndurchmesser durch äußere Veränderungen verringert werden. Hierzu zählen die Erhöhung der Drehzahl und die Verminderung des Volumenstromes. Bautechnisch kann dies durch ein größeres Flüssigkeitsringvolumen oder eine Temperierung der Flüssigkeit (Abnahme der Viskosität) erzielt werden.

Eine wichtige Kenngröße, die eine Vergleichbarkeit von Zentrifugen und anderen Sedimentationsanlagen ermöglicht, ist die **äquivalente Klärfläche $A_{Z,Trenn,eq}$** (auch Σ_m). Diese gibt die benötigte Klärfläche für eine Sedimentation im Schwerefeld der Erde wieder, die durch den vorliegenden Zentrifugationsapparat erreicht wird. Die Parameter Volumenstrom und Suspensionsart müssen dementsprechend in beiden Verfahren identisch sein. Die Trennfläche einer Sedimentationsanlage berechnet sich nach Formel 13.16:

$$A_{Trenn} = \frac{\dot{V}_{geklärt}^{Aus}}{w_{P,sink}}$$

Die Trennfläche einer Zentrifuge kann über die mittlere Schleuderziffer im *Stokes*-Bereich näherungsweise ausgedrückt werden, wobei $w_{P,sink}$ die Sinkgeschwindigkeit im Schwerefeld der Erde darstellt.

$$A_{Z,Trenn} = \frac{\dot{V}_{geklärt}^{Aus}}{w_{P,sink} \cdot z_m}$$

Über die Schleuderziffer und die Daten der Zentrifuge kann die äquivalente Klärfläche berechnet werden.

$$A_{Z,Trenn,eq} = A_{Z,Trenn} \cdot z_m = 2 \cdot \pi \cdot r_m \cdot L_Z \cdot z_m \tag{13.35}$$

Eine weitere technische Auslegungsgröße der Zentrifuge ist der Wanddruck, der während der maximalen Drehzahl erreicht wird. Der rotierende Suspensionsring in der Zentrifuge übt dabei auf die Behälterwand folgenden Druck aus:

$$p_{\text{Wand}} = 2 \cdot \pi^2 \cdot \rho_s \cdot \left(r_{\max}^2 - r_{\text{innen}}^2\right) \cdot n^2 \tag{13.36}$$

Die maximal auftretende Dichte kann durch einen komplett mit Feststoff angefüllten „Flüssigkeitsring" entstehen, und somit wird zur sicheren Ermittlung des maximalen Druckes auch mit der reinen Feststoffdichte gerechnet.

Beispiel 13.3

Eine Vollmantelzentrifuge soll aus der eintretenden, gering mit Feststoff beladenen wässrigen Suspension (Volumenstrom 5 m³/h) Partikel bis zu einer Partikelgröße von 2 µm entfernen. Welche Drehzahl muss verwendet werden und welchem maximalen Druck wird die Behälterwand ausgesetzt?

Stoffdaten Suspension

Dichte Flüssigkeit: 1000 kg/m³

Dichte Feststoff: 3000 kg/m³

Viskosität Flüssigkeit: 0,001 Pa·s

Konstruktive Daten der Zentrifuge

Länge: 0,6 m

Durchmesser des Behälters: 0,4 m

Durchmesser des Innenrings: 0,1 m

Berechnung des Volumens des Flüssigkeitsringes:

$$V_{\text{l,Ring}} = \pi \cdot \left(r_{\max}^2 - r_{\text{innen}}^2\right) \cdot L_Z$$

$$= \pi \cdot \left(\left(\frac{0,4\,\text{m}}{2}\right)^2 - \left(\frac{0,1\,\text{m}}{2}\right)^2\right) \cdot 0,6\,\text{m} = 0,0707\text{m}^3$$

Berechnung der Drehzahl nach Formel 13.34:

$$n = \frac{1}{2 \cdot \pi \cdot d_{\text{P,T}}} \cdot \sqrt{18 \cdot \eta_1 \cdot \frac{1}{\rho_{\text{P,s}} - \rho_1} \cdot \frac{\dot{V}_1^{\text{Ein}}}{V_{\text{1,Ring}}} \cdot \ln \frac{r_{\max}}{r_{\text{innen}}}}$$

$$= \frac{1}{2 \cdot \pi \cdot 2 \cdot 10^{-6}\text{m}} \cdot \sqrt{18 \cdot 0,001\,\text{Pa} \cdot \text{s} \cdot \frac{1}{3000\frac{\text{kg}}{\text{m}^3} - 1000\frac{\text{kg}}{\text{m}^3}} \cdot \frac{\frac{5}{3600}\frac{\text{m}^3}{\text{s}}}{0,0707\text{m}^3} \cdot \ln \frac{\frac{0,4}{2}\text{m}}{\frac{0,1}{2}\text{m}}}$$

$$n = 39,40\frac{\text{Umdrehungen}}{\text{s}} = 2364\frac{\text{Umdrehungen}}{\text{min}}$$

bei einer Verweilzeit von $t_V = 50,9$ s (nach Formel 13.32) und einer Schleuderziffer $z_m = 780,9$ (nach Formel 13.28). Zur Überprüfung der *Stokes*-Annahme:

$$w_{P,Z} = \frac{1}{18} \cdot \frac{d_P^2 \cdot z \cdot g}{\eta_1} \cdot (\rho_{P,s} - \rho_1)$$

$$= \frac{1}{18} \cdot \frac{\left(2 \cdot 10^{-6}\,\text{m}\right)^2 \cdot 780{,}9 \cdot 9{,}81\frac{\text{m}}{\text{s}^2}}{0{,}001\,\text{Pa} \cdot \text{s}} \cdot 2000\frac{\text{kg}}{\text{m}^3} = 0{,}0034\frac{\text{m}}{\text{s}}$$

$$Re_{P,Z} = \frac{w_{P,Z} \cdot d_P \cdot \rho_1}{\eta_1} = \frac{0{,}0034\frac{\text{m}}{\text{s}} \cdot 2 \cdot 10^{-6}\text{m} \cdot 1000\frac{\text{kg}}{\text{m}^3}}{0{,}001\,\text{Pa} \cdot \text{s}} = 0{,}0068$$

(*Stokes*-Bereich $Re_{P,Z} < 0{,}5$)

Der auftretende Wandruck am Behälter beträgt:

$$p_{Wand} = 2 \cdot \pi^2 \cdot \rho_s \cdot \left(r_{max}^2 - r_{innen}^2\right) \cdot n^2$$

$$= 2 \cdot \pi^2 \cdot 3000\frac{\text{kg}}{\text{m}^3} \cdot \left((0{,}2\,\text{m})^2 - (0{,}05\,\text{m})^2\right)\left(39{,}40\frac{1}{\text{s}}\right)^2$$

$$= 3447265\,\text{Pa} = 34{,}47\,\text{bar}$$

Auf die Wand würde bei vollkommener Füllung mit Feststoff ein Druck von 34,47 bar wirken.

Neben der oben dargestellten Zentrifuge existieren noch weitere Bauarten:

Schneckenzentrifuge (Dekanter)

Dekanter sind horizontal gelagerte Vollmantel-Schneckenzentrifugen; sie werden besonders bei hohen Feststoffanteilen in der zu zentrifugierenden Suspension eingesetzt. Der Zulauf der Suspension geschieht bei diesem Zentrifugentyp durch das Einlaufrohr, welches die Suspension in der Mitte der Behälterlänge tangential zur Drehrichtung einleitet.

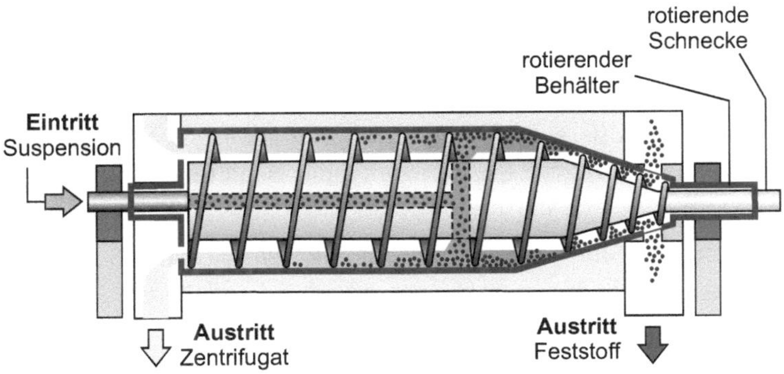

Bild 13.12 Prinzipieller Aufbau eines Dekanters

Durch die an die Trennaufgabe angepasste Drehzahl legt sich die Suspension an die Wand des rotierenden Behälters an. Die innen liegende Schnecke dreht sich mit einer geringeren Drehzahl und fördert so die entstandenen Feststoffe in Richtung Feststoffauslass. Die Flüssigkeit strömt durch die Gewindelücke in Richtung Zentrifugataustritt. Der Unterschied der Drehzahlen (Behälter und Schnecke) bestimmt die Verweilzeit des Feststoffs in der Zentrifuge.

Separator (Tellerzentrifuge)

Der Separator stellt das Pendant zum Lamellensedimenter unter Zuhilfenahme der Zentrifugalbeschleunigung dar. Bild 13.13 zeigt einen typischen Aufbau.

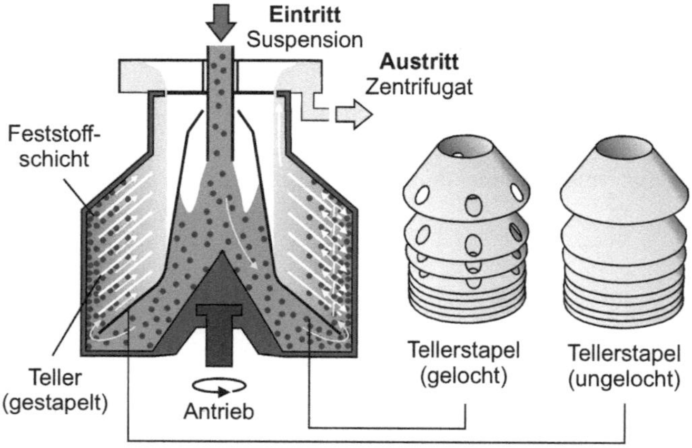

Bild 13.13 Prinzipieller Aufbau eines Separators (links) und Tellereinsätze für Feststoff- und Flüssigkeitstrennung

Im Gegensatz zu anderen Zentrifugentypen, z. B. dem oben beschriebenen Dekanter, arbeitet ein Separator in einem deutlich höheren Drehzahlbereich und erzielt ein sehr viel größeres Fliehkraftfeld mit einer hohen Trennschärfe. Das ermöglicht den Einsatz bei der Abtrennung sehr feiner Partikel oder geringen Dichteunterschieden der beteiligten Komponenten oder Flüssigkeitstrennungen. Zur Vergrößerung der Trennfläche kommen in einem rotierenden Behälter übereinander angeordnete konische Teller (mit und ohne Löcher) zum Einsatz, wobei das Behältervolumen klein gewählt werden kann.

Eine besondere Ausführung sind die selbst entleerenden kontinuierlichen Separatoren (vgl. Bild 13.14), bei denen nicht diskontinuierlich oder bei deutlich verminderter Drehzahl der Feststoff entfernt werden muss, sondern im laufenden Betrieb. Durch verschließbare Öffnungen im Mantel des Behälters können bei voller Drehzahl periodisch die abgesetzten Stoffe über Ablassen in einen zweiten umliegenden Mantel entfernt werden. Es besteht so die Möglichkeit einer Teil- oder einer Vollentleerung.

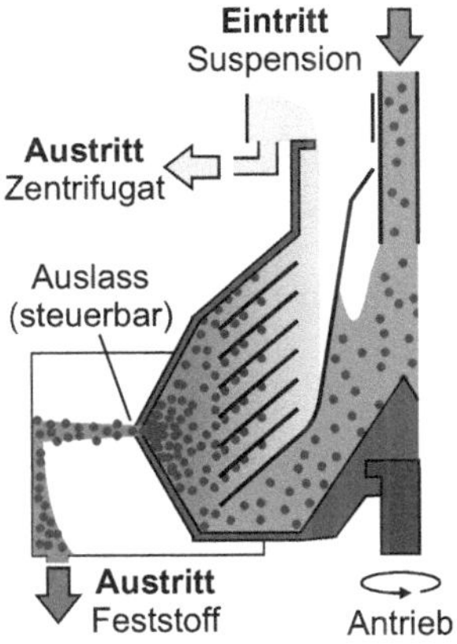

Bild 13.14
Kontinuierlicher Separator mit Feststoffauslass

13.2.4 Zyklone

Die Abscheidungswirkung auf die dispersen Partikel im Fluid beruht in Zyklonen ebenfalls auf der Fliehkraft. Im Gegensatz zu Zentrifugen wird diese durch Durchströmung eines feststehenden Behälters erreicht, was konstruktiv weniger aufwendig und somit weniger kosten- und wartungsintensiv ist. Zyklone können zur Trennung disperser Phasen eingesetzt werden, bei der das Dispersionsmittel sowohl flüssig als auch gasförmig vorliegt. Das zu trennende Gemisch wird in den Zyklon tangential (vgl. Bild 13.15) oder axial (mit Leitblechen) eingeleitet, wo es in einem runden Behälterquerschnitt eine konzentrisch rotierende Strömung erfährt. Um die Trennwirkung eines Zyklons zu berechnen, müssen bauliche und hydrodynamische Parameter herangezogen werden. Aus der linearen Eintrittsgeschwindigkeit des Fluids $w_{\mathrm{f}}^{\mathrm{Ein}}$ ergibt sich die Umfangsgeschwindigkeit $w_{\mathrm{f,U}}$. Handelte es sich um eine reibungsfreie ebene Wirbelströmung, ließe sich über die Beziehung $w_{\mathrm{f,U}} \cdot r = \text{konst.}$ jedem Radius eine Geschwindigkeit zuordnen. Durch experimentelle Daten wurde hingegen folgende Abhängigkeit der realen Verhältnisse ermittelt:

$$w_{\mathrm{f,U}} \cdot r^m = \text{konst.} \tag{13.37}$$

Durch die Strömungsführung wirken auf die dispersen Partikel Zentrifugalkräfte, die eine radiale Absetzrichtung zur Behälterwand erzeugen. Die Umfangsgeschwindigkeit an einem beliebigen Radius wird durch das Produkt aus der Winkelgeschwindigkeit und dem Radius ermittelt.

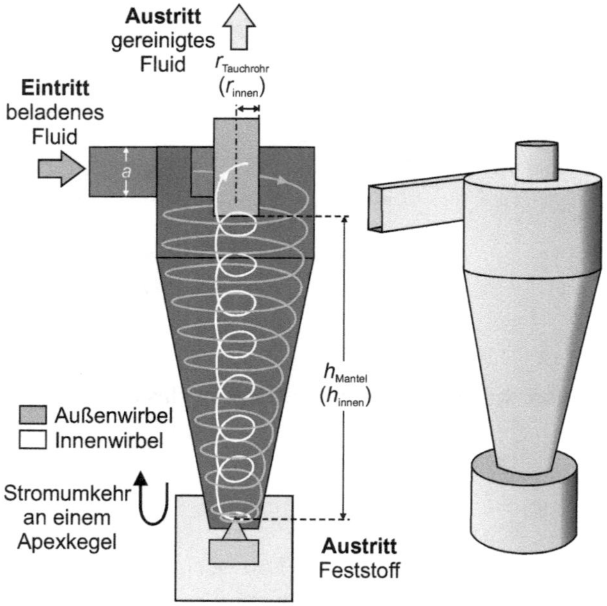

Bild 13.15 Strömungsverhältnisse in einem Zyklon

$$w_{f,U} = \omega \cdot r \tag{13.38}$$

Bei konstanter linearer Eintrittsgeschwindigkeit nimmt bei kleinen Radien die Winkelgeschwindigkeit zu und damit auch die Zentrifugalbeschleunigung. Das ermöglicht bei kleiner werdenden Dimensionen auch die Abscheidung feinerer Partikel.

Das Fluid strömt in einer Art Wirbelströmung bis in den unteren Teil des Zyklons, um dann nach Stromumkehr in einem nach oben gerichteten Innenwirbel über das Tauchrohr auszutreten (vgl. Bild 13.15). Der Durchmesser des inneren Wirbels ist als annähernd so groß anzunehmen wie der des Tauchrohres. Die für die Abscheidung entscheidende Zone ist die „Mantelfläche" des Innenwirbels mit dem Radius r_{innen}. Eine exakte formeltechnische Beschreibung der Abscheidevorgänge ist nicht möglich. Die überschlägige Näherung an den Trennpartikeldurchmesser kann nach der Theorie von *Barth* und *Muschelknautz* erfolgen (Maße vgl. Bild 13.15 und Bild 13.16).

Am Eintritt durch die Zuführungsleitung mit der Breite b liegt die lineare Geschwindigkeit des Fluids w_f^{Ein} vor, die als Umfangsgeschwindigkeit des Radius r_{ein} angenommen werden kann.

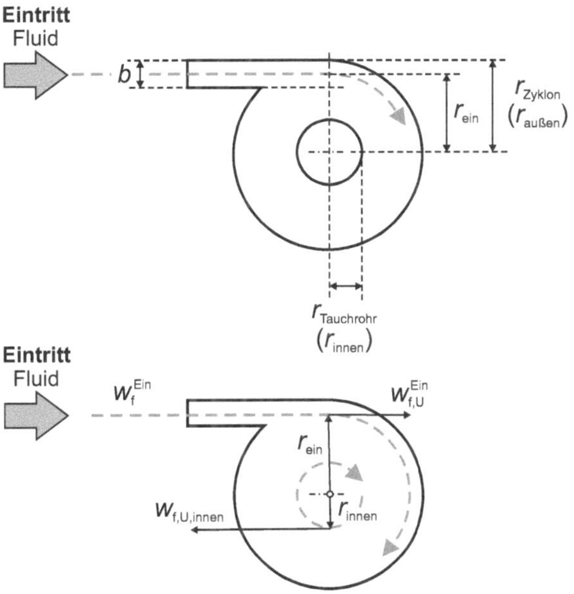

Bild 13.16 Geschwindigkeitsverhältnisse am Zykloneintritt und am Innenwirbel bei tangentialer Zufuhr des Fluids

$$r_{ein} = r_{außen} - 0,5 \cdot b$$

und

$$w_f^{Ein} = w_{f,U}^{Ein}$$

Die größte Umfangsgeschwindigkeit tritt am Innenwirbel ($r = r_{innen}$) auf und kann unter Zuhilfenahme der Eintrittsverhältnisse ausgedrückt werden:

$$w_{f,U,innen} = w_f^{Ein} \cdot \left(\frac{r_{ein}}{r_{innen}}\right)^m = r_{innen} \cdot \omega_{innen} \qquad (13.39)$$

Je nach Bauart des Zyklons nimmt der Exponent m Werte von 0,5 bis 1 an. Die Mantelfläche des Innenwirbels, die eigentliche Trennfläche, kann idealisiert als zylinderförmig gedacht werden, was zu einem konstanten Innenradius r_{innen} und einer Mantelhöhe h_{innen} führt, die sich vom Umkehrpunkt des Wirbels bis zum Tauchrohranfang erstreckt. Dort ergibt sich an dem nun entstehenden Innenwirbel eine konstante Radialgeschwindigkeit, welche ins Innere des Zyklons gerichtet ist und über die Mantelfläche berechnet werden kann:

$$w_{R,innen} = \frac{\dot{V}_f}{A_{Mantel,innen}} = \frac{\dot{V}_f}{2 \cdot \pi \cdot r_{innen} \cdot h_{innen}}$$

Durch die Verhältnisse an der Trennfläche wird über die Trennpartikelgröße „entschieden". Setzt man eine Abtrennung sehr kleiner Partikel voraus, so findet diese mit laminarer Umströmung statt, wodurch eine Betrachtung im *Stokes*-Bereich möglich ist. Analog zur Zentrifugenberechnung gilt auch hier die Beziehung:

$$w_{P,Z}\left(r_{\text{innen}}\right) = \frac{1}{18} \cdot \frac{d_P^2 \cdot r_{\text{innen}} \cdot \omega_{\text{innen}}^2}{\eta_f} \cdot \left(\rho_{P,s} - \rho_f\right) \tag{13.40}$$

Betrachtet man die Verhältnisse an der Mantelfläche des Innenwirbels, kann für die Ermittlung der Trennpartikelgröße ($d_P = d_{P,T}$) die Zentrifugalgeschwindigkeit (nach außen wirkend) mit der Radialgeschwindigkeit (nach innen wirkend) ins Gleichgewicht gesetzt werden:

$$w_{R,\text{innen}} = w_{P,Z,\text{innen}} \tag{13.41}$$

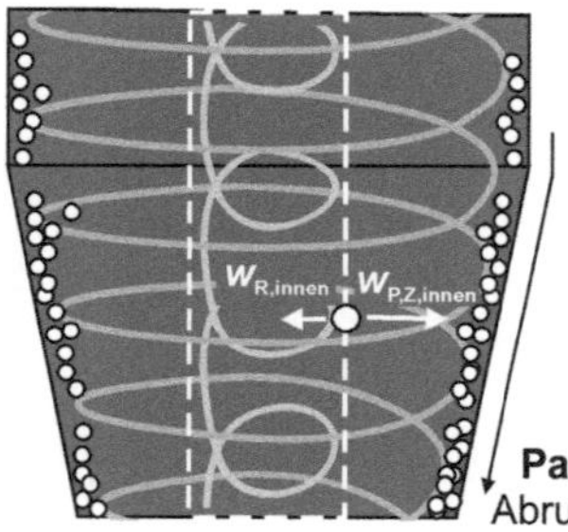

Bild 13.17 Bestimmung der Trennpartikelgröße

Nach Umstellen ergibt sich

$$d_{P,T} = \sqrt{\frac{9 \cdot \eta_f \cdot \dot{V}_f}{\left(\omega_{\text{innen}} \cdot r_{\text{innen}}\right)^2 \cdot \pi \cdot h_{\text{innen}} \cdot \left(\rho_{P,S} - \rho_f\right)}}$$

Durch Ersetzen des Terms $w_{\text{innen}} \cdot r_{\text{innen}}$ durch den Ausdruck aus Formel 13.39 sowie der linearen Eintrittsgeschwindigkeit durch den Quotienten aus Volumenstrom und Eintrittsfläche (im Beispiel aus Bild 13.15 und Bild 13.16 rechteckig, $A_{\text{ein}} = a \cdot b$)

$$w_f^{\text{Ein}} = \frac{\dot{V}_f}{A_{\text{ein}}}$$

folgt zur Bestimmung der Trennpartikelgröße:

$$d_{P,T} = 3 \cdot \left(\frac{r_{\text{innen}}}{r_{\text{ein}}}\right)^m \cdot \sqrt{\frac{\eta_f \cdot A_{\text{ein}}^2}{\pi \cdot h_{\text{innen}} \cdot \dot{V}_f\left(\rho_{P,s} - \rho_f\right)}} \tag{13.42}$$

Bei der Ausführung der Zyklone findet man rohrförmige oder konische Behälter. Die abgeschiedenen Partikel, welche an die Behälterwand „gedrückt" wurden, gleiten an der Wand nach unten, wo sie z. B. durch Pumpen (Flüssigkeit) oder Zellradschleusen

(Feststoffe) entnommen werden können. Der Entnahmeraum im unteren Teil des Zyklons besitzt häufig einen Abschirmkegel (Apexkegel), der das erneute Aufwirbeln der abgeschiedenen Partikel durch die Stromumlenkung verhindert.

Im Gegensatz zu einem Sedimenter oder einer Zentrifuge arbeitet der Zyklon mit einem hohen Druckverlust. Diese Druckverluste resultieren aus dem Eintritt, der Strömführung im Behälter und dem Austritt am Tauchrohr. Zur Erzielung einer kleinen Trennpartikelgröße wären nach Formel 13.42 ein kleines Verhältnis der maßgeblichen Radien und eine kleine Anströmfläche wirkungsvoll. Durch Vermindern dieser Werte würde es allerdings zu extrem hohen und technisch nicht sinnvollen Druckverlusten kommen. Sind die Widerstandbeiwerte für den Zyklon bekannt oder können sie abgeschätzt werden, ergibt sich folgender Zusammenhang:

$$\Delta p_{\text{ges}} = \Delta p_{\text{Eintritt}} + \Delta p_{\text{Hauptströmung}} + \Delta p_{\text{Tauchrohr}}$$

$$\Delta p_{\text{ges}} = \left(\zeta_{\text{Eintr.}} + \zeta_{\text{Hauptstr.}} + \zeta_{\text{Tauchr.}}\right) \cdot \frac{\rho_{\text{f}}}{2} \cdot w^2_{\text{Tauchr.}} \qquad (13.43)$$

Die Beschreibung des Druckverlusts über die mittlere Geschwindigkeit im Tauchrohr liegt darin begründet, dass hier die größten Druckverluste (80...90 % vom Gesamtdruckverlust) auftreten. Die benötigten Widerstandsbeiwerte können z. B. nach *Barth* und *Muschelknautz* oder *Löffler* ermittelt werden. Der Gesamtwiderstandsbeiwert liegt in der technischen Umsetzung im Bereich von 3...50 und der resultierende Gesamtdruckverlust bei 0,5...3 kPa.

In der industriellen Ausführung existieren neben Tangentialzuführungen auch axiale Einführungen des Fluids, wobei die Rotationsströmung durch Leitbleche erzeugt wird. Aus oben genannten Gründen werden bei großen Volumenströmen parallelgeschaltete kleine Zyklone verwendet, um eine hohe Abtrennung feiner Partikel realisieren zu können. Auch eine Trennung von Flüssigkeitsgemischen (Emulsionen) ist mit einem Zyklon durchführbar. Liegt das Fluid in Gasform vor, bezeichnet man die verwendeten Apparaturen als Gaszyklone (Abscheidung von Staub und Aerosolen). Wird der Zyklon auf Basis einer Flüssigkeit betrieben, bezeichnet man ihn als Hydrozyklon. Die Herstellung von Zyklonen ist weniger kostenintensiv als die vergleichbarer Zentrifugen, was auf deren bewegliche Bauteile zurückzuführen ist. Als Nachteile sind allerdings der hohe Druckverlust und die geringe Trennschärfe anzuführen.

13.2.5 Koagulation und Flokkulation

Die Flockung dient zum Absetzen von feinen Partikeln, die durch die angewandte Sedimentation nicht erfasst werden. Beispielsweise können Eisen- und Manganverbindungen (Hydroxide), aber auch organische Partikel nahe oder im kolloidalen Größenbereich ($x_P < 1\,\mu m$) in Abwässern vorkommen und müssen dennoch abgeschieden werden. Um eine Abscheidung z. B. durch Sedimentation effektiv umzusetzen bzw.

überhaupt erst zu ermöglichen, müssen die Partikel zu einem größeren Verband zusammengelagert werden, was man als Flockung bezeichnet. Eine mathematische Beurteilungsgröße ist der Flockungsgrad.

$$FG = \frac{N_{P,K}}{N_{P,F}} \tag{13.44}$$

Dieser beschreibt das Verhältnis der Anzahl der Partikel vor (Kolloide, $N_{P,K}$) und nach der Flockung (Flocken, $N_{P,F}$). Da Kolloide sich ähnlich wie homogen gelöste Teilchen verhalten, erkennt man durch die Flockung makroskopische Veränderungen in der Lösung. Da die meisten Kolloide aber häufig gleichartige (meist negative) Ladungen z. B. durch adsorbierte Ionen besitzen, wird der Prozess der Zusammenlagerung untereinander **(Koagulation)** enorm erschwert. Durch Herabsetzen des pH-Wertes oder Einsatz eines Koagulationsmittels **(Koagulant)** können die Partikel entstabilisiert werden, wodurch es zu einer Reduzierung der elektrostatischen Abstoßungskraft kommt. Es existieren noch weitere Möglichkeiten zur Abscheidung der Partikel kolloidaler Größe, z. B. die Einlagerung in einen Verband fremdartiger Ionen als Kristallisationskeim.

Weiterhin kommen natürliche oder synthetische Polymere (kohlenstoffbasierend), die ein großes Molekulargewicht und viele elektrische Ladungen aufweisen, zum Einsatz. Die Destabilisierung wird dadurch erreicht, dass sich die Polymerkette an einer oder an mehreren Stellen mit dem Partikel verbindet. Diese Brückenbindung der Partikel mit den langkettigen Molekülen (z. B. Stärke) ist auf Adsorptions- oder Chemisorptionsprozesse zurückzuführen **(Flokkulation).** Es tritt eine Vernetzung der Partikel ein, die zur Vergrößerung führt (vgl. Bild 13.18). Unterstützende Flockungsmittel werden **Flokkulanten** genannt und sind häufig sogenannte Polyelektrolyte.

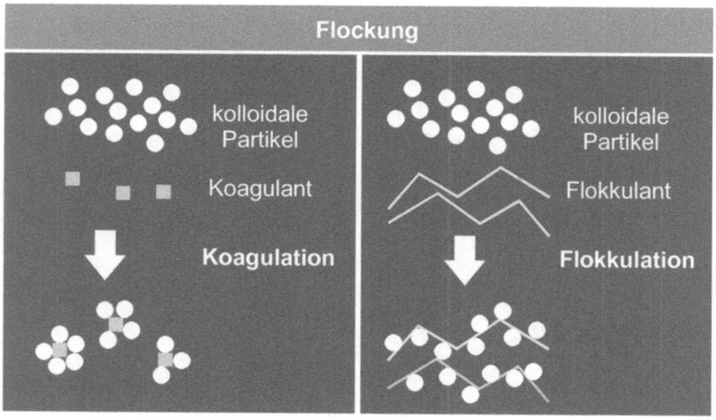

Bild 13.18 Unterteilung der Flockungsarten

Durch Rühren unterstützt man die Flockenbildung, wobei durch die verwendeten Rührorgane und die Drehzahl die Flocken nicht wieder durch Scherkräfte verkleinert werden dürfen. Durch eine Überdosierung des Flokkulanten kann es zur Störung des Agglomerationsvorgangs der Partikel kommen, da es durch das starke Umschließen der Mikroflocken durch die überschüssig vorhandenen Polymere zur Restabiliserung der Agglomerate kommen kann und somit keine weitere Zusammenlagerung mehr stattfindet. Man strebt möglichst große Flocken zur verbesserten Abscheidung an. Eine Flockung als vorbereitender Schritt für eine Zyklonierung ist nicht sinnvoll, da in einem Zyklon zu hohe Scherkräfte wirken, die eine Zerstörung der Flocken nach sich ziehen würden.

13.2.6 Flotation

Ein Flotationsprozess ist ein mechanischer Trennvorgang in einer flüssigen Trübe, bei dem feine Gasblasen (häufig Luft) in eine Flüssigkeit eingebracht werden, wodurch es zum Anlagern von hydrophoben (wasserabweisenden) Partikeln an die Gasblasen kommt. Diese Partikel-Gas-Verbände bewegen sich aufgrund ihrer geringeren Gesamtdichte zur Flüssigkeitsoberfläche (Auftrieb), wo es zum Aufschäumen oder Aufschwimmen kommt. Dort können die Partikel mit der festen Schaumschicht (**Flotat**) entfernt werden. Die hydrophilen Partikel verbleiben im abgeführten Flüssigkeitsstrom. Ein Merkmal der Trennbarkeit der Partikel ist ihre Dichte, wobei dies aufgrund der Feinheit nicht entscheidend für den Trennprozess ist. Vielmehr ist die Benetzbarkeit als Oberflächeneigenschaft für einen Anlagerungsprozess an eine Gasblase von großer Bedeutung.

Werden Reagenzien zur Verbesserung der Abscheidung eingesetzt, müssen sie diese Oberflächeneigenschaften positiv beeinflussen. Diese sogenannten **Sammler** wandeln hydrophile Partikel (z. B. nassvermahlene Erze) zu hydrophoben Partikeln um. Die dazu verwendeten Moleküle und Stoffe müssen heteropolare Eigenschaften aufweisen, um zum einen die hydrophilen Partikel an polare sorptionsfähige Atomgruppen anzulagern und zum anderen den hydrophoben Charakter durch unpolare Reste zu bilden (z. B. hydrophobe Kohlenwasserstoffreste). Bei ausreichender Dosierung kommt es zu einem vollständigen „Film" dieser Moleküle, wobei (ähnlich den Tensiden) der hydrophobe Teil nach außen zeigt. Das so neu gebildete Partikel ist nach außen hin gesehen dadurch hydrophob, was zu einer schlechten Benetzbarkeit und zu einer verbesserten Anlagerung an die ebenfalls gering löslichen Gasblasen führt (verbesserte Flotationseigenschaft). Als Anionensammler werden z. B. Alkylsulfate oder Carboxylate eingesetzt, als kationenaktive Sammler z. B. Ammoniumsalze. Ferner werden zum Stabilisieren des Schaumes sogenannte **Schäumer** zugegeben. Einen prinzipiellen Aufbau zeigt Bild 13.19.

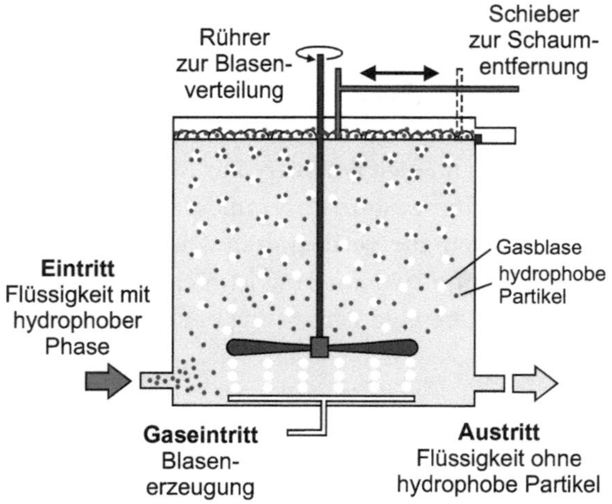

Bild 13.19 Schema einer Flotationsanlage

Das Verfahren wird in der Abwasserreinigung eingesetzt, um eine vorbereitende Klärung durch die Abscheidung von feinen und leichten Partikeln für die weiteren Bearbeitungsschritte zu erzielen. Auch findet es in der Altpapieraufbereitung, in der Bodensanierung oder in der Aufarbeitung mineralischer Rohstoffe Anwendung.

13.3 Filtrationsprozesse

Im technischen Sprachgebrauch werden teilweise **Filtern** (gasförmiges Trägermedium) und **Filtrieren** (flüssiges Trägermedium) unterschieden, wobei es sich prinzipiell um die gleichen Trennvorgänge handelt. Eine Filtration erfolgt nicht wie die Sedimentation durch Schwerefelder, sondern durch eine erzwungene Strömung eines mit Feststoff beladenen Fluids durch eine poröse durchlässige Schicht (Filtermittel), die die Feststoffpartikel zurückhält. Die erzwungene Strömung kann unterschiedliche treibende Kräfte besitzen. Eine Filtration kann durch Druckdifferenzen (Überdruck oder Unterdruck) und Kapillarkräfte erfolgen. Dieses Verfahren zeichnet sich durch seine flexible Anpassbarkeit aufgrund der gewählten apparativen Komponenten aus. So können variable Feststoffgehalte, Feststoffe mit geringen Dichteunterschieden sowie stark unterschiedliche Partikelgrößen abgeschieden werden. Man findet häufig Kombinationen aus Absetz- und Filterapparaten, um die zumeist kostenintensivere Filtration feststoff- oder flüssigkeitsseitig zu entlasten. Die Filtration kann durch unterschiedliche Parameter unterteilt werden, z. B. anhand

- von **diskontinuierlichen** und **kontinuierlichen Verfahren**
- des **Filtermittels** (lose und körnige Schichten sowie Filtertücher)

- der **Druckverhältnisse** (Unter- und Überdruck)
- der **abgeschiedenen Partikelgröße** (Normal-, Mikro- und Ultrafiltration)

Ziel einer Filtration ist entweder der Erhalt einer feststofffreien Flüssigkeit oder eines möglichst flüssigkeitsarmen Feststoffs. Optimalerweise kann beides mit nur einem Filtrationsvorgang erzielt werden (Trennfiltration). Im Allgemeinen finden drei Verfahren Anwendung: die **Kuchenfiltration** (Abreinigungsfiltration), die **Querstromfiltration** (Cross-Flow-Filtration) und die **Tiefenfiltration** (Speicherfiltration).

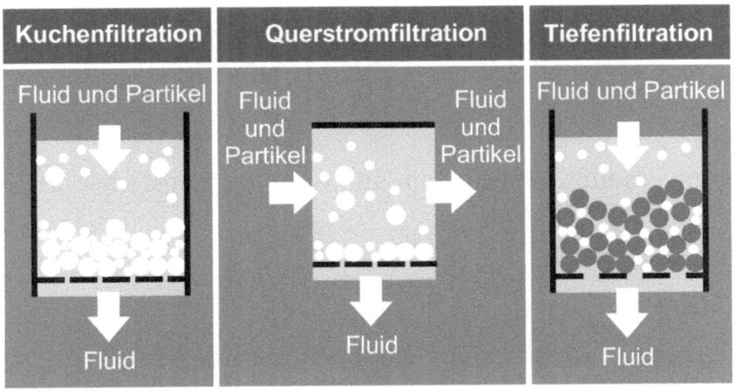

Bild 13.20 Unterteilung der Filtrationsverfahren

13.3.1 Kuchenfiltration

Die Kuchenfiltration ist durch die Bildung eines sogenannten **Filterkuchens** gekennzeichnet. Dabei tritt das Fluid-Feststoff-Gemisch durch ein poröses Filtermittel **(primäres Filtermittel),** welches die Feststoffbestandteile zurückhält. Die auf dem Filtermittel abgeschiedenen Partikel bauen sich zu einem mehr oder weniger porösen Feststoffverband auf, der aufgrund seiner Form „Filterkuchen" genannt wird. Beim Aufbauen des Filterkuchens **(sekundäres Filtermittel)** übernimmt dieser den Filtrationsvorgang, was zu größer werdenden Druckverlusten führt. Die filtrierte Flüssigkeit wird nach dem Durchströmen des Filterkuchens als **Filtrat** bezeichnet. Als Filtermittel kommen sowohl Textil- als auch Metallgittergewebe, poröse Kunststoffe und Sintermaterialien zum Einsatz. Aufgrund des anliegenden Druckes müssen diese oft durch **Filterstützen** stabilisiert werden (vgl. Bild 13.21).

Die diskontinuierliche Kuchenfiltration läuft in folgenden typischen Arbeitsgängen ab.

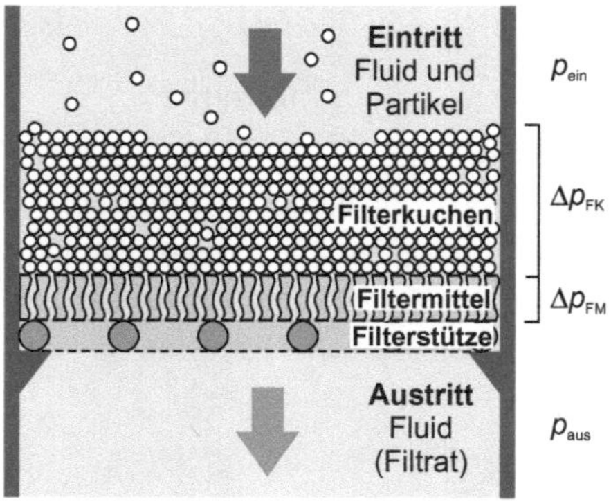

Bild 13.21
Aufbau einer Kuchenfiltration

Der Filtrationsvorgang

Feststoffpartikel bauen sich zu einem Filterkuchen auf und das möglichst feststofffreie Filtrat läuft ab.

Aufbereitung am Ende der Filtration

Am Ende der Filtration wird das Filtrat, wenn es Ziel der Filtration war, abgeführt. Ist (ebenfalls) der Filterkuchen das gewünschte Produkt, kann dieser mit einer Waschlösung gespült und gereinigt werden. Die Waschlösung wird dann meist entsorgt und der Filterkuchen aufbereitet, sodass ein geringer Flüssigkeitsgehalt in diesem vorliegt. Es kommen hierzu die Verdrängung der Flüssigkeit durch ein Durchströmen mit einem Gas, eine thermische Behandlung oder ein Auspressen infrage, welche je nach Wirtschaftlichkeit und zu erzielender Produktbeschaffenheit gewählt werden. Wird der behandelte Kuchen vom eigentlichen Filtermittel getrennt, ist dieses so aufzuarbeiten, dass es erneut einsetzbar ist.

Um einen Filtrationsvorgang im Vorfeld zu beurteilen und auszulegen, müssen folgende Einflussgröße geprüft werden:

- **Eigenschaften der Suspension**

  Feststoffanteil, Partikelgrößenverteilung, Art des Feststoffs, Viskosität des Fluids usw.

- **Eigenschaften des Filtermittels**

  geometrische Parameter (Form, Filtermitteldicke), Porendurchmesser (Porenweite), Porengrößenverteilung, flächenbezogene Porenanzahl, Porenlänge usw.

- **Druckdifferenz**

  Größe und Erzeugung der Druckdifferenz.

Die treibende Kraft für eine Kuchenfiltration ist die Druckdifferenz der beiden Seiten der Filterschicht. Unter Filterschicht versteht man das Filtermittel, das Stützmaterial des Filters und den sich eventuell darauf befindlichen Filterkuchen. Es wird durch den Druckunterschied nicht nur die Strömungsgeschwindigkeit des Fluids in den Poren entscheidend bestimmt, sondern auch der Filterkuchenaufbau (die Filterkuchenstruktur). Ferner kann sie den Verstopfungsgrad des Filtermaterials und den Grad des Restflüssigkeitsgehalts bestimmen. Je nach angewendetem Verfahren können die Drücke konstant bleiben oder während des Filtrationsvorgang ansteigen. Druckdifferenzen zwischen 0,05 und 50 bar sind in der industriellen Technik üblich.

Die Wahl des Filtermittels ist ebenfalls entscheidend für den Filterprozess. Auf der einen Seite muss die Porosität so gestaltet sein, dass das Zurückhalten der abzutrennenden Partikel gewährleistet ist, auf der anderen Seite muss aber die Durchströmung mit minimalem Druckdifferenzaufwand ermöglicht werden. Des Weiteren muss das Filtermittel bei (quasi)kontinuierlichen Verfahren regeneriert werden können, wozu häufig Rückspülungen (in entgegengesetzter Richtung) zum Einsatz kommen. Die Verstopfungen und/oder der Filterkuchen müssen dadurch mit möglichst geringem Aufwand zu entfernen sein. Um die Vorgänge einer Kuchenfiltration mathematisch auszudrücken (hier beispielhaft an einer Suspension), müssen folgende Betrachtungen erfolgen:

Die Suspension wird durch ein Filtermittel befördert, das der Flüssigkeit einen bestimmten hydrodynamischen Widerstand entgegensetzt. Durch die anliegende Druckdifferenz muss dieser überwunden werden, um ein Durchströmen zu ermöglichen. Der Widerstand des Filtermittels ist dabei als nahezu konstant anzunehmen, wohingegen ein anwachsender Filterkuchen den Widerstand mit zunehmender Filtrationszeit erhöht. Die Filterwirkung bzw. die Trennleistung wird durch den Filterkuchen maßgeblich verbessert, weil in diesem engere Poren vorliegen, die zur Abscheidung feinerer Partikel führen. Häufig wird daher das erste Filtrat (ohne Filterkuchen) zur Aufgabesuspension zurückgeführt. Die real stattfindenden Strömungsprozesse und der Strömungswiderstand können sinnvoll nur über Versuche (auch in kleinerem Maßstab) im Vorfeld der Anwendung ermittelt werden.

Um dennoch rechnerische Aussagen treffen zu können, wird das Durchströmen des porösen Filtermittels und des Filterkuchens idealisiert als laminare Strömung durch Kapillaren angesehen. Eine Grundlagengleichung für die Filtration ist die *Darcy*-Gleichung, wodurch man für einen Filter folgenden Zusammenhang erhält:

$$\dot{V}_A = \frac{\dot{V}}{A_F} = \frac{B_F \cdot \Delta p_F}{\eta_f \cdot h_F} \tag{13.45}$$

$\dot{V}_A$ flächenbezogener Filtratvolumenstrom, $\dot{V}$ Filtratvolumenstrom, A_F Filterkuchenfläche, Δp_F Druckabfall am Filter, B_F *Darcy*-Konstante (Permeabilität), h_F durchströmte Höhe des Filters

Für das Filtermittel können die Permeabilität und die Filtermittelhöhe h_{FM} als konstant angesehen werden. Daher führt man sie zum Filtermittelwiderstand β zusammen:

$$\dot{V}_A = \frac{\dot{V}}{A_{FM}} = \frac{\Delta p_{FM}}{\eta_f \cdot \beta} \tag{13.46}$$

mit $\beta = \frac{h_{FM}}{B_{FM}}$

A_{FM} Filtermittelfläche, Δp_{FM} Druckdifferenz am Filtermittel, β Filtermittelwiderstand (empirisch ermittelt)

Für den Filterkuchen gilt:

$$\dot{V}_A = \frac{\dot{V}}{A_{FK}} = \frac{B_{FK} \cdot \Delta p_{FK}}{\eta_f \cdot h_{FK}} \tag{13.47}$$

Da das Filtermittel und der Filterkuchen räumlich übereinander vorliegen und eine identische Grundfläche besitzen, ist die Summe der Druckabfälle der Gesamtdruckabfall.

$$\Delta p_{ges} = \Delta p_{FK} + \Delta p_{FM}$$

Durch Einsetzen der Formel 13.46 sowie Formel 13.47 und Zusammenfassen erhält man:

$$\dot{V}_A = \frac{\Delta p_{ges}}{\eta_f \cdot \left(\frac{1}{B_{FK}} \cdot h_{FK} + \beta\right)} \tag{13.48}$$

Da sich die Filterkuchenhöhe zu jedem Zeitpunkt des Filtrationsprozesses ändert, muss eine Betrachtung über die zeitliche Abhängigkeit erfolgen. Unter der Annahme, dass die Viskosität während des Vorgangs und die Permeabilität des Filterkuchens aufgrund der homogenen Zusammensetzung konstant bleiben, kann die reziproke *Darcy*-Konstante als Filterkuchenwiderstand α ausgedrückt werden kann:

$$\frac{dV_A}{dt} = \frac{\Delta p_{ges}(t)}{\eta_f \cdot (\alpha \cdot h_{FK}(t) + \beta)}$$

mit $\alpha = \frac{1}{B_{FK}}$

Um die zeitabhängige Höhe zu ersetzen, muss ein Zusammenhang zwischen der Höhe und dem zu diesem Moment erhaltenen Filtratvolumen hergestellt werden. Die beiden Größen müssen zeitlich gesehen gekoppelt sein, da das austretende Filtrat zuvor der Träger der abgeschiedenen Partikel war und somit bei wachsendem Filtratvolumen auch die Kuchenhöhe steigen muss. Voraussetzung für eine Ersetzung der Filterkuchenhöhe ist, dass die Zusammensetzung der Trübe sich über Ort und Zeit nicht ändert, räumlich konstante Porositäten im gesamten Filterkuchen vorliegen und die im Filterkuchen eingeschlossene Flüssigkeitsmenge klein im Verhältnis zur Gesamtmasse (Feststoff und Filtrat) ist. Man erhält über eine Volumenbilanz die suspensionsabhängige Konstante K_{SV}, deren Bestimmung aus Laboruntersuchungen am getrockneten Filterkuchensowie einer Konzentrationsbestimmung der eingesetzten Trübe erfolgen kann.

$$K_{SV} = \frac{\sigma_S}{1 - \varepsilon_{FK} - \sigma_S} \tag{13.49}$$

mit $\varepsilon_{FK} = \frac{V_L}{V_S + V_L}$

ε_{FK} Porosität des Filterkuchens (mit V_L Lückenvolumen und V_s Feststoffvolumen),
σ_S Feststoffvolumenanteil der Suspension

Damit erhält man den direkten Zusammenhang zwischen Kuchenhöhe und angefallenem flächenspezifischem Filtratvolumen

$$h_{FK}(t) = V_A(t) \cdot K_{SV} \tag{13.50}$$

und den als **Filtergleichung** verbreiteten Ausdruck:

$$\frac{dV_A}{dt} = \frac{\Delta p_{ges}(t)}{\eta_f \cdot (\alpha \cdot K_{SV} \cdot V_A(t) + \beta)} \tag{13.51}$$

Der Filtermittelwiderstand wird dabei idealerweise als konstant über den Filtrationsprozess angesehen, da sich das Filtermittel nicht nennenswert verändert (außer z. B. durch Einlagerung der Partikel, was zur Verstopfung führt). Der Filterkuchenwiderstand kann sich durch Kompression des Filterkuchens hingegen vergrößern. Eine Lösung der Differenzialgleichung kann unter der Annahme der Inkompressibilität des Filterkuchens bei **konstantem Druck** oder bei **konstantem Volumenstrom** erhalten werden.

Konstanter Druckabfall

Hält man den Druckabfall während des Filtrationsprozesses konstant, vermindert sich der Filtratvolumenstrom, da sich der Strömungswiderstand durch den anwachsenden Filterkuchen erhöht. Dies hat folgende Auswirkung auf die Filtergleichung:

$$(\alpha \cdot K_{SV} \cdot V_A(t) + \beta)\, dV_A = \frac{\Delta p_{ges}}{\eta_f} dt$$

Durch Integration und Festlegung der Anfangsbedingungen $t = 0$ und $V_A(0) = 0$ erhält man:

$$\frac{\alpha \cdot K_{SV}}{2} \cdot V_A(t)^2 + \beta \cdot V_A(t) - \frac{\Delta p_{ges}}{\eta_f} \cdot t = 0$$

und

$$V_A(t)^2 + \frac{2 \cdot \beta}{\alpha \cdot K_{\mathrm{SV}}} \cdot V_A(t) - \frac{2 \cdot \Delta p_{\mathrm{ges}}}{\alpha \cdot K_{\mathrm{SV}} \cdot \eta_{\mathrm{f}}} \cdot t = 0 \qquad (13.52)$$

Eine Vereinfachung kann durch Substituieren der konstanten Vorzahlen erreicht werden.

Aus

$$A = \frac{2 \cdot \beta}{\alpha \cdot K_{\mathrm{SV}}}$$

und

$$B = \frac{2 \cdot \Delta p_{\mathrm{ges}}}{\alpha \cdot K_{\mathrm{SV}} \cdot \eta_{\mathrm{f}}}$$

folgt

$$V_A(t)^2 + A \cdot V_A(t) - B \cdot t = 0$$

und

$$V_A(t) = -\frac{A}{2} + \sqrt{\left(\frac{A}{2}\right)^2 + B \cdot t} \qquad (13.53)$$

Somit erhält man einen hyperbelförmigen, degressiven Verlauf, der die oben beschriebenen Vorgänge (Abnahme des Filtratvolumenstroms bei gleichbleibendem Druckabfall) beschreibt. Die Anfangsbedingung bei $t = 0$ ist ebenfalls erfüllt. Die Ermittlung der Filterkonstanten A und B kann aus einer Linearisierung erfolgen (vgl. Bild 13.22).

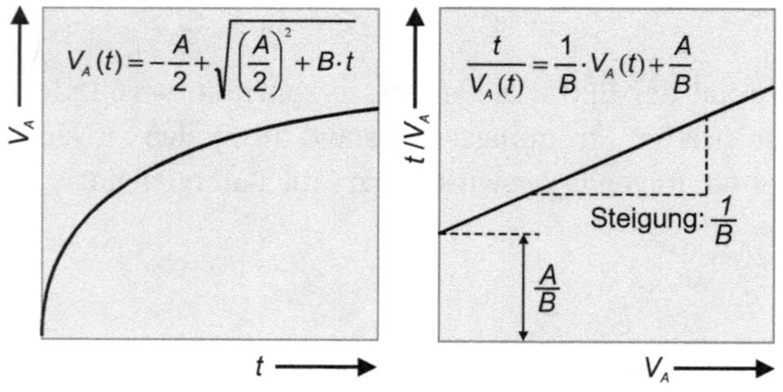

Bild 13.22 Kuchenfiltration bei konstantem Druckabfall

Der Verlauf zeigt, dass eine Filtration bei konstantem Druck nur bis zu einem gewissen Zeitpunkt sinnvoll ist, da der Aufwand dann größer als der Nutzen in Bezug auf den Filtratvolumenstrom wird. Bei zu niedrigem Filtratvolumenstrom sollte eine Entfernung des Filterkuchens erfolgen.

Konstanter Volumenstrom

Bei einem konstanten Volumenstrom ist dieser nicht mehr zeitabhängig und aus der Filtergleichung folgt:

$$\dot{V}_A = \frac{\Delta p_{\mathrm{ges}}(t)}{\eta_{\mathrm{f}} \cdot (\alpha \cdot K_{\mathrm{SV}} \cdot V_A(t) + \beta)}$$

Für einen konstanten Volumenstrom gilt ebenfalls:

$$V_A\,(t) = \dot{V}_A \cdot t$$

und somit ergibt sich

$$\Delta p_{\mathrm{ges}}(t) = \eta_{\mathrm{f}} \cdot \alpha \cdot K_{\mathrm{SV}} \cdot \dot{V}_A^2 \cdot t + \eta_{\mathrm{f}} \cdot \beta \cdot \dot{V}_A \tag{13.54}$$

Substituiert man die konstanten Größen, wird ersichtlich, dass der Druckabfall und daher auch die Filterkuchenhöhe linear mit der Zeit steigen.

$$A = \eta_{\mathrm{f}} \cdot \alpha \cdot K_{\mathrm{SV}} \cdot \dot{V}_A^2$$

und

$$B = \eta_{\mathrm{f}} \cdot \beta \cdot \dot{V}_A$$

$$\Delta p_{\mathrm{ges}}(t) = A \cdot t + B \tag{13.55}$$

Filtrationen dieses Typs werden bis zum Erreichen des zulässigen Druckes der Anlage durchgeführt; daraufhin muss auch hier eine Filterkuchenentfernung vorgesehen werden.

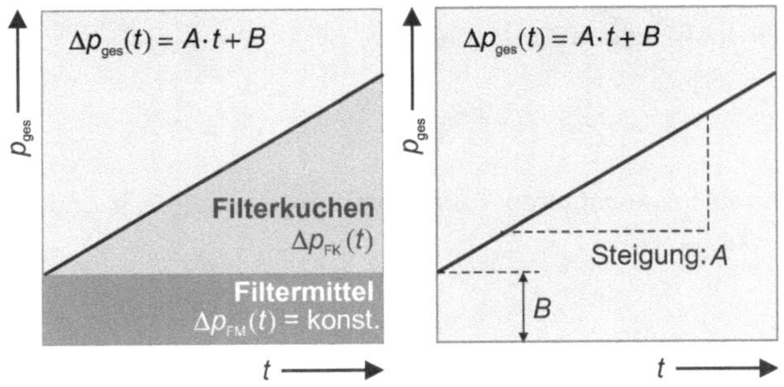

Bild 13.23 Kuchenfiltration bei konstantem Volumenstrom

Die bisher gezeigten Zusammenhänge sind nur für einen inkompressiblen Filterkuchen zutreffend. Theoretisch betrachtet sind fast alle Filterkuchen kompressibel, wobei in vielen Fällen eine Betrachtung mit inkompressiblen Verhältnissen eine gute Näherung ergibt, um Vorausberechnungen durchführen zu können. Die Werte für den Filtermittel- und den Filterkuchenwiderstand erhält man durch Labormessungen in kleinerem Maßstab.

Sollte ein stark kompressibler Filterkuchen vorliegen, was z. B. bei sehr feinkörnigen oder nicht formstabilen Stoffen der Fall ist, muss dies berücksichtigt werden. Die Porosität nimmt bei stärker werdendem Druckabfall ab; damit ist der Filterkuchenwiderstand α über Ort und Zeit nicht als konstant anzusehen. Die Porosität hängt allerdings auch von der Höhenlage im Filterkuchen ab, da innerhalb des Filterkuchens ein Druckgefälle auftritt. Für die Berechnung existieren unterschiedliche Ansätze, z. B. Exponential- oder Potenzansatz, um einen mittleren Filterkuchenwiderstand auszudrücken, die hier nicht näher beschrieben werden sollen.

Häufig verwendete Bauarten sind Platten-, Band- und Trommelfilter. Eine Anlagenkombination stellt die Filterzentrifuge dar, die durch ein Fliehkraftfeld die Flüssigkeit durch ein Filtermittel presst. Der Feststoffaustrag kann durch Schaber bei verminderten Drehzahlen entnommen werden.

Beispiel 13.4

Eine Kuchenfiltration soll bei einem konstanten Filtratvolumenstrom von 5 m^3/h und einer Filterfläche von 1 m^2 durchgeführt werden. Der maximale Druckabfall darf anlagentechnisch 10 bar betragen. Wie lange kann ein Filtrationsvorgang bei kompletter Abscheidung des Feststoffs ($\sigma_S = 0{,}05$) dauern, bis sich der Maximaldruck einstellt? Wie hoch ist der Filterkuchen zu diesem Zeitpunkt?

Aus Vorversuchen:

$\alpha = 10^{12}$ 1/m^2 (inkompressibel), $\beta = 10^{11}$ 1/m, $\varepsilon_{FK} = 0{,}4$ und $\eta_f = 0{,}001$ Pa·s

Der flächenspezifische Filtratstrom berechnet sich aus:

$$\dot{V}_A = \frac{\dot{V}}{A_F} = \frac{5\frac{m^3}{h}}{1\ m^2} = 5\frac{m^3}{m^2 \cdot h} = 0{,}00139\frac{m^3}{m^2 \cdot s}$$

Berechnung der suspensionsabhängigen Konstante K_{SV}:

$$K_{SV} = \frac{\sigma_S}{1 - \varepsilon_{FX} - \sigma_S} = \frac{0{,}05}{1 - 0{,}4 - 0{,}05} = 0{,}0909$$

Umstellen der Filtergleichung für konstanten Volumenstrom nach der Zeit und Einsetzen des Maximaldrucks:

$$t = \frac{\Delta p_{ges}(t) - \eta_t \cdot \beta \cdot \dot{V}_A}{\eta_t \cdot \alpha \cdot K_{SV} \cdot \dot{V}_A^2}$$

$$t = \frac{1000000\ \text{Pa} - 0,001\ \text{Pa} \cdot \text{s} \cdot 1 \cdot 10^{11} \frac{1}{\text{m}} \cdot 0,00139 \frac{\text{m}^3}{\text{m}^2 \cdot \text{s}}}{0,001\ \text{Pa} \cdot \text{s} \cdot 1 \cdot 10^{12} \frac{1}{\text{m}^2} \cdot 0,0909 \cdot \left(0,00139 \frac{\text{m}^3}{\text{m}^2 \cdot \text{s}}\right)^2}$$

$$= 4910,4\ \text{s} = 81,84\ \text{min}$$

Die Standzeit bis zum Erreichen des Maximaldrucks beträgt ca. 82 min. Das angefallene Filtratvolumen ergibt sich aus:

$$V = \dot{V}_A \cdot A \cdot t = 0,00139 \frac{\text{m}^3}{\text{m}^2 \cdot \text{s}} \cdot 1\ \text{m}^2 \cdot 4910,4\ \text{s} = 6,82\ \text{m}^3$$

Berechnung der Filterkuchenhöhe:

$$h_{\text{FK}}(4910,4\ \text{s}) = V_A(4910,4\ \text{s}) \cdot K_{\text{SV}} = \dot{V}_A \cdot t \cdot K_{\text{SV}}$$

$$h_{\text{FK}}\ (4910,4\ \text{s}) = 0,00139 \frac{\text{m}^3}{\text{m}^2 \cdot \text{s}} \cdot 4910,4\ \text{s} \cdot 0,0909 = 0,62\ \text{m}$$

13.3.2 Querstromfiltration

Im Gegensatz zur Kuchenfiltration wird das zu filtrierende Feststoff-Flüssigkeits-Gemisch unter Druck nicht direkt durch das eigentliche Filtermittel, sondern parallel zu diesem geführt. Die durch den Druckunterschied durch das Filtermittel (oder auch Membran) abgezogene gereinigte Flüssigkeit wird bei diesen Prozessen als Permeat und der austretende aufkonzentrierte Strom als Retentat bezeichnet. Der Aufbau einer solchen Filtrationsanlage mit Rückführung ist in Bild 13.24 gezeigt.

An der Filtermitteloberfläche scheiden sich bei diesem Vorgang, ähnlich der Kuchenfiltration, die Partikel ab, die größer als die Porengröße des Filtermittels sind. Es entsteht eine sogenannte Deckschicht. Im weiteren Verlauf der Filtration kann sich hier aber kein Filterkuchen aufbauen, da er durch das vorbeifließende, turbulent strömende Medium wieder abgetragen wird. Durch die Scherkräfte der Strömung bedingt, stellt sich ein Gleichgewicht zwischen Abscheiden und Abtragen der Partikel ein, was zu einer konstanten Filterkuchenhöhe führt. Um die Scherkräfte und somit die Filterkuchenhöhe zu beeinflussen, kann der Volumenstrom des Fluids variiert werden.

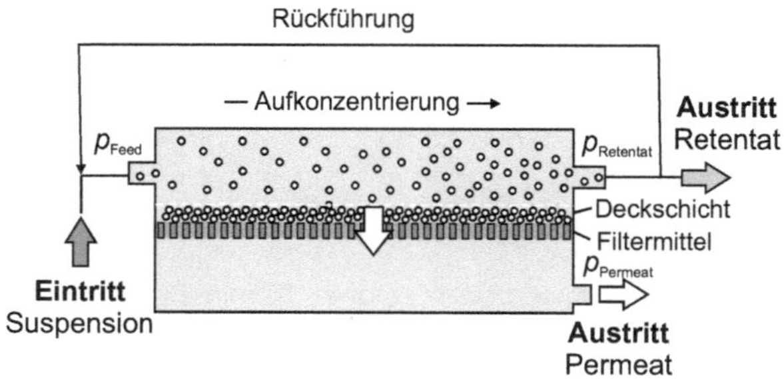

Bild 13.24 Aufbau einer Querstromfiltration

Bild 13.25 zeigt idealisiert betrachtet die Unterschiede zwischen einer Kuchen- und eine Querstromfiltration (Cross-Flow-Filtration). Es wird ersichtlich, dass aus der konstanten Filterkuchenhöhe bei der Querstromfiltration auch ein konstanter Fluss an filtriertem Medium resultiert, wohingegen eine Kuchenfiltration bei gleichbleibendem Druck durch eine stetig abnehmenden spezifischen Filtratvolumenstrom charakterisiert wird.

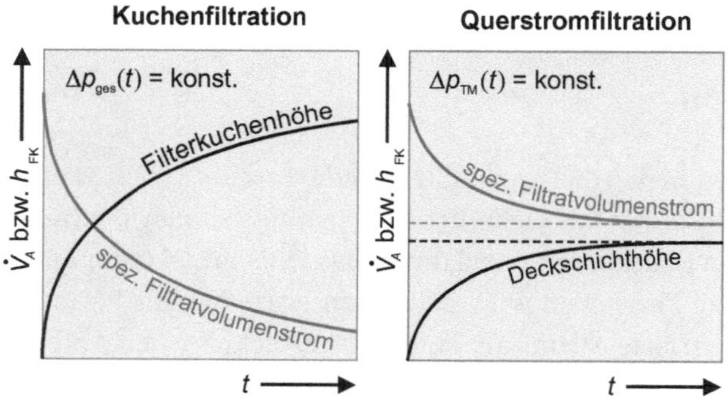

Bild 13.25 Gegenüberstellung der idealisierten Verläufe einer Kuchen- und einer Querstromfiltration

Zu Beginn eines Membranfiltrationsprozesses ist die Filterfläche noch frei von Partikeln und es kommt so zu einem großen Permeatfluss (bzw. flächenbezogenen Filtratfluss). Bei Einstellung einer konstanten Höhe der Deckschicht erhält man einen konstanten Filtratvolumenstrom. Man spricht ab diesem Zustand von einem stationären Gleichgewicht. Werden kleine Partikel in die Filtermittelschicht oder die Deckschicht eingelagert **(Fouling),** kommt es zur stetigen Erhöhung des Strömungswiderstands durch eine größer werdende Filterschicht. Es kann sich kein stationäres Gleichgewicht einstellen. Eine Ruckspülung des Filtermittels (entgegengesetzt zur Permeatstromrichtung) kann dieses Problem beheben, da es zum Abplatzen der Deckschicht und zur Spülung des Filtermittels kommt. Nach dessen Abführung kann das Filtermittel erneut eingesetzt werden. Lässt sich die Deckschicht nicht auf diese Weise abtragen, muss z. B. eine chemische Reinigung erfolgen. Häufig kann schon ein erhöhter Volumenstrom, der zu größeren Schereffekten führt, einen instationären Betrieb verhindern. Durch die Vermeidung eines ausgeprägten Filterkuchens ist die Querstromfiltration für sehr feine, aber auch gelartige Stoffe geeignet. Man erreicht durch die Wahl eines sehr feinen Filtermittels (Membranen oder Gewebe) nahezu feststofffreie Filtrate. Eine Unterteilung kann nach Tabelle 13.3 durch die Partikelgröße der abtrennbaren Feststoffe vorgenommen werden. **Nanofiltration** und **Umkehrosmose** gehören nicht zu den mechanischen Trennverfahren, sondern zu den physikalisch-chemischen Verfahren, da sie auf Stofftransporten durch molekulare Diffusion beruhen, wie sie schon bei den unteren Abscheidepartikelgrößen der Ultrafiltration auftritt.

Eine Berechung kann ebenfalls durch den Ansatz der *Darcy*-Gleichung erfolgen. Im stationären Zustand kann von einem konstanten Volumenstrom ausgegangen werden, der durch den Druckabfall über das Filtermittel (die Membran) und den aufgebauten Filterkuchen erfolgt.

Tabelle 13.3 Filtrationstypen der Cross-Flow-Filtration

Kriterium	Mikrofiltration	Ultrafiltration
Partikelgröße	0,1...100 µm	0,005...0,1 µm
Partikelart	Suspendierte Partikel, Algen, Bakterien	Makromoleküle, Viren, Kolloide
Materialien (Beispiele)	PP, PTFE, PA, Sintermaterialien	Celluloseacetat, PA
Feedüberdruck	0,5...5 bar	1...10 bar

Man spricht hier von einem transmembranen Druckabfall, der durch die Differenz der gemittelten Drücke auf der einen Seite der Membran (Feed- und Retentatseite) und des Permeatdrucks erhalten wird:

$$\Delta p_{\mathrm{TM}} = \frac{p_{\mathrm{Feed}} + p_{\mathrm{Retentat}}}{2} - p_{\mathrm{Permeat}} \tag{13.56}$$

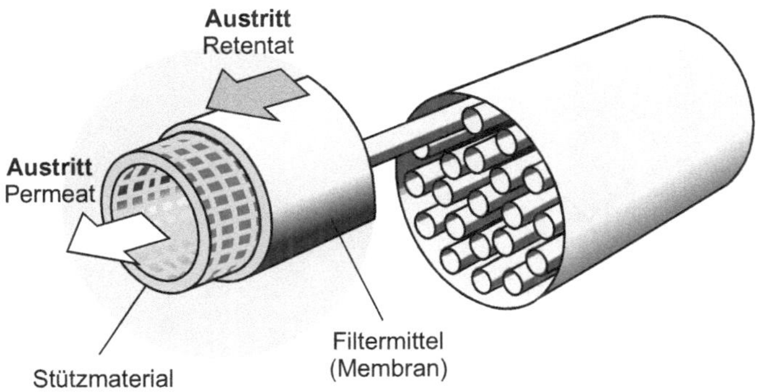

Bild 13.26 Außen durchflossener Filter-Rohrbündelverband

Neben einigen Berechnungsmodellen, die auf Diffusionsvorgängen und hydrodynamischen Effekten beruhen, geht das sogenannte Deckschichtmodell ebenfalls von einem Zusammenhang zwischen Filtratfluss und Strömungswiderständen in der Filterkuchenschicht (Deckschicht) und dem Filtermittel (Membran) aus. Analog zu den bei der Kuchenfiltration verwendeten Gleichungen für einen konstanten Volumenstrom gilt hier:

$$\dot{V}_A = \frac{\Delta p_{\mathrm{TM}}}{\eta_{\mathrm{Permeat}} \cdot (R_{\mathrm{M}} + R_{\mathrm{DS}})} \tag{13.57}$$

Der Strömungswiderstand R_{M} des Filtermittels kann experimentell durch Betreiben der Filtrationsmodule ohne Feststoffbeladung erfolgen, da sich dabei kein Filterkuchen aufbaut. Im Normalfall ist dieser allerdings im Gegensatz zum Deckschichtwiderstand zu vernachlässigen. Es bestehen unterschiedliche Ansätze, den Strömungswiderstand der Deckschicht R_{DS} theoretisch zu beschreiben. Als Beispiel sei an dieser Stelle die Möglichkeit über die Höhe h_{DS} und den spezifischen Deckschichtwiderstand r_{DS} an einer Stelle Z der Membran kurz angedeutet:

$$R_{\mathrm{DS,Z}}(t) = r_{\mathrm{DS,Z}}(t) \cdot h_{\mathrm{DS,Z}}(t) \tag{13.58}$$

Bauarten der Filtrationsmodule

Filtrationsmodule werden in unterschiedlichsten Bauarten ausgeführt, z. B. als Plattenmodule, Rohrmodule und Wickelmodule. Wickelmodule werden mit zwei Membranen, die durch eine Stützschicht für den Permeatablauf (Permeatspacer) räumlich voneinander getrennt sind, und einem porösen Material (Feedspacer), durch das die Feed/Retentat-Strömung fließen kann, auf ein gelochtes Rohr gewickelt. Das Wickelmodul wird dann in ein druckfestes Rohr eingebaut (vgl. Bild 13.27).

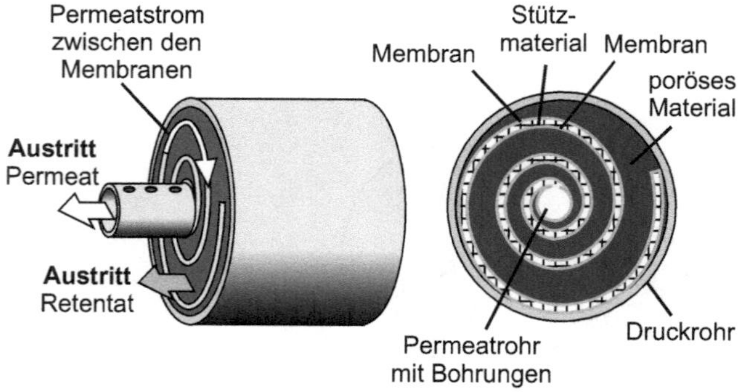

Bild 13.27 Außen durchflossener Filter-Rohrbündelverband

Die Vorteile eines Wickelmoduls liegen in der kostengünstigen Fertigung, der hohen Packungsdichte und den großen zulässigen Betriebsdrücken bis zu 200 bar, was sie im Speziellen für die Umkehrosmose interessant macht. Als nachteilig sind der z. T. lange Permeatweg im Modul und die mangelnde Reinigungsmöglichkeit anzusehen.

13.3.3 Tiefenfiltration

Bei den bisher beschriebenen Filtrationsmethoden werden die Feststoffpartikel auf der Oberfläche einer Filterschicht abgeschieden (Oberflächenfiltration). Das Prinzip der Tiefenfiltration ist die Einlagerung der Feststoffpartikel im Filtermaterial selbst, z. B. in einer Schüttung grober Partikel, wobei die Oberflächenanlagerung zumeist unerwünscht ist, da sie zu erhöhten Druckabfällen führt.

Bei der Tiefenfiltration werden häufig grobkörnige Partikelschüttungen bis zu 3 m Höhe verwendet, die in Partikelgrößen von einigen Millimetern vorliegen können. Die abzuscheidenden Partikel sind dabei in ihrer Größe deutlich kleiner als die Filterpartikel und die in der Schüttung entstehenden Poren. Da die Schüttung sich bei fortschreitendem Filtrationsprozess mit den abzuscheidenden Partikeln zusetzt, sollte für technisch sinnvolle Schütthöhen mit gering konzentrierten Suspensionen gearbeitet werden (Beladungen unter 0,005 kg Feststoff/kg Fluid). Ebenfalls kommen Mehrschichten-Schüttung mit Porengrößen, die vom Eintritt bis zum Austritt des Filters abnehmen, zum Einsatz, die ein zu schnelles Zusetzen der Schichten am Eintritt verhindern und dadurch die Standzeit des Filtermaterials erhöhen (vgl. Bild 13.28).

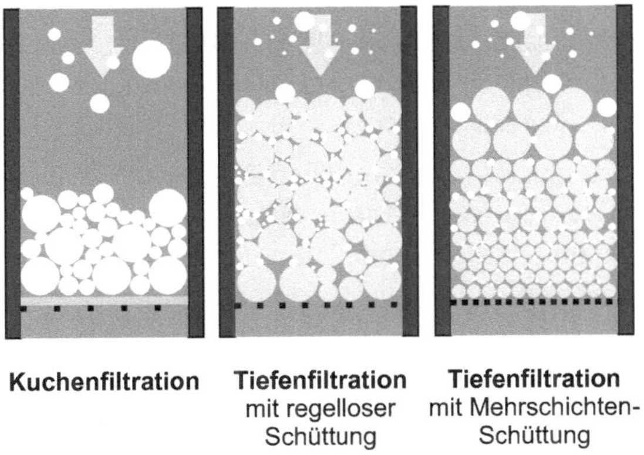

Bild 13.28
Vergleich Kuchen- und Tiefenfiltration mit unterschiedlichen Schüttungstypen

Ähnlich der Cross-Flow-Filtration können auch hier ansonsten schwer filtrierbare Feststoffpartikel, welche nicht formstabil, besonders fein oder gelartig sind, einer Abscheidung unterzogen werden. Die Feststoffrückgewinnung, wie sie für die anderen Filtrationen charakteristisch ist, entfällt bei der Tiefenfiltration in den meisten Fällen. Die Anwendungsgebiete erstrecken sich von der Lebensmitteltechnik bis zur Wasseraufbereitung, die nach dem natürlichen Vorbild nachempfunden sind (Reinigung durch Sandschüttungen).

Die Schüttungen werden durch Schwerkraft oder bei Überdruck (in einem Druckbehälter) von oben nach unten durchströmt, wobei der eigentliche Reinigungsprozess innerhalb der Schüttung im Wesentlichen durch die Anhaftung der Partikel am Filtermittel, bedingt durch *Van-der-Waals*-Kräfte, Elektrostatik oder Kapillarkräfte, stattfindet. Damit es zum Anhaften kommen kann, muss der Transport der abzuscheidenden Feststoffpartikel durch die Schüttung bis zu den Oberflächen des Filtermaterials durch Diffusion, Trägheit, Sperreffekt, Gravitation oder Elektrostatik erfolgen (vgl. Bild 13.29). Strömungstechnisch betrachtet, versperren die groben Partikel den feinen Feststoffpartikeln den Weg, wobei man hier von Sperrwirkung (Interception) spricht. In einem Gasstrom kommt es bei Partikeln unterhalb einer Größe von 1 µm zu Diffusionsvorgängen (zufällige Richtungsänderungen), und bei größeren Partikeln steigt die Abscheidung durch die Trägheitskräfte.

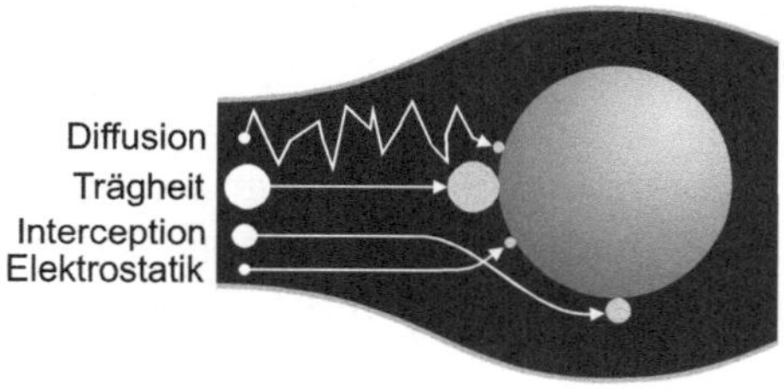

Bild 13.29
Anlagerungseffekte von Partikeln (Gasphase)

Viele der auftretenden Effekte werden durch das Fluid, welches flüssig (z. B. Schüttungen) und gasförmig (z. B. Faser-Kerzenfilter) vorliegen kann, stark beeinflusst. So kann der Trägheitseffekt oben genannter Partikel größer als 1 µm in Flüssigkeiten aufgrund der hohen Viskosität praktisch vollkommen vernachlässigt werden. Letztlich liegt immer eine Kombination der Transportwege vor.

Neben der eigentlichen Feststoffabscheidung ist im technischen Betrieb der Druckverlust solcher Filteranlagen von erhöhtem Interesse. Dieser ist aufgrund des „Verstopfens" der Filtermittel nicht als konstant anzusehen und kann durch Gleichungen mit experimentell ermittelten Konstanten angenähert werden.

Eine Unterscheidung der Filter wird häufig anhand des anliegenden Druckes vorgenommen oder aber mittels der Strömungsgeschwindigkeit im Filtermittel. Tiefenfilter für Flüssigkeiten, die auf Durchfluss durch Schwerkraft beruhen (offene Schwerkraftfilter) erstrecken sich häufig über sehr große Flächen (bis zu 10 000 m^2). Sie werden mit der zu filtrierenden Flüssigkeit bedeckt, was bedeutet, dass auf den Filtern eine bis zu 1,5 m hohe Flüssigkeitsschicht steht, die durch ihren hydrodynamischen Druck ein Durchfließen des Filters ermöglicht. Die Filtrationsgeschwindigkeit ist hier in einem niedrigen Bereich angesiedelt (0,1 bis 0,5 m/h). Drucktiefenfiltrationen werden unter Überdruck und häufig höheren Geschwindigkeiten im Filtermittel durchgeführt. Hier kann es zu Werten von 3 m/h bis mehr als 10 m/h kommen. Bei höher werdenden Geschwindigkeiten ist darauf zu achten, dass es durch die stärkeren Scherkräfte im Filtermaterial nicht zum Ablösen und so zum Austrag der anhaftenden Partikel kommt. Um Tiefenfilter in Schüttungsform zu reinigen, werden sie in Gegenrichtung zurückgespült, wobei es zum Aufwirbeln und Fluidisieren der Filtermittelpartikel kommt. Ferner wird zur Unterstützung häufig noch Luft eingeblasen, um die Reinigung effektiver zu gestalten.

14 Mischen

14.1 Grundlagen

Der Vorgang des Mischens ist ein weitverbreiteter Arbeitsschritt in der Verfahrenstechnik. Ein Mischungsvorgang kann mit allen Aggregatzuständen der Phasen untereinander erfolgen, wobei das primäre Ziel ist, eine homogene Verteilung der Phasen ineinander herzustellen.

Man unterscheidet:

- Mischen von Gasen
- Mischen von Feststoffen
- Mischen oder Dispergieren von Flüssigkeiten (Lösen und Emulgieren)
- Dispergieren von Feststoffen in Flüssigkeiten (Suspendieren, „Verpasten" und Kneten)
- Dispergieren von Flüssigkeiten in Gasen (Zerstäuben)
- Dispergieren von Gasen in Flüssigkeiten (Begasen)
- Dispergieren von Flüssigkeiten oder Gasen in Feststoffen (Fluidisieren)

Da das Mischen das gegensätzliche Verfahren zum Trennen darstellt, müssen hier andere Kriterien für die Beurteilung einer Mischqualität **(Mischgüte)** definiert werden, wobei man sinnvollerweise eine vollkommene Homogenisierung anstrebt. Um die Qualität des Mischvorgangs zu beurteilen, steht nur eine Gesamtmenge zur Verfügung, die von außen betrachtet immer eine identische Zusammensetzung besitzt. Um eine Vermischung der Komponenten zu beurteilen, muss in die Gesamtmenge „hineingesehen" werden. Eine typische Vorgehensweise ist die Betrachtung einer zufälligen Teilmenge (Probe), die meist nur einen kleinen Bruchteil der Gesamtheit ausmacht. Je mehr Proben betrachtet werden, desto genauer ist der Aufschluss über die Verteilung in der gesamten Menge. Wie man hier schon erkennt, müssen der Beurteilung der Mischungsqualität statistische Größen zugrunde liegen. Im weiteren Verlauf werden die Zusammenhänge an einem Zweikomponentensystem erläutert, was aber ohne Weiteres auf Mehrkomponentensystem übertragbar ist. Im Normalfall bezieht man sich auf eine Schlüsselkomponente und fasst alle weiteren als Nebenkomponente zusammen, sodass sich die identischen Verhältnisse wie in einem Zweikomponentensystem wieder einstellen. Folgende Herangehensweise an die Bestimmung der Mischgüte soll die Zusammenhänge verdeutlichen:

Man mischt zwei Komponenten in einem definierten Verhältnis (Sollwert). Dabei ist es nebensächlich, auf welche Größe sich die Zusammensetzung bezieht. Infrage kommen die Masse, die Stoffmenge, die Anzahl oder das Volumen. Die Angabe der Zusammensetzung soll in diesem Beispiel Anteil x_{K} genannt werden. Es ist ausreichend, sich auf eine Komponente zu beziehen. Nimmt man Proben (Anzahl N_{P}) aus der Gesamtmenge und vergleicht diese mit dem Sollwert $x_{\mathrm{K,soll}}$, kann bei starken Abweichungen von einer schlechten und bei kleinen Abweichungen von einer guten Durchmischung ausgegangen werden. Dabei müssen die entnommenen Proben so klein sein, dass sie die Gesamtzusammensetzung durch „ihr Fehlen“ nicht beeinflussen, aber groß genug sein, um keine „Einzelteilchen“ zu entnehmen. Entnimmt man Einzelteilchen oder ist die Probemenge nahezu so groß wie die Gesamtmenge, kann keine sinnvolle Aussage über die Mischgüte gemacht werden.

Durch diese Vorgehensweise kann von einer Normalverteilung der Istwerte (Anteile der Komponente $x_{\mathrm{K},i}$ in der genommenen Probe) um den Sollwert ($x_{\mathrm{K,soll}}$) ausgegangen werden. Um eine Abweichung der Werte darzustellen, verwendet man die empirische Varianz oder Stichprobenvarianz $s^2_{\mathrm{K},x}$ als praktisches Streuungsmaß um den Sollwert.

$$s^2_{\mathrm{K},x} = \frac{1}{N_{\mathrm{P}}} \cdot \sum_{i=1}^{N_{\mathrm{P}}} (x_{\mathrm{K,soll}} - x_{\mathrm{K},i})^2 \tag{14.1}$$

Für den Fall, dass es sich um eine unbekannte Grundzusammensetzung handelt, existiert kein Sollwert. Um dennoch eine Bezugsgröße zu erhalten, bildet man den arithmetischen Mittelwert der Proben:

$$\overline{x}_{\mathrm{K}} = \frac{1}{N_{\mathrm{P}}} \cdot \sum_{i=1}^{N_{\mathrm{P}}} x_{\mathrm{K},i} \tag{14.2}$$

Durch die Festlegung der Bezugsgröße auf einen Schätzwert muss die Anzahl der Freiheitsgrade, d. h. der unabhängigen Parameter, um einen Wert reduziert werden, und man erhält:

$$s^2_{\mathrm{K},x} = \frac{1}{N_{\mathrm{P}} - 1} \cdot \sum_{i=1}^{N_{\mathrm{P}}} \left(\overline{x}_{\mathrm{K}} - x_{\mathrm{K},i}\right)^2 \tag{14.3}$$

Der real vorliegende Fall ist begrenzt durch die endliche Anzahl der Proben, die genommen werden bzw. genommen werden können. So stellt natürlich auch der Wert der empirischen Varianz nur eine weitere Schätzgröße dar. Geht man rein mathematisch und hypothetisch von einer unendlichen Probenanzahl aus, ergibt sich aus Formel 14.3 die theoretische Varianz $\sigma^2_{\mathrm{K},x}$ als theoretisches Streuungsmaß um den Sollwert:

$$\sigma^2_{\mathrm{K},x} = \lim_{N_\mathrm{P}\to\infty} \frac{1}{N_\mathrm{P}} \cdot \sum_{i=1}^{N_\mathrm{P}} \left(x_{\mathrm{K,soll}} - x_{\mathrm{K},i}\right)^2 \quad (14.4)$$

Da diese Größe durch reale Probenahme nicht erreicht werden kann, ist die Stichprobenvarianz für die Beurteilung der Mischung heranzuziehen. Eine **absolut ideale Vermischung** liegt bei $\sigma_{\mathrm{K},x,\mathrm{ideal}} = 0$ vor, was bedeutet, dass jede Probe die vorgegebene Zusammensetzung $x_{\mathrm{K,soll}}$ besitzt. Dieser Zustand kann mit einem perfekten regulären Kristallgitter verglichen werden, ist aber bei technischen Mischprozessen nicht erreichbar (vgl. Bild 14.1).

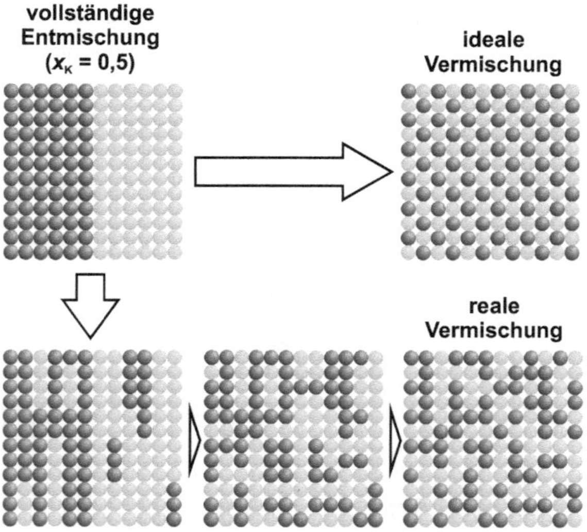

Bild 14.1 Vergleich der Mischergebnisse

Der Anfangszustand vor dem Vermischen ist meistens durch eine starke Ordnung charakterisiert, so liegen z. B. die beiden Komponenten nebeneinander in Einzelmengen vor. Eine zahlenmäßige Erfassung dieses Zustands kann durch die maximale Varianz bei **vollständiger Entmischung** erfolgen:

$$\sigma^2_{\mathrm{K},x,0} = x_{\mathrm{K,soll}} \cdot \left(1 - x_{\mathrm{K,soll}}\right)$$

oder

$$s^2_{\mathrm{K},x,0} = \overline{x}_\mathrm{K} \cdot \left(1 - \overline{x}_\mathrm{K}\right)$$

Die Streuung bei vollständiger Entmischung ist somit von der Grundzusammensetzung der Komponenten abhängig und nimmt einen maximalen Wert bei $x_K = 0{,}5$ an.

Der bestmögliche Mischungszustand, den man technisch erreichen kann, ist die homogene Zufallsmischung, wie sie beispielhaft in Bild 14.1 (reale Vermischung) dargestellt ist. Bessere Mischzustände als die Varianz dieser Zufallsmischung sind generell nicht realisierbar. Für eine Abschätzung der Varianz der Zufallsmischung $\sigma^2_{K,Z}$ kann folgender Zusammenhang herangezogen werden:

$$\sigma^2_{K,x,Z} = x_{K,\text{soll}} \cdot \left(1 - x_{K,\text{soll}}\right) \cdot \frac{\overline{m}_K}{m_{\text{Probe}}}$$

Hier wird das Verhältnis zwischen der mittleren Partikelmasse $\overline{m}_K$ der zu untersuchenden Komponente und der Probenmasse m_{Probe} in der Berechnung berücksichtigt. Sollte bei realen Messungen einer Probe die Varianz des Messfehlers größer sein, als die Varianz der homogenen Zufallsmischung, werden diese zu einer Gesamtmischgüte $\sigma^2_{K,\text{ges}}$ zusammengefasst.

$$\sigma^2_{K,\text{ges}} = \sigma^2_{K,Z} + \sigma^2_{K,\text{Messfehler}}$$

Zu Beginn des Mischprozesses wird die Unordnung schnell größer, d. h. gleichzeitig die Vermischung „besser". Je länger man mischt, desto mehr steigt der Grad der Unordnung, allerdings verlangsamt sich die Unordnungszunahme, bis sich eine maximale Unordnung einstellt. Diese maximale Unordnung ist zum einen durch den Mischertyp und zum anderen durch das Mischgut festgelegt und stellt unter diesen Voraussetzungen die maximal erreichbare Homogenisierung der Komponenten dar. Somit liegt hier auch die kleinste erreichbare Varianz des praktischen Mischprozesses vor.

Neben der Varianz existieren viele weitere Mischgüte-Kennzahlen, da die Varianz für unterschiedliche Mischverfahren bei einheitlicher Gesamtzusammensetzung geringe Vergleichsmöglichkeiten bietet. Eine bevorzugte Bezugsgröße stellt die maximale Varianz bei vollständiger Entmischung dar, aus der folgende verbreiteten Kennwerte abgeleitet sind:

Mischungsgrad

$$M = 1 - \frac{s_{K,x}}{\sigma_{K,x,0}} \tag{14.5}$$

mit $M = 0$ bei vollst. Entmischung und $M = 1$ bei idealer Gleichverteilung ($s_{K,x} = \sigma_{K,x,\text{ideal}} = 0$)

Segregationsgrad nach *Danckwerts*

$$S_D = \frac{s^2_{K,x}}{\sigma^2_{K,x,0}} \tag{14.6}$$

mit $S_D = 1$ bei vollst. Entmischung und $S_D = 0$ bei idealer Gleichverteilung ($s_x = \sigma_{x,\text{ideal}} = 0$)

In den folgenden Abschnitten werden einzelne Mischverfahren näher beschrieben, wobei es sich hier nur um eine Auswahl gängiger Methoden handelt.

14.2 Mischen von Feststoffen

Bei der Feststoffmischung sind die oben beschriebenen Vorgänge zeitlich erfassbar. Typische Verläufe können durch Probenahmen an unterschiedlichen Stellen zu einem bestimmten Zeitpunkt dargestellt werden. Dies soll unter Berücksichtigung des Mischungsgrads in Bild 14.2 gezeigt werden.

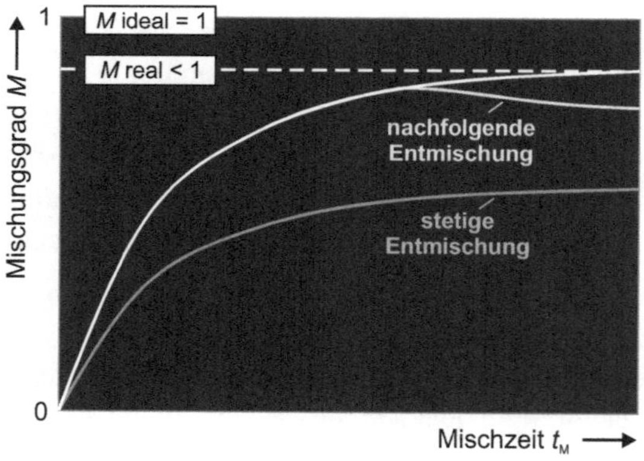

Bild 14.2 Zeitlicher Verlauf des Mischungsgrads von realen Mischungsverläufen mit und ohne Entmischung

Die Kurvenverläufe spiegeln wider, dass man nur bei unendlich langer Mischzeit einen idealen Vermischungsgrad von 1 erreichen würde. Da eine solche Vermischung eine absolut gleichmäßige Verteilung bedeuten würde, kann allerdings davon ausgegangen werden, dass sie praktisch gesehen nie auftritt. Daher wird unter Annahme einer stochastischen Homogenität auf die in der Praxis kleinstmöglichen Varianzen geschlossen. Allerdings kommt zusätzlich noch der Effekt der **Entmischung** beim Nichterreichen des idealen Mischungsgrads zum Tragen. Feststoffgemische neigen bei unterschiedlichen Partikelgrößen und unterschiedlichen Partikeldichten zum Entmischen. Als Beispiel kann hier ein Gemenge aus Sand und Tischtennisbällen dienen, die kaum zu homogenisieren sind. Die Entmischungseffekte können entweder schon während des gesamten Mischvorgangs gegen das Vermischen wirken (stetige Entmischung) oder erst nach einem gewissen Mischungsgrad verstärkt eintreten (vgl. Bild 14.2). Ursachen für Entmischungserscheinungen können zusätzlich z. B. in hoher Beweglichkeit bzw. stark unterschiedlicher Beweglichkeit der einzelnen Partikel begründet sein, wobei sie beispielsweise unerwünscht durch Vibrationen beim Transport auftreten. Beim Trennen von Feststoffgemischen (Kassieren) sind sie hingegen von positivem Nutzen. Um einer Entmischung entgegenzuwirken, können die Haftkräfte vergrößert (z. B. durch Anfeuchten) oder die Korngrößen untereinander angepasst werden (z. B. durch Agglomerieren bzw. Zerkleinern).

In der Praxis wird das Feststoffmischen durch mechanische Mischer (Freifall- oder Zwangsmischer) oder pneumatische Mischer verwirklicht. **Freifallmischer** sind rotierende Behälter, z. T. mit starren Einbauten, die durch Drehen des Behälters eine Wurf- oder Fallbewegung der Feststoffpartikel erzeugen und häufig für einfache Mischvorgänge eingesetzt werden. Die **Zwangsmischer** bestehen aus feststehenden Behältern mit beweglichen (z. B. rotierenden) Werkzeugen im Inneren.

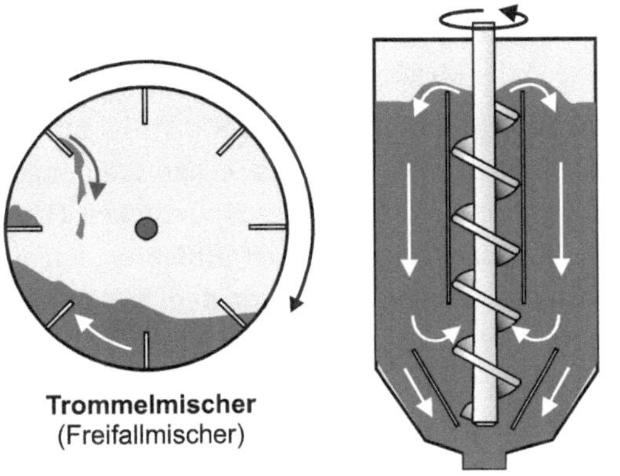

Bild 14.3
Bauarten von Feststoffmischern

Zwangsmischer unterscheidet man weiterhin anhand der Geschwindigkeit der Mischwerkzeuge. Eine Kennzahl zur Einteilung der Mischvorgänge in Bezug auf die Geschwindigkeit stellt die dimensionslose *Froude*-Zahl (Fr) dar. Sie berechnet sich aus dem Verhältnis der Zentrifugalkraft zur Schwerkraft und ist damit mit der Schleuderziffer z in der Trenntechnik (vgl. Abschnitt 13.2.3) zu vergleichen.

$$Fr = \frac{r \cdot \omega^2}{g} \tag{14.7}$$

r charakteristische Länge (hier: Außenradius Mischwerkzeug), ω Winkelgeschwindigkeit des Werkzeugs

Mischer mit geringer Geschwindigkeit (*Fr* < 1)

Es überwiegt die Schwerkraft, sodass es zur reinen Förderbewegung des zu vermischenden Gutes kommt. Typische Vorgänge sind Schieben, Verdrängen und Drücken, Fallen und Umschichten der Partikel, die sich allerdings bei den niedrigen Geschwindigkeiten stark behindern und einem „Platztausch“ entgegenwirken. Die schlechte Mischwirkung kann nur durch lange Mischzeiten kompensiert werden. Beispiele sind Freifallmischer und Schubmischer.

Mischer mit erhöhter Geschwindigkeit (*Fr* > 1)

Durch das Überwiegen der Zentrifugalkraft erfahren die Feststoffpartikel zusätzlich zu den Bewegungstypen bei niedriger Geschwindigkeit Wurf- und Flugbewegungen. Die Vermischung nimmt zu, da die Partikel durch diese Prozesse aus dem Verband herausgelöst werden und sich neu ordnen. Es kommt bei größer werdenden *Fr*-Zahlen zum **Fluidisieren** des Mischguts, d. h., der Partikelverband nimmt eine flüssigkeitsähnliche Form an, was eine kürzere Mischzeit zur Folge hat. Beispiele sind Wurfmischer und der bei sehr großen *Fr*-Zahlen arbeitende Fliehkraftmischer.

Den mechanischen Mischapparaten liegt im Allgemeinen eine einfache Geometrie zugrunde, damit keine sogenannten Totzonen entstehen, an denen nur eine unzureichende oder gar keine Vermischung (z. B. durch die Mischwerkzeuge) erfolgen kann.

Das Fluidisieren ist ebenfalls die Grundlage der **pneumatischen Feststoffmischung.** Hierbei wird ein Gas (meist Druckluft) unter erhöhtem Druck in das Feststoffgemenge eingeblasen, um die Partikel aufzulockern. Die dazu benötigte Geschwindigkeit **(Lockerungsgeschwindigkeit)** hängt von vielen Faktoren ab, z. B. Feststoffdichten, Partikelgrößenverteilung und Strömungsverteilung im Mischgut. Das vor dem Mischvorgang vorhandene Festbett geht in ein Fließbett (Wirbelschichtzustand) über, welches daraufhin durch die Beweglichkeit der praktisch schwerelosen Partikel zur Vermischung führt. Die Lockerungsgeschwindigkeit ist für diesen Prozess nur ein Anhaltswert. Die im technischen Betrieb benötigten Geschwindigkeiten liegen gerade bei feinen Feststoffen um ein Mehrfaches höher, wobei Gasblasenbildung innerhalb des Feststoffs zusätzlich zu einer verbesserten Durchmischung beitragen kann.

Eine Berechnung der Lockerungsgeschwindigkeit, welche eine Leerrohrgeschwindigkeit vor der eigentlichen Schüttung darstellt, ist meist aufwendiger als eine experimentelle Bestimmung im kleinen Maßstab. In Anlehnung an die *Ergun*-Gleichung, die in einem Re_P-Bereich von 3 bis 10 000 die Vorgänge beim Durchströmen einer Feststoffschüttung, eines Gases oder einer Flüssigkeit beschreibt, kann eine Lockerungsgeschwindigkeit erhalten werden.

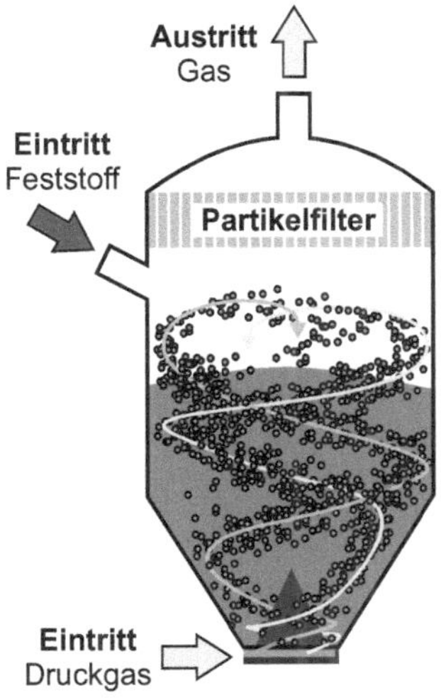

Bild 14.4
Wirbelbettmischer (Pneumatischer Feststoffmischer)

Ergun-Gleichung:

$$\frac{\Delta p}{h} = 150 \cdot \frac{(1-\varepsilon)^2}{\varepsilon^3} \cdot \frac{\eta_\mathrm{f} \cdot w_\mathrm{f,Leer}}{d_\mathrm{P}^2} + 1{,}75 \cdot \frac{1-\varepsilon}{\varepsilon^3} \cdot \frac{\rho_\mathrm{f} \cdot w_\mathrm{f,Leer}^2}{d_\mathrm{P}} \tag{14.8}$$

Der erste Summand ist als laminarer und der zweite als turbulenter Anteil zu verstehen, der bei vorliegender rein laminarer Strömung in guter Näherung vernachlässigt werden kann. Bei dem durchströmenden Medium kann es sich um ein flüssiges oder gasförmiges Fluid handeln. Voraussetzung für die folgende Betrachtung ist, dass die Schüttung mit der Anfangshöhe h_Sch eine homogene Porosität ε aufweisen muss und als Partikelgröße ein mit der Sphärizität korrigierter Sauter-Durchmesser (vgl. Kapitel 11) eingesetzt wird, da die Oberflächenform bei der Anströmung einen nicht zu vernachlässigenden Einfluss hat.

$$d_\mathrm{P} = d_\mathrm{P,32} \cdot \psi_\mathrm{P} \tag{14.9}$$

Der Schwebezustand eines Feststoffvolumens kann über ein Kräfte-Gleichgewicht aus Druck- (F_p), Auftriebs- (F_A) und Gewichtskraft (F_G) beschrieben werden.

$$F_\mathrm{p} = F_\mathrm{G} - F_\mathrm{A}$$

$$\Delta p \cdot A_\mathrm{Sch} = V_\mathrm{s} \cdot g \cdot \rho_\mathrm{s} - V_\mathrm{s} \cdot g \cdot \rho_\mathrm{f}$$

Durch Einbeziehung der Porosität der Schüttung ε_Sch kann die Druckdifferenz nach Ersetzen des Feststoffvolumens V_s auf die Schüttungshöhe h_Sch bezogen werden.

$$V_\mathrm{s} = (1-\varepsilon_\mathrm{Sch}) \cdot V_\mathrm{Sch} = (1-\varepsilon_\mathrm{Sch}) \cdot A_\mathrm{Sch} \cdot h_\mathrm{Sch}$$

woraus folgt

$$\Delta p = (1-\varepsilon_\mathrm{Sch}) \cdot g \cdot h_\mathrm{Sch} \cdot (\rho_\mathrm{s} - \rho_\mathrm{f})$$

Bildet sich eine homogene Wirbelschicht, steigt bei größeren Geschwindigkeiten das Lückenvolumen und somit auch die Porosität. Auch die Gesamthöhe der Schüttung nimmt folglich proportional zu (vgl. Bild 14.5), und es gilt:

$$\Delta p = (1 - \varepsilon) \cdot g \cdot h \cdot (\rho_s - \rho_f) = \text{konst.} \tag{14.10}$$

Die Werte für die Größen Δp_{LP}, h_{LP} am Lockerungspunkt müssen experimentell ermittelt werden. Die Porosität am Lockerungspunkt berechnet sich zu:

$$\varepsilon_{LP} = 1 - \frac{\Delta p_{LP}}{g \cdot h_{LP} \cdot (\rho_s - \rho_f)} \tag{14.11}$$

Ersetzt man $\Delta p_{LP}/h_{LP}$ in der *Ergun*-Gleichung durch den Ausdruck aus Formel 14.11 und stellt nach der Geschwindigkeit um, erhält man eine Berechnungsgrundlage für den Lockerungspunkt.

$$w_{f,LP,Leer} = \frac{42,9 \cdot (1 - \varepsilon_{LP}) \cdot \eta_f}{\rho_f \cdot d_P} \cdot \left(\sqrt{1 + \frac{3,11 \cdot 10^{-4} \cdot \varepsilon_{LP}^3}{(1 - \varepsilon_{LP})^2} \cdot \frac{(\rho_s - \rho_f) \cdot \rho_f \cdot g \cdot d_P^3}{\eta_f^2}} - 1 \right)$$

In dimensionsloser Schreibweise:

$$Re_P = 42,9 \cdot (1 - \varepsilon_{LP}) \cdot \left(\sqrt{1 + \frac{3,11 \cdot 10^{-4} \cdot \varepsilon_{LP}^3}{(1 - \varepsilon_{LP})^2} \cdot Ar} - 1 \right) \tag{14.12}$$

Der Verlauf einer Wirbelschichtbildung wird in Bild 14.5 in Abhängigkeit von der Anströmgeschwindigkeit dargestellt.

Bei kleinen Volumenströmen des Fluids kommt es zum reinen Durchströmen des Bettes (Schüttung), bis sich ein Anheben der Partikel bemerkbar macht. Hier kann es durch den Zusammenhalt bzw. durch ein Verhaken der Feststoffpartikel zu einem höheren Druckaufbau kommen, als er tatsächlich in der **homogenen Wirbelschicht** im weiteren Verlauf vorliegt (vgl. Bild 14.5, feste Schüttung). Die nach Erreichen der Lockerungsgeschwindigkeit gebildete homogene Wirbelschicht geht bei Vergrößerung der Anströmgeschwindigkeit in die inhomogene Wirbelschicht über, was durch Fluidblasenbildung sichtbar wird. Überschreitet man mit der Durchströmungsgeschwindigkeit deutlich die Sinkgeschwindigkeit der Partikel, folgen ein Austragen des Feststoffs und das Auflösen der Wirbelschicht.

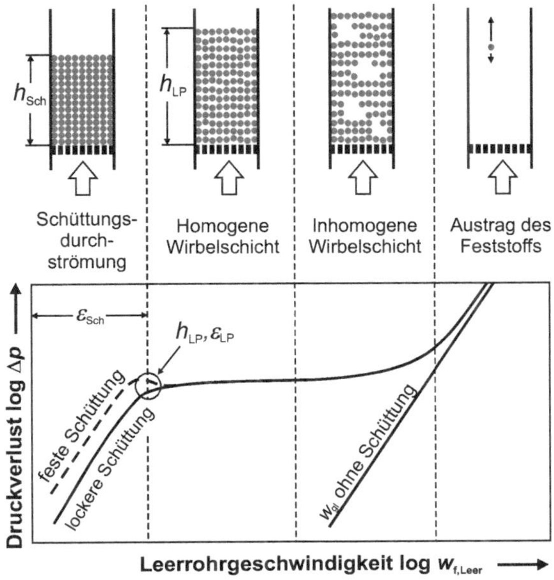

Bild 14.5 Schematischer Verlauf der Ausbildung einer Wirbelschicht und Darstellung der angrenzenden Zustände

14.3 Statisches Mischen von Fluiden

Unter statischem Mischen wird die Mischung von zwei Fluidströmungen anhand fester Rohr- oder Behältereinbauten verstanden. Möglich ist das Mischen von niedrigviskosen Fluiden (z. B. Gase, wässrige Flüssigkeiten), aber auch Fluide mit deutlich unterschiedlicher Viskosität eignen sich.

Der eigentliche Mischeinbau ist dabei durch eine regelmäßige Geometrie gekennzeichnet, der den ankommenden, unzureichend gemischten Strom über Leitelemente immer wieder aufteilt, in eine andere Region umschichtet und wieder vereinigt. Durch Wiederholung dieses Prozesses kommt es zur Vermischung in radialer Richtung. Auch laminar strömende Medien, die einer schichtweisen Strömung unterliegen, werden durch diese Strömungsführung effektiv radial vermischt. Bei niedrigviskosen Fluiden kommt ein Mischeffekt durch die starken Turbulenzen an und in den Einbauten zustande. Es ist auf diese Weise ebenfalls möglich, homogene Emulsionen und Flüssigkeits-Gas-Gemische zu erzeugen.

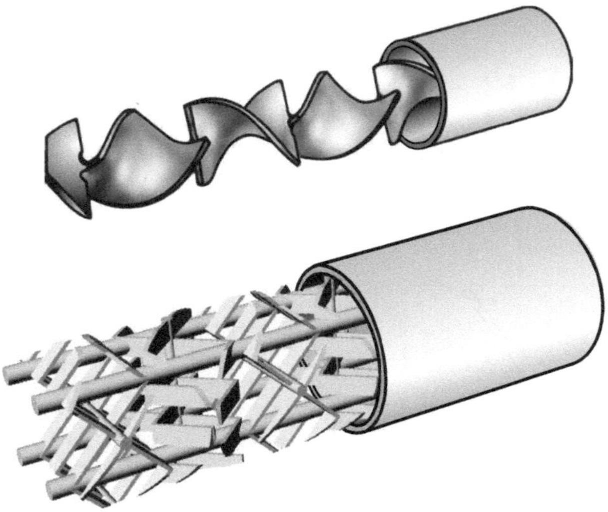

Bild 14.6 Beispiele für statische Mischer (Rohreinbauten)

Da die zur Mischung benötigte Energie anhand der Strömungsenergie aufgebracht werden muss, wird der Druckverlust an einem statischen Mischer über die mittlere Fluidgeschwindigkeit bestimmt. Die bereits bekannte Gleichung für den Druckverlust in durchströmten Rohren dient als Grundlage der Betrachtung:

$$\Delta p_{\mathrm{SM}} = \zeta \cdot \frac{\rho_{\mathrm{f}}}{2} \cdot \overline{w}_{\mathrm{f}}^2 \cdot \frac{l}{d_{\mathrm{h}}} \qquad (14.13)$$

Der hydraulische Durchmesser d_{h} sowie der Lückenvolumenanteil für statische Mischer können aus den Herstellerangaben bezogen werden, wobei der Widerstandsbeiwert eine Funktion der *Reynolds*-Zahl und somit der mittleren Strömungsgeschwindigkeit darstellt. Die mittlere Geschwindigkeit des Fluids kann über den Anteil des Lückenvolumens (Porosität) und die Leerrohrgeschwindigkeit vor dem Mischer ausgedrückt werden.

$$\overline{w}_{\mathrm{f}} = \frac{w_{\mathrm{f,Leer}}}{\varepsilon}$$

Über die Berechnung der *Reynolds*-Zahl

$$Re = \frac{\overline{w}_{\mathrm{f}} \cdot d_{\mathrm{h}} \cdot \rho_{\mathrm{f}}}{\eta_{\mathrm{f}}} \qquad (14.14)$$

wird der Widerstandsbeiwert aus experimentell erhaltenen Diagrammen mit dem bereits aus der Umströmung einer Kugel bekannten charakteristischen Verlauf (vgl. Bild 14.7) abgelesen und der Druckverlust über die feststehenden Parameter des Fluids bestimmt.

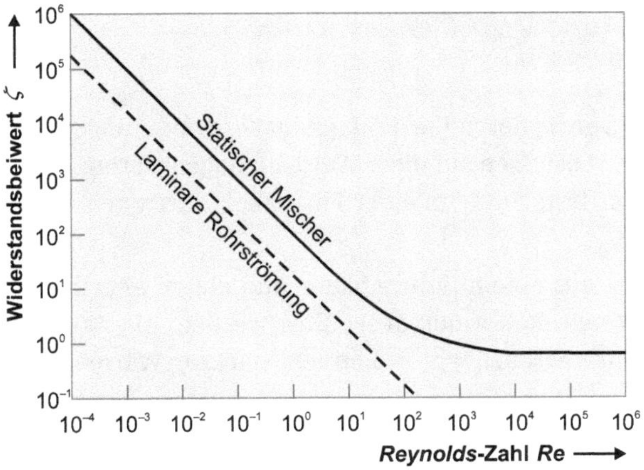

Bild 14.7 Beispielhafter Verlauf des Widerstandsbeiwerts eines statischen Mischers im Vergleich zu einer laminaren Rohrströmung

Um eine annähernde Berechnung der nötigen Gesamtlänge der häufig modular aufgebauten Mischelemente (untereinander um 90 oder 180° verdreht) durchführen zu können, wird die Mischgüte anhand des Segregationsgrades bzw. der relativen Standardabweichung ausgedrückt.

$$\sqrt{S_D} = \frac{s_x}{\sigma_{x,0}} = 10^{-m \cdot \frac{l}{d}} \tag{14.15}$$

Die experimentell ermittelten Werte dürfen nur unter Beachtung der Gültigkeitsbereiche, z. B. in Bezug auf den Strömungstyp (laminar oder turbulent) oder auf den Viskositätsunterschied der zu mischenden Medien, betrachtet werden. Bei logarithmischer Auftragung der Abszisse ergibt sich ein nahezu linearer Zusammenhang mit der Steigung $-m$, wobei steile Verläufe gute Vermischung und somit kurze Gesamtlängen der Mischeinheiten bedeuten, was in Bild 14.8 veranschaulicht werden soll.

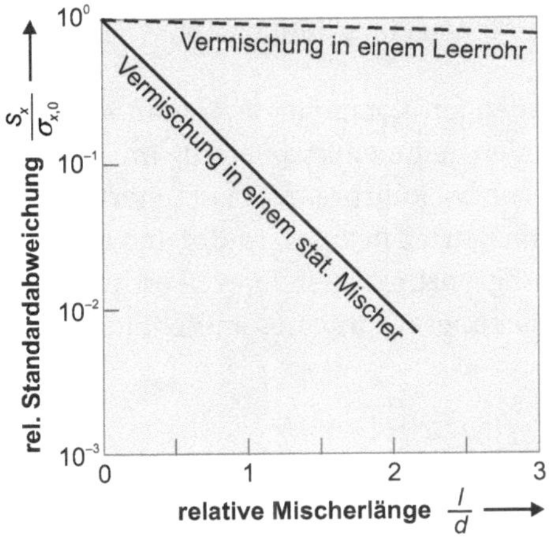

Bild 14.8 Beispielhafter Verlauf von Mischgütegeraden mit unterschiedlichen Steigungen $-m$

14.4 Dynamisches Mischen von Flüssigkeiten

Das Flüssigkeitsmischen mithilfe von rotierenden Einbauten wird als Rühren bezeichnet. Man kann zwei oder mehr Lösungen auf diese Weise homogenisieren. Allerdings können auch gasförmige oder feste Stoffe in einer Flüssigkeit durch den Rührvorgang dispergiert werden.

Ein Rühraufbau besteht zumindest aus einem Rührbehälter und einem angetriebenen Rührer, die in unterschiedlichsten Bauformen ausgeführt werden. Als statische Einbauten kommen noch sogenannte Stromstörer in Betracht und zur Wärmeübertragung z. B. ein Außenmantel oder innenliegende Heizrohrschlangen. Ein klassischer Rühraufbau ist in Bild 14.9 zu sehen.

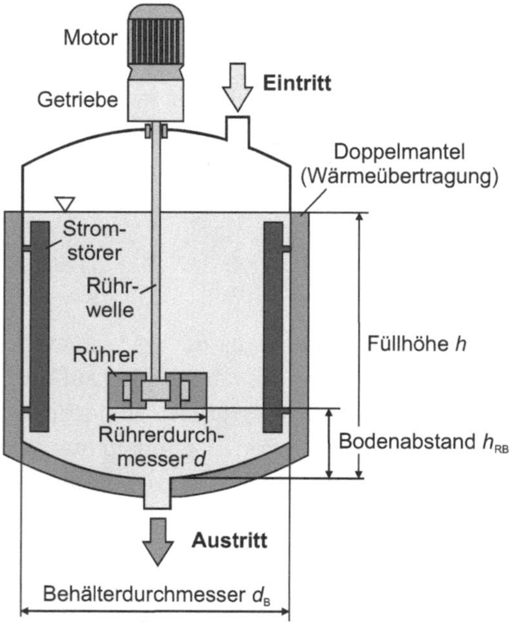

Bild 14.9
Aufbau eines Rührapparats

Die Wahl der für den Rührprozess zu verwendenden Komponenten ergibt sich aus der Anwendung und den damit einhergehenden Rahmenparametern. Im Vordergrund steht die Auswahl des geeigneten Rührers bzw. Rührorgans. Man unterteilt die Rührorgane anhand ihres Strömungsbildes beim Betrieb in **axial, radial** und **tangentialwirkende Rührer,** wobei dies keine klare Abgrenzung darstellt, weil es zur Überlagerung der Strömungstypen kommt. Die Strömungsausprägung im Behälter ist in Bild 14.10 dargestellt.

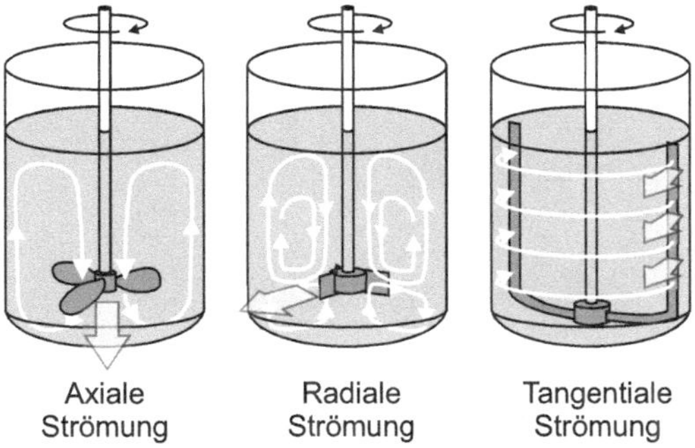

Bild 14.10
Strömungstypen im Rührbetrieb

Der axiale Rührer „saugt“ die Flüssigkeitsmenge zentral entlang der Drehachse zum Rührorgan und „drückt“ sie zum Behälterboden, woraus eine Aufwärtsströmung an der Behälterwand zur Oberfläche und somit ein Bewegungskreislauf resultiert. Radiale Rührer drücken die Flüssigkeit radial gegen die Behälterwand, woraus sich zwei Bewegungskreisläufe ergeben, einer unterhalb (bis zur Umlenkung am Behälterboden) und einer oberhalb des Rührorgans (bis zur Oberfläche). Tangentiale Rührer bewegen die Flüssigkeit in einer Bahn um die Drehachse und wirken so in Richtung der Umfangsgeschwindigkeit. Die tangentiale Kraftkomponente liegt auch bei den anderen Rührertypen (resultierend aus der Drehbewegung) mehr oder weniger ausgeprägt vor. Im Gegensatz zu der axialen und der radialen Betrachtung liegt diese Kraft nicht in der gleichen Ebene, was zeigt, dass sich immer ein dreidimensionales Strömungsfeld ausbildet.

Wichtige Beurteilungskriterien für die Auslegung eines Rührers sind u. a. die maximale Umfangsgeschwindigkeit des Rührorgans (schnell oder langsam rotierende Rührer), die Viskosität des Mediums, die Umströmungsart (laminar oder turbulent) sowie die baulichen Abmaße (Verhältnis des Rührorgan- und des Behälterdurchmessers).

Zusammenstellung einiger ausgewählter Rührer

Propellerrührer

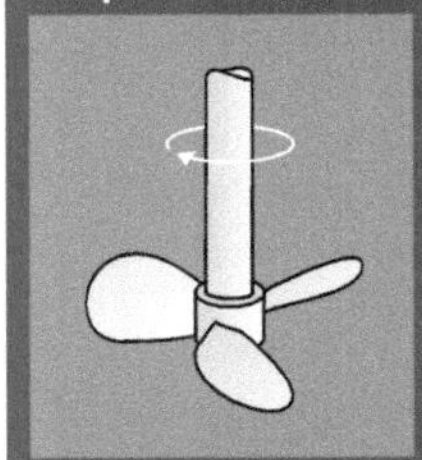

- Häufig 3 winklig gestellte Rührblätter
- axiale Förderung
- turbulenter Strömungszustand
- für Viskositäten kleiner als 8 Pa·s
- Durchmesserverhältnis d/d_B 0,1 bis 0,5
- 3 Stromstörer
- Homogenisieren, Suspendieren

Schrägblattrührer

- Häufig 4 bis 6 winklig gestellte Rührblätter
- axiale/radiale Förderung
- turbulenter Strömungszustand bis Übergang
- für Viskositäten kleiner als 20 Pa·s
- Durchmesserverhältnis d/d_B 0,2 bis 0,5
- 2, 3 oder 4 Stromstörer
- Homogenisieren, Suspendieren

Scheibenrührer

- Häufig 6 rechtwinklig gestellte Rührblätter
- radiale Förderung
- turbulenter Strömungszustand
- für Viskositäten kleiner als 10 Pa·s
- Durchmesserverhältnis d/d_B 0,2 bis 0,5
- 2 oder 4 Stromstörer
- Homogenisieren, Begasen, Emulgieren

Wendelrührer

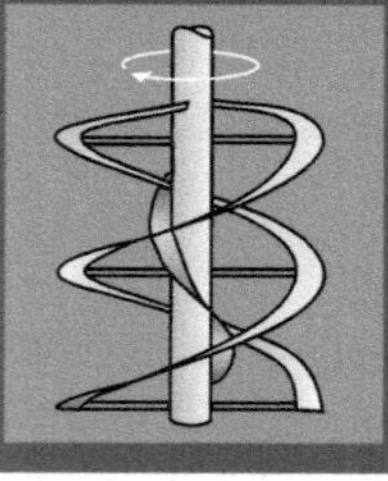

- Mehrgängige Wendel, Stege an der Welle
- axiale Förderung
- laminarer Strömungszustand
- für Viskositäten kleiner als 1 000 Pa·s
- Durchmesserverhältnis d/d_B 0,90 bis 0,98
- keine Stromstörer
- Homogenisieren

Ankerrührer

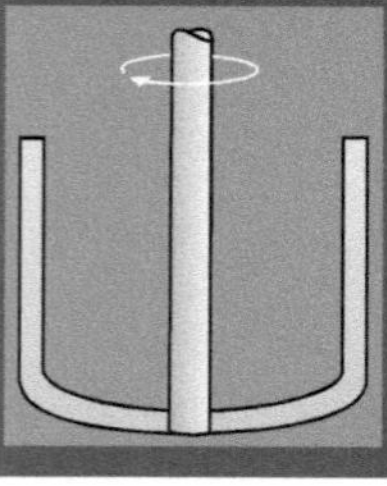

- zweiarmig, angepasst an Behälterform
- tangentiale Förderung
- laminarer Strömungszustand
- für Viskositäten kleiner als 30 Pa·s
- Durchmesserverhältnis d/d_B 0,90 bis 0,98
- keine, 1 oder 2 Stromstörer
- Wärmeaustausch

Analog zu den Feststoffmischern muss auch bei der Auslegung des zum Rührer passenden Rührbehälters darauf geachtet werden, dass sich keine Totzonen beim Vermischungsvorgang ausbilden. Eine verbreitete Behältergeometrie ist der *Klöpper*-Boden, was auf sein günstiges Strömungsbild und die vergleichsweise kostengünstige Herstellung zurückzuführen ist. Behälter mit flachen Böden hingegen neigen zu Totzonen.

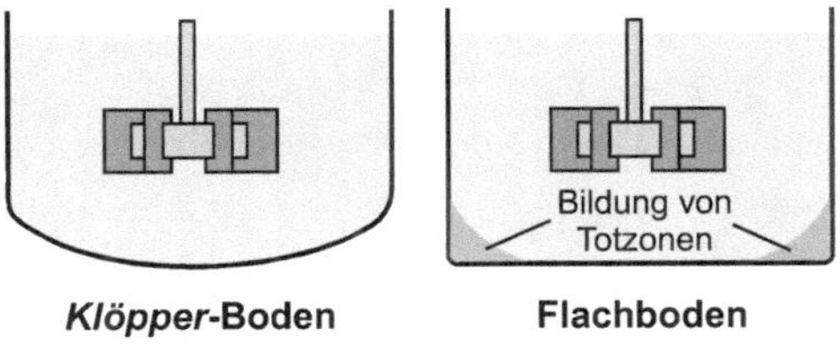

Bild 14.11
Typische Bodenformen von Rührkesseln

Gerade bei niedrigviskosen Flüssigkeiten und hohen Drehzahlen kommt es zum **Mitrotieren der Flüssigkeit** im Behälter. Die aufgebrachte Rührenergie wird in diesem Zustand nicht nur zur Vermischung, sondern zu einem großen Teil zur Rotation der Flüssigkeitsmenge aufgebracht, was eine unerwünschte Erscheinung darstellt. Ferner kommt es durch radiale Geschwindigkeitsunterschiede zur Ausbildung einer **Trombe** (wirbelartiger Bereich um das Rührorgan). Hier besteht die Gefahr des Einsaugens (und somit Dispergierens) des Umgebungsgases, was ebenfalls vermieden werden muss, wenn es sich hierbei nicht um eine Selbstbegasung handelt (vgl. Abschnitt 14.4.6, Begasen einer Flüssigkeit). Eine Kenngröße, die die Tendenz zur Trombenbildung wiedergibt, ist die *Froude*-Zahl. Bezogen auf die Rührtechnik wird sie mit der Drehzahl als charakteristische Geschwindigkeit und dem Durchmesser eines Rührers berechnet.

$$Fr = \frac{d \cdot n^2}{g} \tag{14.16}$$

Hohe *Froude*-Zahlen zeigen starke Trägheitskräfte und eine damit verbundene große Tendenz zum Mitrotieren der Flüssigkeit an. Das Mitrotieren und die damit einhergehende Trombenbildung kann zum einen durch Verschiebung der Rührachse parallel zur zentralen Behälterachse oder zum anderen durch einen schräg gestellten Rührer realisiert werden (vgl. Bild 14.12). Beide Optionen sind nur bei kleinen Rührbehältern durchführbar, da z. T. unerwünschte Strömungsverhältnisse und hohe Belastung für die Rührwelle entstehen. In der industriellen Anwendung werden diese unerwünschten Effekte durch sogenannte Stromstörer (Strombrecher) deutlich eingeschränkt bzw. verhindert.

Die Anzahl der Stromstörer ist variabel (häufig 2 bis 4), und man spricht von einer **Bewehrung des Rührbehälters.** Die *Fr*-Zahl bleibt durch diese Einbauten zwar unverändert (vgl. Formel 14.16), aber ihr Einfluss auf die eingetragene Rührleistung wird sehr stark minimiert (vgl. Leistungsbedarf von Rührern). Bei hochviskosen Flüssigkeiten sind Stromstörer hingegen zu vermeiden, da sie Totzonen ausbilden, die einer vollständigen Vermischung entgegenwirken.

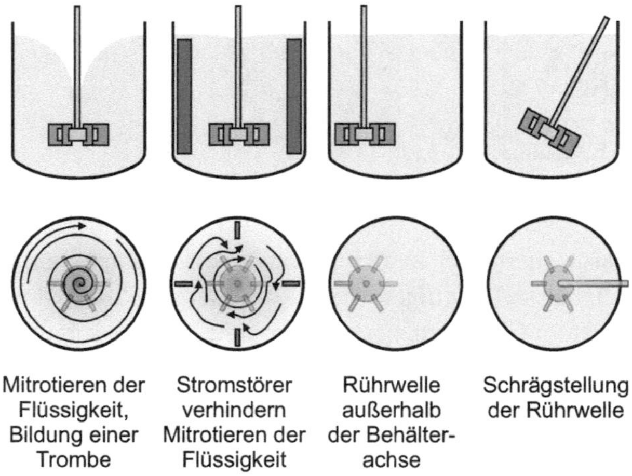

Bild 14.12 Trombenbildung und Maßnahmen zur Verhinderung des Mitrotierens des Flüssigkeit

Die wohl wichtigste Kenngröße für einen Rührvorgang ist der **Leistungsbedarf** einer solchen Apparatur. Beim Rührvorgang wird Energie in innere Reibungen umgesetzt, um eine Vermischung zu erzielen. Um den Energieaufwand zu beschreiben, wird die Rührleistung benötigt, die unter Berücksichtigung des technischen Wirkungsgrades des Rührmotors zur elektrischen Antriebsleistung führt. Durch den Antrieb muss ein Drehmoment für das Rührorgan (M_R) aufgebracht werden, was sich durch das Produkt aus der Kraft (Tangentialkraft F_T) und dem Hebelarm (größter Radius des Rührorgans r) berechnen lässt. Die Rührleistung (P_R) erhält man aus dem Moment durch Multiplizieren mit der Winkelgeschwindigkeit ω:

$$M_R = r \cdot F_T$$

$$P_R = F_T \cdot w_U = F_T \cdot \omega \cdot r$$

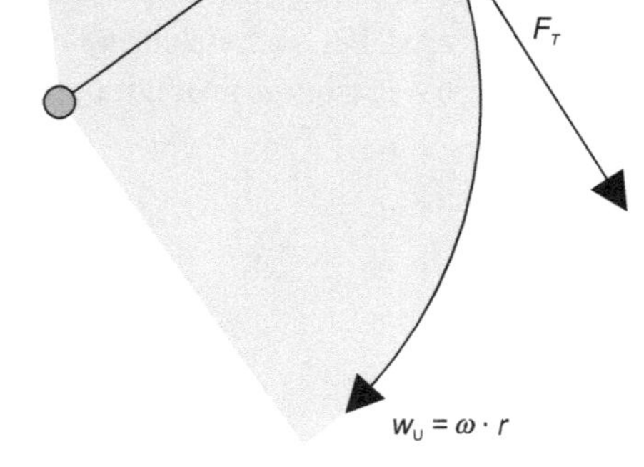

und somit:

$$P_R = M \cdot \omega \qquad (14.17)$$

Eine häufig verwendete Größe stellt die volumenspezifische Leistung dar, die eine volumenvariable Betrachtung erlaubt (Behältervolumen V_B).

$$P_{R,V} = \frac{P_R}{V_B} \qquad (14.18)$$

Durch Dimensionsanalyse erhält man das Verhältnis aus Widerstandskraft und Fließkraft, welches *Newton*-Kennzahl genannt wird.

$$Ne = \frac{F_W}{w^2 \cdot \rho_1 \cdot A} \qquad (14.19)$$

Die Widerstandskraft F_W ist die Kraft, die man bei einem Rührer tangential ansetzen muss (vgl. Formel 14.16). Die Geschwindigkeit ist die Tangentialgeschwindigkeit, die über die Winkelgeschwindigkeit und somit über die Drehzahl gegeben ist. Ferner wird die charakteristische Anströmfläche proportional zum Quadrat des charakteristischen Durchmessers. Lässt man alle konstanten Faktoren entfallen, wie es bei der Dimensionsanalyse üblich ist, erhält man die in der Rührtechnik auch als Leistungszahl bezeichnete Größe:

$$Ne = \frac{P_R}{\rho_1 \cdot n^3 \cdot d^5} \qquad (14.20)$$

erhalten durch die proportionalen Zusammenhänge:

$$w_U = \omega \cdot r = 2 \cdot \pi \cdot n \cdot \frac{d}{2} \sim n \cdot d$$

$$A \sim d^2$$

$$F_W \sim \frac{P_R}{n \cdot d}$$

In dieser Berechnung entfallen die Durchmesserverhältnisse des Rühraufbaus (Rührer zu Behälter), weil sie während des Vorgangs als konstant angesehen werden. Ebenso unberücksichtigt bleibt der Dichte- bzw. der Viskositätsunterschied der eingesetzten Medien, da man nach einer raschen Anfangsmischphase auch hier von nahezu konstanten Verhältnissen ausgeht. Nach diesen Vereinfachungen ist die *Newton*-Zahl eine Funktion der *Reynolds*- und der *Froude*-Zahl. Der Einfluss der *Froude*-Zahl wird durch den Einbau von Stromstörern und die Unterdrückung einer Trombenbildung dermaßen reduziert, dass auch sie keinen nennenswerten Einfluss auf die Leistungscharakteristik hat. Man erhält bei Flüssigkeiten mit *Reynolds*-Zahlen unterhalb von 300 oder durch Einsatz von Stromstörern keinen unerwünschten Gaseintrag in die

Flüssigkeit, und es folgt $Ne = f(Re)$. Dieser Zusammenhang lässt sich durch Diagramme darstellen, deren Verlauf bereits aus den Umströmungscharakteristiken für die Widerstandsbeiwerte bekannt ist (vgl. Bild 14.13) und die nur experimentell ermittelt werden können.

Diese Diagramme können ebenfalls in drei charakteristische Bereiche unterteilt werden.

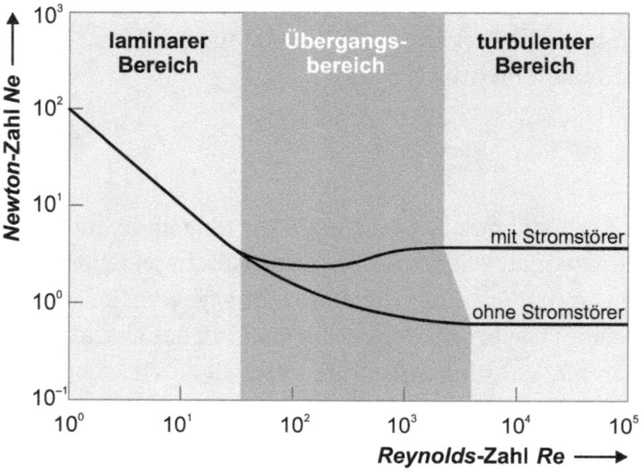

Bild 14.13 Beispielhafte Kennlinien, $Ne = f(Re)$

14.4.1 Laminarer Bereich

Bei sehr zähen Medien überwiegen die Zähigkeitskräfte im Vergleich zu den Massenträgheitskräften. Das bedeutet, dass die Flüssigkeit so zäh ist, dass sie am Rührorgan nur geteilt und verschoben wird und die Mischwirkung aufgrund der laminaren Umströmung nur sehr gering ausfällt. Stromstörer verschlechtern hier die Mischwirkung, da sie Totzonen ausbilden, und werden daher nicht eingesetzt. Im doppeltlogarithmisch aufgetragenen Diagramm ergibt sich eine lineare Funktion:

$$Ne = \frac{K_{ReNe}}{Re} \tag{14.21}$$

mit $K_{ReNe} = 50$ bis 150.

Der Wert für die Konstante K_{ReNe} kann in den Diagrammen direkt bei $Re = 1$ als Funktionswert abgelesen werden. Die Grenze des laminaren Bereichs ist je nach Rühreraufbau bis ca. $Re = 60$ zu finden. Da das Produkt aus Ne und Re eine Konstante ist, kann hier für die Rührleistung folgender Zusammenhang angeführt werden, der die Abhängigkeit von der Viskosität in diesem Bereich deutlich macht:

$$P_R = K_{ReNe} \cdot \eta_1 \cdot n^2 \cdot d^3 \quad (14.22)$$

mit $Re = \frac{n \cdot d^2 \cdot \rho_1}{\eta_1}$.

Die volumenspezifische Leistung ist unabhängig von den Apparate-Abmessungen und bei konstanter Viskosität proportional zur Drehzahl des Rührers, da der Durchmesserfaktor d^3 die Volumeneinheit widerspiegelt.

$$P_{R,V} \sim n^2$$

14.4.2 Turbulenter Bereich

Im vollturbulenten Bereich ($Re > 10^4$) erkennt man den horizontalen Verlauf der Kurve, welcher darauf zurückzuführen ist, dass hier die Zähigkeit im Gegensatz zur Trägheitskraft (Dichteeinfluss) keine entscheidende Rolle mehr besitzt. Die *Newton*-Zahl nimmt konstante Werte an. Die Flüssigkeit wird durch die turbulente Strömung stark vermischt.

$$P_R = K_{Ne} \cdot \rho_1 \cdot n^3 \cdot d^5 \quad (14.23)$$

mit $K_{Ne} = NE = 0{,}1$ bis 5.

Die volumenspezifische Rührleistung ist proportional zur Drehzahl und zum Durchmesser, also abhängig von der Apparateabmessung und der Formgebung.

$$P_{R,V} \sim n^3 \cdot d^2$$

Aus den bereits beschriebenen Gründen kommen im turbulenten Bereich Stromstörer zum Einsatz. Diese verbessern die Mischeffekte, erhöhen die Rührleistung (je nach Rühraufbau allerdings um das 10- bis 20-Fache). Ohne Stromstörer ist die Newton-Zahl eine Funktion der *Reynolds*- und der *Froude*-Zahl.

14.4.3 Übergangsbereich

Dieser Bereich stellt den Übergang vom laminaren zum turbulenten Bereich dar, der formeltechnisch nicht konkret erfasst werden kann und z. T. sehr unterschiedlich verläuft. Der Einfluss der Zähigkeitskräfte nimmt ab, während der Einfluss der Trägheitskräfte steigt. Der Leistungsbedarf wird immer stärker durch die Dichte der Flüssigkeit bestimmt. Eine Methode, diesen Bereich rechnerisch zu erfassen, ist die Linearisierung in kleinen Abschnitten, die zu Konstanten zwischen 5 und 15 führt.

Wichtige Kenngrößen für einen Rührprozess sind die **Mischzeit** und die **Mischgüte.** In der Praxis erfolgt die Bestimmung der Mischzeit t_{MZ} (Homogenisierungszeit) durch

Mischzeitcharakteristiken in Diagrammform. Bei geringen Dichte- und Viskositätsunterschieden kann die dimensionslose Durchmischungskennzahl als Produkt mit der Drehzahl $n \cdot t_{MZ}$ über die *Reynolds*-Zahl aufgetragen werden. Die **Durchmischungskennzahl** $\boldsymbol{n \cdot t_{MZ}}$ spiegelt die Anzahl der Umdrehungen des Rührers wider, die für eine komplette bzw. die geforderte Durchmischung benötigt wird. Ist eine komplette Durchmischung nicht möglich, muss eine zu erzielende Mischgüte festgelegt werden, da ansonsten das erstellte Diagramm keinen Bezugswert hätte und nicht mit anderen Charakteristiken vergleichbar wäre. Die Mischgüte (oder der Homogenisierungsgrad) wird experimentell ermittelt. Durch Versuche mit Standardmethoden (Schlierenmethode → Brechungsindex, Entfärbung → Iod-Stärke-Lösung, Sondenmethode → pH-Wert, elektrische Leitfähigkeit) kann auf den Grad der Vermischung geschlossen und die zugehörige Mischzeit bestimmt werden.

Die Mischzeit ist die Zeitspanne, in der sich eine vorher definierte Mischgüte (vgl. Abschnitt 14.1) einstellt, die die Grundlage für vergleichende Betrachtungen darstellt. In Bild 14.14 sind beispielhaft einige Mischzeitcharakteristiken von unterschiedlichen Rührern aufgeführt.

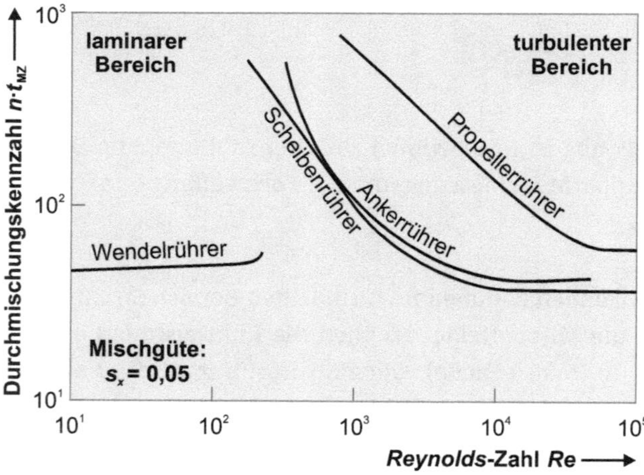

Bild 14.14 Beispiele von Verläufen von Durchmischungskennzahlen unterschiedlicher Rührertypen, $n \cdot t_{MZ} = f(Re)$

Die Durchmischungskennzahl nimmt im turbulenten Strömungsbereich einen annähernd konstanten Verlauf an. Eine konstante Durchmischungskennzahl bedeutet, dass eine Drehzahlverdopplung zur Halbierung der Mischzeit führt. Die in Bild 14.14 dargestellten Verläufe sind im Normalfall nur für *Newton*sche Flüssigkeiten gültig. Ein *Newton*sches Fluid besitzt bei der vorliegenden Temperatur im laminaren Bereich eine konstante Viskosität, unabhängig von der Beanspruchung (z. B. Scherung durch Rührer) und der Beanspruchungszeit. Die Viskosität ist hier dementsprechend unabhängig von der Drehzahl des Rührers, wenn man die Temperaturveränderungen durch den Rührer vernachlässigt.

In der Praxis wird ein diskontinuierlicher Mischprozess häufig durch Zeiten beeinflusst, die größer als die eigentliche Mischzeit sind. So kommen zur Gesamtzeit des Prozesses die Reinigungszeit, die Füll- und die Entleerungszeit hinzu.

Beispiel 14.1

Für eine Homogenisierung eines Fruchtsafts (Dichte 1210 kg/m³ und dynamische Viskosität 0,02 Pa·s) soll bei einer üblichen volumenspezifischen Rührleistung von 1 kW/m³ in einem 250 Liter fassenden Rührkessel (inkl. Stromstörer) ein Schrägblattrührer ($d = 0{,}3$ m) eingesetzt werden. (Rührerkennlinie vgl. Buch, Bild 14.13). Mit welcher Drehzahl muss dieser betrieben werden, wenn man annimmt, dass die Rühraufgabe im turbulenten Bereich stattfindet.

Berechnung der Rührleistung nach Formel 14.18:

$$P_R = 1000 \frac{\mathrm{W}}{\mathrm{m}^3} \cdot 0,25\ \mathrm{m}^3 = 250\ \mathrm{W}$$

Ermittlung der Ne-Zahl (ca. 5) aus Bild 14.13 und Berechnung der Drehzahl mit Formel 14.23:

$$n = \sqrt[3]{\frac{P_R}{Ne \cdot \rho_f \cdot d^5}} = \sqrt[3]{\frac{250\ \mathrm{W}}{5 \cdot 1210 \frac{\mathrm{kg}}{\mathrm{m}^3} \cdot (0,3\ \mathrm{m})^5}} = 2,57 \frac{1}{\mathrm{s}} = 154,3 \frac{1}{\mathrm{min}}$$

Überprüfung der Annahme „turbulenter Bereich“:

$$Re = \frac{n \cdot d^2 \cdot \rho_f}{\eta_f} = \frac{2,57 \frac{1}{\mathrm{s}} \cdot (0,3\ \mathrm{m})^2 \cdot 1210 \frac{\mathrm{kg}}{\mathrm{m}^3}}{0,02\ \mathrm{Pas}} = 14002 (\mathrm{turbulent})$$

14.4.4 Rühren von nicht-*Newton*schen Flüssigkeiten

Die Annahme einer konstanten Viskosität ist bei zahlreichen Flüssigkeitsgemischen in der Technik nicht gegeben. Sie zeigen Abweichung vom *Newton*schen Verhalten und werden nicht-*Newton*sche Flüssigkeiten genannt. Es tritt eine Abhängigkeit der Viskosität durch die Schervorgänge des Rührers (beeinflusst durch die Drehzahl) und von der Rührdauer auf. Man teilt die Prozesse demnach in zeitunabhängige und zeitabhängige Effekte ein, welche in der Tabelle 14.1 zusammengefasst werden. Die Einflüsse einer nicht konstanten Viskosität sind beim Auslegen von Mischprozessen mit nicht-*Newton*schen Flüssigkeiten zu berücksichtigen.

Tabelle 14.1 Einteilung nicht-*Newton*scher Effekte

Bezeichnung	Ursache	Effekt
zeitunabhängig		
Strukturviskosität	Drehzahl n größer	Viskosität nimmt ab
Dilatanz	Drehzahl n größer	Viskosität nimmt zu
Plastizität	Grenzdrehzahl n_G	$n < n_G$ Feststoffcharakter $n < n_G$ Flüssigkeitscharakter
Viskoelastizität	Drehzahl n größer	keine Trombe, sondern Anhaften an der Rührwelle
zeitabhängig		
Thixotropie	Rührdauer länger	Viskosität nimmt ab (reversibel nach Rührvorgang)
Thixotropie	Rührdauer länger	Viskosität nimmt zu (reversibel nach Rührvorgang)

14.4.5 Scale-up-Maßstabsübertragung

Im Normalfall werden Rührprozesse im Labor- bzw. Technikumsmaßstab (10…200 l) im Vorfeld des eigentlichen industriellen Aufbaus mit den einzusetzenden Flüssigkeiten durchgeführt. Um die Werte von diesem kleinen Maßstab für eine Auslegung auf den Industriemaßstab übertragen zu können, muss ein sogenanntes **Scale-up** erfolgen. Dazu legt man die **Scale-up-Kriterien** im Vorfeld fest, die auf den späteren Aufbau übertragbar sind, wie z. B. den volumenspezifischen Leistungseintrag $P_{R,V}$, die maximale Umfangsgeschwindigkeit w_U oder die *Reynolds*-Zahl. Die Auswahl des Scale-up-Kriteriums ist durch die vorliegende Rühraufgabe bestimmt und erfordert mitunter Erfahrungswerte. Aufgrund des Scale-up-Kriteriums und eines Übertragungsfaktors $\lambda_Ü$ kann eine Geometrievergrößerung erfolgen. Das bedeutet nicht nur, dass der identische Rührertyp skaliert werden muss, sondern auch alle anderen geometrischen Gegebenheiten, wie z. B. Füllhöhe und Behälterdurchmesser, müssen im exakt gleichen Verhältnis $\lambda_Ü$ (Vergrößerungsmaßstab) zum Rührer stehen. In der Praxis wird häufig das empirisch aufgestellte *Büche*sche Theorem angewandt. Hierzu werden die wirtschaftlichsten Rührparameter in einer Modellanlage ermittelt. Im Nachgang setzt man die Parameter der technischen Ausführung (Index T) in Relation zu der Modellausführung (Index M):

$$\lambda_{\ddot{U}}^{3} = \frac{P_{R,T}}{P_{R,M}} = \frac{V_T}{V_M} \tag{14.24}$$

mit $P_{R,V,T} = P_{R,V,M}$

P_R Rührerleistung, V Flüssigkeitsvolumen

Der (lineare) Vergrößerungsmaßstab $\lambda_{\ddot{U}}$ berechnet sich aus dem Verhältnis der Rührerdurchmesser d:

$$\lambda_{\ddot{U}} = \frac{d_T}{d_M} \tag{14.25}$$

Nach Formel 14.23 und Einsetzen der *Ne*-Zahl als Funktion der *Reynolds*-Zahl ergeben sich folgende Zusammenhänge, wenn die Strömungsverhältnisse identisch in beiden Ausführungen sind:

- laminarer Bereich: $n_T = n_M$
- turbulenter Bereich: $n_T = \lambda_{\ddot{U}}^{-\frac{2}{3}} \cdot n_M$

Man ermittelt durch den Versuch im Modellmaßstab die wirtschaftlichste Drehzahl und kann damit auf die sinnvollste großtechnische Auslegung schließen.

Beispiel 14.2

Ein Rührwerk wird im Labormaßstab geprüft. Es rührt im vollturbulenten Bereich energetisch günstig mit einer Drehzahl $n_M = 350\ 1/\text{min}$ und einer Mischzeit von 5 min bis zum Erreichen der gewünschten Mischgüte. Der tatsächliche Aufbau soll in einem Maßstab 1:15 ausgeführt werden. Welche Drehzahl muss die große Ausführung haben und welche Mischzeit ist nötig, wenn die Stoffwerte für die Dichte und die Viskosität konstant bleiben?

Annahmen für vollturbulenten Bereich und geeignete Rührerauswahl: *Ne* = konst. und $n \cdot t_{MZ}$ = konst.

Ansatz nach *Büche*:

$$\lambda_{\ddot{U}}^{3} = \frac{P_T}{P_M} = \frac{Ne_T \cdot \rho_T \cdot d_T^5 \cdot n_T^3}{Ne_M \cdot \rho_M \cdot d_M^5 \cdot n_M^3} = \frac{d_T^5 \cdot n_T^3}{d_M^5 \cdot n_M^3} = \lambda_{\ddot{U}}^{5} \cdot \left(\frac{n_T}{n_M}\right)^3$$

Es folgt für den turbulenten Bereich:

$$n_T = \lambda_{\ddot{U}}^{-\frac{2}{3}} \cdot n_M$$

und

$$\lambda_{\ddot{U}} = 15$$

$$n_T = 15^{-\frac{2}{3}} \cdot 350 \frac{1}{\text{min}} = 57{,}5 \frac{1}{\text{min}}$$

Mischzeitberechnung:

$$n_T \cdot t_{MZ,T} = n_M \cdot t_{MZ,N}$$

$$t_{MZ,T} = \frac{n_M \cdot t_{MZ,M}}{n_T} = \frac{350\frac{1}{min} \cdot 5\ min}{57,5\frac{1}{min}} = 30,4\ min$$

Die Mischzeit erhöht sich bei geringerer Drehzahl in der technischen Ausführung auf 30,4 Minuten.

14.4.6 Weitere Anwendungsgebiete

Der Rührprozess wird nicht nur zum Homogenisieren eingesetzt, sondern kann auch für die folgenden Anwendungen genutzt werden.

Suspendieren

Ziel des Suspendierens ist es, eine möglichst homogene Suspension herzustellen, wobei der Rührer einer Sedimentation der in der Flüssigkeit befindlichen Feststoffpartikel entgegenwirkt. Bei der technischen Umsetzung stellt häufig das erosive Verschleißen des Rührers ein zentrales Problem dar. Der Verschleißgrad ist dabei im schlechtesten Fall proportional zur dritten Potenz der Umfangsgeschwindigkeit des Rührorgans. Daraus resultiert als Hauptaufgabe für einen Suspendierungsaufbau die Verminderung der Rührerdrehzahl. Da hier nicht die Mischgüte als Kriterium angewendet werden kann, existieren andere Kriterien, um den Suspensionszustand zu beschreiben. Die meistangewendeten sind das **1-Sekunden-Kriterium,** bei dem kein Feststoffpartikel länger als 1 Sekunde auf dem Boden des Rührbehälters ruhen darf, und das **90 %-Höhenkriterium,** bei dem die Partikel bis zu 90 % der Höhe des Flüssigkeitsvolumens in Schwebe gehalten werden müssen. Während das erstgenannte Kriterium oft eine wirtschaftliche Betriebsweise widerspiegelt, ist das 90 %-Höhenkriterium für stark zu suspendierende Medien anzuwenden. Beim Rühren einer Suspension liegt dabei immer eine Höhenverteilung der Partikel und keine homogene Suspension vor (vgl. Bild 14.15).

Hauptsächlich finden vor der Suspendierung experimentelle Bestimmungen dieser Kriterien mit den einzusetzenden Produkten statt. Typische Rührapparate für Suspendierungsaufgaben bestehen aus einem bodennah angebrachten Propellerrührer in Kombination mit einem Rührbehälter mit *Klöpper*-Boden. Eine Berechnung muss über die Sedimentierung der Partikel unter Beachtung des Energieeintrags erfolgen, der durch das Scheren der Flüssigkeit „verloren“ geht. Auch hier existieren Ansätze durch dimensionslose Kennzahlen (z. B. über die Aufwirbelungscharakteristik), die in der weiterführenden Literatur aufgezeigt sind.

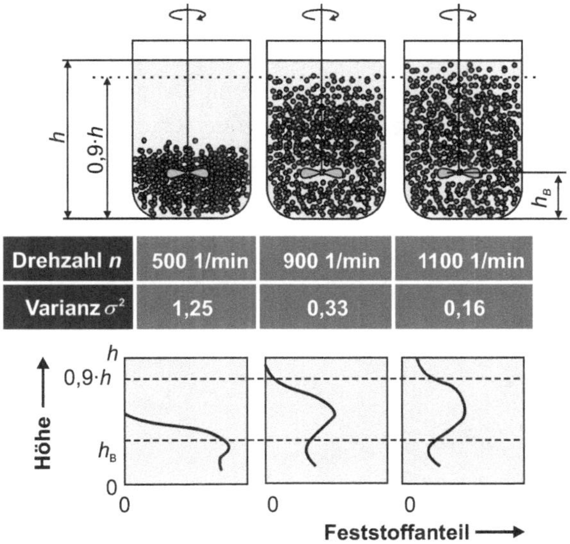

Bild 14.15
Schematischer Verlauf einer Suspendierung mit einem Propellerrührer und steigender Drehzahl (90 %-Höhenkriterium bei 900 1/min erfüllt)

Dispergieren von Flüssigkeiten

Der Vorgang des Dispergierens von Flüssigkeiten beschreibt eine Verteilung zweier unlöslicher Flüssigkeiten ineinander unter Erzeugung einer maximalen Oberfläche, die z. B. zu einem verbesserten Stoffaustausch führen kann. Es wird auch hier zwischen dem Dispersionsmittel (kontinuierliche, zusammenhängende Phase) und der dispersen Phase (verteilte Phase) unterschieden. Die Dispergierung ist dabei als instabiler Zustand anzusehen, der sich nach Verringern oder Abschalten des Rührers mehr oder weniger schnell zurückbildet, wodurch erneut zwei Phasen entstehen. Wird durch die eingebrachten Scherkräfte die Größe der dispersen Phase (Tröpfchengröße) so weit reduziert, dass keine nennenswerten Sedimentationskräfte mehr auftreten und keine Koaleszenzneigung (Zusammenlagerungsneigung) der Tröpfchen vorliegt, ist die Dispersion stabil. Die so hergestellte Mischung bezeichnet man als Emulsion und den Vorgang der Herstellung als Emulgieren, wobei ein bekanntes Beispiel Milch darstellt (Fetttröpfchen in wässriger Phase). Um die Koaleszenzneigung zu vermindern oder aufzuheben, werden als Zusatzstoffe sogenannte Emulgatoren der Mischung beigefügt.

Ziel des Rührprozesses ist es hier, durch Teilung der Tröpfchen eine möglichst homogen verteilte disperse Phase zu schaffen. Die Berechnungsansätze erfolgen anhand der *Weber*-Zahl (vgl. Kapitel 12, Zerstäuben) und des *Sauter*-Durchmessers, wobei die exakten Zusammenhänge letztendlich durch experimentelle Daten zu ermitteln sind.

Begasen einer Flüssigkeit

Das Ziel der Begasung einer Flüssigkeit ist ebenfalls die Oberflächenvergrößerung der dispersen Phase, die hier als Gas vorliegt. Bei Rührvorgängen, die nicht die einzige Begasungstechnik darstellen (vgl. Kapitel 12), ist die Flüssigkeit immer das Dispersionsmittel. Die Begasung kann grob unterteilt werden in Selbst- und Fremdbegasung, wobei im ersten Fall das Gas aus der Umgebung durch die Rührwirkung eingesaugt wird und im zweiten Fall das Gas durch eine Gasleitung (Druckbegasung) eingetragen wird. Das Rührorgan verkleinert die Gasblasengröße durch Scherung und verteilt die Blasen möglichst homogen im gesamten Flüssigkeitsvolumen.

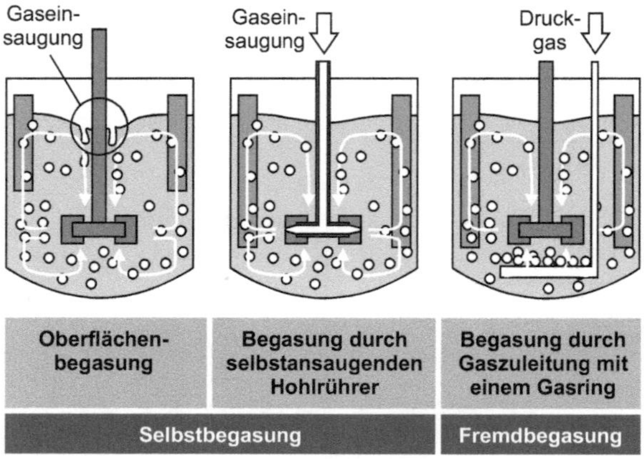

Bild 14.16 Schematische Darstellung der Begasungsarten mit einem Rührer

Dabei kommt es hinter den Rührblättern zu sogenannten Wirbelschleppen, die das Gas ansaugen. Ist die Gasmenge zu groß, füllt sie den gesamten Raum zwischen den Rührblättern aus, und an die Flüssigkeit wird keine Rührleistung mehr übertragen. Man spricht hier von der **Überflutung des Rührers.** Dieses Verhalten kann sich ebenfalls bei strukturviskosen Medien zeigen. Bei einer optimalen Begasung werden die Gasbläschen auch unterhalb des Rührers verteilt, weswegen häufig Scheibenrührer zum Einsatz kommen. Sie erzeugen zum einen starke Scherkräfte, zum anderen zirkuliert durch die radiale Strömung ein Anteil unterhalb des Rührers. Zur Berechnung und Darstellung der Vorgänge werden die *Ne*-Zahl und die *Fr*-Zahl herangezogen. Für eine sinnvolle Begasung einer Flüssigkeit wird diese im vollturbulenten Bereich durchgeführt. Steigende *Froude*-Zahlen spiegeln eine bessere Rückführung der Gasbläschen in den Ansaugbereich des Rührers wider und werden daher in Diagrammform als Bezug zum zugeführten Volumenstrom an Gas dargestellt. Durch die Abnahme der mittleren Dichte liegt bei höheren Gasvolumenströmen eine Abnahme der Rührleistung vor. Die spezifischen Beurteilungskriterien sind hier die maximal dispergierbare Gasmenge oder, in Hinblick auf chemische Reaktionen, der Stoffübergang an der Austauschfläche.

Wärmeaustausch

Ein guter Wärmeaustausch ist bei vielen industriellen Anwendungen enorm wichtig (Wärmezu- oder Wärmeabfuhr). Im Normalfall ist die Wärmeübertragung durch die Austauschfläche begrenzt, kann aber durch erzeugte Strömung an der Wärmeübertragungsfläche und Verringerung des Wärmeübergangskoeffizienten α optimiert werden.

15 Agglomerieren

15.1 Grundlagen

Der Umkehrschritt zum Zerkleinern ist das **Agglomerieren** (lat. *agglomerare* – aneinanderdrängen). Bei diesem Vorgang werden feine, disperse Teilchen in einen größeren zusammenhängenden Verband überführt. Man spricht auch von Granulieren (lat. *granulum* – Körnchen) oder Kornvergrößerung. Es existieren unterschiedliche Bezeichnungen für die durch Agglomeration entstandenen Produkte, in Abhängigkeit von der Größe und letztlich auch der industriellen Sparte. Übliche Produktbezeichnungen sind u. a. Tablette, Brikett, Pellet oder Dragee.

Eine Korngrößenveränderung wird vorgenommen, wenn fein verteilte Pulver trotz oder wegen ihrer großen Oberfläche nicht für den nachfolgenden Prozess geeignet sind. Dies kann z. B. auf schlechte Fließ- und Dosiereigenschaften oder eine starke Entmischungsneigung bei unterschiedlichen Dichten zurückzuführen sein. Die Agglomerate bieten folgende Vorteile:

- **Verbessertes Fließverhalten**, kompakte Verbände sind einfach zu dosieren und zu transportieren (gute Riesel- und Streufähigkeit), Staubfreiheit.
- **Verbesserte Mischbarkeit**, gezielt ähnlich groß produzierte Agglomerate weisen eine geringe Entmischungsneigung auf.
- **Verbesserte Durchströmungseigenschaften**, Agglomeratschüttungen können einfacher durchströmt werden als sehr feine Partikelkollektive.
- **Verbesserte Trennbarkeit**, Agglomerate lassen sich besser aus fluiden Medien, wie z. B. Luft oder Wasser, abtrennen als sehr feine Partikel.

Entscheidend beim Vorgang des Agglomerierens ist, dass das Endprodukt **definierte Partikeleigenschaften** aufweist. Übliche festgelegte Zielgrößen sind die Partikelgrößenverteilung, die Form der Agglomerate, die Festigkeit des Agglomerats, die Zusammensetzung (bei Gemischen), die Oberflächenstruktur etc. Eine Einteilung der Agglomerationsverfahren kann folgendermaßen vorgenommen werden:

Tabelle 15.1 Agglomerationsverfahren

Typ der Verbindung	Bezeichnung
Anschmelzagglomeration	Sintern
Aufbauagglomeration	Feuchtgranulieren Pelletieren Dragieren
Pressagglomeration (Formpressen)	Kompaktieren Brikettieren Tablettieren
Anlagern in flüssiger Umgebung	Flockung Koagulation

Der Vorgang des Agglomerierens ist nicht ausschließlich als ein gezielt zur Produktion angewendetes Verfahren anzusehen, sondern tritt auch als unerwünschte Nebenerscheinung in Zerkleinerungsprozessen auf. Es kommt zu Anlagerungen an Bauteilen oder Rohrwänden, kann zur Erschwerung von Mischprozessen und Partikelgrößenanalysen führen.

Die Form und Größe der Agglomerate ist aufgrund der variablen Anwendungsgebiete schwierig zu definieren. So haben Tabletten rundes oder linsenförmiges Aussehen im Bereich von ca. 2…5 mm und Briketts eine quaderähnliche Form mit Längen bis zu 25 mm. Allerdings sollte ein einziges Produkt eine möglichst enge Größenverteilung aufweisen. Im Normalfall sind hohe Festigkeiten gegen Biegen, Druck, Scherung, Abrieb und Stoß erwünscht, was zur bereits oben genannten erleichterten Dosier- und Transportierbarkeit führt. Um Agglomerate herzustellen, sind zwei grundsätzliche Bedingungen zu erfüllen:

- Es müssen **möglichst viele Kontaktstellen** zwischen den Ausgangspartikeln vorliegen.
- Es müssen **Haftkräfte** zwischen den Ausgangspartikeln existieren.

Die Agglomeration kann bei Vorhandensein der obigen Bedingungen auf unterschiedlichen Bindungsmechanismen beruhen. Eine Einteilung in fünf Hauptkategorien kann nach *Rumpf* vorgenommen werden (vgl. Tabelle 15.2).

Tabelle 15.2 Kategorien nach *Rumpf*

Ursache der Verbindung	Varianten
Festkörperbrücken	1. Sintern 2. Schmelzhaftung 3. Chemische Reaktion 4. Erhärtende Bindemittel 5. Kristallisation beim Trocknen
Adhäsion zwischen Feststoffteilchen	1. *Van-der-Waals*-Kräfte 2. Elektrostatische Kräfte 3. Magnetische Kräfte
Formschlüssige Verbindung	Faser, eingefaltete Plättchen
Adhäsion, Flüssigkeitsoberfläche frei beweglich	1. Flüssigkeitsbrücken 2. Hohlraum, voll mit Flüssigkeit 3. Hohlraum, z. T. mit Flüssigkeit gefüllt 4. Teilchen im Tropfen
Adhäsion und Kohäsion, Flüssigkeitsoberfläche nicht frei beweglich	1. Zähflüssige Bindemittel 2. Adsorptionsschichten

15.2 Einteilung der Agglomeration

Grundsätzlich unterscheidet man zwischen Aufbauagglomeration, Pressagglomeration und Sintern. In Bild 15.1 sind die unterschiedlichen Ursachen für die Agglomerationsvorgänge sichtbar.

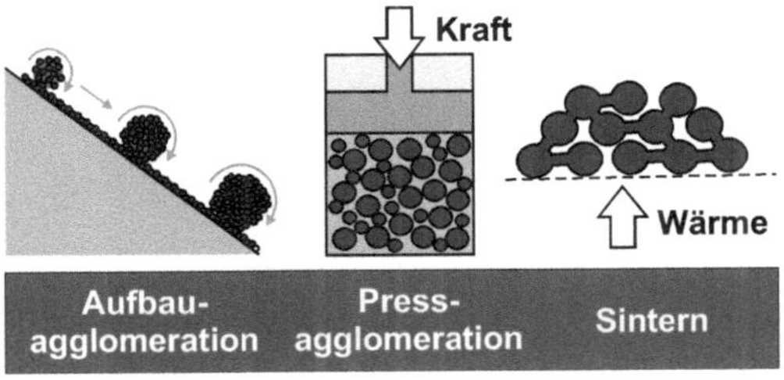

Bild 15.1
Einteilung der Agglomerationsarten

15.2.1 Aufbauagglomeration (Pelletieren)

Grundlegend für eine Aufbauagglomeration ist das Vorliegen einer Bewegung eines Partikels oder eines bereits gebildeten Agglomeratverbands, der durch erneuten Kontakt mit weiteren Partikeln diese anlagert und sich so zu einem größeren Verband aufbaut (ähnlich einer Schneekugel, die man einen schneebedeckten Hang herabrollen lässt). Hierzu liegt ein Bindemittel vor, das diese Zusammenlagerung letztlich ermöglicht. Zwei der klassischen Modellvorstellungen der Bildung von Pellets sind in Bild 15.2 zur Veranschaulichung dargestellt.

Während des Bewegungsvorgangs entstehen ebenfalls Kräftetypen, die eine Trennung des Agglomerats bewirken können (z. B. Scherung oder Stoß). Im Vergleich zu diesen müssen die Bindungskräfte in ihrer Summe einen größeren Wert annehmen.

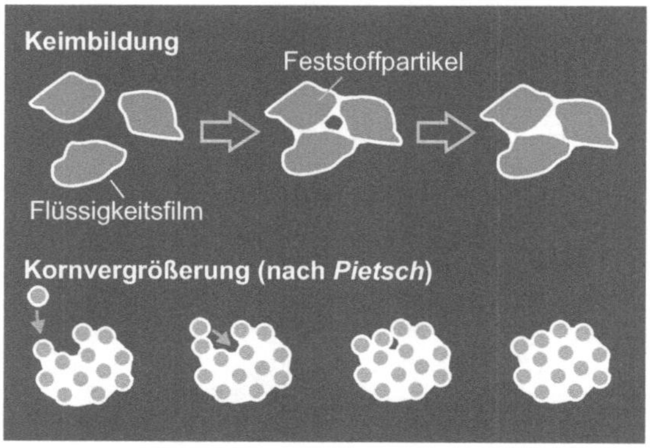

Bild 15.2
Einteilung der Agglomerationsarten

Die durch die Aufbauagglomeration erzielten Produkte („grüne Pellets") besitzen häufig nur eine geringe Festigkeit und werden im Allgemeinen einer Nachbehandlung, wie z. B. Trocknen, zur Verbesserung der Festigkeit unterzogen. Die vorherrschenden Bindekräfte sind die Kapillarkräfte. Folglich sind daher die Feinheit und die Feuchte des zu agglomerierenden Gutes entscheidend.

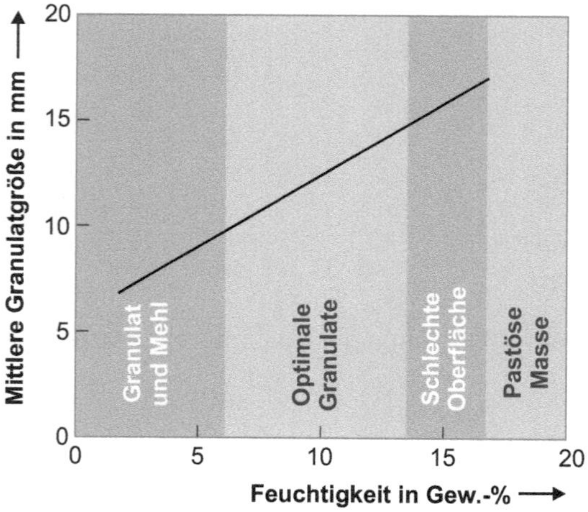

Bild 15.3
Beispielhafte Abhängigkeit der Granulatgröße und -qualität von der Feuchtigkeit im Granuliergut

Ein klassisches Beispiel für eine Aufbauagglomeration ist die Rollagglomeration.

Rollagglomeration

Typische Apparate für die Rollagglomeration sind der **Granulierteller**, der **Granulierkonus** und die **Granuliertrommel.** Mit allen Apparaturen werden kugelförmige Agglomerate (Granulate) erzielt.

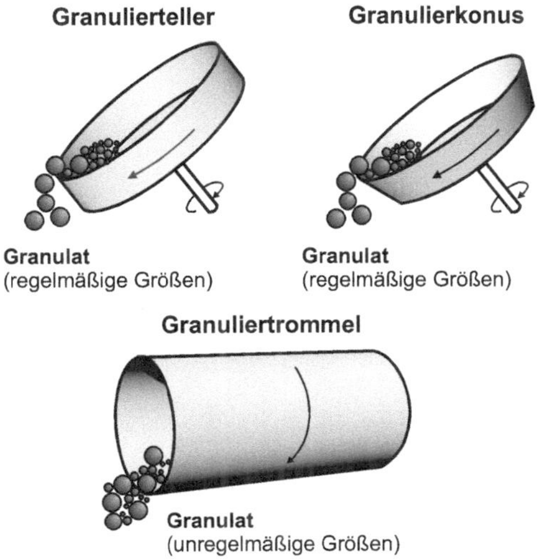

Bild 15.4
Beispiele einiger Granuliermethoden

Am Beispiel eines Granuliertellers soll der prinzipielle Vorgang im folgenden Abschnitt verdeutlicht werden.

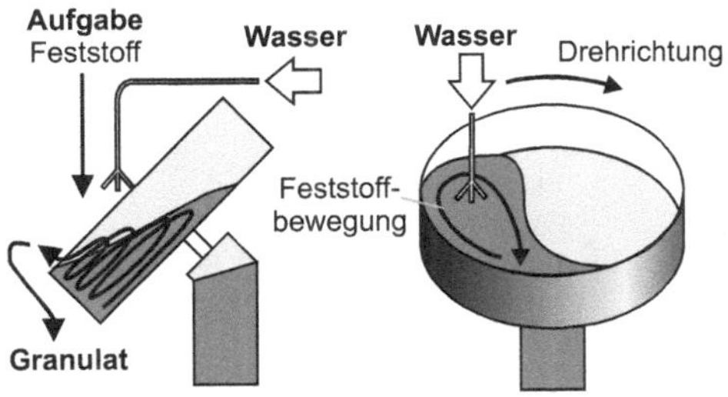

Bild 15.5
Funktionsprinzip eines Granuliertellers

Der Aufbau eines Granuliertellers ist durch den eigentlichen Teller mit zylindrischem Rand gekennzeichnet, der mittig eine Antriebsachse besitzt, die in einem Winkel von 45 bis 55° gegenüber der Waagerechten geneigt ist. Durch die Rotation des Tellers bewegen sich die Partikel am Rand mit der Drehbewegung, bis sie durch die Schwerkraft wieder in den unteren Teil des Tellers fallen. Wird ein Bindemittel (z. B. Wasser) hinzugegeben, bilden sich durch Flüssigkeitsbrücken die ersten Agglomerate, die eine größere Partikelgröße besitzen (Keimbildung) und „früher" von der Wandung zurückfallen. Mit fortlaufender Umwälzung kommt es zur Verdichtung der Agglomerate, und die Kapillarkräfte nehmen beim Zusammenhalt der Partikel einen größeren

Stellenwert ein. Durch Koaleszenz kommt es zur Bildung von großen Agglomeraten, die dann nach Erreichen der gewünschten Granulatgröße in Kugelform und mit guten Oberflächeneigenschaften abgeführt werden, wobei diese sich an der Oberfläche des Granuliergutes im Teller befinden.

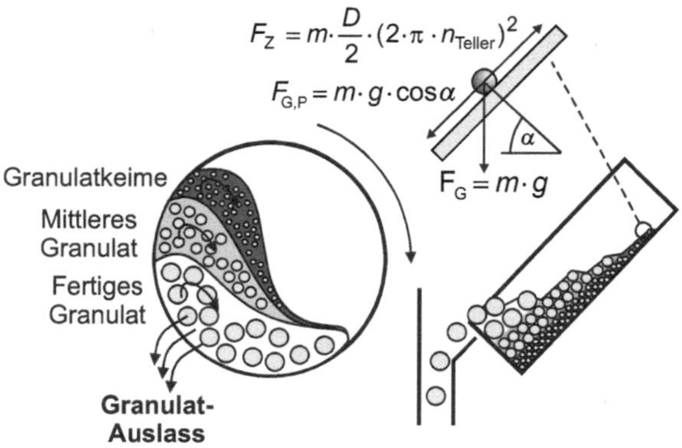

Bild 15.6 Arbeitsweise eines Granuliertellers

Die Drehzahl kann dabei nicht beliebig gesteigert werden. Überschreitet man die kritische Drehzahl $n_{Teller,krit}$ und überwiegt die Zentrifugalkraft im Gegensatz zur Schwerkraft, kommt es zum Mitrotieren des gesamten Feststoffes am Tellerrand. Die kritische Drehzahl kann über den Tellerdurchmesser D_{Teller} und den Neigungswinkel zur Horizontalen β_{Teller} durch Formel 15.1 berechnet werden. Hierzu setzt man die Flieh- und die Gewichtskräfte, die auf ein Masseteil in einem rotierenden Teller wirken (vgl. Bild 15.6), gleich und erhält umgestellt nach der Drehzahl:

$$n_{Teller,krit} = \frac{1}{\pi} \cdot \sqrt{\frac{g \cdot \cos \alpha_{Teller}}{2 \cdot D_{Teller}}} \tag{15.1}$$

Der Vorteil eines Granuliertellers ist die agglomeratgrößenabhängige Abtrennung der Granulate. Bei einer Granuliertrommel besteht die Möglichkeit, mehr Massendurchsatz zu erzielen; durch die geringere Neigung werden am Austritt aber breite Granulatgrößenverteilungen erhalten, was einen nachgeschalteten Siebschritt erforderlich macht.

Die Wirbelschichttrocknung ist ebenfalls eine Möglichkeit, grüne Pellets herzustellen und im gleichen Prozess nachzuhärten. Hierzu findet die Eindüsung eines Bindemittels in eine Wirbelschicht aus Partikeln statt, wobei sich durch die intensive Mischbewegung Pellets ausbilden.

15.2.2 Pressagglomeration (Formpressen)

Beim Pressagglomerieren werden durch Druck mithilfe von sogenannten Presswerkzeugen Kräfte auf ein Partikelkollektiv ausgeübt, wodurch ein Verdichtungsvorgang stattfindet (vgl. Bild 15.7). Zunächst erfolgt nur eine **Umordnung im Partikelkollektiv** durch die noch geringen Pressdrücke. Anschließend folgt das **Füllen der Lücken** im porösen Partikelkollektiv durch die entstehenden kleineren Bruchstücke. Die Folge ist eine deutliche und bleibende Porositätsabnahme. Durch den weiter er höhten Druck kommt es zu Kontaktflächen zwischen den Partikeln, wobei sich durch **Schmelz- und Sintervorgänge** infolge der zunehmenden Temperatur (Reibungswärme) eine Verbindung aufbaut.

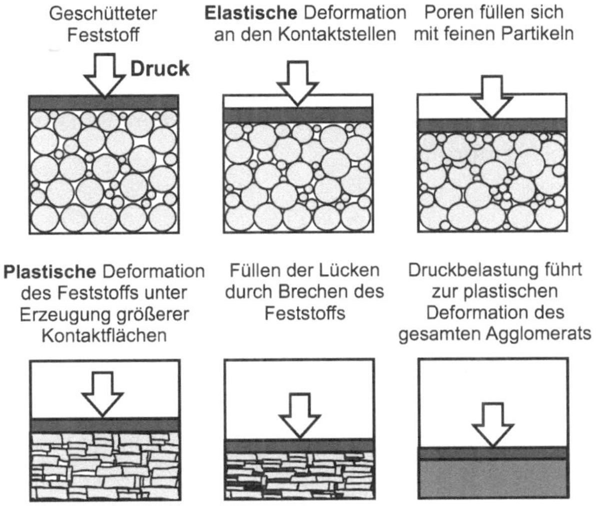

Bild 15.7 Vorgänge beim Pressen einer Feststoffschüttung

Das Pressagglomerieren kann auch unter Verwendung von Bindemitteln erfolgen, die gerade den Schritt der Umordnung (Umlagerung) erleichtern. Daher bezeichnet man diese häufig als „innere Schmiermittel". Es existieren viele Modelle, um die Zusammenhänge beim Pressen zu beschreiben. Eine Näherung an den nötigen Pressdruck kann über die Verdichtung der Partikel erfolgen.

$$\ln p_P = -K_1 \cdot \frac{V_B}{V_{B,F}} + K_2 \tag{15.2}$$

p_P Pressdruck, V_B Brikettvolumen, $V_{B,F}$ porenfreies Brikettstoffvolumen (= reines Feststoffvolumen), K_1 und K_2 stoffabhängige Konstanten

Der Maximalwert dieses Zusammenhangs ist dann erreicht, wenn das Brikettvolumen mit dem Volumen des reinen Feststoffs übereinstimmt, d. h., wenn beide die gleiche Dichte aufweisen. Um diesen Endpunkt des Pressvorgangs annähernd zu erreichen, muss der Pressdruck enorm hoch (bis zu 1000 MPa) und die im Vorfeld vorliegende Schüttdichte der Partikel sehr groß sein.

Es werden die Hauptverfahrensrichtungen **Kompression** und **Extrusion** unterschieden. Die Kompression kann mit einem Stempel und einer Matrize erfolgen **(Pressen)** oder über **Wälzdruckmaschinen**, bei denen zwei gegenläufige Walzen mit glatten oder profilbesetzten Oberflächen zum Einsatz kommen. Die Extrusion hingegen wird durch Stempelkraft und Wandreibung in einem Verdichtungskanal realisiert (Strangpressen, Lochpressen). Einige Beispiele eingesetzter Apparate für die Pressagglomeration werden nachstehend aufgezeigt.

Rundlaufstempelpresse

Der Arbeitsgang einer Rundlaufstempelpresse (vgl. Bild 15.8) besteht aus drei Schritten: der Befüllung mit Pressgut, dem eigentlichen Pressvorgang und der Entnahme des gepressten Feststoffs, z. B. in Tablettenform.

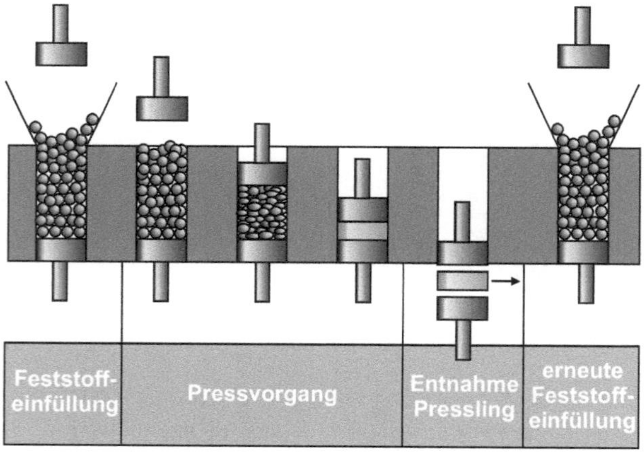

Bild 15.8 Arbeitsweise einer Rundlaufstempelpresse

Walzenpresse

Die Pressagglomeration durch Walzenpressen (vgl. Bild 15.9) ist in der Industrie ein verbreitetes Verfahren. Das Schüttgut (meist pulverförmige, fein- kristalline Materialien) wird durch Schwerkraft oder unter Zuhilfenahme eines Schneckenförderers in den oberen Teil, der zum Walzenraum führt, gebracht. Ein Schneckenförderer gewährleistet eine kontinuierliche Zuführung des Schüttgutes und kann gleichzeitig bei optimaler Konstruktion das Schüttgut von auftretenden Lufteinschlüssen befreien.

Daraufhin wird es zwischen zwei gegenläufig drehende, horizontal angeordnete Walzen gezogen. Eine Walze ist fest gelagert und die zweite bringt den für die Pressung benötigten Druck auf, der je nach gefordertem Agglomerat-Endzustand eingestellt wird. Die Kompaktierung erfolgt daraufhin im Walzenspalt durch den Anpressdruck der Walzen, wobei die äußere Erscheinung des Produkts von der Walzenoberfläche abhängig ist. Man unterscheidet zwischen Schülpen (glattwandige Walzen) und Briketts (bei profilbesetzten Walzen).

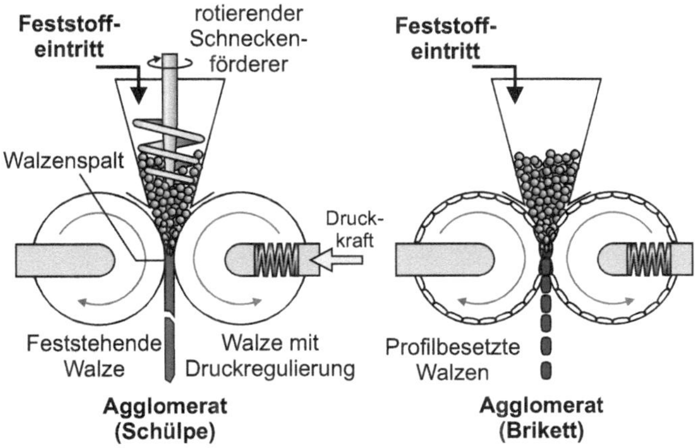

Bild 15.9 Walzenpresse mit Glatt- und profilbesetzten Walzen

Schneckenextruder

Die Agglomeration der Feststoffpartikel wird hier durch eine drehende Schneckenwelle (auch nur „Schnecke“) realisiert, die in drei Zonen eingeteilt werden kann (vgl. Bild 15.10). Die erste Zone dient zum Transport bzw. zum Einzug des Feststoffs (des homogenen Feststoffgemischs) in den Extruder. Hier kann z. B. eine Erwärmung, die das Material auf die weitere Behandlung optimal vorbereitet, oder eine Zugabe von Zuschlagsstoffen erfolgen. In der darauffolgenden Zone wird das Material verdichtet und auf den Druck gebracht, der in der Austrittszone nötig ist. Dieser Vorgang wird durch Vergrößerung des Schneckenwellendurchmessers (geringere Gangtiefe) oder eine engere Steigung des Schneckenaußengewindes realisiert. In der Austrittszone (Meteringzone) wird das Agglomerat durch ein formgebendes Werkzeug gepresst. Dabei kann ein Granulat durch sofortiges Abschneiden (z. B. durch ein rotierendes Messer) oder als Strang erhalten werden. Durch das Werkzeug können komplexe Formen hergestellt werden, die durch andere Formgebungsverfahren, wie z. B. Gießen, nur unter großem Aufwand und unwirtschaftlich produzierbar sind.

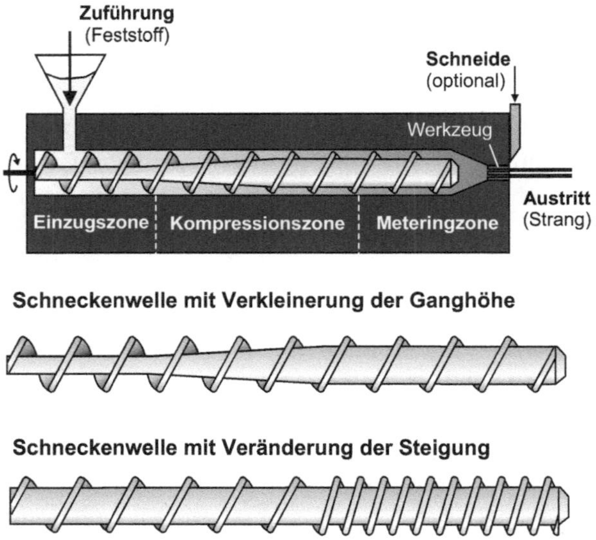

Bild 15.10 Aufbau eines Schneckenextruders und unterschiedliche Bauarten von Schneckenwellen

Die Extrusion in Schneckenextrudern kann über ein, zwei oder mehr Schneckenwellen ausgeführt werden, wobei die Ausführung mit mehreren Schnecken noch anhand der Rotationsrichtungen (gleich- und gegenläufig) der Schneckenwellen zueinander unterteilt wird. Extruder finden unter anderem industriellen Einsatz in der Lebensmittelindustrie, z. B. bei der Herstellung von Nudeln und Erdnussflips, und in der Kunststoffindustrie zur Herstellung von nahtlosen Profilen, Dichtungen und Halbzeugen.

16 Transport von Stoffen

16.1 Arten der Förderung

Der Transport von Stoffen ist für die Industrie als grundlegender Zwischenschritt zur Produktion anzusehen, weil diese im Normalfall nicht direkt am Entstehungs- bzw. Fundort der Edukte angesiedelt ist. Der Transportweg kann dabei in seiner Ausdehnung stark variieren, was ein Kriterium für die Auswahl einer Förderungsart darstellt. Allerdings muss die Betrachtungsweise auch wesentlich ins Innere einer Produktionsstätte gerichtet werden, da im Besonderen hier Stoffströme jeglichen Aggregatzustands vorliegen, die z. B. ein Mischen, Trennen, Behandeln oder Reagieren erst ermöglichen. Im weiteren Verlauf wird nur der für die Verfahrenstechnik wichtigere Transport z. B. durch Rohrleitungen und Förderbänder berücksichtigt, wohingegen Transportarten durch Fahrzeuge, wie Eisenbahn oder Lastkraftwagen, keine Berücksichtigung finden.

Man unterscheidet die Begriffe **Förderwege** und **Fördermittel.** In Förderwegen wird der Stoff transportiert. Sie wirken richtungsgebend und erlauben die Integration von Steuer- und Regelelementen. Die wohl verbreitetsten Förderwege in der industriellen Technik sind Rohrleitungen. Diese werden mit sogenannten Armaturen ausgeführt, die eine Beeinflussung des transportierten Stoffstromes zulassen. Das Fördermittel stellt die treibende Kraft für die Bewegung des Stoffstromes zur Verfügung, wobei Typ und Art des Fördermittels vom Aggregatzustand des zu transportierenden Stoffes abhängen. Hier kommen auch gemischte Phasen in Betracht, wobei die Förderart immer vom hauptsächlichen Bestandteil ausgeht, so fällt z. B. die Förderung von verdünnten Suspensionen in die Kategorie Flüssigkeitstransport.

Werden Flüssigkeiten oder Gase transportiert, so spricht man von Fluidenergiemaschinen. Diese können den Fluiden, im optimalen Fall mit nur wenig Verlusten, Arbeit zuführen, aber auch entziehen. Man unterteilt sie in Arbeits- und Kraftmaschinen. Apparaturen, die dem Fluid Energie entziehen (Kraftmaschinen, z. B. Windkrafträder), sind nicht zum Transport von Stoffen gedacht und werden daher in diesem Kapitel nicht behandelt.

16.2 Transport von Flüssigkeiten

Flüssigkeiten werden in den meisten Fällen durch Rohrleitungen (häufig mit Armaturen) transportiert. Der Flüssigkeitsstrom unterliegt somit einem Strömungswiderstand, der über eine Druckdifferenz zwischen Anfangs- und Endpunkt der Förderstrecke überwunden werden muss. Dies kann auf unterschiedliche Weise realisiert werden (vgl. Bild 16.1).

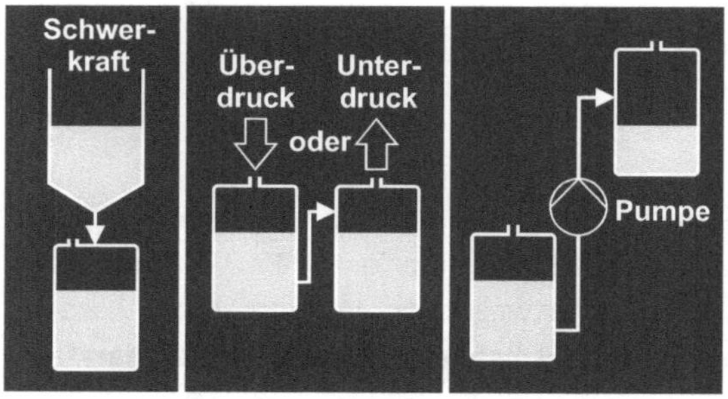

Bild 16.1 Unterschiedliche Arten der Flüssigkeitsförderung

Schwerkraft

Das flüssige Medium wird an einen höher gelegenen Ort als die Entnahmestelle transportiert und kann dann aufgrund der Schwerkraft den Strömungswiderstand überwinden. Ist man bei der Höhe eingeschränkt, ist die vorliegende Druckdifferenz u. U. nicht groß genug, um einen (ausreichenden) Volumenstrom zu erzeugen, und weiterhin ist der Anlagenaufbau wenig flexibel.

Überdruck oder Unterdruck (mit einem Gas)

Über einen erzeugten Gasdruck oberhalb der Flüssigkeit (Unterdruck am Förderziel oder Überdruck am Anfang der Förderleitung) wird der Strömungswiderstand überwunden.

Förderung mit Pumpen

Pumpen führen der Flüssigkeit Energie zu (Geschwindigkeit und Druck), um damit Förderstrecken und Höhenunterschiede zu überwinden. Der Begriff Pumpe ist ein Sammelbegriff für Fördermittel von Flüssigkeiten, der unterschiedlichste technische Ausführungen umfasst.

16.2.1 Verdrängungspumpen

Der erforderliche Druck für die Förderung wird bei diesem Bautyp durch Verdrängerelemente erzeugt. Durch den Vorgang des Verdrängens wird die Flüssigkeit auf der Austrittsseite aus der Pumpe gedrückt und auf der Eintrittsseite angesaugt. Eine weitere Unterteilung wird durch die Art der Bewegung der Verdrängerelemente in oszillierende und rotierende Verdrängerpumpen vorgenommen. Im Folgenden sollen zwei Beispiele näher beschrieben werden.

Rotierende Verdrängerpumpen

Pumpen mit rotierenden Verdrängungskörpern (auch Umlaufkolbenpumpen) besitzen ähnliche Konstruktionsprinzipien. Bei Zahnradpumpen und Drehkolbenpumpen sind z. B. auf zwei parallel laufenden Wellen, die durch ein Getriebe bedingt die identische Drehzahl aufweisen, die Verdrängerkörper aufgebracht. Diese drehen sich gegenläufig in einem formschlüssigen Gehäuse, wobei direktes Berühren untereinander oder mit dem Gehäuse ausgeschlossen werden muss. Zu jedem Zeitpunkt der Rotation der Verdrängerelemente ist die Eintrittsseite (Saugseite) von der Austrittsseite (Druckseite) getrennt, um keinen Druckausgleich zu ermöglichen. Die Abdichtung erfolgt ausschließlich über präzise gefertigte Bauteile mit möglichst kleinen Spaltabmaßen.

Die auf der Saugseite befindliche Flüssigkeit wird durch die Verdrängerelemente (hier Zahnräder) in den Zwischenräumen entlang der Mantelfläche zur Druckseite transportiert und dort abgegeben (vgl. Bild 16.2), da diese Teilvolumina bei weiterer Drehung durch die Zähne des gegenläufigen Verdrängerelements geschlossen werden. Aufgrund dieser Art der Förderung sind Verdrängerpumpen selbstansaugend, da sie beim Anfahren, d. h. noch nicht flüssigkeitsbefüllt, die Luft auf die gleiche Weise befördern und so saugseitig einen Unterdruck erzeugen. Der in der Saugleitung vorliegende Druckunterschied lässt die Flüssigkeit bis zur Saugseite der Pumpe fließen, welche dann wie beschrieben gefördert werden kann.

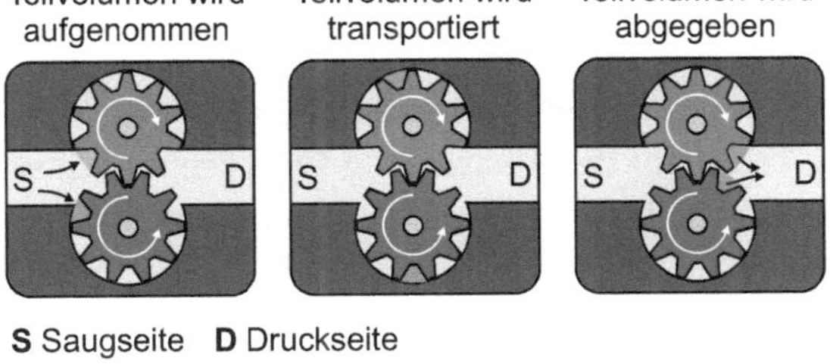

Bild 16.2 Sichelpumpe und Drehkolbenpumpe

Zahnradpumpen sind in der Lage, sehr hohe Drücke aufzubauen (bis zu 200 bar), und werden häufig zur pulsationsarmen Förderung mittel- bis hochviskoser Flüssigkeiten eingesetzt. Zahnradpumpen mit innenliegenden Zahnkränzen sind sogenannte Sichelpumpen (vgl. Bild 16.3). Die Zahnräder sind nicht konzentrisch angebracht, und der entstehende Zwischenraum wird durch einen sichelförmigen Umströmungskörper minimiert.

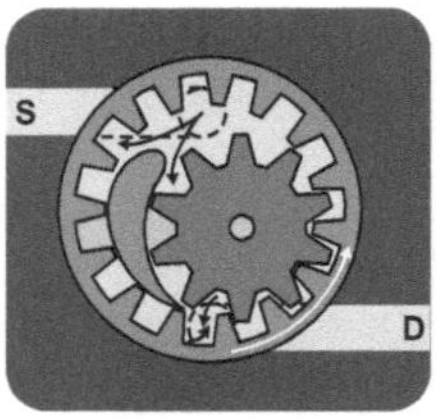

Sichelpumpe
Innenzahnradpumpe
einwellig

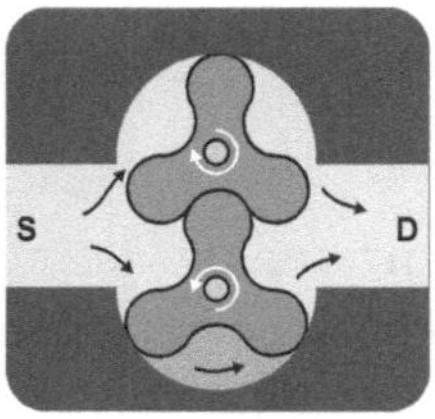

Drehkolbenpumpe
dreiflügelig,
zweiwellig

Bild 16.3
Sichelpumpe und Drehkolbenpumpe

Größere Teilvolumina erzielt man durch eine andersartige Geometrie, wie z. B. in Drehkolbenpumpen (vgl. Bild 16.3). Diese können auch Suspensionen mit großen Partikeln oder hohen Feststoffkonzentrationen schonend (ohne größere Scherkräfte) fördern.

Oszillierende Verdrängerpumpen

Die Förderung bei diesem Pumpentyp wird durch einen sich auf- und abwärts bewegenden Kolben erzeugt, der zusätzlich mit einer Membran ausgestattet sein kann. Im Förderraum wird die Flüssigkeit durch zwei selbsttätige Ventile je nach Kolbenstellung ein- oder abgeleitet. Analog zur rotierenden Drehkolbenpumpe wird die Saugseite so stets von der Druckseite abgetrennt. Die Funktionsweise wird in Bild 16.4 anhand einer Membranpumpe verdeutlicht.

Bei Membranpumpen ist der arbeitende Kolben durch die Abtrennung mit einer Membran aus Kunststoff oder Gummi nicht mit der zu fördernden Flüssigkeit in Kontakt. Wird die Membran durch den Druckaufbau direkt mit dem Kolben oder einer drucktransferierenden Flüssigkeit (z. B. Presswasser) in den Förderraum gedrückt, verringert sich das Volumen, und das Ventil auf der Austrittseite (Druckseite) öffnet sich. Wird die Membran durch den Kolben in die entgegengesetzte Richtung bewegt, vergrößert sich der Innenraum, und das Ventil auf der Austrittsseite schließt sich, während sich das Ventil auf der Saugseite öffnet und Fördermedium angesaugt wird. Da der Kolben keinen direkten Kontakt mit dem Fördermedium hat, können aggressive oder giftige Flüssigkeiten gepumpt werden.

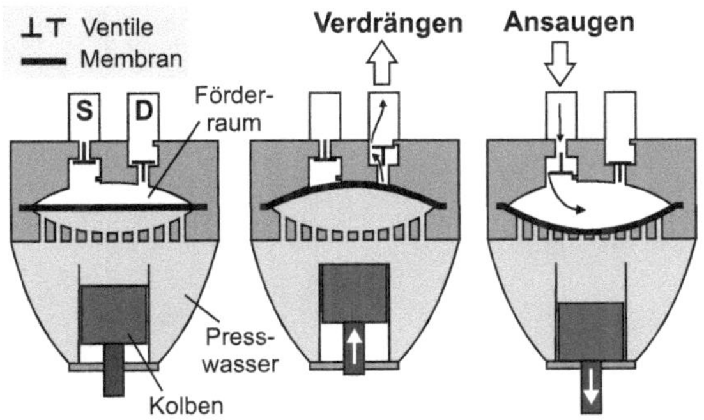

Bild 16.4 Prinzip einer Membrankolbenpumpe

Die selbstansaugenden Hubkolbenpumpen können hohe Förderdrücke erzeugen und sind durch kleine Förderströme charakterisiert. Im Gegensatz zu den rotierenden Verdrängerpumpen kommt es durch die Kolbenbewegungen zu Beschleunigungs- und Verzögerungseffekten im Strömungsverhalten der Flüssigkeit, woraus letztlich Druckschwankungen hervorgerufen werden (Pulsation). Pulsation ist im Normalfall in der Anwendung unerwünscht und führt durch die in Schüben geförderte Flüssigkeit zu verfahrenstechnischen Problemen bzw. erhöhtem Verschleiß. Zur bestmöglichen Vermeidung dieser Pulsationserscheinungen werden Pulsationsdämpfer, z. B. Windkessel mit „elastischen" Luftpolstern, nachgeschaltet.

16.2.2 Zentrifugalpumpen

Zentrifugalpumpen nutzen zur Druckerzeugung die schnelle Rotation (hohe Drehzahlen) von Laufrädern, an denen Laufschaufeln angebracht sind (vgl. Bild 16.5). Es findet im Gegensatz zu einer Verdrängermaschine die Zuführung an Geschwindigkeits energie und erst danach eine Umsetzung in Druckenergie statt (Verdrängermaschinen besitzen keine bzw. eine sehr geringe Geschwindigkeitsenergieumwandlung und erzeugen direkt Druckenergie). Die Flüssigkeit tritt durch die Saugseite zentral in Richtung der Drehachse ein und wird durch die Rotation des Laufrades entweder radial, halbaxial oder axial auf eine höhere Geschwindigkeit beschleunigt, worauf auch die Pumpenbezeichnungen beruhen (vgl. Bild 16.6). Die so erzeugte Beschleunigung kann in Druckenergie umgesetzt werden. Dies wird bei Radialpumpen in einem umlaufenden, sich stetig vergrößernden Kanal bewerkstelligt, in dem die dynamische Druckenergie (Geschwindigkeitsanteil) durch die Diffusorwirkung nach und nach in statische Druckenergie gewandelt wird. Die Flüssigkeit tritt daraufhin mit einem hohen statischen Druckanteil auf der Druckseite aus.

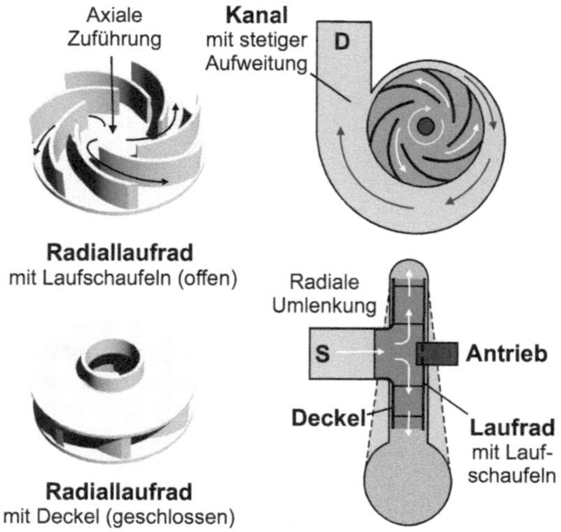

Bild 16.5 Aufbau einer Zentrifugalpumpe (Radialpumpe)

Dem Pumpenlaufrad kommt eine entscheidende Bedeutung zu. **Radialpumpen** haben durch ihre starke zentrifugale Beschleunigung, bedingt durch die rechtwinklige Umlenkung des eintretenden Flüssigkeitsstromes, hohe Förderdrücke bei einem vergleichsweise kleinen Volumenstrom im Gegensatz zu axialen Pumpenlaufrädern. **Axialpumpen** besitzen nur einen sehr geringen radialen Beschleunigungsanteil und eignen sich somit für die Förderung mit hohen Volumenströmen und kleinen Druckdifferenzen. Die Benennung als Zentrifugalpumpe oder Kreiselpumpe wird aufgrund der geringen radialen Ausprägung der Strömung bei axialen Laufrädern häufig nicht angewendet. Man bezeichnet die Axialpumpen mitunter als axiale Strömungspumpen oder Propellerpumpen.

Bild 16.6 Unterschiedliche Arten von Pumpenlaufrädern

Eine Kombination der Laufradtypeneigenschaften stellt das **halbaxiale Laufrad** dar, welches durch unterschiedlichste konstruktive Auslegung einen großen Anwendungsbereich abdecken kann. Hier fließt das Medium diagonal zur Drehachse des

Laufrades und besitzt somit eine radiale und eine axiale Beschleunigungskomponente.

Zentrifugalpumpen arbeiten, ähnlich wie rotierende Verdrängerpumpen, stetig (ohne Pulsationen). Sie sind, bis auf wenige spezielle Bauweisen (z. B. die Seitenkanalpumpe), nicht selbstansaugend. Entweder werden sie so angeordnet, dass die Flüssigkeit aus einem höher gelegenen Behälter, unterstützt durch die Schwerkraft, in die Saugseite läuft, oder man füllt sie vor Inbetriebnahme. Auch im Betrieb kann es durch große Gaseinschlüsse oder Gasanteile in der Flüssigkeit zum Abbrechen der Förderung kommen.

16.2.3 Strahlpumpen

Strahlpumpen haben im Gegensatz zu den bisher behandelten Pumpen keine beweglichen Teile, sondern basieren auf dem Einbringen eines Treibmittels (gasförmige oder flüssige Phase) durch eine Treibdüse mit hoher Geschwindigkeit in den Förderstrom, der diesen mitreißt und somit eine Geschwindigkeitsenergie erzeugt. Die darauf folgende Geschwindigkeitsabnahme resultiert aus der räumlichen Vergrößerung des Treibmittelstrahls und der Übertragung der Geschwindigkeit auf das zu fördernde Medium. Sie findet im hinter der Düse befindlichen Raum statt, wobei die Geschwindigkeitsenergie teilweise in Druckenergie umgewandelt wird (Bild 16.7).

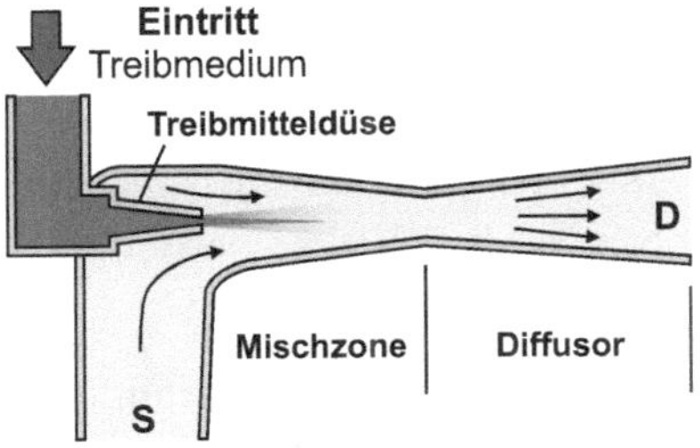

Bild 16.7
Prinzip einer Strahlpumpe

Durch die Geschwindigkeit, die dem Fördermedium aufgeprägt wurde, kommt es auf der Saugseite zu einem Unterdruck und auf der Druckseite zu einem Druckanstieg, welcher durch einen Diffusor noch erhöht werden kann. Angestrebt werden hohe Dichteunterschiede zwischen Treib- und Fördermedium. Bei sogenannten Dampfstrahlpumpen wird als Treibmittel Dampf eingesetzt, wobei es zum Kondensieren hinter der Düse kommen kann, was die Förderung zusätzlich begünstigt. Im Vergleich zu anderen Pumpenbauarten stellt sich trotzdem nur ein geringer Wirkungsgrad ein.

16.2.4 Berechnungen

Für Pumpen existieren zwei entscheidende Beurteilungsgrößen, die dem Anwendungsfall gerecht werden müssen. Zum einen ist dies der **Förderstrom,** welcher gleichbedeutend mit dem Volumenstrom ist, den die Pumpe unter den gegebenen Bedingungen erzeugen kann, also der nutzbare Volumenstrom auf der Austrittsseite der Pumpe ohne Verluste durch Ventile und andere Armaturen. Der Förderstrom ist dabei als Volumenstrom definiert, wobei in der Literatur häufig die Abkürzung Q_V verwendet wird.

$$Q_V = \dot{V}_{\text{l,gefördert}}$$

Die zweite Größe ist die **Förderhöhe H_F** der Pumpe, welche dem Höhenunterschied entspricht, den die Pumpe bei Reibungsfreiheit verwirklichen könnte. Die Beschreibung der Förderhöhe ist in dieser Definition noch vereinfacht. Die Pumpe ist eine Arbeitsmaschine, die der Flüssigkeit Energie zuführt, und durch den Förderstrom und die Förderhöhe (Leistungsdaten) kann die Pumpenleistung beschrieben werden. Genauer betrachtet, steht die Förderhöhe H_F (in m) für das Verhältnis aus nutzbarer mechanischer Förderarbeit $W_{P,F}$, die auf die Flüssigkeit übertragen wird, zur Gewichtskraft der zu fördernden Flüssigkeit.

$$H_F = \frac{W_{P,F}}{F_G} = \frac{W_{P,F}}{m_f \cdot g} = \frac{W_{P,F}}{\rho_f \cdot V_f \cdot g} \quad (16.1)$$

H_F Förderhöhe, $W_{P,F}$ mechanische Förderarbeit

Durch diese Definition wird deutlich, dass die Förderhöhe nicht nur durch die Höhenanordnung der einzelnen Komponenten definiert sein kann. Vielmehr muss die Förderhöhe durch die Anlage, in die die Pumpe integriert ist, beeinflusst werden. Die Förderhöhe beinhaltet demnach folgende Größen:

- die **geodätische Höhe H_{geo}**, welche den Höhenabstand zwischen dem Stand der Flüssigkeit auf der Eintrittsseite und dem höchstgelegenen Punkt an der Austrittseite wiedergibt, was sich durch die Austrittsleitung oder den Flüssigkeitsstand ergeben kann (vgl. Bild 16.8). Eine weitere Unterteilung wird in die saugseitige Höhe (geodätische Saughöhe $H_{geo,S}$) und die druckseitige Höhe (geodätische Druckhöhe $H_{geo,D}$) vorgenommen.
- die **Druckdifferenz Δp** des Anfangs- und Endpunktes, welche auch durch Drücke in Behältern an der Ein- und Auslaufstelle beeinflusst wird ($\Delta p = p^{Aus} - p^{Ein}$).
- die **Reibungsverluste** in den Förderleitungen, die als Höhe H_{RV} charakterisiert werden können.
- **Geschwindigkeitsunterschiede Δw** an Ein- und Auslaufsstelle, welche in der Praxis vernachlässigt werden ($\Delta w^2 = (w^{Aus})^2 - (w^{Ein})^2$).

Auf der Grundlage der Kontinuitäts- und der *Bernoulli*-Gleichung ergibt sich folgender Zusammenhang:

$$H_{\mathrm{F}} = H_{\mathrm{geo}} + \frac{p^{\mathrm{Aus}} - p^{\mathrm{Ein}}}{\rho_{\mathrm{f}} \cdot g} + \frac{\left(w^{\mathrm{Aus}}\right)^2 - \left(w^{\mathrm{Ein}}\right)^2}{2 \cdot g} + \sum H_{\mathrm{RV}} \tag{16.2}$$

mit $\sum H_{\mathrm{RV}} = H_{\mathrm{RV,S}} + H_{\mathrm{RV,D}}$

$$\sum H_{\mathrm{RV}} = \left(\sum_i \zeta_{\mathrm{S},i} + \lambda_{\mathrm{S}} \cdot \frac{l_{\mathrm{S}}}{d_{\mathrm{S}}}\right) \cdot \frac{w_{\mathrm{S}}^2}{2 \cdot g} + \left(\sum_i \zeta_{\mathrm{D},i} + \lambda_{\mathrm{D}} \cdot \frac{l_{\mathrm{D}}}{d_{\mathrm{D}}}\right) \cdot \frac{w_{\mathrm{D}}^2}{2 \cdot g} \tag{16.3}$$

Index S Saugseite, Index D Druckseite, ζ Widerstandsbeiwert der Armaturen, λ Rohrreibungszahl, l Länge, d Durchmesser der Rohrleitung

Die spezifische Förderarbeit y_{F} kann nach Berechnung der Förderhöhe H_{F} ausgedrückt werden als:

$$y_{\mathrm{F}} = \frac{W_{\mathrm{P,F}}}{m_{\mathrm{f}}} = H_{\mathrm{F}} \cdot g \tag{16.4}$$

$$y_{\mathrm{F}} = g \cdot H_{\mathrm{geo}} + \frac{p^{\mathrm{Aus}} - p^{\mathrm{Ein}}}{\rho_{\mathrm{f}}} + \frac{\left(w^{\mathrm{Aus}}\right)^2 - \left(w^{\mathrm{Ein}}\right)^2}{2} + g \cdot \sum H_{\mathrm{RV}} \tag{16.5}$$

Zur Verdeutlichung der Höhenzusammenhänge sind in Bild 16.8 unterschiedliche Beispiele dargestellt, die zum einen den Unterschied zwischen Förderhöhe und geodätischer Höhe, zum anderen die Druckabhängigkeiten erläutern sollen (Bild 16.8).

Limitierend auf den Aufstellungsort der Pumpe wirkt häufig die maximal mögliche Saughöhe. Wie bereits beschrieben, wird die Saugwirkung durch Erzeugung eines saugseitigen Unterdruckes ermöglicht, wodurch der Druck am Eintrittspunkt der Rohrleitung größer ist als in der Saugleitung und es zu einem Druckausgleich kommt, der mit der Förderung einhergeht. Dabei handelt es sich nicht, wie man sich häufig vereinfacht vorstellt, um ein „Ziehen" an der Flüssigkeit durch Zugkräfte, sondern die Flüssigkeit wird vom äußeren Druck in die Rohrleitung auf der Saugseite „gedrückt". Somit wird deutlich, dass nur eine begrenzte Saughöhe möglich ist.

Die maximal theoretisch erreichbare Saughöhe berechnet sich zu:

$$H_{\mathrm{S}} = \frac{p_{\mathrm{\ddot{U}}}^{\mathrm{Ein}} + p_{\mathrm{Umg}} - p_{\mathrm{D}}}{\rho_{\mathrm{f}} \cdot g} - \frac{\left(w^{\mathrm{Ein}}\right)^2}{2 \cdot g} - \sum H_{\mathrm{RV,S}} \tag{16.6}$$

H_{S} maximale Saughöhe, $p_{\mathrm{\ddot{U}}}^{\mathrm{Ein}}$ Überdruck an der Eintrittsstelle (z. B. in einem Behälter), p_{Umg} Umgebungsdruck am Standort der Pumpe, p_{D} Dampfdruck der zu fördernden Flüssigkeit, $\Sigma H_{\mathrm{RV,S}}$ Höhenverluste (saugseitig) durch Reibung, w^{Ein} Strömungsgeschwindigkeit im Behälter (meist zu vernachlässigen)

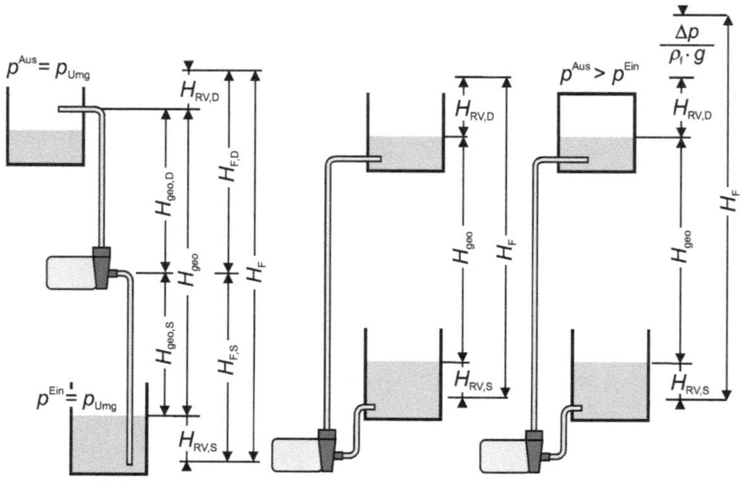

Bild 16.8 Unterschiedliche Höhenanordnungen

Bei der Förderung von Wasser bei einer Temperatur von 20 °C und Normaldruck beträgt die Saughöhe aus einem offenen Eintrittsbehälter ohne Reibungsverluste ca. 10 m, praktisch allerdings nur 7...8 m.

Ein weiterer Aspekt muss bei der Ansaugung beachtet werden. Zu dem saugseitigen Unterdruck kommt noch die Entstehung von Dampfblasen in Zonen mit hoher Strömungsgeschwindigkeit (besonders am saugseitigen Pumpeneintritt), da sich durch die hohe Geschwindigkeit der Flüssigkeit ein geringer statischer Druck einstellt, der den Dampfdruck der Flüssigkeit unterschreiten kann. Die hier entstandenen Dampfblasen werden in die Pumpe transportiert und implodieren in Zonen, wo die Strömungsgeschwindigkeit ab- und somit der statische Druck erneut zunimmt. Diese Zonen sind im Be reich der Pumpenwandungen oder am Ende der Laufräder zu finden. Dort entstehen durch die Implosionen kleine Flüssigkeitsstrahlen (Ausgleich des reduzierten Volumens) mit enorm hoher Geschwindigkeit (Mikrojets), die mechanische Werkstoffbeschädigungen hervorrufen, welche zum Defekt der Pumpe führen. Diese Effekte werden als **Kavitation** bezeichnet und müssen im Betrieb der Pumpe vermieden werden. Um einen kavitationsfreien Betrieb bei der Aufstellung einer Anlage zu gewährleisten, wurde der *NPSH*-Wert (Net Positive Suction Head, früher auch Haltehöhe) eingeführt. Zur Vermeidung der Kavitation muss der $NPSH_A$-Wert (bezogen auf die Anlage) größer sein als der $NPSH_P$-Wert (bezogen auf die Pumpe, auch $NPSH_R$). Letzterer kann aus den Herstellerangaben bezogen werden. In der Praxis wird zur sicheren Vermeidung dieser Effekte ein Sicherheitszuschlag von 0,5 m zugegeben.

Entscheidungskriterium:

$$NPSH_A \geq NPSH_P + 0,5$$

$$NPSH_A = \pm H_{geo,S} + \frac{p_{Ü}^{Ein} + p_{Umg} - p_D}{\rho_f \cdot g} - \frac{\left(w^{Ein}\right)^2}{2 \cdot g} - H_{RV,S} \qquad (16.7)$$

Für den Betrieb nimmt die saugseitige geodätische Höhe $H_{geo,S}$ (Entfernung Flüssigkeitsspiegel – Mittelpunkt Pumpenlaufrad) beim Saugbetrieb (Pumpe oberhalb des Flüssigkeitsspiegels) negative und beim Zulaufbetrieb (Pumpe unterhalb des Flüssigkeitsspiegels) positive Werte an.

Beispiel 16.1

Eine Zentrifugalpumpe soll 5 m oberhalb des Flüssigkeitsspiegels eines offenen Behälters mit einer organischen Flüssigkeit aufgestellt werden. Bei einer Temperatur von 20 °C besitzt diese eine Dichte von 720 kg/m³ und einen Dampfdruck von 14 000 Pa. Die Verlusthöhe durch Reibung beträgt 0,6 m. Welchen $NPSH_P$-Wert muss die Pumpe für einen kavitationsfreien Betrieb besitzen?

Saugbetrieb: $H_{geo,S} = -5$ m,

Geringe Strömungsgeschwindigkeit: $(w^{Ein})^2/(2 \cdot g) \rightarrow 0$

$$NPSH_A = \pm H_{geo,S} + \frac{p_Ü^{Ein} + p_{Umg} - p_D}{\rho_f \cdot g} - \frac{(w^{Ein})^2}{2 \cdot g} - H_{RV,S}$$

$$NPSH_A = -5\,m + \frac{0 + 101300\,Pa - 14000\,Pa}{720 \frac{kg}{m^3} \cdot 9,81 \frac{m}{s^2}} - 0 - 0,6\,m$$

$$NPSH_A = 6,76\,m \geq NPSH_P + 0,5\,m$$

Es kann eine Pumpe mit einem $NPSH_P$-Wert kleiner als 6,26 m in dieser Anlage zum Einsatz kommen.

Die theoretische Pumpenleistung kann über den Förderstrom errechnet werden:

$$P_{P,F} = \rho_f \cdot Q_V \cdot g \cdot H_F \tag{16.8}$$

Dieser Kenngröße spiegelt die theoretisch zur Förderung benötigte Leistung wider und muss noch mit dem Wirkungsgrad der Pumpe h_P korrigiert werden, um den tatsächlichen Leistungsbedarf zu erhalten:

$$P_{P,ges} = \frac{P_{P,F}}{\eta_P} \tag{16.9}$$

Bei Zentrifugalpumpen ist die Förderhöhe vom Förderstrom direkt abhängig und somit auch der $NPSH_P$-Wert, die Leistung und der Wirkungsgrad. Diese Werte sind als pumpenspezifisch anzusehen und variieren konstruktionsbedingt. Für die Auslegung und die Entscheidung über Pumpengröße und Bauart sind diese Angaben als wichtigste Planungsgrundlage anzusehen. Beispielhaft sind in Bild 16.9 die typischen Diagramme aus dem Datenblatt einer radialen Kreiselpumpe angeführt, welche auf einem Prüfstand unter einer konstanten Drehzahl und mit dem Fördermedium Wasser erhalten werden.

Um den Betriebspunkt einer Kreiselpumpe in einer Anlage zu ermitteln, werden die Pumpenkennlinie und die Anlagenkennlinie in einem Diagramm dargestellt. Eine **Anlagenkennlinie** erhält man, bei festgelegten Höhenverhältnissen und konstanten Druckverhältnissen am Ein- und Austritt, durch Anwachsen des Strömungswiderstands bei höheren Volumenströmen, also nahezu ausschließlich anlagenabhängig durch Rohrleitungen und Armaturen.

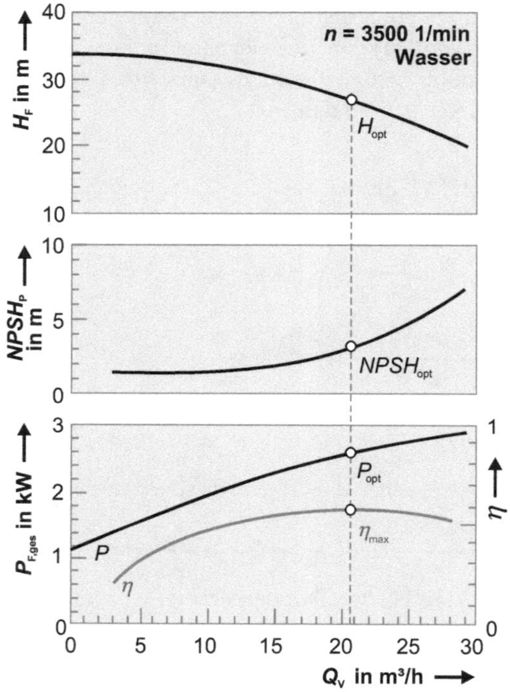

Bild 16.9
Pumpendatenblatt (Radialpumpe) mit Optimum

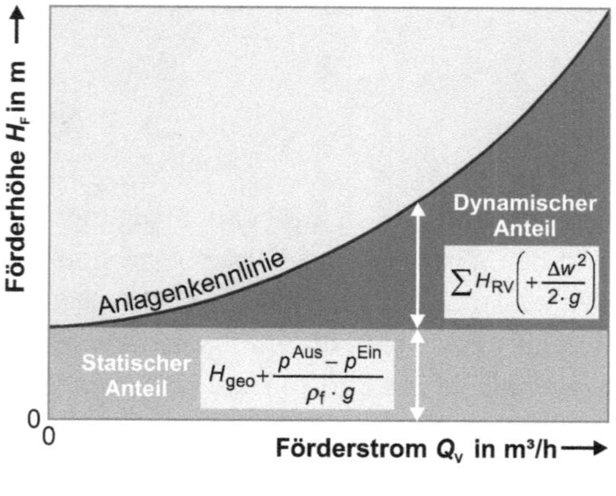

Bild 16.10
Energetische Betrachtung der Höhenzusammensetzungen der Anlagenkennlinie

Durch den Schnittpunkt der Kennlinien ergibt sich der **Betriebspunkt,** also der vorliegende Betriebszustand. Um den Betriebspunkt zu verschieben, muss entweder der Verlauf der Anlagenkennlinie oder der der Pumpenkennlinie verändert werden (Bild 16.11).

Änderung des Verlaufs der Pumpenkennlinie

Die Pumpenkennlinie kann durch eine Drehzahlregelung verändert werden. Solche Maßnahmen werden nur bei wechselnden benötigten Volumenströmen eingesetzt, da sie kostenintensiv sind (drehzahlgeregelter Antriebsmotor). Ansonsten fällt die Wahl auf einen kleineren Pumpenlaufraddurchmesser bei identischer Pumpe, was dem gewünschten Betriebspunkt besser entspricht.

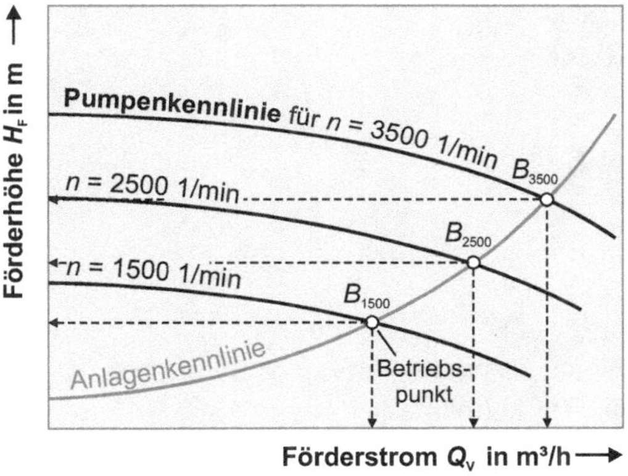

Bild 16.11
Beeinflussung des Betriebspunktes anhand der Veränderung der Pumpenkennlinie

Änderung der Anlagenkennlinie

Die Anlagenkennlinie kann durch Einbau von Strömungselementen in der Druckleitung (nicht saugseitig – Vermeidung von Kavitation), die den Widerstand erhöhen, realisiert werden. Man erhält z. B. durch Schieber kleinere Rohrquerschnitte und einen erhöhten Strömungswiderstand (Bild 16.12).

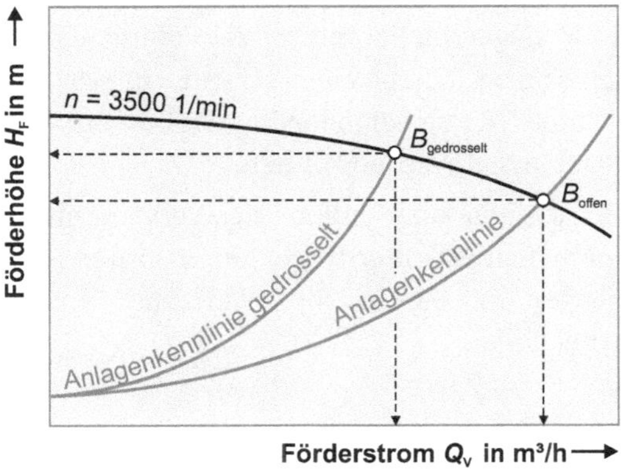

Bild 16.12
Beeinflussung des Betriebspunktes anhand der Veränderung der Anlagenkennlinie durch einen Schieber

Die Regulierung erlaubt daher kleinere Volumenströme bei größeren Förderhöhen. Diese Möglichkeit ist kostengünstiger als die Änderung der Pumpenkennlinie, allerdings energetisch betrachtet deutlich ungünstiger, da die eingebrachte Energie an einem Widerstand und nicht für die Förderung „verbraucht" wird.

Zum Vergleich sind in Bild 16.13 die Pumpenkennlinien der beschriebenen Beispielpumpen aufgeführt. Die Abhängigkeit des Förderstromes bei Kreisel- und Strahlpumpen von der Förderhöhe ist hier ersichtlich, wohingegen Zahnrad- und Membranpumpen durch das Verdrängerprinzip weitgehend unabhängig von der Förderhöhe sind. Der Förderstrom ist somit direkt abhängig von der eingestellten Drehzahl an der Pumpe.

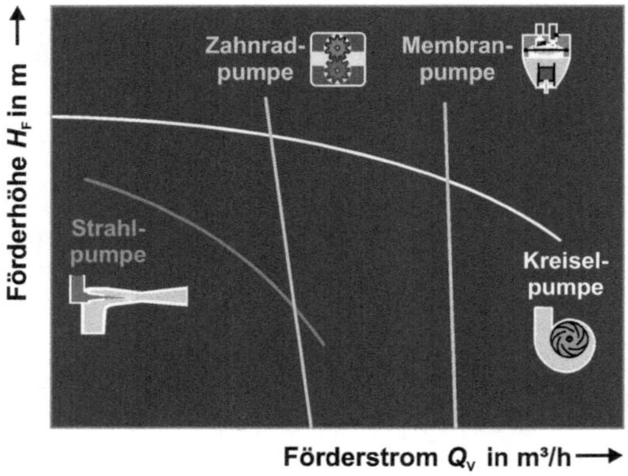

Bild 16.13
Typische Verläufe von Pumpenkennlinien

16.3 Transport von Gasen

Der Transport von Gasen findet ebenfalls mit „Gaspumpen" häufig durch Rohrleitungen statt. Die funktionelle und bauliche Umsetzung der dazu verwendeten Apparaturen ist der Flüssigkeitsförderung als ähnlich anzusehen, da diese teilweise ebenfalls in der Lage sind, Gasströme zu fördern (vgl. Abschnitt 16.2.1). Der Hauptunterschied besteht darin, dass es sich beim zu fördernden Medium um ein kompressibles Medium handelt, welches durch die Druckänderungen im Förderapparat Volumen- und Temperaturunterschiede erfährt. Im Gegensatz zu Flüssigkeiten vereinfacht sich die Betrachtung der Fördervorgänge an zwei Stellen, da die höhenbedingten Druckunterschiede und die maximale Saughöhe vernachlässigt werden können.

Die Unterteilung der dazu eingesetzten Maschinen kann anhand des Verwendungszwecks erfolgen, so erzeugen Vakuumpumpen einen Unterdruck, Lüfter fördern bei geringem Druckunterschied große Gasmengen und Gebläse sowie Verdichter erzeugen höhere Überdrücke auf der Austrittseite.

16.3.1 Lüfter und Gebläse

Lüfter (auch Ventilatoren genannt) sind Zentrifugalmaschinen, die ausschließlich zur Förderung von gasförmigen Medien eingesetzt werden, wobei der geringe Druckunterschied, den sie aufbauen, zumeist nur zur Überwindung der geringen Reibungskräfte in den nachfolgenden Rohrleitungen dient. Lüfter haben ein Druckverhältnis von Druck- zu Saugseite (p_D/p_S) von ca. 1,0 bis 1,1 und Gebläse von ca. 1,1 bis 3,0. Ventilatoren werden meist in axialer Bauweise ausgeführt, wohingegen Gebläse auch als Radial- oder Halbaxialapparate konstruiert werden.

Beim Ansaugen des Gases aus einer Normalatmosphäre ($p_{Umg} \approx 100\,\text{kPa}$) durch Ventilatoren kann aufgrund des geringen Druckunterschieds ($\Delta p_{ges} < 2\,\text{kPa}$) und der damit einhergehenden geringen Verdichtung des Gases die Volumen- und Temperaturänderung vernachlässigt werden. Der Gesamtdruck p_{ges} ist die Summe des statischen (p_{stat}) und des dynamischen Druckes (p_{dyn}) einer Gasströmung. Hier gilt der Zusammenhang, der bereits für die spezifische Förderarbeit der Zentrifugalpumpen zugrunde liegt:

$$y_F = \frac{\Delta p_{ges}}{\rho_g} = \frac{p^{Aus} - p^{Ein}}{\rho_g} + \frac{\left(w^{Aus}\right)^2 - \left(w^{Ein}\right)^2}{2} \qquad (16.10)$$

Die reine Nutzleistung wird ebenfalls analog zur Flüssigkeitsförderung bestimmt:

$$P_{L,F} = \dot{m}_g \cdot y_F = \rho_g \cdot \dot{V}_g \cdot g \cdot H_F = \Delta p_{ges} \cdot \dot{V}_g \qquad (16.11)$$

Liegen größere Druckunterschiede als 2 kPa vor, müssen die Verdichtung (Volumenverkleinerung) und Temperaturänderung (Erwärmung) berücksichtigt werden, da hierdurch der Energieaufwand steigt.

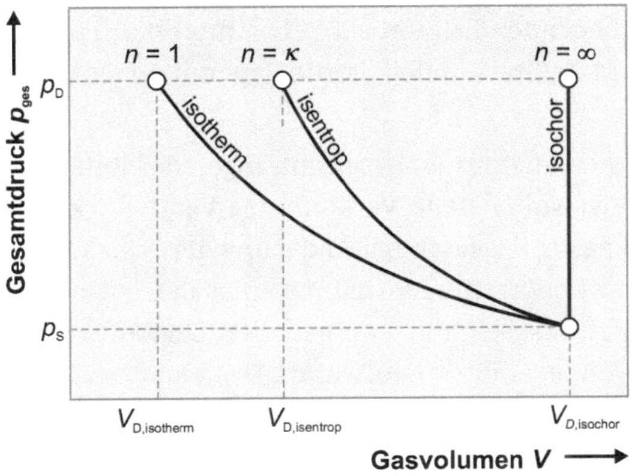

Bild 16.14
Verdichtungsvorgänge mit zugehörigem Polytropenexponenten

Als Grundlage für diesen Mehraufwand an Energie wird von einer isentropen Zustandsänderung ausgegangen, die sich auf Basis der allgemeinen Gasgleichung zu folgendem Ausdruck umformen lässt:

$$y_F = \frac{\kappa}{\kappa - 1} \cdot R \cdot T \cdot \left[\left(\frac{p_D}{p_S} \right)^{\frac{\kappa-1}{\kappa}} - 1 \right] \qquad (16.12)$$

κ Isentropenexponent des Gases

In der Leistungsberechnung ist der isentrope Verdichtungsvorgang ebenfalls zu berücksichtigen:

$$P_{L,F} = \dot{m}_g \cdot y_F = \frac{\kappa}{\kappa - 1} \cdot \dot{m}_g \cdot R \cdot T_S \cdot \left[\left(\frac{p_D}{p_S} \right)^{\frac{\kappa-1}{\kappa}} - 1 \right]$$

Zu beachten ist hier, dass es sich bei T_S um die saugseitige Temperatur handelt. Wegen der Gültigkeit des allgemeinen Gasgesetzes kann auch folgender Ausdruck zweckmäßigerweise verwendet werden:

$$P_{L,F} = \frac{\kappa}{\kappa - 1} \cdot \dot{V}_g \cdot p_S \cdot \left[\left(\frac{p_D}{p_S} \right)^{\frac{\kappa-1}{\kappa}} - 1 \right] \qquad (16.13)$$

Die tatsächlich an der Maschine verwendete Leistung kann über den isentropen Gütegrad $\eta_{(-\kappa)}$ verrechnet werden:

$$P_{ges} = \frac{P_{L,F}}{\eta_{(-\kappa)}} \qquad (16.14)$$

Der **isentrope Gütegrad** wird in der Literatur häufig als isentroper Wirkungsgrad bezeichnet. Da der Wirkungsgrad durch das Verhältnis von Nutzen und Aufwand charakterisiert ist und es sich beim vorliegenden Fall um ein Verhältnis einer real zu einer ideal (ohne Verluste) betriebenen Maschine handelt, ist die Benennung als Gütegrad angemessener.

Die Kennlinien und Betriebspunkte können analog den Beschreibungen der Pumpenkennlinien aus Abschnitt 16.2.4 erfolgen, wobei steile Verläufe der Ventilatorkennlinien bevorzugt sind, da diese widerspiegeln, dass sich bei Änderung der Druckdifferenz der Fördervolumenstrom nur wenig ändert. Die Einstellung eines Betriebspunktes kann durch Drosseln auf der Saugseite (schlechter energetischer Zustand) oder durch Regelung der Drehzahl erfolgen (höherer Kostenaufwand). Des Weiteren kann bei Axialventilatoren der Schaufelwinkel verändert werden. Eine besondere Bauform stellen Axialventilatoren mit „im Lauf verstellbaren Schaufeln“ dar, deren Einsatz nur bei einem häufig zu verändernden Volumenstrom sinnvoll ist, da der Investitionsaufwand deutlich höher liegt als bei Ventilatoren mit Schaufelverstellung bei Stillstand.

Eine weitere Möglichkeit ist die Drallregelung, bei der ein Drallregler (statisches Element mit verstellbaren Schaufeln) saugseitig angebracht wird. Diese Vorleitwerke prägen dem Gas eine Drehbewegung auf, und die Eintrittsrichtung in den Ventilator wird verändert. Ist die Drehrichtung gleichsinnig mit der des Laufrades, nimmt der Förderstrom des Ventilators ab (Bild 16.15). Diese Art der Regelung wird bei Radial- und Axiallüftern eingesetzt und „verschiebt" die Ventilatorkennlinie, wobei die Leistungsaufnahme des Antriebsmotors verringert wird. Sie ist daher energetisch gesehen sinnvoller als eine Regelung über eine Drossel. Zum Verteilen der Luft können ähnliche Apparaturen auch als Nachleitbleche verwendet werden.

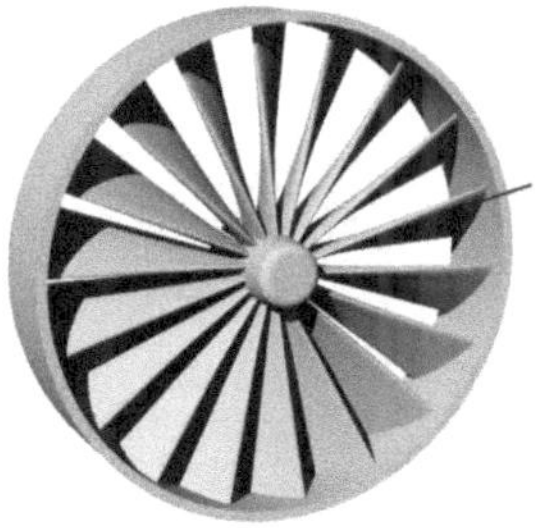

Bild 16.15
Drallregler

Bauform: Axialventilator

Die typischste Bauform ist der Axialventilator, welcher der Funktionsweise der axialen Strömungspumpe entspricht. Der Aufbau (Bild 16.16) setzt sich aus folgenden Komponenten zusammen:

- **Einlaufdüse**

  Erzeugung einer gleichmäßigen Geschwindigkeitsverteilung vor dem Laufrad.

- **Laufrad**

  Erzeugung der Strömung bzw. Erhöhung des Druckes (statisch und dynamisch). Hinter dem Laufrad liegt durch die tangentiale Beschleunigung eine Strömung mit Drallbewegung vor.

- **Antriebsmotor**

  Antrieb des Schaufelrades, im Bild innenliegend.

- **Nachleitwerk**

  Umsetzung der tangentialen Geschwindigkeitskomponente in axiale Richtung, z. B. durch radial angebrachte Leitschaufeln.

- **Diffusor (große Ventilatoren)**

  Umsetzung von dynamischem in statischen Druck.

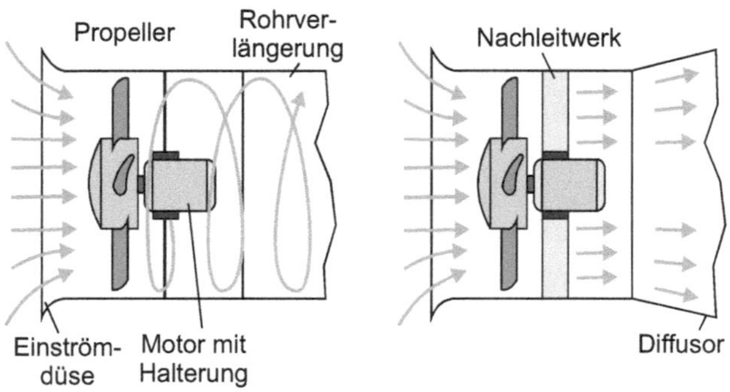

Bild 16.16 Prinzipieller Aufbau eines Axiallüfters mit und ohne strömungsoptimierende Einbauten

Bauform: Radialventilatoren

Auch hier besteht eine starke Ähnlichkeit im Aufbau zu den radialen Kreiselpumpen. Das Gas strömt axial über eine Einströmdüse in das Laufrad, wo es durch die Laufschaufeln beschleunigt und radial umgelenkt wird.

Durch das spiralförmige Gehäuse wird das Gas „gesammelt", und durch die Aufweitung des Kanals findet eine Vergrößerung des Anteils an statischem Druck (aus dynamischem Druck) statt, vergleichbar mit den Vorgängen in einem Diffusor. Durch diesen Aufbau können höhere Druckdifferenzen erzeugt werden, als bei Axiallüftern möglich sind.

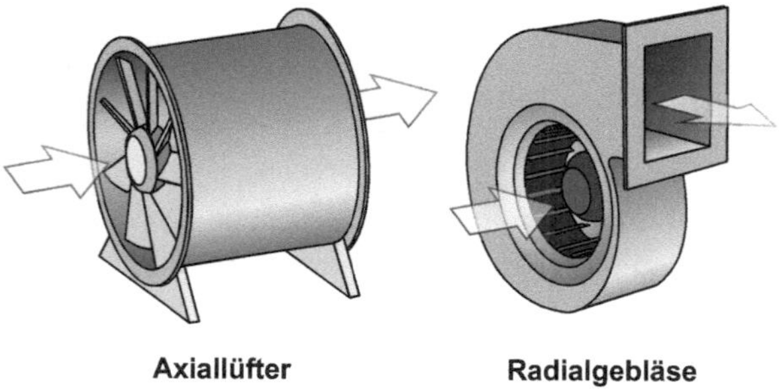

Bild 16.17 Typische Bauformen von Lüftern und Gebläsen

Bauform: *Roots*-Gebläse (Drehkolbengebläse)

Das Drehkolbengebläse zählt zu den Verdrängungs-maschinen und hat daher einen Druckabschluss zwischen Saug- und Druckseite. Die zwei Drehkolben können ein-, zwei oder dreiflügelig ausgeführt werden und drehen sich berührungslos in entgegengesetzter Richtung. Das Funktionsprinzip ist durch die rotierenden Verdrängerpumpen bereits bekannt (selbstansaugende Eigenschaft). Beim Fördervorgang werden Teilvolumina eingeschlossen, deren Volumen beim Transport durch das Gehäuse konstant bleibt. Es findet demnach keine Verdichtung statt, und das *Roots*-Gebläse ist daher auch kein Verdichter. Beim Öffnen des Teilvolumens auf der Druckseite stellt sich der Druck der nachgeschalteten Anlage ein, weshalb das *Roots*-Gebläse nur im Niederdruckbereich effektiv zu betreiben ist.

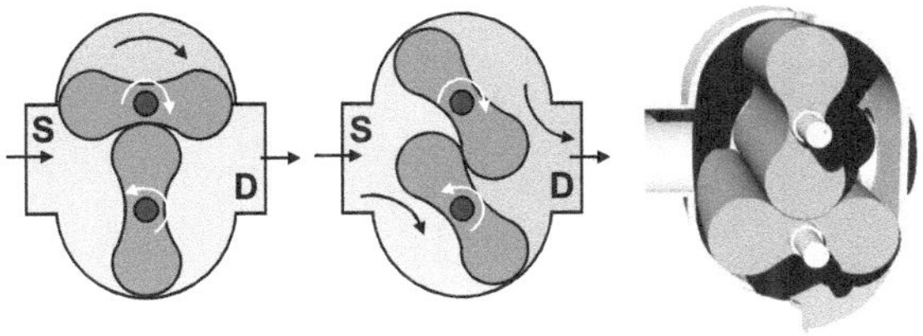

Bild 16.18 *Roots*-Gebläse (Verdrängergebläse)

Beispiel 16.2

Ein Drehkolbengebläse für eine pneumatische Druckförderung fördert saugseitig bei einem Umgebungsdruck (101 300 Pa) einen Luftvolumenstrom von 1200 m³/h, wobei sich der Druck in der Förderleitung auf 185 000 Pa erhöht. Es wird ein Isentropenexponent von 1,4 angenommen. Wie groß ist die reine Förderleistung und welche Gesamtleistung wird bei einem isentropen Gütegrad von 0,89 benötigt?

Die Förderleistung berechnet sich nach Formel 16.13:

$$P_{L,F} = \frac{1,4}{1,4-1} \cdot \frac{1200\frac{m^3}{h}}{3600\frac{s}{h}} \cdot 101300\,\text{Pa} \cdot \left[\left(\frac{185000\,\text{Pa}}{101300\,\text{Pa}}\right)^{\frac{1,4-1}{1,4}} - 1\right]$$

$$= 22191\,\text{W} = 22,19\,\text{kW}$$

Mit Formel 16.14 ergibt sich die Gesamtleistung zu:

$$P_{ges} = \frac{22,19\,\text{kW}}{0,89} = 24,93\,\text{kW}$$

16.3.2 Verdichter

Verdichter zeichnen sich durch hohe Differenzdrücke aus, die sie realisieren können. Es existieren unterschiedliche Funktionsprinzipien bei Verdichtern, wobei die höchsten Drücke nach dem Verdrängerprinzip erreicht werden. Ein Hubkolbenverdichter besitzt einen analogen Aufbau zur Hubkolbenpumpe. Während des Verdrängungsprozesses findet allerdings eine Verdichtung des gasförmigen Mediums aufgrund seiner Kompressibilität statt. Bild 16.19 zeigt die ablaufenden Vorgänge während eines Verdichtungs- und Expansionszyklus. Die einzelnen Arbeitsschritte laufen wie folgt ab:

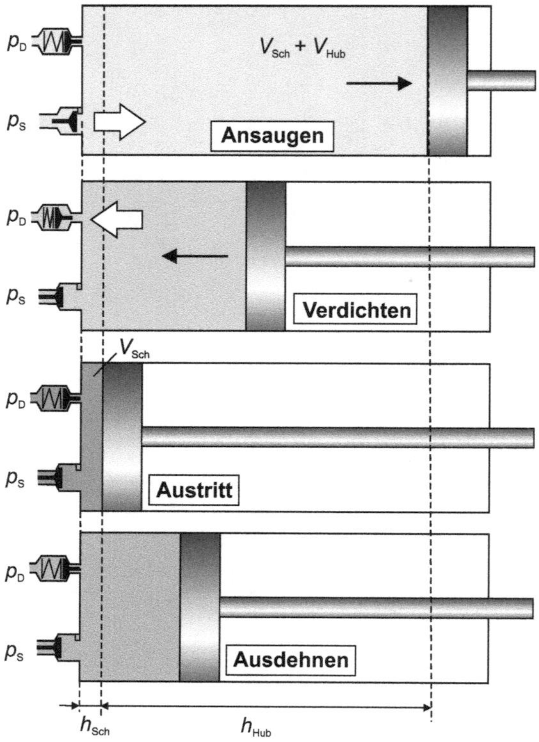

Bild 16.19 Funktionsweise eines Kolbenverdichters

1. Ansaugen:

Der Kolben wird auf die gesamte Hublänge gezogen. Während dieses Prozesses baut sich ein Unterdruck auf, der das selbsttätige Ventil auf der Saugseite öffnet und Gas von der Saugseite einströmen lässt.

2. Verdichten:

Nachdem der Kolben die maximale Hublänge (maximales Hubvolumen) erreicht hat, wird das Gas in die entgegengesetzte Richtung komprimiert (verdichtet), wobei sich das Eingangsventil schließt.

3. Austritt:

Der Kolben verdichtet das Gemisch so lange, bis sich das auf einen bestimmten Überdruck eingestellte selbsttätige Auslassventil öffnet. Das Gas wird druckseitig aus dem Zylinder gedrückt. Dabei geschieht dies nicht restlos, sondern es verbleibt ein Restvolumen (Schadraum, V_{Sch}), welches wiederum mit expandiert wird.

4. Ausdehnen:

Nachdem sich am Endpunkt der Kolbenbewegung das Druckventil wieder schließt, vergrößert sich das Volumen im Inneren erneut, wobei sich zuerst das übrig gebliebene Gas (Schadraum) ausdehnt, bis die Druckverhältnisse auf der Saugseite und im Kolbeninneren ausgeglichen sind. Erst bei weiterer Volumenvergrößerung öffnet sich das saugseitige Ventil, und der Kreislauf beginnt von Neuem.

Dieser ideale Kreislauf ist in Bild 16.20 in einem Druck/Volumen-Diagramm dargestellt und wird einem Kreislauf eines inkompressiblen Mediums gegenübergestellt.

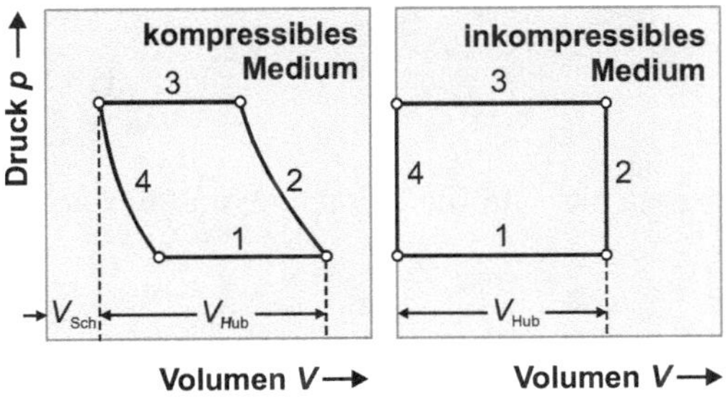

Bild 16.20
Kreisprozesse eines Kolbenverdichters und einer Kolbenpumpe (1 Ansaugen, 2 Verdichten/Druckerhöhung, 3 Austritt, 4 Ausdehnen/Druckerniedrigung)

Der sich einstellende Schadraum bzw. das damit verbundene Schadvolumen ist konstruktiv nicht vermeidbar und sollte möglichst klein ausfallen, um die „ungenutzte“ Hublänge beim Ansaugen zu minimieren. Ferner muss berücksichtigt werden, dass sich das Saugventil erst öffnet, wenn im Zylinder ein tieferer Druck als auf der Saugseite herrscht, da die Ventile ebenfalls Widerstände aufweisen. Dies wird bei einer idealen Betrachtung vernachlässigt. Reale p/V-Diagramme haben daher folgende Verläufe (Bild 16.21).

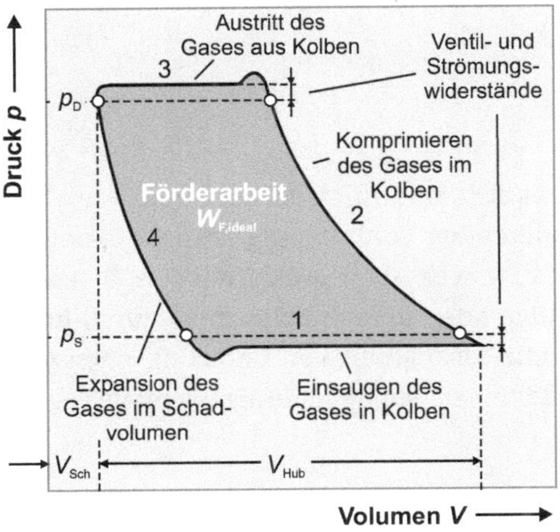

Bild 16.21
Realer Kreisprozess eines Kolbenverdichters

Für die Beurteilung der Schadraumgröße V_{Sch} wurde der Kennwert des relativen Schadraums ε_{Sch} als Verhältnis zum gesamten Hubraum V_{Hub} eingeführt:

$$\varepsilon_{Sch} = \frac{V_{Sch}}{V_{Hub}} \tag{16.15}$$

(normale Bauformen: $\varepsilon_{Sch} = 0{,}03\ldots0{,}08$)

Die polytrop zu ermittelnde theoretische spezifische Arbeit y_F des Verdichters kann bei vereinfachender Annahme des identischen Polytropenexponenten n für Verdichtung und Expansion wie folgt berechnet werden:

$$y_F = \frac{n}{n-1} \cdot p_S \cdot v_{g,H} \cdot \lambda_V \cdot \left[\left(\frac{p_D}{p_S}\right)^{\frac{n-1}{n}} - 1\right] \tag{16.16}$$

Das spezifische Volumen $v_{g,H}$ des Gases bezieht sich auf die Hublänge, und der Volumenfaktor λ_V berechnet sich zu

$$\lambda_V = 1 - \varepsilon_{Sch} \cdot \left[\left(\frac{p_D}{p_S}\right)^{\frac{1}{n}} - 1\right] \tag{16.17}$$

Somit folgt für die theoretische innere Leistung des Verdichters:

$$P_{F,th} = \frac{n}{n-1} \cdot \dot{m}_g \cdot p_S \cdot v_{g,H} \cdot \lambda_V \cdot \left[\left(\frac{p_D}{p_S}\right)^{\frac{n-1}{n}} - 1\right] \tag{16.18}$$

Diese theoretischen Leistungswerte müssen mit Gütegraden korrigiert werden. So kann z. B. die Gleichsetzung der Polytropenexponenten durch den Gütegrad η_n angepasst werden, da real betrachtet die Expansionslinie steiler verläuft.

$$P_{F,real} = \frac{P_{F,th}}{\eta_n} \tag{16.19}$$

(im Normalfall $\eta_n = 0{,}94\ldots0{,}98$)

Im Betrieb eines Kolbenverdichters kommt es ebenfalls durch die Funktionsweise zur Pulsation des Gasstromes. Durch einen rotierenden Verdrängungskörper **(Drehkolbenverdichter)** wird diese stark reduziert bzw. weitestgehend vermieden. Den weiteren Vorteilen, wie dem Wegfall von Ventilen oder kleinen Bauformen durch hohe Drehzahlen, stehen ein größerer Aufwand zur Vermeidung von Undichtigkeiten und eine kostenintensivere exaktere Fertigung der einzelnen Bauteile als Nachteile gegenüber.

Bauform: Zellen- oder Drehschieberverdichter

Ein Vielzellenverdichter wird mit einer einzelnen Antriebswelle ausgeführt und kann aufgrund der geringen erforderlichen Drehzahl direkt durch Elektromotoren angetrieben werden.

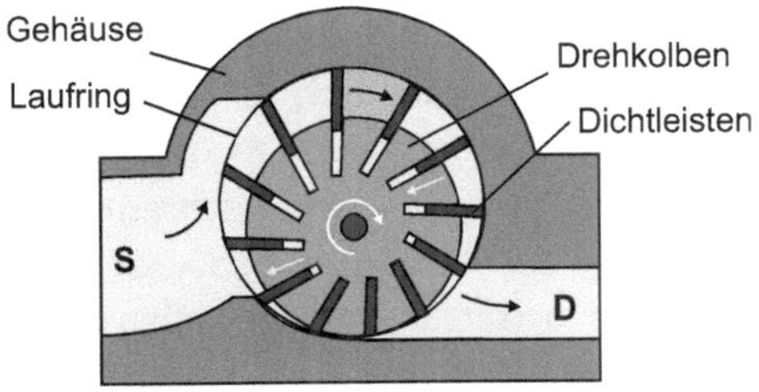

Bild 16.22
Prinzip eines Vielzellenverdichters

Auf einem Drehkolben, dessen Drehachse exzentrisch in einem Gehäuse angebracht ist, befinden sich Schlitze, in denen verschiebbare Dichtleisten (Schieber) eingebracht sind. Bei der Rotation werden diese durch die Zentrifugalkraft nach außen gedrückt und kommen mit der Gehäusewandung oder Laufringen in Berührung. Durch die exzentrische Anordnung entstehen Zellen, die zur Druckseite hin kleiner werden und das mitgeführte Teilvolumen verdichten. Die Zelle wird auf der Druckseite so weit verkleinert, dass sie praktisch nicht mehr existent ist. Auf der Saugseite vergrößert sie sich wieder und „saugt" auf diese Weise das zu verdichtende Gas erneut ein.

Bauform: Schraubenverdichter

Im Gegensatz zum Drehschieberverdichter handelt es sich bei einem Schraubenverdichter um eine zweiwellige Drehkolbenmaschine. Das Gehäuse umschließt zwei ineinandergreifende Schraubenlaufräder, den angetriebenen Hauptläufer und den über ein Getriebe verbundenen Nebenläufer. Das in den Schraubenlücken am Eintritt befindliche Gas wird durch das Ineinandergreifen der „Schraubenzähne" stark komprimiert und zur Druckseite gefördert, wo es komplett (ohne Schadraum) herausgedrückt wird.

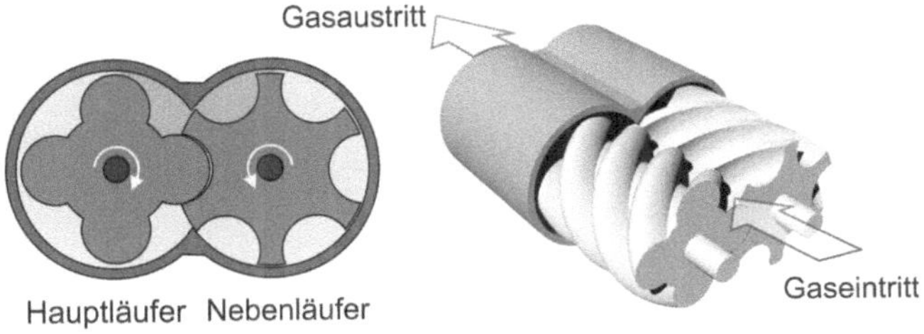

Bild 16.23 Prinzip eines Schraubenverdichters

16.4 Feststoffförderung

Feststoffförderer werden in Stetig- und Unstetigförderer (Kräne, Aufzüge, Stapler etc.) unterteilt, wobei Letztere für die verfahrenstechnische Betrachtung hier keine Rolle spielen. Ist keine Förderung durch Schwerkraft möglich, realisiert man mit Stetigförderern den kontinuierlichen Transport und die Dosierung von Feststoffen z. B. zum Produktionsort. Die Wahl des einzusetzenden Gerätes wird durch das Fördergut selbst, die geforderte Fördermenge, die Strecke des Förderweges (Richtung und Länge) und die Beaufschlagung und Entnahme des Fördergutes eingeschränkt. In den folgenden Beispielen wird nur auf die Förderung von Schüttgütern eingegangen. Bekannte Beispiele für Stetigförderer, die hier näher betrachtet werden sollen, sind Gurt- und Gliederbandförderer, Becherwerke, Schneckenförderer und pneumatische Förderanlagen.

16.4.1 Gurt-, Gliederbandförderer und Becherwerke

Gurtbandförderer sind auch unter dem Namen **Förderbänder** bekannt und sehr verbreitet. Ein geschlossenes Band aus verstärktem Gummi (durch Textil- oder Stahlfasern) wird über eine Trommel angetrieben. Da die Kraftübertragung auf das Band auf Reibung beruht, wird es durch eine Anpressrolle stetig auf Spannung gehalten.

Der eigentliche Förderweg befindet sich auf Tragrollen, die eine größere Transportmenge (Transportgewicht) ermöglichen. Das Band wird häufig in Muldenform verwendet, wozu die Stützrollen ebenfalls beitragen, um das Fördergut gegen Abrutschen über die Seiten des Förderbands zu sichern. Der höchste Belastungspunkt liegt bei der Schüttgutaufgabe auf das Band, da hier die Fördermasse auf das Förderband gelangt und beschleunigt werden muss.

Vorteile eines Gurtbandförderers sind die technisch einfach zu realisierende Konstruktion und der geringe Verschleiß, wobei der Winkel des Transportwegs eine Grenze für die Anwendbarkeit darstellt. Um diese Eigenschaft zu verbessern, werden Bänder mit aufgebrachten Profilen verwendet, die einen effektiven Transportwinkel bis zu 45° erlauben. Die Berechnung des geförderten Massenstromes erfolgt über die auf dem Förderband liegende mittlere Fördergutfläche A_{FG}, der Bandgeschwindigkeit w_{FB} und der Schüttdichte $\rho_{s,Sch}$.

$$\dot{m}_{FG} = \rho_{s,Sch} \cdot A_{FG} \cdot w_{FB} = \rho_{s,Sch} \cdot \dot{V}_{FG} \tag{16.20}$$

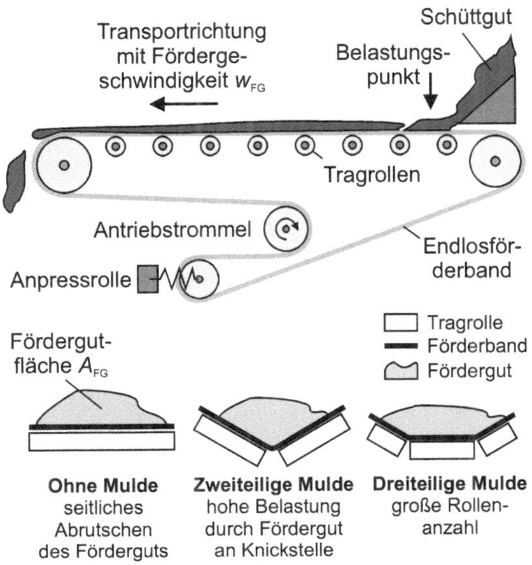

Bild 16.24
Gurtbandförderer und Mulden-variationen

Gliederbandförderer besitzen kein Gummiband, sondern einzelne Glieder aus Stahlplatten, Trögen oder Kästen, die mit Scharnieren zu einer Transportkette verbunden sind. Sie werden durch einen Antriebsstern bewegt, der direkt in die Kettenglieder greift, und über einen Spannstern gegen Durchrutschen gesichert, wobei das gesamte Gliederband auf Laufschienen bewegt wird. Ein typischer Einsatzbereich ist der Transport von schweren, scharfkantigen und heißen Transportgütern, wobei bis zu 5° steilere Transportwinkel als bei Förderbändern erreicht werden können. Allerdings sind die Transportweglängen und die Geschwindigkeiten im Betrieb deutlich geringer als bei Gurtförderbändern.

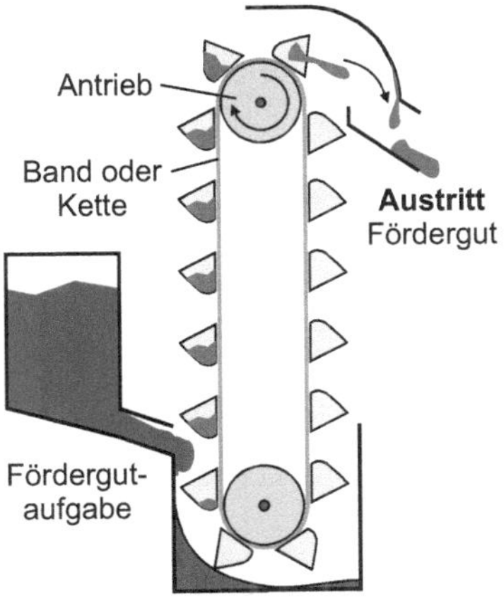

Bild 16.25
Prinzip des Becherwerks

Ergeben sich Transportstrecken mit Winkeln größer als 50°, können die Bandförderer nicht mehr sinnvoll zum Einsatz kommen. Bei Winkeln bis zu 90° werden sogenannte **Becherwerke** eingesetzt, wobei die Konstruktionselemente ähnlich zu den vorgenannten Apparaten ausgeführt werden. Es kommen je nach Fördergut als Zugorgan Endlosbänder wie auch Kettenstränge zum Einsatz. Allerdings sind an diesen Bändern Becher befestigt, die zwar eine geringere Fördermenge, aber einen senkrechten Transport ermöglichen.

Der geförderte Massenstrom ist daher abhängig von der spezifischen Anzahl der Becher pro Kettenlänge N_{Becher} (in Becher/m) und vom Befüllungsgrad $\varphi_{\text{F,FG}}$ (im Normalfall 0,4 bis 0,8), was konstruktiv bedingt und förderqutabhängig ist.

$$\dot{m}_{\text{FG}} = N_{\text{Becher}} \cdot \rho_{\text{s,Sch}} \cdot \varphi_{\text{F,FG}} \cdot V_{\text{Becher}} \cdot w_{\text{FB}} \tag{16.21}$$

Die Höhe und somit die Förderstrecke ist wesentlich begrenzter als bei den Förderwegen mit flachen Neigungswinkeln.

16.4.2 Schnecken- und Spiralförderer

Schneckenförderer wurden bereits in der Mischtechnik zur Feststoffmischung beschrieben und finden dort Einsatz, um in einem Behälter (z. B. Silo) das Mischgut umzuschichten. Als Fördereinheit werden sie in einem ruhenden Trog oder in einer Rohrleitung verwendet, um das Schüttgut durch Schubvorgänge zu transportieren. Trogschnecken werden waagerecht und in flachen Winkeln ausgeführt, wohingegen Rohrschnecken aufgrund ihrer geschlossenen Bauform steile Winkel beschreiben können, wenn das Fördergut für einen solchen Transport geeignet ist. Die Schnecke kann als Voll-, Band- oder Segmentschnecke ausgeführt werden, wobei alle eine zentrale Welle (Schneckenseele) besitzen. Spiralförderer haben keine Schneckenseele und sind daher flexibel, auch wenn sie in Stahl ausgeführt werden.

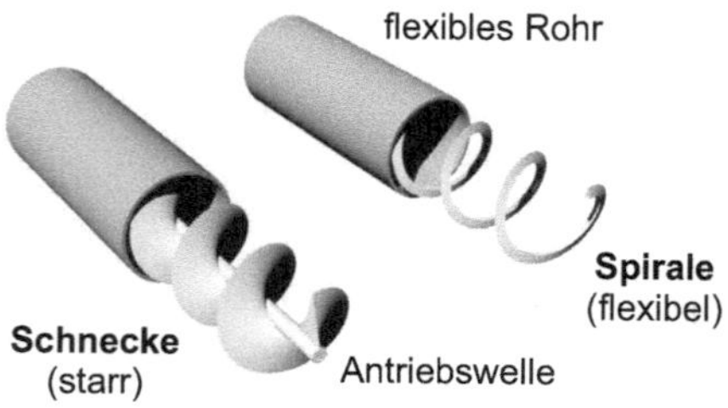

Bild 16.26
Beispiel für innenliegende Förderorgane

Als Transportkanal dienen biegsame Kunststoffrohre, die somit bei geeignetem Fördergut auch schwach gewinkelte Verläufe mit wenig Aufwand realisieren können.

16.4.3 Pneumatische Förderung

Pneumatische Förderanlagen sind sogenannte **Strömungsförderer**, die auf dem Prinzip beruhen, dass der Feststoff als disperse Phase in einem Fluidstrom transportiert wird. Bei dem Dispersionsmittel bzw. dem Fluid kann es sich um ein flüssiges (häufig Wasser) oder gasförmiges Medium (meist Luft) handeln, wobei die disperse Phase nach dem Transport wieder abgetrennt werden muss, was bei einer Trennung von Gas und Feststoff häufig anlagentechnisch und energetisch wesentlich sinnvoller umzusetzen ist. Man unterscheidet je nach Fördermedium hydraulische oder pneumatische Förderung, wobei Letztere in der Praxis aus genannten Gründen verbreiteter ist. Sie wird beim Transport von körnigen oder staubförmigen Fördergütern eingesetzt und in zwei Anlagentypen umgesetzt:

Druckförderanlagen

Bei der Druckförderanlage wird der Transport durch einen Überdruck verwirklicht. Der Gasvolumenstromerzeuger befindet sich vor der Aufgabestelle, die mit einer druckhaltenden Dosiereinheit ausgestattet ist (z. B. Zellradschleusen, Schneckenschleusen). Das in die Rohrleitung dosierte Fördergut wird zum Zielort mit dem inerten Gasstrom „gedrückt“ und kann mit Rohrweichen auf unterschiedliche Behälter verteilt werden. Die Abscheidung der Feststoffe am Zielort kann durch Zyklone oder filternde Abscheider (vgl. Kapitel 13) erfolgen.

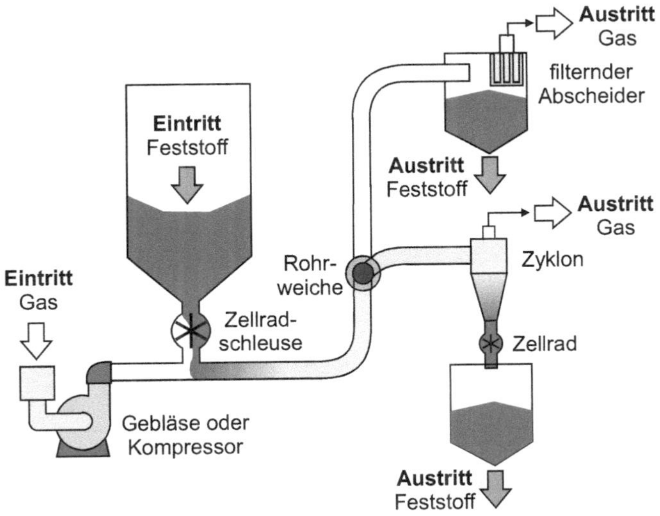

Bild 16.27 Druckförderanlage (Verteilersystem) mit unterschiedlichen Abtrenntechniken für den Feststoff

Es können zwei Grenzbetriebszustände und ein Übergangszustand unterschieden werden:

- **Dünnstromförderung**

  Bei hohen Gasgeschwindigkeiten (15...30 m/s) stellt sich eine Flugförderung ein, bei der die Feststoffpartikel ebenfalls mit hoher Geschwindigkeit durch die Förderstrecke „fliegen". Um eine Flugförderung sicherzustellen, wird im technischen Betrieb das Doppelte der Sinkgeschwindigkeit des schwersten Partikels in der Fördergutverteilung für die Gasgeschwindigkeit eingesetzt.

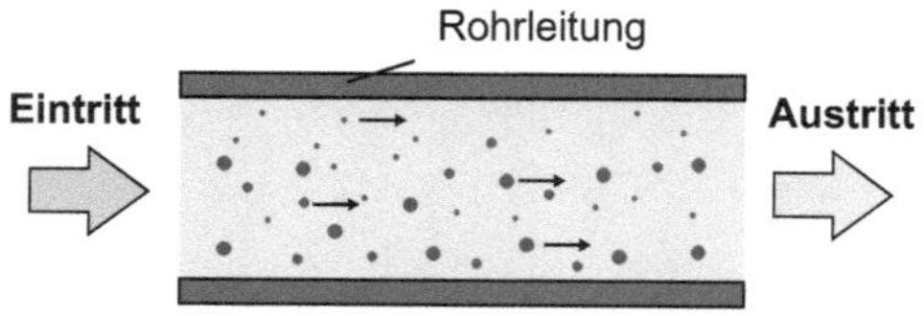

Bild 16.28 Dünnstromförderung (Flugförderung)

  Die Sedimentationsgeschwindigkeit ergibt sich nach Abschnitt 13.2 aus der *Archimedes*-Zahl. Die Feststoffmenge ist im Verhältnis zu Gasmenge gering (geringe Beladung). Die Dünnstromförderung zieht einen hohen Verschleiß der Anlage, gerade im Bereich der Stromumlenkungen (Krümmer), und eine hohe Beanspruchung des Förderguts nach sich.

- **Mischstromförderung**

  Verlangsamt man die Gas- und somit die Partikelgeschwindigkeit, beginnen sich Partikel auf den waagerechten Strecken der Anlage in Bodennähe zu konzentrieren und teilweise auf dem Boden kurzeitig abzulagern. Es bilden sich sogenannte Feststoffsträhnen **(Strähnenförderung)**.

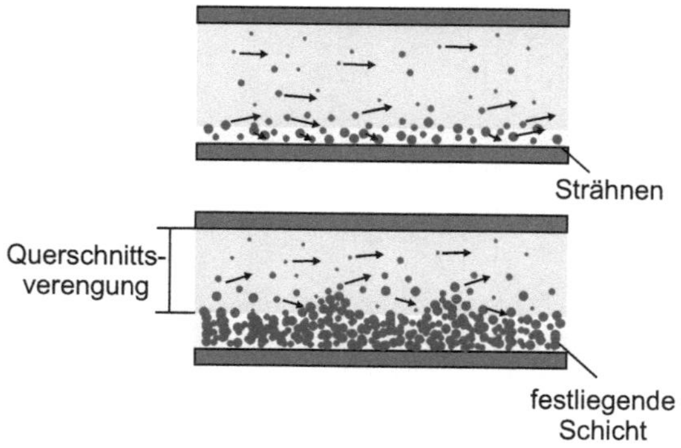

Bild 16.29 Strähnenbildung und Strähnenförderung über ruhende Ablagerung

Bleiben bei weiterem Absenken der Gasgeschwindigkeit die Partikel ortsfest auf dem Boden der Rohrleitung liegen, verengt sich der Querschnitt, woraus eine Zunahme der Gasgeschwindigkeit resultiert (vgl. Bild 16.29 unten). Die oberen Partikel der Bodenschicht können wieder mitgerissen werden **(Strähnenförderung über ruhender Ablagerung).** Diese Effekte entstehen bei einer Gasgeschwindigkeit, die ungefähr im Größenbereich der Sedimentationsgeschwindigkeit liegt. Feine Partikel oder breite Partikelverteilungen neigen in diesen Zuständen zum Verstopfen der Anlage.

- **Dichtstromförderung**

  Bei noch geringeren Volumenströmen verschließen die Partikel den gesamten Querschnitt, und es kommt zu einem hohen Druckaufbau, bis die Wandreibung überwunden und der Feststoff als „Pfropfen" durch die Anlage gefördert wird. Danach findet erneut die Ablagerung bis zum Verschließen statt und somit eine periodisch auftretende Entleerung der Rohrleitung bzw. ein Transport des Feststoffes als Pfropfen. Dieser stellt, wie der Name vermuten lässt, kein festes zusammenhängendes Gebilde dar, sondern vielmehr einen losen Verbund von Partikeln, der bei Bewegung vorn Partikel hinzugewinnt und an seinem Ende Partikel verliert. Durch die geringeren Gasgeschwindigkeiten treten deutlich weniger Verschleißerscheinungen in der Anlage auf, da die benötigte Gasmenge abnimmt und das Fördergut geschont wird. Durch das immer wiederkehrende Verschließen des Rohrleitungsquerschnitts bis zur Überwindung der Wandreibung erhält man jedoch am Gasvolumenstromerzeuger einen periodischen Druckaufbau.

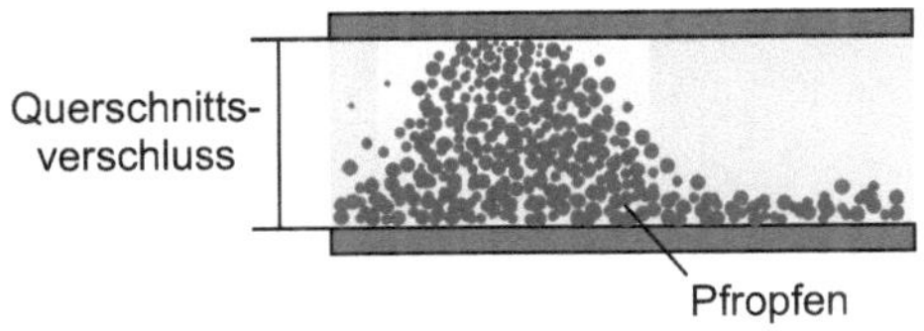

Bild 16.30 Pfropfenförderung

Die Bereitstellung des Gasvolumenstromes wird je nach Druckabfall und Förderart verwirklicht. Bei Dünnstromförderung und großen Rohrdurchmessern können Lüfter (bis $\Delta p = 10\,\text{kPa}$) eingesetzt werden und für eine größere Druckdifferenz (bis $\Delta p = 80\,\text{kPa}$) Radialgebläse. Eine Dichtstromförderung hingegen baut einen höheren Druck periodisch auf, der durch den Gasvolumenstromerzeuger kompensiert werden muss. Hier kommen Drehkolbengebläse und Schraubenverdichter zum Einsatz.

In Bild 16.31 sind zwei unterschiedliche Massenströme eingetragen und zusätzlich zwei beispielhafte Kennlinien für einen Verdichter und ein Gebläse. Die steile Kennlinie des Verdichters zeigt an, dass bei höherem Druckverlust die Fördergeschwindigkeit nahezu konstant bleibt und die Flugförderung bzw. Strähnenförderung auch bei steigenden Massenströmen realisiert werden kann.

Mit einem Gebläse ist der größere Massenstrom aufgrund der hohen Druckdifferenz nicht mehr zu transportieren (kein Schnittpunkt mit der Kennlinie beim erhöhten Massenstrom). Auch eine Geschwindigkeitserniedrigung bei konstantem Massenstrom kann in den instabilen Bereich und damit zu Ablagerungen führen, die das Gebläse nicht mehr beseitigen kann (kein „Freiblasen" bei erhöhtem Druck möglich).

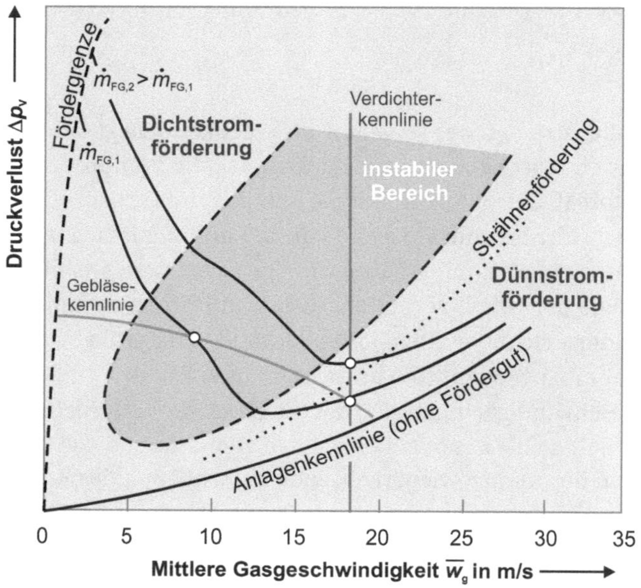

Bild 16.31 Schematisches Arbeitsdiagramm für eine bestehende pneumatische Förderanlage

Saugförderanlagen

Saugförderanlagen werden nur als Dünnstromanlagen ausgeführt. Durch die Druckabsenkung „hinter" dem eigentlichen Zielort, kann der Feststoff an der Eintrittsstelle „eingesaugt" werden, ohne dass eine Zuführung mit einem Dosierer erfolgen muss (vgl. Bild 16.32). An der Saugstelle sollte durch Nachführung des Saugorgans für einen konstanten Feststoffstrom gesorgt werden, wobei man über Rohrverzweiger den Aufgabeort wählt. Da hier nur eine theoretische Druckdifferenz von 1 bar (praktische Unterdruckgrenze bei ca. 0,4 bar) besteht, sind die Förderstrecken bei der Saugförderung stärker begrenzt (ca. 400 m) als bei der Druckförderung (ca. 900 m).

Die Vorteile der pneumatischen Förderanlagen sind in der selbsttätigen Förderung, im geringen Raumbedarf, in beliebigen Förderrichtungen und in den niedrigen Anlagekosten zu sehen. Die Nutzungseinschränkungen liegen in den Kohäsionseigenschaften und der Größe der Partikel (maximale Korngröße ca. 50 mm) begründet.

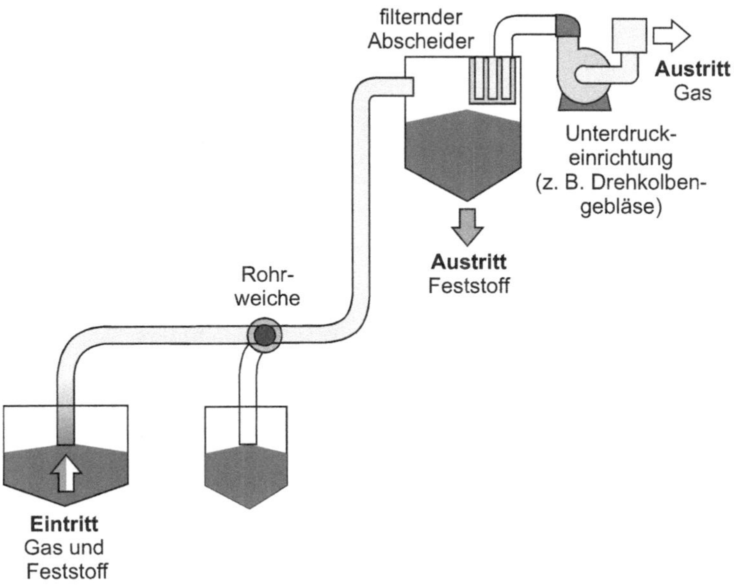

Bild 16.32 Saugförderanlage mit unterschiedlichen Ansaugpunkten

Weiterführende Literatur zu den Kapiteln 11 bis 16

Bohnet, M. (2004): Mechanische Verfahrenstechnik, Wiley-VCH Verlag

Bunge, R. (2012): Mechanische Aufbereitung, Wiley-VCH

Hemming, W., *Wagner*, W. (2011) Verfahrenstechnik, Vogel Verlag

Müller, W. (2014): Mechanische Grundoperationen und ihre Gesetzmäßigkeiten, Oldenbourg Verlag

Pfleiderer, C., *Petermann*, H. (2005): Strömungsmaschinen, Springer Verlag

Schubert, H. (2002): Handbuch der mechanischen Verfahrenstechnik

Schwister, K. (2017): Taschenbuch der Verfahrenstechnik, Fachbuchverlag Leipzig im Carl Hanser Verlag

Sigloch, H. (2013): Strömungsmaschinen, Carl Hanser Verlag

Stiess, M. (2009): Mechanische Verfahrenstechnik – Partikeltechnologie 1: Beschreibung und Erzeugung von dispersen Stoffen, Springer Verlag

Stiess, M. (1994): Mechanische Verfahrenstechnik 1, Springer Verlag

Stiess, M. (1997): Mechanische Verfahrenstechnik 2, Springer Verlag

Wozniak, G. (2003): Zerstäubungstechnik, Springer Verlag

Zogg, M. (1993): Einführung in die Mechanische Verfahrenstechnik, Teubner Verlag

TVT Thermische Verfahrens-technik – Grund-operationen

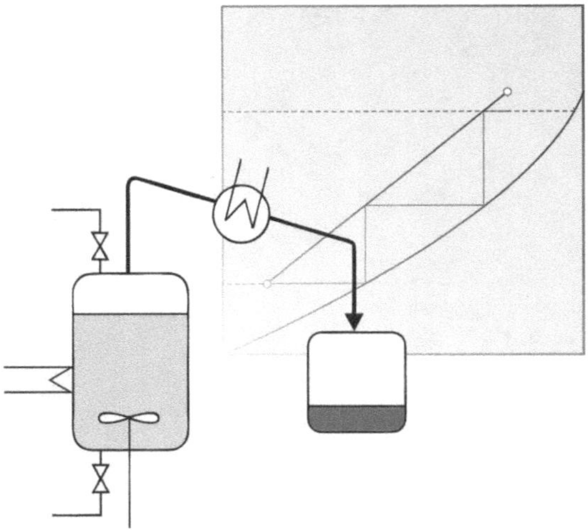

Die thermische Verfahrenstechnik ist der Bereich, in dem thermodynamische Prinzipien auf die Beschreibung der ablaufenden Prozesse angewendet werden können. Die sich dabei ergebende Stoffwandlung kann durch Energiezufuhr und Energieabfuhr beeinflusst werden, was allerdings kein grundlegendes Kriterium für einen Prozess in der thermischen Verfahrenstechnik darstellt, sondern vielmehr, dass der Prozess selber thermodynamischen Gesetzmäßigkeiten unterliegt. Die charakteristischen Vorgänge sind dabei Stofftrennung und Stoffübertragung. In diesem Teil des Buches sollen dem Leser die theoretischen Grundlagen für thermische Vorgänge näher gebracht und darauf basierend die gängigsten Grundoperationen wie Verdampfen, Kristallisieren, Trocknen, Destillieren, Rektifizieren, Absorbieren, Adsorbieren und Extrahieren dargelegt werden. Die Inhalte umfassen die Beschreibung von chargenweisen und kontinuierlichen Prozessen, das Erstellen von Bilanzen, das Erfassen von Gleichgewichten, die Einflüsse der Stromführung und energetische Gesichtspunkte. Berechnungen von Beispielen sollen dabei die anschauliche Darstellung von z. T. komplexen Zusammenhängen unterstützen.

17 Verdampfen und Kondensieren

17.1 Grundlagen

Unter **Verdampfung** versteht man den physikalischen Übergang einer oder mehrerer Substanzen vom flüssigen bzw. festen in den gasförmigen Zustand. Im deutschsprachigen Raum wird nur der Phasenübergang von flüssig nach gasförmig als Verdampfung bezeichnet, im anderen Fall spricht man von Sublimation, Vergasung oder Evolution. Streng genommen handelt es sich dabei um einen reinen Oberflächenprozess, der Sieden mit einhergehender Blasenbildung nicht mit erfasst.

Spricht man von Verdampfung, wird dies häufig auf die Umwandlung bei erhöhten Temperaturen bezogen. Allerdings kommt es bereits unterhalb des Siedepunkts zum Übergang der Moleküle der Flüssigkeit in die Gasphase, weil die in ihr enthaltenen Moleküle unterschiedliche Geschwindigkeiten (*Boltzmann*-Verteilung) und somit unterschiedliche kinetische Energien besitzen. Dieser Vorgang wird als **Verdunstung** oder **Verflüchtigung** bezeichnet.

Moleküle mit ausreichender Energie sind in der Lage, die zwischenmolekularen Anziehungskräfte (Kohäsionskräfte, Oberflächenspannung) zu überwinden, und treten aus der Flüssigkeit in die Gasphase ein. Dabei wird der Flüssigkeit durch die Reduzierung der Moleküle (mit hohem Energieinhalt) Energie bzw. Wärme entzogen, wobei man von **Verdampfungswärme** (bzw. Verdunstungskälte) spricht. Dieser Vorgang findet so lange statt, bis der über der Flüssigkeit stehende Dampf mit den verdampften Molekülen bei der vorherrschenden Temperatur gesättigt ist. Der Druck, den die in die Gasphase übergetretenen Teilchen z. B. auf eine Gefäßwand ausüben, wird im Gleichgewicht als **Dampfdruck** bezeichnet. Man spricht von Verdampfen, wenn die Flüssigkeitsoberfläche die vom Druck abhängige Sättigungstemperatur (Siedetemperatur) erreicht hat.

Für die Umwandlung einer Flüssigkeit in Dampf bei konstanter Temperatur muss folglich Wärmeenergie dem System zugeführt werden, um die Flüssigkeit zu verdampfen. Man findet zumeist Verdampfungen bei konstantem Druck (und konstanter Temperatur), wobei dann ein zusätzlicher Energiebetrag erforderlich ist, der sich durch die Leistung der äußeren Arbeit definiert und (bei konstantem Druck) von der Volumenänderung **(Volumenänderungsarbeit)** abhängig ist.

Die für diesen Prozess notwendige Wärme wird als **Verdampfungsenthalpie** ΔH_{Verd} bezeichnet und besitzt die typische Einheit für Energien bzw. Enthalpien Joule (J). Um eine Größe zu erhalten, die direkt einem Stoff zuzuordnen ist, wird die Verdampfungsenthalpie auf die Stoffmenge bzw. auf die Masse bezogen. Hieraus resultieren die molare Verdampfungsenthalpie $\Delta H_{\mathrm{m,Verd}}$ in J/mol und die spezifische Verdampfungsenthalpie Δh_{Verd} in J/g. Man versteht darunter diejenige Wärmemenge in J, die benötigt wird, um 1 mol bzw. 1 g einer Flüssigkeit isobar in Dampf mit der gleichen Temperatur umzuwandeln.

Die stoffspezifische Verdampfungsenthalpie ist abhängig von der Temperatur. Typische Tabellenwerte werden in Verbindung mit der Siedetemperatur eines Stoffes, wobei der Dampfdruck des Stoffes dann üblicherweise 101 325 Pa beträgt, angegeben. Für andere Temperaturen kann die molare Verdampfungsenthalpie über den experimentell ermittelten Dampfdruck unter Zuhilfenahme der *Clausius-Clapeyron*-Gleichung (vgl. Abschnitt 3.4.2) in guter Näherung berechnet werden.

Tabelle 17.1 Verdampfungsenthalpien

Molare Verdampfungsenthalpie	$\Delta H_{\mathrm{m},i,\mathrm{Verd}} = \dfrac{\Delta H_{i,\mathrm{Verd}}}{n_i}$
Spezifische Verdampfungsenthalpie	$\Delta h_{i,\mathrm{Verd}} = \dfrac{\Delta H_{i,\mathrm{Verd}}}{m_i}$
Umrechnung	$\Delta h_{i,\mathrm{Verd}} = \dfrac{\Delta H_{\mathrm{m},i,\mathrm{Verd}}}{M_i}$

Zu beachten ist der grundlegende Unterschied zwischen Q (Energiezufuhr in Form von Wärme) und ΔH_{Verd} (Zustandsgrößenänderung des Systems). Verdampfungsenthalpien findet man als empirische Werte in allgemeinen thermodynamischen Tabellenwerken. Berechnungen können über die *Clausius-Clapeyron*sche Gleichung erfolgen, bei der sich Verdampfungsenthalpien aus Dampfdruck-Analysen bestimmen lassen. Häufig ist es einfacher und exakter, eine Druckmessung als eine kalorimetrische Messung vorzunehmen.

Die *Clausius-Clapeyron*sche Gleichung beschreibt dabei das thermische Gleichgewicht eines reinen Stoffes in einem Zweiphasensystem:

$$\frac{dp}{dT} = \frac{\Delta H_U}{\Delta V_U \cdot T} \tag{17.1}$$

p Dampfdruck der Komponente, T absolute Temperatur, ΔH_U Umwandlungsenthalpie, $\Delta V_U = V_1 - V_2$ Volumendifferenz der beiden Phasen bei der Umwandlung

Da die oben stehende Gleichung auf alle Phasenübergänge (Verdampfen, Sublimieren und Schmelzen) anwendbar ist, lässt sich die Umwandlungsenthalpie ΔH_U entsprechend als Verdampfungsenthalpie, Sublimationsenthalpie oder Schmelzenthalpie berechnen (vgl. Abschnitt 3.4.2). Für Verdampfungsprozesse gilt:

$$\frac{d \ln p}{d\left(\frac{1}{T}\right)} = -\frac{\Delta H_{m,\text{Verd}}}{R}$$

Wird zusätzlich die Temperaturabhängigkeit von $\Delta H_{m,\text{Verd}}$ vernachlässigt, liefert die Integration der *Clausius-Clapeyron*-Gleichung in den Grenzen (p_1, T_1) und (p_2, T_2) folgenden Zusammenhang:

$$\ln \frac{p_{T2,S}}{p_{T1,S}} = \frac{\Delta H_{m,\text{Verd}}}{R} \cdot \left(\frac{1}{T_1} - \frac{1}{T_2}\right) \tag{17.2}$$

$p_{T1,S}$ Sättigungsdampfdruck bei der Temperatur T_1, $p_{T2,S}$ Sättigungsdampfdruck bei der Temperatur T_2, R allgemeine Gaskonstante (8,314 J/(mol·K))

Dieser Zusammenhang ermöglicht es, bei zwei bekannten Punkten aus der Dampfdruckkurve die Verdampfungsenthalpie eines Stoffes mit den vorausgesetzten Annahmen überschlägig zu errechnen.

Eine bessere Annäherung an den Dampfdruck wird über die *Antoine*-Gleichung erzielt:

$$\log\left(\frac{p_{i,S}}{1\,\text{mbar}}\right) = A - \frac{B}{\left(\frac{\vartheta}{1\,°\text{C}}\right) + C} \tag{17.3}$$

A, B und C stoffabhängige Konstanten (Literaturwerte), $p_{i,S}$ Sättigungsdampfdruck, ϑ Temperatur

Tabelle 17.2 Konstanten *A*, *B* und *C* einiger Stoffbeispiele

Stoff	Temperaturbereich in °C	*A*	*B*	*C*
Aceton	−13...55	7,24208	1210,595	229,664
Ethanol	20...93	8,23714	1592,864	226,184
Benzen	8...80	7,00481	1196,760	219,161
	80...250	7,32576	1415,800	248,028
Essigsäure	17...118	7,68454	1644,048	233,534

Tabelle 17.2 Konstanten *A*, *B* und *C* einiger Stoffbeispiele *(Fortsetzung)*

Stoff	Temperaturbereich in °C	*A*	*B*	*C*
Methanol	15...84	7,20591	1582,271	239,726
	25...56	7,89373	1408,360	232,600
Toluen	-27...111	7,07581	1342,310	219,187
Wasser	1...100	8,19625	1730,630	233,426

Aufgrund der Annahmen sind die errechneten Werte kritisch zu bewerten, und zur exakteren Bestimmung ist auf empirisch ermittelte Dampfdruckkurven oder Dampfdrucktafeln aus einschlägigen Literaturwerken zurückzugreifen.

Beispiel 17.1

Benzen hat bei Standarddruck ($p = 101\,325$ Pa) einen Siedepunkt von 80 °C. Die spezifische Verdampfungsenthalpie bei Standardbedingungen beträgt 394 J/g und die molekulare Masse 78,11 g/mol. In einem industriellen Prozess soll eine Siedetemperatur von 50 °C aus Sicherheitsgründen nicht überschritten werden. Bei welchem Druck ist eine Verdampfung durchzuführen?

Berechnung mit *Clausius-Clapeyron*-Gleichung:

Umrechnung:

$$\Delta H_{\text{m,Verd}} = \Delta h_{\text{Verd}} \cdot M_{\text{Benzol}} = 394 \frac{\text{J}}{\text{g}} \cdot 78,11 \frac{\text{g}}{\text{mol}} = 30775,34 \frac{\text{J}}{\text{mol}}$$

$$\ln \frac{p_{35,15\text{K,S}}}{101325 \text{ Pa}} = \frac{30775,34 \frac{\text{J}}{\text{mol}}}{8,314 \frac{\text{J}}{\text{mol} \cdot \text{K}}} \cdot \left(\frac{1}{353,15 \text{ K}} - \frac{1}{323,15 \text{ K}} \right)$$

$$p_{353,15\text{K,S}} = 38292,3 \text{ Pa} = 0,38 \text{ bar}$$

Berechnung mit *Antoine*-Gleichung

$$\log \left(\frac{p}{1 \text{ mbar}} \right) = A - \frac{B}{\left(\frac{\vartheta}{1 °\text{C}} \right) + C}$$

mit Literaturwerten (Druck in mbar und ϑ in °C):

$A = 7{,}004\,81$; $B = 1196{,}760$; $C = 219{,}161$

$$\log \left(\frac{p_{353,15\text{K,S}}}{1 \text{ mbar}} \right) = 7,00481 - \frac{1196,760}{\left(\frac{50 °\text{C}}{1 °\text{C}} \right) + 219,161} = 2,559$$

$$p_{353,15\text{K,S}} = 361,87 \text{ mbar} = 0,362 \text{ bar} = 361867 \text{ Pa}$$

Ablesung aus den Dampfdruckkurven von Benzen

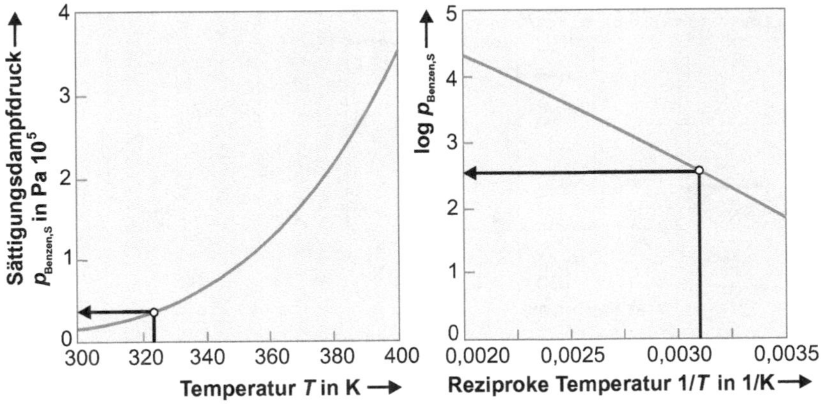

17.1.1 Dampf

Die gasförmige Phase, die beim Verdampfen (und beim Sublimieren) entsteht, wird **Dampf** genannt. Dampf findet in unterschiedlichen Variationen technische Anwendung. Im Normalfall findet man die Gasphase in direktem Kontakt mit der flüssigen (bzw. festen) Phase vor. Stehen die beiden Phasen im thermodynamischen Gleichgewicht, d. h. bei konstanter Temperatur in einem abgeschlossenen Raum, verändert sich das Mengenverhältnis zwischen den Phasen nicht (es kondensiert und verdampft die gleiche Menge), ist die Gasphase über der flüssigen (festen) Phase mit dem vorliegenden Stoff gesättigt (heterogenes Gleichgewicht). Diese Gasphase nennt man dann **gesättigten Dampf** bzw. **Sattdampf.**

Strömt der Dampf daraufhin in eine Umgebung mit niedrigerer Temperatur, findet eine **Teilkondensation** der Gasphase statt, und es bilden sich feinstverteilte Tröpfchen. Ein solches Phasengemisch, welches nur aus einem Stoff besteht, wird als **Nassdampf** bezeichnet. Der Inhalt des Nassdampfes an Flüssigkeit ist durch den Massenanteil w_D (häufig in der Thermodynamik nur x) gekennzeichnet, der sich mit folgender Formel berechnen lässt:

$$w_D = \frac{m_{Dampf}}{m_{Dampf} + m_{Flüssigkeit}} \qquad (17.4)$$

Bild 17.1 verdeutlicht schematisch die Zusammenhänge bei einem Siedevorgang von Wasser, bei dem während des Verdampfungsvorgangs Nassdampf vorliegt.

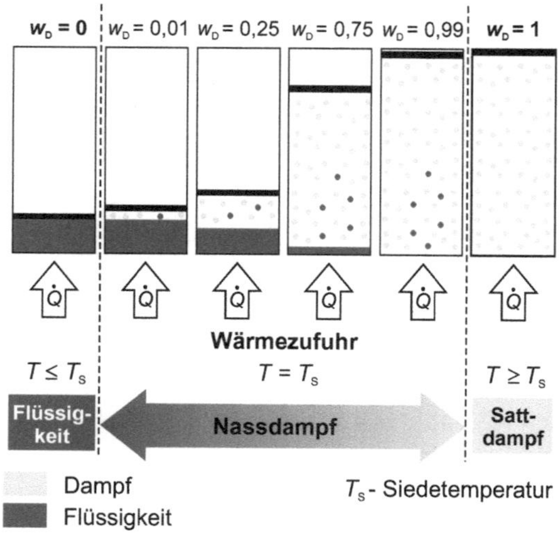

Bild 17.1 Schematische Einteilung des Verdampfungsvorgangs in Bezug zum Dampfgehalt w_D

Trennt man die Gasphase als Sattdampf von einem im Gleichgewicht befindlichen System und erhitzt diese bei konstantem Druck weiter, wird dieser Zustand als **überhitzter, ungesättigter Dampf** oder **Heißdampf** bezeichnet. Eine Beschreibung dieses Zustands bei steigender Temperatur (oberhalb der Siedetemperatur) und somit steigendem Volumen kann über das ideale Gasgesetz erfolgen, sobald der Übergangszustand überschritten wird. Der Dampf enthält dementsprechend keine „Tröpfchen“ und ist trocken. Als Dampf bezeichnet man streng genommen also ein Gas nahe der Verflüssigung, wobei Gase überhitzte Dämpfe sind. Der Sattdampf stellt den Übergangsbereich zwischen Nassdampf und Heißdampf dar. Die meisten Tabellenwerke beziehen sich in den angegebenen Werten auf diesen Zustand.

Wird Sattdampf unterkühlt, was durch eine plötzlich erzwungene Volumenzunahme erfolgt, kann der Dampf in den **übersättigten Zustand** überführt werden. Dieser Zustand ist instabil, da es bei Vorliegen von sogenannten Keimen (ähnlich den Kristallisationskeimen), wie z. B. Staub, zur spontanen Kondensation und zur Tropfenbildung kommt. Eine besondere Form des Dampfes ist der **überkritische Dampf.** Oberhalb des kritischen Punktes besitzen die flüssige und die gasförmige Phase die identische Dichte und sind somit nicht mehr zu differenzieren.

Häufig wird Dampf mit Wasserdampf begrifflich gleichgesetzt. Hierbei ist allerdings zu beachten, dass Wasserdampf auch als Nebel vorliegen kann und somit zusätzlich aus feinstverteilten Wassertröpfchen besteht. Der eigentliche Wasserdampf ist durchsichtig. Es existieren allerdings gefärbte Dämpfe, wie z. B. der des Broms. Auch Metalle können Dämpfe bilden, die bei entsprechenden Umgebungsbedingungen (sehr hohe Temperaturen) erzeugt werden und z. B. zum Bedampfen von anderen Werkstoffen oder zu Analysezwecken benötigt werden.

17.1.2 Wärmeübertragung

Grundlegend für die Verdampfung und Trocknung ist der Wärmetransport vom Heizmedium zu dem zu erhitzenden Stoff. Der Wärmetransport bzw. die Wärmeübertragung ist dabei als Transport der Wärme zwischen zwei Systemen mit unterschiedlichen Temperaturen definiert. Entscheidend für die Wärmeübertragung ist neben der Austauschfläche der Temperaturunterschied zwischen den beiden Medien.

Bei Festkörpern und ruhenden Flüssigkeiten findet die Wärmeübertragung als **Wärmeleitung** statt, wobei dies über unterschiedliche Mechanismen geschieht, wie z. B. Abgabe von Energie durch Stoßprozesse von energiereicheren an energieärmere Teilchen. Für technische Prozesse, bei denen häufig mit fließenden Medien gearbeitet wird, beruht die Wärmeübertragung auf dem Prinzip der **Konvektion**, d. h. auf der Bewegung des Wärmeübertragungsmittels, bei dem es sich um ein Gas oder eine Flüssigkeit handeln kann. Man unterscheidet zwischen freier (Strömung durch Dichteunterschiede im Temperaturfeld) und erzwungener Konvektion (durch erzwungene Strömung). Bewegte Festkörper können durch Stoßenergien auch Wärme übertragen (Wirbelschicht). Eine weitere Möglichkeit zur Wärmeübertragung besteht in berührungsloser Bestrahlung mit IR-Strahlung **(Wärmestrahlung)**, selbst im Vakuum.

Wärmeleitung an einer ebenen Wand

$$\dot{Q} = \frac{\lambda}{z} \cdot A \cdot \Delta T \tag{17.5}$$

$\dot{Q}$ Wärmestrom, λ Wärmeleitfähigkeit (stoffspezifisch), z Wanddicke, A Übertragungsfläche, ΔT Temperaturdifferenz

Wärmeleitung an einer Rohrwand

$$\dot{Q} = \frac{\lambda \cdot 2 \cdot \pi \cdot L}{\ln \frac{r_{\text{Außen}}}{r_{\text{Innen}}}} \cdot \Delta T \tag{17.6}$$

L Länge des Rohres, r_{Innen}, $r_{\text{Außen}}$ Innen-/Außenradius des Rohres

Wärmeübertragung durch Konvektion

$$\dot{Q} = \alpha \cdot A \cdot \Delta T \tag{17.7}$$

α Wärmeübertragungskoeffizient

Die **Wärmeübertragungskoeffizient α** (auch Wärmeübertragungszahl) wird aus Gleichungen bezogen, in denen die charakteristischen Einflussgrößen in dimensionslosen Kennzahlen (*Reynolds-*, *Nusselt-* oder *Prandtl-*Zahl) und somit die Strömungsart (laminar, turbulent) berücksichtigt werden. Näherungswerte können aus Tabellenwerken entnommen werden.

In technischen Anlagen wird die Wärmezufuhr durch **Wärmeaustauscher** (auch Wärmetauscher) realisiert. Dabei handelt es sich um Behälter mit Einbauten (z. B. Heizrohre), die von einem Wärmeübertragungsmittel (häufig Heizdampf) durchflossen werden und die Wärme an das aufzuheizende Medium abgeben. Man unterscheidet bei diesem Prozess den **Wärmeübergang** und den **Wärmedurchgang.**

- **Wärmeübergang:** Wärmetransport zwischen einem flüssigen oder gasförmigen Medium zu einer festen Phase.
- **Wärmedurchgang:** Wärmetransport von einem flüssigen oder gasförmigen Medium durch einen Feststoff (z. B. Rohrwandung) in ein zweites flüssiges oder gasförmiges Medium.

Der Wärmestrom beim Wärmedurchgang berechnet sich nach folgender Gleichung:

$$\dot{Q} = k \cdot A \cdot \Delta T_\mathrm{m} \qquad (17.8)$$

k Wärmedurchgangskoeffizient, ΔT_m mittlere Temperaturdifferenz

Der **Wärmedurchgangskoeffizient *k*** setzt sich aus den Kennwerten der Wärmeleitung λ (Feststoff, Wandung mit der Dicke s) und der Konvektion $\alpha_{1/2}$ (Fluide) zusammen:

Ebene Wände (vgl. Bild 17.2)

$$\frac{1}{k} = \frac{1}{\alpha_1} + \frac{s}{\lambda} + \frac{1}{\alpha_2} \qquad (17.9)$$

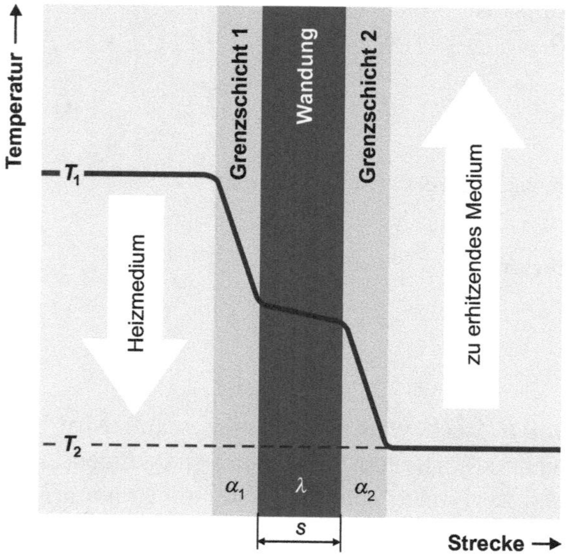

Bild 17.2 Temperaturverlauf des Wärmedurchgangs durch eine Wand mit zwei strömenden Medien

Rohrwände

$$\frac{1}{k} = \frac{1}{\alpha_{\text{Außen}}} + \frac{d_{\text{Außen}}}{\alpha_{\text{Innen}} \cdot d_{\text{Innen}}} + \frac{d_{\text{Außen}}}{2 \cdot \lambda} \cdot \ln\left(\frac{d_{\text{Außen}}}{d_{\text{Innen}}}\right) \qquad (17.10)$$

In Bild 17.2 fließen die beiden Medien in gegenläufiger Richtung **(Gegenstromprinzip).** Fließen sie in identischer Richtung, so betreibt man den Wärmeübertragungsprozess im **Parallelstromprinzip** (auch Gleichstromprinzip). Im Gegenstromprinzip erhält man einen größeren Wärmetransport, und das Heizmedium kann kälter als das zu erhitzende Medium austreten. Die Diagramme (Bild 17.3) verdeutlichen die Temperaturverläufe in beiden Medien und die Bestimmung der Temperaturdifferenzen ΔT^{Aus} und ΔT^{Ein}.

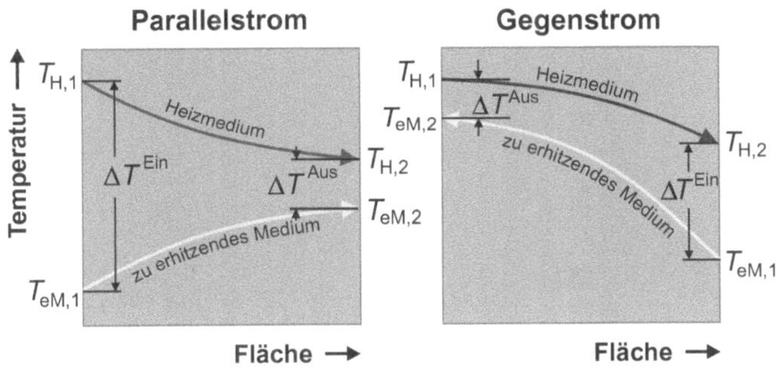

Bild 17.3 Temperaturverläufe in Parallelstrom- und Gegenstrom-Wärmeaustauschern

Bei der Berechnung des Wärmestromes nach Formel 17.8 wird bei Verwendung einer mittleren Temperaturdifferenz davon ausgegangen, dass sich die Temperaturen entlang der Wand konstant verhalten. Wenn die Temperaturen entlang der Wand nicht konstant sind, muss mit der mittleren logarithmischen Temperaturdifferenz gerechnet werden.

$$\Delta T_{\text{m,ln}} = \frac{\Delta T^{\text{Ein}} - \Delta T^{\text{Aus}}}{\ln\left(\frac{\Delta T^{\text{Ein}}}{\Delta T^{\text{Aus}}}\right)} \qquad (17.11)$$

ΔT^{Ein} Temperaturdifferenz am Wärmeaustauschereingang (bezogen auf das zu erhitzende Medium), ΔT^{Aus} Temperaturdifferenz am Wärmeaustauscherausgang

Nimmt der Quotient $\Delta T^{\text{Ein}}/\Delta T^{\text{Aus}}$ Zahlenwerte kleiner als 2 an, kann näherungsweise das arithmetische Mittel aus ΔT^{Ein} und ΔT^{Aus} zur Berechnung herangezogen werden.

Eine weitere typische Strömungsart ist der **Kreuzstrom.** Hierbei stehen die beiden Strömungsrichtungen rechtwinklig zueinander. Man findet bei dieser Konstellation mittlere Temperaturdifferenzen, die zwischen den Werten des Parallel- und des Gegenstromes liegen.

Beispiel 17.2

In einem einstufigen Verdampfer soll ein Gemisch aus Ammoniumnitrat (NH_4NO_3, AN) und Wasser (J = 25 °C) mit einem Massenstrom von 5 t/h unter Normaldruck aufkonzentriert werden. Dabei soll der zugeführte Massenanteil $w_{AN,1}$ von 10 % auf ein Endprodukt mit $w_{AN,2}$ von 80 % ansteigen. Die Beheizung erfolgt über einen gerade kondensierenden Sattdampf, der mit einem Druck von 3 bar zur Verfügung steht. Im Brüdenraum (Raum oberhalb der siedenden Flüssigkeit) herrscht ein Druck von 0,4 bar. Der Wärmedurchgangskoeffizient k beträgt 1400 W/(m²·K). Welcher Brüden-Massenstrom (Dampf-Massenstrom) muss abgeführt werden? Welche stündliche Heizdampfmenge wird benötigt? Wie groß ist die Brüdenmenge, die pro kg Heizdampf anfällt (spezifischer Heizdampfbedarf d_h)? Wie groß ist die Wärmeaustauschfläche des Verdampfers?

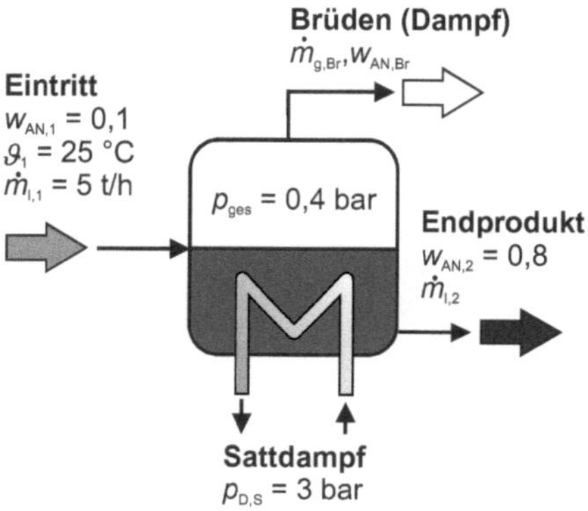

Berechnung der Brüdenmenge über die Massenbilanz des gelösten Feststoffs (Ammoniumnitrat):

$$\dot{m}_{l,1} \cdot w_{AN,1} = \dot{m}_{l,2} \cdot w_{AN,2} + \dot{m}_{g,Br} \cdot w_{AN,Br}$$

Da der Brüden kein Ammoniumnitrat enthält, gilt $w_{AN,Br} = 0$.

$$\dot{m}_{l,2} = \frac{\dot{m}_{l,1} \cdot w_{AN,1}}{w_{AN,2}} = \frac{5000\ \text{kg/h} \cdot 0,1}{0,8} = 625\ \text{kg/h}$$

Aus der Gesamtmassenbilanz ergibt sich:

$$\dot{m}_{g,Br} = \dot{m}_{l,1} - \dot{m}_{l,2} = 5000\frac{\text{kg}}{\text{h}} - \frac{625\ \text{kg}}{\text{h}} = 4375\ \text{kg/h}$$

Bei der Berechnung des Wärmestromes ist zu berücksichtigen, dass es bei der Aufkonzentrierung der Ammoniumnitrat-Lösung zu einer Siedepunktserhöhung kommt. Aus Tabellen oder Diagrammen erhält man die spezifischen Enthalpiewerte und den Siedepunkt der Salzlösung:

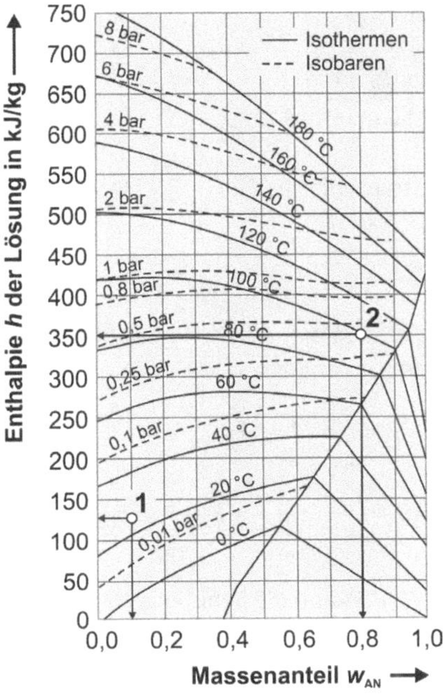

$w_{AN,1} = 10\,\%$, $J_1 = 25\,°C$, $h_1 = 127{,}8\,kJ/kg$

$w_{AN,2} = 80\,\%$, $J_{S2} = 98\,°C$, $h_2 = 352{,}0\,kJ/kg$, $p_2 = 0{,}4\,bar$

Wasser siedet bei einem Druck von 0,4 bar bereits bei 75,9 °C. Somit ergibt sich eine Siedepunktserhöhung von 22,1 °C ($J_{S2} = 98\,°C$). Die Enthalpie des Brüdenstromes entnimmt man der Dampftafel (vgl. Zusatzmaterial). Die Enthalpiebilanz für die aufzubringende Wärmeleistung ergibt sich zu:

$$\begin{aligned}\dot{Q}_W &= \dot{m}_{Br} \cdot h_{Br} + \dot{m}_2 \cdot h_2 - \dot{m}_1 \cdot h_1 \\ &= 4375\frac{kg}{h} \cdot 2637\frac{kJ}{kg} + 625\frac{kg}{h} \cdot 352,0\frac{kJ}{kg} - 5000\frac{kg}{h} \cdot 127,8\frac{kJ}{kg} \\ &= 11117875\frac{kJ}{h}\end{aligned}$$

Berechnung des benötigten Dampfmassenstromes unter der Voraussetzung, dass keine Wärmeverluste auftreten und somit die von der Flüssigkeit aufgenommene gleich der vom Dampf abgegebenen Wärmemenge ist:

Aus Dampfdrucktabelle:

$$p_{D,S} = 3\text{ bar} \rightarrow \Delta h_{Verd} = 2163,4\text{ kJ/kg}$$

$$\dot{m}_D = \frac{\dot{Q}_W}{\Delta h_{Verd}} = \frac{11117875\frac{kJ}{h}}{2163,4\frac{kJ}{kg}} = 5139,1\text{ kg/h}$$

Es wird eine Heizdampfmenge von 5139,1 kg/h benötigt.

Berechnung des spezifischen Heizdampfbedarfs:

$$d_\mathrm{h} = \frac{\dot{m}_\mathrm{Br}}{\dot{m}_\mathrm{D}} = \frac{4375\,\frac{\mathrm{kg}}{\mathrm{h}}}{5139,1\,\frac{\mathrm{kg}}{\mathrm{h}}} = 0,851\,\frac{\mathrm{kg\ Brüden}}{\mathrm{kg\ Heizdampf}}$$

Berechnung der benötigten Wärmeaustauschfläche:

$$A = \frac{\dot{Q}_\mathrm{W}}{k \cdot \Delta T_\mathrm{m}}$$

Die mittlere Temperaturdifferenz ergibt sich aus der Kondensationstemperatur des Heizdampfes und der Siedetemperatur der Lösung.

$$\Delta T_\mathrm{m} = T_\mathrm{K,D} - T_\mathrm{S,R} = 133,53^\circ\mathrm{C} - 98^\circ\mathrm{C} = 35,53^\circ\mathrm{C(K)}$$

$$A = \frac{\dot{Q}_\mathrm{W}}{k \cdot \Delta T_\mathrm{m}} = \frac{11117875\,\frac{\mathrm{kJ}}{\mathrm{h}}}{1400\,\frac{\mathrm{W}}{\mathrm{m^2 \cdot K}} \cdot 35,53\ \mathrm{K}} = \frac{3088299\,\frac{\mathrm{J}}{\mathrm{s}}}{1400\,\frac{\mathrm{W}}{\mathrm{m^2 K}} \cdot 35,53\ \mathrm{K}} = 62,1\ \mathrm{m^2}$$

Nach Umrechnung der Einheit kJ/h in W (J/s) kann die benötigte Wärmeaustauschfläche zu 62,1 m^2 berechnet werden.

17.1.3 Wärmeaustauscher

In Wärmeaustauschern wird die Wärme, z. B. zur Erhitzung oder Verdampfung, an ein Medium übertragen oder ihm entzogen. Man unterscheidet den **unmittelbaren (direkten)** und den **mittelbaren (indirekten) Wärmeaustausch.** Sind das Heizmedium und das zu erhitzende Medium nicht räumlich getrennt, wie z. B. bei einer Heizdampfeinblasungins Medium oder Beheizung mit heißer Luft, spricht man von einem unmittelbaren Wärmeaustausch. Beim mittelbaren Wärmeaustausch liegt das Heizmedium räumlich getrennt vor, z. B. in Heizrohren oder in einem Behälterdoppelmantel. Diese Wärmeaustauscher bezeichnet man als **Rekuperatoren.** Ferner können **Wärmespeicher** zum Einsatz kommen (wesentlich seltener als Rekuperatoren), in denen sich ein wärmespeicherndes Medium befindet und die abwechselnd mit dem Heizmedium und dem zu erhitzenden Medium beschickt werden **(Regeneratoren).** Die Auswahl der Bauform sowie der zu verwendenden Materialien und die Auslegung ergeben sich durch die benötigte Austauschfläche und das Wärmeträgermaterial. Übliche Bauformen sind unter anderem Platten-, Rohrbündel-, Block-, Wendel- und Wirbelschicht-Wärmeaustauscher.

Bauform eines Wärmeaustauschers

Die am häufigsten ausgeführte Wärmeaustauscherbauart ist der **Rohrbündelwärmeaustauscher.** Das zu erhitzende Medium wird in unterschiedlichen Strömungsrichtungen zum Heizmedium geführt. In der nachstehenden Abbildung strömt das Heizmedium in einen Verteilerraum, dann über Rohre „durch" das zu erhitzende Medium, häufig im Kreuzstrom, und wird anschließend wieder gesammelt und abgeführt.

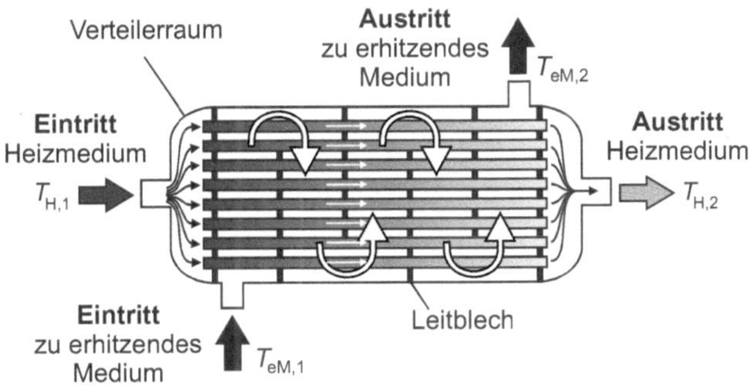

Bild 17.4 Geradrohrwärmeaustauscher

Das zu erhitzende Medium wird mehrfach an Leitblechen umgeleitet. Aufgrund der Führung des Heizmediums wird diese Bauart **Geradrohrwärmeaustauscher** genannt.

Bauform: Haarnadelwärmeaustauscher

Im Gegensatz zur Geradrohrausführung findet man auch häufig die sogenannten Haarnadelwärmeaustauscher (oder auch U-Rohr-Wärmeaustauscher). Bei dieser Bauart wird das Heizmedium durch U-förmig gebogene Rohre zumeist im Gegenstromprinzip geführt. Die Vorteile dieser Bauweise gegenüber den geradrohrigen Wärmeaustauschern liegen in der Ausdehnungsmöglichkeit der U-Rohre bei großen Temperaturschwankungen und im Betrieb eine bessere Zugänglichkeit der Ein- und Austritte der Medien begründet, da diese benachbart an einer Seite vorzufinden sind. Als nachteilig sind die unterschiedlichen Längen der U-Rohre und ihre erschwerte Reinigungsmöglichkeit zu nennen.

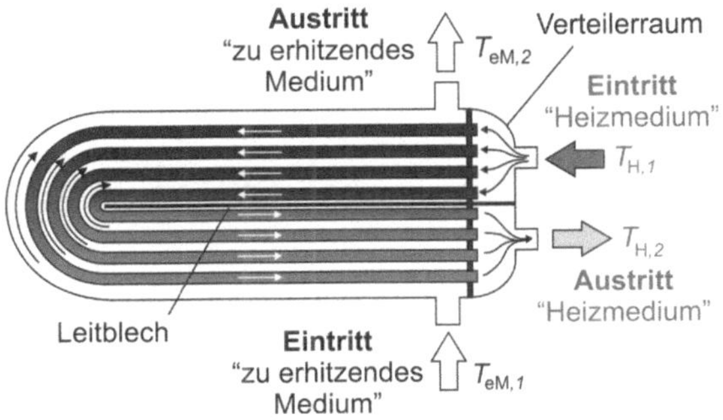

Bild 17.5 Haarnadelwärmeaustauscher

17.2 Verdampfen und Eindampfen

Technisch häufig verwendete thermische Verfahren zur Stofftrennung sind das Eindampfen, das Kristallisieren und das Trocknen. Man kann diese Methoden anhand des vorliegenden Ausgangsgemisches unterscheiden.

- **Eindampfen/Kristallisieren** (vgl. Kapitel 18):

  homogenes Gemisch aus einem gelösten Stoff und einem Lösungsmittel (z. B. wässrige Kochsalzlösung)

- **Trocknen** (vgl. Kapitel 19):

  heterogenes Gemisch aus einem Feststoff und einer flüssigen Phase (z. B. Sand und Wasser). Die Bezeichnung Trocknen findet man allerdings auch bei der Entfeuchtung von Gasen oder Flüssigkeiten wieder.

Im Gegensatz zum Trocknen liegt beim Eindampfen ein homogenes Gemisch aus einem gelösten Stoff und einem Lösungsmittel vor. Durch Erhitzen der Lösung wird das Lösungsmittel als Dampf abgetrennt, dabei steigt die Konzentration des gelösten Stoffes, und die Lösung wird **aufkonzentriert** („eingedickt"). Wird bei diesem Vorgang das Löslichkeitsprodukt überschritten, d. h., die Lösung ist übersättigt, scheidet sich der zuvor gelöste Stoff als Feststoff ab. Es entsteht ein heterogenes Gemisch, da man eine neue Phase während des Verdampfens erhält **(Kristallisieren).**

Vornehmlich wird die zur Verdampfung notwendige Wärmeenergie durch Heizflächen der Lösung zugeführt. Dazu kann eine elektrische Beheizung vorgesehen werden, allerdings findet man in der industriellen Nutzung häufiger eine Beheizung mit Dampf. Um einen Verdampfer für einen Anwendungsfall auszulegen, wird folgende Gleichung herangezogen:

$$\dot{Q}_{\text{ges}} = \dot{m}_{\text{D}} \cdot \left(\Delta h_{\text{Verd}} + c_{p,1} \cdot \Delta T_1\right) = k \cdot A \cdot \Delta T_{\text{m}} \quad (17.12)$$

$\dot{Q}_{\text{ges}}$ benötigter Wärmestrom, $\dot{m}_{\text{D}}$ Massenstrom des Dampfes, $c_{p,1}$ spezifische Wärmekapazität des Kondensats, ΔT_1 Temperaturabsenkung des Kondensats, k Wärmedurchgangskoeffizient, A Wärmeaustauschfläche, ΔT_{m} mittlere Temperaturdifferenz zwischen Heizmedium und Eindampflösung

Die Vorgehensweise bei der Berechnung eines Verdampfers wird in Beispiel 17.2 ausführlich beschrieben.

Verdampferbauarten

Es existieren unterschiedlichste Verdampferbauarten. Ein charakterisierendes Merkmal ist unter anderem die Art der Strömung in einem Verdampfer. Strömt die Lösung ohne Förderungshilfsmittel, wird dies als **Naturumlauf** bezeichnet. Dabei entstehen an den Heizflächen durch den Siedevorgang Dampfblasen, die ein größeres Volumen einnehmen bzw. eine geringere Dichte besitzen und somit die Lösung nach oben transportieren **(Mammutpumpenprinzip)**.

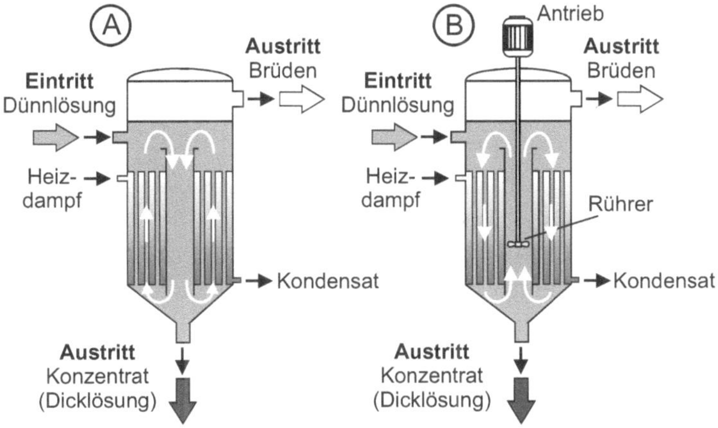

Bild 17.6 Fallstromverdampfer mit Naturumlauf (A) und Zwangsumlauf (B)

Dadurch kommt es zu einer nicht erzwungenen Zirkulation im Verdampfer. Unterstützt wird dieser Zirkulationsvorgang durch Dichteunterschiede innerhalb der Lösung. Soll der Heizflächenkontakt und somit die Zirkulation intensiviert werden, nutzt man Rührer oder Pumpen **(Zwangsumlauf)**, was zu erhöhten Druckverlusten führt. In Bild 17.7 sind innenliegende Heizrohrbündel zur Beheizung dargestellt. Um eine bessere Reinigung und Demontage zu ermöglichen, werden die Verdampfer in der industriellen Nutzung häufig mit außenliegenden Heizrohrbündeln ausgeführt.

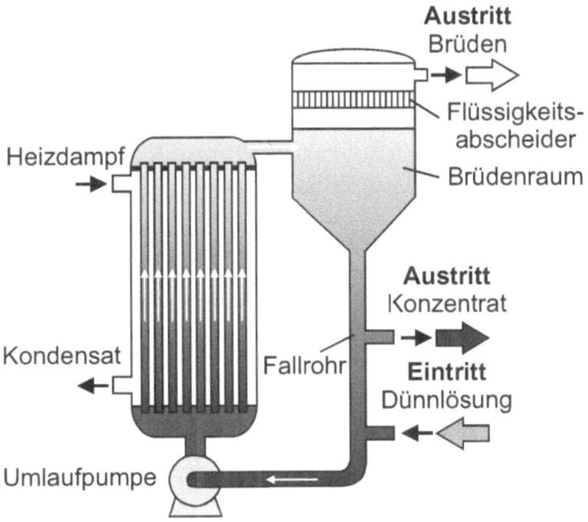

Bild 17.7
Verdampfer mit außenliegenden Heizrohrbündeln

Wie bereits erwähnt, existieren zahlreiche Bauformen und -typen von Verdampfern. So arbeitet man z. B. in der Lebensmittelindustrie häufig mit thermisch empfindlichen Lösungen, wofür Verdampfer mit einer großen Wärmeaustauschfläche und dünnen Flüssigkeitsfilmen verwendet werden. Für diesen Zweck sind sogenannte Dünnschichtverdampfer, z. B. Fallfilm-, Platten- oder Rotationsverdampfer, typische Bauarten.

In der Praxis werden die Verdampfer häufig im **Parallelbetrieb** ausgeführt, wobei die Verdampfer brüdenseitig verbunden sind. Um die Kondensationsenthalpie des Brüdens zu nutzen, muss im zweiten Verdampfer eine geringere Siedetemperatur der Dünnlösung vorliegen, was durch eine Herabsetzung des Druckes im Verdampfer erreicht wird (vgl. Bild 17.8). Um die gewünschte Endkonzentration der Dicklösung (aufkonzentrierte Lösung) zu erzielen, müssen die beiden Zuläufe zu den Verdampfern unterschiedlich aufgeteilt sein.

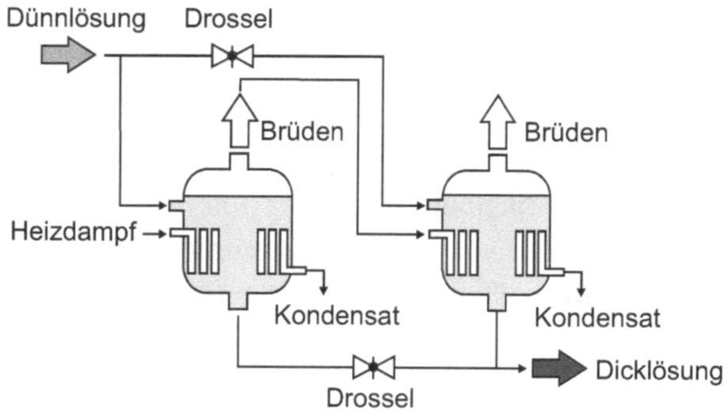

Bild 17.8 Parallelbetrieb von zwei Verdampfern

Das **Gleichstromverfahren** nutzt auch eine brüdenseitige Verbindung der Verdampfer. Der Druck der in den zweiten Verdampfer einlaufenden Lösung wird über eine Drossel abgesenkt, um auch eine niedrigere Siedetemperatur zu erzielen und die Kondensation des Brüdens für den Verdampfungsvorgang nutzen zu können. Daher wird zwischen den Verdampferstufen keine Fördereinheit (Pumpe) benötigt (vgl. Bild 17.9).

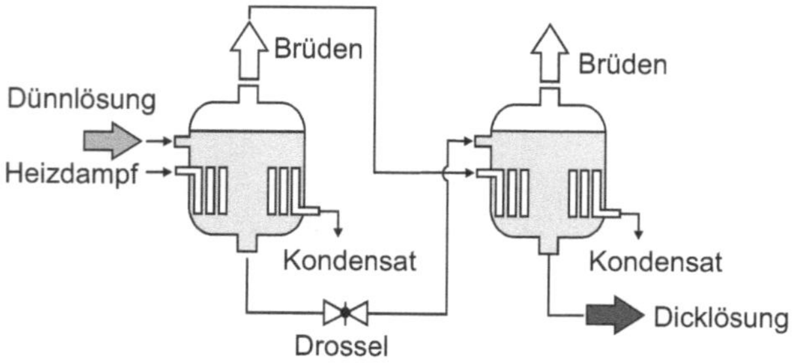

Bild 17.9 Gleichstrombetrieb von zwei Verdampfern

Bei der **Gegenstromfahrweise** wird der zweite Verdampfer mit Heizdampf beschickt und der Brüden in den ersten Verdampfer geleitet. Dies hat zur Folge, dass der Arbeitsdruck im zweiten Verdampfer höher ist und somit die aus dem ersten Verdampfer austretende Lösung mit einer Pumpe in den zweiten Verdampfer gefördert werden muss.

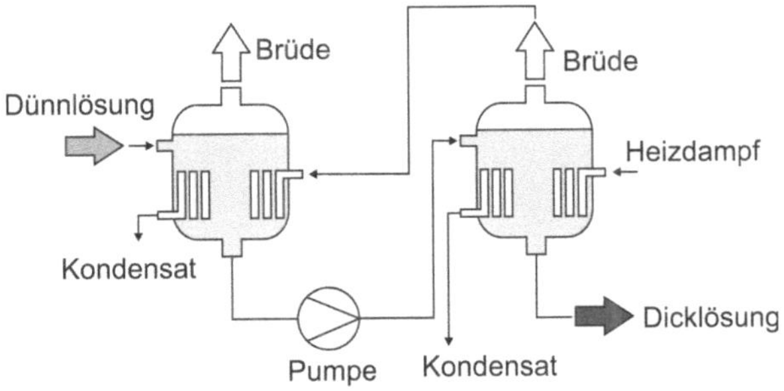

Bild 17.10 Gegenstrombetrieb von zwei Verdampfern

18 Kristallisation

18.1 Grundlagen

Die Kristallisation ist als Reinigungsverfahren oder als Trennverfahren anzusehen. Das Verfahrensprinzip beruht auf der Tatsache, dass keine unbegrenzte Menge eines Feststoffs in einer Flüssigkeit gelöst werden kann. Als **Lösungen** werden homogene Gemische bezeichnet, wobei die Komponente mit dem größten Mengenanteil **Lösungsmittel** genannt wird. Die Gehaltsangabe der gelösten Komponenten kann dabei als Massenanteil, Konzentration oder Beladung erfolgen. Ist in der Lösung die maximal lösbare Menge an Feststoff vorhanden, wird sie als **gesättigt** bezeichnet. Weniger konzentrierte Lösungen sind **ungesättigt** und höher konzentrierte **übersättigt.** Die Löslichkeit der meisten Stoffe hängt dabei von der Temperatur des Lösungsmittels bzw. der entstehenden Lösung ab. Einige wenige, z. B. Natriumchlorid (NaCl) und Ammoniumchlorid (NH_4Cl), zeigen nur eine unwesentliche Abhängigkeit von der Temperatur. Dieses Verhalten wird in einem Löslichkeitsdiagramm sichtbar, in dem die Massenbeladung $X_{m,i}$ über der Temperatur aufgetragen ist (vgl. Bild 18.1). Die Massenbeladung ist das Verhältnis der Masse der reinen Komponente zur Masse des reinen Lösungsmittels.

Man erkennt die starke Abhängigkeit der löslichen Menge an Ammoniumnitrat (NH_4NO_3) von der Temperatur, wohingegen die lösliche Menge an Kochsalz annähernd konstant bleibt.

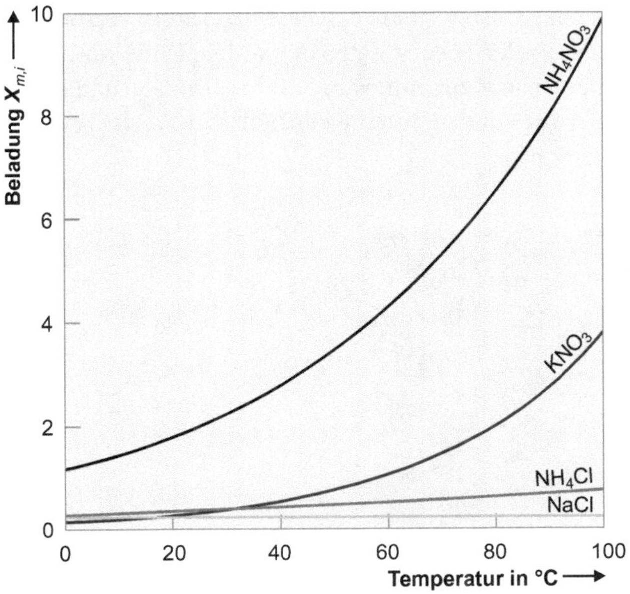

Bild 18.1 Löslichkeitsdiagramm einiger Salze (in Wasser)

Überschreitet man beim Lösen eines Feststoffs die Sättigungsmenge, bleiben Kristalle ungelöst aufgrund ihrer höheren Dichte am Boden des Mischbehälters zurück. Den gleichen Effekt kann man durch Entfernen des Lösungsmittels aus einer homogenen Lösung, z. B. durch Verdampfen, erreichen. Man spricht von „Ausfallen" der Kristalle, wodurch aus einem homogenen ein heterogenes Gemisch wird. Die Flüssigkeitsphase bleibt bei diesem Vorgang am Siedepunkt gesättigt. In Bild 18.2 wird dieser Vorgang durch den senkrechten Pfeil (Verdampfung) beschrieben. Ausgehend von einer gesättigten Lösung (Punkt auf der Sättigungslöslichkeitskurve) wird das Lösungsmittel durch Erhitzen auf Siedetemperatur gebracht. Die Lösung kann dann ungesättigt vorliegen, also unterhalb der Sättigungslösung liegen (vgl. Bild 18.2). Daraufhin wird das Lösungsmittel verdampft, wodurch in der verbleibenden Lösung eine höhere Beladung eintritt. Somit erhält man bei der Verdampfungstemperatur eine Lösung, die übersättigt ist. Es scheidet sich so viel Feststoff ab, bis die Sättigungsbeladung bei Siedetemperatur wieder eingestellt ist. Man spricht von einer **Verdampfungskristallisation.** Die Überlöslichkeitskurve ist die Grenze des sogenannten metastabilen Bereiches, in dem die Lösung leicht übersättigt vorliegen kann, ohne dass sich Kristalle abscheiden.

Bei Stoffen, die eine deutliche Abhängigkeit der Löslichkeit von der Temperatur besitzen (steile Löslichkeitskurven), kann durch Abkühlung der Lösung eine Kristallisation erreicht werden. In Bild 18.2 ist dies durch den waagerechten Pfeil (Unterkühlung) dargestellt. Die gesättigte Lösung wird dabei auf eine tiefere Temperatur abgekühlt (unterkühlt). Bei der tieferen Temperatur liegt eine deutlich geringere Sättigungsbeladung vor, und die Kristalle scheiden sich so weit ab, bis diese erreicht ist **(Kühlkristallisation)**. Die Kristalle können aus der Lösung entfernt werden. Ohne Abführen der Kristalle würde ein Erwärmen erneut zur Auflösung führen. Diese grundlegenden Möglichkeiten der Kristallisierung können durch weiterführende Verfahren wie Aussalzen oder Fällen ergänzt werden.

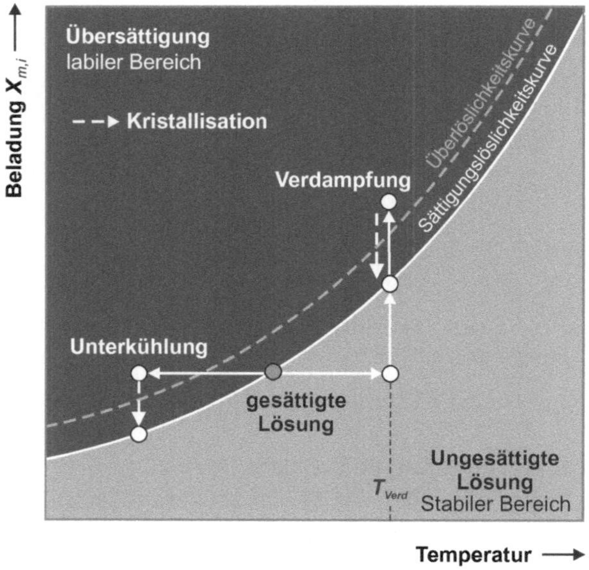

Bild 18.2 Änderung der Beladung durch Verdampfung oder Unterkühlung

Bei Salzen wird die Löslichkeit durch das Löslichkeitsprodukt erhalten, welches aus dem Produkt der Ionenkonzentrationen der gelösten Komponenten gebildet wird. Es beschreibt das heterogene Gleichgewicht zwischen der gesättigten Salzlösung und den festen Kristallen (Bodenkörper).

$$A_xB_y \rightleftarrows xA^{y+} + yB^{x-}$$

$$K_L = c\left(A^{y+}\right)^x \cdot c\left(B^{x-}\right)^y$$

Das Löslichkeitsprodukt ist eine temperaturabhängige Größe und kann als direktes Maß zur Identifizierung gut und schlecht löslicher Komponenten dienen. Kleine Löslichkeitsprodukte deuten dabei auf schlecht lösliche Stoffe hin.

18.2 Berechnungen zur Kristallisation

Der anfallende Kristall kann bei diesen Prozessen noch Kristallwasser enthalten. Als **Kristallwasser** werden Wassermoleküle in wasserhaltigen, kristallinen Verbindungen bezeichnet, die in die Bilanzberechnungen mit eingebunden werden müssen, da sie im Stoffstrom des Kristallisats gebunden vorliegen. Sie können nicht ausgetrieben werden, da ansonsten die Kristallstruktur zerfällt. Diese gebundene Wassermenge wird durch den Kennwert μ erfasst.

Verhältnis der kristallflüssigkeitsfreien und kristallflüssigkeitshaltigen Molmasse:

$$\mu = \frac{M_{\mathrm{oKW}}}{M_{\mathrm{mKW}}} \tag{18.1}$$

M_{oKW} molekulare Masse ohne Kristallwasser, M_{mKW} molekulare Masse mit Kristallwasser

Um die anfallende Menge an kristallflüssigkeitshaltigem Salz **(Solvat)** rechnerisch zu bestimmen, nimmt man allgemeingültig eine kombinierte Kühlungs- und Verdampfungskristallisation an. Wie bereits in den Löslichkeitsdiagrammen dargestellt, wird hier ebenfalls zweckmäßigerweise auf Massenbeladungen bei der Berechnung zurückgegriffen. Die aus einem Eindampfungsprozess stammende **gesättigte Lösung** mit einer Beladung $X_{m,i,1}$ wird von der Temperatur T_1 auf T_2 abgekühlt und das Lösungsmittel verdampft. Die dabei entstehende Übersättigung führt zur eigentlichen Phasentrennung und zum **Kristallisatstrom**. Ferner tritt eine Restlösung mit der Temperatur T_2 und einer Beladung $X_{m,i,2}$ aus.

Eine Berechnung des anfallenden Kristallmassenstroms erfolgt über die üblichen Bilanzen. Bild 18.3 zeigt die vorliegenden Stoffströme.

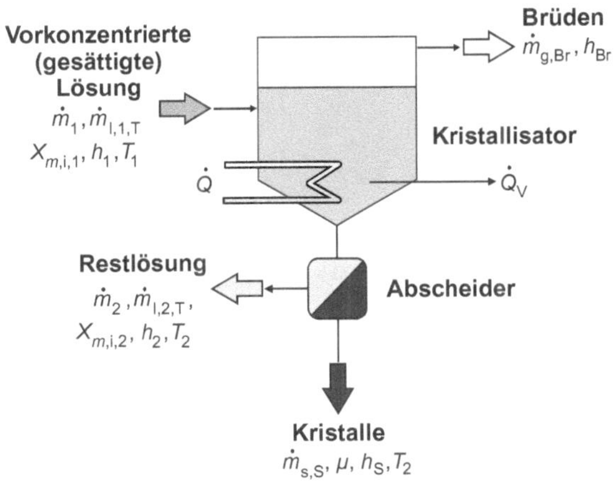

Bild 18.3 Stoffströme eines Kristallisators

Berechnung des eintretenden reinen Lösungsmittelstromes (Trägermedium):

$$\dot{m}_{\mathrm{l,1,T}} = \frac{\dot{m}_{\mathrm{l,1}}}{1 + X_{m,i,1}}$$

mit

$$X_{m,i,1} = \frac{w_{i,1}}{1 - w_{i,1}}$$

$w_{i,1}$ Massenanteil des gelösten Salzes im Eintritt, Index T = Trägermedium

$$w_i = \frac{m_i}{m_i + m_{\mathrm{l,T}}} = \frac{m_i}{m_{\mathrm{ges}}}$$

m_i Masse des gelösten Salzes, $m_{\mathrm{l},T}$ Masse des Lösungsmittels (Trägerflüssigkeit)

Bestimmung des austretenden Lösungsmittelstromes:

$$\dot{m}_{\mathrm{l,2,T}} = \dot{m}_{\mathrm{l,1,T}} - \dot{m}_{\mathrm{g,Br}} - \dot{m}_{\mathrm{s,S}} \cdot (1 - \mu)$$

Aufstellen der Massenstrombilanz anhand des Salzgehalts, wobei davon ausgegangen wird, dass der austretende Dampf kein Salz enthält (z. B. durch mitgerissene Tropfen):

$$\begin{aligned} \dot{m}_{\mathrm{l,1,T}} \cdot X_{m,i,1} &= \dot{m}_{\mathrm{s,S}} \cdot \mu + \dot{m}_{\mathrm{l,2,T}} \cdot X_{m,i,2} \\ &= \dot{m}_{\mathrm{s,S}} \cdot \mu + \left(\dot{m}_{\mathrm{l,1,T}} - \dot{m}_{\mathrm{g,Br}} - \dot{m}_{\mathrm{s,S}} \cdot (1 - \mu)\right) \cdot X_{m,i,2} \end{aligned}$$

Umstellen zum Salzmassenstrom (Kristallertrag):

$$\dot{m}_{\mathrm{s,S}} = \frac{\dot{m}_{\mathrm{l,1,T}} \cdot \left(X_{m,i,1} - X_{m,i,2}\right) + \dot{m}_{\mathrm{g,Br}} \cdot X_{m,i,2}}{\mu - X_{m,i,2} \cdot (1 - \mu)} \tag{18.2}$$

Die Gleichung vereinfacht sich, wenn man eine **reine Kühlkristallisation** vornimmt, zu:

$$\dot{m}_{\mathrm{s,S}} = \frac{\dot{m}_{\mathrm{l,1,T}} \cdot \left(X_{m,i,1} - X_{m,i,2}\right)}{\mu - X_{m,i,2} \cdot (1 - \mu)} \tag{18.3}$$

mit $\dot{m}_{\mathrm{g,Br}} = 0$

Die Gleichung vereinfacht sich, wenn man eine **reine Verdampfungskristallisation** vornimmt, zu:

$$\dot{m}_{\mathrm{s,S}} = \frac{\dot{m}_{\mathrm{g,Br}} \cdot X_{m,i,\mathrm{S}}}{\mu - X_{m,i,\mathrm{S}} \cdot (1 - \mu)} \tag{18.4}$$

mit $X_{m,i,1} = X_{m,i,2} = X_{m,i,\mathrm{S}}$

$X_{m,i,S}$ Beladung bei der Verdampfungstemperatur

Handelt es sich um ein **kristallflüssigkeitsfreies Salz,** ist $\mu = 1$:

$$\dot{m}_{s,S} = \dot{m}_{l,1,T} \cdot \left(X_{m,i,1} - X_{m,i,2}\right) + \dot{m}_{g,Br} \cdot X_{m,i,2} \tag{18.5}$$

Die Ausbeute wird dann wie folgt berechnet:

$$\eta = \frac{\dot{m}_{s,S} \cdot \mu}{\dot{m}_{l,1,T} \cdot X_{m,i,1}} \tag{18.6}$$

In der Praxis sind die berechneten Werte für den Kristallertrag und die Ausbeute nur als überschlägige Größen zu betrachten, da die Restlösung zumeist geringfügig übersättigt den Kristallisator verlässt und die vorliegenden Löslichkeitsdaten nicht als exakt angesehen werden können.

Um Aussagen über den zuzuführenden Wärmestrom treffen zu können, wird die Energiebilanz benötigt:

$$\dot{Q} = \dot{m}_{g,Br} \cdot h_{Br} + \dot{m}_{l,2} \cdot h_2 + \dot{m}_{s,S} \cdot h_S + \dot{Q}_K + \dot{Q}_V - \dot{m}_{l,1} \cdot h_1$$

mit

$$\dot{Q}_K = \dot{m}_{s,S} \cdot \Delta h_K$$

$\dot{Q}$ Wärmestrom ($\dot{Q} > 0$ Wärmezufuhr, $\dot{Q} < 0$ Wärmeabfuhr), $\dot{m}_{l,2}$, $\dot{m}_{l,2}$ zugeführte und abgeführte Massenströme, $\dot{m}_{g,Br}$ abgeführter Brüdenstrom, h_1, h_2 Enthalpien der zugeführten und abgeführten Massenströme, h_{Br} Enthalpie des Brüdenstromes, $\dot{Q}_K$ Kristallisationswärmetönung ($\dot{Q}_K < 0$ exotherme, $\dot{Q}_K > 0$ endotherme Kristallisation), Δh_K Kristallisationsenthalpie ($\Delta h_K < 0$ exotherme, $\Delta h_K > 0$ endotherme Kristallisation), $\dot{Q}_V$ Wärmeverlust des Kristallisators

Tritt bei der Berechnung ein positiver Zahlenwert für den Wärmestrom auf, entspricht dies einer Wärmezufuhr. Im Umkehrschluss muss bei negativen Zahlenwerten Wärme dem Kristallisator entzogen werden. Die benötigten Enthalpien sind Tabellenwerken und Diagrammen zu entnehmen oder über die spezifische Wärmekapazität und die vorliegende Temperatur zu berechnen.

Als Berechnungsformel ergibt sich ohne Berücksichtigung der Wärmeverluste:

$$\begin{aligned}\dot{Q} = {} & \dot{m}_{g,Br} \cdot h_{Br} + \left(\dot{m}_{l,1} - \dot{m}_{g,Br} - \dot{m}_{s,S}\right) \cdot c_{p,2} \cdot T_2 \\ & + \dot{m}_{s,S} \cdot c_{p,S} \cdot T_2 + \dot{m}_{s,S} \cdot h_K - \dot{m}_{l,1} \cdot c_{p,1} \cdot T_1\end{aligned} \tag{18.7}$$

Die Berechnung der Wärmeaustauscherfläche erfolgt analog zur Berechnung bei einem Verdampfer, wobei eine Bestimmung des Wärmedurchgangskoeffizienten in der Praxis Probleme aufwirft, da es häufig zu einer Verkrustung der Wärmeaustauscherfläche durch die Kristallisation kommt.

Beispiel 18.1

Eine wässrige siedend gesättigte Salzlösung (w = 30 Gew.-%, $\dot{m}_{\text{ein}}$ = 8500 kg/h, M_{Salz} = 210 g/mol) wird einer Kristallisation zugeführt. Das Kristall wird als Pentahydrat abgeschieden. Wie groß ist der Trägerflüssigkeitsmassenstrom? Wie groß ist der Massenstrom an Salz, wenn eine reine Kühlkristallisation vorliegt und die Salzlösung bei einer Endtemperatur von 20 °C nur noch 12 Gew.-% an Salz besitzt. Weiterhin ist die Ausbeute zu bestimmen.

Bestimmung der Beladung und des Massenstroms der Trägerflüssigkeit:

$$X_{\text{m,Salz,Ein}} = \frac{w_{\text{Salz,Ein}}}{1 - w_{\text{Salz,Ein}}} = \frac{0,3}{1-0,3} = 0,4286$$

$$\dot{m}_{\text{Ein,T}} = \frac{\dot{m}_{\text{Ein}}}{1 + X_{\text{m,Salz,1}}} = \frac{8500\frac{\text{kg}}{\text{h}}}{1+0,4286} = 5950\frac{\text{kg}}{\text{h}}$$

Bei einer reinen Kühlkristallisation berechnet sich der Salzmassenstrom nach Formel 18.3:

$$X_{\text{m,Salz,Aus}} = \frac{0,12}{1-0,12} = 0,1364$$

$$\mu = \frac{M_{\text{oKW}}}{M_{\text{mKW}}} = \frac{210\frac{\text{g}}{\text{mol}}}{210\frac{\text{g}}{\text{mol}} + 5 \cdot 18\frac{\text{g}}{\text{mol}}} = 0,7$$

$$\dot{m}_{\text{s,Salz}} = \frac{5950\frac{\text{kg}}{\text{h}} \cdot (0,4286 - 0,1364)}{0,7 - 0,1364 \cdot (1-0,7)} = 2637,9\frac{\text{kg}}{\text{h}}$$

Zur Berechnung der Ausbeute wird Formel 18.6 verwendet:

$$\eta = \frac{2637,9\frac{\text{kg}}{\text{h}} \cdot 0,7}{5950\frac{\text{kg}}{\text{h}} \cdot 0,4286} = 0,724 \text{ bzw } 72,4\,\%$$

Wie ändert sich die Ausbeute bei Durchführung einer reinen Verdampfungskristallisation, wenn 1000 kg/h Brüden (salzfrei) abgezogen werden?

Berechnung nach Formel 18.4:

$$\dot{m}_{\text{s,Salz}} = \frac{1000\frac{\text{kg}}{\text{h}} \cdot 0,4286}{0,7 - 0,4286 \cdot (1-0,7)} = 750,0\frac{\text{kg}}{\text{h}}$$

$$\eta = \frac{750,0\frac{\text{kg}}{\text{h}} \cdot 0,7}{5950\frac{\text{kg}}{\text{h}} \cdot 0,4286} = 0,206 \text{ bzw. } 20,6\,\%$$

18.3 Technische Anwendung

Bei allen genannten Verfahren wird ein „Kristallbrei" erzeugt, der noch einen hohen Feuchtigkeitsanteil besitzt. Zweckmäßigerweise wird dem angefallenen Kristallbrei durch nachgeschaltete Filtration oder Zentrifugieren (vgl. Kapitel 13) ein hoher Anteil der Feuchtigkeit entzogen, und durch eine Wäsche mit einem Lösungsmittel werden die Rohkristalle gereinigt. Durch eine anschließende Trocknung und Siebung werden die Kristalle klassiert. Bild 18.4 zeigt exemplarisch eine Weiterbehandlung eines Kristallbreis zur Gewinnung eines Reinkristalls.

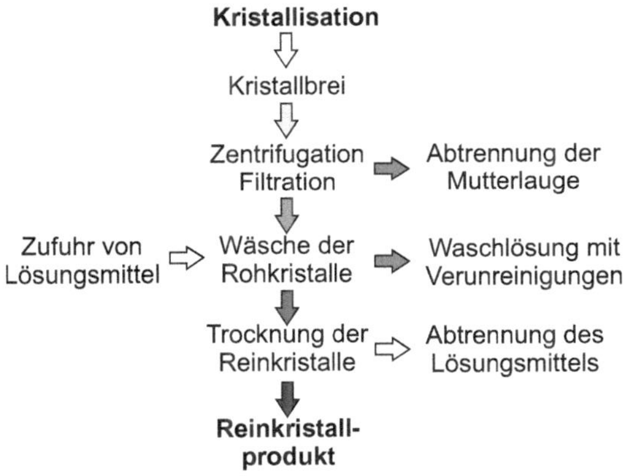

Bild 18.4
Schema einer Kristallisation

Kristallisationsverdampfer (vertikale Bauweise)

In einem Kristallisationsverdampfer wird der Wärmeaustausch über mit Heizdampf beschickte Heizrohre realisiert. Am unteren Ende der Heizrohre kann das Kondensat austreten.

Dabei tritt im Kristallisatorraum der Brüden am Kopf aus, und die Lösung wird gleichzeitig auf- bzw. überkonzentriert. Der Kristallbrei sammelt sich schwerkraftbedingt im unteren Teil des Kristallisators und kann für eine weitere Behandlung abgezogen werden. Der so aufgebaute Kristallisator liefert Kristalle mit gleichmäßiger Kornverteilung und wird häufig bei kleineren Durchsatzmengen eingesetzt.

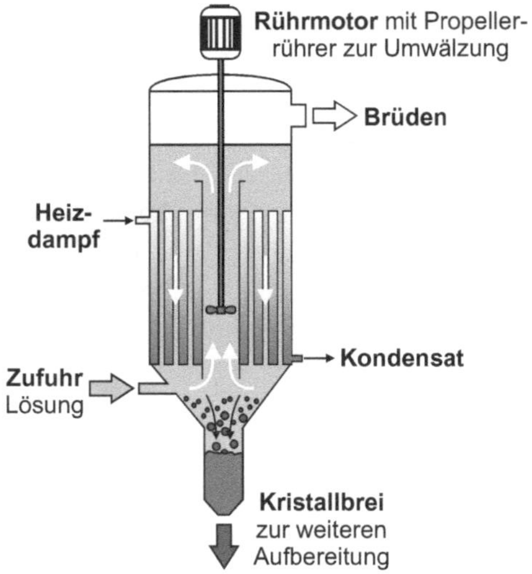

Bild 18.5
Kristallisationsverdampfer

19 Trocknen

19.1 Grundlagen

Die Trocknung ist ein Verdampfungsverfahren, das zur Anwendung kommt, wenn bei einem Stoff durch eine mechanische Behandlung (z. B. Filtrieren, Zentrifugieren) kein ausreichender Flüssigkeitsentzug möglich ist. Im Normalfall wird dieses Verfahren bei der Entfernung von Wasser (oder von organischen Lösungsmitteln) aus Materialien angewendet, die nur noch einen geringen Flüssigkeitsanteil besitzen (z. B. nach der Vorbehandlung mit oben genannten Verfahren). Grundlegend bei diesem Verfahren ist, dass die einzelnen Komponenten **(Trocknungsgut und Trocknungsgas)** einen deutlich unterschiedlichen Siedepunkt besitzen.

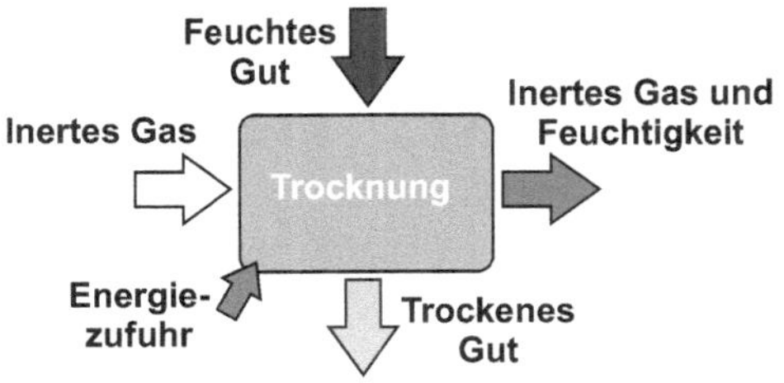

Bild 19.1
Schema einer Trocknung

Bei der Trocknung werden zwei grundlegende Arten unterschieden:

- **Verdunstungstrocknung:** Die nötige Wärmeenergie wird dem System durch das inerte Trocknungsgas (z. B. Luft) zugeführt. Das Trockengas um- und durchströmt das Trockengut und kann es dabei aufwirbeln oder mitreißen **(Konvektionstrocknung)**.

- **Trocknen durch Ausdampfen:** Die Wärmeenergie wird dem Trocknungsgut durch Beheizung (z. B. Heizflächen) zugeführt. Das Trockengut ruht oder wird stetig umgeschichtet, um mit der Heizfläche in Berührung zu kommen **(Kontakttrocknung)**.

In beiden Fällen wird der entstehende Dampf des Lösungsmittels (Brüden) aus dem System entfernt, wobei dies entweder durch direktes Abführen des Trocknungsgases oder durch Druckunterschiede realisiert wird. Bei der Verdunstungstrocknung wird unterhalb des Siedepunkts gearbeitet und durch stetige (auch erwärmte) Frischluftzufuhr die flüssige Phase in die Dampfphase überführt und abgeleitet (wie z. B. beim Wäsche trocknen).

Die Flüssigkeit ist auf unterschiedliche Weise an den Feststoff gebunden: als **Haftflüssigkeit** (an der Oberfläche), **Kapillar-** oder **Quellflüssigkeit** (im Inneren des Trockenguts). Wasser kann zudem noch als **Kristallwasser** auf molekularer Ebene in den Feststoff eingebunden sein, dessen Entfernung allerdings nicht unter die allgemeine Begrifflichkeit Trocknung fällt. Entscheidend ist bei diesem Vorgang, dass sich eine flächendeckende Verteilung der zugeführten Wärmemenge über das Trockengut einstellt und dass die Dämpfe durch einfache Diffusionsvorgänge an die Oberfläche des Stoffes transportiert und dort effektiv vom Gasstrom entzogen werden können. Man benötigt stark unterschiedliche Aufwände bezüglich der Wärmezufuhr, um die oben genannten Flüssigkeitsbindungsarten aus dem Feststoff zu entfernen. Ferner ist die Oberflächenverfügbarkeit des Trockenguts entscheidend für die angewendete Technik, da dieses als glatte Fläche, als körnige oder pulvrige Schüttung bzw. als teigige oder pastöse Masse vorliegen kann.

Ein Ausdampfen wird sinnvollerweise bei Normaldruck oder einem Unterdruck (Vakuumtrocknung) realisiert, um die erforderliche Heizleistung zu minimieren. Ebenfalls verbessert eine Vorbereitung des Trockenguts hinsichtlich seiner Oberfläche (z. B. Zerkleinern durch Mahlen) die Effektivität der Trocknung. Die Haftflüssigkeit an der Oberfläche des Trockenguts verdunstet durch Trockengaszufuhr (z. B. Luft). Dabei besitzt die Flüssigkeit in der Grenzschicht der Oberfläche zum Luftstrom den Sättigungsdruck $p_{\mathrm{D,S}}$, der größer als der Partialdruck p_{D} in der trockeneren (erwärmten) Luft sein muss (vgl. Bild 19.2). Dieser Partialdruckunterschied (Partialdruckgefälle) ist die **treibende Kraft** für den Trocknungsvorgang. Da der Sättigungsdruck der Grenzschicht $p_{\mathrm{D,S}}$ sich proportional zur Dampfbeladung $Y_{m,\mathrm{D,S}}$ der Grenzschicht und der Sättigungsdruck des Trocknungsgases p_{D} sich proportional zur Dampfbeladung $Y_{m,\mathrm{D}}$ in der Trocknungsluft verhält, ergibt sich folgender Zusammenhang:

$$\dot{m}_{\mathrm{D}} = k_{\mathrm{V}} \cdot A \cdot \left(Y_{m,\mathrm{D,S}} - Y_{m,\mathrm{D}}\right) \tag{19.1}$$

$\dot{m}_{\mathrm{D}}$ Massenstrom des Wasserdampfes, k_{V} Stoffübergangszahl der Verdunstung (Verdampfungszahl), A Kontaktfläche, $Y_{m,\mathrm{D,S}}$ Wasserdampfgehalt der Grenzschicht, $Y_{m,\mathrm{D}}$ Wasserdampfgehalt der Trocknungsluft

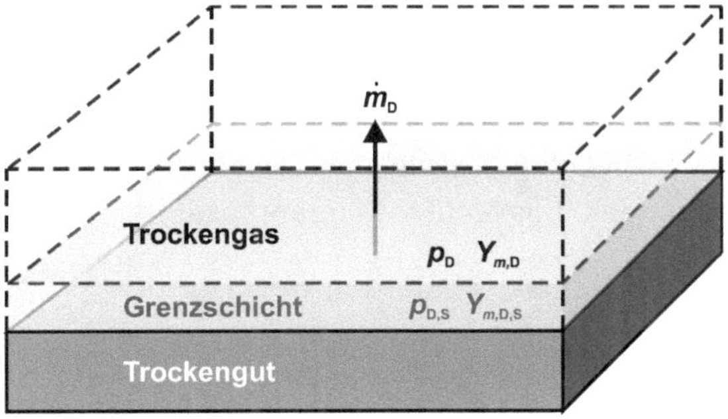

Bild 19.2 Grenzschicht am Trockengut

Wie bereits erwähnt, stellt hier $Y_{m,D}$ nicht den Dampfgehalt $x_{m,D}$, sondern die **Feuchtebeladung** des Trocknungsgases dar, die sich aus dem Verhältnis der Dampfmenge zur Menge des trockenen Gases ergibt. Der entscheidende Unterschied besteht darin, dass die gesamte Dampfmenge im Zweistoffsystem Dampf/Inertgas (Trägergas) umschrieben wird. Die Feuchtebeladung $Y_{m,D}$ des Trocknungsgases berechnet sich aus:

$$Y_{m,D} = \frac{m_D}{m_{g,T}} = \frac{p_D}{p_{ges} - p_D} \cdot \frac{M_D}{M_{g,T}} = \frac{p_D}{p_{ges} - p_D} \cdot \frac{R_{g,T}}{R_D} \tag{19.2}$$

m_D Masse Dampf, $m_{g,T}$ Masse Trägergas, p_{ges} Umgebungsdruck, p_D Dampfdruck des Dampfes, M_D molekulare Masse des Dampfes, $M_{g,T}$ molekulare Masse des Trägergases, $R_{g,T}$ spezifische Gaskonstante des Trägergases, R_D spezifische Gaskonstante des Dampfes

Wie aus Formel 19.1 ersichtlich, wird **nicht** die Gesamtmasse als Bezugsgröße gewählt (woraus ein Zahlenwert zwischen 0 und 1 resultieren würde), sondern die Masse des trockenen Gases. Vorteilhaft daran ist, dass die Masse des trockenen Gases auch bei Phasenübergängen der Feuchtekomponente konstant bleibt und, da z. B. die Masse von Wasser in vielen Prozessen veränderlich ist, eine **unveränderliche Bezugsgröße** vorliegt. (In der Literatur findet sich für die Feuchtebeladung die Bezeichnung X. Da in den weiteren Kapiteln diese Abkürzung aber für Beladungen in der Flüssig- bzw. Feststoffphase steht, würde dies zu Verwechselungen führen.) Eine weitere Größe, die zur Charakterisierung einer **feuchten Luft** herangezogen wird, ist die **relative Feuchte φ** (Sättigungsgrad). Sie spiegelt den Grad der Sättigung der Luft mit Wasser direkt wider.

$$\varphi_{m,D} = \frac{p_D}{p_{D,S}} \cdot \frac{Y_{m,D}}{\frac{M_D}{M_L} + Y_{m,D}} = \frac{p_{ges}}{p_{D,S}} \tag{19.3}$$

bzw.

$$Y_{m,D} = \frac{M_D}{M_L} \cdot \frac{\varphi \cdot p_{D,S}}{p_{ges} - \varphi \cdot p_{D,S}}$$

$p_{D,S}$ Sättigungsdampfdruck des Dampfes in Pa, φ relative Feuchte

Mit den oben genannten Kennwerten sind die Enthalpiezustände von feuchter Luft in einem h,Y_m-Diagramm (h,X-Diagramm, *Mollier*-Diagramm) zu bestimmen. Häufig wird darin die spezifische Enthalpie h mit dem Index $1+Y$ $(1+X)$ versehen, um zu verdeutlichen, dass es sich um die Feuchtebeladung, bezogen auf trockene Luft, und nicht um den Wasserdampfgehalt $x_{m,\mathrm{D}}$ handelt. Das *Mollier*-Diagramm gilt immer für den angegebenen Druck.

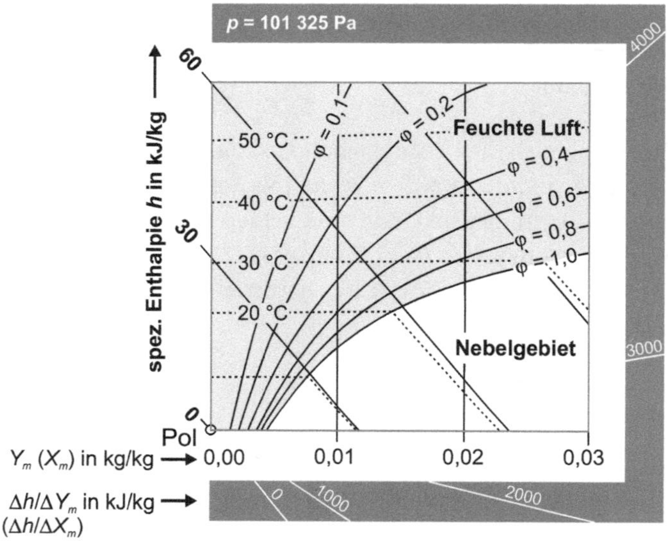

Bild 19.3 Auszug aus einem h,Y_m-Diagramm

In einem *Mollier*-Diagramm sind Isothermen, Enthalpien und relative Feuchten aufgetragen. Der sogenannte **Pol**, auf den sich Enthalpieänderungen im äußeren Diagrammbereich beziehen, liegt im gezeigten Beispiel bei 0 °C für trockene Luft ($Y_{m,\mathrm{D}} = 0$). Man definiert dabei die Enthalpie der trockenen Luft und des Wassers bei einer Temperatur von 0 °C als 0 kJ/kg. Gängig sind auch *Mollier*-Diagramme, in welchen sich der Pol bei 20 °C befindet. Wie mit einem *Mollier*-Diagramm gearbeitet wird, zeigt folgendes Beispiel.

Beispiel 19.1

In einem Lufterwärmer werden 5000 m^3/h feuchte Luft mit einer relativen Feuchte von 85 % von 20 auf 120 °C bei einem Druck von 101 325 Pa erwärmt. Es sollen der Feuchtegehalt $Y_{m,\mathrm{D}}$, die Taupunkttemperatur, der Massenstrom der trockenen Luft und der benötigte Wärmestrom rechnerisch sowie grafisch bestimmt werden.

Stoffspezifische Daten:

Molekulare Masse des Wassers: $M_{\mathrm{Wasser}} = 18{,}0$ kg/kmol

Molekulare Masse der trockenen Luft: $M_{\mathrm{L}} = 28{,}96$ kg/kmol

Berechnung der spezifischen Gaskonstante für Luft:

$$R_L = \frac{R}{M_L} = \frac{8,314 \frac{J}{mol \cdot K}}{28,96 \frac{g}{mol}} = 0,2871 \frac{J}{g \cdot K}$$

Ermittlung des Sattdampfdrucks des Wassers bei Anfangs- und Endtemperatur aus der Wasserdampftafel (vgl. Zusatzmaterial):

bei 20 °C: $p_{D,S}$ = 0,023 39 bar = 2339 Pa

bei 120 °C: $p_{D,S}$ = 1,986 65 bar = 198 665 Pa

Berechnung des Feuchtegehalts $Y_{m,D}$:

$$Y_{m,D} = \frac{M_D}{M_L} \cdot \frac{\varphi \cdot p_{D,S}}{p_{ges} - \varphi \cdot p_{D,S}} = \frac{18,0 \frac{kg}{kmol}}{28,96 \frac{kg}{kmol}} \cdot \frac{0,85 \cdot 2339 \text{ Pa}}{101325 \text{ Pa} - 0,85 \cdot 2339 \text{ Pa}} = 0,0124$$

Errechnung der Taupunkttemperatur (j = 1) über den Sättigungsdampfdruck bei $Y_{m,D}$:

$$p_{D,S} = \frac{p_{ges} \cdot Y_{m,D}}{\varphi \cdot \frac{M_D}{M_L} + Y_{m,D} \cdot \varphi} = \frac{101325 \text{ Pa} \cdot 0,0124}{1 \cdot \frac{18,0 \frac{kg}{kmol}}{28,96 \frac{kg}{kmol}} + 0,0124 \cdot 1} = 1987 \text{ Pa}$$

Aus der Dampfdrucktafel (vgl. Zusatzmaterial) ergibt sich für die Taupunkttemperatur durch Interpolation:

$$p_{D,S} = 1987 \text{ Pa} \rightarrow T = 17,4 °C$$

Grafische Bestimmung der Taupunkttemperatur:

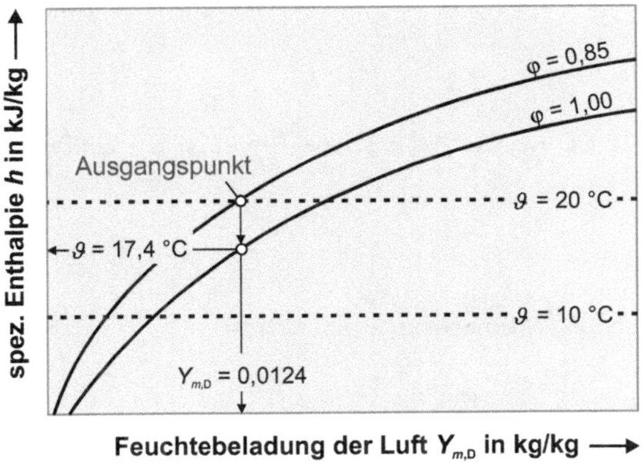

Der absolute Feuchtegehalt $Y_{m,D}$ bleibt konstant, und somit kann die Taupunkttemperatur nach der Ermittlung des Grundzustands bei 20 °C über die Taupunktkurve (φ = 1) direkt ermittelt werden.

Ermittlung des Massenstromes der trockenen Luft (Annahme ideales Gas): Der Gesamtvolumenstrom wird dazu über den Gesamtdruck und den Partialdruck des Dampfes umgerechnet:

$$\dot{m}_L = \frac{(P_{ges} - \varphi_1 \cdot p_{D,S}) \cdot \dot{V}}{R_L \cdot T_1} = \frac{(101325 - 0,85 \cdot 2339)\ \text{Pa} \cdot 1,39\frac{\text{m}^3}{\text{s}}}{287,1\frac{\text{J}}{\text{kg}\cdot\text{K}} \cdot 293,15\ \text{K}}$$

$$= 1,641\frac{\text{kg}}{\text{s}} = 5906\frac{\text{kg}}{\text{h}}$$

Die Wärmekapazität der Luft und des Dampfes kann im betrachteten Temperaturbereich vereinfachend als konstant angenommen werden. Hier sollen allerdings zur Verdeutlichung der Vorgehensweise die exakten Werte zur Berechnung aus Tabellenwerken herangezogen werden.

$c_{pL,20\,°C}$ = 1,007 kJ/(kg·K) und $c_{pL,120\,°C}$ = 1,014 kJ/(kg·K)

$c_{pD,20\,°C}$ = 1,874 kJ/(kg·K) und $c_{pD,120\,°C}$ = 2,124 kJ/(kg·K)

Die spezifische Verdampfungsenthalpie Δh_{Verd} wird definitionsgemäß auf den Temperaturnullpunkt bei 0 °C bezogen: Δh_{Verd} = 2500 kJ/kg.

Berechnung der Enthalpiezustände werden mit Temperaturen in °C vorgenommen, da der Nullpunkt definitionsgemäß auf 0 °C bezogen wird.

Zustand 1 bei 20 °C:

$$h_1 = h_{L,1} + h_{D,1} = c_{p,L,1} \cdot T_1 + Y_{m,1} \cdot (c_{p,D,1} \cdot T_1 + \Delta h_{Verd})$$

$$h_1 = 1,007\frac{\text{kJ}}{\text{kg}\cdot°\text{C}} \cdot 20°\text{C} + 0,0124 \cdot \left(1,874\frac{\text{kJ}}{\text{kg}\cdot°\text{C}} \cdot 20°\text{C} + 2500\frac{\text{kJ}}{\text{kg}}\right) = 51,68\frac{\text{kJ}}{\text{kg}}$$

Zustand 2 bei 120 °C:

$$h_1 = 1,014\frac{\text{kJ}}{\text{kg}\cdot°\text{C}} \cdot 120°\text{C} + 0,0124 \cdot \left(2,124\frac{\text{kJ}}{\text{kg}\cdot°\text{C}} \cdot 120°\text{C} + 2500\frac{\text{kJ}}{\text{kg}}\right)$$

$$= 155,92\frac{\text{kJ}}{\text{kg}}$$

Der zum Aufheizen benötigte Wärmestrom ergibt sich zu:

$$\dot{Q} = \dot{m}_L \cdot (h_2 - h_1) = 5906\frac{\text{kg}}{\text{h}} \cdot (155,92 - 51,68)\frac{\text{kJ}}{\text{kg}} = 615641\frac{\text{kJ}}{\text{h}}$$

Berechnung der relativen Luftfeuchtigkeit bei 120 °C:

$$\varphi_2 = \frac{Y_{m,2}}{\frac{M_D}{M_L} + Y_{m,2}} \cdot \frac{p_{ges}}{p_{D,S}} = \frac{0,0124}{\frac{18,0\frac{\text{g}}{\text{mol}}}{28,96\frac{\text{g}}{\text{mol}}} + 0,0124} \cdot \frac{101325\ \text{Pa}}{198665\ \text{Pa}}$$

$$\varphi_2 = 0,01 = 1\,\%$$

Die grafische Ermittlung im *Mollier*-Diagramm:

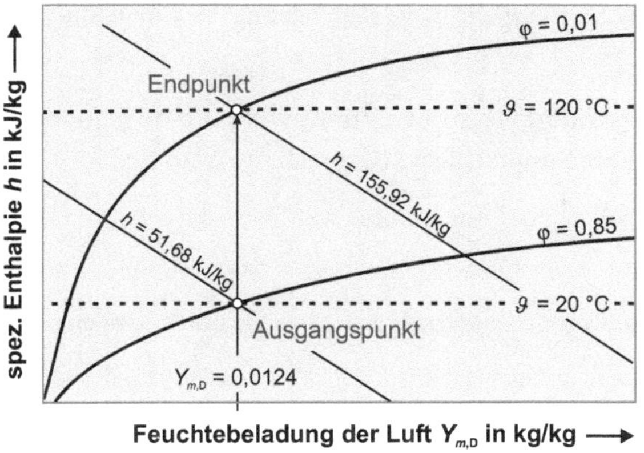

Die grafische Ermittlung der Erwärmung erfolgt über einen gleichbleibenden Feuchtegehalt $Y_{m,D}$ durch Ermittlung des Schnittpunktes der Senkrechten mit der Temperaturlinie, woraus sich die neuen Zustandsgrößen $h = 155{,}92$ kJ/kg und $\varphi = 1$ % ergeben.

19.2 Trocknungsarten und Trocknungskurven

Die Zuführung der Wärme bei einem Trocknungsprozess kann auf unterschiedliche Weise erfolgen.

Konvektive Trocknung

Bei konvektiven Trocknungsprozessen handelt es sich fast ausschließlich um kontinuierliche Trocknungsprozesse. Die notwendige Energie wird durch die Wärme des Trocknungsgases zur Verfügung gestellt, welches die Wärme abführt und die Feuchte aufnimmt.

$$\dot{Q} = \dot{m}_g \cdot C_{p,g} \cdot \left(T_g^{\text{Ein}} - T_g^{\text{Aus}}\right) \quad (19.4)$$

$c_{p,g}$ spezifische Wärmekapazität des Trocknungsgases, T_g^{Ein}, T_g^{Aus} Ein- und Austrittstemperatur des Trocknungsgases

Kontakttrocknung

Die für die Trocknung benötigte Wärme wird hier fast ausschließlich über die Kontaktflächen aufgebracht. Daher berechnet sich die Wärmezufuhr nach folgender Gleichung:

$$\dot{Q} = k \cdot A \cdot (T_g - T_{TG}) \tag{19.5}$$

A Kontaktfläche, k Wärmeübergangskoeffizient, T_g Temperatur der Trocknungsluft, T_{TG} Temperatur des Trockenguts

Um die **Trocknungsgeschwindigkeit** zu ermitteln, wird die abgegebene Feuchtemenge des Trockenguts auf die Kontaktfläche (Oberfläche) bezogen:

$$\dot{m}_{A,D} = \frac{m_{TG} \cdot dX_{m,D,TG}}{A \cdot dt} \tag{19.6}$$

$\dot{m}_{A,D}$ flächenbezogene Trocknungsgeschwindigkeit, $X_{m,D,TG}$ Feuchte des Trockenguts, m_{TG} Masse des Trockenguts

Trägt man die Trocknungsgeschwindigkeit über den Feuchtegehalt $X_{m,D,TG}$ (Feuchtebeladung) des zu trocknenden Gutes auf, ergeben sich folgende typischen Verläufe (Bild 19.4).

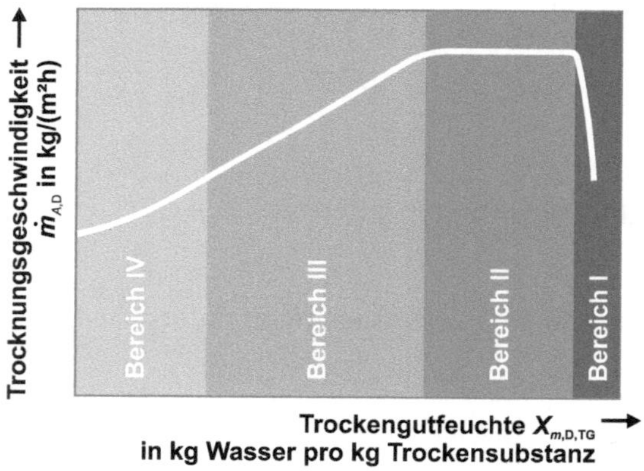

Bild 19.4
Beispiel einer Trocknungskurve

Die Trocknungsgeschwindigkeit zeigt keinen konstanten Verlauf, sondern fällt mit zunehmender Trocknung des Trockenguts deutlich ab. Der Trockenvorgang kann dabei in folgende Bereiche unterteilt werden, wobei der Vorgang im Diagramm von hoher zu niedriger Feuchtebeladung abläuft, also von „rechts nach links“:

- **Bereich I:**

  Durch die Erwärmung des Trockenguts verdunstet bereits ein kleiner Anteil der vorliegenden Feuchte.

- **Bereich II:**

  Die Oberfläche des ausreichend vorhandenen Wassers benetzt die größtmögliche Oberfläche, und die Trocknungsgeschwindigkeit nimmt konstante Werte an, da genügend Haftwasser auf der Oberfläche zur Verfügung steht, welches durch die Kapillaren stetig nachgeliefert wird (Oberflächentrockung).

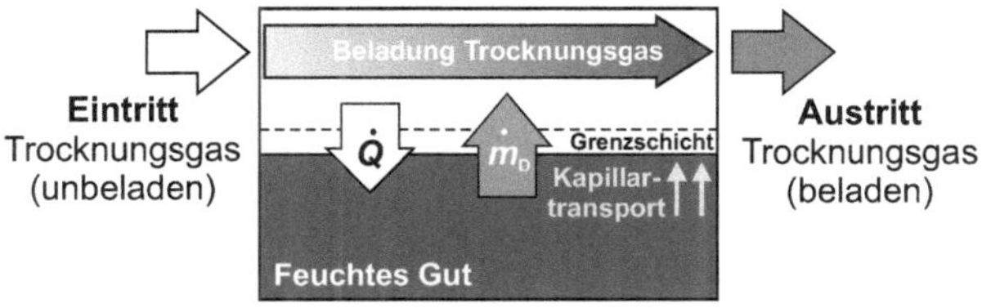

Bild 19.5 Oberflächentrocknung

- **Bereich III:**

  Die Trocknungsgeschwindigkeit hängt nur noch von der Diffusionsgeschwindigkeit des Dampfes aus dem Inneren des Trockenguts zur Oberfläche ab. Dabei kommt es zur Verlagerung der Trocknungsoberfläche ins Innere des Trockenguts. Somit fällt die Trocknungsgeschwindigkeit ab diesem Punkt ab, da größere Stoff- und Wärmetransportwiderstände entstehen.

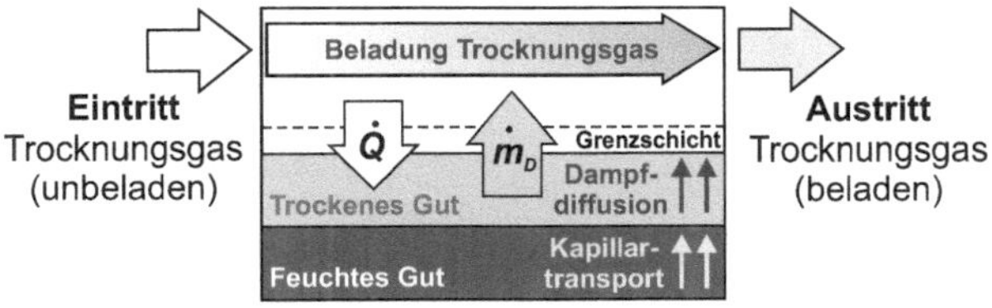

Bild 19.6 Dampfdiffusion

- **Bereich IV:**

  In diesem Bereich handelt es sich um die Verdunstung des Quellwassers, was zur letztendlichen Trocknung führt.

Bei hygroskopischen (wasseranziehenden) Gütern kann es nur zu einer vollständigen Trocknung kommen, wenn der Feuchtegehalt des zugeführten Trockengases bei $Y_{m,\mathrm{D}} = 0$ liegt, was in der Praxis häufig nicht umsetzbar ist. Die **Trocknungskurven** werden ausschließlich experimentell ermittelt und dann zur weiteren Auswertung genutzt. Eine Berechnung der benötigten Trocknungszeit wird durch folgende Formel vorgenommen, deren Lösung grafisch oder numerisch erfolgen kann:

$$t_{\mathrm{Tr}} = -\frac{m_{\mathrm{TG}}}{A} \int_{X_{m,\mathrm{D,TG},1}}^{X_{m,\mathrm{D,TG},2}} \frac{1}{\dot{m}_{A,\mathrm{D}}} \mathrm{d}X_{m,\mathrm{D,TG}} \tag{19.7}$$

mit $m_{\mathrm{TG}} = \frac{m_{\mathrm{TG},1}}{1+X_{m,\mathrm{D,TG},1}}$

t_{Tr} Trocknungszeit, m_{TG} Trockengutmasse ohne Feuchte, A Oberfläche, $X_{m,\mathrm{D,TG},1}$ Feuchtigkeit des Trockenguts vor der Trocknung, $X_{m,\mathrm{D,TG},2}$ Feuchtigkeit des Trockenguts nach der Trocknung

Oben beschriebene Bereiche der Trocknung findet man bei porenlosen Gütern (Pasten und Teige) nicht. Hier ergibt sich eine stetig sinkende Trocknungsgeschwindigkeit während der gesamten Trocknung.

Beispiel 19.2

Eine lose Schüttung aus feuchtem Sand soll getrocknet werden. Die Aufgabemasse beträgt 2500 kg mit einer Anfangsfeuchte $X_{m,D}$ von 0,18 kg Wasser/kg Trockengut; sie soll in einem Trockner auf eine Feuchtebeladung von 4 % gebracht werden. Das Feuchtgut besitzt eine nutzbare Oberfläche von 70 m². Basierend auf diesen Angaben ist die Trocknungsdauer zu berechnen.

In Voruntersuchungen wird folgende Trocknungsverlaufkurve aufgenommen:

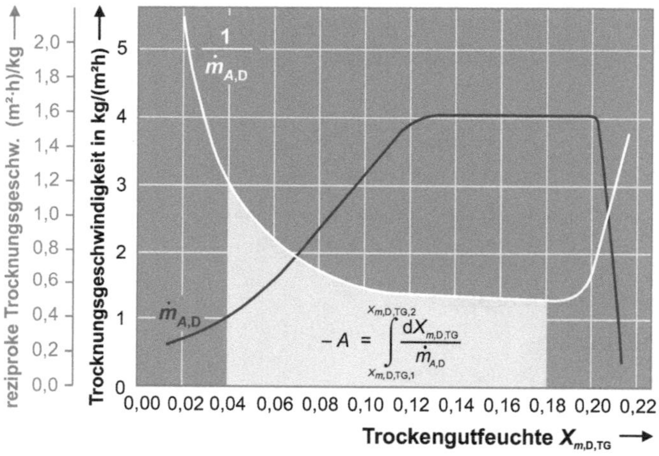

Bestimmung der Trockenmasse:

$$m_{TG} = \frac{m_1}{1 + X_{m,D,1}} = \frac{2500\,\text{kg}}{1 + 0,18} = 2118,6\,\text{kg}$$

Über eine numerische Flächenbestimmung (z. B. näherungsweise mit dem Trapezverfahren) wird das Integral zu einem Zahlenwert von –0,102 m²·h/kg bestimmt.

$$t_{Tr} = -\frac{m_{TG}}{A} \cdot \int_{X_{m,D,TG,1}}^{X_{m,D,TG,2}} \frac{dX_{m,D,TG}}{\dot{m}_{A,D}} = -\frac{2118,6\,\text{kg}}{70\,\text{m}^2} \cdot \left(-0,102\frac{\text{m}^2 \cdot \text{h}}{\text{kg}}\right) = 3,09\,\text{h}$$

Die Trocknungsdauer beträgt 3,09 Stunden.

Industrielle Anwendung findet man u. a. bei der Trocknung von Nahrungsmitteln (Kaffee, Getreide), Baumaterialien (Zement, Gips) und festen Brennstoffen (Kohle, Holz). Neben den beschriebenen Trocknungsarten existieren noch weitere Verfahren:

Gefriertrocknung

Das Trockengut wird durch Druck- und Temperatursenkung auf einen Punkt unterhalb des Tripelpunkts gebracht. Daraufhin erfolgt der Feuchtigkeitsentzug durch Sublimation.

Strahlungstrocknung

Durch energiereiche Strahlung im Infrarotbereich wird das Trockengut bis ins Innere erwärmt, sodass eine umfassendere Verdampfung erfolgt.

19.3 Bauarten von Trocknern

Trockner werden in sehr unterschiedlichen Bauarten ausgeführt, die stark von der Trocknungsmethode abhängig sind.

- **Schaufeltrockner**

  Ein Schaufeltrockner (vgl. Bild 19.7) ist ein Behälter mit integriertem angetriebenem Rotor, welcher mit mehreren Schaufeln zum Umwälzen des Trockenguts bestückt ist. Nachdem das feuchte Gut in den Trockenraum gefüllt wurde, wird der Rotor von innen mit Dampf beheizt, um eine Erwärmung des Trockenguts zu realisieren. Der bei der Trocknung anfallende Brüden wird mit einem anliegenden Unterdruck über einen Brüdenfilter dem Trockenraum entzogen.

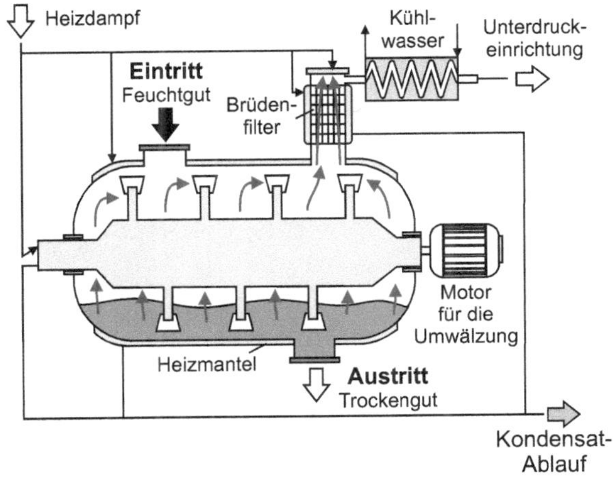

Bild 19.7 Aufbau eines Schaufeltrockners

- **Wirbelschichttrockner (zweistufig)**

  In einem Wirbelschichttrockner (vgl. Bild 19.8) wird das Feuchtgut über eine Zellradschleuse in den vom Trockengas durchströmten Trocknungsraum eingebracht. Hier wird auf vibrierenden Siebböden (zur Verhinderung von Agglomerationsvorgängen) eine Wirbelschicht erzeugt. Durch Erhöhung der Geschwindigkeit des Trocknungsgases erfolgt ein pneumatischer Transport zu einer weiteren Zellradschleuse. Diese gibt das vorgetrocknete Gut auf eine zweite Stufe, in der der Vorgang wiederholt und das Trockengut abgezogen wird. Die Trockengasführung erfolgt dabei gegenläufig zur Trockengut-Transportrichtung. Daher wird die Zuluft nach Durchströmen der unteren Stufe erwärmt, um eine weitere effektive Feuchtigkeitsaufnahme zu gewährleisten. Abgeführt wird die Abluft über einen Zyklon, um mitgeführte Feststoffanteile abzuscheiden.

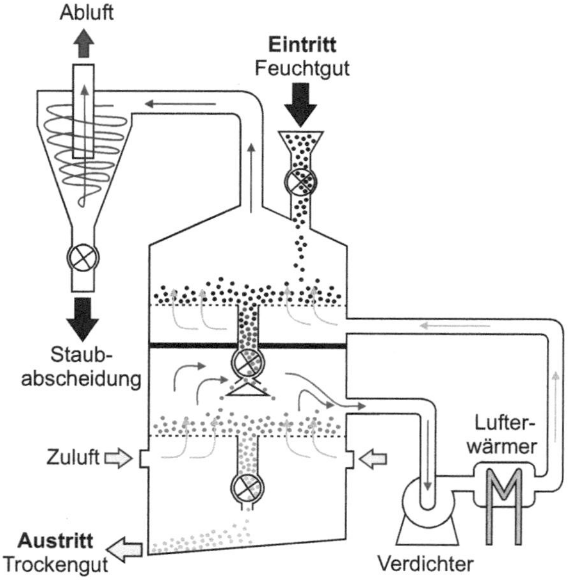

Bild 19.8
Schema eines zweistufigen Wirbelschichttrockners

20 Destillation und Rektifikation

Die Zerlegung eines Flüssigkeitsgemisches in seine Bestandteile kann durch Destillation oder Rektifikation erfolgen. Hierbei muss es nicht zu einer vollkommenen Trennung kommen, sondern es können auch neue Flüssigkeitsgemische entstehen, die eine andere Zusammensetzung als das Ausgangsgemisch haben.

20.1 Grundlagen

In der thermischen Trenntechnik durch destillative Vorgänge spielen die gleichzeitig in Kontakt vorliegenden Dampf- und Flüssigkeitsphasen eine entscheidende Rolle. Grundlegend für die Trennprozesse während der Phasenänderungen im Stoffsystem **flüssig – dampfförmig** sind die vorliegenden Gemischtypen. Im Folgenden soll die Stofftrennung an Beispielen von **binären Gemischen** (Zweistoffgemischen) erläutert werden.

20.1.1 Ideales Zweistoffgemisch

Man unterscheidet aufgrund auftretender Mischungseffekte (Mischungswärmen oder Volumenkontraktion) ideale und reale Stoffgemische. Ein **ideales Gemisch** liegt vor, wenn sich mikroskopisch die Moleküle eines Gemischs wie Reinstoffe verhalten. So sind z. B. die Anziehungskräfte zwischen unterschiedlichen und gleichartigen Molekülen identisch. Mischungseffekte der Komponenten finden daher nicht statt. Unter der Annahme eines idealen Gemischs ergibt sich die Schlussfolgerung, dass die Mischungskomponenten in jedem Verhältnis miteinander mischbar (ineinander löslich) sind. Daraus wird ersichtlich, dass diese Annahme nur als eine Annäherung an die tatsächlich vorliegenden Verhältnisse verstanden werden kann. Dies trifft besonders bei benachbarten Kohlenwasserstoffen der homologen Reihe oder bei Stereo- und Strukturisomeren zu.

Bei flüssigen idealen Mischungen kann das ***Raoult*sche Gesetz** angewendet werden. Es beschreibt die Abhängigkeit des Partialdruckes einer Komponente in der Dampfphase vom Stoffmengenanteil der Komponente in der flüssigen Phase bei der betreffenden Temperatur.

$$p_i = x_i \cdot p_i^0 \tag{20.1}$$

p_i Dampfdruck der Komponente i, x_i Stoffmengenanteil (Molenbruch) der Komponente i in der flüssigen Phase, p_i^0 Dampfdruck der reinen Komponente i

Eine Berechnung der Dampfdrücke der reinen Komponente kann z. B. über die *Clausius-Clapeyron-* oder die *Antoine*-Gleichung (vgl. Kapitel 17) erfolgen.

Liegt neben einer idealen Flüssigkeitsphase auch eine ideale Gasphase vor, so gilt ferner das *Dalton*sche Gesetz, welches besagt, dass die Summe der Partialdrücke der im Gemisch vorliegenden Komponenten dem Gesamtdruck p_{ges} entspricht.

$$\sum_{i=1}^{k} p_i = p_{\text{ges}} \tag{20.2}$$

y_i Stoffmengenanteil im Dampf

mit $p_i = y_i \cdot p_{gs}$

Verbindet man die Gesetzmäßigkeiten von *Raoult* und *Dalton*, können über den vorliegenden Druck und die Dampfdrücke der reinen Komponenten Rückschlüsse auf die gegebenen Stoffmengenanteile im Dampf und in der Flüssigkeit vorgenommen werden. Dies soll anhand eines idealen Zweistoffgemischs, bestehend aus zwei flüchtigen Komponenten, im Folgenden verdeutlicht werden.

Der Gesamtdruck setzt sich aus den Partialdrücken der einzelnen Komponenten zusammen:

$$p_{\text{ges}} = p_1 + p_2 \tag{20.3}$$

Die Komponente, die im Gemisch die niedrigere Siedetemperatur besitzt, wird **Leichtsieder** (oder Tiefsieder) genannt. Die andere Komponente ist der **Schwersieder** (oder Hochsieder). In einem Druckdiagramm, wo der Gesamtdruck über dem Stoffmengenanteil des Leichtsieders bei einer konstanten Temperatur aufgetragen ist, wird die Zusammensetzung des Gesamtdruckes aus den Partialdrücken deutlich (vgl. Bild 20.1).

Der Partialdruck ergibt sich aus den Stoffmengenanteilen und den zugehörigen temperaturabhängigen Dampfdrücken der Einzelkomponenten zu

$$p_1 = x_1 \cdot p_1^0$$

und

$$p_2 = x_2 \cdot p_2^0$$

und eingesetzt in Formel 20.3 ergibt sich:

$$p_{ges} = x_1 \cdot p_1^0 + x_2 \cdot p_2^0$$

Da die Summe der Stoffmengenanteile in der flüssigen Phase den Wert 1 ergeben muss, gilt:

$$x_1 + x_2 = 1$$

Durch Einsetzen erhält man:

$$p_{ges} = p_2^0 + x_1 \cdot \left(p_1^0 - p_2^0\right)$$

und

$$p_{ges} = p_1^0 + x_2 \cdot \left(p_2^0 - p_1^0\right)$$

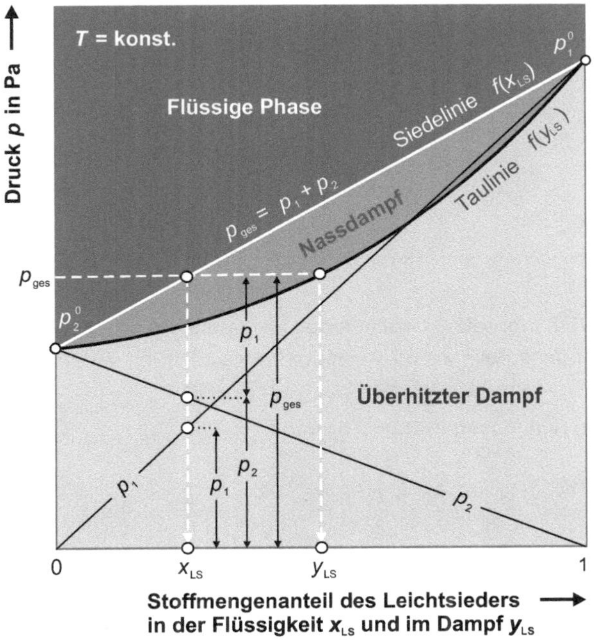

Bild 20.1 Zusammensetzung des Gesamtdruckes durch Partialdrücke in einem Druckdiagramm eines binären Gemischs

Eine Umstellung führt zum Stoffmengenanteil:

$$x_1 = \frac{p_{\text{ges}} - p_2^0}{p_1^0 - p_2^0} \tag{20.4}$$

und

$$x_2 = \frac{p_{\text{ges}} - p_1^0}{p_2^0 - p_1^0} \tag{20.5}$$

Durch die Gleichungen ist es möglich, mit dem vorherrschenden Gesamtdruck und den Dampfdrücken der reinen Komponenten (bei einer bestimmten Temperatur) die Stoffmengenanteile der beiden Komponenten in der flüssigen Phase im Phasengleichgewicht zu berechnen. In Bild 20.1 trägt der Leichtsieder den Index 1 und der Schwersieder den Index 2. Führt man die beiden Gleichungen

$$p_i = y_i \cdot p_{\text{ges}}$$

und

$$p_i = x_i \cdot p_i^0$$

zusammen, erhält man die Gleichungen, mit denen sich die Stoffmengenanteile im Dampf berechnen lassen:

$$y_1 = x_1 \cdot \frac{p_1^0}{p_{\text{ges}}} \tag{20.6}$$

und

$$y_2 = x_2 \cdot \frac{p_2^0}{p_{\text{ges}}} \tag{20.7}$$

Beispiel 20.1

Für das Gemisch Methanol/Ethanol sollen zwischen den Siedepunkten der reinen Komponenten die Stoffmengenanteile x und y der leichter siedenden Komponente anhand der Dampfdrücke ermittelt werden ($p_{\text{ges}} = 101\,325$ Pa).

Daten aus Tabellenwerken (vgl. Zusatzmaterial online):

Stoff	Siedetemp. (Normdruck) in °C	Temp.-bereich in °C	*A*	*B*	*C*
Methanol	64,6	15...84	8,20591	1582,271	239,726
Ethanol	78,3	20...93	8,23714	1592,864	226,184

Da Methanol den niedrigeren Siedepunkt hat und es sich bei dem Gemisch um ein ideales Zweistoffgemisch handelt, ist es hier als Leichtsieder anzusehen (dementsprechend bezeichnet man Ethanol hier als Schwersieder).

Die zu betrachtenden Temperaturen liegen zwischen den Siedepunkten, also zwischen 64,6 und 78,3 °C. Der Bereich wird in diskrete Temperaturschritte (hier 2 °C) unterteilt. Bei einer Temperatur von 70 °C ergeben sich z. B. folgende Stoffmengenanteile:

Ermittlung der Dampfdrücke der Einzelkomponenten bei 70 °C über die *Antoine*-Gleichung (vgl. Kapitel 17):

$$\log\left(\frac{p^0}{1\ \mathrm{mbar}}\right) = A - \frac{B}{\left(\frac{\vartheta}{1\,^\circ\mathrm{C}}\right) + C}$$

Methanol

$$\log\left(\frac{p^0_{\mathrm{Methanol}}}{1\ \mathrm{mbar}}\right) = 8,20591 - \frac{1582,271}{70 + 239,726} = 3,0973$$

$$p^0_{\mathrm{Methanol}} = 1251,11\ \mathrm{mbar\ bzw.}\ 125111\ \mathrm{Pa}$$

Ethanol

$$p^0_{\mathrm{Ethanol}} = 723,08\ \mathrm{mbar\ bzw.}\ 72308\ \mathrm{Pa}$$

Der Stoffmengenanteil von Methanol in der Flüssigkeit im Phasengleichgewicht bei 70 °C errechnet sich zu:

$$x_{\mathrm{Methanol}} = \frac{p_{\mathrm{ges}} - p^0_{\mathrm{Ethanol}}}{p^0_{\mathrm{Methanol}} - p^0_{\mathrm{Ethanol}}}$$

$$x_{\mathrm{Methanol}} = \frac{101325\ \mathrm{Pa} - 72308\ \mathrm{Pa}}{125111\ \mathrm{Pa} - 72308\ \mathrm{Pa}} = 0,550$$

Der Stoffmengenanteil von Methanol im Dampf bei 70 °C errechnet sich zu:

$$y_{\mathrm{Methanol}} = x_{\mathrm{Methanol}} \cdot \frac{p^0_{\mathrm{Methanol}}}{p_{\mathrm{ges}}} = 0,550 \cdot \frac{125111\ \mathrm{Pa}}{101325\ \mathrm{Pa}} = 0,679$$

Es ergibt sich daraus folgende Tabelle:

T in °C	p^0_{Methanol} in Pa	p^0_{Ethanol} in Pa	X_{Methanol}	Y_{Methanol}
64,6	101 343	57 329	1,000	1,000
67,0	111 514	63 702	0,787	0,866
69,0	120 433	69 337	0,626	0,744
70,0	125 111	72 308	0,550	0,679
71,0	129 938	75 385	0,476	0,610

T in °C	p^0_{Methanol} in Pa	p^0_{Ethanol} in Pa	X_{Methanol}	Y_{Methanol}
73,0	140 056	81 868	0,334	0,462
75,0	150 818	88 811	0,202	0,301
77,0	162 256	96 240	0,077	0,123
78,3	170 068	101 341	0,000	0,000

Wie im Beispiel gezeigt, zieht man für die **Berechnung** und auch für die **grafische Darstellung** eines Zweistoffgemischs (binäres System) definitionsgemäß **die Stoffmengenanteile der leichter siedenden Komponente** heran. Damit sind die Stoffmengeanteile *x* und *y* automatisch, wenn nicht anders gekennzeichnet, dem Leichtsieder zuzuordnen.

Für unterschiedliche Temperaturen ergibt sich eine **Schar von Dampfdruckkurven.** Die jeweilige Siedetemperatur eines Gemischs in Abhängigkeit vom herrschenden Druck kann in diesen Kurvenscharen abgelesen werden (vgl. Bild 20.2). Durch die Zunahme der Steigungen der Dampfdruckkurven bei steigenden Temperaturen ergibt sich eine gekrümmte **Siedekurve** (Siedelinie) bei einem konstanten Druck (vgl. Bild 20.2). Um die Vorgänge während des Siedens eines Gemischs konzentrationsmäßig zu erfassen, wird nicht nur die Siedekurve, sondern auch die **Kondensationskurve** (Taulinie) benötigt. Die Kondensationskurve gibt die Zusammensetzung des Dampfes wieder, die sich beim Verdampfen einer gewissen Konzentration eines idealen Flüssigkeitsgemischs bildet bzw. mit diesem im Gleichgewicht steht.

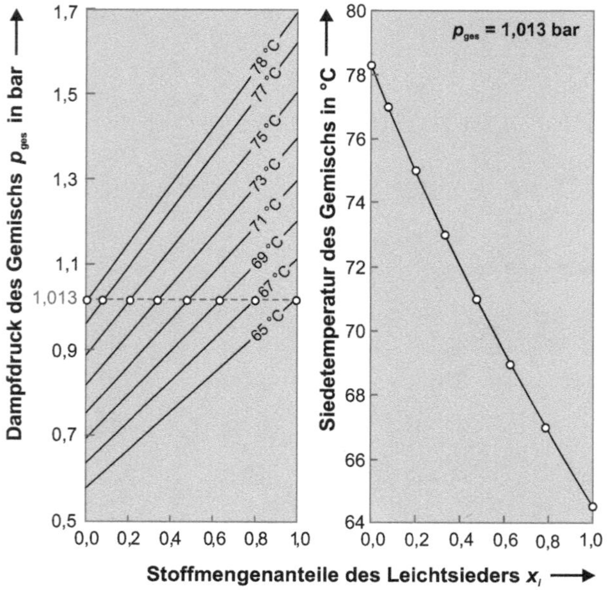

Bild 20.2 Schar von Dampfdruckkurven und Entwicklung einer Siedelinie am Beispiel Methanol/Ethanol

Trägt man beide Kurven in ein Diagramm ein, so erhält man das sogenannte **Siedediagramm.** Das Siedediagramm besteht aus den beiden Funktionen $T=f(x_i)$ (Siedelinie) und $T=f(y_i)$ (Taulinie). Die Temperatur wird auf der Ordinate und die Stoffmengenanteile im Dampf und in der Flüssigkeit auf der Abszisse aufgetragen (vgl. Bild 20.3).

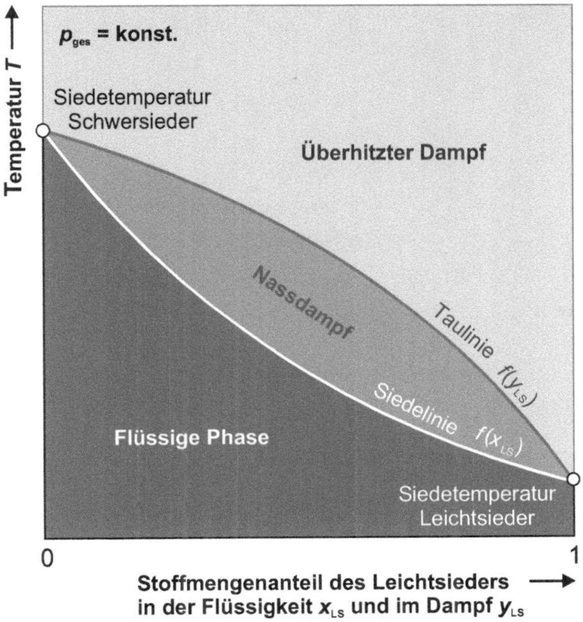

Bild 20.3 Siedediagramm eines idealen binären Gemischs

Anhand der Siedelinie kann der Siedepunkt aller Flüssigkeitsmischungen mit dem Stoffmengenanteil x_{LS} ermittelt werden. Die Taulinie ermöglicht einen Rückschluss auf die Kondensationstemperatur eines Dampfes mit dem Stoffmengenanteil y_{LS} des Leichtsieders. Als typisches Siedediagramm eines idealen binären Stoffgemischs wird das in Beispiel 20.1 berechnete Zweistoffgemisch aus Methanol und Ethanol herangezogen.

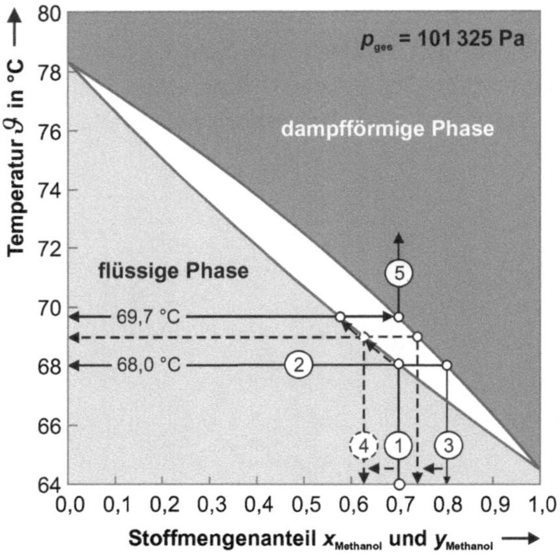

Bild 20.4
Vorgänge beim Sieden von Methanol und Ethanol ($\vartheta_{S,Methanol}$ = 64,6 °C, $\vartheta_{S,Methanol}$ = 78,3 °C bei p_{ges} = 101 325 Pa)

Die Vorgänge des Siedens in einem geschlossenen System können anhand des Bild 20.4 in fünf Schritten beschrieben werden:

1. Bestimmung des Stoffmengenanteils des Leichtsieders im Gemisch (hier $x_{Methanol}$ = 0,7 und somit der Schwersieder $x_{Ethanol}$ = 0,3).
2. Die Mischung fängt bei einer Temperatur von T = 68 °C an zu sieden. Die Siedetemperatur ist anhand der Siedelinie ablesbar.
3. Der Stoffmengenanteil des Leichtsieders im Dampf bei Siedetemperatur des Anfangsgemischs ergibt sich aus der Taulinie und beträgt $y_{Methanol}$ = 0,805.
4. Da in der Dampfphase mehr Leichtsieder als Schwersieder vorliegt, nehmen in der flüssigen Phase die Moleküle des Leichtsieders stärker ab als die des Schwersieders. Der Stoffmengenanteil des Leichtsieders ($x_{Methanol}$) sinkt, und daraus resultiert ein Anstieg der Siedetemperatur (hier beispielhaft an einem Zwischenstadium durch einen gestrichelten Verlauf dargestellt). Es ergibt sich dadurch ebenfalls eine neue Dampfzusammensetzung.
5. Der Endpunkt der Verdampfung wird durch diejenige Siedetemperatur charakterisiert, bei der die Stoffmengenanteile im Dampf identisch zu den Stoffmengenanteilen des flüssigen Ausgangsgemischs sind. Dies ist nur möglich, wenn die komplette Flüssigkeitsmenge verdampft wurde.

Im Unterschied zu einem Reinstoff liegt bei einem Zweistoffgemisch demnach ein **Siedebereich** vor. Der Siedebereich des genannten Beispiels liegt zwischen ca. 68,0 und 69,7 °C. In diesem Bereich gibt es jeweils bei einer bestimmten Temperatur einen Stoffmengenanteil $x_{Methanol}$, der mit einem Stoffmengenanteil $y_{Methanol}$ im Gleichgewicht steht.

Die Mengenanteile der einzelnen Phasen (l – flüssig, g – dampfförmig) können dabei mit dem sogenannten **Gesetz der abgewandten Hebelarme** (auch verkürzt Hebelgesetz) bestimmt werden. Anhand der Stoffmengenbilanz

$$n_{ges} = n_l + n_g$$

und der Konzentrationsbilanz für die leichter siedende Komponente (der Index F steht hier für das **Ausgangsgemisch** oder **Feed**)

$$x_{i,F} \cdot n_{ges} = x_i \cdot n_l + y_i \cdot n_g$$

kann durch Einsetzen und Umformen folgendes Verhältnis aufgestellt werden:

$$\frac{n_g}{n_l} = \frac{(x_{i,F} - x_i)}{(y_i - x_{i,F})} = \frac{s_g}{s_l} \quad (20.8)$$

s_g und s_l Strecke im Nassdampfgebiet (s. Bild 20.5)

Dazu kann der Verlauf der Stoffmengenanteile der Phasen im Siedediagramm über sogenannte **Konoden** (Knotenlinien) nachvollzogen werden, welche die waagerechten Verbindungslinien zwischen den beiden im Gleichgewicht befindlichen Zuständen (x_i und y_i) sind.

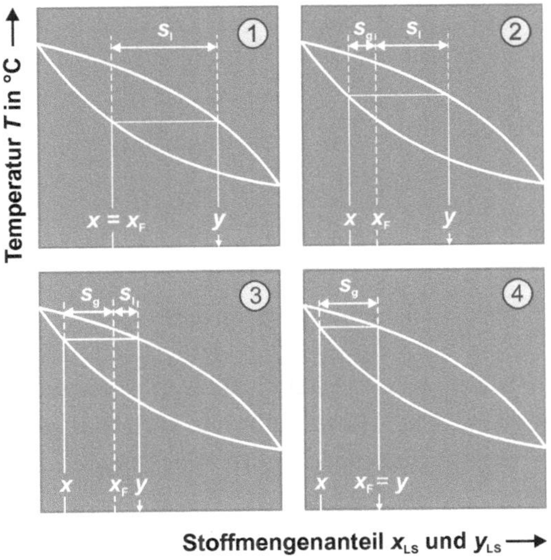

Bild 20.5
Stoffmengenverteilung bei einem Siedevorgang (ideales Zweistoffgemisch)

Beginnt der Siedevorgang (vgl. Bild 20.5, 1), liegt das gesamte Gemisch noch als Flüssigkeit (s_l) vor. Steigt nun die Siedetemperatur, weil die Konzentration an Leichtsieder abnimmt (vgl. 2), wird die Dampfmenge größer (n_g bzw. s_g), und die Flüssigkeitsmenge nimmt ab (n_l bzw. s_l). Durch weitere Erhöhung der Siedetemperatur verschiebt sich auch stetig der Anteil der Flüssigkeit zugunsten des Dampfanteils (vgl. 3), bis ausschließlich Dampf mit dem Stoffmengenanteil $y_{LS} = x_{LS,F}$ vorliegt (vgl. 4) und der Verdampfungsvorgang vollständig abgelaufen ist. Das Hebelgesetz kann auch in Diagrammen mit anderen Anteilsgrößen (z. B. Massenanteile) Anwendung finden.

Es ermöglichen ausschließlich die unterschiedlichen Zusammensetzungen des Dampfes und der Flüssigkeit innerhalb dieser Gleichgewichte eine Trennung der beiden Stoffe. Daher ist es sinnvoll, die Beziehung zwischen x_i und y_i einer Komponente darzustellen. Hierzu wird neben dem Siedediagramm in der Regel das **Gleichgewichtsdiagramm** genutzt.

Das Gleichgewichtsdiagramm (vgl. Bild 20.6) erhält man, wenn die Stoffmengenanteile des Leichtsieders im Dampf y_i über die Stoffmengenanteile in der Flüssigkeit x_i aufgetragen werden. Zweckmäßigerweise wird dies in einer quadratischen Diagrammform vorgenommen.

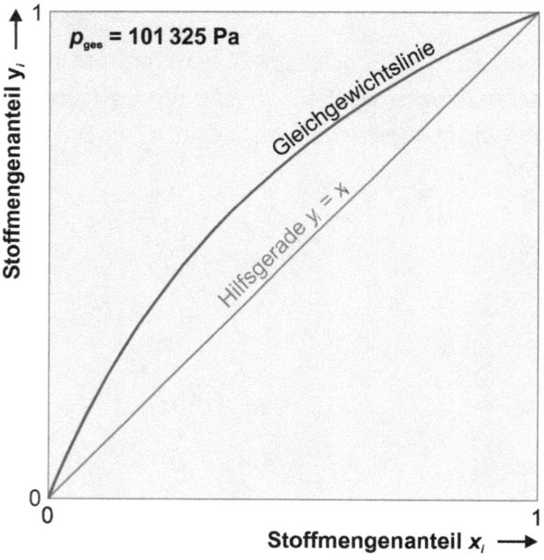

Bild 20.6
Gleichgewichtsdiagramm

Um Rückschlüsse auf die Trennbarkeit eines Gemischs ziehen zu können, verwendet man die **relative Flüchtigkeit** α als Kenngröße. Diese beschreibt das Verhältnis der beiden **Verteilungskoeffizienten** K_i **(Gleichgewichtskoeffizienten)** der beiden beteiligten Reinstoffe zwischen der Flüssigkeits- und Dampfphase:

$$K_i = \frac{y_i}{x_i}$$

bzw.

$$K_i = \frac{p_i^0}{p_{ges}}$$

Man erhält bei idealen Gemischen aus zwei Komponenten den Zusammenhang:

$$\alpha_{LS,SS} = \frac{K_{LS}}{K_{SS}} = \frac{y_{LS}/x_{LS}}{y_{SS}/x_{SS}} = \frac{p^0_{LS}}{p^0_{SS}} \tag{20.9}$$

Index LS: Leichtsieder, Index SS: Schwersieder

Nimmt dabei die relative Flüchtigkeit große Werte an, ist eine thermische Trennung von Stoffen z. B. durch Destillation technisch einfach möglich. Nimmt sie den Wert 1 an, ist keine Stofftrennung durch Verdampfung des Gemischs möglich, und man spricht von einem **Azeotrop** (vgl. Abschnitt 20.1.2). Für das beschriebene Gemisch Methanol/Ethanol ergibt sich beispielsweise bei einem Druck von 101 325 Pa eine relative Flüchtigkeit von ca. 1,73.

Die Gleichgewichtskurve für ideale Zweistoffgemische kann durch folgende Funktionen beschrieben werden, die auf der Zusammenführung der Gesetzmäßigkeiten von *Raoult* und *Dalton* beruhen:

$$y_1 = \frac{p^0_{LS} \cdot x_{LS}}{p^0_{LS} \cdot x_{LS} + p^0_{SS} \cdot x_{SS}} = \frac{\alpha_{LS,SS} \cdot x_{LS}}{1 + x_{LS} \cdot (\alpha_{LS,SS} - 1)} \tag{20.10}$$

Anhand der Formel 20.10 wird deutlich, dass die relative Flüchtigkeit zur Beurteilung der Trennbarkeit eines Zweistoffgemischs dienen kann. Bei steigendem Zahlenwert ist die Gleichgewichtskurve auch weiter von der Hilfsgerade für $\alpha = 1$ (bzw. $x_i = y_i$) entfernt. Je „bauchiger" der Verlauf, umso größer ist der Unterschied der Stoffmengenanteile im Dampf im Gegensatz zu denen in der Flüssigkeit. Eine Verbesserung der Trennbarkeit und somit die Vergrößerung der relativen Flüchtigkeit kann z. B. durch eine Druckabsenkung erreicht werden.

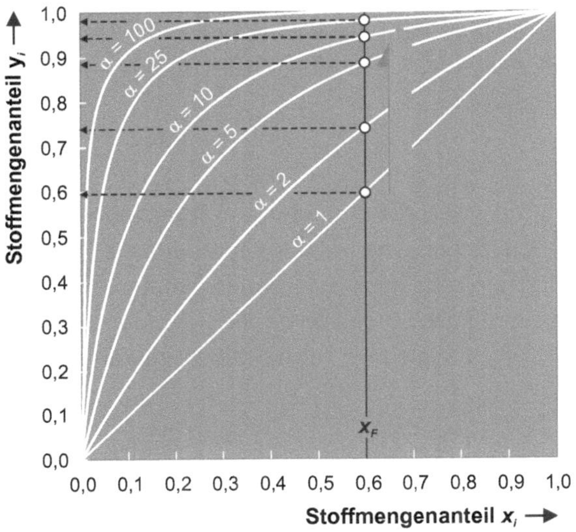

Bild 20.7
Einfluss der relativen Flüchtigkeit auf die Stoffmengenanteile im Dampf bei $x_F = 0{,}6$

Allen **Phasendiagrammen binärer Systeme**, in denen die Phasen selbst und deren Phasengrenzen dargestellt werden, liegt dabei zugrunde, dass der Zusammenhang zwischen nur **zwei Variablen** berücksichtigt und eine dritte konstant gehalten wird. Daher gelten Siede- und Gleichgewichtsdiagramme nur bei einem konstanten Druck.

20.1.2 Reales Zweistoffgemisch

Bei einem realen binären System verhalten sich im Gegensatz zu einem idealen System die Moleküle der Mischung nicht gleich. So kommt es zu Mischungseffekten (z. B. Mischungswärmen oder Volumenkontraktion). Das reale Gemisch weist Abweichungen bei den Partialdampfdrücken der einzelnen Komponenten zu den idealen Dampfdrücken nach *Raoult* auf.

Starke Wechselwirkungen zwischen den einzelnen Komponenten in der flüssigen Phase (die Komponenten ziehen sich untereinander deutlich stärker an als die gleichnamigen Moleküle) können zu einem **Dampfdruckminimum** bzw. **Siedepunktsmaximum** führen. Die Moleküle werden aufgrund dieses Effekts stärker in der Lösung zurückgehalten, und somit wird ein Übergang in die Dampfphase erschwert.

Sind die Wechselwirkungen zwischen den Komponenten schwächer als die zwischen den Molekülen der Reinstoffe selbst, bilden sich ein **Dampfdruckmaximum** und ein **Siedepunktsminimum** aus. Hier kommt allerdings noch ein weiterer Effekt zum Tragen: Liegen in einem oder beiden Reinstoffen assoziierte Moleküle in einem Verband vor (z. B. über Wasserstoffbrückenbindungen bei Wasser), können diese in der Mischung abgeschwächt und aufgehoben werden, wobei zuvor gebundene Moleküle nun zu einer Erhöhung des Dampfdruckes beitragen. Sie neigen zum Entmischen. Dabei liegt der reale Verlauf der Partialdruckkurven zwischen zwei Grenzgesetzen, dem *Henry*schen Gesetz und dem *Raoult*schen Gesetz. Handelt es sich um ein **reales Gemisch** verhält sich und die Flüssigkeit nicht ideal (ideale Dampfphase), resultieren daraus Abweichungen vom *Raoult*schen Gesetz, welche durch die Einführung eines Aktivitätskoeffizienten γ_i kompensiert werden.

$$p_i = \gamma_i \cdot x_i \cdot p_i^0 \tag{20.11}$$

Der Aktivitätskoeffizient nähert sich bei größer werdenden Stoffmengenanteilen ($x_i \rightarrow 1$) immer weiter dem Wert 1 an, sodass bei der reinen Komponente das *Raoult*sche Gesetz wieder erfüllt ist. In Bereichen sehr kleiner Stoffmengenanteile ($x_i \rightarrow 0$) strebt der Aktivitätskoeffizient gegen einen konstanten Wert k_i kleiner als 1. Bei sehr kleinen Konzentrationen (man spricht von „unendlicher Verdünnung“) gilt das *Henry*sche Gesetz mit der *Henry*-Konstanten $K_{\mathrm{H},i}$:

$$p_i = k_i \cdot x_i \cdot p_i^0 = K_{\mathrm{H},i} \cdot x_i \tag{20.12}$$

Trägt man die Grenzgesetze in einem Druckdiagramm auf, wird der oben genannte Zusammenhang deutlich (vgl. Bild 20.8).

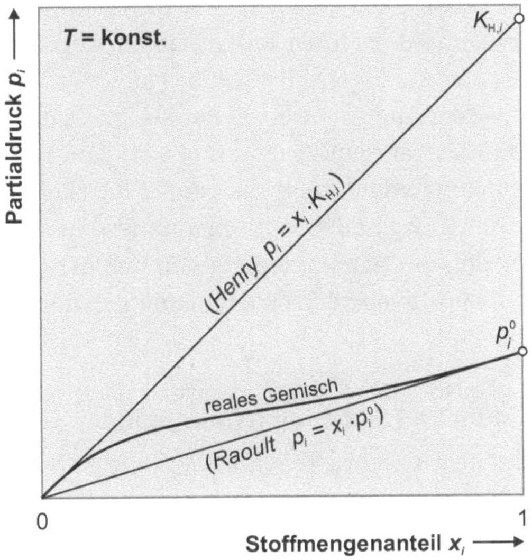

Bild 20.8
Dampfdruckverlauf einer realen Mischung und Grenzgesetze nach *Henry* und *Raoult*

Um einem **realen Verhalten eines Gases** Rechnung zu tragen, wird der ideale Druck (Idealgasdruck) p_i nach *Lewis* durch die sogenannte Fugazität f_i ersetzt. Dabei gilt, dass sich die Werte des Idealdruckes und der Fugazität bei geringen Partialdrücken einander annähern:

$$\lim_{p_i \to 0} \frac{f_i}{p_i} = 1$$

Abgeleitet aus Formel 20.11 muss der Zusammenhang mit dem Aktivitätskoeffizienten γ_i in der flüssigen Phase folgendermaßen lauten:

$$f_i = \gamma_i \cdot x_i \cdot f_i^0 \qquad (20.13)$$

Dieser Zusammenhang kann auch über den Fugazitätskoeffizienten φ_i beschrieben werden, der sich auf die Gasphase bezieht, was zu folgender Gleichung führt:

$$f_i = \varphi_{i,g} \cdot y_i \cdot p_{ges} \qquad (20.14)$$

Folgende Fälle werden unterschieden:

- ideale Flüssigphase $\gamma_i = 1$
- negative Abweichung vom *Raoult*-Gesetz $\gamma_i < 1$
- positive Abweichung vom *Raoult*-Gesetz $\gamma_i > 1$

Weisen reale Gemische starke Abweichungen vom idealen Verhalten auf, können sie über einen sogenannten **azeotropen Punkt** verfügen. Dabei steht der Begriff Azeotrop (griech.: *a* – nicht, *zein* – sieden und *tropos* – verändert) für eine Mischung aus zwei oder mehreren flüssigen Substanzen, bei der die Gleichgewichtszusammensetzung im Dampf gleich der Zusammensetzung der Flüssigkeit ist. Somit sind die Stoffmengenanteile einer Komponente $x_i = y_i$, und man erhält für die relative Flüchtigkeit einen Wert von 1. Identifizierbar werden die azeotropen Punkte im Druck- und Siedediagramm, da dort deutliche lokale Extrempunkte (Maxima oder Minima) entstehen. Im Gleichgewichtsdiagramm findet man den azeotropen Punkt durch den Schnittpunkt der Gleichgewichtskurve mit der Hilfsgeraden $x_i = y_i$. Man unterscheidet **positive** und **negative Azeotropie**, wobei sich die Namensgebung von der Art der Abweichung im Druckdiagramm ableitet. Die positive Azeotropie tritt deutlich häufiger auf.

Positive Azeotropie – Dampfdruckmaximum und Siedepunktsminimum

Das Druckdiagramm zeigt, dass durch die oben beschriebenen Effekte die Partialdrücke der einzelnen Stoffe über der idealen Drucklinie (Gerade) liegen und die Gesamtdruckkurve ein Maximum ausbildet. In Bereichen, in denen die Komponenten reiner werden, nähern sich die Partialdrücke wieder den idealen Verläufen an.

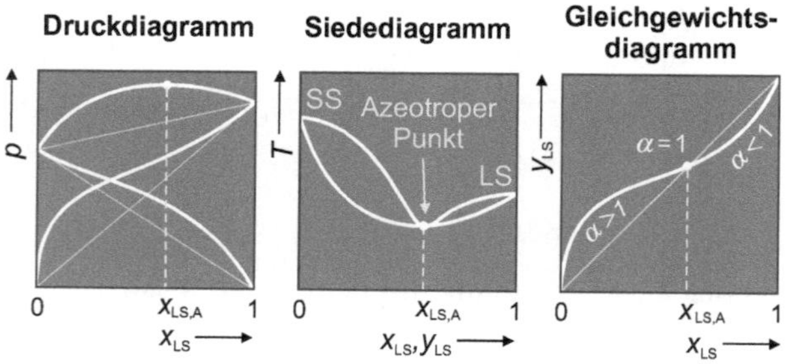

Bild 20.9 Positive Azeotropie

Im Siedediagramm wird deutlich, dass die beiden Reinstoffe ohne Weiteres in Schwer- (SS) und Leichtsieder (LS) eingeteilt werden können. Allerdings existiert am Punkt $x_{LS,A}$ ein Gemisch, dass die niedrigste Siedetemperatur aufweist. In diesem Fall verhält sich das Gemisch von $x_{LS} = 0$ bis zu $x_{LS} = x_{LS,A}$ wie ein ideales Zweistoffgemisch mit dem reinen Schwersieder und dem Gemisch $x_{LS,A}$ als Leichtsieder. Überschreitet man die Grenze $x_{LS,A}$, bleibt $x_{LS,A}$ der Leichtsieder, und der eigentliche Leichtsieder des Gesamtgemischs wird zum Schwersieder. Erneut kann das Paar als „ideal“ angesehen werden. Allerdings widerspricht die Auftragung rechts vom azeotropen Punkt der üblichen Darstellung, da der reine Schwersieder sich „rechts“ im Diagramm befindet. Im Gleichgewichtsdiagramm wird dieser Zusammenhang dadurch erkennbar, dass die Gleichgewichtskurve die Gleichgewichtsgerade im azeotropen Punkt ($\alpha = 1$) schneidet, und daraufhin verläuft diese unterhalb der Hilfsgeraden.

Negative Azeotropie – Dampfdruckminimum und Siedepunktsmaximum

Die Partialdruckkurven im Druckdiagramm weichen durch die hohen zwischenmolekularen Kräfte vom idealen linearen Verlauf nach „unten" ab, sie liegen tiefer als die zu erwartenden Dampfdrücke nach *Raoult* eines idealen Gemischs (Geraden).

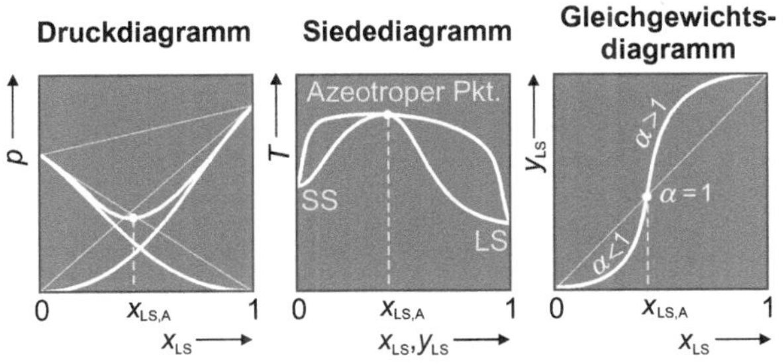

Bild 20.10 Negative Azeotropie

Auch hier nähern sich die Partialdrücke den idealen Verläufen in Bereichen der reinen Komponenten an. Im Siedediagramm können die beiden Stoffe des Zweistoffgemischs in Schwer- (SS) und Leichtsieder (LS) eingeteilt werden. Allerdings liegt hier ein Siedepunktsmaximum am Punkt $x_{LS,A}$ vor. Somit kommt es im Vergleich zur positiven Azeotropie zum gegenläufigen Effekt. Links des Punktes $x_{LS,A}$ verhält sich der eigentliche Schwersieder als Leichtsieder, und rechts des azeotropen Punktes ist das Gemisch mit der Zusammensetzung $x_{LS,A}$ als Schwersieder anzusehen, der ein „ideales" Gemisch mit dem Leichtsieder ausbildet.

Es ist möglich, dass Zweistoffgemische gleichzeitig sowohl positive als auch negative Azeotropie aufweisen (z. B. Benzen und Hexafluorbenzen). Dies tritt allerdings äußerst selten auf. Die folgenden Tabellen stellen noch einmal die idealen und realen Zusammenhänge für Gemische gegenüber:

Tabelle 20.1 Gasphasengesetze

Gasgleichung		Partialdrücke	
ideal	real	ideal	real
$p_i \cdot V = n_i \cdot R \cdot T$	$p_i \cdot V = z \cdot n_i \cdot R \cdot T$	$p_i = y_i \cdot p_{ges}$	$p_i = \varphi_{i,g} \cdot y_i \cdot p_{ges}$
	Realgasfaktor z	Gesetz nach *Dalton*	

Tabelle 20.2 Gleichungen für Gas/flüssig-Gleichgewichte

ideale Flüssigphase		reale Flüssigphase	
ideale Dampfphase	reale Dampfphase	ideale Dampfphase	reale Dampfphase
$p_i = x_i \cdot p_i^0$	$f_i = x_i \cdot f_i^0$	$p_i = \gamma_i \cdot x_i \cdot p_i^0$	$f_i = \gamma_i \cdot x_i \cdot f_i^0$
Gesetz nach *Raoult*			

20.1.3 Mischungslücken

In einem **schwer löslichen Zweistoffgemisch** verhält sich jede Komponente so, als wäre die andere nicht vorhanden. Beide besitzen bei einer bestimmten Temperatur einen konstanten Partialdruck im Dampf, der sich über den gesamten Bereich der Stoffmengenanteile erstreckt.

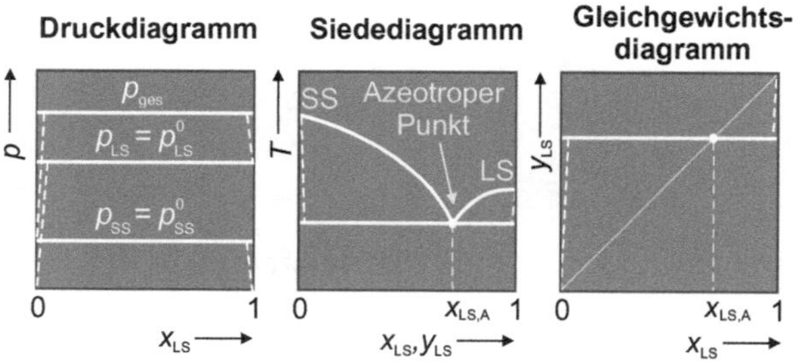

Bild 20.11 Unlösliches Zweistoffgemisch

Die Unabhängigkeit des Gesamtdruckes und der Partialdrücke vom Gehalt der einzelnen Komponenten geht deutlich aus dem Druckdiagramm hervor. Die Komponenten entweichen dem Gemisch als Sattdampf, und somit sind die Partialdrücke p_{LS} und p_{SS} gleich den Sattdampfdrücken p_{LS}^0 und p_{SS}^0 der einzelnen Komponenten bei vorliegender Temperatur. Die in Bild 20.11 dargestellten gestrichelten Verläufe sind darauf zurückzuführen, dass in der Technik wenige vollständig unlösliche Zweistoffsysteme existieren. Somit kommt es in Bereichen sehr kleiner Stoffmengenanteile zu den angedeuteten Verläufen. Da die Partialdrücke über den gesamten Bereich konstant bleiben, muss die Zusammensetzung des Dampfes ebenfalls konstant bleiben. Daraus ergibt sich das dargestellte Gleichgewichtsdiagramm, wobei die Gleichgewichtslinie die Hilfsgerade ($x_{LS} = y_{LS}$) schneidet.

Auch hier liegt ein azeotroper Punkt vor, da die Konzentrationen in der Dampfphase identisch mit denen in der Flüssigphase sind. Im Druckdiagramm zeigt sich ein breites, fast den gesamten Bereich der Stoffmengenanteile einnehmendes Druckmaximum. Weiterhin ist im Siedediagramm ein breites Siedepunktsminimum zu erkennen, welches im Vergleich zu löslichen Zweistoffgemischen nicht punktuell vorliegt. Die Besonderheit an unlöslichen Zweistoffgemischen wird im Siedediagramm deutlich: Das **Zweistoffgemisch siedet** bei gegebenem Systemdruck **bei einer geringeren Temperatur als der Leichtsieder im reinen Zustand,** was man sich technisch zunutze machen kann (Wasserdampfschleppdestillation vgl. Abschnitt 20.2.4).

Teillösliche Stoffe besitzen eine sogenannte Mischungslücke (die sich bei den oben beschriebenen schwer löslichen Gemischen nahezu über den gesamten Stoffmengenanteilbereich erstreckt). Eine **Mischungslücke,** also der Bereich des Zerfalls einer homogenen Mischphase in zwei Phasen, tritt dann auf, wenn ein Zweistoffgemisch Zustände erreicht, in denen es thermodynamisch instabil ist. Dieser Effekt liegt bei sehr starken Abweichungen vom idealen Verhalten der Komponenten im Gemisch vor. Das starke reale Verhalten hat eine Aufhebung der vollständigen Mischbarkeit und somit eine Entmischung zur Folge, wobei sich zumindest **zwei unterschiedliche Phasen** bilden (Mischungslücke). Dabei sind die Phasen durch stark unterschiedliche Zusammensetzungen charakterisiert, welche in einem thermodynamischen Gleichgewicht stehen.

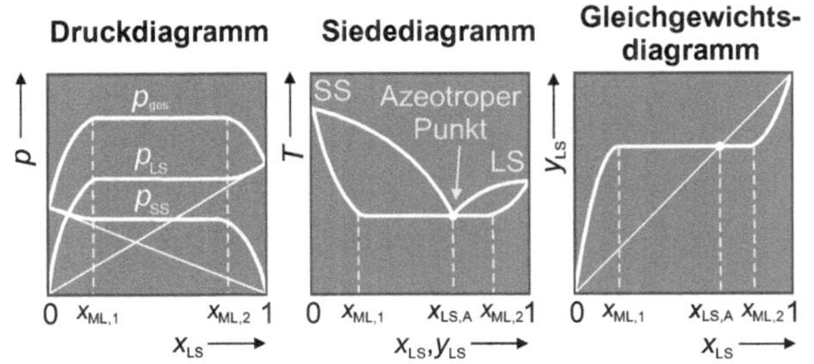

Bild 20.12 Mischungslücke

Im Gegensatz zur vollkommenen Löslichkeit ist im Druckdiagramm ersichtlich, dass der Partialdruck desjenigen Stoffes sinkt, welcher in geringer Konzentration vorhanden ist. Dadurch ist der Gesamtdruck bei gleichbleibender Siedetemperatur teilweise abhängig von den vorliegenden Konzentrationsverhältnissen. Bei kleinen Stoffmengenanteilen und somit vollkommener Löslichkeit des Leichtsieders im Gemisch steigen sein Partialdruck und der Gesamtdruck an. Erhöht man die Konzentration, erreicht man das Schwerlöslichkeitsgebiet $x_{ML,1} < x < x_{ML,2}$, und die Partialdrücke bleiben konstant (siehe unlösliches Zweistoffgemisch).

Verlässt man das Unlöslichkeitsgebiet in Richtung höherer Stoffmengenanteile, bildet sich wieder eine echte Lösung aus, und der Partialdruck steigt erneut an, bis er bei $x = 1$ den Wert des Gesamtdruckes annimmt, welcher dem Siededampfdruck der reinen Komponente entspricht. Da der Schwersieder mit steigenden Stoffmengenanteilen den gleichen Verlauf aufweist, bildet sich im Bereich der gesamten Mischungslücke ein Dampfdruckmaximum aus, woraus ein breites Siedepunktsminimum im Siedediagramm resultiert. Liegt der azeotrope Punkt innerhalb der Mischungslücke (Heteroazeotrop), entstehen folglich bei der Kondensation des Dampfes zwei unterschiedliche Phasen, wobei diese die Stoffmengenanteile $x_{ML,1}$ und $x_{ML,2}$ besitzen. Die Dampfzusammensetzung im gesamten heterogenen Gebiet ist konstant, was im Gleichgewichtsdiagramm durch eine Horizontale erkennbar wird.

Allerdings existieren auch Zweistoffgemische, bei denen sich die Mischungslücke vor Erreichen der Siedetemperatur schließt. Das Unlöslichkeitsgebiet kann dabei auch bei Temperaturen unter dem Siedepunkt ein mehr oder weniger großes Gebiet einnehmen.

20.2 Destillation

Bei der Destillation macht man sich die Verdampfung eines Flüssigkeitsgemischs, bestehend aus einer beliebigen Anzahl an Komponenten, durch Wärmezufuhr und anschließende Kondensation des Dampfes zunutze. Den Vorgang nennt man Destillieren (lat.: *destillare* – herabtropfen, herabträufeln). Wird während des Destillierens der gesamte Dampf kondensiert und abgeführt, spricht man von einer **einfachen Destillation.** Geschieht die Abführung des Dampfes portionsweise in Abhängigkeit von der Siedetemperatur der siedenden Flüssigkeit, wird dies als **fraktionierte Destillation** bezeichnet. In der Regel treten in den entstehenden Dämpfen Konzentrationsunterschiede der einzelnen Komponenten auf, die sich in der kondensierten Flüssigkeit wiederfinden (außer bei azeotropen Gemischen, vgl. Abschnitt 20.1).

Damit die Destillation als Trennverfahren Anwendung finden kann, muss grundsätzlich eine Trennbarkeit der vorliegenden Komponenten möglich und daher das vorliegende Flüssigkeits-Dampf-Gemisch bekannt sein. Eine ausschließlich auf Berechnungen basierende Ermittlung der sogenannten Phasengleichgewichte ist dabei nicht möglich. Alle Berechnungen diesbezüglich sind auf experimentell ermittelte Werte angewiesen, die mit sogenannten Gleichgewichtsapparaturen erhalten und daraufhin in Diagrammen oder in Tabellenform archiviert werden. Heute findet man Berechnungsansätze, die auf möglichst wenige dieser Daten zurückgreifen und selbst Konzentrationsverhältnisse in den unterschiedlichen Phasen von Mehrstoffgemischen in ausreichender Genauigkeit erlauben.

20.2.1 Absatzweise (einfache) Destillation

Ein technisch wenig aufwendiges Verfahren stellt die **einfache diskontinuierliche Destillation** dar. Dabei wird in einem beheizbaren Behälter (Destillationsblase) das Gemisch bis zur Siedetemperatur erhitzt, teilweise verdampft und der aufsteigende Dampf durch einen Kühler geführt, kondensiert und räumlich getrennt von der Destillierblase in einem Behälter (Vorlage) aufgefangen. Für eine sinnvolle Abtrennung der leichter siedenden Komponente ist sicherzustellen, dass diese auch angereichert im Dampf vorliegt und somit in der Vorlage eine möglichst hohe Leichtsiederkonzentration vorliegt.

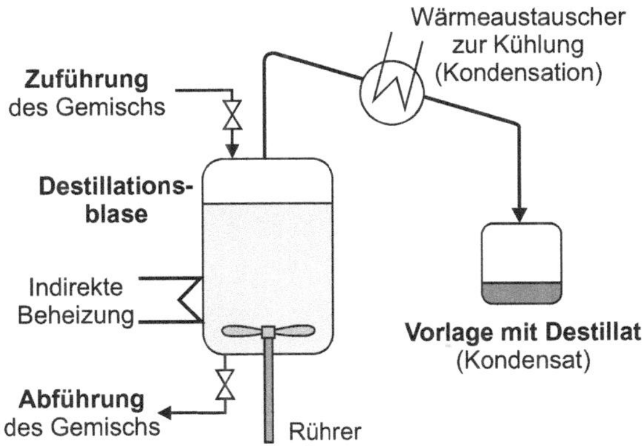

Bild 20.13 Absatzweise Destillation

Der Destillationsvorgang kann dabei zeitlich in zwei Zustände eingeteilt werden (um eine klare Unterscheidung des Anfangs- und Endzustands der Destillation zu ermöglichen, werden die Indizes A und E verwendet):

1. Die Destillationsblase wird mit einem Gemisch gefüllt. Die Gesamtstoffmenge beträgt n_A und der Stoffmengenanteil des Leichtsieders $x_{LS,A}$.
2. Das Gemisch wird destilliert und der Dampf als Kondensat in die Vorlage abgetrennt. Am Ende der Destillation liegen in der Destillationsblase die Zustände n_E und $x_{LS,E}$ vor.

Nach dem Destillationsvorgang kann die Stoffmenge des entstandenen Destillats n_D als Differenz der Stoffmengen in der Blase (Anfang und Ende des Vorgangs) ausgedrückt werden:

$$n_D = n_A - n_E \tag{20.15}$$

Der mittlere Stoffmengenanteil des Leichtsieders im Destillat ergibt sich aus der Stoffmengenbilanz zu:

$$\overline{x}_{LS,D} \cdot n_D = x_{LS,A} \cdot n_A - x_{LS,E} \cdot n_E$$

$$\overline{x}_{LS,D} = \frac{x_{LS,A} \cdot n_A - x_{LS,E} \cdot n_E}{n_A - n_E} \tag{20.16}$$

Auf Massen bezogen:

$$\overline{w}_{LS,D} = \frac{w_{LS,A} \cdot m_A - w_{LS,E} \cdot m_E}{m_A - m_E} \tag{20.17}$$

Die Berechnung des mittleren Stoffmengenanteils im Destillat erfordert, wie oben in Formel 20.16 beschrieben, neben den in der Praxis zumeist bekannten Größen n_A, $x_{LS,A}$ und $x_{LS,E}$ die nach der Destillation verbleibende Stoffmenge in der Destillationsblase n_E.

Um die Stoffmenge n_E zu berechnen, geht man davon aus, dass zu einem beliebigen Zeitpunkt der Destillation die Stoffmenge in der Destillierblase n und der Stoffmengenanteil der betreffenden Komponente x_i beträgt. In einem differenziell kleinen Zeitraum verdampft die Menge dn mit einem Stoffmengenanteil y_i aus dem Gemisch und wird abgeführt. Danach besitzt das nun an Leichtsieder verarmte Gemisch die Stoffmenge $n-\mathrm{d}n$, und der Stoffmengenanteil des Leichtsieders beträgt $x_i-\mathrm{d}x_i$. Es kann folgende Bilanz aufgestellt werden:

$$x_i \cdot n - y_i \cdot \mathrm{d}n = (x_i - \mathrm{d}x_i) \cdot (n - \mathrm{d}n)$$

Nach Auflösen des Produkts auf der rechten Seite der Gleichung ergibt sich:

$$x_i \cdot n - y_i \cdot \mathrm{d}n = x_i \cdot n - x_i \cdot \mathrm{d}n - n \cdot \mathrm{d}x_i + \mathrm{d}x_i \cdot \mathrm{d}n$$

Vernachlässigt man, aufgrund des sehr kleinen betrachteten Zeitraums, das Produkt aus Stoffmengen- und Stoffmengenanteilsänderung $\mathrm{d}x_i \cdot \mathrm{d}n$ und trennt die Variablen, folgt:

$$y_i \mathrm{d}n - x_i \mathrm{d}n = n \cdot \mathrm{d}x_i \Rightarrow (y_i - x_i)\,\mathrm{d}n = n \cdot \mathrm{d}x_i$$

$$\frac{1}{n}\mathrm{d}n = \frac{1}{y_i - x_i}\mathrm{d}x_i \quad (20.18)$$

Der Zusammenhang wird in der Trenntechnik als ***Rayleigh*-Gleichung** bezeichnet. Da im vorliegenden Fall einer diskontinuierlichen Destillation die Grenzen des Vorgangs (Anfang und Ende) bekannt sind, kann diese Gleichung durch Integration gelöst werden, und man erhält:

$$\int_{n_A}^{n_E} \frac{1}{n}\mathrm{d}n = \int_{x_{i,A}}^{x_{i,E}} \frac{1}{y_i - x_i}\mathrm{d}x_i = \ln\frac{n_E}{n_A} = \int_{x_{i,A}}^{x_{i,E}} \frac{1}{y_i - x_i}\mathrm{d}x_i$$

oder

$$\ln\frac{n_A}{n_E} = \int_{x_{i,E}}^{x_{i,A}} \frac{1}{y_i - x_i}\mathrm{d}x_i \quad (20.19)$$

Die Bestimmung des Flächeninhalts kann nur ausgeführt werden, wenn die Gleichgewichtskurve des Gemischs vollständig bekannt ist, d. h. jedem Stoffmengenanteil der betreffenden Substanz in der Flüssigkeit x_i ein Stoffmengenanteil im Dampf y_i direkt zugeordnet werden kann. Die verbleibende Stoffmenge in der Destillierblase nach der Destillation berechnet sich dann zu:

$$n_E = n_A \cdot e^{\int_{x_{i,A}}^{x_{i,E}} \frac{1}{y_i - x_i}\mathrm{d}x_i} \quad (20.20)$$

Um eine grafische Auswertung über ein vorliegendes Gleichgewichtsdiagramm vornehmen zu können, muss man die Einstellung eines idealen Phasengleichgewichts voraussetzen. Dabei hat der abgeführte Dampf den Stoffmengenanteil y_i, der sich aus dem Stoffmengengeanteil x_i des gesamten flüssigen Gemischs ergibt, mit dem er zu einem bestimmten Zeitpunkt im Gleichgewicht steht. Um dies in der Praxis zu realisieren, muss die Flüssigkeitsphase möglichst homogen vorliegen und der abdestillierte Dampfmengenstrom möglichst klein sein.

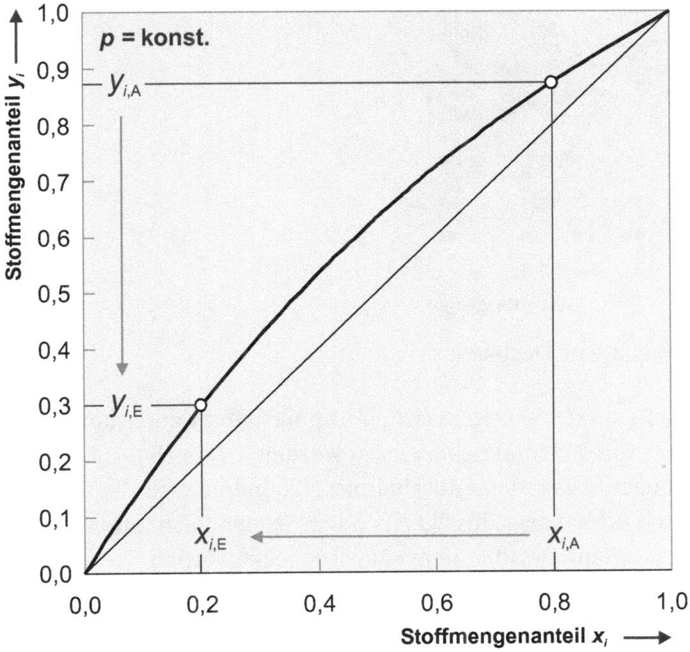

Bild 20.14 Bestimmung der Gleichgewichte in den Destillationsgrenzen

Aus dem Gleichgewichtsdiagramm werden die Wertepaare für die im Gleichgewicht stehenden Stoffmengenanteile x_i und y_i zwischen Anfangs- und Endzustand der Destillation erhalten.

Daraufhin errechnet man den Quotienten $1/(y-x)$ für den vorliegenden Destillationsbereich und trägt ihn über die Stoffmengenanteile des Leichtsieders auf (vgl. Bild 20.15).

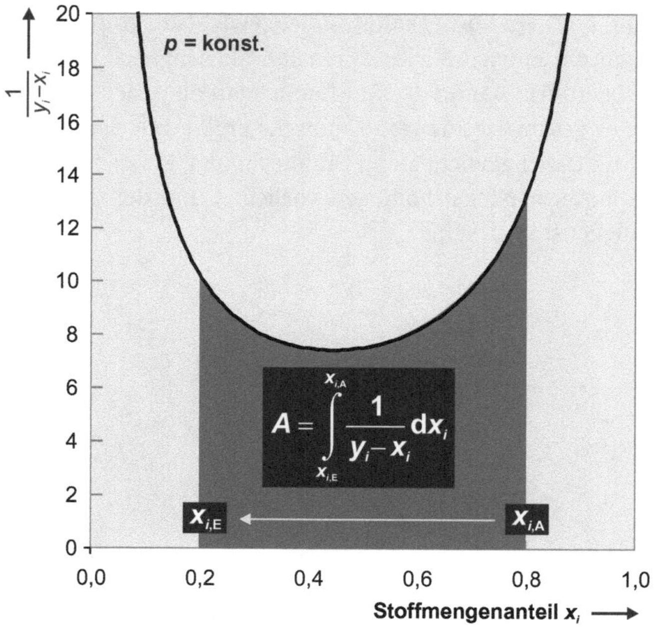

Bild 20.15 Intergral für die einfache Destillation

Über eine numerische Flächenbestimmung zwischen Anfangs- und Endzustand (z. B. mit dem Trapezverfahren) kann das Integral bestimmt werden. Die nach der Destillation vorliegenden Stoffmengen- bzw. Massenverhältnisse können durch die Anteilsgrößen φ_n bzw. φ_m (für die verbliebene Flüssigkeitsmenge in der Destillationsblase) und δ_n bzw. δ_m (für die entstandene Destillatmenge) ausgedrückt werden:

$$\varphi_n = \frac{n_\mathrm{E}}{n_\mathrm{A}} \tag{20.21}$$

bzw.

$$\varphi_m = \frac{m_\mathrm{E}}{m_\mathrm{A}} \tag{20.22}$$

$$\delta_n = \frac{n_\mathrm{A} - n_\mathrm{E}}{n_\mathrm{A}} = \frac{n_\mathrm{D}}{n_\mathrm{A}} = 1 - \varphi_n \tag{20.23}$$

$$\delta_m = \frac{m_\mathrm{A} - m_\mathrm{E}}{m_\mathrm{A}} = \frac{m_\mathrm{D}}{m_\mathrm{A}} = 1 - \varphi_m \tag{20.24}$$

Beispiel 20.2

Bei einer diskontinuierlichen Destillation werden 100 kmol eines Methanol/Ethanol-Gemischs mit einem Stoffmengenanteil $x_{Methanol} = 0{,}8$ an Leichtsieder (Methanol) so lange destilliert, bis in der Destillationsblase ein Stoffmengenanteil von 0,6 vorliegt. Es sind die verbleibende Stoffmenge in der Destillationsblase und der mittlere Stoffmengenanteil des Leichtsieders im Destillat zu bestimmen. Ferner sind die Stoffmengen auch als Massen anzugeben ($M_{Methanol} = 32$ g/mol, $M_{Ethanol} = 46$ g/mol).

Zunächst wird die verbleibende Stoffmenge unter Zuhilfenahme der numerischen Flächenbestimmung (aus Bild 20.15) ermittelt:

$$\frac{A_1}{y_i - x_i} = \int_{0{,}8}^{0{,}6} \frac{1}{y_{\text{Methanol}} - x_{\text{Methanol}}} \mathrm{d}x_{\text{Methanol}} = -2{,}0132$$

Die Betrachtung des Integrals vom Anfang bis zum Ende der Destillation führt zu einem negativen Flächenwert. Um einen positiven Flächenwert zu erhalten, müssen die Integrationsgrenzen untereinander getauscht werden, was dem Ausdruck in Formel 20.19 entspricht.

Verbliebene Stoffmenge in der Destillierblase:

$$n_{\text{E}} = 100\ \text{kmol} \cdot \mathrm{e}^{-2{,}0132} = 13{,}36\ \text{kmol}$$

Berechnung der mittleren Destillatkonzentration:

$$\bar{x}_{\text{Methanol,D}} = \frac{0{,}8 \cdot 100\ \text{kmol} + 0{,}6 \cdot 13{,}36\ \text{kmol}}{100\ \text{kmol} - 13{,}36\ \text{kmol}} = 0{,}83$$

Die Destillatstoffmenge beträgt:

$$n_{\text{D}} = n_{\text{A}} - n_{\text{E}} = 100\ \text{kmol} - 13{,}36\ \text{kmol} = 86{,}64\ \text{kmol}$$

Es findet demnach eine Aufkonzentrierung in Bezug auf das Ausgangsgemisch um ca. 3,9 % im Destillat statt. Der Anteil δ_n der Destillatmenge, bezogen auf die Gesamtstoffmenge, berechnet sich zu:

$$\delta_n = \frac{n_{\text{D}}}{n_{\text{A}}} = \frac{86{,}64\ \text{kmol}}{100\ \text{kmol}} = 0{,}8664$$

Um einen Eindruck von den vorliegenden Massen zu erhalten, können diese wie folgt berechnet werden:

Berechnung der mittleren molaren Masse des Ausgangsgemischs anhand der molaren Massen der Ausgangsstoffe ($M_{Methanol}$ – Leichtsieder, $M_{Ethanol}$ – Schwersieder) und des Stoffmengenanteils des Leichtsieders $x_{Methanol}$ in einem idealen Zweistoffgemisch:

$$\overline{M}_A = x_{Methanol,A} \cdot M_{Methanol} + \left(1 - x_{Methanol,A}\right) \cdot M_{Ethanol}$$

$$= 0,8 \cdot 32\frac{kg}{kmol} + (1 - 0,8) \cdot 46\frac{kg}{kmol} = 34,8\frac{kg}{kmol}$$

Die Gesamtmasse zu Beginn der Destillation in der Destillationsblase berechnet sich zu:

$$m_A = \overline{M}_A \cdot n_A = 34,8\frac{kg}{kmol} \cdot 100\,kmol = 3480\,kg$$

Analog wird die Masse nach dem Ende des Destillationsvorgangs bestimmt:

$$\overline{M}_E = x_{Methanol,E} \cdot M_{Methanol} + \left(1 - x_{Methanol,E}\right) \cdot M_{Ethanol}$$

$$= 0,6 \cdot 32\frac{kg}{kmol} + (1 - 0,6) \cdot 46\frac{kg}{kmol} = 37,6\frac{kg}{kmol}$$

$$m_E = \overline{M}_E \cdot n_E = 37,6\frac{kg}{kmol} \cdot 13,36\,kmol = 502\,kg$$

Die Destillatmenge ergibt sich aus der Differenz zu

$$m_D = m_A - m_E = 3480\,kg - 502\,kg = 2978\,kg$$

und ausgedrückt als Massenanteil zur Ausgangsmasse:

$$\delta_m = \frac{m_D}{m_A} = \frac{2978\,kg}{3480\,kg} = 0,8560$$

Zur Überprüfung kann folgende Berechnung über die errechneten Stoffmengenanteile im Destillat erfolgen:

$$\overline{M}_D = x_{LS,D} \cdot M_{LS} + \left(1 - x_{LS,D}\right) \cdot M_{SS}$$

$$= 0,831 \cdot 32\frac{kg}{kmol} + (1 - 0,831) \cdot 46\frac{kg}{kmol} = 34,47\frac{kg}{kmol}$$

$$m_D = \overline{M}_D \cdot n_D = 34,37\frac{kg}{kmol} \cdot 86,64\,kmol = 2978\,kg$$

Verringert man die erhaltene Destillatmenge, indem die untere Stoffmengenanteilsgrenze in der Destillationsblase größer gewählt wird, erhält man ein Destillat mit einem höheren Stoffmengenanteil an Methanol. Erzielt man eine größere Menge an Destillat, wird ein weniger aufkonzentriertes Produkt erhalten. Zur Verdeutlichung sind in unten gezeigtem Diagramm die Leichtsiederanteile in Abhängigkeit von den Massenverhältnissen aufgetragen ($x_{A,Methanol} = 0,8$).

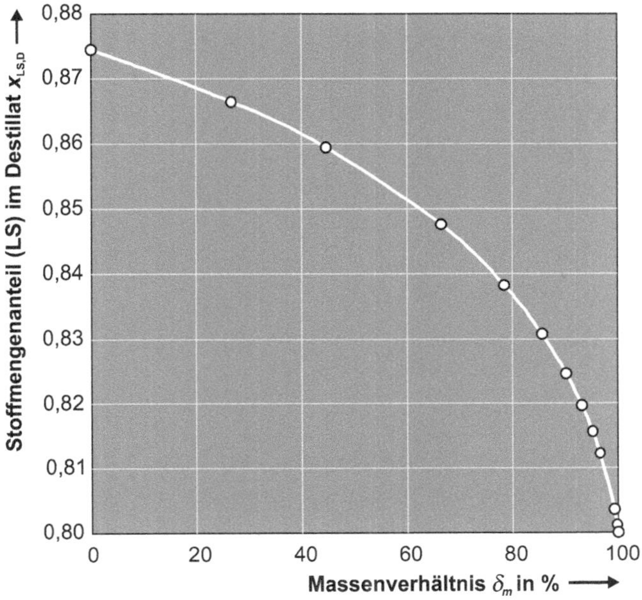

Wählt man eine sehr geringe Menge an Destillat (δ_m klein), erreicht man Stoffmengenanteile an Methanol im Destillat von über 0,87. Destilliert man die gesamte Menge, sodass die Destillatmenge der Ausgangsmenge entspricht ($\delta_m = 1$), besitzt das Destillat dementsprechend dieselben Stoffmengenanteile wie die Ausgangsmenge ($x_{D,\text{Methanol}} = 0{,}8$).

Eine analytische Lösung des *Rayleigh*-Integrals und somit der Stoffmengen nach der Destillation erhält man unter der Voraussetzung, dass ein ideales Zweistoffgemisch mit einer nahezu konstanten Flüchtigkeit α vorliegt. Wie in Abschnitt 20.1 bereits beschrieben, ist der Zusammenhang zwischen Stoffmengenanteil im Dampf und in der Flüssigkeit bei idealen Zweistoffgemischen folgender:

$$y_{LS} = \frac{\alpha \cdot x_{LS}}{1 + x_{LS} \cdot (\alpha - 1)}$$

Durch Einsetzen in das Integral aus der *Rayleigh*-Gleichung erhält man:

$$\int \frac{1}{n} \mathrm{d}n = \int \frac{1}{y_{LS} - x_{LS}} \mathrm{d}x = \int \frac{1}{\frac{\alpha \cdot x_{LS}}{1 + x_{LS} \cdot (\alpha - 1)} - x_{LS}} \mathrm{d}x_{LS}$$

Durch Zusammenfassen des Nenners, Kürzen mit dem Ausdruck $(\alpha - 1)$ und Partialbruchzerlegung erhält man:

$$\int \frac{1}{n} \mathrm{d}n = \frac{1}{\alpha - 1} \cdot \left(\int \frac{1}{x_{LS}} \mathrm{d}x_{LS} + \alpha \cdot \int \frac{1}{1 - x_{LS}} \mathrm{d}x_{LS} \right)$$

$$\int \frac{1}{n}\mathrm{d}n = \frac{1}{\alpha - 1} \cdot [\ln x_{LS} - \alpha \cdot \ln(1 - x_{LS})]$$

und als bestimmtes Integral in den Grenzen n_A und n_E bzw. $x_{LS,A}$ und $x_{LS,E}$:

$$\ln\frac{n_E}{n_A} = \int_{x_{LS,A}}^{x_{LS,E}} \frac{1}{y_{LS} - x_{LS}}\mathrm{d}x_{LS} = \frac{1}{\alpha - 1} \cdot \left[\ln\frac{x_{LS,E}}{x_{LS,A}} - \alpha \cdot \ln\left(\frac{1 - x_{LS,E}}{1 - x_{LS,A}}\right)\right]$$

woraus sich die verbliebene Stoffmenge ergibt zu:

$$n_E = n_A \cdot \left[\frac{x_{LS,E}}{x_{LS,A}} \cdot \left(\frac{1 - x_{LS,A}}{1 - x_{LS,E}}\right)^{\alpha}\right]^{\frac{1}{\alpha - 1}} \tag{20.25}$$

Die Berechnungen zeigen, dass durch eine einfache Destillation von zwei flüchtigen Substanzen streng genommen keine vollständige Trennung stattfinden kann, sondern nur eine **Trennung in zwei mit jeweils einer Komponente angereicherte Phasen.** Eine effektive Trennung durch Destillation ist daher nur bei Substanzen mit stark unterschiedlichem Siedeverhalten möglich.

20.2.2 Fraktionierte Destillation

Die fraktionierte Destillation entspricht dem Aufbau aus Bild 20.13, außer dass das Destillat in mehrere Vorlagen eingeleitet wird. Die zu unterschiedlichen Zeitpunkten und somit zu unterschiedlichen Siedetemperaturen in der Destillationsblase erhaltenen Destillate werden als **Fraktionen** des Destillationsprozesses bezeichnet. Eine Anwendung der Methode ist sinnvoll, wenn in einem Gemisch viele unterschiedliche Komponenten vorliegen, die daraufhin in Fraktionen mit eingegrenzten Siedebereichen eingeteilt werden können, wie z. B. bei der Gewinnung von Treibstoffen aus Erdöl.

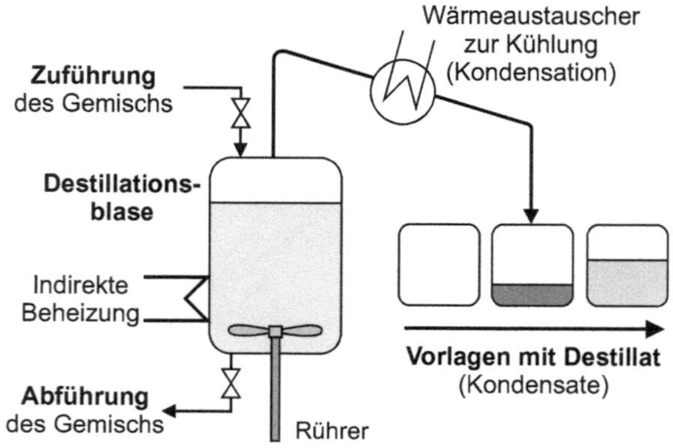

Bild 20.16
Fraktionierte Destillation

Eine Berechnung der erhaltenen Fraktionen kann analog zur einfachen diskontinuierlichen Destillation durchgeführt werden.

Das technische Einsatzgebiet der diskontinuierlichen Destillation ist begrenzt. Beispielsweise wird sie eingesetzt, wenn nur geringe Ausgangsmengen vorliegen und/ oder das Gemisch in seiner Zusammensetzung stark variiert und diskontinuierlich anfällt. Anderenfalls findet die kontinuierliche Destillation oder die Rektifikation häufiger Anwendung.

20.2.3 Kontinuierliche Destillation

Bei der kontinuierlichen Destillation wird der Destillationsblase kontinuierlich ein Flüssigkeitsgemisch (im Siedezustand) zugeführt und teilweise verdampft. Das Destillat wird analog der diskontinuierlichen Destillation abgetrennt. Man erhält allerdings zwei kontinuierliche Stoffströme, die das System verlassen: **Destillatstrom** (Erzeugnisstrom) und **Ablaufstrom** aus der Destillierblase (Destillationsrückstand). Zum Einsatz kommen hierbei Verdampferbauarten, wie sie bereits in Kapitel 17 erläutert wurden. Da hier Stoffströme in das System (Destillationsanlage) ein- und aus diesem heraustreten, kann eine Bilanzierung über diese erfolgen.

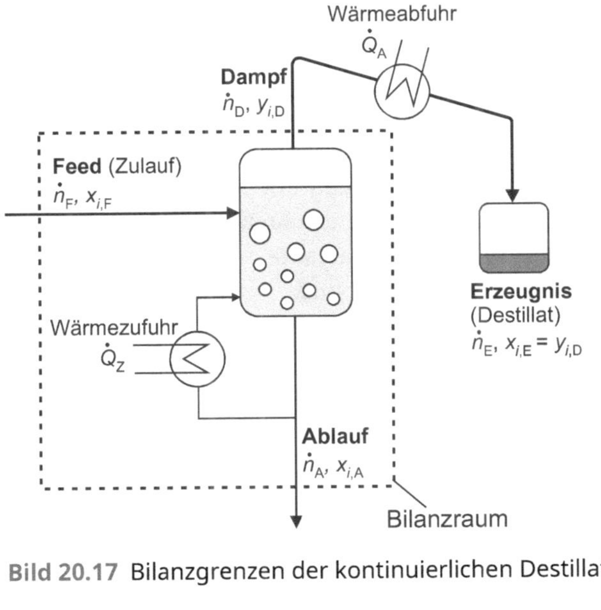

Bild 20.17 Bilanzgrenzen der kontinuierlichen Destillation

Daraus folgt im ersten Schritt die Gesamtbilanz aller eintretenden und austretenden Stoffströme:

$$\dot{n}_F = \dot{n}_D + \dot{n}_A$$

Ferner kann die Stoffmengenbilanz für eine Komponente ausgeführt werden (im Normalfall für den Leichtsieder):

$$x_{i,\mathrm{F}} \cdot \dot{n}_\mathrm{F} = y_{i,\mathrm{D}} \cdot \dot{n}_\mathrm{D} + x_{i,\mathrm{A}} \cdot \dot{n}_\mathrm{A}$$

Daraus ergibt sich durch Zusammenführen der beiden Bilanzen der Stoffmengenanteil des Leichtsieders im Dampf (d. h. somit auch im Destillat) zu:

$$y_i = x_{i,\mathrm{E}} = \frac{x_{i,\mathrm{F}} \cdot \dot{n}_\mathrm{F} - x_{i,\mathrm{A}} \cdot \dot{n}_\mathrm{A}}{\dot{n}_\mathrm{F} - \dot{n}_\mathrm{A}} \tag{20.26}$$

Führt man auch die aus der diskontinuierlichen Destillation verwendete Verhältnisgröße φ_n ein, hier allerdings als Verhältnis zwischen dem ablaufenden Teilstrom und dem zugeführten Strom (Feed), folgt daraus:

$$y_i = x_{i,\mathrm{E}} = \frac{x_{i,\mathrm{F}} - \varphi_n \cdot x_{i,\mathrm{A}}}{1 - \varphi_n} \tag{20.27}$$

mit $\varphi_n = \frac{\dot{n}_\mathrm{A}}{\dot{n}_\mathrm{F}}$

Analog dazu wird in der kontinuierlichen Destillationstechnik häufig das ebenfalls bereits definierte Verhältnis δ_n als Stoffmengenstrom des Erzeugnisses $\dot{n}_\mathrm{E}$ im Verhältnis zum Feedstoffmengenstrom $\dot{n}_\mathrm{F}$ eingesetzt. Man bezeichnet dieses als **Schnitt (Cut):**

$$\delta_n = \frac{\dot{n}_\mathrm{E}}{\dot{n}_\mathrm{F}} \tag{20.28}$$

Der **Stoffmengenstrom des Dampfes** kann über die **Heizleistung** beeinflusst werden. Der Hauptunterschied zwischen der diskontinuierlichen und der kontinuierlichen Destillation ist demnach, dass die Stoffmengenanteile der Komponenten im Dampf und in der Flüssigkeit bei der **diskontinuierlichen Variante zeitabhängig** und bei der **kontinuierlichen Variante heizflächenabhängig** sind.

Durch die Beeinflussung des Dampf- bzw. Produktstoffmengenstromes kann der Schnitt direkt beeinflusst und die Reinheit des Destillats „gesteuert" werden. Die Umformung der Stoffmengenbilanz des Leichtsieders mithilfe des Schnittes ergibt:

$$y_i = x_{i,\mathrm{E}} = \frac{x_{i,\mathrm{F}}}{\delta_n} - \frac{1 - \delta_n}{\delta_n} \cdot x_i \tag{20.29}$$

y_i Stoffmengenanteile im Dampf, $x_{i,\mathrm{E}}$ Stoffmengenanteile im Erzeugnis, $x_{i,\mathrm{F}}$ Stoffmengenanteile im Feed, x_i Stoffmengenanteile in der Destillationsblase, δ_n Schnitt

Dieser Zusammenhang stellt eine Geradengleichung dar, die als Funktionswert den Stoffmengenanteil im Dampf in Abhängigkeit von den vorliegenden Stoffmengenanteilen des Leichtsieders in der Flüssigkeit hat. Da sich allerdings so ein nicht wertemäßig festgelegter Zusammenhang ergibt, kann nur durch eine weitere Gleichung eine exakte Lösung mit einem Wertepaar erfolgen. Hierzu kann z. B. die Gleichung für konstante Flüchtigkeiten genutzt werden:

$$y_i = \frac{\alpha \cdot x_i}{1 + x_i \cdot (\alpha - 1)}$$

woraus sich ein quadratischer Zusammenhang ergibt, welcher rechnerisch z. B. mit der p,q-Formel für quadratische Gleichungen gelöst werden kann. Nach Einsetzen in Formel 20.29

$$\frac{\alpha \cdot x_i}{1 + x_i \cdot (\alpha - 1)} = \frac{x_{i,\mathrm{F}}}{\delta_n} - \frac{1 - \delta_n}{\delta_n} \cdot x_i \qquad (20.30)$$

und Umstellen in eine mit der quadratischen Lösungsformel berechenbare Form ergibt sich folgender Term:

$$x_i^2 + p \cdot x_i + q = 0$$

$$p = -\frac{\left(x_{i,\mathrm{F}} - \delta_n\right) \cdot (\alpha - 1) - 1}{(\alpha - 1) \cdot (1 - \delta_n)}$$

und

$$q = -\frac{x_{i,\mathrm{F}}}{(\alpha - 1) \cdot (1 - \delta_n)}$$

Durch die heutigen computerunterstützten Berechnungsmethoden ist eine Berechnung solcher Terme einfach und sinnvoll. Trotzdem sind auch heute noch die grafischen Methoden zur Lösung vielfältiger Problemstellungen in der thermischen Trenntechnik aufgrund ihrer Anschaulichkeit weit verbreitet. Der oben dargestellte Fall wird durch die Übertragung in ein Gleichgewichtsdiagramm wesentlich einfacher, da das Ergebnis direkt aus Bild 20.18 ablesbar ist.

Für die Darstellung werden drei unterschiedliche Werte für den Schnitt gewählt (0,25; 0,50 und 0,75). Die Geraden ergeben sich aus der Formel 20.30 und sind in einem Gleichgewichtsdiagramm für das Gemisch Methanol/Ethanol dargestellt (Feedkonzentration von $x_{\mathrm{F,Methanol}} = 0{,}6$).

Die erzielten Dampfkonzentrationen werden durch die Senkrechte ($\delta_n = 0$), die den theoretisch maximal erzielbaren Stoffmengenanteil im Dampf darstellt, und die Waagerechte ($\delta_n = 1$), die für die komplette Verdampfung des Gemischs steht, begrenzt. Es wird zum einen deutlich, dass es sich dabei um ein begrenztes „Konzentrationsgebiet“ handelt, welches eine vollständige Trennung der vorliegenden Komponenten nur bei unendlich großer relativen Flüchtigkeit ($\alpha \rightarrow \infty$) erzielen würde. Zum anderen beschreibt es den Zusammenhang, dass bei kleinen Schnittwerten, was gleichbedeutend mit kleinen Erzeugnisstoffmengenströmen ist, ein mit Leichtsieder höher angereichertes Produkt entsteht. Eine Steigerung des Stoffmengenstroms an Produkt führt bei ansonsten konstanten Rahmenbedingungen immer zu einer Einbuße in Bezug auf die Reinheit der leichter siedenden Komponente. Dieser Zusammenhang ist in der thermischen Trenntechnik „allgegenwärtig“.

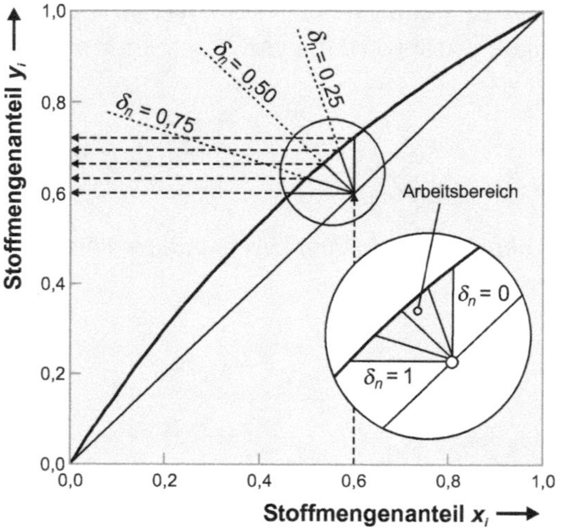

Bild 20.18
Einfluss des Schnittes auf die Stoffmengenanteile des Dampfes bzw. des Destillats

20.2.4 Trägerdampfdestillation

Bei der Trägerdampfdestillation macht man sich die Tatsache zunutze, dass zwei nicht oder wenig ineinander lösliche Komponenten einen niedrigeren Siedepunkt aufweisen als die Reinkomponenten selbst (siehe Abschnitt 20.1.3). Durch die Zugabe einer **schwerlöslichen** Komponente zu einem Gemisch sinkt die Siedetemperatur und somit auch die thermische Belastung der Komponenten, wodurch eine schonendere Destillation erreicht werden kann. Die zu destillierende Substanz wird zusammen mit dem Trägermedium erhitzt bzw. heißer Trägerdampf durch die Flüssigkeit geleitet. Es summieren sich dem *Dalton*schen Gesetz der Partialdrücke entsprechend der Dampfdruck der abzutrennenden Komponente und des Trägerdampfes zum Gesamtdruck, sodass zumeist eine große Menge Trägermedium und eine kleine Menge (hochsiedende) Flüssigkeit in die Vorlage destillieren.

Das Mengenverhältnis wird dabei durch das Dampfdruckverhältnis bestimmt und ist von der Flüssigkeitszusammensetzung unabhängig. Die Siedetemperatur liegt unter der des Leichtsieders, da sich der Gesamtdruck im vorliegenden System bei unlöslichen Komponenten aus den Sättigungsdampfdrücken des Trägermediums und der zu destillierenden Komponente zusammensetzt (Druckmaximum → Siedepunktsminimum). Da diese Vorgehensweise auch bei Normaldruck zu einer Siedepunktserniedrigung führt (im Gegensatz zur Vakuumdestillation), ist der apparative Aufbau mit technisch üblichen Destillationsanlagen realisierbar. Der kondensierte Trägerdampf, der zur Beheizung des Gemischs dienen kann und zur Siedpunktserniedrigung führt, ist in der Vorlage aufgrund der Unlöslichkeit und des Dichteunterschieds durch Bildung einer zweiten Flüssigkeitsphase abtrennbar.

Häufig wird dieses Verfahren mit Wasserdampf durchgeführt, daher ist auch die Bezeichnung **Wasserdampfdestillation** üblich. Der Grund dafür ist, dass Wasser mit vielen organischen Verbindungen teilweise bis komplett unlösliche Gemische bildet. Technische Anwendung findet dieses Verfahren zum Beispiel bei der Gewinnung von hochsiedenden ätherischen Ölen.

20.2.5 Vakuumdestillation

Durch eine **Absenkung des Druckes** in der Destillationsapparatur wird der **Siedepunkt** der vorliegenden Gemischkomponenten **erniedrigt.** Es können auf diese Weise Stoffe schonend getrennt werden, die z. B. bei höheren Temperaturen einer Zersetzung unterliegen würden, also nur gering thermisch belastbar sind. Die Benennung Vakuumdestillation ist dabei keinem „echten Vakuum“, sondern allgemein einer Unterdruckdestillation geschuldet.

Die Flüssigkeitsmenge in der Destillationsblase muss während der Destillation gut verteilt werden, und es ist eine möglichst große Verdampfungsoberfläche zu realisieren. Wird die Flüssigkeit in der Blase nicht gut homogenisiert und stellt sich daher ein Temperaturverlauf in der Flüssigkeit ein, bei dem die Zonen nahe der Beheizung deutlich höhere Temperaturen besitzen, kann es trotz insgesamt geringer Kolonnentemperatur zu Siedeverzügen kommen. Ein **Siedeverzug** ist eine Überhitzung einer Flüssigkeit über die dem herrschenden Druck zugeordnete Siedetemperatur. Dieser Zustand ist unter Umständen sehr gefährlich, da es zu einer spontanen Bildung von Gasblasen kommen kann, die explosionsartig dem Flüssigkeitsgemisch entweichen.

Weiterhin sollten Einbauten, die einen erhöhten Druckverlust nach sich ziehen, vermieden werden, da die Anlage im Unterdruckbereich betrieben wird. Das erhaltene Destillat (Vakuumdestillat) wird abgezogen, und in der Blase verbleibt das Flüssigkeitsgemisch, das bei herrschender Temperatur und vorliegendem Druck nicht mehr verdampft. Neben der Reduzierung des thermischen Energieaufwands und Verschiebung eines möglicherweise vorliegenden azeotropen Punktes in höhere Konzentrationsbereiche wirkt sich auch die zumeist deutlich höhere relative Flüchtigkeit vorteilhaft bei einer Druckerniedrigung auf die Trennbarkeit aus. Man spricht von verbesserter Trennschärfe.

20.3 Rektifikation

Mit einer einstufigen Destillation kann nur eine geringe Aufkonzentrierung erfolgen, insbesondere dann, wenn die relative Flüchtigkeit gering ist. Eine Verbesserung kann man erzielen, wenn das erzeugte Destillat erneut destilliert wird. Diese Vorgehensweise würde zu folgendem Zusammenhang führen:

Die Flüssigkeit beim ersten Destillationsvorgang besitzt den Stoffmengenanteil $x_{i,A} = 0{,}12$ an Leichtsieder. Sie wird zum Sieden gebracht, und im Gleichgewicht wird ein Stoffmengenanteil von $y_{i,1} = 0{,}18$ im Dampf erzeugt (Senkrechte, Schnittpunkt mit der Gleichgewichtslinie). Dieser wird kondensiert, und somit wird $y_{i,1}$ zu $x_{i,2}$ der nächsten Stufe (Waagerechte, Schnittpunkt mit der Diagonalen). Durch Wiederholung dieser Schritte ergibt sich eine treppenförmige Konstruktion, an der man die Anzahl der einzelnen Destillationsschritte erkennen kann und die letztendlich zu dem Stoffmengenanteil des Erzeugnisses $x_{i,E}$ führt. In oben gezeigtem Beispiel sind für eine Anreicherung des Leichtsieders im Destillat von $x_{i,A} = 0{,}12$ bis $x_{i,E} = 0{,}84$ sieben hintereinander durchgeführte Destillationen erforderlich. Betreibt man diesen Vorgang in einer nicht kontinuierlichen Apparatur, wird im Verlauf der Destillationsschritte die erhaltene Menge an Destillat deutlich kleiner, sodass am Ende nur noch ein Bruchteil der eingesetzten Menge vorliegt.

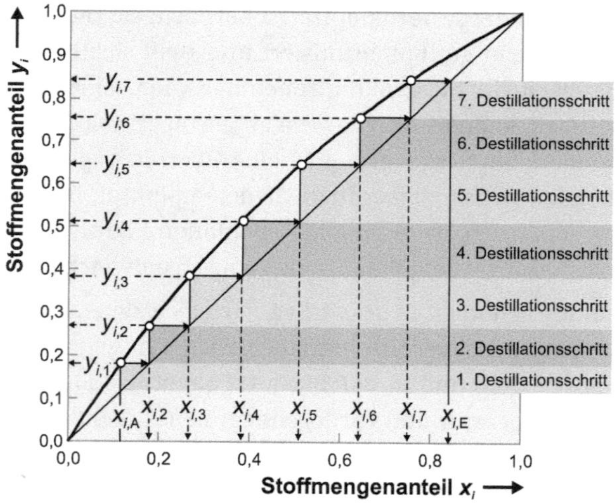

Bild 20.19 Destillation in mehreren Schritten mit $x_{i,A} = 0{,}12$

Unter einer **Rektifikation** versteht man im eigentlichen Sinn die mehrfache Wiederholung der Destillation, um eine möglichst weitgehende Zerlegung in die reinen Komponenten des Ausgangsgemischs zu erhalten. Der Vorgang wird als Rektifizieren bezeichnet. Es werden mehrere **Trennstufen** hintereinandergeschaltet, um eine bessere Trennung zu erhalten.

20.3.1 Grundlagen der Rektifikation

Vereinfacht kann eine Rektifikation als kontinuierliche Mehrfachdestillation (vgl. Bild 20.20) angesehen werden, bei der der kondensierte Dampf in eine weitere nachgeschaltete Destillationsapparatur eingeleitet wird und die schwersiederreiche Phase wieder in die davorliegende Destillationsstufe zurückgeleitet wird.

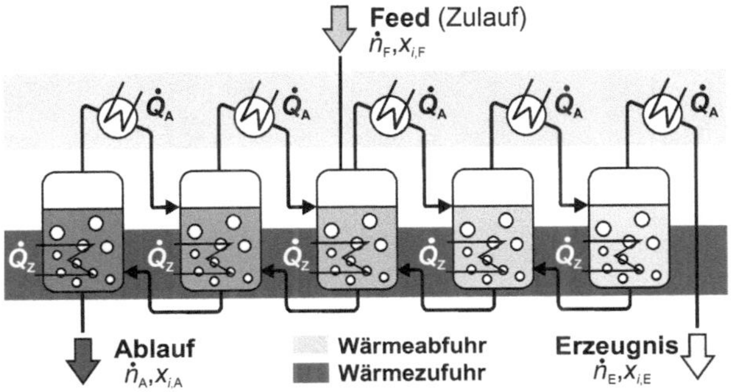

Bild 20.20 Stufenweise Destillation

Um auch in der letzten Stufe einen Rückfluss zu erzeugen, wird nicht der gesamte kondensierte Dampf abgenommen, sondern ein Teil in die Stufe zurückgeleitet, sodass sich über die gesamte Apparatur ein thermisches Gleichgewicht einstellen kann.

In einer Rektifikationsapparatur wird die Dampfphase mit der Flüssigphase in Kontakt gebracht und damit neben dem Stoffaustausch auch ein Wärmeaustausch ermöglicht, wodurch die Vielzahl an Wärmeabfuhr- (Kondensatoren) und Wärmezufuhrstellen (Verdampfer) entfällt. In der dargestellten vereinfachten Apparatur (vgl. Bild 20.21) wird das Gemisch im unteren Teil (Sumpf) durch Wärmezufuhr verdampft und der im oberen Teil (Kopf) befindliche Dampf durch Kühlung vollkommen kondensiert. Der aufsteigende Dampf kommt so in Kontakt mit der herabtropfenden Flüssigkeit, die eine niedrigere Temperatur als dieser aufweist. Bei diesem Kontakt der beiden Phasen kühlt sich folglich der Dampf auf dem Weg nach „oben" ab, und die Flüssigkeit erwärmt sich (vgl. Bild 20.21).

Das Abkühlen im Dampf ruft eine anteilsmäßig stärkere Kondensation des Schwersieders hervor, was zu dessen Anreicherung in der flüssigen Phase führt. Der Leichtsieder wird durch die entstandene Kondensationswärme anteilsmäßig stärker verdampft. Daraus resultiert, dass im nach unten gerichteten Flüssigkeitsstrom die Temperatur und der Stoffmengenanteil an Schwersieder zunehmen sowie im Umkehrschluss die Konzentration des Leichtsieders auf dem Dampfweg nach oben zu- und die Temperatur abnimmt.

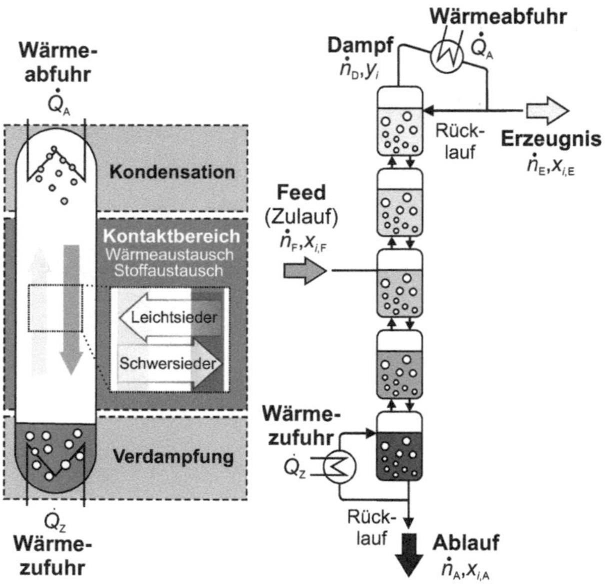

Bild 20.21 Aufbau einer Rektifizierapparatur

Der Unterschied zwischen Destillation und Rektifikation **(Gegenstromdestillation)** wird dadurch charakterisiert, dass man bei der Destillation den Dampf aus dem System entfernt und kondensiert. Es stellt sich immer ein neues Siedegleichgewicht ein. Bei der Rektifikation kommt es durch den erzwungenen erneuten Kontakt der kondensierten Dampfmenge (Flüssigphase) mit dem Dampf innerhalb des Systems zu **Stoff- und Wärmeaustauschprozessen.** Die Stoffaustauschprozesse ermöglichen eine bessere Trennung und somit reinere Produkte. Allerdings ist zur Rektifikation auch ein höherer thermischer Aufwand notwendig.

Um eine Rektifikation in einem Apparat durchzuführen, werden in der Technik sogenannte **Kolonnen** eingesetzt. Ziel ist es, einen „innigen" Kontakt zwischen Dampf und Flüssigkeit herzustellen. Die Kolonne besteht dabei aus **Austauschzonen (Böden),** in denen eine starke Durchmischung der aufsteigenden Dampfphase und der herabfließenden Flüssigkeitsphase verwirklicht wird. Zwei Arten von Austauschzonen sind üblich:

- **Dual-Flow-Böden** – Die Flüssigkeit und der Dampf nehmen den gleichen Weg durch den Boden (z. B. Löcher in einem Blech).
- **Kreuzstromböden** – Die Flüssigkeit wird zwangsgeführt, wobei sie waagerecht über einen Boden läuft, durch welchen der Dampf von unten nach oben hindurchströmt.

Der in der Rektifikationstechnik verbreitete **Kreuzstromboden** ist dadurch charakterisiert, dass die Austauschzonen auf diskrete Bereiche in der Kolonne begrenzt werden können. Der grundsätzliche Aufbau eines Kreuzstrombodens ist immer identisch:

Die Flüssigkeit wird von einem direkt über der betreffenden Austauschzone liegenden Boden über einen Ablaufschacht zugeführt und in eine Verteilerzone gebracht (vgl. Bild 20.22). Hier befindet sich ein Wehr (häufig gezackt), welches bei Überströmen eine gleichmäßige Verteilung der Flüssigkeit über die Austauschzone gewährleistet. In dieser Austauschzone kommt es zum Phasenkontakt, und nach Durchfließen der Zone wird die Flüssigkeit über ein zweites Wehr, das der Füllstandseinstellung dient, in die Sammelzone gebracht, in welcher es auf den nächsttiefer gelegenen Boden abfließen kann. Dabei staut sich die Flüssigkeit im Ablaufschacht etwas an und wirkt so kompensierend auf den Druckverlust, der durch die Dampfströmung an jedem Boden entsteht. Der innige Phasenkontakt wird durch spezielle Einbauten ermöglicht, wobei sich folgende Systeme etabliert haben:

Ventilboden

In der Austauschzone befinden sich Löcher (Durchmesser 15...50 mm), die mit einem beweglichen Ventildeckel verschlossen sind. Tritt nun der Dampf durch die Kolonne, heben sich die Ventildeckel und lassen den Dampfstrom durch Löcher im Fuß der Ventile durch die Flüssigkeit strömen.

Die Ventilböden sind in der Trenntechnik weit verbreitet. Der Vorteil eines solchen Aufbaus liegt in der Möglichkeit, die Kolonne mit stark schwankenden Gasströmen betreiben zu können, da sich die Ventile bei zu geringen Dampfströmen automatisch teilweise schließen. So wird die Gasdurchtrittsfläche vermindert und dem Gasstrom angepasst.

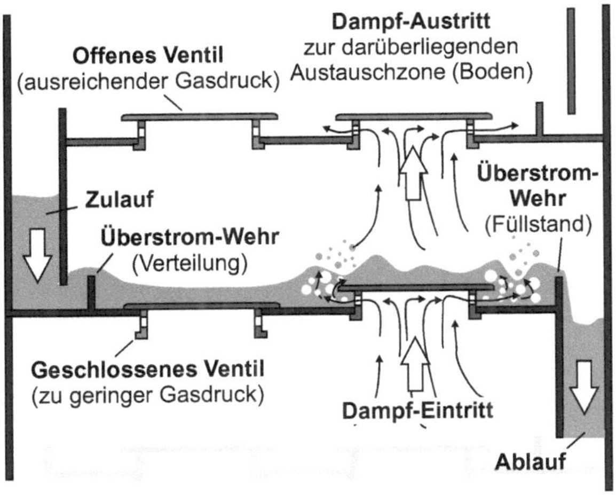

Bild 20.22 Funktionsweise eines Ventilbodens

Das direkte Durchtropfen der Flüssigkeit auf den darunterliegenden Boden **(Durchregnen)** wird damit verhindert, und der Boden wird auf der gesamten Fläche überströmt (vgl. Bild 20.23). Bei hohen Gasströmen öffnen sich die Ventile und minimieren dabei den Druckverlust „automatisch". Nachteilig wirkt sich die kostenintensive Herstellung eines solchen Bodens aus. Ferner müssen nichtkorrosive bzw. saubere Komponenten vorliegen, da es sonst zu Störungen der Ventilfunktion kommen kann.

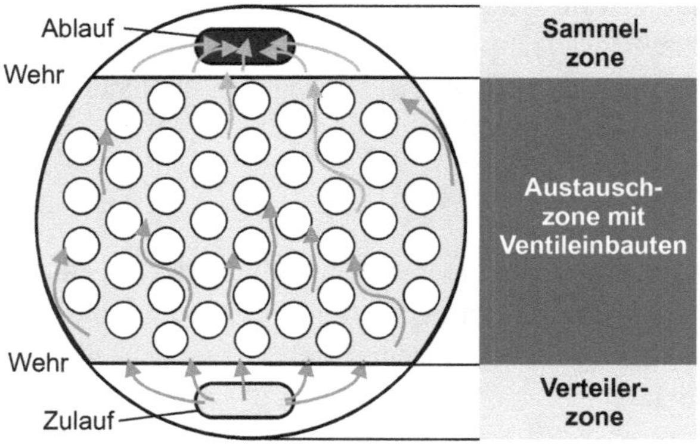

Bild 20.23 Überströmung eines Kolonnenbodens (Draufsicht)

Siebboden

Eine wesentlich einfacher herzustellende und somit deutlich preiswertere Variante sind die Siebböden. Die Austauschzone besteht aus einer Platte mit zahlreichen Bohrungen (Durchmesser 3...15 mm). Die Konstruktion der Zulauf- und Sammelzone wird analog zu der Ventilbodenvariante ausgeführt. Die Löcher bewirken ein Durchtreten des Dampfes in fein verteilten Bläschen. Diese Konstruktionsart zeigt die niedrigsten Druckverluste. Allerdings hat diese Bauweise zwei entscheidende Nachteile: Bei zu geringen Dampfvolumenströmen kommt es zum Durchregnen der Flüssigkeit auf den darunterliegenden Boden und bei zu hohen Dampfvolumenströmen werden Tröpfchen der Flüssigkeit mit dem Dampf auf den darüberliegenden Boden „gerissen" **(Mitreißen)**. Daraus resultiert, dass der Arbeitsbereich nur sehr gering ausfällt und die Stoffströme sehr konstant vorliegen müssen. Zusätzlich kann es bei Verschmutzungen zum Verschluss der Löcher kommen und so die Kolonne im Betrieb stark beeinträchtigt werden.

Glockenboden

Ein Glockenboden besitzt an eine Glocke erinnernde Einbauten, von denen zahlreiche Konstruktionsarten existieren. In Bild 20.24 ist eine Ausführung mit einem Dampfstutzen und gezackter Glocke gezeigt.

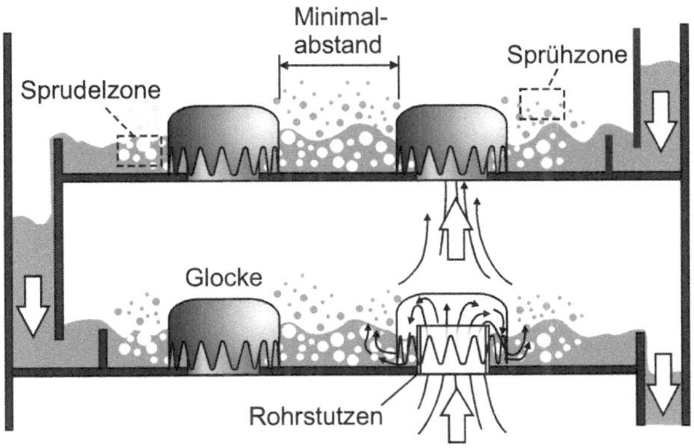

Bild 20.24 Funktionsweise eines Glockenbodens

Die Anordnung der Glocken in der Austauschzone ist analog zu den Ventilböden möglichst flächendeckend, wobei ein definierter Abstand eingehalten werden muss, sodass bei dem Vermischen des Dampfes ein größtmöglicher Kontakt mit der Flüssigkeit vorliegt und die benachbarten Glocken nicht die Flüssigkeit komplett verdrängen.

Der Glockenboden kann als vollkommen flüssigkeitsdicht angesehen werden, da konstruktiv (Rohrstutzen) ein Durchregnen verhindert wird. Daraus resultiert ein hoher Austauschwirkungsgrad durch die erzwungene Führung des Gasstromes durch die Flüssigkeit, welche in einer längeren Kontaktstrecke als z. B. bei einem Siebboden begründet ist. Es können somit hohe Dampf- und hohe Flüssigkeitsströme verwirklicht werden. Als Nachteile sind der hohe Kostenaufwand bei der Herstellung und der hohe Druckverlust dieser Einbauten zu nennen.

Auf den genannten Bodentypen ist die Austauschfläche zum einen durch die fein verteilten Dampfblasen in der Flüssigkeit **(Sprudelzone)** und zum anderen durch die fein verteilten Tröpfchen oberhalb der Flüssigkeit **(Sprühzone)** charakterisiert. Der Phasenaustausch ist nur in diesen beiden dispersen Zonen erwünscht, und die Austauschfläche sollte dort maximal sein. Beim Eintritt in den Boden müssen die Stoffströme als homogene Phasen (Flüssigkeit oder Dampf) vorliegen. Erscheinungen wie Durchregnen und Mitreißen begrenzen den Arbeitsbereich der Kolonne. Während der technischen Entwicklung der Rektifikation haben sich Begrifflichkeiten etabliert, die im Folgenden näher erläutert werden.

20.3.2 Bilanzen an einer Rektifikationskolonne

Der **Zulauf** oder auch **Feed** befindet sich im Normalfall nahezu in der Mitte der Kolonne. Der Teil oberhalb des Feeds wird als **Verstärkungsteil** bezeichnet, da hier der Leichtsieder aufkonzentriert wird. Der Dampf wird im sogenannten **Kopf** der Kolonne entnommen und totalkondensiert. Der dabei entstehende flüssige Erzeugnisstrom wird im Kopf der Kolonne z. T. zurückgeführt **(Kopfrücklauf)**, um hierdurch einen erneuten Kontakt mit dem aufsteigenden Dampf sicherzustellen. Das Verhältnis zwischen zurückgeführtem und entnommenem Produkt nennt man **Kopf-Rücklaufverhältnis ν_V**:

$$\nu_V = \frac{\dot{n}_{R,V}}{\dot{n}_E} \tag{20.31}$$

mit $\dot{n}_{g,V} = \dot{n}_{R,V} + \dot{n}_E$

Innerhalb der Kolonne kommt es dann zum Kontakt zwischen der kondensierten Phase und dem aufsteigenden Dampf. Die Wechselwirkung zwischen Flüssigkeit und Dampf findet in den sogenannten Böden statt, wo eine möglichst gute Vermischung realisiert wird. Der Teil unterhalb der Feedzuführung wird **Abtriebsteil** genannt, wobei der unterste Teil den **Sumpf** (ähnlich einer Destillierblase) darstellt. Hier reichert sich der Schwersieder an. Analog zum Kopf der Kolonne wird ein teilweiser Rücklauf auch im Sumpfbereich etabliert, um die benötigte Dampfmenge der Flüssigkeit entgegenzusetzen. Das Sumpf-Rücklaufverhältnis ν_A ist definiert als:

$$\nu_A = \frac{\dot{n}_{l,A}}{\dot{n}_A} \tag{20.32}$$

mit $\dot{n}_{l,A} = \dot{n}_{R,A} + \dot{n}_A$

Ferner können der Anlage mehrere Feedströme zugeführt oder Seitenströme in unterschiedlichen Zonen der Anlage entnommen werden. Bild 20.25 zeigt ein Schema mit einem Feedzufluss (ohne Seitenströme), in welchem die Stoffströme und Stoffmengenanteile verdeutlicht werden.

Die Rektifikationskolonne erlaubt aufgrund ihrer Gleichgewichte und Stoffstromverhältnisse die Aufstellung vieler Bilanzräume. Im Weiteren werden die in der Technik üblichen Bilanzen und die Lösung unterschiedlicher Problemstellungen rechnerisch und grafisch aufgezeigt.

Um die **Gesamtbilanz** zu erhalten, werden die in das System ein- und austretenden Stoffmengenströme gleichgesetzt (Bilanz um die Kolonne):

$$\dot{n}_F = \dot{n}_E + \dot{n}_A$$

Die Stoffbilanz erfolgt zumeist über den Leichtsieder (Zweistoffgemisch):

$$x_{LS,F} \cdot \dot{n}_F = x_{LS,E} \cdot \dot{n}_E + x_{LS,A} \cdot \dot{n}_A$$

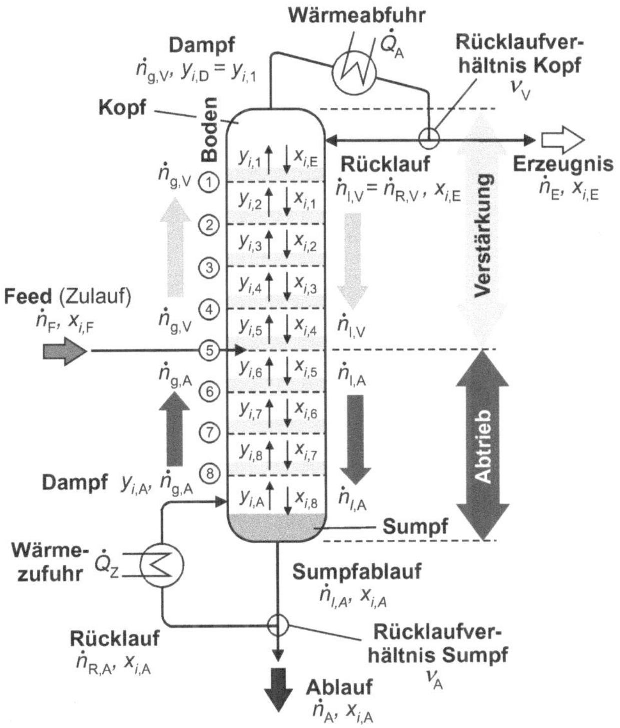

Bild 20.25 Stoffströme und Stoffmengenanteile in einer Rektifikationskolonne ohne Seitenströme

Daraus ergeben sich folgende Zusammenhänge für den Erzeugnisablauf und den Sumpfablauf:

$$\dot{n}_E = \frac{x_{LS,F} - x_{LS,A}}{x_{LS,E} - x_{LS,A}} \cdot \dot{n}_F \qquad (20.33)$$

$$\dot{n}_A = \frac{x_{LS,E} - x_{LS,F}}{x_{LS,E} - x_{LS,A}} \cdot \dot{n}_F \qquad (20.34)$$

Verkleinert man den Bilanzraum und erfasst nur den **Kolonnenkopf** und einen beliebigen Bereich des Verstärkungsteils, ergeben sich folgende Bilanzen:

Gesamtbilanz um den Kopf:

$$\dot{n}_{g,V} = \dot{n}_E + \dot{n}_{l,V}$$

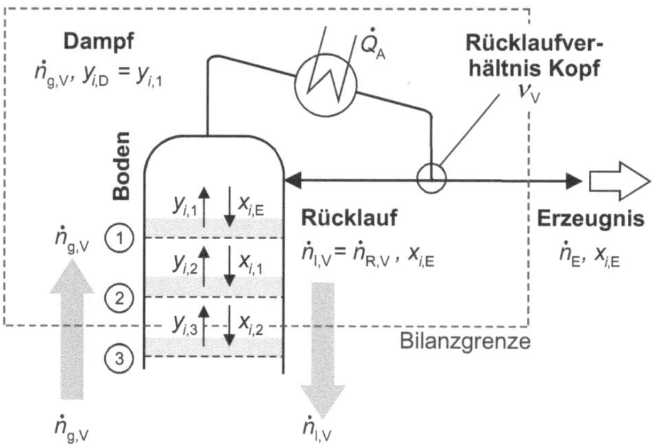

Bild 20.26 „Kopfbilanz" bei der Rektifikation

Die Gesamtbilanz kann über den gesamten Verstärkungsteil angewendet werden, da die Stoffmengenströme (Gesamtstoffmengenströme aus Leichtsieder und Schwersieder) innerhalb der Verstärkung auf allen Böden konstant sind. Aus der Gesamtbilanz ergibt sich die Stoffbilanz zu

$$y_{LS} \cdot \dot{n}_{g,V} = x_{LS,E} \cdot \dot{n}_E + x_{LS} \cdot \dot{n}_{l,V}$$

Die Werte für die Stoffmengenanteile x_{LS} und y_{LS} sind abhängig von der Lage der Bilanzgrenze, die frei auf allen Böden der Verstärkung wählbar ist. Durch Umstellen ergibt sich folgender linearer Zusammenhang zwischen der Dampf- und der Flüssigkeitskonzentration (im Gleichgewicht) auf den einzelnen Böden:

$$y_{LS} = \frac{\dot{n}_{l,V}}{\dot{n}_{l,V} + \dot{n}_E} \cdot x_{LS} + \frac{\dot{n}_E}{\dot{n}_E + \dot{n}_{l,V}} \cdot x_{LS,E} \qquad (20.35)$$

Wird im Kondensator am Kopf der Kolonne der Dampf auf den (flüssigen) Siedezustand gebracht und der Rücklauf läuft mit Siedetemperatur in den Kolonnenkopf zurück, nehmen die Stoffmengenströme im Rücklauf und im Verstärkungsteil den gleichen Wert an.

$$\dot{n}_{R,V} = \dot{n}_{l,V}$$

Aus dem definierten Kopf-Rücklaufverhältnis

$$\nu_V = \frac{\dot{n}_{R,V}}{\dot{n}_E} = \frac{\dot{n}_{l,V}}{\dot{n}_E}$$

und Einsetzen in die Formel 20.35 folgt

$$y_{LS} = \frac{\nu_V}{\nu_V + 1} \cdot x_{LS} + \frac{1}{\nu_V + 1} \cdot x_{LS,E} \qquad (20.36)$$

Mit dieser **Verstärkungsgeraden** (Geradengleichung der Verstärkungssäule) erhält man einen direkten Zusammenhang der Stoffmengenanteile des Leichtsieders im Dampf und in der Flüssigkeit an jedem Querschnitt des Verstärkungsteils. Allerdings muss für eine gute Näherung an die tatsächlichen Verhältnisse gewährleistet sein, dass die molaren Verdampfungsenthalpien der beiden eingesetzten Komponenten (nahezu) gleich groß, die Enthalpien, die während des Mischungsprozesses auftreten, vernachlässigbar klein sind und die Kolonne in einer adiabaten Arbeitsweise (ohne Wärmeverlust zur Umgebung) betrieben wird.

Eine Konstruktion einer solchen Geraden ist in einem ***McCabe-Thiele*-Diagramm** (Gleichgewichtsdiagramm) unkompliziert. Durch Einsetzen des Punktes $x_{LS,E}$ als x_{LS} in die Geradengleichung erhält man den Zusammenhang $y_{LS,E} = x_{LS,E}$, und somit ist der Schnittpunkt von Verstärkungsgerade und Hilfsdiagonale bei x_E zu finden. Ferner erhält man den Schnittpunkt mit der Ordinate durch die Gleichung

$$b_V = \frac{1}{\nu_V + 1} \cdot x_{LS,E} \tag{20.37}$$

und somit ist eine direkte Konstruktion der Geraden möglich. Sind das zu trennende Zweistoffgemisch sowie die Zielkonzentration bekannt und liegen die Gleichgewichtsdaten vor, kann die Verstärkungsgerade in das Gleichgewichtsdiagramm eingezeichnet werden. Als Beispiel dient hier das ideale Zweistoffgemisch Methanol/Ethanol bei einem Druck $p_{ges} = 1{,}013$ bar, einem gewünschten Erzeugnisstoffmengenanteil $x_{LS,E} = 0{,}9$ und einem Rücklaufverhältnis $n_V = 9$ im Kopf der Kolonne (vgl. Bild 20.27).

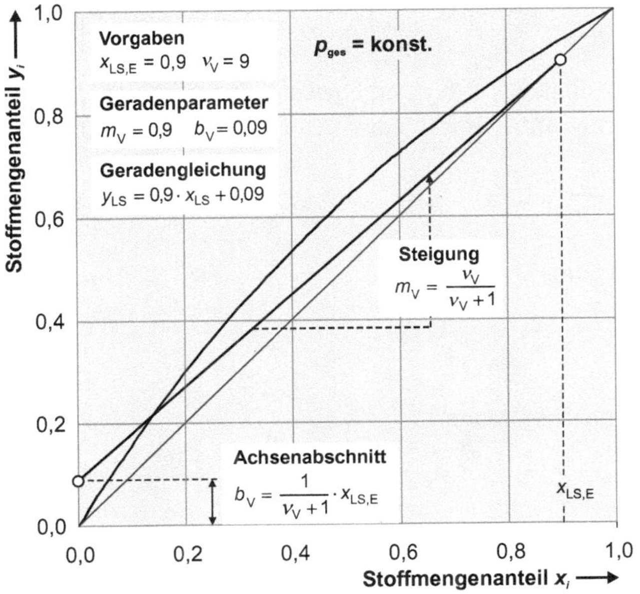

Bild 20.27 Konstruktion einer Verstärkungsgeraden

Analog zur Verstärkungsgeraden kann die sogenannte **Abtriebsgerade** erstellt werden. Die Bilanzierung erfolgt am Sumpf der Kolonne (vgl. Bild 20.28).

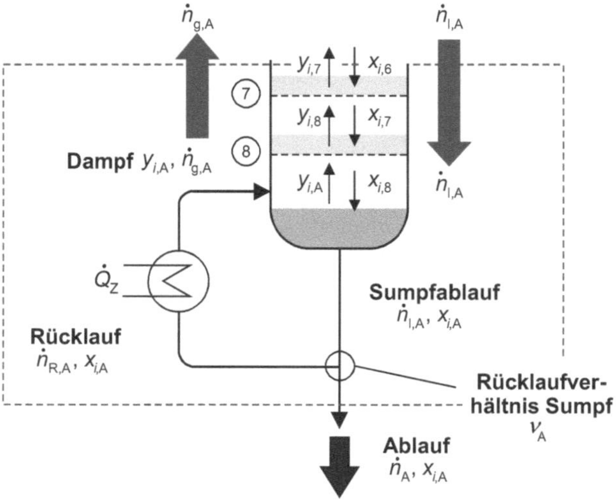

Bild 20.28 „Sumpfbilanz" bei der Rektifikation

Gesamtbilanz um den Kolonnensumpf:

$$\dot{n}_{l,A} = \dot{n}_A + \dot{n}_{g,A}$$

Stoffbilanz:

$$x_{LS} \cdot \dot{n}_{l,A} = x_{LS,A} \cdot \dot{n}_A + y_{LS} \cdot \dot{n}_{g,A}$$

Die Werte für die Stoffmengenanteile x_{LS} und y_{LS} ergeben sich dabei aus der Bilanzgrenze, die frei auf allen Böden des Abtriebs wählbar ist. Durch Umstellen ergibt sich:

$$y_{LS} = \frac{\dot{n}_{l,A}}{\dot{n}_{l,A} - \dot{n}_A} \cdot x_{LS} - \frac{\dot{n}_A}{\dot{n}_{l,A} - \dot{n}_A} \cdot x_{LS,A} \quad (20.38)$$

Mit dem Rücklaufverhältnis im Sumpf

$$\nu_A = \frac{\dot{n}_{L,A}}{\dot{n}_A}$$

ergibt sich die Gleichung der Abtriebsgeraden zu

$$y_{LS} = \frac{\nu_A}{\nu_A - 1} \cdot x_{LS} - \frac{1}{\nu_A - 1} \cdot x_{LS,A} \quad (20.39)$$

Dadurch ergibt sich eine Konstruktion der Geraden aus dem Punkt $x_{LS,A}$ und dem zugehörigen Punkt auf der Hilfsdiagonale.

Um eine Konstruktion der Abtriebsgeraden vornehmen zu können, muss der Schnittpunkt zwischen Abtriebsgerade und der Verstärkungsgerade als zweiter Punkt der Geraden bekannt sein. Das **Rücklaufverhältnis** im Sumpf ist nicht frei wählbar, sondern hängt entscheidend von der Zuführung des Feedstromes ab. Der Schnittpunkt der beiden Geraden beschreibt die Zustände genau am Zulaufquerschnitt. Der Feedstrom kann dabei in unterschiedlichen Zuständen dem Zulaufquerschnitt zugeführt werden. In der Beispielkolonne ergibt sich die in Bild 20.29 gezeigte Situation.

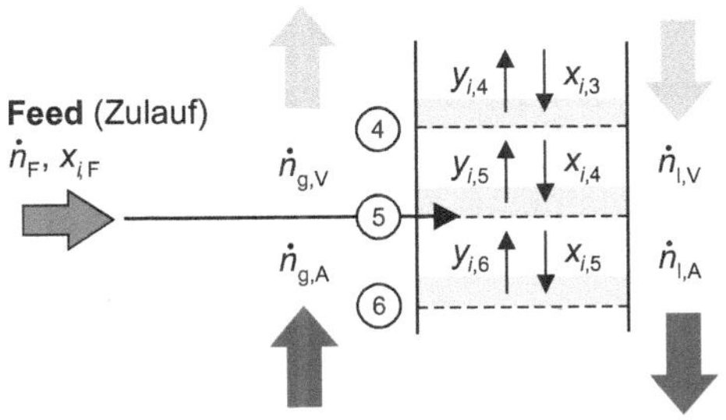

Bild 20.29
„Feedbilanz" bei der Rektifikation

Der Feed strömt in diesem Fall einen Boden an, den der Dampf mit den Stoffmengenanteilen $y_{i,5}$ und die Flüssigkeit mit $x_{i,5}$ verlässt, welche im Gleichgewicht stehen. Die Stoffmengenströme sind mit den Indizes g (Gas, Dampf), l (Flüssigkeit) und A bzw. V (Ort in der Kolonne, **A**btrieb bzw. **V**erstärkung) benannt. Durch die Art der Einspeisung des Feeds können fünf Fälle (Zustand A bis E) unterschieden werden (Bild 20.30 und Bild 20.31).

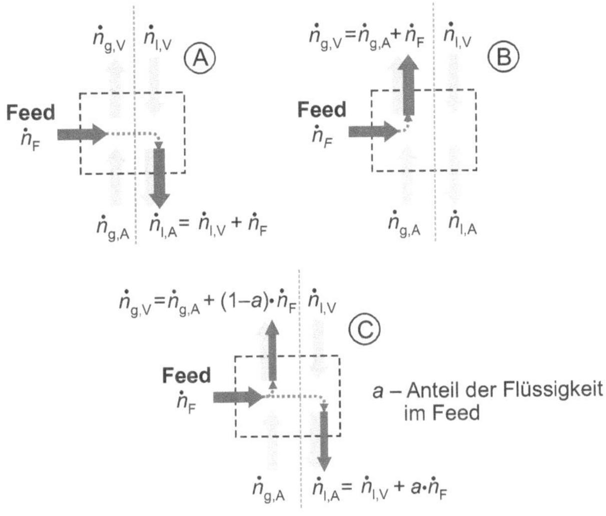

Bild 20.30 Feedzuführung in die Kolonne (Fälle A bis C)

Zustand A – Siedende Flüssigkeit

Die Flüssigkeit läuft im Zulaufboden als siedende Flüssigkeit zu und kann als Stoffmengenstrom der abfließenden Flüssigkeit des Bodens zugerechnet werden. Somit setzt sich der Stoffmengenstrom der Flüssigkeit im Abtrieb aus dem Stoffmengenstrom des Feeds und der Verstärkung zusammen. Die Stoffmengenströme des Dampfes im Abtrieb und in der Verstärkung sind gleich groß. Diese Zuführung wird in der Praxis häufig umgesetzt.

Zustand B – Sattdampf

Der Feed tritt als gesättigter Dampf in die Kolonnen und kann somit am Zulaufboden dem Stoffmengenstrom der vom Boden aufsteigenden Dampfphase zugerechnet werden. Dabei ergibt sich der Stoffmengenstrom der Dampfhase in der Verstärkung aus der Summe der Stoffmengenströme aus Abtrieb und Feed. Der Flüssigkeitsstrom bleibt unverändert.

Zustand C – Dampf-Flüssigkeits-Gemisch

Tritt ein Dampf-Flüssigkeits-Gemisch in die Kolonne ein, wird der Dampfanteil dem Stoffmengenstrom in der Verstärkung und der Flüssigkeitsanteil dem abfließenden Stoffmengenstrom in den Abtrieb zugerechnet. Um diesen unterschiedlichen Verhältnissen Rechnung zu tragen, nutzt man den kalorischen Faktor f, der die Zunahme des Flüssigkeitsstoffmengenstromes (im Zulaufboden) im Verhältnis zum Feedstrom darstellt und somit den Anteil a ersetzt.

$$f = \frac{\dot{n}_{\mathrm{l,A}} - \dot{n}_{\mathrm{l,V}}}{\dot{n}_{\mathrm{F}}} \tag{20.40}$$

Es ergeben sich folgende Zusammenhänge im Bereich des Zulaufs:

$$\dot{n}_{\mathrm{l,A}} = \dot{n}_{\mathrm{l,V}} + f \cdot \dot{n}_{\mathrm{F}}$$

und

$$\dot{n}_{\mathrm{g,V}} = \dot{n}_{\mathrm{g,A}} + (1 - f) \cdot \dot{n}_{\mathrm{F}}$$

Folglich nimmt der kalorische Faktor den Wert 1 an, wenn die Flüssigkeit siedend in die Kolonne zuläuft, den Wert 0, wenn der Feed als Sattdampf zuströmt. Strömt ein Gemisch aus Dampf und Flüssigkeit ein, liegt der Faktor zwischen 0 und 1.

Es existieren allerdings zwei weitere Möglichkeiten, wie der Feed in die Kolonne gelangen kann.

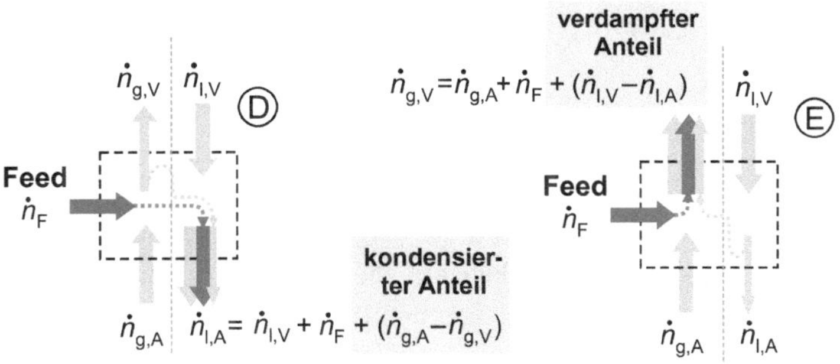

Bild 20.31 Feedzuführung in die Kolonne (Fälle D und E)

Zustand D – Unterkühlte Flüssigkeit

Der Feed besteht aus einer Flüssigkeit unterhalb des Siedepunktes. Somit wird Wärme benötigt, die das Gemisch auf die Siedetemperatur bringt. Beim Wärmeaustausch kondensiert ein Teil des den Zulaufboden betretenden Dampfes (aus dem Abtrieb). Somit wird der Anteil der den Boden verlassenden Flüssigkeit im Gegensatz zum siedenden Zulauf erhöht. Der kalorische Faktor nimmt Werte größer als 1 an.

Zustand E – Überhitzter Dampf

Das Eintreten als überhitzter Dampf in die Kolonne zieht eine Verdampfung des zulaufenden Flüssigkeitsgemischs aus der Verstärkung nach sich. Der Molenstrom des Dampfes, der den Boden in Richtung Verstärkung verlässt, wird größer als bei Zuführung von Sattdampf. Der kalorische Faktor nimmt daher negative Werte an.

Um analog zur Verstärkungsgeraden und Abtriebsgeraden eine Gerade am Feed zu erstellen **(Schnittpunktsgerade)**, wird folgendermaßen vorgegangen:

Gesamtbilanz am Feed:

$$\dot{n}_F = \dot{n}_{l,A} + \dot{n}_{g,V} - \dot{n}_{g,A} - \dot{n}_{l,V}$$

Aus dem Beispiel ergibt sich z. B. folgende Stoffbilanz des Leichtsieders:

$$x_{LS,F} \cdot \dot{n}_F = x_{LS,5} \cdot \dot{n}_{l,A} + y_{LS,5} \cdot \dot{n}_{g,V} - x_{LS,4} \cdot \dot{n}_{l,V} - y_{LS,6} \cdot \dot{n}_{g,A}$$

Da sich auf allen Punkten der Schnittpunktsgeraden die Verstärkungs- und die Abtriebsgerade schneiden können, gilt, dass die Stoffmengenanteile der ein- und austretenden Kolonnenstoffströme von Dampf bzw. Flüssigkeit just an diesem Punkt gleich sein müssen. Daher können die Stoffmengenanteile in der Stoffbilanz des Leichtsieders auf jedem Punkt der Schnittpunktsgerade zu $x_{LS,5} = x_{LS,4} = x_{LS}$ und $y_{LS,5} = y_{LS,6} = y_{LS}$ vereinfacht werden:

Stoffbilanz des Leichtsieders auf der Schnittpunktsgeraden:

$$x_{LS,F} \cdot \dot{n}_F = x_{LS} \cdot \dot{n}_{L,A} + y_{LS} \cdot \dot{n}_{g,V} - x_{LS} \cdot \dot{n}_{l,V} - y_{LS} \cdot \dot{n}_{g,A}$$

$$x_F \cdot \dot{n}_F = x_{LS} \cdot \left(\dot{n}_{l,A} - \dot{n}_{l,V}\right) - y_{LS} \cdot \left(\dot{n}_{g,A} - \dot{n}_{g,V}\right)$$

Mit $\dot{n}_{l,A} = \dot{n}_{l,V} + f \cdot \dot{n}_F$ und $\dot{n}_{g,V} = \dot{n}_{g,A} + (1 - f) \cdot \dot{n}_F$ ergibt sich die Schnittpunktsgerade zu:

$$y_{LS} = \frac{f}{f-1} \cdot x_{LS} - \frac{1}{f-1} \cdot x_{LS,F} \qquad (20.41)$$

Über die Energiebilanz am Zulaufquerschnitt und die Folgerung, dass die aufzubringende Enthalpie, um eine unterkühlte Flüssigkeit auf Siedetemperatur zu bringen, durch die Kondensation des in der Kolonne aufsteigenden Dampfes erfolgen muss, gilt:

$$\dot{n}_F \cdot (f-1) \cdot \Delta H_{m,F,Verd} = \dot{n}_F \cdot \left(H^0_{m,F} - H_{m,F}\right)$$

Dabei ist $\Delta H_{m,F,Verd}$ die Verdampfungsenthalpie des zulaufenden Gemischs, $H^0_{m,F}$ die Enthalpie des zulaufenden Gemischs im Siedezustand und $H_{m,F}$ die tatsächlich vorliegende Enthalpie.

Der kalorische Faktor lässt sich bei bekannten Zusammensetzungen und Feedtemperaturen berechnen:

$$f = 1 + \frac{H^0_{m,F} - H_{m,F}}{\Delta H_{m,F,Verd}} \qquad (20.42)$$

Aus den fünf beschriebenen Zuständen resultieren unterschiedliche Steigungen der Schnittpunktsgeraden (vgl. Bild 20.32).

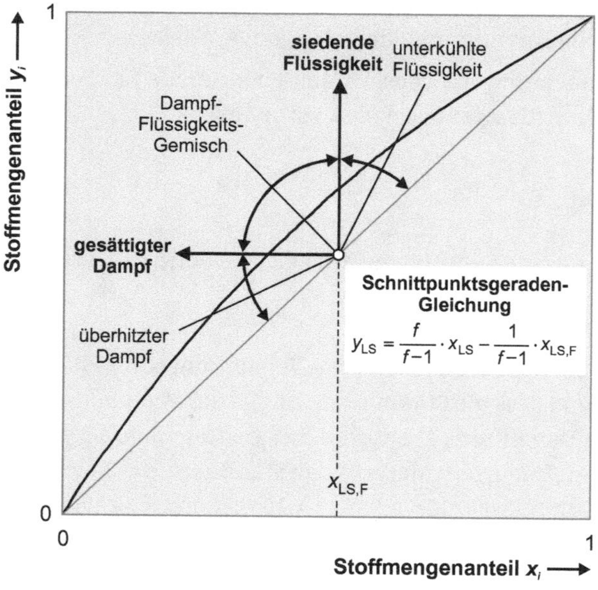

Bild 20.32 Beurteilung der Schnittpunktsgerade

In Tabelle 20.3 sind die unterschiedlichen Zustände und die zugehörigen Parameter zusammengefasst.

Tabelle 20.3 Aufstellung Zulaufarten des Feeds

	kalorischer Faktor	Steigung	Temperatur Feed	Enthalpie Feed
unterkühlte Flüssigkeit	$f > 1$	$1 < m_s < \infty$	$T_F < T_S$	$H_{m,F} < H^0_{m,F}$
siedende Flüssigkeit	$f = 1$	$m_s = \infty$	$T_F = T_S$	$H_{m,F} = H^0_{m,F}$
Dampf-Flüssigkeits-Gemisch	$0 < f < 1$	$-\infty > m_s > 0$	$T_F = T_S$	$H_{m,F} > H^0_{m,F}$
gesättigter Dampf	$f = 0$	$m_s = 0$	$T_F = T_S$	$H_{m,F} = H^0_{m,F} + \Delta H_{m,F,Verd}$
überhitzter Dampf	$f < 0$	$0 < m_s < 1$	$T_F > T_S$	$H_{m,F} > H^0_{m,F} + \Delta H_{m,F,Verd}$

Resultierend aus den beschriebenen Methoden ist ein vollständiges *McCabe-Thiele*-Diagramm konstruierbar. In Kenntnis der bekannten Stoffmengenanteile $x_{i,E}$, $x_{i,F}$ und $x_{i,A}$, des Rücklaufverhältnisses am Kolonnenkopf sowie des Zustandes des zufließenden Flüssigkeitsgemischs erhält man die Verstärkungs-, die Schnittpunkts- und die Abtriebsgerade. Das Rücklaufverhältnis im Kolonnenkopf kann für die Trennaufgabe allerdings nicht beliebig gewählt werden. Es ist durch zwei Lagen auf der zugehörigen Schnittpunktsgeraden begrenzt.

Unendliches Rücklaufverhältnis $\nu_{V,\infty}$

Bei einem unendlichen Rücklaufverhältnis wird der gesamte kondensierte Stoffmengenstrom im Kopf der Kolonne wieder zurückgeführt, und es findet keine Erzeugnisentnahme statt. Die Verstärkungsgerade fällt mit der Diagonale im Gleichgewichtsdiagramm zusammen, da sich eine Steigung von 1 ergibt. Somit verbindet sie auf direktem Weg die Schnittpunkte von $x_{i,A}$ und $x_{i,E}$ mit der Diagonale. Die Steigung der Abtriebsgerade nimmt daher ebenfalls den Wert 1 an (das Rücklaufverhältnis im Sumpf ist folglich ebenfalls unendlich groß). Findet am Sumpf und am Kopf der Kolonne ein unendliches Rücklaufen der Flüssigkeiten statt, resultiert daraus, dass es keinen Zulauf zur Kolonne geben darf, da kein weiterer Stoffstrom das Gesamtsystem verlässt. Ein **unendliches Rücklaufverhältnis** bedeutet ein thermodynamisches Gleichgewicht in einem System, was nicht durch einen zugeführten Stoffstrom beeinflusst wird. Somit muss es sich hier um die optimale Trennung mit minimaler Anzahl an Austauschzonen handeln.

Minimales Rücklaufverhältnis $\nu_{V,min}$

Das minimale Rücklaufverhältnis wird durch den Schnittpunkt der Schnittpunktsgerade mit der Gleichgewichtskurve des vorliegenden Stoffgemischs bestimmt. Außerhalb des Gebietes, das durch die Gleichgewichtskurve und die Hilfsdiagonale begrenzt ist, kann sich der Schnittpunkt nicht befinden, da die Verstärkungsgerade keine Punkte beinhalten darf, die bei herrschendem Druck unmögliche Gleichgewichte aus Dampf und Flüssigkeit (x_i und y_i) bilden. Durch den Schnittpunkt erhält die Verstärkungsgerade die kleinstmögliche Steigung (die Abtriebsgerade die maximale Steigung), und das Rücklaufverhältnis nimmt einen minimalen Wert an. Das charakterisiert den Betriebspunkt der maximalen Erzeugnisentnahme, und die Kolonne wird „stark" belastet, da im Kopf nur ein geringer Rücklauf von Flüssigkeit stattfindet. Die Trennaufgabe kann nur mit unendlich vielen Austauschzonen realisiert werden.

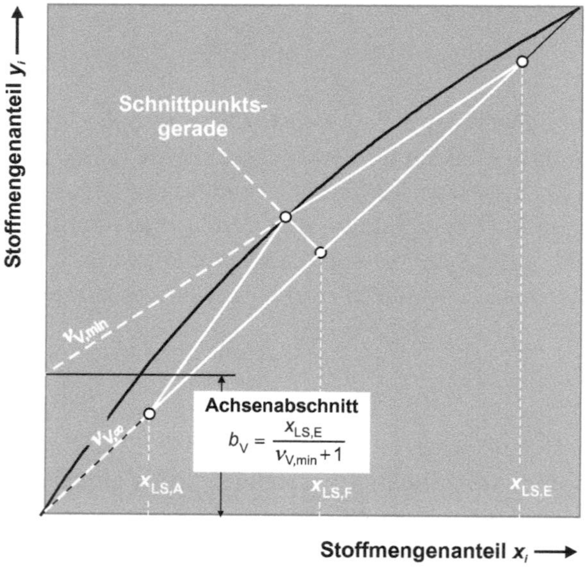

Bild 20.33 Bereich der Rücklaufverhältnisse

Liegt allerdings ein azeotropes Gemisch vor, so muss die Konstruktion über eine Tangente erfolgen. Bei der Konstruktion der Verstärkungsgerade muss sichergestellt sein, dass diese bis zum Schnittpunkt nicht oberhalb der Gleichgewichtskurve verläuft. Daher besitzt sie in diesem Fall einen Tangentenpunkt mit der Gleichgewichtskurve.

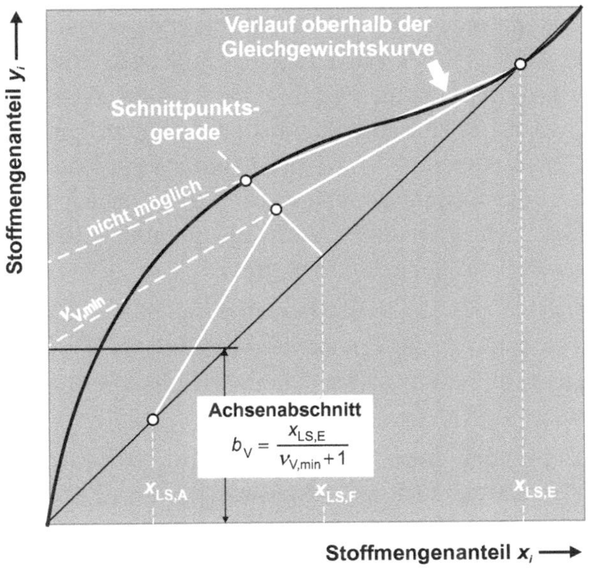

Bild 20.34 Ermittlung des minimalen Rücklaufverhältnisses bei azeotropen Zweistoffgemischen

Liegt ein ideales Zweistoffgemisch vor, kann das minimale Rücklaufverhältnis anhand der ***Underwood*-Gleichung** berechnet werden:

$$\nu_{V,min} = \frac{1}{\alpha - 1} \cdot \left(\frac{x_{LS,E}}{x_{LS,F}} - \alpha \cdot \frac{1 - x_{LS,E}}{1 - x_{LS,F}} \right) \tag{20.43}$$

Ändert sich die relative Flüchtigkeit über die Kolonnenhöhe, so kann näherungsweise die **mittlere relative Flüchtigkeit** $\overline{\alpha}$ für die Berechnung herangezogen werden.

$$\overline{\alpha} = \sqrt{\alpha_{Sumpf} \cdot \alpha_{Kopf}} \tag{20.44}$$

Eine Ermittlung der relativen Flüchtigkeit kann auch durch die Mittelung der Betriebstemperatur und der *Antoine*-Gleichung (Ermittlung der Dampfdrücke) erfolgen:

$$\vartheta_{Kolonne} = \frac{\vartheta_{Sumpf} + \vartheta_{Kopf}}{2}$$

$$\log\left(\frac{p^0}{1\ \text{mbar}}\right) = A - \frac{B}{\left(\frac{\vartheta_{Kolonne}}{1\,°C}\right) + C} \rightarrow \alpha_{LS,SS} = \frac{p^0_{LS}}{p^0_{SS}}$$

Um eine Einschätzung der Anzahl an Austauschzonen für die vorliegende Trennaufgabe zu erhalten, wurde der Begriff der theoretischen (idealen) Trennstufe eingeführt. Bei Bodenkolonnen entspricht idealerweise ein Boden einer theoretischen Trennstufe und gibt die Austauschprozesse auf den einzelnen Böden wieder. Im Gegensatz zu Füllkörperkolonnen (vgl. Abschnitt 20.3.4) findet hier der Prozess in räumlich getrennten Austauschzonen (Böden) und nicht kontinuierlich über den gesamten Verlauf der Kolonne statt. Findet eine Analyse des Trennvorgangs in Hinsicht auf die Anzahl der benötigten Böden statt, die hintereinander durchflossen bzw. durchströmt werden müssen, um das Produkt mit der gewünschten Reinheit zu erhalten, spricht man von der **Bestimmung der theoretischen Trennstufenzahl.** Wird eine bestimmte Bodenzahl berechnet, kann davon ausgegangen werden (bei idealem Verlauf), dass der Stoff- und Wärmeaustausch auf dem Weg durch die Kolonne **vollständig** bis zur zu erzielenden Konzentration am Ende (Kopf) stattfindet.

Eine **theoretische Trennstufe** ist als ein rein idealer Zustand anzusehen. Um diesen zu erreichen, wird zugrunde gelegt, dass die die Trennstufe verlassenden Flüssigkeits- und Dampfströme im Gleichgewicht stehen und somit keine weiteren Stoff- und Wärmeübergänge mehr möglich sind.

Durch die in der Rektifikation vorliegenden entgegengesetzten Stoffströme (Gegenstrom) treffen so in jedem Boden (Trennstufe) nicht im Gleichgewicht stehende Stoffströme aufeinander, in denen es erneut zu Wärme- und Stoffübergängen kommt. Eine analoge Betrachtung im Gleichstromprinzip – das heißt, die Ströme stehen nach einem Boden im Gleichgewicht und fließen parallel auf den nächsten Boden – kann nur zu einer theoretischen Trennstufenzahl von 1 führen, da im Gleichgewicht kein weiterer Austausch stattfindet.

In Bild 20.35 am Beispiel des Bodens Nr. 2 des Verstärkungsteils einer Rektifikationsanlage im Gegenstrombetrieb (vgl. auch Bild 20.25) wird der beschriebene Zusammenhang deutlich. Der Dampf und die Flüssigkeit, die die Trennstufe verlassen, besitzen unterschiedliche Stoffmengenanteile an Leichtsieder $y_{LS,2}$ und $x_{LS,2}$, welche durch das Gleichgewicht auf Boden Nr. 2 beschrieben werden. Der nach oben steigende Dampf tritt daraufhin in Kontakt mit der Flüssigphase aus Boden 1 (Stoffmengenanteil $x_{LS,1}$) und die nach unten fließende Phase auf einen Dampf aus Boden 3 (Stoffmengenanteil $y_{LS,3}$). Daraus ergeben sich folglich neue Trennstufen. Durch diesen Prozess werden die Stoffmengenanteile an Leichtsieder im Dampf beim Durchströmen der Trennstufen nach oben immer größer und daraus resultierend die Stoffmengenanteile in der nach unten fließenden Flüssigkeit immer geringer.

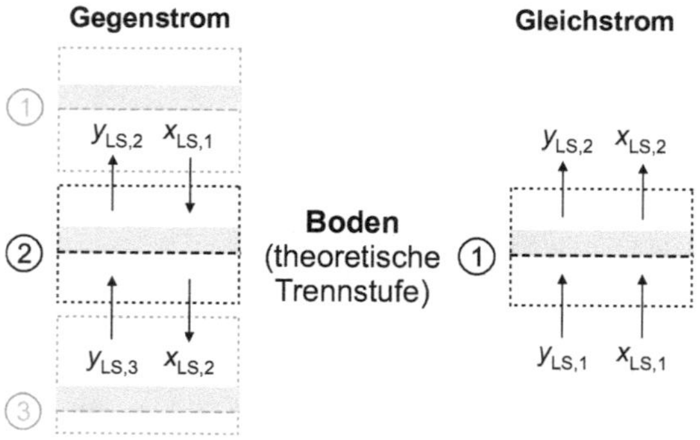

Bild 20.35
Theoretischer Boden bei Gegenstrom- und Gleichstromfahrweise

In der Verstärkung gilt also:

$y_{LS,1} > y_{LS,2} > y_{LS,3} > \ldots > y_{LS,F}$ und

$x_{LS,1} < x_{LS,2} < x_{LS,3} < \ldots < x_{LS,F}$

Durch Kenntnis der drei Geraden im *McCabe-Thiele*-Diagramm kann eine **„Stufenkonstruktion“** erfolgen, die eine grafische Möglichkeit bietet, die theoretische Bodenzahl einer Kolonne zu bestimmen. Man geht dabei von einem nahezu konstanten Druck in der gesamten Kolonne aus, da das Gleichgewichtsdiagramm nur für diesen Fall gilt. Ferner muss es sich um ein ideales Zweistoffgemisch handeln, wodurch die Gleichgewichtskurve oberhalb der Diagonale liegt und beide Komponenten nahezu identische Verdampfungsenthalpien haben. Es darf dabei kein Wärmeübergang zur Umgebung der Kolonne stattfinden, also kein Temperaturgradient „quer“ zur Kolonne vorliegen, was durch eine ausreichende Wärmeisolierung erreicht werden kann.

Die **Konstruktion der Stufen** kann von der Erzeugniskonzentration begonnen werden. Folgendermaßen geht man vor (vgl. Bild 20.36):

1. Es wird an den Punkt, der durch die Stoffmengenanteile des Leichtsieders im Erzeugnis $x_{LS,E}$ und der Diagonale definiert ist ($x_{LS,E}$; $y_{LS,1}$), eine waagerechte Linie eingezeichnet, die die Gleichgewichtskurve in Punkt (x_1; y_1) schneidet. Diese steht für die den Boden verlassenden und im Gleichgewicht stehenden Phasen.
2. Von diesem Schnittpunkt wird eine senkrechte Linie auf die Arbeitsgerade (im Verstärkerteil ist es die Verstärkungsgerade) gezogen, und man erhält den Punkt (x_1; y_2). Die Senkrechte schließt die erste Trennstufe.
3. Analog zur oben beschriebenen Vorgehensweise werden von dort aus die weiteren Stufen eingezeichnet. Beim Überschreiten des Schnittpunktes der Schnittpunkts- und der Verstärkungsgeraden wird die Konstruktion auf Basis der Abtriebsgerade weitergeführt.
4. In der letzten Stufe unterschreitet man die Sumpfkonzentration und erhält somit die letzte Stufe.

In Bild 20.36 wird eine Stufenkonstruktion für das Zweistoffgemisch Methanol/Ethanol ($p = 1$ bar und 0,1 bar) durchgeführt. Der Erzeugnisstoffmengenanteil des Leichtsieders soll $x_{LS,E} = 0{,}95$ und im Sumpf $x_{LS,A} = 0{,}15$ betragen. Das Rücklaufverhältnis im Kopf der Kolonne ist $v_V = 9$ und der kalorische Faktor beträgt $f = 0{,}5$.

Die Anzahl der Trennstufen N_{th} erhält man durch Zählen der konstruierten Senkrechten, da diese die einzelnen Gleichgewichte widerspiegeln. Es ist zu beachten, dass es sich beim Sumpf (Verdampfer mit siedender Flüssigkeit) um eine Trennstufe handelt, und diese von der Gesamtzahl abgezogen wird.

Der Kopfteil wird nicht als Stufe gewertet, wenn der gesamte erzeugte Dampf kondensiert wird. Bei einer **Teilkondensation** des Dampfes findet auch hier eine Trennung statt, und es wird zusätzlich zum Sumpf noch eine Trennstufe von der Gesamtstufenzahl abgezogen. In Bild 20.36 ergeben sich bei einem Druck von 1 bar elf Trennstufen, wovon nur zehn auszuführen sind, da eine Stufe auf den Sumpf entfällt. Von diesen werden vier im Abtriebs- und sechs im Verstärkungsteil der Kolonne benötigt, um die geforderten Konzentrationen in Kopf und Sumpf zu erhalten. Der Zulauf befindet sich auf dem siebten Boden (Nummerierung erfolgt von oben nach unten). Eine Rektifikation bei einem Druck von 0,1 bar würde nur sieben Stufen erfordern.

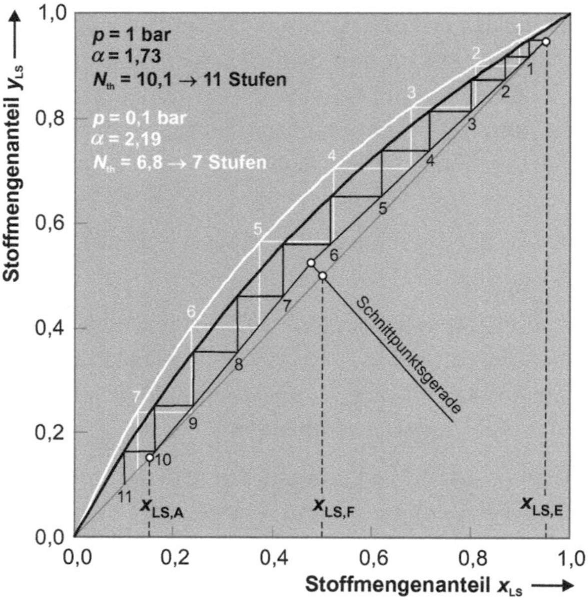

Bild 20.36 Bestimmung der theoretischen Stufenzahl (Methanol/Ethanol) bei zwei unterschiedlichen Drücken

Um den **Einfluss des Rücklaufverhältnisses** zu verdeutlichen, sind in Bild 20.37 die beiden Extremzustände $v_{V,min}$ und $v_{V,\infty}$ dargestellt. Ist das **Rücklaufverhältnis unendlich groß**, fließt also der gesamte kondensierte Strom im Kopf zurück, erhält man die Mindeststufenzahl und somit die Anzahl an theoretischen Böden, die als Minimum für die zugrunde liegende Trennaufgabe nötig ist.

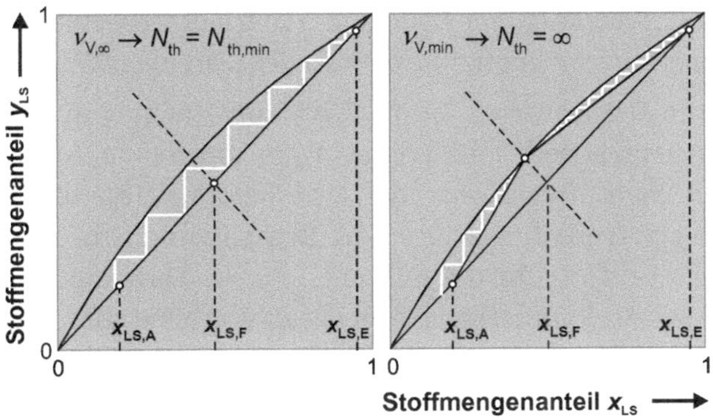

Bild 20.37 Einfluss des Rücklaufverhältnisses auf die theoretische Stufenzahl

$$\nu_V = \infty \rightarrow N_{th,min}$$

Bei bekannter Flüchtigkeit kann nach *Fenske* direkt auf die Mindeststufenzahl geschlossen werden:

$$N_{th,min} = \frac{\log \frac{x_{LS,E}}{1-x_{LS,E}} - \log \frac{x_{LS,A}}{1-x_{LS,A}}}{\log \alpha} - 1 \qquad (20.45)$$

Ist das Rücklaufverhältnis minimal, liegt also der Schnittpunkt der beiden Arbeitsgeraden auf der Gleichgewichtskurve, kann keine sinnvolle Stufenkonstruktion durchgeführt werden, da es zu unendlich vielen und kleinen Stufen im Bereich des Schnittpunktes kommt. Daraus resultiert, dass für diesen Fall unendlich viele Böden nötig sind, um die Trennaufgabe zu bewältigen.

$$\nu_{V,min} \rightarrow N_{th} = \infty$$

Es ist zu berücksichtigen, dass im technischen Anwendungsfall nicht davon ausgegangen werden kann, dass die den Boden verlassende Flüssigkeit im Gleichgewicht mit dem den Boden verlassenden Dampf steht. In der Praxis findet man Trennleistungen pro Boden vor, die zumeist nur 50 bis 80 % der eines idealen theoretischen Bodens entsprechen (Stufenwirkungsgrad, Bodennutzungsgrad ψ_{St}). Die tatsächliche Bodenzahl wird durch Vergrößerung der Anzahl auf den realen Anwendungsfall angepasst.

$$\psi_{st} = \frac{N_{th}}{N_{real}} \qquad (20.46)$$

Der **mittlere Stufenwirkungsgrad** stellt den praktischen Wirkungsgrad eines Bodens dar, wobei dieser ausschließlich Zahlenwerte < 1 annehmen kann. Die Werte für ψ_{St} sind über die gesamte Kolonne nicht als Konstanten anzusehen, da sie von mehreren variablen Einflussgrößen abhängig sind. Dabei sind dies vor allem konstruktive

Bedingungen (z. B. Abstand und Konstruktion der Böden) und Betriebsbedingungen (Betriebsdruck, Rücklaufverhältnis Zusammensetzung und Art des Blasengemisches).

Bei festgelegtem Feedzustand und Betriebsdruck ist das Rücklaufverhältnis in der Verstärkung als wichtigste Betriebsvariable für die Trennaufgabe anzusehen. Dabei stehen sich hier Betriebs- und Investitionskosten für eine Kolonne gegenüber (Bild 20.38). Mit steigendem Rücklaufverhältnis steigen die Betriebskosten, da hier auf das Erzeugnis bezogen mehr Leistung für die Kühlung und die Verdampfung eingesetzt werden muss. Wird konstruktionsseitig die Bodenzahl erhöht oder der Stoffaustausch auf den Böden verbessert, erhöhen sich die Investitionskosten (inklusive Amortisations- und Reparaturkosten).

Im Umkehrschluss werden die Investitionskosten bei höheren Rücklaufverhältnissen kleiner. Aus den beiden Kostentypen setzen sich samtkosten zusammen, wobei sich qualitativ folgender Zusammenhang ergibt (vgl. Bild 20.38). So kann unter Berücksichtigung der auftretenden Kosten auf ein optimales Rücklaufverhältnis geschlossen werden. Übliche wirtschaftlich günstige Verhältnisse liegen bei $\nu_V = (1{,}3...1{,}6) \cdot \nu_{V,min.}$ In Maximalfällen kann das ausgeführte dem Fünf- bis Zehnfachen des minimalen Rücklaufverhältnisses entsprechen.

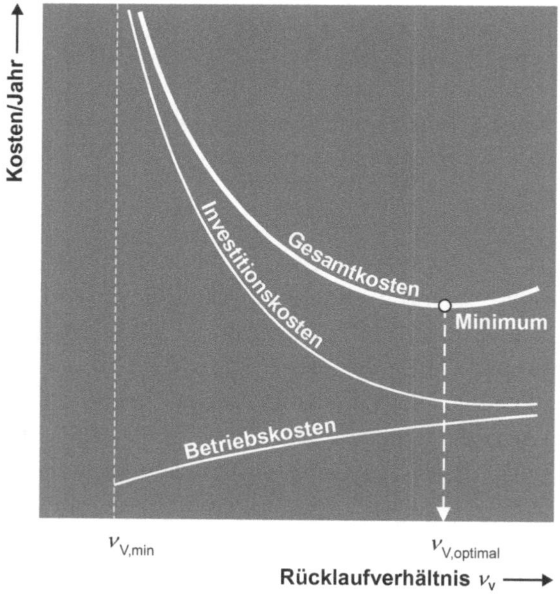

Bild 20.38 Wirtschaftlich optimales Rücklaufverhältnis

Exkurs 20.1 MESH- und Short-Cut-Methoden

Die MESH-Gleichung berücksichtigt alle Stoffströme, Enthalpien und Gleichgewichte, die an einem Boden in einer Kolonne entstehen. Jeder dieser Böden stellt einen eigenständigen und nicht noch einmal vorhandenen Bilanzraum in der Kolonne dar. MESH steht als Abkürzung für

Material balance (Massenbilanz)

Equilibrium conditions (Gleichgewichtsbeziehung)

Summation conditions (Summationsbedingungen)

Heat balance (Wärmebilanz)

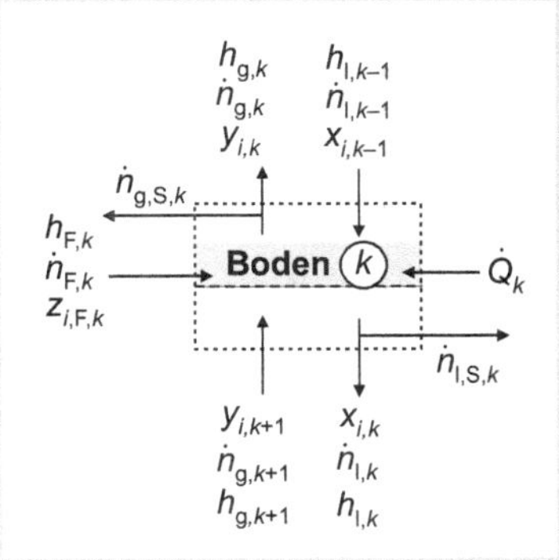

Am Boden *k* wurden die **MESH-Gleichungen** dargestellt. Es ist zu beachten, dass hier nicht ausschließlich Stoffströme, sondern auch Enthalpie- bzw. Wärmesströme berücksichtigt werden.

Bei der Darstellung werden alle in der Praxis möglichen Beeinflussungen eines Bodens berücksichtigt (die bei nicht Vorhandensein den Zahlenwert 0 annehmen). Für jeden Boden gilt:

- möglicher Zulauf $\dot{n}_{\mathrm{f}}$ (Feed)
- zu- und abfließende Flüssigkeitsströme $\dot{n}_{\mathrm{l}}$
- zu- und abströmende Dampfströme $\dot{n}_{\mathrm{g}}$
- Dem abfließenden Flüssigkeitsstrom kann ein Teilstrom entnommen werden (flüssiger Seitenstrom).
- Dem abströmenden Dampfstrom kann ein Teilstrom entnommen werden (gasförmiger Seitenstrom).
- Es kann Wärme Q zu- und abgeführt werden.

Alle (zu- und abgeführten) Stoffströme enthalten:

Material balance (Massenbilanz)

$$M_{i,k} \rightarrow 0 = \dot{n}_{\mathrm{l},k-1} \cdot x_{i,k-1} + \dot{n}_{\mathrm{g},k+1} \cdot y_{i,k+1} + \dot{n}_{\mathrm{F},k} \cdot z_{i,\mathrm{F},k} - (\dot{n}_{\mathrm{g},k} + \dot{n}_{\mathrm{g,S},k}) \cdot y_{i,k} - (\dot{n}_{\mathrm{l},k} + \dot{n}_{\mathrm{l,S},k}) \cdot x_{i,k}$$

Equilibrium conditions (Gleichgewichtsbeziehung)

$$E_{i,k} \rightarrow 0 = y_{i,k} - K_{i,k} \cdot x_{i,k}$$

Summation conditions (Summationsbedingungen)

$$S_{x,k} \rightarrow 0 = \sum x_{i,k} - 1$$

$$S_{y,k} \rightarrow 0 = \sum y_{i,k} - 1$$

Heat balance (Wärmebilanz)

$$H_{i,k} \rightarrow 0 = \dot{n}_{l,k-1} \cdot h_{l,k-1} + \dot{n}_{g,k+1} \cdot h_{g,k+1} + \dot{n}_{F,k} \cdot h_{F,k} - (\dot{n}_{g,k} + \dot{n}_{g,S,k}) \cdot h_{g,k} - (\dot{n}_{l,k} + \dot{n}_{l,S,k}) \cdot h_{l,k}$$

Setzt man einen stationären Betrieb voraus, steht die Anlage im absoluten Gleichgewicht und die Gleichungen für Wärme-und Stoffmengen müssen den Wert 0 ergeben, da es nicht zu Anreicherungen im Bilanzraum (Boden) kommen kann. In einer gesamten Kolonne können so schnell unzählige Gleichungssysteme auftreten, die nur rechnergestützt iterativ lösbar sind.

Anzahl der Gleichungen:

Mengenbilanz	$N_{Böden} \cdot N_{Komponenten}$
Gleichgewichtsbeziehung	$N_{Böden} \cdot N_{Komponenten}$
Summationsbilanz	$2 \cdot N_{Böden}$
Enthalpiebilanz	$N_{Komponenten}$
Summe	$\mathbf{N_{Böden} \cdot (3 \cdot N_{Komponenten} + 2)}$

Bei einer Kolonne mit 20 Böden und 3 Komponenten, was eine wenig komplexe Aufgabenstellung darstellt, müssen schon 220 Gleichungen in die Iteration einbezogen werden.

Um eine effiziente Berechnung durchzuführen, müssen für die Iteration sinnvolle Startwerte vorliegen. Im Kapitel wurden bereits Methoden beschrieben, diese zu erhalten. Sie werden als **Short-Cut-Methoden** bezeichnet. Hier legt man Vereinfachungen zugrunde, die real nicht vorliegen, aber den Rechenaufwand stark verringern. Es kann z. B. von konstanten relativen Flüchtigkeiten ausgegangen oder das Trennproblem auf zwei Stoffe reduziert werden (Schlüsselkomponenten). Zu den Short-Cut-Methoden zählen z. B. die *Underwood*-Gleichung (Formel 20.43), die *Fenske*-Gleichung (Formel 20.45) oder das ***Gilliland*-Diagramm**, ein empirisch ermittelter Zusammenhang zwischen der Stufenzahl und dem Rücklaufverhältnis.

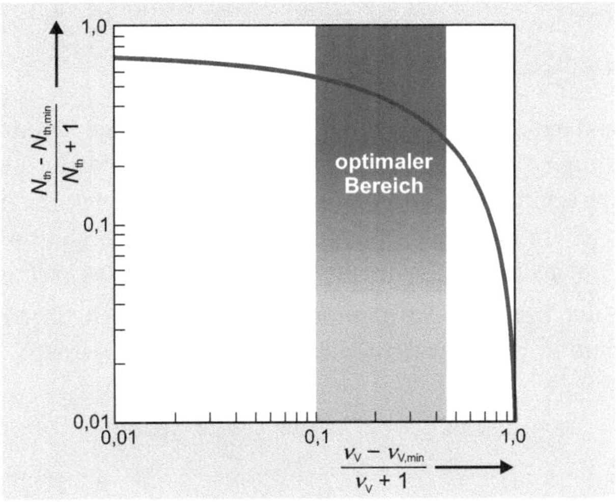

Für binäre Gemische stellt die beschriebene *McCabe-Thiele*-Stufenkonstruktion eine Möglichkeit dar, mit welcher ohne Rechnerunterstützung sinnvolle Zielgrößen (minimales Rücklaufverhältnis bzw. minimale Bodenzahl) erhalten werden. Die Einfachheit des verbreiteten *McCabe-Thiele*-Verfahrens ist auf die Tatsache zurückzuführen, dass die Enthalpiebilanz entfällt und man nur Mengenbilanzen löst. Alternativ kann man das *Ponchon-Savarit*-Verfahren anwenden, welches stark unterschiedliche Verdampfungsenthalpien oder Mischungswärmen berücksichtigt, da durch diese keine konstanten Stoffmengenströme längs der Kolonne vorliegen.

20.3.3 Wärmebedarf und Heizleistung

Um den Wärmebedarf einer Rektifikationskolonne zu berechnen, wird eine Bilanzierung um die gesamte Kolonne vorgenommen und werden die **zugeführten Wärmeströme** (Stoffstrom Feed und Beheizung durch Verdampfer) mit den **abgeführten Wärmeströmen** (Stoffströme Erzeugnis und Sumpf sowie Kühlung durch Kondensator) gleichgesetzt.

$$\dot{n}_F \cdot H_{m,F} + \dot{Q}_Z = \dot{n}_E \cdot H_{m,E} + \dot{n}_A \cdot H_{m,A} + \dot{Q}_A \tag{20.47}$$

Grundlegend für diese Energiebilanz ist, dass die Kolonne keinen Wärmeaustausch mit der Umgebung besitzt (adiabate Kolonne) und keine Zwischenabnehmerstellen (Seitenströme) bzw. mehrere Feedeingänge aufweist. Um die abgeführte Wärme am Totalkondensator im Kopf der Kolonne zu berechnen, erfolgen dort folgende Bilanzen.

1. Massenbilanz: $\dot{n}_{g,V} = \dot{n}_E + \dot{n}_{R,V} = (1 + \nu_V) \cdot \dot{n}_E$
2. Wärmebilanz: $\dot{n}_{g,V} \cdot H_{m,D} = \dot{Q}_A + \left(\dot{n}_E + \dot{n}_{R,V}\right) \cdot H_{m,E}$

Umstellen und Einsetzen:

$$\dot{Q}_A = (1 + \nu_V) \cdot \dot{n}_E \cdot \left(H_{m,D} - H_{m,E}\right) = (1 + \nu_V) \cdot \dot{n}_E \cdot \Delta H_{m,Verd} \quad (20.48)$$

Geht man von einer Totalkondensation aus ($H_{m,D} - H_{m,E} = \Delta H_{m,Verd}$) und kennt man das Rücklaufverhältnis und den abgezogenen Erzeugnisstrom, kann der abzuführende Wärmemengenstrom berechnet werden. In Kenntnis der Enthalpien der weiteren Stoffströme (meist aus einem Enthalpie-Diagramm zu entnehmen) kann die aufzubringende Verdampferwärme für die Trennaufgabe nach Formel 20.47 erfolgen.

Näherungsweise kann der benötigte Verdampferwärmestrom auch über den Gasstrom im Sumpf der Kolonne mit folgender Gleichung abgeschätzt werden:

$$\dot{Q}_Z \approx \dot{n}_{g,A} \cdot \Delta H_{m,Verd}$$

Beispiel 20.3

Eine binäres ideales Lösemittelgemisch (23 kmol/h, $x_{LS,F} = 0{,}4$) wird als siedende Flüssigkeit einer Rektifikation zugeführt. Nach der Auftrennung soll das Kopfprodukt $x_{LS,E} = 0{,}95$ und das Sumpfprodukt von $x_{SS,A} = 0{,}90$ enthalten. Vom eingesetzten Zweistoffgemisch ist nur die relative Flüchtigkeit ($\alpha_{LS/SS} = 2{,}05$) und eine als konstant anzusehende Verdampfungsenthalpie ($H_V = 50\,800$ J/mol) bekannt. Der Bodenwirkungsgrad der in der Kolonne verbauten Böden beträgt 89 %. Es soll die Bodenzahl für diese Trennaufgabe ermittelt werden, wenn die Kolonne wirtschaftlich bei einem Rücklaufverhältnis betrieben werden kann, welches doppelt so groß ist, wie das Mindestrücklaufverhältnis. Ferner ist der Kühlwassermassenstrom bei einer Totalkondensation zu bestimmen, wenn das zugeführte Kühlwasser sich dabei von 20 auf 60 °C erwärmt, unter der Annahme, dass alle Vorgänge verlustfrei stattfinden.

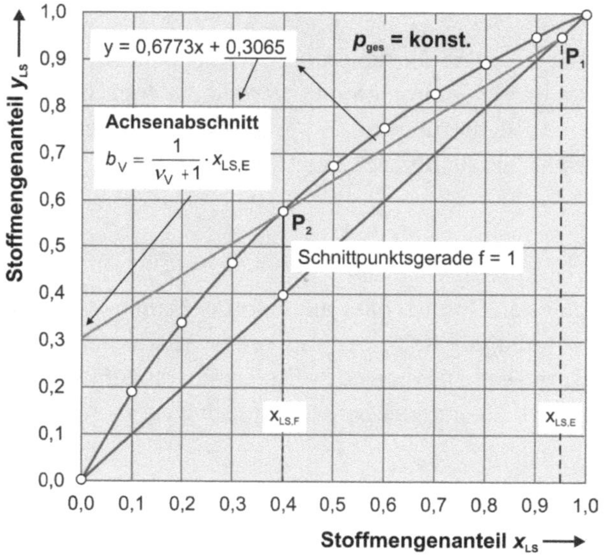

Um eine Bestimmung der Trennstufenzahl durchführen zu können, muss zunächst ein Gleichgewichtsdiagramm anhand der relativen Flüchtigkeit und Formel 20.10 erstellt werden (sinnvollerweise in äquidistanten Schritten für x_{LS}).

Die Verstärkungsgerade für das minimale Rücklaufverhältnis ergibt sich durch die beiden Punkte P_1 ($x_{LS,E} = y_{LS,E}$) und P_2 ($x_{LS,F}$; $y_{LS,GG}$), da aus dem kalorischen Faktor ($f = 1$, siedender Zulauf) eine senkrechte Schnittpunktsgerade resultiert. P_2 kann zeichnerisch (im Diagramm) oder rechnerisch (Formel 20.10) ermittelt werden.

Das Rücklaufverhältnis berechnet sich aus dem Achsenabschnitt b_V zu:

$$\nu_{V,\min} = \frac{x_{LS,E}}{b_V} - 1 = \frac{0,95}{0,3065} - 1 = 2,10$$

$$\nu_V = 2 \cdot \nu_{V,\min} = 4,20$$

(Das Mindestrücklaufverhältnis von idealen Zweistoffgemischen ist auch nach Underwood, Formel 20.43 direkt berechenbar.)

Durch die resultierende Verstärkungsgerade aus Formel 20.36

$$y_{LS,V} = 0,8076 \cdot x_{LS,V} + 0,1827$$

kann der neue Schnittpunkt mit der Schnittpunktsgeraden zeichnerisch oder rechnerisch durch Gleichsetzen der Geradengleichungen ermittelt werden:

$$y_{LS,S} = 0,8076 \cdot 0,4 + 0,1827 = 0,5058$$

Somit sind zwei Punkte der Abtriebsgeraden bekannt P_1 ($x_{LS,A} = y_{LS,A}$) und P_2 ($x_{LS,F}$; $y_{LS,S}$) und für die Abtriebsgerade ergibt sich folgende Geradengleichung:

$$y_{LS,A} = 1,3527 \cdot x_{LS,A} - 0,0353$$

Durch eine Stufenkonstruktion erhält man eine theoretische Stufenzahl von 10 (+Sumpf)

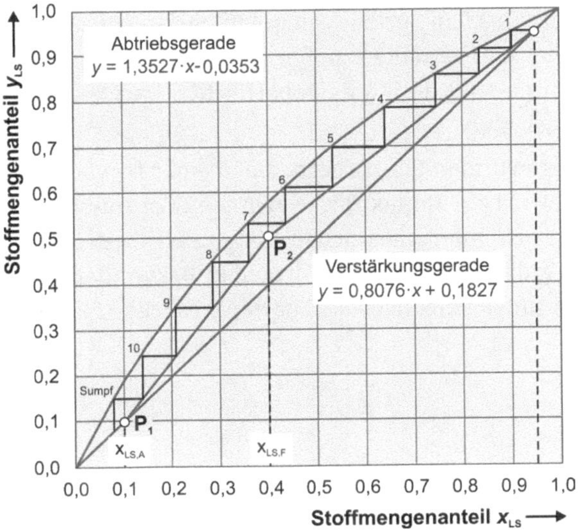

und somit eine reale Stufenzahl nach Formel 20.46:

$$N_{\text{real}} = \frac{N_{\text{th}}}{\psi_{St}} = \frac{10}{0,89} = 11,2$$

Die Kolonne muss mit 12 Trennstufen (Böden) ausgeführt werden.

Um den Kühlwassermassenstrom zu bestimmen, muss zunächst der Erzeugnisstoffmengenstrom am Kopf der Kolonne nach Formel 20.33 bestimmt werden:

$$\dot{n}_{\text{E}} = \frac{x_{\text{LS,F}} - x_{\text{LS,A}}}{x_{\text{LS,E}} - x_{\text{LS,A}}} \cdot \dot{n}_{\text{F}} = \frac{0,4 - 0,1}{0,95 - 0,1} \cdot 23\frac{\text{kmol}}{\text{h}} = 8,12\frac{\text{kmol}}{\text{h}}$$

Nach Formel 20.48 berechnet sich der abzuführende Wärmestrom

$$\dot{Q}_{\text{A}} = (1 + \nu_{\text{V}}) \cdot \dot{n}_{\text{E}} \cdot \Delta H_{\text{m,Verd}}$$

$$= (1 + 4,20) \cdot \frac{8,12\frac{\text{kmol}}{\text{h}} \cdot 1000\frac{\text{mol}}{\text{kmol}}}{3600\frac{\text{s}}{\text{h}}} \cdot 50800\frac{\text{mol}}{\text{kmol}} = 595,5\ \text{kW}$$

Unter Annahme einer verlustfreien Wärmeübertragung ohne Verdampfungseffekte errechnet sich der Kühlwasserstrom nach Formel 17.12:

$$\dot{Q}_{\text{A}} = \dot{Q}_{\text{Wasser}} = \dot{m}_{\text{Wasser}} \cdot c_{\text{p,Wasser}} \cdot \Delta T_{\text{Wasser}}$$

$$\dot{m}_{\text{Wasser}} = \frac{595500\ \text{W}}{4190\frac{\text{J}}{\text{mol}\cdot\text{K}} \cdot (60 - 20)\ \text{K}} = 3,553\frac{\text{kg}}{\text{s}} = 12791\frac{\text{kg}}{\text{h}}$$

20.3.4 Füllkörper- und Packungskolonnen

Eine konstruktiv gesehen einfachere Methode, Flüssigkeit und Gasphase in Kontakt zu bringen, besteht darin, das Gas fein verteilt von unten nach oben als Blasen durch eine Flüssigkeit zu leiten oder fein verteilte Tropfen in einen Gasphasenstrom einzusprühen. Bei beiden Verfahren sind die Kontaktoberflächen nach der Aufgabe der Stoffströme wenig beeinflussbar.

Unter Zuhilfenahme von sogenannten Füllkörpern, die in einer regellosen Schüttung in einer Kolonne vorliegen, wird die Kontaktfläche zwischen Gas und Flüssigkeit vergrößert. Füllkörper können aus unterschiedlichen Materialien bestehen (z. B. Keramik, Glas, Edelstahl) und werden in definierten Formen (z. B. Zylinder, Kugeln, Sattel und Ringe) ausgeführt, die unterschiedlichste Bauarten besitzen (Pall®-Ringe, Berl-Sattelkörper, Top-Pak®).

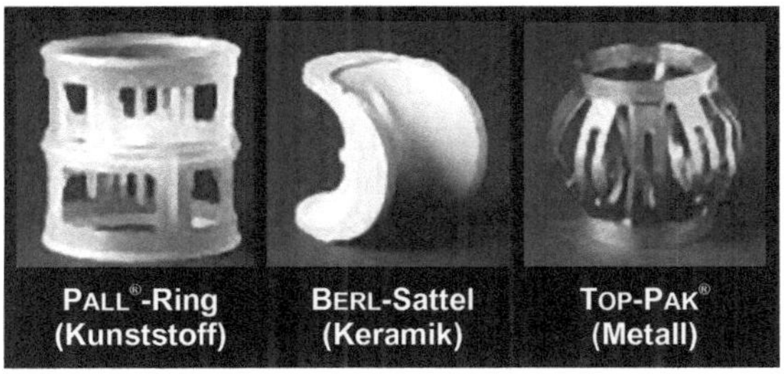

Bild 20.39 Füllkörper für regellose Schüttungen

Im Kopf der Füllkörperkolonne wird analog zur Bodenkolonne der Rücklauf zugeführt. Der Dampf steigt in den Freiräumen zwischen den Füllkörpern auf, und die flüssige Phase verteilt sich als Film auf den Füllkörpern, welche z. B. auf Siebböden liegen. Dabei ist die Kolonne im Kopf nicht komplett mit Füllkörpern gefüllt, um eine Beruhigungszone zu schaffen, wo sich z. B. mitgerissene Tröpfchen absetzen und in die Kolonne zurückgeführt werden.

Betrachtet man die Arbeitsgeraden im *McCabe-Thiele*-Diagramm, kann man mit diesen kontinuierlich die Zusammensetzungen von aufsteigendem Dampf und entgegenfließender Flüssigkeit in jedem beliebigen Querschnitt bestimmen (obwohl es sich um zonenweise Austauschvorgänge in einer Bodenkolonne handelt). Eine Füllkörperkolonne arbeitet über die Schüttung gesehen kontinuierlich, da der Stoffaustausch zwischen Dampf- und Flüssigkeitsstrom in der gesamten Schüttung vollzogen wird.

Allerdings treten bei der Verteilung des Flüssigkeitsstromes in einer Schüttung Probleme auf, da dieser möglichst auf der gesamten Oberfläche gleichmäßig verteilt werden sollte. Im Kopf findet die Verteilung mithilfe eines Flüssigkeitsverteilers statt, muss aber auch auf dem Weg zum Sumpf der Kolonne erhalten bleiben, um eine möglichst große Kontaktfläche zu erzeugen. Um eine mögliche Oberflächenverkleinerung durch sich in Kanälen bildende Flüssigkeitsströme oder Randgängigkeit zu verhindern, wird die Flüssigkeit nach einer gewissen Höhe auf einem Boden gesammelt und erneut auf die nächste Schüttung verteilt. Ferner kann mithilfe von Wandabweisern der Randgängigkeit innerhalb einer Füllkörperschüttung entgegengewirkt werden.

Bei der Konstruktion für eine festgelegte Trennaufgabe ist der Durchmesser einer Füllkörperkolonne von enormer Wichtigkeit. Er wird durch die maximale **Dampf- und Flüssigkeitsbelastung** limitiert. Diese Größen bestimmen den Druckverlust innerhalb der Schüttung bzw. innerhalb der Kolonne. Steigt die Dampfbelastung, was einen höheren Druckverlust zur Folge hat, wird ein Abfließen der flüssigen Phase zunehmend verhindert. Die Flüssigkeit nimmt in der Packung zu, wobei man von Stauen der Flüssigkeit spricht **(Staugrenze)**. Der dem Dampf zur Verfügung stehende freie Querschnitt zwischen den Füllkörpern wird durch diesen Effekt immer kleiner, und die Geschwindigkeit der Gasphase nimmt zu. Dies zieht erhöhte Turbulenzen und somit auch einen besseren Stoffaustausch nach sich. Erhöht man allerdings den

Dampfstrom bis zu einer Grenze, an der die Flüssigkeit nicht mehr abfließen kann **(Flutgrenze, Flutpunkt)**, füllt sich die Kolonne mit einer zusammenhängenden Flüssigkeitssäule. Der Dampf tritt dann in kleinen Blasen durch die Flüssigkeit, und der Effekt der Oberflächenvergrößerung durch die Füllkörper entfällt. Aus diesem unerwünschten Zustand resultieren ein hoher Druckverlust und eine schlechte Trennleistung. In der technischen Anwendung strebt man häufig Betriebsweisen nahe unter der Flutgrenze an, um die bestmögliche Trennwirkung zu erzielen.

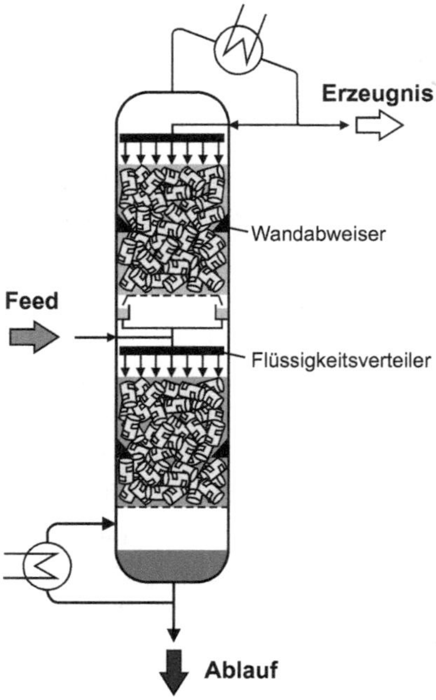

Bild 20.40
Füllkörperkolonne bei der Rektifikation

Im Gegensatz zu den Schüttungen aus Füllkörpern sind **Packungen** geordnete Systeme (vgl. Bild 20.41). Sie bestehen aus großen, an den Kolonnendurchmesser angepassten Formen, die mit geregelten Kanälen durchsetzt sind.

So kann bei flächiger Aufgabe des Flüssigkeitsstroms von einer definierten Flüssigkeitsverteilung und Kontaktoberfläche ausgegangen werden. Die Packungen bestehen aus offenen Kanälen, die sich in unterschiedlichen, aber definierten Winkeln kreuzen. Die Bauarten sind analog zu den Füllkörpern mannigfaltig, was die Form der Kanäle, die Materialien und die Oberflächenbeschaffenheit betrifft. Im technischen Anwendungsfall weisen Packungskolonnen aufgrund ihres Aufbaus höhere Belastbarkeiten auf und erzielen somit ein besseres Trennergebnis als regellose Füllkörperschüttungen, sind aber kostenintensiver. Im Gegensatz zu Bodenkolonnen liegt der Vorteil der Füllkörper- und Packungskolonnen neben der guten Trennleistung in dem geringeren Druckverlust begründet.

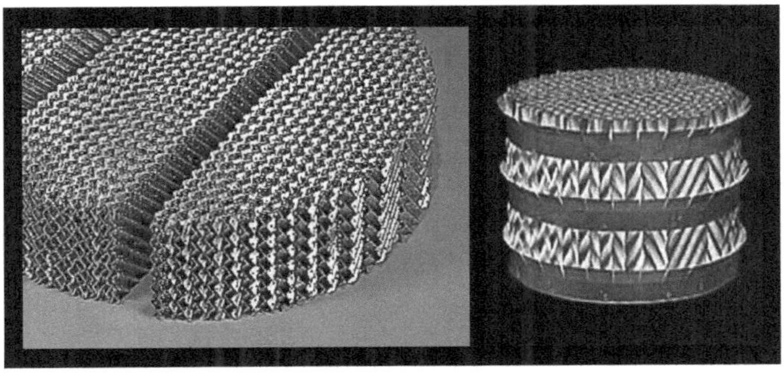

Bild 20.41 Strukturierte Packungen (Raschig®-Pak und Montz®-Pak)

Die Angabe einer theoretischen Stufenzahl kann bei einer konstruktiven Umsetzung einer Füllkörperschüttung als nicht geeignet angesehen werden. Füllkörperschüttungen oder Packungskolonnen werden mit dem **Konzept der Übertragungseinheit** berechnet. Dieses Konzept ist eng mit den Stofftransportgleichungen der Zweifilmtheorie verknüpft.

Analog zur Bestimmung der idealen Trennstufen in Bodenkolonnen muss eine mathematisch aufwendigere Ermittlung für die Übertragungseinheiten durch die **Anzahl der Übertragungseinheiten** (*NTU*) und die **Höhe einer Übertragungseinheit** (***HTU***) erfolgen, wobei man zwischen Gas- und flüssiger Phase unterscheidet (vgl. Kapitel 21).

$$h_{\text{Schüttung}} = HTU \cdot NTU \tag{20.49}$$

Die Höhe einer Übertragungseinheit nimmt zu, wenn

- ein Volumenstrom erhöht wird
- sich der Stoffübergangskoeffizient verschlechtert
- sich die Kontaktoberfläche verringert

Eine Berechnung der Anzahl an Übertragungseinheiten (*NTU*) wird durch numerische und grafische Integrationsverfahren realisiert, wobei die vorliegenden Parameter wie Kontaktoberfläche und Stoffübergangskoeffizienten in Schüttungen aufwendig zu ermitteln sind bzw. stark bei den unterschiedlichen Betriebsbedingungen variieren.

Eine einfachere Berechnung der Höhe der Füllkörperschüttung ist über den ***HETP*-Wert** möglich.

$$h_{\text{Schüttung}} = \frac{N_{\text{th}} \cdot HETP}{\eta_S} \tag{20.50}$$

η_S Schüttungswirkungsgrad, *HETP* Höhenäquivalent eines theoretischen Bodens

Der ***HETP*-Wert** (height equivalent of a theoretical plate, Höhenäquivalent eines theoretischen Bodens), der von den Herstellern der Füllkörper und Packungen angegeben wird, hängt insbesondere von der Art und Größe der Füllkörper ab. Er soll die Auslegung einer Packungskolonne erleichtern und wird an die unterschiedlichen Betriebsparameter angepasst. Der *HETP*-Wert spiegelt die Höhe einer Schüttung wider, die für eine theoretische Trennstufe benötigt würde. Füllkörper, die kleine *HETP*-Werte besitzen, sind dementsprechend so effektiv, dass man nur geringe Gesamthöhen der Kolonne erzielt. Es ist zu beachten, dass die *HETP*-Werte komplexe Funktionen von Temperatur, Zusammensetzung, Dichte, Druckverlust etc. darstellen. Somit müssen die Werte für den speziellen Anwendungsfall empirisch ermittelt werden, wobei zumeist Kleinanlagen im Technikumsmaßstab zum Einsatz kommen und häufig mit großen Ungenauigkeiten bei der Übertragung auf großindustrielle Anlagen gerechnet werden muss.

20.3.5 Rektifikationsverfahren

Es existieren unterschiedlichste Rektifikationsverfahren, wie z. B. azeotrope, extraktive und Tieftemperatur-Rektifikation. Dabei ist die Kombination mehrerer Verfahren oder zweier Kolonnen mit unterschiedlichen Parametern eine Möglichkeit, um selbst Zweistoffgemische mit einer relativen Flüchtigkeit nahe dem Wert 1 zu trennen und trotzdem wirtschaftlich und energieeffizient die Trennung anlagentechnisch zu betreiben. Am Beispiel einer Trennung eines azeotropen Gemischs sollen Möglichkeiten und Strategien zur technischen Lösung dieses Problems veranschaulicht werden.

Trennung azeotroper Gemische

Azeotrope Gemische können durch einfache Rektifikation nicht vollständig getrennt werden. Nimmt die relative Flüchtigkeit den Zahlenwert 1 an und sind somit die Gleichgewichtszusammensetzungen in der dampfförmigen und in der flüssigen Phase identisch, findet bei Verdampfung keine Anreicherung einer der beiden Komponenten in den Phasen statt, was eine Grundvoraussetzung für die thermische Stofftrennung ist. Um die relative Flüchtigkeit und somit die Trennbarkeit des Gemischs zu beeinflussen, müssen die Sättigungsdampfdrücke $p^0_{\mathrm{LS}}/p^0_{\mathrm{SS}}$ bzw. für reale Flüssigkeiten die Aktivitätskoeffizienten $\gamma_{\mathrm{LS}}/\gamma_{\mathrm{SS}}$ verändert werden.

$$\alpha_{\mathrm{LS,SS}} = \frac{p^0_{\mathrm{LS}}}{p^0_{\mathrm{SS}}}$$

bzw.

$$\alpha_{\mathrm{LS,SS,real}} = \frac{\gamma_{\mathrm{LS}} \cdot p^0_{\mathrm{LS}}}{\gamma_{\mathrm{SS}} \cdot p^0_{\mathrm{SS}}}$$

Die Prozessführung kann dabei auf unterschiedliche Weisen je nach Anwendungsfall erfolgen.

Eine verbreitete technische Ausführung eines Trennsystems mit Azeotrop ist die Addition einer zusätzlichen Komponente zum Ausgangsgemisch (Veränderung der Aktivitätskoeffizienten), wodurch eine vereinfachte Trennung der Komponenten erzielt wird. Allerdings erfordert diese Vorgehensweise eine weitere Abtrennungsstufe für die Zusatzkomponente, welche ein azeotropes Gemisch mit den Ausgangsstoffen bildet, um den Siedepunkt abzusenken.

Aus diesem Gemisch wird dann sumpfseitig eine reine Komponente abgezogen, und man erhält ein Zweistoffgemisch (Azeotrop) im Kopf, welches aus der Rektifikationsanlage austritt, kondensiert und teilweise zurückgeführt wird (vgl. Bild 20.42).

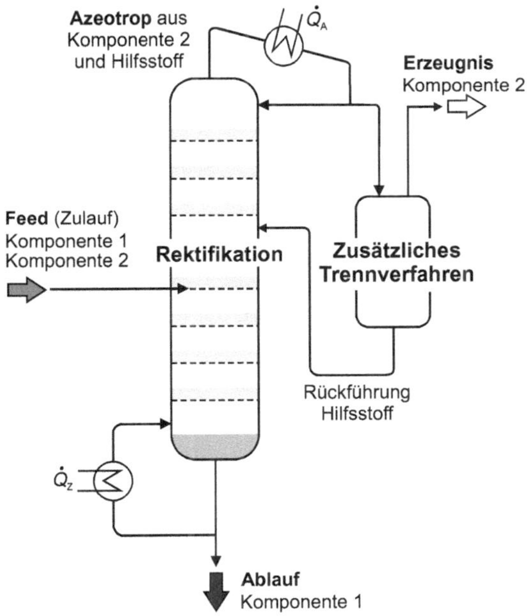

Bild 20.42
Trennung eines Gemischs mithilfe eines Azeotrops

Der Erzeugnisstrom muss sich durch Verfahren, wie z. B. Extraktion oder, im Falle einer Mischungslücke im totalkondensierten Zustand, durch Phasentrennung, trennen lassen können, um so die gewünschte zweite Komponente in reiner Form zu erhalten. Der addierte Hilfsstoff wird daraufhin wieder der Kolonne über einen Seiteneingang als zweiter Feed oder als Beimischung zum Feed zugeführt. Der Hilfsstoff sollte sinnvollerweise einen Siedepunkt haben, ähnlich den Ausgangsstoffen, um die „mehr" aufzuwendende Energie zur Verdampfung (durch den größer werdenden Stoffstrom) möglichst gering zu halten. Ferner sollte sichergestellt werden, dass die zusätzliche Komponente möglichst komplett bzw. mit technisch vertretbarem Aufwand von der gewünschten Komponente abtrennbar ist.

Im Falle eines bereits von vornherein vorliegenden azeotropen Punktes, der stark druckabhängig ist, kann eine Druckanpassung im Betrieb der Kolonne erfolgen. Die Vorgehensweise soll an einem Beispiel einer **Vakuumrektifikation** verdeutlicht werden. Das Gemisch Ethanol/Wasser besitzt bei Normaldruck ein Siedepunktsminimum bei einer Temperatur von ca. 78,15 °C und einem Stoffmengenanteil an Leichtsieder (Ethanol) von $x_{Ethanol} = 0{,}8943$.

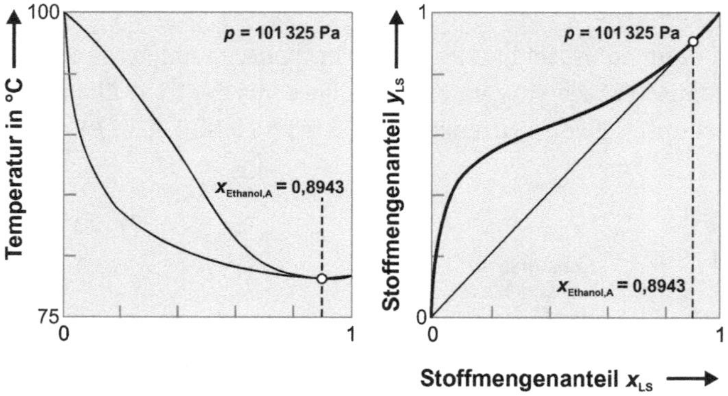

Bild 20.43 Azeotroper Punkt in einem Ethanol/Wasser-Gemisch

Wie bereits beschrieben, führen Feedgemische im Bereich $x_{LS,F} < x_{LS,A}$, also „links" vom azeotropen Punkt, zu einer maximalen Erzeugniskonzentration, die der Zusammensetzung des azeotropen Punktes entspricht. Eine weitere Trennung ist unter diesen Bedingungen nicht möglich, da hier die Dampf- und die Flüssigkeitszusammensetzungen identisch sind. Um diese Limitierung des Erzeugnisses „aufzubrechen" bzw. höhere Erzeugniskonzentrationen zu erzielen, kann die Rektifikation mit anderen Trennverfahren gekoppelt werden (z. B. Extraktion oder Absorption). Eine weitere Möglichkeit besteht in einer Rektifikation unter anderem Betriebsdruck, in nur einer Kolonne oder als nachgeschaltetes System, wenn die Lage des azeotropen Punktes eines Zweistoffgemischs stark druckabhängig ist. Im Beispiel (Bild 20.44) mit Siedepunktsminimum verschiebt sich mit niedriger werdenden Drücken der azeotrope Punkt hin zu höheren Stoffmengenanteilen des Leichtsieders (Ethanol), die sich im Erzeugnis immer mehr dem Wert 1 annähern. Der azeotrope Punkt entfällt bei einem Druck von 6670 Pa vollständig, und es handelt sich bei diesen Bedingungen um ein Zweistoffgemisch ohne azeotropen Punkt.

Bei diesem niedrigen Druck würde eine einfache Rektifikation nahezu zu einer 100%igen Reinheit des Leichtsieders als Erzeugnis führen. Allerdings ist der Betrieb bei derart niedrigen Drücken in großtechnischen Anlagen nicht praktikabel. Es muss vollkommene Dichtheit gewährleistet sein, die Unterdruckerzeugung und Aufrechterhaltung ist zeitaufwendig sowie kostenintensiv und würde nur bei kleinen Anlagen mit sehr kritischen Erzeugnissen in Relation zum Nutzen stehen.

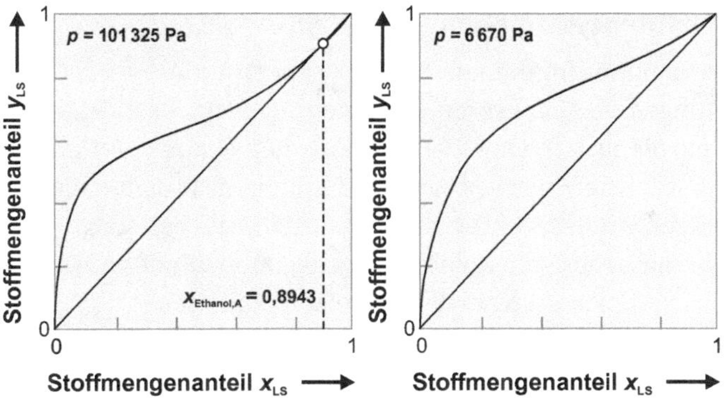

Bild 20.44 Verschiebung des azeotropen Punktes durch Unterdruck (schematisch am Beispiel Ethanol/Wasser)

Die Verschiebung des azeotropen Punktes durch einen anderen Betriebsdruck nutzt man daher auf eine andere Art, indem nicht versucht wird, diesen zu „entfernen“, sondern ihn durch Erhöhung des Druckes in Bereiche niedrigerer Stoffmengenanteile des Leichtsieders verschiebt. Der typische Aufbau einer solchen Kolonnen-Konstellation, die zumeist aus zwei Kolonnen bei unterschiedlichen Betriebsdrücken besteht, wird Zweidruck-Rektifikation genannt. In die erste Kolonne tritt das Gemisch mit einem kleineren Stoffmengenanteil x_{LS} als der azeotrope Punkt $x_{LS,A}$ ein. Im optimalen Fall erhält man im Sumpf der Kolonne den reinen Schwersieder und im Kopf der Kolonne das azeotrope Gemisch. Dieses tritt nach Totalkondensation und Aufteilung durch das anliegende Rücklaufverhältnis als Feed in die zweite Kolonne ein. Durch den erhöhten Druck liegt ein „neuer“ azeotroper Punkt vor. Durch Rektifikation kann der Zulauf erneut zu den vorherrschenden Druckbedingungen in ein azeotropes Gemisch und einen Schwersieder getrennt werden. Zu beachten ist, dass der entstehende Schwersieder in diesem Fall der Leichtsieder des Ausgangsgemischs ist und ebenfalls als reine Komponente aus dem Sumpf abgezogen wird.

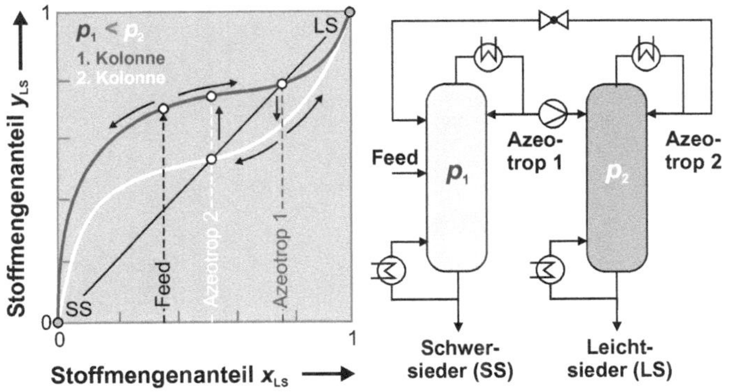

Bild 20.45 Zweidruck-Rektifikation

Trennung von Mehrkomponentensystemen

Sollen Mehrkomponentensysteme mithilfe einer Rektifikation getrennt werden, ist eine Vielzahl von Verschaltungen von mehreren Kolonnen möglich. Grundsätzlich wird immer eine Kolonne weniger als zu trennende Komponenten benötigt. Aufgrund von kostentechnischen und betriebstechnischen Aspekten sollten die Systeme immer einer sinnvollen Kosten-Nutzen-Analyse unterworfen werden, da bei steigender Komponentenzahl die Anzahl der benötigten Kolonnen ansteigt und damit unproportional die Anzahl der möglichen Verschaltungen der Einzelkomponenten.

Liegen sehr komplexe Gemische vor, wie z. B. in der petrochemischen Industrie, wird häufig mit einer Seitenstromabnahme gearbeitet, d. h., innerhalb einer Destillationskolonne wird an einem Boden und bei einer sich dort einstellenden Siedetemperatur ein Teil des flüssigen Gemischs entzogen (fraktionierte Destillation). Im Beispiel der Erdöldestillation werden aus dem Rohöl das Wasser und die Salze entfernt und einer Destillation, bestehend aus zwei Kolonnen (Normaldruck und „Vakuum“), zugeführt. Nachdem das Rohöl auf Siedetemperatur gebracht wurde (ca. 360 °C), wird es der ersten Kolonne (Normaldruck) zugeführt. Die Gase werden am Kopf der Kolonne und über Seitenströme an Zwischenböden die unterschiedlichen Destillate entnommen. Das entstandene schwersiedende Gemisch im Sumpf wird der zweiten Destillationskolonne („Vakuum“) zugeführt, und hier können nun die schwersiedenden Bestandteile (Vakuumgasöl und Wachsdestillate) bei einer durch Unterdruck bedingten niedrigen Temperatur verdampft und getrennt werden.

Bei der Erdöldestillation werden auf diese Weise unterschiedlichste Produkte erhalten, die in vielen technischen Prozessen Verwendung finden.

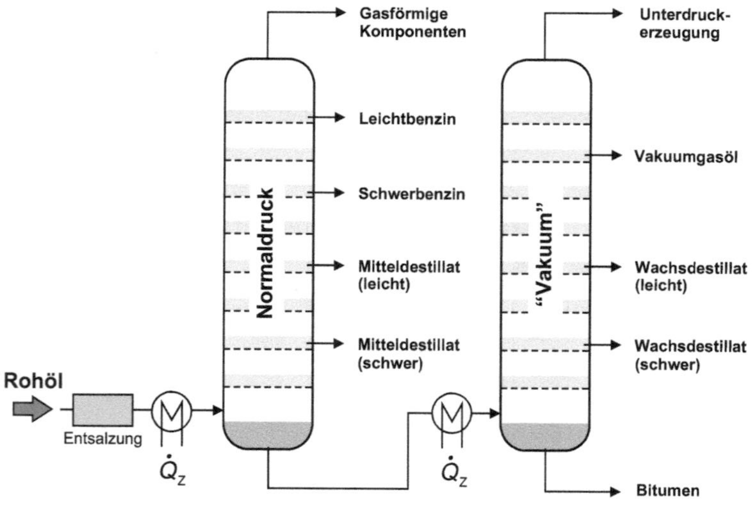

Bild 20.46 Schema der Erdöldestillation mit Seitenströmen und den zugehörigen Produkten

- **Gasförmige Komponenten:** Methan, Ethan, Propan und Butan als Heizgase
- **Leicht-** und **Schwerbenzin:** Kraftstoffe für Pkw
- **Mitteldestillate (leicht):** Petroleum oder Kerosin als Flugzeugtreibstoff
- **Mitteldestillate (schwer):** Heizöl oder Dieselkraftstoff für Pkw und Lkw
- **Vakuumgasöl:** Brennstoff für Schiffsmotoren und Kraftwerke
- **Wachsdestillate:** Schmiermittel für Maschinen (z. B. Motoren und Getriebe)
- **Bitumen:** Schutzanstriche im Haus- und Straßenbau

Dreikomponentengemische

Die Zerlegung von Dreistoffgemischen kann nur eingeschränkt durch Rektifikation erfolgen, und es kann nur eine reine Substanz aus einem ternären Gemisch erhalten werden. Dies ist entweder der Schwersieder oder der Leichtsieder im Gemisch und nicht der sogenannte Mittelsieder. Diese Trennung wird allerdings durch auftretende Azeotrope weitergehend erschwert. Für Dreikomponentensysteme (ternäre Gemische) ist eine zweidimensionale grafische Darstellung als Siedediagramm noch möglich. Hierzu werden sogenannte **Dreiecksdiagramme** verwendet, die als Siedediagramme dienen.

In der Rektifikationstechnik hat sich die Darstellung von **Destillationslinien** in Dreistoffdiagrammen als technisch vorteilhaft erwiesen. Auf den Dreiecksseiten werden, wie in Bild 20.47 gezeigt, nur Stoffmengenanteile der Flüssigkeit aufgetragen.

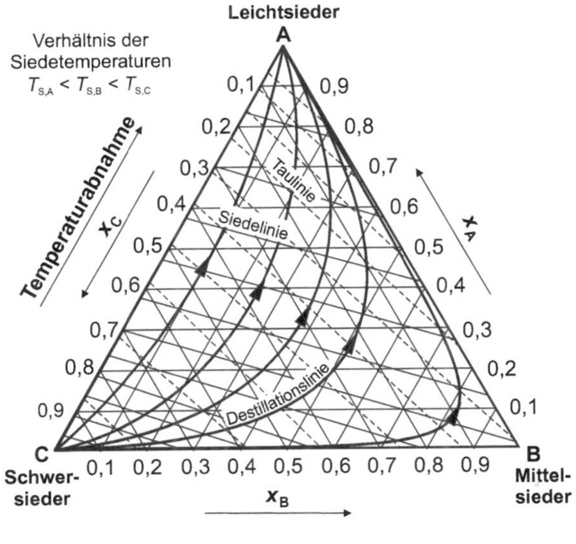

Bild 20.47
Schema eines Siedediagramms für ein ideales Dreistoffgemisch mit Destillationslinien

Die Destillationslinien werden unter Zuhilfenahme von frei gewählten Konzentrationen der Einzelstoffe in der flüssigen Phase und den zugehörigen Dampfzusammensetzungen konstruiert. Dabei geht man so vor, dass man „gedanklich" eine beliebige flüssige Zusammensetzung $x_{\mathrm{ABC},1}$ wählt, diese im Gleichgewicht verdampft ($y_{\mathrm{ABC},1}$) und den Dampf vollständig kondensiert. Man erhält eine neue Flüssigkeit ($x_{\mathrm{ABC},2}$), die im Dreistoffdiagramm eingetragen wird. Durch Wiederholen dieser Vorgehensweise und Verbinden der so erhaltenen Punkte entsteht die Destillationslinie. Variiert man nun die Ausgangsbedingungen (Änderung der Zusammensetzung der drei Komponenten), erhält man eine Schar von Destillationslinien, vgl. Bild 20.47.

In welche „Richtung" die Destillation verläuft, wird im Diagramm durch Pfeile an den Linien festgehalten. Unter Richtung ist die Anreicherung der leichter siedenden Komponente zu verstehen, demnach auch das Abfallen der Siedetemperatur.

Eine Vorausberechnung bei idealen Gemischen ist durch folgenden Zusammenhang möglich:

$$x_{\mathrm{A},N} = \frac{\alpha_{\mathrm{A,C}}^{N} \cdot x_{\mathrm{A},0}}{1 + \left(\alpha_{\mathrm{A,C}}^{N} - 1\right) \cdot x_{\mathrm{A},0} + \left(\alpha_{\mathrm{B,C}}^{N} - 1\right) \cdot x_{\mathrm{B},0}} \tag{20.51}$$

$$x_{\mathrm{B},N} = \frac{\alpha_{\mathrm{B,C}}^{N} \cdot x_{\mathrm{B},0}}{1 + \left(\alpha_{\mathrm{A,C}}^{N} - 1\right) \cdot x_{\mathrm{A},0} + \left(\alpha_{\mathrm{B,C}}^{N} - 1\right) \cdot x_{\mathrm{B},0}} \tag{20.52}$$

$$x_{\mathrm{A},N} + x_{\mathrm{B},N} + x_{\mathrm{C},N} = 1$$

N Anzahl der Gleichgewichtsstufen, Index A – Leichtsieder, B – Mittelsieder, C – Schwersieder, 0 – Anfangszustand

Analog zu den Zweistoffgemischen ist ein Azeotrop nicht mehr durch eine einfache Rektifikation trennbar. Es ergeben sich im Dreistoffdiagramm sogenannte Grenzdestillationslinien, die das Diagramm in zwei Flächen teilen. Diese Grenzlinien können durch Destillationslinien nicht gekreuzt bzw. überschritten werden.

21 Sorption

Ein weiteres thermisch geprägtes Verfahren ist die **Sorption.** Der Begriff Sorption beschreibt den Vorgang, bei dem kondensierte Phasen (Flüssigkeiten oder Feststoffe) aus ihrer Umgebung Stoffe aufnehmen. Er schließt die Prozesse **Absorption** und **Adsorption** ein.

21.1 Absorption

Wird eine Komponente einer Gasphase in eine Flüssigphase (Absorptionsmittel, Absorbens) oder einen Feststoff überführt, so spricht man von Absorbieren. In dieser Phase liegt die Komponente molekulardispers gelöst vor („echte Lösung"). Der Vorgang wird **Absorption** genannt.

21.1.1 Grundlagen der Absorption

Der Begriff Absorption (lat. *absorbere* – einsaugen) beschreibt den Vorgang der Gas- oder Dampflösung in einem flüssigen Medium. In der Absorptionstechnik findet man folgende häufig verwendete Begriffe:

- **Abgeberphase**
  Gasphase, welche die abzugebende Komponente enthält oder enthalten hat.
- **Aufnehmerphase**
  (häufig) flüssiges Lösungsmittel, welches die abzugebende Komponente aufnehmen soll oder aufgenommen hat (auch Waschmittel).

- **Absorptiv**
  aus der Gasphase abzutrennende Komponente, die nicht in der Aufnehmerphase gebunden ist.
- **Absorpt**
  aus der Gasphase abzutrennende Komponente, die bereits in der Aufnehmerphase gebunden ist.
- **Absorbens**
  Aufnehmerphase, die noch die Komponenten aus der Gasphase aufnehmen wird.
- **Absorbat**
  Aufnehmerphase, die bereits die Komponenten aus der Gasphase aufgenommen hat.

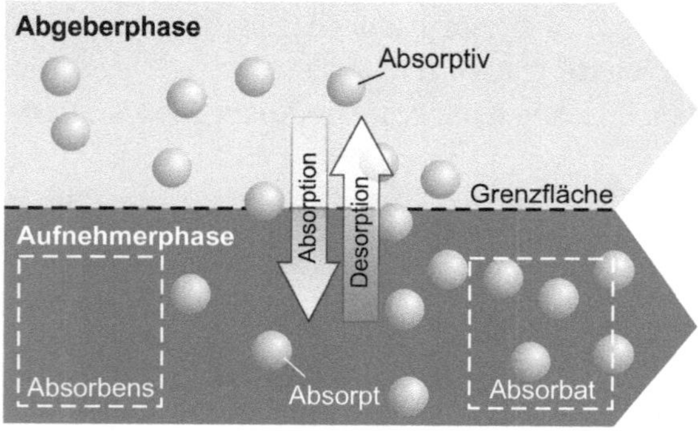

Bild 21.1 Schematische Darstellung der Absorption

Ziel der Absorption ist es, Komponenten aus der Gasphase möglichst selektiv durch das Absorbens (Solventabsorption) zu entfernen, wobei diese im Normalfall nur gering konzentriert in der Gasphase vorliegen. Je nach Art der Aufnahme im Absorbens wird zwischen einer physikalischen **(Physisorption)** und chemischen Absorption **(Chemisorption)** unterschieden (vgl. Abschnitt 21.2).

Die **Physisorption** beruht auf der Bildung von physikalischen Wechselwirkungen durch Van-der-Waals-Kräfte. Aufgrund der schwachen Bindungen kann dieser Prozess durch Druck- und Temperaturänderungen umgekehrt werden **(Desorption).** Um eine Lösung eines Gases im Absorbens zu erzielen, müssen große Partialdrücke im Gleichgewicht vorliegen. Zusätzlich hängt die Anreicherung des Gases in der Flüssigkeit auch von der bereits dort vorliegenden Konzentration des schon gelösten Gases ab. Aus diesen Gründen ist eine weitgehend vollständige Aufnahme des Absorptivs im Absorbens normalerweise nicht möglich.

Findet allerdings eine **Chemisorption** (chemische Reaktion der absorbierten Komponente in der Flüssigkeit) statt und hat die Komponente aufgrund eines geringen

Dampfdruckes nicht das Bestreben, in die Gasphase überzugehen, ist eine nahezu vollständige Abtrennung möglich. Die chemische Absorption ist sehr selektiv, und das Absorbens ist in der Lage, deutlich mehr der abzutrennenden Komponente aufzunehmen. Allerdings ist im Umkehrschluss eine Regeneration zumeist schwierig oder gar nicht realisierbar.

Betrachtet man die **physikalische Absorption,** so beruht dieser Vorgang auf dem *Henry*schen Gesetz (vgl. Kapitel 20). Das Gleichgewicht ist darin begründet, dass das Lösen von Molekülen proportional zum Partialdruck des abzutrennenden Gases und das Herauslösen proportional zur Konzentration des Gases in der Lösung ist. Wartet man, bis sich ein dynamisches Gleichgewicht einstellt, liegt das Gas in der Lösung gesättigt vor. Beim *Henry*schen Gesetz handelt es sich um eine dem *Nernst*schen Verteilungssatz analoge Beziehung:

*Nernst*scher Verteilungssatz

Ein Stoff verteilt sich in zwei nicht mischbaren flüssigen Phasen nach dem temperaturabhängigen *Nernst*schen Verteilungskoeffizienten:

$$K_{\mathrm{N},c,i} = \frac{c_{i,\mathrm{L1}}}{c_{i,\mathrm{L2}}} \tag{21.1}$$

$K_{\mathrm{N},c,i}$ *Nernst*scher Verteilungskoeffizient (temperaturabhängig), $c_{i,\mathrm{L1}}$ und $c_{i,\mathrm{L2}}$ Stoffmengenkonzentration einer Substanz in den beiden nicht mischbaren Lösungsmitteln L1 und L2

*Henry*sches Gesetz

Ersetzt man nun die Konzentration des Stoffes in Lösungsmittel 1 durch die Konzentration des Stoffes in der Gasphase und betrachtet vereinfachend ein ideales Gas, ergibt sich für die Konzentration eines Gases (in der Gasphase):

$$c_{i,\mathrm{g}} = \frac{n_i}{V} = \frac{p_i}{R \cdot T}$$

und somit

$$K_{\mathrm{N},c,i} = \frac{\frac{p_i}{R \cdot T}}{c_{i,\mathrm{L}}}$$

Durch Zusammenfassen der Konstanten und Ersetzen der Konzentration durch die in der Trenntechnik üblichen Stoffmengenanteile wird deutlich, dass die (physikalische) Löslichkeit eines Gases in einer Flüssigkeit bei konstanter Temperatur nur vom Partialdruck des Gases über der Flüssigkeit abhängt.

$$K_{\mathrm{H},px,i,\mathrm{L}} = \frac{p_i}{x_i} \tag{21.2}$$

$K_{\mathrm{H},px,i,\mathrm{L}}$ *Henry*-Konstante, p_i Partialdruck der löslichen Gaskomponente, x_i Stoffmengenanteil der löslichen Gaskomponente in der Lösung

In der Absorptionstechnik werden neben der *Henry*-Konstante heute noch der *Bunsen*sche $\alpha_{Bu,i}$ und der *Ostwald*sche Absorptionskoeffizient $\alpha_{Os,i}$ in Tabellenwerken und Diagrammen verwendet.

*Bunsen*scher Absorptionskoeffizient: $\alpha_{Bu,i} = \frac{V_i^N}{p_i}$

Die Größe V_i^N stellt das bei Normbedingungen ($p_{ges} = 101\,325$ Pa und $\vartheta = 0$ °C) durch 1 m³ (auch 1000 m³) des Lösungsmittels aufnehmbare Gasvolumen der Komponente i dar. Bei der Berechnung muss die Rückführung auf das Normvolumen beachtet werden (vgl. auch Umrechnung in $K_{H,i,L}$).

*Ostwald*scher Absorptionskoeffizient: $a_{Os,i} = \frac{c_{i,l}}{c_{i,g}}$

Der *Ostwald*sche Absorptionskoeffizient wird durch das Verhältnis von $c_{i,l}$ und $c_{i,g}$ (Stoffmengenkonzentration einer Substanz in der Flüssig- und der Gasphase) bestimmt. Eine Umrechnung kann folgendermaßen erfolgen:

$$\alpha_{Bu,i} = \frac{V_{m,i}^N \cdot \rho_L}{K_{H,i,L} \cdot M_L} = \alpha_{Os,i} \cdot \frac{V_{m,i}^N}{R \cdot T} \qquad (21.3)$$

$\alpha_{Bu,i}$ *Bunsen*scher Absorptionskoeffizient, $V_{m,i}^N$ molares Normvolumen des Gases bei 0 °C (ideale Bedingungen 22,4 m³/kmol), ρ_L Dichte des Lösungsmittels, $K_{H,i,L}$ Henry-Konstante und M_L molare Masse des Lösungsmittels, R Gaskonstante

Alle genannten Absorptionskoeffizienten ermöglichen eine Einschätzung, ob der betreffende Stoff bestrebt ist, in der Gasphase zu verbleiben oder sich in der Flüssigkeit zu lösen. Einige Beispiele sind in Tabelle 21.1 aufgeführt.

Tabelle 21.1 Absorptionskoeffizienten verschiedener Gase in unterschiedlichen Wassertemperaturen

Gas	$\alpha_{Bu,i}$ in m³/(m³·bar)		$K_{H,i,L}$ in bar	
Kohlenstoffdioxid	1,713	0,878	726,4	1414,8
Sauerstoff	0,049	0,031	25 392	40 071
Stickstoff	0,024	0,015	51 843	82 813
Luft	0,029	0,019	42 905	65 379
Ammoniak	1176	702	1,1	1,8
Schwefelwasserstoff	4,760	2,582	266,4	481,1
Chlor	4,54	2,30	274,1	540,1

Exkurs 21.1 *Henry*-Konstante

Es finden sich heute noch die unterschiedlichsten Formen und Einheiten der *Henry*-Konstanten, die nicht ohne Weiteres ein Einsetzen in Gleichungen erlauben. Es soll kurz auf unterschiedliche Definitionen eingegangen werden. Die Angaben mit hochgestellter Null sind als Standardangaben zu verstehen ($T^0 = 298{,}15$ K).

Außer der oben bereits erläuterten Form findet man häufig:

$$K_{\mathrm{H},cp,i,\mathrm{L}} = \frac{c_{i,\mathrm{gesättigt}}}{p_i}$$

$C_{i,\mathrm{gesättigt}}$ Stoffmengenkonzentration der absorbierten Komponente in der Flüssigphase und p_i Partialdruck der Komponente oberhalb der Flüssigphase, $K_{\mathrm{H},cp,i,\mathrm{L}}$ *Henry*-Koeffizient (mol/m³)/pa (häufig in der Literatur: (mol/l)/atm)

Im englischen Sprachraum wird ebenfalls der *Henry*-Koeffizient analog dem *Ostwald*schen Absorptionskoeffizienten dimensionslos dargestellt:

$$K_{\mathrm{H},cc,i,\mathrm{L}} = \frac{c_{i,\mathrm{L}}}{c_{i,\mathrm{G}}} = K_{\mathrm{H},cp,i,\mathrm{L}} \cdot R \cdot T$$

R Allgemeine Gaskonstante in J/(mol·K), T Temperatur in K

Die im Text beschriebene Form, die letztendlich für die Verwendung bei Berechnungen mit Stoffmengenanteilen und -beladungen als die beste anzusehen ist, steht mit den vorgenannten Ausdrücken in folgendem Zusammenhang:

$$K_{H,px,i,\mathrm{L}} = \frac{p_i}{x_i} = \frac{\rho_\mathrm{L}}{K_{\mathrm{H},cp,i,\mathrm{L}} \cdot M_\mathrm{L}}$$

Für die Temperaturabhängigkeit der *Henry*-Konstante existieren Umrechnungsformeln, z. B.

$$K_{\mathrm{H},cp,i,\mathrm{L}} = K^0_{\mathrm{H},cp,i,\mathrm{L}} \cdot \mathrm{e}^{C\cdot\left(\frac{1}{T}-\frac{1}{T^0}\right)}$$

mit $C = \frac{\Delta H_{\mathrm{Solv}}}{R}$

Die Berechnung erfolgt dabei unter Zuhilfenahme der *Henry*-Konstante unter Standardbedingungen und einer Konstante C in K, die sich über die Lösungsenthalpie des Gases im Lösungsmittel erhalten lässt.

Gas		$K^0_{\mathrm{H},cp,i,\mathrm{L}}$ in mol/(m³·pa)	C in K
Kohlenstoffdioxid	CO_2	$3{,}45 \cdot 10^{-4}$	2400
Sauerstoff	O_2	$1{,}28 \cdot 10^{-5}$	1500
Stickstoff	N_2	$6{,}12 \cdot 10^{-6}$	1300

Gas		$K^0_{H,cp,i,L}$ in mol/(m³·pa)	C in K
Ammoniak	NH_3	$5{,}53 \cdot 10^{-1}$	4200
Schwefelwasserstoff	H_2S	$9{,}87 \cdot 10^{-4}$	2000
Chlor	Cl_2	$9{,}38 \cdot 10^{-4}$	2100

Das *Henry*sche Gesetz ist nur gültig, wenn stark verdünnte Systeme vorliegen und die **Temperaturveränderung (Wärmetönung)** vernachlässigbar ist. Im Falle der klassischen Physisorption geht man davon aus, dass die sich lösende Komponente dabei eine ideale Lösung mit der Aufnehmerphase bildet. In Bild 21.2 ist die Gaslöslichkeit von unterschiedlichen Gasen und bei konstanter Temperatur gezeigt. Im Gültigkeitsbereich des *Henry*schen Gesetzes wird dargestellt, dass unterschiedliche Partialdrücke von Kohlenstoffdioxid, Sauerstoff und Stickstoff nötig sind, um in der Flüssigkeit identische Stoffmengenanteile zu erhalten. Es wird deutlich, dass Stickstoff die schlechteste Gaslöslichkeit der betrachteten Komponenten besitzt.

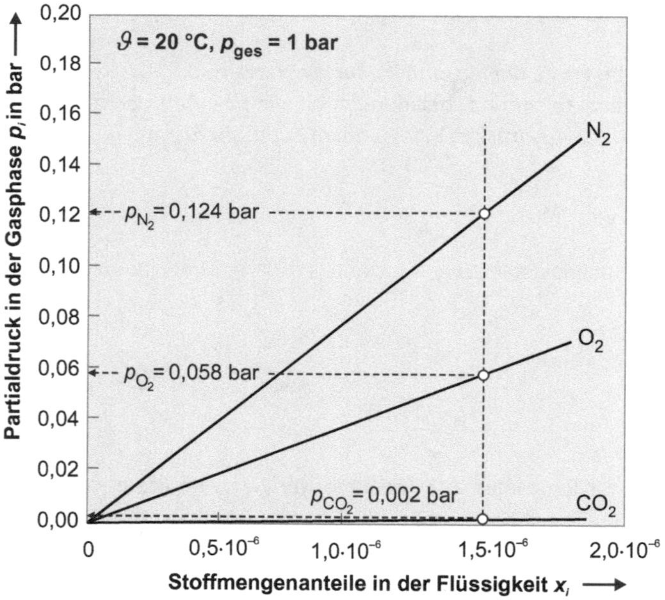

Bild 21.2 Gaslöslichkeit verschiedener Gase in Wasser

Die Temperatur spielt für die Gaslöslichkeit eine entscheidende Rolle. Am Beispiel der Gaslöslichkeit von CO_2 in Wasser wird deutlich, dass der Stoffmengenanteil in der Flüssigkeit bei identischem Partialdruck mit zunehmender Temperatur des Lösungsmittels sinkt (vgl. Bild 21.3).

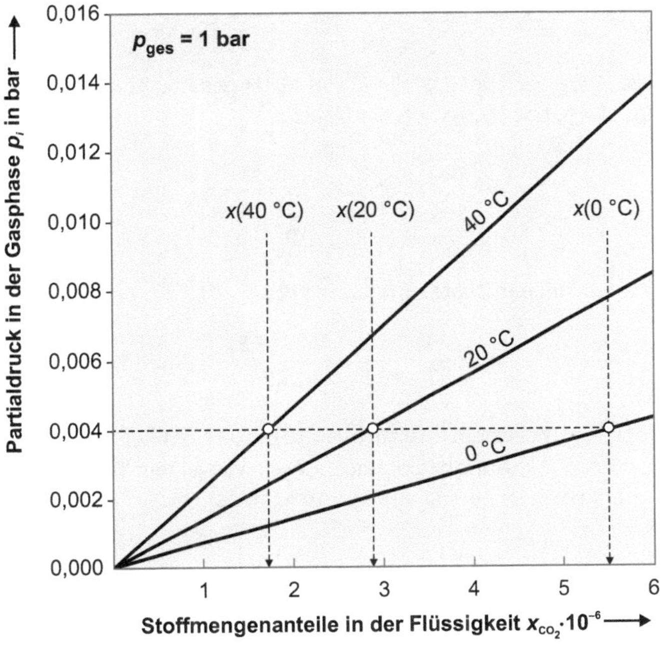

Bild 21.3 Gaslöslichkeit von CO_2 in Wasser bei unterschiedlichen Temperaturen des Wassers und konstantem Partialdruck

Es ergeben sich folgende Zusammenhänge: Die Gaslöslichkeit

- **sinkt** bei **steigender Temperatur**
- **steigt** bei **zunehmendem Partialdruck**
- ist abhängig von dem zu **absorbierenden Gas**

Allgemein kann man für eine effektive physikalische Absorption festhalten, dass hohe Drücke und niedrige Temperaturen zum besten Absorptionsergebnis führen. Auch andersartige, bereits gelöste Stoffe (z. B. Salze), beeinflussen die Löslichkeit eines Gases negativ. Reine Flüssigkeiten sind also in der Lage, eine größere Gasmenge zu absorbieren. Werden unterschiedliche, nebeneinander in der Gasphase vorliegende Gase absorbiert, beeinflussen diese Komponenten sich in ihrer Löslichkeit nicht. Die einzelnen Komponenten lösen sich entsprechend ihrem Partialdruck und ihrem Absorptionskoeffizienten. Nach Einstellung des Gleichgewichts sind die in der Lösung vorliegenden Stoffmengenanteile der einzelnen Gaskomponenten nicht mit den in der Gasphase vorliegenden Stoffmengenanteilen identisch. Dies ist auf die unterschiedlichen Absorptionskoeffizienten der Gaskomponenten zurückzuführen.

Ist das Ziel, eine angereicherte Komponente wieder aus einer Flüssigkeit zu entfernen, ist es im Umkehrschluss daher sinnvoll, den Druck abzusenken und die Temperatur zu erhöhen oder die Lösung mit einem Inertgas zu behandeln **(Desorption)**, um das gelöste Gas zu „verdrängen“.

Beispiel 21.1

Wie viel Liter CO_2 bei 20 °C werden zur Herstellung von 1 Liter gesättigtem Wasser von 10 °C benötigt, $p(CO_2) = 10$ bar, $\alpha_{Bu,CO_2} = 1{,}194$ 1/bar?

Normvolumen CO_2:

$$V^{N}_{CO_2} = \alpha_{Bu,CO_2} \cdot p_{CO_2} = 1,194\frac{1}{bar} \cdot 10\,bar = 11,94\frac{m^3\,(CO_2)}{m^3\,(H_2O)}$$

Umrechnung in den tatsächlichen Zustand ($V_{Wasser} = 1$ l):

$$V_{CO_2} = V^{N}_{CO_2} \cdot \frac{T_{CO_2}}{T^{N}_{CO_2}} \cdot \frac{p^{N}_{CO_2}}{p_{CO_2}} = 11,941 \cdot \frac{293,15\,K}{273,15\,K} \cdot \frac{101325\,Pa}{101325\,Pa} = 12,811$$

Ein Liter Wasser bei 10 °C kann bei einem Gasdruck von 10 bar (reines CO_2) 11,94 Liter des beaufschlagten Gases bei Normbedingungen lösen, was einem Volumen des Gases von 12,81 Litern bei einer Temperatur von 20 °C entspricht.

Handelt es sich um ideale Verhältnisse (vgl. Kapitel 20), lassen sich das *Dalton*sche Gesetz und das *Henry*sche Gesetz zu folgender Gesetzmäßigkeit zusammenfassen:

$$y_i = \frac{K_{H,px,i}}{p_{ges}} \cdot x_i \tag{21.4}$$

Dabei wird die Größe des Partialdruckes eliminiert und eine Abhängigkeit vom Gesamtdruck geschaffen, was technisch gesehen eine sinnvollere Größe ist.

Beim Vorgang der Absorption handelt es sich um einen exothermen Prozess (Senkung der Temperatur führt zu einer verbesserten Aufnahme der gasförmigen Komponente). Die Wärmeabgabe während des Lösungsprozesses wird durch die Verlagerung der Gasteilchen mit hoher Bewegungsenergie in ein System (der Flüssigkeit), in der diese eine deutlich geringere Bewegungsenergie aufweisen, hervorgerufen. Die Größe der frei werdenden Enthalpie ist abhängig von der Art des Lösungsmittels, des Absorptivs und der Konzentration des Absorptivs in der Aufnehmerphase. Die bei der Lösung von Gasen entstehende Wärme erhöht die Temperatur der Aufnehmerphase und verringert somit die Aufnahmekapazität. Daher sollte die Wärme abgeführt werden, um konstante Absorptionsbedingungen zu schaffen.

Die Komponenten in den Stoffströmen des Lösungsmittels und der Gasphase können, wie bei der Rektifikation, durch Stoffmengen- bzw. Massenanteile wiedergegeben werden:

$$x_i \text{ bzw. } y_i = \frac{n_i}{\sum n} = \frac{n_i}{n_{ges}}$$

Da hier während des Absorptionsprozesses aber die gleiche Menge der zu betrachtenden Komponente (Absorptiv) die eine Phase verlässt und in die andere Phase eintritt, hat man die Anteilsgröße der **Beladung** eingeführt. Sie beschreibt das Verhältnis zwischen der Komponente, die aus der Gasphase in die Flüssigphase überführt wird, und den restlichen gasförmigen Substanzen, die nicht absorbiert werden. Man betrachtet diese in ihrer Gesamtheit als inert. Im Gegensatz zu Stoffmengenanteilen können Beladungen Werte von 0 bis ∞ annehmen (vgl. Bild 21.4).

$$Y_i = \frac{n_{g,i}}{n_{g,ges} - n_{g,i}} = \frac{n_{g,i}}{n_{g,inert}} \tag{21.5}$$

$$Y_i = \frac{y_i}{1 - y_i} \tag{21.6}$$

bzw.

$$y_i = \frac{Y_i}{1 + Y_i} \tag{21.7}$$

Analog dazu ergibt sich die Beladung der flüssigen Phase zu

$$X_i = \frac{n_{l,i}}{n_{l,ges} - n_{l,i}} = \frac{n_{l,i}}{n_{l,inert}} \tag{21.8}$$

$$X_i = \frac{x_i}{1 - x_i} \tag{21.9}$$

bzw.

$$x_i = \frac{X_i}{1 + X_i} \tag{21.10}$$

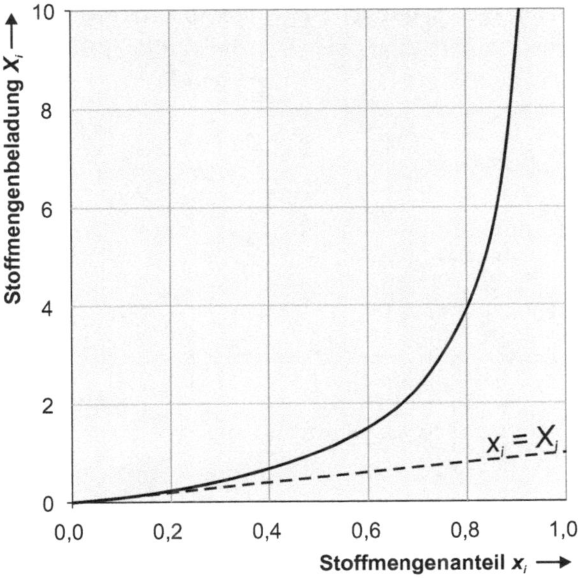

Bild 21.4 Beladung im Verhältnis zum Stoffmengenanteil

In Bereichen kleiner Beladungen (kleiner als 0,05) können diese mit den Stoffmengenanteilen gleichgesetzt werden (vgl. Bild 21.4). Die Abweichung bis zu einem Stoffmengenanteil von 0,01 ist dabei kleiner als 1 %. Ferner wird bei dieser Betrachtung davon ausgegangen, dass die flüssige Phase nicht in die gasförmige Phase übertritt und umgekehrt. Sie dienen rein zum Transport des Absorptivs und werden daher als **„Trägersubstanzen“** bezeichnet.

Heute sind die Begriffe **Beladung** und **Verhältnis** in der Fachliteratur gebräuchlich. So spricht man von Stoffmengenbeladung oder Stoffmengenverhältnis sowie von Massenbeladung oder Massenverhältnis. Bei der Massenbeladung werden statt der Stoffmengen die Massen bzw. Massenanteile zur Berechnung verwendet, wobei eine Umrechnung aus den Stoffmengenanteilen oder Stoffmengenbeladungen über folgende Gleichungen möglich ist:

$$Y_{m,i} = \frac{y_i}{1-y_i} \cdot \frac{M_i}{M_{\mathrm{g,T}}} = Y_i \cdot \frac{M_i}{M_{\mathrm{g,T}}}$$

$$X_{m,i} = \frac{x_i}{1-x_i} \cdot \frac{M_i}{M_{\mathrm{l,T}}} = X_i \cdot \frac{M_i}{M_{\mathrm{l,T}}}$$

M_i Molmasse des Gases *i*, $M_{\mathrm{l,T}}$ Molmasse des Lösungsmittels, $M_{\mathrm{g,T}}$ Molmasse des Trägergases

21.1.2 Bilanzierung und Berechnung

Die üblichen Betriebsweisen von Absorptionsanlagen werden in Gegen- und Gleichstrombetrieb unterteilt. In der schematischen Darstellung einer Absorptionsanlage im Gegenstrombetrieb und im Gleichstrombetrieb ergeben sich die in Bild 21.5 dargestellten Stoffströme.

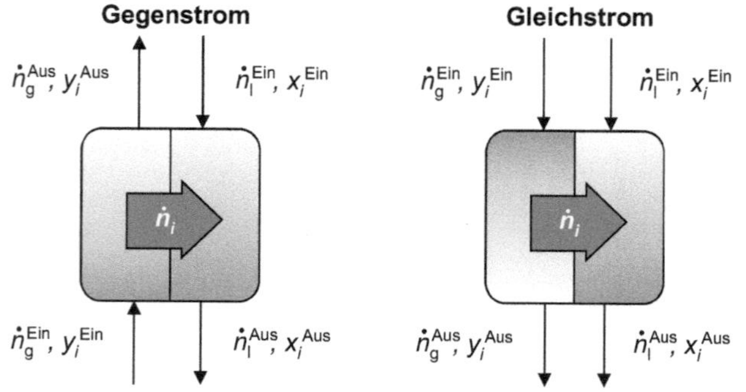

Bild 21.5 Stoffströme und Stoffmengenanteile bei der Absorption

Bedingt durch den Stoffübertritt der Komponente i von der Gasphase in die Flüssigphase wird der Gesamtstoffmengenstrom gasseitig kleiner und flüssigkeitsseitig größer.

$$\dot{n}_g^{Aus} < \dot{n}_g^{Ein}$$

und

$$\dot{n}_l^{Aus} > \dot{n}_l^{Ein}$$

Die Stoffmengenanteile der austretenden Ströme müssen den daraus resultierenden „neuen" Gesamtstoffmengenströmen angepasst werden. Durch die Einführung der Beladung vereinfacht sich dieser Zusammenhang deutlich, da der Stoffmengenstrom der Trägersubstanzen idealerweise über das ganze System konstant bleibt (vgl. Bild 21.6).

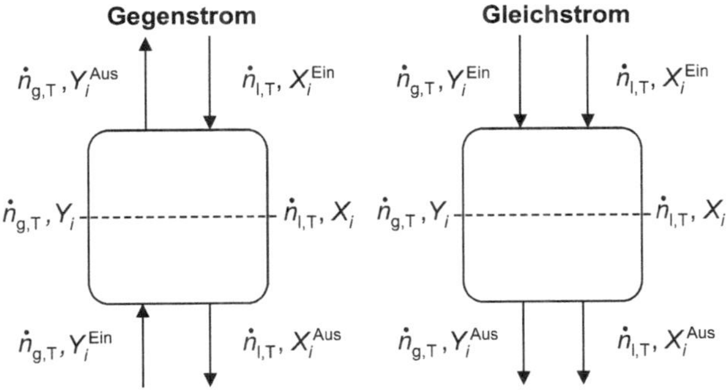

Bild 21.6 Stoffströme und Beladungen bei der Absorption mit Berücksichtigung von Trägermedien

Betrachtet man den übertretenden Stoffmengenstrom der Komponente i, kann folgende Gleichung aufgestellt werden:

$$\Delta\dot{n}_{i,\mathrm{entfernt}} = \Delta\dot{n}_{i,\mathrm{aufgenommen}}$$

Daraus ergibt sich:

$$\dot{n}_g^{Ein} - \dot{n}_g^{Aus} = \dot{n}_l^{Aus} - \dot{n}_l^{Ein}$$

Bei konstanten Stoffströmen der Trägersubstanzen:

$$\dot{n}_{g,T} \cdot Y_i^{Ein} - \dot{n}_{g,T} \cdot Y_i^{Aus} = \dot{n}_{l,T} \cdot X_i^{Aus} - \dot{n}_{l,T} \cdot X_i^{Ein}$$

$$\frac{\dot{n}_{l,T}}{\dot{n}_{g,T}} = \frac{\left(Y_i^{Ein} - Y_i^{Aus}\right)}{\left(X_i^{Aus} - X_i^{Ein}\right)} = \nu_{Abs} \tag{21.11}$$

Das Verhältnis der Trägermedien stellt eine wichtige Betriebsgröße für die Absorption dar und wird als **Absorbens-, Lösungsmittel-** oder **Waschmittelverhältnis** ν_{Abs} bezeichnet.

Verlegt man die Bilanzgrenze ins Innere der Kolonne und geht immer von der Seite des Gaseintritts aus, ergeben sich folgende lineare Zusammenhänge, wobei man zwischen der Gleichstrom- und der Gegenstromführung unterscheiden muss:

Gegenstrom:

$$\dot{n}_{\text{g,T}} \cdot \left(Y_i^{\text{Ein}} - Y_i\right) = \dot{n}_{\text{l,T}} \cdot \left(X_i^{\text{Aus}} - X_i\right)$$

und

$$\nu_{\text{Abs}} = \frac{\dot{n}_{\text{1,T}}}{\dot{n}_{\text{g,T}}} = \frac{\left(Y_i^{\text{Ein}} - Y_i\right)}{\left(X_i^{\text{Aus}} - X_i\right)} \tag{21.12}$$

Gleichstrom:

$$\dot{n}_{\text{g,T}} \cdot \left(Y_i^{\text{Ein}} - Y_i\right) = \dot{n}_{\text{l,T}} \cdot \left(X_i - X_i^{\text{Ein}}\right)$$

und

$$\nu_{\text{Abs}} = \frac{\dot{n}_{\text{l,T}}}{\dot{n}_{\text{g,T}}} = \frac{\left(Y_i^{\text{Ein}} - Y_i\right)}{\left(X_i - X_i^{\text{Ein}}\right)} \tag{21.13}$$

Die Berechnung von Absorbern erfolgt über das **Prinzip der theoretischen Trennstufen** (vgl. Kapitel 20). Die Absorption wird wie die Rektifikation häufig im Gegenstrom konzipiert. Allerdings wird das zur Stufenkonstruktion herangezogene Gleichgewichtsdiagramm nicht über die Stoffmengenanteile, sondern über die Beladungen aufgetragen, da sich eine lineare Bilanzlinie ergibt (vgl. Bild 21.7 und Bild 21.8). Die Beladung der Aufnehmerphase (flüssige Phase) nimmt zu, während die Beladung der Abgeberphase abnimmt (was auf der Bilanzgeraden in Bild 21.7 und Bild 21.8 durch einen Pfeil angedeutet ist).

Es ergibt sich eine Gleichung für die Arbeitsgerade (Bilanzgerade) mit dem Lösungsmittelverhältnis als Steigung, welche aus den Formel 21.12 und Formel 21.13 abgeleitet ist, sodass man daher ebenfalls die Fälle Gleichstrom und Gegenstrom unterscheiden muss:

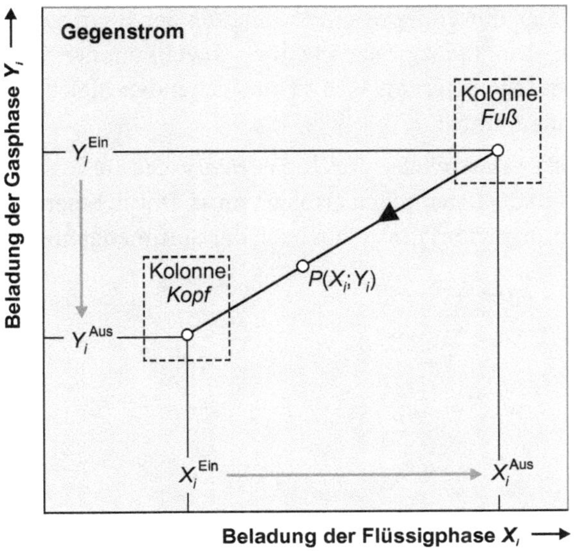

Bild 21.7
Bilanzgerade Gegenstrom

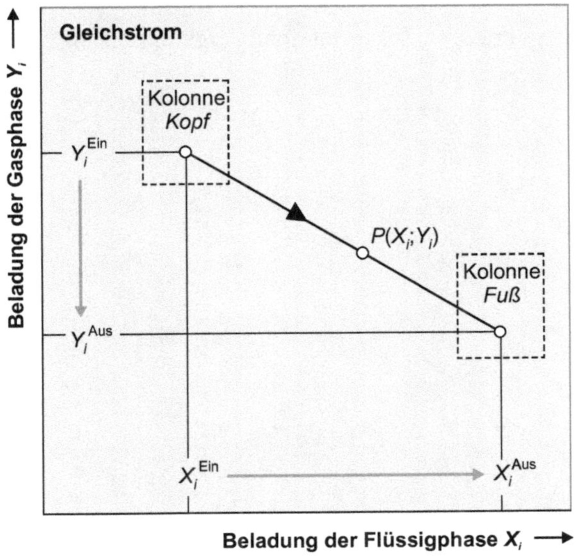

Bild 21.8
Bilanzgerade Gleichstrom

Gegenstrom: $Y_i = \frac{\dot{n}_{l,T}}{\dot{n}_{g,T}} \cdot X_i + \frac{\dot{n}_{l,T}}{\dot{n}_{g,T}} \cdot X_i^{Aus} + Y_i^{Ein}$

Gleichstrom: $Y_i = -\frac{\dot{n}_{l,T}}{\dot{n}_{g,T}} \cdot X_i + \frac{\dot{n}_{l,T}}{\dot{n}_{g,T}} \cdot X_i^{Ein} + Y_i^{Ein}$

Im Gleichgewichtsdiagramm wird dies durch die negative Steigung der Bilanzgeraden im Gleichstrombetrieb deutlich. (Die Bilanzgrenzen können sowohl um den Fuß als auch um den Kopf der Kolonne gezogen werden, was zu abweichenden Gleichungen, aber zu identischen Bilanzgeraden führt.)

Die Gleichgewichtslinie wird in dieser Darstellung durch das *Henry*sche Gesetz beschrieben, wobei eine Umformung auf die Beladungen erfolgen muss. Durch Ersetzen der Stoffmengenanteile durch Beladungen und Umstellen nach der Stoffmengenbeladung in der Gasphase ergibt sich:

$$y_i = \frac{K_{\mathrm{H},px,i}}{p_{\mathrm{ges}}} \cdot x_i \rightarrow \frac{Y_i}{1+Y_i} = \frac{K_{\mathrm{H},px,i}}{p_{\mathrm{ges}}} \cdot \frac{X_i}{1+X_i}$$

$$Y_i = \frac{K_{\mathrm{H},px,i} \cdot X_i}{p_{\mathrm{ges}} - X_i \cdot \left(K_{\mathrm{H},px,i} - p_{\mathrm{ges}}\right)} \tag{21.14}$$

$$X_i = \frac{p_{\mathrm{ges}}}{K_{\mathrm{H},px,i} \cdot \left(1 + \frac{1}{Y_i}\right) - p_{\mathrm{ges}}} \tag{21.15}$$

Hierbei handelt es sich **nicht** um einen linearen Zusammenhang (vgl. Bild 21.9).

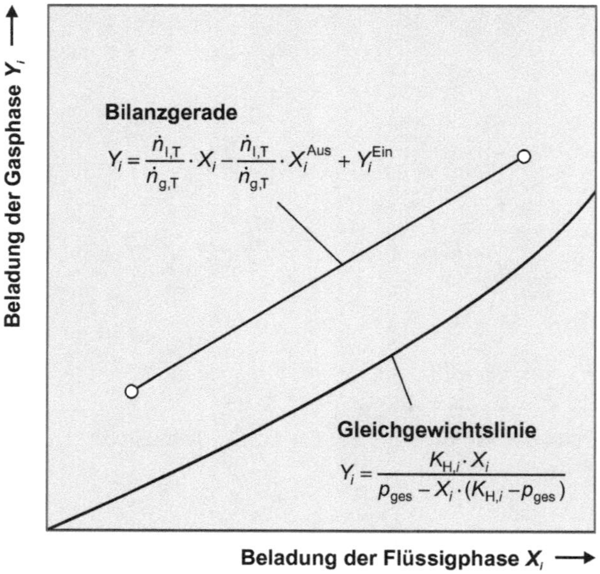

Bild 21.9
Bilanzlinien im Gleichgewichtsdiagramm mit Beladungen

Die Vorteile einer Auftragung über die Beladungen liegen zum einen in der linearen Arbeitslinie, und zum anderen können in Bereichen kleiner Beladung X_i und Y_i mit x_i und y_i gleichgesetzt werden, wobei die Gleichgewichtslinie auch **als Gerade** angenommen werden kann. Eine grafische Bearbeitung und Konstruktion des Diagramms wird damit stark vereinfacht.

Da im Normalfall eine Trennstufe für die geforderte Reinigungsaufgabe nicht ausreichend ist, wird in der Technik mit einer Gegenstromanordnung bzw. Kaskadenanordnung gearbeitet. Daher soll auf die Lage der Bilanzlinie in einem Beladungsdiagramm für diesen Betriebsfall näher eingegangen werden. Ähnlich der thermischen Stofftrennung durch die Rektifikation kommen auch hier Boden-, Packungs- und Füllkörperkolonnen zum Einsatz.

Für die Konstruktion der Bilanzgeraden müssen zwei Punkte der Geraden (z. B. die Beladungen am Kopf- und Fußpunkt der Kolonne) bekannt sein. Im technischen Anwendungsfall sind folgende Größen normalerweise bekannt:

- **Beladung im Gaseintritt** Y_i^{Ein} (z. B. Abgas eines Herstellungsprozesses)
- **Beladung am Gasaustritt** Y_i^{Aus} (z. B. Emissionsvorschriften des Gesetzgebers)
- **Beladung im Waschmitteleintritt** X_i^{Ein} (z. B. durch Regeneration)
- die **zu reinigende Gasmenge** bzw. der darin enthaltene **Trägergasmengenstrom** $\dot{n}_{\mathrm{g,T}}$

Die Parameter des Absorbensstromes und die Beladung des austretenden Waschmittels sind hingegen nicht bekannt. Daher wird konstruktiv der Mindestabsorbensstrom anhand des Beladungsdiagramms ermittelt. Der Punkt am Kolonnenkopf ergibt sich durch die Beladungen Y_i^{Aus} und X_i^{Ein}. Da die eintretende Beladung ebenfalls bekannt ist, liegt die Beladungsänderung ΔY_i fest. Ferner kann die Gleichgewichtskurve bei bekannter Betriebstemperatur (zur Ermittlung der Henry-Konstante über Literaturwerte) und bei bekanntem Betriebsdruck berechnet und in das Diagramm eingezeichnet werden (vgl. Bild 21.10).

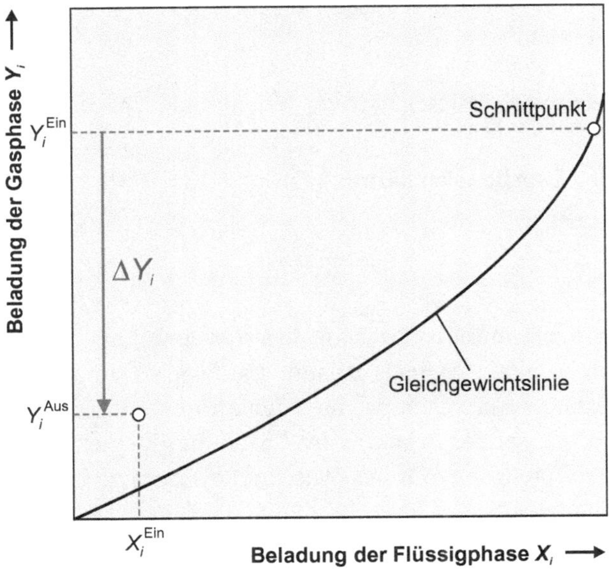

Bild 21.10 Konstruktion der Bilanzgerade (Schritt A)

Da die Gleichgewichtslinie die maximale Beladung des Waschwasserstromes wiedergibt (die Triebkraft des Absorptivs, sich in der Flüssigkeit zu lösen, ist in diesem Gleichgewichtszustand nicht mehr gegeben), resultiert aus dem Schnittpunkt der Parallele zur Abszisse auf der Höhe von Y_i^{Ein} und der Gleichgewichtslinie die Bilanzgerade mit der minimal möglichen Steigung (vgl. Bild 21.11).

Der Schnittpunkt mit der Gleichgewichtskurve und somit die Geradengleichung mit minimaler Steigung kann auch rechnerisch über Formel 21.15 erhalten werden.

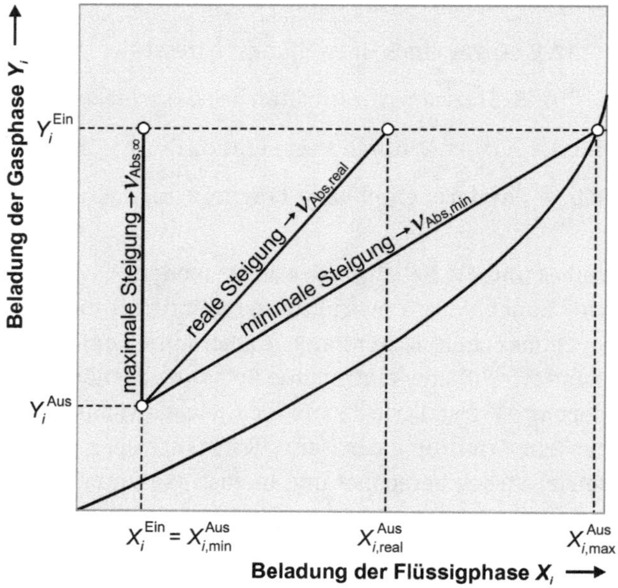

Bild 21.11 Mögliche Absorbensverhältnisse

Dadurch ist gleichzeitig bei bekanntem Trägergasstrom der minimale Absorbensstrom abzuleiten:

minimale Steigung = minimales Absorbensverhältnis

$$v_{\text{Abs,min}} = \frac{\dot{n}_{\text{l,T,min}}}{\dot{n}_{\text{g,T}}} = \frac{Y_i^{\text{Ein}} - Y_i^{\text{Aus}}}{X_{i,\text{max}}^{\text{Aus}} - X_i^{\text{Ein}}} \tag{21.16}$$

Für einen minimalen Absorbensstrom muss von der idealisierten Annahme ausgegangen werden, dass das Absorbens eine maximale Beladung aufweist. Dies ist nur mit einer unendlich hohen Kolonne zu erzielen, da die Triebkraft des Absorptivs, sich im Waschmittel zu lösen, mit sinkender Beladung im Gas immer kleiner wird. Um einen möglichst geringen Stoffmengenstrom des Waschmittels zu erzielen, ist also eine maximal große Anlage notwendig.

Bei der Konstruktion der Bilanzgeraden mit minimaler Steigung muss beachtet werden, dass diese an keiner Stelle die Gleichgewichtslinie schneidet und somit Punkte auf der Geraden existieren, die ein „unmögliches“ Gleichgewicht darstellen. In Bild 21.12 und Bild 21.13 sind die drei möglichen Fälle dargestellt, wobei nur die nach oben gewölbte Gleichgewichtslinie die minimale Steigung beeinflusst.

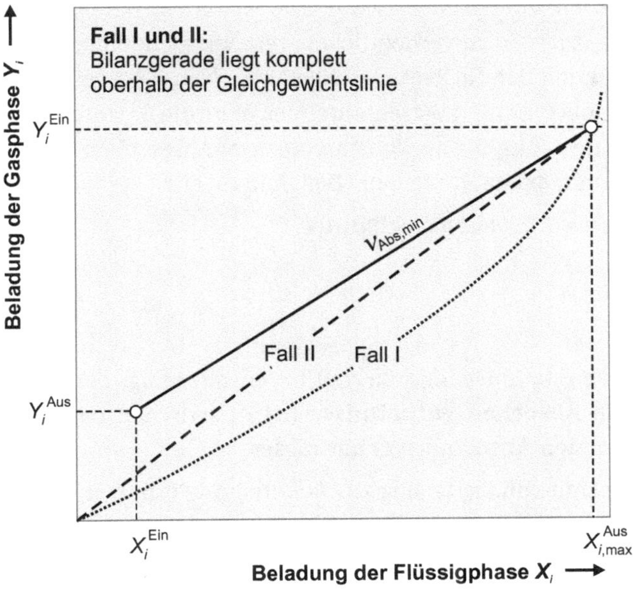

Bild 21.12 Bilanzlinien oberhalb der Gleichgewichtslinie

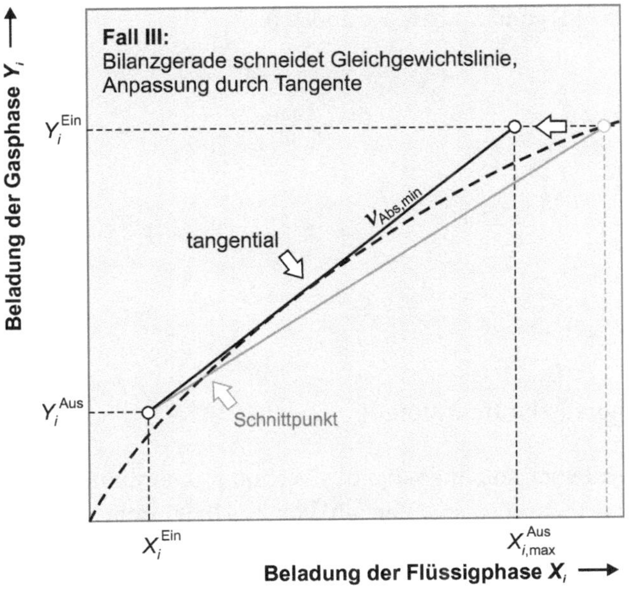

Bild 21.13 Maximale Beladung der Flüssigphase

Da die Bilanzgerade in Fall III Schnittpunkte mit der Gleichgewichtslinie aufweist, wird sie so lange verschoben, bis sie einen tangentialen Verlauf an die Kurve hat, wobei der Punkt (X_i^{Ein}/Y_i^{Aus}) festliegt. Aus dem Schnittpunkt der Parallele zur Abszisse auf der Höhe von Y_i^{Ein} und der Bilanzgeraden mit dem tatsächlichen $\nu_{Abs,min}$ resultiert die maximal mögliche Beladung des Absorbens $X_{i,max}^{Aus}$.

Um die zweite limitierende Bilanzgerade zu verdeutlichen, setzt man eine unendlich große Waschmittelmenge voraus, mit der die Reduzierung von Y_i^{Ein} zu Y_i^{Aus} realisiert werden soll. Aufgrund der unendlich großen Waschmittelmenge ist die Beladung der Flüssigkeitsmenge am Eingang und Ausgang als konstant anzusehen. Somit wird die Bilanzgerade eine Senkrechte mit maximaler Steigung (vgl. Bild 21.11):

maximale Steigung = unendliches Absorbensverhältnis

$$\nu_{Abs,\infty} = \frac{\dot{n}_{l,T,\infty}}{\dot{n}_{g,T}} \tag{21.17}$$

Technisch würde daraus die geringste Anlagengröße resultieren, allerdings bei maximalem Betriebsaufwand. **Reale Absorbensverhältnisse** liegen zwischen dem **1,3- und dem 1,6-Fachen des minimalen Absorbensverhältnisses.**

Verdeutlichen lässt sich der Zusammenhang analog zur Rektifikation durch eine Stufenkonstruktion nach der **Theorie der theoretischen Trennstufen** (vgl. Kapitel 20). Auch bei der Absorption geht man davon aus, dass die die Trennstufe verlassenden Stoffströme (Gas und Flüssigkeit) im Gleichgewicht stehen und somit Punkte auf der Gleichgewichtslinie darstellen (im Bild 21.14 $Y_{i,2}$ und $X_{i,2}$). Im gleichen Querschnitt der Kolonne ergibt sich ein Punkt auf der Bilanzgeraden, welcher eine Stufenkonstruktion ermöglicht (in der Abbildung $Y_{i,2}$ und $X_{i,1}$ bzw. $Y_{i,3}$ und $X_{i,2}$).

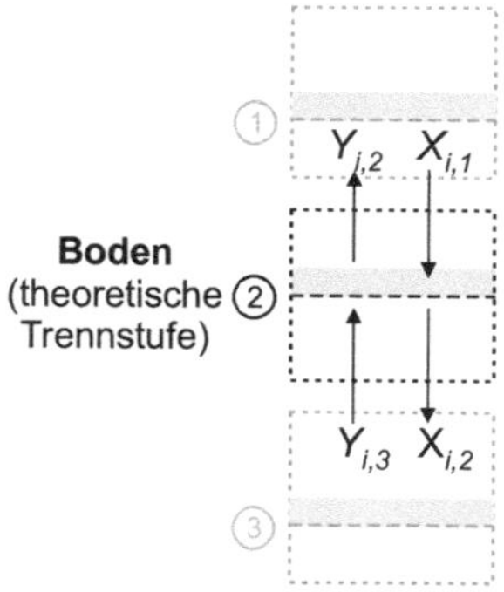

Bild 21.14
Theoretische Trennstufe

Die Anzahl der Trennstufen wird vom Kolonnenkopf aus bestimmt und nummeriert. In Bild 21.15 ergibt sich z. B. eine theoretische Stufenzahl von 2,2 (Diagramm A).

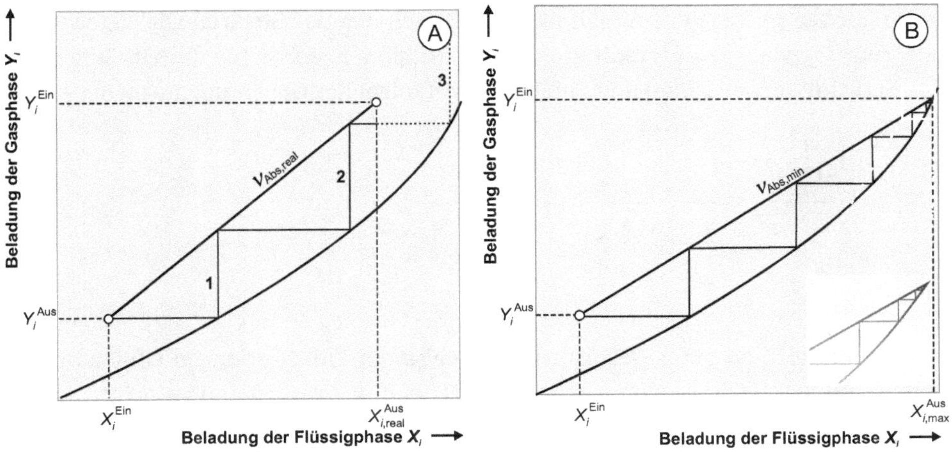

Bild 21.15 Reale (A) und unendliche Trennstufenzahl (B)

Geht man von einer maximalen Beladung der Aufnehmerphase aus, so „endet" die Bilanzgerade auf der Gleichgewichtslinie (vgl. Bild 21.15, Diagramm B). Dadurch wird der einzusetzende Absorbensstrom minimal, und durch die Lage der Bilanzgeraden ergibt sich eine **unendliche Stufenzahl** (unendlich großer apparativer Aufwand). Bei steigendem Absorbensverhältnis und damit verbundenem, größer werdendem Absorbensstrom wird die Anzahl der Trennstufen und somit die Kolonnenhöhe deutlich verringert. Idealerweise kann man von einem unendlich großen Absorbensstrom ausgehen, wodurch keine Trennstufe mehr benötigt wird.

Um von der theoretischen Stufenzahl N_{th} auf die reale Stufenzahl N_{real} zu schließen, muss in der Praxis der **Stufenwirkungsgrad ψ_{St}** herangezogen werden:

$$\psi_{St} = \frac{N_{th}}{N_{real}} \tag{21.18}$$

Der **Stufenwirkungsgrad** wird im Normalfall experimentell ermittelt und nimmt bei Absorptionsprozessen Werte **zwischen 0,05 und 0,9** an. Ist dieser nicht über die gesamte Kolonne konstant, kann er pro Trennstufe definiert werden:

$$\psi_{St,i} = \frac{Y_{i,n+1} - Y_{i,n}}{Y_{i,n+1} - Y_{i,n,th}} \tag{21.19}$$

Findet die Absorption im Bereich kleiner Beladungen statt (z. B. Abgasreinigung von Raumluft in Produktionsstätten), kann von einem nahezu **linearen Verlauf der Gleichgewichtslinie** ausgegangen werden. Die Steigung der Näherungsgeraden ergibt sich zu

$$m_{GW,lin} = \frac{K_{H,px,i}}{p_{ges}}$$

Fasst man das Absorptionsverhältnis und die Steigung der linearen Gleichgewichtslinie zum sogenannten **Strippingfaktor** $\boldsymbol{F_S}$ zusammen, so ist für diesen Sonderfall eine Berechnung der benötigten Stufenzahl mit folgender Gleichung möglich:

$$N_{\text{th}} = \frac{\ln\left(\left(\frac{Y_i^{\text{Ein}} - m_{\text{GW,lin}} \cdot X_i^{\text{Ein}}}{Y_i^{\text{Aus}} - m_{\text{GW,lin}} \cdot X_i^{\text{Ein}}}\right) \cdot (1 - F_S) + F_S\right)}{\ln \frac{1}{F_S}} \tag{21.20}$$

mit $F_S = m_{\text{GW,lin}} \cdot \frac{\dot{n}_{\text{g,T}}}{\dot{n}_{\text{l,T}}}$

Soll im Vergleich zu einer Gegenstromfahrweise eine Absorption im **Gleichstromprinzip** durchgeführt werden, kann vereinfachend nur von einer Trennstufe ausgegangen werden. Dadurch ergeben sich eine Bilanzgerade mit starker negativer Steigung und ein höherer Waschmittelstoffmengenstrom als bei einer mehrstufigen Fahrweise im Gegenstrom. Folglich kann im Gleichstrombetrieb die Reinigungsleistung nur durch Variation des Waschmittelstoffmengenstromes erzielt werden, wobei im Gegenstrombetrieb zusätzlich die Kolonnenhöhe bzw. die Anzahl der Böden in der Kolonne optimal eingestellt werden können und zu einer effizienten Fahrweise der Anlage beitragen.

Wird die Absorption mit einer Packungs- oder Füllkörperkolonne durchgeführt, kann ebenfalls auf die Berechnung mit *HETP*-Werten (vgl. Kapitel 20) oder in der Absorptionstechnik häufiger auf die mathematisch aufwendigere *HTU*/*NTU*-Methode zurückgegriffen werden.

21.1.3 *NTU/HTU*-Konzept für die Absorption

In der Absorptionstechnik wird häufig das *NTU*/*HTU*-Verfahren zur Berechnung der Kolonnenhöhe eingesetzt, da hier ein Stoffübergang nur in eine Richtung erfolgt (von Abgeberphase in Aufnehmerphase). Man erzielt so der Technik wesentlich nähere Daten für Füllkörperschütthöhen. Der Ausgangspunkt einer Berechnung nach diesem Verfahren ist die Feststellung, ob es sich um lineare Bilanz- und Gleichgewichtslinien handelt (vgl. *HTU*-Wert-Bestimmung). Ist dies nicht der Fall, wird die Kolonne in Abschnitte unterteilt, sodass diese Annahme als Näherung zulässig ist.

Um einen Stofftransport an Phasengrenzflächen mit Einstellung eines Konzentrationsgleichgewichts zu beschreiben, muss der Stoffdurchgang der Komponente, die zwischen Abgeberphase und Aufnehmerphase wechselt, betrachtet werden. Im Fall der Absorption handelt es sich um einen Stoffdurchgang in eine Richtung. Die Rektifikation stellt z. B. einen Phasenübertritt in beide Richtungen dar. Um die Vorgänge zu beschreiben, existieren zwei grundlegende Ansätze: Die **Zweifilmtheorie** und die **Oberflächenerneuerungstheorie (Turbulenztheorie).**

Zweifilmtheorie von *Lewis* und *Whitman*

Die Zweifilmtheorie geht von der Annahme aus, dass an der Phasengrenzfläche sich beidseitig eine laminare Grenzschicht befindet. An der Phasengrenzfläche liegt dabei ein Gleichgewicht vor. Der Stofftransport wird in den Grenzschichten ausschließlich durch Diffusion hervorgerufen, wobei ein zeitlich konstantes Konzentrationsprofil vorliegt. In den Phasen selber, also außerhalb der Grenzschichten, erfolgt der Stofftransport durch turbulente Konvektion sehr schnell, sodass dort von konstanten Konzentrationen ausgegangen wird. Analog zur Wärmeübertragung (vgl. Kapitel 17) kann durch diese Theorie auf Stoffübergangs- und Stoffdurchgangskoeffizienten geschlossen werden, die eine Berechnung des Stoffaustausches ermöglichen. Über die Charakterisierung der Einflussgrößen dieser Koeffizienten kann dann auf eine Beeinflussung des gesamten Stoffdurchgangs geschlossen werden.

Obwohl die theoretisch getroffenen Vereinfachungen der Zweifilmtheorie den Vorgang in der Technik nicht exakt wiedergeben, wird sie heute noch vielfach zur Berechnung von Absorptions- und Extraktionsapparaten angewendet.

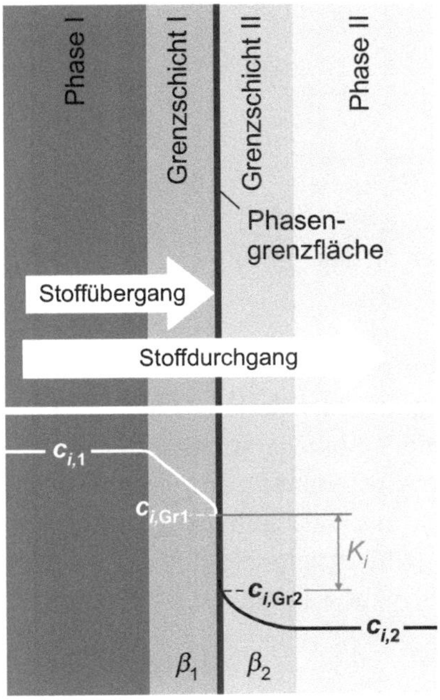

Bild 21.16 Verhältnisse in den Grenzschichten (Zweifilmtheorie)

Oberflächenerneuerungstheorie von *Dankwerts*

Die Oberflächenerneuerungstheorie spiegelt eine realistischere Darstellung der Phasengrenze wider, die von turbulenten Strömungen in den Phasen ausgeht, welche sich bis zur Phasengrenzfläche ausdehnen. Das bedeutet gleichzeitig eine stetige Erneuerung der Phasengrenzfläche. Die Annahme eines zeitlich konstanten Konzentrationsprofils, wie in der Zweifilmtheorie vorausgesetzt, kann daher nicht zutreffen. Im Gegensatz zur Zweifilmtheorie (beruhend auf dem 1. *Fick*schen Gesetz, zeitlich konstanter Diffusionsfluss, stationäre Diffusion) basiert die Oberflächenerneuerungstheorie auf dem 2. *Fick*schen Gesetz, welches eine Beziehung zwischen zeitlichen und örtlichen Konzentrationsunterschieden darstellt (instationäre Diffusion).

An dieser Stelle soll das *HTU*/*NTU*-Konzept am Beispiel einer Absorption verkürzt anhand der Zweifilmtheorie beschrieben werden, um einen Überblick über die Vorgehensweise zu erhalten.

Betrachtet man ein Höhenelement dz an einer beliebigen Stelle in der Füllkörperkolonne, so kann der ausgetauschte Stoffmengenstrom der absorbierten Komponente durch eine Mengenbilanz folgendermaßen ausgedrückt werden:

$$\mathrm{d}\dot{n}_i = \dot{n}_{\mathrm{g,T}} \cdot \mathrm{d}Y_i = \dot{n}_{\mathrm{l,T}} \cdot \mathrm{d}X_i$$

Die Verhältnisse der ein- und austretenden Stoffströme im Höhenelement dz sind in Bild 21.17 dargestellt.

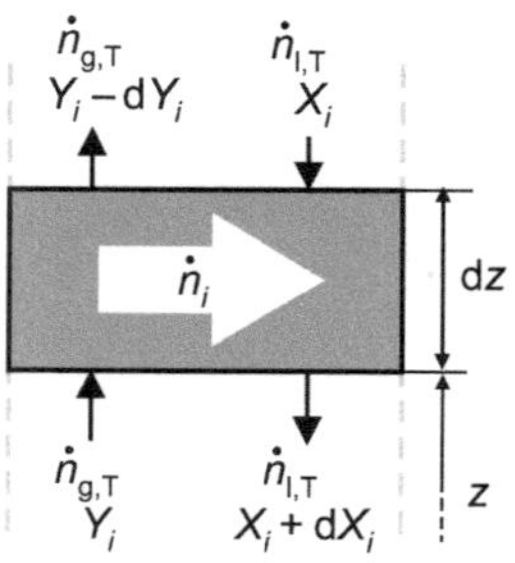

Bild 21.17
Stoffströme und Beladungen an der Höhe *z* in einem Absorber

Nach der Zweifilmtheorie ist die treibende Kraft für einen Stoffübergang vom Phaseninneren zur Grenzfläche der Konzentrationsunterschied zwischen beiden Zuständen. Hier kann bei ausreichend kleinen Konzentrationen (und Anpassung der Koeffizienten durch molare Dichten) mit Beladungen gerechnet werden, da diese dann mit den Stoffmengenanteilen übereinstimmen. Analog zum Wärmeübergang gehen die Stoffdurchgangskoeffizienten $k_{i,\mathrm{g}}$ (gasseitig) bzw. $k_{i,\mathrm{l}}$ (flüssigkeitsseitig) und die Übertragungsfläche dA, die im Höhenelement dz zur Verfügung steht, in die Berechnung ein, sodass folgende Zusammenhänge entstehen.

gasseitig:

$$\mathrm{d}\dot{n}_i = k_{i,\mathrm{g}} \cdot \mathrm{d}A \cdot \left(Y_i - Y_i^{\mathrm{GW}}\right) \quad (21.21)$$

flüssigkeitsseitig:

$$\mathrm{d}\dot{n}_i = k_{i,\mathrm{l}} \cdot \mathrm{d}A \cdot \left(X_i^{\mathrm{GW}} - X_i\right) \quad (21.22)$$

Die Beladungsdifferenzen als treibende Kräfte für die Gaslösung werden in Bild 21.18 deutlich.

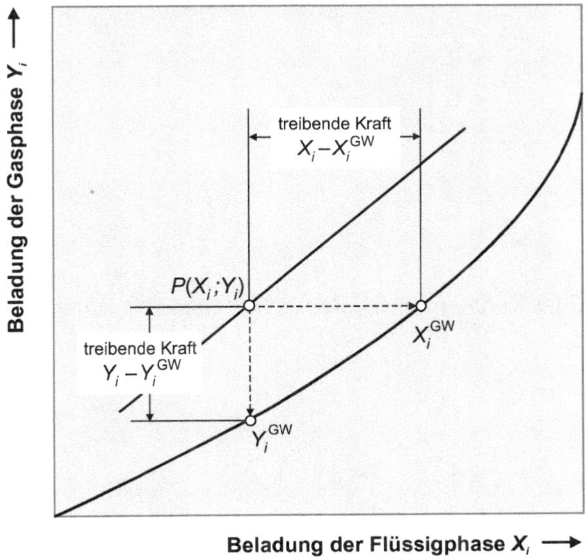

Bild 21.18 Darstellung der „treibenden Kräfte" bei der Absorption

Durch Zusammenführen der Mengenbilanz der Stoffübergangsgleichungen erhält man:

gasseitig:

$$dA = \frac{\dot{n}_{g,T} \cdot dY_i}{k_{i,g} \cdot \left(Y_i - Y_i^{GW}\right)}$$

flüssigkeitsseitig:

$$dA = \frac{\dot{n}_{l,T} \cdot dX_i}{k_{i,l} \cdot \left(X_i^{GW} - X_i\right)}$$

Da die zur Absorption zur Verfügung stehende Fläche direkt von der Höhe des betrachteten Höhenelements dz abhängt, kann sie durch folgende Gleichung ausgedrückt werden:

$$dA = \eta_{A,n} \cdot a_{FK} \cdot A_0 \cdot dz$$

Zugrunde liegen dabei der Kolonnenquerschnitt A_0 in m^2, die spezifische Oberfläche der Füllkörper a_{FK} in m^2/m^3. Da die Füllkörper im realen Betrieb nicht vollständig benetzt werden, muss die spezifische Oberfläche mit einem Faktor korrigiert werden

(Benetzungsfaktor), der das Verhältnis zwischen benetzter und gesamter zur Verfügung stehender Oberfläche darstellt ($\eta_{A,n} < 1$). Durch Einsetzen ergibt sich:

gasseitig:

$$dz = \frac{\dot{n}_{g,T} \cdot dY_i}{\eta_{A,n} \cdot a_{FK} \cdot A_0 \cdot k_{i,g} \cdot \left(Y_i - Y_i^{GW}\right)}$$

flüssigkeitsseitig:

$$dz = \frac{\dot{n}_{1,T} \cdot dX_i}{\eta_{A,n} \cdot a_{FK} \cdot A_0 \cdot k_{i,1} \cdot \left(X_i^{GW} - X_i\right)}$$

Durch Integration und Vorziehen der konstanten Größen erhält man die Höhe der Schüttung:

gasseitig:

$$z_{Sch,g} = \frac{\dot{n}_{g,T}}{\eta_{A,n} \cdot a_{FK} \cdot A_0 \cdot k_{i,g}} \cdot \int_{Y_i^{Aus}}^{Y_i^{Ein}} \frac{dY_i}{Y_i - Y_i^{GW}} \tag{21.23}$$

$$z_{sch,g} = HTU_{g,ges} \cdot NTU_{g,ges} \tag{21.24}$$

flüssigkeitsseitig:

$$z_{Sch,1} = \frac{\dot{n}_{1,T}}{\eta_{A,n} \cdot a_{FK} \cdot A_0 \cdot k_{i,1}} \cdot \int_{X_i^{Ein}}^{X_i^{Aus}} \frac{dX_i}{X_i^{GW} - X_i} \tag{21.25}$$

$$z_{Sch,1} = HTU_{1,ges} \cdot NTU_{1,ges} \tag{21.26}$$

Die erhaltenen Beziehungen werden vereinfacht, indem man den vor dem Integral befindlichen Ausdruck zum ***HTU*-Wert (height of transfer unit)** zusammenfasst. Der Integralteil ist der ***NTU*-Wert (number of transfer units).** Beide Werte müssen im Index die betrachtete Phase und den Zusatz „gesamt" enthalten, damit ersichtlich ist, dass der **Gesamtwiderstand beider Diffusionsschichten** berücksichtigt ist. Bei großen Beladungen und sich erheblich ändernden Stoffübergangskoeffizienten müssen diese bei der Integration berücksichtigt werden.

Bestimmung der *NTU*-Werte

Zwei Fälle können bei der Bestimmung der *NTU*-Werte vereinfachend herangezogen werden:

- **Paralleler linearer Verlauf von Bilanzlinie und Gleichgewichtslinie**

  Verlaufen die beiden Linien im Gleichgewichtsdiagramm linear und parallel, sind die *NTU*-Werte und die ermittelte theoretische Bodenzahl identisch:

  $$NTU_{\mathrm{g,ges}} = NTU_{\mathrm{l,ges}} = N_{\mathrm{th}}$$

- **Nichtparalleler, aber linearer Verlauf von Bilanzlinie und Gleichgewichtslinie**

  Die *NTU*-Werte (Integralausdrücke) können hinlänglich genau unter Zuhilfenahme des logarithmischen Mittelwerts berechnet werden. Daraus ergibt sich z. B. gasseitig:

  $$NTU_{\mathrm{g,ges}} = \int_{Y_i^{\mathrm{Aus}}}^{Y_i^{\mathrm{Ein}}} \frac{\mathrm{d}Y_i}{Y_i - Y_i^{\mathrm{GW}}} = \frac{Y_i^{\mathrm{Ein}} - Y_i^{\mathrm{Aus}}}{\left(Y_i - Y_i^{\mathrm{GW}}\right)_{\ln}} \qquad (21.27)$$

  mit dem logarithmischen Mittelwert:

  $$\left(Y_i - Y_i^{\mathrm{GW}}\right)_{\ln} = \frac{\left(Y_i^{\mathrm{Ein}} - Y_i^{\mathrm{Ein,GW}}\right) - \left(Y_i^{\mathrm{Aus}} - Y_i^{\mathrm{Aus,GW}}\right)}{\ln \frac{Y_i^{\mathrm{Ein}} - Y_i^{\mathrm{Ein,GW}}}{Y_i^{\mathrm{Aus}} - Y_i^{\mathrm{Aus,GW}}}}$$

  Um die *NTU*-Werte bei einer gekrümmten Gleichgewichtslinie zu bestimmen, können numerische oder grafische Methoden verwendet werden (z. B. Methode nach *Baker*). In Bild 21.19 ist eine Flächenbestimmung über die Funktion $1/\left(Y_i - Y_i^{\mathrm{GW}}\right)$ dargestellt.

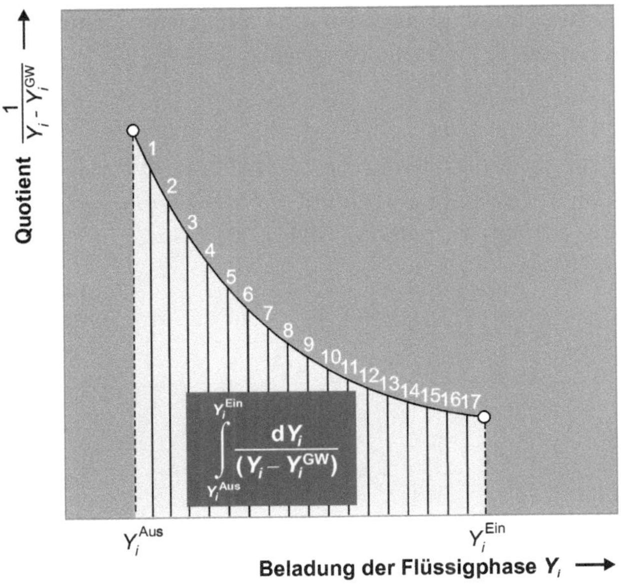

Bild 21.19 Grafische Bestimmung des *NTU*-Wertes über die Flächenbestimmung des Integrals

Bestimmung der *HTU*-Werte

Wie aus den Formel 21.23 und Formel 21.25 ersichtlich, sind die *HTU*-Werte primär von den Stoffdurchgangskoeffizienten, der spezifischen Austauschfläche sowie dem Stoffmengenstrom des Trägermediums, bezogen auf die Querschnittsfläche, abhängig. Für die Ermittlung der Stoffdurchgangskoeffizienten werden im Zweifilmmodell als Berechnungsgrößen Konzentrationen betrachtet (vgl. Bild 21.20). Eine Übertragung der Verhältnisse auf Beladungen ist bei kleinen Konzentrationen ($x_i = X_i$ und $y_i = Y_i$) möglich (Bild 21.21).

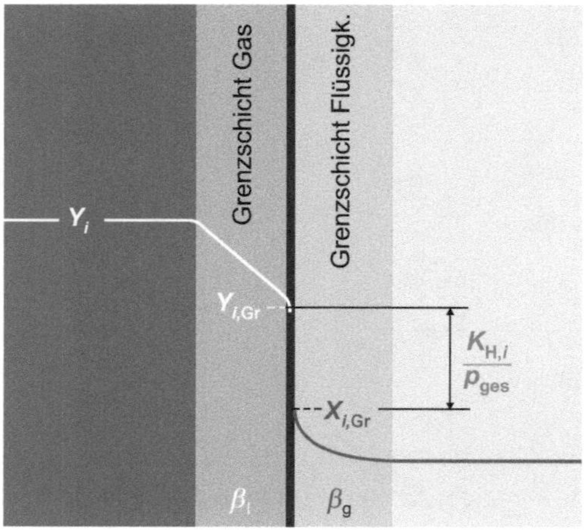

Bild 21.20
Beladungen in den Phasen und an der Phasengrenze (basierend auf dem Zweifilmmodell)

Bei **Vorliegen einer nahezu linearen Gleichgewichtslinie** ist eine Bestimmung der Stoffdurchgangskoeffizienten im Beladungsdiagramm vereinfacht möglich.

Der Stoffmengenstrom des Absorptivs aus der **Gasphase** zur Grenzfläche A kann mithilfe des **Stoffübergangskoeffizienten** $\boldsymbol{\beta_{i,g}}$ berechnet werden:

$$\dot{n}_{i,g} = \beta_{i,g} \cdot A \cdot \left(Y_i - Y_{i,\mathrm{Gr}}\right) \tag{21.28}$$

Sowohl die Beladung in der Gasphase Y_i als auch an der Grenzfläche und $Y_{i,\mathrm{Gr}}$ kann unter Annahme einer linearen Gleichgewichtsgeraden mit der Steigung $m_{\mathrm{GW,lin}}$ durch Beladungen der Flüssigphase ausgedrückt werden (vgl. Bild 21.21):

$$Y_i = m_{\mathrm{GW,lin}} \cdot X_i^{\mathrm{GW}}$$

und

$$Y_{i,\mathrm{Gr}} = m_{\mathrm{GW,lin}} \cdot X_{i,\mathrm{Gr}}$$

mit $m_{\mathrm{GW,lin}} = \frac{K_{\mathrm{H},px,i}}{p_{\mathrm{ges}}}$

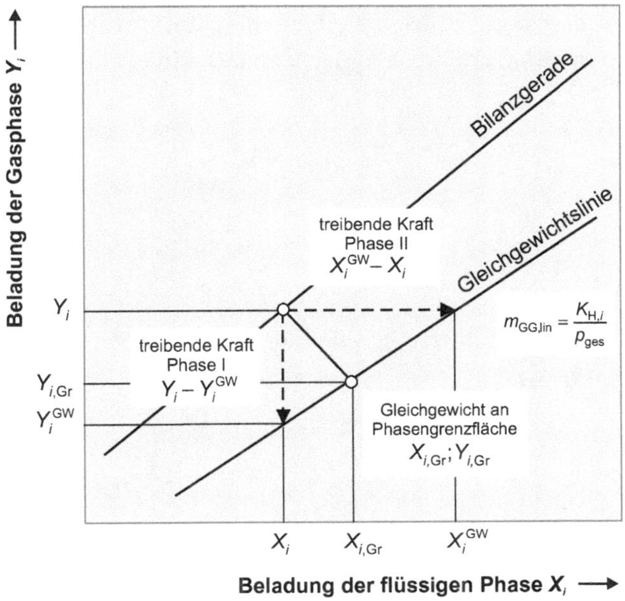

Bild 21.21 Lineare Arbeitslinien und Beladungen

Ersetzt man die Beladungen der Gasphase und stellt die Gleichung nach der Beladung an der Grenzfläche der Flüssigkeit um, erhält man:

$$X_{i,\text{Gr}} = X_i^{\text{GW}} - \frac{\dot{n}_{i,\text{g}}}{\beta_{i,\text{g}} \cdot A \cdot m_{\text{GW,lin}}}$$

Auf der **Flüssigkeitsseite** kann der Stoffmengenstrom von der Grenzfläche in die Flüssigphase formeltechnisch folgendermaßen erfasst werden:

$$\dot{n}_{i,\text{l}} = \beta_{i,\text{l}} \cdot A \cdot \left(X_{i,\text{Gr}} - X_i\right) \tag{21.29}$$

Durch Umstellen erhält man:

$$X_{i,\text{Gr}} = X_i + \frac{\dot{n}_{i,\text{l}}}{\beta_{i,\text{l}} \cdot A}$$

Durch Zusammenführen der gasseitigen und der flüssigkeitsseitigen Gleichungen unter Berücksichtigung, dass der Gesamtstoffmengenstrom und die beiden Einzelstoffmengenströme gleich groß sein müssen, erhält man den Ausdruck:

$$X_i + \frac{\dot{n}_i}{\beta_{i,\text{l}} \cdot A} = X_i^{\text{GW}} - \frac{\dot{n}_i}{\beta_{i,g} \cdot A \cdot m_{\text{GW,lin}}}$$

$$\dot{n}_i = \frac{1}{\frac{1}{\beta_{i,\text{l}}} + \frac{1}{\beta_{i,\text{g}} \cdot m_{\text{GW,lin}}}} \cdot A \cdot \left(X_i^{\text{GW}} - X_i\right)$$

Ersetzt man den Term der Stoffübergangskoeffizienten durch den **Stoffdurchgangskoeffizienten für die flüssige Phase $k_{i,l}$**, erhält man folgenden Zusammenhang:

$$\dot{n}_i = k_{i,l} \cdot A \cdot \left(X_i^{GW} - X_i\right)$$

und somit

$$\frac{1}{k_{i,l}} = \frac{1}{\beta_{i,l}} + \frac{1}{\beta_{i,g} \cdot m_{GW,lin}} \tag{21.30}$$

Die Ersetzung der Flüssigkeitsbeladungen durch Gasbeladungen führt zum **gasseitigen Stoffdurchgangskoeffizienten $k_{i,g}$**:

$$\dot{n}_i = k_{i,g} \cdot A \cdot \left(Y_i - Y_i^{GW}\right)$$

und somit

$$\frac{1}{k_{i,g}} = \frac{1}{\beta_{i,g}} + \frac{m_{GW,lin}}{\beta_{i,l}} \tag{21.31}$$

Sonderfälle

- Liegt die Triebkraft fast ausschließlich auf der Flüssigseite ($X_i^{GW} - X_i$), ist also der Stoffübergangskoeffizient $\beta_{i,g}$ auf der Gasseite „unendlich" groß, gilt:

  $k_{i,l} \approx \beta_{i,l}$

- Liegt die Triebkraft fast ausschließlich auf der Gasseite ($Y_i - Y_i^{GW}$), ist also der Stoffübergangskoeffizient $\beta_{i,l}$ auf der Flüssigseite „unendlich" groß, gilt:

  $k_{i,g} \approx \beta_{i,g}$

Die Stoffübergangskoeffizienten und Stoffdurchgangskoeffizienten können dabei durch experimentelle Bestimmung ermittelt werden. Um eine rechnerische Bestimmung durchzuführen, wird heute häufig die Korrelation nach *Sherwood* angewendet, wobei man hier im Speziellen die Stoffübergangskoeffizienten bestimmt. Die Vorausberechnungen sind dabei häufig nur als überschlägig anzusehen und variieren stark mit den eingesetzten Kennwerten aus unterschiedlichen Literaturquellen.

21.1.4 Kenngrößen eines Absorbers

Um die Effektivität und die Leistung eines Gegenstromabsorbers festzustellen, wurden die beiden Kenngrößen Absorptionsgrad und Sättigungsgrad eingeführt, die in Bild 21.22 in einem Gleichgewichtsdiagramm veranschaulicht dargestellt sind.

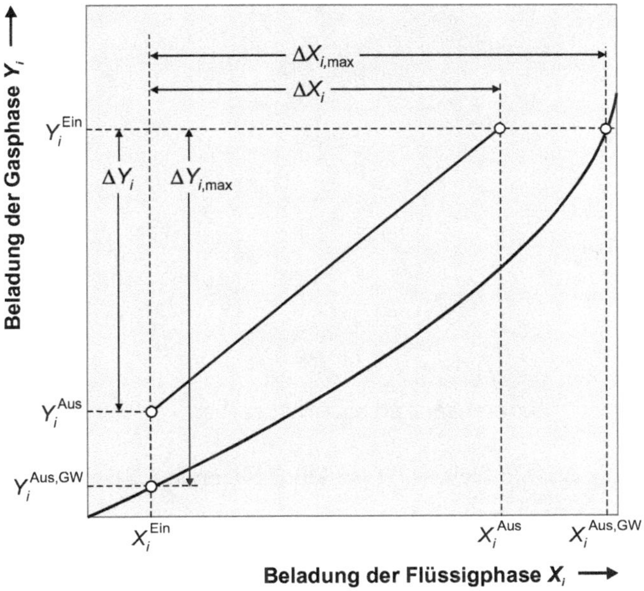

Bild 21.22 Ermittlung von Effektivität und Leistung eines Absorbers anhand eines Beladungsdiagramms

Absorptionsgrad (Effektivität des Absorbers):

$$\gamma_{Abs} = \frac{Y_i^{Ein} - Y_i^{Aus}}{Y_i^{Ein} - Y_i^{Aus,GW}} = \frac{\Delta Y_i}{\Delta Y_{i,max}} \tag{21.32}$$

Sättigungsgrad (Leistung des Absorbers):

$$\gamma_{Sätt} = \frac{X_i^{Aus} - X_i^{Ein}}{X_i^{Aus,GW} - X_i^{Ein}} = \frac{\Delta X_i}{\Delta X_{i,max}} \tag{21.33}$$

21.1.5 Wärmebilanz bei der Absorption

Bei der bisherigen Betrachtung der Absorption wurde davon ausgegangen, dass sich die Temperatur während des Absorptionsprozesses nicht verändert und dass mit einer *Henry*-Konstante gerechnet werden kann.

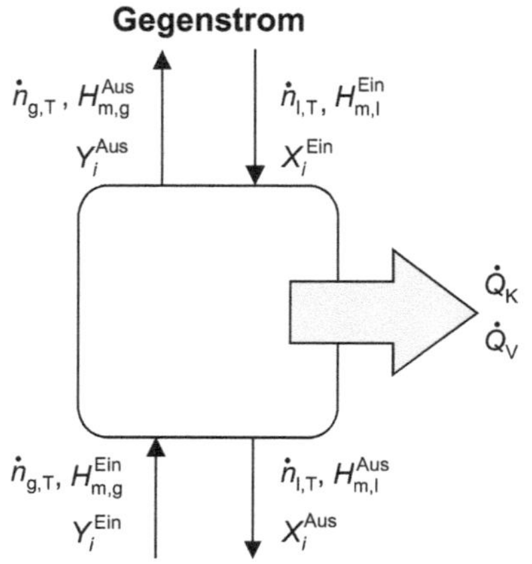

Bild 21.23
Wärmebilanz an einem Absorber

Wird jedoch bei der Absorption Wärme freigesetzt, so kann folgende Wärmebilanz aufgestellt werden.

$$\dot{n}_{g,T} \cdot H^{Ein}_{m,g} + \dot{n}_{l,T} \cdot H^{Ein}_{m,l} + \dot{H}_{Abs} = \dot{n}_{g,T} \cdot H^{Aus}_{m,g} + \dot{n}_{l,T} \cdot H^{Aus}_{m,l} + \dot{Q}_K + \dot{Q}_V \tag{21.34}$$

$\dot{Q}_K$ abgeführte Wärme durch Kühlung, $\dot{Q}_V$ abgeführte Verlustwärme

Der Enthalpiestrom $\dot{H}_{Abs}$ ergibt sich aus:

$$\dot{H}_{Abs} = \dot{n}_{g,T} \cdot \left(Y_i^{Ein} - Y_i^{Aus}\right) \cdot \Delta H_{m,Abs} \tag{21.35}$$

$\Delta H_{m,Abs}$ molare Absorptionsenthalpie

Geht man von adiabatem Betrieb der Absorptionskolonne aus, findet kein Wärmeübergang nach außen statt, und $\dot{Q}_V$bzw. $\dot{Q}_K$ nehmen den Wert null an. Die Enthalpie des ein- und austretenden Trägergases bleibt aufgrund des schlechten Wärmeübergangs von der Flüssigkeit zur Gasphase annähernd konstant. Daraus kann überschlägig eine Berechnung der Temperaturerhöhung der flüssigen Aufnehmerphase durchgeführt werden:

$$\Delta T_{Absorbens} = \frac{\dot{H}_{Abs}}{\dot{n}_{l,T} \cdot C_{p,L}} \tag{21.36}$$

Um diese Temperaturerhöhung während des Absorptionsprozesses zu berücksichtigen, muss eine Gleichgewichtslinie aus den verschiedenen Isothermen konstruiert werden. Die resultierende Gleichgewichtslinie (vgl. Bild 21.24) kann dann zur Bestimmung der Trennstufen herangezogen werden, um eine bessere Anpassung an den realen Anwendungsfall zu erhalten.

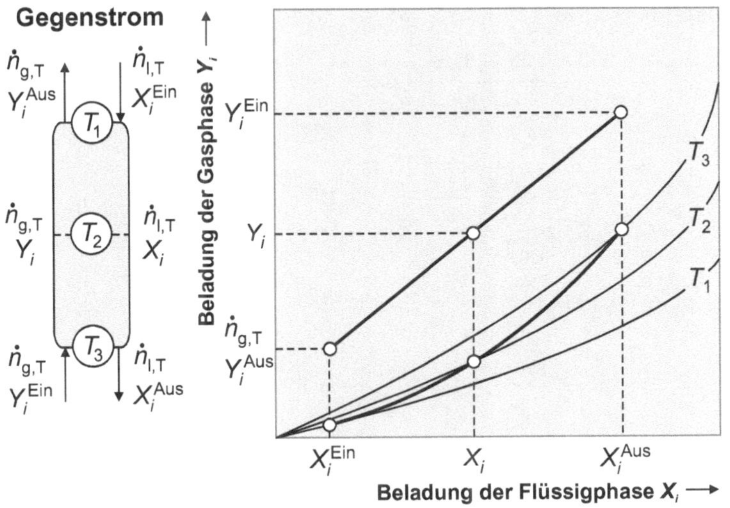

Bild 21.24 Anpassung an steigende Temperaturen während einer Absorptionskolonne

Durch die Temperaturerhöhung ergibt sich eine Verringerung der Aufnahmekapazität der Aufnehmerphase. Man strebt daher eine Isothermie durch Abführung der entstehenden Absorptionswärme an, z. B. durch Zwischenkühlungen der Aufnehmerphase. An folgendem Beispiel soll die Berechnung eines Anwendungsfalls schrittweise erläutert werden.

Beispiel 21.2: Absorption von CO_2 in einem Gegenstromabsorber

In einem Gegenstromabsorber mit Überdruck soll ein Abgasstrom, bestehend aus CO_2 und trockener Luft, mit CO_2-freiem Wasser als Absorptionsmittel gereinigt werden.

Abgas:

$\vartheta = 15\,°C$, $\dot{V} \cdot = 2000\,m^3/h$, $p = 2\,bar$, $w(CO_2) = 15\,\%$, $M_{Luft} = 28{,}96\,kg/kmol$, $M_{CO2} = 44{,}01\,kg/kmol$

Wasser:

$\vartheta = 10\,°C$ (isotherm), $w(CO_2) = 0\,\%$, $\rho_{10\,°C} = 999{,}70\,kg/m^3$, $M(H_2O) = 18{,}00\,kg/kmol$

Die Reinigung soll eine 80%ige Verminderung des Stoffmengenstromes an CO_2 bewirken. Das angestrebte Absorbensverhältnis beträgt das 1,5-Fache des Mindestabsorbensverhältnisses. Wie groß ist der benötigte Massenstrom an Wasser, und wie viele Stufen in der Anlage werden benötigt bei einem mittleren Stufenwirkungsgrad von 0,65?

Berechnung des Gasstromes

$$\dot{n}_{ges}^{Ein} = \frac{p_{ges} \cdot \dot{V}_{ges}}{R \cdot T^{Ein}} = \frac{200000\ \text{Pa} \cdot 2000\frac{\text{m}^3}{\text{h}}}{8,314\frac{\text{J}}{\text{mol}\cdot\text{K}} \cdot 288,15\ \text{K}} = 166967\frac{\text{mol}}{\text{h}} = 166,97\frac{\text{kmol}}{\text{h}}$$

$$y_{CO_2}^{Ein} = \frac{\frac{w_{CO_2}}{M_{CO_2}}}{\frac{w_{CO_2}}{M_{CO_2}} + \frac{1-w_{CO_2}}{M_{Luft}}} = \frac{\frac{0,15}{44,01\frac{\text{g}}{\text{mol}}}}{\frac{0,15}{44,01\frac{\text{g}}{\text{mol}}} + \frac{0,85}{28,96\frac{\text{g}}{\text{mol}}}} = 0,104$$

$$\dot{n}_{CO_2}^{Ein} = y_{CO_2}^{Ein} \cdot \dot{n}_{ges}^{Ein} = 0,104 \cdot 166,97\frac{\text{kmol}}{\text{h}} = 17,37\frac{\text{kmol}}{\text{h}}$$

$$\dot{n}_{g,T} = \dot{n}_{ges}^{Ein} - \dot{n}_{CO_2}^{Ein} = 166,97\frac{\text{kmol}}{\text{h}} - 17,37\frac{\text{kmol}}{\text{h}} = 149,60\frac{\text{kmol}}{\text{h}}$$

Verminderung des CO_2-Stoffmengenstroms um 80 %

$$\dot{n}_{CO_2}^{Aus} = (1-0,8) \cdot \dot{n}_{CO_2}^{Ein} = 0,2 \cdot 17,37\frac{\text{kmol}}{\text{h}} = 3,47\frac{\text{kmol}}{\text{h}}$$

Berechnungen der Beladungen

$$Y_{CO_2}^{Ein} = \frac{\dot{n}_{CO_2}^{Ein}}{\dot{n}_{g,T}} = \frac{17,37\frac{\text{kmol}}{\text{h}}}{149,60\frac{\text{kmol}}{\text{h}}} = 0,116$$

$$Y_{CO_2}^{Aus} = \frac{\dot{n}_{CO_2}^{Aus}}{\dot{n}_{g,T}} = \frac{3,47\frac{\text{kmol}}{\text{h}}}{149,60\frac{\text{kmol}}{\text{h}}} = 0,023$$

Berechnung der *Henry*-Konstante für Wasser bei 10 °C (vgl. Exkurs 21.1)

$$K_{H,px,CO_2,H_2O} = 1049,7\ \text{bar}$$

Berechnung der Maximalbeladung des Wassers

$$X_{CO_2,max}^{Aus} = \frac{p_{ges}}{K_{H,px,CO_2,H_2O} \cdot \left(1 + \frac{1}{Y_{CO_2}^{Ein}}\right) - p_{ges}}$$

$$= \frac{2\ \text{bar}}{1049,7\ \text{bar} \cdot \left(1 + \frac{1}{0,116}\right) - 2\ \text{bar}} = 0,000198$$

Berechnung der realen Beladung des Wassers

$$\nu_{Abs,min} = \frac{\dot{n}_{l,T,min}}{\dot{n}_{g,T}} = \frac{Y_{CO_2}^{Ein} - Y_{CO_2}^{Aus}}{X_{CO_2,max}^{Aus} - X_{CO_2}^{Ein}} = \frac{0,116 - 0,023}{0,000198 - 0} = 468,54$$

$$\nu_{Abs} = 1,5 \cdot \nu_{Abs,min} = 1,5 \cdot 468,54 = 702,82$$

$$X_{CO_2}^{Aus} = \frac{Y_{CO_2}^{Ein} - Y_{CO_2}^{Aus}}{\nu_{Abs}} + X_{CO_2}^{Ein} = \frac{0,116 - 0,023}{702,82} + 0 = 0,000132$$

Massenstrom des einzusetzenden Wassers

$$\dot{n}_{l,T} = \nu_{Abs} \cdot \dot{n}_{g,T} = 702,82 \cdot 149,60 \frac{kmol}{h} = 105138 \frac{kmol}{h}$$

$$\dot{m}_{H_2O,T} = M_{H_2O} \cdot \dot{n}_{H_2O,T} = 18,00 \frac{kg}{kmol} \cdot 105138 \frac{kmol}{h}$$

$$= 1892493 \frac{kg}{h} = 1892,5 \frac{t}{h} (!)$$

An dieser Stelle sollte aufgrund des hohen Massenstromes an Absorbens eine alternative Methode oder Auslegung, z. B. als Chemisorption, angedacht werden. Die grafische Darstellung der bisher berechneten Ergebnisse und die Auftragung der Gleichgewichtslinie anhand von 10 Stützstellen sind aber durchaus möglich. Im folgenden Bild ist die Bestimmung des minimalen Absorbensverhältnisses und der theoretischen Stufen dargestellt:

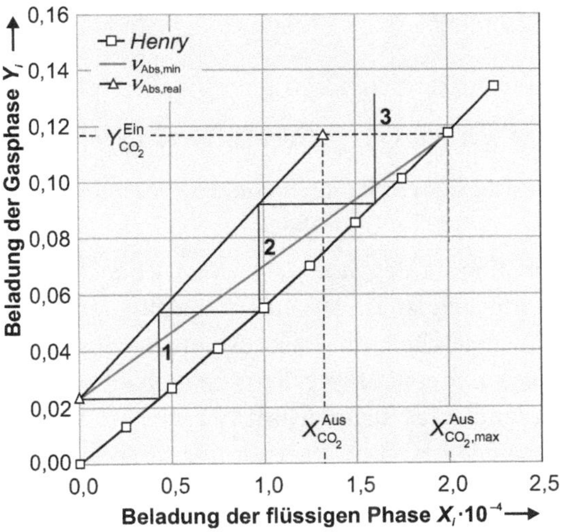

Eine grafische Stufenbestimmung ergibt ca. 2,5 Stufen. Die rechnerische Annäherung führt zu folgendem Ergebnis:

$$m_{GW,lin} = \frac{K_{H,px,CO_2,H_2O}}{p_{ges}} = \frac{1049,7 \text{ bar}}{2 \text{ bar}} = 524,85$$

$$F_S = m_{GW,lin} \cdot \frac{\dot{n}_{Luft,T}}{\dot{n}_{H_2O,T}} = 524,85 \cdot \frac{149,60 \frac{kmol}{h}}{105138 \frac{kmol}{h}} = 0,7468$$

$$N_{th} = \frac{\ln\left(\left(\frac{Y_{CO_2}^{Ein} - m_{GW,lin} \cdot X_{CO_2}^{Ein}}{Y_{CO_2}^{Aus} - m_{GW,lin} \cdot X_{CO_2}^{Ein}}\right) \cdot (1 - F_S) + F_S\right)}{\ln \frac{1}{F_S}}$$

$$= \frac{\ln\left(\left(\frac{0,116 - 524,85 \cdot 0}{0,023 - 524,85 \cdot 0}\right) \cdot (1 - 0,7468) + 0,7468\right)}{\ln \frac{1}{0,7468}} = 2,40$$

Unter der Voraussetzung eines über die Kolonne konstanten Bodenwirkungsgrads von 0,65 ergibt sich eine reale Bodenzahl von:

$$N_{\text{real}} = \frac{N_{\text{th}}}{\psi} = \frac{2,5}{0,65} = 3,85 \longrightarrow 4 \text{ Böden}$$

21.1.6 Anwendung der Absorption

Grundsätzlich findet die Absorption Anwendung, wenn

- überschüssige, nicht abreagierte Edukte zurückgewonnen werden sollen
- erwünschte Produkte abgetrennt werden sollen
- unerwünschte Komponenten aus Gasen abgetrennt werden sollen (z. B. toxische Stoffe)
- Rauchgase gereinigt werden sollen (z. B. Rauchgasentschwefelung)
- verunreinigte Abluft gereinigt werden soll (z. B. bei Lackieranlagen, Lösemittel)
- die Abtrennung eines Stoffes und Überführung in andere Verbindungen (z. B. Säuren) möglich ist

Da bei der physikalischen Absorption im Gegensatz zur chemischen Absorption eine Regeneration des Waschmittels möglich ist, findet man in der Industrie häufig Anlagenkonstellationen mit einem nachgeschalteten Desorber als Regenerationseinheit. Die anlagentechnische Ausführung findet häufig als Kombination einer **Absorptionskolonne** (Absorber, Waschturm) und eines **Regenerators** (Desorber) Anwendung. Im Absorber wird das Absorbens beladen, und im Regenerator findet eine Desorption **(Gas-Stripping)** statt, die durch Austreibung der absorbierten Komponente durch einen Gasstrom das Absorbens „reinigt" und somit diese dem Absorber erneut regeneriert zur Verfügung stellt. Das Stripping kann daher auch als eigenständiges Reinigungsverfahren angesehen werden.

Man erhält bei der **Desorption** ebenfalls eine Bilanzgerade im Beladungsdiagramm, welche sich unterhalb der Gleichgewichtslinie befindet. Um die benötigte Anzahl für eine apparative Ausführung zu erhalten, kann analog zur Absorption auch hier eine Stufenkonstruktion durchgeführt werden (vgl. Bild 21.25). Um die minimale Gasmenge zu ermitteln, muss ebenfalls wie bei der Absorption vorgegangen werden, wobei darauf zu achten ist, dass die Geradenkonstruktion auch hier nicht die Gleichgewichtslinie schneidet. Dabei geht man im Gegenstrombetrieb vom Fuß der Kolonne aus, da zumeist die zu erzielende Beladung des zu regenerierenden Absorbens X_i^{Aus} (möglichst gering) und die des zugeführten Stripping-Gases Y_i^{Aus} bekannt sind.

Das Mindeststrippgasverhältnis ergibt sich zu

$$\frac{\dot{n}_{\mathrm{g,T,min}}}{\dot{n}_{\mathrm{l,T}}} = \frac{X_i^{\mathrm{Ein}} - X_i^{\mathrm{Aus}}}{Y_{i,\max}^{\mathrm{Aus}} - Y_i^{\mathrm{Ein}}} \tag{21.37}$$

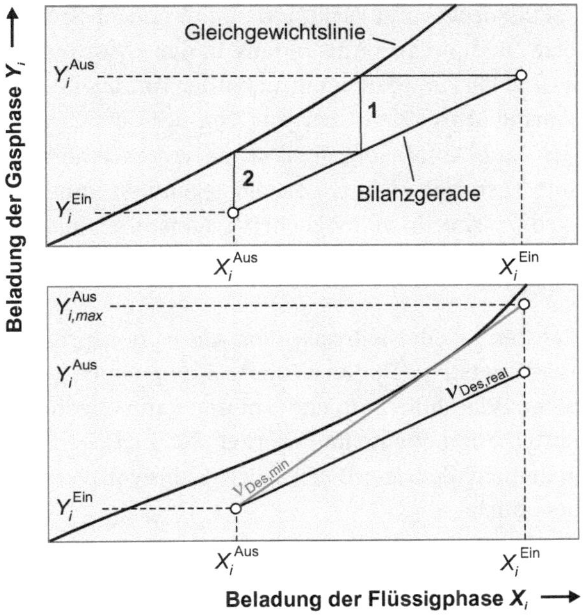

Bild 21.25 Konstruktion Bilanzgerade in der Desorption unter Beachtung der Krümmung der Gleichgewichtslinie

Durch die oben beschriebene Verfahrensführung kommt dem Absorbens eine wichtige Aufgabe zu, und die Ansprüche an das Lösungsmittel sind zahlreich. Es sollte möglichst viele der folgenden Anforderungen erfüllen:

- die abzutrennende Gaskomponente sollte im Lösungsmittel gut löslich sein
- das Lösungsmittel soll primär die abzutrennenden Stoffe lösen (hohe Selektivität)
- gute Regenerationsmöglichkeiten, z. B. durch Desorption
- geringe Verdampfungsneigung bei der angestrebten Betriebstemperatur
- keine Neigung zum Erstarren im Bereich der Betriebstemperatur
- niedrige Viskosität
- keine Zersetzung durch Wärmezufuhr und chemische Einflüsse
- Umweltverträglichkeit (nicht toxisch oder umweltgefährdend)
- keine Neigung zur Schaumbildung

Um den Stoffübergang während der Absorption möglichst effektiv und wirtschaftlich zu realisieren, sind in Absorptionsapparaturen und -kolonnen Einbauten erforderlich, welche einen innigen Kontakt der beiden Phasen realisieren und eine möglichst große Kontaktfläche ermöglichen. Die Absorptionsanlagen werden ähnlich den Bauformen der Rektifikation (vgl. Kapitel 20) ausgeführt. Dabei werden im Gegensatz zur Rektifikation (vornehmlich Boden-, Füllkörper- und Packungskolonnen) auch Sprühwäscher und Blasensäulen eingesetzt. Die häufigste Anwendung in der Absorptionstechnik finden allerdings Füllkörper- und Packungskolonnen, unter der Voraussetzung, dass die entstehende Absorptionswärme (durch den Übergang von der Gasphase in die gelöste Phase) nicht zu groß ist. Eine Abführung der Wärme würde eine aufwendigere Konstruktion der Kolonne nach sich ziehen. Vorteile gegenüber anderen Anlagenausführungen sind in der großen Anzahl an möglichen Trennstufen, in dem geringen Druckverlust und in dem guten Stoffaustausch zu finden, wenn Randgängigkeiten vermieden werden können.

Das regenerierte Absorbens wird vollständig oder teilweise dem Absorptionsprozess erneut zugeführt, sodass ein Kreislauf entsteht. Die absorbierte Komponente wird dementsprechend im Desorber aus dem Waschmedium entfernt und kann abgeführt werden. Für das Austreiben der gelösten Komponente im Desorber sind im Gegensatz zur Absorption hohe Temperaturen und ein niedriger Betriebsdruck sinnvoll. Folgender grundsätzlicher Aufbau ist dabei üblich:

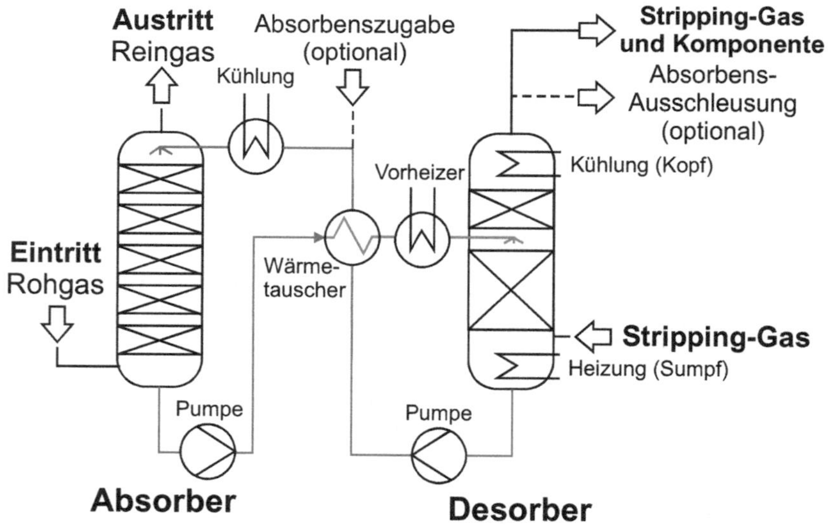

Bild 21.26 Anlagenkombination Absorption und Desorption

Anwendungsbeispiel Physisorption - Gaswäsche

Fallen Biogase, z. B. in Kläranlagen oder Deponien, an, so können diese bis zur Verwertbarkeit als Brenngas weiterverarbeitet werden. Das Rohgas wird von Schwebstoffen und zu hohen Konzentrationen an Schwefelwasserstoff befreit und durchläuft daraufhin eine nasse Gaswäsche, wobei das Kohlenstoffdioxid aus dem Gas ausgewaschen wird und die Konzentration an Methan im gewaschenen Gas erheblich ansteigt. Das Gas wird einer weitergehenden Trocknung unterzogen und konditioniert, um es als Brenngas nutzbar zu machen. Das abgetrennte CO_2 kann aus dem Absorbens desorbiert, aufgefangen und weiterverarbeitet werden.

21.2 Adsorption

Wird eine Komponente einer Gasphase an die Oberfläche eines Feststoffes (Adsorptionsmittel) angelagert (z. B. in Poren), spricht man von **Adsorption.**

21.2.1 Grundlagen der Adsorption

Die Fähigkeit von Stoffen, sich an der Grenzfläche zwischen zwei Phasen anzureichern, wird allgemein als Sorption bezeichnet. Neben der Absorption, die das Übertreten einer Komponente von der Gas- in die Flüssigphase beschreibt, stellt die Adsorption (lat. *adsorbere* – ansaugen) die **Anlagerung** von Gasen oder gelösten Substanzen in Flüssigkeiten **an die Grenzfläche einer festen Phase** dar.

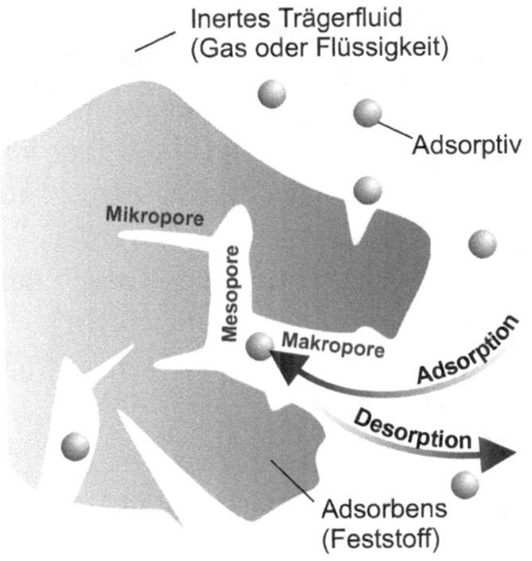

Bild 21.27
Schematische Darstellung eines Adsorptionsmittel-Teilchens (Adsorptivgröße unmaßstäblich)

Als Phase mit festem Aggregatzustand kommen dabei zumeist Stoffe zum Einsatz, die im Verhältnis zu ihrer Masse eine große Oberfläche besitzen (poröse Strukturen) und daher für die Abtrennung von Stoffen aus der Fluidphase am besten geeignet sind. Die verwendeten Begriffe bei der Adsorption sind mit denen der Absorption vergleichbar.

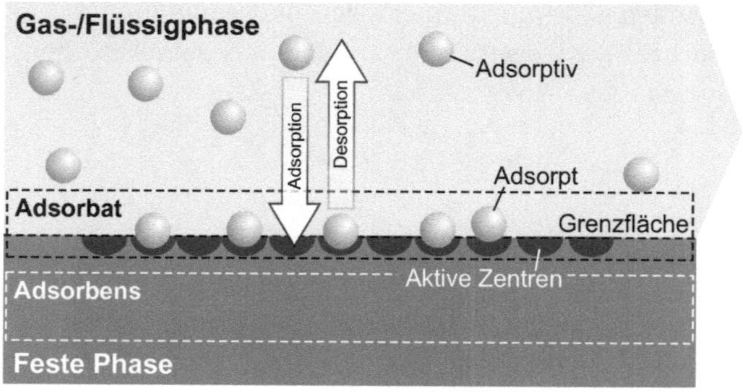

Bild 21.28 Vorgänge an der Feststoffoberfläche

Feststoffe, die die grenzflächenaktiven Oberflächen aufweisen, werden als Adsorbenzien (auch: Adsorbens, Adsorptionsmittel) bezeichnet. Die zu adsorbierende Komponente ist das Adsorptiv bzw. im bereits adsorbierten Zustand das Adsorpt. Den Komplex, der aus Adsorpt und Adsorbens gebildet wird, nennt man Adsorbat.

Es wird zwischen physikalischer **(Physisorption)** und chemischer Adsorption **(Chemisorption)** anhand der Art und Stärke der Wechselwirkung in einer Adsorptionsgruppe unterschieden, wobei hier die identische Namensgebung wie bei der Absorption erfolgt, obwohl es sich um andersartige Prozesse handelt. Im Bereich der Adsorption spricht man von **Physisorption,** wenn die zu adsorbierenden Stoffe durch *London*-Dispersionskräfte, auch oft allgemein als *Van-der-Waals*-Kräfte bezeichnet, an die Oberfläche eines Feststoffes gebunden werden. Dabei sind kleine Adsorptionsenthalpien ΔH_{Ads} charakteristisch für diesen Vorgang. Das Prinzip beruht auf schwachen intermolekularen Kräften, die von fluktuierenden, momentanen Dipolen erzeugt und in benachbarte Moleküle gleichermaßen wiederum induziert werden. Es besteht eine direkte starke Abhängigkeit dieser Dispersionskräfte vom Abstand der Adsorbenzien zum Adsorptiv. Die Adsorptionskraft ist die Summe aller zwischenmolekular auftretenden Anziehungskräfte, da es sich um eine additiv wirkende Kraft handelt.

Bei der Adsorption im Allgemeinen handelt es sich um einen exothermen Prozess, da Energie durch die „Fixierung" des Adsorptivs frei wird. Bei der Physisorption werden Enthalpien freigesetzt, die die gleiche Größenordnung besitzen wie z. B. Kondensationsenthalpien. Dabei liegen übliche Werte von $\Delta H_{\mathrm{Ads},i,\mathrm{ph}}$ bei ca. –21 kJ/mol. Diese Enthalpie reicht im Normalfall nicht aus, um chemische Bindungen aufzubrechen. Demnach behält ein physisorbiertes Molekül seine Identität, kann aber an der Oberfläche einer Deformation (Polarisation) unterliegen. Durch die oben beschriebene Fortpflanzung der Dipole können sich an der Feststoffoberfläche mehrmolekulare Schichten im Adsorbat bilden.

Im Gegensatz zur Physisorption wird bei der **Chemisorption** (chemische Adsorption) eine chemische (kovalente oder ionogene) Bindung der adsorbierten Moleküle an der Phasengrenzfläche ausgebildet. Im Gegensatz zur „klassischen" chemischen Bindung können die Moleküle bei der Chemisorption durchaus auf der Oberfläche des Feststoffes beweglich sein und ihre Position ändern. Trotzdem ist aufgrund der andersartigen Bindungsart des Adsorpts die Enthalpie der Chemisorption viel größer als die der Physisorption. Übliche Werte für $\Delta H_{\mathrm{Ads},i,\mathrm{chem}}$ liegen hier um –210 kJ/mol, also zehnfach größer als bei der Physisorption. Die Wärmeeffekte der Chemisorption können mit Reaktionsenthalpien verglichen werden. Diese Energie kann ausreichen, um adsorbierte Moleküle „auseinanderzubrechen" (Katalysator). Die chemische Veränderung des Adsorptivs nutzt man häufig in der Technik, um diese veränderten Stoffe weiterreagieren zu lassen, da Bindungen innerhalb des adsorbierten Moleküls geschwächt und somit einfacher angreifbar gemacht werden können (katalytische Aktivierung). Daher ist die Chemisorption grundlegend für die effektive Stoffumsetzung, die sogenannte heterogene Katalyse (vgl. Kapitel 8).

Aufgrund der Bindungsart kommt es bei der Chemisorption ausschließlich zur Ausbildung monomolekularer Schichten, was einer Schicht von einer Moleküldicke entspricht (vgl. Bild 21.29). Anhand der oben genannten Richtwerte lässt sich im gegebenen Fall Chemisorption oder Physisorption durch die auftretenden Enthalpien während des Adsorptionsvorgangs unterscheiden. Bei Werten von ΔH_{Ads} bis zu –25 kJ/mol geht man von Physisorption aus, und bei Werten unterhalb –40 kJ/mol beginnt die Chemisorption. Bei dieser Einteilung handelt es sich jedoch nur um eine erste Orientierung.

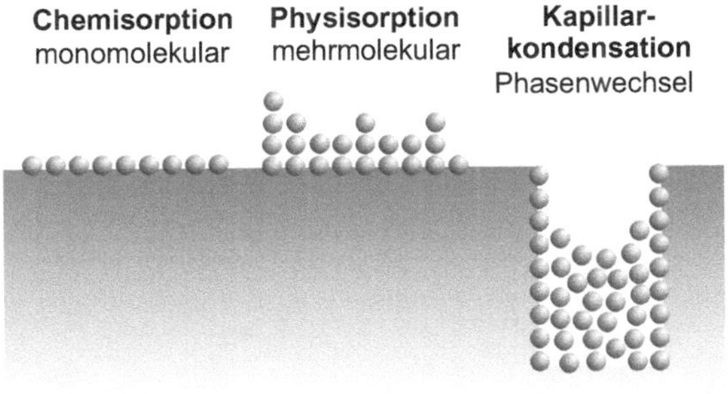

Bild 21.29 Bedeckungsarten der Feststoffoberfläche

Die beiden Adsorptionsarten sind technisch gesehen deutlich unterschiedlich:

Tabelle 21.2 Unterschiede zwischen Adsorptionsarten

Parameter	Physisorption	Chemisorption
Temperatur	tief	häufig hoch
Adsorptionsenthalpie	tiefklein, ca. Kondensations-enthalpie	groß, ca. Reaktionsenthalpie
Belegung	mehrmolekular	monomolekular
Regeneration	nahezu vollständig	häufig deaktiviert nach Verwendung

In der industriellen Anwendung kann dabei die Adsorption anhand des **Fluids** in zwei grundlegende Fälle eingeteilt werden:

- Die Adsorption an einen Feststoff aus der **gasförmigen Phase** heraus ist als **Kondensationsprozess** anzusehen, da eine Fixierung und somit eine Kondensation der Moleküle aus der Gasphase an die Oberfläche des Feststoffes stattfindet. Die Adsorption wird dabei unter anderem durch den Partialdruck des Adsorptivs in der Gasphase beeinflusst.
- Bei der Adsorption von Substanzen aus einer **flüssigen Phase** werden die Komponenten in gelöstem Zustand an die Oberfläche fixiert, vollziehen dabei **keinen Phasenwechsel.** Dies bedeutet wiederum, dass die Adsorption in diesem Falle von der Konzentration des Adsorptivs in der Flüssigphase abhängt.

An der Oberfläche des Feststoffes können allerdings nur bestimmte Positionen besetzt werden, welche man als **aktive Zentren** (vgl. Bild 21.28) bezeichnet. Da diese aktiven Zentren nur in endlicher Zahl auf der Oberfläche vorliegen, vermindert sich die Anzahl der freien Plätze während des Adsorptionsvorgangs stetig. Wenn alle aktiven Stellen von einem Molekül oder Ion besetzt sind, kann keine weitere Adsorption erfolgen, bis neue Plätze freigegeben werden (z. B. durch Desorption). Die Oberfläche bezeichnet man als gesättigt. Ist jede Position einfach besetzt, liegt eine **monomolekulare Schicht** vor. Um den Grad der Ausnutzung der zur Verfügung stehenden Fläche zu beschreiben, nutzt man die Kenngröße des **Bedeckungsgrads Θ** (Belegungsgrad).

$$\Theta = \frac{\text{besetzte Stellen}}{\text{insgesamt zur Verfügung stehende Stellen}}$$

Somit kann der Wert des Belegungsgrads bei monomolekularer Belegung Werte zwischen 0 und 1 annehmen.

Durch **Diffusionsvorgänge** des Adsorpts **in tiefere Schichten** können erneut aktive Zentren an der Oberfläche frei werden, und eine weitere Aufnahme des Adsorptivs kann erfolgen.

Neben der Beeinflussung des Adsorptionsvorgangs durch den Partialdruck bzw. die Konzentration des Adsorptivs kann ebenfalls eine Einflussnahme durch die Temperatur während des Adsorptionsprozesses erfolgen, da die Adsorption ein **exothermer Vorgang** ist. Neben diesen auch für die Absorption entscheidenden Parametern spielen die Größe und die Struktur des Adsorbens sowie die chemischen Eigenschaften des Adsorptionsmittels und des Adsorptivs eine wichtige Rolle.

Analog zur Absorption führen bei der physikalischen Adsorption hohe Partialdrücke oder Konzentrationen des Absorptivs und niedrige Temperaturen zum besten Adsorptionsergebnis. Eine Regeneration bzw. Desorption des Adsorptionsmittels erfolgt auch hier bei möglichst hohen Temperaturen und niedrigen Partialdrücken und Konzentrationen im Fluid.

21.2.2 Adsorptionsmittel

Adsorptionsmittel müssen vor allem neben ihren chemischen Eigenschaften eine große Oberfläche in Bezug auf Ihre Masse, d. h. eine hohe innere bzw. spezifische Oberfläche, besitzen. Häufig verwendet man die Adsorptionsmittel in Form von kleinen Körnern, Granulaten, zylinderförmigen Pellets oder aber auch als Pulver. Dabei sind einige Beispiele in Tabelle 21.3 aufgeführt. Ihnen gemeinsam ist die mehr oder weniger regelmäßige, mit Poren durchsetzte Struktur, die in der Vergrößerung häufig an einen offenporigen Schwamm oder eine Schaumstoffstruktur erinnert, bei der die Poren untereinander verbunden sind. Dabei besitzt z. B. 1 Gramm Silicagel eine größere innere Oberfläche als ein Tennisfeld. Die Größe der Poren ist entscheidend für die Adsorption bzw. für die adsorbierbaren Komponenten.

Tabelle 21.3 Spezifische Eigenschaften einiger Adsorptionsmittel

Adsorptionsmittel	Schüttdichte in kg/m^3	Innere Oberfläche in m^2/g
Aktivkohle		
allgemein	300...800	300...1500
engporig	600...800	800...1100
Silicagel		
weitporig	500...800	250...350
engporig	600...900	600...850
Aluminiumoxid	100...1500	300...350
Zeolithe		
Molekularsiebe	1100...1500	500...800

Man unterteilt die Poren in **Mikroporen** (< 2 nm), **Mesoporen** oder auch Übergangsporen (2…50 nm) und **Makroporen** (> 50 nm). Die eigentliche adsorptive Wirkung und somit die aktive Oberfläche beruhen, weitgehend auf den Mikroporen. Durch die Makroporen wird das Adsorptiv hindurchtransportiert. Sie können als Zugangswege zu der eigentlich aktiven Oberfläche angesehen werden.

Technisch gesehen werden dabei folgende Ansprüche an ein Adsorptionsmittel gestellt:

- **Selektivität**

  Die abzuscheidende Komponente (Absorptiv) wird bevorzugt im Gegensatz zu den anderen Komponenten in der Fluidphase aufgenommen.

- **Beladungskapazität**

  Das Absorbens nimmt immer hohe Prozentsätze des Adsorptivs auf, auch wenn es in geringer Konzentration vorliegt.

- **Beständigkeit**

  Das Absorbens ist auch gegen mitgeführte aggressive Stoffe chemisch beständig. Außerdem muss eine mechanische Festigkeit gewährleistet sein, um Abrieb zu verhindern und keinem Zerfall durch hohe Drücke zu unterliegen. Sollten Temperaturwechsel stattfinden, muss auch thermische Beständigkeit gewährleistet sein.

- **Einfaches Handling**

  Die Form des Feststoffes sollte gute Transport- und Befüllungsmöglichkeiten bieten.

- **Inertheit**

  Das Adsorptionsmittel darf nur zur Aufnahme des Adsorptivs dienen und soll keine unerwünschten Reaktionen mit diesem eingehen.

- **Langlebigkeit**

  Die Beladungskapazität soll auch nach mehrfacher Regeneration nicht oder nur gering sinken.

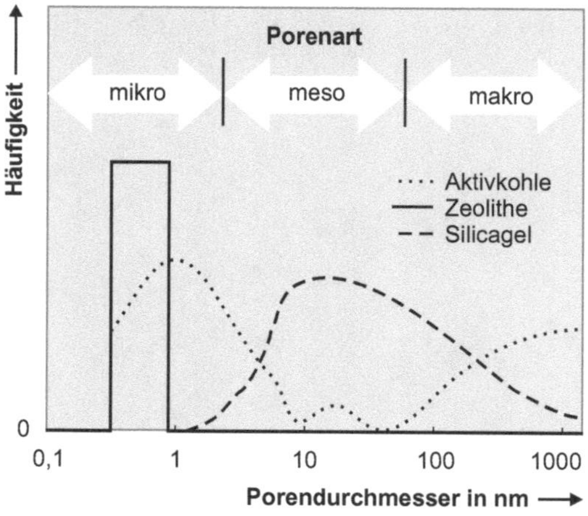

Bild 21.30 Porendurchmesserverteilung von unterschiedlichen Adsorptionsmitteln

21.2.3 Beispiele einiger Adsorptionsmittel

Aktivkohle

Als Aktivkohle bezeichnet man poröse kohlenstoffhaltige Produkte, die industriell hergestellt werden. Dabei dienen zur Herstellung von Aktivkohle kohlenstoffreiche Substanzen, wie z. B. Holz, Steinkohle, Polymere oder Torf, als Ausgangsstoff.

Die poröse Struktur und die große spezifische Oberfläche werden durch die sogenannte Aktivierung erreicht. Das Prinzip beruht auf einer Umordnung des in der Ausgangssubstanz vorliegenden Kohlenstoffgerüstes. Dabei bildet sich eine neue Struktur aus, für die ein sehr poröses Gerüst mit zahlreichen, unterschiedlich großen Poren und Kapillaren charakteristisch ist, was letztendlich die guten Adsorptionseigenschaften der Aktivkohle ausmacht.

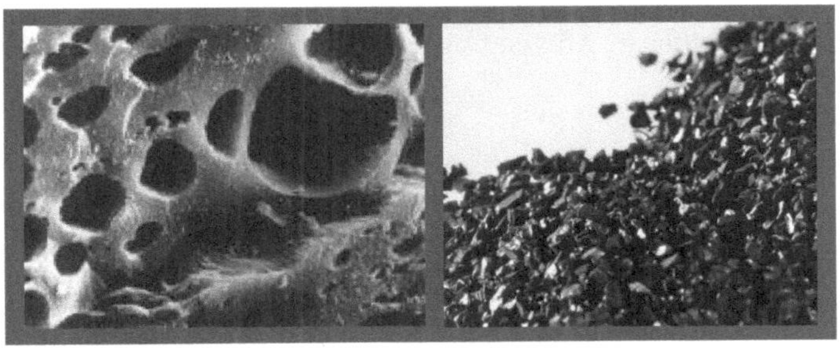

Bild 21.31 Aktivkohle, REM-Aufnahme (links) und Granulat (rechts)

Silicagel (Kieselgele)

Silicagel hat eine dichte porige Struktur und zeichnet sich durch eine hohe Adsorptionskapazität für gas-, dampfförmige und flüssige Substanzen aus. Die große innere Oberfläche ist auf eine amorphe Siliciumdioxidstruktur zurückzuführen, welche eine gelartige bis feste Konstitution besitzt. Reines Silicagel ist dabei farblos. Die in der Trocknungstechnik eingesetzten Silicagele besitzen Zusatzstoffe, die z. B. als Indikator für die Beladung mit Wasser dienen. Durch seine Affinität zu Wasser (hygroskopische Eigenschaften) wird es neben der verbreiteten Anwendung als Trocknungsmittel ebenfalls als Geliermittel und industrielles Adsorptionsmittel eingesetzt.

Silicagele werden durch eine Umsetzung von Wasserglas mit Mineralsäuren erhalten, nach Produktion des Gels gewaschen und einer Trocknung unterzogen.

Silicagel ist chemisch neutral und sehr säurebeständig, wobei es durch Laugen angegriffen wird. Durch die Möglichkeit, beim Herstellungsprozess die Porengröße zu variieren, haben Silicagele unterschiedlichste Anwendungsgebiete.

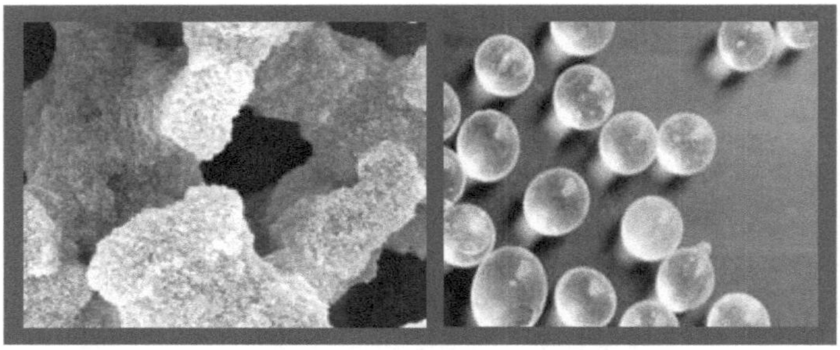

Bild 21.32 Silicagel, REM-Aufnahme (links) und Kugeln (rechts)

Silicagele werden durch eine Umsetzung von Wasserglas mit Mineralsäuren erhalten, nach Produktion des Gels gewaschen und einer Trocknung unterzogen.

Silicagel ist chemisch neutral und sehr säurebeständig, wobei es durch Laugen angegriffen wird. Durch die Möglichkeit, beim Herstellungsprozess die Porengröße zu variieren, haben Silicagele unterschiedlichste Anwendungsgebiete.

Zeolithe

Zeolithe gehören zu der Gruppe der mikroporösen bzw. zum Teil auch mikro-mesoporösen zeolithischen Verbindungen. Sie sind kristallin aufgebaut und bestehen aus SiO_4- und AlO_4-Tetraedern, sogenannten Alumosilicaten. Die in unterschiedlichsten Zusammensetzungen in der Natur auftretenden Mineralien können auch synthetisch hergestellt werden, indem man SiO_2-haltige (z. B. Wassergläser) und Al_2O_3-haltige Substanzen (z. B. Kaoline) mit Natronlauge bei erhöhter Temperatur umsetzt. Die Adsorptionseigenschaften beruhen auf der stabilen Netzwerkstruktur, die regelmäßige Poren und Kanäle ausbildet. Durch die unterschiedlichen chemischen Zusammensetzungen kann die passende Porengröße gewählt werden. Daher sind die zeolithischen Materialien für eine Vielzahl von chemischen Prozessen anwendbar.

Wählt man Zeolithe mit einheitlichen Porendurchmessern in Molekülgröße aus, werden diese auch **Molekularsiebe** genannt. Neben der großen inneren Oberfläche zeichnen sie sich durch die Selektivität aus. So können nur Stoffe adsorbiert werden, die kleiner als der eingesetzte Porendurchmesser sind.

Bild 21.33 Zeolith, Porenaufbau (links) und unterschiedliche Granulatformen (rechts)

Tabelle 21.4 Beispiele für Molekularsiebe

Porenweite	Adsorptiv	Anwendungsbeispiel
0,3 nm	NH_3, H_2O	Trocknung von org. polaren Lösungsmitteln (z. B. Ethanol)
0,4 nm	H_2O, CO_2, SO_2, H_2S, C_2H_4, C_2H_6, C_2H_5OH	Trocknung von org. unpolaren Lösungsmitteln oder Gasen (z. B. Butan)
0,5 nm	KW bis n-C_4H_{10} Alkohole bis $C_4H_{10}OH$	Entfernung von CO_2 und H_2S aus flüssigen Medien

Durch den temperaturbeständigen chemischen Aufbau können Zeolithe bei Temperaturen von bis zu 400 °C regeneriert und erneut eingesetzt werden.

Die Einsatzgebiete der **synthetischen Zeolithe** sind dabei zumeist in der Adsorptionstechnik, Katalyse, Chemie und in energetischen Anwendungen zu finden. **Naturzeolithe** finden Verwendung in der Land-, Bauwirtschaft, Wasserbehandlung und als Füllstoff. Im alltäglichen Leben kommt man mit Zeolithen in Waschmitteln in Berührung. Sie vermindern die Härte des Wassers, indem in die Porenkanäle Calcium-Ionen eingelagert werden.

Exkurs 21.2 Ionenaustauscher

Ionenaustauscher bestehen aus einer Polymermatrix (Ionenaustauscherharz), die in der Lage ist, Ionen aus dem Wasser zu entfernen. Bei diesem Vorgang werden sie gegen gleich geladene Ionen getauscht.

Es handelt sich um eine besondere Form der Adsorption, da nicht nur eine Einlagerung der betreffenden unerwünschten Komponente, sondern ein Austausch gegen andersartige unproblematische Ionen stattfindet. In der Technik findet man Kationen- und Anionenaustauscher, welche z. B. zur **Wasseraufbereitung** eingesetzt werden.

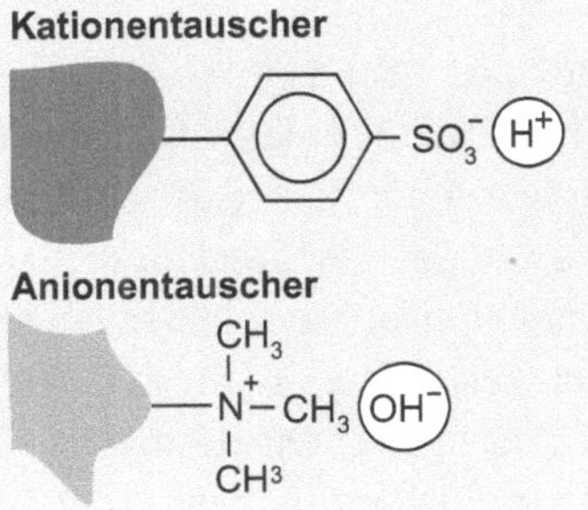

So können an der Oberfläche eines Kationenaustauschers z. B. H^+- durch Ca^{2+}-Ionen und in einem Anionenaustauscher OH^-- durch Cl^--Ionen ersetzt werden. Es findet eine Verdrängung der niederwertigen Ionen durch höherwertige Ionen statt.

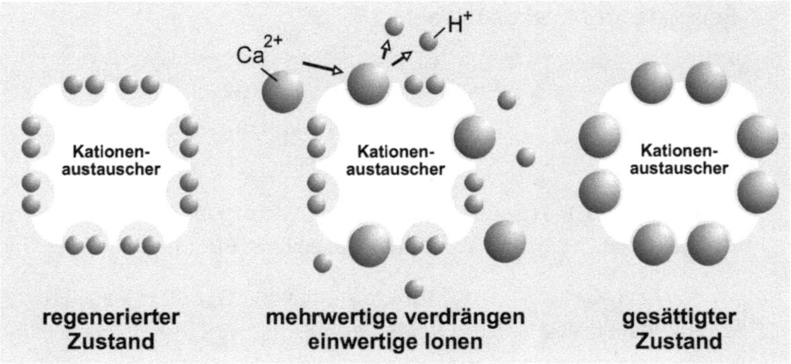

Eine **Regeneration** erfolgt daher durch Rückspülen mit konzentrierten Laugen und Säuren, um die adsorbierten Komponenten erneut zu lösen und die Stellen auf der Oberflache wieder mit den ursprünglichen Ionen zu besetzen.

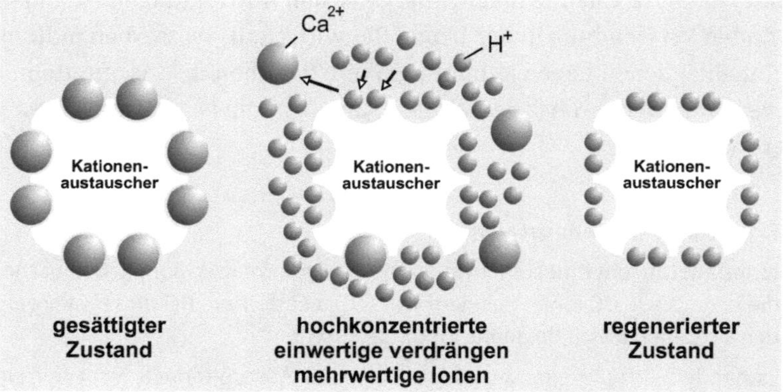

21.2.4 Mechanismen der Adsorption

Wenn die gesamte aktive Oberfläche monomolekular mit Adsorpt besetzt ist, erreicht man einen Sättigungswert, die sogenannte **maximale Beladungskapazität.** Erst nach Desorptionsvorgängen können die frei gewordenen Plätze erneut besetzt werden oder es wird frisches Adsorbens eingesetzt. Die Geschwindigkeit der Adsorption wird folglich mit der Besetzung und der Abnahme der offenen Plätze langsamer, bis sich ein konstantes Adsorptionsgleichgewicht eingestellt hat. In diesem thermodynamischen Gleichgewicht werden so viele Teilchen adsorbiert wie desorbiert. Durch die Änderung der Parameter Temperatur, Partialdruck der Komponente (bei Adsorption aus der Gasphase) bzw. Konzentration der Komponente (bei Adsorption aus der flüssigen Phase) wird das Gleichgewicht „gestört“ und einer der beiden Prozesse (Adsorption oder Desorption) begünstigt. Daraufhin stellt sich erneut ein Gleichgewicht bei den vorliegenden thermodynamischen Parametern ein.

Die Zusammenhänge der Adsorption werden zumeist durch Isothermen und Isobaren wiedergeben, die die an der Feststoffoberfläche gebundene Stoffmenge einer Komponente in Bezug zur Stoffmenge in der Gasphase bzw. Flüssigphase darstellen. Die sich ergebenden Verläufe werden in aller Regel empirisch durch Adsorptionsversuche an unbeladenen Adsorptionsmitteln erhalten. Die Umkehrung dieses Vorgangs, die Desorption, kann abweichende Kurvenverläufe (z. B. Hysterese) ergeben.

Adsorptionsisothermen

Die gebräuchlichste grafische Auftragung von Isothermen wird als Funktion der Massenbeladung an der Feststoffoberfläche $X_{m,i}$ gegen die Massenbeladung in der Gasphase $Y_{m,i}$ (oder Partialdruck p_i bzw. relativer Druck φ_i) bei konstanter Temperatur im Gleichgewicht ausgeführt (vgl. Bild 21.34). In der Adsorptionstechnik handelt es sich zumeist um Massenbeladungen, weil im Gegensatz zur Absorption hier (komplex aufgebaute) Feststoffe mit porösen Strukturen als Adsorbens zum Einsatz kommen, welche einfacher durch eine Massenangabe und über Schüttdichtewerte zu erfassen sind. Es ist zu beachten, dass hier die Beladung $X_{m,i}$ auf der Ordinate aufgetragen wird. Analog zu den Auftragungen in anderen Bereichen der thermischen Trenntechnik (z. B. Gleichgewichtsdiagramme) können hier auch unterschiedliche Konzentrationsangaben, wie z. B. der Partialdruck in der Gasphase, Massenanteile oder relative Drücke Anwendung finden.

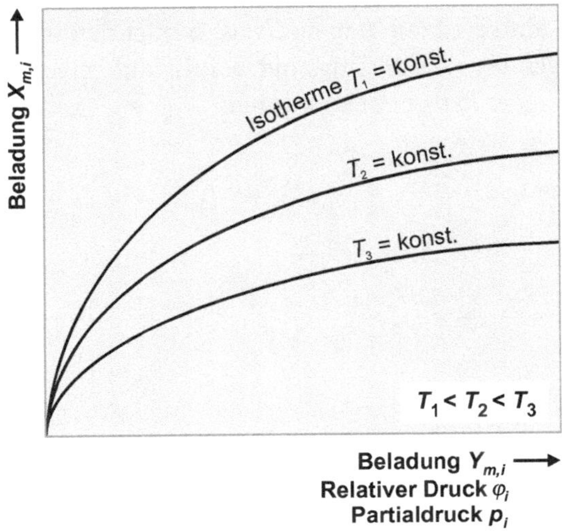

Bild 21.34
Adsorptionsisothermen

Adsorptionsisobare

Bei einer Adsorptionsisobare wird die Gleichgewichtsmassenbeladung des Feststoffes mit Adsorpt über der Temperatur aufgetragen unter konstantem Partialdruck der Komponente in der Gasphase (vgl. Bild 21.35).

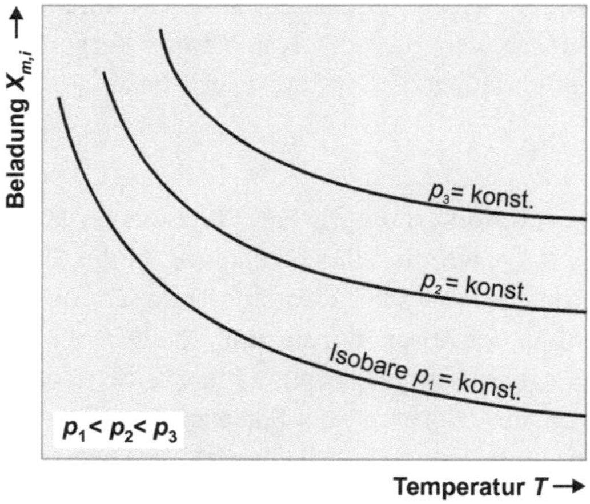

Bild 21.35 Adsorptionsisobaren

Aus den Verläufen wird ersichtlich, dass **niedrige Temperaturen** und **hohe Partialdrücke** den Adsorptionsprozess begünstigen. Um die in Experimenten gefundenen Daten zu interpretieren und Vorausberechnungen zu ermöglichen, werden sogenannte **empirische Modelle** verwendet. Hierbei dienen Messwerte als Grundlage für eine Regression, die sich zwar dem Verlauf der Adsorptionsisothermen annähern, aber keinerlei chemisch/physikalisch auftretenden Nebeneffekte berücksichtigen kann, die speziell in der Adsorptionstechnik vielschichtig sind. Häufig auftretende Isothermenverläufe sind dabei von *Brunauer* kategorisiert worden:

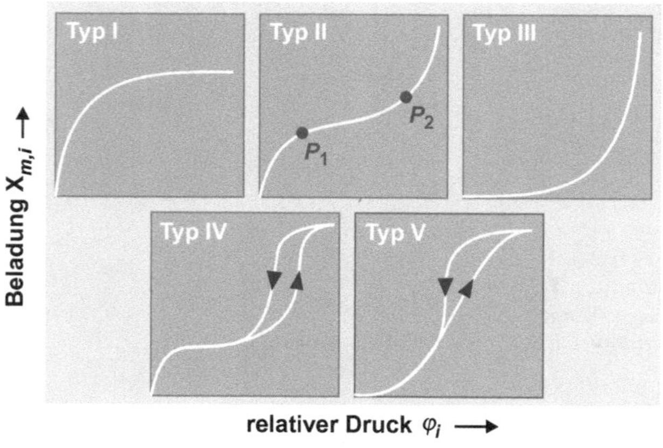

Bild 21.36 Adsorptionsisothermen-Typen nach *Brunauer*

Die **Typen I, II und IV** zeigen bei kleinen Beladungen des Fluids einen überproportionalen Anstieg der Feststoffbeladung (vgl. Bild 21.37), was durch starke Wechselwirkung zwischen Absorptiv und Absorbens hervorgerufen wird. Das Verhältnis zwischen Absorbens und Absorptiv wird dadurch begünstigt, was sich für Anwendungen, bei denen niedrige Konzentrationen im Fluid erforderlich sind, positiv auf die nötige Adsorptionsmittelmenge auswirkt. Diese Isothermentypen werden als **günstig verlaufende Isothermen** bezeichnet. Die **Typen III und V** sind **ungünstig verlaufende Isothermen**, die in der technischen Anwendung möglichst vermieden werden.

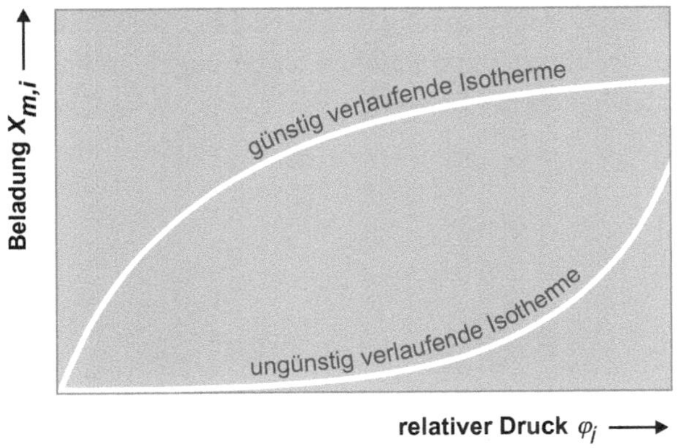

Bild 21.37 Beurteilung von Isothermenverläufen

Typ I

Dieser Typ ist als üblicher Verlauf des Adsorptionsverhaltens von mikroporösen Substanzen anzusehen, z. B. Aktivkohlen, Zeolithe. Die Isotherme zeigt, bedingt durch das Auffüllen der Mikroporen, einen sehr steilen Anstieg und strebt einem Grenzwert entgegen, da die Adsorbensoberfläche vollständig mit Adsorpt bedeckt ist. Diese Adsorbenzien sind z. B. geeignet für die Reinigung von Abgasen mit toxischer Fracht.

Typ II und IV

Hier liegt ein weniger ausgeprägter Anstieg bei kleinen Beladungen als bei Typ I vor. Bei höheren Beladungen erfolgt erneut ein deutlicher Anstieg. Der Kurvenverlauf ist darauf zurückzuführen, dass sich nach Ausbildung einer monomolekularen Schicht (vgl. Bild 21.36, Punkt P_1) auch Mehrschichtabsorption zeigt. Der steile Anstieg (ab Punkt P_2) wird durch die einsetzende Kapillarkondensation hervorgerufen. Der Typ IV zeigt dabei eine stufenweise Ausbildung der einzelnen Adsorbatschichten. Bei diesen Adsorptionsisothermentypen liegt eine deutlich höhere Aufnahmekapazität der zu entfernenden Komponente vor. Daher werden Adsorbenzien dieser Art primär zum Entfernen großer Mengen ungewünschter Stoffe, z. B. aus industriellen Abwässern, eingesetzt.

Typ III und V

Wie bereits erwähnt, sind die flachen Anstiege in kleinen Konzentrationsbereichen im Fluid zumeist unerwünscht. Der steile Anstieg in höheren Bereichen ist ebenfalls auf Kapillarkondensation zurückzuführen. Charakteristisch für die Isothermentypen I bis III ist, dass der Kurvenverlauf der Adsorptionsisotherme der Desorptionsisotherme entspricht, da sie primär Mikroporen besitzen. Durch Mesoporen wird eine **Hysterese** (Typ IV und V) hervorgerufen.

Die Hysterese kann durch kleinere Krümmungsradien der bereits benetzten Poren bei der Desorption (Gleichung nach *Thomson* (Lord *Kelvin*)) und durch die sogenannten Flaschenhals-Poren hervorgerufen werden. Letzteres berücksichtigt, dass Flüssigkeitsmengen, die durch Einlagerungen in größeren Räumen hinter engen Poren befindlich sind, keine Rolle im Stoffgleichgewicht spielen (vgl. Bild 21.38).

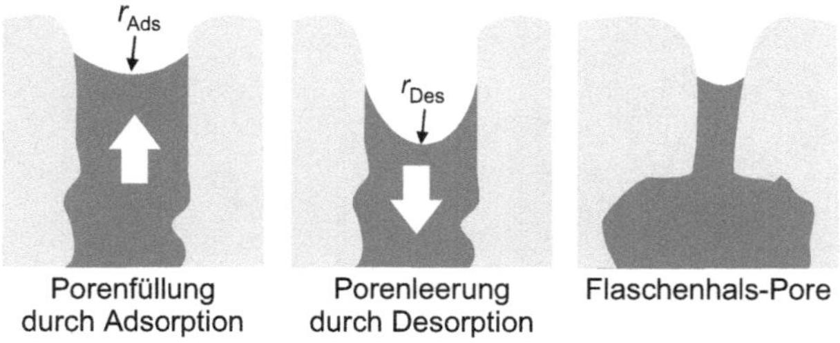

Bild 21.38 Krümmungsradien und Flaschenhals-Poren

Um die aufgeführten Typen und somit die unterschiedlichen Kurvenverläufe zu beschreiben, haben sich zahlreiche Modelle etabliert. An dieser Stelle sollen exemplarisch vier verbreitete Ansätze vorgestellt werden:

- Lineare Gleichung
- *Langmuir*-Gleichung
- *Freundlich*-Gleichung
- *Brunauer-Emmet-Teller*-Gleichung (BET-Gleichung)

Lineare Gleichung

Lineare Gleichungen vereinfachen erheblich die Berechnungen und finden daher häufig Einsatz. Sie beschreiben die tatsächlichen Adsorptionsisothermen nur bei sehr kleinen Konzentrationen in der Fluidphase hinlänglich genau.

$$X_{m,i} = K_{H,i} \cdot Y_{m,i} \tag{21.38}$$

oder

$$X_{m,i} = K_{\mathrm{H},i} \cdot \varphi_i \tag{21.39}$$

mit $\varphi_i = \frac{p_i}{p_i^0}$

$X_{m,i}$ Massenbeladung des Adsorbens (Masse Adsorpt bezogen auf Masse Adsorbens), $K_{\mathrm{H},i}$ linearer Koeffizient (auch Henry-Adsorptionskoeffizient), $Y_{m,i}$ Massenbeladung im Fluid, φ_i relative Sättigung

Langmuir-Gleichung

Bei der *Langmuir*-Adsorptionsisotherme handelt es sich um einen physikalischen Ansatz, der bei seiner Entwicklung auf Adsorptionsvorgänge aus der Gasphase bezogen wurde. Hinter der Theorie stehen dabei folgende Zusammenhänge und Annahmen:

- ein Adsorpt-Teilchen pro aktive Stelle auf der Oberfläche des Adsorbens
- Das Adsorpt ist an einem festen Ort gebunden, es kommt zu keinem Positionswechsel auf der Oberfläche des Absorbens.
- Die absorbierten Teilchen beeinflussen sich nicht gegenseitig.
- Es liegt ein dynamisches Gleichgewicht, bezogen auf die adsorbierten und die im Fluid befindlichen Teilchen, vor (Adsorption und Desorption).
- Alle aktiven Stellen auf der Adsorbensoberfläche sind als gleichwertig anzusehen (homogene aktive Stellen).

Eine Herleitung erfolgt über die Voraussetzung, dass sich ein dynamisches Gleichgewicht zwischen Adsorption und Desorption einstellt, d. h., die Geschwindigkeiten der beiden Prozesse sind gleich.

Die **Absorptionsgeschwindigkeit** ist direkt von der Beladung der Fluidphase und von den zur Verfügung stehenden freien Plätzen auf der Feststoffoberfläche abhängig, welche hier durch den Bedeckungsgrad ausgedrückt werden:

$$\frac{\mathrm{d}n_{\mathrm{Ads}}}{\mathrm{d}t} = k_{\mathrm{Ads}} \cdot Y_i \cdot (1 - \Theta) \tag{21.40}$$

Unter der Annahme, dass es sich um eine ideale Gasphase handelt, ist die **Desorptionsgeschwindigkeit** nur vom Bedeckungsgrad abhängig:

$$-\frac{\mathrm{d}n_{\mathrm{Des}}}{\mathrm{d}t} = k_{\mathrm{Des}} \cdot \Theta \tag{21.41}$$

Da die beiden Beträge der Geschwindigkeiten gleich groß sind, ergibt sich:

$$k_{\mathrm{Ads}} \cdot Y_i \cdot (1 - \Theta) = k_{\mathrm{Des}} \cdot \Theta$$

Stellt man den Ausdruck um und ersetzt das Verhältnis der Geschwindigkeitskonstanten der Adsorption und der Desorption durch die *Langmuir*-Konstante, erhält man die Gleichung für die *Langmuir*-Isotherme.

$$\Theta = \frac{K_{\mathrm{Lm},i} \cdot Y_i}{1 + K_{\mathrm{Lm},i} \cdot Y_i}$$

$$\Theta = \frac{K_{\mathrm{Lm},i} \cdot \varphi_i}{1 + K_{\mathrm{Lm},i} \cdot \varphi_i}$$

mit $K_{\mathrm{Lm},i} = \frac{k_{\mathrm{Ads}}}{k_{\mathrm{Des}}}$

Die Gleichung spiegelt anschaulich wider, dass bei großen Beladungen Y_i (oder Partialdrücken p_i) der Bedeckungsgrad gegen den Wert 1 und bei kleinen Beladungen Y_i gegen den Wert 0 strebt. Drückt man den Bedeckungsgrad als Verhältnis der vorliegenden Massenbeladung zur kompletten Massenbeladung des Adsorbens mit einer monomolekularen Schicht $X_{m,\mathrm{max,mono}}$ aus, erhält man:

$$X_{m,i} = X_{m,\mathrm{max,mono}} \cdot \frac{K_{\mathrm{Lm},i} \cdot Y_{m,i}}{1 + K_{\mathrm{Lm},i} \cdot Y_{m,i}} = X_{m,\mathrm{max,mono}} \cdot \frac{K_{\mathrm{Lm},i} \cdot \varphi_i}{1 + K_{\mathrm{Lm},i} \cdot \varphi_i} \qquad (21.42)$$

mit $\Theta = \frac{X_{m,i}}{X_{m,\mathrm{max,mono}}}$

Der entscheidende Unterschied der *Langmuir*-Isotherme zu einem linearen Ansatz ist, dass eine maximale Beladung der Adsorptionsoberflächen dargestellt werden kann, was bei den oben aufgeführten Typen der Adsorption z. T. erforderlich ist.

Im Gebiet **geringer Beladungen** des Fluids verläuft die Kurve zunächst **linear steigend,** da die Adsorption der Löslichkeit eines Gases in einer Flüssigkeit, die dem *Henry*-Gesetz folgt, ähnelt.

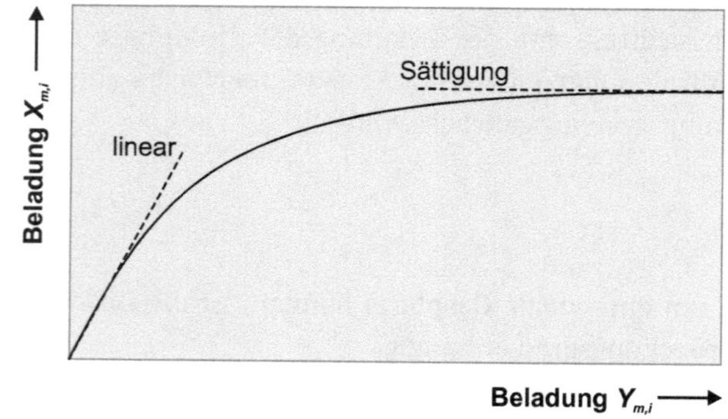

Bild 21.39 Bereiche der *Langmuir*-Isotherme

Linearer Bereich $X_{m,i} = X_{m,\mathrm{max,mono}} \cdot K_{\mathrm{Lm},i} \cdot Y_{m,i}$

mit $K_{\mathrm{Lm},i} \cdot Y_{m,i} \ll 1$

Im Gebiet **hoher Beladungen** wird ein **Sättigungswert** erreicht, da die komplette Oberfläche des Adsorbens mit dem Adsorptiv bedeckt ist. Es ist keine weitere Aufnahme durch Erhöhung der Adsorptivkonzentration mehr möglich.

Sättigungsbereich $X_{m,i} = X_{m,\text{max,mono}}$

mit $K_{\text{Lm},i} \cdot Y_{m,i} \gg 1$

Um die Konstanten $X_{m,\text{max,mono}}$ und $K_{\text{Lm},i}$ aus Messwerten bestimmen zu können, kann die Formel 21.42 zu einer Geradengleichung umgeformt werden:

$$\frac{1}{X_{m,i}} = \frac{1}{X_{m,\text{max,mono}} \cdot K_{\text{Lm},i}} \cdot \frac{1}{Y_{m,i}} + \frac{1}{X_{m,\text{max,mono}}} \tag{21.43}$$

Trägt man die reziproke Gleichgewichtsbeladung des Adsorbens über die reziproke Beladung des Fluids in einem Diagramm auf, lassen sich nun über Steigung und Achsenabschnitt der Regressionsgeraden $X_{m,\text{max,mono}}$ und $K_{\text{Lm},i}$ bestimmen.

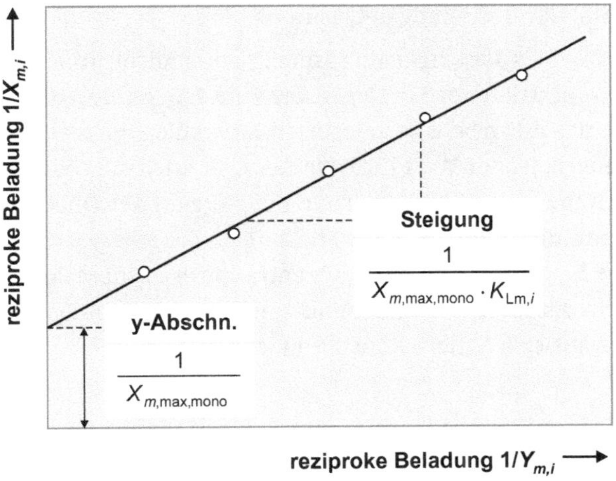

Bild 21.40 Linearisierung der *Langmuir*-Isotherme

Treten mehrere Komponenten auf, die adsorbiert werden, so konkurrieren sie um die freien Plätze auf der Oberfläche. Dies wird in der *Langmuir*-Gleichung durch Einsetzen der stoffspezifischen *Langmuir*-Konstanten berücksichtigt.

$$X_{m,i} = X_{m,\text{max,mono}} \cdot \frac{K_{\text{Lm},i} \cdot Y_{m,i}}{1 + \sum K_{\text{Lm},i} \cdot Y_{m,i}} = X_{m,\text{max,mono}} \cdot \frac{K_{\text{Lm},i} \cdot \varphi_i}{1 + \sum K_{\text{Lm},i} \cdot \varphi_i} \tag{21.44}$$

Zur Anwendung kommt die *Langmuir*-Gleichung bei mikroporösen Adsorbenzien und niedrigen Bedeckungsgraden. In der Technik gibt es zahlreiche Adsorptionsanwendungen, die in ihrem Verhalten deutliche Abweichung zu den *Langmuir*schen Isothermen aufweisen. Ein Grund für die Abweichungen ist in diesen Fällen eine Nichterfüllung der getroffenen Voraussetzungen der *Langmuir*schen Herleitung. So beobachtet man im Gegensatz zur gestellten Prämisse, dass alle aktiven Zentren gleichwertig sind, eine deutliche Abnahme der Adsorptionsenergie mit zunehmender Oberflächenbedeckung des Absorbens. Ferner findet man die monomolekulare Belegung primär bei der Chemisorption, die durch die Langmuir-Isotherme wesentlich besser beschrieben wird.

Freundlich-Gleichung

Die Freundlich-Gleichung stellt einen rein empirischen Ansatz dar und ist in der Praxis häufig zu finden.

$$X_{m,i} = K_{\mathrm{Fr},i} \cdot Y_{m,i}^{\frac{1}{b}} \tag{21.45}$$

Die temperaturabhängigen Konstanten K_{Fr} (Freundlich-Konstante) und b für die Adsorptionsisotherme werden durch Experimente ermittelt, wobei die Konstante b die entscheidende Größe für den Verlauf der Isotherme darstellt. Der Exponent $1/b$ ist als direktes Maß für die Nichtlinearität der Beziehung anzusehen.

Nimmt der Parameter b Werte größer als 1 an, liegt eine abnehmende Adsorptionsbereitschaft mit zunehmender Konzentration vor. Im Gegensatz zum Langmuir-Ansatz bedeutet dies, dass die bereits an das Adsorbens angelagerten Moleküle eine weitere Adsorption von Molekülen behindern. Ist der Wert für b kleiner als 1 wird die weitere Anlagerung von Molekülen durch die bereits adsorbierten Moleküle an der Oberfläche unterstützt. Ein linearer Verlauf und somit eine Annäherung an das *Henry*-Gesetz würden sich bei $b = 1$ ergeben, d. h., die adsorbierte Konzentration ist proportional zur Beladung in der Fluidphase. In der Literatur findet man auch die Darstellung mit einem Exponenten b statt $1/b$, woraus sich andere Konstanten ergeben.

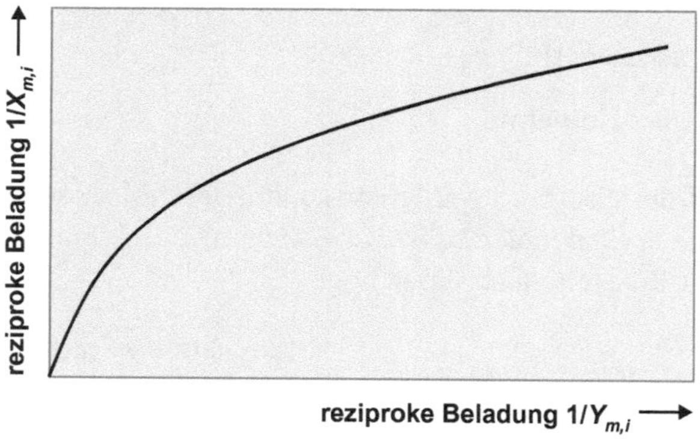

Bild 21.41 *Freundlich*-Isotherme

Bei dieser Gleichung geht man ebenfalls von einer monomolekularen Bedeckung der aktiven Oberfläche mit Adsorpt aus mit keinerlei Wechselwirkung zwischen den adsorbierten Teilchen untereinander. Allerdings wird bei den *Freundlich*-Isothermen berücksichtigt, dass bei hohen Beladungen der aktiven Zentren weniger Adsorptiv aufgenommen wird. Mathematisch gesehen handelt es sich um eine Potenzfunktion.

Für die Adsorption kann damit die Sättigung des Adsorbens nicht ausreichend beschrieben werden.

Durch eine doppellogarithmische Auftragung (vgl. Bild 21.42) kann eine Linearisierung erfolgen, welche eine erleichterte Regressionsanalyse ermöglicht:

$$\log X_{m,i} = \log K_{\mathrm{Fr},i} + \frac{1}{b} \cdot \log Y_{m,i} \tag{21.46}$$

Da auch hier eine monomolekulare Bedeckung vorausgesetzt wird, kann durch die *Freundlich*-Isotherme z. B. die Adsorption des Typs II nicht komplett wiedergegeben werden.

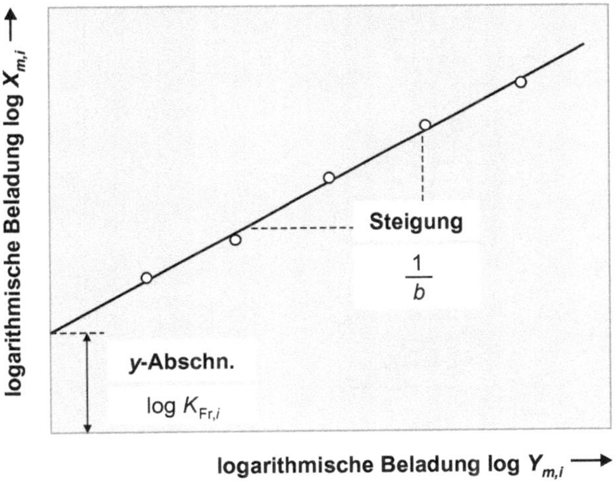

Bild 21.42 Linearisierung der *Freundlich*-Isotherme

BET-Gleichung

Die BET-Gleichung (*Brunauer*, *Emmett* und *Teller*) wurde entwickelt, um das bei den zuvor beschriebenen Gleichungen auftretende Problem, dass nur monomolekulare Adsorptionsvorgänge beschrieben werden können, zu lösen. Man ist mit der BET-Theorie in der Lage, auch die bei der Physisorption auftretende Mehrfachbedeckung zu berücksichtigten. Wie bereits in den Grundlagen beschrieben, können durch die bei der Physisorption wirkenden *Van-der-Waals*-Kräfte im Gegensatz zur Chemisorption bis zu fünf Adsorbatschichten auftreten.

Bei der Herleitung der BET-Isotherme wird analog zur *Langmuir*-Theorie von gleichwertigen Adsorptionsplätzen ausgegangen, was bedeutet, dass die Adsorptionsenthalpie für alle adsorbierten Teilchen in der ersten Schicht identisch ist. Der Verlauf der BET-Isotherme bis zum Wendepunkt der Kurve entspricht daher der *Langmuir*-Isotherme. Damit wird zuerst der monomolekularen Bedeckung Rechnung getragen, wobei davon ausgegangen wird, dass die Adsorptionsenthalpie bis zu diesem Punkt aus der Chemisorption resultiert.

Allerdings folgen ab diesem Punkt, im Gegensatz zur *Langmuir*-Theorie, keine Sättigung und ein damit verbundener asymptotischer Verlauf an einen Sättigungswert, sondern der Kurvenverlauf steigt erneut stärker an. Jedes Teilchen der ersten voll besetzten Schicht dient als neuer Platz für die Belegung der zweiten Schicht, hervorgerufen durch Physisorption. Es werden „Teilchensäulen" aufgebaut, die sich laut BET-Theorie untereinander nicht beeinflussen. Von hier an wird beim Aufbau folgender Schichten die Adsorptionsenthalpie mit der der Kondensationsenthalpie gleichgesetzt.

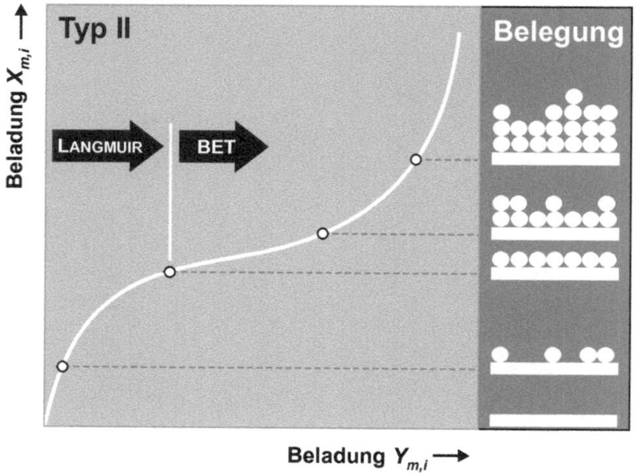

Bild 21.43 Übergang *Langmuir*- und BET-Theorie

Eine Herleitung kann dabei über eine Reihenentwicklung erfolgen. Die BET-Gleichung ergibt sich zu

$$X_{m,i} = X_{m,\text{max,mono}} \cdot \frac{K_{\text{BET},i} \cdot Y_{m,i}}{1 - Y_{m,i}} \left(\frac{1 - (n+1) \cdot Y_{m,i}^{n} + n \cdot Y_{m,i}^{n+1}}{1 + \left(K_{\text{BET},i} - n\right) \cdot Y_{m,i} - K_{\text{BET},i} \cdot Y_{m,i}^{n+1}} \right) \quad (21.47)$$

Die Beladung $Y_{m,i}$ kann bei Bedarf auch durch die relative Sättigung φ_i ersetzt werden. Für eine monomolekulare Bedeckung ($n = 1$) entspricht die BET-Gleichung der *Langmuir*-Gleichung. Die Berechnung der BET-Konstante kann unter Berücksichtigung der auftretenden Bindungsenthalpien vorgenommen werden. Die Bindungsenthalpie ergibt sich aus der Adsorptionsenthalpie und der Kondensationsenthalpie (also dem ersten und dem zweiten Adsorptionsschritt).

$$K_{\text{BET}} = \frac{k_{\text{Ads}}}{k_{\text{Des}}} \cdot e^{\left(\frac{\Delta H_{\text{m,B}}}{R \cdot T}\right)}$$

mit $\Delta H_{\text{m,B}} = \Delta H_{\text{m,Ads}} + \Delta H_{\text{m,Kond}}$.

Häufig werden bei der Ermittlung der BET-Konstanten in guter Näherung die Geschwindigkeitskonstanten der Adsorption und der Desorption als gleich groß angesehen, und somit vereinfacht sich der Ausdruck zu

$$K_{\mathrm{BET}} \approx \mathrm{e}^{\left(\frac{\Delta H_{\mathrm{m,Ads}}+\Delta H_{\mathrm{m,Kond}}}{R\cdot T}\right)}$$

Geht man von größer werdenden Schichten aus (n wird größer), so kann folgende vereinfachende Gleichung aufgestellt werden:

$$X_{m,i} = X_{m,\mathrm{max,mono}} \cdot \frac{Y_{m,i} \cdot K_{\mathrm{BET},i}}{1 - Y_{m,i}} \cdot \frac{1}{1 + \left(K_{\mathrm{BET},i} - n\right) \cdot Y_{m,i}} \tag{21.48}$$

Somit kann auch bei der BET-Methode eine Linearisierung erfolgen:

$$\frac{1}{X_{m,i}} \cdot \frac{Y_{m,i}}{1 - Y_{m,i}} = \frac{1}{X_{m,\mathrm{max,mono}} \cdot K_{\mathrm{BET},i}} + \frac{K_{\mathrm{BET},i} - 1}{X_{m,\mathrm{max,mono}} \cdot K_{\mathrm{BEt},i}} \cdot Y_{m,i} \tag{21.49}$$

Die BET-Isotherme kann ausschließlich für Adsorptionen aus der Gasphase herangezogen werden und dient als verbreitete Methode zur Bestimmung der spezifischen (inneren) Oberflächen von porösen Materialien. Dazu wird die N_2-Adsorptionsisotherme am Siedepunkt von flüssigem Stickstoff aufgenommen. In Kenntnis der relativen Sättigung und der Fläche, die ein Stickstoffmolekül einnimmt (0,162 nm^2), können über die Isotherme die adsorbierte Stoffmenge bei dichtester Packung und die spezifische Oberfläche berechnet werden. Eine komplette Darstellung der technisch vorliegenden Isothermen mit Kapillarkondensation kann allerdings auch mit der BET-Gleichung nicht erfolgen.

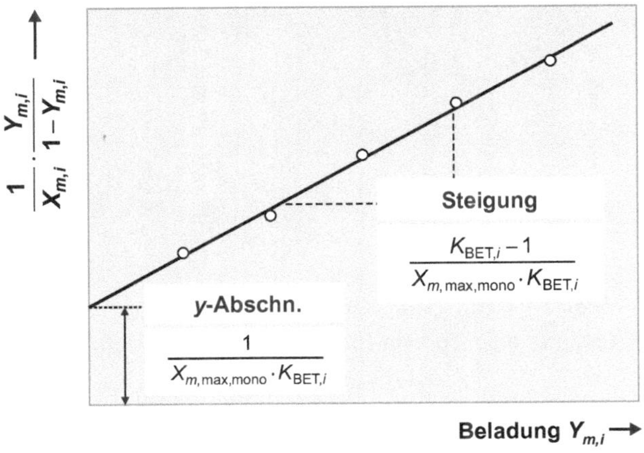

Bild 21.44 Linearisierung der BET-Isotherme

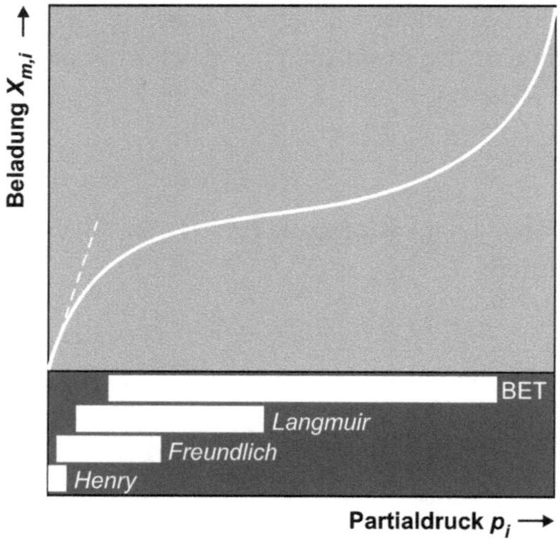

Bild 21.45 Anwendungsbereiche für Isothermen-Theorien

Die Anwendungsbereiche der beschriebenen Theorien sind in Bild 21.45 verdeutlicht, wobei die Bereiche nicht klar untereinander abgrenzbar vorliegen.

Beispiel 21.3

Bei der Entwicklung eines neuen pulverförmigen Adsorptionsmittels für die Abgasreinigung wird ein Vorversuch im Labor durchgeführt. Mithilfe eines organischen Lösungsmittels als Modellsubstanz werden folgende Gleichgewichtsdaten ermittelt:

$Y_{m,Lsgm.}$ in Kg/Kg	$X_{m,Lsgm.}$ in kg/kg
0,10	0,140
0,25	0,194
0,50	0,225
1,00	0,247
1,50	0,250

Es soll überprüft werden, ob eine Beschreibung mit einem linearen Zusammenhang möglich ist (*Henry*-Konstante) oder ob eine *Langmuir*-Anpassung sinnvoller ist.

Aus den Messwerten wird ersichtlich, dass kein linearer Zusammenhang zwischen den Beladungen vorliegt. Mit steigenden Gasbeladungen nehmen die Feststoffbeladungen nicht proportional zu. Trägt man die Werte in einem Diagramm auf, ergibt sich kein linearer Verlauf (somit kann kein Absorptionskoeffizient nach *Henry* berechnet werden).

Die Überprüfung der Adsorptionswerte auf einen Langmuir-Zusammenhang erfolgt nach Formel 21.43. Dazu werden die Reziprokwerte der Beladungen gebildet und in einem Diagramm gegeneinander aufgetragen.

$Y_{m,Lsgm.}$ in kg/kg	$X_{m,Lsgm.}$ in kg/kg	$1/Y_{m,Lsgm.}$ in kg/kg	$1/X_{m,Lsgm.}$ in kg/kg
0,10	0,140	10,00	7,133
0,25	0,194	4,00	5,155
0,50	0,225	2,00	4,444
1,00	0,247	1,00	4,047
1,50	0,250	0,67	4,000

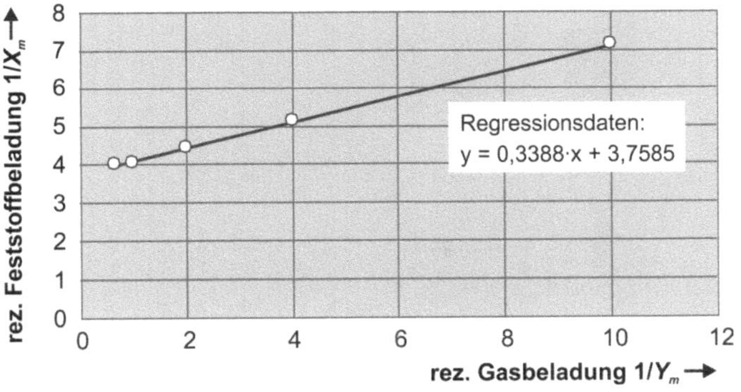

Die Regressionsanalyse ergibt einen linearen Zusammenhang, was eine Berechnung nach Langmuir ermöglicht. Die Steigung der Geraden beträgt m = 0,3388 und der Achsenabschnitt b = 3,7585. Die Ermittlung der Kenndaten der Isothermen erfolgt auf folgende Weise:

$$X_{m,\text{max,mono}} = \frac{1}{b} = \frac{1}{3,7585} = 0,266$$

$$K_{\text{Lm},i} = \frac{1}{m \cdot X_{m,\text{max,mono}}} = \frac{1}{0,3388 \cdot 0,266} = 11,092$$

21.2.5 Bilanzierung von Adsorbern

Im Gegensatz zur Absorption, bei der die beiden Stoffströme (z. B. im Gegenstrom) nach ihrem Kontakt die Kolonne wieder verlassen, befindet sich bei der Adsorption das Adsorbens häufig in einem Festbett, also örtlich fixiert, und wird vom Fluidstrom durchströmt. Somit kommt es zu einer Beladungszone, die sich innerhalb der Schüttung fortbewegt. Der Vorgang der Adsorption in einem Festbettreaktor ist schematisch in Bild 21.26 dargestellt.

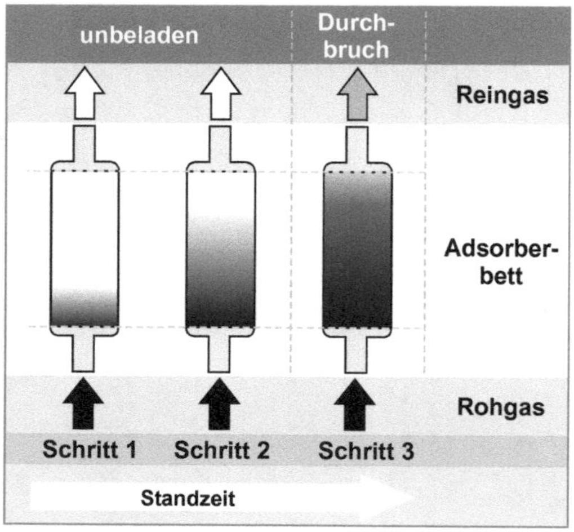

Bild 21.46 Beladungsvorgang eines Festbetts

Schritt 1

Das vollkommen unbeladene bzw. regenerierte Adsorbens wird z. B. von einem Gasstrom durchströmt, welcher die Beladung an Adsorptiv mit sich führt. Das Adsorbens ist schon im ersten Teil (Zone) der Schüttung in der Lage, die Beladung des Abgases auf einen Minimalwert zu bringen, wobei sich die Gleichgewichtsbeladung einstellt. Im Rest der Packung finden demnach keine Adsorptionsvorgänge mehr statt, und das Adsorbens bleibt unbelastet.

Schritt 2

Die mittlerweile belastete und vollkommen beladene Zone am Anfang der Schüttung ist nicht mehr in der Lage, Adsorptiv aufzunehmen. Die Adsorption findet nun in darauffolgenden Schichten statt, wobei die Kolonne immer noch in der Lage ist, die gleiche minimale Beladung wie in Schritt 1 im austretenden Gas zu erzeugen.

Schritt 3

Fast die komplette Höhe der Schüttung ist mit Adsorpt beladen, und die Austrittsbeladung im Abgasstrom an abzuscheidender Komponente nimmt stark zu. Es kommt zum sogenannten Durchbruch.

Zu einem bestimmten Zeitpunkt ergibt sich dann eine **Beladungsverteilung** im Adsorptiv (vgl. Bild 21.47). Für das Adsorptionsbett in diesem zeitlich fixierten Zustand bedeutet dies Folgendes:

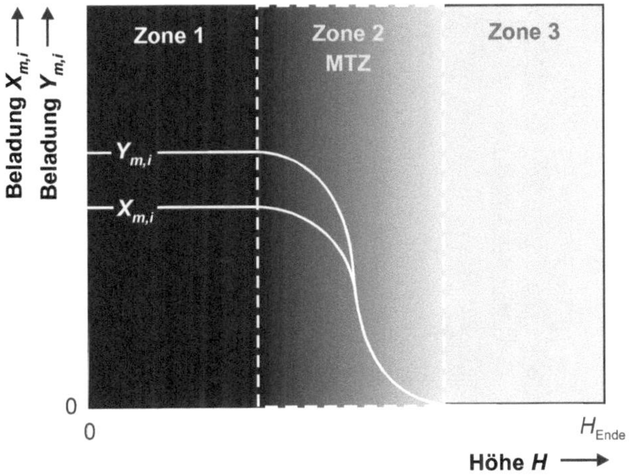

Bild 21.47
Zonen zu einem festen Zeitpunkt während des Adsorptionsvorgangs

Zone 1

Der Bereich in der Schüttung ist vollkommen beladen (gesättigter Bereich).

Zone 2

Hier findet der eigentliche Adsorptionsvorgang statt.

Zone 3

Der Bereich ist noch komplett unbeladen und steht zur Adsorption noch zur Verfügung.

Von den drei in der Kolonne vorliegenden Zonen ändern sich während des Adsorptionsvorgangs zumindest zwei in ihrer räumlichen Ausdehnung (Zone 1 und 3). Die Zone, in der die Beladung von der Eintritts- auf die Austrittsbeladung im Festbett fällt, wird als **Massenübergangszone** oder **MTZ** (**M**ass **T**ransfer **Z**one) bezeichnet. Sie „wandert" durch die Schüttung und steht somit in direktem Zusammenhang mit der **Durchbruchskurve (DBK)**, wie die Abbildung (Bild 21.48) zeigt.

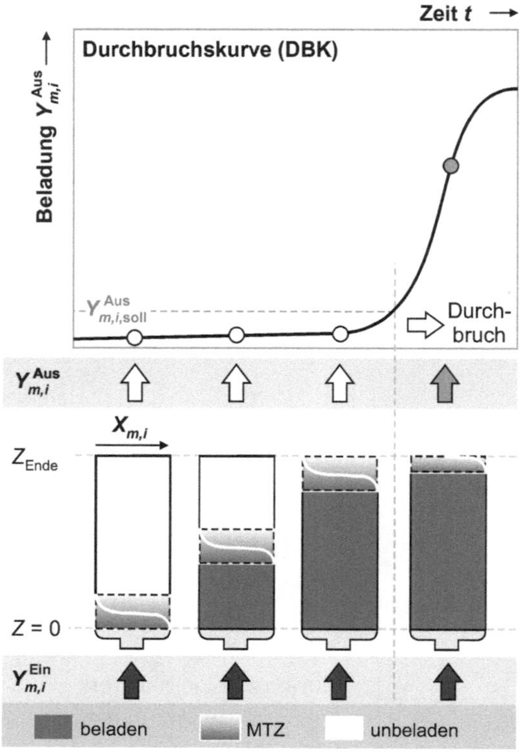

Bild 21.48 Durchbruchskurve einer Adsorbensschüttung

Eine steil ansteigende Durchbruchskurve ist für die Ausnutzung des durchströmten Adsorberbetts optimal, da dieses vollständiger beladen wird. Eine komplette Beladung ist allerdings nur theoretisch durch eine ideal verlaufende Durchbruchskurve (mit der Durchbruchszeit $t_{B,ideal}$) zu realisieren, weil die MTZ keine räumliche Ausdehnung besitzt. Da solche Verläufe in der technischen Anwendung nicht vorliegen, muss ein Grenzwert für eine Abschaltung des Adsorbers festgelegt werden, wobei noch unbeladenes bzw. teilweise beladenes Adsorptionsmittel in der Kolonne verbleibt. Nach dem Erreichen einer maximalen Beladung des Absorberfestbetts, d. h. bei Einsetzen des Durchbruchs ($t_{B,real}$), wird das Festbett regeneriert. Beispielhafte Verläufe mit den zugehörigen Kennwerten zeigt Bild 21.49.

Anhand des oben geschilderten zeitlichen Verlaufs erkennt man eine sogenannte Adsorptionszone, die letztlich durch die Kolonne „wandert". Das Konzentrationsprofil innerhalb der Zone ist bei einer regelmäßigen Schüttung bei gleichem Kolonnendurchmesser als nahezu konstant anzusehen. Für eine industrielle Auslegung ist es unerlässlich, die benötigte **Höhe eines Adsorberbetts** zu berechnen. Dazu dient folgender Ansatz:

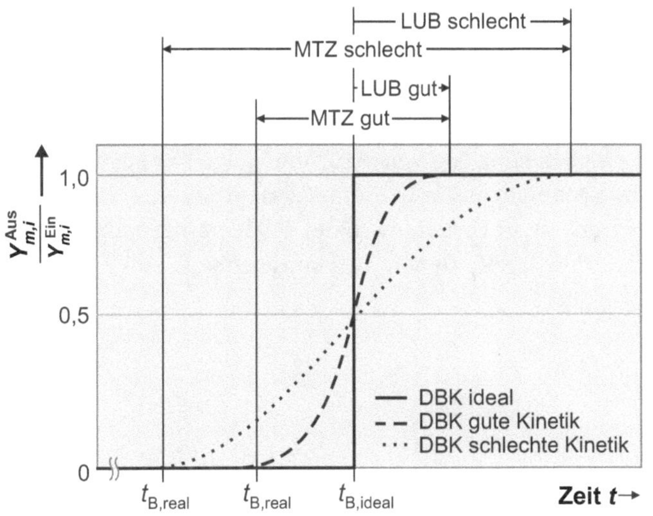

Bild 21.49 Vergleich von Durchbruchskurvenverläufen

Bei einem ruhenden Adsorberbett wird bei einer Beladungsphase t_B und einer Adsorbermasse von m_s die Masse m_i an Adsorptiv aus dem durchströmenden Fluid aufgenommen.

$$m_i = \dot{m}_{g,T} \cdot \left(Y_{m,i}^{Ein} - Y_{m,i}^{Aus}\right) \cdot t_B = m_s \cdot \left(X_{m,i}^{Aus} - X_{m,i}^{Ein}\right)$$

Da das Adsorberbett durch die Masse m_s der Schüttung, respektive der Schüttdichte r_S, festgelegt ist, ergibt sich für die zu berechnende Höhe Z_{Ads} folgender Zuammenhang:

$$Z_{Ads} = \frac{m_s}{\rho_S \cdot A} = \frac{\dot{m}_{g,T} \cdot \left(Y_{m,i}^{Ein} - Y_{m,i}^{Aus}\right) \cdot t_B}{\left(X_{m,i}^{Aus} - X_{m,i}^{Ein}\right) \cdot \rho_S \cdot A} \tag{21.50}$$

Hierbei kommt zum Ausdruck, dass die Höhe Z_{Ads} des Feststoffbetts von den Beladungen des Gases am Ein- und Austritt, von der Beladungskapazität des Absorbens, welche durch unvollständige Regeneration und Alterung des Absorbens eingeschränkt sein kann, und vor allem von der Durchbruchszeit abhängig ist. Der **tatsächliche Beladungswert** des Adsorbens im Gleichgewicht liegt aufgrund der dynamischen Prozesse unter dem Gleichgewichtswert der theoretisch erreichbar wäre. Häufig geht man hier nur von **70 bis 90 % der maximal möglichen Gleichgewichtsbeladung** aus. Die Wahl der Parameter hängt direkt vom Anwendungsfall (z. B. Häufigkeit der Regeneration, Platzbedarf der Anlage) ab.

Bei der berechneten Adsorberhöhe muss berücksichtigt werden, dass die Schüttung des Adsorbens nicht komplett beladen wird und dass aufgrund der **Länge des unge-**

nutzten Betts (LUB, vgl. Bild 21.50) letztlich eine Korrektur erfolgen muss, um die effektiv (zu 100 %) genutzte Höhe der Adsorberschüttung zu erhalten. In der Praxis ist es schwierig, den Fortschritt der MTZ innerhalb einer Adsorbensschüttung zu verfolgen, da hier repräsentative Messwerte der Parameter und Konzentrationen zumeist bis auf die Temperatur nicht möglich sind. Die Werte für die Länge des ungenutzten Betts (Z_{LUB}) werden daher durch Messungen im Labormaßstab erhalten. Im Normalfall wird dabei von einer symmetrischen Verteilung in der MTZ ausgegangen, sodass die der Z_{LUB}-Werte in guter Näherung die Hälfte von Z_{MTZ} betragen (vgl. Bild 21.49 B).

$$Z_{\text{Ads,eff}} = Z_{\text{Ads}} - Z_{\text{LUB}} \approx Z_{\text{Ads}} - 0,5 \cdot Z_{\text{MTZ}} \tag{21.51}$$

Die Zusammenhänge zeigt Bild 21.50.

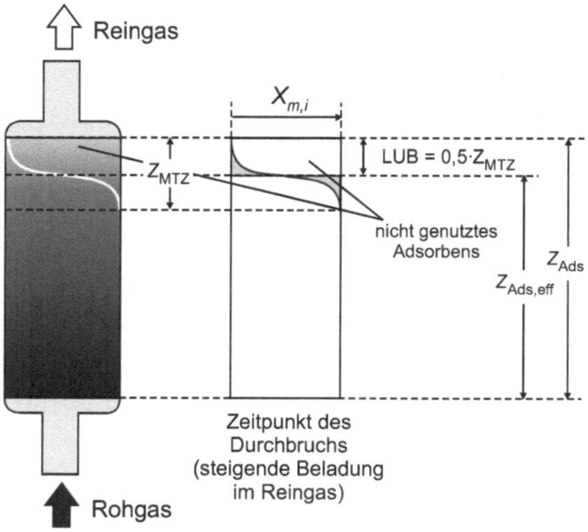

Bild 21.50 Adsorberzonen und effektive Schüttungshöhe

Für eine Festlegung der Querschnittsfläche des Adsorbers wird die maximal mögliche Gasgeschwindigkeit im Adsorberbett herangezogen. Hier hat sich der sogenannte **Gasbelastungsfaktor F_B** etabliert, der als erste Auslegungsgröße und Abschätzung dienen kann. Es existieren unterschiedliche zulässige Werte für die verschiedenen Kolonnenbauarten, welche sich in folgendem Bereich bewegen:

$$F_{\text{B}} = w_{\text{g}} \cdot \sqrt{\rho_{\text{g}}} \approx 0,1 - 5\frac{\text{m}}{\text{s}} \cdot \sqrt{\frac{\text{kg}}{\text{m}^3}} \text{ bzw. } \sqrt{\text{Pa}} \tag{21.52}$$

Die Adsorberquerschnittsfläche kann wie folgt berechnet werden, wobei w_g die Gasgeschwindigkeit in einer leeren Kolonne darstellt:

$$A_{\text{K}} = \frac{\dot{V}_{\text{g}}}{w_{\text{g}}} \tag{21.53}$$

21.2.6 Wärmebilanz an einem Festbettadsorber

Da es sich bei der Adsorption um einen exothermen Prozess handelt, kann auch eine Enthalpiebilanz an einem Festbettadsorber erfolgen, bei dem die Masse an Adsorbens festliegt:

$$\dot{m}_g^{Ein} \cdot h_g^{Ein} \cdot t_B + m_s \cdot h_s^{Ein} + |Q_{Ads}| = Q + \dot{m}_g^{Aus} \cdot h_g^{Aus} \cdot t_B + m_s \cdot h_s^{Aus} \quad (21.54)$$

m_s Masse der Schüttung, $\dot{m}_g^{Ein}$ und $\dot{m}_g^{Aus}$ Massenströme des ein- und austretenden Gases, h_g^{Ein} und h_g^{Aus} Enthalpien des ein- und austretenden Gases, h_s^{Ein} und h_s^{Aus} spezifische Enthalpie des Adsorbers vor und nach der Beladung (ohne Berücksichtigung der Adsorptionsbeladung), Q_{Ads} Adsorptionswärme und Q entstehende Wärmemenge (exotherm)

Geht man davon aus, dass keine Wärme die Kolonne verlässt (adiabate Fahrweise) und die Gasströme keinen nennenswerten Betrag der Wärme abführen, verbleibt die gesamte Wärme im Adsorberbett und führt zu dessen Erwärmung. Es gilt dann als überschlägiger Zusammenhang:

$$Q_{Ads} \approx m_s \cdot \Delta h_{Ads} \quad (21.55)$$

Zu berücksichtigen ist, dass durch eine Erwärmung des Adsorberbetts sich das Adsorptionsgleichgewicht verschiebt. Dadurch kommt es zu einer verminderten Aufnahmekapazität des Adsorbens, was durch Korrektur der einzusetzenden Adsorbensmasse ausgeglichen werden muss. Soll eine isotherme Fahrweise der Kolonne erfolgen und somit eine gleichbleibende Adsorptionskapazität sichergestellt werden, muss der Wärmebetrag Q abgeführt werden.

Beispiel 21.4

In einem lackverarbeitenden Betrieb entstehen 200 m^3/h toluenhaltige Abluft mit einem 5%igen Massenanteil (Toluen). Die austretende Abluft darf nach der Reinigung durch eine Aktivkohlekolonne maximal eine Massenbeladung von 0,1 % aufweisen.

Aktivkohle:

Schüttdichte $\rho_S = 600\ kg/m^3$

Gleichgewichtsbeladung: $X_{m,Toluen}^{GW} = 50\ g/kg$

Abluft:

Dichte $\rho_{Abl} = 1{,}30\ kg/m^3$

Die Aktivkohle erreicht aufgrund der Betriebsart nur 90 % der Gleichgewichtsbeladung und sollte in Abständen von 3 Stunden regeneriert werden, wobei sie mit einer Massenbeladung von $X_{Toluen} = 1\ g/kg$ wieder zur Verfügung gestellt wird.

Wie hoch muss der Reaktor vorgesehen werden, um die geforderte Reinigung der Abluft zu erfüllen, wenn die Kolonne einen Gasbelastungsfaktor von 0,3 $Pa^{0,5}$ aufweist?

Berechnung der Stoffströme:

$$\dot{m}_{\text{ges}} = \dot{V}_{\text{ges}} \cdot \rho_{\text{Abl}} = 200\frac{\text{m}^3}{\text{h}} \cdot 1,30\frac{\text{kg}}{\text{m}^3} = 260\frac{\text{kg}}{\text{h}}$$

$$\dot{m}_{\text{Toluen}} = \dot{m}_{\text{ges}} \cdot w_{\text{Toluen}} = 260\frac{\text{kg}}{\text{h}} \cdot 0,05 = 13\frac{\text{kg}}{\text{h}}$$

$$\dot{m}_{\text{g,T}} = \dot{m}_{\text{ges}} - \dot{m}_{\text{Toluen}} = 260\frac{\text{kg}}{\text{h}} \cdot 13\frac{\text{kg}}{\text{h}} = 247\frac{\text{kg}}{\text{h}}$$

Berechnung der Beladungen:

$$Y_{m,\text{Toluen}}^{\text{Ein}} = \frac{\dot{m}_{\text{Toluen}}}{\dot{m}_{\text{g,T}}} = \frac{13\frac{\text{kg}}{\text{h}}}{247\frac{\text{kg}}{\text{h}}} = 0,0526$$

$$Y_{m,\text{Toluen}}^{\text{Aus}} = 0,0010$$

$$X_{m,\text{Toluen}}^{\text{Ein}} = \frac{0,001\ \text{kg}}{1\ \text{kg}} = 0,0010$$

$$X_{m,\text{Toluen}}^{\text{Aus}} = 0,9 \cdot X_{m,\text{Toluen}}^{\text{GW}} = 0,9 \cdot 0,05 = 0,0450$$

Berechnung des Kolonnenquerschnitts:

$$w_{\text{g}} = \frac{F_{\text{B}}}{\sqrt{\rho_{\text{g}}}} = \frac{0,3\sqrt{\text{Pa}}}{\sqrt{1,30\frac{\text{kg}}{\text{m}^3}}} = 0,2631\frac{\text{m}}{\text{s}}$$

$$A_{\text{Kolonne}} = \frac{\dot{V}_{\text{ges}}}{w_{\text{g}}} = \frac{200\frac{\text{m}^3}{\text{h}} \cdot \frac{1}{3600}\frac{\text{h}}{\text{s}}}{0,2631\frac{\text{m}}{\text{s}}} = 0,2111\ \text{m}^2$$

$$(D_{\text{Kolonne}} = 0,52\ \text{m})$$

Berechnung der Kolonnenhöhe:

$$\begin{aligned} Z_{\text{Ads}} &= \frac{\dot{m}_{\text{g,T}} \cdot \left(Y_{m,\text{Toluen}}^{\text{Ein}} - Y_{m,\text{Toluen}}^{\text{Aus}}\right) \cdot t_{\text{B}}}{\left(X_{m,\text{Toluen}}^{\text{Aus}} - X_{m,\text{Toluen}}^{\text{Ein}}\right) \cdot \rho_{\text{S}} \cdot A_{\text{Kolonne}}} \\ &= \frac{247\frac{\text{kg}}{\text{h}} \cdot (0,0526 - 0,0010) \cdot 3\ \text{h}}{(0,0450 - 0,0010) \cdot 600\frac{\text{kg}}{\text{m}^3} \cdot 0,2111\ \text{m}^2} = 6,86\ \text{m} \end{aligned}$$

Die Kolonne muss eine Höhe von 6,86 m haben, um die Abluft mit den gestellten Bedingungen zu reinigen.

21.2.7 Technische Anwendungen und Bauformen

In der industriellen Verfahrenstechnik findet die Adsorption seit vielen Jahrzehnten in der Umwelttechnik, z. B. Reinigung von Prozessabgasen, Abluftströmen und Schadstoffadsorption aus Trinkwasser, und bei der Drucklufttrocknung Anwendung. Aber auch im Alltag oder in der Haustechnik sind beispielsweise Aktivkohlefilter in handelsüblichen Dunstabzugshauben zu finden oder Silicagelpackungen als Beilage zu luftfeuchteempfindlichen technischen Geräten. Die Adsorption weist im Vergleich mit anderen Trennverfahren folgende Vorteile auf:

Sie ist einsetzbar, wenn

- eine Rektifikation sehr hohe oder niedrige Temperaturen erfordert,
- der Trennfaktor ca. 1 beträgt,
- eine Abtrennung sehr geringer Konzentrationen benötigt wird,
- nur Umgebungstemperatur zur Verfügung steht oder das zu reinigende Medium nur diese verträgt (Biotechnologie).

Die Regeneration erfolgt z. B. durch Temperatur- oder Druckwechsel. Bei hohen Temperaturen können auch stark gebundene Adsorptive vom Absorbens abgetrennt werden, was aber einen hohen apparativen Aufwand nach sich zieht. Durch Unterdruck können nur schwach gebundene Komponenten abgetrennt werden, allerdings ist es zeitlich gesehen günstiger, weil dieser Vorgang schneller vonstatten geht. Ferner kann der Feststoff mit einem Hilfsstoff gespült werden, der die adsorbierten Stoffe aus den aktiven Zentren verdrängt. Dieser muss allerdings daraufhin wieder auf einfache Weise vom Adsorptiv abtrennbar sein.

Bei **diskontinuierlich betriebenen Adsorbern** wird eine Adsorbensschüttung von einem Fluid mit Adsorptiv durchströmt, bis ein Durchbruch erfolgt. Daraufhin wird die Schüttung ausgewechselt oder unter Stillstand vor Ort in der Kolonne regeneriert. Um diese Stillstandszeiten oder Wechsel des Adsorptionsmittels zu vermeiden, werden häufig zwei Adsorber verschaltet (vgl. Bild 21.51). Eine typische Schaltung einer **(quasi)kontinuierlichen Adsorptionsanlage** besteht aus zwei Kolonnen, die wechselweise (hier mithilfe eines Spülgases) regeneriert und beladen werden. In einer Kolonne findet dabei die Beladung statt. Ist die Durchbruchsbeladung erreicht, wird der Abgasstrom auf den anderen Adsorber mittels Ventilen umgeschaltet und gleichzeitig ein Spülgasstrom an den Adsorber angelegt, welcher für eine Regeneration sorgt.

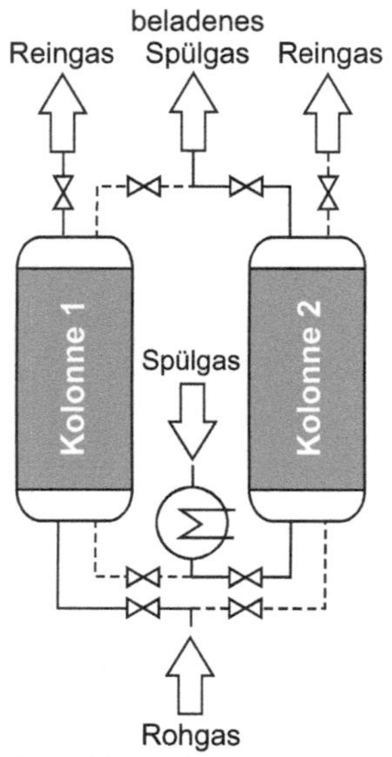

	Kolonne 1	Kolonne 2
——	Beladung	Regeneration
----	Regeneration	Beladung

Bild 21.51
Adsorber mit Regeneration

Mengenmäßig fällt der Spülstrom häufig im Vergleich zum Abgasstrom wesentlich kleiner aus, was sich nur durch ein geeignetes Medium oder durch Variation der Parameter (Temperaturerhöhung und Druckerniedrigung) verwirklichen lässt.

Einen **kontinuierlichen Adsorptionsbetrieb** ermöglichen Anlagen, in denen das Adsorptionsmittel selbst ebenfalls durch die Kolonne gefördert wird. Daraus resultieren kleinere Anlagen für Ad- und Desorber sowie zeitlich optimierte Desorptionsphasen. Allerdings unterliegt das Adsorptionsmittel deutlich größeren mechanischen Belastungen als in einer Feststoffschüttung, die durch die Förderung hervorgerufen werden und somit Effekte wie Abrieb und Zerbrechen nach sich ziehen. So wird z. B. in einem kontinuierlichen **Wirbelschichtadsorber** das körnige Adsorptionsmittel auf engmaschigen Sieben mit dem zu reinigenden Abgas durchströmt, wobei sich Wirbelschichten ausbilden. Durch die stetige Zufuhr von Adsorptionsmittel verlässt dieses kontinuierlich am Überlaufrohr den Kontaktraum und wird entweder direkt abgeführt oder gelangt in einen weiteren Kontaktraum, durch den das Gas zuvor strömte (Gegenstromfahrweise).

22 Extraktion

Die **Extraktion** ist ein Vorgang bei dem eine (oder mehrere) Komponente(n) aus einem Stoff „herausgezogen“ werden, wovon auch der Name abgeleitet ist (lat. *extrahere* – herausziehen). Dazu wird wie bei der Sorption ein Hilfsstoff (Aufnehmerphase) benötigt. Je nach Aggregatzustand der eingesetzten Stoffe unterscheidet man die Extraktionsverfahren in

- **Flüssig-Flüssig-Extraktion**
  Phasensystem flüssig – flüssig
- **Fest-Flüssig-Extraktion**
  Phasensystem fest – flüssig

Die Flüssig-Flüssig-Extraktion findet Anwendung, wenn z. B. destillative Trennverfahren aufgrund von temperaturempfindlichen Stoffen, relativen Flüchtigkeiten um den Wert 1 und hochsiedenden Flüssigkeiten nicht durchführbar sind. Die Fest-Flüssig-Extraktion kann zur Auswaschung einer Komponente aus einem Feststoff eingesetzt werden.

22.1 Flüssig-Flüssig-Extraktion

Die Flüssig-Flüssig-Extraktion ist in der thermischen Trenntechnik das einzige Verfahren, an dem zwei flüssige Phasen beteiligt sind. Bei diesem Prozess wird eine Komponente aus der einen in die andere flüssige Phase überführt. Folgende Begriffe sind in der Flüssig-Flüssig-Extraktionstechnik üblich (vgl. auch Bild 22.1):

- **Feedstrom**
  Die Flüssigkeit, in der sich die herauszulösende Komponente befindet (Abgeberphase).

- **Lösungsmittel (Extraktionsmittel)**

  Das Lösungsmittel, welches die herauszulösende Komponente aufnehmen soll (Aufnehmerphase).

- **Solvens 1 und 2**

  Als Solvens werden die beiden nicht oder wenig ineinander löslichen Trägermedien bezeichnet. Dabei ist Solvens 1 der Trägerstoff des Feedstroms und Solvens 2 der Trägerstoff des Lösungsmittels.

- **Extrakt(stoff)**

  Die Komponente, die aus dem Feedstrom herausgelöst wird (Übergangskomponente). Man findet auch die Begriffe **Schad-** und **Wertstoff**, je nach Aufgabenstellung für den Extraktionsprozess.

- **Raffinat(lösung) oder Raffinatphase**

  Nach der Extraktion vorliegende, an Extrakt verarmte Phase.

- **Extraktlösung oder Extraktphase**

  Das Lösungsmittel, welches den Extrakt aufgenommen hat.

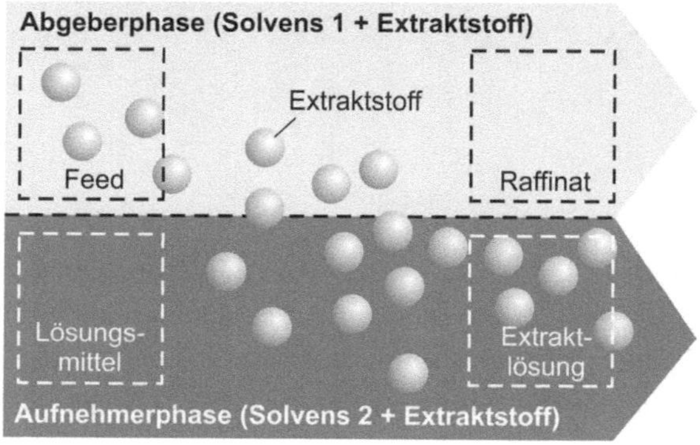

Bild 22.1 Schematische Darstellung der Extraktion

Bei der Flüssig-Flüssig-Extraktion wird der Feedstrom, welcher die Übergangskomponente enthält, mit dem Extraktionsmittel in Kontakt gebracht, wobei die **in beiden Phasen lösliche Komponente** möglichst vollständig vom Feedstrom (Abgeberphase) zum Extraktionsmittel (Aufnehmerphase) übertritt. Dabei sollten die Flüssigkeiten nicht oder nur wenig ineinander löslich sein. Durch die Überführung der Komponente erzielt man **keine reine Phase aus Extraktstoff**. Für eine Gewinnung des reinen oder zumindest hochkonzentrierten Extraktstoffs muss ein nachgeschalteter Trennschritt, z. B. eine Destillation erfolgen. Das dort abgeschiedene reine Lösungsmittel kann dem Extraktionsprozess erneut als Aufnehmerphase zugeführt werden.

Wie bei der Absorption ist auch bei der Extraktion der Konzentrationsunterschied in den beiden (hier flüssigen) Phasen die treibende Kraft für den Stoffaustausch (vgl. Kapitel 21). Ferner sind der Stoffdurchgangskoeffizient k_i der zu extrahierenden Komponente und die Austauschfläche A entscheidend für einen effektiven Extraktionsvorgang.

Bei der apparativen Umsetzung sind folgende Anforderungen zu erfüllen:

- **hohe Strömungsgeschwindigkeiten** mit starken Turbulenzen (guter Stoffdurchgang)
- **feine Verteilung** einer Phase (maximale Austauschfläche)
- **Strömungsführung** mit maximalen Konzentrationsunterschieden zum Gleichgewicht (zumeist im Gegenstrom)
- **lange Kontaktzeiten** (Maximierung der extrahierten Stoffmenge)

Das entscheidende Kriterium für die Berechnungsweise von Extraktionsapparaten stellt die Löslichkeit der beiden Trägermedien (Solvens 1 und 2) dar.

22.1.1 Schwerlösliche Flüssigkeiten

Da es sich um ein Dreikomponentensystem handelt, müssen für eine Beurteilung der Stoffaustauschprozesse die Gleichgewichtsverhältnisse bekannt sein. Unter der Voraussetzung, dass sich die beiden flüssigen Phasen in ihrer Dichte unterscheiden (Trennbarkeit) und sich nicht ineinander lösen, unterscheidet man nur zwischen der jeweiligen Konzentration des Extraktstoffs in beiden Phasen. Es muss die Voraussetzung gelten, dass auch bei höheren Konzentrationen des Extraktstoffs keine Löslichkeit der beiden flüssigen Phasen auftritt (Lösungsvermittlung). Im Gleichgewicht und bei geringen Konzentrationen des Extraktstoffs gilt der Nernstsche Verteilungssatz:

$$K_{\mathrm{N},c,i} = \frac{c_{i,\mathrm{L2}}}{c_{i,\mathrm{L1}}} = \frac{c_{i,\mathrm{E}}}{c_{i,\mathrm{R}}} \tag{22.1}$$

$K_{\mathrm{N},i}$ *Nernst*scher Verteilungskoeffizient (temperaturabhängig), $c_{i,\mathrm{L1}}$ und $c_{i,\mathrm{L2}}$ Stoffmengenkonzentration einer Substanz in zwei nicht mischbaren Lösungen, $c_{i,\mathrm{E}}$ und $c_{i,\mathrm{R}}$ Stoffmengenkonzentration einer Substanz in der Extraktlösung und im Raffinat.

Da der Verteilungssatz mit den in der thermischen Trenntechnik unüblichen Stoffmengenkonzentrationen berechnet wird, erfolgt die Umrechnung folgendermaßen:

$$K_{\mathrm{N},x,i} = \frac{x_{i,\mathrm{E}}}{x_{i,\mathrm{R}}} = K_{\mathrm{N},c,i} \cdot \frac{\rho_\mathrm{R}}{M_\mathrm{R}} \cdot \frac{M_\mathrm{E}}{\rho_\mathrm{E}} \tag{22.2}$$

$$K_{\mathrm{N},w,i} = \frac{w_{i,\mathrm{E}}}{w_{i,\mathrm{R}}} = K_{\mathrm{N},c,i} \cdot \frac{\rho_\mathrm{R}}{\rho_\mathrm{E}} \tag{22.3}$$

Die Stoffmengenanteile $x_{i,R}$ und $x_{i,E}$ geben in der Extraktionstechnik die Anteile des Extraktstoffs in der Raffinat- und Extraktphase an. Da beide Phasen im flüssigen Aggregatzustand vorliegen, wurde sich hier dagegen entschieden, die Phasen x und y zu benennen, was dennoch in der Fachliteratur verbreitet ist.

Unter der Prämisse der Unlöslichkeit der beiden Flüssigphasen können diese auch als reine Trägermedien angesehen werden, wobei sich ein Ausdruck der Konzentration anhand von Beladungen anbietet. Im Gegensatz zum Verhältnis der Stoffmengenanteile handelt es sich beim Verhältnis der Beladungen nur bei kleinen Beladungswerten ($X < 0{,}05$) um einen linearen Zusammenhang, da dort die Beladungen mit den Stoffmengen- oder Massenanteilen annähernd gleichzusetzen sind (vgl. Kapitel 21). Hier gilt:

$$K_{N,X,i} = \frac{X_{i,E}}{X_{i,R}} \tag{22.4}$$

oder

$$K_{N,X_m,i} = \frac{X_{m,i,E}}{X_{m,i,R}} \tag{22.5}$$

Der **Extraktionsgrad** kann als Wirkungsgrad einer Extraktion angesehen werden und errechnet sich durch das Verhältnis von „Nutzen zu Aufwand", welches durch das Verhältnis der Beladungsabnahme während der Extraktion zur Feedbeladung $X_{i,F}$ dargestellt wird:

$$\psi_E = \frac{X_{i,F} - X_{i,R}}{X_{i,F}} \tag{22.6}$$

Analog kann auch eine Angabe über Stoffmengen- und Massenanteil erfolgen.

22.1.2 Bilanzierung (schwerlösliche Flüssigkeiten)

Sind die beiden Trägerphasen (S1 und S2) ineinander unlöslich, so kann im Feedstrom nur ein Zweistoffgemisch aus Solvens 1 und der Komponente K vorliegen. Der Extraktlösungsstrom besteht aus Solvens 2 und der extrahierten Komponente. Die Betrachtung erfolgt (stark verkürzt) am industriell weit verbreiteten Gegenstromprinzip, da die Herangehensweise bereits in Kapitel 21 anhand der Absorption eingehend erläutert wurde.

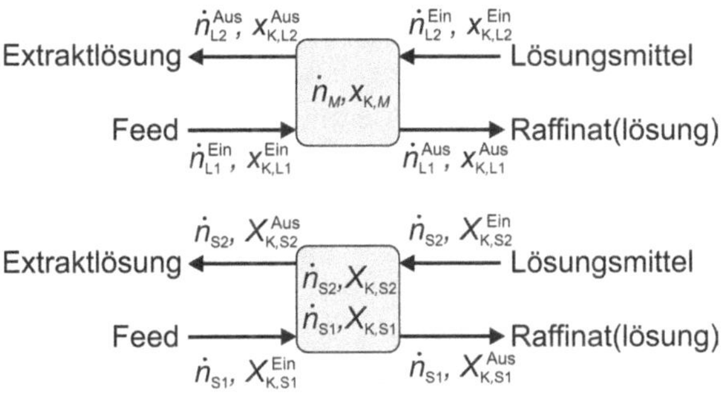

Bild 22.2 Extraktion mit schwerlöslichen Flüssigkeiten

Daraus erhält man folgenden Zusammenhang:

$$\dot{n}_{S1} = \left(X_{K,S1}^{Ein} - X_{K,S1}\right) = \dot{n}_{S2} \cdot \left(X_{K,S2}^{Aus} - X_{K,S2}\right)$$

$$X_{K,S2} = \frac{\dot{n}_{S1}}{\dot{n}_{S2}} \cdot X_{K,S1} + X_{K,S2}^{Aus} - \frac{\dot{n}_{S1}}{\dot{n}_{S2}} \cdot X_{K,S1}^{Ein} \tag{22.7}$$

Durch die Bilanzierung ergibt sich analog zur Absorption im Beladungsdiagramm eine Arbeitsgerade mit der eine Stufenkonstruktion erfolgen kann (vgl. Bild 22.3). Kann eine Gleichsetzung der Stoffmengenanteile mit den Beladungen nicht in guter Näherung erfolgen, erhält man gekrümmte Verläufe.

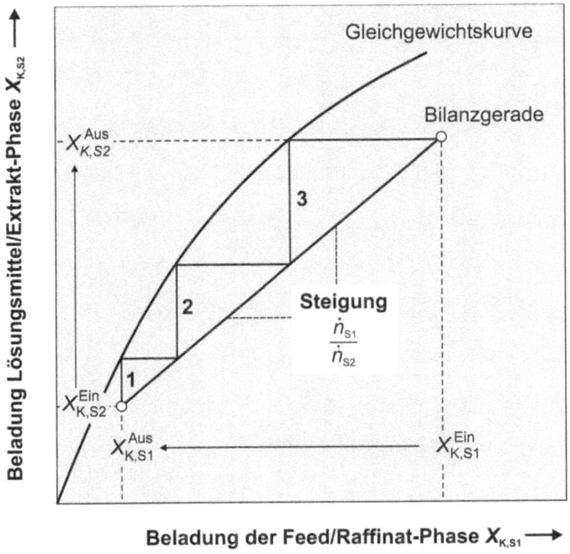

Bild 22.3 Beladungsdiagramm für schwerlösliche Flüssigkeiten

Der **minimale** und der **maximale Lösungsmittelstrom** können grafisch bestimmt werden, wobei auch hier die **Krümmung** der Gleichgewichtslinie beachtet werden muss (vgl. Kapitel 21). Bild 22.4 zeigt die Herangehensweise an die Bestimmung der Grenzwerte für die Lösungsmittelströme. Der **minimale Lösungsmittelstrom** wird über den Schnittpunkt der Feedbeladung $X_{K,S1}^{Ein}$ mit der Gleichgewichtslinie ermittelt. Man erhält die maximal mögliche Extraktbeladung $X_{K,S2,max}^{Aus}$ und somit aus der Steigung der Geraden den minimalen Lösungsmittelstrom.

Der **maximale Lösungsmittelstrom** wird mit der Gleichgewichtskonzentration $X_{K,S2,min}^{Aus}$ für exakt **eine Trennstufe** erhalten.

In der Praxis wird häufig mit sehr viel größeren als dem minimalen Lösungsmittelstrom gearbeitet, der eine unendliche Stufenzahl voraussetzt, um die Extraktionsstufenanzahl möglichst gering zu halten. Häufig findet folgende Angabe:

$$\dot{n}_{S2} \approx 1,1 \ldots 2,0 \cdot \dot{n}_{S2,min}$$

In den Übungsaufgaben werden die Bilanzierungen für eine einstufige Extraktion und eine Kreuzstromextraktion (vgl. Abschnitt 22.1.4) mit unlöslichen Trägermedien eingehend erläutert.

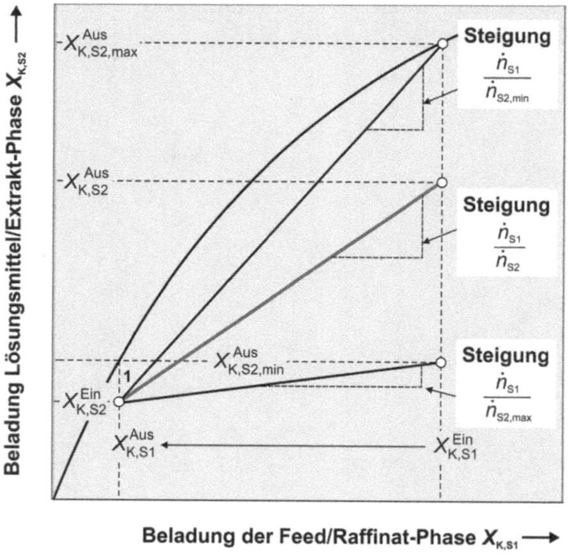

Bild 22.4 Bestimmung von min. und max. Lösungsmittelstrom

22.1.3 Teilweise lösliche Flüssigkeiten

Die in Abschnitt 22.1.1 beschriebene Vorgehensweise kann nur für zwei ineinander schwer- bzw. unlösliche Flüssigphasen gelten. Es entfällt bei dieser Betrachtung in einem Beladungsdiagramm die Beeinflussung der Abgeber- und Aufnehmerphase durch die Übergangskomponente. Ändert sich aber die Löslichkeit der beiden Phasen durch die Konzentration der Übergangskomponente (Lösungsvermittlung), stellt eine solche Darstellung keine anwendbare Lösung dar. Um den Sachverhalt bei einem Flüssig-Flüssig-Gemisch zu verdeutlichen, wird an dieser Stelle zuerst grundlegend die Mischung von zwei flüssigen Phasen betrachtet.

Teilweise Löslichkeit in einem Zweistoffgemisch

Eine Mischung aus zwei, über den kompletten Temperaturbereich (in dem sie flüssig vorliegen), ineinander löslichen und somit komplett mischbaren Flüssigkeiten, ergibt ausschließlich **eine** Phase beider Stoffe mit den zugehörigen Stoffmengenanteilen. Sind die Stoffe über den gesamten Temperaturbereich unlöslich, verhält es sich mit den Stoffmengenanteilen bezogen auf die Gesamtstoffmenge identisch, allerdings liegen diese in **zwei parallelen** Phasen als Reinstoffe vor (z. B. zwei übereinander geschichtete Flüssigkeiten).

Substanzen, die in einem definierten Konzentrationsbereich nicht komplett ineinander löslich sind, bilden bei einer Vermengung eine sogenannte **Mischungslücke** aus. Allerdings können sich die Konzentrationsgrenzen einer solchen Unlöslichkeit durch eine Temperaturänderung bei gleichbleibendem Druck deutlich verändern bzw. aufheben.

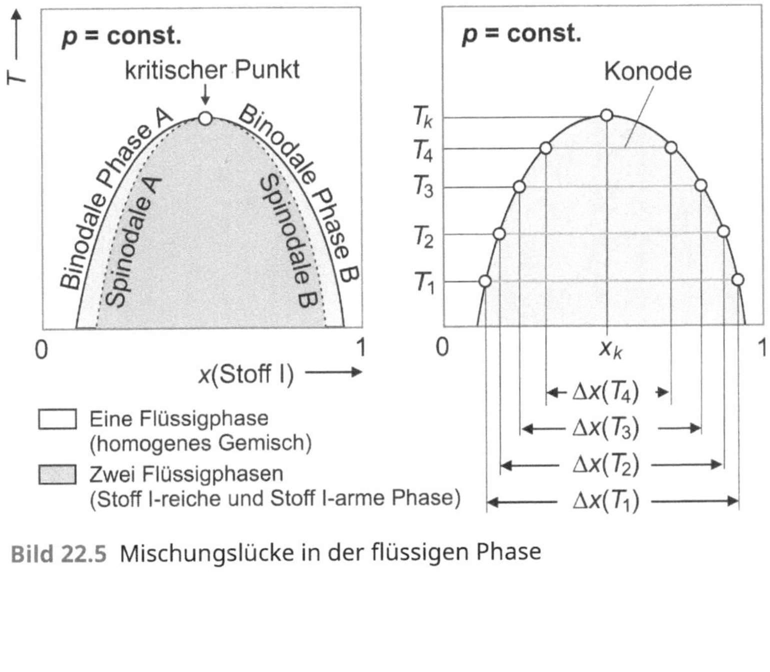

Bild 22.5 Mischungslücke in der flüssigen Phase

Die Mischungslücke wird vom Bereich der homogenen Vermischung durch die sogenannten **Binodalen** (Koexistenzkurven) getrennt. Ein Gemisch mit einer Zusammensetzung innerhalb der Mischungslücke bildet zwei koexistierende Phasen aus (vgl. Bild 22.6), wobei eine Phase sehr reich an Stoff I (rechter Knotenpunkt) und eine sehr arm an Stoff I (linker Knotenpunkt) ist. Die zugehörigen Stoffmengenanteile können auf der Abszisse abgelesen werden. Dabei liegen im Bereich zwischen den **Spinodalen** (vgl. Bild 22.5, links) und den Binodalen sogenannte **metastabile Bereiche** vor. Der Zerfall ist streng genommen erst zwischen den Spinodalen sichergestellt. Die Verbindungslinie der Knotenpunkte (hier eine Waagerechte) wird als **Knotenlinie oder Konode** bezeichnet (vgl. Kapitel 20).

Erhöht man die Temperatur, so wird die Mischungslücke im gezeigten Beispiel kleiner (die Konoden verkürzen sich), was gleichzeitig bedeutet, dass sich der **Unterschied der Stoffmengenanteile** des Stoffes I (und des Stoffes II) in beiden Phasen sich verringert bis kein Unterschied mehr existiert und die Konode auf einen einzelnen Punkt ausläuft. Dieser Punkt wird **kritischer Mischungspunkt** genannt. In Bild 22.5 sind die Konoden bei unterschiedlichen Temperaturen mit den unterschiedlichen Zusammensetzungen eingezeichnet. Erreicht man die Temperatur des kritischen Mischungspunkt liegt nur noch eine Phase vor und es kann von vollständiger homogener Vermischung und somit vom Vorliegen einer einzigen Phase ausgegangen werden.

Der Vorgang der Entmischung bei einer konstanten Temperatur soll an folgendem Beispiel erläutert werden. Hat man die Komponente „Stoff II" als Reinstoff vorliegen und bringt in diese eine kleine Menge Stoff I ein, so wird sie sich vollständig lösen. Man erhält eine einzige Phase (vgl. Bild 22.6, Gebiet 1).

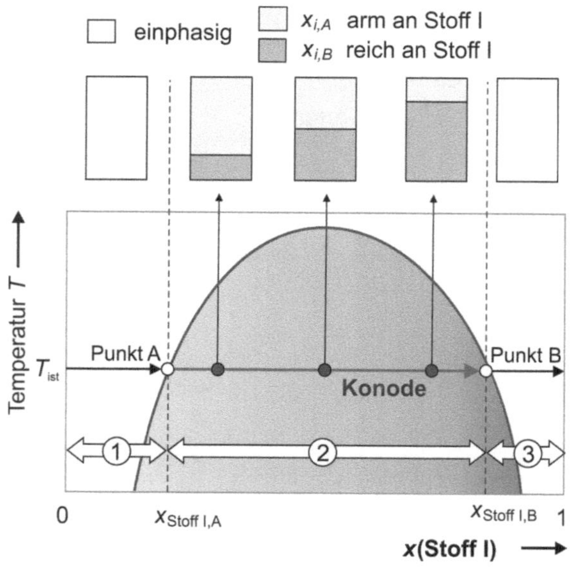

Bild 22.6 Phasen bei isothermer Betrachtung

Wird nun die Menge an Stoff I sukzessive erhöht bis man in das Gebiet der Mischungslücke gelangt, entmischt sich die Lösung und bildet zwei Phasen A und B aus. Eine mit dem Stoffmengenanteil $x_{\text{Stoff I},A}$ und eine mit $x_{\text{Stoff I},B}$, wobei eine Phase mit einem geringen Anteil an Stoff I vorliegt (Konodenpunkt A) und eine mit einem hohen Stoffmengenanteil an Stoff I (Konodenpunkt B). Die Mengenverhältnisse werden analog zur Bestimmung bei den Dampf-Flüssig-Gemischen über das **Gesetz der abgewandten Hebelarme** erhalten (vgl. Kapitel 20). So erhält man bei Stoffmengenanteilen von Stoff I nahe dem Knotenpunkt A eine sehr geringe Menge an konzentrierter Phase des Stoffes I. Nach weiterer Zugabe erhöht sich diese Menge stetig. Die vorliegenden Stoffmengenanteile in den beiden Phasen bleiben über die **gesamte Mischungslückenbreite konstant**. Erreicht man durch Zugabe von Stoff I entlang der Konode den Konodenpunkt B, so liegt eine so geringe Menge an Stoff II vor, dass sich diese in Stoff I komplett löst und sich erneut eine einzige Phase ausbildet.

Es existieren unterschiedliche Mischungslückenarten, wobei die oben beschriebene, die am häufigsten auftretende ist. Neben dem beschriebenen Gemisch mit kritischen Punkt bei einem Temperaturmaximum (**oberer kritischer Mischungspunkt**), können auch Systeme auftreten, die einen **unteren kritischen Mischungspunkt** aufweisen.

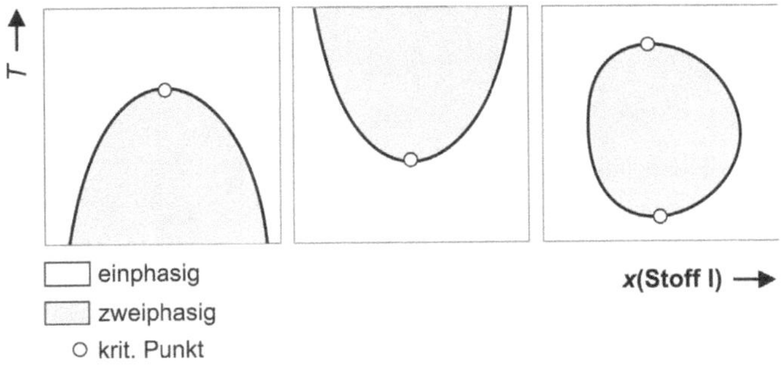

Bild 22.7 Arten von Mischungslücken

Dieser Effekt kann z. B. auftreten, wenn sich bei tiefen Temperaturen Komplexe ausbilden, die sich bei Temperaturerhöhung auflösen. Einen Sonderfall stellen Phasensysteme dar, die sowohl einen oberen als auch einen unteren kritischen Mischungspunkt aufweisen. Man spricht von einer **geschlossenen Mischungslücke**. Bei Stoffmengenanteilen, die in den Bereich der Mischungslücke fallen, tritt oberhalb des unteren kritischen Mischungspunktes eine Trennung in zwei Phasen ein, die sich bei Überschreiten des oberen kritischen Mischungspunktes wieder zu einer Phase verbinden.

Eine Mischung von zwei Flüssigkeiten kann durch einen dritten Stoff beeinflusst werden. Im Falle der Extraktion ist dies durch den Extraktstoff möglich (**ternäres Gemisch**), was bei der Auftragung in einem Diagramm berücksichtigt werden muss.

Dreistoffgemische (ternäre Gemische)

Bisher wurden in guter Näherung der ablaufenden Prozesse zur Verdeutlichung Zweistoffgemische betrachtet. Um Dreistoffgemische grafisch aufzutragen, hat sich das sogenannte **Dreistoffdiagramm** bewährt (vgl. Abschnitt 3.6). Dabei wird in der Extraktionstechnik häufig folgende Auftragung vorgenommen:

- A = Extraktstoff, Komponente
- B = Solvens 1 (im Feed-/Raffinat-Strom)
- C = Solvens 2 (im Lösungsmittel-/Extrakt-Strom)

Jeder Punkt in diesem Diagramm (innerhalb der Dreiecksfläche) gibt ein ternäres Gemisch wieder, welches durch drei Koordinaten exakt bestimmbar ist. Die Punkte auf den Seiten des Dreiecks sind dementsprechend Zweistoffgemische.

Eine Möglichkeit der Ablesung besteht darin, die Ableserichtung immer der Auftragsrichtung der Achse anzupassen. Dabei legt man einen „Vektor" in Richtung der reinen Komponente und einen zweiten, der in einem Winkel von 60° zu diesem steht und in Richtung abzulesendem Punkt weist. Der Schnittpunkt der Vektoren ist der abzulesende Stoffmengenanteil (vgl. Bild 22.8) bzw. je nach Auftragung der Massenanteil.

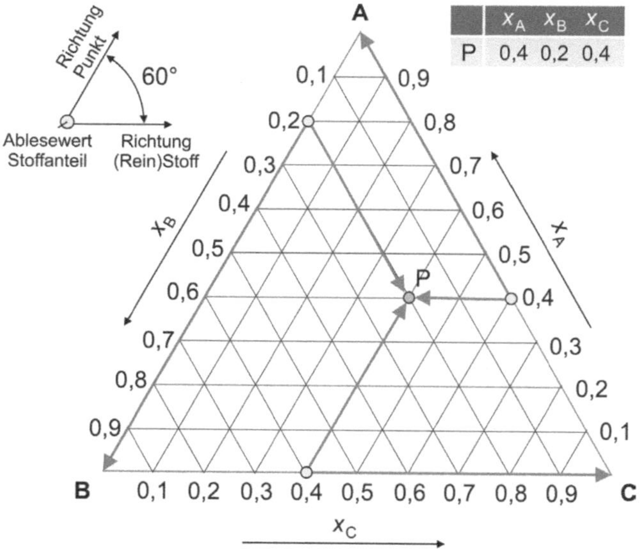

	x_A	x_B	x_C
P	0,4	0,2	0,4

Bild 22.8 Bestimmung einer Zusammensetzung

Ist bei einer Gemischveränderung der Stoffmengenanteil **einer Komponente konstant**, ergibt sich eine Parallele zu der dem Eckpunkt der konstant zu haltenden Komponente gegenüberliegenden Seite (s. Bild 22.9, x_A = const.).

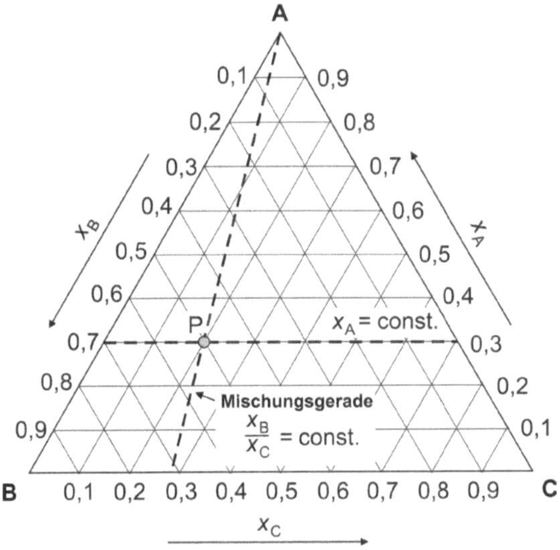

Bild 22.9
Konstante Komponente und Mischungsgerade

Soll während einer Gemischveränderung **ein Verhältnis zweier Komponenten konstant** bleiben, kann das nur durch Zugabe oder Entnahme der dritten Komponente geschehen. Man erhält eine **Mischungsgerade** auf der alle möglichen Mischungen liegen, indem man die Zusammensetzung der vorliegenden Mischung mit dem Eckpunkt der veränderlichen Komponente verbindet (s. Bild 22.9, $x_B/x_C = \text{const.}$).

Liegen **zwei Zusammensetzungen** mit bekannten Stoffmengenanteilen vor, muss eine Mischung dieser beiden Zusammensetzungen auf der verbindenden Gerade liegen, und zwar resultierend aus dem **Gesetz des abgewandten Hebels**. Im Beispiel (vgl. Bild 22.10) liegt das Verhältnis der Stoffmengen $n_E : n_R = 1:3$ vor. Es ergibt sich die Mischungszusammensetzung M.

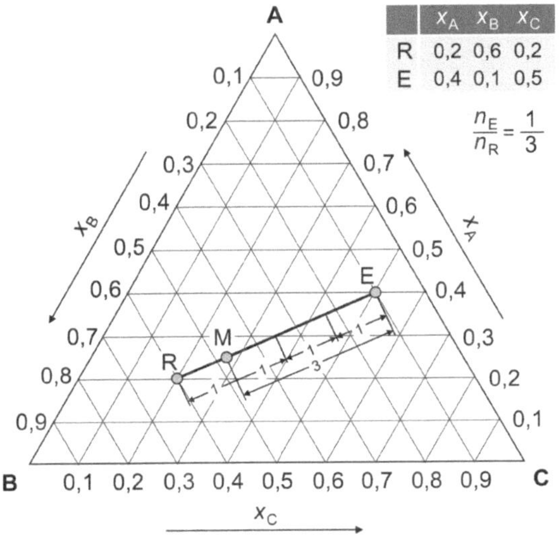

Bild 22.10
Mischung von zwei Lösungen

Die bisher in diesem Kapitel betrachteten Gemische waren alle ideal ineinander löslich, um die Ablesung in einem Dreistoffdiagramm zu verdeutlichen. In der Extraktionstechnik muss allerdings mit einer Mischungslücke gearbeitet werden, weil es ansonsten nicht zur Stofftrennung, sondern nur zur Verdünnung kommen würde. Im Gegensatz zu einer Mischung im Zweistoffsystem kann im zweidimensionalen Dreistoffsystem die Temperatur nicht als Funktionsgröße aufgetragen werden. Daher ist neben **dem Druck ebenfalls die Temperatur** in einem Dreistoffdiagramm als **konstant** anzusehen. Ein häufig auftretender Typ ist die **geschlossene Mischungslücke** zwischen der Abgeber- (hauptsächlich Solvens 1) und der Aufnehmerphase (hauptsächlich Solvens 2).

In Bild 22.11 sind analog zum Zweistoffgemisch die Binodalen raffinat- und extraktseitig eingezeichnet. Handelt es sich um ein reines Zweistoffgemisch von Solvens 1 und Solvens 2, ist das Unlöslichkeitsgebiet am größten (direkte Verbindung der Eckpunkte). Erhöht man den Anteil an Komponente K (Extraktstoff), wird die Mischungslücke stetig kleiner bis sie schließlich am kritischen Punkt (P_{krit}) komplett entfällt. Befindet man sich mit einer Mischung (M) innerhalb des Zweiphasengebiets, trennt sich diese entlang der Konode in eine Raffinatphase (extraktarm, Punkt R auf der Binodalen, hier $x_{K,R} = 0{,}22$) und eine Extraktphase (extraktreich, Punkt E auf der Binodalen, hier $x_{K,E} = 0{,}32$). Eine horizontale Konode spiegelt dabei den Verteilungskoeffizient bezogen auf die Komponente K mit dem Wert 1 wieder. Ist die Konode steiler ansteigend, ist auch der Verteilungskoeffizient größer.

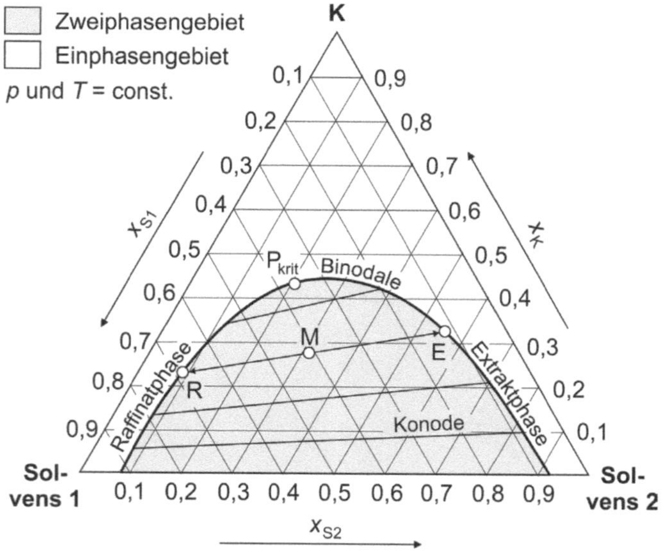

Bild 22.11 Mischungslücke im Dreistoffdiagramm

Da Konodenpunkte durch Experimente ermittelt werden, stehen diese nicht in unbeschränkter Anzahl zur Verfügung. Bezogen auf den vorliegenden Mischungsfall kann eine Konstruktion einer Konode durch eine **Konjugationslinie** erfolgen.

Die Konjugationslinie erhält man, indem durch die bekannten zusammengehörigen Konodenendpunkte Parallelen zu den beiden Dreiecksseiten gezogen werden. Verbindet man die entstehenden Schnittpunkte und den kritischen Punkt so ergibt sich die Konjugationslinie, von der aus die Konoden für den vorliegenden Anwendungsfall konstruiert werden.

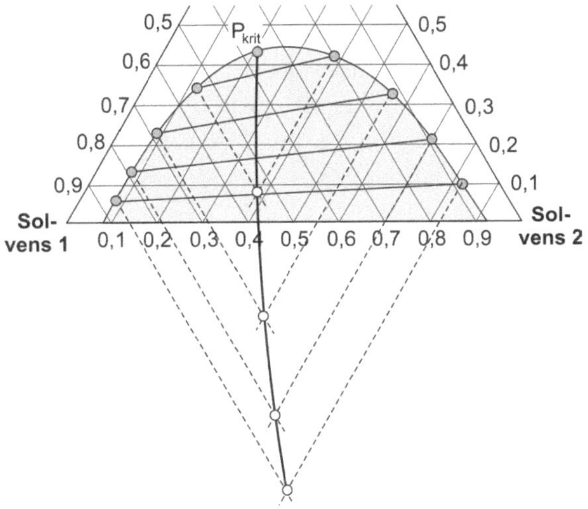

Bild 22.12 Konjugationslinie

Neben der bereits beschriebenen vollständigen Mischungslücke existieren noch die **einseitig offenen Mischungslücken**, wobei man **links- und rechtsseitig offene Mischungslücken** unterscheidet.

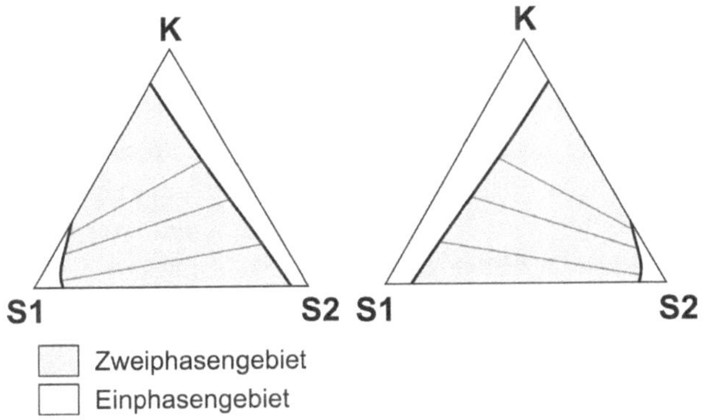

Bild 22.13 Mischungslücke im Dreistoffdiagramm

Bei einer offenen Mischungslücke besteht nicht nur eine Schwerlöslichkeit zwischen Aufnehmer- und Abgeberphase, sondern auch zwischen Übergangskomponente und einer der anderen Komponenten. Dabei ist die **linkseitig offene Mischungslücke** für eine Abtrennung der Übergangskomponente als unkritisch anzusehen, da durch die Mischungslücke mit der Abgeberphase eine Trennung begünstigt wird. Eine **rechtsseitig offene Mischungslücke** hingegen ist aufgrund der Unlöslichkeit der Überführungskomponente in der Aufnehmerphase bei Extraktionsprozessen zu vermeiden.

Neben den bisher gezeigten Dreiecksdiagrammen werden auch Darstellungen in einem üblichen kartesischen Koordinatensystem verwendet, die **Verteilungsdiagramme** genannt werden und ähnlich wie Gleichgewichtsdiagramme angelegt sind (vgl. Kapitel 20 und 21). Diese spiegeln allerdings nur den Verlauf der Konoden wider und somit die Konzentrationsverhältnisse des Extraktstoffs in den beiden heterogenen Phasen. Die Löslichkeitszusammenhänge können im Gegensatz zum Dreieckskoordinatensystem nicht direkt abgelesen werden.

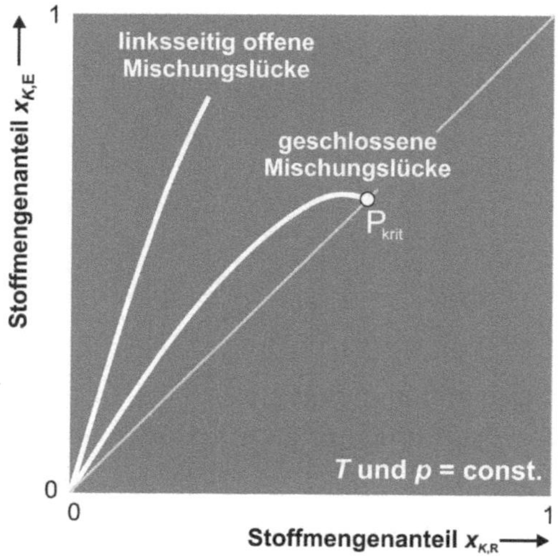

Bild 22.14 Verteilungsdiagramm

Die im Verteilungsdiagramm befindliche Kurve wird Verteilungskurve (auch selten Gleichgewichtskurve) genannt. Die Verteilungskurve beginnt analog zu den bekannten Gleichgewichtskurven in Absorption oder Destillation immer im Koordinatenursprung. Für eine geschlossene Mischungslücke endet sie allerdings am kritischen Punkt, da bei größeren Stoffmengenanteilen an der Übergangskomponente nur noch ein Einphasengebiet vorliegt. Die linkseitig offene Mischungslücke hingegen besitzt keinen kritischen Punkt.

Das Verteilungsdiagramm wird häufig verwendet, wenn unterschiedliche Extraktionsmittel miteinander verglichen werden sollen.

22.1.4 Bilanzierung von Prozessen mit teilweiser Löslichkeit der Flüssigkeiten

In der industriellen Technik ergeben sich zumeist drei angewendete Verfahren:

- absatzweise Extraktion
- kontinuierliche Extraktion im Kreuzstrom
- kontinuierliche Extraktion im Gegenstrom

Absatzweise Extraktion

Der einfachste Aufbau einer **Batch-Extraktion** ist die Mischer-Absetzer-Kombination (*eng.* mixer-settler). Hier werden der Feed und das Lösungsmittel innig vermischt und über einen Abscheider aufgrund ihrer Mischungslücke und der unterschiedlichen Dichten getrennt (vgl. Bild 22.15). Ein solcher Aufbau kann als eine Stufe im Sinne von theoretischen Trennstufen analog zu den anderen Trennverfahren angesehen werden.

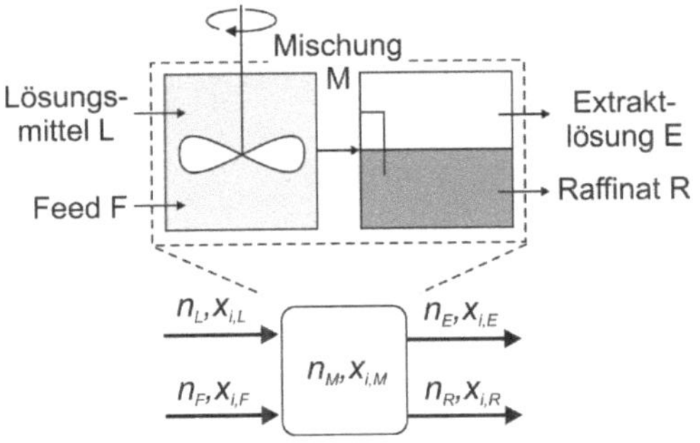

Bild 22.15 Mischer-Absetzer-Kombination

Da es sich bei den beiden Lösungsmitteln hier nicht um schwerlösliche Stoffe handelt, muss im Dreistoffdiagramm (Bild 22.16) folgende Konstruktion erfolgen.

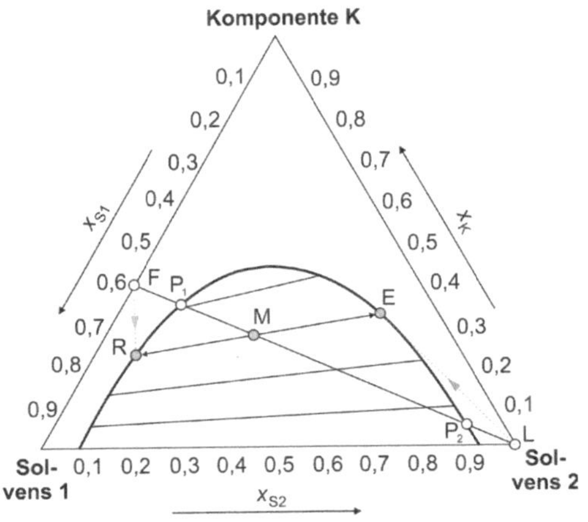

Bild 22.16 Absatzweise Extraktion im Dreistoffdiagramm

Der Stoffmengenanteil der Komponente in der Mischung $x_{K,M}$ wird durch Verbinden der Punkte F (hier: Feed aus Komponente und Solvens 1) und L (hier: reines Solvens 2) und den eingesetzten Stoffmengen des Feeds bzw. des Lösungsmittels anhand des „Hebelgesetzes" ermittelt. Das Verhältnis wird als **Lösungsmittelverhältnis** $\nu_{E,L}$ bezeichnet.

$$\nu_{E,L} = \frac{n_L}{n_F} = \frac{\overline{FM}}{\overline{ML}} \tag{22.8}$$

Die mit Oberstrich gekennzeichneten Buchstabenkombinationen stellen den Betrag der Länge der Strecken zwischen den Punkten als direkte lineare Verbindung dar.

Durch die Konode, auf welcher sich der Mischungspunkt M befindet, sind die Zusammensetzungen der Stoffmengenanteile der Komponente in der Extraktlösung E und in der Raffinatlösung R eindeutig durch die Binodale festgelegt. Die zugehörigen Stoffmengenverhältnisse ergeben sich erneut durch das Hebelgesetz. Da die Gesamtstoffmenge während des Prozesses konstant bleibt, kann ebenfalls direkt auf die Stoffmengen der Phase E und R nach der Trennung geschlossen werden.

$$\frac{n_E}{n_R} = \frac{\overline{MR}}{\overline{EM}}$$

und

$$n_M = n_E + n_R = n_F + n_L$$

Durch die Stoffmengenanteile, z. B. der Komponente, kann über eine Stoffbilanz die Darstellung der Mischkonzentration erfolgen:

$$x_{K,M} \cdot n_M = x_{K,F} \cdot n_F + x_{K,L} \cdot n_L = x_{K,E} \cdot n_E + x_{K,R} \cdot n_R$$

$$x_{K,M} = \frac{x_{K,F} \cdot n_F + x_{K,L} \cdot n_L}{n_F + n_L} = \frac{x_{K,F} + \nu_{E,L} \cdot x_{K,L}}{1 + \nu_{E,L}}$$

und

$$\nu_{E,L} = \frac{n_L}{n_F} = \frac{x_{K,F} - x_{K,M}}{x_{K,M} - x_{K,L}} \tag{22.9}$$

Für die Stoffmengen nach dem Extraktionsvorgang ergeben sich folgende Verhältnisse:

$$\frac{n_E}{n_M} = \frac{x_{K,M} - x_{K,R}}{x_{K,E} - X_{K,R}} \tag{22.10}$$

und

$$\frac{n_R}{n_M} = \frac{X_{K,E} - x_{K,M}}{X_{K,E} - X_{K,R}} \tag{22.11}$$

Es ist zu beachten, dass die eingesetzte Lösungsmittelmenge im Verhältnis zum Feed nicht beliebig groß oder klein sein kann. Es muss sich eine Mischung M bilden, die sich im Zweiphasengebiet also innerhalb der Mischungslücke befindet, damit eine Trennung der beiden Phasen nach dem Extraktionsvorgang erfolgen kann. Die Mischung M muss im Beispiel (vgl. Bild 22.16) zwischen den Punkten P_1 und P_2 liegen. Um auf das **minimale Lösungsmittelstoffverhältnis $\nu_{E,L,min}$** schließen zu können, benötigt man die Stoffbilanz über die Komponente K:

$$x_{K,F} \cdot n_F + x_{K,L} \cdot n_{L,min} = x_{K,P1} \cdot n_{P1}$$

mit $n_F + n_{L,min} = n_{P1}$

$$\nu_{E,L,min} = \frac{n_{L,min}}{n_F} = \frac{x_{K,F} - x_{K,P1}}{x_{K,P1} - x_{K,L}} = \frac{\overline{FP}}{\overline{P_1L}} \tag{22.12}$$

Die zweite Begrenzung des Löslichkeitsgebiets ist durch den Punkt P2 gegeben. Er spiegelt das **maximale Lösungsmittelstoffverhältnis $\nu_{E,L,max}$** wider.

$$\nu_{E,L,max} = \frac{n_{L,max}}{n_F} = \frac{x_{K,F} - x_{K,P2}}{x_{K,P2} - x_{K,L}} = \frac{\overline{FP_2}}{\overline{P_2L}} \tag{22.13}$$

Für eine kontinuierlich betriebene einstufige Extraktion kann die obige Berechnung und grafische Lösung auch analog mit Stoffströmen vorgenommen werden.

Kontinuierliche Extraktion im Kreuzstrom

Betreibt man eine Extraktionsstrecke im Kreuzstromverfahren, wird der Feedstrom mit einem Lösungsmittelstrom versetzt. Der Raffinatstrom wird in die nächste Stufe geleitet und die Extraktlösung abgetrennt. In der nächsten Stufe wird ein „frischer" Lösungsmittelstrom mit dem Raffinatstrom der ersten Stufe vermischt. Dieser Prozess erfolgt über mehrere Stufen, wobei die zu extrahierende Komponente dem Raffinatstrom nach und nach mit den Lösungsmittelströmen entzogen wird.

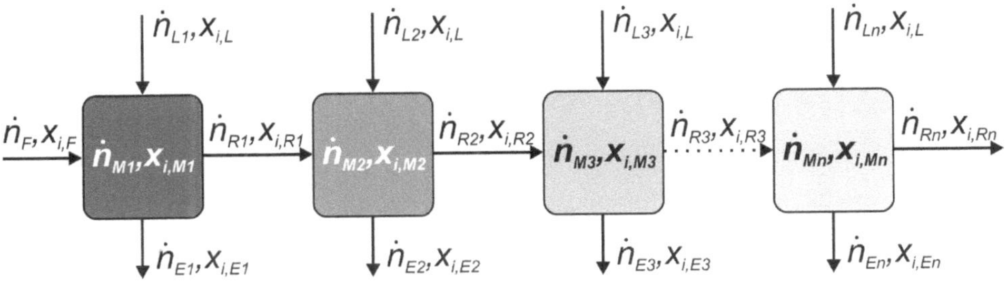

Bild 22.17 Extraktion im Kreuzstromverfahren

Im Dreistoffdiagramm ergibt sich aus der Tatsache, dass pro Stufe ein „frischer“ Lösungsmittelstrom (hier reines Solvens 2) eingesetzt wird, ein festliegender Punkt L. Der Mischungspunkt wird wie in der absatzweisen Extraktion ermittelt. Somit stehen die Stoffmengenanteile (Aufteilung entlang der Konode) in der Extraktlösung E_1 und dem Raffinat R_1 fest. Das Raffinat R_1 ist dann der „neue“ Feed der zweiten Stufe und der Mischungspunkt M_2 kann analog ermittelt werden (vgl. Bild 22.18).

In jeder Stufe ergibt sich dann der zufließende Gesamtstoffmengenstrom aus dem Raffinat der vorherigen Stufe und dem neu zugeführten Lösungsmittel. So kann mithilfe der konstruierten Mischungspunkte eine „Stufenkonstruktion“ bis zum Erreichen der gewünschten Stoffmengenkonzentration der zu extrahierenden Komponente im Raffinat durchgeführt werden. Die Stufenanzahl ergibt sich aus der Anzahl der konstruierten Mischungspunkte. Eine Berechnung der Stoffmengenströme kann für jede Stufe mithilfe des Hebelgesetzes erfolgen.

Beim Kreuzstromverfahren kann jeder einzelne Lösungsmittelstrom auf die eintretende Raffinatphase angepasst werden und begünstigt dadurch, dass er unbeladen ist, immer eine maximale Aufnahme an Komponente K. Auf der anderen Seite ist der Trennaufwand der Extraktphase aufgrund des hohen Extraktlösunganfalls sehr hoch. Um eine Extraktion wirtschaftlicher durchzuführen, bietet sich eine Prozessführung im **Gegenstrom** an.

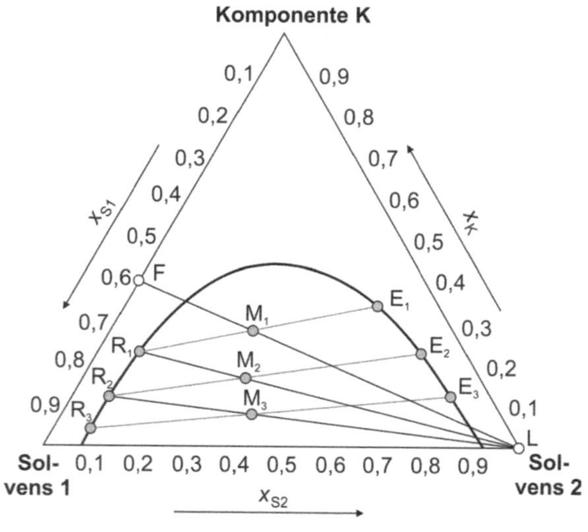

Bild 22.18 Extraktion im Dreistoffdiagramm (Kreuzstrom)

Kontinuierliche Extraktion im Gegenstrom

Der Feedstrom wird in der ersten Stufe mit bereits beladenem Lösungsmittel durchspült, was zu einer maximalen Endkonzentration der Extraktlösung führt. In der letzten Extraktionsstufe wird dem fast entladenen Raffinatstrom vollkommen unbeladenes Lösungsmittel entgegengesetzt und somit ein maximales Herauslösen der geringen Extraktmenge gewährleistet.

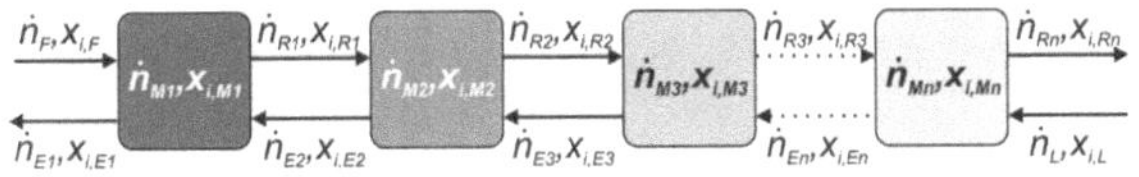

Bild 22.19 Extraktion im Gegenstromverfahren

Die Prozessführung erfolgt im Gegenstrom, weil **höhere Endbeladungen bei geringerer Lösungsmittelmenge** erzielt werden können.

Die Darstellung des Gegenstromvorgangs im Dreistoffdiagramm erfolgt über einen sogenannten **„Pol"** (vgl. Bild 22.20).

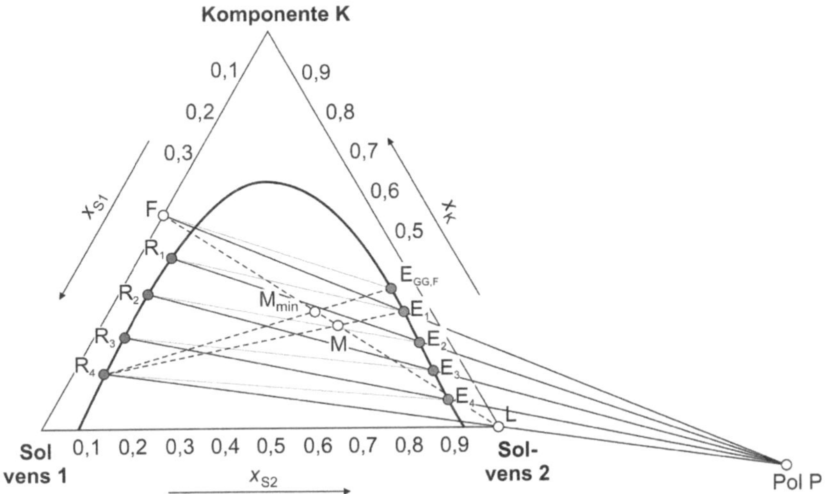

Bild 22.20 Extraktion im Dreistoffdiagramm (Gegenstrom)

Die beiden die Stoffmengenströme $\dot{n}_F$ und $\dot{n}_L$ am Eintritt und deren Stoffmengenanteile sind im Anwendungsfall bekannt. Somit kann über das Hebelgesetz die Lage von M bestimmt werden. Wenn die Zusammensetzung eines der beiden ausfließenden Stoffströme (E_1 oder R_n, wobei der Index n für die letzte Stufe der Extraktion steht) festgelegt ist, kann durch eine Gerade durch den Punkt M und Verlängerung bis zum Schnittpunkt mit der Binodalen die fehlende Zusammensetzung bestimmt werden, da der Gesamtstoffmengenstrom eine konstante Größe darstellt.

Der Pol wird durch zwei Querschnittslinien ermittelt. Die Linien ergeben sich zum einen aus der Verbindung der vorliegenden Konzentrationen auf der Feed-Eintrittsseite (Punkte F und E_1) und zum anderen auf der Lösungsmitteleintrittsseite (Punkte L und R_n). Um die Anzahl der Extraktionsstufen zu ermitteln, geht man folgendermaßen vor:

1. Ermitteln der Polstelle P.
2. Über die Konode mit der Extraktlösung am Feed-Eintritt (E_1) die Zusammensetzung der Raffinatphase (R_1) bestimmen (Stoffmengenanteile im Gleichgewicht, Konode).
3. Verbinden der Raffinatphase (R_1) mit dem Pol.
4. Schnittpunkt mit der Binodalen ergibt die Extraktzusammensetzung (E_2).

Schritte 2 bis 4 wiederholen bis die gewünschte Raffinatzusammensetzung erreicht oder unterschritten ist. Eine Stufenzahlbestimmung erfolgt analog zu den beschriebenen thermischen Trennverfahren über die Anzahl der Gleichgewichtseinstellungen, hier z. B. über die benutzte Konodenanzahl.

Um das **minimale Lösungsmittelverhältnis** zu ermitteln, sucht man die Konode, deren Verlängerung durch die Feedzusammensetzung verläuft (Punkt F). Dadurch erhält man einen Schnittpunkt mit der Binodalen ($E_{GG,F}$), für die eine unendliche Stufenzahl für die Trennaufgabe von Nöten wäre. Dieser Punkt wird mit der Raffinatzusammensetzung R_n der letzten Stufe verbunden. Der Schnittpunkt mit der Verbindungsgeraden zwischen den Zusammensetzungen im Feed und des Lösungsmittels (Punkte F und L) stellt das minimale Mischungsverhältnis dar (Punkt M_{min}). Über das Hebelgesetz erhält man das minimale Lösungsmittelverhältnis für die festgesetzten Rahmenparameter.

$$v_{E,L,min} = \frac{n_{L,min}}{n_F} = \frac{\overline{FM_{min}}}{\overline{M_{min}L}} \tag{22.14}$$

Für die praktische Anwendung muss der Lösungsmittelstrom also größer sein und somit verschiebt sich der Punkt M in Richtung von Punkt L.

Die Flüssig-Flüssig-Extraktion wird unter anderem in folgenden Industriezweigen eingesetzt:

- Pharmaindustrie (Gewinnung von Vitaminen)
- Umwelttechnik (Reinigung von Abwässern)
- Lebensmittelindustrie (Aromastoff- und Speisölgewinnung)
- Kerntechnik (Wiederaufarbeitung von Kernbrennstoffen)

Beispiel 22.1

Ein Gemisch aus Essigsäure und Wasser mit einem Stoffmengenanteil von $x_{ES} = 0{,}3$ soll mit Diisopropylether als Lösungsmittel einer Extraktion unterzogen werden. Dabei ist Essigsäure die Übergangskomponente. Der Feedstrom beträgt 10 kmol/h und soll im Kreuzstrom in 2 Stufen mit reinem Diisopropylether zu je 5 kmol/h vermischt werden. Es sind die Stoffmengenanteile und die Stoffmengenströme der Extraktion zu bestimmen.

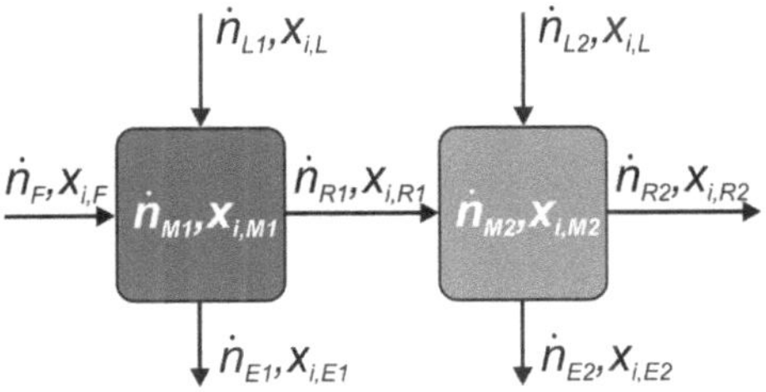

1.Stufe:

$$\dot{n}_{M1} = \dot{n}_F + \dot{n}_{L1} = 10\frac{\text{kmol}}{\text{h}} + 5\frac{\text{kmol}}{\text{h}} = 15\frac{\text{kmol}}{\text{h}}$$

$$\frac{\dot{n}_{L1}}{\dot{n}_{M1}} = \frac{5\frac{\text{kmol}}{\text{h}}}{15\frac{\text{kmol}}{\text{h}}} = \frac{1}{3} = \frac{\overline{FM_1}}{\overline{FL}}$$

(siehe Diagramm unten) oder mit

$$x_{K,M1} = \frac{x_{K,F} \cdot \dot{n}_F + x_{K,L} \cdot \dot{n}_L}{\dot{n}_F + \dot{n}_L} = \frac{0,3 \cdot 10\frac{\text{kmol}}{\text{h}} + 0 \cdot 5\frac{\text{kmol}}{\text{h}}}{10\frac{\text{kmol}}{\text{h}} + 5\frac{\text{kmol}}{\text{h}}} = 0,2$$

Für die ausfließenden Stoffmengenströme ergibt sich anhand der Ablesung von R_1 und E_1 auf der Konode:

$x_{ES,E1} = 0,250$	$x_{WA,E1} = 0,255$	$x_{DIP,E1} = 0,495$
$x_{ES,R1} = 0,140$	$x_{WA,R1} = 0,832$	$x_{DIP,R1} = 0,028$
$x_{ES,M1} = 0,205$	$x_{WA,M1} = 0,490$	$x_{DIP,M1} = 0,305$

$$\frac{\dot{n}_{R1}}{\dot{n}_{M1}} = \frac{\overline{E_1M_1}}{\overline{E_1R_1}} = \frac{x_{K,E1} - x_{K,M1}}{x_{K,E1} - X_{K,R1}} = 0,41$$

$$\dot{n}_{R1} = 0,41 \cdot \dot{n}_{M1} = 0,41 \cdot 15\frac{\text{kmol}}{\text{h}} = 6,12\frac{\text{kmol}}{\text{h}}$$

$$\dot{n}_{E1} = \dot{n}_{M1} - \dot{n}_{R1} = 15\frac{\text{kmol}}{\text{h}} - 6,12\frac{\text{kmol}}{\text{h}} = 8,88\frac{\text{kmol}}{\text{h}}$$

2. Stufe:

Das Raffinat der ersten Stufe ist der „Feed" der zweiten Stufe und wird erneut mit 5 kmol/h Lösungsmittel versetzt.

$$\dot{n}_{M2} = \dot{n}_{R1} + \dot{n}_{L2} = 6,12\frac{\text{kmol}}{\text{h}} + 5\frac{\text{kmol}}{\text{h}} = 11,12\frac{\text{kmol}}{\text{h}}$$

$$\frac{\dot{n}_{L2}}{\dot{n}_{M2}} = \frac{5\,\frac{\text{kmol}}{\text{h}}}{11,12\frac{\text{kmol}}{\text{h}}} = \frac{\overline{R_1M_2}}{\overline{R_1L}} = 0,45$$

oder mit

$$x_{K,M2} = \frac{x_{K,R1}\cdot\dot{n}_{R1} + x_{K,L}\cdot\dot{n}_L}{\dot{n}_{R1} + \dot{n}_L} = \frac{0,14\cdot 6,12\frac{\text{kmol}}{\text{h}} + 0\cdot 5\frac{\text{kmol}}{\text{h}}}{6,12\frac{\text{kmol}}{\text{h}} + 5\frac{\text{kmol}}{\text{h}}} = 0,08$$

Für die ausfließenden Stoffmengenströme ergibt sich:

$x_{ES,E2} = 0,100$	$x_{WA,E2} = 0,101$	$x_{DIP,E2} = 0,799$
$x_{ES,R2} = 0,053$	$x_{WA,R2} = 0,930$	$x_{DIP,R2} = 0,017$
$x_{ES,M2} = 0,080$	$x_{WA,M2} = 0,450$	$x_{DIP,M2} = 0,470$

$$\frac{\dot{n}_{R2}}{\dot{n}_{M2}} = \frac{\overline{E_2M_2}}{\overline{E_2R_2}} = \frac{x_{K,E2} - x_{K,M2}}{x_{K,E2} - x_{K,R2}} = 0,43$$

$$\dot{n}_{R2} = 0,43\cdot\dot{n}_{M2} = 0,43\cdot 11,12\frac{\text{kmol}}{\text{h}} = 4,74\frac{\text{kmol}}{\text{h}}$$

$$\dot{n}_{E2} = \dot{n}_{M2} - \dot{n}_{R2} = 11,12\frac{\text{kmol}}{\text{h}} - 4,74\frac{\text{kmol}}{\text{h}} = 6,39\frac{\text{kmol}}{\text{h}}$$

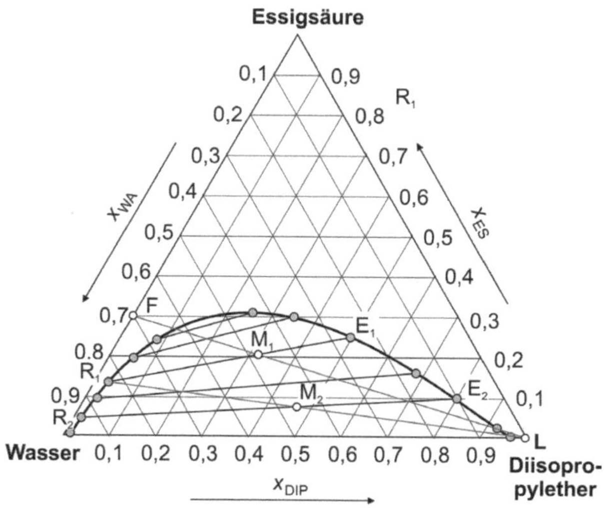

Wenn man eine Stufenzahl von 2 voraussetzt, kann ein Essigsäurestoffmengenanteil von $x_{R,ES} = 0{,}053$ im abfließenden Raffinat erzielt werden. Das entspräche auf den Extraktstoff bezogen einem Extraktionswirkungsgrad von 82,3 %. Eine Berechnung über Massenanteile (und Massenströme) ist auf die gleiche Weise möglich, wenn ein Dreistoffdiagramm dieser Art vorliegt. Zur Veranschaulichung der Gewichtsverteilung sind die Werte als Massenanteile aufgelistet:

Feed/Lösungsmittel:

$w_{F,ES} = 0{,}588$, $\dot{m}_F = 306{,}2$ kg/h, $\dot{m}_L = 510{,}9$ kg/h

1. Stufe:

$w_{ES,E1} = 0,214$	$w_{WA,E1} = 0,065$	$w_{DIP,E1} = 0,721$
$w_{ES,R1} = 0,320$	$w_{WA,R1} = 0,571$	$w_{DIP,R1} = 0,109$
$w_{ES,M1} = 0,235$	$w_{WA,M1} = 0,169$	$w_{DIP,M1} = 0,596$

2. Stufe:

$w_{ES,E2} = 0,067$	$w_{WA,E2} = 0,020$	$w_{DIP,E2} = 0,913$
$w_{ES,R2} = 0,147$	$w_{WA,R2} = 0,773$	$w_{DIP,R2} = 0,080$
$w_{ES,M2} = 0,079$	$w_{WA,M2} = 0,133$	$w_{DIP,M2} = 0,788$

22.2 Fest-Flüssig-Extraktion

Bei der Fest-Flüssig-Extraktion (auch: Auslaugen, leaching, liquid-solid-extraction) werden mithilfe eines flüssigen Lösungsmittels die löslichen Komponenten aus einem Feststoff herausgelöst. Im Gegensatz zur Flüssig-Flüssig-Extraktion nennt man die Abgeberphase (feste Phase) **Extraktionsgut** und den nach der Extraktion vorliegenden Reststoff **Extraktionsrückstand**.

Bei der industriellen Gewinnung eines reinen Extrakts sind vier Verfahrensschritte notwendig:

- **Schritt I: Zerkleinern**

  des Extraktionsgutes, um dem Lösungsmittel dadurch eine möglichst große Oberfläche für einen optimalen Stoffaustausch entgegenzusetzen. Die Feststoffkomponente muss auch nach der Zerkleinerung möglichst einfach von der flüssigen Phase abgetrennt werden können, wodurch die Feinheit des Extraktionsgutes begrenzt ist.

- **Schritt II: Mischen**

  des Extraktionsgutes mit dem Lösungsmittel, was einen möglichst innigen Kontakt des Lösungsmittels mit der zur Verfügung stehenden Oberfläche des Extraktionsgutes gewährleistet. Hier findet der eigentliche Stoffübergang von der festen in die flüssige Phase statt.

- **Schritt III: Trennen**

  des Extraktionsrückstands von der Extraktlösung. Hier können unter anderem Prozesse wie Sedimentieren, Filtrieren oder Zentrifugieren zum gewünschten Ergebnis führen.

- **Schritt IV: Aufkonzentrieren**

  Um das reine Extrakt zu erhalten, muss das Lösungsmittel abgetrennt werden. Hier kann z. B. auf Destillation, Verdampfen oder Auskristallisieren zurückgegriffen werden.

Exkurs 22.1 Extrahieren im Alltag

Die im Haushalt wohl bekanntesten Feststoff-Extraktionsvorgänge sind das **„Kochen" von Kaffee oder Tee**. Hierzu wird das Extraktionsgut zerkleinert, um die Oberfläche zu vergrößern (Teeblätter werden geschnitten, Kaffee wird gemahlen) und mit heißem Wasser als Extraktionsmittel die Geschmacksstoffe herausgelöst. Je länger dieser Vorgang dauert, desto mehr Extrakt kann dem Extraktionsgut entzogen werden.

So kann die **Stärke (Konzentration)** des Getränks mit der Brühzeit beeinflusst werden. Der Extraktionsrückstand (Rückstand im Kaffeefilter oder Teebeutel) wird von der Extraktionslösung (Kaffee oder Tee) getrennt. Selbst ein zweiter Extraktionsvorgang mit frischem Lösungsmittel und dem „alten" Extraktionsgut führt noch zu einer Extraktlösung, allerdings mit geringerer Konzentration an Extrakt. Bei der Herstellung von Kaffee oder Tee entfällt der vierte Schritt, da die Extraktionslösung das Ziel ist und nicht die reine Extraktkomponente, die durch Verdampfen des Wassers erhalten werden könnte.

An das Lösungsmittel in der Fest-Flüssig-Extraktion (zumeist auch gültig in der Flüssig-Flüssig-Extraktion) werden folgende Ansprüche gestellt.

- **Aufnahmefähigkeit**

  Das Lösungsmittel muss in der Lage sein, dass Extrakt möglichst schnell und in großen Mengen aufzunehmen.

- **Reaktionsfähigkeit**

  Das Lösungsmittel sollte weder mit dem Extraktionsgut noch mit dem Extrakt chemische Reaktionen eingehen, um diese nicht chemisch zu verändern und sich „selbst" zu verbrauchen.

- **Selektivität**

  Das Lösungsmittel muss den Extraktstoff möglichst als einzige Komponente aus dem Feststoff lösen, um eine große Reinheit des Extrakts nach der Abtrennung zu gewährleisten. Ansonsten ist der Trennaufwand deutlich höher.

- **Siedeverhalten**

  Um eine energetisch sinnvolle Abtrennung zu gewährleisten, sollte das Lösungsmittel einen nicht zu hohen Siedepunkt haben.

- **Betriebstechnische Parameter**

  Für einen optimalen Betrieb sollte das Lösungsmittel ungiftig, preiswert, nicht korrosiv, unbrennbar, nicht explosiv, thermisch stabil und nicht umweltschädigend sein.

Ähnlich der Absorption sind die oben genannten Ansprüche meistens nicht komplett umsetzbar und dienen nur als Entscheidungshilfe bei der Auswahl des geeigneten Lösungsmittels.

Der **Konzentrationsunterschied** zwischen der Oberfläche der Feststoffphase und der Lösung kann dabei als **treibende Kraft** für die Fest-Flüssig-Extraktion angesehen werden. Um eine möglichst effektive Extraktion durchzuführen, sollte also der Konzentrationsunterschied maximal sein. Das ist zum einen durch eine niedrige Konzentration im Lösungsmittel realisierbar, z. B. durch stetigen Austausch des mit Extrakt beladenen Lösungsmittels. Zum anderen sollte das Extraktionsgut einer fortwährenden Vermischung unterzogen werden, damit sich keine Schichten mit erhöhter Konzentration um den Feststoff ausbilden, die den Stofftransport verlangsamen.

Allerdings unterscheiden sich die Extraktionsvorgänge bei der Feststoffextraktion deutlich von der Flüssig-Flüssig-Extraktion. Der Nernstsche Verteilungskoeffizient als formeltechnische Grundlage gilt nur exakt bei Extraktionsvorgängen an denen zwei Lösungen beteiligt sind. Es existiert bei der Fest-Flüssig-Extraktion aus folgenden Gründen kein solcher Zusammenhang:

- Es findet eine **adsorptive Bindung** des Lösungsmittels an die Feststoffoberfläche statt. Daher liegt nach der Extraktion ein Anteil des Lösungsmittels an der festen Trägerphase adsorptiv gebunden vor.
- Es kann nicht von einer Oberfläche ausgegangen werden, die vom Lösungsmittel vollständig erreichbar ist (Kapillaren). In den **Kapillaren** liegen andere Konzentrationsverhältnisse vor.
- Der Feststoff wird nicht überall mit einem **gleichkonzentrierten Lösungsmittel** umströmt.
- Im Feststoff liegt keine **homogene Verteilung** des Extraktstoffs vor.
- Nicht alle Extraktmoleküle haben direkten Kontakt mit dem Lösungsmittel (**Lage weiter innerhalb des Feststoffs** und somit von der Oberfläche entfernt).

Eine Darstellung der Konzentrationsverhältnisse kann trotzdem im Dreistoffdiagramm, wie vorher beschrieben, erfolgen. Die Bestimmung der Gleichgewichtsdaten muss allerdings im Vorfeld experimentell am verwendeten Extraktionsgut ermittelt werden. Liegen im Extraktionsgut stark gebundene oder im Feststoff eingeschlossene Extraktmoleküle vor, kann die Ausbeute der Extraktion **weit unter 100 %** liegen. Auch hier gilt labortechnisch zu untersuchen, welche Extraktionsmethode die effektivsten Ausbeuten aufweist. Da es sich um Diffusionsvorgänge handelt (basierend auf dem 1. Fickschen Gesetz) sollten die Transportwege zur Lösungsmittelphase möglichst klein und die Austauschfläche möglichst groß gehalten werden. Beides wird durch eine Zerkleinerung des Extraktionsgutes erreicht, was aber bei zu kleiner Partikelgröße zu einer Agglomeration oder Verklumpung der Partikel führen kann. Dadurch kann das Lösungsmittel nicht die komplette Feststoffoberfläche erreichen und ein Durchströmen wird zusätzlich erschwert.

Typische Anlagenbauarten sind die **Batch-Reaktoren**, die absatzweise arbeiten. Das Extraktionsgut wird in einem Festbett solange vom Lösungsmittel umspült, bis der gewünschte Extraktionsgrad erreicht ist. Das Lösungsmittel wird dabei z. B. mit einem Verdampfer vom Extraktstoff abgetrennt und nach einer Kondensation dem Extraktionsgut im Kreislauf erneut zugeführt. Im Verdampfer wird **als schwersiedende Phase** eine extraktstoffreiche Lösung abgezogen. Optional kann nach der Extraktion noch der Extraktionsrückstand, z. B. durch Zentrifugieren, vom anhaftenden Lösungsmittel abgetrennt werden.

Die Feststoffextraktion wird in der Lebensmittel- und der Pharmaindustrie vermehrt angewendet, um z. B. aus Feststoffen pflanzlicher und tierischer Herkunft mithilfe von Lösungsmitteln (Wasser, Ketonen, Alkoholen, Ölen) Wertstoffe zu gewinnen. Darunter u. a. Öl aus Rapssamen oder Essenzen für die Parfümindustrie.

Die **Hochdruck-Extraktion** kann ebenfalls als Fest-Flüssig-Extraktion angesehen werden, wobei als Fluid hier ein komprimiertes Gas im überkritischen Zustand als Extraktionsmittel zum Einsatz kommt. Im überkritischen Zustand weisen die Gase einer Flüssigkeit ähnelnde Eigenschaften auf. So befindet sich die typische Dichte nur knapp unterhalb der Dichte von Flüssigkeiten. Die überkritischen Gase besitzen allerdings deutlich verringerte Viskositäten und höhere Diffusionskoeffizienten, was sie für einen Extraktionsvorgang geeigneter erscheinen lässt. Dem Vorteil, dass die Behandlungstemperatur des Extraktionsgutes bei diesem Verfahren sehr niedrig liegt und somit eine thermisch schonende Abtrennung des Übergangsstoffs erfolgt, steht der Nachteil der energetisch aufwendigeren Erzeugung der hierzu notwendigen hohen Drücke entgegen.

Exkurs 22.2 Labor-Extraktion – die Soxhlet

Um im Labormaßstab eine Fest-Flüssig-Extraktion durchzuführen, wird häufig die quasikontinuierliche Soxhlet-Apparatur verwendet. Die einzelnen Zwischenschritte sind in folgender Darstellung ersichtlich:

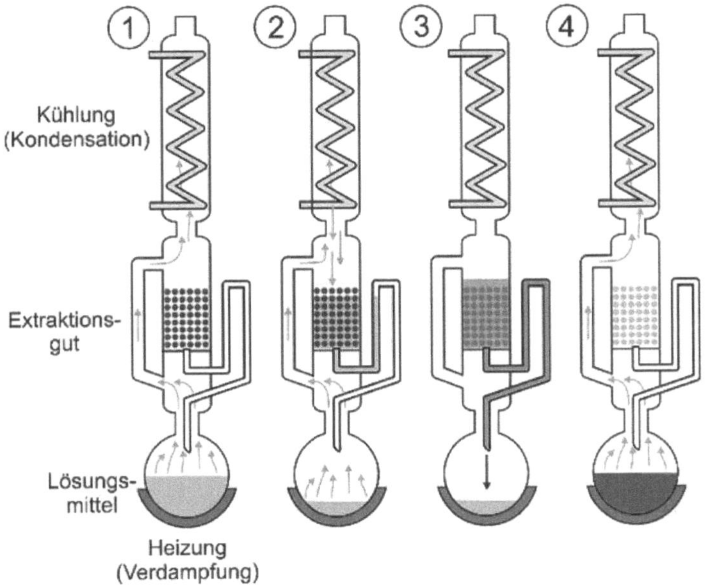

Schritt 1: Verdampfen des Lösungsmittels

Das im Kolben befindliche Lösungsmittel wird erhitzt und zum Verdampfen gebracht. Der Dampf steigt das Gassteigrohr auf der linken Seite (großer Querschnitt) hoch und trifft auf den Kühler.

Schritt 2: Kondensieren des Lösungsmitteldampfs

Der Lösungsmitteldampf wird im Kühler kondensiert und tropft auf das Extraktionsgut. Die Kammer mit dem Extraktionsgut füllt sich langsam und der Extraktionsprozess beginnt.

Schritt 3: Rückführen der Extraktlösung

Die Extraktlösung vergrößert ihr Volumen durch das zugeführte Lösungsmittel so lange, bis durch die entstandene Füllhöhe das Ableitröhrchen (kleiner Querschnitt) die gesamte Extraktlösung in den Kolben zurückfließt (Saugheber-Wirkung).

Schritt 4: Verdampfen des Lösungsmittels

Die im Kolben vorliegende Extraktlösung wird nun erneut erhitzt, wobei vornehmlich das niedrigsiedende Lösungsmittel in möglichst reiner Form verdampft und die Schritte 1 bis 3 erneut ablaufen. Somit wird dem Extraktionsgut bei jedem Durchgang immer mehr Extraktstoff entzogen.

22.3 Kontinuierlich arbeitende Extraktionsapparate

Eine Extraktion kann mit den bereits bekannten Trennkolonnenarten, wie z. B. Füllkörper- oder Siebbodenkolonnen, durchgeführt werden. Allerdings ist zu beachten, dass es sich bei Aufnehmer- und Abgeberphase um zwei Flüssigkeitsströme handelt, was die Verteilung und Oberflächenvergrößerung verfahrenstechnisch gesehen schwieriger macht. Eine Kolonnenbauart, die das Mixer-Settler-Prinzip in Gegenstromfahrweise sehr gut veranschaulicht, ist die Rotationskolonne.

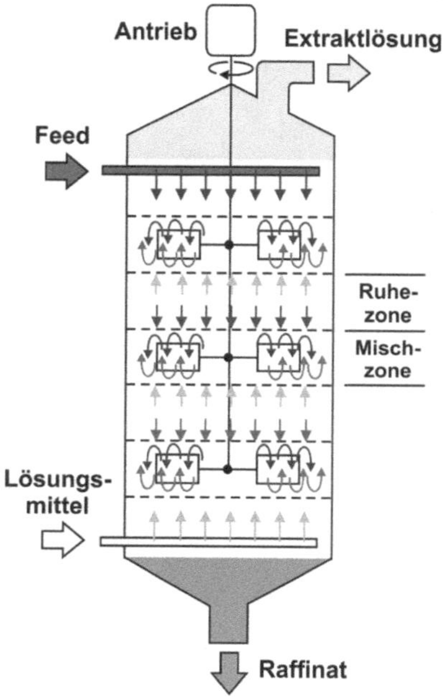

Bild 22.21
Extraktionskolonne mit Misch- und Ruhezonen

Geht man davon aus, dass das Lösungsmittel eine kleinere Dichte als der Feedstrom besitzt, erfolgt die Lösungsmittel-Zuströmung von unten und der Feedstrom tritt oben in die Kolonne ein (Gegenstrom). In der Kolonne befinden sich abwechselnd Mixer-Zonen (z. B. mit Scheibenrührern) und Abscheidezonen. Der Extraktlösungsaustritt befindet sich am höchsten Punkt der Kolonne, der Raffinatabfluss am tiefsten.

Es existieren auch kontinuierliche Fest-Flüssig-Extraktionsapparaturen, die sich aufgrund der unterschiedlichen Aggregatzustände der Phasen bautechnisch deutlich von den oben genannten Kolonnen unterscheiden.

In Bild 22.22 ist ein Schneckenextraktor dargestellt, der ebenfalls im Gegenstromverfahren den Extraktionsprozess durchführt. Dabei wird das Extraktionsgut mit einer „Schnecke" entgegengesetzt zum von oben herabfließenden Lösungsmittel geführt.

Die Extraktlösung verlässt angereichert am unteren Teil die Apparatur und der Extraktionsrückstand wird am oberen Teil aus dem Extraktor gefördert.

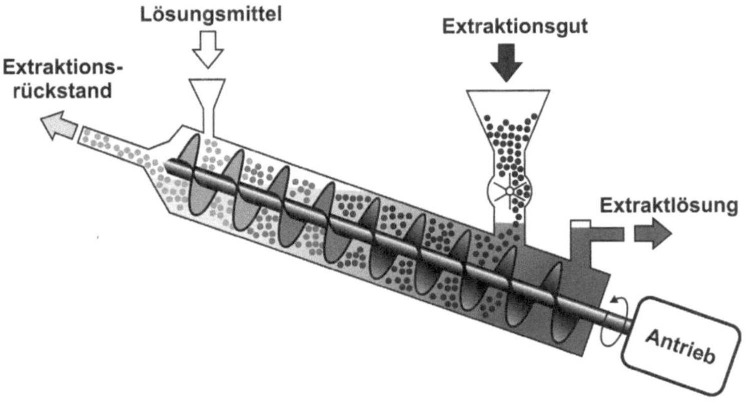

Bild 22.22 Schneckenextraktor

Weiterführende Literatur zu den Kapiteln 17 bis 22

Baehr, H. D., *Stephan*, K. (2016): Wärme- und Stoffübertragung, Springer Verlag

Behr, A., *Agar*, D.W., *Jörissen*, J., *Vorholt*, A.J. (2011): Einführung in die Technische Chemie, Springer-Spektrum Verlag

Christen, D.S. (2010): Praxiswissen der chemischen Verfahrenstechnik: Handbuch für Chemiker und Verfahrensingenieure, Springer Verlag

Ignatowitz, E. (2011): Chemietechnik, Europa Lehrmittelverlag

Kraume, M. (2012): Transportvorgänge in der Verfahrenstechnik: Grundlagen und apparative Umsetzungen, Springer Verlag

Lohrengel, B. (2012): Einführung in die thermischen Trennverfahren, Oldenbourg Verlag

Mersmann, A., *Kind*, M., *Stichlmair*, J. (2005): Thermische Verfahrenstechnik: Grundlagen und Methoden, Springer Verlag

Sattler, K., *Adrian*, T. (2016): Thermische Trennverfahren: Aufgaben und Auslegungsbeispiele, Wiley-VCH Verlag

Sattler, K. (2001): Thermische Trennverfahren: Grundlagen, Auslegung, Apparate, Wiley-VCH Verlag

Schönbucher, A. (2002): Thermische Verfahrenstechnik: Grundlagen und Berechnungsmethoden für Ausrüstungen und Prozesse, Springer Verlag

Schwister, K. (2017): Taschenbuch der Verfahrenstechnik, Fachbuchverlag Leipzig im Carl Hanser Verlag

Hinweise zum Zusatzmaterial

Das Zusatzmaterial zum Lehr- und Übungsbuch Ingenieurwissen Verfahrenstechnik dient in erster Linie der Vertiefung des im Buch dargebotenen Stoffes und knüpft aufbauend und erweiternd daran an.

Die zum Buch gehörenden Materialien können als zip-Dateien bei *plus.hanser-fachbuch.de* heruntergeladen werden.

Sämtliche Inhalte zu den Buchteilen:

- Verfahrenstechnische Grundlagen
- Chemische Reaktionstechnik
- Mechanische Verfahrenstechnik
- Thermische Verfahrenstechnik

sind leicht verständlich strukturiert und bestehen aus den Bereichen:

- Aufgaben
- Beispiele
- Formeln
- Fragen
- Glossar
- Stoffdaten
- Symbole

Index

C

D

E

F

G

H

I

K

L

M

Q

R

T

U

V